U0262489

国家科学技术学术著作出版基金资助出版

旋流及 W 火焰煤粉燃烧技术

(上册)

李争起　陈智超　曾令艳　著

科 学 出 版 社

北 京

内容简介

旋流及W火焰煤粉燃烧方式是大容量电站锅炉的主要燃烧方式。本书分成上下册，上册介绍旋流煤粉燃烧技术，下册介绍W火焰煤粉燃烧技术。主要内容包括煤及煤粉气流的着火和燃烧特性、结渣特性、NO_x生成机理，苏联、美国、英国、日本等国家和我国旋流及W火焰煤粉燃烧技术的原理与特点，燃烧器及炉内的单相及两相流动特性，300MW、600MW机组锅炉的燃烧及NO_x生成特性、水冷壁壁温。

本书可供从事煤粉燃烧、燃烧污染物生成和防治领域研究与应用的科研、设计和工程技术人员，及相关专业的研究生参考。

图书在版编目（CIP）数据

旋流及W火焰煤粉燃烧技术. 上册 / 李争起，陈智超，曾令艳著. —北京：科学出版社，2020.9

ISBN 978-7-03-066001-5

Ⅰ. ①旋… Ⅱ. ①李… ②陈… ③曾… Ⅲ. ①粉煤燃烧-研究 Ⅳ. ①TM611

中国版本图书馆CIP数据核字（2020）第169201号

责任编辑：孙伯元 / 责任校对：王 瑞

责任印制：吴兆东 / 封面设计：蓝 正

科学出版社 出版

北京东黄城根北街16号

邮政编码：100717

http://www.sciencep.com

北京捷迅佳彩印刷有限公司 印刷

科学出版社发行 各地新华书店经销

*

2020年9月第 一 版 开本：720×1000 B5

2021年5月第二次印刷 印张：40 1/2

字数：800 000

定价：328.00元

(如有印装质量问题，我社负责调换)

序

我国在役电站锅炉 90%以上采用煤粉燃烧方式。旋流及 W 火焰煤粉燃烧方式是电站锅炉三种燃烧方式中的两种。煤粉锅炉普遍存在 NO_x 排放量高、飞灰可燃物含量高、结渣、高温腐蚀等问题，且 NO_x 是产生雾霾的主要前驱物之一，因此迫切需要开发同时具备高煤粉燃烧效率、稳燃、防结渣和高温腐蚀的低 NO_x 排放煤粉燃烧技术。

该书作者在国家高技术研究发展计划(863 计划)项目、国家科技支撑计划项目、国家自然科学基金项目等的持续资助下，经过二十多年的努力，通过产学研合作，攻克了低 NO_x 排放、高煤粉燃烧效率、稳燃、防结渣和高温腐蚀兼顾的煤粉燃烧技术难题，开发出了旋流及 W 火焰煤粉燃烧技术。其中，高性能中心给粉旋流煤粉燃烧技术获 2015 年度国家技术发明奖二等奖。该书取材主要源自作者在该领域所取得的研究成果和进展，作者基础研究成果已在国外期刊上发表 130 余篇论文，应用研究成果已在引进国外技术制造或国外制造的几十台 600MW、500MW 和 300MW 等级机组锅炉上全面应用，并被哈尔滨锅炉厂有限责任公司(简称“哈尔滨锅炉厂”)用于 4 台 600MW、350MW 超临界机组新建锅炉设计。

该书是系统介绍旋流及 W 火焰煤粉燃烧技术方面的专著，系统完整地介绍了煤及煤粉气流的着火和燃烧特性、结渣特性、NO_x 生成机理等。对于美国、英国、日本等国外技术，通过实验室单相、两相流动特性研究及 600MW、300MW 等级机组锅炉上的冷态试验和热态试验，消化吸收国外技术，找出了产生问题的原因，发明了中心给粉和多次引射分级燃烧组织方式及装置，并在大容量机组锅炉中得到成功应用。该书用一定篇幅介绍理论在锅炉中的应用研究实例，在理论深度和应用参考性方面有自己的特色。

秦裕琨

中国工程院院士

2019 年 6 月于哈尔滨工业大学

前　言

我国是世界上最大的煤炭生产国和消费国，约有 60%的煤炭作为发电燃料，有 90%以上的电厂锅炉采用煤粉燃烧方式。我国动力用煤的特点是煤种多变、煤质偏差。锅炉运行中，NO_x 排放量偏高，稳燃能力低，易出现结渣，有时出现高温腐蚀。因此，同时实现低 NO_x 排放、高煤粉燃烧效率、稳燃、防结渣和高温腐蚀一直是煤粉燃烧研究的热点和难点。

经过二十多年的努力，针对我国具体国情，作者团队已开发出了具有我国自主知识产权的高效、低 NO_x 排放、稳燃、防结渣和高温腐蚀的煤粉燃烧技术，且发表 SCI 论文 130 余篇。其中，高性能中心给粉旋流煤粉燃烧技术获 2015 年度国家技术发明奖二等奖。

本书集作者团队二十多年的研究成果编著而成，旨在从锅炉及燃烧器结构设计、炉内单相及两相流动特性、煤粉燃烧及氮氧化物生成特性等方面系统、全面地阐述国内外技术特点。全书共 4 章，主要章节安排如下：

第 1 章介绍煤的特性及其对燃烧过程的影响，煤粉气流的着火，煤粉的燃烧，煤粉燃烧的合理组织，煤粉燃烧过程中氮氧化物的生成及抑制机理，煤粉燃烧设备。

第 2 章介绍旋转气流的特点，旋流器和旋流强度，旋流器和旋流煤粉燃烧器的阻力，旋流煤粉燃烧器的分类，常用的旋流煤粉燃烧器，旋流煤粉燃烧器的旋转方向及供风方式。

第 3 章介绍中心给粉旋流煤粉燃烧器的提出及原理，煤粉浓缩器两相流动特性的试验研究，中心给粉旋流煤粉燃烧器在未采用燃尽风的电站锅炉上的应用，中心给粉旋流煤粉燃烧器在采用燃尽风的电站锅炉上的应用，微油点火技术在中心给粉旋流煤粉燃烧器上的应用。

第 4 章介绍燃烧器的布置与炉膛选型，燃烧器的单只热功率，燃烧器的设计计算，燃烧器的计算步骤，炉膛结构参数的确定。

本书的出版得到国家高技术研究发展计划(863 计划)项目(2006AA05Z321、2007AA05Z301)、国家科技支撑计划项目(2006BAA01B01)、国家自然科学基金项目(51406043、51576055)、国家自然科学基金创新研究群体项目(51121004、51421063)、国家重点研发计划 (2016YFC0203702、2017YFC0212500、2017YFB0602001)等的资助；同时，也得到大唐国际发电股份有限公司、哈尔滨锅炉厂有限责任公司、上海锅炉厂有限责任公司、中国国电集团公司、浙江省能源集团有限公司、华润电力控股有限公司、宁夏发电集团有限责任公司、河北建设投资集团有限责任公司的资助，作者在此一并表示衷心的感谢！

本书由李争起、陈智超、曾令艳共同撰写，其中第 1 章、2.1～2.4 节、2.5.1 节由李争起撰写，2.5.2 节、2.5.3 节、2.6 节、3.1～3.4 节由陈智超撰写，2.5.4 节、3.5 节、第 4 章由曾令艳撰写。全书由李争起确定内容框架并定稿。秦裕琨院士审阅了本书，并提出了宝贵的修改建议。本书是作者二十多年来在煤粉燃烧方面研究成果的总结和提炼，是集体智慧的结晶，同时也包括曾经在研究组学习的研究生的研究成果。他们分别是靖剑平博士、刘勇博士、逄曙光博士、李松博士、曾小林硕士、段洪利硕士、周珏硕士、黄丽坤硕士、葛健硕士、成文俊硕士、王富强硕士、徐斌硕士、魏宏大硕士、徐磊硕士、葛志宏硕士、崔红硕士、张福成硕士、赵洋硕士、王琳硕士、胡志勇硕士、杨连杰硕士、李晶硕士、李渊硕士、王振旺硕士、贾金钊硕士、王阳硕士、陈夏超硕士、赖金平硕士、张昊硕士、谢以权硕士。在此，谨向他们致以由衷的谢意！哈尔滨工业大学燃烧工程研究所的同事吴少华教授、孙绍增教授、孙锐教授、朱群益教授、李瑞阳教授、赵广播教授、陈力哲高级工程师、邱鹏华教授、刘辉教授等对作者的研究给予了极大的支持和帮助，在此向他们致以深切的谢意！

限于作者的知识视野和学术水平，书中难免存在不足之处，恳请读者批评指正。

目　录

第 1 章　煤粉燃烧及 NO_x 形成

1.1　煤的特性及其对燃烧过程的影响

燃料种类的性质对燃烧设备的结构、设计和运行都有很大的影响。本节着重介绍有关煤的一些知识，以及与煤粉燃烧过程和燃烧设备设计及运行密切相关的一些特性。

1.1.1　煤的形成

煤是主要由植物遗体经煤化作用转化而成的富含碳的固体可燃有机沉积岩。煤含有一定量的矿物质，是由多种有机物质和无机物质混合组成的十分复杂的固体碳氢燃料。

煤是远古植物遗体在地表湖沼或海湾环境中，经历复杂的生物化学变化，逐渐形成的。植物遗体随着地壳的变动被埋入地下，长期处在地下温度、压力较高的环境中，原植物中的纤维素$(C_6H_{10}O_5)_n$、木质素$(C_{50}H_{49}O_{11})$经脱水腐蚀，其含量不断减少，而碳质不断增加，逐渐形成化学稳定性强、含碳量高的固体碳氢燃料——煤。

煤的形成可以分为两个阶段，即泥炭化阶段和煤化阶段。

第一个阶段为泥炭化阶段，即高等植物残骸在沼泽中经过生物化学作用和地球化学作用演变成泥岩的过程。远古时代陆上高等植物死亡以后，会在沼泽环境中保存下来，组成高等植物有机体的纤维素和木质素等物质，在一系列复杂的生物化学作用下，与地表流水携入沼泽的泥沙、地下水溶解的矿物质等混合在一起形成泥炭。由植物转变为泥炭过程中物质组成的主要变化如表 1-1 和表 1-2 所示[1]。由泥炭经受进一步的地质作用而转变成的煤，称为腐植煤。目前人们开采的煤层，绝大部分都是腐植煤。

第二个阶段为煤化阶段。泥炭化阶段的结束一般以泥炭被无机沉积物覆盖为标志，生物化学作用逐渐减弱以至停止。接下来在地下温度和较高的压力等物理化学因素作用下，泥炭开始转化为煤，这一过程称为煤化阶段。泥炭由于所经受的地质作用的强弱不等，转化成的煤种不同，通常分为褐煤、烟煤和无烟煤三大类。

当泥炭层沉降到地下一定深度以后，上覆沉积物的静压力越来越大，原来疏松多水的泥炭受到紧压、脱水、胶结、聚合等作用，体积大大缩小，因此变成较致密的褐煤，我国一些地方第三纪的煤层常常就是褐煤。褐煤层一般距地表不深，厚度又较大，适于露天开采。如果形成褐煤以后，地壳继续下降，那么在温度更高和压力更大的新条件下，褐煤中的有机物分子聚合程度进一步增大，氢、氧、氮的含量进一步减少，碳含量相对增多，物理、化学性质进一步发生变化，就形成烟煤。烟煤因其燃烧时有烟而得名。烟煤由于已无游离的腐植酸，全部转化为腐黑物，因此颜色一般呈黑色。由于更强烈的地壳运动或岩浆活动，煤层受到更高温度和更大压力的影响，烟煤可以进一步转化成无烟煤。

表 1-1　部分氧化过程中植物主要有机组分的变化

变化前	纤维素	木质素	糖苷	叶绿素	蛋白质	脂肪、蜡质、树脂
变化后	单糖类	腐植酸、苯衍生物	糖类、角皂苷、氢醌	卟啉	多肽和氨基酸	脂肪、蜡质、树脂

表 1-2　植物与泥炭的化学组成比较　(单位：%)

植物与泥炭	元素组成				有机组成				
	C	H	N	O+S	纤维素	木质素	蛋白质	沥青	腐植酸
莎草	47.09	5.51	1.64	39.37	50	20～30	5～10	5～10	—
木本植物	50.51	5.20	1.65	42.10	50～60	20～90	1～7	1～3	—
桦川草本泥炭	55.87	6.23	2.90	34.97	19.69	0.75	0	3.56	43.58
合浦木本泥炭	65.46	6.53	1.26	26.75	0.89	0.39	0	0	42.88

1.1.2　煤的结构

为了了解煤在气化、液化等转化过程中发生的化学反应本质，人们进行了大量的研究工作以阐明煤的结构。由于煤的结构极为复杂，再加上其非晶态、强吸收及物理化学异构等特性，因此在很大程度上限制了许多分析仪器在煤科学研究中的应用。采用常规的光谱及质量分析方法，只能实现主成分定量，可明确指认的只有有限的几个官能团。近二三十年来，一些新的高性能仪器及计算机图像处理技术的飞速发展，如 X 射线衍射分析、扫描电子显微镜分析、核磁共振分析、质谱色谱分析及红外吸收光谱分析等，使得人们能对煤的结构进行深入研究，但仍存在不少争论，对煤结构的描述还缺乏统一认识。目前对煤结构的描述模型也各种各样，这些模型主要考虑了煤的各种结构参数，并根据一些假设提出，代表性的模型主要有 Solomon 模型[2,3]、Wiser 模型[4,5]、Shinn 模型[6]、Wender 模型[7]和 Given 模型[8]等。

Given 模型[8](图 1-1)表示出低煤化度烟煤是由环数不多的缩合芳香环构成的。在这些环之间以脂环相互联结，分子呈线性排列构成折叠状的无序三维空间大分子，有氢键和含氮杂环存在，在含氮杂环上连有多个在反应或测试中确定的官能团如酚羟基和醌基等。Given 模型没有考虑含硫结构，也没有醚键和两个碳原子以上的次甲基桥键。

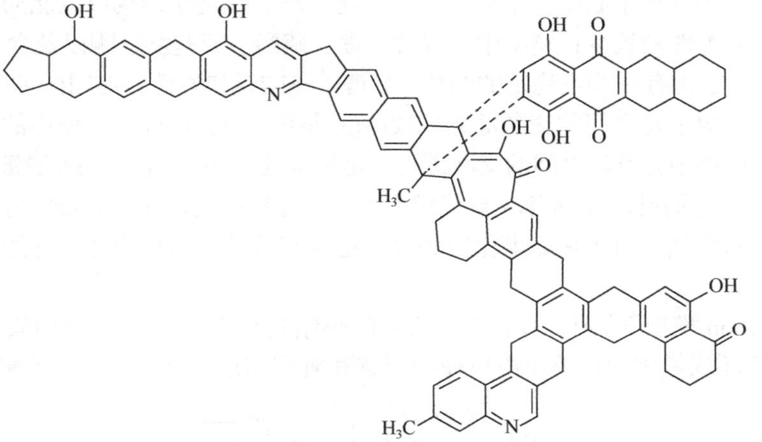

图 1-1　Given 模型

Wiser 模型[4,5](图 1-2)基本反映了煤分子结构的现代概念,可以解释煤的热解、

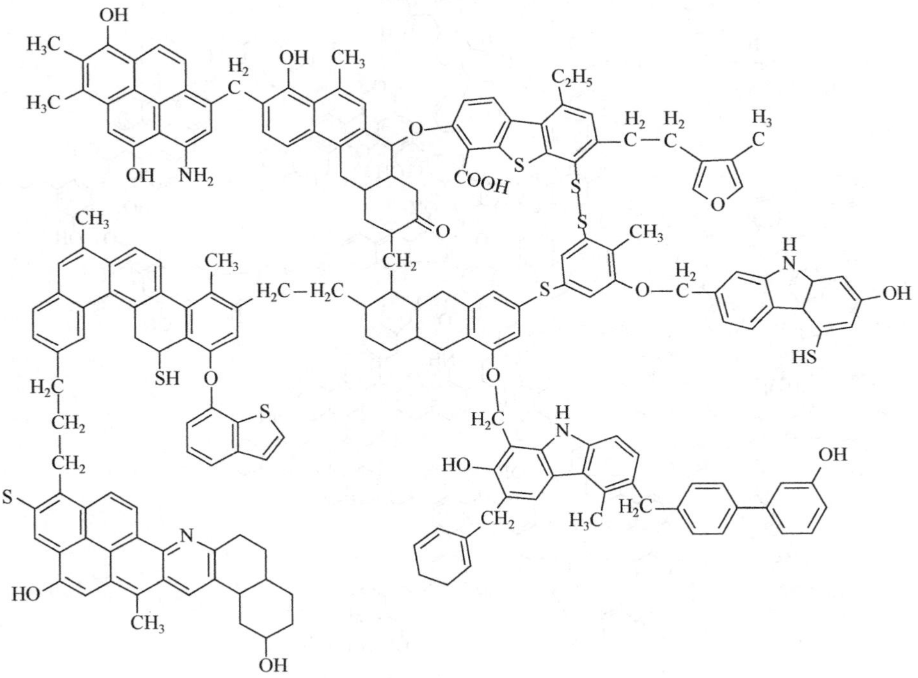

图 1-2　Wiser 模型

加氢、氧化、液化、裂解等许多化学反应，被认为是比较全面、合理的模型。该模型主要针对年轻烟煤，其芳香环数分布范围较宽，包含 1～5 个环的芳香结构。模型的元素组成和烟煤样中的元素组成一致，其中芳香碳含量为 65%～75%；模型中的氢大多存在于脂肪性结构中，如氢化芳环、烷链桥结构以及脂肪性官能团取代基，芳香性氢较少；模型中不仅含有酚、硫酚、芳基醚、酮以及含 O、N、S 的环结构，还含有一些不稳定的结构，如醇、—NH_2 和酸性官能团(—COOH)；模型中基本结构单元之间的交联键数也较高(3 条键)。与 Given 模型中的交联键不同，Wiser 模型中芳香环之间的交联键主要是短烷键(—$(CH_2)_{1\sim3}$—)和醚键(—O—)、硫醚(—S—)等弱键以及两芳环直接相连的两芳基碳碳键(ArC—CAr)。芳香环边缘上有羟基和羰基，由于是低煤化度烟煤，也含有羧基。结构中还有硫醇和噻吩等基团。

Solomon 模型[2,3](图 1-3)是普遍认可的煤结构模型之一。该结构假设：平均 3～5 个芳环或氢化芳环单位由较短的脂链和醚键相连，形成大分子的聚集体，小

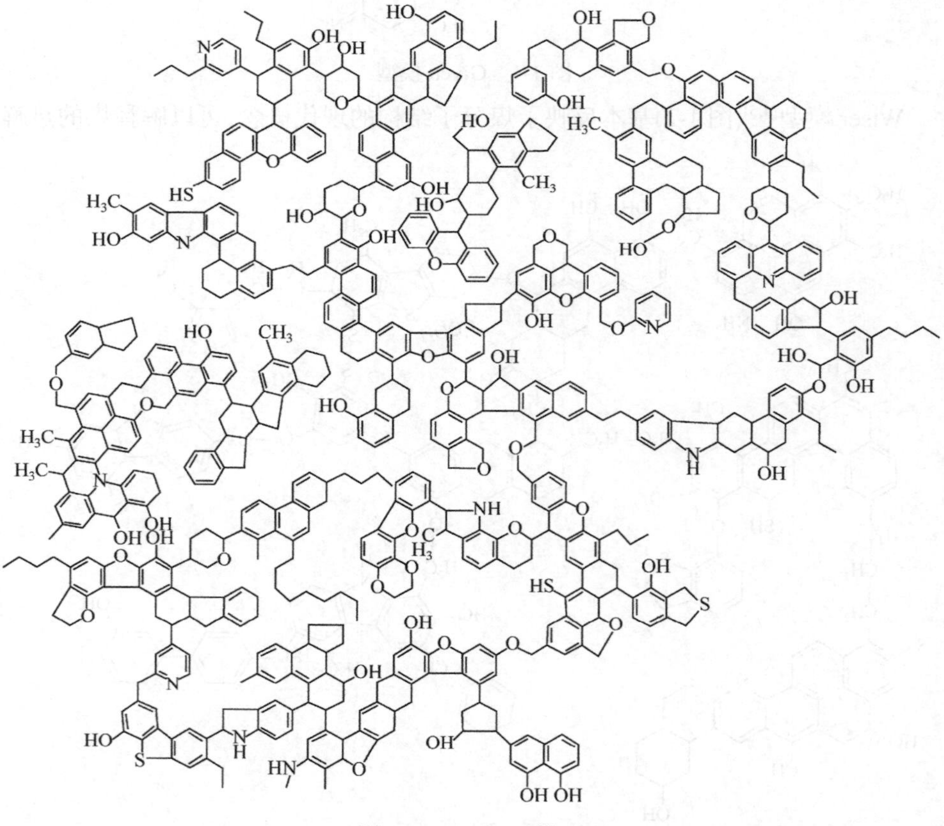

图 1-3　Solomon 模型

分子镶嵌于聚集体孔洞或空穴中，可以通过溶剂抽提溶解出。随着变质程度的增加，碳原子同芳香单元的键力增强，同时氢含量和氧含量下降，芳香尺寸不断增大到低挥发烟煤后出现较大突变，在无烟煤阶段增长迅速。

Nishioka 等[9-11]对不同的煤在不同的时间、温度下的试验研究表明，煤可被某些溶剂溶解的质量比很大，近而认识到煤中非共价键的重要性，提出缔合模型(图 1-4)。非共价键的缔合在煤大分子结合起来的过程中起到非常重要的作用，并认为吡啶不能有效解除缔合，而吡啶和二硫化碳的混合溶剂在加热条件下可将缔合键断裂。

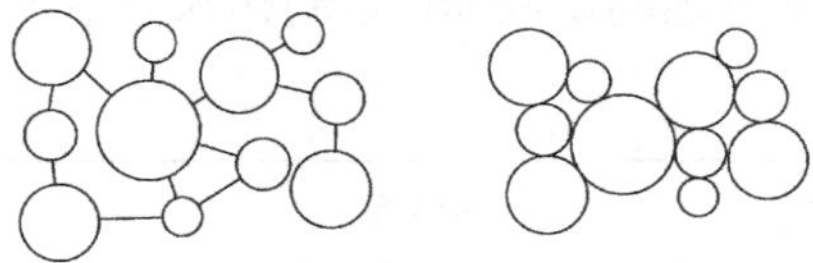

图 1-4　缔合模型

1913 年，Weeler 提出了煤的双组分假设，从化学角度来看，煤是由纤维素、木质素、类脂化合物、蛋白质、丹宁酸、树脂等组成的三维网状结构。双组分中，一个组分为包含大量芳香族多环芳烃、氢化芳烃，通过脂肪链和醚链连接起来的三维碳结构，相对分子质量很大，热解后形成焦；另一组分为相对分子质量很小的物质，存在于网络中的空隙部分。基于这种思想，Haenel[12]根据核磁共振氢谱发现煤中质子的弛豫时间有快慢两种类型而提出两相模型，如图 1-5 所示。图中，由芳环、氢化芳环等多聚芳环大分子组成的大分子网络为固定相，小分子网络为流动相。该模型认为，三维交联形成大分子相无流动性的煤结构主体，其中嵌有随结构而异的流动相小分子。煤的多聚芳环是主体，对于相同煤种主体是相似的，而流动相小分子作为客体掺杂于主体之中，不同煤种的客体是相异的。采用不同溶剂抽提煤可将主客体有目的地分离。事实上，该模型已指出煤中的分子既有以共价键为本质的交联结合，也有以分子间力为本质的物理缔合，较好地解释了一些在溶剂膨胀过程中煤的黏结性能，但其中相对分子质量低的小分子流动相还很有争议。

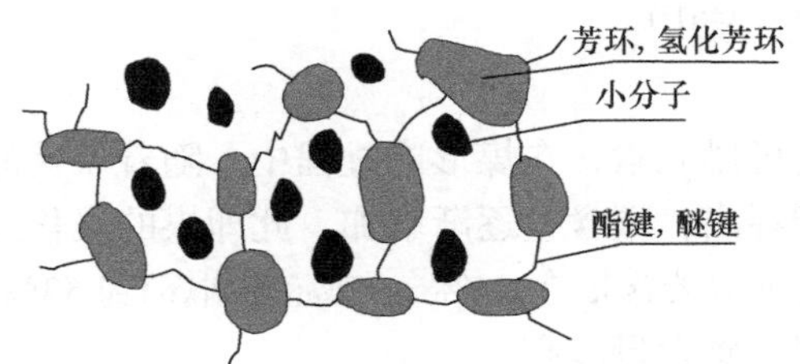

图 1-5　两相模型

目前，对各种煤结构模型较一致的认识是：三维交联大分子网络是煤结构的主体(缔合/主客体/两相)；网络间由共价键力(缔合/两相)结合在一起，非共价的氢键、范德瓦耳斯力、弱络合力、分子间电子引力等第二种作用力(键能<62.7 kJ/mol)也起到非常重要的作用，它们甚至决定着煤大分子的构成(缔合)；小分子相通过第二种作用力嵌在大分子网络中(两相、主客体)。煤种的不同之处在于其小分子相的不同(主客体)或煤交联网络间作用力比例的不同(缔合)，在抽提过程中打开的是交联网络中的桥键(两相)或称第二种作用力(缔合)。

1.1.3　煤的组成

原煤是由可燃质、不可燃的矿物质(灰质)和水分组成的。煤及其燃烧产物的组成如图 1-6 所示。

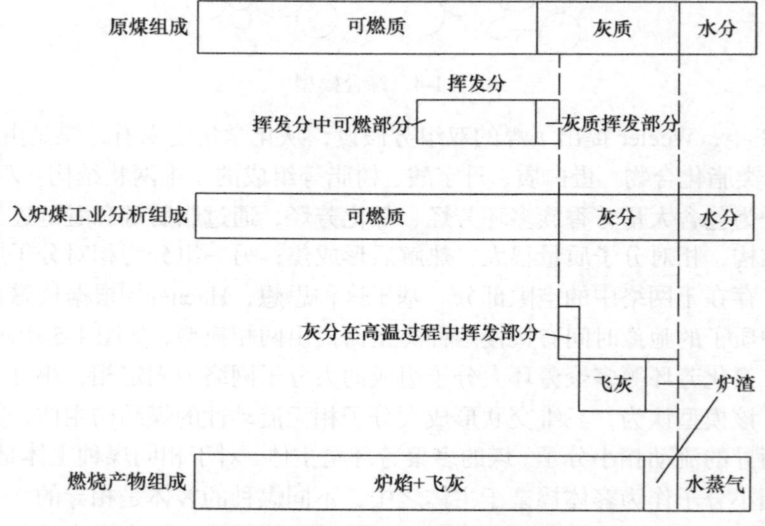

图 1-6　煤及其燃烧产物的组成[13]

1. 煤的可燃质元素

煤的可燃质是由多种碳氢化合物和其他有机物构成的混合物，其主要化学元素为碳、氢、氧、氮和硫[13]。

1) 碳

碳是煤中的主要可燃元素，在煤形成过程中，随着年代的增长，一些不稳定的含有氧的成分逐渐释出，碳含量逐渐增加，此即煤的炭化过程。随着炭化程度的不同，天然煤可燃质中碳含量在 93%～97%(无烟煤)到 53%～60%(泥煤)范围内变化。炭化程度越高，碳含量越高。

煤中的碳，主要以和氢、氧等元素组成的有机物的状态存在。炭化程度较高的煤，也存在结晶状的碳。纯碳是难以燃烧的，炭化程度较高的煤着火和燃烧均较困难。

2) 氢

煤中氢含量一般为 2%～6%，大多以各种类型的碳氢化合物状态存在。这些物质在煤受热时易裂解析出，同时也易着火和燃烧。

3) 氧

煤中的氧是有机废物，它的存在可使可燃质中碳和氢的含量相对减少。此外，由于氧能使可燃质中部分元素(如碳和氢)氧化，煤燃烧时放出的热量减少，因此把氧列在煤的可燃质中是不确切的。一般炭化程度较浅的煤的氧含量较高，例如，泥煤的可燃质中氧含量约为 35%，炭化程度较高的煤的氧含量则较低，无烟煤的氧含量为 1%～3%。

4) 氮

氮是可燃质中的废物，其含量很少，仅为 0.4%～3%，大部分氮不氧化，而是以自由状态 N_2 转入烟气中。一部分氮可形成 NO_x，造成对大气的污染。

5) 硫

硫[14]是煤中的有害物质。煤中的硫可以分为无机硫和有机硫两部分，前者多以矿物杂质的形式存在于煤中，可进一步按所属的化合物类型分为硫化物硫与硫酸盐硫。硫化物硫主要是以黄铁矿(FeS_2)、白铁矿(FeS_2)、砷黄铁矿(FeAsS)、磁黄铁矿($Fe_{1-x}S$)、黄铜矿($CuFeS_2$)等形式出现；硫酸盐硫包括石膏($CaSO_4 \cdot 2H_2O$)、重晶石($BaSO_4$)、绿矾($FeSO_4 \cdot 7H_2O$)等。有机硫则是直接结合于有机母体中的硫。煤中的有机硫主要由硫醇(烷基、环化合物、芳香族)、硫化物(烷基、烷基-环烷基、环化合物)和二硫化物(噻吩、苯噻吩、二苯噻吩)三部分组成。近年来，随着分析技术的改进，许多学者还在煤中检出了硫的另一种存在形态，即单质硫(元素硫)。图 1-7 为煤中硫的分类[14]。

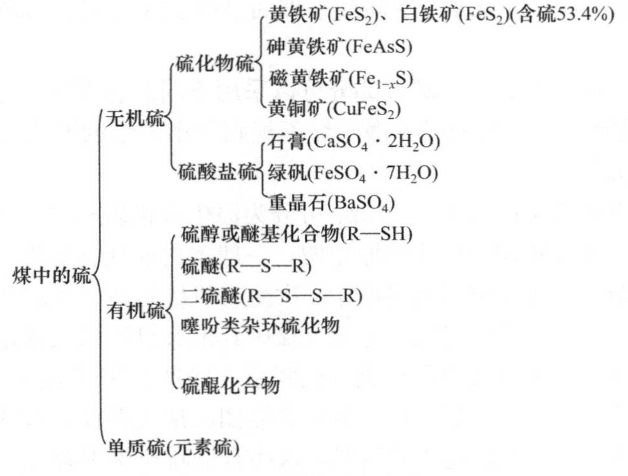

图 1-7　煤中硫的分类

据统计，我国煤中有60%～70%的硫为无机硫，30%～40%为有机硫，单质硫的比例一般很低，在无机硫中绝大多数是黄铁矿，硫酸盐硫占的比例较少。因此，煤中黄铁矿的治理对于煤的清洁燃烧、减少硫的危害具有十分重要的意义。

煤中的硫酸盐主要是石膏、绿矾等。在煤热解过程中硫酸盐失去结晶水，并被煤热解产生的氢气还原成亚硫酸盐或硫化物。硫酸盐并不逸出，也不形成硫氧化物造成大气污染，而是成为灰分的一部分。煤中的有机硫和硫化物硫可以燃烧，每千克可燃硫的发热量为9100kJ。可燃硫燃烧后在烟气中形成SO_2和少量的SO_3。SO_3可使烟气中水蒸气的露点大大升高。SO_2和SO_3能溶于水变成亚硫酸(H_2SO_3)和硫酸(H_2SO_4)，它们会使锅炉低温受热面(如空气预热器)金属腐蚀及堵灰。炼焦用煤中的硫则部分地转入焦炭之中，然后转入铁中，从而降低焦炭及钢铁的质量。焦炭中硫含量每增加1%，不仅会使焦炭消耗量增加18%～24%，溶剂消耗量增加20%，还会降低高炉生产率20%。SO_2和SO_3排放到大气中，可造成大气环境的污染。

黄铁矿是煤中主要的硫成分。黄铁矿的硬度为6～6.5，相对密度为4.9～5.2，比煤矸石和煤都要重得多。黄铁矿本身无磁性，但在强磁场感应下能转变为顺磁性物质。在煤中，黄铁矿以单体颗粒或群体集合状形式存在，按其赋存状况，可分为以下几种类型。

(1) **粒装**(结核状)。多呈球形或近球形颗粒，粒度一般较大，可分为粗粒、细粒和微粒三种类型。

(2) **群体集合状**。一般许多微细粒黄铁矿嵌生聚集在一起，以联生状的形式出现，其粒度可以很大。

(3) **脉状**。这类黄铁矿通常充填于煤的节理或裂隙中，多为变质作用阶段的产物。

(4) **薄膜状**。通常沿层理、层面或节理面呈薄层或超薄层出现，为成岩和变质阶段的产物。

以上各种赋存状态的黄铁矿大部分可以采用不同的物理洗选方法去除。

(5) **细分散状**。常以微米或亚微米级不规则状小颗粒的形式分散于煤中，比较难用洗选方法脱除。

有机硫占煤中硫含量的1/3～1/2，可分为原生有机硫和次生有机硫两类。原生有机硫来源于成煤植物蛋白质的原生质，一般蛋白质硫含量为5%，以各种不同形式的含硫杂环分布在煤的有机质中。次生有机硫是在成煤时期，在形成黄铁矿的同时分离出来的。这种有机硫并未与煤中其他有机质构成真正的分子，而是以一种松懈的键与煤中有机物质构成有机联系，并且它在煤中不是均匀分布的，主要限于黄铁矿体周围。有机硫均以各种官能团的形式存在，由噻吩、芳香基硫化物、环硫化物、脂肪族硫化物等组成。这些有机硫与煤中有机质构成复杂的分子，用一般的洗选等物理方法不易除去，需要采用化学方法进行脱硫。

大量的煤样资料表明，含硫率低于 0.5%的低硫煤中的硫以有机硫为主，黄铁矿硫含量较少，硫酸盐硫含量甚微；而在硫含量大于 2%的高硫煤中，主要为黄铁矿硫，少部分为有机硫，硫酸盐硫一般不超过 0.2%。

2. 灰质和灰分

灰质是原生、次生以及煤开采过程中混入的各种矿物质，其主要物相组成和化学成分如表 1-3 所示[13]。一般前两类矿物质占灰质的 50%以上，是主要成分。除表 1-3 所列 6 类主要矿物质外，各煤种还会因其产区的地质状况的不同而含有少量其他矿物质。

表 1-3　煤灰质的主要物相组成和化学成分

序号	类别	典型的矿物质及近似的化学成分	
1	页岩	钾云母石	$K_2O \cdot 3Al_2O_3 \cdot 6SiO_2 \cdot 2H_2O$
		钠云母石	$Na_2O \cdot 3Al_2O_3 \cdot 6SiO_2 \cdot 2H_2O$
		高岭土(黏土)	$(Mg，Ca)O \cdot Al_2O_3 \cdot 5SiO_2 \cdot nH_2O$
2	高岭土	高岭土	$Al_2O_3 \cdot 2SiO_2 \cdot 2H_2O$
		高岭土	$Al_2O_3 \cdot 2SiO_2 \cdot 4H_2O$
3	碳酸盐	石灰石	$CaCO_3$
		白云石	$CaCO_3 \cdot MgCO_3$
		铁石云石	$2CaCO_3 \cdot MgCO_3 \cdot FeCO_3$
		菱铁矿	$FeCO_3$
4	硫化物	黄铁矿及白铁矿	FeS_2
5	氯化物	钾盐	KCl
		钠盐	NaCl
6	其他矿物质	石英	SiO_2
		长石	$(K，Na)O_2 \cdot Al_2O_3 \cdot 6SiO_2$
		石榴石	$3CaCO_3 \cdot Al_2O_3 \cdot 3SiO_2$
		角闪石	$CaO \cdot 3FeO \cdot 4SiO_2$
		石膏	$CaSO_4 \cdot 2H_2O$
		磷石灰	$9CaO \cdot 3P_2O_5 \cdot CaF_2$
		锆石	$ZrSiO_4$
		水铝石	$Al_2O_3 \cdot H_2O$
		磁铁矿	Fe_3O_4
		赤铁矿	Fe_2O_3

直接测定煤中灰质(即煤中各种矿物质)的含量是比较困难的。通常使用灼烧法，即在815℃下对煤样进行灼烧，直待残留物为恒重时，其量即煤中灰的产率，即灰分。由于灼烧过程中，矿物质部分组分热分解，并挥发掉一部分气体，灰分的质量比灰质有所减少。煤在炉膛中燃烧时，温度比在实验室测定灰分时高，灰分中某些物质将继续分解和挥发，炉膛中的气氛也不同于实验室电炉中的气氛，在这种条件下燃烧后剩余部分就是锅炉的灰渣(包括飞灰和炉渣)。

由此可知，煤中的灰质和煤在实验室分析时所得灰分，以及煤经高温燃烧后剩余的灰渣，无论在数量上还是组成上都是不同的。

表1-4给出了我国主要动力用煤灰成分的统计[13]。

表 1-4　我国主要动力用煤灰成分　　(单位：%)

煤灰成分	无烟煤、贫煤		烟煤		褐煤	
	最低	最高	最低	最高	最低	最高
SiO_2	31.35	73.50	19.91	80.68	10.16	56.42
Al_2O_3	10.19	47.52	8.76	48.60	5.64	31.38
Fe_2O_3	2.02	12.81	1.15	64.50	4.67	21.34
CaO	0.43	28.20	0.57	30.41	5.03	39.02
MgO	—	1.26	—	3.15	0.11	2.43
P_2O_5	0.04	1.17	0.01	4.88	0.04	2.53
TiO_5	0.08	1.71	0.15	5.36	0.28	3.76
SO_3	0.08	10.59	0.07	13.43	0.63	35.16
K_2O+Na_2O	0.05	7.37	—	9.57	0.09	11.38

灰的化学组成影响着灰渣的熔化、黏度等特性，因此影响到锅炉燃烧过程中的结渣、积灰等过程。这些内容将在后面详细论及。

3. 水分

水分也是煤中的杂质。煤的总(全)水分由表面(外在)水分和固有(内在)水分构成。表面(外在)水分是由雨、露、冰、雪造成的，或在开采、洗选等过程中进入煤中的，可以用自然干燥法去除。固有(内在)水分则是在大气状态下风干的煤所保持的吸附水和结晶水，它随煤的地质年代的增加而减少。这种水分不能以自然干燥法去除，要把煤加热到102～105℃，并保持1～3h，方可去掉[13]。

水分的存在不仅使煤中可燃元素含量相对减少，而且在燃烧时水分蒸发还要吸收热量，使煤的发热值降低。

煤可燃质中的碳、氢、氧、硫等元素和不可燃的灰分、水分构成煤的元素分析。从元素分析，可以计算燃烧所需要的空气量、燃烧产物的数量，并可估计煤的发热值。但是，仅从元素分析的数据，还不足以确定煤中有机物的复杂性质，从而不能全面判断煤的燃烧特性。

煤的组成除了按元素分析的形式表示外，还可按工业分析的形式表示，即除了灰分、水分之外，把可燃质部分分成挥发分(volatile component，V)和固定碳(fixed carbon，FC)两部分。并且，工业分析的内容(项目)还包括表示煤的技术使用价值的参数——发热量。煤单位质量完全燃烧时所放出的热量称为煤的发热量。

煤的元素分析和工业分析成分可以用几种基准来表示，具体如下。

收到基(as received，用脚码“ar”表示)：以实际供入锅炉的燃料成分作百分之百，包括灰分及全水分，俗称入炉煤成分。

空气干燥基(air dry，用脚码“ad”表示)：以煤的实验室分析试样成分作百分之百，通常为风干状态，即收到基失去外在水分。

干燥基(dry，用脚标“d”表示)：以失去全水分后煤的成分作百分之百，煤的水分是不稳定的，它的变化使其他成分的百分比含量也相对变化。为了正确表示灰分及可燃质，常用干燥基成分。

干燥无灰基(dry ash free，用脚码“daf”表示)：以煤的可燃质成分作百分之百，不计入灰分及水分。煤的灰分也可以通过洗选而改变，而煤的可燃质成分则是比较稳定的。因此，煤常用干燥无灰基进行分类。

燃料各种基质的平衡式如表 1-5 所示。各式中 w_C、w_H、w_O、w_N、w_S、w_A、w_M、w_{FC}、w_V 分别表示煤中的碳、氢、氧、氮、可燃硫、灰分、水分、固定碳、挥发分的含量(质量分数)。

表 1-5　燃料各种基质的平衡式

基质	元素分析	工业分析
收到基	$w_{Car}+w_{Har}+w_{Oar}+w_{Nar}+w_{Sar}+w_{Aar}+w_{Mar}=100\%$	$w_{FCar}+w_{Var}+w_{Aar}+w_{War}=100\%$
空气干燥基	$w_{Cad}+w_{Had}+w_{Oad}+w_{Nad}+w_{Sad}+w_{Aad}+w_{Mad}=100\%$	$w_{FCad}+w_{Vad}+w_{Aad}+w_{Wad}=100\%$
干燥基	$w_{Cd}+w_{Hd}+w_{Od}+w_{Nd}+w_{Sd}+w_{Ad}=100\%$	$w_{FCd}+w_{Vd}+w_{Ad}=100\%$
干燥无灰基	$w_{Cdaf}+w_{Hdaf}+w_{Odaf}+w_{Ndaf}+w_{Sdaf}=100\%$	$w_{FCdaf}+w_{Vdaf}=100\%$

实验室中实际分析工作所得到的是空气干燥基成分，然后根据水分含量等不同而换算成其他基的成分。表 1-6 为煤的不同基准成分及高位发热量的换算因子。

表 1-6　煤的不同基准成分及高位发热量的换算因子

已知成分	脚码	所求成分			
		收到基	空气干燥基	干燥基	干燥无灰基
收到基	ar	1	$\frac{100-w_{Mad}}{100-w_{Mar}}$	$\frac{100}{100-w_{Mar}}$	$\frac{100}{100-w_{Mar}-w_{Aar}}$

续表

已知成分	脚码	所求成分			
		收到基	空气干燥基	干燥基	干燥无灰基
空气干燥基	ad	$\frac{100-w_{\mathrm{Mar}}}{100-w_{\mathrm{Mad}}}$	1	$\frac{100}{100-w_{\mathrm{Mad}}}$	$\frac{100}{100-w_{\mathrm{Mar}}-w_{\mathrm{Aar}}}$
干燥基	d	$\frac{100-w_{\mathrm{Mar}}}{100}$	$\frac{100-w_{\mathrm{Mad}}}{100}$	1	$\frac{100}{100-w_{\mathrm{Ad}}}$
干燥无灰基	daf	$\frac{100-w_{\mathrm{Mar}}-w_{\mathrm{Aar}}}{100}$	$\frac{100-w_{\mathrm{Mad}}-w_{\mathrm{Aad}}}{100}$	$\frac{100-w_{\mathrm{Ad}}}{100}$	1

煤的发热量分为高位发热量 $Q_{\mathrm{gr,p}}$(恒压高位发热量，gross constant pressure)和低位发热量 $Q_{\mathrm{net,p}}$(恒压低位发热量，net constant pressure)。当计入燃烧产生的水蒸气汽化潜热时，称高位发热量，不计入时称低位发热量。我国在有关锅炉计算中以低位发热量为准。

煤的发热量用氧弹热量计测定。氧弹热量计所测出的发热量与高位发热量之间的换算关系为

$$Q_{\mathrm{gr,v,ad}}=Q_{\mathrm{b,ad}}-(94.1w_{\mathrm{Sb,ad}}+\alpha Q_{\mathrm{b,ad}}) \tag{1-1}$$

式中，$Q_{\mathrm{gr,v,ad}}$ 为空气干燥基煤样的恒容高位发热量(kJ/kg)；$Q_{\mathrm{b,ad}}$ 为空气干燥基煤样的弹筒发热量(kJ/kg)；$w_{\mathrm{Sb,ad}}$ 为由弹筒洗液测得的煤的硫含量(%)，当全硫含量低于4.00%，或发热量大于14.60MJ/kg时，用全硫代替 $w_{\mathrm{Sb,ad}}$；94.1为空气干燥基煤样中每1.00%硫的校正值(kJ/kg)；α 为硝酸生成热的校正系数，当 $Q_{\mathrm{b,ad}}\leqslant 16.70$MJ/kg时，$\alpha=0.0010$；当16.70 MJ/kg$<Q_{\mathrm{b}}\leqslant 25.0$MJ/kg时，$\alpha=0.0012$；当 $Q_{\mathrm{b}}>25.0$MJ/kg时，$\alpha=0.0016$。

由弹筒发热量算出的高位发热量属恒容状态，在实际工业燃烧中则是恒压状态，工业计算中使用恒压低位发热量，可按式(1-2)计算，即

$$Q_{\mathrm{net,p,ar}}=\left[Q_{\mathrm{gr,v,ad}}-212w_{\mathrm{Had}}-0.8(w_{\mathrm{Oad}}+w_{\mathrm{Nad}})\right]\times\frac{100-w_{\mathrm{Mt}}}{100-w_{\mathrm{Mad}}}-24.4w_{\mathrm{Mt}} \tag{1-2}$$

式中，$Q_{\mathrm{net,p,ar}}$ 为煤的收到基恒压低位发热量(kJ/kg)；w_{Mt} 为煤的收到基水分，即 w_{Mar}(%)。

在后面中，若没有特殊说明的发热量均指恒压发热量，而且下脚码“p”可略去。

当没有氧弹热量计时，可根据元素分析进行近似计算，求得发热量。收到基低位发热量 $Q_{\mathrm{net,ar}}$ 的计算式为

$$Q_{\mathrm{net,ar}}=339w_{\mathrm{Car}}+1030w_{\mathrm{Har}}-109(w_{\mathrm{Oar}}-w_{\mathrm{Sar}})-25w_{\mathrm{War}} \tag{1-3}$$

式(1-3)计算的准确性与煤中的含灰量有关，当 $w_{\mathrm{Ad}}\leqslant 25\%$时，计算值与实测值之差$\Delta Q<600$kJ/kg；当 $w_{\mathrm{Ad}}>25\%$时，$\Delta Q<800$kJ/kg。有时这种方法也可用于校核

元素分析或所测发热量是否准确。

收到基高位发热量 $Q_{gr,ar}$ 与收到基低位发热量之间的换算关系为

$$Q_{gr,ar}=Q_{net,ar}+25(w_{Mar}+9w_{Har}) \tag{1-4}$$

燃料中的水分对高位发热量的影响，只是占据燃料中一定的质量分数；而水分对低位发热量的影响，除占据一定的质量分数使发热量降低外，还要吸收汽化潜热再度降低发热量。因此，各成分基高位发热量间的换算可用表 1-6 的换算系数。对于低位发热量间的换算，必须考虑水分的汽化潜热，先换算成高位发热量后，再用表 1-6 的换算系数换算。各成分基低位发热量间的换算如表 1-7 所示。

表 1-7　煤的各种成分基低位发热量换算式

已知成分的基	所求成分的基			
	收到基	空气干燥基	干燥基	干燥无灰基
收到基	—	$Q_{net,ad}=(Q_{net,ar}+25w_{Mar})\times\dfrac{100-w_{Mad}}{100-w_{Mar}}-25w_{Mar}$	$Q_{net,d}=(Q_{net,ar}+25w_{Mar})\times\dfrac{100}{100-w_{Mar}}$	$Q_{net,daf}=(Q_{net,ar}+25w_{Mar})\times\dfrac{100}{100-w_{Mar}-w_{Aar}}$
空气干燥基	$Q_{net,ar}=(Q_{net,ad}+25w_{Md})\times\dfrac{100-w_{Mar}}{100-w_{Mad}}-25w_{Mar}$	—	$Q_{net,d}=(Q_{net,ad}-25w_{Mad})\times\dfrac{100}{100-w_{Mad}}$	$Q_{net,daf}=(Q_{net,ad}+25w_{Mad})\times\dfrac{100}{100-w_{Mad}-w_{Aad}}$
干燥基	$Q_{net,ar}=Q_{net,d}\times\dfrac{100-w_{Mar}}{100}-25w_{Mar}$	$Q_{net,ad}=Q_{net,d}\times\dfrac{100-w_{Mad}}{100}-25w_{Mar}$	—	$Q_{net,daf}=Q_{net,d}\times\dfrac{100}{100-w_{Ad}}$
干燥无灰基	$Q_{net,ar}=Q_{net,daf}\times\dfrac{100-w_{Mar}-w_{Aar}}{100}-25w_{Mar}$	$Q_{net,ad}=Q_{net,daf}\times\dfrac{100-w_{Mad}-w_{Aad}}{100}-25$	$Q_{net,d}=Q_{net,daf}\times\dfrac{100-w_{Ad}}{100}$	—

换算举例：已知空气干燥基低位发热量 $Q_{net,ad}$，求收到基低位发热量 $Q_{net,ar}$。换算如下：

$$Q_{gr,ad}=Q_{net,ad}+25(w_{Mad}+9w_{Had})$$

$$Q_{gr,ar}=Q_{gr,ad}\times\frac{100-w_{War}}{100-w_{Wad}}=\left[Q_{net,ad}+25(w_{Mad}+9w_{Had})\right]\times\frac{100-w_{War}}{100-w_{Wad}} \tag{1-5}$$

$$\begin{aligned}Q_{net,ar}&=Q_{gr,ar}-25\left(w_{Mar}+9w_{Har}\right)\\&=\left[Q_{net,ad}+25(w_{Mad}+9w_{Had})\right]\times\frac{100-w_{Mar}}{100-w_{Mad}}-25(w_{Mar}+9w_{Har})\end{aligned} \tag{1-6}$$

上述换算式 w_{Wad} 不能通过表 1-6 中的系数直接换算成 w_{Mar}，而必须按表 1-3 进行换算。

为比较不同燃料的水分、灰分及硫分含量对锅炉工作的影响，科学的办法应

该按一定发热量所带入的质量进行比较，即规定按每 4187kJ(即 1000kcal)发热量所带入的有关质量(kg)比较，称为折算含量(kg/MJ)；定义折算水分(w_{WZ})、灰分(w_{AZ})及硫分(w_{SZ})为

$$w_{WZ}=\frac{w_{War}/100}{Q_{net,ar}/418.7},\quad w_{AZ}=\frac{w_{Aar}/100}{Q_{net,ar}/418.7},\quad w_{SZ}=\frac{w_{Sar}/100}{Q_{net,ar}/418.7}$$

式中，w_{WZ}、w_{AZ}和 w_{SZ}分别为折算收到基水分、折算收到基灰分和折算收到基硫分。

当考虑水分、灰分和硫分对锅炉运行的影响时，采用折算含量比较方便，例如，某锅炉改变煤种，燃料中水分、灰分和硫分都增加，煤的发热量降低，当锅炉仍要保持原蒸发量时，必须多烧煤，由于多烧的煤量可使进入炉膛内的水分、灰分和硫分相应增加，对锅炉工作的影响也增大，因此使用折算含量比较方便。

1.1.4　煤的分类

我国现行煤的分类方法《中国煤炭分类》(GB/T 5751—2009)是用表征煤化程度的参数和煤工艺性能的参数作为分类指标的。用于表征煤化程度的参数为：干燥无灰基挥发分(w_{Vdaf})、干燥无灰基氢含量(w_{Hdaf})、恒湿无灰基高位发热量($Q_{gr,maf}$)、低煤阶煤透光率(P_M)；用于表征煤工艺性能的参数为：烟煤的黏结指数(G)、烟煤的胶质层最大厚度(Y)、烟煤的奥-阿膨胀度(b)。采用煤化程度参数(主要是干燥无灰基挥发分)将煤炭划分为无烟煤、烟煤和褐煤，如表 1-8 所示。褐煤和烟煤的划分采用透光率作为主要指标，并以恒湿无灰基高位发热量为辅助指标。

表 1-8　无烟煤、烟煤和褐煤的分类

类别	代号	编码	分类指标	
			w_{Vdaf}/%	P_M/%
无烟煤	WY	01，02，03	≤10.0	—
烟煤	YM	11，12，13，14，15，16	>10.0～20.0	—
		21，22，23，24，25，26	>20.0～28.0	
		31，32，33，34，35，36	>28.0～37.0	
		41，42，43，44，45，46	>37.0	
褐煤	HM	51，52	>37.0①	≤50②

注：①凡 w_{Vdaf}>37.0%，G≤5，再用透光率 P_M 来区分烟煤和褐煤(地质勘察中，在 w_{Vdaf}>37.0%的不压饼的条件下测定的焦渣特征为 1～2 号的煤，再用 P_M 来区分烟煤和褐煤)。

②凡 w_{Vdaf}>37.0%，P_M>50%的煤为烟煤；30%<P_M≤50%的煤，若恒湿无灰基高位发热量 $Q_{gr,maf}$>24MJ/kg，则划为长焰煤，否则为褐煤；恒湿无灰基高位发热量 $Q_{gr,maf}$ 是指煤样含有最高内在水分但不含灰分的一种假想状态下煤的高位发热量，这时煤样中含有可燃质和最高内在水分，不能直接测量。计算公式为

$$Q_{gr,maf}=Q_{gr,ad}\times\frac{100\times(100-\mathrm{MHC})}{100\times(100-w_{Mad})-w_{Aad}(100-\mathrm{MHC})}$$

式中，$Q_{gr,maf}$ 为煤样的恒湿无灰基高位发热量(kJ/kg)；$Q_{gr,ad}$ 为一般分析试验煤样的恒容高位发热量(kJ/kg)；w_{Mad}、w_{Aad} 分别为一般分析试验煤样水分、灰分的质量分数(%)；MHC 为煤样最高内在水分的质量分数(%)。

无烟煤亚类的划分采用干燥无灰基挥发分和干燥无灰基氢含量作为指标，如果两种结果有矛盾，则按干燥无灰基氢含量划分的结果为准，具体划分如表 1-9 所示。

表 1-9　无烟煤亚类的划分

亚类	代号	编码	分类指标	
			w_{Vdaf}/%	w_{Hdaf}/%①
无烟煤一号	WY1	01	≤3.5	≤2.0
无烟煤二号	WY2	02	>3.5～6.5	>2.0～3.0
无烟煤三号	WY3	03	>6.5～10.0	>3.0

注：①在已确定无烟煤亚类的生产矿厂的日常工作中，可以只按 w_{Vdaf} 分类；在地质勘察工作中，当为新区确定亚类或生产矿厂和其他单位需要重新核定亚类时，应同时测定 w_{Vdaf} 和 w_{Hdaf}，按此表分亚类，如果两种结果有矛盾，则按 w_{Hdaf} 划亚类的结果为准。

烟煤类别的划分，需同时考虑烟煤的煤化程度和工艺性能(主要是黏结性)。烟煤煤化程度的参数采用干燥无灰基挥发分作为指标；烟煤黏结性的参数，以黏结指数作为主要指标，并以胶质层最大厚度(或奥-阿膨胀度)作为辅助指标，当两者划分的类别有矛盾时，以按胶质层最大厚度划分的类别为准，具体分类如表 1-10 所示。

表 1-10　烟煤的分类

类别	代号	编码	分类指标			
			w_{Vdaf}/%	G	Y/mm	b/%②
贫煤	PM	11	>10.0～20.0	≤5		
贫瘦煤	PS	12	>10.0～20.0	>5～20		
瘦煤	SM	13	>10.0～20.0	>20～50		
		14	>10.0～20.0	>50～65		
焦煤	JM	15	>10.0～20.0	>65①	≤25.0	≤150
		24	>20.0～28.0	>50～65		
		25	>20.0～28.0	>65①	≤25.0	≤150
肥煤	FM	16	>10.0～20.0	(>85)①	>25.0	>150
		26	>20.0～28.0	(>85)①	>25.0	>150
		36	>28.0～37.0	(>85)①	>25.0	>220

续表

类别	代号	编码	分类指标			
			w_{Vdaf}/%	G	Y/mm	b/%②
1/3 焦煤	1/3JM	35	>28.0～37.0	>65①	≤25.0	≤220
气肥煤	QF	46	>37.0	(>85)①	>25.0	>220
气煤	QM	34	>28.0～37.0	>50～65	≤25.0	≤220
		43	>37.0	>35～50		
		44	>37.0	>50～65		
		45	>37.0	>65①		
1/2 中黏煤	1/2ZN	23	>20.0～28.0	>30～50		
		33	>28.0～37.0	>30～50		
弱黏煤	RN	22	>20.0～28.0	>5～30		
		32	>28.0～37.0	>5～30		
不黏煤	BN	21	>20.0～28.0	≤5		
		31	>28.0～37.0	≤5		
长焰煤	CY	41	>37.0	≤5		
		42	>37.0	>5～35		

注：①当烟煤黏结指数测值 G≤85 时，用干燥无灰基挥发分 w_{Vdaf} 和黏结指数 G 来划分煤类；当黏结指数测值 G>85 时，用干燥无灰基挥发分 w_{Vdaf} 和胶质层最大厚度 Y，或用干燥无灰基挥发分 w_{Vdaf} 和奥-阿膨胀度 b 来划分煤类；在 G>85 的情况下，当 Y>25.0mm 时，根据 w_{Vdaf} 的大小可划分为肥煤或气肥煤；当 Y≤25.0mm 时，根据 w_{Vdaf} 的大小可划分为焦煤、1/3 焦煤或气煤。

②当 G>85 时，用 Y 和 b 并列作为分类指标；当 w_{Vdaf}≤28.0%时，b>150%的为肥煤；当 w_{Vdaf}>28.0%时，b>220%的为肥煤或气肥煤；如果按 b 值和 Y 值划分的类别有矛盾，则以 Y 值划分的类别为准。

褐煤亚类的划分采用透光率作为指标，具体划分如表 1-11 所示。

表 1-11　褐煤亚类的划分

类别	代号	编码	分类指标	
			P_{M}/%	$Q_{\mathrm{ar,maf}}$/(MJ/kg)①
褐煤 1 号	HM1	51	≤30	—
褐煤 2 号	HM2	52	>30～50	≤24

注：①凡 w_{Vdaf}>37.0%，P_{M}>30%～50%的煤，若恒温无灰基高位发热量 $Q_{\mathrm{gr,maf}}$>24MJ/kg，则划为长焰煤。

按现行分析方法，将 1g 煤粉试样隔绝空气在温度(900±10)℃下加热 7min，以减少的质量占煤样质量的百分数，减去该煤样水分含量作为煤样的挥发分。烟煤的黏结指数和最大胶质层厚度表示煤的结焦性，其值越大，结焦性越强。

上述分类方法对动力用煤并不完全适用。例如，贫煤、贫瘦煤、瘦煤的差别仅在于黏结指数不同，但对于煤粉燃烧过程，二者几乎没有差别。同样，1/2 中黏煤、弱黏煤、不黏煤、1/3 焦煤、气肥煤和气煤等，在燃烧特性上也差别不大。

此外，一些对锅炉内煤的燃烧过程有重要影响的特性，却又没有作为分类指标。尽管如此，虽然没有统一的动力用煤分类方法，但为了研究煤的燃烧特性，进行锅炉设计和锅炉运行调整的需要，习惯上仍根据上述分类原则，将动力用煤分为无烟煤、贫煤、烟煤和褐煤等[13]。

(1) 无烟煤。它是埋藏年代最久、炭化程度最高的煤种，可燃质中碳含量为 93%～98%，一般以挥发分 w_{Vdaf}≤10%作为无烟煤的标志。

无烟煤不但挥发物含量低，而且其析出的温度亦高，因此着火困难，燃尽不易，属低反应能力的燃料。特别是 w_{Vdaf}≤5%或挥发物中氢含量较低的无烟煤，燃烧更为困难。

我国无烟煤的储存量较多，分布于华北、中南地区以及福建省。表 1-12 给出我国一些无烟煤的煤质分析资料[13]。由表可以看出，有些无烟煤的灰分较高、热值较低，而有些尚属于低灰熔点的煤类，这样就越发增加了使用(燃烧)的困难性，需要解决好着火稳燃和结渣的矛盾。

(2) 贫煤。它的炭化程度略低于无烟煤的煤种，挥发分 w_{Vdaf}>10%～20%。动力用煤中，贫煤尚包括贫瘦煤和瘦煤，其代号为 PS、SM，还包括焦煤中编码为 15 号的煤。贫煤是主要的动力煤种，其燃烧性能优于无烟煤，但仍属于反应性能较差的煤类，特别是干燥无灰基挥发分接近于 10%的煤，其燃烧性能和无烟煤接近。

一些贫煤的特性可参考表 1-13[13]。

(3) 烟煤。它是炭化程度中等的煤，包括挥发分 w_{Vdaf} 为 20%～28%的编码为 24 号、25 号的焦煤(代号为 JM)直到挥发分 w_{Vdaf}>37%的编码为 41 号、42 号的长焰煤(代号为 CY)之间的所有煤种。灰分中等以下的烟煤发热值较高，燃烧比较容易。但是，我国低灰分的优质烟煤，特别是结焦性能较好的烟煤，一般不作为动力燃料使用。锅炉燃用的烟煤往往是灰分属中等或中高等以上的烟煤和洗选的副产品——洗中煤。洗中煤的灰分、水分含量较高、热值较低，但燃烧性能并不差，且价格相对低廉，是较好的动力用煤品种。动力用煤构成中，中等灰分的烟煤(包括洗中煤)占较大比例。

除了普通烟煤，我国还把灰分在 40%以上或发热值低于 16.7MJ/kg 的烟煤以及灰分在 35%以上的洗中煤划入劣质烟煤范畴。劣质烟煤已在动力用煤中占据相当地位，但其燃烧性能和普通烟煤往往有较大差别，在燃烧技术上不能和普通烟煤等同对待。

我国烟煤储量多、分布广，除华东、中南、西南和个别省区外，几乎都有烟煤的储藏和开采，其中以大同、开滦、淮南、淮北、阜新、抚顺、平顶山以及兖州等煤田和矿区的烟煤最为著名。我国一些烟煤和洗中煤的特性如表 1-14 所示[13]。

(4) 褐煤。褐煤是炭化程度较低的煤种，挥发分 w_{Vdaf} 为 40%～50%甚至更高。根据形成地质年龄，褐煤又分为青年褐煤(软褐煤)和老年褐煤(硬褐煤)。软褐煤的特点是水分很高(40%～75%)、挥发分也高(50%～60%)，低位发热值仅为 3.4～10.5MJ/kg。硬褐煤的特点是具有中等水分(10%～40%)和高灰分(10%～40%)，发热值(低位)较高，一般在 11.7MJ/kg 以上。

我国褐煤主要分布于东北、内蒙古、山东等地区，云南、广西等地区也有。除云南阳宗海地区的褐煤属高水分的软褐煤外，其余均为硬褐煤，有些地区的褐煤(如舒兰、南票等褐煤)尚属高灰分硬褐煤。我国一些褐煤的特性如表 1-15 所示[13]。

褐煤除了挥发分高、水分高、灰分高及热值低等特征外，灰熔点一般均较低，燃烧过程中易结渣，因此需要采取专门的燃烧技术如低温燃烧等。此外，对软褐煤还要解决好煤的干燥和制粉系统乏气的处理问题。另外，褐煤在储存中易自燃，这也是应该注意的。

为了能更合理地利用煤炭，为现有锅炉配给质量适宜的煤种，并严格按照不同煤质等级进行新机组设计和现有机组的技术改造，使电厂能获得较大的技术经济效益和社会效益，水利电力部西安热工研究所和煤炭部北京煤化学研究所于 1983 年共同提出了我国发电厂用煤国家分类标准(VAWST)，如表 1-16 所示。该标准是以煤的干燥无灰基挥发分 w_{Vdaf}、干燥基灰分 w_{Ad}、收到基水分 w_{War}、干燥基全硫分 $w_{\mathrm{S_d^Q}}$ 和灰软化温度作为主要分类指标，以收到基低位发热量 $Q_{\mathrm{net,ar}}$ 作为 w_{Vdaf} 和 ST 的辅助分类指标。表中各特征指标 V、A、W、S、T 等级的划分，是根据实际锅炉燃烧工况参数的大量统计资料和非常规的煤质特性实验室指标数据，用有序量最优分割法计算，并结合经验确定的；其中能够体现煤的燃烧特性的是 V、A、W 等指标，尤以 V 最为明显，同时包括 $Q_{\mathrm{net,ar}}$；一般地，V 的等级越高，燃烧性能越好；如果 $Q_{\mathrm{net,ar}}$ 低于辅助分类指标界限值，则将这一类煤归入 V 低一级的类别中；T 反映了煤的结渣特性。

表 1-12　我国一些无烟煤的特性

序号	煤田	矿区	干燥无灰基元素分析					干燥无灰基		收到基水分 w_{War}/%	干燥基灰分 w_{Ad}/%	收到基低位发热值 $Q_{net,ar}$/(MJ/kg)	可磨系数	煤灰熔融性		
			w_{Cdaf}/%	w_{Hdaf}/%	w_{Odaf}/%	w_{Ndaf}/%	w_{Sdaf}/%	挥发分 w_{Vdaf}/%	高位发热值 $Q_{gr,daf}$/(MJ/kg)					变形温度/℃	软化温度/℃	熔化温度/℃
1	京西	城子、房山、木城涧、门头沟	94.0	2.4	2.7	0.6	0.3	6.0	31.8	5.0 (5.0～4.0)	24 (27～22)	23.0	1.4	1260	1370	1430
2	京西	大台	95.0	1.2	3.1	0.4	0.3	7.0	31.8	5 (6～4)	22 (24～18)	23.4	1.0	1160	1230	1300
3	京西	王平村	91.8	1.7	5.0	0.8	0.7	9.0	31.4	5 (6～4)	35 (40～30)	19.5	1.0	>1500～1200	>1500～1490	>1500
4	沁水	阳泉	90.8	3.8	3.1	1.3	1.0	9.0	35.6	5 (6～4)	20 (30～17)	26.4	1.0	1400	1500	>1500
5	沁水	晋城	92.0	2.5	3.2	1.1	1.2	9.0	35.2	9 (10～8)	20 (30～10)	25.1	—	>1500	—	—
6	焦作	王村、李村焦西冯营	92.2	3.1	2.8	1.4	0.5	7.0	34.5	7 (9～6)	22 (25～19)	23.9	1.2	1310	1370	1420
7	涟邵	金竹山	92.5	3.2	2.6	0.8	0.9	7.0	34.3	7 (8～6)	24 (36～18)	22.2	1.7	>1500～1100	>1500～1425	>1500～1485
8	郴来	湘永、马田	92.2	3.6	2.0	1.3	0.9	8.0	35.4	7 (8～6)	22 (24～20)	25.1	1.5 2.2	>1500	—	—
9	曲仁	茶山	90.3	3.6	3.5	1.5	1.1	11.5	35.4	5 (8～2)	17 (25～18)	27.2	1.8	>1500～1100	>1500～1210	>1500～1230
10	龙岩	红雁、红炭山	96.0	2.1	1.0	0.4	0.5	4.0	33.5	—	14 (16～12)	—	—	1360～1230	1380～1270	1410～1500
11		陆加地	94.1	0.6	4.1	0.9	0.3	4.7	32.0	11	18.6	22.1	—	1250	1280	1310

续表

序号	煤田	矿区	干燥无灰基元素分析					干燥无灰基		收到基水分 w_{War}/%	干燥基灰分 w_{Ad}/%	收到基低位发热值 $Q_{net,ar}$/(MJ/kg)	可磨系数	煤灰熔融性		
			w_{Cdaf}/%	w_{Hdaf}/%	w_{Odaf}/%	w_{Ndaf}/%	w_{Sdaf}/%	挥发分 w_{Vdaf}/%	高位发热值 $Q_{gr,daf}$/(MJ/kg)					变形温度/℃	软化温度/℃	熔化温度/℃
12		加福	94.0	1.4	2.1	0.7	1.7	4.1	33.6	9	20	23.3	—	1280	1360	1400
13	邵武		96.0	1.7	1.1	0.3	0.9	4.0	32.9	—	18 (21～14)	—	—	1270	1290	1340～1315
14	娄底		92.0	3.0	2.6	1.0	1.4	8.0	34.298	9.39	36.3	19.569	84*	1290	1500	—
15	冷水江		90.8	3.1	2.8	1.1	2.2	7.0	34.929	9.39	39.7	18.844	84*	1190	1400	—
16	耒阳		93.0	1.6	4.2	0.6	0.6	6.2	32.016	8.11	27.1	21.248	55.9*	1260	1315	1415
17	滇东北	朱家湾	89.9	3.1	2.3	1.0	3.6	8.5	33.67	4.6	27.9	23.04	60*	1220	1250	1310
18		长岭1号矿	90.1	3.6	1.0	1.2	4.1	8.1	33.54	4.6	21.5	24.99	61*	1100	1200	1260
19		长岭2号矿	88.4	3.8	3.0	1.3	3.6	9.6	32.778	3.8	31.6	21.46	60*	1280	1300	1370
20		大方	92.2	3.1	1.4	1.3	2.0	7.9	34.195	8.0	27.9	22.485	50*	1260	1390	>1500
21		纳雍	92.4	3.5	2.0	1.3	0.9	8.1	34.465	8.0	25.7	23.354	60*	1190	1400	>1500
22	古叙		91.1	3.0	3.1	1.2	1.7	9.7	34.062	8.0	25.0	23.310	68*	1480	>1500	>1500
23	邯峰	万年	95.7	1.3	1.3	1.2	0.5	5.3	33.959	5.6	21.3	25.078	46*	>1500	>1500	>1500

注：*表示哈氏可磨系数。

表 1-13 我国一些贫煤的特性

序号	煤田	矿区	干燥无灰基元素分析					干燥无灰基		收到基水分 w_{War}/%	干燥基灰分 w_{Ad}/%	收到基低位发热值 $Q_{net,ar}$/(MJ/kg)	可磨系数	煤灰熔融性		
			w_{Cdaf}/%	w_{Hdaf}/%	w_{Odaf}/%	w_{Ndaf}/%	w_{Sdaf}/%	挥发分 w_{Vdaf}/%	高位发热值 $Q_{gr,daf}$/(MJ/kg)					变形温度/℃	软化温度/℃	熔化温度/℃
1	西山	官地、白家庄、杜尔坪、西峪	91.0	3.6	2.4	1.2	1.8	16	34.3	6 (10～4)	21 (26～12)	24.7	1.6	1190	1340	1430
2	萍乡	巨源	87.4	4.9	5.1	1.6	1.0	18	33.9	7 (8～6)	27 (31～24)	23.0	—	1250	1420	1450
3	新密	天仙庙、梁沟、五里店	89.6	4.4	3.9	1.9	0.6	14	35.1	6 (7～5)	17 (18～17)	26.8	1.7	1270	1300	1350
4		王沟、裴沟、岳村	92.0	4.1	1.7	1.7	0.5	13	33.9	6 (7～5)	15 (18～13)	26.8	1.7	1270	1300	1350
5	淄博	夏庄	88.7	4.2	2.2	1.4	3.5	13	34.9	3 (4～2)	19 (26～18)	26.8	1.5	1300	1350	1400
6	鄂冶	源华	88.7	4.1	2.4	1.8	3.4	13	34.5	—	22 (26～19)	—	2.2	1290	1380	1420
7	芙蓉		89.2	3.6	2.2	1.2	3.8	13～10	35.0	(9～6)	≈28	22.2	1.2～1.1	1230～1120	1310～1255	1420～1275
8	韩城		84.1	5.4	3.6	1.2	5.7	15	35.0	7	≈25	22.7	1.6	>1500	>1500	>1500
9	铜川	李家塔	82.8	4.5	7.2	1.1	4.4	22	33.9	6	≈32	21.1	—	～1400	～1450	～1480
10		王石凹	84.6	4.3	4.9	1.5	4.7	20	33.9	6	≈31	21.3	—	1340～1270	1380～1300	1390～1310

续表

序号	煤田	矿区	干燥无灰基元素分析					干燥无灰基		收到基水分 w_{War}/%	干燥基灰分 w_{Ad}/%	收到基低位发热值 $Q_{net,ar}$/(MJ/kg)	可磨系数	煤灰熔融性		
			w_{Cdaf}/%	w_{Hdaf}/%	w_{Odaf}/%	w_{Ndaf}/%	w_{Sdaf}/%	挥发分 w_{Vdaf}/%	高位发热值 $Q_{gr,daf}$/(MJ/kg)					变形温度/℃	软化温度/℃	熔化温度/℃
11		三里洞	79.2	4.3	4.0	1.4	11.1	21	33.1	≈10	≈42	15.7	—	>1500- 1450	—	—
12	淄博	洪山	86.7	4.2	4.0	1.4	3.7	17	35.3	2 (3～2)	24 (30～19)	25.5	1.7	1460～ 1430	1490～ 1460	1500
13		寨里	86.7	4.2	4.0	1.4	3.7	17	35.3	2 (3～2)	24 (30～19)	25.5	1.7	1270	1340	1380
14	鹤壁		89.4	4.3	4.3	1.6	0.4	15.5	35.6	8 (11～3)	17 (19～15)	26.7	1.3	1200 1290	1340 1340	1400 1370

表 1-14　我国一些烟煤和洗中煤的特性

序号	煤田	矿区	干燥无灰基元素分析					干燥无灰基		收到基水分 w_{War}/%	干燥基灰分 w_{Ad}/%	收到基低位发热值 $Q_{net,ar}$/(MJ/kg)	可磨系数	煤灰熔融性		
			w_{Cdaf}/%	w_{Hdaf}/%	w_{Odaf}/%	w_{Ndaf}/%	w_{Sdaf}/%	挥发分 w_{Vdaf}/%	高位发热值 $Q_{gr,daf}$/(MJ/kg)					变形温度/℃	软化温度/℃	熔化温度/℃
1	井陉	1、2、3、4矿	87.2	5.1	6.6	1.4	0.7	25	36.1	6(8～4)	23(29～17)	25.5	1.5	1460	>1500	>1500
2	峰峰	薛村	88.9	4.5	4.1	1.4	1.0	18	35.1	7(7～6.5)	16(17～15)	26.8	1.5	1340	>1500	—
3	观音堂	观音堂	87.0	5.5	5.0	1.5	1.0	20	35.4	3(4～2)	26(28～18)	24.7	1.9	1450	>1500	>1500
4	天府	华莹山	78.9	4.9	9.5	1.2	5.5	25	31.2	7(10～4)	≈35	18.0	—	1250	1360	1380
5	广旺		76.4	6.1	14.3	1.3	1.9	25	31.3	3(4～2)	≈40	17.2	—	1110	1260	1310
6	淮北		88.3	5.1	4.3	1.6	0.7	21.4	—	5.6	20.2	25.1	—	—	—	—
7	汾西	南关、富家滩	83.4	5.2	5.2	1.7	4.5	32	35.1	5(6～4)	22(26～18)	25.1	1.4～1.3	—	—	—
8	陶枣	枣庄	82.4	5.3	5.9	1.4	5.0	35	35.6	6(10～3)	21(26～16)	25.5	1.8	1160	1260	1360
9	开滦	林西、赵各庄、马家沟	83.5	5.2	8.4	1.5	1.4	34	35.0	7(9～5)	25(30～19)	22.6	1.7	>1500	>1500	—
10	北票	寇山、台吉、三宝	83.0	5.9	9.6	1.1	0.4	40	33.1	14(25～10)	33(34～19)	18.8	1.5	1250	1340	1340
11	鹤岗	兴山、岭北、南山、新一	83.1	5.7	10.0	0.8	0.4	36	34.3	5.5(9～2)	24(35.5～15)	23.9	1.2	1320	1420	1470

续表

序号	煤田	矿区	干燥无灰基元素分析					干燥无灰基		收到基水分 w_{War}/%	干燥基灰分 w_{Ad}/%	收到基低位发热值 $Q_{net,ar}$/(MJ/kg)	可磨系数	煤灰熔融性		
			w_{Cdaf}/%	w_{Hdaf}/%	w_{Odaf}/%	w_{Ndaf}/%	w_{Sdaf}/%	挥发分 w_{Vdaf}/%	高位发热值 $Q_{gr,daf}$/(MJ/kg)					变形温度/℃	软化温度/℃	熔化温度/℃
12	新汶	华丰、东都、洋西	79.1	5.3	8.8	1.8	5.0	41	34.5	6(10～3)	22(28～18)	25.1	1.4	1100	1230	1290
13	徐州	新河、权台、大黄山	80.6	5.5	11.7	1.6	0.6	39	33.7	9(15～5)	22(28～18)	23.4	1.6	>1500	—	—
14	淮南	大通、九龙岗、谢家集二、三矿	81.9	5.4	10.3	1.8	0.9	38	34.0	6(8～5)	21(25～19)	24.3	1.3	1500	>1500	—
15	萍乡	高坑	83.2	5.2	9.0	1.7	0.9	34	33.9	7(8～6)	35(40～31)	19.7	—	—	—	—
16	平顶山	1、2、3、4、5、7、12落伏山	86.2	5.5	6.1	1.4	0.8	32	34.6	7(12～4)	23(27～18)	22.6	1.5	>1500	—	—
17	乌达		77.1	5.9	14.6	1.5	0.9	40	30.8	—	45	16.0	1.0	>1500	—	—
18	鸡西	恒山、二道河、正阳、城子河	84.8	5.4	8.1	1.5	0.4	34	34.3	5(8～4)	20(26～15)	25.1	1.4	>1450	—	—
19	下花园		84.3	4.9	8.7	1.6	0.5	30	34.1	2.4*	15(18～12)	27.0*	—	—	—	—
20	大宁	大同	83.0	4.4	11.1	1.0	0.5	31	33.7	7.5(8.5～7)	28(31～25)	22.0	—	1390～1140	1420～1180	1490～1300
21	铜川	焦坪	77.4	4.8	13.0	0.8	3.5	37	31.4	10	28	20.0	—	1400	1480	1500
22	抚顺	龙凤、老虎台、胜利、西露天	78.8	6.1	12.6	1.7	0.8	46	32.2	13(8～10)	17(21～15)	22.4	1.4	1320	>1400	>1400

续表

序号	煤田	矿区	干燥无灰基元素分析					干燥无灰基		收到基水分 w_{War}/%	干燥基灰分 w_{Ad}/%	收到基低位发热值 $Q_{net,ar}$/(MJ/kg)	可磨系数	煤灰熔融性		
			w_{Cdaf}/%	w_{Hdaf}/%	w_{Odaf}/%	w_{Ndaf}/%	w_{Sdaf}/%	挥发分 w_{Vdaf}/%	高位发热值 $Q_{gr,daf}$/(MJ/kg)					变形温度/℃	软化温度/℃	熔化温度/℃
23	阜新	新邱、高德、海州、平安	77.9	5.3	13.9	1.3	1.6	41	30.5	15(17～12)	27(31～23)	18.4	1.6	1230	1280	1340
24	沈北	铁法	76.2	5.4	15.8	1.8	0.8	41	32.0	13(14～13)	41(43～40)	15.5	—	—	—	—
25	义马	常村、千秋、下么	74.8	4.8	17.4	1.0	2.0	41	30.6	17(19～15)	20(26～11)	19.7	1.4	1230	1250	1300
26	苇湖梁		77.2	5.9	13.4	2.1	1.4	42.56	—	6.79(3.52)	16.3	23.4	—	1100	1250	1300
27	蛟河	蛟河	79.8	5.3	13.2	1.2	0.5	40	31.8	8(10～6)	27(30～26)	20.3	1.35	1230	1260	1290
28	鸡西	滴麻	85.2	4.8	8.3	1.2	0.5	24.27	—	10.98	40.15	16.3	—	—	—	—
29	峰峰	马头	82.0	5.5	9.0	1.6	1.9	25.8	—	11.23	37.2	16.0	—	>1500	—	—
30	平顶山	平顶山	81.4	6.1	10.2	1.5	0.8	35.6	—	17.3	31.7	16.3	—	1200	1450	>1500
31	河东	汾西	83.4	5.2	5.2	1.7	4.5	32	35.1	5(6～4)	22(26～18)	20.9	—	>1500	—	—
32	开滦	开滦	81.5	6.4	10.2	1.5	1.6	35	31.0	9(10～9)	37(40～34)	17.2	—	—	—	—
33	井陉	井陉	83.7	5.4	6.9	1.5	2.5	28	34.5	9(10～8)	43(48～38)	15.7	—	—	—	—
34	抚顺	龙凤	77.6	6.2	13.6	1.7	0.9	47	32.4	15(18～12)	35(46～32)	16.7	—	1380	1400	>1400

注：*表示 w_{ad}。

表 1-15 我国一些褐煤的特性

序号	煤田	矿区	干燥无灰基元素分析					干燥无灰基		收到基水分 w_{War}/%	干燥基灰分 w_{Ad}/%	收到基低位发热值 $Q_{net,ar}$/(MJ/kg)	可磨系数	煤灰熔融性		
			w_{Cdaf}/%	w_{Hdaf}/%	w_{Odaf}/%	w_{Ndaf}/%	w_{Sdaf}/%	挥发分 w_{Vdaf}/%	高位发热值 $Q_{gr,daf}$/(MJ/kg)					变形温度/℃	软化温度/℃	熔化温度/℃
1	扎赉诺尔		70.3	4.4	23.4	1.3	0.3	42	28.3	30/—	35 (50～28)	11.3	—	1160	1198	1278
2	元宝山		73.5	4.8	18.7	0.9	2.1	43	≈29	29/14	21*	13.3	—	1025～1188	1140～1226	1160～1275
3	平庄		71.2	4.9	22.4	0.7	0.8	45	≈28	27/10	20*	13.3	—	1025	1140	1160
4	沈北	清水台、前屯	68.8	5.5	23.5	1.7	0.5	52	27.2	17/13	36	13.4	1.3	1390	>1400	—
5	霍灵河		72.6	5.0	20.5	1.3	0.6	47	≈28.7	24/—	33*	11.3	—	1130	1160	1250
6	龙江		69.8	5.1	21.9	1.4	1.8	51	≈27.9	26/8	22*	14.1	—	1122～1200	1168～1290	1184～1340
7	舒兰	丰广、吉舒	67.5	6.2	24.0	2.0	0.3	55	27.1	22/8.5	33*	13.4	—	1050	1200	1250
8		小龙潭	69.2	5.0	19.9	2.9	3.0	51	27	32/23	15 (20～12)	14.2	0.88	1125	1140	1170
9		凤鸣村	70	5.9	20.9	1.8	1.3	56	27	45/13.5	13.7*	10.3	0.93	1140	1195	1220
10		可保五邑	68.8	5.9	22.3	2.1	1.0	59	26.8	44/(9)	20.3*	—	—	—	—	—
11		宜良、可保	63.5	5.2	25.3	1.8	4.2	55	≈26	44/—	18*	8.3	—	—	—	—
12		新州(广西)	65.6	4.8	25.7	2.0	1.8	57	25.1	24/7	41.5*	8	—	1150	1270	1310

注：*表示 w_{Aar}。

表 1-16　发电用煤国家分类标准(VAWST)

分类指标	煤种名称	等级	代号	分级界限	辅助分类指标界限值(或代用分类指标)
干燥无灰基挥发分 w_{Vdaf}	超低挥发分无烟煤	特级	V_0	≤6.5%	$Q_{net,ar}$>23MJ/kg
	低挥发分无烟煤	1 级	V_1	>6.5%～9%	$Q_{net,ar}$>20.9MJ/kg
	低中挥发分贫瘦煤	2 级	V_2	>9%～19%	$Q_{net,ar}$>18.4MJ/kg
	中挥发分烟煤	3 级	V_3	>19%～27%	$Q_{net,ar}$>16.3MJ/kg
	中高挥发分烟煤	4 级	V_4	>27%～40%	$Q_{net,ar}$>15.5MJ/kg
	高挥发分烟煤	5 级	V_5	>40%	$Q_{net,ar}$>11.7MJ/kg
干燥基灰分 w_{Ad}(折算灰分 w_{AZ})	常灰分煤	1 级	A_1	≤34%(≤7)	
	高灰分煤	2 级	A_2	>34%～45%(>7～13)	
	超高灰分煤	3 级	A_3	>45%(>13)	
外在水分 w_{WWZ}	常水分煤	1 级	W_1	≤8%	w_{Vdaf}≤40%
	高水分煤	2 级	W_2	>8%～12%	w_{Vdaf}≤40%
	超高水分煤	3 级	W_3	>12%	
收到基水分 w_{War}	常水分煤	1 级	W_1	≤22%	w_{Vdaf}>40%
	高水分煤	2 级	W_2	>22%～40%	
	超高水分煤	3 级	W_3	>40%	
干燥基全硫分 $w_{S_d^Q}$(折算硫分 w_{SZ})	低硫煤	1 级	S_1	≤1%(≤0.2)	
	中硫煤	2 级	S_2	>1%～2.8%(>0.2～0.55)	
	高硫煤	3 级	S_3	>2.8%(>0.55)	
灰软化温度	不结渣煤	1 级	T_{2-1}	>1350℃	$Q_{net,ar}$>12.6MJ/kg
				不限	$Q_{net,ar}$<12.6MJ/kg
	易结渣煤	2 级	T_{2-2}	≤1350℃	$Q_{net,ar}$>12.6MJ/kg

1.1.5　煤的着火和燃烧特性

着火和燃烧特性是煤的化学反应能力的一种指标。一般来说，年代久远且炭化程度高的煤，其化学反应能力较差，着火和燃烧也比较困难。

在煤的常规特性指标(如挥发分、水分、灰分、发热值、灰熔融特性、可磨性等)中，挥发分是判断成煤年代(炭化程度)的一个标志，也是评定煤着火、燃烧性能的重要指标，其余如灰分、水分和发热值对煤的燃烧性能也有影响，往往要结合挥发分综合考虑。

上述常规的特性指标只能间接地反映煤的燃烧特性。除此以外，还有一些非常规的实验室指标可在某种程度上直接反映出煤的燃烧特性，如反应指数、熄火温度、可燃性指数以及煤的微观有机组分等。但是，这些指标的规范性很强，只有在相同的方法和条件下,甚至只有在同一实验室中得出的结果才有可比的意义。尽管如此,由于它们比常规的指标更能在不同程度上反映出煤的燃烧特性的本质,因此仍有实用价值。

1. 影响煤燃烧特性的常规指标[13]

1) 挥发分

挥发分是煤在加热过程中释放出的汽态及气态物质，大部分为各类型的碳氢化合物，也有少量不能燃烧的气体和蒸汽，如氢、二氧化碳、水蒸气等。

干燥的煤粒在受热时，逐渐析出挥发分，如果外界温度较高，又有足够的氧，则挥发出的可燃组分(如气态烃等)就会首先达到着火温度而燃烧，这就是煤的着火。挥发分燃烧时，可以把焦炭加热到炽热状态，待大部分挥发分烧掉，焦炭也开始燃烧。

一般地，挥发分含量少的煤，其挥发分开始逸出的温度和着火温度均较高。挥发分含量增加，其开始逸出的温度和着火温度也下降。图 1-8 为用示差热天平得到的挥发分初析温度(T_b)与干燥无灰基挥发分(w_{Vdaf})含量的关系[13]。T_b 的定义是质量为 100mg 的煤样，在热天平中的失重率为 0.1mg/min 时的温度。有些文献称它为燃点。这个温度是在一定的实验室条件下得到的，一般低于着火温度。

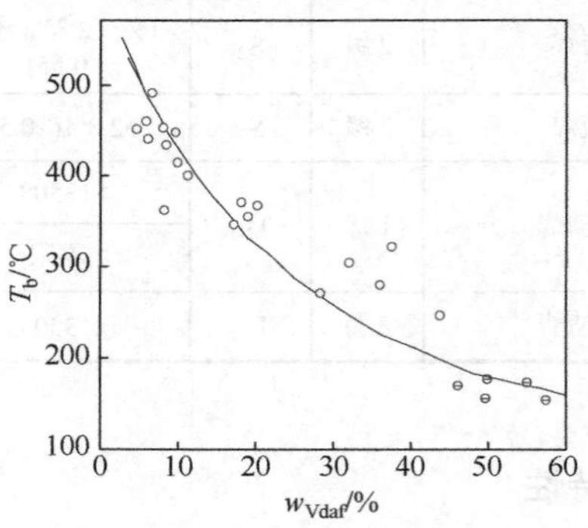

图 1-8 挥发分初析温度与干燥无灰基挥发分含量的关系

将煤加热到开始燃烧的温度称为煤的着火温度。测定着火温度的方法很多，一般都是将氧化剂加入或通入煤中，并且对煤进行加热，使煤发生明显的爆燃或有明显的温度升高，将煤爆燃或急剧升温的临界温度作为煤的着火温度。采用不同的操作方法、不同的仪器，特别是使用不同的氧化剂会得出不同的着火温度。因此，在实验室测出的着火温度是相对的，规范性很强，并不能直接代表在日常生活中和工业燃烧条件下，煤开始着火燃烧的温度，但它们之间有一定的关系。煤的着火或自燃温度，不仅与煤本身的性质有关，还与外界条件有密切关系。

测定煤的着火温度常用的氧化剂有气体和固体两类，国内比较常用的是固体氧化剂，即亚硝酸钠，其所得数据的重现性比气体氧化剂好。试验时将煤样与亚硝酸钠按一定比例混合，放入测定仪器内，以一定的升温速度加热，以开始爆燃的温度作为煤的着火温度。

挥发分含量也影响煤粉空气混合物在湍流气流中的火焰传播速度，这个速度也可理解为着火速度，表示火焰沿其法线方向向未燃混合物方向传播的速度。由图 1-9 可知[13]，挥发分增大，火焰传播速度增大，且在一定的煤粉空气比例下，火焰传播速度有最大值。但是这些曲线是在特定的试验条件下得到的，因此具体数值并不具有很大的实际意义，重要的在于其变化规律。参照这些规律，可以调整燃烧器出口煤粉空气混合物的速度，使火焰前沿处于恰当位置，以免着火过分延迟，或因着火过早而烧坏燃烧器。

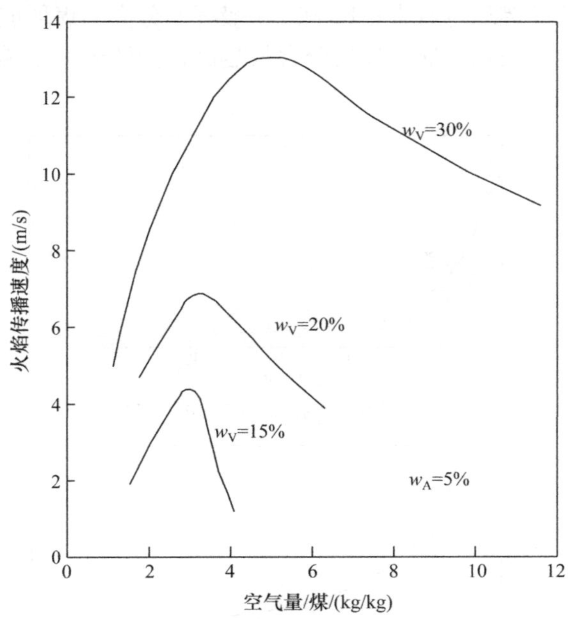

图 1-9　煤粉空气混合物的火焰传播速度

煤的挥发分含量影响着火温度和速度，自然也就影响煤粉燃烧的稳定性，为了保证煤粉燃烧的稳定性和合理的未完全燃烧损失，在进行锅炉及燃烧器设计时，要充分考虑燃烧设备对挥发分的适应性。图 1-10 为 20 世纪 80 年代美国巴威公司根据运行经验确定的旋流煤粉燃烧器所适用的挥发分临界值。这个临界值还和灰分的大小有关，灰分增大时，要求煤的挥发分更高。

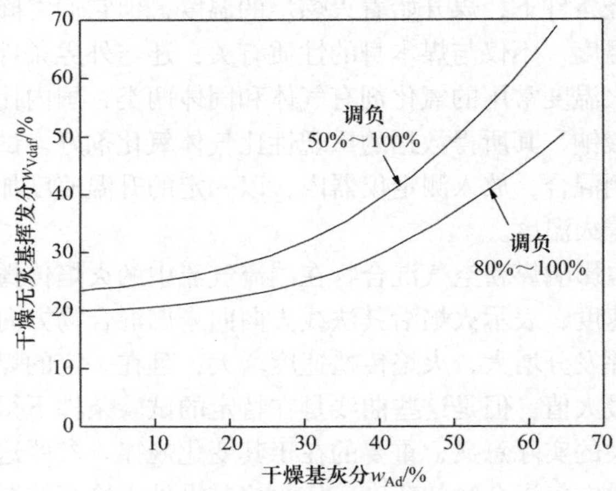

图 1-10　美国巴威公司生产的旋流煤粉燃烧器所适用的煤挥发分临界值

挥发分对煤粉的燃尽也有直接影响。一般挥发分高的煤形成的焦疏松多孔，其化学反应能力也比较强。通常挥发分含量越高，固体未完全燃烧损失越小，这可由图 1-11 看出[13]。

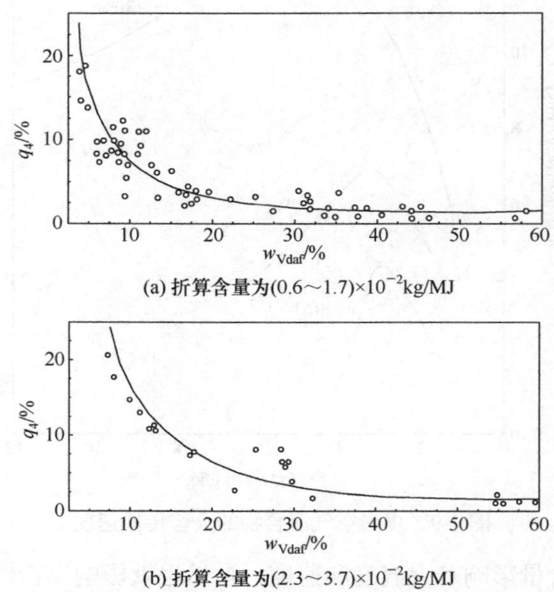

图 1-11　固体未完全燃烧损失和煤挥发分的关系(根据试验统计资料)

2) 灰分和水分

实验室试验和锅炉实际运行情况表明，灰分对燃烧的影响是不可忽视的。灰分过高，煤的燃烧特性变差。例如，一般中等灰分的烟煤与灰分大于 40%的劣质烟煤相比，虽然可燃基挥发分相近，但燃烧性能差别较大。灰分过高的煤着火不良，燃烧稳定性较差，燃尽性能也不好。

过高的灰分则妨碍挥发物的析出，所以高灰分煤的挥发分初析温度较高。劣质烟煤的挥发分初析温度甚至和贫(瘦)煤、无烟煤的相当。图 1-12 表示一些有代表性的煤种在不同加热温度下挥发分逸出的百分比(析出的挥发分含量与 w_{Vdaf} 的比值)[13]。可以看出，高灰分烟煤(合山劣质煤、东罗劣质煤)的挥发分初析情况与京西无烟煤很接近，其初析温度为 400～450℃。由于挥发分析出延迟，着火温度也因之升高，造成着火延迟。

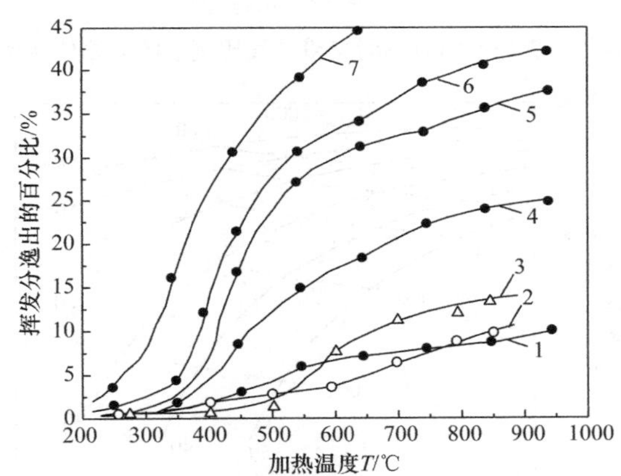

图 1-12　不同煤种挥发分的析出情况(操作条件：在各恒温条件下分别进行馏出试验，加热时间均为 7min)
1-京西无烟煤；2-合山劣质烟煤；3-东罗劣质烟煤；4-峰峰焦煤；
5-鸡西恒山气煤；6-阜新长焰煤；7-小龙潭褐煤

灰分也影响着火速度(火焰传播速度)，由图 1-13 可以看出，在相同挥发分下，灰分越高，着火速度越低。例如，当挥发分为 30%时，灰分由 30%增加到 40%，则着火速度(最大)由约 9m/s 降至 6m/s。由于试验的特定条件，这些具体数据未必有普遍意义，但可以定性地表示一种规律[13]。

灰分增加还会使火焰温度下降，这主要是因为加热灰分可增加热量消耗。煤的灰分、水分越多，即煤的理论燃烧温度越低，进一步增加灰分引起的温度下降幅度越大，如图 1-14 所示[13]。

由于着火推迟、燃烧温度下降，因此燃烧稳定性变差。燃用高灰分煤或超高灰分煤的锅炉常发生灭火、“打炮”，因此要求采用较高的热风温度和其他改善着

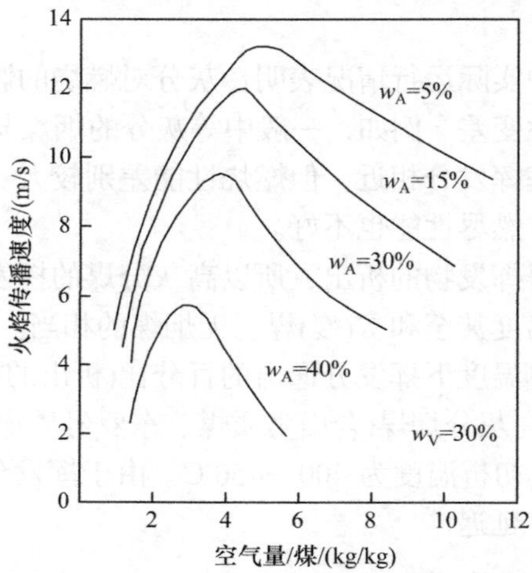

图 1-13　灰分不同时不同煤粉空气比例下的火焰传播速度

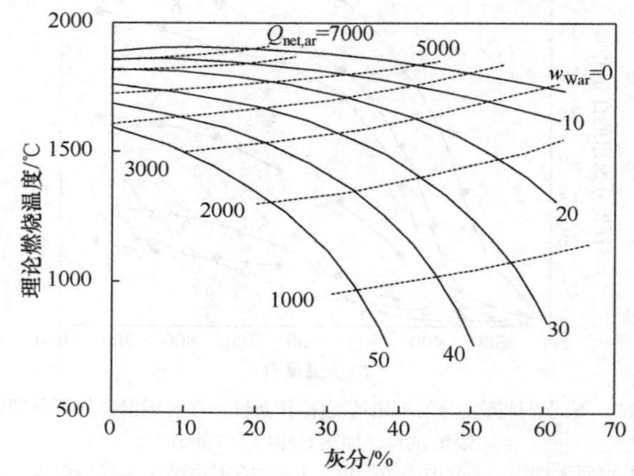

图 1-14　煤的灰分、水分含量对煤的理论燃烧温度的影响

火条件的措施，有的还需要用一定数量的油助燃，才能保持燃烧稳定。

灰分增加也能使煤的燃尽性能变差，固体不完全燃烧损失 q_4 常随灰分的增加而加大。图 1-15 为在燃用同一种煤时灰分变化对燃烧经济性的影响。根据对多台锅炉运行情况的统计，燃煤灰分在 45%以下时，其影响主要在经济性方面，有的还包括燃烧稳定性。如果灰分更高，则影响到运行的可靠性。此时，灭火、设备磨损、堵灰等事故率增加，设备可用率降低[13]。

由于上述情况，在进行锅炉及其燃烧系统的设计时，应充分考虑灰分的影响，并采取相应措施。由于灰分高于 40%～45%的烟煤燃烧性能和一般灰分烟煤的差别较大，常常把它专门列为劣质烟煤一类，以便和普通烟煤区别。

在我国，劣质烟煤的燃烧作为一个专门的课题已进行了大量的研究工作，在其着火燃烧特性、改进燃烧的措施以及燃用这种煤的锅炉燃烧系统的设计原则等方面都取得了一定成果。

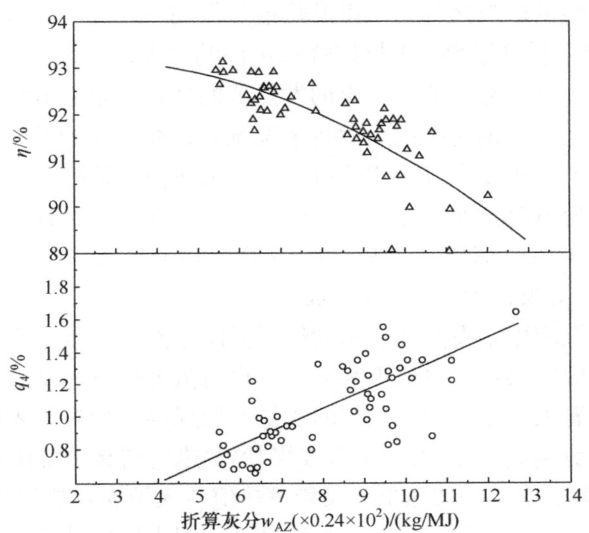

图 1-15　燃煤灰分对锅炉燃烧经济性的影响

陡河电厂 1～4 号炉：WGZ410/140-1 型锅炉及日立 850t/h 锅炉；

R_{90}=31%～34%，开滦原煤及洗中煤，w_{Vdaf} =38%～41%

水分对燃烧过程的影响主要表现在燃烧温度方面。由图 1-14 同样可以看出，煤的水分增加，使得部分热量消耗在加热水，并使其汽化和过热上，而燃烧温度下降。图中表示的只是理论计算结果；实际上由于制粉系统和输粉介质不同，水分对燃烧温度的影响幅度也是有差别的。

水分还通过对制粉系统形式、干燥介质的选择以及输(送)煤系统等的运行而影响燃烧工况。例如，对变质程度较高的煤，如无烟煤、贫煤、烟煤等，当外在水分大于 8%时，一般就会出现原煤斗、落煤管堵煤的现象，破坏稳定、连续给煤。对于直吹系统，则直接影响到燃烧过程的正常运行，必须采取针对性措施；当外在水分大于 12%～15%时，一般电厂几乎无法接受；对于低变质程度的煤(褐煤)，外在水分对输煤系统的影响没有上述那样突出，水分含量决定着干燥介质的选择和制粉系统的干燥出力。经验表明，采用热风干燥时，水分的上限大致为 22%～24%，超过此值则应考虑采用热风、炉烟干燥系统。

如果燃煤水分过高，那么带有较多水分的制粉系统干燥介质作为一次风或三次风送入炉膛也会直接影响煤粉燃烧的稳定性。

3) 发热值

煤的发热值也是直接影响燃烧的一个重要因素。发热值的降低意味着理论燃烧温度下降，即炉内温度水平下降，这对煤粉的着火和燃尽是不利的。发热值降低往往导致燃烧损失增大、经济性变差。

除了对经济性的影响之外，燃煤发热值降低到一定程度还将引起燃烧不稳、灭火“放炮”，必须投油助燃。根据燃烧稳定性的要求，并考虑在未完全燃烧损失是可以接受的情况下，存在着一个煤的发热值的技术低限。显然，这个技术低限和挥发分密切相关。根据实际锅炉运行情况统计，在适宜的条件下，不投油助燃而能保持燃烧稳定，煤粉燃烧方式可以适应的发热值最低限如下：

① 对 w_{Vdaf} 为 16%～40%的烟煤、贫煤，为 11.7～12.6MJ/kg；

② 对 w_{Vdaf}≤15%的烟煤、贫煤，为 16.8～18.8MJ/kg；

③ 对高水分褐煤，为 7.5～8MJ/kg。

这种以炉前煤应用基发热值表示的煤质低限虽然便于直接应用，但从炉内实际工况考虑，则应以煤粉发热值更为恰当，也可近似用分析基发热值表示，因为直接影响燃烧及着火稳定性的是煤粉的质量。原煤经干燥失去表面水分后，发热值增高。原煤水分越高，干燥后的煤(或煤粉)发热值增高的幅度就越大。对于烟煤、贫煤及无烟煤，水分一般较低，煤粉发热值与入炉煤发热值相差不大。褐煤，特别是高水分褐煤，虽然其应用基发热值很低，但干燥后的发热值有的几乎成倍地增长，仍可获得较好的燃烧效果。

2. 表征煤燃烧特性的非常规实验室指标[13]

由上述分析可知，煤的着火燃烧特性在很大程度上与挥发分含量有关，但它并不是决定燃烧特性的唯一因素。例如，对于劣质烟煤，只根据挥发分来判断其燃烧特性就会得出不合实际的结果。此外，能够体现煤的物理化学性质的不仅是挥发分的含量，还在于它的成分。对于形成年代较短的褐煤和炭化程度较高的无烟煤，用干燥无灰基挥发分来表示其燃烧特性，没有烟煤具有较强的规律性。由于褐煤易燃，因此燃烧性能上的差异没有实际意义。而对于无烟煤，则需要有对燃烧性能有更强分辨能力的指标。

多年来，国内外都在研究能更确切直接反映煤的燃烧特性的方法和指标，有的已得到公认，被确定为标准或规范；有的则已获得大量的数据，并从中总结出一些规律。

1) 反应指数

图 1-16 是采用匹兹堡实验室煤分析方法得到的反应指数 T_{15} 与干燥无灰基挥发分含量的关系[13]。T_{15} 是煤样在氧气流中以 15℃/min 的升温速度加热，煤样急剧放热的温度。反应指数越高，煤的燃烧性能越差。从图中可以看出，对于无烟煤和褐煤，其反应指数与干燥无灰基挥发分含量的关系不同于烟煤。

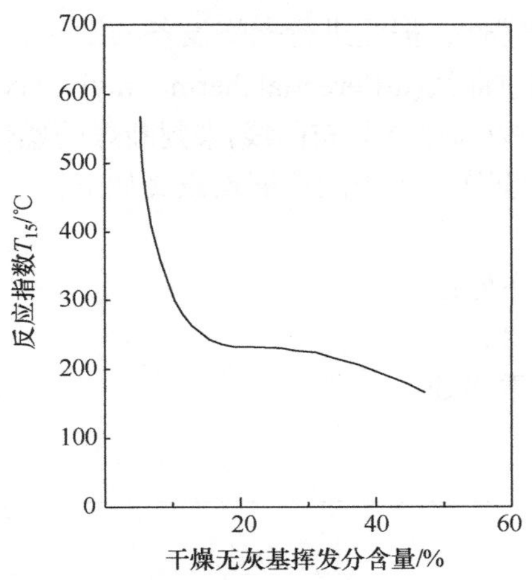

图 1-16　煤的反应指数与干燥无灰基挥发分含量的关系

2) 熄火温度

将一定细度的煤粉试样加热到着火温度以上，然后停止加热，测定熄火温度。这样不仅可对煤的着火难易程度有所了解，还可得知煤着火后持续的反应能力，并把挥发分、灰分、剩余焦炭对反应的影响统一起来。图 1-17 为英国巴威公司采用法国燃料动力研究所研制的燃料熄火温度试验装置对英国一些电站燃煤的测定结果。

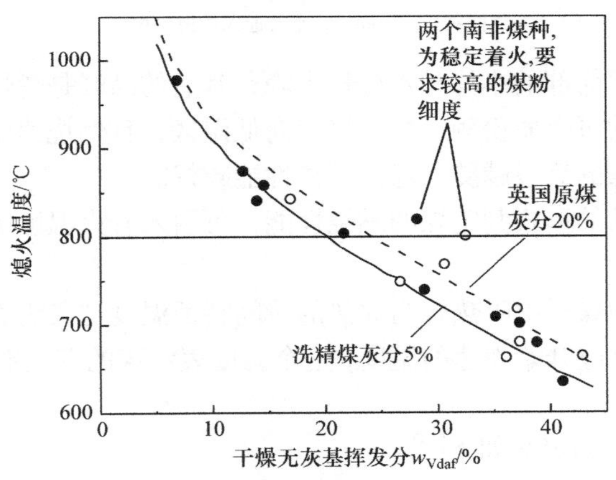

图 1-17　煤粉熄火温度试验结果

3) 燃烧分布曲线、着火温度、可燃性指数、稳燃指数和燃尽指数

这里利用示差热天平研究煤在一定加热条件下失重与温度变化情况，借以分析煤的燃烧情况，这是我国开展较多、研究较深入的一项工作。通过对大量煤种的测定，将所得结果互相对比，并与已积累的部分煤种实际燃烧效果相对照，可

以预报不同煤种的燃烧特性，据此进行燃烧设备的设计。

人们常利用微分热重曲线(differential thermogravimetry，DTG)，即试样失重率 $\mathrm{d}W/\mathrm{d}\tau$ 随温度变化的曲线(即燃烧分布曲线)来判断煤的燃烧性能。图 1-18 为几种典型煤种的燃烧分布曲线[13]，图中的特征点意义如下：

A 为水分开始析出；

B 为水分最大失重率处；

C 为挥发分开始析出；

D 为挥发分最大失重率处；

E 为燃尽。

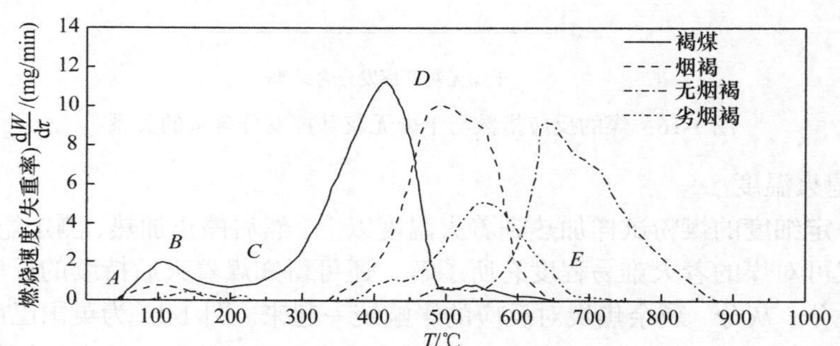

图 1-18　几种典型煤种的燃烧分布曲线

升温速度为 20℃/s；试样粒度为 40 目(0.425mm 以下)；

试样质量为 100mg；空气通入量为 280L/h

燃烧分布曲线前部的小峰是水分析出峰，其后的高峰是燃烧峰。燃烧峰所围的面积对应于煤的可燃质份额。燃烧峰偏向低温区，且燃烧速度越高，煤的反应能力越强；燃烧峰的后段越陡，煤的燃尽性能越好。

为了以更概括的形式判定煤的燃烧性能，可引入着火温度 t_i 和可燃性指数 C 的概念。

将加热过程中煤样由吸热转为放热的瞬间特征温度定义为着火温度 t_i，它是煤在加热过程中反应开始加速的温度，这个温度表示煤的着火能力。t_i 越高，则越不易着火。

可燃性指数 C 的定义如下[13]。

当 $t_i \leqslant 500$℃时，有

$$C=\left(\frac{\mathrm{d}W}{\mathrm{d}\tau}\right)_{80}/T_i^2$$

当 $t_i>500$℃时，有

$$C=\left(\frac{\mathrm{d}W}{\mathrm{d}\tau}\right)_{80}/T_{\mathrm{i}}^{\left(2+\frac{t_{\mathrm{i}}-500}{1000}\right)}$$

式中，$(\mathrm{d}W/\mathrm{d}\tau)_{80}$为煤样在最高燃烧速度区的平均燃烧失重速度(mg/min)，规定该区的温度范围为 80℃；T_{i}为以热力学温度(K)表示的着火温度。

可燃性指数 C 综合了煤的着火、着火后的继续反应和燃尽性能，它以数字形式概括了燃烧分布曲线的特性。C 值越大，煤的可燃性能越佳。我国 79 种煤的热失重及差热分析试验结果按其类别表示在表 1-17 中[13]。其中煤的分类是按挥发分的含量根据表 1-8 的原则大致划定的。由表 1-17 可知，各类煤大部分参量有一定重叠，但在总的趋势上仍可反映不同煤种反应能力的差别。

表 1-17　各种煤的热失重及差热分析试验结果

参数名称	褐煤	烟煤	劣质烟煤	贫煤	无烟煤
干燥无灰基挥发分 w_{Vdaf}/%	45～63	21～47	25～36	11～19	3～9
试样灰分 w_{AS}/%	17～47	12.5～40	40～63	16～35	17～44
开始放热温度 t_{01}/℃	160～200	210～290	250～300	250～290	320～470
开始失重温度 t_{02}/℃	160～200	310～410	350～390	380～450	320～470
着火温度 t_{i}/℃	280～370	380～480	430～500	420～510	500～610
燃烧结束温度 t_{n}/℃	550～700	650～750	700～800	700～800	750～900
可燃性指数 C	1.4～3.9	1.3～2.3	0.6～1.5	1.3～2.1	0.4～1.5

由不同种类煤的 C 与 t_{i}、$(\mathrm{d}W/\mathrm{d}\tau)_{80}$ 的相关性分析可知，对于无烟煤和劣质烟煤，t_{i}对 C 的影响较大；对于褐煤、烟煤和劣质烟煤，则 C 和$(\mathrm{d}W/\mathrm{d}\tau)_{80}$的相关性较显著。由此可知，可燃性指数 C 对无烟煤和劣质烟煤着重反映了着火能力；对于褐煤、烟煤和劣质烟煤则反映了燃烧反应强度。

从初步获得的一些资料来看，以 C 与 t_{i} 表示的煤燃烧性能与实际锅炉上的燃烧情况颇为相符，特别是燃烧性能以干燥无灰基挥发分含量不易辨别的某些无烟煤和劣质烟煤，则用 C 、t_{i} 可进行评价。例如，福建省的几种无烟煤，仅由干燥无灰基挥发分含量不易辨别其燃烧性能，但若根据 C 与 t_{i} 判断，则可一目了然，如表 1-18 所示[13]，龙岩电厂 65t/h 煤粉炉所燃用的雁石、红炭山、龙岩等地的煤比永安电厂 120t/h、220t/h 液态排渣炉所燃用的岭头、加福、丰海、车坑子等地的煤容易燃烧；实际上，龙岩电厂煤粉炉的燃烧稳定性和燃烧经济性比永安电厂好。此外，在龙岩电厂 65t/h 煤粉炉上进行的陆家地煤和加福煤的燃烧试验结果也证明前者的燃烧性能优于后者，如表 1-19 所示[13]。

表 1-18　福建无烟煤的着火温度 t_i 与可燃性指数 C

煤种	w_{Vdaf}/%	w_{Af}/%	t_i/℃	C	备注
雁石	5.43	21.5	560	0.83	龙岩电厂 65t/h 煤粉炉燃用
红炭山	5.58	25.2	569	0.73	
龙岩	3.68	23.6	577	0.72	
陆家地	4.40	22.6	602*		
岭头	3.19	23.3	603.5	0.62	永安电厂 120t/h、220t/h 液态排渣炉燃用
加福	5.20	26.5	604 628*	0.52	
丰海	8.90	41.7	593	0.48	
车坑子	5.00	34.4	602.5	0.46	

注：本表及表 1-19、表 1-20 中带*的数值是试样细度与现有方法略有不同的情况下所得到的结果，但彼此间仍有可比性。

表 1-19　两种无烟煤在 65t/h 煤粉炉上的试验结果

煤种	t_i/℃	C	R_{90}/%	q_4/%	η/%	燃烧状态
陆家地	602*	0.7	9.6	3.73	89.04	较稳定
加福	628*	0.52	6.8	17.39	73.84	常灭火，火焰拖长

焦作电厂 670t/h 锅炉的实际运作和燃烧试验也表明，晋东南高平煤、晋城煤、焦作无烟煤、焦作小窑无烟煤的实际燃烧效果与实验室指标 C 、t_i 是相符的，如表 1-20 所示[13]。

表 1-20　焦作电厂 670t/h 锅炉燃煤特性

煤种	w_{Vdaf}/%	w_{Aad}/%	t_i/℃	C
高平	11.40	14.7	514 580*	1.49
晋城	8.03	25.4	538 575*	1.10
焦作无烟煤	7.81	25.2	536 569*	1.05
焦作小窑无烟煤	10.40	40.0	549*	—

根据初步试验研究结果，着火温度与煤的氧含量(以样品氧含量或分析基氧含量表示)有一定程度的相关，如图 1-19 所示[13]，其关系可用如下方程式表示，即

$$t_i = 538 - 14 w_{OS} \tag{1-7}$$

(回归曲线的相关系数 $\gamma = 0.8$)

式中，w_{OS} 为煤试样的氧含量(%)。

此外，灰分对可燃性指数也有较大影响。由图 1-20[13]可以看出，对于可燃基挥发分一定的烟煤，当灰分含量增大时，可燃性指数几乎呈线性减小，而着火温度则线性升高，说明劣质烟煤的燃烧性能比普通烟煤差，这一点已被实践所证实。

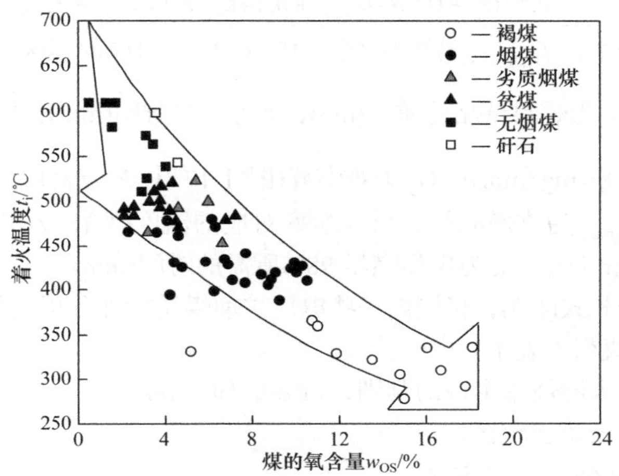

图 1-19 着火温度 t_i 与煤的氧含量 w_{OS} 的关系

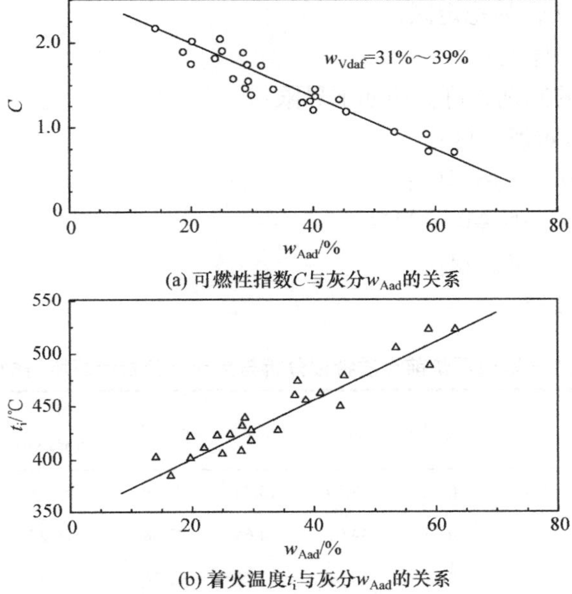

图 1-20 可燃性指数 C、着火温度 t_i 与灰分 w_{Aad} 的关系

基于以上热天平试验结果，西安热工研究院有限公司还提出了着火稳燃特性综合判别指数(稳燃指数)R_W及燃尽特性判别指数(燃尽指数)R_J[15,16]，其计算式为

$$R_W = \frac{560}{t_i} + \frac{650}{T_{1\max}} + 0.27\left(\frac{dW}{d\tau}\right)_{1\max} \tag{1-8}$$

$$R_J = \frac{10}{0.55G_2 + 0.004T_{2\max} + 0.14\tau_{98} + 0.27\tau'_{98} - 3.76} \tag{1-9}$$

式(1-8)和式(1-9)中，$T_{1\max}$ 为易燃峰(图 1-18 中 D 点对应的峰区)最大反应速率对应的温度(℃)；W 为燃料试品的质量(mg)；τ 为加热时间(min)；$\left(\frac{dW}{d\tau}\right)_{1\max}$ 为易燃峰的最大反应速率(mg/min)；G_2 为难燃峰(图 1-17 中 E 点对应的峰区)下烧掉的燃料量(mg)；$T_{2\max}$ 为难燃峰最大反应速率对应的温度(℃)；τ_{98} 为煤可燃质烧掉98%所需的时间(min)；τ'_{98} 为煤焦燃尽 98%所需的时间(min)。

根据式(1-8)和式(1-9)，将国内一些电厂炉前煤质特性分析与热天平分析计算所得的 R_W、R_J 值列入表 1-21[16]。

对炉前煤着火燃烧稳定性的判别，可参照如下界限：

$R_W \leqslant 4.0$，极难稳定区；

$4.0 < R_W \leqslant 4.65$，难稳定区；

$4.65 < R_W \leqslant 5.0$，中等稳定区；

$5.0 < R_W \leqslant 5.7$，易稳定区；

$R_W > 5.7$，褐煤区。

对燃尽特性的判别，可参照如下界限：

$R_J \leqslant 2.5$，极难燃尽区；

$2.5 < R_J \leqslant 3.0$，难燃尽区；

$3.0 < R_J \leqslant 4.4$，中等可燃尽区；

$4.4 < R_J \leqslant 5.7$，易燃尽区；

$R_J > 5.7$，褐煤区。

表 1-21　国内一些电厂炉前煤质特性分析与热天平分析计算所得的 R_W、R_J 值

电厂、锅炉	w_{Mar}/%	w_{Mad}/%	w_{Aar}/%	w_{Vdaf}/%	w_{FCad}/%	$Q_{net,ar}$ /(MJ/kg)	R_W	R_J
某厂 1 号、2 号	5.35	0.66	17.59	13.04	71.09	26.18	4.56	2.77
某厂 8 号	6.45	0.24	44.01	14.65	47.58	16.27	4.9	2.58
某厂 31 号、32 号	9.43	0.64	18.61	11.75	71.26	24.33	4.24	2.94
某厂 6 号	9.47	0.5	29.82	5.32	65.97	19.94	3.31	2

续表

电厂、锅炉	w_{Mar}/%	w_{Mad}/%	w_{Aar}/%	w_{Vdaf}/%	w_{FCad}/%	$Q_{net,ar}$ /(MJ/kg)	R_W	R_J
某厂 4 号	8.88	0.22	20.97	12.79	68.73	23.94	4.38	2.94
某厂 4 号	7.46	0.34	34.17	16.58	54.62	19.47	4.45	3.42
某厂 3 号	4.34	1.12	19.3	15.2	67.48	25.94	4.6	2.94
某厂 3 号、4 号	4.9	1.8	36.7	32.21	41.69	18.93	5.21	3.74
某厂 7 号	5.92	0.8	21.77	19.73	62.15	24.55	4.91	2.82
某厂 3 号	5.6	0.75	19.1	14.5	68.53	25.26	4.7	4.16
某厂 4 号	5.87	0.62	26.63	21.35	57.22	22.15	4.72	3.4
某厂 4 号	7.86	5.53	32.29	39.93	37.35	17.57	5.68	6.25
某厂 5 号	4.47	2.7	27.85	39.15	42.26	20.46	5.43	5.18
某厂 3 号	9.8	3.68	11.65	33.06	56.68	24.96	5.4	3.95
某厂 1 号	13.63	3.78	31.03	41.36	38.23	16.09	6.17	7.93
某厂 1 号	4.83	1.37	30.26	28.64	48.79	19.52	4.98	3.74
某厂 8 号	7.37	1.44	48.96	25.36	37.02	13.00	4.59	3
某厂 1 号	21.89	9.9	25.87	52.62	30.43	15.12	6.62	6.57
某厂 3 号	9.45	2	28.63	31.02	47.85	19.52	5.27	4.63
某厂 1 号	30.4	20.9	19.6	46.31	31.94	16.19	6.52	8.3
某厂 1 号	8.42	1.71	23.68	13.9	64.24	22.70	4.69	3.07
某厂 1 号、2 号	8.36	2.33	31.14	16.58	55.49	20.28	4.52	6.54
某厂 14 号	6.24	2.13	28.71	23.26	53.09	21.21	5.21	4.17
某厂 7 号	4.32	0.99	31.73	20.27	53.64	20.70	4.91	3.4
某厂 1 号	2.46	1.36	20.48	18.79	63.43	25.76	4.6	3.82
某厂 3 号、4 号	6.5	1.54	33.97	19.15	52.05	19.39	4.82	3.97
某厂 31 号、32 号	7.64	1.38	39.59	20.06	47.19	17.83	4.85	3.81
某厂 1 号、2 号	9.78	3.97	21.16	8.08	68.98	23.34	4.85	3.81
某厂 1 号、2 号	6.7	2.12	25.48	13.96	62.29	21.77	4.76	4.29
某厂 1 号、2 号	4.73	1.58	22.66	14.03	64.97	23.94	4.78	3.34
某厂 1 号	9.97	6.8	15.18	28.33	55.92	23.78	6.08	5.38
某厂 1 号	13.46	7.64	8.49	35.67	51.48	23.40	6.43	6.54

续表

电厂、锅炉	w_{Mar}/%	w_{Mad}/%	w_{Aar}/%	w_{Vdaf}/%	w_{FCad}/%	$Q_{net,ar}$ /(MJ/kg)	R_W	R_J
某厂 1 号、2 号	12.39	5.94	15.01	29.87	55.44	22.21	5.8	4.69
某厂 A4 号、5 号	7.84	5.82	25.38	34.83	44.84	20.00	5.99	6.54
某厂 1 号	7.2	1.32	21	30.1	54.3	23.64	5.4	5.18
某厂 1 号	9.4	2.78	20.07	34.71	50.37	22.21	5.42	3.74
某厂 1 号、2 号	8.37	2.57	22.02	40.56	44.82	21.84	5.56	5.02
某厂 4 号	7.1	0.8	30.89	33.76	45.25	20.28	5.06	3.66
某厂 1 号	4.35	2.91	29.14	34.91	44.23	21.13	5.3	4.42
某厂 1 号、2 号	12.85	7.19	10.68	33.11	52.83	22.93	6.23	5.59
某厂 1 号、2 号	13.81	8.18	18.29	28.79	52.36	20.83	5.35	2.96
某厂 1 号、2 号	13.2	9.21	27.44	37.25	39.76	18.00	6.71	6.25
某厂 1 号、2 号	14.9	11.35	6.0	35.11	53.62	23.80	6.03	6.54
某厂 1 号	2.42	1.43	27.47	35.32	45.62	22.53	5.91	4.42

朱跃等对表 1-21 中采用热天平分析计算得出的 R_W、R_J 值与煤的工业分析数据进行了拟合回归分析，得出了采用煤的工业分析参数计算 R_W、R_J 的计算式[16,17]。在没有热天平分析值时，可根据工业分析值采用此方法判别煤的特性。具体计算式为

$$R_W = 4.24 + 0.047 w_{Mad} - 0.015 w_{Aad} + 0.046 w_{Vdaf}$$

$$R_J = 2.22 + 0.17 w_{Mad} + 0.016 w_{Vdaf}$$

以上两式回归曲线的相关系数 γ 分别为 0.9254、0.8108。

基于热天平的试验结果，文献[18]～文献[20]提出了其他计算方式的综合判别指标。

4) 着火指数

哈尔滨电站设备成套设计研究所设计了煤粉颗粒着火指数炉，即管式沉降炉。以一定流量的空气携带煤粉，缓慢地流经管式沉降炉中的石英玻璃管，流动速度小于 0.3m/s，含粉试验气流经过滤后由真空泵排出，煤粉在其中接近自由沉降的速度自上而下随气流运动。随着炉膛温度的升高，煤粉在石英玻璃管中将发生着火现象，取其能使煤粉试样发生着火的最低炉膛温度(石英管壁温度)为煤粉沉降着火指数 T_d[21]。其原理是根据谢苗诺夫热力着火理论，可推出以下计算式，即

$$T_d = T_\infty + RT_\infty^2 / E \tag{1-10}$$

式中，T_∞ 为环境温度(℃)；R 为摩尔气体常量；E 为煤的活化能(kJ/mol)。

煤的活化能一般大于 83.7kJ/mol，因此可以近似认为 $T_d \approx T_\infty$。

表 1-22 给出了 20 种测试煤样的着火沉降指数[21]。将工业分析参数作为变量，就其对煤粉着火沉降指数的影响作用逐步进行回归分析，可得

$$T_d = 654 - 1.9w_{Vdaf} + 0.43w_{Aad} - 4.5w_{Mad} \tag{1-11}$$

式(1-11)的回归相关系数为 0.916，误差为±20℃。当没有条件进行沉降炉着火沉降指数测定时，可以用煤的工业分析数据来计算。可以看出，w_{Vdaf} 对着火指数的影响最大，而 w_{Aad} 和 w_{Mad} 对着火指数也有影响。空气干燥基水分(注意不是全水分)有利于煤炉着火，原因是它定析出后形成的孔隙、比表面积有利于氧的渗透和燃烧。灰分 w_{Aad} 则不利于着火。

表 1-22 20 种测试煤样的着火沉降指数

试样编号	煤种	w_{Mad}/%	w_{Aad}/%	w_{Vad}/%	w_{Vdaf}/%	$Q_{net,ad}$/(kJ/kg)	T_d /℃
1	A	4.04	24.27	8.53	11.90	24174	630
2	B	2.81	23.59	3.87	5.28	24090	640
3	C	2.59	48.40	12.91	26.60	13994	625
4	D	2.55	23.96	33.07	45.00	24032	540
5	E	12.45	9.47	26.24	33.01	23601	510
6	F	3.20	27.94	7.69	11.68	22563	630
7	G	1.32	28.66	18.68	26.68	23576	590
8	H	2.55	36.29	9.31	15.22	19662	625
9	I	2.40	18.80	10.62	13.48	27004	605
10	J	6.12	16.34	28.53	36.80	24484	600
11	K	7.35	14.45	7.73	9.88	27042	640
12	L	17.48	21.46	35.77	58.58	16874	470
13	M	6.87	15.76	28.88	37.33	24229	560
14	N	1.81	33.18	13.91	21.40	21809	620
15	O	1.74	32.41	23.67	35.94	21780	610
16	P	4.12	21.80	4.25	5.74	23555	640
17	Q	1.85	33.21	6.58	10.13	20813	620
18	R	0.95	31.18	15.62	23.01	22943	605
19	S	1.00	34.54	24.86	38.57	20419	605
20	T	1.63	14.14	28.08	33.74	28389	600

T_d 的判别界限如下[16]：

$T_d > 638$℃，极难稳定区；

613℃ $< T_d \leqslant$ 638℃，难稳定区；

593℃ $< T_d \leqslant$ 613℃，中等稳定区；

560℃ $< T_d \leqslant$ 593℃，易稳定区；

$T_d \leqslant 560℃$，褐煤区。

5) Fz 指数

煤焦着火对煤的燃烧来说至关重要。只有当煤焦充分着火时，才能认为煤已处于稳定的燃烧状态。相反，当煤焦熄火时，煤燃烧也随之熄灭。为此，多年来国内外的许多学者对煤焦的着火进行了大量的研究，取得了丰富的成果，并得出了许多重要的结论。但还有一些问题一直未得到解决。①无论用何种方法预报煤焦的着火温度，都必须预先知道各煤焦的着火反应动力学参数，即活化能 E 及反应频率因子 $k_{0,ch}$。但国际上一直未解决煤焦着火反应动力学参数与煤质之间的统一关系，因此给煤焦着火温度的预报造成了困难。②研究已经发现，煤焦的着火温度与煤质的关系极大，但一直未找到它们之间的直接定量关系。傅维标等通过理论分析和大量的试验研究[22-29]，得出了着火反应动力学参数与煤质之间的通用关系以及煤焦着火温度与煤质之间的通用关系，并提出了判别煤粉着火和缓燃的新方法——Fz 法，为煤焦着火温度的预报及煤粉着火与稳燃特性的判别带来了极大的方便。

以往预报煤焦燃烧时，都必须预先知道煤焦燃烧的反应动力参数 E(活化能)、$k_{0,ch}$(反应频率因子)。文献[29]认为，煤焦在燃烧期间其表面积反应的表观活化能是一常数($E = 180\text{kJ/mol}$)，与煤质无关，但煤焦的反应频率因子 $k_{0,ch}$ 与煤质有关，并可表示为

$$\frac{k_{0,c}}{k_{0,ch}} = \frac{1}{f(s)} = F(s) \tag{1-12}$$

式中，$k_{0,ch}$ 为煤焦表面的氧化反应频率因子(m/s)；$k_{0,c}$ 为碳的表面氧化反应频率因子(m/s)；s 为比表面积(m^2)；$f(s)$、$F(s)$ 为比表面积有关的一个函数，它表示比表面积对煤焦燃烧速率的影响。

式(1-12)对任何煤质来说都是通用的。由式(1-12)可知，$k_{0,c} / k_{0,ch}$ 是比表面积 s 的某一函数，而 s 与煤质有关，因此只要找到这一函数，就可确定反应频率因子与煤质的通用关系。众所周知，比表面积 s 与煤中所含的挥发分含量 w_{Vad} 有关，当挥发分析出时，煤焦就呈多孔状，它的比表面积就显著增加。但是，用 w_{Vad} 来整理试验数据时发现，在 $k_{0,ch}$ 与 w_{Vad} 之间不存在通用关系。因此，必定还有其他因素对比表面积有影响。傅维标等又从试验中得到，w_{Mad} 对煤焦比表面积形成的贡献有着与挥发分同等的作用。此外，反应频率因子从物理意义上讲就是碳与氧之间的有效碰撞次数。设想如果氧分子与灰之间碰撞，则它们的碰撞是无效的，只有与碳的碰撞才是有效的，这就是说碳的比表面积是实质问题，因此固定碳 w_{FCad} 含量对 $k_{0,ch}$ 也将起重要作用。

然而，问题的复杂性在于，碳的比表面积不是总起作用的。例如，如果环境

氧的扩散起控制作用，则煤焦的内孔效应就不起作用，即比表面积就不起作用；但当煤焦燃烧状态变为动力控制或动力-扩散控制时，内孔效应必须考虑。因此，比表面积起作用与否取决于何种燃烧状态起控制作用，是动力控制、扩散控制，还是扩散-动力控制。然而，影响煤焦燃烧状态的因素很多，如煤焦的直径、温度、环境氧浓度、内孔反应速率、氧的扩散系数等都将影响煤焦的燃烧状态。大颗粒煤焦处于扩散控制，即 $k_{0,c}/k_{0,ch}=f(w_{Vad},w_{Mad},w_{FCad})$。通过对试验数据的拟合发现，对直径为 3000μm 的大颗粒煤焦来说，若取 $Fz=(w_{Vad}+w_{Mad})^2 w_{FCad}\times 100=V_\infty^2\times w_{FCad}\times 100$ 作为横坐标，取 $k_{0,c}/k_{0,ch}$ 作为纵坐标，则可将所有的试验数据归到同一曲线上，如图 1-21 所示。其中，$k_{0,ch}=5.03\times 10^5$m/s，w_{Vad}、w_{Mad}、w_{FCad} 分别是挥发分、内在水、固定碳的工业分析的含量(质量分数)。图 1-21 中这一曲线就是煤焦的表面反应频率因子与煤质 (Fz) 间的通用关系[29]，可拟合成下列表达式，即

$$\frac{k_{0,c}}{k_{0,ch}}=\frac{(k_{0,c})_0}{(k_{0,ch})_0}=1.224\times(Fz+27)^{-18.98}\times 10^{27} \tag{1-13}$$

式中，下标“0”表示直径大于 3000μm 纯碳或煤焦的反应频率因子；Fz 值越大，则 $k_{0,ch}$ 值就越大，即煤的反应性越好，其煤质就越好。

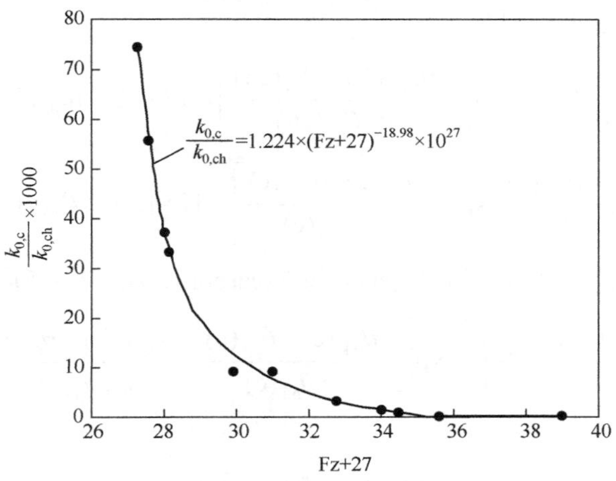

图 1-21　$k_{0,ch}$ 与 Fz 之间的通用关系

以往预报煤焦着火温度时，都必须预先知道各煤焦的着火反应动力学参数 E(活化能)、k_0(反应频率因子)。文献[29]认为，在着火期间煤焦表面反应的表观活化能是一常数(E=152kJ/mol)，它与煤质无关，但煤焦的反应频率因子 $k_{0,ch}$ 与煤质有关，并且存在 $k_{0,c}/k_{0,ch}=1/f(s)=F(Fz)$ 的关系。通过对试验数据的回归分析，给出了煤焦着火时的函数关系。

当炉膛中环境温度足够高时，煤粒总是能着火，称这种情况为非临界着火状态。文献[28]在上述工作的基础上，对煤焦着火温度与煤质之间的通用关系进行了研究。其中对煤焦着火温度与煤质之间通用关系的推导，是基于文献[22]中一个非简化条件下碳(炭)粒的非临界着火条件的严格表达式，即

$$\frac{\theta_{\mathrm{p,k}}}{\theta_{\mathrm{p,i}}^{2}}\exp\left(-\frac{\theta_{\mathrm{p,k}}-\theta_{\mathrm{p,i}}}{\varepsilon\theta_{\mathrm{p,i}}}\right)-12\times(2+4\theta_{\mathrm{p,i}}^{3}R_{\mathrm{a}})=0 \tag{1-14}$$

式中，$\theta_{\mathrm{p,i}}$ 为煤焦碳粒的无因次着火温度，即 $\theta_{\mathrm{p,i}}=\dfrac{T_{\mathrm{p,i}}}{T_{\infty}}$，$T_{\mathrm{p,i}}$ 为碳粒的着火温度(K)，T_{∞} 为环境温度(K)；ε 为碳粒的黑度；$\theta_{\mathrm{p,k}}$ 为无因次活化温度，即 $\theta_{\mathrm{p,k}}=\dfrac{T_{\mathrm{a}}}{T_{\infty}}\varepsilon$，$T_{\mathrm{a}}$ 为活化温度(K)，$T_{\mathrm{a}}=\dfrac{E}{R}$，$E$ 为活化能(kJ/mol)，R 为通用气体常数(kJ/(kmol·K))；R_{a} 为无因次量，$R_{\mathrm{a}}=\dfrac{\varepsilon\sigma T_{\infty}^{4}d_{\mathrm{p,0}}}{\lambda_{\mathrm{g}}}$，$d_{\mathrm{p,0}}$ 为煤粒的初始直径(m)，λ_{g} 为气体导热系数($\mathrm{W/(m\cdot K)}$)；σ 为斯特藩-玻尔兹曼常数，为 $5.67\times10^{-8}\,\mathrm{W/(m^{2}\cdot K^{4})}$。

如果将碳(炭)粒的非临界着火条件表达式(1-14)分别用于同环境条件下的煤焦和纯碳粒的着火，则有

$$\frac{\theta_{\mathrm{p,k}}(\mathrm{ch})}{\theta_{\mathrm{p,i}}^{2}(\mathrm{ch})}\exp\left[-\frac{\theta_{\mathrm{p,k}}(\mathrm{ch})-\theta_{\mathrm{p,i}}(\mathrm{ch})}{\varepsilon_{\mathrm{ch}}\theta_{\mathrm{p,i}}(\mathrm{ch})}\right]=12\times[2+4\theta_{\mathrm{p,i}}^{3}(\mathrm{ch})R_{\mathrm{a}}] \tag{1-15}$$

$$\frac{\theta_{\mathrm{p,k}}(\mathrm{c})}{\theta_{\mathrm{p,i}}^{2}(\mathrm{c})}\exp\left[-\frac{\theta_{\mathrm{p,k}}(\mathrm{c})-\theta_{\mathrm{p,i}}(\mathrm{c})}{\varepsilon_{\mathrm{ch}}\theta_{\mathrm{p,i}}(\mathrm{c})}\right]=12\times[2+4\theta_{\mathrm{p,i}}^{3}(\mathrm{c})R_{\mathrm{a}}] \tag{1-16}$$

式中，“ch”“c”分别代表煤焦(char)和碳(carbon)，将式(1-15)除以式(1-16)可得

$$\frac{\theta_{\mathrm{p,i}}(\mathrm{ch})}{\theta_{\mathrm{p,i}}(\mathrm{c})}\left(\frac{\varepsilon_{\mathrm{ch}}}{\varepsilon_{\mathrm{c}}}\right)^{-1}\exp\left[-\frac{\theta_{\mathrm{p,k}}(\mathrm{c})-\theta_{\mathrm{p,i}}(\mathrm{c})}{\varepsilon_{\mathrm{c}}\theta_{\mathrm{p,i}}(\mathrm{c})}-\frac{\theta_{\mathrm{p,k}}(\mathrm{ch})-\theta_{\mathrm{p,i}}(\mathrm{ch})}{\varepsilon_{\mathrm{ch}}\theta_{\mathrm{p,i}}(\mathrm{ch})}\right]\approx1 \tag{1-17}$$

令

$$K=\frac{12q_{\mathrm{c}}k_{0,\mathrm{c}}(\text{或}k_{0,\mathrm{ch}})\overline{M}Y_{0,\infty}p_{\infty}d_{\mathrm{p,0}}}{M_{0}T_{\infty}\lambda_{\mathrm{g}}} \tag{1-18}$$

$$\varepsilon^{-1}+\ln\varepsilon=\ln k \tag{1-19}$$

式(1-18)和式(1-19)中，q_{c} 为碳的发热量(kJ/kg)；$\overline{M}$、M_{0} 为环境中气体平均相对分子质量和氧相对分子质量；$Y_{0,\infty}$ 为环境中氧的质量分数；p_{∞} 为环境压力(Pa)。

式(1-17)又可表示为

$$\left[\frac{T_{p,i}(ch)}{T_{p,i}(c)}\right]^2\left(\frac{\varepsilon_{ch}}{\varepsilon_c}\right)^{-1}\exp\left[\left(\frac{1}{\frac{T_{p,i}(ch)}{T_{p,i}(c)}}-1\right)\frac{T_a}{T_{p,i}(c)}-\ln\left(\frac{K_c}{K_{ch}}\frac{\varepsilon_{ch}}{\varepsilon_c}\right)\right]\approx 1 \tag{1-20}$$

$$\frac{T_{p,i}(ch)}{T_{p,i}(c)}=F_1\left(\frac{K_c}{K_{ch}}\right) \tag{1-21}$$

在其他条件给定的情况下，由式(1-18)可得

$$\frac{K_c}{K_{ch}}=\frac{k_{0,c}}{k_{0,ch}} \tag{1-22}$$

又知 $k_{0,c}/k_{0,ch}=f(\mathrm{Fz})$, 故式(1-22)可改写成

$$\frac{K_c}{K_{ch}}=f(\mathrm{Fz}) \tag{1-23}$$

将式(1-23)代入式(1-21)可得

$$\frac{T_{p,i}(ch)}{T_{p,i}(c)}=F(\mathrm{Fz}) \tag{1-24}$$

式(1-24)即煤焦着火的无因次温度 $T_{p,i}(ch)/T_{p,i}(c)$ 与煤质 (Fz) 的通用关系式，其具体的函数关系可由试验求得。

为了按式(1-24)进行试验数据的整理，需先求得 $T_{p,i}(c)$ 的值。对于 $d_{p,0}\leqslant 3000\mu m$ 的纯碳粒，只要环境参数(如压力、环境氧浓度、环境温度、煤焦直径等)给定，其着火温度 $T_{p,i}(c)$ 可由式(1-14)计算。经过分析证明，$d_{p,0}>3000\,\mu m$ 的纯碳粒 $T_{p,i}(c)$ 也可按式(1-14)计算。这样，就可整理出煤焦着火温度与煤质的通用关系(图 1-22)[29]。该曲线可表示为

$$\begin{cases}\overline{T}_{p,i}=\dfrac{T_{p,i}(ch)}{T_{p,i}(c)}=-0.03285\ln(\mathrm{Fz})+0.7592\\ \overline{T}_{p,i}=1,\quad \mathrm{Fz}=0\end{cases} \tag{1-25}$$

式(1-25)即煤焦着火温度与煤质的通用关系式。它虽然简单，但包括所有的物理、化学因素的影响。所有的外参数对碳粒着火温度的影响都反映在 $T_{p,i}(c)$ 中；而煤质(或比表面积及反应频率因子)对碳粒着火温度的影响则由 Fz 来反映。

Fz 称为煤焦的着火特性指标，利用该无因次数可以方便、准确地判别煤焦的着火温度。Fz 越大，着火温度越低，其着火特性越好。文献[28]和文献[29]还对式(1-25)的通用性和准确性进行了考核，结果与试验值符合较好，其误差一般都小

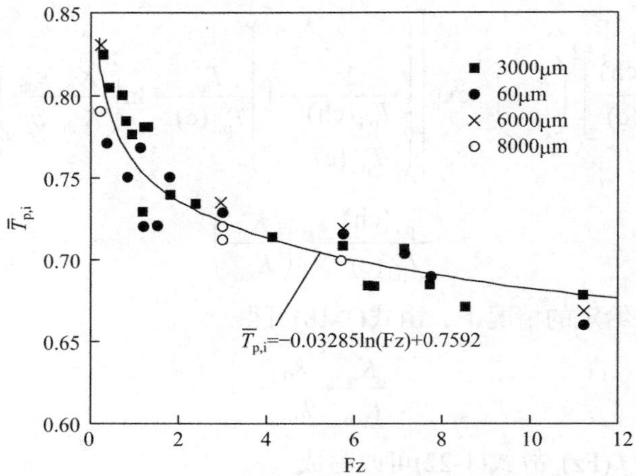

图 1-22　煤焦着火温度与煤质的通用关系

于±10%。此外，按 Fz 把上述中国煤划分为五种不同燃烧特性的类型，从而指导设计人员按煤的燃烧特性进行锅炉设计：①极难燃煤(Fz≤0.5)；②难燃煤(0.5<Fz≤1.0)；③准难燃煤(1.0<Fz≤1.5)；④易燃煤(1.5<Fz≤2.0)；⑤极易燃煤(Fz>2.0)。

1.1.6　煤的沾污、结渣特性

1. 以灰熔融性表示的结渣特性

根据国家标准《煤灰熔融性的测定方法》(GB/T 219—2008)的规定，将煤灰制成高为 20mm、底边边长为 7mm 的正三角形，锥体的一侧面垂直于底面的三角锥，在一定的气体介质中以一定的升温速度(900℃以下，升温速度为 15～20℃/min；900℃以上，升温速度为(5±1)℃/min)加热，观察灰锥在受热过程中的形态变化，观测并记录它的四个特征熔融温度：变形温度(deformation temperature，DT)、软化温度(sphere temperature，ST)、半球温度(hemisphere temperature，HT)和流动温度(flow temperature，FT)。其定义示意图如图 1-23 所示。

图 1-23　灰锥熔融特征示意图

变形温度：灰锥尖端或棱开始变圆或弯曲的温度(图 1-23 所示的变形温度)。若灰锥尖保持原形，则锥体收缩和倾斜不算变形温度。

软化温度：灰锥弯曲至锥尖触及托板或灰锥变成球形时的温度(图 1-23 所示

的软化温度)。

半球温度：灰锥形变至近似半球形，即高约等于底边边长的 1/2 时的温度(图 1-23 所示的半球温度)。

流动温度：灰锥熔化展开成高度在 1.5mm 以下的薄层时的温度(图 1-23 所示的流动温度)。

灰渣熔融过程中某些组分形成低熔点共熔体，由于这些物质的形成与灰渣中的氧化铁还原程度有关，周围介质的性质对灰渣熔融特性有很大影响。因此，对灰渣的熔融特性在弱还原性气氛和氧化性气氛下进行测量。弱还原性气氛可以采用通气法获得，炉内通入下述两种混合气体之一：①体积分数为 (50±10)% 的氢气和体积分数为 (50±10)% 的二氧化碳混合气体；②体积分数为 (60±5)% 的一氧化碳和体积分数为 (40±5)% 的二氧化碳混合气体。也可以采用封碳法，即炉内封入灰分含量低于15%、粒度小于 1mm 的无烟煤、石墨或其他碳物质。氧化性气氛下，炉内不放任何碳物质，并使空气自由流通。在弱还原性气氛下测得的特征温度一般比氧化气氛下低，随灰中 Fe_2O_3 含量的不同，其差别可为几十摄氏度至 200℃左右。一般采用在弱还原性气氛下测得的煤灰软化温度作为判别，判别界限如下[30]：

软化温度＜1260℃：结渣倾向严重；

软化温度⩾1260～1390℃：结渣倾向中等；

软化温度＞1390℃：结渣倾向轻微。

在煤中掺加其他种煤或矿物可以改变煤灰熔融特性，有研究以不同特性煤掺烧的办法来减轻结渣，取得了一定的改善。

2. *以灰渣流变特性表示的结渣特性*

灰渣流变特性即灰渣黏度和温度的关系，因而又称黏温特性。它不但影响炉内的结渣工况，也决定着液态排渣炉的排渣过程，因此也是煤灰的一项重要(非常规)特性指标。

我国多数动力用煤的灰渣按其流变特性的不同，可分为塑性渣、(准)玻璃体渣和结晶体渣三大类，其典型特征如图 1-24 所示[13]。图中的 O 点为临界温度点，即灰渣由真液态转向塑性状态的分界点，该点相应的温度为临界温度 t_0，相应的黏度为临界黏度 μ_0。临界点右边为真液相区，A 点为(准)凝固点，即黏度曲线变为陡然上升，黏度梯度为极大的起始点，OA 段为塑性区。由图可见，塑性渣存在临界点、凝固点和塑性段，其黏温曲线由真液相区、塑性区和快速凝固区组成。灰渣熔体在真液相区时，随温度降低，黏度增高，温度至 t_0 时，开始析出固相物质，灰渣流动呈塑性。继续冷却时，灰渣黏度增长较快，至凝固点 A，熔体开始凝固，黏度迅速增长。

结晶体渣的临界点和(准)凝固点几乎重合，塑性区消失。灰渣在真液相区的特征与其他种渣相似，但当温度降至 t_0 时，熔体很快凝结，黏度急剧增大。温度稍高于 t_0，则迅速“解冻”，转为真液态。

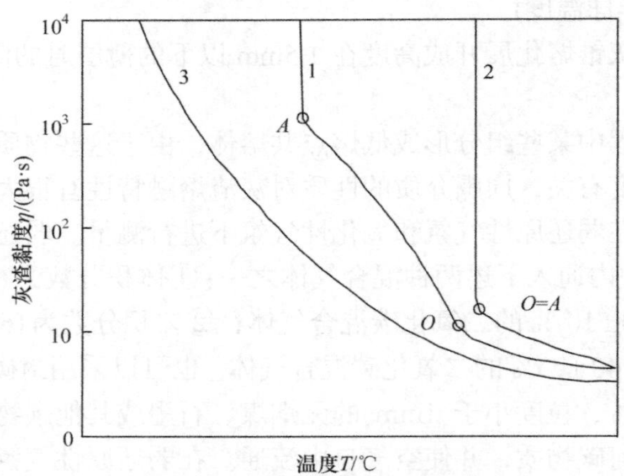

图 1-24　灰渣黏度特性的类型

1-塑性渣；2-结晶体渣；3-玻璃体渣；*O*-临界温度点；*A*-凝固点

(准)玻璃体渣的黏温特性与典型的无结晶体的玻璃体渣很接近，黏温特性曲线上不存在明显的塑性区和真液态区的分界点。在较低的温度下，仍是类液相的。

利用灰渣流变(黏温)特性作为判别燃煤结渣特性指标的基本思想是：结渣主要是由灰渣的黏附而形成的，熔渣黏度很高，接近于凝固，就不易形成结渣。而易造成黏附的灰渣黏度一般认为是50~1000 Pa·s 或 2000Pa·s。在任何情况下，灰在炉膛中总要经过这样的黏度范围。但重要的是，应使这个黏度范围的灰粒在撞击到受热面之前得到冷却。如果上限黏度和下限黏度间的温度间隔较小，那么这种黏性的灰粒容易冷却成没有黏性的，因此很少黏附在炉膛受热面上。如果在此黏度范围内相应的温度区间较大，则灰粒呈黏性状态的时间长，黏附在受热表面上的倾向也较大，这种煤可能出现较严重的结渣。图 1-25[13]示出了不同结渣性能的煤种的灰渣黏度特性。图中的 *D* 煤种和 *C* 煤种在灰渣黏性区域(即黏度为 50～1000Pa·s)对应的温度范围较大，因而其结渣性能也较强，实际上其结渣也较严重。此外，在氧化和还原气氛下黏度差别较大的煤(如图 1-25 中的 *B* 煤种)也易造成结渣，这是因为工况波动而引起炉内气氛的微小变化，能使渣的流变特性有很大改变。

英国巴威公司利用灰渣黏度特性来判别煤的结渣性能，除了考虑灰渣在黏性区(黏度为 25～1000Pa·s)的温度间隔外，还考虑温度的绝对水平，即 2000Pa·s 时的温度。这个温度很高，表明灰渣的黏性范围存在于离炉墙很远的燃烧区域内；若该温度低，则表明黏性范围将存在于接近炉墙及辐射过热器表面的地方。两个参数结合起来就能得出结渣指数，以此来判断煤的结渣类别。很明显，具有较高

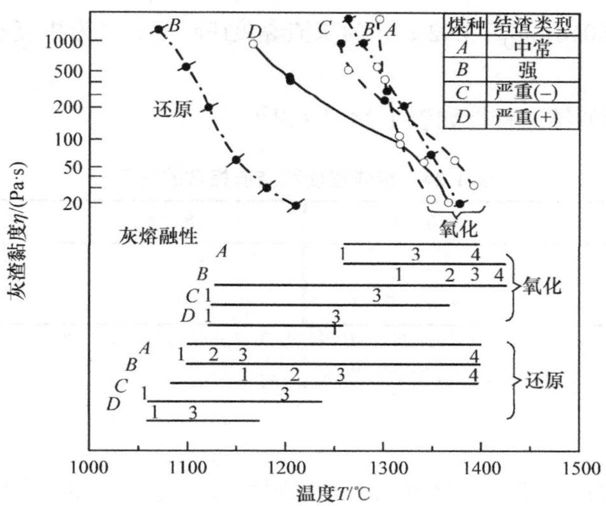

图 1-25　不同结渣性能的煤种的灰渣黏度特性

灰熔融性表示符号：1-开始变形温度；2-软化温度；3-半球温度；4-流动温度

的黏性温度和较大的黏性温度范围的煤，其结渣性能与具有较低黏性温度和较小黏性温度范围的煤应是一样的。此外，灰渣处于黏性范围的温度对锅炉设计也有重要意义，说明对结渣来说炉膛那一部分是最薄弱的。

按灰渣黏度特性确定结渣指数 R_{VS} 的具体方法如下[13]：

$$R_{VS}=\frac{T_{25}-T_{1000}}{97\times 5f_s} \tag{1-26}$$

式中，T_{25} 为灰渣黏度为 25Pa·s 时的温度(℃)；T_{1000} 为灰渣黏度为 1000Pa·s 时的温度(℃)；f_s 为由 T_{200}(灰渣黏度为 200Pa·s 时的温度)所决定的因数，其具体数值如表 1-23 所示。

表 1-23　f_s 的数值

T_{200}/℃	f_s	T_{200}/℃	f_s
1000	0.9	1400	4.7
1100	1.3	1500	7.1
1200	2.0	1600	11.4
1300	3.1	—	—

如果 T_{25}、T_{200}、T_{1000} 没有试验数据，则可用式(1-27)近似地确定，即

$$T=\left(\frac{10^7 m}{\lg\eta-C+1}\right)^{0.5}+150 \tag{1-27}$$

式中，$m=0.00835w_{SiO_2}+0.00601w_{Al_2O_3}-0.109$；$C=0.0415w_{SiO_2}+0.0142w_{Al_2O_3}+$

$0.0276w_{Fe_2O_3}+0.016w_{CaO}-3.92$；$\eta$ 为灰渣黏度(Pa · s)；T 为相应于黏度 η 时的温度 (℃)。

R_{VS} 所表示的结渣特性如表 1-24 所示[13]。

表 1-24　结渣程度和结渣指数的关系

结渣指数 R_{VS}	结渣程度	结渣指数 R_{VS}	结渣程度
<0.5	轻微结渣	1.0～1.99	严重结渣
0.5～0.99	中等结渣	≥2	极严重结渣

注：SiO_2、Al_2O_3、Fe_2O_3、CaO 含量的基准：当灰中 Na_2O 含量不超过 2%时，以 $w_{SiO_2}+w_{Al_2O_3}+w_{Fe_2O_3}+w_{CaO}+w_{MgO}=100\%$ 为基准；当 Na_2O 含量超过 2%时，以 $w_{SiO_2}+w_{Al_2O_3}+w_{Fe_2O_3}+w_{CaO}+w_{MgO}+w_{Na_2O}+w_{K_2O}+w_{TiO_2}+w_{P_2O_5}+w_{SO_3}=100\%$ 为基准。

我国自己的初步研究结果也和上述原则类似。通过对 50 余种煤灰黏温特性的研究，得出结渣指数 P_S[13]，与锅炉运行调查的资料对比，P_S 和结渣的程度有一定的相关性[13]。

P_S 的定义如下：设黏度分别为 50Pa·s 和 2000Pa·s 时相应的温度分别为 T'、T''，在半对数左边的黏温关系曲线上，如图 1-26 所示，在 $T_1'\sim T_1''$ 和 50～2000Pa · s 的间隔内黏温曲线所包围的面积 $A_1B_1C_1$ (或 $A_2A_2'B_2'B_2C_2$、$A_3B_3C_3$)即结渣指数 P_S。P_S 大的煤一般易结渣。

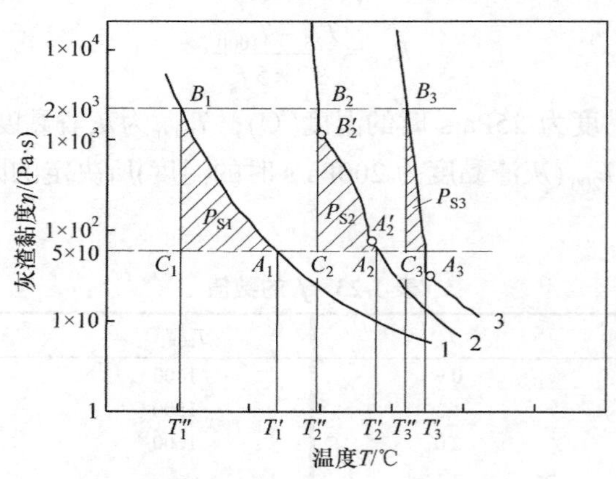

图 1-26　结渣指数的定义

根据电厂实际运行情况的调查，锅炉结渣情况和结渣指数 P_S 的关系如图 1-27 所示，结渣程度分为四段：0——基本不结渣；1——轻度结渣；2——中等程度结渣；3——较严重结渣。图中的点只占试验煤中的 40%，其余的煤种或者因实际运行情况难以了解，或者未曾在锅炉上燃用，对其实际运行的结渣情况无法评定。从初步获得的资料可以看出，P_S 小于 100 的煤属于基本不结渣或轻度结渣类型，

P_S=100～250 的煤属于轻度结渣类型；P_S=350～400 的煤属于中等或严重结渣类型，而 P_S 大于 450 的煤则属于严重结渣类型。

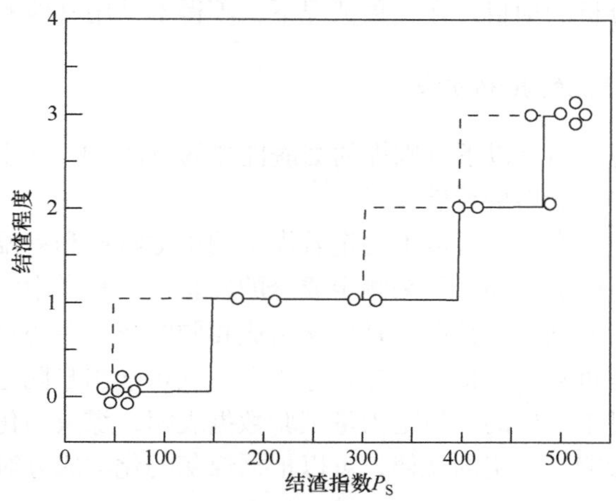

图 1-27 结渣指数和锅炉结渣情况的关系

为了计算结渣指数 P_S，则以定积分方法求取黏温曲线所包围的面积，因此首先要找到灰渣的黏温函数关系，根据灰渣黏度特性试验，有以下关系式①：

真液相区 $\eta = 0.1\exp\left(\dfrac{B}{T' - T_N}\right)$，$\ln\eta = \dfrac{B}{T'' - T_N} - 2.3$

塑性区 $\eta = 0.1\exp\left(\dfrac{B}{T'' - T_N}\right)^{1.11}$，$\ln\eta = \left(\dfrac{B}{T'' - T_N}\right)^{1.11} - 2.3$

式中，T' 为相应于 50Pa·s 时的温度(℃)；T'' 为相应于 2000Pa·s 时的温度(℃)；B 为灰渣熔体在高温过程中黏度变化的参数，可根据灰渣黏度特性求出；T_N 为熔体假想的凝固温度(℃)，也可根据灰渣黏温特性求出。

根据以上函数关系，可以计算结渣指数 P_S。

在真液相区，有

$$P_S = B \cdot \ln\frac{T' - T_N}{T'' - T_N} - 8.517(T' - T'') \tag{1-28}$$

在塑性区，有

$$P_0 = 9B^{1.11}\left[(T'' - T_N)^{-0.11} - (T' - T_N)^{-0.11}\right] - 8.517(T' - T'') \tag{1-29}$$

上述结果只是在还原性气氛下得到的，还应进行在氧化性气氛下灰渣黏温特性的试验。最终以灰渣黏温特性表示的煤的结渣特性，尚有赖于综合氧化与还原

① 在以下的关系式中灰渣黏度是以 P(1P=10^{-1}Pa·s)为单位。

性气氛下灰黏温特性后才能确定。上面结果仅供参考。此外，由于确定灰渣黏度特性是相当复杂且费时的，因此目前灰渣的黏温特性尚未像煤的其他常规特性一样被确定为必须分析的项目。在这种情况下，不得不采用其他的判别方法。

3. 判别结渣性能的其他方法

除上述方法外，尚有以下判别煤的结渣性能的方法[13]。其主要原则仍是依据煤灰的化学成分和灰的熔融特性。

煤灰的化学成分在一定程度上决定着煤灰的熔融特性和黏温特性。由于温度、气氛条件和作用时间的不同，用来测定成分的实验室灰和煤中的灰质和炉内的灰渣在组成上均有所差别，并且即便是化学组成相同的灰，在物相组成上也不一定相同，例如，同样的 SiO_2，既可能来源于石英，又可能出自陶土，而石英和陶土在炉膛中的特性是不一样的。但是大量试验数据表明，煤灰的化学组成对熔融特性和黏温特性的影响有一定的规律，可以根据煤灰的化学成分对煤的结渣倾向作出若干推论。

如前所述，煤灰的主要成分是 SiO_2、Al_2O_3、Fe_2O_3、CaO、MgO，还有少数的碱金属氧化物 Na_2O 和 K_2O 以及其他元素。

SiO_2 一般在煤灰中含量最多。根据近 300 种中国煤的 SiO_2 含量和灰熔融性的统计关系(图 1-28)，SiO_2 含量为 10%～40%时，对流动温度影响较小，SiO_2 含量

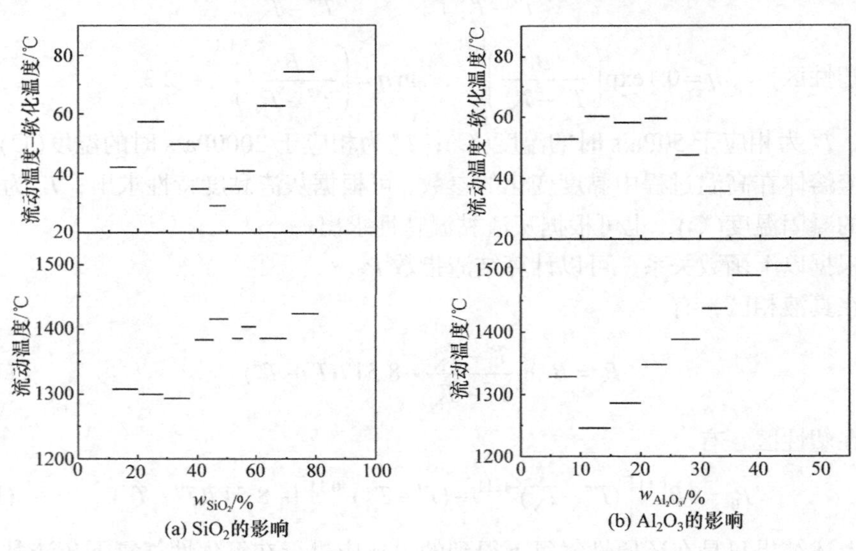

图 1-28 灰中 SiO_2 含量、Al_2O_3 含量对灰流动温度以及流动温度和软化温度之差(FT–DT)的影响(近 300 种煤的统计)

为 40%～80%时，流动温度略有增高，且流动温度和软化温度的差值有上升趋势，即软化温度降低。其原因在于灰中 SiO_2 含量过高时，会产生较多的无定型玻璃体，使灰提早软化。此外，当 SiO_2 含量增加时，灰的黏度也增加。

氧化铝(Al_2O_3)在煤灰中的含量一般仅次于氧化硅，它对灰熔融特性的影响很大。氧化铝及其复合化合物都是难熔晶体，它们起着阻碍熔体变形的支持性骨架作用。从图 1-28(b)[13]可以看出，流动温度随 Al_2O_3 含量的增加而上升，而流动温度和软化温度的差值却减小。

除了硅、铝氧化物含量外，硅铝的比值，即 $w_{SiO_2}/w_{Al_2O_3}$ 也影响灰的熔融性。虽然硅、铝都有增高灰熔点的作用，但影响的程度不同；并且当灰中硅含量较多时，含硅的氧化矿物群和硅酸盐矿物群会与其他组分形成低熔点共熔体，这有助于熔解难熔的复合化合物，使灰熔点降低。图 1-29 为一种美国煤(伊利诺伊煤)在利用添加物改变其 $w_{SiO_2}/w_{Al_2O_3}$ 时灰熔融特性的变化[13]。由图可知，随着 $w_{SiO_2}/w_{Al_2O_3}$ 的增大，灰变形温度升高较小，灰软化温度降低。当 $w_{SiO_2}/w_{Al_2O_3}$ 小于 1.7 及大于 2.8 时，随着 $w_{SiO_2}/w_{Al_2O_3}$ 的增大，灰流动温度大幅度降低。当 $w_{SiO_2}/w_{Al_2O_3}$ 为 1.7～2.8 时，难以评定灰流动温度的变化趋势。

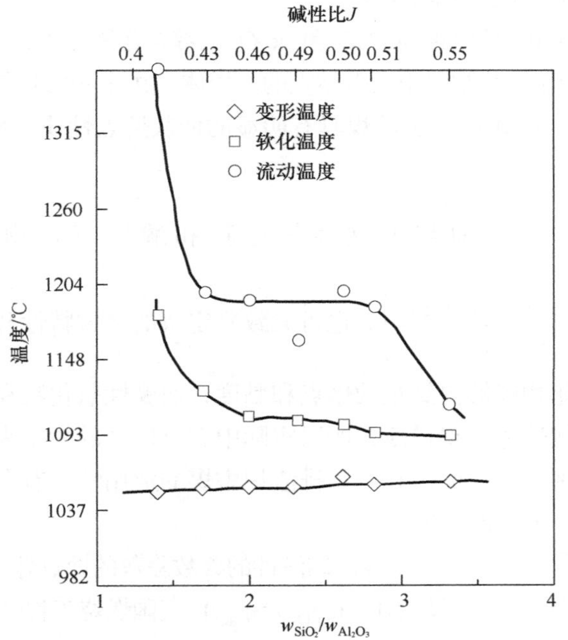

图 1-29　硅铝比改变对灰熔融特性的影响

煤种：伊利诺伊煤灰成分/%

CaO 是形成低熔点共熔体的重要组分，CaO 增加可使低熔点组分相应上升，一般当 $w_{SiO_2+Al_2O_3}/w_{CaO}$ 在一定范围时，流动温度可达最低值，但对于不同的煤，上述比例范围是不同的。根据相关资料，当 $w_{SiO_2+Al_2O_3}/w_{CaO}$ 为 1.6～2.13 时，流动温度最低；而美国东部煤，在添加石灰石试验时，流动温度较低(流动温度< 1300℃)时的 $w_{SiO_2+Al_2O_3}/w_{CaO}$ 为 1.2～8；流动温度最低(流动温度=1190 ℃)时的 $w_{SiO_2+Al_2O_3}/w_{CaO}$ 为 1.97。

氧化钙对灰熔融性的影响还与 $w_{SiO_2}/w_{Al_2O_3}$ 有关。试验统计表明，当 $w_{SiO_2}/w_{Al_2O_3}<3$，且 w_{CaO} 为 30%～35%时，流动温度较低；而当 $w_{SiO_2}/w_{Al_2O_3}>3$，且 w_{CaO} 为 20%～25%时，流动温度较低。因为在少硅时需要更多的 CaO 以形成 $CaO \cdot FeO+CaO \cdot Al_2O_3$ 类型的低熔点共熔体；在多硅时则可复合出 $2FeO \cdot SiO_2+SiO_2$ 类型的低熔点共熔体，故可在较低的 CaO 含量下达到较低的熔点。

灰中的氧化铁是组成低熔点共熔体的重要组分。一般灰渣在熔融过程中可以生成的大多数低熔点共熔体都有 FeO 组分，一般情况下 Fe_2O_3 增加时熔点降低，但是当 Fe_2O_3 含量低于 20%时，其含量的增加对流动温度降低的影响较显著。当 Fe_2O_3 含量高于 20%时，其影响减弱。

灰的熔融特性和黏温特性与 CaO 和 Fe_2O_3 的综合作用有关，因为这两种物质的共同作用比它们单独作用更易形成低熔点的共熔体。由对一些北美煤的试验可知[13]，铁钙比 $w_{Fe_2O_3}/w_{CaO}$ 为 0.2～1.0 的煤具有明显的低灰熔点性质，而其极值为 0.5～0.6(图 1-30)。

灰的碱性比 J，即灰中碱性氧化物和酸性氧化物含量之比 $\left(J=\dfrac{w_{Fe_2O_3}+w_{CaO}+w_{MgO}+w_{Na_2O}+w_{K_2O}}{w_{SiO_2}+w_{Al_2O_3}+w_{TiO_2}}\right)$，也可大致判定灰的熔融特性和黏温特性[30]。一般而言，酸性氧化物能够提高灰的熔点和黏度，而碱性氧化物在一定条件下可有助于降低熔点并使熔体变得稀薄，所以实际中有时以 J 的大小来估计一种煤的结渣倾向或大致判别固态排渣炉和液态排渣炉中煤的适用性。有资料表明，对于固态排渣炉，J 应尽可能低于 0.5。

美国燃烧工程公司用来判定煤的结渣性的参数除灰的熔点外，还有灰的碱性比(J)、硅铝比($w_{SiO_2}/w_{Al_2O_3}$)和铁钙比($w_{Fe_2O_3}/w_{CaO}$)。美国燃烧工程公司认为，J 为 0.4～0.7、$w_{Fe_2O_3}/w_{CaO}$ 为 0.3～3 及 $w_{SiO_2}/w_{Al_2O_3}>1.7$ 的煤为结渣类型；当 $w_{SiO_2}/w_{Al_2O_3}>2.8$ 时，结渣性进一步增加[13]；加拿大煤也符合上述规律[13]。

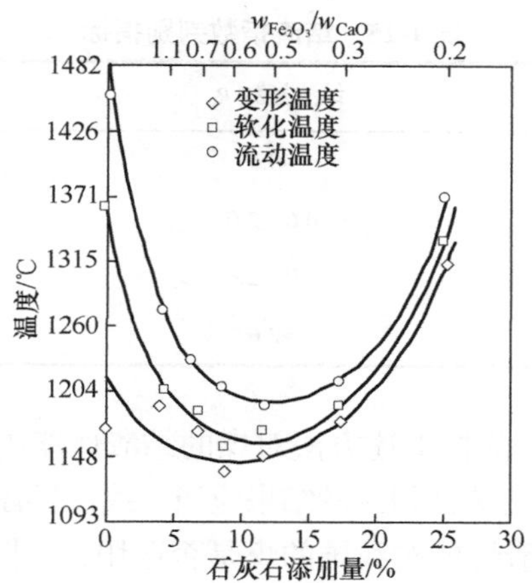

图 1-30　灰熔点和石灰石添加量的关系

煤种：美国东部煤灰成分/%

英国巴布科克(Babcock)公司则采用下述方法，将煤灰按其化学组成分为两大类。

(1) 烟煤型灰：Fe_2O_3 多于 CaO和MgO 。

(2) 褐煤型灰：Fe_2O_3 少于 CaO和MgO 。

对于烟煤型灰，可采用式(1-30)表示的结渣指数[13]，即

$$R_S = J \cdot w_{Sd} \tag{1-30}$$

式中，w_{Sd} 为干燥基含硫量(%)；J 为灰的碱性比，即

$$J = \frac{w_{Fe_2O_3} + w_{CaO} + w_{MgO} + w_{Na_2O} + w_{K_2O}}{w_{SiO_2} + w_{Al_2O_3} + w_{TiO_2}}$$

对于褐煤型灰，则以灰的熔融特性表示煤的结渣倾向，即

$$R_S^* = \frac{T_h + 4T_d}{5} \tag{1-31}$$

式中，T_h 为还原性或氧化性气氛中灰半球温度的较大值；T_d 为还原性或氧化性气氛中灰变形温度的较小值。

必须注意的是，两种结渣指数 R_S 和 R_S^* 在数值上无任何关系。

结渣程度分为轻微、中等、强和严重四级，经实验室试验和现场对煤结渣情况的观察，可得到表 1-25 所示的结果。

表 1-25 结渣指数判别指标

结渣程度	结渣指数 R_S	结渣指数 R_S^*
轻微	<0.6	>1350
中等	0.6～2.0	1230～1350
强	2.0～2.6	1150～1230
严重	>2.6	<1150

美国巴威公司规定，除按上述方法对煤的结渣性能进行评定外，还要按煤灰的黏度特性进行评定。两种方法得到的结果应当一致，若有差别则需再次进行评定。

采用 R_S 评定煤的结渣性能对我国的煤是否适用，证据尚不充分，还需进一步验证。

哈尔滨电站设备成套设计研究所对全国 250 个煤灰样进行分析，提出以硅比为主，并考虑软化温度、硅铝比、碱性比的综合判断方法，又结合重力筛分、热显微镜法，得出最优分割判别准数[31]。硅比是指灰渣中 SiO_2 的质量与 SiO_2、Fe_2O_3、CaO、MgO 的质量和之比，记作 G，如表 1-26 所示。

表 1-26 结渣最优分割判别准数

软化温度/℃	硅比/%	硅铝比 ($w_{SiO_2}/w_{Al_2O_3}$)	碱性比	结渣程度
>1390	>78.8	<1.87	<0.206	轻微
1260～1390	66.1～78.8	1.87～2.56	0.206～0.4	中等
<1260	<66.1	>2.56	>0.4	严重

哈尔滨工业大学与哈尔滨锅炉厂联合提出结渣判别方法[32]。除以上提及的指标外，又有结渣温度 t_{jz}。结渣温度 t_{jz} (℃)可按式(1-32)计算，即

$$t_{jz}=1025+3.57(18-K) \tag{1-32}$$

式中，$K=\left(w_{Na_2O}+w_{K_2O}\right)^2+0.048\left(w_{CaO}+w_{Fe_2O_3}\right)^2$。

结渣的综合判别指标见表 1-27。

表 1-27 结渣的综合判别指标

软化温度/℃	硅铝比 ($w_{SiO_2}/w_{Al_2O_3}$)	结渣温度/℃	结渣程度
>1350	<1.7	>1025	轻微
<1350	1.7～2.8	960～1025	中等
<1350	>2.8	<960	严重

1.2　煤粉气流的着火

1.2.1　煤粉的着火

长期以来，人们根据煤块的燃烧认为，煤的燃烧过程如下：煤被加热和干燥，然后挥发分开始分解析出。如果炉内有足够高的温度，并且有氧气存在，则挥发分着火燃烧，形成火焰。这时氧气消耗于挥发分的燃烧，不能达到焦的表面，挥发分起到阻碍焦炭燃烧的作用。另外，挥发分在焦炭周围燃烧，将焦炭加热，当挥发分接近燃尽时，氧气到达焦炭表面，焦炭立即剧烈燃烧。因此，挥发分能促进焦炭以后的燃烧。也就是说，挥发分和焦炭的燃烧基本上是分阶段进行的[13]。

但近年来的试验研究表明，煤粉的燃烧过程和上述概念大不相同。试验采用的加热速度为 10^4℃/s，最终温度为 1550℃，这个加热速度接近煤粉炉中的实际情况。挥发物裂解也是一个化学反应过程，裂解也存在反应速度。当加热速度很快时，煤粉很快达到足够高的温度，在挥发物还没有明显分解析出前，氧气已和炭表面直接接触，煤粉就可能直接着火燃烧。图 1-31 和图 1-32 为具有代表性的试验结果，挥发分只析出一部分即开始着火，以后挥发分和焦炭的燃烧是同时进行的，直到温度很高，挥发分的析出仍未完成。

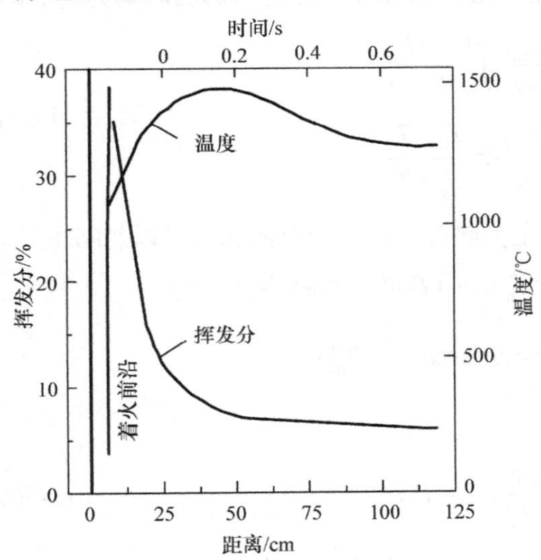

图 1-31　煤粉火焰中挥发分的析出曲线[13]

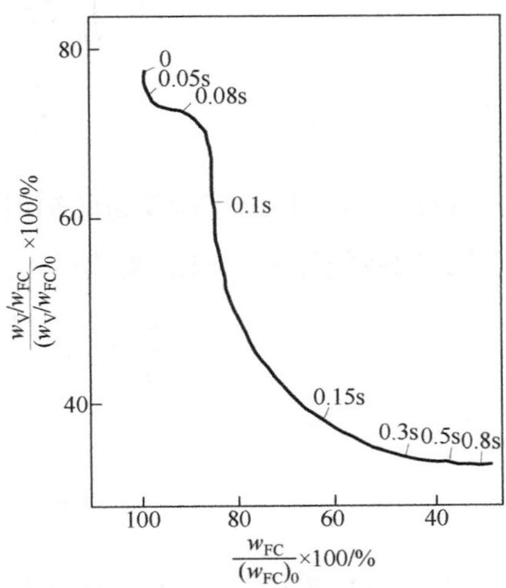

图 1-32　火焰中煤粉挥发分与固定碳之比的变化[13]

虽然如此，由于挥发分高的燃料着火温度比较低，因此着火以后挥发分的燃烧速度也比焦炭快。挥发分越高，着火越容易，这一基本概念仍然是正确的。

要使煤粉着火，必须有热源将煤粉加热到足够高的温度。这个热源主要是：煤粉气流卷吸回流的高温烟气；火焰、炉墙等对煤粉的辐射；燃料进行化学反应析出的热量。在着火前，燃料进行化学反应析出的热量可以忽略不计。为了简化，假定煤粉的温度在整个容积内是均匀上升的。煤粉越细，这个假定越准确。这样，可以写出煤粉的加热方程式，即

$$\frac{4}{3}\pi r^3 \rho_{\mathrm{m}} c \frac{\mathrm{d}T_{\mathrm{m}}}{\mathrm{d}\tau} = 4\pi r^2 \alpha (T_{\mathrm{y}} - T_{\mathrm{m}}) + 4\pi r^2 \varepsilon \sigma_0 (T_{\mathrm{h}}^4 - T_{\mathrm{m}}^4) \tag{1-33}$$

式中，r 为煤粉半径(m)；ρ_{m} 为煤粉密度(kg/m^3)；c 为煤粉比热容(J/(kg · ℃))；T_{m}、T_{h}、T_{y} 分别为煤粉、火焰和回流烟气的温度(K)；τ 为煤粉加热时间(s)；α 为烟气对煤粉的对流放热系数(W/(m^2 · ℃))；ε 为煤粉和周围介质的系统黑度；σ_0 为辐射常数，其值为 5.67×10^{-8} W/(m^2 · K^4)。

准确地求解方程式(1-33)是比较难的，下面讨论两种特殊情况。

(1) 煤粉靠高温回流烟气的对流而加热，辐射可以忽略不计，则

$$\frac{4}{3}\pi r^3 \rho_{\mathrm{m}} c \frac{\mathrm{d}T_{\mathrm{m}}}{\mathrm{d}\tau} = 4\pi r^2 \alpha (T_{\mathrm{y}} - T_{\mathrm{m}}) \tag{1-34}$$

设喷入炉内的煤粉空气温度为 T_0，把煤粉加热到着火温度 T_{z} 所需的时间为 τ_{z}，则

$$\begin{aligned} \int_0^{\tau_{\mathrm{z}}} \mathrm{d}\tau &= \frac{r\rho_{\mathrm{m}} c}{3\alpha} \int_{T_0}^{T_{\mathrm{z}}} \frac{\mathrm{d}T_{\mathrm{m}}}{T_{\mathrm{y}} - T_{\mathrm{m}}} \\ \tau_{\mathrm{z}} &= \frac{r\rho_{\mathrm{m}} c}{3\alpha} \ln \frac{T_{\mathrm{y}} - T_0}{T_{\mathrm{y}} - T_{\mathrm{z}}} \end{aligned} \tag{1-35}$$

(2) 火焰、炉墙等对煤粉的辐射为主要热源，烟气的对流加热可以忽略不计。此外，取系统黑度 $\varepsilon \approx 1$，着火前 $T_{\mathrm{m}}^4 \ll T_{\mathrm{h}}^4$，前者可以忽略不计，则

$$\frac{4}{3}\pi r^3 \rho_{\mathrm{m}} \frac{\mathrm{d}T_{\mathrm{m}}}{\mathrm{d}\tau} = 4\pi r^2 \varepsilon \sigma_0 (T_{\mathrm{h}}^4 - T_{\mathrm{m}}^4)$$

解得

$$\tau_{\mathrm{z}} = \frac{r\rho_{\mathrm{m}} c}{3\sigma_0 T_{\mathrm{h}}^4} (T_{\mathrm{z}} - T_0) \tag{1-36}$$

图 1-33 为根据上述关系式计算得到的煤粉温度变化情况，烟气温度为1000℃，曲线 1 考虑对流加热，曲线 2 考虑辐射加热。在辐射加热时，煤粉周围的介质温度比较低，煤粉接受辐射热后，还将把一部分热量传给周围介质，曲线

3 考虑了这一影响。由图可知，细煤粉的温度升高比粗煤粉快得多，因此着火先从细煤粉开始。对于细煤粉，对流加热的作用比辐射加热快得多。此外，在煤粉气流中，只有表面一层煤粉可以接受辐射加热，这更说明煤粉气流的着火主要是靠高温回流烟气的加热。

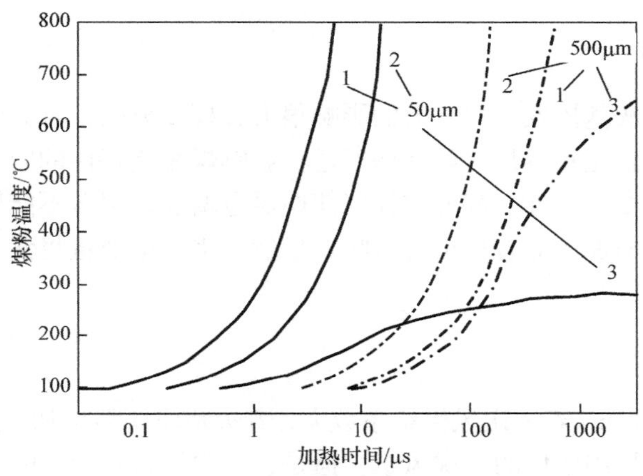

图 1-33　煤粉颗粒的加热曲线[13]

1.2.2　着火热

由以上分析可知，煤粉的着火主要是靠高温回流烟气的加热，而且为了将煤粉加热到着火温度，必须将伴随煤粉进入炉膛的一次风同时加热到着火温度。实际上炉膛内煤粉气流的温度场、浓度场是很复杂的，但为了便于分析，假定煤粉气流主要是靠对流加热且是均匀加热的，并将它作为一维系统来研究[13]。

将煤粉气流加热到着火温度所需要的热量称为着火热，可用于加热煤粉和空气，并使煤粉中的水分蒸发和过热。对于用干燥介质送粉的直吹式制粉系统，着火热为

$$Q_z = B_r\left(V_0\alpha_1 c_k \frac{100-q_4}{100} + c_{gm}\frac{100-W_{ar}}{100} + c_q\frac{W_{ar}}{100}\right) \times (T_z - T_0) + 6B_r W_{mf}\,(\mathrm{J/h}) \tag{1-37}$$

式中，B_r 为每只燃烧器的燃煤量，以原煤来计(kg/h)；V_0 为理论空气量(m^3/kg)；α_1 为一次风供给系数；c_k 为空气比热容(J/(m^3 · K))；W_{mf} 为煤粉水分(%)；c_{gm} 为干煤比热容(J/(kg · K))；c_q 为水蒸气比热容(J/(kg · K))。

当煤粉气流获得足够的着火热时，温度达到着火温度，就可以着火燃烧了。人们一般希望在离燃烧器出口约 0.5m 处着火，着火太迟煤粉可能来不及在炉膛内烧完，造成很大的固体不完全燃烧损失。此外，在燃烧器出口附近，高温烟气

的回流比较强烈，着火点离燃烧器太远，往往也意味着着火不稳定。但是着火太早，可能使燃烧器因过热而损坏，也可能使燃烧器附近严重结渣。

显然，需要的着火热越少，可能提供着火热的热源越充分，着火越有利。

1.2.3 影响煤粉气流着火的主要因素

1. 煤的性质

煤的干燥无灰基挥发分对着火的影响很大，挥发分高，着火温度低，需要的着火热少，着火就比较容易。如前面所述，影响煤燃烧特性的因素很多，灰分高也将影响着火温度。此外，灰分增加将使燃煤量增加，很多不能燃烧的灰分进入炉膛，使着火热增加，对着火也有影响。显然，水分增加也将使着火热增加，不利于着火[13]。

2. 一次风量

由式(1-37)可知，若一次风供给系数大，着火热将明显增加。因此，对于比较难着火的煤，应采用较低的一次风量。但是，一次风量不应影响煤粉着火以后燃烧的需要，所以对于容易着火的煤，一次风量不应太低。

3. 一次风速

显然，在着火所需要的时间相同的条件下，一次风速越高，着火点离燃烧器出口越远。因此，对于着火比较困难的燃料，应采取较低的一次风速。

4. 煤粉浓度

煤粉浓度是一次风粉混合物中煤粉的质量与空气的质量比值。

1) 煤粉浓度对辐射换热量的影响

煤粉气流进入炉膛后，所吸收的辐射热量可分成两部分：一是由炉墙及火焰中心辐射来的热量；二是由火焰前沿传播来的热量。煤粉浓度被提高以后，煤粉气流的黑度增加，使吸收由炉墙及火焰中心辐射来的热量增加。煤粉浓度的提高，使靠近火焰前沿的煤粉气流吸热量增加，并使加热速率提高，从而提前着火，这相当于火焰传播速度增加，火焰前沿向气流根部移动，使得气流根部与火焰前沿的距离减小，吸收由火焰前沿传播来的热量可能增加[33]。

2) 煤粉浓度对挥发分着火的影响

挥发分的燃烧属均相燃烧，释放出来的挥发分浓度大小间接影响其着火温度及火焰传播速度。实际情况下，考虑输送煤粉的要求，对于低挥发分的煤，送粉的一次风量对所析出的挥发分燃烧需要而言往往偏大，使得挥发分自身的着火温度较高，火焰传播速度较低，着火延迟，火焰稳定性差。一次风量减少，煤粉浓度提高后，可使已释放出来的挥发分相对增加，即增加挥发分浓度，于是降低挥发分的着火温度、增加火焰传播速度，有利于挥发分的提前着火和稳定燃烧，促使煤粉气流的温度迅速升高，为煤粒的燃烧创造有利条件。

3) 煤粉浓度对着火温度的影响

在绝热情况下，对煤粉空气混合物的着火温度与煤粉初始浓度之间的关系进行理论分析[34]，并计算给出两种煤的着火温度(表 1-28)。

表 1-28　计算得出的煤粉浓度和着火温度的关系

煤种	煤粉浓度/(kg 煤/kg 空气)	着火温度/℃
无烟煤	0.50	1200
	5	800
	10	730
烟煤	0.43	540
	3	370
	5	325

计算结果表明，将煤粉气流的初始煤粉浓度提高以后，着火温度降低，但煤种不同，其降低的幅度也不同。在一维热态试验台上对青山烟煤进行试验，并与计算的结果进行对照，得出煤粉气流着火温度随煤粉浓度提高而降低的规律(表 1-29)。随着煤粉浓度的增加，单位质量煤粉与所对应的空气着火所需要的着火热下降，相同着火条件下，煤粉空气混合物温升加快，着火温度下降。

表 1-29　煤粉浓度和着火温度的关系

煤粉浓度/(kg 煤/kg 空气)	0.5	1.0	1.5	2.0
试验测得的着火温度/℃	454	380	352	316
采用文献[34]计算得出的着火温度/℃	422	355	320	293

4) 煤粉浓度对着火距离的影响

图 1-34 为在一维热态试验台上不同煤粉浓度下着火距离的测量结果[35]，图中虚线为 Sakai 等对我国西山贫煤及大同烟煤所进行的试验结果。从中可以看出，尽管煤种变化大，但存在一个较佳的煤粉浓度范围，在此范围内，着火距离较短，较佳的煤粉浓度范围为 1.0～1.5kg 空气/kg 煤(0.7～1.0kg 煤/kg 空气)。

图 1-35 为在 1MW 热态试验台上对不同煤粉浓度下煤粉气流的温度测量结

果[34]，对于贫煤，随着煤粉浓度 C_0 由 0.80 增大到 0.84，着火段一次风粉气流的温度水平得到逐渐提高，火焰稳定性也得到提高。

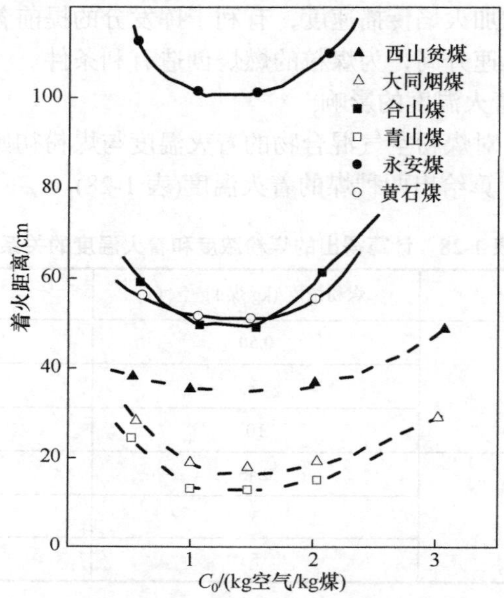

图 1-34 煤粉浓度和着火距离的关系

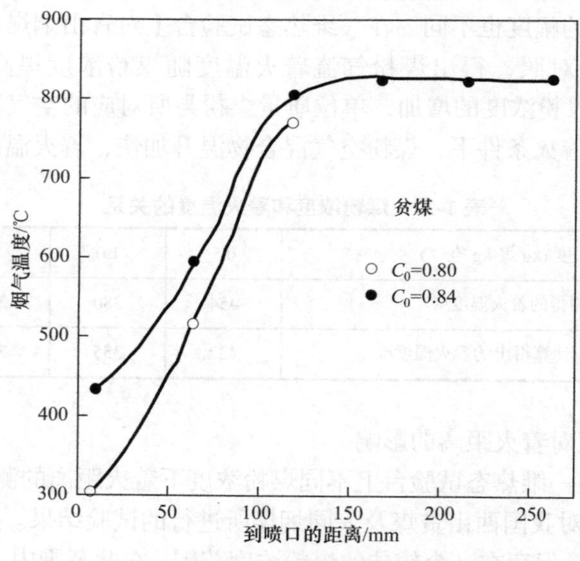

图 1-35 煤粉气流的温度测量结果

对于烟煤，煤粉浓度从 0.80 增大到 0.84，也得到相近的结果。煤粉浓度达到一定数值后，再增加煤粉浓度，就会使后期煤粉燃烧处于严重缺氧状态，导致火焰温度水平低、着火距离延长。在实际燃烧中，煤粉着火后，二次风会逐渐混入，因此燃烧情况与上述结果有较大差别。但上述规律还是有参考价值的。

5. 制粉系统形式

采用热风送粉可以提高煤粉气流的初温，从而减少着火热。此外，采用热风送粉时，在制粉系统中煤的水分蒸发形成的水蒸气不随同煤粉一起进入炉膛，也使着火热减少，有利于着火。

6. 着火区域的烟气温度

提高二次风温、敷设卫燃带、采用液态排渣炉等都可以提高着火区域的烟气温度，向煤粉气流提供更多的着火热。

7. 炉内空气动力场

合理组织炉内空气动力场、加强回流高温烟气对煤粉气流的加热，是改善着火的重要措施。

8. 煤粉细度

如图 1-33 所示，在其他条件相同的情况下，煤粉越细，温度升高越快，越容易着火。此外，在前面的分析中，没有考虑着火前燃料的化学反应。煤粉越细，表面积越大，因化学反应是在表面积上进行的，故放出的热量也越多，这对着火也是有利的。

1.3　煤粉的燃烧

1.3.1　碳的燃烧速度

虽然挥发分对煤的燃烧过程有重要影响，但是在煤的燃烧过程中，起决定性作用的还是焦炭的燃烧。因为对于大多数煤种，焦炭是主要的可燃质，而且焦炭的燃烧时间占全部燃烧时间的大部分，所以煤粉炉的燃烧效率主要取决于焦炭的燃尽程度。下面着重讨论焦炭的燃烧[13]。

燃烧速度可以用碳的消耗速度表示，也可以用氧的消耗速度表示。若用氧的消耗速度 U 表示，则

$$U = kC_s (\mathrm{g}/(\mathrm{cm}^2 \cdot \mathrm{s})) \tag{1-38}$$

式中，k 为反应速度常数；C_s 为碳表面的氧气浓度。

反应速度常数由阿伦尼乌斯公式确定，即

$$k = k_0 e^{-\frac{E}{RT}} \tag{1-39}$$

式中，k_0 为频率因子；E 为常数，称为活化能；R 为通用气体常数，其值为 8.31J/(mol · K)；T 为热力学温度(K)。

由式(1-39)可知，温度对化学反应速度的影响很大。一般地，煤燃烧反应的活化能 E 为 $(12.6\sim16.8)\times10^4$ J/(mol·K)。如取 $E=16.8\times10^4$ J/(mol·K)，当温度由 1300K 升高到 1400K 时，化学反应速度增加 3 倍。

为了使碳和氧反应，首先还必须使氧由周围介质扩散到碳表面，然后才能和碳进行反应。因此，碳的燃烧速度不仅与反应速度有关，还与氧的扩散速度有关。

氧的扩散速度可表示为

$$U_{\mathrm{D}} = \alpha_{\mathrm{D}}(C_0 - C_{\mathrm{s}})(\mathrm{g}/(\mathrm{cm}^2\cdot\mathrm{s})) \tag{1-40}$$

式中,α_{D} 为扩散速度常数；C_0 为周围介质中的氧浓度。

扩散速度常数 α_{D} 可根据式(1-41)确定，即

$$\alpha_{\mathrm{D}} = \frac{D}{d} Nu_{\mathrm{D}} \tag{1-41}$$

式中，D 为氧的扩散系数；d 为煤粒直径；Nu_{D} 为努塞尔数，即

$$Nu_{\mathrm{D}} = \frac{0.70\sqrt{Re}}{1 - e^{-0.35\sqrt{Re}}}$$

对于煤粉，雷诺数 $Re\approx0$，$Nu_{\mathrm{D}}\approx2$。

在平衡条件下，有

$$U = U_{\mathrm{D}}$$

$$kC_{\mathrm{s}} = \alpha_{\mathrm{D}}(C_0 - C_{\mathrm{s}})$$

$$C_{\mathrm{s}} = \frac{\alpha_{\mathrm{D}}}{k+\alpha_{\mathrm{D}}} C_0$$

$$U = k'C_{\mathrm{s}} = \frac{1}{\frac{1}{k}+\frac{1}{\alpha_{\mathrm{D}}}} C_0 = k_{\mathrm{zs}} C_0 \tag{1-42}$$

式中，k_{zs} 为折算反应速度常数，且

$$k_{\mathrm{zs}} = \frac{1}{\frac{1}{k}+\frac{1}{\alpha_{\mathrm{D}}}} \tag{1-43}$$

因此，碳的燃烧速度取决于化学反应能力和扩散能力，由于它们的强弱不同，

可以分为以下情况。

(1) $k >> \alpha_D$，则 $k_{zs} \approx \alpha_D$，$U = \alpha_D C_0$，称扩散燃烧，燃烧速度取决于扩散能力，而与燃料性质、温度的关系不大，但与碳粒和气流的相对速度关系很大。

(2) $\alpha_D >> k$，则 $k_{zs} \approx k$，$U = kC_0$，称动力燃烧，燃烧速度取决于化学反应能力，而与气流相对速度的关系不大，但与燃料性质、温度等关系很大。

(3) $\alpha_D \approx k$，称过渡燃烧，其燃烧速度与化学反应能力、扩散能力都有关。

由式(1-41)可知，当煤粒直径减小时，α_D 增加，燃烧趋向于动力区，必须在更高的温度下才进入扩散区。计算表明，对于直径为 10mm 的煤粒，在 1200K 时进入扩散区；对于直径为 0.1mm 的煤粒，则约需在 2000K 时才能进入扩散区。

在层燃炉中燃烧块煤时，一般燃烧是在扩散区进行的。因此，只要能保证及时着火即可，而过分提高燃烧区的温度对强化燃烧的作用不大，主要应提高气流速度以强化扩散。因此，对于层燃炉，采用强制通风是强化燃烧的主要措施。而在煤粉炉中，只有粗煤粉在高温的燃烧中心才可能是扩散燃烧。一般情况下，燃烧是在过渡区或动力区进行的，特别是在燃烧无烟煤时提高炉膛的温度水平对强化燃烧的意义很大。

1.3.2 煤粉的燃烧时间

决定煤粉炉燃烧室大小的主要因素之一是煤粉燃烧所需的时间。但是，由于煤粉炉内燃烧过程很复杂，目前还不能准确地计算煤粉的燃烧时间[13]。

首先分析一种最简单的情况，讨论单个碳粒在大气中燃烧，在燃烧过程中介质中的氧气浓度和密度不变，碳粒的半径减小。

当碳粒直径减小 dr 时，燃烧掉的煤粉质量将是

$$\mathrm{d}G = -4\pi r^2 \rho_m \mathrm{d}r$$

式中，r 为碳粒半径；ρ_m 为碳粒密度。

碳的燃烧速度 K_s 就是在单位时间内单位碳表面上燃烧掉的碳质量，即

$$K_s = \frac{\mathrm{d}G}{4\pi r^2 \mathrm{d}t} = -\frac{4\pi r^2 \rho_m \mathrm{d}r}{4\pi r^2 \mathrm{d}\tau} = -\rho_m \frac{\mathrm{d}r}{\mathrm{d}\tau} \tag{1-44}$$

碳粒由初半径 r_0 烧完所需的时间 τ 为

$$\tau = \int_0^{\tau} \mathrm{d}\tau = -\rho_m \int_{r_0}^{0} \frac{\mathrm{d}r}{K_s} = \rho_m \int_0^{r_0} \frac{\mathrm{d}r}{K_s}$$

式(1-42)中的燃烧速度 U 是用氧的消耗速度表示的，显然它和用碳的消耗速度表示的燃烧速度 K_s 之间有以下关系，即

$$K_s = \beta U$$

如果碳燃烧后生成的燃烧产物是二氧化碳，则 $\beta = 0.375$ 。因此，有

$$K_{\mathrm{s}} = \beta \frac{C}{\dfrac{1}{k} + \dfrac{2r}{DNu}}$$

式中，C 为周围介质中的氧浓度。

对于微小碳粒，$Nu \approx 2$ ，可得

$$\tau = \frac{\rho_{\mathrm{m}}}{\beta CD} \int_0^{r_0} \left(\frac{D}{k} + r \right) \mathrm{d}r = \frac{\rho_{\mathrm{m}} r_0^2}{2\beta CD} \left(1 + \frac{2D}{k r_0} \right) \tag{1-45}$$

这样，可以讨论影响燃烧时间的因素。

1. 煤粉粗细

若为扩散燃烧，$\alpha_{\mathrm{D}} \ll k$ ，即

$$\frac{2D}{k r_0} \ll 1$$

则

$$\tau = \frac{\rho_{\mathrm{m}} r_0^2}{2\beta CD} \tag{1-46}$$

可知燃烧时间与半径平方成正比。

若为动力燃烧，$\alpha_{\mathrm{D}} \gg k$ ，即

$$\frac{2D}{k r_0} \gg 1$$

则

$$\tau = \frac{\rho_{\mathrm{m}} r_0}{\beta C k} \tag{1-47}$$

可知燃烧时间与半径的一次方成正比。

从上述比较可以看出，煤粉越细，所需的燃烧时间越短。

2. 炉膛温度

对于扩散燃烧，温度对燃烧时间的影响不大，但是对于过渡燃烧或动力燃烧，如前所述，因为反应速度常数 k 随温度的变化很剧烈，所以温度对燃烧时间的影响很大。

3. 燃料性质

挥发分多的燃料，其焦炭粒子比较疏松，密度 ρ_{m} 较小，且一般反应速度常数 k 较大，燃烧所需时间较短。

4. 过量空气系数

在燃烧器出口，氧气浓度是比较大的，以后逐渐减少。如果过量空气系数 α 等于 1，则理论上炉膛出口处的氧气浓度降到零，燃尽时间趋向无穷大。因此，必须在炉膛出口处保持一定的过量空气系数。提高炉膛内的氧气浓度，可以减少燃尽所需时间。但是，过量空气系数加大将使炉膛内温度降低，并且使烟气体积增加，从而影响锅炉排烟损失。综上所述，应当保持一个适当的过量空气系数。

此外，必须注意炉内的混合情况。如果有局部地区氧气浓度太低，则此处的燃烧过程将被推迟，可能造成燃烧不完全。

使用式(1-45)时，假设炉内的氧气浓度是不变的。实际上在炉膛内，随着燃烧过程的进展，氧气浓度不断降低，燃烧时间延长。理论计算表明，如果煤粉粒度是均匀的，则这时的燃烧时间是按式(1-45)计算所得结果再乘以修正系数 $\Phi(\alpha)$，即

$$\tau = \frac{\rho_m r_0^2}{2\beta CD}\left(1 + \frac{2D}{kr_0}\right)\Phi(\alpha) \tag{1-48}$$

修正系数 $\Phi(\alpha)$ 的数值如图 1-36 所示。由图可知，如果 α 小于 1.2～1.3，则过量空气系数 α 减小将使燃烧时间显著延长。当 α 较大时，对燃烧时间的影响不大。这里没有考虑温度变化的影响。

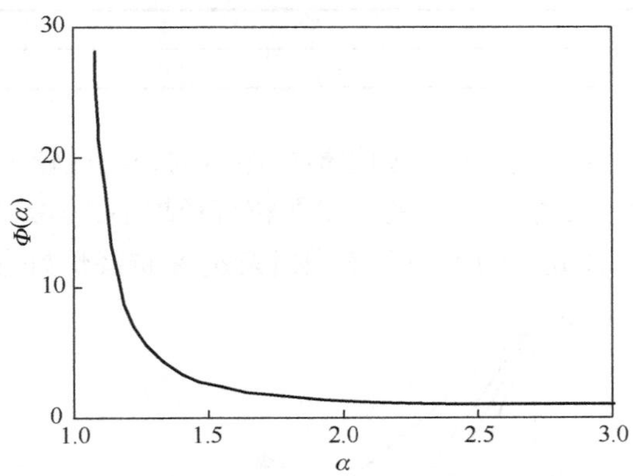

图 1-36　过量空气系数对燃烧时间的影响

5. 灰分的影响

煤中的灰分分为外在灰分和内在灰分。外在灰分是在开采过程中混入的矿物杂质，制成煤粉后，它们中的大多数和煤分开，自成粉末，对燃烧的影响不大。内在灰分均匀分布于可燃质中，焦炭燃烧时，它形成一层灰壳包在焦炭外面，妨碍氧气扩散到焦炭表面，从而影响燃烧时间。

假定介质中的氧气扩散系数为 D，灰壳中的氧气扩散系数为 D_h，显然

$D_h < D$。如果燃烧处于扩散区，则焦炭核心处的氧浓度近似等于零。通过推导，可得燃烧时间为

$$\tau = \frac{\rho_m r_0^2}{2\beta CD}\left(\frac{2}{3} + \frac{1}{3\varepsilon_h}\right) \tag{1-49}$$

其中，$\varepsilon_h = D_h / D$，ε_h 反映灰壳对扩散的影响。据相关资料介绍，ε_h 相当于灰壳的孔隙率，且

$$\varepsilon_h = 1 - A$$

式中，A 表示焦炭的灰分，以小数表示。实际上对于劣质煤，ε_h 可能小于此值。

此外，还可以用一些经验公式计算燃烧时间[13]。例如

$$\tau = \frac{9.2\times 10^6 d_0^2 \rho_m f}{T\left[0.144 + \dfrac{(\alpha - 1)V_0 \times 0.21}{V_y}\right]}(\mathrm{s}) \tag{1-50}$$

式中，d_0 为恰好燃尽的煤粉直径(m)；ρ_m 为煤的密度(kg/m^3)；T 为平均燃烧温度(K)；α 为过量空气系数；V_0 为理论空气需要量(m^3/kg)；V_y 为烟气量(m^3/kg)；f 为燃料系数，可按表 1-30 确定。

表 1-30　燃料系数与挥发分的关系

w_{Vdaf}/%	10	45	60
f	1.7	1.0	0.7

由于煤粉的粒度是不均匀的，如果恰好燃尽的颗粒比较小，则比它大的煤粉就不能完全燃烧。因此，恰好燃尽的煤粉颗粒直径越小，不完全燃烧损失就越大。由图 1-37 可知，可以按允许的不完全燃烧损失 q_4 来选择恰好燃尽的颗粒直径 d_0，

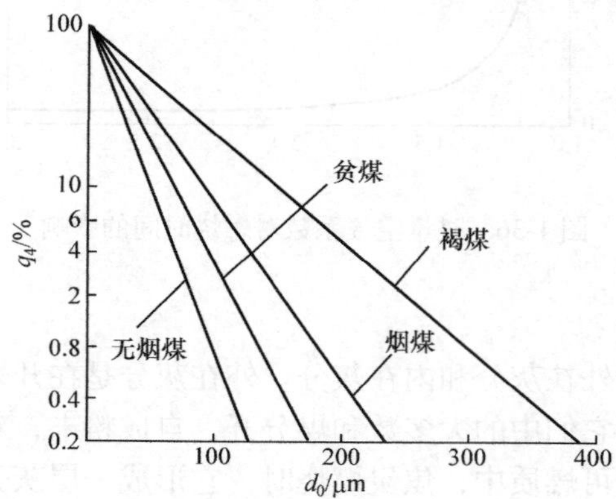

图 1-37　恰好燃尽煤粉颗粒直径的选择

对于固态排渣炉，烟煤恰好燃尽的直径为 100～200μm，褐煤为 250～330μm。

1.4　煤粉燃烧的合理组织

1.4.1　火焰的稳定性

如前所述，为了保证煤粉气流稳定着火，必须提供足够的着火热，而着火热的主要来源是高温烟气的回流[13]。

煤粉燃烧器可以分为直流煤粉燃烧器和旋流煤粉燃烧器两大类。

在旋流煤粉燃烧器中气流是旋转的，离开燃烧器后气流扩散，在气流中心形成一个涡流区。有时在燃烧器出口处装一个扩锥，又称为稳焰器或钝体，它可以使气流扩散，也可以产生一个涡流区。涡流区可以分为顺流区和回流区，试验比较容易测得的是回流区。这种烟气的回流称为内回流。图 1-38 为在钝体后面气流的流动情况。旋流煤粉燃烧器出口中心的气流情况也类似，也可以产生一个涡流区(或回流区)。

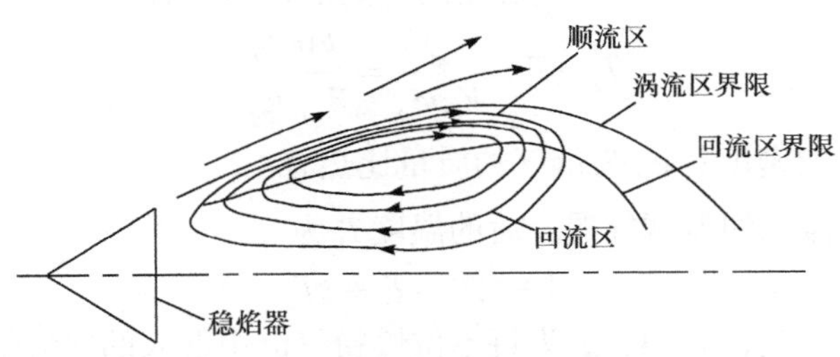

图 1-38　钝体后面气流的流动情况[13]

为了便于讨论，将以上气流情况简化，如图 1-39 所示。如果煤粉气流的初温为 T_0，则 T_1 为未燃气流和回流烟气混合后的温度，T_2 为回流区后的烟气在和未燃气流混合前的温度。

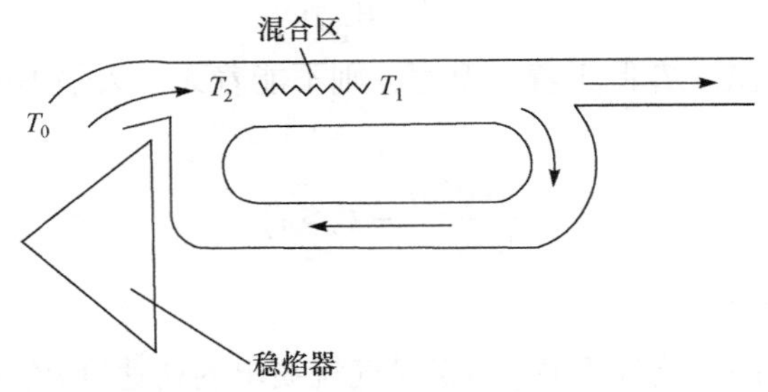

图 1-39　内回流的稳焰作用[13]

显然，离开燃烧器越远，混入煤粉气流的回流烟气量越多，混合后的温度也越高。如果在某一点，混合后的温度 T_1 超过着火温度，则就在这一点开始着火燃烧；如果直到回流区以后，煤粉气流也未能达到着火温度，则回流区内不能进行燃烧；如果着火热没有其他来源，则整个火焰就要熄灭。

在涡流区中单位时间内，由燃烧释放出的热量为

$$Q = W_{\mathrm{r}} \frac{\pi}{4} d^2 lkq$$

式中，W_{r} 为燃烧速度，即单位时间内在单位体积中燃烧的燃料量；d、l 分别为回流区的平均直径和长度，假定涡流区的尺寸和回流区大小成正比；q 为煤的发热值；k 为比例常数。

在涡流区中，循环烟气的流量为

$$V = W_{\mathrm{pj}} \frac{\pi}{4} d^2$$

式中，W_{pj} 为回流区中气流的平均速度。

燃烧释放出的热量使回流烟气的温度升高，如图 1-39 所示，由 T_1、T_2 的定义可知，$T_2 - T_1$ 表示在回流区中烟气温度的升高值，而且有

$$T_2 - T_1 = \frac{Q}{V\rho c_p} = \frac{kW_{\mathrm{r}} lq}{W_{\mathrm{pj}} \rho c_p}$$

式中，ρ 为烟气的密度；c_p 为烟气的质量比热容。

未燃煤粉气流和回流烟气混合后的温度 T_1 为

$$(1+x)T_1 = T_0 + xT_2$$

式中，T_0 为煤粉气流的初温；x 为每单位煤粉气流中混入的回流烟气量，在其他条件相同的情况下，离开燃烧器越远，x 越大。

或有

$$T_1 - T_0 = x(T_2 - T_1)$$

$$T_1 - T_0 = \frac{kxW_{\mathrm{r}} lq}{W_{\mathrm{pj}} \rho c_p}$$

如果混合后的温度 T_1 低于着火温度，则不能着火，火焰不能稳定。因此，必须使

$$\frac{kxW_{\mathrm{r}} lq}{W_{\mathrm{pj}} \rho c_p} + T_0 > T_{\mathrm{z}}$$

式中，T_{z} 为着火温度。

回流区中气流的平均速度 W_{pj} 和煤粉气流喷出的初速度 W_0 成正比，所以可得

$$\frac{W_{\mathrm{r}} l}{W_0} > (T_{\mathrm{z}} - T_0)K \tag{1-51}$$

式中，$K=\dfrac{\rho c_p}{kxq}\cdot\dfrac{W_{pj}}{W_0}$。

式(1-51)为保持火焰稳定的条件。这个分析是很粗略的，不能作为定量分析计算之用。但是，可以从中看出各项因素的影响。根据这些因素也可以分析如何调整着火点的位置。综上所述，影响火焰稳定性的因素如下。

1. 回流区的大小

回流区越大，回流的烟气量越大，在回流区内的燃烧就可能更充分，回流区后的烟气温度 T_2 也要更高。因此，着火就更稳定，着火点也要更近。

2. 煤粉浓度

由 1.2.2 节中的结果可知，在一定范围内适当增加煤粉浓度，有利于挥发分的提前着火和稳定燃烧，煤粉着火温度下降，着火距离减小，这有利于火焰稳定。由式(1-51)可知，适当增加煤粉浓度，可以增加燃烧速度 W_r，着火就更稳定。

3. 燃烧器出口的煤粉气流速度

气流速度越高，回流区中的烟气速度也要相应升高。如果回流区的大小不变，则烟气在回流区内的停留时间就要缩短，燃烧可能不充分，回流区后的烟温 T_2 就会降低，火焰就可能不稳定；或者气流中需要混合较多的回流烟气才能着火，着火点就要远一些。

4. 煤粉气流的初温

初温越高，加热到着火温度所需要的热量越少，着火就更稳定，着火点也要更近。

5. 燃烧器区域的烟气温度

回流烟气的温度不仅取决于燃料在这一区域燃烧的完全程度，还与散热等因素有关。如果适当减少燃烧器区域的辐射受热面，可使燃烧器区域的温度高一些，此时回流烟气的温度也就高一些，将有利于着火，着火点可能提前。又如增加燃烧器区域的漏风，可能使燃烧器区域的温度下降，着火点推迟。

6. 燃料的性质

燃料的化学反应能力越强，烧得越快，同样大小的回流区，回流烟气的温度就会高一些，将有利于着火。由表 1-28 和图 1-34 可以看出，与贫煤、无烟煤相比，烟煤的着火温度低，着火距离小。着火温度低，要求的回流区尺寸较小。因此，高挥发分烟煤要求的回流区尺寸比无烟煤小。此外，煤粉越细，燃烧越快，着火也越稳定，着火点就可提前。

以上讨论的是内回流的作用。实际上对于旋流煤粉燃烧器，不仅中心有回流区，其气流的四周也要卷吸烟气，因此有外回流，它也有助于火焰的稳定。

对于直流煤粉燃烧器，则只是靠外回流，这时必须十分注意组织炉内空气动力场。一般直流煤粉燃烧器布置在炉膛四角，是切向燃烧方式。要使每个燃烧器的火焰流向相邻燃烧器的出口附近，这时火焰中的煤粉已燃烧得比较充分，那里的烟气可以保持较高的温度水平，这对着火是有利的。但是直流煤粉燃烧器的出口没有内回流，对于难着火的燃料，为了使煤粉气流有较长的周界卷吸高温烟气，燃烧器必须做得细长。此外，研究表明，对于难着火的劣质燃料，在燃烧器出口装一个钝体，可使出口气流产生回流区，对提高火焰稳定性、改善燃烧也是有利的。

1.4.2 一、二次风的混合

通常，输送煤粉进入炉膛的那一部分空气称为一次风。如前所述，对于难着火的燃料，为了减少着火热，一次风量不宜过多，燃烧所需要的其余部分空气以二次风的方式送进炉膛。一次风量可以用一次风供给系数表示，它等于一次风量与通过燃烧器的燃料所需的理论空气量之比，用 α_1 表示。另一种常用的表示方法是一次风率 r_1，它等于一次风量占进炉膛的全部空气量的份额。同样也可以用二次风供给系数 α_2、二次风率 r_2 来表示二次风量。

正确选择供给炉膛的空气量、各部分的比例，以及组织好它们之间的混合，对煤粉气流的燃烧有重要影响。

下面以一个马弗炉内煤粉气流的燃烧过程为例，说明一、二次风混合情况不同的影响。马弗炉是一种煤粉炉的点火设备。点火时先将马弗炉内炉排上的煤块烧着，然后使煤粉气流穿过马弗炉，依靠马弗炉中的高温烟气将煤粉气流点着，再喷进炉膛燃烧。

计算时假定系统是一维的，即假定气流横截面上温度、浓度各种参数都是均匀的，它们只沿气流轴线方向变化。计算时，取马弗炉内总过量空气系数 $\alpha=0.5$，煤粉气流的初温为 127℃。这里进行四种方案计算，结果如下[13]。

方案 1——所有空气都作为一次风和煤粉一起进入马弗炉，和高温烟气混合后温度升高，在距马弗炉进口 0.35m 处，煤粉气流达到着火温度 835℃，则煤粉着火燃烧，在距进口 0.63m 处，空气烧完，燃烧基本结束，如图 1-40(a)所示。

方案 2——空气分成一次风和二次风，且 $\alpha_1=0.15$，$\alpha_2=0.35$。由于一次风量较少，煤粉气流温度升高较快，在距马弗炉进口 0.06m 处已达到 625℃，但尚未着火，这时二次风加入，温度下降到 320℃，然后和方案 1 一样，逐渐升温、着火、燃烧，火焰长度仍为 0.63m，如图 1-40(b)所示。

方案 3—— 一、二次风供给系数仍分别为 0.15、0.35，但二次风加入点推迟到距马弗炉进口 0.09m 处。由于煤粉气流在距马弗炉进口 0.07m 处已着火燃烧，二次风加入前温度已达 1455℃，但因二次风加入量太多，混合后温度又降到 745℃，低于着火温度，火焰熄灭，以后又重新被加热，到距马弗炉进口 0.29m 处再次着火，火焰长度为 0.48m，如图 1-40(c)所示。

方案 4—— 一次风量 α=0.15，二次风分两批加入，α_2'=0.15，α_2''=0.2，分别在距马弗炉进口 0.09m 与 0.20m 处加入。这时，一次风很快升温着火，到距马弗炉进口 0.09m 处达 1455℃，第一批二次风加入，混合后温度下降到 1020℃，但仍在着火温度以上，继续燃烧；到距马弗炉进口 0.20m 处温度已高达 2000℃，再加入第二批二次风，燃烧依然十分强烈，在距马弗炉进口 0.24m 处燃烧已基本结束，如图 1-40(d)所示。

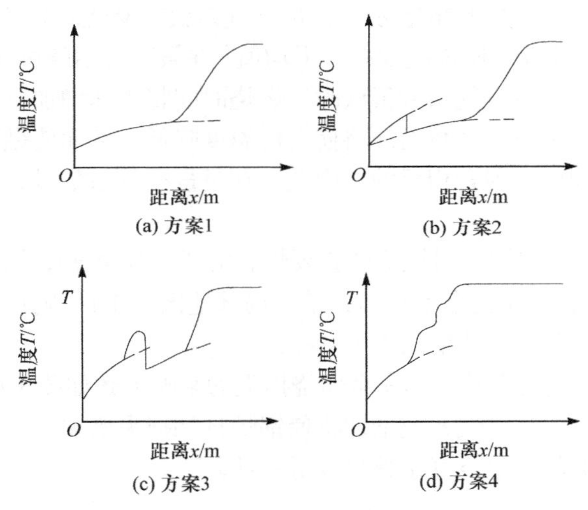

图 1-40　马弗炉内煤粉气流燃烧过程计算分析

以上计算分析虽然十分粗糙，但是计算结果正确反映了合理组织燃烧的一些原则。

(1) 供应的空气应该分成一次风和二次风，一次风不宜太多，这样有利于着火。

(2) 二次风应当在煤粉气流已经着火燃烧后再加进去。过早地将二次风和一次风混合等于增加一次风。

(3) 二次风应当逐渐和一次风混合，保持火焰有较高的温度水平。

以上是根据着火要求进行分析的。而从混合角度考虑情况又不一样。在着火前，一、二次风的体积较小，在燃烧器出口附近气流速度高，比较容易组织混合，而在着火以后，温度升高，烟气的体积膨胀，黏度升高，这时气流速度又已降低，二次风和一次风的混合比着火前困难得多。因此，只要不影响着火，部分二次风和一次风在着火前混合也是有好处的。

上述情况可供组织煤粉燃烧时参考，特别是对于难着火的燃料，合理组织二次风和一次风的混合是非常重要的。

1.4.3 空气量

为了保证完全燃烧，必须供给足够的空气量。由于炉内混合不可能非常完善，供给的空气量必须有一定的过剩。此外，如果过量空气极少，则在燃尽区氧气的浓度很低，这将使燃尽过程拖得很长。因此，必须保证在炉末烟气中还有一定的氧气浓度。

过量空气对燃烧有两方面的影响。

一方面，如前所述，可以提高烟气中的氧气浓度，特别是燃尽区的氧气浓度，使整个燃烧时间缩短。图 1-36 表示了过量空气系数对燃烧时间的影响，这是根据理论计算得到的，计算时燃烧温度取一平均值，并假定它不随过量空气系数而变。由图可以看出，在过量空气系数很低时，燃烧时间将迅速增加。

另一方面，过量空气系数增加将使燃烧温度降低，从而使燃烧过程减慢，这一因素的作用是和前一因素相反的。因此，在过量空气系数过大时，燃烧时间甚至会延长。

因此，也可以看出混合对燃烧的重要性，由图 1-36 可知，如果炉末的平均过量空气系数为 1.2，由于混合不均匀，某一局部地区为 1.1，则在这一地区煤粉的燃尽速度将降低到只有平均值的 1/2 左右。

一般地，过量空气系数对不完全燃烧损失的影响大致如图 1-41 所示，它有一个合理值。此外，过量空气系数增加将使锅炉排烟损失增加。一般地，炉膛的混合情况良好，选取的过量空气系数可以低一些。

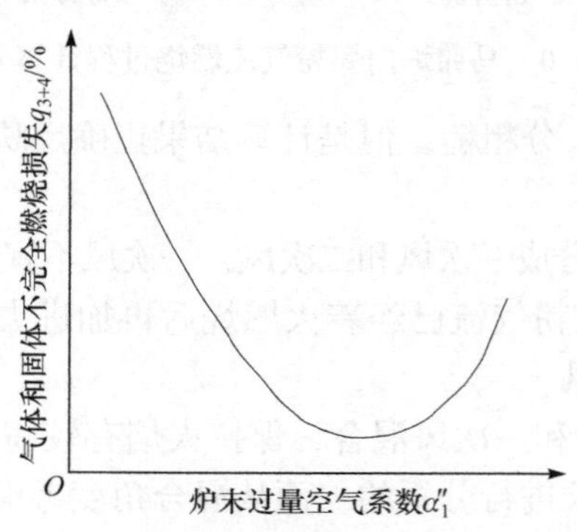

图 1-41 炉末过量空气系数对不完全燃烧损失的影响

对于固态排渣炉，炉末过量空气系数大致为

无烟煤、贫煤：$\alpha''=1.25$，　烟煤、褐煤：$\alpha''=1.2$

对于液态排渣炉，由于炉膛漏风比较少，炉内混合过程组织得也比较好，过量空气系数可以取得较低，其数值为

单室炉：$\alpha''=1.15\sim1.2$，　双室炉：$\alpha''=1.1\sim1.15$

图 1-42 为一台 200MW 机组锅炉的试验结果，燃烧无烟煤，采用旋流燃烧器[13]，图中表示了沿火焰长度的温度和燃尽率的变化。由图可以看出，有一个最佳的过量空气系数，这时燃烧效率最高。

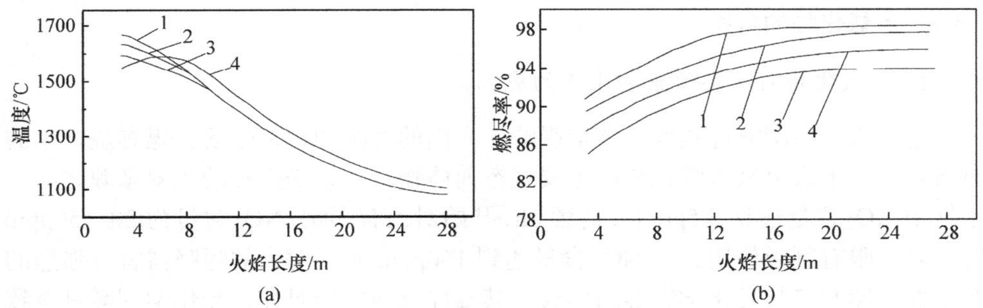

图 1-42　炉末过量空气系数对燃烧过程的影响

1-$\alpha''=1.27$；2-$\alpha''=1.1$；3-$\alpha''=1.21$；4-$\alpha''=1.32$

此外，由图 1-42 还可以看出，燃烧过程主要在前 1/3 炉膛进行，绝大部分燃料在这里燃烧。上半部炉膛中，燃烧过程进行得很缓慢，一方面是因为炉膛上部温度比较低，另一方面是因为上部氧气浓度也比较低，再加上混合情况也没有燃烧器出口处强烈。因此，应当尽可能使几乎全部燃料都在炉膛下部烧掉，那里的温度高，混合也比较强烈。

如前所述，燃烧所需要的空气应当分为一次风和二次风分别送入。为了有利于着火，一次风量不应过多；但是，如果一次风量过少，又将影响着火以后煤粉的燃烧，因此存在一个合理的一次风量。曾经有学者认为，一次风量应当满足挥发分燃烧的需要。实际上，近年来的研究发现，挥发分和焦炭的燃烧是同时进行的，因此这样确定一次风量是不确切的。虽然如此，但在燃烧过程的初期，挥发分的燃烧速度比焦炭快。挥发分高的燃料，着火容易，初期的燃烧速度也快。因此，对于高挥发分燃料，一次风量可以多一些。

图 1-13 中给出了煤粉气流中火焰传播速度和空气量的关系。火焰传播速度越大，着火越容易，燃烧也越稳定。火焰传播速度有一个极大值，风量过大或过小，火焰传播速度都要下降(图 1-13)。虽然这些试验结果是在特定条件下得到的，但是可以说明存在一个合理的一次风量，而且挥发分越高，合理的一次风量也越多。合理的一次风量由试验确定，其随燃料性质和燃烧设备的变化而不同。

1.5　煤粉燃烧过程中氮氧化物的生成及抑制机理

氮有多种氧化物，包括氧化亚氮(N_2O)、一氧化氮(NO)、二氧化氮(NO_2)、四氧化二氮(N_2O_4)、三氧化二氮(N_2O_3)和五氧化二氮(N_2O_5)等。煤燃烧产生的氮氧化物(NO_x)主要为 NO 和 NO_2。在锅炉中燃烧产生的 NO_x 约 95%(体积分数)是 NO，余下的约 5%(体积分数)是 NO_2。NO 排入大气后，逐渐与大气中的氧或臭氧结合生成 NO_2。

1.5.1　氮氧化物的危害

1. 氮氧化物对人类健康和生活的影响

近年来，我国雾霾频发，严重影响了人们的健康和正常生活。煤燃烧产生的氮氧化物是生成可吸入颗粒物的主要气态前体物之一，是雾霾的主要来源之一。空气中 NO_2 含量达到 3.5ppm①，持续 1h，开始对人有影响；NO_2 含量为 20～50ppm 时，对人眼有刺激作用；当 NO_2 含量达到 150ppm 时，对人的呼吸器官有强烈的刺激性。NO_2 参与光化学烟雾的形成，其毒性更强。据研究，光化学烟雾具有致癌作用。在阳光作用下 N_2O 与烃和臭氧反应，可生成烟雾和对人类健康有害的化合物，这些烟雾和化合物分别带有刺激性、腐蚀性，能伤害人的眼睛并导致呼吸系统的疾病。

2. 氮氧化物对森林和作物生长的影响

大气中的氮氧化物对农业和林业的损害也是相当大的，可能引起农作物和森林树木枯黄，农作物产量降低、品质变差，随着污染物质的扩散可危及广大地区。

NO_x 可形成酸雨和酸雾。一般认为酸雨对森林和农作物生长的影响是破坏农作物和树根系统的营养循环，酸雾与臭氧结合会损害树木的细胞膜、破坏光合作用，树木在生长季节结束后，酸雾可使树木从大气中接受的氮更多，从而降低其抗严寒能和抗干旱能力。

3. 氮氧化物对全球气候变化的影响

N_2O 和 CO_2 一样会引起温室效应，从而使地球气温上升，这样会造成全球气候异常，给人类带来灾难性的后果。同时，氧化亚氮会导致臭氧层的破坏，同温层中的臭氧对氯和氮特别敏感，大气中的 N_2O 很稳定，并足以到达同温层，在光合作用下释放出氮原子，而氮原子会参与臭氧的循环，破坏臭氧分子，导致臭氧层的减少，使较多的紫外线辐射到地球表面。研究表明，皮肤癌、免疫系统的抑制、

注：①1ppm=10^{-6}。

暴雨、水中和陆上生物系统的损害和聚合物的破坏均可能与臭氧层的破坏相关。

1.5.2　氮氧化物的排放标准

1991 年，国家环境保护局首次颁布了《燃煤电厂大气污染物排放标准》(GB 13223—1991)，规定了燃煤电厂的 SO_2 允许排放量和烟尘允许排放浓度。1996 年对其进行了修订，首次规定了 NO_x 排放浓度限值。在 2003 年发布了进一步修订的标准，规定了不同时段的 NO_x 排放浓度。2011 年，国家环境保护部进行了第三次修订，并于 2012 年 1 月 1 日起实施。标准中污染物排放控制要求如下：自 2014 年 7 月 1 日起，现有火力发电锅炉及燃气轮机组执行表 1-31 规定的烟尘、二氧化硫、氮氧化物和烟气黑度排放限值。自 2012 年 1 月 1 日起，新建火力发电锅炉及燃气轮机组执行表 1-31 规定的烟尘、二氧化硫、氮氧化物和烟气黑度排放限值。自 2015 年 1 月 1 日起，燃煤锅炉执行表 1-31 规定的汞及其化合物污染物排放限值。

表 1-31　火力发电锅炉及燃气轮机组大气污染物排放限值(烟气黑度除外)　(单位：mg/m^3)

<table>
<tr><th>序号</th><th>燃料和热能转化设施类型</th><th>污染物项目</th><th>适用条件</th><th>限值</th><th>污染物排放监控位置</th></tr>
<tr><td rowspan="5">1</td><td rowspan="5">燃煤锅炉</td><td>烟尘</td><td>全部</td><td>30</td><td rowspan="20">烟囱或烟道</td></tr>
<tr><td rowspan="2">二氧化硫</td><td>新建锅炉</td><td>100
200①</td></tr>
<tr><td>现有锅炉</td><td>200
400①</td></tr>
<tr><td>氮氧化物
(以 NO_2 计)</td><td>全部</td><td>100
200②</td></tr>
<tr><td>汞及其化合物</td><td>全部</td><td>0.03</td></tr>
<tr><td rowspan="6">2</td><td rowspan="6">以油为燃料的锅炉或燃气轮机组</td><td>烟尘</td><td>全部</td><td>30</td></tr>
<tr><td rowspan="2">二氧化硫</td><td>新建锅炉及燃气轮机组</td><td>100</td></tr>
<tr><td>现有锅炉及燃气轮机组</td><td>200</td></tr>
<tr><td rowspan="3">氮氧化物
(以 NO_2 计)</td><td>新建燃油锅炉</td><td>100</td></tr>
<tr><td>现有燃油锅炉</td><td>200</td></tr>
<tr><td>燃气轮机组</td><td>120</td></tr>
<tr><td rowspan="8">3</td><td rowspan="8">以气体为燃料的锅炉或燃气轮机组</td><td rowspan="2">烟尘</td><td>天然气锅炉及燃气轮机组</td><td>5</td></tr>
<tr><td>其他气体燃料锅炉及燃气轮机组</td><td>10</td></tr>
<tr><td rowspan="2">二氧化硫</td><td>天然气锅炉及燃气轮机组</td><td>35</td></tr>
<tr><td>其他气体燃料锅炉及燃气轮机组</td><td>100</td></tr>
<tr><td rowspan="4">氮氧化物
(以 NO_2 计)</td><td>天然气锅炉</td><td>100</td></tr>
<tr><td>其他气体燃料锅炉</td><td>200</td></tr>
<tr><td>天然气燃气轮机组</td><td>50</td></tr>
<tr><td>其他气体燃料燃气轮机组</td><td>120</td></tr>
</table>

续表

序号	燃料和热能转化设施类型	污染物项目	适用条件	限值	污染物排放监控位置
4	燃煤锅炉，以油、气体为燃料的锅炉或燃气轮机组	烟气黑度(林格曼黑度/级)	全部	1	烟囱排放口

注：①位于广西壮族自治区、重庆市、四川省和贵州省的火力发电锅炉执行该限值；

②采用 W 形火焰炉膛的火力发电锅炉、现有循环流化床火力发电锅炉，以及 2003 年 12 月 31 日前建成投产或通过建设项目环境影响报告书审批的火力发电锅炉执行该限值。

重点地区的火力发电锅炉及燃气轮机组执行表 1-32 规定的大气污染物特别排放限值。执行大气污染物特别排放限值的具体地域范围、实施时间，由国务院环境保护行政主管部门规定。

表 1-32 火力发电锅炉及燃气轮机组大气污染物特别排放限值(烟气黑度除外) (单位：mg/m^3)

序号	燃料和热能转化设施类型	污染物项目	适用条件	限值	污染物排放监控位置
1	燃煤锅炉	烟尘	全部	20	烟囱或烟道
		二氧化硫	全部	50	
		氮氧化物(以 NO_2 计)	全部	100	
		汞及其化合物	全部	0.03	
2	以油为燃料的锅炉或燃气轮机组	烟尘	全部	20	
		二氧化硫	全部	50	
		氮氧化物(以 NO_2 计)	燃油锅炉	100	
			燃气轮机组	120	
3	以气体为燃料的锅炉或燃气轮机组	烟尘	全部	5	
		二氧化硫	全部	35	
		氮氧化物(以 NO_2 计)	燃气锅炉	100	
			燃气轮机组	50	
4	燃煤锅炉，以油、气体为燃料的锅炉或燃气轮机组	烟气黑度(林格曼黑度/级)	全部	1	烟囱排放口

不同时段建设的锅炉，若采用混合方式排放烟气，且选择的监控位置只能监测混合烟气中的大气污染物浓度，则应执行各时段限值中最严格的排放限值。

实测的火电厂烟尘、二氧化硫、氮氧化物和汞及其化合物排放浓度，必须执行《固定污染源排气中颗粒物测定与气态污染物采样方法》(GB/T 16157—1996)的规定，按式(1-52)折算为基准氧含量排放浓度。各类热能转化设施的基准氧含量按表 1-33 的规定执行。

表 1-33　火力发电锅炉及燃气轮机组的基准氧含量

序号	热能转化设施类型	基准氧含量(O_2)/%
1	燃煤锅炉	6
2	燃油锅炉及燃气锅炉	3
3	燃气轮机组	15

$$c = c' \times \frac{21 - V_{O_2}}{21 - V'_{O_2}} \tag{1-52}$$

式中，c 为大气污染物基准氧含量排放浓度(mg/m^3)；c' 为实测的大气污染物排放浓度(mg/m^3)；V_{O_2} 为实测的氧含量(%)；V'_{O_2} 为基准氧含量(%)。

一般仪器测量值单位为 ppm，需要折算成 mg/m^3。NO_x 为 NO 和 NO_2，考虑 NO 排入大气后，逐渐生成 NO_2，国标规定氮氧化物以 NO_2 计(表 1-31)。NO 在折算过程中，需要以 NO_2 的分子量计算。因此，对 NO_x 从 ppm 换算成 mg/m^3，要乘以系数 2.05。对 SO_2 从 ppm 换算成 mg/m^3，要乘以系数 2.86。例如，在氧含量为 5%的烟气中测得的 NO_x 值为 200ppm，核算到基准氧含量的值为

$$R_{NO_x} = 200 \times 2.05 \times \frac{21-6}{21-5} = 384.4(\text{mg}/\text{m}^3)$$

对于工业锅炉，1983 年国家环境保护局首次发布了《锅炉大气污染物排放标准》(GB 1327—1983)，1991 年第一次修订，1999 年和 2001 年第二次修订，2014 年第三次修订。标准规定了锅炉烟气中颗粒物、二氧化硫、氮氧化物、汞及其化合物的最高允许排放浓度限值和烟气黑度限值。标准适用于以燃煤、燃油和燃气为燃料的单台出力 65t/h 及以下蒸汽锅炉、各种容量的热水锅炉及有机热载体锅炉；各种容量的层燃炉、抛煤机炉。使用型煤、水煤浆、煤矸石、石油焦、油页岩、生物质成型燃料等的锅炉，参照标准中燃煤锅炉排放控制要求执行。标准不适用于以生活垃圾、危险废物为燃料的锅炉。

10t/h 以上在用蒸汽锅炉和 7MW 以上在用热水锅炉 2015 年 9 月 30 日前执行《锅炉大气污染物排放标准》(GB 13271—2001)中规定的排放限值；10t/h 及以下在用蒸汽锅炉和 7MW 及以下在用热水锅炉 2016 年 6 月 30 日前执行《锅炉大气污染物排放标准》(GB 13271—2001)中规定的排放限值。

10t/h 以上在用蒸汽锅炉和 7MW 以上在用热水锅炉自 2015 年 10 月 1 日起执行表 1-34 规定的大气污染物排放限值，10t/h 及以下在用蒸汽锅炉和 7MW 及以下在用热水锅炉自 2016 年 7 月 1 日起执行表 1-34 规定的大气污染物排放限值。

表 1-34　在用工业锅炉大气污染物排放限值　(单位：mg/m^3)

污染物项目	限值			污染物排放监控位置
	燃煤锅炉	燃油锅炉	燃气锅炉	
颗粒物	80	60	30	烟囱或烟道
二氧化硫	400 550①	300	100	
氮氧化物	400	400	400	
汞及其化合物	0.05	—	—	
烟气黑度(林格曼黑度/级)	≤1			烟囱排放口

注：①位于广西壮族自治区、重庆市、四川省和贵州省的燃煤锅炉执行该限值。

自 2014 年 7 月 1 日起，新建工业锅炉执行表 1-35 规定的大气污染物排放限值。

表 1-35　新建工业锅炉大气污染物排放限值　(单位：mg/m^3)

污染物项目	限值			污染物排放监控位置
	燃煤锅炉	燃油锅炉	燃气锅炉	
颗粒物	50	30	20	烟囱或烟道
二氧化硫	300	200	50	
氮氧化物	300	250	200	
汞及其化合物	0.05	—	—	
烟气黑度(林格曼黑度/级)	≤1			烟囱排放口

重点地区工业锅炉执行表 1-36 规定的大气污染物特别排放限值。

表 1-36　工业锅炉大气污染物特别排放限值　(单位：mg/m^3)

污染物项目	限值			污染物排放监控位置
	燃煤锅炉	燃油锅炉	燃气锅炉	
颗粒物	30	30	20	烟囱或烟道
二氧化硫	200	100	50	
氮氧化物	200	200	150	
汞及其化合物	0.05	—	—	
烟气黑度(林格曼黑度/级)	≤1			烟囱排放口

实测的锅炉颗粒物、二氧化硫、氮氧化物、汞及其化合物的排放浓度，应执行《锅炉烟尘测试方法》(GB 5468—1991)或《固定污染源排气中颗粒物测定与气态污染物采样方法》(GB/T 16157—1996)规定，按式(1-52)折算为基准氧含量排放浓度。各类燃烧设备的基准氧含量按表 1-37 的规定执行。

表 1-37　工业锅炉的基准含氧量

锅炉类型	基准氧含量(O_2)/%
燃煤锅炉	9
燃油、燃气锅炉	3.5

近年来，我国雾霾问题严重。在国家污染物排放标准的基础上，国务院及各地提出了更严格的要求。2015 年 2 月，国务院提出了全面实施燃煤电厂超低排放和节能改造。到 2020 年，全国所有具备改造条件的燃煤电厂力争实现超低排放(即在基准氧含量 6%条件下，烟尘、二氧化硫、氮氧化物排放浓度分别不高于 $10mg/m^3$、$35mg/m^3$、$50mg/m^3$)。全国有条件的新建燃煤发电机组达到超低排放水平。加快现役燃煤发电机组超低排放改造步伐。

1.5.3　煤粉燃烧氮氧化物的生成途径及类型

燃烧生成的 NO_x 中，NO 占的比例很大，NO_2 是由一部分 NO 在火焰下游或排放后转化形成的。因此，在研究氮氧化物的生成及抑制机理时就主要研究 NO 的生成及抑制。NO_x 按其生成起源和生成途径分类，可分为热力型 NO_x、燃料型 NO_x 和快速型 NO_x。热力型 NO_x 是指燃烧中空气中的氮(N_2)和氧(O_2)在高温下生成的 NO_x；燃料型 NO_x 是指燃烧中燃料中的氮与氧反应生成的 NO_x；快速型 NO_x 是指碳氢化合物燃料在燃料过浓即过量空气系数小于 1 的情况下燃烧时，在反应区附近快速生成的 NO_x，它是碳氢化合物燃料燃烧时产生的活性碳化氢(CH、CH_2 等)与燃烧空气中 N_2 分子反应而生成 HCN、NH，HCN、NH 经一系列反应变成 CN，再被氧化为 NO。目前煤粉燃烧时生成的氮氧化物仅考虑热力型和燃料型两种。对快速型 NO_x 本书不予展开介绍，若感兴趣可参见文献[36]和文献[37]。

1.5.4　煤粉燃烧热力型氮氧化物的生成机理及影响因素

1. 热力型 NO_x 生成机理

热力型 NO_x 是空气中 N_2 和 O_2 反应生成的，不同燃料燃烧其生成机理是相同的。热力型 NO_x 的生成机理是由苏联科学家捷里多维奇(Zeldovich)提出来的，因

此又称为捷里多维奇机理。按照这一机理，空气中的 N_2 在高温下氧化，是通过如下一组不分支的链式反应进行的，即

$$N_2 + O \underset{k_{-1}}{\overset{k_1}{\rightleftharpoons}} N + NO \tag{1-53}$$

式中，k_1、k_{-1} 分别为正、逆反应速率常数。

正反应活化能 E_1=314kJ/mol，逆反应活化能 E_{-1}=0。

$$O_2 + N \underset{k_{-2}}{\overset{k_2}{\rightleftharpoons}} NO + O \tag{1-54}$$

正反应活化能 E_2=29kJ/mol，逆反应活化能 E_{-2}=165kJ/mol。

按照化学反应动力学，可以写出

$$\frac{dc_{NO}}{dt} = k_1 c_{N_2} c_O - k_{-1} c_{NO} c_N + k_2 c_N c_{O_2} - k_{-2} c_{NO} c_O \tag{1-55}$$

式中，c_{NO}、c_{N_2}、c_O、c_N、c_{O_2} 分别为 NO、N_2、O、N、O_2 的浓度，单位为 mol/cm^3。N 原子是中间产物，在短时间内可假定其增长与消失速度相等，即其浓度不变：

$$\frac{dc_N}{dt} = 0 \tag{1-56}$$

由式(1-53)和式(1-54)可得

$$\frac{dc_N}{dt} = k_1 c_{N_2} c_O - k_{-1} c_{NO} c_N - k_2 c_N c_{O_2} + k_{-2} c_{NO} c_O = 0 \tag{1-57}$$

因此，有

$$c_N = \frac{k_1 c_{N_2} c_O + k_{-2} c_{NO} c_O}{k_{-1} c_{NO} + k_2 c_{O_2}} \tag{1-58}$$

将式(1-58)代入式(1-55)，整理后可得

$$\frac{dc_{NO}}{dt} = 2\frac{k_1 k_2 c_O c_{O_2} c_{N_2} - k_{-1} k_{-2} c_{NO}^2 c_O}{k_2 c_{O_2} + k_{-1} c_{NO}} \tag{1-59}$$

与 c_{NO} 相比，c_{O_2} 很大，而且 k_2 和 k_{-1} 属同一数量级，因此可以认为 $k_{-1}c_{NO} \ll k_2 c_{O_2}$。这样，式(1-59)可化简为

$$\frac{dc_{NO}}{dt} = 2k_1 c_{N_2} c_O \tag{1-60}$$

如果认为氧气的离解反应处于平衡状态，即 $O_2 \underset{k_{-3}}{\overset{k_3}{\rightleftharpoons}} O + O$，则可得 $c_O = k_0 c_{O_2}^{1/2}$。其中，k_3、k_{-3} 为正、逆反应速率常数，$k_0 = \dfrac{k_3}{k_{-3}}$。将以上关系式代入式(1-60)，可得

$$\frac{dc_{NO}}{dt}=2k_0k_1c_{N_2}c_{O_2}^{1/2} \tag{1-61}$$

式中，$2k_0k_1$ 由捷里多维奇的试验结果可得，则

$$K=2k_0k_1=3\times10^{14}\exp(-542000/(RT))$$

最后可得

$$\frac{dc_{NO}}{dt}=3\times10^{14}c_{N_2}c_{O_2}^{1/2}\exp(-542000/(RT)) \tag{1-62}$$

式中，T 为热力学温度(K)；t 为时间(s)；R 为通用气体常数(J/(mol·K))。

式(1-61)和式(1-62)是捷里多维奇机理的 NO 生成速度表达式。对氧气浓度大、燃料少的贫燃预混燃烧火焰，可用这一表达式计算 NO 生成量，其计算结果与试验结果相吻合。但是，当燃料过浓时，还需要考虑以下反应，即

$$N+OH \rightleftharpoons NO+H \tag{1-63}$$

式(1-53)、式(1-54)和式(1-63)一起称为扩大的捷里多维奇机理。

热力型 NO_x 的生成反应和其他成分相比在相当晚时才进行，这是因为原子 O 和 N_2 生成 NO(式(1-53))的反应活化能比原子 O 在火焰中与燃料可燃成分的反应活化能大得多。由于原子 O 在火焰中的生存时间较短，但它和可燃成分的反应很容易进行，因此火焰中不会产生大量的 NO。NO 的生成反应基本上是在燃料燃烧完以后的高温区中进行的。

2. 热力型 NO_x 生成的影响因素及抑制机理

1) 温度

由式(1-53)可知，氮分子分解后，该反应才能进行。由于氮分子分解所需的活化能较大，该反应必须在高温下才能进行。从式(1-62)可以看出，热力型 NO_x 的生成速度和温度的关系是按照阿伦尼乌斯方程，随着温度的升高，NO_x 的生成速度按指数规律迅速增加。在燃烧温度低于 1500℃时，几乎观测不到 NO 的生成反应。只有当温度高于 1500℃时，NO 的生成反应才变得明显。计算表明，当温度高于 2000℃时，在不到 0.1s 的时间内可能生成大量的 NO。试验表明，当温度达到 1500℃时，温度每提高 100℃，反应速度将增加 6～7 倍。利用 Ar/O_2 的混合气体代替燃烧用空气进行试验，可以得出煤粉在燃烧中生成热力型 NO_x 和燃料型 NO_x 的量。对四种煤和天然气在过量空气系数为 1.15 下进行的试验结果如图 1-43 和图 1-44 所示，燃烧时间约为 1s[38]。煤粉燃烧产生的热力型 NO_x 不超过 25%，燃

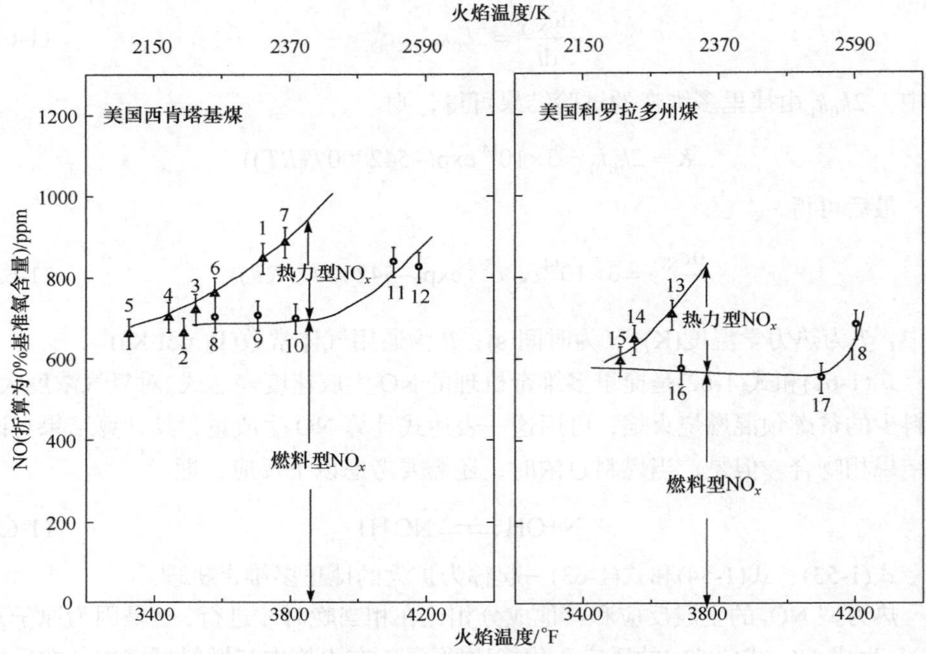

图 1-43　煤粉气流火焰温度对热力型 NO_x 和燃料型 NO_x 的影响

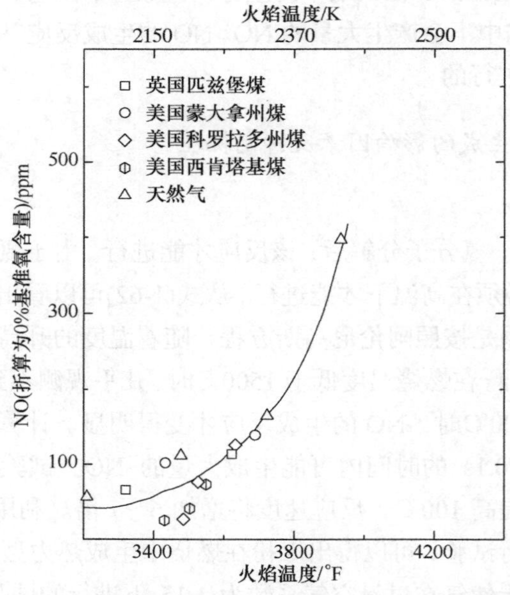

图 1-44　火焰温度对四种煤和天然气燃烧热力型 NO_x 的影响

料型 NO_x 超过 75%。在温度为 1657℃(1930K)时，生成的热力型 NO_x 约 50ppm(折算为 0%基准氧含量)，温度升高 110℃即达到 1767℃(2040K)时，热力型 NO_x 生成量仍基本为 50ppm(折算为 0%基准氧含量)，然后随着温度的升高，热力型 NO_x 呈指数规律迅速增加。

2) 过量空气系数

从式(1-62)可以看出，热力型 NO_x 生成量与氧浓度的平方根成正比。随着过量空气系数的增加，氧气浓度增大，在较高的温度下会使氧分子分解所得的氧原子浓度增加，使热力型 NO_x 的生成量增加。另外，过量空气系数的增加，会使火焰温度发生变化，而温度对热力型 NO_x 的影响远大于氧气浓度的变化产生的影响。因此，过量空气系数对热力型 NO_x 的影响取决于其对火焰温度的影响。

对四种煤在不同过量空气系数下热力型 NO_x 的生成进行了研究[38]，图 1-45 给出了美国西肯塔基煤的试验结果，其他几种煤的试验结果与此一致。试验采用两种燃烧器，二次风都是旋流的，一次风粉喷口不同。一种燃烧器一次风粉由三个偏向二次风的孔喷入，一、二次风混合强烈，代表旋流煤粉燃烧器；另一种燃

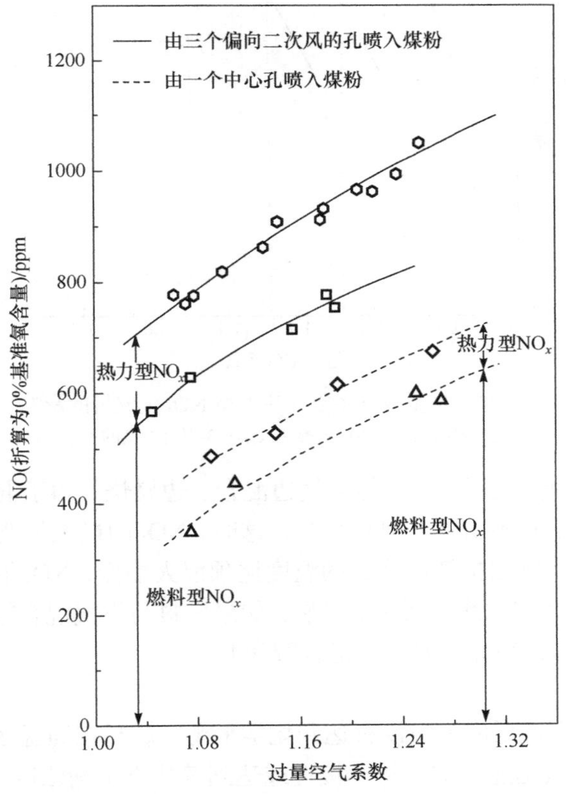

图 1-45　过量空气系数对热力型 NO_x 和燃料型 NO_x 的影响

烧器一次风粉由一个中心孔喷入，其面积与三个孔的面积相同，一、二次风混合相对较弱，代表直流煤粉燃烧器。随着过量空气系数的增大，对于一、二次风混合强烈的燃烧器(图中实线)，热力型 NO_x 略有增加；一、二次风混合较弱的燃烧器(图中虚线)热力型 NO_x 基本不变。混合较好的燃烧器由于火焰温度高，热力型 NO_x 高，约是混合较弱燃烧器的 2 倍。

不同种类气体燃烧火焰下，热力型 NO_x 的生成量随过量空气系数的变化规律如图 1-46 所示[39]。对于预混火焰，当过量空气系数小于 1 时，随过量空气系数的增加，氧气浓度及火焰温度均增加，热力型 NO_x 升高；当过量空气系数大于 1 时，虽然氧气浓度升高，但火焰温度下降，因此热力型 NO_x 下降；当过量空气系数为 1 时，NO_x 达到最大。

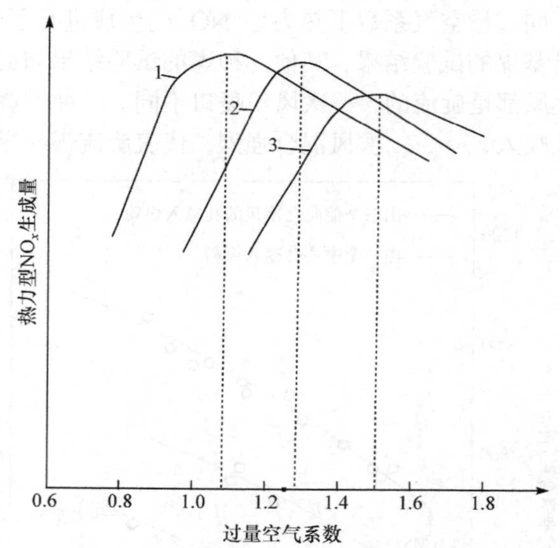

图 1-46 过量空气系数对热力型 NO_x 生成量的影响

1-预混良好的火焰；2-扩散燃烧火焰；3-混合不良的扩散火焰

在扩散火焰的情况下，燃料与空气边混合、边燃烧，由于混合不良，因此在过量空气系数 $\alpha=1$ 时 NO_x 达不到最大值。这时，NO_x 的最大值要移至过量空气系数 $\alpha>1$ 的区域，而且因扩散燃烧时的温度比预混火焰低，NO_x 最大值要降低，如图 1-46 中的曲线 2 和曲线 3 所示。显然，如果燃料与空气混合较差，NO_x 最大值的位置越向右推移，NO_x 最大值也将有所降低。

3) 停留时间

热力型 NO_x 生成反应一般没有达到化学平衡，燃料在高温区停留时间延长，热力型 NO_x 生成量迅速增加，从而接近或达到其化学平衡浓度。图 1-47 是气体燃料在理论燃烧温度时热力型 NO_x 的生成浓度与过量空气系数和烟气停留时间的关系。由图可知，若过量空气系数为 1.1，当烟气在炉膛高温区内的停留时间为 0.1s 时，NO_x 浓度的计算值约为 750ppm，但若停留时间为 1s，则 NO_x 浓度的计算值达到 1300ppm。

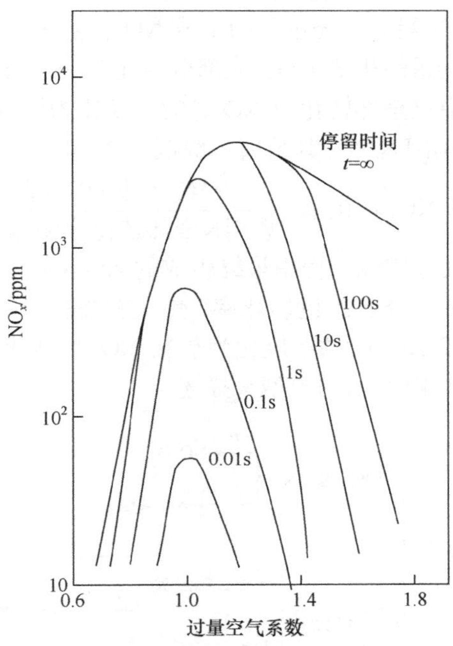

图 1-47　热力型 NO_x 的生成浓度与过量空气系数和烟气停留时间关系的计算值

1.5.5　煤粉燃烧燃料型氮氧化物的生成机理及影响因素

1. 煤中氮的存在形式

采用没有破坏性光谱分析的方法，如核磁共振(nuclear magnetic resonance, NMR)、漫反射傅里叶红外光谱(Fourier transform infra-red, FTIR)、X 射线光电子能谱(X-ray photoelectron spectroscopy, XPS)和 X 射线近边结构能谱(X-ray absorption near edge strucure, XANES)等，对煤中氮的官能团进行测量。煤中氮的结合形态较多，主要以吡咯结合形态氮、吡啶结合形态氮和季铵结合形态氮存在。吡咯、吡啶结合形态氮的化学结构式如图 1-48 所示。煤种不同，各种结合形态氮的含量不同，一般吡咯结合形态氮为 50%～80%，吡啶结合形态氮为 20%～40%，季铵结合形态氮为 3%～20%[37,40-43]。

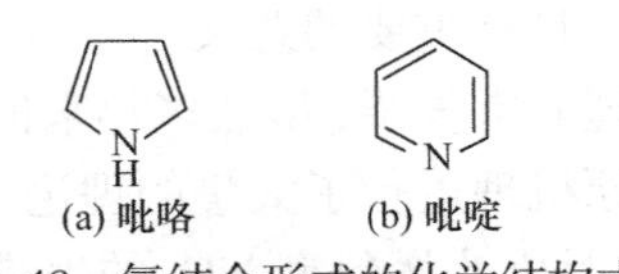

图 1-48　氮结合形式的化学结构式

2. 煤燃烧燃料型氮氧化物的类型

煤燃烧过程中，煤中氮一部分随挥发分的析出进入挥发分，称为挥发分氮，在挥发分燃烧过程中生成NO_x，这一部分NO_x称为挥发分NO_x；另一部分留在焦炭中，称为焦炭氮，在焦炭的燃烧过程中生成NO_x，这一部分NO_x称为焦炭NO_x。煤中的氮只有一部分会最终生成NO，大部分转化为N_2。定义燃烧过程中最终生成的NO浓度和燃烧中氮全部转化成NO时的浓度比为燃料型NO_x的转化率。燃料型NO_x的转化率影响因素多，其数值一般低于30%。

$$燃料型\ NO_x\ 转化率=\frac{最终生成的NO浓度}{燃料N全部转化成NO的浓度}$$

与此相对应，挥发分燃烧过程中最终生成的NO浓度和挥发分中氮全部转化成NO时的浓度比为挥发分NO_x的转化率；焦炭燃烧过程中最终生成的NO浓度和焦炭中氮全部转化成NO_x时的浓度比为焦炭NO_x的转化率。燃料型NO_x的生成过程可以采用如图1-49所示的模型来描述。

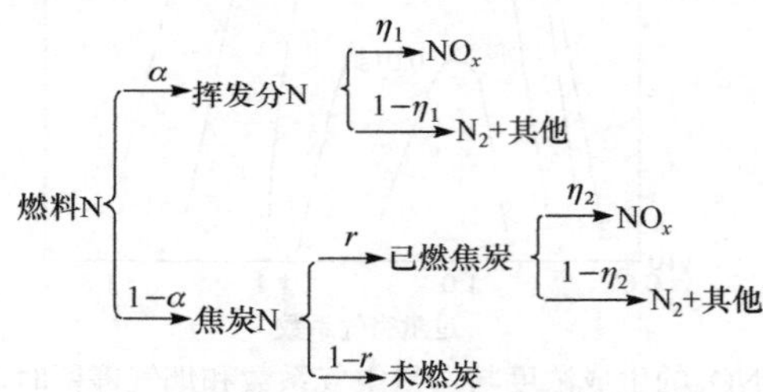

图1-49 燃料型NO_x的生成过程模型

因此，燃料型NO_x的转化率η为

$$\eta = \alpha\eta_1 + (1-\alpha)r\eta_2 \tag{1-64}$$

式中，α为燃料氮释放到挥发分中的份额；$1-\alpha$为燃料氮在焦炭中的份额；η_1为挥发分中的NO_x的转化率；r为已燃焦炭占总焦炭的份额；$r\eta_2$为焦炭中的NO_x的转化率。等号右边的第一项为燃料氮通过挥发分中的氮向NO_x的转化率；等号右边第二项为燃料氮通过焦炭中的氮向NO_x的转化率。

3. 煤燃烧燃料型NO_x的生成机理及还原机理

煤燃烧时75%以上的NO_x是燃料型NO_x。因此，燃料型NO_x是煤燃烧时产生NO_x的主要来源。研究燃料型NO_x的生成机理和还原机理，对于如何有效地在燃烧过程中控制NO_x的排放具有重要的意义。

燃料型NO_x的生成机理非常复杂，虽然多年来世界各国许多学者为了弄清燃料型NO_x的生成机理和还原机理进行了大量的理论与试验研究工作，但对这一问题至今仍不是完全清楚。这是因为燃料型NO_x的生成过程和还原过程不仅与煤种特性、煤的结构、燃料中的氮受热分解后在挥发分和焦炭中的比例、成分和分布有关，而且大量的反应过程还和燃烧条件如温度和氧及各种成分的浓度等密切相关。总结近年来的研究工作，燃料型 NO_x 的生成机理大致有以下规律[14]。

(1) 煤被加热时，煤中的挥发分便热解析出，但挥发分 N 要比挥发分的其他成分析出得晚一些。当挥发分析出量占煤重量 10%～15%时，挥发分 N 才开始析出。燃料氮转化成挥发分 N 和焦炭 N 的比例与煤种、热解温度和加热速度等有关。当煤种的挥发分增加、热解温度和加热速度提高时，挥发分 N 增加，而焦炭 N 相应地减少，如图 1-50 和图 1-51 所示。由图 1-50 可知，随着热解温度的增加，

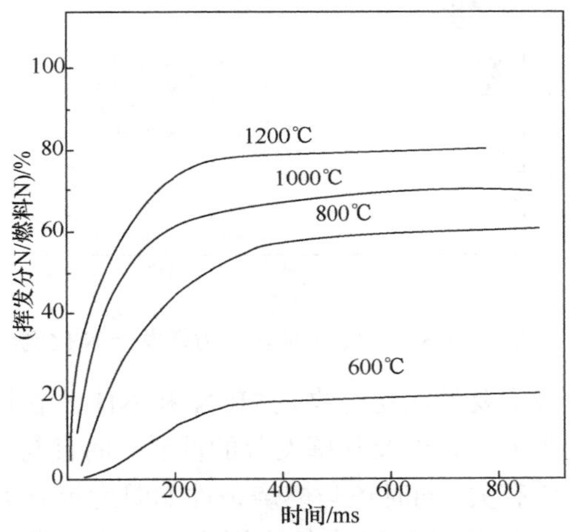

图 1-50　热解温度对燃料 N 转化为挥发分 N 比例的影响[14]

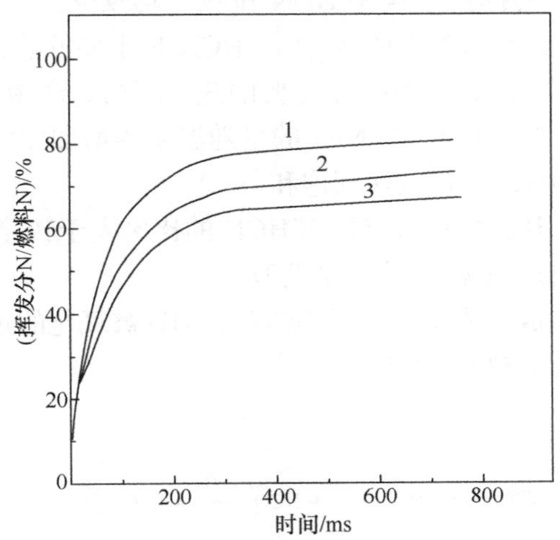

图 1-51　煤粉细度对燃料 N 转化为挥发分 N 比例的影响[14]

1-120～150 目；2-100～120 目；3-70～100 目

燃料氮转化为挥发分 N 的比例(挥发分 N/燃料 N)增加。由图 1-51 可知，煤粉越细则挥发分 N/燃料 N 越大，这表明煤粉越细，其在煤粉炉中的加热速度越高，燃料 N 转化成挥发分 N 的比例越大。试验表明，过量空气系数 α 对挥发分 N/燃料 N 没有影响，如图 1-52 所示。

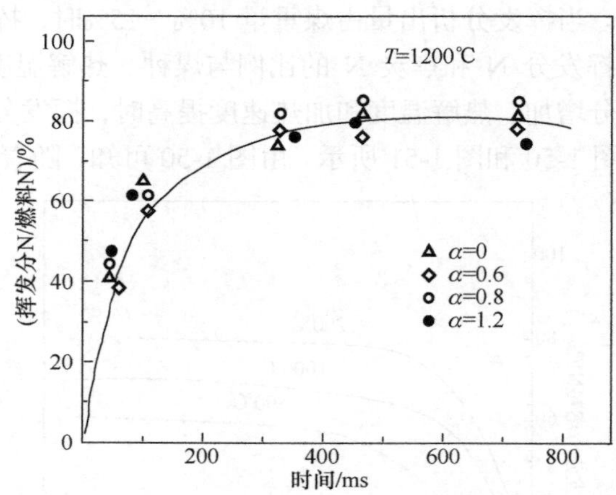

图 1-52　过量空气系数对燃料 N 转化为挥发分 N 比例的影响[14]

(2) 挥发分 N 中最主要的氮化合物是 HCN 和 NH_3。在挥发分 N 中 HCN 和 NH_3 所占的比例不仅取决于煤种及其挥发分的性质，而且与氮和煤的碳氢化合物的结合状态等化学性质有关，同时还与燃烧条件如温度等有关。其规律大致如下。

①对于烟煤，HCN 在挥发分 N 中的比例比 NH_3 大；劣质煤的挥发分 N 中则以 NH_3 为主；无烟煤的挥发分 N 中 HCN 和 NH_3 均较少。

②在煤中，当燃料氮与芳香环结合时，HCN 是主要的热分解初始产物；当燃料氮是以胺的形式存在时，则 NH_3 是主要的热分解初始产物。

③在挥发分 N 中，HCN 和 NH_3 的量随温度的增加而增加，但在温度超过 1000～1100℃时，NH_3 的含量就达到饱和。

④随着温度的上升，燃料氮转化成 HCN 的比例大于转化成 NH_3 的比例。

1) 挥发分 NO_x 的生成机理及还原机理

挥发分 NO_x 的生成过程主要包括 HCN 及 NH_3 被氧化的过程。HCN · 被氧化的主要反应途径如图 1-53 所示[44]。

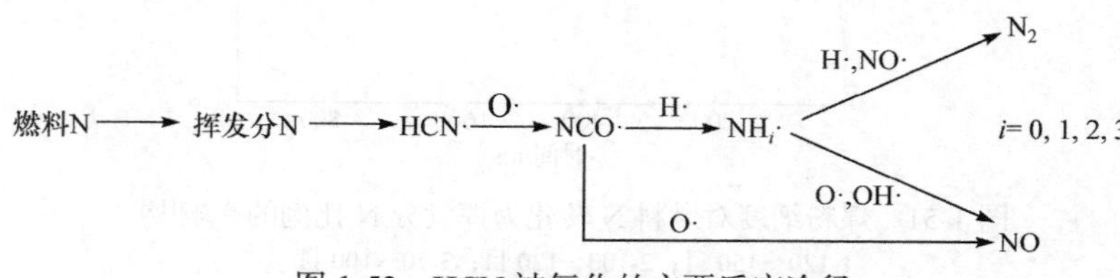

图 1-53　HCN 被氧化的主要反应途径

随挥发分一起析出的挥发分 N，在挥发分燃烧过程中遇到氧后，会进行一系列均相反应。由图 1-53 可以看出，挥发分 N 中的 HCN · 氧化成 NCO · 后，可能有两条反应途径，取决于 NCO · 进一步所遇到的反应条件。在氧化性气氛中，NCO · 会进一步氧化成 NO · ，如果遇到还原性气氛，则 NCO · 会反应生成 NH_i · ，此时 NH_i · 在氧化气氛中会进一步氧化成 NO · ，成为 NO · 的生成源。同时，又能与已生成的 NO · 进行还原反应，使 NO · 还原成 N_2，成为 NO · 的还原剂。由此可知，燃料型 NO_x 的反应机理比热力型 NO_x 的反应机理复杂得多。按照上述两条主要的反应途径的反应方程式如下。

(1) 在氧化性气氛中，直接氧化成 NO：

$$HCN\cdot+O\cdot \longrightarrow NCO\cdot+H\cdot \tag{1-65}$$

$$NCO\cdot+O\cdot \longrightarrow NO\cdot+CO \tag{1-66}$$

$$NCO\cdot+OH\cdot \longrightarrow NO\cdot+CO+H\cdot \tag{1-67}$$

(2) 在还原性气氛中，NCO·生成 NH·：

$$NCO\cdot+H\cdot \longrightarrow NH\cdot+CO \tag{1-68}$$

如果 NH 在还原性气氛中，则有下面的反应：

$$NH\cdot+H\cdot \longrightarrow N\cdot+H_2 \tag{1-69}$$

$$NH\cdot+NO\cdot \longrightarrow N_2+OH\cdot \tag{1-70}$$

如果 NH 在氧化性气氛中，则会进一步氧化成 NO·：

$$NH\cdot+O_2 \longrightarrow NO\cdot+OH\cdot \tag{1-71}$$

$$NH\cdot+O\cdot \longrightarrow NO\cdot+H\cdot \tag{1-72}$$

$$NH\cdot+OH\cdot \longrightarrow NO\cdot+H_2 \tag{1-73}$$

挥发分 N 中 NH_3 被氧化的主要反应途径如图 1-54 所示。

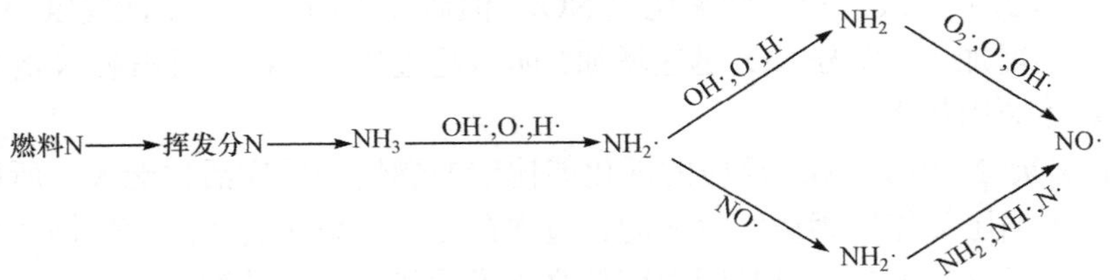

图 1-54　NH_3 氧化的主要反应途径

根据这一反应途径，NH_3 可能作为 NO 的生成源，也可能成为 NO 的还原剂。按照这两种途径的反应方程式如下。

(1) NH_3 氧化生成 NO · ：

$$NH_3+OH\cdot \longrightarrow NH_2\cdot+H_2O \tag{1-74}$$

$$NH_3+O\cdot \longrightarrow NH_2\cdot+OH\cdot \tag{1-75}$$

$$NH_3+H\cdot \longrightarrow NH_2\cdot+H_2 \tag{1-76}$$

NH_2进一步反应生成 NH ·：

$$NH_2\cdot+OH\cdot \longrightarrow NH\cdot+H_2O \tag{1-77}$$

$$NH_2\cdot+O\cdot \longrightarrow NH\cdot+OH\cdot \tag{1-78}$$

$$NH_2\cdot+H\cdot \longrightarrow NH\cdot+H_2 \tag{1-79}$$

NH · 氧化生成 NO ·：

$$NH\cdot+O_2 \longrightarrow NO\cdot+OH\cdot \tag{1-80}$$

$$NH\cdot+O\cdot \longrightarrow NO\cdot+H\cdot \tag{1-81}$$

$$NH\cdot+OH\cdot \longrightarrow NO\cdot+H_2 \tag{1-82}$$

(2) NH_i · 还原 NO ·：

$$NH\cdot+NO\cdot \longrightarrow N_2+OH\cdot \tag{1-83}$$

$$NH_2\cdot+NO\cdot \longrightarrow N_2+H_2O \tag{1-84}$$

$$NH\cdot+H\cdot \longrightarrow N\cdot+H_2 \tag{1-85}$$

$$NH\cdot+OH\cdot \longrightarrow N\cdot+H_2O \tag{1-86}$$

$$NH\cdot+O\cdot \longrightarrow N\cdot+OH\cdot \tag{1-87}$$

$$N\cdot+NO\cdot \longrightarrow N_2+O\cdot \tag{1-88}$$

2) 焦炭 NO_x的生成机理及还原机理

在通常的煤燃烧温度下，燃料型 NO_x 主要来自挥发分 N。煤粉燃烧时由挥发分生成的 NO_x 占燃料型 NO_x 的 60%～80%，由焦炭 N 所生成的 NO_x 占 20%～40%。焦炭 N 的析出情况比较复杂，这与氮在焦炭中 N—C、N—H 之间的结合状态有关。有学者认为，焦炭 N 是通过焦炭表面多相氧化反应直接生成 NO_x。也有学者认为，焦炭 N 和挥发分 N 一样，首先是以 HCN · 和 CN · 的形式析出后，再和挥发分 NO_x 的生成途径一样氧化成 NO_x。但研究表明，在氧化性气氛中，随着过量空气的增加，挥发分 NO_x 迅速增加，明显超过焦炭 NO_x，而焦炭 N 的增加则较少。具体原因如下。

(1) 焦炭 N 生成 NO 反应的活化能比碳的燃烧的反应活化能大，所以焦炭 NO_x 是在火焰尾部焦炭燃烧区生成的，通常在焦炭燃烧区的氧浓度比挥发分燃烧区的低，而且这时的焦炭颗粒因温度较高而发生熔结，使孔隙闭合、反应表面积减少，因此焦炭 NO_x 减少。

(2) 焦炭表面的还原作用及碳和煤灰中 CaO 的催化作用促使焦炭 NO_x 还原：

$$NO+C\cdot \longrightarrow CN\cdot+O\cdot \tag{1-89}$$

$$NO\cdot+CH\cdot \longrightarrow HCN\cdot+O\cdot \tag{1-90}$$

$$NO\cdot+CH_3 \longrightarrow HCN\cdot+H_2O \tag{1-91}$$

$$NO\cdot + NH\cdot \xrightarrow{C} N_2 + OH\cdot \quad (1\text{-}92)$$

$$2NO\cdot + 2C\cdot \xrightarrow{CaO} N_2 + 2CO \quad (1\text{-}93)$$

$$2NO\cdot + 2CO \xrightarrow{CaO} N_2 + 2CO_2 \quad (1\text{-}94)$$

$$2NO\cdot + 2H_2 \xrightarrow{CaO} N_2 + 2H_2O \quad (1\text{-}95)$$

3) NO_x 的破坏

由前面的分析可知，在氧化性气氛中生成的 NO_x 当遇到还原性气氛(富燃料燃烧或缺氧状态)时，会还原成氮分子(N_2)，称为 NO_x 的还原或 NO_x 的破坏。因此，最初生成的 NO_x 的浓度并不等于其排放浓度，因为随着燃烧条件的改变，有可能将已生成的 NO_x 破坏掉，将其还原成分子氮，所以煤燃烧设备烟气中 NO_x 的排放浓度最终取决于 NO 的生成反应和 NO 的还原或破坏反应的综合结果。

图 1-55 为 NO_x 破坏的反应途径[14]。由图可知，有三条可能的途径破坏或还原 NO_x。

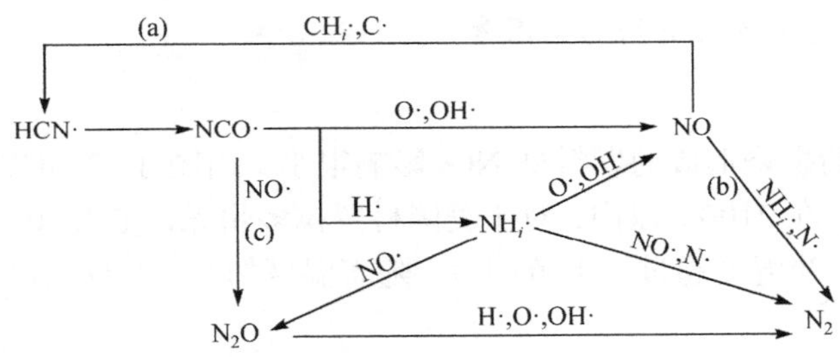

图 1-55　NO_x 破坏的反应途径

(1) 在还原性气氛中，NO · 通过烃(CH_i ·)或碳还原(途径(a))。

当 NO · 在还原性气氛中遇到烃(CH_i ·)时，会根据下面的反应生成 HCN · ：

$$NO\cdot + CH\cdot \longrightarrow HCN\cdot + O\cdot \quad (1\text{-}96)$$

$$NO\cdot + CH_2\cdot \longrightarrow HCN\cdot + OH\cdot \quad (1\text{-}97)$$

$$NO\cdot + CH_3 \longrightarrow HCN\cdot + H_2O \quad (1\text{-}98)$$

然后 HCN · 与 O · ，以及 OH · 与 H · 会反应生成中间产物 NCO · 等(式(1-65))。

在还原性气氛中，NCO · 会按照下面的反应生成 NH_i · ：

$$NCO\cdot + H\cdot \longrightarrow NH\cdot + CO\cdot \quad (1\text{-}99)$$

$$NH\cdot + H_2 \longrightarrow NH_2\cdot + H\cdot \quad (1\text{-}100)$$

$$NH_2\cdot + NH_2\cdot \longrightarrow NH_3 + NH\cdot \quad (1\text{-}101)$$

这时生成的 NH_i · 在还原性气氛中若遇到 NO · ，则会按照式(1-83)、式(1-84)和式(1-88)将 NO · 还原成氮分子。

在燃煤火焰中，当 NO · 遇到碳时，则有可能按照式(1-93)和式(1-94)将其还原

成 N_2 和 CO、CO_2 气体。

上述这种通过 CH_i · 和 C · 将 NO · 还原的过程称为 NO 的再燃烧或燃料分级燃烧。根据这一原理而发展出的将含烃根燃料或煤粉喷入含有 NO 的燃烧产物中的燃料分级燃烧技术，可以有效地控制 NO_x 的排放。

(2) 在还原性气氛中，NO_x 与氮类(NH_i ·)和自由基(N ·)反应生成氮分子(N_2)，如式(1-83)(途径(b))、式(1-84)和式(1-88)所示。

(3) 由图 1-55 可以看出，NO 的还原和破坏是通过 NCO · 和 NH_i · 的反应途径实现的。同时，通过 NCO · 和 NH_i · ，还可以由途径(c)通过 NO · 的破坏而生成 N_2O，反应式为

$$NCO\cdot + NO\cdot \longrightarrow N_2O\cdot + CO \tag{1-102}$$

$$NH\cdot + NO\cdot \longrightarrow N_2O\cdot + H\cdot \tag{1-103}$$

由此可知，NO · 是 N_2O 的生成源，N_2O 是通过 NO · 的破坏而生成的。

4. 煤燃烧燃料型 NO_x 的影响因素

1) 温度

温度对煤粉燃烧形成的燃料型 NO_x 影响很小。由图 1-43 可以看出，对于美国西肯塔基煤，在 2100℃以内；对于美国科罗拉多州煤，在 2210℃以内；燃料型 NO_x 基本不变。当温度超过以上范围后，随着温度的升高，燃料型 NO_x 才会有所增加。

2) 过量空气系数

由燃料型 NO_x 生成机理可以看出，在氧化性气氛下，燃料氮易于转化成 NO_x。大量的试验表明(图 1-45)，过量空气系数越高，NO_x 的生成浓度和转化率也越高。因此，控制燃料型 NO_x 的生成量和转化率的主要措施是减少过量空气系数。

3) 煤的性质

(1) 氮含量。

煤粉燃烧中生成的 NO_x 大部分来源于煤中氮的氧化。图 1-56 给出了煤的氮含量和 NO_x 生成量的关系[45]。试验所用 48 种煤分别取自北美洲。

欧洲、亚洲部分国家地区，南非和澳大利亚包括无烟煤、贫煤、烟煤、褐煤等不同煤种。将煤粉在 $Ar/O_2/CO_2$ 气体中燃烧获得燃料型 NO_x。试验分别在非分级燃烧(图 1-56 中过量氧工况)及分级燃烧两种情况下进行。两种工况下总的过量氧量均为 5%。非分级燃烧工况即将煤粉与所有氧一起由燃烧器递入炉内。分级燃烧工况是将部分氧由燃烧器送入，剩余氧由距离燃烧器出口一段距离后的位置送入燃烧的火焰中，调整由燃烧器及下部送入氧的比例，得到 NO_x 排放量最低的工况，即图 1-56 中分级燃烧最小 NO_x 工况。非分级燃烧工况下的结果表明，随着

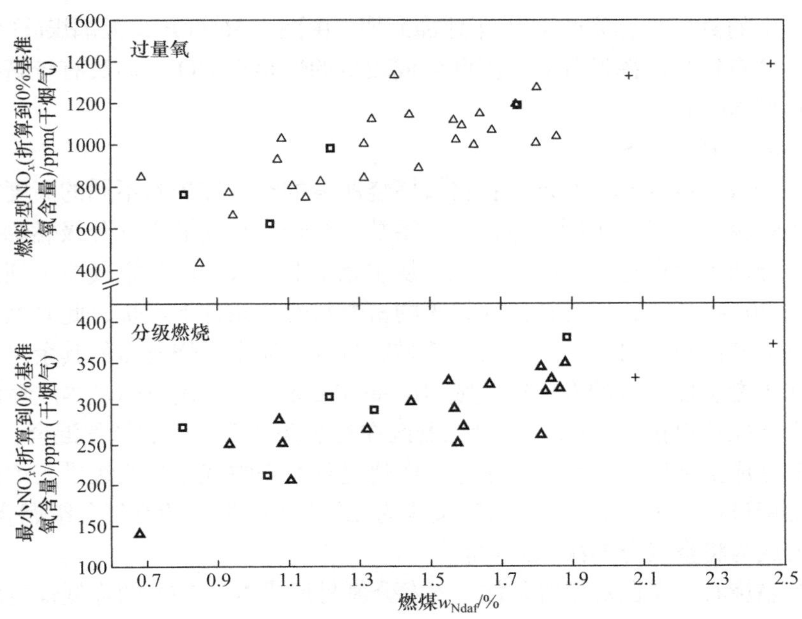

图 1-56　在过量氧非分级燃烧及分级燃烧两种情况下 NO_x 排放与煤中氮含量的关系

煤的氮含量增加，燃料型 NO_x 的总趋势是增加的。煤中氮含量最高的是俄罗斯煤(图 1-56 中符号+)，为 2.46%(daf)，其 NO_x 排放也是最高的。除了煤中氮含量以外，其他很多因素也影响着 NO_x 的生成，致使燃料型 NO_x 与氮含量不呈严格的单调函数关系。例如，马耳他的萨维奇(Savage)褐煤(图 1-56 符号△)与美国的北达科他州比尤拉镇(Beulah)褐煤(图 1-56 中符号□)氮含量均约为 1.05%，但两种煤的 NO_x 排放相差超过 60%。

对于有代表性的 19 种煤，其 NO_x 排放(折算到 0%基准氧含量，干烟气)与氮含量的回归得出的关系式为

$$P_{NO} = 318 + 702[N] + 0.188[HCN] - 0.347[焦炭N] \tag{1-104}$$

式中，P_{NO} 为非分级燃烧工况下 NO_x 排放浓度(折算到 0%基准氧含量，干烟气)(ppm)；[N]为原煤中干燥无灰基氮的质量分数(%)；[HCN]为原煤在 1370K 真空中热解产生的 HCN(ppm)；[焦炭 N]为按照美国 ASTM 标准测得的焦炭中氮含量(ppm)。

图 1-56 中分级燃烧工况，不同的煤得到最低 NO_x 排放时，由燃烧器及下部送入氧的比例是不同的。最低 NO_x 排放浓度总的趋势是随着煤的氮含量的增加而增加，其他很多因素也影响着最低 NO_x 排放浓度。

(2) 挥发分。

挥发分的含量对煤中氮的释放影响较大。挥发分含量高，挥发分氮释放量大，

留在焦炭中的氮少，容易产生燃料型 NO_x[45]。由图 1-56 可知，无烟煤(符号□)挥发分低，含有较少的挥发分氮，因此生成较少的燃料型 NO_x，而具有较高挥发分的煤燃料型 NO_x 高。

(3) 空气分级燃烧。

空气分级燃烧的基本原理是：将煤燃烧所需的空气在炉膛不同的高度方向上多次送入炉膛，使煤在不同的过量空气系数下燃烧。早期的空气分级燃烧技术主要将空气分两个阶段送入炉膛，首先将从主燃烧器供入炉膛的空气减少到总燃烧空气量的 70%～75%，使燃料先在缺氧的富燃料燃烧条件下燃烧，此时燃烧器区域内过量空气系数 $\alpha<1$。为了完成全部燃烧过程，完全燃烧所需的其余空气则通过布置在主燃烧器上方的专门空气喷口(over fire air，OFA)(或称燃尽风喷口，有时也称火上风喷口)送入炉膛，与燃烧器区在贫氧条件下产生的烟气混合，在 $\alpha>1$ 的条件下完成全部燃烧过程。由于整个燃烧过程所需空气是分两级供入炉内，因此整个燃烧过程分为两级进行，有时又称为二段燃烧。近期的空气分级燃烧技术，逐渐发展成为将空气分多次送入炉膛。

分级燃烧时，煤在富燃料条件，挥发分氮易形成 N_2。NO_x 的降低幅度取决于第一级燃烧时挥发分氮的生成量及挥发分氮转化成 N_2 的比例。在总的过量氧量为 5%的情况下分两级燃烧，第一级的氧量占总氧量的比定义为第一级氧量比。图 1-57 给出了焦炭 N、含氮化合物、出口 NO 随第一级氧量比 SR_1 的变化规律[45]。随着 SR_1 的降低，出口 NO 降低，达到最低值后，开始升高。达到最低 NO 浓度的第一级氧量比数值以及出口 NO 随着 SR_1 下降或升高的幅度取决于煤的特性。对于无烟煤，随着 SR_1 的降低，出口 NO 降低，但没有出现最低值。随着 SR_1 的降低，焦炭 N 含量增加，NH_3、HCN 浓度增加。总体来讲，随着煤中氮含量的增加，第一级燃烧阶段产生的 NO、NH_3、HCN 增加。

图 1-58 给出了第一级燃烧出口处生成 NH_3、NO、HCN 的氮占煤氮含量的比例与煤种的关系。图中的 A、B、C 依次表示挥发分含量升高，即挥发分含量的大小关系为 $A<B<C$。随着煤种从无烟煤到褐煤，转化成 NH_3 的氮所占煤中氮含量的比例呈升高的趋势，而转化成 NO 的氮所占煤中氮含量的比例呈下降的趋势。总体来说，转化成 HCN 的氮所占煤中氮含量的比例较小(仅一种美国犹他州烟煤(图 1-58 中符号○)较高)。

第二级燃烧过程为第一级燃烧过程中产生的 NH_3、NO、HCN 等烟气及焦炭在过量氧下燃烧的过程。最终生成的 NO 取决于 NH_3、NO、HCN 及焦炭氮的转化过程。第一级燃烧过程中生成的 NO 浓度越高，第二级燃烧过程焦炭 NH_3、NO、HCN 转化成 NO 的比例越大。焦炭中的氮转化成 NO 的比例小于 20%，随着 SR_1 的减小有所升高。

对 26 种煤进行统计，给出出口 NO 浓度与 SR_1、第一级燃烧产生的 HCN、

NH_3 浓度、焦炭 N 的关系[45]，即

$$[NO]出口 = 0.87SR_1[NO] + \frac{0.67}{1+0.004([HCN]+[NH_3])}([HCN]+[NH_3]) + 0.27(1-SR)^{\frac{1}{2}}[焦炭N] \tag{1-105}$$

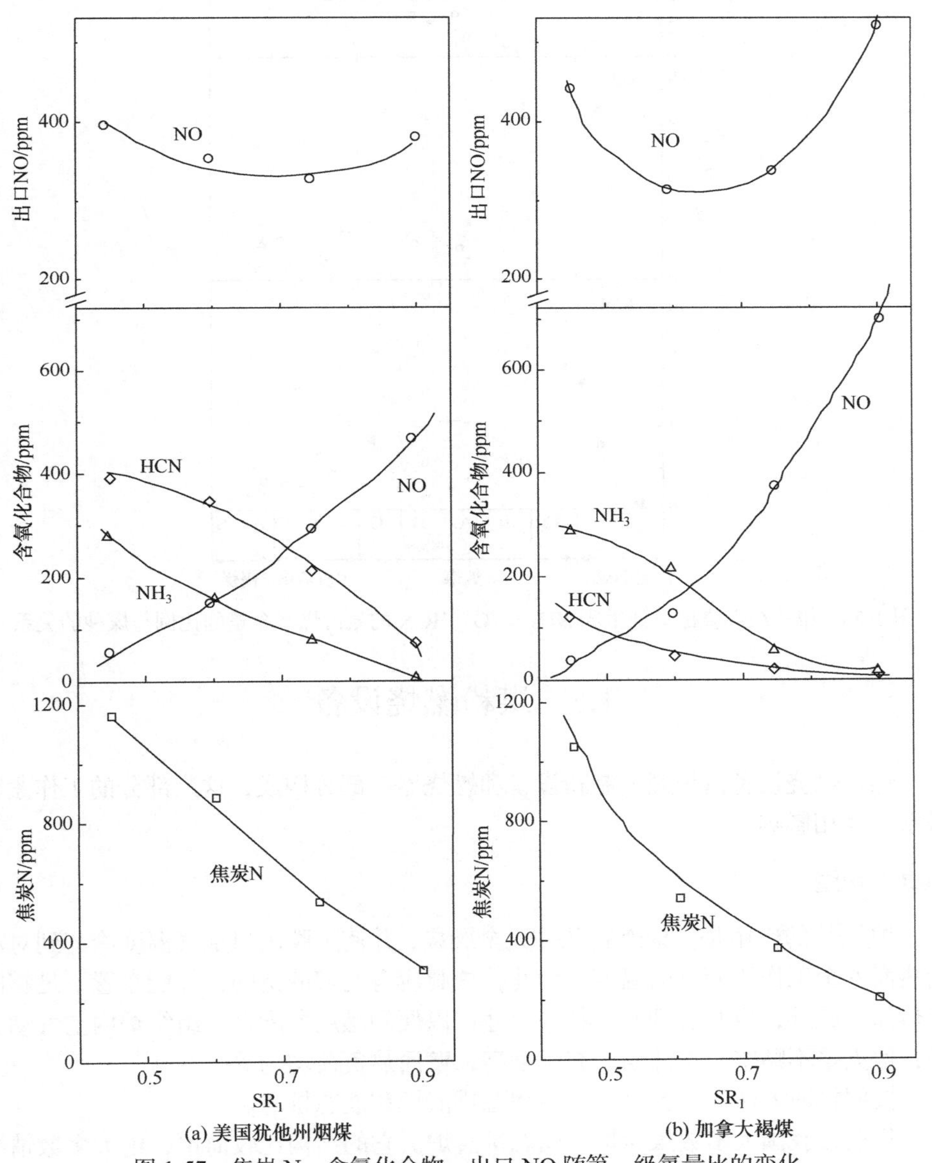

(a) 美国犹他州烟煤 (b) 加拿大褐煤

图 1-57 焦炭 N、含氮化合物、出口 NO 随第一级氧量比的变化

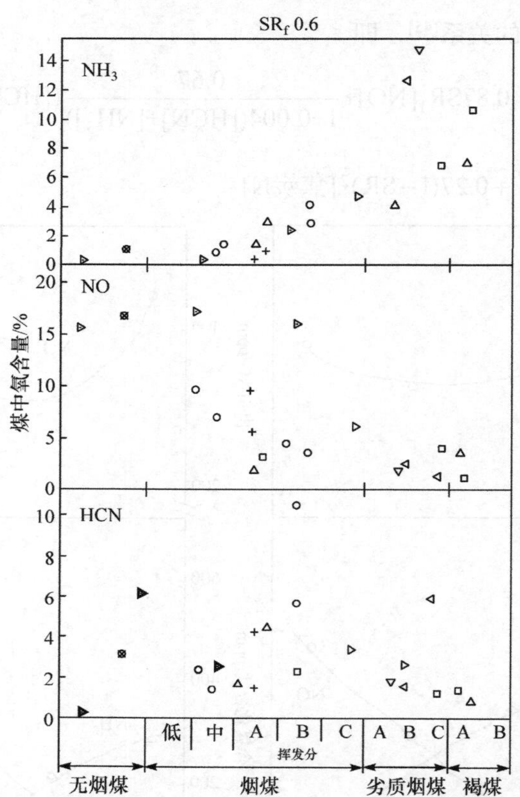

图 1-58　第一级燃烧出口处生成 NH_3、NO、HCN 的氮占煤氮含量的比例与煤种的关系

1.6　煤粉燃烧设备

煤粉燃烧设备由炉膛、制粉设备和燃烧器三部分构成，这三部分的工作紧密联系、互相影响。

1.6.1　炉膛

炉膛[13]的作用是保证燃料几乎完全燃烧，并使炉膛出口烟气温度冷却到对流受热面安全工作所允许的温度。为此，炉膛应有足够的空间，并能布置下足够的受热面。此外，应有合理的形状和尺寸，以便和燃烧器配合，组织炉内空气动力场，使火焰不贴壁、不冲墙、充满度高，壁面热负荷均匀等。

按照排渣方法，炉膛可以分为固态排渣炉和液态排渣炉。

目前，我国大多数煤粉炉是固态排渣炉。它的结构比较简单，绝大多数情况下，其外形接近于一个正六面体，四周密布水冷壁，下部有一个冷灰斗，冷灰斗四面布置了水冷壁管。从炉膛掉下来的灰渣经过冷灰斗以固态状态排出炉外，这一部分灰渣占全部燃料灰分的 10%～20%，其余绝大部分灰渣以飞灰形式从炉膛随烟气飞走。

为了避免结渣，在火焰中心已熔化的灰渣在到达水冷壁表面前必须凝固。这就限制了炉膛温度不可能很高，一般固态排渣炉中的烟气温度在 1400℃以下。特别是在炉膛四周靠近水冷壁处的温度不能过高，这也限制了火焰不能很好地充满炉膛。

燃烧器的布置对炉膛内的气体流动情况有决定性影响。燃烧器一般有前墙、对冲、四角、拱上四种布置形式。

1. 前墙布置

前墙布置方式应用很广，可以采用任何一类燃烧器，但是当采用直流式燃烧器时，气流直冲后墙，一般炉膛的充满度要差一些，也容易引起后墙结渣，故旋流煤粉燃烧器一般采用这种布置方式。

当采用旋流煤粉燃烧器时，煤粉的着火主要是靠每个燃烧器本身组织气流，在中部形成一个回流区，同时在四周也卷吸烟气。因此，每个燃烧器出口的火焰具有相对独立性，特别是在燃烧器出口区域，希望各个燃烧器所形成的气流之间不要互相干扰。对于大容量锅炉，炉膛比较宽，通过调节各个燃烧器的出力，可以在宽度方向上得到比较均匀的温度场。但是，一般最高温度区域往往接近前墙。

在旋流煤粉燃烧器出口处，气流的扰动是很强烈的，因此混合也很强烈。但是，这种强烈的扰动很快就会衰减。

当采用前墙布置时，在燃烧器上部有一个较大的涡流区，炉膛的充满情况也不好，常常采用折焰角，如图 1-59 所示。最初采用折焰角的目的是延长水平烟道

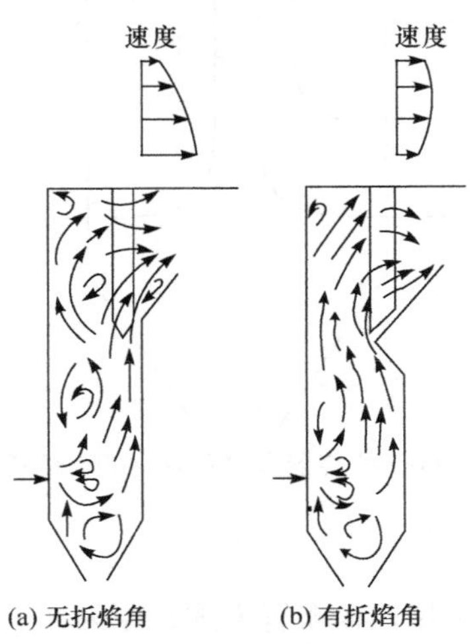

(a) 无折焰角　(b) 有折焰角

图 1-59　折焰角对炉膛空气动力场的影响

的长度，以便布置过热器。但研究结果表明，折焰角对改善炉内气体流动情况也有很大作用，如涡流区显著减少、火焰长度增加、炉膛的充满情况也得到改善。此外，对屏式过热器的传热也有所改善。由图可知，安装折焰角后烟气速度趋于均匀，受热面由纵向冲刷变为横向冲刷。

2. 对冲布置

对于容量较大的锅炉，前墙可能布置不下需要的燃烧器，可以将燃烧器布置在前后墙或两侧墙，即对冲布置。旋流煤粉燃烧器一般也采用这种布置方式。

通常认为，利用两股气流撞击可以改善混合，但是实际上为了使燃烧情况良好，重要的不是两股同样气流间的混合，而是气流自身中一次风和二次风的混合。同时，这种撞击是自发的，很难调节。试验结果表明，如果燃烧器布置在两侧墙，当两股气流动量相等时，气流在炉膛中心相碰，然后转弯向上，炉膛的充满情况比较好；但是只要两股气流的动量相差 3%～4%，气流就偏向一侧，使过热器前的烟气温度不均匀。

在大型锅炉中，燃烧器数量比较多，常常分几层布置在前后墙，这时炉膛上部空间的充满度比较好。但是，上层燃烧器的火焰长度可能比下层短很多，如图 1-60 所示。在计算煤粉燃烧时间时，应当考虑这一因素。

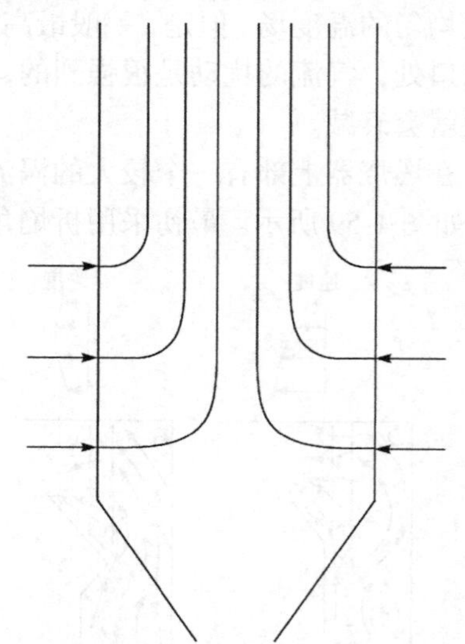

图 1-60　燃烧器多层布置时的火焰长度

3. 四角布置

直流煤粉燃烧器一般采用四角布置方式，原因在于它的出口速度较大、射程较远，并切于一个假想圆，在炉内造成旋转运动。气流喷入炉膛后就受到相邻燃烧器喷出的火焰点燃，可以有良好的着火条件，煤种适应性很广。此外，在炉膛下部燃烧器区域，扰动是比较强烈的，可以造成较强烈的后期混合，即在煤粉着火以后，一、二次风之间的混合仍可比较强烈。

但是，试验发现，由于高温烟气的黏度很大，这种旋转运动实际上可以很快平息，如图 1-61 所示。因此，炉膛上部的扰动仍不强烈。为了增强炉膛上部空间的扰动，国外有些炉子采用很大的折焰角，甚至前后墙两面同时收缩，以提高炉膛上部空间的烟速，改善燃烧过程，同时也可使宽度方向的烟气温度趋向均匀。但由相关资料可知，只有当炉膛上部截面积缩小到 50%左右时，才能起到上述作用，而且效果也是有限的。

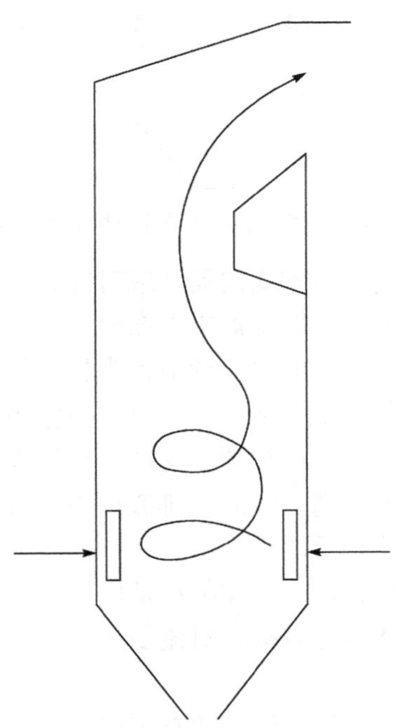

图 1-61　燃烧器四角布置时炉膛中气流的旋转运动

当燃烧器采用四角布置时，各个燃烧器出口的火焰互相影响，整个炉膛的燃烧成为一个整体。火焰中心的位置基本上在炉膛中心，停用一个燃烧器对烟气温度不均匀性的影响比较小。直流煤粉燃烧器的阻力比较小，但四角布置时，煤粉管道要长一些。

4. 拱上布置

直流煤粉燃烧器和旋流煤粉燃烧器均可采用拱上布置方式。燃烧器布置在拱上，在下炉膛烟气向下运动，然后折转向上运动进入上炉膛，如图 1-62 所示。煤粉火焰形成了 W 形状，因此这种锅炉称为 W 形锅炉。W 形锅炉的火焰行程长，是专为燃烧贫煤、无烟煤等低挥发分煤而设计的炉型，可以得到较好的炉膛充满度，煤粉和空气的分布可以比较均匀。此外，一次风管道也比较长，炉膛尺寸比其他炉型大。

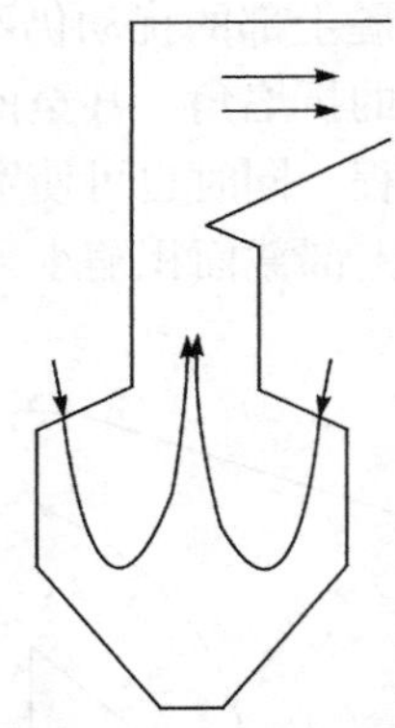

图 1-62　燃烧器拱上布置时 W 形火焰

我国主要采用的是旋流煤粉燃烧器前墙或对冲布置、直流煤粉燃烧器四角布置、直流煤粉燃烧器或旋流煤粉燃烧器拱上布置。

在液态排渣炉中，炉膛下部的水冷壁被耐火材料包住，烟气温度很高，灰渣在到达炉墙时仍保持液体状态粘在墙上，在自重的作用下流到渣底上，形成液态渣池，然后由渣底上的出渣口流出炉膛。这样，在炉膛下部不是冷灰斗，而是热的渣池，这也使得火焰温度升高。在液态排渣炉中，着火过程和燃烧过程都被强化，这对于低挥发分燃料特别重要。

此外，在液态排渣炉中，液态渣黏附在炉墙上，然后从炉膛下部排出，可以减少烟气中的飞灰浓度，从而可以提高对流受热面中的烟气速度，减轻受热面的磨损。

为了使液态排渣炉正常工作，渣必须有很好的流动性，即要达到渣的流动温度，渣池上的烟气温度应比流动温度高 100～150℃，一般应达到 1500～1700℃。为了达到这样高的温度，必须采用高温预热空气。在布置燃烧器时，应使最高温度区域接近炉底，但必须注意不使未燃尽的煤粉分离到渣池中，否则不仅会增加未完全燃烧损失，而且会引起析铁现象。

液态排渣炉又可分为开式炉、半开式炉、双室炉和旋风炉。

开式炉结构最简单，但是燃烧区域的热量不可避免地要有很大一部分散失到冷却区，影响燃烧区域的温度。特别是在低负荷时，温度过低要影响除渣。

为了改善开式炉膛的工作，扩大负荷调节范围，可采用半开式炉膛。半开式炉膛是在燃烧区和冷却区之间的炉膛截面积被收缩 35%～45%，减少燃烧区向冷却区的传热，从而提高火焰中心的温度。例如，青岛电厂 HG816-120/39 型液态排渣炉，有束腰时火焰中心温度达 1700℃，取消束腰后火焰中心上移，最高温度降到 1650℃。

为了改善燃烧区的气体流动情况，联邦德国某些锅炉将下部做成圆形，甚至接近球形，如图 1-63(a)所示。显然，这时结构相当复杂，是直流锅炉。苏联的一些液态排渣炉将下部燃烧区做成八角形，如图 1-63(b)所示，最低负荷可达 50%。

为了进一步减少冷却区对燃烧区的影响，采用双室炉，即在燃烧室和冷却室之间用捕渣管隔开。双室炉有各种形式，图 1-63(c)是其中一种，在这种形式中燃烧器分两排布置，在低负荷时只用下排燃烧器，以保持出渣口区域的温度，最低负荷可降到 25%。

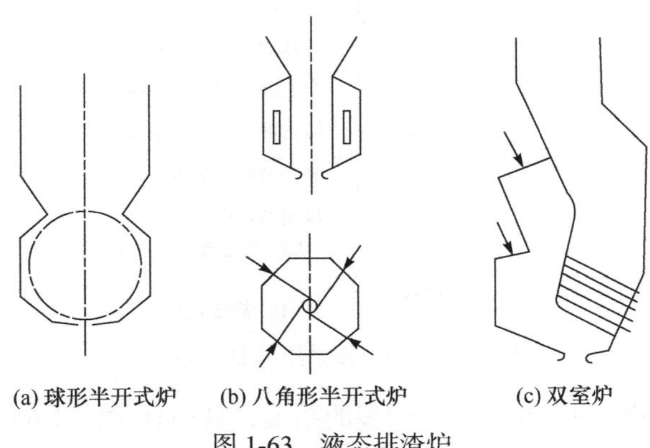

(a) 球形半开式炉　(b) 八角形半开式炉　(c) 双室炉

图 1-63　液态排渣炉

双室炉结构复杂，在我国并没有得到发展。

液态排渣炉的主要优点如下。

(1) 燃烧效率比较高，特别是燃烧低挥发分燃料时更为显著，可以提高燃烧的稳定性。

(2) 由于燃烧区域混合强烈，可以采用较低的过量空气系数，这也使锅炉效率提高。

(3) 燃料中的灰分有相当一部分可以从炉内除去，以减少飞灰量。

(4) 对煤种的变化，特别是挥发分的变化不敏感，对煤种的适应性强，可燃用劣质煤，也可以燃烧低挥发分、低灰熔点的煤。

在液态排渣炉中，虽然燃烧过程加快，但是为了将炉膛出口烟气温度降低到要求的数值，还是需要一个相当大的炉膛。锅炉的外形尺寸和金属消耗量与固态排渣炉相比没有明显变化；但它的结构要比固态排渣炉复杂。熔化的渣从炉底排出，要带走一部分热量，称为灰渣物理热损失。液态排渣炉的最低负荷受到正常流渣的限制。此外，由于燃烧温度高，排烟中的氮氧化物浓度要高一些，容易造成环境污染。

立式旋风炉还可用来附烧钙镁磷肥。实践证明，在燃煤中掺加少量石灰石等附加剂可扩大液态排渣炉对高灰熔点煤的适应性，掺加石灰石还可减少高、低温腐蚀和低温受热面的积灰、减少 NO_x 排放量，灰渣还可以综合利用制成建材水泥和混凝土掺合料，从而解决堆灰场问题[13]。

1.6.2　制粉设备

制粉设备[13]的作用是向锅炉提供合格的煤粉。目前国内外采用的制粉系统如图 1-64 所示。

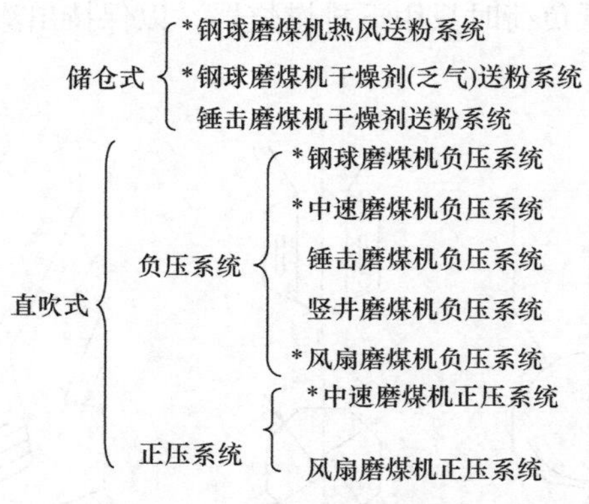

图 1-64　国内外采用的制粉系统

图 1-64 中注有*的为我国采用较多的系统，其原理如图 1-65 所示。

钢球磨煤机的耗电量与出力几乎无关，因为钢球磨煤机相当笨重，空载电耗和磨煤时相差不大。采用中间储仓式系统可以使钢球磨煤机经常在满负荷下工作，以节省制备煤粉的电耗。钢球磨煤机的适应面广、通用性强，可以磨制多种煤，特别适于磨制难磨(即可磨系数低)的煤和需要研磨较细的煤种，如无烟煤、贫烟、相当部分的劣质烟煤等。钢球磨煤机安全可靠，能够在运行中添加钢球。储仓式

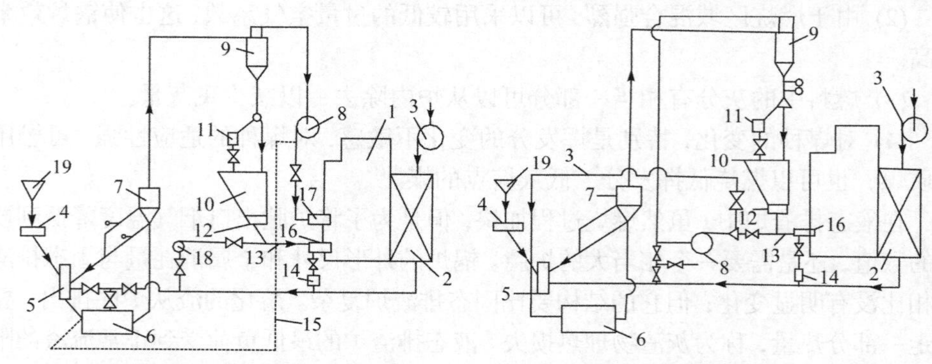

(a) 储仓式钢球磨煤机热风送粉系统　　(b) 储仓式钢球磨煤机干燥剂(乏气)送粉系统

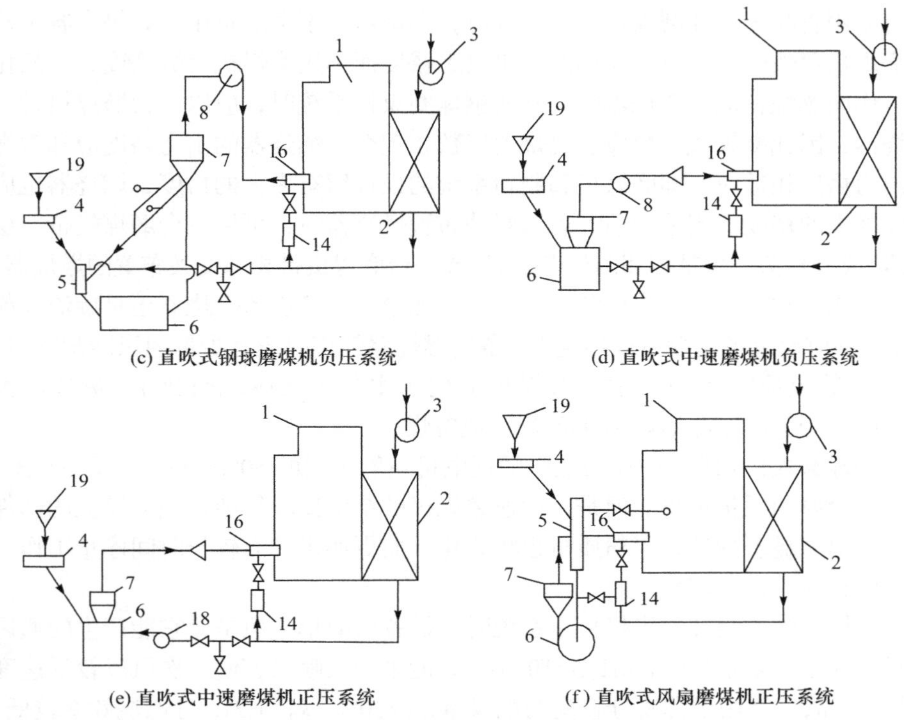

(c) 直吹式钢球磨煤机负压系统

(d) 直吹式中速磨煤机负压系统

(e) 直吹式中速磨煤机正压系统

(f) 直吹式风扇磨煤机正压系统

图 1-65　我国采用较多的制粉系统[13]

1-锅炉；2-空气预热器；3-送风机；4-给煤机；5-干燥管；6-磨煤机；7-粗粉分离器；8-排粉机；9-旋风分离器；10-煤粉仓；11-输粉机；12-给粉机；13-混合器；14-二次风箱(道)；15-再循环管；16-燃烧器；17-三次风喷口；18-一次风机；19-原煤仓

系统的可靠性高，且在采用此种系统时，有可能采用热风送粉方式，这对于燃烧低反应能力的燃料是相当有利的，但是此时应当处理好制粉系统的乏气排放和使用问题。

储仓式系统的金属消耗量大、投资大、煤粉管道大、阻力大，电能消耗也比较大。

燃烧器的形式、数目与采用的制粉系统及磨煤机的形式、数目有关。

当采用储仓式钢球磨煤机干燥剂(乏气)送粉系统时，因为有足够的一次风压，燃烧器的选择和连接就比较自由，一般不会受到燃烧器及管道阻力的限制，不需要考虑备用喷口或燃烧器，没有三次风喷嘴。当采用储仓式钢球磨煤机热风送粉系统时，需要考虑三次风喷嘴的布置。

直吹式系统比较简单、投资少，电能消耗一般也较少。但采用直吹式钢球磨煤机系统时，在低负荷运行时是不经济的。中速磨煤机、风扇磨煤机等在降低出力时，耗电量也降低，比较适合于直吹式系统。

当采用直吹式钢球磨煤机负压系统时，燃烧器可不考虑备用。如果大容量机组的磨煤机台数较多，可考虑用磨煤机出力裕度而不用磨煤机台数裕度，以简化系统。切向燃烧直流式燃烧器配直吹式钢球磨煤机系统时，应以一台磨煤机带一层燃烧器，因此磨煤机台数应和燃烧器层数相配合，燃烧器的出力裕度应和磨煤机的出力裕度相适应，即磨煤机和制粉系统的设计留有多大的裕度，燃烧器也应留有同样大的裕度。当采用前、后墙对冲布置燃烧器时，可用一台磨煤机带一层燃烧器，或一台磨煤机带相邻两列燃烧器，或一台磨煤机带相邻交叉布置的燃烧器。

当采用直吹式中速磨煤机负压系统时，无论是直流煤粉燃烧器还是旋流煤粉燃烧器，都应设有备用喷口或燃烧器。备用燃烧器停用时应有少量通风冷却喷口。磨煤机台数也应有备用。中速磨煤机适用于水分不大(w_{War}<12%)、灰分不大(w_{Aar}<30%)、可磨系数大(k_m>1.1)的烟煤或贫煤。

与钢球磨煤机相比，中速磨煤机的耗电量只等于它的50%～60%，设备紧凑，占地小，金属消耗量也少。但是，中速磨煤机的结构比较复杂，当磨煤机的部件磨损后，出力显著降低，煤粉质量也将恶化，而更换机件需较长时间停止工作。因此，燃料适应性比较窄。

当采用直吹式竖井磨煤机负压系统时，设备最简单。但是，它能产生的通风能力只有几十毫米水柱(1mmH_2O=10Pa)，只能采用大喷口，使一次风以较低速度进入炉膛，故只能用于挥发分较高的烟煤(w_{Vdaf}>30%、k_m>1.2)，且燃烧效率较低，目前仅用于 230t/h 以下的锅炉。

当采用直吹式风扇磨煤机时，情况要好一些，风扇磨煤机可以产生约 200mmH_2O 风压，可以用一次风阻力较小的燃烧器，如直流煤粉燃烧器或一次风不旋转、仅二次风旋转的旋流煤粉燃烧器。当采用直流煤粉燃烧器切向燃烧时，必须有备用喷口、备用磨煤机。一般只能一台磨煤机带一只直流煤粉燃烧器，如 300MW 以上机组采用风扇磨煤机配直流煤粉燃烧器时就是如此，八台磨煤机带八只燃烧器，磨煤机位于燃烧器正下方，以减少一次风阻力。因此，磨煤机布置在炉膛四周。

风扇磨煤机适用于挥发分较高而软的烟煤(w_{Vdaf}>30%、k_m>1.2)和褐煤。由于抽烟气方便，常用于水分较大的褐煤。

直吹式正压系统能适应各种燃烧器的要求，但要求系统的密封性好，防止漏风漏粉。我国曾采用正压系统的电厂，因种种原因，运行都不理想，大多改为负压系统。

1.6.3 燃烧器

煤粉和燃烧所需要的空气通过燃烧器进入炉膛。炉膛中的空气动力场和燃烧工况主要是通过燃烧器的结构及其布置来组织的。因此，燃烧器设计和运行是决定燃烧设备经济性和可靠性的主要因素。

对燃烧器工作的基本要求如下[13]。

(1) 组织良好的空气动力场，使煤粉气能够及时着火；一、二次风混合适时适量，保证燃烧的稳定性和经济性。

(2) 能使 NO_x、SO_x 及粉尘污染控制在允许范围以内。

(3) 运行可靠。燃烧器不易烧坏、磨损；炉膛不发生"灭火""打枪""放炮"；气流不贴墙以避免结渣；炉内温度场及热负荷均匀，不破坏炉内蒸发受热面管中的正常水动力工况;液态排渣炉不因设计不良或操作不当而产生受热面高温腐蚀、析铁、堆渣、爬渣。

(4) 有较好的燃料适应性和负荷调节性。风速和风量能够根据负荷和煤种变化而准确调节。为此，应能正确布置风速测点，挡板调节灵敏。摆动燃烧器传动机构灵活，各个角的喷嘴能够按指令同步摆动；切向可动叶片、轴向可动叶轮等机构能够灵活动作。

(5) 便于调节和自动控制。大型锅炉的燃烧器一般应设置自动点火、灭火保护、火焰检测等设备，并能投入程序自动控制。

(6) 能够与制粉系统和炉膛合理配合。

本章定性地讨论一些燃烧器的主要性能，关于燃烧器的结构、原理、设计及运行将在以后的章节详细介绍。

参 考 文 献

[1] 朱培文, 高晋生. 煤化学. 上海: 上海科学技术出版社, 1984.

[2] Solomon P R, Hamblen D V, Serio M A, et al. A characterization method and model for predicting coal conversion behaviour. Fuel, 1993, 72(4): 469-488.

[3] Solomon P R, Serio M A. A characterization method and model for predicting coal conversion behaviour. Reply to Herod, A. and Kandiyoti, R. Fuel 1993, 72, 469. Fuel, 1994, 73(8): 1371.

[4] Wiser W H. Research in coal technology—Report of the university role//OCR- RANN Workshop Proceedings, New York, 1974.

[5] Wood R E, Wiser W H. Coal liquefaction in coiled tube reactors. Industrial & Engineering Chemistry Research, 1976, 15(1): 144-149.

[6] Shinn J H. From coal to single-stage and two-stage products: A reactive model of coal structure. Fuel, 1984, 63(9): 1187-1196.

[7] Wender I. Catalytric synthesis of chemicals from coal. Catalytic Review: Science and Engineering, 1976, 14(1): 97-129.

[8] Given P H. Concepts of coal structure in relation to combustion behavior. Progress in Energy & Combustion Science, 1984, 10(2): 149-155.

[9] Nishioka M, Larsen J W. Mild pyrolytic production of low-molecular-weigh compounds from high-molecular-weight coal extracts. Energy & Fuels, 1988, 2(3): 351-355.

[10] Nishioka M. The associated molecular nature of bituminous coal. Fuel, 1992, 71(8): 941-948.

[11] Takanohashi T, Iino M, Nishioka M. Investigation of associated structure of upper freeport coal by solvent swelling. Energy & Fuels, 1995, 9(5): 788-793.

[12] Haenel M W. Recent progress in coal structure research. Fuel, 1992, 71(11): 1211-1233.

[13] 何佩鏊, 赵仲琥, 秦裕琨. 煤粉燃烧器设计及运行. 北京: 机械工业出版社, 1987.

[14] 毛健雄, 毛健全, 赵树民. 煤的清洁燃烧. 北京: 科学出版社, 1998.

[15] 刘文珍, 陈孟丽. 动力用煤热分析特征指标的研究. 热力发电, 1991, (6): 1-6.

[16] 哈尔滨普华煤燃烧技术开发中心. 大型煤粉锅炉燃烧设备性能设计方法. 哈尔滨: 哈尔滨工业大学出版社, 2002.

[17] 朱跃, 刘明仁, 陈春元, 等. 用工业分析数据表征热天平试验结果的分析研究. 锅炉制造, 1998, (1): 40-44, 60.

[18] 陈建原, 孙学信. 煤的挥发分释放特性指数及燃烧特性指数的确定. 动力工程, 1987, 7(5): 13-18, 61.

[19] 韩洪樵, 王涤非, 唐林. 用快速加热热天平研究煤的可燃性指标. 工程热物理学报, 1990, 11(3): 342-345.

[20] 缪岩. 煤燃烧特性的综合指标. 电站系统工程, 1998, 14(3): 23-31.

[21] 侯栋歧, 冯金梅, 夏南. 煤粉沉降着火指数的测定. 电站系统工程, 1990, (3): 39-43.

[22] 傅维标, 严鸿飞. 分析煤粒非均相着火的新方法. 中国科学 A 辑, 1990, (6): 607-614.

[23] Fu W B, Zhang E Z. A universal correlation between the heterogeneous ignition temperatures of coal char particles and coals. Combustion & Flame, 1992, 90(2): 103-113.

[24] 张百立, 傅维标. 炭/碳粒燃烧速率的通用计算方法. 工程热物理学报, 1992, 13(3): 318-323.

[25] 傅维标, 曾桃芳. 确定煤焦着火期间化学动力学参数的通用方法. 电站系统工程, 1993, 9(3): 1-7.

[26] 傅维标, 张恩仲. 煤焦非均相着火温度与煤种的通用关系及判别煤焦着火特性的通用指标. 电站系统工程, 1993, 9(4): 33-39.

[27] 傅维标, 张恩仲. 煤焦非均相着火温度与煤种的通用关系及判别指标. 动力工程, 1993, 13(3): 34-42, 58.

[28] 傅维标. 一种预报煤焦着火温度及其判别煤粉着火与燃烧特性的新方法——Fz 法. 电站系统工程, 1993, 9(5): 41-50.

[29] 傅维标. 煤燃烧理论及其宏观通用规律. 北京: 清华大学出版社, 2003.

[30] Macdonald J R. Control of solid fuel slagging. Power Engineering, 1984, 88(8): 8-17.

[31] 何佩鏊, 张忠孝. 我国动力用煤结渣特性的试验研究. 动力工程, 1987, (2): 1-11.

[32] 艾静. 煤灰结渣特性综合评判及快速测定方法. 哈尔滨: 哈尔滨工业大学硕士学位论文, 1994.

[33] 李争起, 孙恩召, 吴少华, 等. 煤粉浓度对着火区火焰稳定性影响的研究. 电站系统工程, 1993, 9(4): 47-49, 65.

[34] 郭晓宁. 煤粉空气混合物的着火温度与浓度关系的理论分析及计算. 动力工程, 1982, (2): 32-37, 60.

[35] 徐明厚, 田翔, 钟文英, 等. 一维炉高浓度煤粉燃烧试验研究. 工程热物理学报, 1993, 14(2): 214-218.

[36] Fenimore C P. Formation of nitric oxide in premixed hydrocarbon flames. Symposium (International) on Combustion, 1971, 13(1): 373-380.

[37] 新井纪男, 三浦隆利, 宫前茂广. 燃烧生成物的发生与抑制技术. 赵黛青, 等译. 北京: 科学出版社, 2001.

[38] Pershing D W, Wendt J O L. Pulverized coal combustion: The influence of flame temperature and coal composition on thermal and fuel NO_x. Symposium (International) on Combustion, 1977, 16(1): 389-399.

[39] 岑可法, 姚强, 骆仲泱, 等. 燃烧理论与污染控制. 北京: 机械工业出版社, 2004.

[40] Burchill P, Welch L S. Variation of nitrogen content and functionality with rank for some UK bituminous coals. Fuel, 1989, 68(1): 100-104.

[41] Kelemen S R, Gorbaty M L, Kwiatek P J. Quantification of nitrogen forms in Argonne premiumcoals. Energy & Fuels, 1994, 8(4): 896-906.

[42] Nelson P F, Buckle A N, Kelly M D. Functional forms of nitrogen in coals and the release of coal nitrogen as NO_x precursors (HCN and NH_3). Symposium (International) on Combustion, 1992, 24(1): 1259-1267.

[43] Wojtowicz M A, Peles J R, Moulijin J A. Combustion of coal as a source of N_2O emission. Fuel Processing Technology, 1993, 34(1): 1-71.

[44] Smart J P, Knhl K J, Visser B M, et al. Reduction of NO_x emissions in a swirled coal flame by particle injection into the internal recirculation zone. Symposium (International) on Combustion, 1989, 22(1): 1117-1125.

[45] Chen S L, Heap M P, Pershing D W, et al. Influence of coal composition on the fate of volatileand char nitrogen during combustion. Symposium (International) on Combustion, 1982, 19(1): 1271-1280.

第2章　旋流煤粉燃烧器

旋流煤粉燃烧器是利用旋转气流形成有利于着火的回流区，以及气流混合强烈的特点来燃烧煤粉的装置。

旋流煤粉燃烧器的燃烧过程示意图如图 2-1 所示。煤粉由一次风载送从燃烧器喷入炉内(一次风就是煤粉空气混合物，也是旋转的)，二次风经由旋流器(蜗壳)形成旋转气流，流出喷口后在中心形成回流区，卷吸炉内的高温烟气至燃烧器出口附近，加热并点燃煤粉。并且，二次风不断和一次风混合，使燃烧过程不断发展，渐渐燃尽。除了中心回流区的高温烟气卷吸，燃烧器喷出的气流外围也有高温烟气被卷吸[1]。

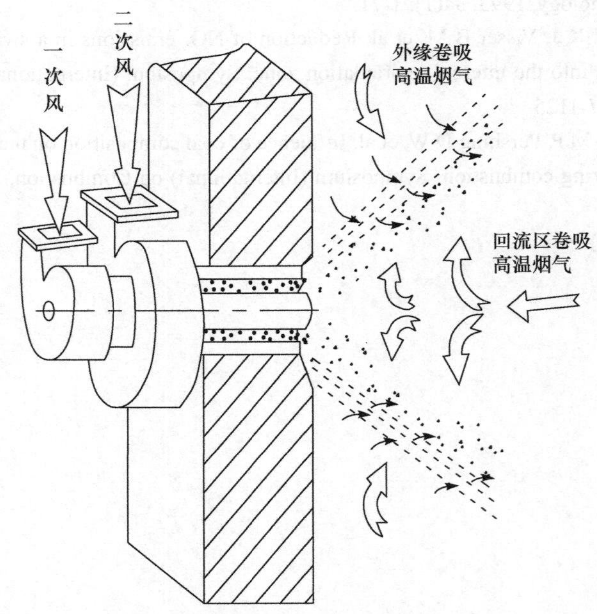

图 2-1　旋流煤粉燃烧器的燃烧过程示意图

旋流煤粉燃烧器的功能在很大程度上取决于旋转气流的特性，尤其是旋转气流的出口形状、形成回流区的大小、回流强度，以及气流的混合情况等。旋流煤粉燃烧器的结构应能保证燃料燃烧所要求的气流特性，以建立良好的燃烧过程。

2.1 旋转气流的特点

由喷口出来的气流(射流)若同时具有向前的轴向速度和圆周向的切向速度，可称其为旋转气流。在燃烧技术中广泛应用的是能产生中心回流区的强旋转气流。

强旋转气流是在旋流煤粉燃烧器中做螺旋运动的气流，当离开喷口进入空间(炉膛)后，如果无其他外力的影响，其一边拓展，一边向前，形成辐射状的流动外形(图 2-2)。由于喷口和空间条件不同，根据旋转的强烈程度，旋转气流又可形成五种流动形式[1-3]。

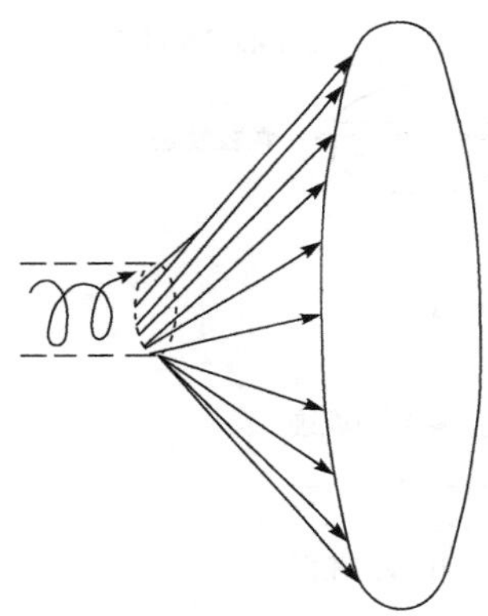

图 2-2 旋流煤粉燃烧器出口不受外力作用时的气流形状[1]

(1) 没有中心回流区的气流(图 2-2 中没有显示)。虽然气流是旋转气流，但气流旋转较弱，在燃烧器的中心区域没有形成回流区。当旋流煤粉燃烧器的旋流叶片角度较小或叶片较短时，旋流叶片的导向作用较小，易形成这种流动形式。在墙式布置的锅炉炉内进行动力场试验时，有时会出现这种流动形式。在采用旋流煤粉燃烧器的 W 形火焰锅炉上，形成了这种流动形式。由于没有中心回流区将炉内的高温烟气卷吸至燃烧器出口附近，因此不利于煤粉的点燃。

(2) 环形中心回流区，煤粉穿越环形中心回流区(图 2-3(a))。这是一种介于流动形式 1 和流动形式 3 之间的流动形式。一次风速较高，火焰较长，挥发分在富燃料环境下析出，有利于防止 NO_x 的形成。

(3) 封闭中心回流区，煤粉穿越中心回流区边缘(图 2-3(b))。在较低的一次风速下易出现这种流动形式。火焰稳定性强，在回流区边缘附近形成了较多的 NO_x。

(4) 封闭中心回流区，煤粉射入中心回流区后，又折回穿越中心回流区边缘(图 2-3(c))。煤粉射入中心回流区的深度随一次风速的增加而增加。增加一次风动量，或将一次风火嘴向炉内伸入可实现气流从流动形式 3(图 2-3(b))到流动形式 4

(图 2-3(c))的转变。过多地增加一次风动量可能导致煤粉完全穿越中心回流区，从而使气流的流动形式转变为流动形式 2。煤粉在富燃料区中的停留时间相对于流动形式 2 较短，形成的 NO_x 相对多一些。

(5) 开放气流(图 2-3(d))[1]。在炉膛内，气流和炉墙之间也会产生负压，将烟气吸到气流根部，形成回流区，即外回流。当旋转强烈、扩展角足够大时，补气条件受到限制，四周的负压可能大于中心的负压，气流如同受到内压力作用，向四周张开。气流的扩展角越大，外回流区越小，负压越大，最终形成开放气流，外回流区也消失。这时，气流从燃烧器一进入炉内就贴墙运动。这种现象也称为飞边，或径向附壁气流。

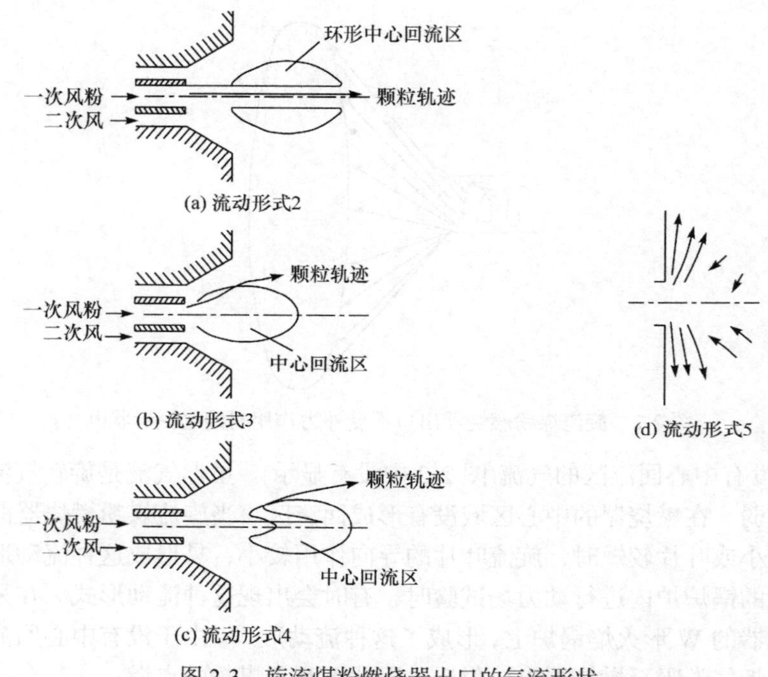

图 2-3 旋流煤粉燃烧器出口的气流形状

在实际燃烧室中，由于受到炉墙的作用，气流最后总是要封闭的。但是，对于开放气流，在燃烧器出口，气流贴墙运动，可以得到较大的中心回流区。

回流区的大小对煤粉气流的着火和火焰的稳定有着极为重要的作用，但是对于旋流煤粉燃烧器，并不希望形成开放气流。原因是虽然这种气流形态的中心回流区很大，但回流速度很低，携带的高温烟气量并不多。此外，由于煤粉气流随同二次风贴墙流动，更不易到达高温地区。特别是形成开放气流的同时，在有些类型的燃烧器(如双蜗壳或蜗壳-扩流锥型)中还会产生一、二次气流的脱离(二次风是开放型气流，一次风是扩散角较小的射流)，使燃烧不能正常进行，且贴墙气流还会引起结渣并使燃烧效率降低。

我国动力用煤的特点是煤种多变、煤质偏差，从煤粉气流的着火和火焰稳定的角度考虑，旋流煤粉燃烧器的气流应该有一个封闭的、适度大小的中心回流区。综合考虑降低 NO_x 排放的要求，流动形式 4(图 2-3(c))是较佳的流动形式。

一般来说，旋转气流具有如下特点(图 2-4)[1]。

(1) 旋转气流出口处有回流区，在出口处轴线上的轴向速度为负值，回流区结束后，才变为正值。旋转气流的扩展角也比较大。

(2) 开始时切向速度很大，但是很快减小，也就是气流的旋转效应消失得很快，以后气流基本上是沿轴向运动。

(3) 旋转气流的最大轴向速度下降得也很快，所以旋转气流的射程比较短。

(4) 由于旋转气流的扩展角比较大，中心又有回流区，因此在燃烧器出口附近，旋转气流卷吸周围介质的能力比直流射流强烈。

(5) 由于旋转气流出口处的速度很高，不仅有轴向速度，还有切向速度，气流的扰动也比较强烈，因此旋转气流在出口处的混合是比较强烈的，也就是早期混合强烈。

(6) 由于旋转气流的速度衰减很快，旋转效应消失得更快，因此后期混合比较弱。

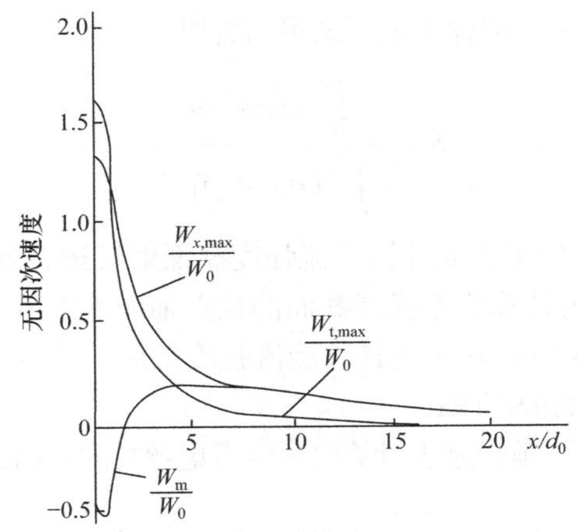

图 2-4　旋转气流的速度变化[1]

W_0-气流出口的平均轴向速度；W_m-气流中心线上的轴向速度；$W_{x,\max}$-该截面上的最大轴向速度；$W_{t,\max}$-该截面上的最大切向速度；x-该截面离开风口的距离；d_0-风口直径

旋转气流的这些特性使旋流煤粉燃烧器能够依靠自身的回流区保持稳定着火，它几乎可以适用于各种燃料。旋流煤粉燃烧器一般采用墙布置或对冲布置，或布置在 W 形火焰炉的拱上。

2.2　旋流器和旋流强度

在燃烧中使气流产生旋转的设备称为旋流器。常用的旋流器有蜗壳式、切向叶片式和轴向叶片式三种。

一般用旋流强度 S 表示气流旋转的强烈程度，即

$$S = \frac{M}{KL} \tag{2-1}$$

式中，M 为气流的旋转动量矩($\text{kg}\cdot\text{m}^2/\text{s}^2$)，即

$$M = \dot{Q}W_{\text{t}}R \tag{2-2}$$

K 为气流的轴向动量($\text{kg}\cdot\text{m}/\text{s}^2$)，即

$$K = \dot{Q}W_x \tag{2-3}$$

则

$$S = \frac{W_{\text{t}}R}{W_x L} \tag{2-4}$$

其中，L 为定性尺寸，一般为出口直径的某一倍数(m)；W_{t} 为气流的切向速度(m/s)；W_x 为气流的轴向速度(m/s)；$\dot{Q}$ 为气流的质量流量(kg/s)；R 为气流的旋转半径(m)。

如果考虑气流静压，则旋流强度又可写为[4]

$$S = \frac{\int_0^{R_0} \rho u \omega r^2 \mathrm{d}r}{L\int_0^{R_0} (\rho u^2 + p) r \mathrm{d}r} \tag{2-5}$$

式中，R_0 为燃烧器喷口半径或计算旋流强度截面射流边界处的半径(m)；ρ 为空气的密度(kg/m^3)；u 为计算旋流强度截面的某点轴向速度(m/s)；ω 为计算旋流强度截面的某点切向速度(m/s)；r 为计算旋流强度截面的某点的半径(m)；p 为计算旋流强度截面的某点的静压(Pa)。

对于气固两相流动，旋流强度计算时还应考虑颗粒的流动，旋流强度又可写为[5]

$$S = \frac{\int_0^{R_0} (\rho u \omega + \rho_{\text{p}} \omega_{\text{p}} \dot{Q}_{\text{p}}) r^2 \mathrm{d}r}{L\int_0^{R_0} [(\rho u^2 + p) + \rho_{\text{p}} u_{\text{p}} \dot{Q}_{\text{p}}] r \mathrm{d}r} \tag{2-6}$$

式中，ρ_{p} 为颗粒的真实密度(kg/m^3)；ω_{p} 为计算旋流强度截面的某点颗粒切向速度(m/s)；$\dot{Q}_{\text{p}}$ 为计算旋流强度截面的某点颗粒体积流量(m^3/(m$^2\cdot$s))；u_{p} 为计算旋流强度截面的某点颗粒轴向速度(m/s)。

对于固相流动，旋流强度 S_{p} 可写为[6]

$$S_p = \frac{\int_0^{R_0} \rho_p \omega_p \dot{Q} r^2 dr}{L\int_0^{R_0} (\rho_p u_p \dot{Q} + p) r dr} \tag{2-7}$$

由上可知,旋流强度反映了旋流器中或出口处气流切向速度与轴向速度之比。因此，旋流强度对炉内空气动力工况有重要影响。若旋流强度较大，则气流旋转强烈，气流扩展角及中心回流区增大，回流到火焰根部的热烟气量增多；气流的紊流扩散加强，早期混合过程加速；轴向速度衰减加快，气流(火焰)射程减短，燃烧器的阻力也随之增大。显然，对于旋流燃烧器，保证必要的旋流强度对着火和燃烧是很重要的。但是，旋流强度过大，会使着火过分提前；火焰中心靠近燃烧器出口，易造成燃烧器附近结渣，或使燃烧器烧坏，并可能使火焰在炉膛中的充满情况变差。燃烧器的阻力过大，会使风机耗电量增大。因此，在设计旋流燃烧器时，必须选择合适的旋流强度[1]。

在选择合适的旋流强度的同时，还应注意燃烧器喷口的角度。燃烧器喷口对气流的流动有导向作用,会使气流具有较大的径向速度,直接影响中心回流区的大小。

2.2.1　蜗壳式旋流器

蜗壳式旋流器的型线近似于对数螺线，其工作原理示意图如图 2-5 所示[1]。气流以 W_t^0 的速度切向偏心(偏心距为 l)进入蜗壳，形成旋转流动，以螺旋线状由圆柱形或环形通道流出，在空间形成旋转气流。

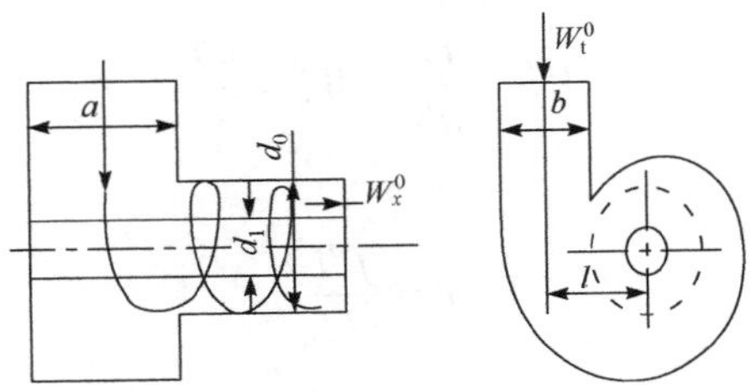

图 2-5　蜗壳式旋流器的工作原理示意图[1]

蜗壳内的流动可看成环流(蜗)和汇流叠加的平面流动，其流线方程为

$$r = c_1 e^{\frac{Q}{b\Gamma}\theta} \tag{2-8}$$

式中，r 和 θ 为极坐标的极径和极角；Q 为单位时间引入旋流器的流体体积流率(m^3/s)；c_1 为积分常数；b 为蜗壳旋流器入口尺寸(图 2-5)；Γ 为环量，对于蜗壳式旋流器，有 $\Gamma = 2\pi l W_t^0 = 2\pi l \dfrac{Q}{ab}$。

根据环流和汇流的速度势或流函数，可得出蜗壳内气流切向速度和径向速度的计算公式，即

$$W_{\mathrm{t}}=\frac{\Gamma}{2\pi r}=\frac{Ql}{abr} \tag{2-9}$$

$$W_{\mathrm{r}}=\frac{Q}{2\pi r}\text{，方向指向中心} \tag{2-10}$$

或者

$$\frac{W_{\mathrm{t}}}{W_x^0}=\frac{W_{\mathrm{t}}}{\dfrac{Q}{f^0}}=\frac{f^0}{ab}\frac{l}{r} \tag{2-11}$$

$$\frac{W_{\mathrm{r}}}{W_x^0}=\frac{W_{\mathrm{r}}}{\dfrac{Q}{f^0}}=\frac{f^0}{2\pi r} \tag{2-12}$$

式中，r 为极径(旋转半径)；W_x^0 为圆柱形(或环形)通道内的平均轴向流速；f^0 为圆柱形或环形通道的流通面积。

由式(2-11)及实际测量所得到的蜗壳内相对切向速度 W_{t}/W_x^0 的分布(图 2-6)可以看出，相对切向速度计算值与实际测量值甚为符合。

蜗壳式旋流器旋流强度的定量描述可参见式(2-1)～式(2-4)，不过此时旋转动量矩采用蜗壳入口处的，而轴向动量是柱形(或环形)通道处的，即

$$n=\frac{M}{KL}=\frac{\dot{Q}W_{\mathrm{t}}^0 l}{\dot{Q}W_x^0 L}=\frac{W_{\mathrm{t}}^0 l}{W_x^0 L} \tag{2-13}$$

而

$$W_{\mathrm{t}}^0=\frac{Q}{ab},\quad W_x^0=\frac{Q}{f^0}$$

于是，有

$$n=\frac{f^0 l}{abL} \tag{2-14}$$

对于环形通道，即

$$\begin{cases} f^0=\dfrac{\pi}{4}(d_{02}^2-d_{01}^2) \\ n=\dfrac{\pi(d_{02}^2-d_{01}^2)l}{4abL} \end{cases} \tag{2-15}$$

对于柱形通道，即

$$\begin{cases} f^0=\dfrac{\pi}{4}d_0^2 \\ n'=\dfrac{\pi d_0^2 l}{4abL} \end{cases} \tag{2-16}$$

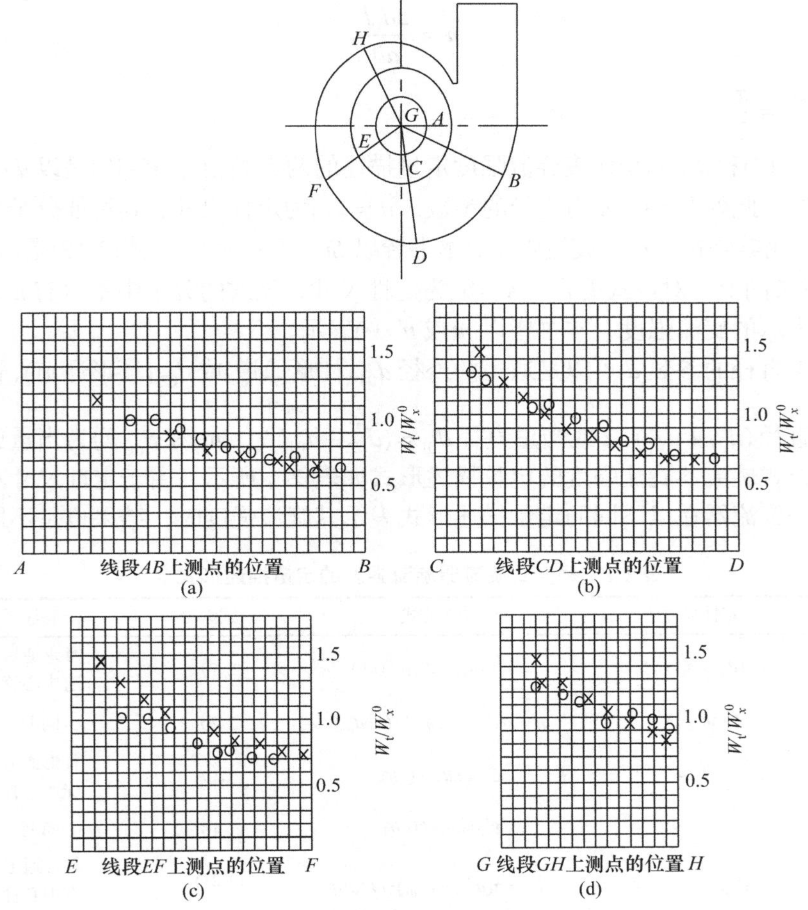

图 2-6　蜗壳内相对切向速度的分布[1]

×-计算值；○-实测值

式中，n 为环形通道时的旋流强度，n' 为柱形通道时的旋流强度；d_{02} 和 d_{01} 分别为环形通道的外径和内径；d_0 为柱形通道的直径。

由式(2-15)和式(2-16)可知，如果采用的定性尺寸 L 不同，则旋流强度的定量描述形式和数值也不同，但数值是成比例的。例如，对于式(2-16)，如果取 $L=\dfrac{d_0}{4}$，并令采用此种定性尺寸的旋流强度为 S'，则

$$S'=\frac{\pi d_0 l}{ab} \tag{2-17}$$

如果 $L=\dfrac{\pi r_0}{4}=\dfrac{\pi d_0}{8}$，则

$$n' = \frac{2d_0 l}{ab} \tag{2-18}$$

显然，$\frac{S'}{n'} = \frac{\pi}{2}$。

式(2-17)和式(2-18)代表旋流强度定量描述的两大类型。式(2-17)是以d/k(k为任意整数，此处$k=4$，d为直径的参数，$d=d_0$)为定性尺寸，其特征分子中含有π，凡以此类公式表示的旋流强度，本书皆以S(或$S'\cdots$)表示。式(2-18)是以$\pi d/k$(k、d意义同上，对该式而言，$k=8$)为定性尺寸，该式的分子中不含有π，以此类公式表示的旋流强度，本书皆以n(或$n'\cdots$)表示。

代表直径的参数d可以是通道的外径d_{01}(柱形通道)或d_{02}(环形通道)，也可以是平均直径$(d_{02}+d_{01})/2$或当量直径$d_{dl} = (d_{02}^2 - d_{01}^2)^{\frac{1}{2}}$，$n_{dl}$和$S_{dL}$均为当量旋流强度。蜗壳式旋流器旋流强度的定量描述形式如表 2-1 所示。由于定性尺寸不同，即使同一旋流器在以不同的定量描述形式表示其旋流强度时，结果也是不同的。

表 2-1　蜗壳式旋流器旋流强度的定量描述形式[1]

符号	定性尺寸 L	计算公式	公式编号	备注
S	$(d_{02}+d_{01})/4$	$S=\pi(d_{02}-d_{01})l/(ab)$	(2-19)	环形通道有中心管
n	$\pi d_{02}/8$	$n=2(d^2_{02}-d^2_{01})l/(abd_{02})$	(2-20)	同上
S'	$d_0/4$	$S'=\pi d_0 l/(ab)$	(2-17)	柱形通道无中心管
n'	$\pi d_0/8$	$n'=2d_0 l/(ab)$	(2-18)	同上
S_{dL}	$(d^2_{02}-d^2_{01})^{\frac{1}{2}}/4$	$S_{dL}=\pi(d^2_{02}-d^2_{01})^{\frac{1}{2}}l/(ab)$	(2-21)	环形通道有中心管
n_{dl}	$\pi(d^2_{02}-d^2_{01})^{\frac{1}{2}}/8$	$n_{dl}=2(d^2_{02}-d^2_{01})^{\frac{1}{2}}l/(ab)$	(2-22)	同上

由旋流强度的计算公式可以看出，在其他条件相同的情况下，减小蜗壳入口截面积ab，可以使蜗壳入口的切向速度增加，从而使旋流强度增加。增加蜗壳的出口直径d_0或面积f^0，可以降低出口处的轴向速度，使切向速度与轴向速度之比增加，从而使旋流强度增加。一般取入口截面积接近或等于出口截面积。增加蜗壳的入口偏心距l，不仅可使旋转动量矩增加，也会使旋流强度增加。在出口直径d_0一定的情况下，增加偏心距l实际上就是增加入口截面的尺寸比b/a；b/a增大可使旋流强度增加。但是，b/a过分增加后，蜗壳所占空间过大，气流阻力也随之增加。试验表明，当b/a太大后，实际旋流强度的增加就不显著。因此，一般b/a为 0.4～0.6。

在蜗壳入口处一般有一个舌形挡板，舌形挡板的开度减小可以增大偏心距l并减小入口宽度b，从而使旋流强度增加。但是，如图 2-7 所示，气流在舌形挡板后又重新扩散，气流的实际宽度很快又增加。因此，舌形挡板的调节作用并不是很大。例如，对于某一双蜗壳式燃烧器的二次风，舌形挡板的开度关小到 1/8，气流扩展角只增加了 10°～15°，而阻力增加了近 7 倍。

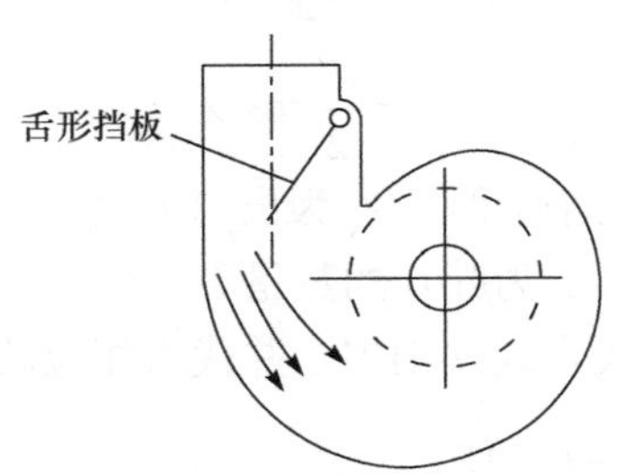

图 2-7　蜗壳中的舌形挡板[1]

某些试验表明，当S小于 1.84 时，将不产生回流区。一般蜗壳式旋流器的S为 4～7。

蜗壳式旋流器的优点是结构简单，但也有如下缺点。

(1) 调节性能差。舌形挡板的开度减小对调节气流扩展角作用不大，而阻力急剧上升。

(2) 阻力比较大。

(3) 旋流器出口，沿圆周气流速度的不均匀性比较大，气流往往向一侧偏斜。

2.2.2　切向叶片式旋流器

在切向叶片式旋流器中，利用设在入口处的切向叶片可使气流沿切线方向进入圆柱形风道，从而产生旋转运动，如图 2-8 所示。

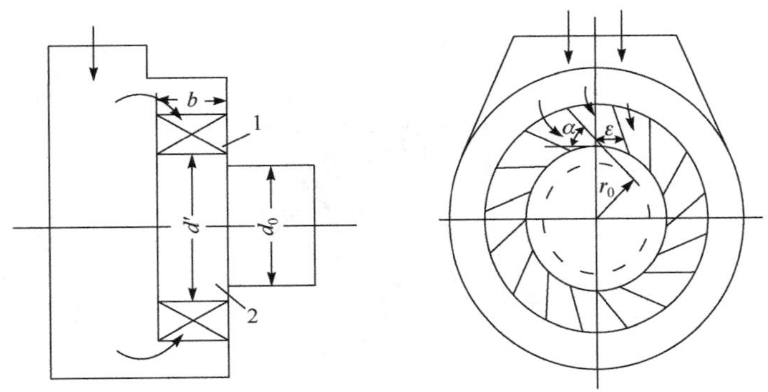

图 2-8　切向叶片式旋流器[7]

1-切向叶片；2-圆柱形风道

切向叶片的旋流强度可按下述公式求得

$$W_{t0}=\frac{Q}{\rho z\varepsilon b} \tag{2-23}$$

$$W_x=\frac{Q}{\frac{\pi}{4}d_0^2\rho} \tag{2-24}$$

$$l=\frac{d'}{2}\cos\alpha \tag{2-25}$$

式中，W_{t0} 为叶片的出口切向速度；W_x 为出口处气流的轴向速度；ε 为叶片出口最小间距；ρ 为气流密度；z 为叶片的数量。

将式(2-23)～式(2-25)代入式(2-4)中，并代入相应的定性尺寸，可得到旋流强度的计算公式。当 $L=\frac{1}{4}d_0$ 时，有

$$S'=\frac{\pi d_0 d'\cos\alpha}{2z\varepsilon b} \tag{2-26}$$

当 $L=\frac{\pi}{8}d_0$ 时，有

$$n'=\frac{d_0 d'\cos\alpha}{z\varepsilon b} \tag{2-27}$$

若切向叶片的开度可以调节，则称为切向可动叶片。调节叶片的开度，即调节叶片的倾斜角，可以改变气流的旋流强度。对于切向可动叶片，a、d'、ε 为变数，但 d'、ε 不便于测量，如图 2-9 所示。

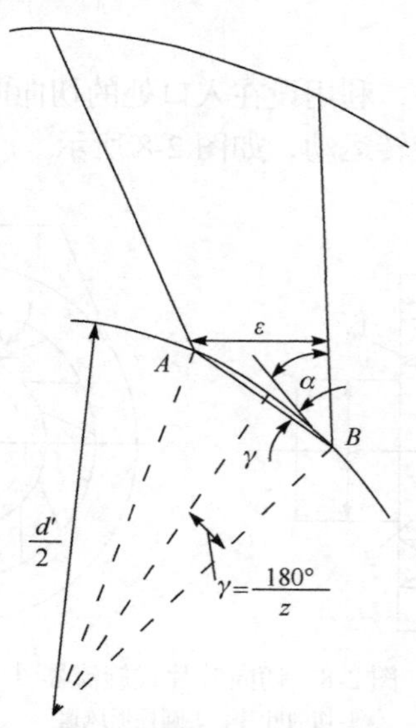

图 2-9 切向可动叶片的尺寸计算[7]

$$\overline{AB} = d'\sin\frac{180°}{z} \tag{2-28}$$

$$\varepsilon = d'\sin\frac{180°}{z}\sin\left(\alpha + \frac{180°}{z}\right) \tag{2-29}$$

将式(2-29)代入式(2-27)，可得

$$n' = \frac{d_0\cos\alpha}{zb\sin\frac{180°}{z}\sin\left(\alpha + \frac{180°}{z}\right)} \tag{2-30}$$

如果考虑中心管的影响，则

$$n = \frac{(d_0^2 - d_1^2)\cos\alpha}{zbd_0\sin\frac{180°}{z}\sin\left(\alpha + \frac{180°}{z}\right)} \tag{2-31}$$

如果取 $L = \frac{1}{4}d_{\mathrm{dl}} = \frac{1}{4}\sqrt{d_0^2 - d_1^2}$ ，则

$$S_{\mathrm{dL}} = \frac{\pi d_{\mathrm{dl}}\cos\alpha}{2zb\sin\frac{180°}{z}\sin\left(\alpha + \frac{180°}{z}\right)} \tag{2-32}$$

由上可知，减小叶片倾斜角 α ，可使旋流强度增加。但是，这时叶片出口处的最小间距 ε 减小。因此，叶片倾斜角 α 过小，将使阻力系数急剧增加。减小叶片宽度 b，将使叶片出口的切向速度增加，从而使旋流强度增加。此外，增加旋流器出口直径，在其他条件不变的情况下，将使旋流器出口轴向速度降低，从而使旋流强度增加。

一个叶片在叶片根圆上所遮盖的弧长 S_x 和两个相邻叶片根部间隔的弧 S_f 之比称为遮盖度(图 2-10)[7]，用符号 k 表示，即

$$k = \frac{S_x}{S_f} \tag{2-33}$$

如果叶片的数量很少，且比较短，叶片间距又很大，则起不到导流作用，旋流强度将下降。某一试验表明，当叶片角度不变时，改变叶片的长度，可使遮盖度改变，实际旋流强度的变化如图 2-11 所示[1]。在某一遮盖度下，实际旋流强度最大，以后又逐渐趋向稳定。例如，当 $\alpha = 45°$、$k = 0.8$ 时，旋流强度 n 最大。当 k 大于 1.2 以后，旋流强度基本不变。这是因为在叶片后有一个涡流区，而在某一遮盖度时，叶片出口的最小截面正好遇到涡流区，使得实际出口截面更小，因此实际旋流强度最大。但是，这时旋流器的阻力也最大。一般情况下，如果叶片倾斜角 α 为 45°～60°，遮盖度可取 1.2～1.4。如果叶片倾斜角 α 较小，遮盖度宜再大一些。这时，可以得到稳定的旋流强度，阻力也较小。如果遮盖度太小，实际

旋流强度减小。叶片倾斜角 α 越小，实际旋流强度和计算值的差别越大。

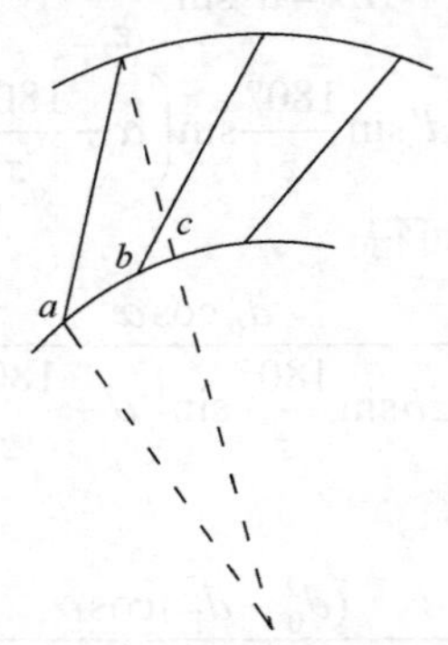

图 2-10　遮盖度的几何意义[7]

$S_x = \widehat{ac}$ ；$S_f = \widehat{ab}$

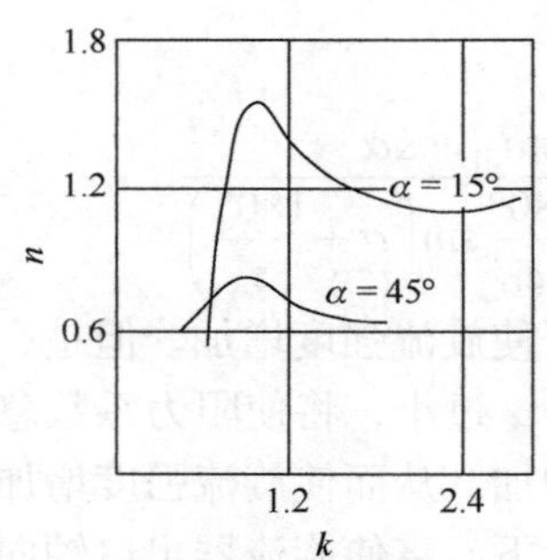

(a) 遮盖度k与旋流强度n的关系　(b) 叶片后涡流区示意图

图 2-11　遮盖度对旋流强度的影响[1]

为了提高遮盖度，允许叶片根部延长到旋流器的圆柱形风道以内，如图 2-12

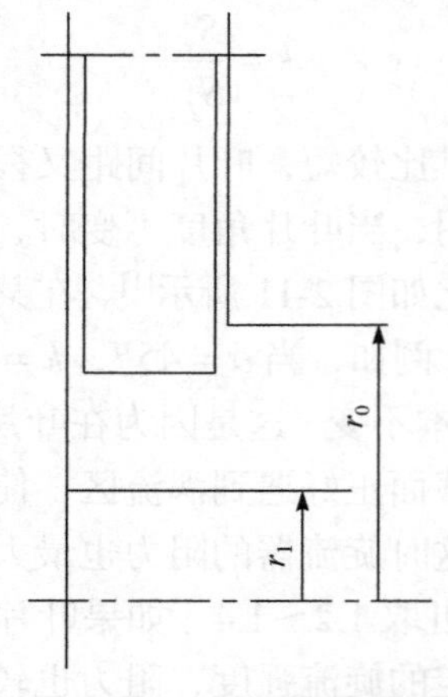

图 2-12　叶片根部的延长[1]

所示[1]。但是，延长部分不应超过$\frac{1}{3}(r_0-r_1)$，r_1为中心管的半径，r_0为外圆的半径。否则，这样的叶片根部起不到导流作用。

叶片的宽度可以根据叶片出口的最小截面确定，可按式(2-34)计算，即

$$F_x = z\varepsilon b \tag{2-34}$$

最小截面F_x应大于旋流器出口截面积。

对于旋流煤粉燃烧器，叶片倾斜角α一般为30°～45°，挥发分高的煤则取大值。

2.2.3　轴向叶片式旋流器

旋流器是由轴向叶片构成的，如图 2-13 所示[7]。叶片有各种形式，常用的有螺旋扭曲叶片、弯曲叶片和直叶片三种。

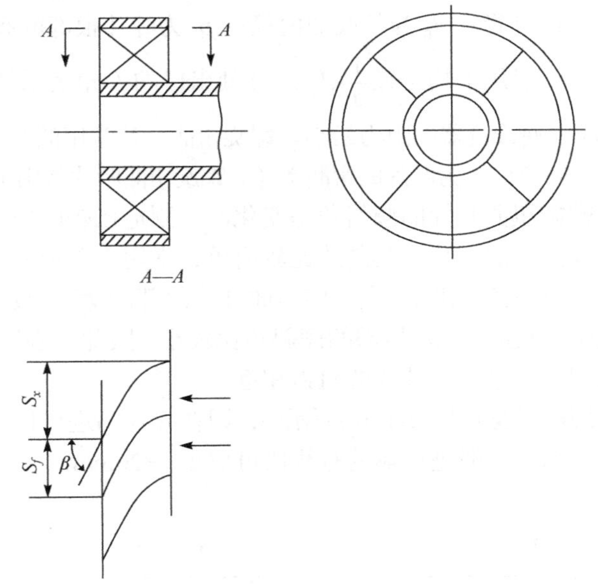

图 2-13　轴向叶片式旋流器[7]

螺旋扭曲叶片如同一根短粗丝杠，垂直于轴线的各个剖面和叶片中心面的交线都在半径方向上。如果将一张直角三角形的纸样卷在圆筒上，如图 2-14 所示[7]，三角形的斜边在筒上成一根螺旋线。令圆筒的直径为d，螺距为l，则这个三角形的夹角就是$\alpha = \arctan\frac{1}{\pi d}$。对于螺旋扭曲叶片，叶片的根部可以看成绕在中心管上，中心管的直径为d_1。叶片的顶部可以看成绕在外圆上，外圆的直径为d_0。显然，d_0大于d_1。如果设想叶片和中心管，以及和外圆的交线都是用三角形的纸绕成的，所绕成的螺旋线的螺距都一样，均等于l。同样绕一圈，这两个三角形的底

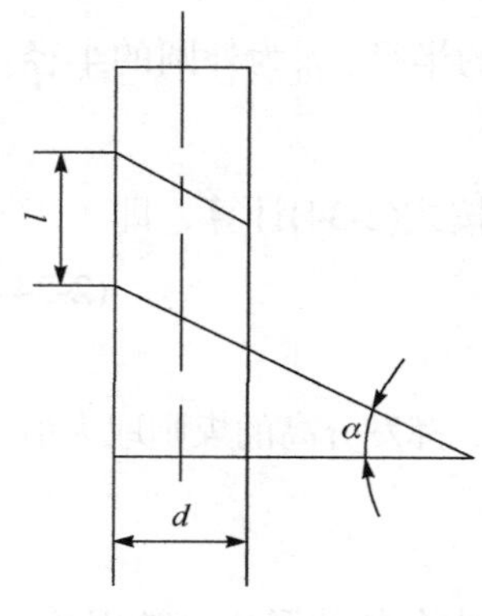

图 2-14 螺旋及其角度[7]

边长却不一样。根部的三角形的底边是 πd_1，比较短，其夹角 α 比较大。而顶部的三角形的底边则比较长，等于 πd_0，其夹角 α 比较小。由此可以看出，螺旋扭曲叶片的倾斜角在不同半径上是不一样的，叶片是扭曲的。一般习惯用 β 表示叶片倾斜角(图 2-13)。显然，有

$$\beta = 90° - \alpha$$

这样，叶片根部的 β 角比较小，气流旋转要弱一些；而顶部的 β 角比较大，气流旋转要强一些，且有

$$\frac{\tan\beta_0}{\tan\beta_1} = \frac{d_0}{d_1} \tag{2-35}$$

式中，d_1 为中心管的外径；d_0 为外圆的内径；β_1 为叶片根部的倾斜角；β_0 为叶片顶部的倾斜角。一般用平均半径 $\frac{1}{4}(d_0 + d_1)$ 处出口的 β 角表示结构特性。

叶片的型线应当使旋流器的阻力最小。螺旋扭曲叶片常用的叶型如图 2-15(b)所示[7]，并使 $b:r$=36：21，r 为叶片的弯曲半径。螺旋扭曲叶片常用于轴向可动叶轮。

如上所述，螺旋扭曲叶片的倾斜角是变化的，制造比较麻烦。因此，可以采用倾斜角保持不变的弯曲叶片，其制造比较简单，常用于固定的轴向叶轮。如果这两种叶片的平均倾斜角β相同，则螺旋扭曲叶片顶部的β角比较大，四周卷吸烟气的能力也比较强；但是，叶片根部的倾斜角比较小，因此中心回流区要小一些。当平均倾斜角相同时，这两种叶片的阻力相近。

弯曲叶片常用的叶型如图 2-15(c)所示[7]，即在叶片的进出口端各有一个直线段，中间是一个圆弧。一般进口端的直线段可取 15～20mm。

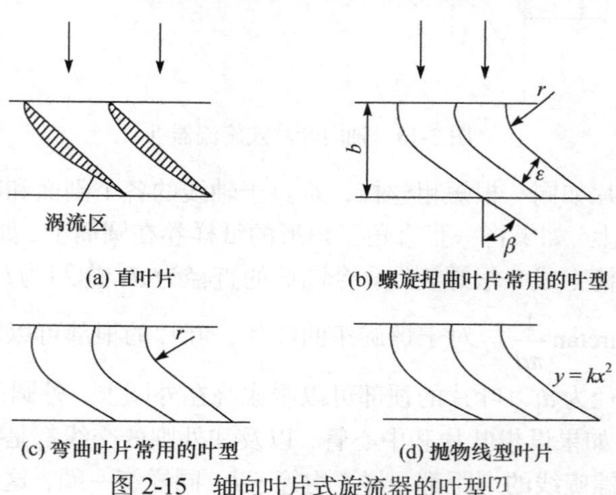

(a) 直叶片　(b) 螺旋扭曲叶片常用的叶型

(c) 弯曲叶片常用的叶型　(d) 抛物线型叶片

图 2-15 轴向叶片式旋流器的叶型[7]

对于弯曲叶片，还有采用抛物线型叶片的，其叶片型线符合方程式 $y=kx^2$，曲率变化比较平缓，如图 2-15(d)所示[7]。上述两种叶型的阻力相差不大。

当采用直叶片时，如图 2-15(a)所示[7]，在叶片背弧面会出现很大的涡流区，从而产生较大的阻力。在各种旋流器中，在旋流强度相同的条件下，轴向直叶片的阻力系数最大，一般情况下不宜采用。叶片的入口端和气流方向应一致，如图 2-15(b)、(c)、(d)所示，以免产生很大的涡流。

对于轴向叶片，同样也有遮盖度的问题，其定义和切向叶片相同。一般地，轴向叶片的遮盖度应为 1.1～1.25。

需要注意的是，叶片根部的间距比叶片顶部的小。特别是当 d_1/d_0 比较小时，这个间距相差可能很大。这样，叶片根部的气流通道可能很窄。这一因素使得根部的气流阻力比较大，而迫使绝大部分气流从阻力较小的顶部流过，造成叶片上下气流速度不均匀。因此，在叶片内气流的旋转运动也会使气流流向四周。对于螺旋扭曲叶片，由于根部的β角比较小，因此根部的阻力小，部分抵消了前述两个因素的作用，使叶片出口速度均匀。而弯曲叶片的β角是一样的，没有后一因素的作用，出口速度的不均匀性可能比较大。

对于弯曲叶片，如果叶片顶部和根部的宽度相同，且叶片入口端边缘在叶轮半径方向，则叶片出口端边缘将不在叶轮半径方向，如图 2-16 所示。这样，在出口处形成多个旋转中心，气流扰动较强烈。

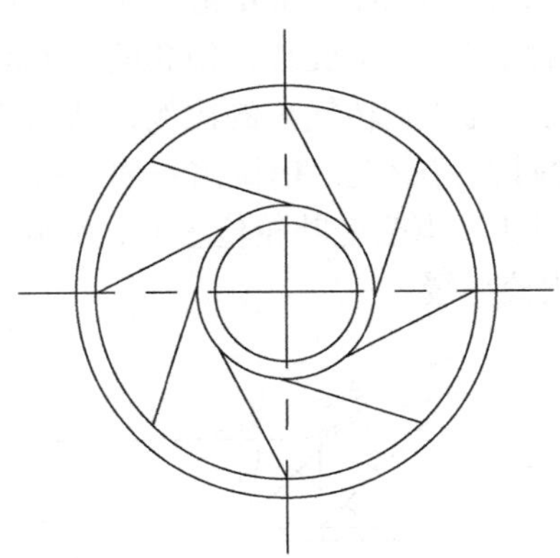

图 2-16　等宽弯曲叶片的出口端面[7]

为了减少叶片根部的阻力，可以将叶片根部做得窄一些，使叶片的侧投影成梯形，如图 2-17 所示[7]。特别是当叶片的内、外径相差较大时，可以使出口气流的速度均匀一些、阻力小些。对于弯曲叶片，可将根部做得短一些，还能使根部和顶部的遮盖度接近些。

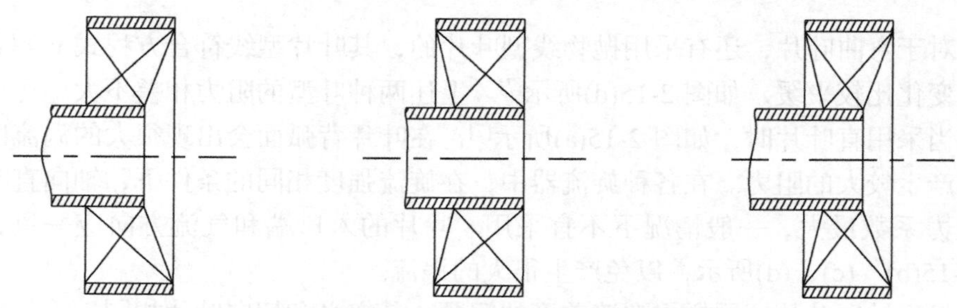

图 2-17　三种不等宽度的轴向叶片式旋流器的示意图[7]

叶片的数目可参考表 2-2 选择[1]。叶轮的内、外径越接近，即叶轮的环形截面越窄，叶片的数目应较多。

表 2-2　轴向叶片式旋流器叶片数目的选择[1]

叶轮内、外径之比 d_1/d_0	0.33	0.5	0.6	0.67
叶片数目 z	12	18	24	30

叶片顶部的宽度可为外径的 20%～40%。

为了调节气流的旋流强度，可以采用轴向可动叶轮，如图 2-18 所示[7]。叶轮的外环可做成锥形。当叶轮在最前位置时(全关位置)，全部空气经过叶轮，旋流强度达到最大值。当叶轮后移(拉出)时，在叶轮外环和锥套之间形成一个锥状的环形通道，部分空气直接由此流过，不旋转，使总的气流旋流强度降低。因此，调节叶轮位置可以控制直流气流和旋转气流的比例，从而改变气流的总旋流强度。叶片倾斜角β越大，它的阻力就越大，稍拉出一些，就可以有更多的空气从四周的缝隙流出。因此，β角越大，当改变叶轮位置时，旋流强度的变化越敏感；而当β角较小时，调节性能比较平缓。

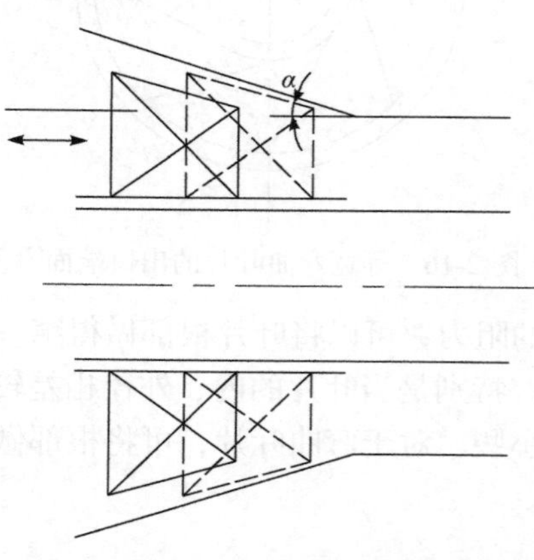

图 2-18　轴向可动叶轮的示意图[7]

可动叶轮的外环和风道的锥套具有同一锥度，半锥角 $\alpha = 15° \sim 20°$ 。

叶轮出口的有效外径 r_2' (图 2-19)[7]应当接近或等于旋流器的出口半径 r_0 。如果 r_2' 大于 r_0 ，则叶轮出口面积增大，出口速度降低。到达旋流器出口截面时，由于流通截面减小，轴向速度增加，而切向速度的增加不大，切向速度和轴向速度之比减小，也就是旋流强度减小，相当于减小叶片倾斜角，虽然这时阻力也要小一些。

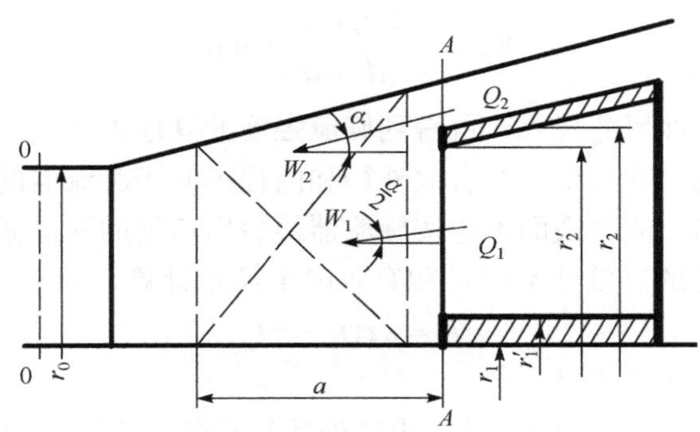

图 2-19　轴向可动叶轮的气流通道示意图[7]

对于旋流煤粉燃烧器，一般可取 $\beta = 50° \sim 60°$ ，并根据煤质配以适当的扩口。

轴向叶片的旋流强度可按以下方法计算。

首先计算叶片出口的切向速度，即

$$W_t = \frac{Q}{\rho F_1} \sin \beta \tag{2-36}$$

式中， F_1 为叶片的出口流通截面，即

$$F_1 = \varepsilon z \frac{d_0 - d_1}{2} \tag{2-37}$$

其中， d_0 、 d_1 为叶片在出口处的外径和内径； ε 为相邻叶片出口处的平均间距，即

$$\varepsilon = \frac{\pi(d_0 + d_1)}{2z} \cos \beta - \delta \tag{2-38}$$

其中， δ 为叶片的厚度； z 为叶片的数目。

叶片出口处的气流轴向速度为

$$W_x = \frac{Q}{\rho \frac{\pi}{4}(d_0^2 - d_1^2)} \tag{2-39}$$

气流的平均旋流半径可取为

$$r_{pj} = \frac{2(r_0^3 - r_1^3)}{3(r_0^2 - r_1^2)} \tag{2-40}$$

如取定性尺寸 $L=\frac{\pi}{4}r_0$，并将式(2-38)～式(2-40)代入式(2-4)，可得

$$n=\frac{4r_{\rm pj}(d_0+d_1)\sin\beta}{d_0\varepsilon z} \tag{2-41}$$

如取定性尺寸 $L=\frac{1}{4}d_{\rm dl}=\frac{1}{4}\sqrt{d_0^2-d_1^2}$，可得

$$S_{\rm dL}=\frac{2\pi r_{\rm pj}d_{\rm dl}}{\varepsilon z(d_0-d_1)}\sin\beta \tag{2-42}$$

如果用其他定性尺寸代入，可得到旋流强度的其他表达式。

对于可动叶轮，叶片出口的有效外径和内径不同于旋流器的出口直径和中心管外径。叶片的出口流通截面不应按旋流器最后出口处的环形截面计算，可参考图 2-19，而按叶片的有效外半径 r_2' 和有效内半径 r_1' 计算，即

$$F_1=\varepsilon z\left(r_2'-r_1'\right) \tag{2-43}$$

一般 r_2' 接近旋流器出口半径 r_0。

如果叶片的遮盖度足够大，叶轮出口处的气流角度应等于叶片倾斜角。但是，由于叶片、内环、外环都有一定厚度，因此离开叶轮时流通截面增加，气流的轴向速度减小，进而气流的实际偏斜角增大。此外，叶片的数量是有限的，实际在叶片出口处，气流角度也不同于叶片倾斜度。考虑上述因素，叶轮后实际气流偏斜角 β' 可按式(2-44)计算，即

$$\tan\beta'=\frac{\tan\beta}{1+\dfrac{\pi\left(1+\dfrac{r_1'}{r_2'}\right)\cos\beta}{4z\dfrac{b}{r_2'}}}\cdot\frac{1}{f} \tag{2-44}$$

式中，z 为叶片的数目；b 为叶轮宽度；f 为断面收缩系数，即

$$f=\frac{S-\dfrac{\delta}{\cos\beta}}{S}\cdot\frac{r_2'^2-r_1'^2}{r_2^2-r_1^2}$$

其中，δ 为叶片的厚度；S 为叶片的平均间距，即

$$S=\frac{\pi(r_2'-r_1')}{z}$$

其余符号意义见图 2-19。

下面分析当叶轮拉出距离 a 后，轴向可动叶轮式旋流器的总旋流强度变化。如图 2-19 所示，通过叶轮的体积流量为 Q_1，通过直流缝的体积流量为 Q_2，叶轮出口最小流通截面积为 F_1，直流风出口截面积为 F_2，叶轮出口的气流速度为 W_1，

直流缝出口的气流速度为 W_2。

假定气流和壁面之间的摩擦阻力忽略不计，可以认为 $W_2 = W_1$。

由于忽略了气流与壁面之间的摩擦力，可以认为从叶轮出口截面 A—A 到旋流器出口截面 0—0，气流的旋转动量矩不变，即

$$M_0 = M_A = \rho Q_1 W_1 \cos\frac{\alpha}{2} \beta r_{\text{pj}}$$

计算出口气流的动量，即

$$K = \frac{\rho Q^2}{F_0} = \frac{\rho (Q_1 + Q_2)^2}{F_0}$$

式中，F_0 为旋流器出口截面积；其中，

$$Q_1 = W_1 F_1 \cos\frac{\alpha}{2}$$

$$Q_2 = W_2 F_2 \cos\alpha$$

$$\begin{aligned} F_2 &= \pi(a\tan\alpha + r_2)^2 - \pi r_2^2 \\ &= \pi\tan\alpha(a^2\tan\alpha + 2ar_2) \end{aligned}$$

所以，$Q_2 = W_2 \pi \cos\alpha \tan\alpha (a^2 \tan\alpha + 2ar_2)$。

因为

$$W_1 = W_2$$

$$\begin{aligned} K &= \rho\left[W_1 F_1 \cos\frac{\alpha}{2} + W_1 \pi\cos\alpha\tan\alpha(a^2\tan\alpha + 2ar_2)\right]^2 \frac{1}{F_0} \\ &= \rho W_1^2 \left[F_1\cos\frac{\alpha}{2} + \pi\sin\alpha(a^2\tan\alpha + 2ar_2)\right]^2 \frac{1}{F_0} \end{aligned}$$

所以，可以计算出气流的总旋流强度，即

$$\begin{aligned} n &= \frac{M}{\dfrac{\pi r_0}{4} K} \\ &= \frac{\rho F_1 W_1^2 \cos^2\dfrac{\alpha}{2}\sin\beta r_{\text{pj}}}{\dfrac{\pi r_0}{4}\rho W_1^2\left[F_1\cos\dfrac{\alpha}{2} + \pi\sin\alpha(a^2\tan\alpha + 2ar_2)\right]^2 \dfrac{1}{F_0}} \\ &= \frac{4F_1 F_0 \cos^2\dfrac{\alpha}{2}\sin\beta r_{\text{pj}}}{\pi r_0\left[F_1\cos\dfrac{\alpha}{2} + \pi\sin\alpha(a^2\tan\alpha + 2ar_2)\right]^2} \end{aligned} \tag{2-45}$$

式中，r_0 为风口内径；r_{pj} 为平均旋流半径，见式(2-40)。

由式(2-45)可知，当叶轮拉出时，距离 a 增加，直流风的比例增加，气流的总旋流强度减小。

2.2.4 旋流器的计算

如前所述，随着所用定性尺寸的不同，旋流器的旋流强度有各种表示方法。若以 $L = d_{dl} / 4$ 为定性尺寸，则旋流强度用 S_{dL} 表示。对于各种燃料，旋流煤粉燃烧器的旋流强度可参考表 2-3 选择[1]。根据 S_{dL} 可以确定旋流器的主要尺寸。

表 2-3　旋流煤粉燃烧器的旋流强度[1]

燃料	旋流强度 S_{dL}		燃烧器布置方式
	一次风	二次风	
液态排渣：无烟煤、贫煤	3.5～4.0②	4.0～4.5②	对冲
	0①，3.5	4.0～4.5②	前墙
液态排渣：烟煤、褐煤	3.0	3.0～3.5②	对冲
固态排渣：烟煤、褐煤	2.5	3.0	对冲
液态排渣：烟煤、褐煤	0①，2.5	3.0～3.5②	前墙

注：①单蜗壳，一次风口加扩锥，角度为 90°；
②低挥发分煤取偏大值。

对于蜗壳式旋流器，根据表 2-1 可以确定进风管中心线与燃烧器中心线的距离，即

$$l = \frac{abS_{dL}}{\pi d_{dl}}$$

根据式(2-32)，对于切向可动叶片式旋流器，选取叶片数 z 后，假定叶片宽度为 b，则可求出叶片倾斜角 β，即

$$\beta = \arctan\left(\frac{\pi d_{dl} + 2S_{dL}bz}{\pi d_{dl}\cot\frac{180°}{z} - 2S_{dL}bz\tan\frac{180°}{z}}\right)$$

根据式(2-42)，对于轴向叶片式旋流器，选取叶片数目 z 后，可以确定叶片倾斜角 β，即

$$\beta = \arcsin\left[\frac{S_{dL}\varepsilon z(d_0 - d_1)}{2\pi r_{pj} d_{dl}}\right]$$

各种旋流器的具体计算方法如下。

1. 蜗壳式旋流器

蜗壳式旋流器的基本尺寸可参考以下建议确定，即

$$ab = (0.9 \sim 1.0)F$$

$$0.4 \leqslant \frac{a}{b} \leqslant 0.6$$

$$0.4 \leqslant \frac{ab}{d^2} \leqslant 0.6$$

式中，F 为旋流器出口截面积，其他符号的意义见图 2-5。

蜗壳式旋流器的作图法如下：如图 2-20 所示[1]，以 O 为圆心、r 为半径作圆。仍以 O 为圆心、$r_0 = a/6$ 作辅助圆，在此圆上作内接正六边形，并使它有两边平行于 x 轴。在正六边形每个角上标符号 1、2、3、4、5、6，过 6、1 作线 6-1-1′，在线上标出点 C、B_1、A_1，使 $B_1C = r$、$A_1B_1 = a$，在 A_1、B_1 点上作垂线，即进风管的内轮廓线。从正六边形上的各边引直线 1-2-2′、2-3-3′、3-4-4′、4-5-5′、5-6-6′，以 1 为圆心、$R_1 = 1 \cdot A_1 = r + \frac{11}{12}a$ 为半径，逆时针方向作圆弧，与线 1-2-2′ 交于 A_2，以 2 为圆心、$R_2 = 2 \cdot A_2$ 为半径，从 A_2 点开始，逆时针方向作圆弧，与线 2-3-3′ 交于点 A_3。用同样的方法以 3、4、5、6 点为圆心作圆弧，最后一段圆弧 $\overset{\frown}{A_6B_1}$ 切 BB_1 于 B_1 点。

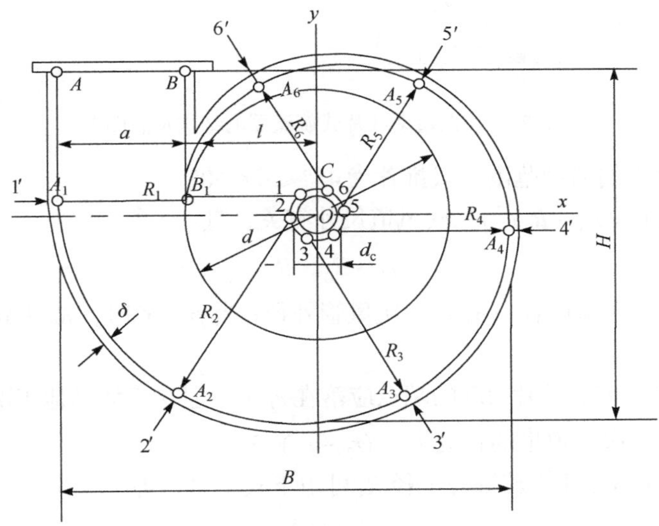

图 2-20 蜗壳式旋流器的作图法[1]

2. 切向可动叶片式旋流器

切向可动叶片式旋流器的叶片数目 z 一般为 8～16。对于固定叶片，遮盖度 $k = 1.2$～1.4；对于可动叶片，遮盖度 $k = 1$。当叶片呈辐射状布置而气流不旋转时，

相邻叶片构成的中心角(图 2-21)为

$$2\gamma = \frac{360°}{z}$$

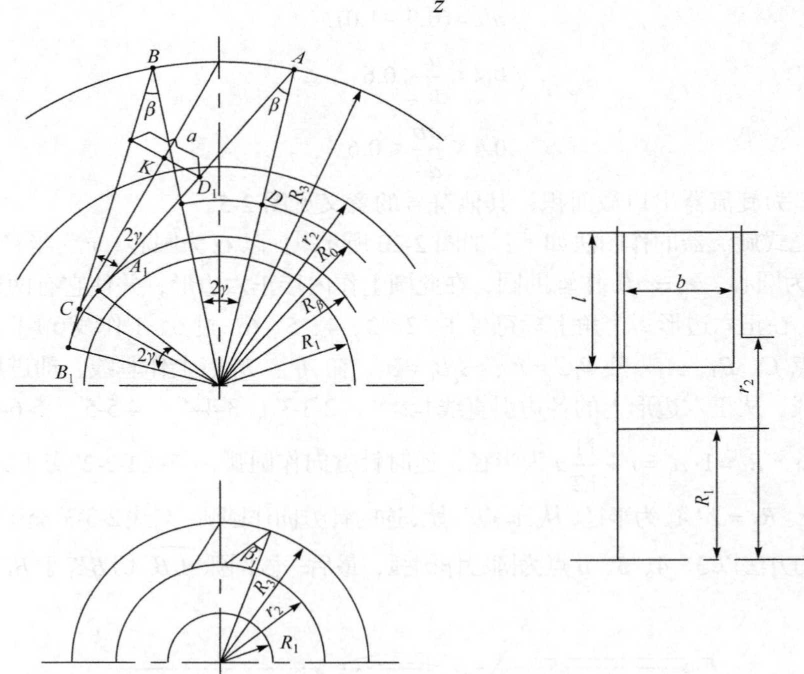

图 2-21　切向可动叶片式旋流器的结构示意图[1]

叶片转角 β 的活动范围一般推荐为 $45° \leqslant \beta \leqslant 60°$ 。

叶片长度 $(l = R_3 - R_0)$ 与二次风道尺寸有关，且

$$r_2 > R_0 > R_1$$

式中，r_2 为二次风道内径；R_1 为一次风管外径；当 $\beta = 0°$ 时，R_0 为各叶片端点形成的圆周半径。

在选定 β_j 角时，叶片 AD 的端点应落在 r_2 上，但在任何其他工况下，都不应使叶片伸长到二次风道里的长度大于 $(r_2 - R_1)/3$ 。

叶片长度 l 和叶片旋转轴心半径 R_3 可由下式求得，即

$$l = r_2 \frac{\sin 2\gamma}{\sin \beta_j}$$

$$R_3 = r_2 \frac{\sin(2\gamma + \beta_j)}{\sin \beta_j}$$

切向叶片式旋流器的出口截面尺寸 a 的确定如图 2-21 所示。a 为 C 点叶片夹角平分线的垂线 KD_1 的两倍，即 $a=2KD_1$。叶片夹角的平分线代表叶片之间气流的平均方向。

$$a = 2KD_1$$

$$R_\beta = R_3 \sin\beta$$

$$KD_1 = CD_1 \sin\gamma$$

$$\begin{aligned} CD_1 &= CA_1 + (A_1A - AD_1) \\ &= R_\beta \tan\gamma + (R_3 \cos\beta - l) \\ &= r_2 \frac{\sin(2\gamma + \beta_j)}{\sin\beta_j}(\sin\beta\tan\gamma + \cos\beta) - r_2\frac{\sin 2\gamma}{\sin\beta_j} \end{aligned}$$

$$\begin{aligned} a &= 2r_2 \frac{\sin 2\gamma}{\sin\beta_j}\left[\sin(2\gamma + \beta)(\sin\beta\tan\gamma + \cos\beta) - \sin 2\gamma\right] \\ &= r_2 f(\beta, \beta_j, \gamma) \end{aligned}$$

函数 $f(\beta, \beta_j, \gamma)$的值如图 2-22 所示[1]。$\gamma$ 取决于 z。

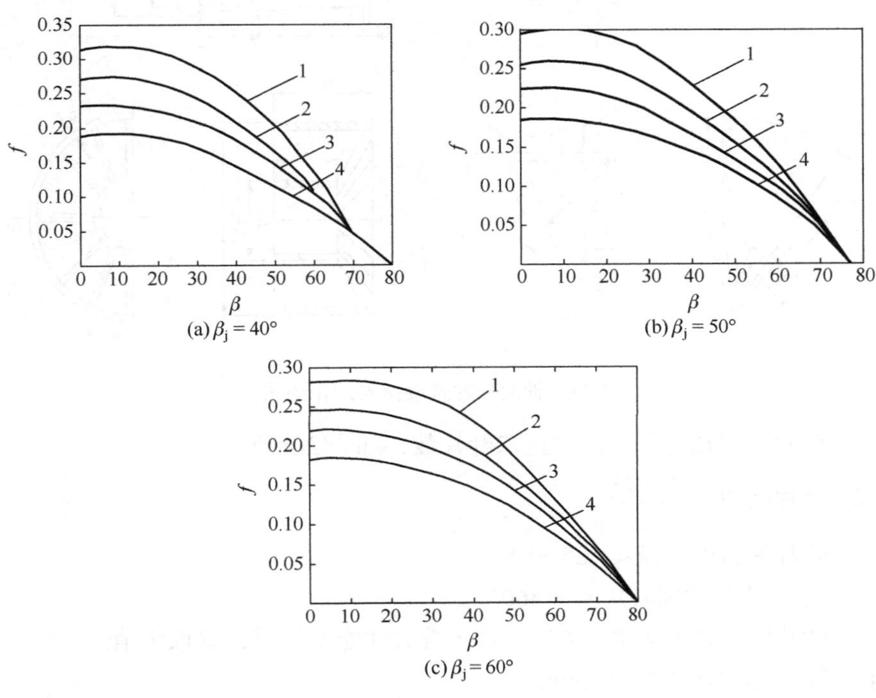

图 2-22　函数 $f(\beta, \beta_j, \gamma)$的值[1]

1-z=16；2-z=20；3-z=24；4-z=30

叶片的最小出口截面可按下式计算，即

$$F_{\mathrm{j}} = zab$$

在确定叶片最小出口截面时，应使这个截面上的风速 W_{j} 小于燃烧器出口的二次风轴向速度 W_2。

3. 轴向叶片式旋流器[7-9]

1) 轴向弯曲叶片式旋流器

对文献[1]和文献[7]中的计算过程进行校对，总结实际设计经验，结合文献[8]和文献[9]提出如下计算步骤(图 2-23)。

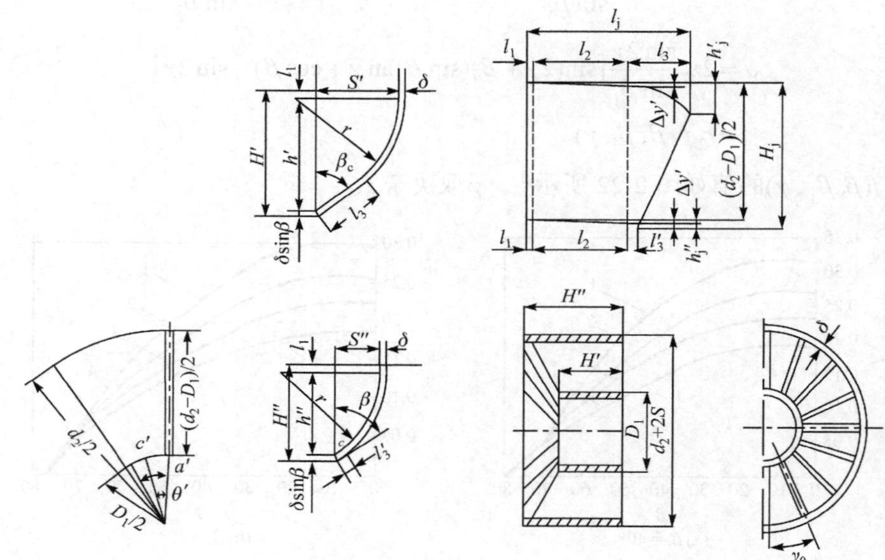

图 2-23 轴向叶片式旋流器的作图法[1]

(1) 按叶轮内径与外径之比选取叶片数，如表 2-2 所示。

(2) 叶片高 $H = \dfrac{d_2 - D_1}{2}$。

(3) 叶片遮盖度 $1 < k < 1.25 \sim 1.5$。

(4) 当 $k = 1$ 时的圆心角 $\gamma_0 = 360° / z$。

(5) 叶片倾斜角 $\beta = 58° \sim 65°$，对于着火性能差的煤，β 取大值。

(6) 叶片厚度 δ 采用 2～3mm。

(7) 进口端叶片直线段部分长度 $l_1 = 50 \sim 75\text{mm}$。

(8) 叶片外缘在轴线上的投影 $H' = (0.2 \sim 0.4) d_2$。

(9) 叶片弯曲部分在燃烧器轴线上的投影长度为

$$h' = H' - l_1 - \delta \sin\beta$$

(10) 叶片外缘在垂直于燃烧器轴线平面上的投影长度为

$$S' = \frac{d_2}{2}\sin(k\gamma_0) - \frac{1}{2}\delta$$

$$= \frac{d_2}{2}\sin\left(\frac{360°k}{z}\right) - \frac{\delta}{2}$$

(11) 叶片弯曲半径为

$$r = \frac{h' - \dfrac{S'}{\tan\beta}}{\tan(\beta/2)}$$

(12) 出口端叶片直线段部分长度为

$$l_3 = \frac{h' - r\sin\beta}{\cos\beta}$$

(13) 叶片弯曲部分展开长度为

$$l_2 = 2\pi\left(r + \frac{\delta}{2}\right)\cdot\frac{\beta}{360°}$$

(14) 叶片总的展开长度为

$$l_{\mathrm{j}} = l_1 + l_2 + l_3$$

(15) 叶片外边缘锥体展开高度为

$$h'_{\mathrm{j}} = \frac{d_2}{2} - \sqrt{\left(\frac{d_2}{2}\right)^2 - \left(S' + \frac{\delta}{2}\right)^2}$$

(16) 叶片内边缘锥体展开高度为

$$h''_{\mathrm{j}} = \frac{D_1}{2} - \sqrt{\left(\frac{D_1}{2}\right)^2 - \left(S'' + \frac{\delta}{2}\right)^2}$$

(17) 叶片总的展开高度为

$$H_{\mathrm{j}} = \frac{1}{2}(d_2 - D_1) + h''_{\mathrm{j}}$$

(18) S'' 及 H'' 的确定，即

$$S'' = \frac{1}{2}D_1\sin\left(\frac{360°k}{z}\right) - \frac{\delta}{2}$$

$$H'' = l_1 + r\sin\beta + [S'' - (r - r\cos\beta)]\cot\beta + \delta\sin\beta$$

如果 H'' 已知，则

$$h'' = H'' - l_1 - \delta\sin\beta$$

$$r' = \frac{h'' - S''/\tan\beta}{\tan(\beta/2)}$$

(19) 内边缘出口部分直线长度为

$$l_3' = \frac{h'' - r\sin\beta}{\cos\beta}$$

(20) 叶片展开图中，叶片弯曲部分在叶轮内外缘上的迹线是两条不平行的线段，其位移量可用下列公式求取或放样进行量取，即

$$\Delta y' = \frac{d_2}{2} - \sqrt{\left(\frac{d_2}{2}\right)^2 - (r - r\cos\beta)^2}$$

$$\Delta y'' = \frac{D_1}{2} - \sqrt{\left(\frac{D_1}{2}\right)^2 - (r - r\cos\beta)^2}$$

(21) 叶片出口端直线段 l_3 的展开图，如图 2-24 所示。

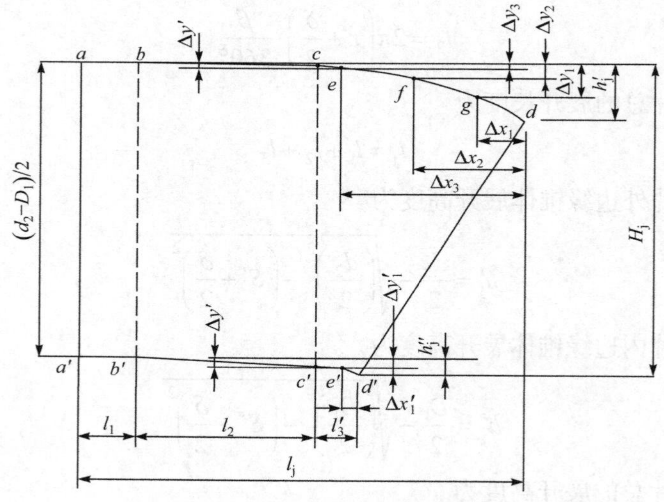

图 2-24　轴向弯曲叶片的展开[1]

叶片内缘出口端直线段部分 l_3' 较短，只需求出一点的坐标位置(需要求出 $\Delta y'$ 、$\Delta x'$)，用曲线板连接 $c'e'd'$ 即可。

叶片外缘出口端直线段部分 l_3 较长，需多求几点的坐标位置(需要求出 Δy 、Δx)，用曲线板连接 $cefgd$。

$\Delta y'$ 、$\Delta x'$ 、Δy 、Δx 可用下列公式计算，即

$$\Delta y' = \frac{D_1}{2} - \frac{D_1}{2}\cos\alpha'$$

$$\Delta x' = \left(S'' + \frac{\delta}{2} - \delta\cos\beta - \frac{D_1}{2}\sin\alpha'\right)/\sin\beta$$

$$\Delta y = \frac{d_2}{2} - \frac{d_2}{2}\cos\alpha$$

$$\Delta x = \left(S' + \frac{\delta}{2} - \delta\cos\beta - \frac{d_2}{2}\sin\alpha\right)/\sin\beta$$

其中，$\theta' < \alpha' < r_0 k$，$\theta < \alpha < r_0 k$，且

$$\theta' = \arcsin\frac{r - r\cos\beta}{D_1/2}$$

$$\theta = \arcsin\frac{r - r\cos\beta}{d_2/2}$$

α 与 α' 的计算方法相同，即

$$\alpha = \theta + \frac{(r_0 k - \theta)(n-1)}{n} + \frac{(r_0 k - \theta)(n-2)}{n} + \frac{(r_0 k - \theta)(n-3)}{n} + \cdots$$

当 $n=2$ 时，有

$$\alpha = \theta + \frac{r_0 k - \theta}{n}$$

当 $n=3$ 时，有

$$\alpha_1 = \theta + \frac{(r_0 k - \theta)(n-1)}{n}$$

$$\alpha_2 = \theta + \frac{(r_0 k - \theta)(n-2)}{n}$$

当 $n=m$ 时，有

$$\alpha_1 = \theta + \frac{(r_0 k - \theta)(n-1)}{n}$$

$$\alpha_2 = \theta + \frac{(r_0 k - \theta)(n-2)}{n}$$

$$\vdots$$

$$\alpha_{m-1} = \theta + \frac{(r_0 k - \theta)[n-(m-1)]}{n}$$

根据所要求的旋流强度和较低的阻力，选取叶片倾斜角及合适的叶片数量和遮盖度，给出叶片在轴线上的投影 H' 数值，按照以上计算方法即可得出叶片的相关尺寸。以某厂 670t / h 锅炉燃烧器叶片设计为例予以说明，轴向弯曲叶片式旋流

器的基本设计参数如表 2-4 所示。

表 2-4　某厂 670t/h 锅炉燃烧器轴向弯曲叶片式旋流器的基本设计参数[9]

参数	D_1 /mm	d_2 /mm	l_1 /mm	z	β /(°)	δ /mm	k
选用值	540	914	75	16	60	2	1.25

叶片参数及形状随叶片在轴线上投影尺寸的变化分别如表 2-5 和图 2-25 所示。由此可知，叶片在轴线上的投影尺寸显著影响叶片形状；叶片在轴线上的投影尺寸过大时，叶片出口直线段部分长度 l_3' 过小，尤其是叶片内边缘出口部分直线段长度 l_3' 过小，可使气流出口偏斜角小于叶片倾斜角，导致实际的旋流强度小于设计值；叶片在轴线上的投影尺寸过小时，叶片弯曲半径过小，气流偏转过急，造成阻力过大。因此，叶片设计时，通过调整叶片在轴线上的投影尺寸，可保证叶片内边缘出口部分直线段长度及合适的叶片弯曲半径。

表 2-5　叶片参数随叶片在轴线上投影尺寸的变化[9]　(单位：mm)

H'	H''	l_3	l_3'	r
200	150	241.0	141.0	3.0
230	180	211.4	111.3	55.0
250	200	191.3	91.3	89.6
280	230	161.3	61.3	141.6
300	250	141.3	41.3	176.3
330	280	111.3	11.3	228.3
341	291	100.0	0.3	247.3

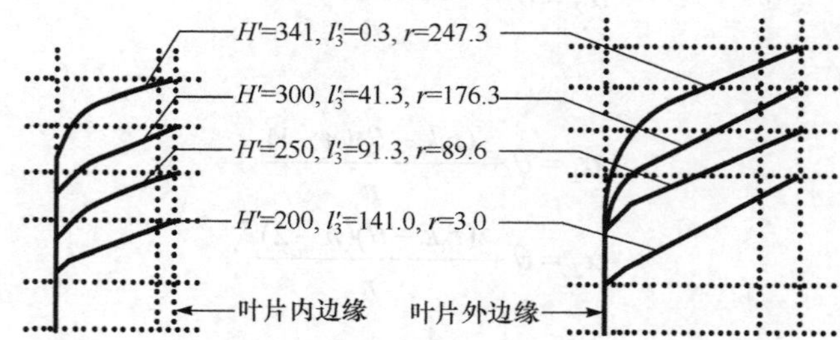

图 2-25　叶片形状随叶片在轴线上投影尺寸的变化(单位：mm)[9]

2) 轴向直叶片式旋流器

轴向直叶片在旋流煤粉燃烧器中也有较广泛的应用。根据轴向弯曲叶片的设计计算过程，可得出轴向直叶片的计算步骤。

(1) 选取叶片数，如表 2-2 所示。

(2) 叶片高度 $H=\dfrac{d_2-D_1}{2}$。

(3) 叶片遮盖度 $1<k<1.25\sim1.5$。

(4) 当 $k=1$ 时的圆心角 $\gamma_0=360^\circ/z$。

(5) 叶片倾斜角 $\beta=58^\circ\sim70^\circ$。

(6) 叶片厚度 δ 为 2～3mm。

(7) 叶片外边缘在垂直于燃烧器轴线平面上的投影长度为

$$S'=\frac{d_2}{2}\sin(k\gamma_0)-\frac{1}{2}\delta\cos\beta$$

(8) 叶片总的展开长度为

$$l_{\mathrm{j}}=\frac{S'}{\sin\beta}$$

(9) 叶片外边缘在燃烧器轴线上的投影长度为

$$h'=S'\cot\beta$$

(10) 叶片内边缘在垂直于燃烧器轴线平面上的投影长度为

$$S''=\frac{D_1}{2}\sin(k\gamma_0)-\frac{1}{2}\delta\cos\beta$$

(11) 叶片内边缘展开长度为

$$l_{\mathrm{j}}'=\frac{S''}{\sin\beta}$$

(12) 叶片内边缘在燃烧器轴线上的投影长度为

$$h''=S''\cot\beta$$

(13) 叶片外边缘锥体展开高度为

$$h_{\mathrm{j}}'=\frac{d_2}{2}-\sqrt{\left(\frac{d_2}{2}\right)^2-\left(S'+\frac{\delta}{2}\cos\beta\right)^2}$$

(14) 叶片内边缘锥体展开高度为

$$h_{\mathrm{j}}''=\frac{D_1}{2}-\sqrt{\left(\frac{D_1}{2}\right)^2-\left(S''+\frac{\delta}{2}\cos\beta\right)^2}$$

(15) 轴向直叶片的展开图如图 2-26 所示。

叶片外边缘、内边缘需求几点的坐标位置，然后光滑连接这几点。假设叶片内、外边缘展开等分的份数为 n(一般为 3～15，通常取 8)，第 i 点的坐标计算如下。

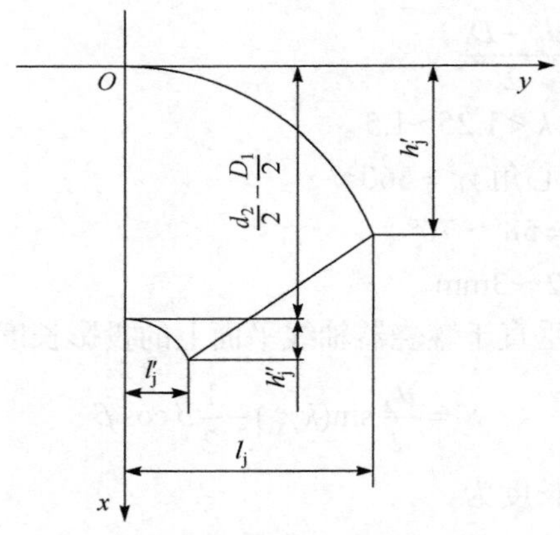

图 2-26　轴向直叶片的展开

对于叶片外边缘，可用下列公式计算，即

$$x_i = \frac{d_2}{2} - \sqrt{\left(\frac{d_2}{2}\right)^2 - \left(\frac{i}{n}S' + \frac{\delta}{2}\cos\beta\right)^2}$$

$$y_i = \frac{i}{n} l_j$$

式中，i 为 0～n 的整数。

对于叶片内边缘，可用下列公式计算，即

$$x_i = \frac{D_1}{2} - \sqrt{\left(\frac{D_1}{2}\right)^2 - \left(\frac{i}{n}S'' + \frac{\delta}{2}\cos\beta\right)^2} + \frac{d_2}{2} - \frac{D_1}{2}$$

$$= \frac{d_2}{2} - \sqrt{\left(\frac{D_1}{2}\right)^2 - \left(\frac{i}{n}S'' + \frac{\delta}{2}\cos\beta\right)^2}$$

$$y_i = \frac{i}{n} l'_j$$

式中，i 为 0～n 的整数。

2.2.5　实际旋流强度

前面已经介绍了各种旋流器的旋流强度计算方法，但是实际旋流强度和计算值并不一致。

实际气流的旋流强度可以通过试验测定，因为旋流器出口的气流速度是不均匀的，可以将气流分成几个同心圆环，在每一个圆环内可以认为速度是均匀的。第 i 个圆环内气流的动量矩为

$$M_i = Q_i W_i R_i = S_i W_x W_i R_i$$

式中，Q_i 为通过圆环的流量；R_i 为圆环的平均半径；S_i 为圆环的面积。

每个圆环内气流的轴向动量为

$$K_i = Q_i W_x = S_i W_x^2$$

将各圆环的动量矩和轴向动量分别相加，可得

$$M = \sum_{i=1}^{n} S_i W_i W_x R_i$$

$$K = \sum_{i=1}^{n} S_i W_x^2$$

利用式(2-1)，并使定性尺寸 $L = \dfrac{\pi}{4} r_0$，则

$$n = \frac{\sum_{i=1}^{n} S_i W_i W_x R_i}{\sum_{i=1}^{n} S_i W_x^2} \cdot \frac{4}{\pi r_0} \tag{2-46}$$

L 也可以采用其他定性尺寸。

如果用积分形式表示，则

$$n = \frac{\int_{r_1}^{r_0} 2\pi r^2 W_i W_x \mathrm{d}r}{\frac{\pi r_0}{4} \int_{r_1}^{r_0} 2\pi r W_x^2 \mathrm{d}r}$$

假定旋流器出口速度场是均匀的，即 W_t、W_x 不随半径 r 的变化而变化，则将上式积分，可得

$$n = \frac{\frac{2}{3}(r_0^3 - r_1^3) W_\mathrm{t}}{\frac{\pi r_0}{4} - (r_0^2 - r_1^2) W_x}$$

$$= \frac{1}{\frac{\pi r_0}{4}} \cdot \frac{2}{3} \cdot \frac{r_0^3 - r_1^3}{r_0^2 - r_1^2} \cdot \frac{W_\mathrm{t}}{W_x} \tag{2-47}$$

因此，对于轴向叶片，如平均旋流半径按式(2-40)计算，$r_\mathrm{pj} W_\mathrm{t} / W_x$ 就表示 M/K。

在推导旋流强度的计算公式时，假设空气是没有内摩擦力的，因此符合动量矩守恒原理。然而，实际空气是有内摩擦力的，所以在旋流器中切向速度会衰减。此外，气流也不一定按照假设的方向流动。例如，某双蜗壳式旋流煤粉燃烧器的二次风舌形挡板开度关小到 1/8 时，计算旋流强度 n 由 2.12 增加到 25.3，而实际旋流强度由 1.7 增加到 2.5。因此，实际旋流强度要比按结构尺寸计算出来的结果小。

此外，即使没有中心管，由于气流旋转，中心会出现回流区，实际的气流出口截面也是一个环形截面，出口轴向速度高于计算值，实际旋流强度降低。如果有中心管，但是回流区直径大于中心管直径，也会出现类似情况。

图 2-27 为某一切向可动叶片式旋流器的实际旋流强度和计算旋流强度的关系。当旋流强度比较大时，它们的差别比较显著。这是由于旋流强度越大，在旋流器中切向速度的衰减越大，出口气流中的回流区也越大(即轴向速度越大)。

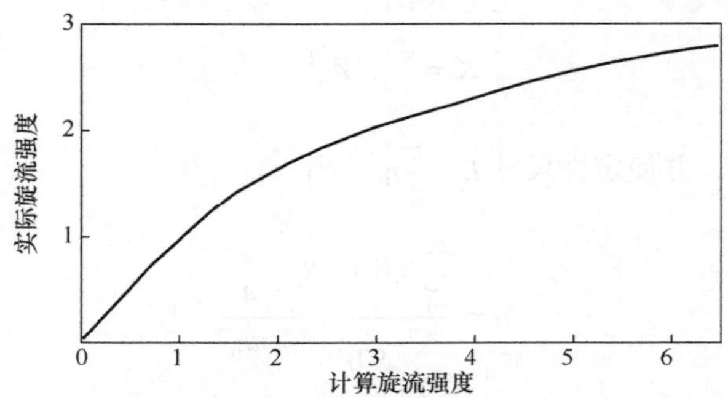

图 2-27　切向可动叶片式旋流器的实际旋流强度和计算旋流强度的关系[7]

对于蜗壳式旋流器，当采用关小舌形挡板的方法增大旋流强度时，旋流强度的实际值和计算值的差别更大，当舌形挡板开度很小时，旋流强度的实际值与计算值相差近十倍。其原因前面已经讨论过，这表明蜗壳式旋流器的调节性能较差。

轴向叶片式旋流器一般距离燃烧器出口较近，旋流器中切向速度的衰减比较小，因此旋流强度的损失也较小。例如，对轴向可动叶轮式旋流煤粉燃烧器进行测定，当改变叶轮位置时，实际旋流强度和按式(2-45)计算得到的数值接近。

对于旋流煤粉燃烧器，通过燃烧器的气流可分成一次风和二次风两股，它们的旋流强度是不同的。对于由两股旋流强度不同的气流组成的旋流气流，总的旋流强度可按式(2-48)计算，即

$$n = \frac{n_1 L_1 W_1 F_1 + n_2 L_2 W_2 F_2}{({W_1}^2 F_1 + {W_2}^2 F_2)L} \tag{2-48}$$

式中，n_1、n_2 为内、外气流的旋流强度；L_1、L_2、W_1、W_2、F_1、F_2 分别为内、外气流的定性尺寸、速度和流通截面积；L 为燃烧器的定性尺寸。

对于由两股气流组成的旋转气流，其速度场更复杂，影响气流形状和速度场的因素比单股旋转气流多。但是，旋流强度仍然是决定气流特性的重要参数。

由于旋流煤粉燃烧器出口气流的复杂性，实际旋流强度及气流特性必须通过试验确定。

图 2-28 给出了蜗壳式旋流器旋流强度的试验数据，并与按结构计算所得的结果进行比较[1]。从图中可以看出，当舌形挡板关小时，实际旋流强度变化不大。

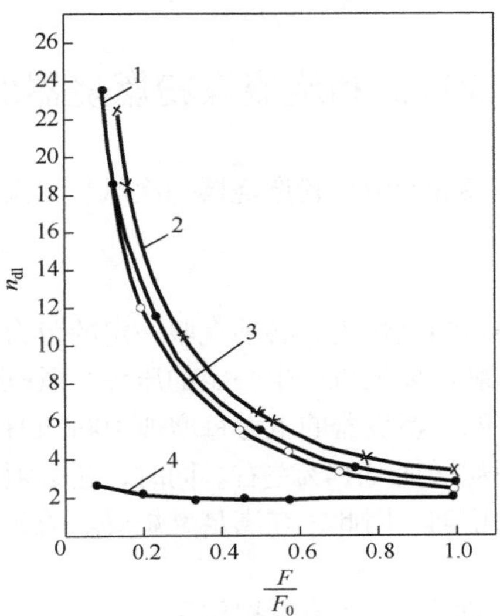

图 2-28 蜗壳式旋流器的计算与实测旋流强度 n_{dl} 和舌形挡板开度的关系比较[1]

1-单蜗壳式旋流器设计尺寸计算结果；2-单蜗壳式旋流器实测尺寸计算结果；
3-双蜗壳式旋流器计算结果；4-双蜗壳式旋流器实测结果

图 2-29 为根据 HG410/100-1 型锅炉轴向可动叶轮式旋流器的结构尺寸计算得到的旋流强度，以及在距离燃烧器出口 $L/d=0.22$ 的截面上，沿水平方向对气流速度实测后计算得到的旋流强度。

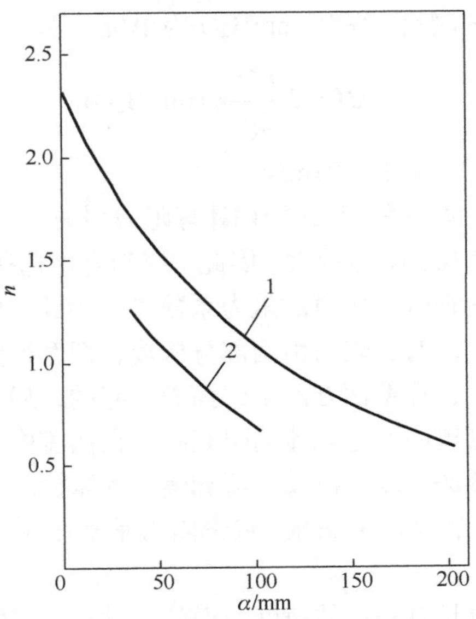

图 2-29 轴向可动叶轮式旋流器的旋流强度计算值与实测值的比较[1]

1-计算值；2-实测值

2.3　旋流器和旋流煤粉燃烧器的阻力

本节主要介绍旋流器和旋流煤粉燃烧器一次风、二次风的阻力[1]。

2.3.1　阻力系数

要使空气通过燃烧器喷进炉内，必须克服一定的阻力，所以在燃烧器前后必须有一定的风压差，这就需要风机产生一定的压头。风机压头越高，消耗的厂用电越多。粗略的统计表明，燃烧器的阻力每增加 100mmH_2O，由于送风机耗电量的增加，相当于燃烧消耗增加 0.14%左右。同时，还必须考虑燃烧器阻力过大会使空气预热器的漏风量增加。因此，在满足燃烧要求的前提下，应当使燃烧器的阻力尽可能小。

当气体在管道内流动时，由于有摩擦作用，经过一段管道后，能量会有一些损失，这就是阻力损失，损失掉的能量可转换为热能。试验表明，在同一管道内，速度越高，阻力损失越大；当速度相当高，并处于紊流状态时，阻力损失 ΔH 与速度的平方成正比，即

$$\Delta H = \frac{1}{2}\zeta\rho W^2 \text{(Pa)} \tag{2-49}$$

式中，ζ 为阻力系数；W 为管道内气体的速度(m/s)；ρ 为气体的密度(kg/m^3)。

风压一般用风压表测量，常用 mmH_2O 为单位，则

$$\Delta H = \zeta \frac{W^2}{2g}\rho \,(\text{mmH}_2\text{O}) \tag{2-50}$$

式中，g 为重力加速度，等于 9.81m/s^2。

为便于工程应用，本章采用式(2-50)计算阻力损失。

由此可知，速度越高，阻力越大。因此，应当合理选择风道内的风速。此外，更重要的是应当尽可能地减小风道的阻力系数 ζ。为此，应当合理设计风道的结构。当流体在管道内流动时，阻力由两部分构成，即摩擦阻力和局部阻力。摩擦阻力是由流体的黏滞性，在壁面处产生摩擦而引起的；局部阻力是由管道内的弯头、截面变化等，在管道内产生涡流而引起的。在涡流内，气体旋转和互相摩擦可消耗机械能。旋流器的长度，以及气流和壁面的摩擦阻力不大，但是旋流器内气体的流动比较复杂，容易产生涡流，局部阻力常常比较大。因此，对于旋流器，主要是局部阻力。

旋流器出口的气流具有一定的速度，也就是具有一定的动能，为了产生这一速度，旋流器前需具有一定的风压。出口风速越高，需要的风压也越高，一般习

惯将气流出口的动能也作为损失，称为出口损失。实际上，对于燃烧器，出口风速是组织燃烧所必需的，不应当作为损失，这样处理主要是为了便于计算要求的压头。但是，也可以看出，燃烧器出口的风速选择过高是不合适的。

因此，旋流器的阻力主要由局部损失和出口损失两部分构成。

旋流器的阻力系数按以下方法计算。

当流体在管道内流动时，由于能量守恒，入口截面处的位能和动能之和应等于出口截面处的位能和动能之和加上阻力损失，所以有以下关系：

$$P_1+\frac{\rho W_1^2}{2g}=P_2+\frac{\rho W_2^2}{2g}+\Delta H \tag{2-51}$$

式中，P_1、P_2 分别为在入口和出口截面处的静压(mmH$_2$O)；W_1、W_2 为在入口和出口相应截面处的速度(m/s)；ΔH 为阻力损失(mmH$_2$O)。

式(2-51)称为伯努利方程，$\rho W^2/(2g)$ 称为动压头。

如果将气流的出口动能，即 $\rho W_2^2/(2g)$ 也当作损失，则式(2-51)可以写成

$$P_1+\frac{\rho W_1^2}{2g}=P_2+\Delta H \tag{2-52}$$

将式(2-52)代入式(2-50)中，整理后可得

$$\zeta=\frac{P_1-P_2}{\dfrac{\rho W^2}{2g}}+\left(\frac{W_1}{W}\right)^2 \tag{2-53}$$

在计算阻力系数时，式(2-53)中的速度 W 可以选用任意截面的速度。因为对于同一设备，各截面的速度是按比例变化的，无论用哪个截面的速度计算，规律都是一样的，只是阻力系数 ζ 相差一定的比值，这个比值等于两截面流通面积之比的平方。对于旋流器，习惯用喉口(即扩口前的最小截面处)截面处的平均轴向速度计算阻力系数。因此，有

$$\zeta=\frac{\Delta P}{\dfrac{\rho W_{2x}^2}{2g}}+\left(\frac{W_1}{W_{2x}}\right)^2 \tag{2-54}$$

式中，W_{2x} 为喉口处的平均轴向速度(m/s)；ΔP 为旋流器进出口的静压差，等于 P_1-P_2(mmH$_2$O)。

因为

$$\frac{W_1}{W_{2x}}=\frac{F_{22}}{F_{11}}$$

式中，F_{11} 为旋流器的入口截面积(m^2)；F_{22} 为喉口截面积(m^2)。

所以

$$\zeta = \frac{\Delta P}{\frac{\rho W_{2x}^2}{2g}} + \left(\frac{F_{22}}{F_{11}}\right)^2 \tag{2-55}$$

图 2-30 为切向固定叶轮式旋流器的阻力系数和扩口角度的关系。图中阻力系数 ζ 是按喉口截面计算的。由图可知，当扩口角度增加时，阻力系数开始变化不大；当扩口角度过大产生飞边时，阻力系数突然增加。试验表明，在没有飞边以前，增加扩口角度，阻力系数并不因出口截面增加而减小，所以采用喉口风速计算阻力系数是合理的。

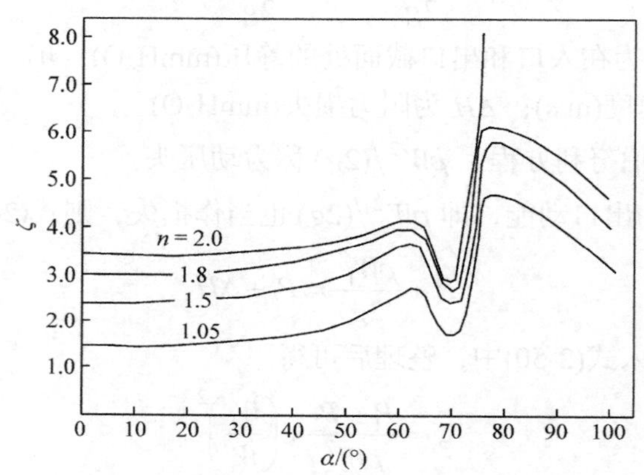

图 2-30　切向固定叶轮式旋流器的阻力系数和扩口角度的关系[1,7]

在设计旋流煤粉燃烧器时，一般先控制喉口风速，然后根据具体情况配以适当的扩口。

另外，阻力系数也可以用其他公式计算。例如，有些文献考虑旋流器入口速度 W_1 往往比较低，将式(2-54)中 $(W_1/W_{2x})^2$ 一项略去不计，阻力系数按式(2-56)计算，即

$$\zeta = \frac{\Delta P}{\frac{\rho W_{2x}^2}{2g}} \tag{2-56}$$

对于配有大风箱的燃烧器，因受测点安装条件的限制，并且为了便于运行操作调整，一般根据大风箱进口处的静压和炉膛内的静压差值计算阻力系数，公式的形式仍和式(2-56)相同。这样计算得到的阻力损失已经包括大风箱的阻力。

另外，也可以根据旋流器的全压降计算阻力系数，即

$$\zeta = \frac{\Delta h}{\frac{\rho W_2^2}{2g}} \tag{2-57}$$

式中，Δh 为全压降，即

$$\Delta h=\left(P_1+\frac{\rho W_1^2}{2g}\right)-\left(P_2+\frac{\rho W_2^2}{2g}\right) \tag{2-58}$$

由阻力系数的定义分析可知，式(2-58)是比较合理的，可真正反映旋流器中的阻力损失。但是，如果用式(2-58)计算旋流器前需要的静压，则还必须计算旋流器的出口损失，而且旋流出口的实际速度 W_2 常常也是难以计算的。

在有些文献中，将旋流器出口的动能和静压力都作为损失，仅根据旋流器的入口全压计算阻力系数，即

$$\zeta=\frac{h_1}{\dfrac{\rho W_{2x}^2}{2g}} \tag{2-59}$$

式中，$h_1=P_1+\dfrac{\rho W_1^2}{2g}$ (mmH$_2$O)。

当炉膛静压一定时，式(2-59)使用比较方便，而且测量旋流器的入口静压往往比较容易。

因此，在利用文献中提供的旋流器阻力系数时，必须注意它的定义。

2.3.2　出口损失

如前所述，一般将旋流器出口气流的动能作为损失，称为出口损失。

在计算旋流器的阻力时，一般是以出口平均轴向速度为计算速度，而实际上气流是旋转的，实际速度要比轴向速度大，可以分解为切向速度和轴向速度两部分，而且

$$W_2^2=W_{2x}^2+W_{2t}^2$$

式中，W_{2x} 为出口轴向速度；W_{2t} 为出口切向速度。实际上还应当有径向速度，但是它一般比较小，可略去不计。

假定速度场是均匀的，并且没有局部阻力损失和摩擦阻力损失，而只有出口损失一项，则

$$\begin{aligned}\Delta H&=\frac{W_2^2}{2g}\rho=\frac{W_{2x}^2+W_{2t}^2}{2g}\rho\\&=\left[1+\left(\frac{W_{2t}}{W_{2x}}\right)^2\right]\frac{W_{2x}^2}{2g}\rho\ (\text{mmH}_2\text{O})\end{aligned} \tag{2-60}$$

如果按出口轴向速度计算，则

$$\Delta H = \zeta \frac{W_{2x}^2}{2g} \rho \, (\text{mmH}_2\text{O})$$

通过比较以上两式，可以得出

$$\zeta = 1 + \left(\frac{W_{2\text{t}}}{W_{2x}} \right)^2 \tag{2-61}$$

如前所述，旋流强度 n 表示气流的切向速度和轴向速度之比，所以

$$\zeta = 1 + n^2 \tag{2-62}$$

实际出口速度场是不均匀的，速度场越不均匀，出口损失越大，这一点可以用一个简单的例子来说明。如图 2-31 所示，有两股气流，一股 a(图 2-31(a))的速度场是均匀的；另一股 b(图 2-31(b))的速度场是不均匀的。为了便于计算，假设速度场呈阶梯形，三段不同速度的气流占 1/3 截面。

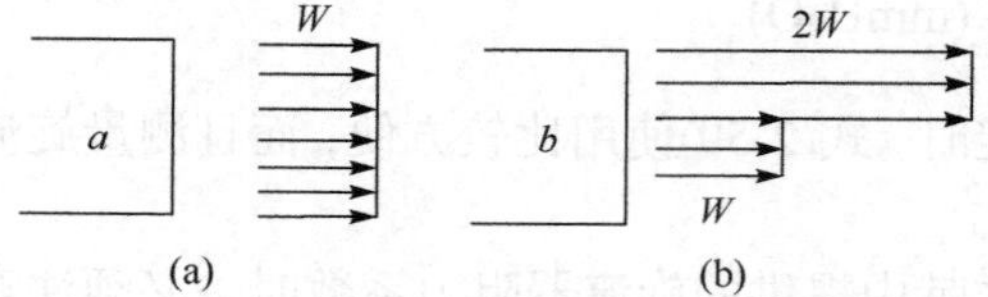

图 2-31 速度场不均匀性对出口损失的影响[1]

气流 a 的流量为

$$m_a = \rho F W$$

气流 b 的流量为

$$m_b = \frac{1}{3} \rho F W + \frac{1}{3} \rho F (2W) = \rho F W$$

可见 $m_a = m_b$，即两股气流流量相同。

气流 a 的动能为

$$\Delta H_a = \frac{1}{2} \rho F W^3$$

气流 b 的动能为

$$\Delta H_b = \frac{1}{2} \times \frac{1}{3} \rho F W^3 + \frac{1}{2} \times \frac{1}{3} \rho F (2W)^3 = \frac{1}{2} \times 3 \rho F W^3$$

可见气流 b 的动能是气流 a 的三倍，也就是出口损失的三倍。

如果再考虑旋流器的局部阻力，实际阻力系数要比按式(2-62)计算得到的大。

2.3.3 旋流器的能量利用系数

如前所述，计算旋流器阻力还包括出口速度损失和阻力损失。实际上出口速

度不能完全看成损失，它对组织燃烧是有用的。为了比较不同的旋流器，这里引入能量利用系数，即

$$\eta = \frac{E_2}{E_1} \tag{2-63}$$

式中，E_1 为入口气流能量，即

$$E_1 = P_1 + \frac{\rho W_1^2}{2g} (\mathrm{mmH_2O})$$

E_2 为出口气流能量，即

$$E_2 = \frac{\rho W_2^2}{2g} (\mathrm{mmH_2O})$$

且

$$W_2^2 = W_{2\mathrm{t}}^2 + W_{2x}^2$$

整理式(2-63)可得

$$\eta = \frac{1 + \left(\dfrac{W_{2\mathrm{t}}}{W_{2x}}\right)^2}{\dfrac{P_1}{\dfrac{\rho W_{2x}^2}{2g}} + \left(\dfrac{F_2}{F_1}\right)^2}$$

式中的分母也就是旋流器的阻力系数 ζ，如式(2-55)所示，所以

$$\eta = \frac{1 + n^2}{\zeta} \tag{2-64}$$

不同旋流器的能量利用系数 η 和实际旋流强度 W_t/W_x 的关系如图 2-32 所示。图中切向叶片的两条曲线，对应两种切向叶片结构，可以看出，叶片式旋流器的能量利用系数 η 可达 45%～85%，蜗壳式旋流器仅为 32%～47%。

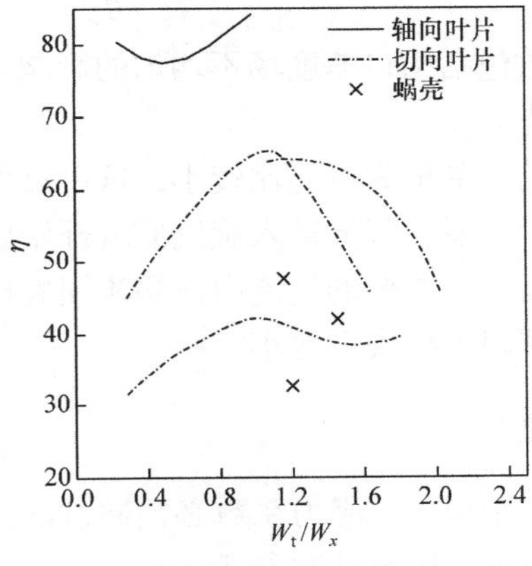

图 2-32　不同旋流器的能量利用系数和实际旋流强度的关系[1]

图 2-33 给出了不同旋流器的阻力系数和实际旋流强度的关系。图中同时表示出只考虑出口损失时的阻力系数，假定没有内部阻力损失，也就是理想阻力系数，它是根据式(2-62)计算得到的。图中切向叶片的两条曲线，对应两种切向叶片结构。由此可以看出，轴向叶片式旋流器的阻力系数比较接近理想值。

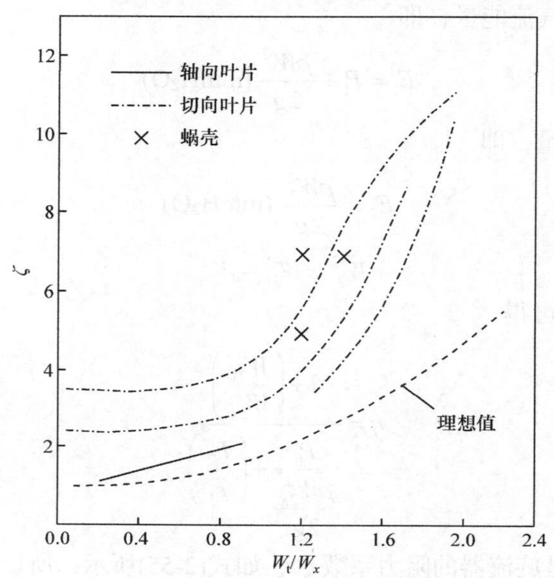

图 2-33　不同旋流器的阻力系数和实际旋流强度的关系[1]

实际旋流器内部损失的阻力系数 ζ_n 应为

$$\zeta_n = \zeta - (1+n^2) = (1+n^2)\left(1-\frac{1}{\eta}\right) \tag{2-65}$$

上述内部损失的阻力系数包括出口速度场不均匀的影响。能量利用系数高，也就是内部损失的阻力系数小。

轴向叶片式旋流器的内部损失可能比较小，这一点可以这样理解：对于蜗壳式旋流器和切向叶片式旋流器，气流进入旋流器就开始旋转，也就是开始加速。而对于轴向叶片式旋流器，不必要的气流内部涡流损失比较少，而且一般要靠近出口处才旋转，因此内部阻力损失可能小一些。

2.3.4　旋流器的阻力系数

不同旋流器的结构差别很大，阻力系数必须通过试验确定，很难预先准确估算。以下给出一些经验数据，供设计时参考。

(1) 蜗壳式旋流器。阻力系数可以根据旋流强度 S_{dL} 近似计算，当 $Re>2\times10^5$ 且 $3\leqslant S_{dL}\leqslant5$ 时，有

$$\zeta=S_{dL}+1 \tag{2-66}$$

如前所述，关小蜗壳入口处舌形挡板的开度可以增加出口气流的旋流强度。但是，如图 2-34 所示，蜗壳的阻力系数急剧增大。图 2-35 也给出了这时气流扩展角的变化，可以看出气流扩展角增加并不大。这是因为在舌形挡板后，气流很快扩散，如图 2-7 所示。因此，舌形挡板的调节范围是有限的。上述图中同时表示了其他结构参数对阻力系数和出口气流扩展角的影响。

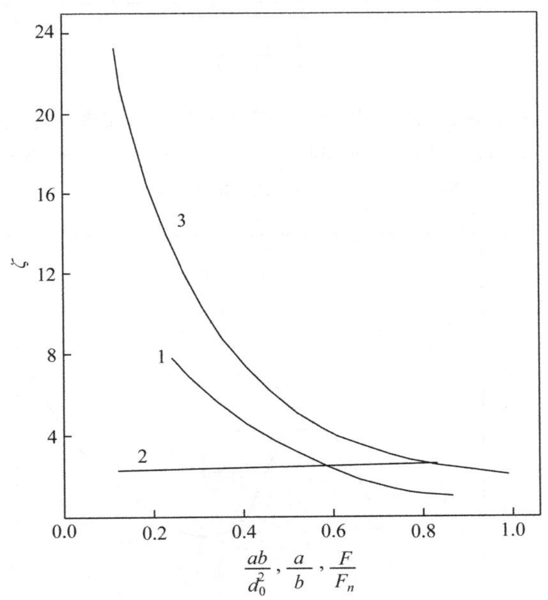

图 2-34　蜗壳式旋流器的阻力系数和结构参数的关系[1]

1-$\zeta=f(ab/d_0^2)$，$a/b=0.4$，$d_1/d_0=0.61$；2-$\zeta=f(a/b)$，$ab/d_0^2=0.58$，$d_1/d_0=0.61$；3-$\zeta=f(F/F_n)$，$ab/d_0^2=0.58$，$d_1/d_0=0.61$

(2) 切向叶片式旋流器。当 $Re>2\times10^5$ 且 $2\leqslant S_{dL}\leqslant5$ 时，有

$$\zeta=1.1S_{dL}+1.5 \tag{2-67}$$

如前所述，当叶片的遮盖度过小时，叶片出口的最小截面正好遇到涡流区，使实际出口截面变得更小，这时旋流强度增加，如图 2-11 所示，阻力系数也相应变化，如图 2-36 所示。因此，必须选取适当的叶片遮盖度。

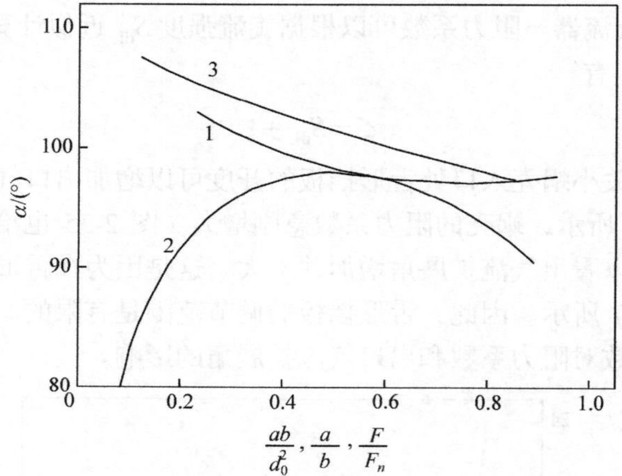

图 2-35　蜗壳式旋流器出口气流扩展角和结构参数的关系[1]

$1\text{-}\alpha = f(ab/d_0^2)$，$a/b = 0.4$；$2\text{-}\alpha = f(a/b)$，$ab/d_0^2 = 0.58$；

$3\text{-}\alpha = f(F/F_n)$，$ab/d_0^2 = 0.58$，$a/b = 0.9$

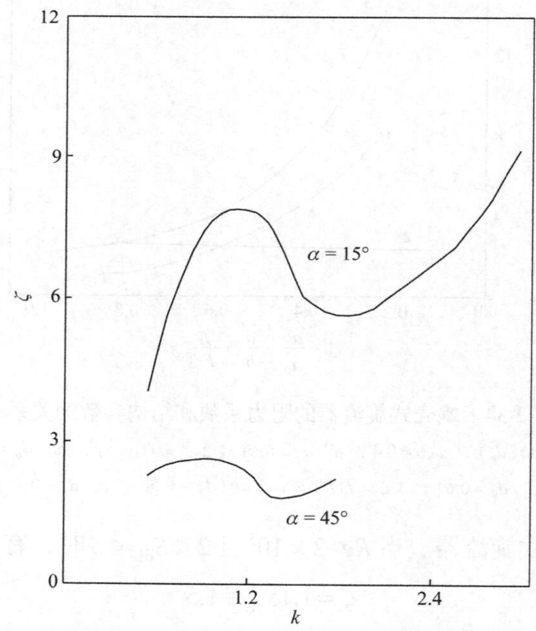

图 2-36　阻力系数和遮盖度的关系

某一切向可动叶片式旋流器的二次风阻力系数如图 2-37 所示，气流扩展角 α 一般为 45°～60°。

某电厂 OP-380t/h 锅炉采用切向可动叶片式旋流器，其二次风阻力较小。该炉共有 24 只旋流器分六层布置于前墙，其中 4 只备用。旋流器的二次风由共用的

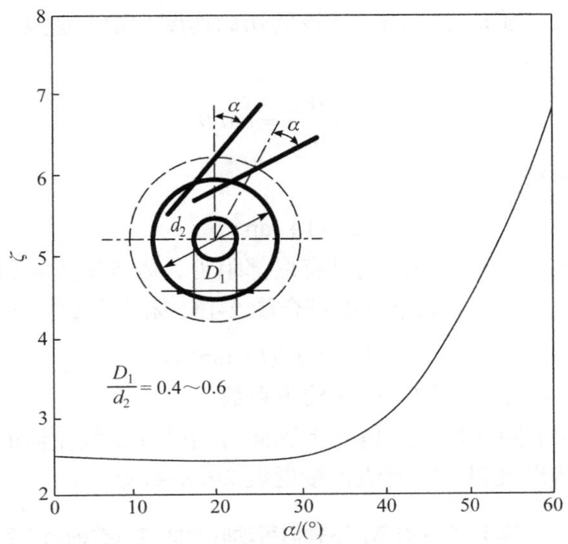

图 2-37　切向可动叶片式旋流器的阻力系数[7]

大风箱进入，阻力系数只能按 20 只旋流器的平均值计算，大风箱的阻力也包括在内。运行中旋流器的叶片开度为 47%～58%时，大风箱前风压为 40～60mmH₂O，二次风平均阻力系数为 2.5～3.0。

(3) 轴向弯曲叶片式旋流器。当 $Re>2\times10^5$ 且 $2\leqslant S_{\mathrm{dL}}\leqslant5$ 时，有

$$\zeta = 0.7S_{\mathrm{dL}} + 1 \tag{2-68}$$

对于轴向直叶片式旋流器，在上述条件下，有

$$\zeta = 2.5S_{\mathrm{dL}} \tag{2-69}$$

苏联的一种大型轴向叶片式旋流煤粉燃烧器的二次风阻力系数如图 2-38 所示。

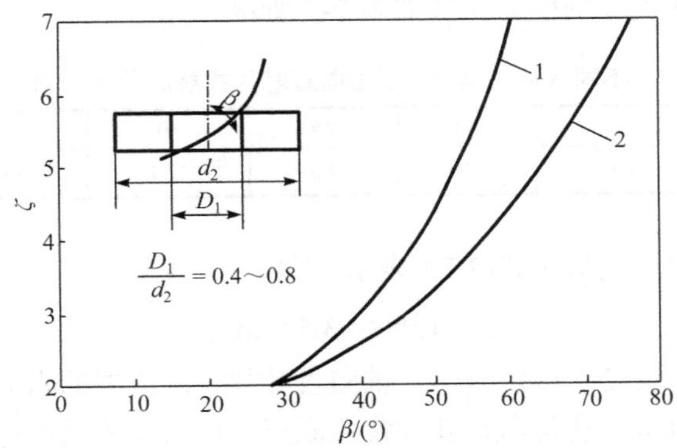

图 2-38　轴向叶片式旋流煤粉燃烧器的二次风阻力系数[7]

1-直叶片；2-弯曲叶片

对于轴向叶片式旋流器，出口气流的切向速度和轴向速度之比，取决于叶片的倾斜角 β ，即

$$n=\frac{W_{2\mathrm{t}}}{W_{2x}}=\tan\beta$$

所以，理想阻力系数为

$$\zeta=1+\tan^2\beta \tag{2-70}$$

实际上，由于出口速度不均匀且有局部阻力，因此阻力系数更大。例如，对于轴向可动叶片式旋流器，如果叶型符合图 2-13，阻力系数可按式(2-71)计算，即

$$\zeta=(1+K\beta)(1+\tan^2\beta) \tag{2-71}$$

式中，K 为考虑出口速度不均匀性的校正系数。

表 2-6 列出在不同叶片倾斜角 β 下轴向可动叶片式旋流器的阻力系数。我国一些电厂的试验结果表明，实测值很接近表 2-6 的数据。

表 2-6　不同叶片倾斜角 β 下轴向可动叶片式旋流器的阻力系数[1]

β/(°)	45	55	60	65
$\zeta(K=0)$	2.00	3.05	4.00	5.6
$\zeta(K=0.003)$	2.27	3.55	4.82	6.7
$\zeta(K=0.006)$	2.54	4.05	5.44	7.8

由表 2-6 可知，在叶片倾斜角 β 较大的情况下，叶片倾斜角 β 稍加增加，阻力系数增加很多。因此，不应过分增加叶片倾斜角 β 。对于其他形式的旋流器，也不应过分增加旋流强度。

由某一轴向直叶片式旋流器试验可知，叶轮内、外径之比 $d_1/d_0=0.305$ ，叶片厚度和外径之比 $\delta/d_0=0.018$ ，8 个叶片，遮盖度 $k=1.67$ 。不同叶片倾斜角 β 下轴向直叶片式旋流器的阻力系数如表 2-7 所示。

表 2-7　不同叶片倾斜角 β 下轴向直叶片式旋流器的阻力系数[1]

β/(°)	15	30	45	60	70	75
ζ	1.18	1.97	4.5	12.7	30.9	50.3

以上关系也可以近似用式(2-72)表示，即

$$\zeta=1.083+3.54\tan^2\beta \tag{2-72}$$

比较表 2-6 和表 2-7 可以看出，轴向直叶片式旋流器的阻力系数比轴向弯曲叶片式旋流器大得多，这是由直叶片背弧面产生比较大的涡流造成的。

旋流器设计不合理也可能造成阻力系数过大。例如，某电厂采用轴向固定叶片式旋流器，并采用等宽抛物线型叶片，叶片倾斜角 β 为 65°。通过冷态试验发

现，阻力系数高达 11.4～17.4。叶片出口区域的速度场极不均匀，叶片根部出现回流区，气流集中在外围喷出。试验时，计算轴向风速为 20m/s，而实测最大轴向速度达 53m/s，加上切向分速度，实际最大速度达到 70m/s 以上。速度场越不均匀，出口损失越大，从而使旋流器的阻力较大。通过将叶片根部割短，变成不等宽叶片，叶片出口速度场趋于均匀，阻力系数减小到 8.30～9.48。

对于轴向可动叶轮式旋流煤粉燃烧器，改变叶轮和锥套之间的距离 *a*(图 2-18)，可以调节气流的旋流强度，*a* 增大，气流的旋流强度减小，旋流器的阻力系数也同时减小。图 2-39 为上海锅炉厂在 SG400t/h 锅炉上得到的试验结果。

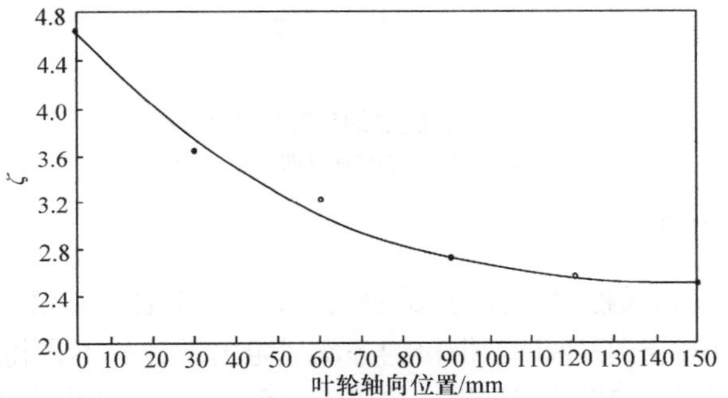

图 2-39　SG400t/h 锅炉轴向可动叶轮式旋流煤粉燃烧器的二次风阻力系数与叶轮轴向位置的关系[7]

叶片出口倾角 65°，叶片 12 片，叶轮锥角 15°31′

图 2-40 为 HG410t/h 锅炉轴向可动叶轮式旋流煤粉燃烧器的二次风阻力系数与叶轮轴向位置的关系，冷热态测量结果相近。

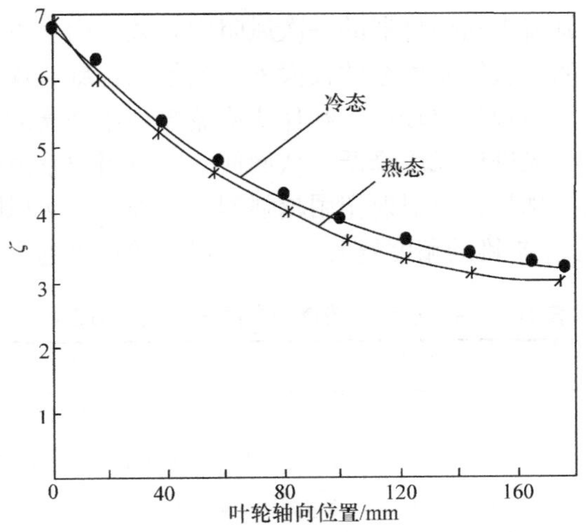

图 2-40　HG410t/h 锅炉轴向可动叶轮式旋流煤粉燃烧器的二次风阻力系数与叶轮轴向位置的关系[7]

叶片出口倾角 65°，叶片 16 片，叶轮锥角 15°

按式(2-66)～式(2-69)计算得到的旋流器的计算阻力系数如图 2-41 所示。

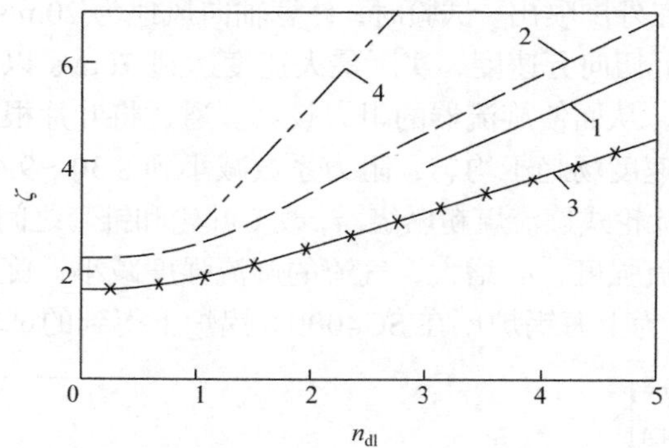

图 2-41 旋流器的计算阻力系数[7]

1-蜗壳；2-切向直叶片；3-轴向弯曲叶片；4-轴向直叶片

2.3.5 一次风阻力系数

一次风是空气和煤粉的混合物。试验表明，当煤粉浓度 μ 由 0 变到 0.75kg/kg，煤粉细度 R_{90} 由 6%变到 9%时，带粉的一次风阻力系数和不带粉的空气阻力系数几乎没有差别。但是，如果精确计算一次风阻力系数，应当考虑煤粉浓度的影响，即

$$\zeta = \frac{\Delta P}{(1+K_\mu \mu)\dfrac{\rho W}{2g}} + \left(\frac{W_1}{W}\right)^2 \tag{2-73}$$

式中，μ 为煤粉浓度(kg/kg)；K_μ 为考虑煤粉浓度的修正系数，一般 $K_\mu = 0.8$。

表 2-8 为四种旋流煤粉燃烧器的一次风阻力系数。由表可以看出，除双蜗壳式旋流煤粉燃烧器的一次风阻力系数较大外，其他三种旋流煤粉燃烧器的一次风是直流的，所以阻力系数都比较小。叶片式旋流煤粉燃烧器的二次风对一次风有引射作用，可使一次风进口风压降低，从而使一次风阻力系数降低。二次风的旋流强度越大，预混段越长，此引射作用越强烈。此外，一次风阻力也与出口处的扩锥形状和位置有关，扩锥的角度越大，与一次风管的距离越小，则阻力系数越大。

表 2-8 四种旋流煤粉燃烧器的一次风阻力系数[1]

燃烧器类型	来源	一次风阻力系数	备注
双蜗壳	实验模型	9.83	舌形挡板全开
单蜗壳	黄石电厂	3.5	冷态，扩锥与一次风口齐平，二次风舌形挡板开度为 55%
轴向叶片	谏壁电厂	1.07～1.2	冷态，一次风入口挡板在“0”位置，预混段长度为 250mm
切向叶片	淮南电厂	2.16	热态，叶片开度约为 50%，预混段长度约为 400mm

2.4　旋流煤粉燃烧器的分类

根据不同的分类标准，可得出不同的分类形式。按照旋流器的形式，可分为蜗壳式、轴向叶片式和切向叶片式三大类，并由它们派生出多种类型[10-13]。本书根据二次风的供入方式及一次风粉混合物煤粉浓度的不同可分为普通型、分级燃烧型、浓缩型三类旋流燃烧器[14]。

2.4.1　普通型旋流煤粉燃烧器

普通型旋流煤粉燃烧器是指二次风通过燃烧器集中送入炉内，一次风粉混合物没有浓缩的旋流煤粉燃烧器，具备此特征的有以下燃烧器。

1. 双蜗壳式旋流煤粉燃烧器

一次风、二次风分别经过一次风蜗壳、二次风蜗壳后以旋流的形式进入炉内，二者旋向相同。在一、二次风蜗壳的入口装有舌形挡板，用以调节气流的旋流强度，但调节性能不好，中心风(也称油二次风)有的以直流的形式进入炉内，有的经过蜗壳以旋流形式进入炉内，后者又称为三蜗壳旋流煤粉燃烧器。

2. 单蜗壳-扩锥型旋流煤粉燃烧器

图 2-42 为单蜗壳-扩锥型旋流煤粉燃烧器，俗称“蘑菇形”旋流煤粉燃烧器。它和双蜗壳式旋流煤粉燃烧器的主要区别在于没有一次风蜗壳，而依靠扩锥(“蘑菇形”)使一次风扩散，并在扩锥后产生回流区。扩锥的位置可用手轮通过螺杆调

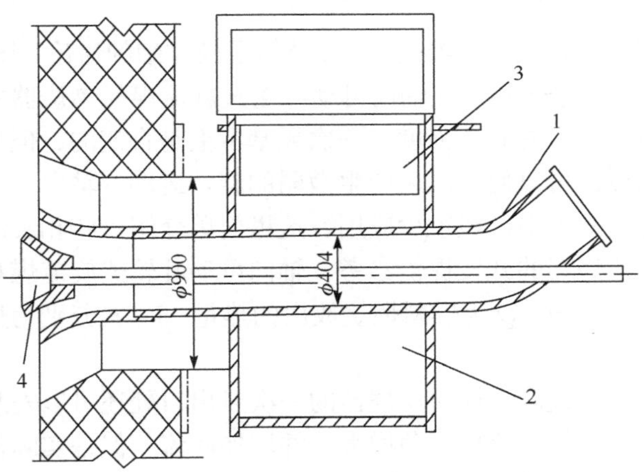

图 2-42　单蜗壳-扩锥型旋流煤粉燃烧器(单位：mm)[1]

1-一次风管；2-二次风蜗壳；3-二次风舌形挡板；4-扩锥

节，从而改变气流扩展角。扩锥角度越大，位置越接近一次风出口，气流扩展角和形成的回流区也越大。二次风的送入方式和双蜗壳式旋流煤粉燃烧器相同，也是经过风口再由蜗壳进入炉膛。当一次风进入燃烧器后，由于离心力作用，煤粉气流分配不均匀。为了减少这种不均匀现象，可在一次风管的下部安装阻力板“门槛”，高度为中心管内径的 20%～25%。

利用扩锥的重要优点之一是易于保持一定的气流扩展角。当其他条件相同时，扩锥的圆锥角越大，气流扩展角也越大。扩锥的圆锥角一般为 60°～120°，对于挥发分较低的煤，此角度应大一些。

单蜗壳-扩锥型旋流煤粉燃烧器的一次风阻力较小，一般为 10～15mmH_2O；其二次风的阻力和双蜗壳旋流煤粉燃烧器相近。

运行中扩锥烧坏或支杆弯曲，都可使一次风出口的煤粉气流变得不均匀，破坏正常燃烧工况，使不完全燃烧损失增加，或引起结渣。因此，支杆直径一般应不小于 50mm，与扩锥的连接部分宜用耐热钢制成。并且，扩锥也应当用耐热铸铁制成，在其向炉内的一侧应涂耐火材料。运行中，还应经常检查扩锥是否完好，其位置是否在燃烧器中心，并根据情况予以调整。

单蜗壳-扩锥型旋流煤粉燃烧器的运行指标和双蜗壳式旋流煤粉燃烧器几乎相同，它们既可以用来燃烧褐煤和烟煤等多挥发物的燃料，也可以用来燃烧无烟煤、贫煤等难着火的燃料。与双蜗壳式旋流煤粉燃烧器相比，单蜗壳-扩锥型旋流煤粉燃烧器的主要优点是一次风阻力较小；其主要缺点是扩锥容易烧坏，由于这个问题，这种旋流煤粉燃烧器已很少在实际中应用。此外，单蜗壳-扩锥型旋流煤粉燃烧器的长度也比双蜗壳式旋流煤粉燃烧器大。

3. 轴向可动叶轮式旋流煤粉燃烧器

关于轴向可动叶轮式旋流器已在 2.2 节做了较详细的讨论。图 2-43 为轴向可动叶轮式旋流煤粉燃烧器[1]。在轴向可动叶轮式旋流煤粉燃烧器中，利用拉杆移动叶轮可以调节二次风的旋流强度，一次风基本上是直流的，但通过调节一次风入口处的舌形挡板，可以使一次风产生微弱的旋转运动。轴向可动叶轮式旋流煤粉燃烧器在大容量锅炉中已经很少应用，这里简单介绍一些相关的结构参数，可为新型旋流煤粉燃烧器的开发提供参考。轴向可动叶轮式旋流煤粉燃烧器的结构参数如表 2-9 所示。表中 Q 为燃料燃烧放出的热量，V、F 分别为炉膛的容积和截面积。

在轴向可动叶轮式旋流煤粉燃烧器的一次风出口处还可以安装扩锥，二次风出口可以带有扩口，使气流扩展角增大，并增加回流，但是实际使用的扩口角度一般都不大(表 2-9)。试验表明，当扩口角度过大时，可能形成开放气流。叶片倾斜角 β (图 2-13)越大，此极限扩口角度越小。根据有关资料，有图 2-44 所示的规律[1]。

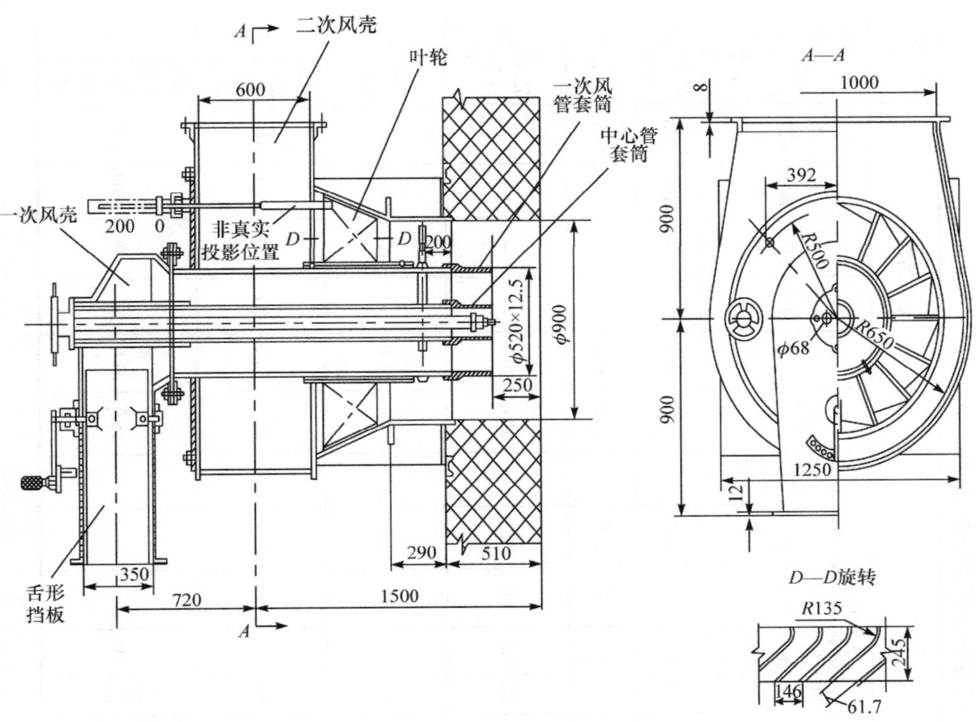

图 2-43　轴向可动叶轮式旋流煤粉燃烧器(单位：mm)[1]

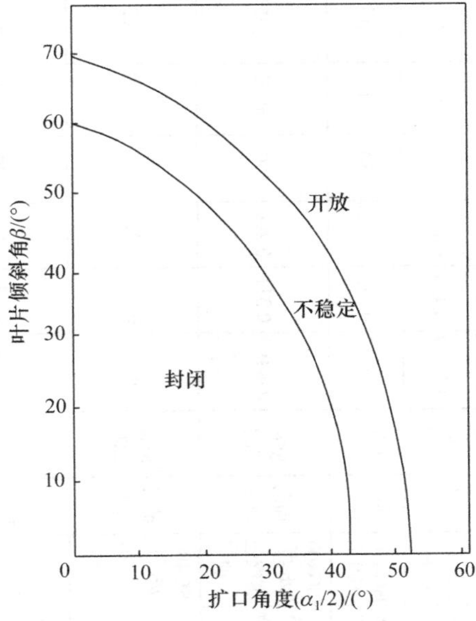

图 2-44　叶片倾斜角和扩口角度对气流形状的影响[1]

表 2-9　轴向可动叶轮式旋流煤粉燃烧器的结构参数[1]

厂名	锅炉型号	导叶形式	燃烧器结构尺寸													燃烧特性						燃烧器布置	
										旋流器													
			二次风出口直径/mm	一次风出口直径/mm	二次风出口截面积/m²	一次风出口截面积/m²	出口截混段长度/mm	二次风出口扩口角度②/长度/(°)mm	一次扩流锥直径/角度	调节距离/mm	叶片数目	叶片出口倾角/(°)	叶片弯曲半径/mm	叶片高度/mm	旋流器半锥角	一次风速/m/s	二次风速/m/s	一次风率/%	二次风率/%	一次风温/℃	二次风温/℃	布置位置	燃烧器只数
谏壁电厂	HG410/100-1	轴向导叶	900/520	495/159	0.433	0.165	250	0	0	150	16	65	153	245	—	24.5	30.0	—	—	110	330	前墙二排	12
清河电厂	HG410/100-1	轴向导叶	900/520	495/159	0.433	0.165	250	0	0	150	16	65	153	245	—	24.5	30.3	—	—	—	—	前墙二排	12
南京热电厂	SG400 t/h 再热汽包炉	轴向导叶	856/588	564/169	0.311	0.209	150	15°/60	—/25°	150	12	65	187	320	—	20.0	30.0	—	—	—	—	前墙三排	12
莱芜电厂	SG400 t/h 再热汽包炉	轴向导叶	856/580	540/159	0.317	0.219	—	15°/60	—/25°	150	12	65	187	320	14°30′	20.0	30.0	—	—	—	—	前墙四排	16
武汉热电厂	HG230/100-1	轴向导叶	810/510	480/180	0.31	0.171	320	15°/100	ϕ280/15	200	16	65	131	234	15°	23.0	30.0	30	70	250	340	两侧墙各三只平排	6
太原二热	321230/100	轴向导叶	800/—	456/133	0.167	0.377	0	23°/150	一次风管25°/100 中心管25°/150	>100	12① 10	70	—	—	—	16.0	31.0	22	78	≈200	340	马弗炉位置(前墙)	2

续表

厂名	锅炉型号	导叶形式	燃烧器布置			炉膛		
			燃烧器横向中心距/mm	燃烧器高度中心距/mm	燃烧器与侧墙距离/mm	燃膛尺寸(宽×深)/mm	炉膛容积热负荷 $\frac{Q}{V}\times 1.16\times 10^{-6}$/(MW/m³)	炉膛断面热负荷 $\frac{Q}{F}\times 1.16\times 10^{-6}$/(MW/m³)
谏壁电厂	HG410/100-1	轴向导叶	2080	2570	1600	13585×7540	—	—
清河电厂	HG410/100-1	轴向导叶	2080	2570	1600	13585×7540	—	—
南京热电厂	SG400 t/h 再热汽包炉	轴向导叶	2174	2400	—	11220×7440	170×10^3	3.45×10^6
莱芜电厂	SG400 t/h 再热汽包炉	轴向导叶	2240	2400	2250	11220×7440	170×10^3	3.43×10^6
武汉热电厂	HG230/100-1	轴向导叶	2042.5	—	—	—	114×10^3	—
太原二热	321-230/100	轴向导叶	3225	—	—	—	—	—

注：①太原二热两个旋流燃烧器，一个为 12 个叶片，另一个为 10 个叶片。

②表中角度为顶角的 1/2，即 $\frac{\alpha}{2}$。

因此，对着火性能差的燃料，可以采用不大于 60°的扩口。

图 2-45 给出了扩口角度$\alpha_1/2$ 与气流扩展角 φ 的关系。试验时，叶片倾斜角 β=65°，扩锥角度为 90°，一次风速 W_1=25m/s，二次风速 W_2=23.1m/s；试验是在冷态模型试验台上进行的。

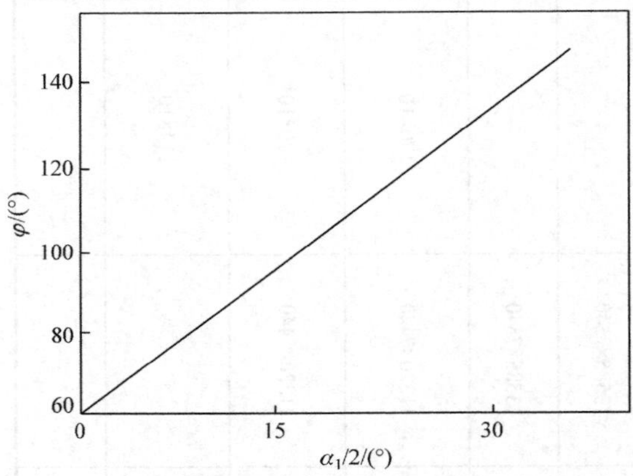

图 2-45 扩口角度与气流扩展角的关系[1]

在模型试验台上研究了扩锥角度与气流扩展角的关系。图 2-46 为某一试验结果。从图中可以看出，在 0°～75°范围内，扩锥角度β_2 增加可使气流扩展角 φ 减小，回流区变短。但当扩锥角度达到 120°时，气流扩展角突然增加，回流区也增加。这一现象的原因可能是当扩锥角度增加时，扩锥后的负压增加，反而使气流更快闭合。

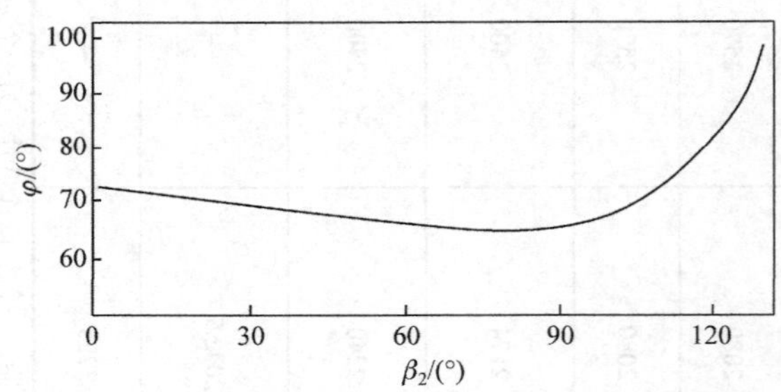

图 2-46 轴向可动叶轮式旋流煤粉燃烧器的扩锥角度与气流扩展角的关系[1]

一般一次风管缩进风口一段距离，这一区段称为预混段，在这里一次风和二次风开始混合。试验发现，由于二次风对一次风有引射作用，一次风压可以比较低。预混段越长，引射作用越大。但是，预混段太长，气流扩展角和回流区减小，一、二次风过早混合对着火不利，影响燃烧稳定性。一般认为，轴向可动叶轮式旋流煤粉燃烧器的预混段的长度为 100～200mm 是适宜的。一次风阻力系数约为 1.25，一次风压可为 0～300Pa，由表 2-8 可知，在四种旋流煤粉燃烧器中，轴向可动叶轮式旋流煤粉燃烧器的一次风阻力系数是最小的。

哈尔滨锅炉厂在武汉热电厂和富拉尔基热电厂的HG230/100-1型锅炉上对轴向可动叶轮式旋流煤粉燃烧器进行过较详细的试验研究。在武汉热电厂，燃烧器装在墙两侧，每侧各三只；在富拉尔基热电厂，燃烧器分两排布置在前墙，每排各四只。轴向可动叶轮式旋流煤粉燃烧器的结构特性和设计参数如表 2-10 所示。

表 2-10　轴向可动叶轮式旋流煤粉燃烧器的结构特性和设计参数[1]

<table>
<tr><th colspan="3">厂名</th><th>武汉热电厂</th><th>富拉尔基热电厂</th></tr>
<tr><td rowspan="12">结构特性</td><td rowspan="2">直径</td><td>一次风管/mm</td><td>480</td><td>54</td></tr>
<tr><td>二次风管/mm</td><td>810</td><td>926</td></tr>
<tr><td rowspan="2">截面积</td><td>一次风管/m²</td><td>0.171</td><td>0.264</td></tr>
<tr><td>二次风管/m²</td><td>0.31</td><td>0.4</td></tr>
<tr><td colspan="2">中心管直段/mm</td><td>108×7</td><td>159×4.5</td></tr>
<tr><td colspan="2">预混段长度/mm</td><td>320</td><td>525③</td></tr>
<tr><td colspan="2">扩口/mm</td><td>100×15</td><td>0</td></tr>
<tr><td colspan="2">扩锥/mm</td><td>ϕ280，L150</td><td>ϕ330，L150</td></tr>
<tr><td rowspan="4">叶轮</td><td>叶片数目</td><td>16①</td><td>16</td></tr>
<tr><td>叶片角度/(°)</td><td>65②</td><td>65</td></tr>
<tr><td>叶片高度/mm</td><td>225</td><td>225</td></tr>
<tr><td>螺旋角/(°)</td><td>25</td><td>25</td></tr>
<tr><td rowspan="6">设计参数</td><td rowspan="2">风速/(m/s)</td><td>一次风</td><td>23</td><td>21</td></tr>
<tr><td>二次风</td><td>33</td><td>37</td></tr>
<tr><td rowspan="2">风比/%</td><td>一次风</td><td>30</td><td>42.5</td></tr>
<tr><td>二次风</td><td>70</td><td>57.5</td></tr>
<tr><td rowspan="2">风温/℃</td><td>一次风</td><td>250</td><td>70</td></tr>
<tr><td>二次风</td><td>340</td><td>350</td></tr>
</table>

注：①后改为 12 片。
②后改为 60°。
③后改为上层 200mm，下层 150mm。

试验结果表明，轴向可动叶轮式旋流煤粉燃烧器有很好的调节性能，叶轮拉出距离 a 的有效调节范围为 0～100mm，当 a 从 0 增加到 50mm 时，扩展角和回流区变化显著，当 a 增加到 100mm 时，变化不大，回流区逐渐减小，大于 100mm 以后，回流区基本消失。例如，武汉热电厂的冷态试验表明，当 a 从 0 增加到 50mm 时，气流扩展角由 50°减少到 29°，回流区的直径和长度分别由ϕ600mm 和 1200mm 减小到ϕ300mm 和 800mm。热态试验结果也证明了上述情况，在距离燃烧器出口

1000mm 处测量烟气温度，当 a=10mm 时，温度在 1200℃以上的区域为ϕ2000mm；当 a =50mm 时，仅为ϕ800mm；当 a =100mm 时，火焰温度均在 1200℃以下。在前面已经讨论过叶轮的调节范围和它的结构特性有关，这里不再叙述。如果减小叶片倾斜角，则 a 的调节范围可以扩大。

轴向叶片的倾斜角对燃烧器的工作有很大影响。例如，武汉热电厂的经验表明，原设计倾斜角β=65°造成二次风阻力太大，阻力系数为 7.4，二次风压为 2800Pa。二次风量不足造成燃烧不稳定，将叶片倾斜角减小到 60°，叶片数目由 16 片减少到 12 片，燃烧情况得到改善，叶轮的调节性能也得到改善。应当指出的是，叶片数目减少后，导流作用变差，叶片出口处实际气流的倾斜角还要小，表明还应当选用更小的倾斜角。我国的运行经验表明，对于褐煤和烟煤，叶片倾斜角β可为 50°～60°。

在燃烧工况正常的情况下，燃烧器出口一定距离内(250mm)的温度一般仅为 1000℃左右，低于灰熔点，故燃烧器出口不会结渣。此外，由于具有一定长度的预混段，燃烧器不易损坏。与双蜗壳式旋流煤粉燃烧器相比，火焰比较窄，两侧水冷壁结渣的可能性也较小，哈尔滨锅炉厂推荐，两侧燃烧器距水冷壁的距离可为 2～2.2m。

在谏壁电厂 HG410/100-1 型锅炉上，用小风车测量轴向可动叶轮式旋流煤粉燃烧器出口的气流结构，并进行火花摄影。试验时投一台磨煤机，燃烧器的一次风率分别为 30%和 40%，测定不同叶轮位置对出口气流结构的影响，试验结果如表 2-11 所示。

表 2-11　轴向可动叶轮式旋流煤粉燃烧器出口气流结构[1]

叶轮位置 a/mm	一次风率 30%						一次风率 40%					
	一次风速 W_1/(m/s)	二次风速 W_2/(m/s)	气流扩展角/(°)	回流区无因次最大直径 d_h/d	回流区最大直径距出口距离/mm	回流区无因次长度 l_h/d	一次风速 W_1/(m/s)	二次风速 W_2/(m/s)	气流扩展角/(°)	回流区无因次最大直径 d_h/d	回流区最大直径距出口距离/mm	回流区无因次长度 l_h/d
0	17.25	24.3	飞边	—	—	—	23.2	18.2	飞边	—		—
30	18.75	25.3	72	0.89	1000	3.12	23.2	18.2	—	—	—	—
50	18.1	23.3	73	0.82	630	2.89	23.2	18.2	70	0.67	1000	2.44
70	18.1	23.3	63	0.56	600	2.45	23.2	18.2	76	0.56	800	2.11
100	18.1	23.3	57	0.53	680	1.56	24.4	18.2	71	0.51	920	2.0
130	18.1	23.3	47	0.4	800	1.65	24.4	18.2	71	0.4	860	1.89
150	18.1	23.3	45	0.22	640	1.38	23.2	18.2	70	0.22	860	1.56

注：d 为燃烧器二次风出口直径；d_h 为回流区最大直径；l_h 为回流区长度。

通过试验可以得到如下结论。

(1) 调节叶轮位置可以改变出口气流扩展角和回流区的大小；其调节范围与一次风率有关。一次风率为 30%时，扩展角和回流区的变化范围较大；一次风率增加到 40%时，扩展角的变化不大。

(2) 叶轮拉出距离 a =0 时，出口气流为飞边状，即开放气流。

图 2-47 为南京热电厂 SG 400t/h 锅炉轴向可动叶轮式旋流煤粉燃烧器冷态试验时测得的回流区形状(水平方向)。

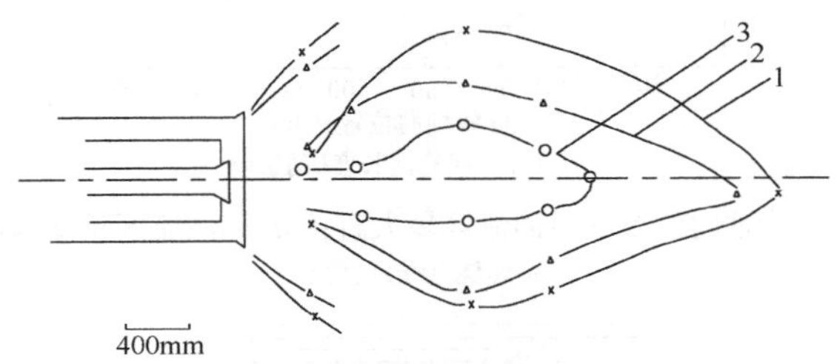

图 2-47　轴向可动叶轮式旋流煤粉燃烧器的出口气流回流区形状(冷态)[1]

1、2、3 分别表示叶轮轴向位置在 0mm、40mm、75mm 时的情况

图 2-48 为三个电厂轴向可动叶轮式旋流煤粉燃烧器的叶轮轴向位置对回流区最大直径和长度的影响。由图可见，随着叶轮轴向位置的改变，回流区的直径和长度变化明显，不同的电厂变化幅度不同。

轴向可动叶轮式旋流煤粉燃烧器在结构方面存在的主要问题是叶轮调节机构有时会卡死。现在制造厂已经积累了一些经验，其中主要有：叶片焊在锥形套筒内后，由于变形，内环有椭圆度，故应在其内圆车一刀；内环和一次风管之间的距离应在 5mm 以上；传动杆和叶轮套筒应该用螺栓连接，如图 2-49 所示，传动杆稍有偏斜仍可拉动，不致卡死；小滚轮直径应在 50mm 左右，不宜太小；在叶轮活动范围内，一次风管应尽量避免有焊缝，如有焊缝应将凸出部分铲平磨光。有的制造厂采用两根传动杆，用蜗轮蜗杆连接，同时拉进拉出。

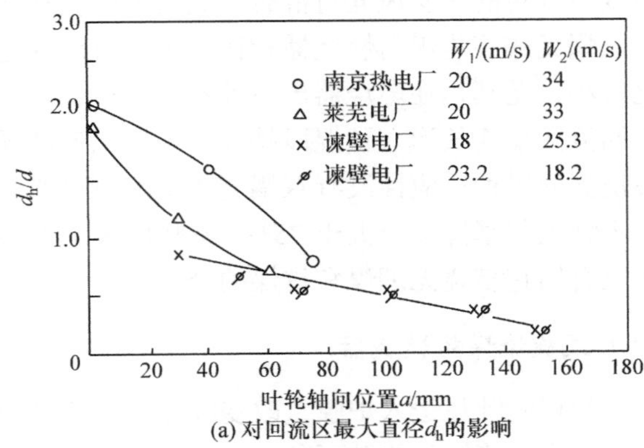

(a) 对回流区最大直径d_h的影响

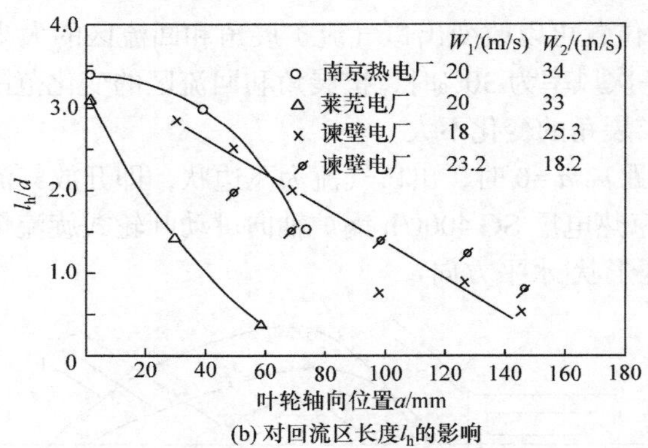

(b) 对回流区长度l_h的影响

图 2-48　叶轮轴向位置 a 对回流区最大直径 d_h 和回流区长度 l_h 的影响[1]

d-燃烧器喉口直径

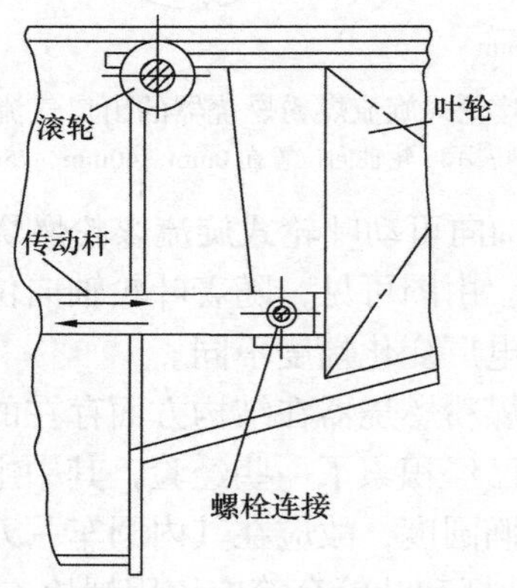

图 2-49　叶轮的传动机构[1]

轴向可动叶轮式旋流煤粉燃烧器的一次风进口处装有舌形挡板，可以调节一次风做正、反方向的旋转，但阻力较大，运行中一般不进行调节。由于二次风在预混段内和弱旋转或不旋转的一次风先行混合，其旋流强度在离开燃烧器前就有所衰减。因此，与双蜗壳式旋流煤粉燃烧器相比，轴向可动叶轮式旋流煤粉燃烧器的气流扩展角比较小，尤其是在燃烧器出口处不设扩口，且一次风出口不设扩锥的情况下，中心回流区呈狭长形。预混段越长，中心回流区越窄小。轴向可动叶轮式旋流煤粉燃烧器的煤种适应性没有双蜗壳式旋流煤粉燃烧器广，其在我国早期主要用来燃烧干燥无灰基挥发分大于 25%、发热值大于 16.8MJ/kg 的烟煤和褐煤，我国暂时还没有用它燃烧无烟煤和贫煤的经验。

4. 切向可动叶片式旋流煤粉燃烧器

二次风通过可动的切向叶片送入炉膛，改变叶片的角度可使二次风产生不同的旋流强度。一次风分为不旋转和旋转两种。

图 2-50 所示的切向可动叶片式旋流煤粉燃烧器是美国巴威公司早期产品的典型设计。

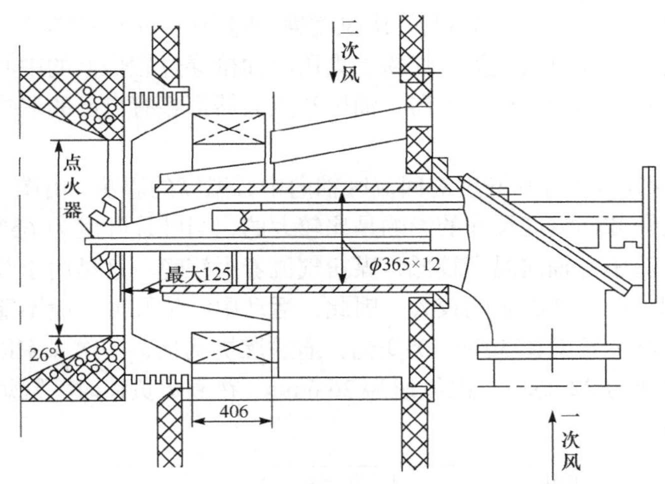

图 2-50　切向可动叶片式旋流煤粉燃烧器(单位：mm)[1]

淮南电厂 OP-380 型锅炉上装有切向可动叶片式旋流煤粉燃烧器 24 只，分成 6 层，4 只一排布置于前墙，配 6 台 E-70 中速磨煤机，其中 1 台备用，燃用 $Q_{net,ar}$ =19.33MJ/kg 的烟煤，并可燃用 $Q_{net,ar}$ =16.12MJ/kg 的烟煤。

切向可动叶片式旋流煤粉燃烧器的二次风道内装有 8 片可动叶片，改变叶片的角度可使二次风产生不同的旋流强度。二次风出口直径为 659mm，出口端用耐火塑料砌成带 52°的扩口，与水冷壁齐平。一次风管尺寸为 ϕ365mm × 12mm，缩进燃烧器喉部，形成 400mm 左右的预混段，以适应高挥发分烟煤的燃烧。一次风出口处设有多层盘式稳焰器，如图 2-51 所示，直径为 326mm，锥角为 75°。稳焰

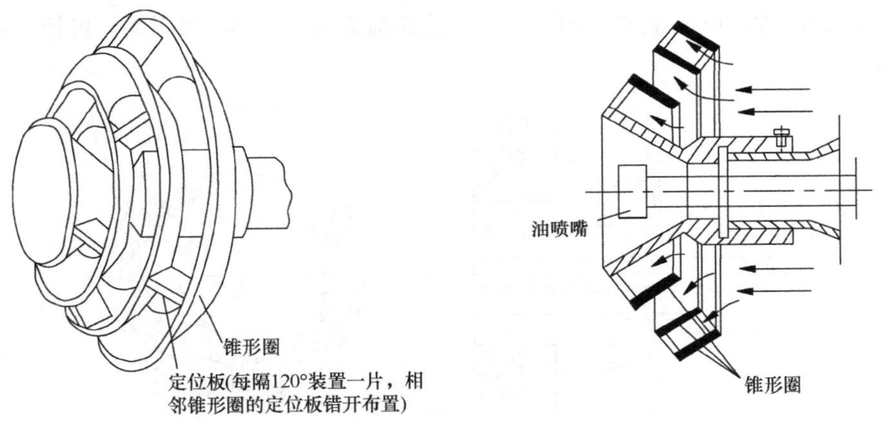

图 2-51　多层盘式稳焰器[1]

器后形成一个高温烟气的回流区，可使一次风产生轻度旋转，并可将一次风引进二次风中，以改善煤粉和空气的混合。稳焰器可通过遥控气缸沿轴向移动，以调节回流区的形状和大小。稳焰器与一次风喷嘴的间隙设计调整范围为 50～125mm。

燃烧器配有自动点火装置，煤粉点火用的油枪穿过燃烧器的中心，同时还设有一个供自身点火用的气体点火器。油枪和点火器都各有自己的遥控气缸，可以沿轴向移动。

图 2-52 为旋流器叶片开度对回流区轴向中心温度的影响。由图可知，叶片开度对气流扩展角和回流区尺寸的影响是比较大的，当叶片开度为 65%、80%时，燃烧器出口气流中心轴向温度较低，煤粉气流着火较晚。这是由于叶片开度对气流扩展角和回流区尺寸的影响较大。因此，运动中叶片开度一般不能大于 60%。燃烧烟煤时，叶片角度在 30°～50°变化，通过燃烧调整，一次风率以 26%～27%为宜，一次风速为 22m/s，二次风速为 26.6m/s。在额定负荷时，锅炉热效率可以稳定在 92%以上。

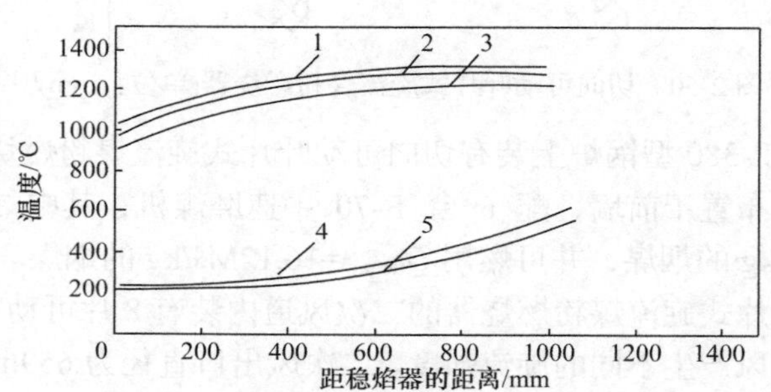

图 2-52 燃烧器出口气流中心轴向温度分布[1]

切向叶片开度 1-31%；2-40%；3-60%；4-65%；5-80%

稳焰器容易磨损，运行一段时间就要定期更换，现在已经很少使用。

图 2-53 为苏联制造的切向可动叶片式旋流煤粉燃烧器，利用蜗壳可使一次风旋转。

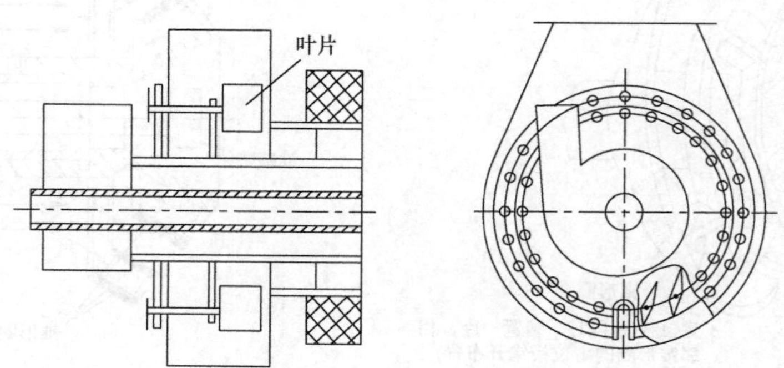

图 2-53 苏联制造的切向可动叶片式旋流煤粉燃烧器[1]

山东黄岛发电厂 3 号、4 号锅炉为苏联制造的 ЕП670-13.8-545KT 型超高压一次再热、单汽包、自然循环、固态排渣煤粉炉，于 1989 年 12 月投入运行。锅炉为双膛 T 形布置，采用膜式水冷壁，制粉系统为中储式钢球磨煤机热风送粉系统。燃烧器为切向可动叶片式旋流煤粉燃烧器，一次风的旋流器为蜗壳式，二次风的旋流器为切向叶片式，一次风、二次风的旋转方向相同，燃烧器中心管内设有点火油枪和火焰检测器。16 只旋流煤粉燃烧器分两层于两侧墙对冲布置，每侧墙 8 只，标高分别为 13600mm 和 18100mm，8 只三次风口置于两侧墙主燃烧器之上，标高为 20600mm。锅炉的设计煤种为晋中贫煤，切向可动叶片式旋流煤粉燃烧器的设计参数见表 2-12[6]。

表 2-12　切向可动叶片式旋流煤粉燃烧器的设计参数

参数	一次风	二次风	三次风
喷口截面积/m^2	0.16	0.629	0.174
风率/%	13.2	63.2	18.7+5.1
风温/℃	268	379	120
风速/(m/s)	20	29	39.7
阻力/Pa	798	812	786

锅炉自投运以来，可以保证安全稳定运行。锅炉低负荷性能不好，一般在 160～190MWe(约 80%)负荷时就需投油助燃，煤质较差时，190MWe(90%)负荷就要投油助燃；锅炉运行中固体不完全燃烧损失偏大，飞灰及炉渣可燃物含量大，据厂方提供的资料，飞灰可燃物含量在 20%以上。前墙水冷壁燃烧器区被严重腐蚀，给锅炉的安全运行带来很大威胁，同时还存在 NO_x 排放量大的问题。

5. *旋流预燃室燃烧器*

为了提高低挥发分和劣质煤的着火与低负荷时燃烧的稳定性，20 世纪 80 年代由清华大学热能工程系和北京锅炉厂、内蒙古电力科学研究院合作开发了一种带有预燃室的旋流煤粉燃烧器[15-17]。图 2-54 为煤粉预燃室示意图。

煤粉预燃室的工作原理是：煤粉空气混合物通过一次风管 1 经过轴向旋流叶片 2，送入带有圆锥形进口端盖的圆筒形预燃室 4。一次风进口处圆锥形端盖的作用是把受限的一次风旋转气流引向壁面。图 2-55 为预燃室中气流的轴向速度分布。由图可知，此时预燃室中央为一很大的反流区，它能把高温烟气反向引回到一次风的根部。预燃室燃烧器的二次风为两股，主要部分为根部二次风，它经过不旋转的直叶片进入预燃室。另一部分出口二次风在预燃室出口附近通过直叶片或带有旋流倾角的叶片送入。直流的根部二次风并不破坏预燃室的中央反流区，相反却能增大反流量，并使筒壁面不积存煤粉和灰粒，有利于预燃室的长期安全运行。

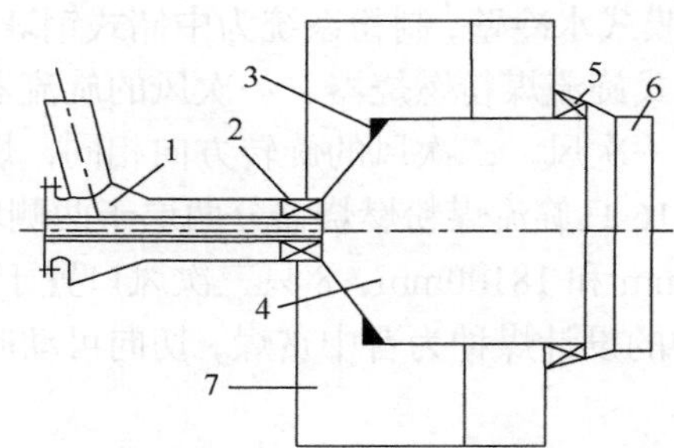

图 2-54　煤粉预燃室示意图[15]

1-一次风管；2-轴向旋流叶片；3-根部二次风；4-圆筒形预燃室；5-出口二次风；6-预燃室出口；7-二次风箱

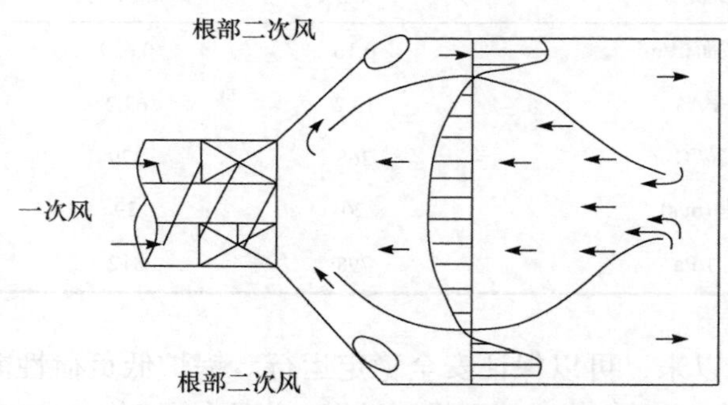

图 2-55　预燃室中气流轴向速度的分布[15]

图 2-56 为我国工程实用的旋流煤粉预燃室中所测得的温度场，以及通过数值计算得到的不同粒径的煤粉颗粒在燃烧过程中的平均运动轨迹。图中的温度分布是在一次风的旋流强度 S=0.28、燃烧大同烟煤煤粉时试验测得的结果。由图可知，计算所得的不同粒径的煤粉的运动轨迹集中在温度约为 900℃的高温区域。计算表明，此处煤粉的局部浓度为每千克空气中含有 1～3kg 煤粉，比原来一次风中的煤粉浓度(为每千克空气中含有 0.3～0.5kg 煤粉)高得多。同时，由试验可知，在此局部区域中的氧浓度也比较高，约为 10%。这个具有高浓度煤粉、高温度和较高氧浓度的局部区域，简称“三高区”，就是保持煤粉能稳定着火的“煤粉着火区”(图 2-56)。

试验表明，当一次风的旋流强度 S>0.6 时，预燃室中不能形成“三高区”，煤粉不易着火，火焰不易稳定，原因为：当一次风的旋流强度较小时，煤粉比气体有较大的轴向运动惯性，这使煤粉和与其一起喷出的气体产生相对的滑移和分离，气体较多地贴着圆筒的壁面流动，煤粉则在反流区边缘附近集中。煤粉颗粒在此局部区域中被迅速加热、升温，很快析出挥发物并着火燃烧，这就形成有利于煤

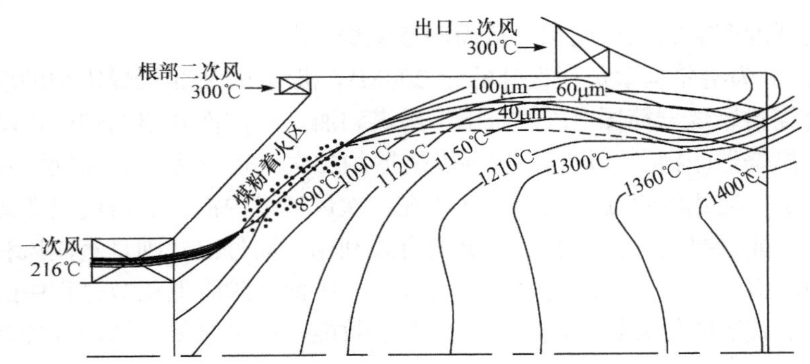

图 2-56　旋流煤粉预燃室中的温度分布和燃烧过程中不同粒径(20～100μm)煤粉颗粒的平均运动轨迹[15]

粉稳定着火的“三高区”。合理设计的预燃室在煤粉颗粒通过此“三高区”着火后，由于根部二次风和出口二次风的及时送入，着火后的煤粉分散到含氧充分的主气流中，因此有利于煤粉的继续燃烧和燃尽。但如果一次风的旋流强度过大(S>0.6)，由于离心力的作用，煤粉颗粒会被迅速甩向筒壁而处于温度不高的主气流中，无法形成“三高区”。这时不但燃烧不易稳定，而且煤粉很容易在圆筒壁面堆积，这与喷入炉膛大空间的旋流煤粉燃烧器采用较大的旋流强度(一般 S>0.6)不同。一般煤粉预燃室燃烧器一次风轴向叶片的倾斜角为 20°～35°，一次风的旋流强度采用 S=0.3～0.45。

由于煤粉预燃室中的气流组织合理，“三高区”使煤粉火焰的稳定性比一般的煤粉燃烧器好得多。在燃烧烟煤、贫煤或褐煤时，只需用一次风管中心插入的小油枪喷少量油即可将煤粉气流点燃。对易着火的煤，在热风送粉时，甚至只需用油棉纱即可将煤粉气流引燃，并保持稳定燃烧。因此，预燃室在锅炉冷炉启动时可以节约 80%以上的点火用油，在锅炉低负荷运行时可节约全部助燃用油。由于煤粉预燃室的上述特点，20 世纪 80 年代，其在我国许多煤粉锅炉上得到推广，获得了很大的经济效益。

2.4.2　分级燃烧型旋流煤粉燃烧器

分级燃烧型旋流煤粉燃烧器是指二次风通过燃烧器分两级或两级以上送入炉内，一次风粉混合物没有浓缩的旋流煤粉燃烧器。具备此特征的有双通道外混式旋流煤粉燃烧器、双调风旋流煤粉燃烧器、SM 型旋流煤粉燃烧器、MSM 型旋流煤粉燃烧器等，下面进行详细介绍。

1. 双通道外混式旋流煤粉燃烧器

一次风以直流的形式喷入炉膛，二次风分成两部分，大部分经过轴向固定叶片后由旋流二次风道进入炉内，另一小部分以直流的形式由直流二次风道以较高速度喷入炉膛。一次风管中有时安装文丘里装置，通过改变旋流和直流二次风入口挡板的开度调节其风量比例，从而调节燃烧工况。

图 2-57 为哈尔滨锅炉厂设计的配 200MW 机组 670t/h 褐煤锅炉的双通道外混式旋流煤粉燃烧器简图[1]，可通用于褐煤和油。与前面介绍的轴向可动叶轮式旋流煤粉燃烧器(内混式)类似，这种燃烧器的二次风也分为直流和旋流两部分，所不同的是内混式的直流与旋流二次风在二次风流道内混合后再流出燃烧器，这样既增加了能量损失，又不利于旋流的有效利用。而外混式则是直流风和旋流风从各自的流道流出后，在燃烧过程中再混合。因此，除降低调节过程中的能量损失外，外混式还能使旋转气流发挥其应有的效能，但是这要以结构合理为前提。

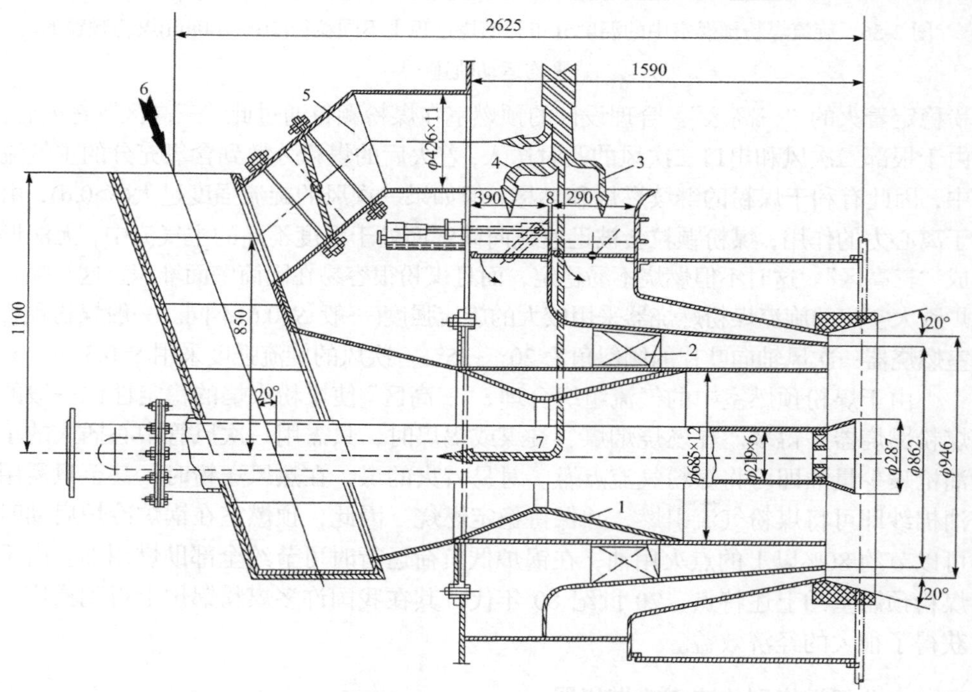

图 2-57　双通道外混式旋流煤粉燃烧器简图(单位：mm)[1]

1-文丘里煤粉均匀装置；2-固定式叶轮旋流器；3-直流二次风流道；4-旋流二次风流道；5-燃油配风风道；6-一次风流道；7-中心风

在图 2-57 所示的燃烧器中，ϕ219mm × 6mm 的中心管中放置油枪和点火装置，并装有中心叶轮。中心管中可以供给一定数量的中心风，以供燃油的需要。一次风管为文丘里管形，与中心管形成环形截面的一次风流道，在一次风管中心处设有扩锥，一次风流道外是旋流二次风，利用轴向叶片使气流产生旋转。最外面是直流二次风，以较高速度喷入炉内。

一、二次风的这种分配，可使这种燃烧器具有将燃烧空气分段供给的特点。一次风和旋流风先进行缺氧燃烧，形成燃料过浓燃烧区，既可产生还原性气氛，又可防止产生局部高温，因此可抑制 NO_x 的生成。外围的直流二次风的作用则是使燃料完全燃烧。这部分二次风的轴向速度衰减比较慢、穿透能力强，不仅能防止煤粉分离，还能把中心的还原性气氛与炉墙隔开，避免结渣和腐蚀。运行中可以通过改变旋流和直流二次风入口挡板的开度调节其风量比例，从而调节燃烧工况。此外，在一次风煤粉空气混合物中还可掺加少量二次风，用以稀释煤粉浓度，以及在燃烧器停运行时冷却喷口。

某电厂 3 号、4 号锅炉是在 410t/h 燃油锅炉的基础上改造成 HG410/9.8YM 型燃煤锅炉的。1 号、2 号锅炉是在 220t/h 燃油锅炉的基础上改造成 HG220/9.8YM 型燃煤锅炉的。

1 号～4 号锅炉为单锅筒、自然循环、集中下水管、“背靠背”型室内布置。锅炉前部为炉膛，炉膛出口处布置屏式过热器，由炉膛出口折焰角的斜坡水冷壁构成水平烟道，水平烟道装设了第二、三级对流过热器。炉顶、水平烟道、转向室和尾部上部炉墙均采用管子包敷。尾部竖井布置第一级过热器和省煤器。410t/h 锅炉炉后布置两台回转式空气预热器，220t/h 锅炉布置一台，由连接烟道将其与尾部竖井相接。过热蒸汽采用两级喷水降温调节。

410t/h 锅炉的炉膛宽度为 11.99m，深度为 8.55m，高度为 30m；220t/h 锅炉的炉膛宽度为 9.96m，深度为 6.92m。八只燃烧器前墙布置，分两层布置在一个大风箱内，410t/h 锅炉燃烧器的标高分别为 6800mm、9200mm；220t/h 锅炉燃烧器的标高分别为 6100mm、8300mm，采用正压直吹式制粉系统，两台中速磨煤机分别为上、下两层燃烧器供粉，无备用磨煤机，采用双通道旋流煤粉燃烧器，即二次风分为旋流和直流两股。燃烧器的旋流器采用抛物线轴向叶片，叶片倾斜角为 65°，遮盖度为 1.4，燃烧器出口距离炉墙有 230mm 长的预混段。燃烧器中心管内设置有点火油枪，单只燃烧器的热功率分别为：410t/h 锅炉，39MWth；220t/h 锅炉，21MWth。燃烟煤的双通道外混式旋流煤粉燃烧器的设计参数如表 2-13 所示。

表 2-13 燃烟煤的双通道外混式旋流煤粉燃烧器的设计参数[6]

参数	一次风	二次风		锅炉容量
		直流二次风	旋流二次风	
喷口截面积/m²	0.1474	0.1232	0.3933	410t/h
	0.08568	0.07434	0.2175	220t/h
风率/%	25	70.83		410t/h 及 220t/h
		25	75	
风速/(m/s)	25.5	40	37	
风温/℃	80	350		

当两台磨煤机运行，且两层燃烧器均投运时，虽然燃烧器直流二次风挡板全

关，旋流二次风挡板全开，但是一般在 70%负荷时就需投油助燃，煤质较差时，80%负荷时就需投油助燃。另外，采用正压直吹式制粉系统应有一台备用磨煤机，由于受到场地限制，在改造设计中没有备用磨煤机，运行中经常出现磨煤机停运现象。当一层燃烧器停运、单层燃烧器运行时，由于燃烧器稳燃性能差，加之大风箱结构，停运燃烧器的供风得不到控制，不投油不能稳燃。以上两方面原因可使锅炉助燃用油量平均每天每台锅炉 15t 以上，每台锅炉每年耗油量在 5400t 以上。锅炉运行中固体不完全燃烧损失偏大，飞灰及炉渣可燃物含量较高，煤质差时更为严重。1994 年 12 月 27 日对 3 号锅炉进行试验，在燃用 $Q_{net,ar}$=17850kJ/kg 煤时，且电负荷分别为 95MWe、90MWe 工况下，炉膛出口过量空气系数分别为 1.33、1.45，飞灰可燃物含量分别为 6.72%、7.85%，炉渣可燃物含量分别为 7.03%、9.18%。

2. 双调风旋流煤粉燃烧器

一次风一般为直流，一次风管内有的没有文丘里装置。双调风旋流煤粉燃烧器的主要特点是将二次风分成两部分，内二次风道中设有轴向可动叶片，外二次风道中安装可调节的切向或轴向叶片，使内、外二次风旋转。一般地，一次风量占 15%～30%，内二次风量占 35%～45%，外二次风量占 55%～65%。调节内、外二次风的比例和气流的旋流强度，可以调节一、二次风的混合。该燃烧器可使 NO_x 排放量大幅度降低，外二次风所占比例较大，因此可以把燃烧中心的还原性气氛和炉墙隔开，以防止炉墙、水冷壁结渣或被腐蚀。

美国巴威公司开发了系列双调风旋流煤粉燃烧器[15,18,19]。由于环保的需要，20 世纪 70 年代初美国巴威公司在原有的单调风圆形旋流煤粉燃烧器的基础上开发了双调风旋流煤粉燃烧器(图 2-58)，并于 1978 年将其设计上升到标准。这种燃

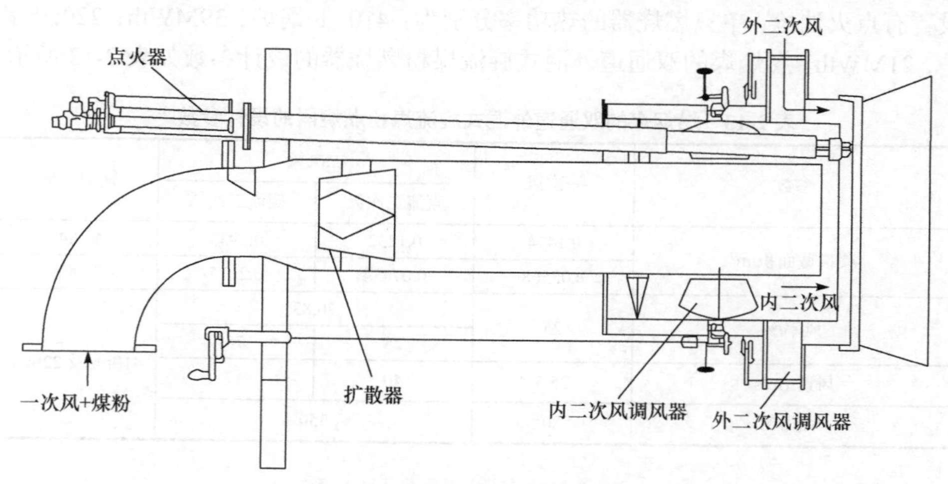

图 2-58 双调风旋流煤粉燃烧器[19]

烧器的一次风管外围设有两个分别控制的内、外二次风调风器：由轴向叶片组成的内二次风调风器的主要功能是促进着火和稳燃；而切向叶片构成的外二次风调风器主要是在火焰下游供风以完成燃烧。这种燃烧器形成的火焰，其核心是还原性的，在其下游逐步混入二次风。由于旋流强度和燃烧强度可控，因此双调风旋流煤粉燃烧器具有既能降低 NO_x 排放量又可保证燃烧效率的双重功能。同时，由于具有独特的配风方式，双调风旋流煤粉燃烧器可以防止炉膛结焦和高温腐蚀。1974 年 1 月，该型燃烧器获得美国专利。大量的运行经验表明，此类燃烧器的 NO_x 排放量为 330～860mg/m^3，且适合于燃用烟煤。

着火增强型双调风旋流煤粉燃烧器是为低反应活性的煤或含水、含灰多而着火困难的煤设计的。其增强着火的原理是：减小一次风射流的动量，延长煤粉在着火区的停留时间，在短距离内将煤粉加热到着火温度；同时，通过加大二次风动量和提高旋流强度来增加高温烟气的回流，以改善煤粉的着火性能。着火增强型双调风旋流煤粉燃烧器在结构上与常规的双调风旋流煤粉燃烧器相同，只是设计参数不同：一次风速较低，二次风速较高。

经验证明，着火增强型双调风旋流煤粉燃烧器可以经济地燃烧贫煤和水分含量高达 35%的褐煤。该型燃烧器尤其适合于我国市场。北京巴威公司为我国 8 座电厂设计制造的 200MW 和 300MW 锅炉中，就有 6 座电厂采用着火增强型双调风旋流煤粉燃烧器。

对于采用直吹式制粉系统、排粉风作为一次风的旋流煤粉燃烧器，在燃烧低挥发分煤种时，为了改善其着火的稳定性，北京巴威公司研制出一种称为一次风置换型双调风旋流煤粉燃烧器，如图 2-59 所示。这种燃烧器的工作原理是：在直

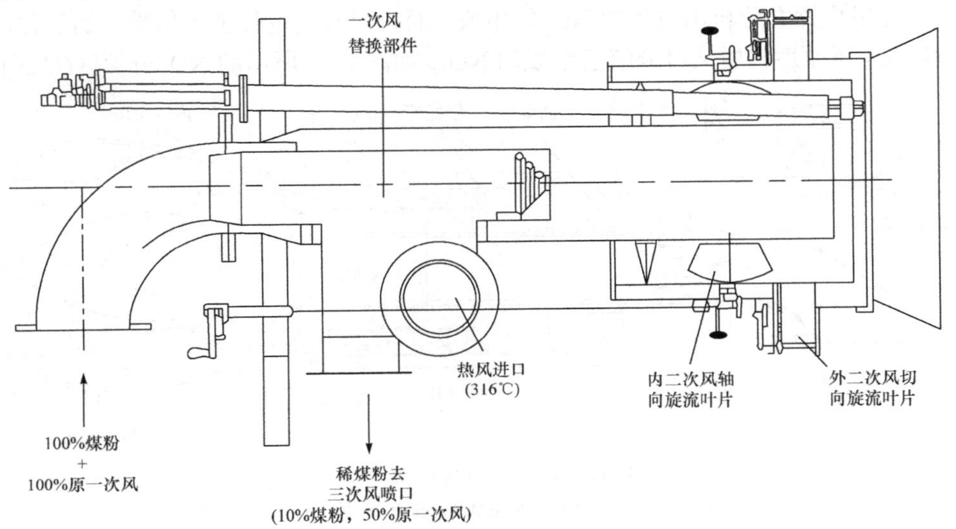

图 2-59　一次风置换型双调风旋流煤粉燃烧器[15,19]

吹式制粉系统把携带煤粉的一次风送入燃烧器时，在燃烧器入口的弯头因惯性分离作用而把携带煤粉的一次风分为两股：一股在弯头中央的稀煤粉，含有 50%原一次风，10%原来的煤粉，作为三次风离开燃烧器，在燃烧器周围另开三次风口喷入炉膛；另一股靠近弯管壁面的 50%浓煤粉，含有 50%原一次风、90%原来的煤粉，进入燃烧器与 316℃的热风混合后喷出，此时一次风不旋转，内二次风通过内二次风轴向旋流叶片、外二次风通过外二次风切向旋流叶片形成旋转气流。在前后墙对冲布置的锅炉上，河北西柏坡发电有限责任公司(简称“西柏坡电厂”)和衡水电厂的锅炉初期就采用该型燃烧器，稳燃性能改善不太大，后又陆续更换为采用热风送粉的着火增强型双调风旋流煤粉燃烧器。目前，我国没有采用此型燃烧器的锅炉。

1985 年，美国巴威公司着手开发的新一代低 NO_x 旋流煤粉燃烧器为轴向控制低 NO_x 双调风旋流煤粉燃烧器。如图 2-60 所示，携带煤粉的一次风混合物经过一次风管中的锥形扩散器后煤粉与空气得以分离，在管道近壁外形成一个高浓度煤粉环，而中间为富氧的低煤粉浓度区。一次风喷口端部装有一个齿形稳焰环，其作用是增加出口处高浓度煤粉环的局部湍流强度以加速传热、着火和煤粉气化，从而形成图 2-60 所示的高温富燃料挥发分析出区(*A* 区)。这就使得煤粉尽可能多地以挥发分的形式燃烧，同时使绝大部分的燃料氮在燃烧过程的早期得以释放出来，只有少量的燃料氮仍残留在焦炭中。由于在内、外二次风道的出口处均装有扩口，不仅阻止了二次风过早地与火焰核心混合，也限制了火焰核心的氧浓度，因此燃烧初期的 NO_x 排放量得以降低。同时，由于二次风的混入受到限制，挥发分部分氧化后会产生还原性物质，这就是图 2-60 所示的还原区(*B* 区)。火焰核心的还原区也能阻止挥发分析出过程中 NO_x 的生成，而且当燃烧过程进入焦炭开始氧化的阶段时，还原性物质又可分解已生成的 NO_x，如图 2-60 所示的 NO_x 分解区(*C* 区)。

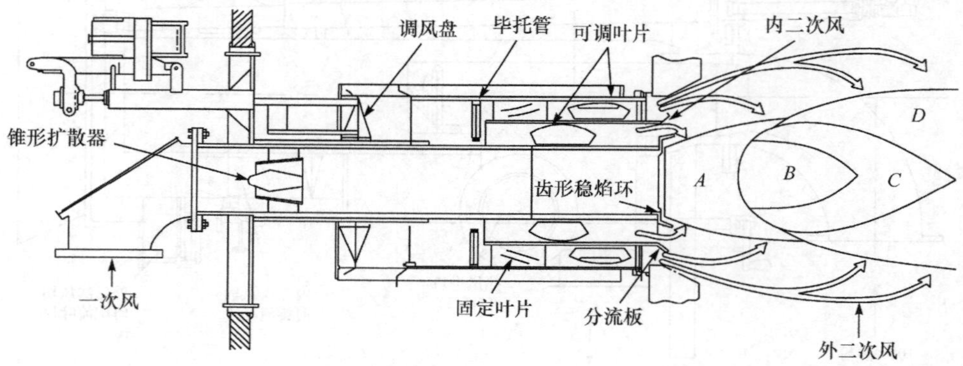

图 2-60　轴向控制低 NO_x 双调风旋流煤粉燃烧器[18]

A-高温富燃料挥发分析出区；*B*-还原区；*C*-NO_x 分解区；*D*-焦炭氧化区

燃烧过程进入焦炭氧化区(*D* 区)后，由于火焰温度峰值的降低和氧浓度的衰减，燃尽过程中 NO_x 的生成也受到限制。

根据位于内、外二次风入口的环形毕托管测得的二次风流量信号，调节位于一次风管筒体上的二次风调风盘位置来控制二次风总风量，再由毕托管下游的调风器控制旋流强度和回流区。内调风器由轴向可调叶片组成，其作用是保证煤粉气流的着火和稳燃。外二次风是二次风的主流，其调风器由二级叶片组成。前面一级是轴向固定叶片，其作用是改善气流沿周向分布的均匀性；后面一级是轴向可调叶片，其作用则为产生旋流并使这部分二次风均匀而有效地混入火焰。

此外，轴向控制低 NO_x 双调风旋流煤粉燃烧器采用较多的耐热不锈钢材料，解决了双调风旋流煤粉燃烧器易出现的过热、变形和卡涩等问题。在有些情况下，为缩短火焰长度(如单墙燃烧或老厂燃烧器改造)，有必要在一次风管的出口处加装阻流扩散器，但这样会影响低 NO_x 燃烧的效果。

美国俄亥俄州爱迪生公司的埃奇沃特电站 4 号锅炉(出力为 313t/h)采用了 12 只轴向控制低 NO_x 双调风旋流煤粉燃烧器。该燃烧器安装之前，机组配的是美国巴威公司的圆形燃烧器。两种燃烧器的性能比较如表 2-14 所示。

表 2-14　313t/h 锅炉采用轴向控制低 NO_x 双调风旋流煤粉燃烧器的改造结果(满负荷，额定过剩空气系数)[18]

		燃烧调整后的圆形燃烧器	轴向控制低 NO_x 双调风旋流煤粉(带阻流扩散锥)	
			初期效果	燃烧调整后
NO_x	$lb/10^6$ Btu①	0.89	0.53	0.47
	mg/m^3	1095	652	578
CO(折算到 3%基准氧含量)/ppm		20	115	60
飞灰可燃物含量/%		2.2	2.8	6.0
降低 NO_x/%		0(基准)	40.4	47.2

注：① 1Btu=1.055kJ。

表 2-15 列出了 1992 年以前美国巴威公司老厂改造的另外几个实例。

表 2-15　轴向控制低 NO_x 双调风旋流煤粉燃烧器的应用效果(美国巴威公司老厂改造)[19]

用户	电站	容量/MW	燃烧方式	原有燃烧器	燃烧器数量/只	收到基高位发热量/(kJ/kg)	w_{FC}/%	w_{VM}/%	w_N/%	w_{FC}/w_{VM}	改造前 NO_x②	改造后 NO_x②	降低 NO_x/%
黑山电力与照明	尼尔辛普森 5①	22	单墙燃烧	intervane①	2×2	18608	30.45	31.75	0.46	0.96	1353	455	66.4
阿拉巴马电力公司	加斯顿 2#	248	对冲燃烧	圆形	2×9	30275	53.07	35.51	1.32	1.49	984	492	50.0

续表

用户	电站	容量/MW	燃烧方式	原有燃烧器	燃烧器数量/只	收到基高位发热量/(kJ/kg)	w_{FC}/%	w_{VM}/%	w_N/%	w_{FC}/w_{VM}	改造前 NO_x②	改造后 NO_x②	降低 NO_x/%
有色公共服务公司	阿拉帕霍 4#	100	顶部燃烧	缝隙式	3×4	25812	44.90	35.10	1.48	1.28	1415	492	65.2
俄亥俄州爱迪生公司	萨米斯 6#	623	对冲燃烧	单元组合	2×18	29075	50.00	33.96	1.33	1.47	1661	492	70.4

注：①FW(Foster Wheeler)制造。

②单位：mg/m³。

在轴向控制低 NO_x 双调风旋流煤粉燃烧器的基础上开发了 DRB-4Z 燃烧器，与图 2-60 所不同的是：二次风通过一次风道外侧的三个环形风道进入燃烧器，在一次风道和内二次风之间又增加了一个直流二次风。2004 年西柏坡电厂 2 台新建 600MW 机组锅炉采用了 DRB-4Z 燃烧器。该燃烧器分三层前后墙布置，每层 6 只燃烧器。在燃烧器的上方布置一层燃尽风口，每侧 8 只，共 16 只燃尽风口。燃用烟煤的 NO_x 排放约为 400mg/m^3(折算到 6%基准氧含量)。该燃烧器还可以燃油和燃气。

图 2-61 为德国巴威公司开发的双调风低 NO_x 旋流煤粉燃烧器。它与图 2-58 所示的燃烧器不同的是，其外二次风不旋转，因此可进一步推迟二级燃烧空气与火焰混合的时间，以尽可能地减少在着火区内 NO_x 的生成量。当单独采用这种燃烧器时，可以使 NO_x 的排放浓度降低 50%。

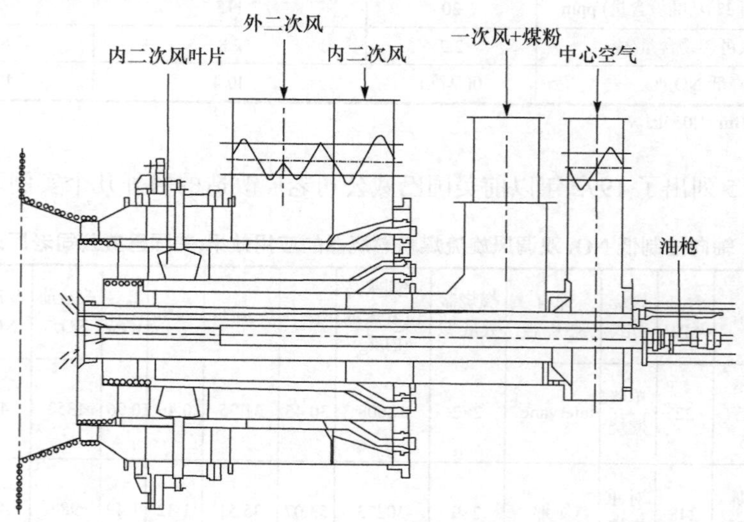

图 2-61　德国巴威公司开发的双调风低 NO_x 旋流煤粉燃烧器[15]

3. SM 型旋流煤粉燃烧器

图 2-62 为德国斯坦米勒公司设计的 SM 型分级燃烧低 NO_x 旋流煤粉燃烧器。由图 2-62 可知，一次风煤粉混合物不旋转，二次风通过二次风轴向叶片形成旋转气流，一、二次风量占燃烧所需总空气量的 80%～90%，从而在燃烧器喷口外形成富燃料燃烧。燃料完全燃烧所需的其余空气，从燃烧器喷口周边外一定距离处对称布置的四个二级燃烧空气喷口送入炉膛。由于二级燃烧空气为不旋转的自由射流，与富燃料燃烧的火焰在一定距离后相混合，不仅能延迟燃烧过程的时间，也能降低火焰的温度，从而抑制 NO_x 的形成。

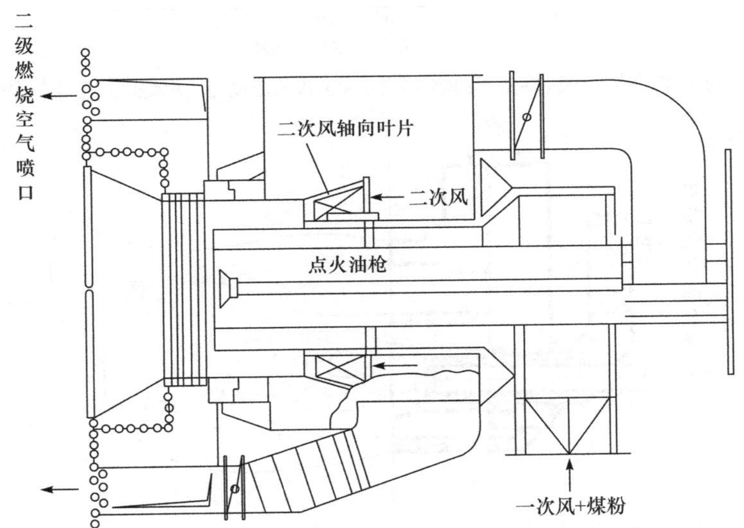

图 2-62　德国斯坦米勒公司设计的 SM 型分级燃烧低 NO_x 旋流煤粉燃烧器[15]

图 2-63 为容量为 150～750MWe 的固态排渣煤粉炉采用 SM 型分级燃烧低 NO_x 旋流煤粉燃烧器后，在燃烧烟煤、锅炉满负荷运行时所测得的 NO_x 排放浓度与主燃烧区过量空气系数的关系。由图可知，当主燃烧区过量空气系数为 0.85 时，对于不同的锅炉，NO_x 排放浓度为 500～700mg/m^3。NO_x 排放浓度的变化范围较大，是因为 NO_x 排放浓度还受具体锅炉燃烧煤种的氮含量、炉膛及燃烧器的布置和运行参数等因素影响，这种燃烧器在我国没有得到广泛应用。

4. MSM 型旋流煤粉燃烧器

为了提高燃料着火的稳定性和进一步降低 NO_x 的生成量，德国斯坦米勒公司开发了一种按照多级燃烧原理设计的 MSM 型低 NO_x 旋流煤粉燃烧器，如图 2-64 所示。

由图 2-64 可知，1 为中心旋流煤粉燃烧器喷口，在此喷口附近形成的一次火

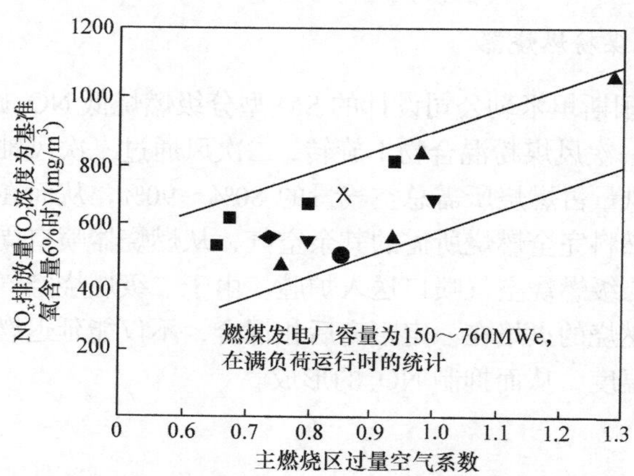

图 2-63 SM 型分级燃烧低 NO_x 旋流煤粉燃烧器的 NO_x 排放浓度与主燃烧区过量空气系数的关系[15]

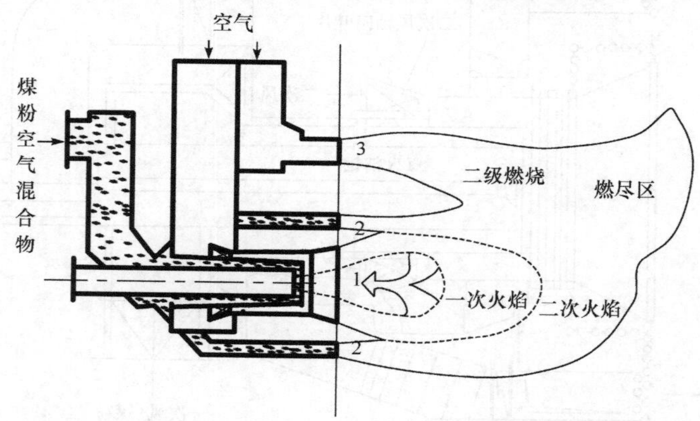

图 2-64 德国斯坦米勒公司设计的 MSM 型低 NOx 旋流煤粉燃烧器示意图[15]

1-过量空气系数略小于 1 的中心旋流煤粉燃烧器喷口；2-过量空气系数明显小于 1 的第二级煤粉空气混合物喷口；3-完全燃烧所需的第三级空气喷口

焰是在接近理论燃烧空气量的条件下进行的，因此可以保证煤粉在锅炉运行的全部负荷范围内有很高的着火稳定性。在距中心旋流煤粉燃烧器喷口一定距离处，沿半径方向布置有四个对称的第二级煤粉空气混合物喷口 2，通过此喷口，煤粉在过量空气系数明显小于 1 的条件下被送入炉膛，并在距喷口一定距离后和一次火焰混合，形成富燃料燃烧的二次火焰。保证煤粉完全燃烧的其余空气由第三级空气喷口 3 送入炉膛，形成第二级燃烧，并在燃尽区将煤粉燃尽。

概括起来，MSM 型旋流煤粉燃烧器的基本原理是：其一次火焰保证煤粉的稳定着火过程；二次火焰是富燃料燃烧，不但可以抑制 NO_x 的生成，而且在一次火焰中产生的 NO_x 在二次火焰的还原性气氛中会重新热解成分子氮；同时，二次火焰不仅推迟了燃烧过程，使火焰温度降低，也抑制了燃尽区 NO_x 的生成。

2.4.3　浓缩型旋流煤粉燃烧器

浓缩型旋流煤粉燃烧器是指一次风粉混合物经过浓缩后通过提高煤粉浓度来改善煤粉的着火及燃烧条件的旋流煤粉燃烧器。一次风粉混合物经过浓缩一般分成两股，即煤粉浓度较高的浓煤粉气流和煤粉浓度较低的淡煤粉气流。浓煤粉气流由燃烧器喷入炉内，淡煤粉气流在炉膛某一位置单独送入炉膛的旋流煤粉燃烧器为高浓度型旋流煤粉燃烧器。浓、淡煤粉气流都由燃烧器一次风道分层喷入炉膛的旋流煤粉燃烧器称为浓淡型旋流煤粉燃烧器。根据浓、淡煤粉气流靠近燃烧器中心位置的不同，又分为内浓外淡型旋流煤粉燃烧器和外浓内淡型旋流煤粉燃烧器。由燃烧器中心沿径向向外布置浓煤粉气流、淡煤粉气流，则为内浓外淡型旋流煤粉燃烧器；由燃烧器中心沿径向向外布置淡煤粉气流、浓煤粉气流，则为内淡外浓型旋流煤粉燃烧器。

1. 高浓度型旋流煤粉燃烧器

1) 苏联高浓度型旋流煤粉燃烧器

苏联在一台 300MWe 的 TПП-210A 型锅炉上对旋流煤粉燃烧器进行了煤粉浓缩燃烧试验。浓度高达 40～50kg(煤)/kg(空气)的煤粉空气混合物从新设置的一根细管中，由压气泵通过压缩空气输送，一次风管变成只输送空气的管道。煤粉在送到燃烧器出口之前，在燃烧器内选好合适的位置“注射”到一次风中，形成煤粉浓度为 0.9kg/kg 左右的一次风煤粉气流再进入炉膛燃烧。结果表明，煤粉气流着火提前，排烟中 NO_x 大为降低。

2) 一次风置换型双调风旋流煤粉燃烧器

在分级燃烧型旋流煤粉燃烧器中介绍的一次风置换型双调风旋流煤粉燃烧器(图 2-59)，通过热风置换了含 50%原一次风和 10%煤粉，提高了煤粉浓度，因此也属于高浓度型旋流燃烧器。

3) 带有外置煤粉分离器的旋流煤粉燃烧器

为了降低 NO_x 浓度，波兰开发了一种带有外置煤粉分离器的旋流煤粉燃烧器(图 2-65)[20]。从磨煤机来的携带煤粉的一次风经过燃烧器入口的煤粉分离器分离后，浓煤粉气流由一次风管进入炉膛，淡煤粉气流由三次风口喷入炉膛。二次风通过内二次风通道、外二次风通道均以旋流的形式进入炉膛。

1990 年，一台 230t/h 锅炉采用了这种燃烧器，前后墙 2 层燃烧器对冲布置，每层 4 只燃烧器。距离上层燃烧器较近处布置了燃尽风。燃用煤质的平均发热量为 21.3MJ/kg，当炉膛出口过量空气系数为 1.2～1.3 时，NO_x 排放浓度为 360～510mg/m^3(未设燃尽风)(图 2-66)，CO 浓度低于 250mg/m^3。未采用该燃烧器之前，NO_x 排放浓度约为 800mg/m^3。由此可以看出，通过浓淡分离，可提高一次风粉的煤粉浓度，锅炉的氮氧化物排放浓度下降。

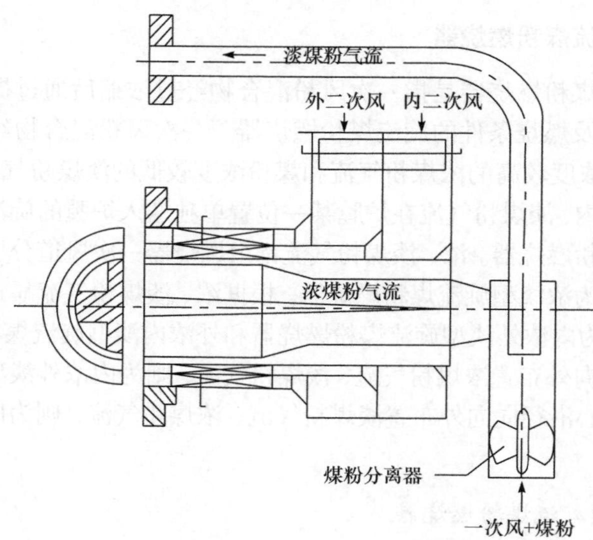

图 2-65 带有外置煤粉分离器的旋流煤粉燃烧器[20]

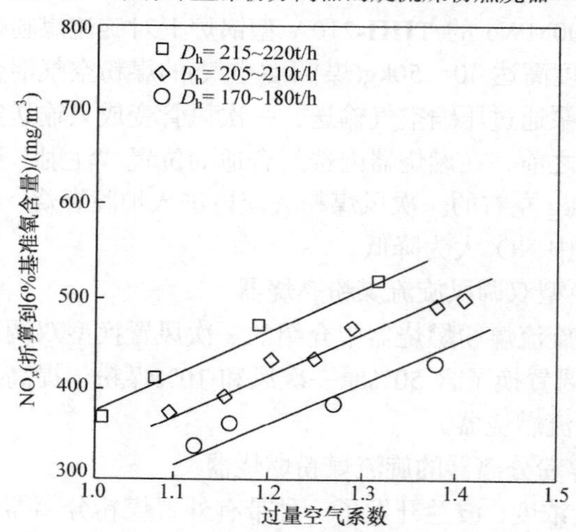

图 2-66 采用带有外置煤粉分离器的旋流煤粉燃烧器的 230t/h 锅炉 NO_x 排放情况[20]

2. 外浓内淡型旋流煤粉燃烧器

1) 双调风旋流煤粉燃烧器、着火增强型双调风旋流煤粉燃烧器和轴向控制低 NO_x 双调风旋流煤粉燃烧器

在分级燃烧型旋流煤粉燃烧器中介绍的双调风旋流煤粉燃烧器(图 2-58)、着火增强型双调风旋流煤粉燃烧器、轴向控制低 NO_x 双调风旋流煤粉燃烧器(图 2-60)中，一次风粉混合物经过位于一次风管中的锥形扩散器后，在燃烧器一次风管道近壁处形成一个高煤粉浓度环形区域，而燃烧器一次风管道中心区域则形成一个

低煤粉浓度区域[18,19]，因此形成外浓内淡的煤粉浓度分布，也属于外浓内淡型旋流煤粉燃烧器。

2) 改进的宽调节范围的旋流煤粉燃烧器

日本 IHI 株式会社提出了改进的宽调节范围的旋流煤粉燃烧器[21](宽调节范围的旋流煤粉燃烧器见内浓外淡型旋流煤粉燃烧器部分)。如图 2-67 和图 2-68 所示，煤粉分离器类似于一个旋风分离器，一次风粉进入煤粉分离器后，在离心力的作用下，大部分煤粉被甩到沿燃烧器直径方向靠近一次风粉通道外侧的壁面区域，而一次风粉通道靠近燃烧器中心的内侧壁面区域煤粉较少，从而在燃烧器一次风粉通道内部从燃烧器中心沿径向向外煤粉浓度逐渐增大。燃烧器烧嘴被煤粉中间烧嘴分割成两个同轴的外烧嘴和内烧嘴。外烧嘴中为高煤粉浓度气流，内烧嘴中为低煤粉浓度气流。通过调节煤粉浓度控制环的高度，可以改变内、外烧嘴一次风粉的煤粉浓度。二次风也分成内、外两部分，分别经过内二次风叶片、外二次风叶片以旋流的形式进入炉内。

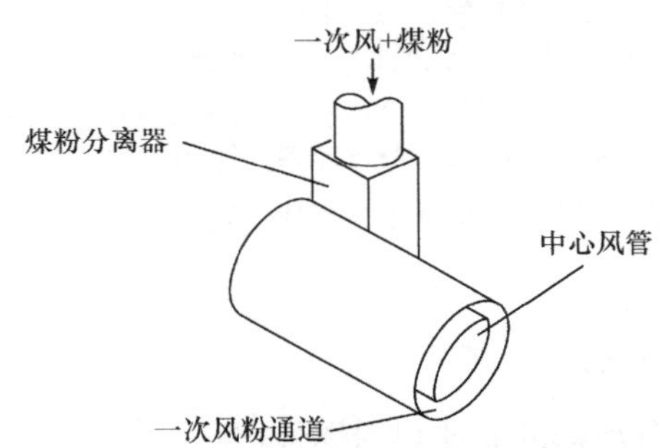

图 2-67　改进的宽调节范围的旋流煤粉燃烧器[21]

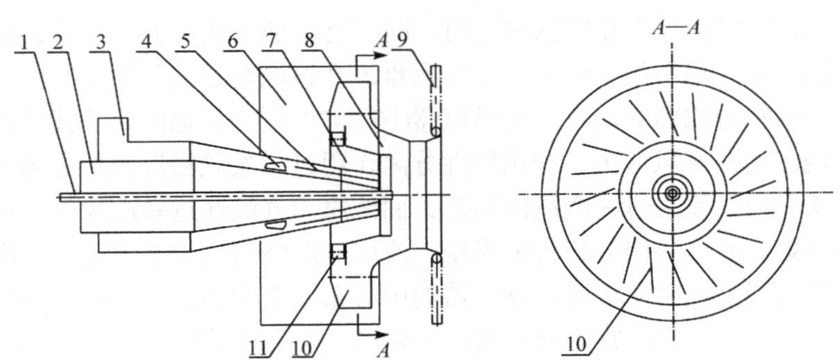

图 2-68　改进的宽调节范围的旋流煤粉燃烧器剖视图[21]

1-油枪和点火器；2-中心风管；3-煤粉分离器；4-煤粉浓度控制环；5-煤粉中间烧嘴；6-二次风通道；7-内二次风通道；8-外二次风通道；9-水冷壁；10-外二次风叶片；11-内二次风叶片

1994 年，日本 IHI 株式会社等公司在一台 250MW 机组锅炉上进行了采用改进燃烧器后的低负荷试验。燃烧器采用前后墙对冲布置，每台磨煤机对应 6 只燃烧器。燃烧器的布置及与磨煤机的对应关系如图 2-69 所示。6 只燃烧器中每 2 只为一组，锅炉低负荷运行时可切掉 1 组(2 只)燃烧器，剩下 2 组(4 只)燃烧器。本次改造仅将前墙与磨煤机 B 对应的 2 组(4 只)燃烧器改为新型燃烧器。锅炉低负荷试验及运行期间，将磨煤机 B 中未改造的 1 组(2 只)燃烧器切掉，投运改造的 2 组(4 只)燃烧器。燃用发热量为 6690～6970kcal/kg 的煤，每台磨煤机的额定出力为 38.5t/h。改造前，投运 2 台磨煤机，锅炉的最低稳燃负荷为 75MW(30%负荷)，单台磨煤机的最低出力为 13～14t/h；改造后，试验期间锅炉的最低稳燃负荷为 50MW，实际运行达到 60MW，磨煤机 B(对应改造燃烧器的磨)的最低出力为 6.5～7t/h，为常规燃烧器对应的磨煤机 D 出力的 1/2。投运 4 台磨煤机，改造前锅炉的最低稳燃负荷为 125MW；改造后，试验期间锅炉的最低稳燃负荷为 90MW，实际运行为 100MW。虽然只改造了 4 只燃烧器，但是锅炉的飞灰可燃物含量也有所降低。

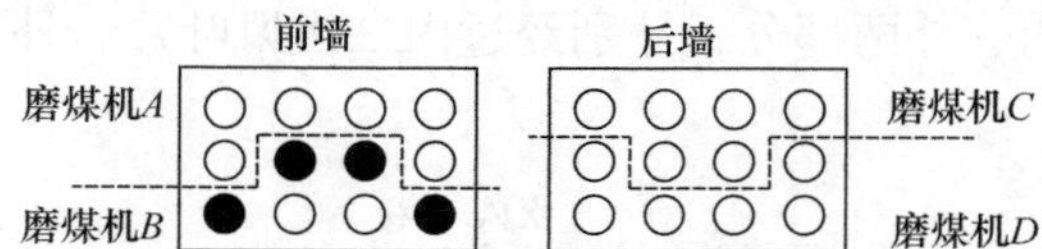

图 2-69　燃烧器的布置及与磨煤机的对应关系[21]

●-改进的宽调节范围的旋流煤粉燃烧器；○-常规的旋流煤粉燃烧器

英巴双调风旋流煤粉燃烧器也属于该型燃烧器，后续章节有详细介绍，这里不重复介绍。

3. 内浓外淡型旋流煤粉燃烧器

1) 带有内置煤粉分离器的旋流煤粉燃烧器

在高浓度型旋流煤粉燃烧器部分介绍的带有外置煤粉分离器的旋流煤粉燃烧器(图 2-65)，需要安装煤粉分离器的空间，同时还增加了淡煤粉气流管道和三次风口，这给锅炉的检修、维护带来了很多困难。在该燃烧器的基础上，波兰又开发了带有内置煤粉分离器的旋流煤粉燃烧器(图 2-70)[20]。将轴向叶片式煤粉分离器安装在燃烧器的一次风道中，利用惯性分离作用将一次风粉混合粉分为浓、淡煤粉气流，淡煤粉气流通过一次风内通道，而浓煤粉气流通过一次风外通道，两股气流在喷口处，通过导向装置将浓煤粉气流引向燃烧器的中心附近，淡煤粉气流引向浓煤粉气流外侧喷入炉膛。燃烧器的中心布置有中心管，二次风通过内二次风通道、外二次风通道以旋流的形式进入炉内。采用该燃烧器的锅炉 NO_x 排放情况如图 2-71 所示。Żerań 电厂 5 号、4 号、1 号炉均为 230t/h 锅炉，燃用煤的发热量为 20.4～25.0MJ/kg，灰分为 10.7%～22.5%，水分为 6.1%～9.9%，干燥无灰基氮含量为 1.0%～1.2%。1991 年和 1992 年，三台锅炉中的燃烧器更换为新型燃烧器，燃尽风率不到 12%。改造后锅炉运行的稳定性提高，飞灰可燃物含量与改造前一致，过量空气系数为 1.2，NO_x 排放浓度为 333～385mg/m^3(改造前为

740mg/m^3)，降低 48%～55%，如图 2-71(a)所示，CO 排放低于 100mg/m^3。由于燃尽风率较小，燃尽风对 NO_x 浓度影响较小。

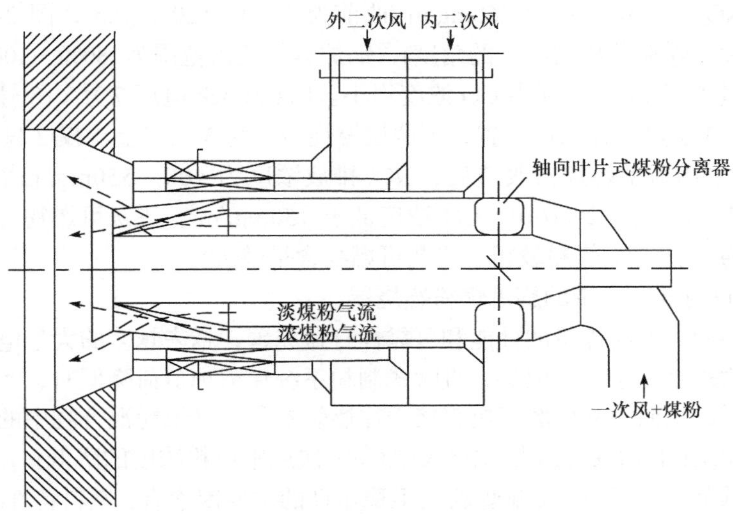

图 2-70　带有内置煤粉分离器的旋流煤粉燃烧器[20]

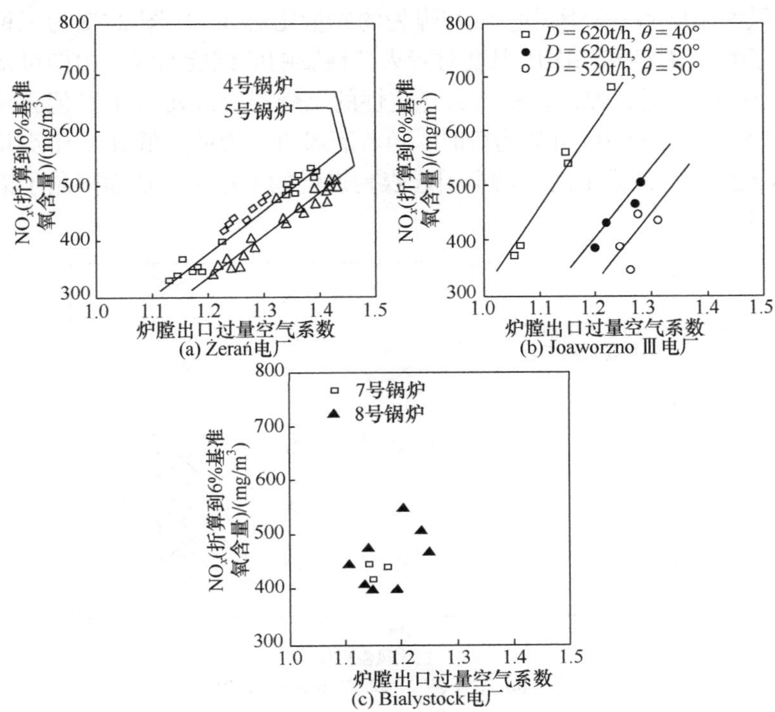

图 2-71　采用带有内置煤粉分离器的旋流煤粉燃烧器锅炉的 NO_x 排放情况[20]

新型燃烧器也在燃烧器前墙布置的锅炉上应用。JoawoznoⅢ电厂 200MW 机组配 650t/h 锅炉，24 只燃烧器分 4 层布置在前墙，1993 年和 1994 年采用新型燃烧器后，NO_x 排放浓度达到 460mg/m^3(改前为 1100～1200mg/m^3；图 2-71(b)中 θ 为轴向叶片式煤粉分离器叶片的角度)，锅炉运行负荷范围为 80%～100%，飞灰可燃物含量小于 1%，排烟中 CO 浓度很小。Bialystock 电厂 7 号、8 号锅炉容量为 230t/h，3 层燃烧器前墙布置，下两层燃烧器均为 3 只，上层仅 2 只。1993 年和 1994 年采用新型燃烧器改造后，NO_x 排放浓度为 400～550mg/m^3(过量空气系数为 1.1～1.2)(图 2-71(c))，CO 浓度低于 150mg/m^3，飞灰可燃物含量与改造前相同，为 4%～9%(煤粉较粗，飞灰可燃物含量较大)。

2) 宽负荷调节范围的旋流煤粉燃烧器

由于各种大型磨煤机的性能和可靠性日益完善，越来越多的大型电站煤粉锅炉采用直吹式制粉系统。但是，直吹式制粉系统在锅炉负荷降低时，磨煤机的出力也要降低，从而引起由磨煤机直接送往燃烧器的空气煤粉混合物中的空气和煤粉的质量比(用 A/C(kg/kg)表示)增大(即在一次风中煤粉浓度的降低)。一般来说，煤粉炉在低负荷运行时，影响煤粉火炬稳定性的主要因素有：燃料特性(主要是挥发分的含量和燃料中固定碳与挥发分的比值 w_{FC}/w_V)；燃烧器区域的炉膛热负荷；一、二次风的温度和一次风中空气与煤粉的质量比值 A/C。图 2-72 为三种不同煤种的燃料特性、A/C 和二次风温度对着火特性影响的试验曲线。由图可知，当二次风温度为 200℃时，保证煤粉着火稳定性的燃烧器出口处的 A/C 值必须等于或小于 3～3.5。但在锅炉低负荷运行时，随着磨煤机出力的降低 A/C 值会增大，当 A/C 值增大到某一极限值时，就会引起煤粉燃烧的不稳定，从而限制了锅炉的负荷调节特性。

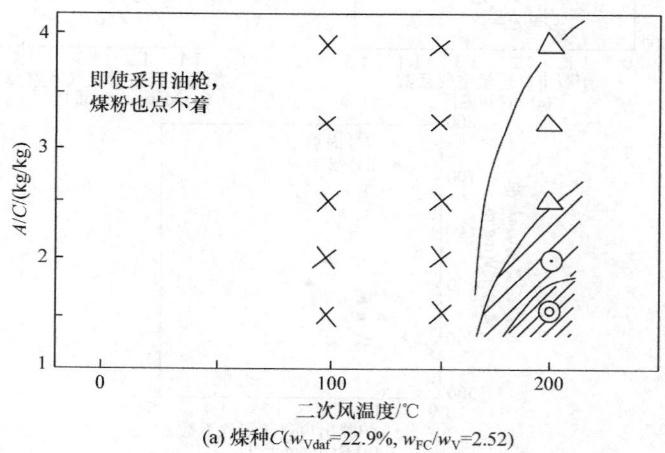

(a) 煤种C(w_{Vdaf}=22.9%, w_{FC}/w_V=2.52)

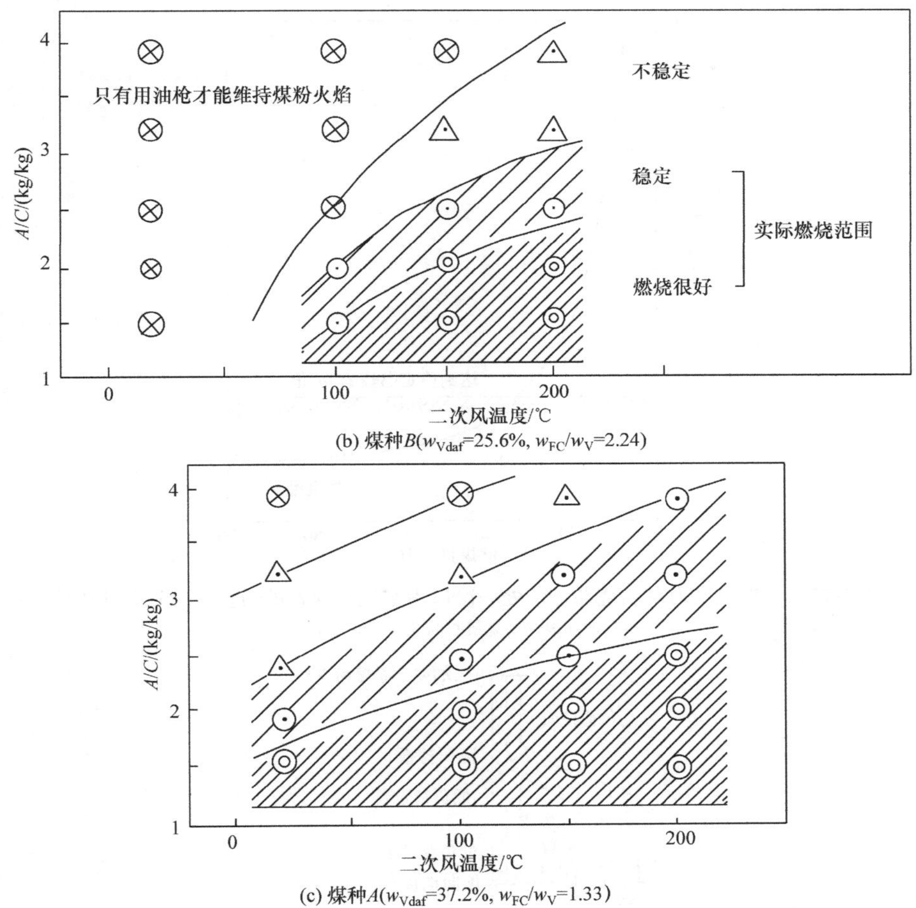

(b) 煤种B(w_{Vdaf}=25.6%, w_{FC}/w_V=2.24)

(c) 煤种A(w_{Vdaf}=37.2%, w_{FC}/w_V=1.33)

图 2-72　燃料特性 w_{FC}/w_V、燃烧器进口处一次风中空气和煤粉的质量比 A/C 及二次风温度对煤粉着火稳定性的影响[22]

图 2-73 为当直吹式制粉系统采用钢球滚筒磨煤机时磨煤机出力对燃烧器进口处 A/C 值的影响。由图可知，当保证燃烧稳定的 A/C 值≤3时，磨煤机的出力可以减小到 35%左右。因此，为了得到很宽负荷调节范围的旋流煤粉燃烧器，必须调节燃烧器进口处一次风中的 A/C 值，以保证在任何所需要的低负荷下 A/C 值都在保证煤粉稳定燃烧的范围之内。

根据上述原理，日本 IHI 株式会社研制出了一种宽调节范围(wide range，WR)旋流煤粉燃烧器，其工作原理如图 2-74 所示。为了能在负荷降低时减少在燃烧器入口处一次风中的 A/C 值，在其入口处采用了一台卧式旋风分离器。在低负荷运行时，将燃烧器入口处的隔离挡板调节到低负荷位置，使一次风煤粉空气混合物引入卧式旋风分离器。由于分离器中离心力的作用，煤粉集中并被送入燃烧器中央的

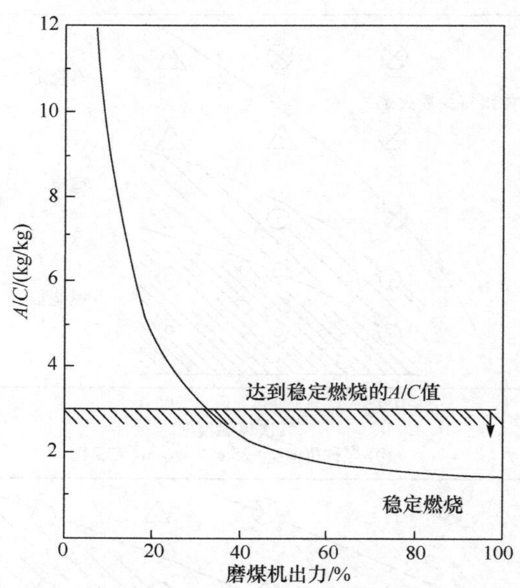

图 2-73　磨煤机出力对燃烧器进口处一次风中空气和煤粉的质量比 A/C 的影响[22]
(钢球滚筒磨煤机直吹式制粉系统)

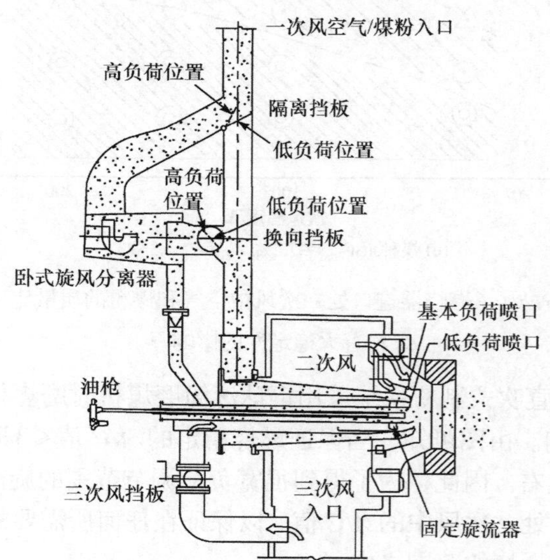

图 2-74　宽调节范围的旋流煤粉燃烧器[22]

低负荷喷口。通过换向挡板可以调节和控制进入低负荷喷口的 A/C 值。含有少量煤粉的其余一次风，则通过换向挡板由燃烧器的基本负荷喷口喷出。一部分二次风通过三次风挡板引入燃烧器低负荷一次风管外侧，通过固定旋流器(切向固定叶片)以旋转气流的形式在低负荷喷口的外侧喷出，以产生适当的回流区保证着火的稳定。其余的二次风则通过内外两层切向固定叶片分层形成旋转气流，从燃烧器出口的外围喷出，以保证煤粉气流着火以后的混合和后期的燃烧。当磨煤机的出力大于 40%以后，隔离挡板和换向挡板均调节到高负荷位置，此时进入的一次风煤粉和空气混合物，既有部分通过卧式旋风分离器，又有部分直接进入基本负荷导管，由基本负荷喷口喷出。由于从低负荷喷口出来的始终是 A/C 值较小的高浓度煤粉，因此它在任何负荷下均有利于着火的稳定。燃烧器一次风阻力约为 100mmH_2O。

在 1/8～1/3 比例的模型试验台上，采用飞灰(细度为 200 目，通过量为 80%～85%)替代煤粉对卧式旋风分离器的分离性能进行试验研究，结果如图 2-75 所示。图中抽气率是指抽气量与分离器进口空气量的比值。分离效率随抽气率的提高而提高，而相对进口的飞灰浓度的变化则很小。该试验装置获得了 90%左右的高分离效率，估计在实炉上，当采用细度为 200 目、通过量为 80%的煤粉时，可获得 75%～80%的分离效率。

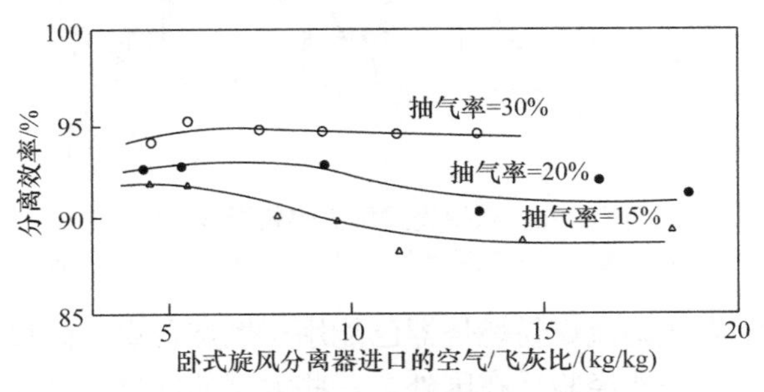

图 2-75 卧式旋风分离器的分离效率[23]

在一台 150t/h 实炉验证试验中，采用 2 只燃烧器，对于挥发分为 30%以上的煤，可在燃烧器额定负荷的 20%以下稳定燃烧；对于挥发分低于 30%的煤，可在燃烧器额定负荷的 25%以下稳定燃烧。在实际应用中，预计无助燃可使锅炉最低稳定负荷降低到 15%～20%，点火到并网过程的用油量减少约 33%。

除以上燃烧器外，径向浓淡旋流煤粉燃烧器、中心给粉旋流煤粉燃烧器也属于该型燃烧器，后续章节有详细介绍，这里不重复介绍。

2.5 常用的旋流煤粉燃烧器

2.5.1 蜗壳式旋流煤粉燃烧器

1. 蜗壳式旋流煤粉燃烧器的结构参数及燃烧特性

双蜗壳式旋流煤粉燃烧器是以前我国中小容量煤粉锅炉常用的一种燃烧器形

式，它由二次风蜗壳和风管、一次风蜗壳和风管、二次风舌形挡板，以及中心管组成(图 2-76)。一次风蜗壳一般由铸铁制成，借以提高煤粉空气混合流通过时的耐磨损性能。二次风离开二次风蜗壳后经风管由风口喷出。风口由耐火砖砌成，视燃用煤种的不同，可以是圆柱形或扩锥形。一次风管和中心管的端部由耐热铸铁制成，中心管中可以放置点火用的油喷嘴。在一次风蜗壳上设有手孔，用以清除沉积的煤粉。通常，一次风和二次风的旋转方向是相同的。在二次风蜗壳的入口处还装有二次风舌形挡板，用来调节气流的旋转工况[1]。

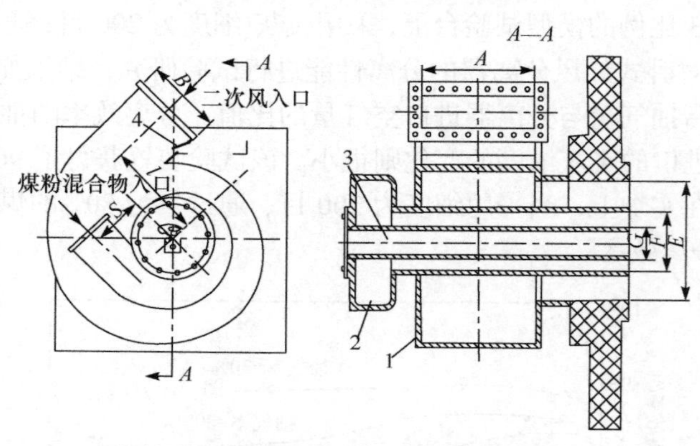

图 2-76　双蜗壳式旋流煤粉燃烧器[1]

1-二次风蜗壳；2-一次风蜗壳；3-中心管；4-二次风舌形挡板

在我国，双蜗壳式旋流煤粉燃烧器已能用于燃烧贫煤、烟煤和褐煤，在燃烧无烟煤方面也取得了一些经验。在国外，一些大型的燃烧无烟煤的液态排渣锅炉也使用这种燃烧器。表 2-16 为哈尔滨锅炉厂在 20 世纪 60 年代所采用的这种燃烧器的标准系列[1]，表中符号如图 2-76 所示。

双蜗壳式旋流煤粉燃烧器的结构参数对其运行特性有极为重要的影响。由本章前面部分的叙述可知，决定旋流煤粉燃烧器特性的重要参数是旋流强度，而它是由结构参数决定的，即

$$n_{\rm dl}=\frac{2d_{\rm dl}l}{ab}$$

式中，$d_{\rm dl}$ 是二次风(或一次风)流道当量直径，且 $d_{\rm dl}$ 正比于 f (f 为通道截面积)。燃烧器的 f/ab 和 l(偏心距)越大，旋流强度就越大。在燃烧反应能力差的燃料时应当选用旋流强度较大的燃烧器。此外，一、二次风通道截面积比 f_2/f_1 也应和燃烧器所燃用的燃料特性相适应。对于烟煤、褐煤，f_2/f_1 可较小，而贫煤、无烟煤及劣质烟煤，f_2/f_1 则较大。此外，通道截面积还代表燃烧器的容量。

表 2-16　双蜗壳式旋流煤粉燃烧器的标准系列[1]

序号①	二次风入口		一次风入口		二次风套筒直径 E /mm	一次风套筒直径 F /mm	中心管直径 G /mm	一次风入口偏心距 S /mm	二次风入口偏心距 l /mm	一次风入口截面积 F_1 /m²	二次风入口截面积 F_2 /m²	一次风通道截面积 f_1 /m²	二次风通道截面积 f_2 /m²	通道截面积之比 f_2/f_1	旋流强度		煤种	热功率 Q/MW	热功率 Q/(t/h 标准煤)
	长度 A /mm	宽度 B /mm	长度 C /mm	宽度 D /mm											n_{dl1}	n_{dl2}			
1	1050	540	280	450	1000	490	219	385	785	0.126	0.567	0.15	0.573	3.82	3.01	2.67	W② Y③	25 40	3.0～3.5 5
2	1050	540	330	450	1000	490	219	410	785	0.149	0.567	0.15	0.573	3.82	2.71	2.67	W Y	25 40	3～3.5 5
3	1050	540	280	450	900	490	219	385	735	0.126	0.567	0.15	0.417	2.78	3.01	2.13	W Y	20 30	2.5 4
5	1050	540	330	450	900	490	219	410	735	0.149	0.567	0.15	0.417	2.78	2.71	2.13	W Y	20 30	2.5 4
6	950	450	280	450	1000	490	219	385	735	0.126	0.428	0.15	0.573	3.82	3.01	3.31	W Y	25 40	3～3.5 5
8	950	450	230	350	1000	490	299	360	735	0.08	0.428	0.118	0.573	4.86	3.94	3.31	W Y	25 40	3～3.5 5
9	950	450	280	450	1000	490	299	385	735	0.126	0.428	0.118	0.573	4.86	2.67	3.31	W Y	20 40	3 5
10	950	450	330	450	900	490	219	410	690	0.149	0.428	0.15	0.417	2.78	2.71	2.65	W Y	20 30	2.5 4
11	950	450	330	450	800	490	219	410	640	0.149	0.428	0.15	0.29	1.87	2.71	2.05	W Y	15 25	2 3～3.5
12	950	450	230	350	900	490	320	360	690	0.08	0.428	0.106	0.417	3.93	3.73	2.65	W Y	20 30	2.5 3.5
13	950	450	280	450	900	490	299	385	690	0.126	0.428	0.118	0.417	3.53	2.67	2.65	W Y	20 30	2.5 3.5～4
14	700	350	280	450	700	490	219	385	590	0.126	0.245	0.15	0.17	1.13	3.01	2.53	W Y	12 20	1.5 2.5

续表

序号①	二次风入口		一次风入口		二次风套筒直径 E /mm	一次风套筒直径 F /mm	中心管直径 G /mm	一次风入口偏心距 S /mm	二次风入口偏心距 l /mm	一次风入口截面积 F_1 /m²	二次风入口截面积 F_2 /m²	一次风通道截面积 f_1 /m²	二次风通道截面积 f_2 /m²	通道截面积之比 f_2/f_1	旋流强度		煤种	热功率 Q/MW	热功率 Q/(t/h 标准煤)
	长度 A /mm	宽度 B /mm	长度 C /mm	宽度 D /mm											n_{dl1}	n_{dl2}			
15	700	350	280	450	700	430	219	385	590	0.126	0.245	0.107	0.22	2.06	2.55	2.88	W Y	12 20	1.5 2.5
16	700	350	230	350	700	430	320	360	590	0.08	0.245	0.063	0.22	3.49	2.87	2.88	W Y	10 15	1～1.5 2～2.5
17	700	350	230	350	700	430	273	360	590	0.08	0.245	0.086	0.22	2.56	3.36	2.88	W Y	10 15～20	1～1.5 2～2.5
18	700	350	230	350	700	430	299	360	590	0.08	0.245	0.075	0.22	2.93	3.13	2.88	W Y	10～17 15	1.5 2
19	1050	540	250	400	1000	490	219	370	785	0.10	0.567	0.15	0.573	3.82	3.65	2.67	W Y	25 40	3～3.5 5
20	950	450	280	450	800	490	299	385	640	0.126	0.428	0.118	0.29	2.45	2.67	2.05	W Y	15 25	2 3～3.5

注：①序号4与序号7的数据缺失；

②W表示无烟煤；

③Y表示烟煤。标准系列中尺寸请参见图2-76。

燃烧器风口形状对出口气流特性和燃烧工况的影响很大。一般在燃烧烟煤、褐煤时采用圆柱形风口，而在燃烧贫煤、无烟煤和劣质烟煤时采用扩锥形风口以增加气流在出口的扩展和增大回流。但是扩口的角度应适当，过小则燃烧的稳定性不易保持，过大则形成开放型出口气流，会破坏正常燃烧工况。尤其是当燃烧烟煤时，若采用扩口或圆柱形风口在出口处带有较大的圆角，极易使燃烧器烧损。例如，一台 HG-410/100-1 型锅炉采用 12 只双蜗壳式旋流煤粉燃烧器，分两排布置在前墙，燃用发热值为 20.9MJ/kg 的烟煤。由锅炉启动前的炉内空气动力场试验可以发现，所有燃烧器的出口气流均是开放气流，运行数日后燃烧器出口处的一次风套筒全部烧毁。此后，将二次风出口的扩口由带有 R=100mm 的圆角改为直口，除个别燃烧器在舌形挡板开度小于 50%出现开放气流外，大多数燃烧器在舌形挡板开度大于 25%时均为封闭气流。多年的运行实践也说明，此锅炉在运行中的燃烧稳定性和经济性均较好，全年平均的飞灰可燃物含量约为 3%。该炉采用热风送粉，着火条件很好，运行中一般保持舌形挡板开度在 80%以上，在靠近燃烧器 1/4 的炉膛深度处的火焰温度约为 1500℃，有时仍会出现燃烧器出口一次风套筒烧坏现象。

舌形挡板对气流的旋转和燃烧工况有一定的调节作用，但是当风口为圆柱形或扩口角较小时，舌形挡板开度在 40%以上的调节作用不明显。另外，在开放气流的情况下，舌形挡板的调节作用也很微弱。例如，在一台燃用混贫煤($Q_{net,ar}$=25.1MJ/kg，w_{Vdaf}=21%)的 HG-212-75/39 型锅炉上，在不同舌形挡板开度下距燃烧出口 180mm 处的 RO_2、RO_2+O_2 和温度在径向的分布分别如图 2-77 和图 2-78 所示。在距燃烧器中心 200mm 处，RO_2 为 17%，温度为 1270～1300℃，可以认为这里处于煤粉燃烧区，由此向外，RO_2 和温度急剧下降，此区域可认为是二次风尚未与一次风良好混合的区域。从这些分布图可以看到，气流基本呈开放型，并且随舌形挡板开度的增大，在距燃烧器中心 300mm 以内的区域(高温区)，烟气温度稍有降低，但影响很不显著。舌形挡板开度变化幅度不大时，RO_2 和 RO_2+O_2 变化也不明显。燃烧时的气流(火焰)形态与在冷态下用三孔及五孔探针对燃烧器出口气流测量所得的结果(二次风扩展角约为 170°)是相当接近的[1]。

在清河电厂的 EП-670/140 型锅炉上安装了三蜗壳式旋流煤粉燃烧器。这是国内出力最大的蜗壳式旋流煤粉燃烧器，单只燃烧器设计出力为 8t/h，热功率约为 38MW。中间的蜗壳是供给燃油用的空气，其余的两个蜗壳与普通双蜗壳式旋流煤粉燃烧器相同。设计用燃料为高水分烟煤(铁法煤)，其 $Q_{net,ar}$=17.2MJ/kg，w_{War}=18%，w_{Aar}=24%。实际燃煤发热值为 15～16MJ/kg，燃烧器的示意图如图 2-79 所示。一次风出口截面积为 0.19m^2，二次风出口截面积为 0.624m^2，喷口直径为 1080mm。设计的一次风速 W_1=22.5m/s，二次风速 W_2=29m/s，热风温度 t_{rk}=361℃，二次风与一次风的动量比为 2.9。

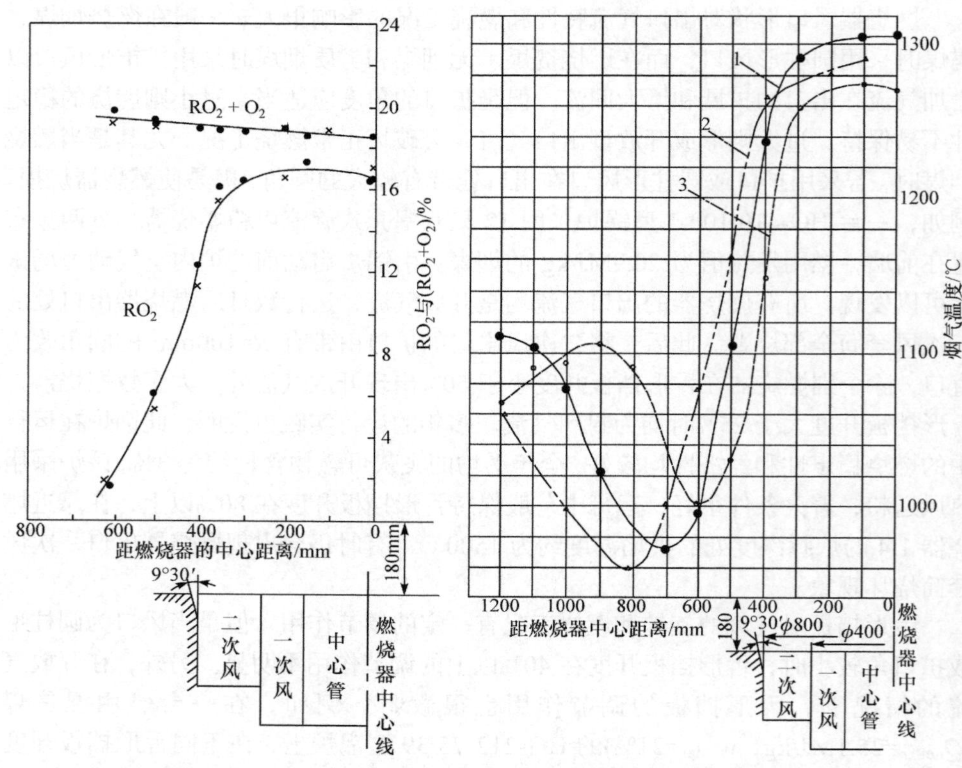

图 2-77　双蜗壳式旋流煤粉燃烧器出口 RO_2 与 RO_2+O_2 在径向的分布[1]

舌形挡板全开时的旋流强度：n_{dl1}/n_{dl2}=2.37/1.89；燃煤 w_{Vdaf}≈21%，$Q_{net,ar}$≈25.1MJ/kg；×-舌形挡板开度为 24%；●-舌形挡板开度为 36.5%

图 2-78　双蜗壳式旋流煤粉燃烧器出口烟气温度的径向分布(单位：mm)[1]

舌形挡板全开时的旋流强度：n_{dl1}/n_{dl2}=2.37/1.89；燃煤 w_{Vdaf}≈21%；$Q_{net,ar}$≈25.1MJ/kg；1-舌形挡板开度为 24%；2-舌形挡板开度为 36.5%；3-舌形挡板开度为 61%

16 只燃烧器分两层布置在左右侧墙上，即每侧每层布置 4 只燃烧器。燃烧器的旋转方向，凡相邻者均相反。

燃烧器中心管(ϕ325mm × 9mm)装有蒸汽-机械雾化重油枪、33Y-8 型气体(丙烷)点火器及用火焰导电原理的火焰检测器。重油枪出力为 1000kg/h，按 30%锅炉负荷设计，油压为 0.49MPa，由于达不到出力，电厂已改为 Y 形雾化喷嘴，但仍不理想。

燃烧器本体上部倾斜插入火焰检测器，一次元件为光敏元件，误检测的可能性较大，原因为不易区分邻近燃烧器的火焰。

锅炉采用中储式钢球磨煤机制粉系统，干燥剂送粉，一次风率 r_1 约为 30%。

总之，双蜗壳式旋流煤粉燃烧器能够适用于烟煤、贫煤的燃烧，在设计合理、煤种稳定的条件下，可获得较好的燃烧工况；在燃烧无烟煤、褐煤时，若能采取一些专门的措施，也能做到燃烧稳定，经济性也可达到一定水平。此外，它的结构比较简单。

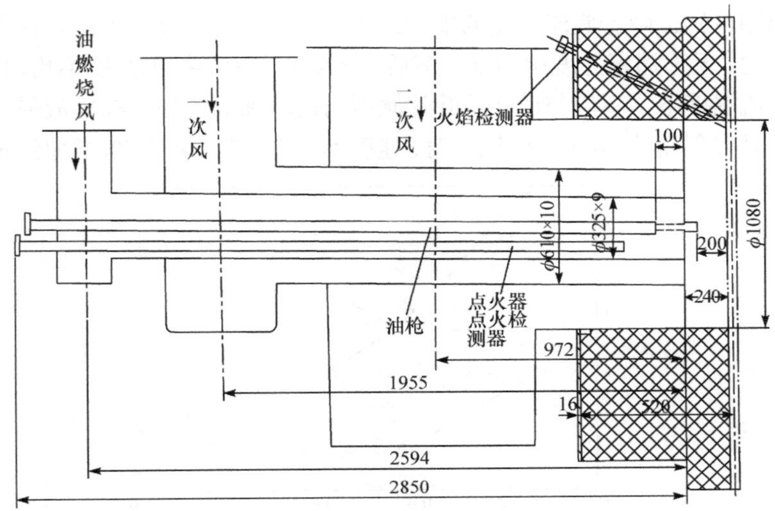

图 2-79　三蜗壳式旋流煤粉燃烧器示意图(单位：mm)[1]

双蜗壳式旋流煤粉燃烧器的主要缺点是：调节性能差，不能适应煤种变化的要求；阻力系数比较大，特别是一次风阻力大，不适用于直吹式制粉系统；燃烧器出口气流速度和煤粉浓度不均匀性都比较大；此外，它的外形尺寸比较大。近年来，我国设计的大容量煤粉炉已很少采用双蜗壳式旋流煤粉燃烧器。

2. *旋流器出口的风粉均匀性*

由于旋流器本身的结构、加工精度、进风均匀性等因素的影响，旋流器出口处的风速分布总有某种程度的不均匀性[11]。为了表示不均匀的程度，在旋流器出口的一个同心圆上测量各点的速度，然后按式(2-74)计算不均匀系数$\Delta\varepsilon$，即

$$\Delta\varepsilon = \frac{W_{\max} - W_{\min}}{W_{pj}} \times 100\% \tag{2-74}$$

也可以用式(2-75)计算，即

$$\Delta\varepsilon_1 = \frac{\sum_{i=1}^{n}\left|\dfrac{W - W_{pj}}{W_{pj}}\right|}{n} \times 100\% \tag{2-75}$$

式中，$W_{\max}$、$W_{\min}$为圆周上的最大气流速度和最小气流速度；W_{pj}为圆周上各测点速度的平均值；W为某测点的速度值；n为测点数。

$\Delta\varepsilon$的数值比$\Delta\varepsilon_1$大，也比$\Delta\varepsilon_1$直观，但是要求$W_{\max}$、$W_{\min}$的测量准确度高一些，否则将产生较大的误差。一般来说，蜗壳式旋流器的不均匀性比叶片式旋流器大。某蜗壳式旋流煤粉燃烧器的试验结果如图 2-80 所示。由图可知，舌形挡板开度关小时，不均匀性增加。某切向叶片式旋流煤粉燃烧器的试验结果如图 2-81

所示。由图可知，随着旋流强度的增加，气流出口速度工况 1 不均匀性增加；对于工况 2、3，舌形挡板开度达到某一值后，继续关小舌形挡板开度不均匀性增加；在同一旋流强度下，不均匀性随着叶片倾斜角的增加而增加。在旋流强度 n 不超过 0.8，叶片倾斜角从 30° 增加到 45° 时，速度不均匀系数 $\Delta\varepsilon$ 从 2%增加到 6%左右。

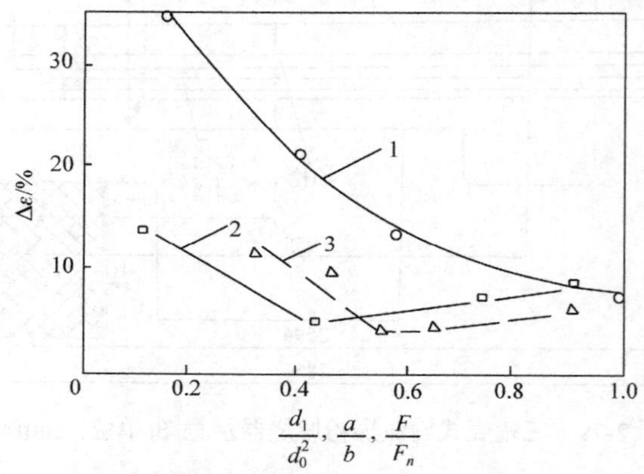

图 2-80　蜗壳式旋流煤粉燃烧器喷口处的气流速度不均匀性[1]

1- $\Delta\varepsilon = f\left(\frac{F}{F_n}\right)$; $ab/d_0^2 = 0.58$; $a/b = 0.7$; 2- $\Delta\varepsilon = f(a/b)$; $ab/d_0^2 = 0.58$;

3- $\Delta\varepsilon = f(d_1/d_0^2)$; $a/b = 0.4$

(图中 F/F_n 表示舌形挡板开度，其他符号意义见图 2-5)

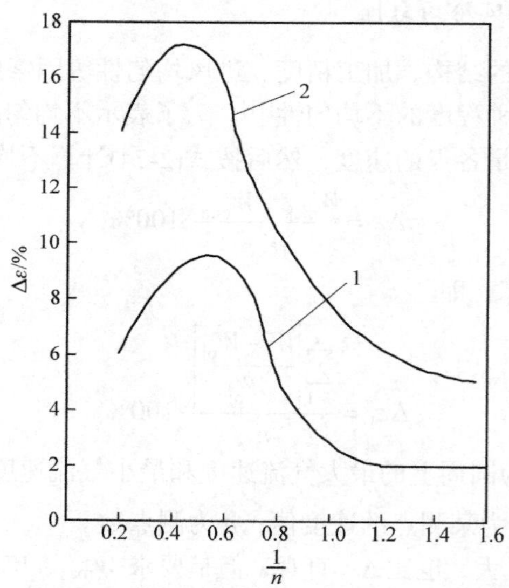

图 2-81　切向叶片式旋流煤粉燃烧器的出口气流速度不均匀性[1]

1- $\alpha = 30°$; 2- $\alpha = 45°$

(α 表示叶片倾斜角，其意义见图 2-9)

显然，气流速度不均匀对燃烧是不利的，部分区域着火可能推迟，使不完全燃烧损失增加，另一部分区域着火又可能太早，容易烧坏燃烧器和引起结渣。

速度不均匀性除了与旋流器本身结构有关外，还与气流进入旋流器的条件有关。气流在入口处的急剧转弯常常是出口速度不均匀的重要原因，故应当改善入口处的结构或采用加装导流叶片等措施减少不均匀性。

对于一次风气流，即空气和煤粉混合物，除了存在速度不均匀性外，还有煤粉分布不均匀性。在现场测量煤粉分布是很困难的，往往只能利用模型试验测定燃烧器出口沿圆周方向煤粉浓度的分布情况。一般用煤粉分布不均匀系数 $\Delta\mu$ 表示，即

$$\Delta\mu = \frac{\mu_{\max} - \mu_{\min}}{\mu_{\mathrm{pj}}} \tag{2-76}$$

式中，$\mu_{\max}$、$\mu_{\min}$、μ_{pj} 分别为最大煤粉浓度、最小煤粉浓度和平均煤粉浓度。

图 2-82 表示某一蜗壳式旋流煤粉燃烧器煤粉分布不均匀的情况。从图中可以看出，在燃烧器顶部(0°附近)煤粉浓度明显偏低，分布很不均匀。检修时，检查蜗壳一次风套筒内煤粉对内壁的冲刷磨损情况也可以明显看出，煤粉气流以约成 45°螺旋线状在燃烧器内流动，以此可以推断煤粉分布是很不均匀的。

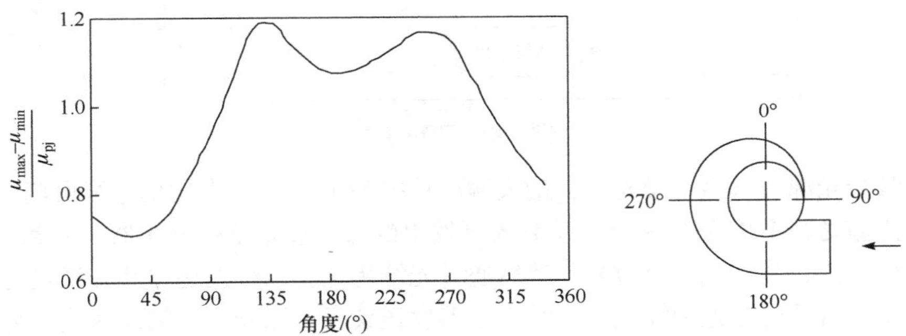

图 2-82　蜗壳式旋流煤粉燃烧器煤粉分布的不均匀性[1]

显然，煤粉分布不均匀对燃烧也是不利的，可造成风粉混合不均匀。煤粉分布不均匀是蜗壳式旋流煤粉燃烧器的一个主要缺点。

3. 蜗壳式旋流煤粉燃烧器气固两相流动特性及其对燃烧及氮氧化物生成的影响

1) PDA 测量系统及原理

三维相位多普勒风速仪(phase Doppler an-emometer，PDA)系统是在传统的激光多普勒测速基础上发展起来的新型测量系统。本试验采用丹麦 Dantec 公司制造的 58N50 型 PDA(图 2-83)，主要由激光光源、传输光路系统、接收光路系统、

信号处理器、计算机、三维自动坐标架等组成。它的基本原理是相位多普勒原理，可实现速度、粒径和浓度的同时测量，无须标定，是一种非接触式的绝对测量技术。

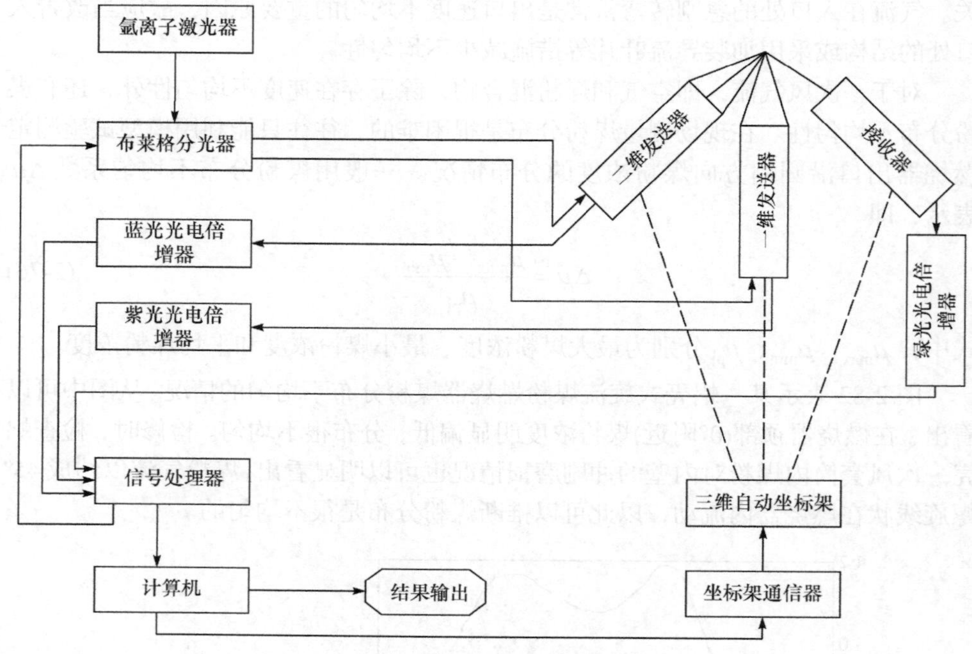

图 2-83　PDA 系统

激光光源为氩离子激光器，最大输出功率为 10W，激光功率连续可调。

传输光路系统为 60× 型。从激光器发出的激光经布莱格分光器分光和频移，分成绿、蓝、紫三色六束激光，然后通过光纤传送至二维发送器和一维发送器。二维发送器发送蓝光和绿光，一维发送器发送紫光。绿光测量轴向速度，另外两维速度由蓝光和紫光组成的共面光束测量获得。

接收光路系统为 57×10 型 PDA 后向光路。来自颗粒的散射光通过该系统聚焦、滤波并放大，然后传送至信号处理器。该系统包括五个光电倍增管，其中的三个光电倍增管用以测量粒径和速度的一个分量。本试验 PDA 接收光路系统的参数设置见表 2-17。

表 2-17　PDA 接收光路系统的参数

参数	数值
角度调速[0;2]/mm	2.00
有效散射角/(°)	144.5

续表

参数	数值
透镜焦距/mm	500
接收系统偏振角/(°)	90
条纹运动方向	正
颗粒/介质折射率	1.51/1
颗粒密度/(kg/m^3)	2200
传输系统偏振角/(°)	90
条纹转动角/(°)	0
最大粒径*/μm	418.94
最大浓度*/(个/m^3)	6×10^{10}
相位因子*：$u_{1\text{-}2}$/((°)/μm)	−1.241
相位因子*：$u_{1\text{-}3}$/((°)/μm)	−0.620
散射模式	反射

注：带*号参数由不带*号参数决定。

采用 58N50PDA 增强型信号处理器，可以同时实现粒径和三维速度的分析处理。该处理器采用相关处理技术完成频率和相位的计算，可以对低信噪比的信号进行处理，即使在非常恶劣的测量条件下，仍可确保测量的可靠性和准确性。信号处理器的所有设置均由计算机控制。

计算机与信号处理器的数据传输是通过高速 DMA 接口完成的，最大数据传输率为每秒 1.7×10^5 个测量数据。

PDA 系统的设置、数据的采集和处理均由机内配置的应用软件 Sizeware 完成。

三维自动坐标架由计算机控制，能使激光聚焦点做三维移动，移动最小位移为 12.5μm，最大位移为 590mm。

PDA 系统的光学参数设置见表 2-18。PDA 系统的测速原理与激光多普勒测速仪(laser Dopper anemometer, LDA)相同。两束相干单色激光束以 2θ 角相交形成测量点，在测量点处形成平行的干涉条纹。当粒子以速度 U 垂直条纹平面穿过测量点中干涉条纹时，在空间就会散射明暗相间的光信号，其频率 f_D 与速度 U 之间的关系为

$$|U| = [\lambda/(2\sin\theta)]\cdot f_D \tag{2-77}$$

式中，λ 为激光波长(m)。

表 2-18 PDA 系统的光学参数

激光参数	U_x	U_y	U_z
激光波长/mm	514.5	488	476.5
高斯光束直径/mm	1.35	1.35	1.35
激光平行指数	1	1	1
激光扩展指数	1	1	1
激光束间距/mm	38	38	38
透镜焦距/mm	500	500	500
条纹间距*/μm	6.7746	6.4256	6.2742
条纹数*	36	36	36

注：带*号参量值由其他参量值决定。

频移装置不仅测出多普勒测速的方向模糊，还测出颗粒的运动方向。

PDA 系统通过光电倍增管探测多普勒信号，并利用多普勒信号的自相关方法求得信号的频率。

当用两个不同角度的探测器接收粒子的散射光时，两探测器接收到的信号具有相同的频率，但由于两探测器的空间位置不同，接收到的多普勒信号存在相位差 φ_{12}。相位差 φ_{12} 依赖于颗粒的直径 D，且 $\varphi_{12}\propto D$。对于两探测器的 PDA 系统，当颗粒粒径超过一定范围，且使得多普勒信号之间的相位差大于 2π 时，测出的粒径反而减小，粒径测量范围的增大将导致测量灵敏度的下降。为解决这一问题，PDA 系统采用三个探测器同时采集信号，由 1、2 探测器之间的相位差 φ_{12} 和 1、3 探测器之间的相位差 φ_{13} 共同决定颗粒尺寸，从而增大测径范围和提高测量灵敏度。

另外，三个探测器的 PDA 系统能够选择非球形颗粒进行测量。对于球形颗粒，φ_{12}、φ_{13}、φ_{31} 三者之和应等于零，但在实际测量中，很难保证颗粒为理想的球形，即 $\varphi_{12}+\varphi_{13}+\varphi_{31}\neq 0$，因此规定颗粒球形的误差范围，当 $\varphi_{12}+\varphi_{13}+\varphi_{31}$ 小于某数值 φ_0(一般为 10°～15°)时，采样信号有效，反之为无效信号。

PDA 系统通过对两多普勒信号之间的互相关分析来求得两信号之间的相位差。

三维 PDA 系统对浓度不进行直接测量，而是通过测得垂直于主轴方向的测量体截面的颗粒数量、颗粒速度和粒径分布后用软件方法通过计算得出。反映颗粒浓度的参数为颗粒数密度、颗粒体积浓度、颗粒体积流量。颗粒数密度(数浓度)为单位时间通过测量体单位体积的颗粒数。颗粒体积浓度是指单位时间通过测量体单位体积的颗粒体积。颗粒体积流量是指单位时间通过测量体单位体积的颗粒体积。浓度测量的精度在很大程度上依赖于测量体截面的估算精度，而测量体截面的面积是光学设置的几何参数、激光功率和电子增益、颗粒的大小和折射率，以及信号处理器等参数的函数，在实际测量时必须存在一个校准过程，使得浓度的测量精度远比速度、粒径的测量精度低。

PDA 系统的测量范围及精度见表 2-19。

表 2-19　PDA 系统的测量范围及精度

项目	速度	粒径	浓度
测量范围	−500～500m/s	0.5～1000μm	0～10^{12} 个/m^3
测量精度	1%	4%	30%

2) 气固两相近似模化试验方法

模化对象为某厂 200MW 机组锅炉所用燃烧器。模型中的试验参数见表 2-20。模型中的气固两相流动要完全满足流动相似准则是困难的，只能实现近似模化，具体满足以下条件[5,6]。

(1) 模型与原型几何相似。模型与原型燃烧器的比例为 1∶6。

(2) 模型流动处于第二自模区。模型一次风喷口、旋流二次风喷口的雷诺数分别为 5.5×10^4、7.4×10^4，均大于 1×10^4[24]，模型流动处于第二自模区。

(3) 边界条件相似。模型中，一次风粉混合物在燃烧器中有 0.755m 的直段长度，颗粒已得到充分加速，从而保证颗粒出口速度 ω' 与空气速度 ω'' 的比值为常数。

(4) 物性相似。试验中采用玻璃微珠，平均粒径约为 55μm，宽筛分分布，真实密度为 2200kg/m^3，模型与原型中的颗粒密度 $\rho' \gg$ 气体密度 ρ''，因此不考虑浮力的影响。

(5) 模型与原型的动量比相同。实际运行时，一次风粉动量与旋流二次风轴向动量的比值为 1∶1.8～1∶3.2。模型中，一次风粉动量与旋流二次风轴向动量的比值为 1∶2.7。因此，模型与原型的一、二次风动量比相等。

(6) 模型与原型的傅鲁德数。傅鲁德数准则反映了重力对流动的影响。要保证模型的傅鲁德数与原型相同，试验一次风速、旋流二次风速应分别达到 35m/s、54m/s，这是困难的。模型与原型的傅鲁德数 Fr_m、Fr 分别为 153 和 40。

(7) 模型与原型的斯托克斯数。斯托克斯数准则反映了惯性力对流动的影响。模型与原型的斯托克斯数分别为 0.56、0.058。要保证斯托克斯数准则相同，则模型中的颗粒直径应约为实际煤粉颗粒直径的 1/10，这是很困难的。

表 2-20　蜗壳式旋流煤粉燃烧器气固两相流动试验参数

项目	一次风	二次风		中心风	旋流强度	
		旋流二次风	直流二次风		气相	固相
喷口面积×10^{-3}/m^2	6.69	11.41	3.35	2.98	0.46	3.98
风速/(m/s)	15.5	21.4(轴向)	0.0	0.0		
风率/%	29.8	70.2		0.0		
颗粒质量浓度/(kg/kg)	0.10	0.0				

注：空气温度为 16℃。

试验台本体主要由送风机、吸风机、给粉机、燃烧器模型、试验段、旋风分离器等组成，结构如图 2-84 所示。

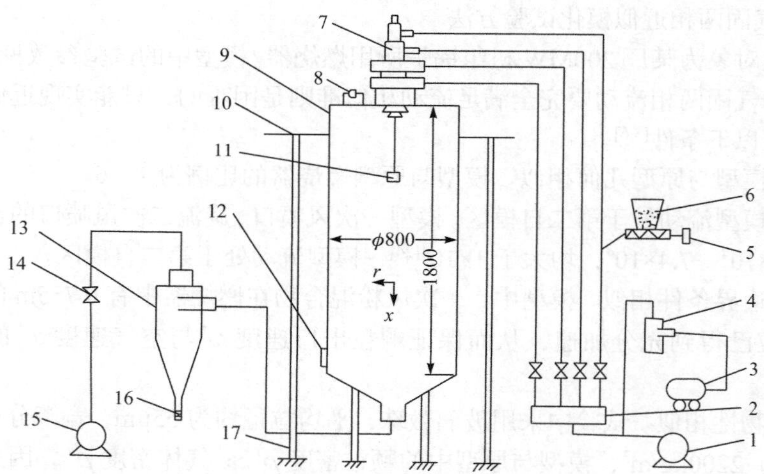

图 2-84　试验台简图及试验段尺寸(单位：mm)

1-送风机；2-风箱；3-空气压缩机；4-电磁振动送粉机；5-给粉机；6-粉斗；7-燃烧器模型；8-水平仪；9-试验段；10-平台；11-重锤；12-平衡口；13-旋风分离器；14-阀门；15-吸风机；16-简易锁气器；17-支架

送风机将风送入风箱，然后通过各自的风管分别为燃烧器直流二次风、旋流二次风、浓一次风、淡一次风供风。总送风量由送风机挡板开度控制，燃烧器各股风风量由风管上的阀门调节，各风管上安装有笛形管测量风量。

两台给粉机供粉，一台为电磁振动给粉机，由空气压缩机提供的压缩空气输送物料，送入风箱与送风机之间的主风道，送粉量为 0.12kg/h，物料为钛白粉(10μm 以下的细颗粒)，由于 PDA 系统只能测量颗粒的流动特性，因此钛白粉用于示踪气相流动特性；另一台为绞笼式给粉机，物料为玻璃微珠，送入为浓一次风供风的风管中，给粉量为 44.63kg/h。

试验段筒体直径为 800mm，燃烧器最外层扩口直径(即燃烧器直径)为 177mm，两者直径比约为 4.5，大于 3，燃烧器射流的流动为低受限流动[25]。筒体直段长度为 1800mm，约为燃烧器直径的 10.2 倍，因此忽略筒体出口对燃烧器出口区域流场的影响。筒体前部装有玻璃窗，玻璃微珠与玻璃为同物质，静电小，近壁处速度及速度梯度小，颗粒黏附少，且玻璃窗易拆卸，每个工况擦拭一次，能保证较好的透光效果。与玻璃窗相对的筒体内壁面用油漆涂黑，能提高黑度，并且筒体直径较大，有效地减弱了壁面反射作用对测量精度的影响。根据水平仪的显示，调整筒体的位置，使筒体顶部保持水平。根据重锤垂线，调整燃烧器的位置，使燃烧器轴线与筒体顶部垂直，从而保证测量点轴向及径向位置的可靠性。

玻璃微珠由旋风分离器回收，通过简易的锁气器可将玻璃微珠不断取出，由于一部分细颗粒不能分离下来，因此回收的微珠变粗。试验中，监控燃烧器出口处的平均粒径，若粒径变化较大，即加入新玻璃微珠，淘汰旧的玻璃微珠，从而保持进入燃烧器的玻璃微珠粒径分布稳定。试验中，浓一次风风管、从试验段至分离器的风管中风速保持在 20m/s 左右，防止了风管中积粉。试验段筒体下部的平衡口由胶皮密封，改变旋风分离器后的阀门开度，可以改变吸风量，保证试验段处于微负压状态，防止玻璃微珠泄漏，保证试验的安全。

对于蜗壳式旋流煤粉燃烧器，一次风粉混合物的旋流器为蜗壳式，一次风粉混合物以一定的速度切向偏心(有一定的偏心距)进入蜗壳，形成旋转流动，以蜗旋线状由圆形或环形一次风通道流出，在空间形成旋转气流。试验中，燃烧器模型一次风通道小而长，采用蜗壳阻力大，给试验带来困难。因此，一次风混合物的旋流器采用轴向弯曲叶片式。由蜗壳结构可得出气流的轴向速度分布和切向速度分布，根据此速度分布，可得出轴向弯曲叶片的结构。在蜗壳式旋流煤粉燃烧器中，旋转的一次风粉混合物经过燃烧器一次风通道再进入炉膛，为此在燃烧器模型中将轴向弯曲叶片置于距离中心扩锥 119mm 处。考虑其他形式燃烧器研究的需要，模型中设计了直流二次风通道，在本次试验中没通风，燃烧器模型如图 2-85 所示。

试验工况及参数见表 2-20。表中，直流二次风率指直流二次风量占总风量的比例，颗粒质量浓度指玻璃微珠的质量流量与一次风的纯空气质量流量的比值，单位为 kg/kg。

气相旋流强度 S_g 和固相旋流强度 S_p 的计算公式分别见式(2-78)和式(2-79)。由于燃烧器扩口对激光的反射影响，紧靠燃烧器喷口的第一个截面燃烧器中心附近的测量误差较大，本节采用距燃烧器喷口 17.7mm 截面测量值计算旋流强度的大小。

$$S_g = \frac{\int_0^{d_1/2} \rho \omega u r^2 \mathrm{d}r}{d\int_0^{d_1/2} \rho u^2 r \mathrm{d}r} \tag{2-78}$$

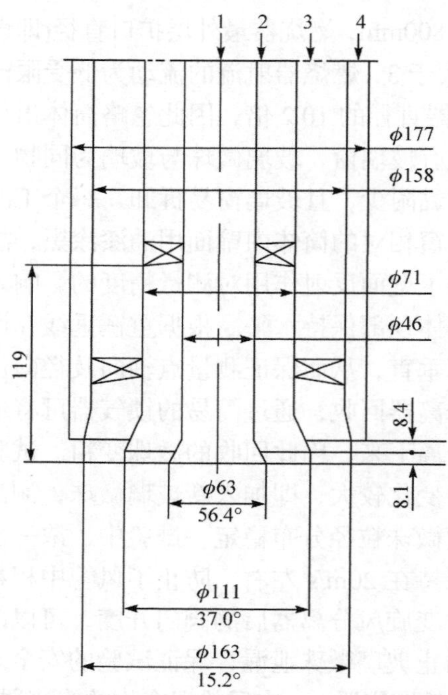

图 2-85　蜗壳式旋流煤粉燃烧器模型的结构及尺寸(单位：mm)[6]

1-中心风；2-一次风+玻璃微珠；3-旋流二次风；4-直流二次风

$$S_{\mathrm{p}}=\frac{\int_0^{d_1/2}\rho_{\mathrm{p}}\omega_{\mathrm{p}}\dot{Q}r^2\mathrm{d}r}{d\int_0^{d_1/2}\rho_{\mathrm{p}}u_{\mathrm{p}}\dot{Q}r\mathrm{d}r}\tag{2-79}$$

式中，d_1 为测得段筒体直径 0.8m；ρ、ρ_{p} 为气体、0～100μm 玻璃微珠的真实密度(kg/m^3)；ω、ω_{p} 为气体、0～100μm 玻璃微珠的平均切向速度(m/s)；u、u_{p} 为气体、0～100μm 玻璃微珠的平均轴向速度(m/s)；r 为半径(m)；d 为燃烧器最外层扩口直径，即 0.177m；$\dot{Q}$ 为测点处 0～100μm 玻璃微珠的体积流量(m^3/(m^2 · s))。

对沿射流方向的 8 个截面(有的工况少 1 个或 2 个截面)的流动特性进行了测量，燃烧器出口区域(1 个燃烧器喷口直径以内)测量截面较多，截面上测点数较多，燃烧器中心线附近测点较密，每一个截面测点数为 22～55。每个点采样 1000 个，粒径测量范围为 0～418.95μm，玻璃微珠粒径分布如图 2-86 所示，在粒径范围内分成 50 组，每组粒径宽度为 8.38μm，0～140μm 粒径占总数的 98.4%，平均粒径为 49.94μm。试验所测每一粒径的速度、浓度、流量等大量信息均存放在数据文件内，可以对某一粒径范围内的信息进行单独处理。本节用 0～8μm 的微粒示踪气相流动特性，10～100μm 的颗粒代表固相流动特性，从模化的角度出发，分析了 0～100μm 颗粒平均粒径、数密度、体积浓度及体积流量分布。在体积流量、数密度、体积浓度计算过程中，均涉及测量体估算截面面积这一参数，由于该参数估算精度低，因此以上三个量的测量精度也低。在数据分析时，由各测点的体积流量积分得出该截面总的体积流量，根据各个截面流量相同的质量守恒原则对各个截面体积流量进行修正。颗粒的体积浓度 C_v 及颗粒的数密度 C_n 采用相对值表示：C_v/C_{vmax}、C_n/C_{nmax}，其中 C_v、C_n 为每一点的颗粒体积浓度及颗粒的数密度，C_{vmax}、C_{nmax} 为该截面上的最大浓度值。

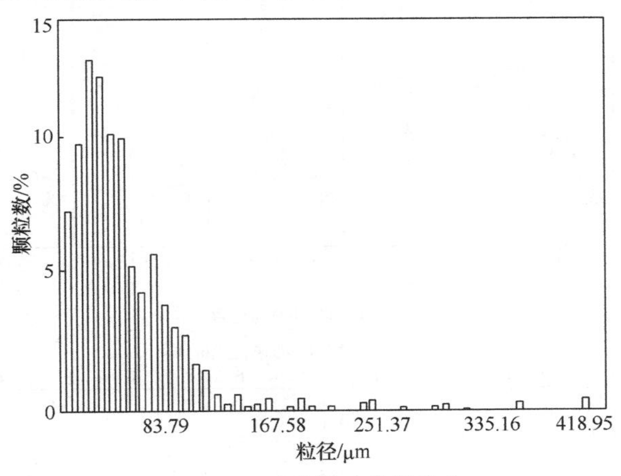

图 2-86　玻璃微珠粒径分布

3) 蜗壳式旋流煤粉燃烧器气固两相流动特性

燃烧器区各截面的气相、固相平均速度、脉动速度分布及颗粒的体积浓度、数密度、体积流量较全面地描述了颗粒及气体的扩散特性。

燃烧器气相、固相的切向平均速度及切向 RMS 脉动速度(脉动速度的平方平均开方值)的分布如图 2-87 所示。图中 x 为沿射流方向至喷口的距离，可参见图 2-84。蜗壳式旋流煤粉燃烧器的筒壁与垂线指示的中心线有偏斜，筒壁到垂线指示的中心线距离超过 400mm，而坐标架径向实际行程为 400mm，因此距中心线 400mm 处不为壁面位置，测得的速度有一定数值。由测量结果可以看出，气流的旋转中心与垂线指示的中心有较小的偏移。在 x/d=0.1 截面，当半径为 0～50mm 时，固相的切向平均速度很小，接近 0，气相的旋转速度也很小，气固两相切向平均速度外围很大的区域是自由涡区。从 x/d=0.22 截面开始，气固两相的切向平均速度的分布都具有典型的 Rankine 涡结构。中部比较窄的区域是似固核区，外围很大的区域是自由涡区，七个截面的速度分布非常接近。在似固核区，固相与气相之间存在较大的滑移，大多数固相的切向平均速度大于气相的切向平均速度。在自由涡区，固相与气相之间的滑移较小。在截面 x/d=1.02 处，固相的切向平均速度明显大于气相的切向平均速度。这是因为蜗壳式旋流煤粉燃烧器一次风粉本身旋转，固相惯性大，速度衰减慢。

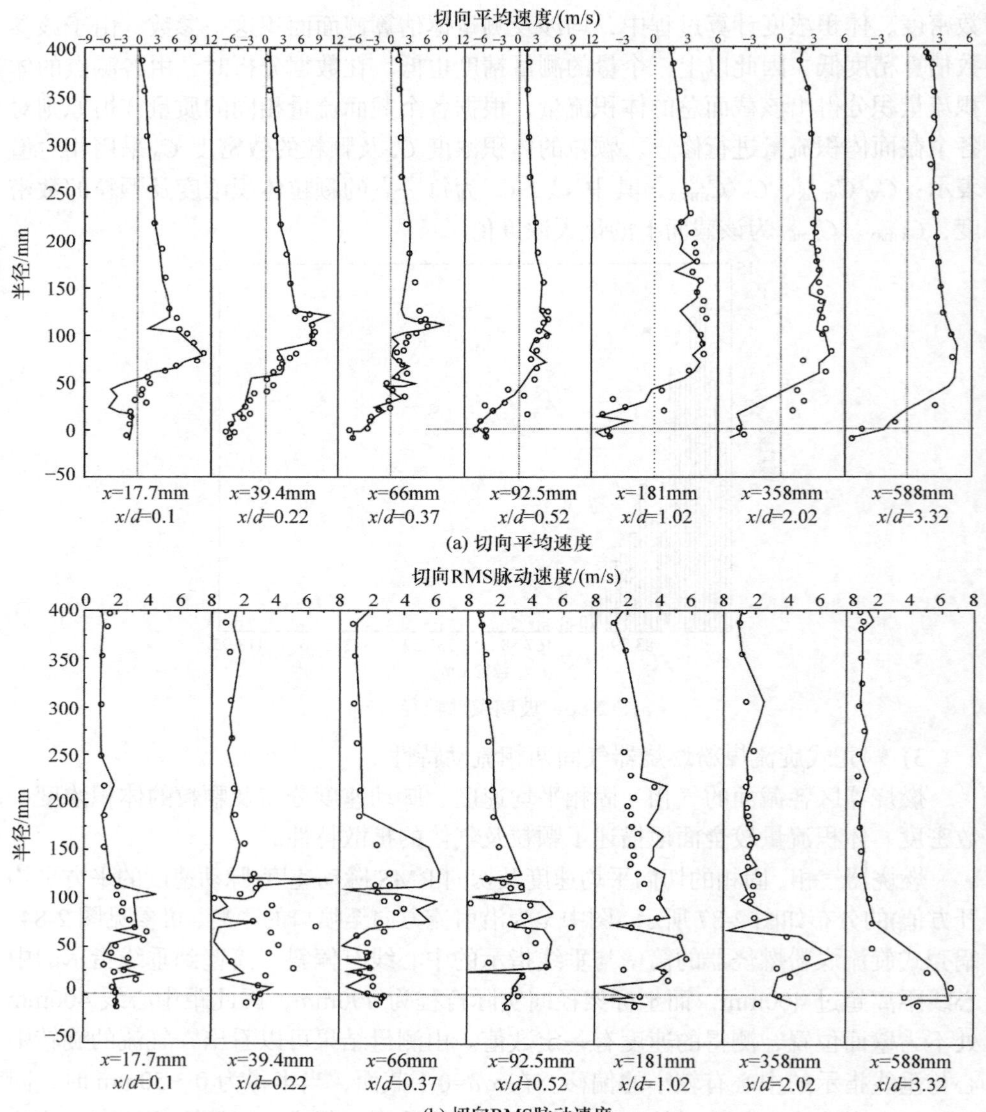

图 2-87　蜗壳式旋流煤粉燃烧器气固两相的切向平均速度和切向 RMS 脉动速度的分布

— 气相；∘ 固相

由燃烧器的切向 RMS 脉动速度分布可以看出，蜗壳式旋流煤粉燃烧器气固两相切向 RMS 脉动速度大，尤其是中心区域一直保持较高数值。

蜗壳式旋流煤粉燃烧器气相、固相的轴向平均速度和轴向 RMS 脉动速度的分布如图 2-88 所示。燃烧器有边壁回流，燃烧器中心为回流区域。燃烧器出口至 x/d=0.52 截面，气固两相的轴向平均速度分布呈双峰结构，靠近中心的峰区为一次风粉流动区域，靠近壁面的峰区为二次风粉流动区域。靠近中心的峰区在径向很窄小，而且在 x/d=1.02 截面即消失，这表明一次风与二次风混合较快。

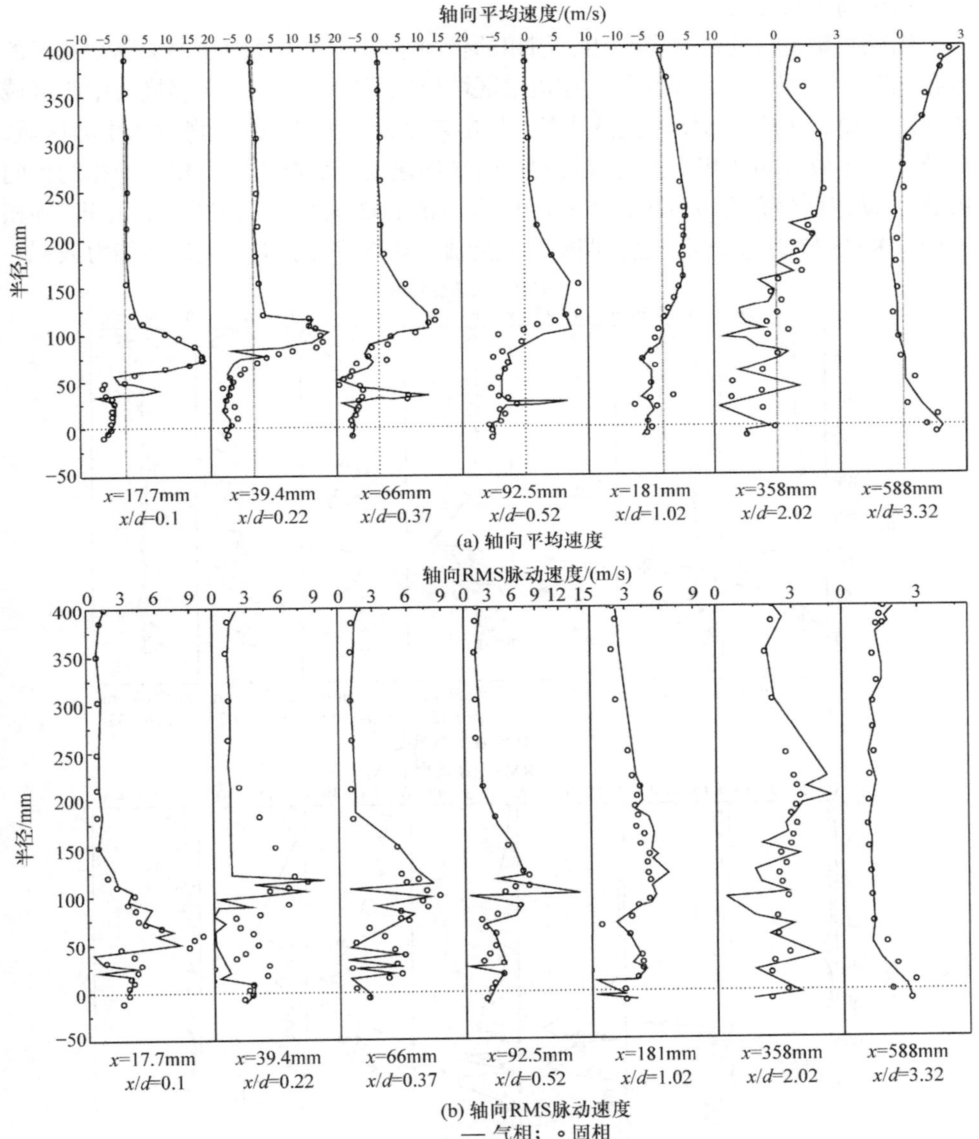

图 2-88 蜗壳式旋流煤粉燃烧器气固两相的轴向平均速度和轴向 RMS 脉动速度的分布

由浓淡燃烧器的轴向 RMS 脉动速度分布可以看出，燃烧器喷口至 x/d=0.52 截面，靠近中心的轴向平均速度峰区(一次风粉流动区域)内侧、外侧，即一次风粉与中心回流区及一次风粉与二次风交接区域，轴向 RMS 脉动速度较高。在

x/d=1.02 以后的截面，正流区与中心回流区之间的轴向 RMS 脉动速度较高，表明在以上区域进行着较大的轴向湍流扩散。在燃烧器的某些区域，固相的轴向 RMS 脉动速度高于气相值。

蜗壳式旋流煤粉燃烧器气相、固相的径向平均速度和径向 RMS 脉动速度的分布如图 2-89 所示。由图可知，在边壁区域出现了气固两相均向燃烧器中心区域流动的现象，这是由边壁回流造成的。从出口至 x/d=0.37 截面，燃烧器中心区域，以及主流区域气固两相都具有较大的径向平均速度。从燃烧器气相、固相的径向 RMS 脉动速度分布可以看出，从 x/d=0.1 至 x/d=2.02 截面，主流区域中气相、固相的径向 RMS 脉动速度高，这表明蜗壳式旋流煤粉燃烧器径向湍流输运能力强。

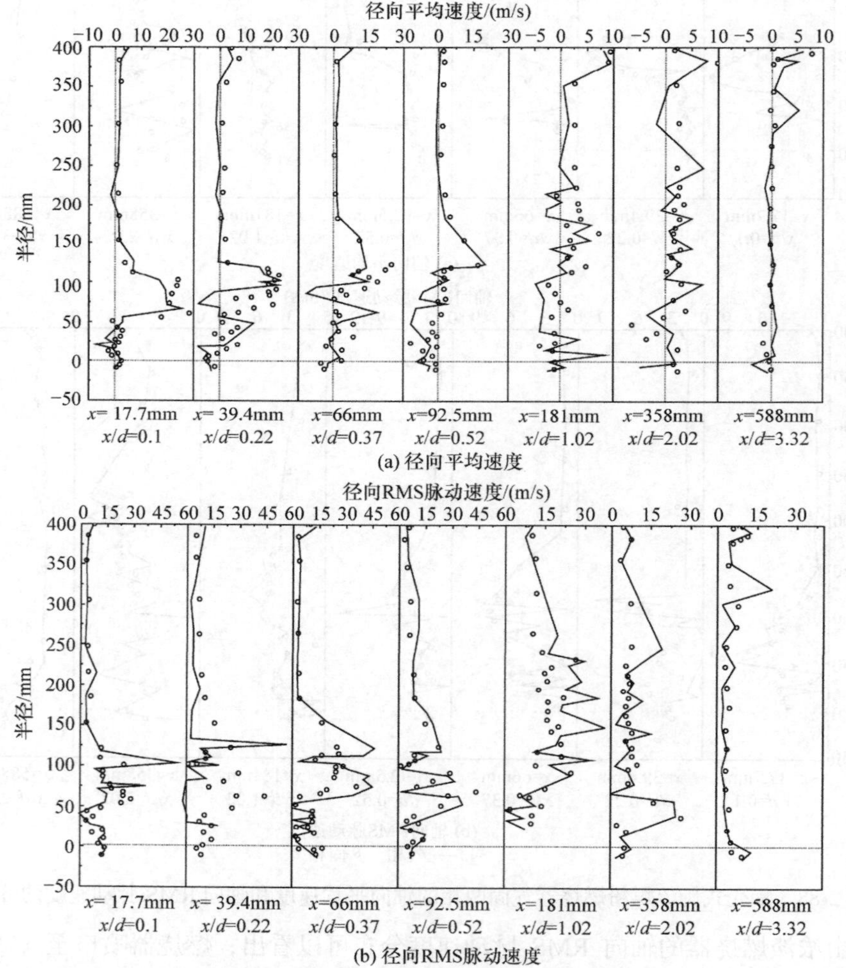

(a) 径向平均速度

(b) 径向RMS脉动速度

图 2-89 蜗壳式旋流煤粉燃烧器气固两相的径向平均速度和径向 RMS 脉动速度的分布

— 气相；∘ 固相

蜗壳式旋流煤粉燃烧器 0～100μm 颗粒体积流量、颗粒相对体积浓度、颗粒相对数密度在不同截面沿径向的分布分别如图 2-90～图 2-92 所示。在 x/d=2.02 截面，由于给粉波动，燃烧器中心附近的几个测点所测数值出现异常。对于蜗壳式旋流煤粉燃烧器，一次风粉本身旋转，颗粒具有较大的切向速度、径向速度，且径向湍流输运能力强，颗粒主要分布于距中心较远的壁面区域，在中心区域颗粒体积流量很小，颗粒相对体积浓度、颗粒相对数密度很低，而在距中心回流区较远的区域，颗粒体积流量相对较大，在壁面区出现了颗粒相对体积浓度、颗粒相对数密度的高峰区。在 x/d=2.02 截面，大部分颗粒已甩向了壁面。

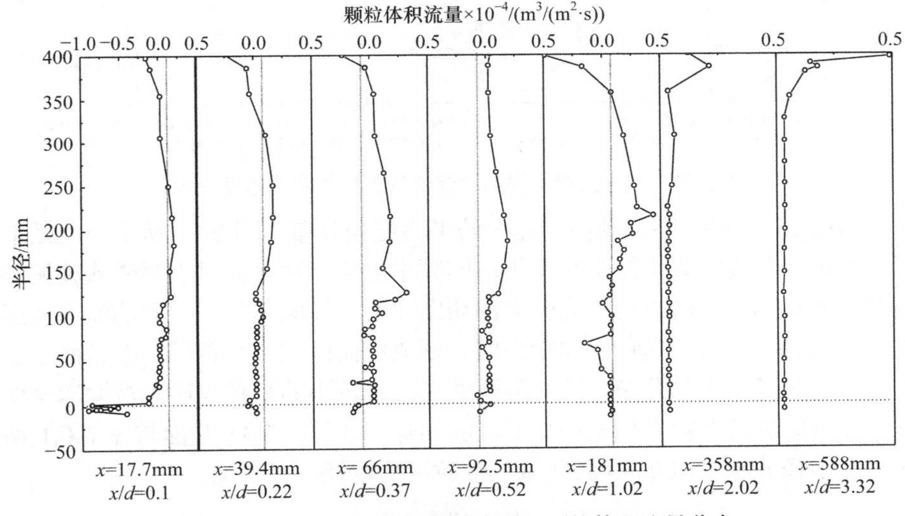

图 2-90　蜗壳式旋流煤粉燃烧器的颗粒体积流量分布

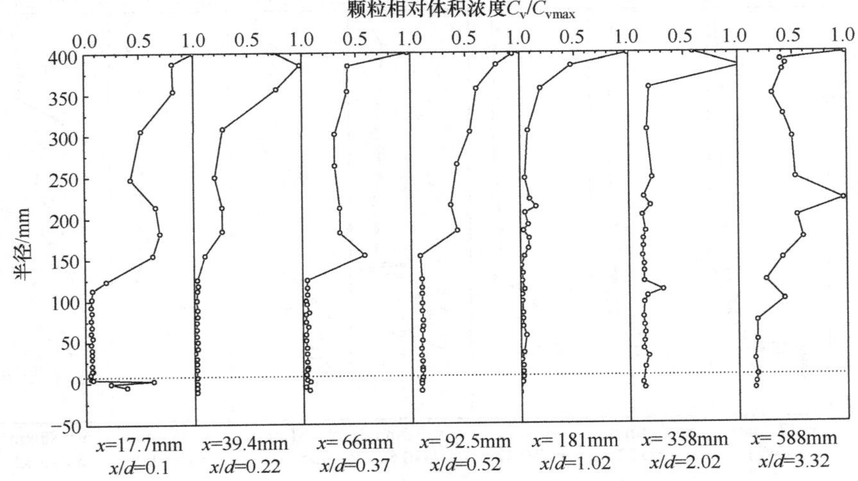

图 2-91　蜗壳式旋流煤粉燃烧器的颗粒相对体积浓度分布

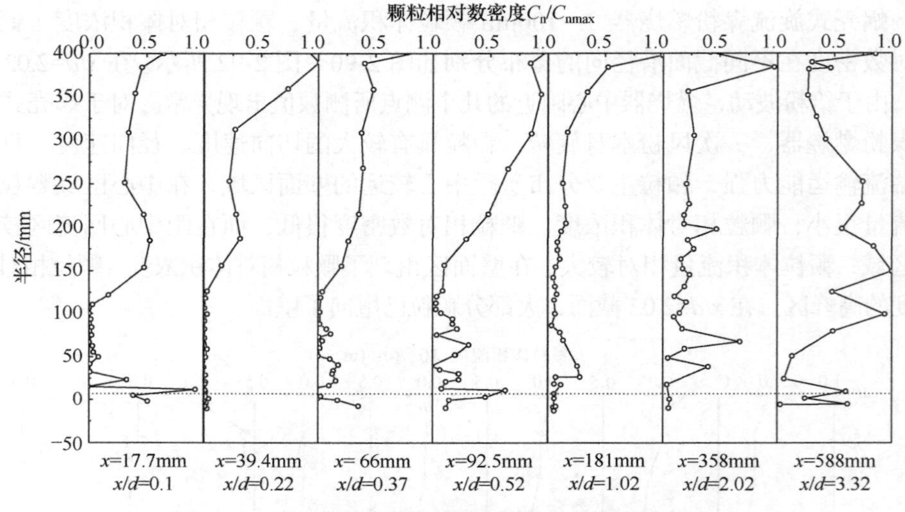

图 2-92　蜗壳式旋流煤粉燃烧器的颗粒相对数密度分布

0～100μm 颗粒在不同截面沿径向的平均粒径分布如图 2-93 所示。此处平均粒径是根据颗粒直径大小按个数来平均的算术平均直径 d_{10}。对于蜗壳式旋流煤粉燃烧器，颗粒本身旋转，且具有较大的切向速度、径向速度，径向湍流输运能力也强。较大的颗粒由于惯性甩向壁面区，形成壁面区域平均粒径较大，而中心区域颗粒平均粒径较小的分布。随着射流的发展，较小的颗粒也逐渐被输运至壁面区域，使该区域的颗粒平均粒径呈下降的趋势，如 x/d=3.32 截面与 x/d=0.1 截面相比，在半径 r=50～400mm 的区域，颗粒平均粒径明显下降。

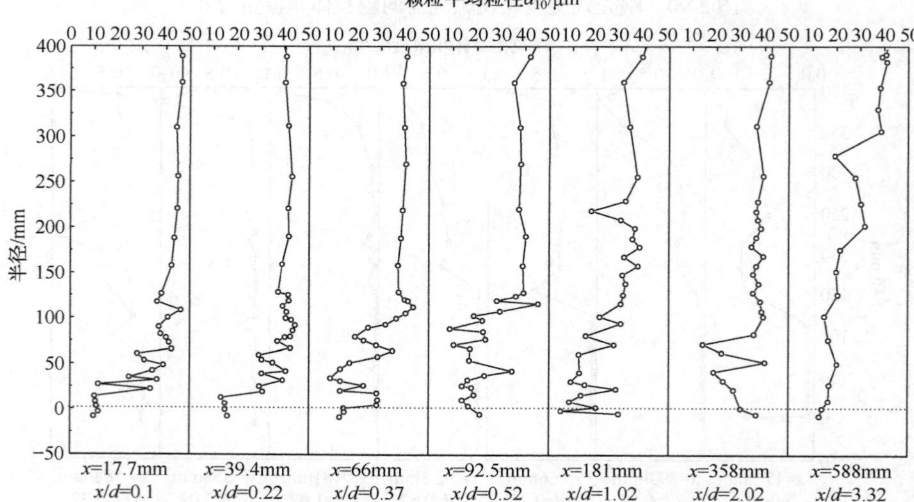

图 2-93　蜗壳式旋流煤粉燃烧器的颗粒平均粒径分布

4) 蜗壳式旋流煤粉燃烧器气固两相流动特性对燃烧的影响

蜗壳式旋流煤粉燃烧器在高温的中心区域颗粒体积流量小，颗粒相对数密度、颗粒相对体积浓度低，这不利于稳燃。远离中心回流区的低温二次风中颗粒体积流量大，颗粒数密度、颗粒相对体积浓度大，颗粒的平均粒径也大，煤粉燃烧的初期为动力燃烧区，不利于煤粉的燃尽。二次风中富含大量的颗粒，煤粉初期处于高氧气氛中燃烧，这十分有利于燃料型氮向 NO_x 的转化，有利于 NO_x 的形成。蜗壳式旋流煤粉燃烧器颗粒具有较大的切向速度、径向速度，径向湍流输运能力强，易出现大量颗粒被甩向并黏附于水冷壁上的现象，并且大量颗粒在近水冷壁区燃烧，易形成还原性气氛，从而造成水冷壁的结渣及高温腐蚀的形成。

2.5.2 日本双旋流煤粉燃烧器

1. 双旋流煤粉燃烧器在我国的应用情况

双旋流煤粉燃烧器为日本 IHI 株式会社与美国福斯特惠勒公司合作开发的低 NO_x 燃烧技术[26-29]。双旋流煤粉燃烧器的结构简图如图 2-94 所示。燃烧器由内向外依次布置中心管、一次风管、内二次风管和外二次风管。在中心管内布置油枪和点火器。一次风沿切向进入，在燃烧器一次风管内形成旋转气流。内二次风和外二次风利用切向叶片形成旋转的二次风。在一次风出口和燃烧器出口之间有一段较长的预混段。在旋转的一、二次风及预混段的作用下，可以形成一个稳定的回流区。煤粉在旋转的一次风带动下，一次风管内壁形成浓煤粉气流，一次风管中心形成淡煤粉气流。在炉内煤粉被强旋转二次风引射进入二次风区域，并很快向四周分离。外部二次风区域煤粉浓度高，在燃烧器中心区域煤粉浓度低，形成煤粉的外浓内淡分布，属于外浓内淡旋流煤粉燃烧组织方式。

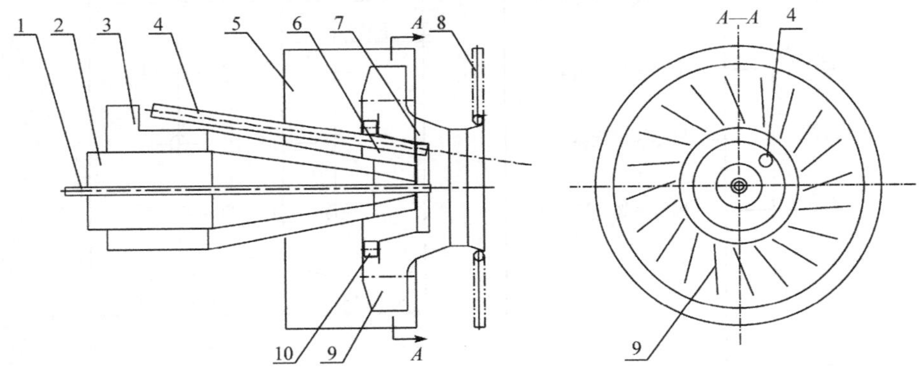

图 2-94　双旋流煤粉燃烧器的结构简图

1-油枪和点火器；2-中心管；3-一次风管；4-观火孔；5-二次风管；6-内二次风管；7-外二次风管；8-水冷壁；9-外二次风叶片；10-内二次风叶片

某电厂3号600MW机组锅炉是由日本IHI株式会社制造的，锅炉采用前后墙对冲燃烧方式，配有24只双旋流煤粉燃烧器，前后墙各三层，每层设置4只燃烧器。在锅炉前后墙上层燃烧器上方布置有12只分离燃尽风燃烧器。燃烧器一次风出口中心线的层间距离为3500mm，同层燃烧器之间的水平距离为3591mm，最外侧燃烧器与侧墙距离为5714.75mm。燃尽风燃烧器中心线距屏底距离为18200mm，同层燃尽风燃烧器之间的水平距离为3591mm，最外侧燃尽风燃烧器与侧墙距离为2123.75mm。600MW机组锅炉的主要设计参数如表2-21所示。设计煤种为JB烟煤，工业分析及元素分析如表2-22所示。该锅炉投运后，存在主蒸汽温度较低(主蒸汽温度为500℃左右)的问题。为解决此问题，对燃烧器系统进行了改造，将三层燃烧器统一上移3.5m，燃烧器的结构、间距及燃尽风燃烧器的布置不变。同时，锅炉改烧FX煤和PH煤的混煤后，主蒸汽温度可以达到540℃。改造后锅炉的燃烧系统布置图和燃尽风燃烧器结构图如图2-95所示。根据设计参数及现场所测数据计算锅炉在600MW工况下实际风量风速参数，结果如表2-23所示。燃烧器上移后，该锅炉存在以下问题。

(1) 锅炉NO_x排放偏高，高时超过1000mg/m^3。

(2) 省煤器出口烟气温度长期高于设计值374℃，高时超过400℃，导致排烟温度偏高。

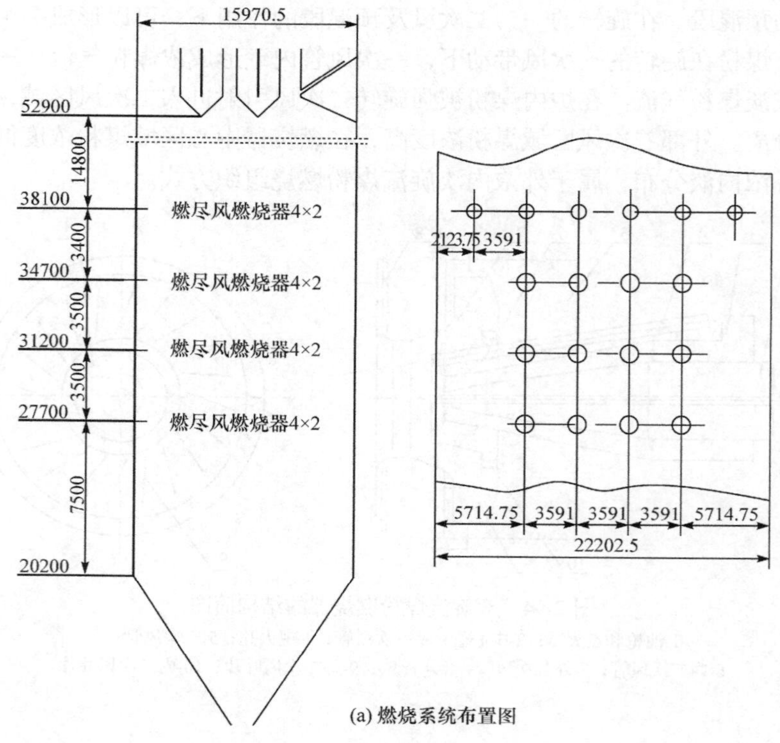

(a) 燃烧系统布置图

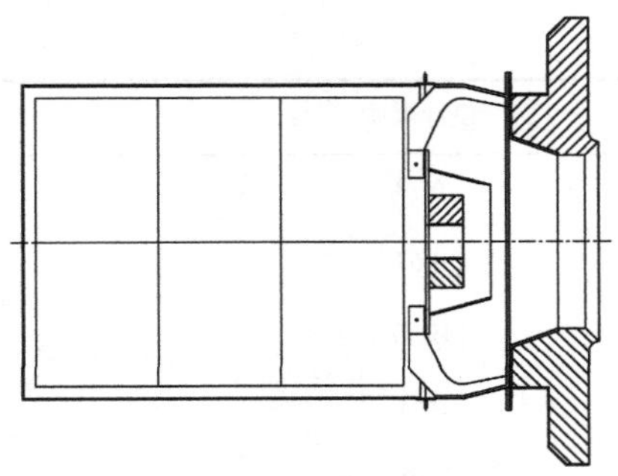

(b) 燃尽风燃烧器结构图

图 2-95　600MW 机组锅炉改造后的示意图(单位：mm)

(3) 在前后墙、侧墙燃烧器区水冷壁处结渣比较严重。

(4) 旋流燃烧器蜗壳磨损严重。

表 2-21　600MW 机组锅炉的主要设计参数

参数	BMCR[①]	100%TRL[②]
主蒸汽流量/(t/h)	2045	1777
锅炉主蒸汽温度/℃	540	540
主蒸汽压力(炉侧)/MPa	17.26	17.09
再热汽温度(进口/出口)/℃	343/538	326/538
再热汽压力(进口/出口)/MPa	4.31/4.06	3.78/3.56
再热汽流量/(t/h)	1712	1502
给水温度/℃	282	273
给水流量/(t/h)	1904	1649
排烟温度(无漏风)/℃	135	133
锅炉效率/%	94.0	94.05
空预器一次风出口温度/℃	333	329
空预器二次风出口温度/℃	346	341
炉膛容积热负荷/(kW/m^3)	102.8	94.1
燃煤量/(t/h)	247	221

注：①BMCR 代表锅炉最大蒸发量；
②TRL 代表汽轮机组额定功率。

表 2-22　600MW 机组锅炉的设计煤质与校核煤质的工业分析及元素分析

参数	设计煤质	校核煤质
碳(w_{Car})/%	58.60	48.91
氢(w_{Har})/%	3.33	2.85
氧(w_{Oar})/%	7.28	7.92

续表

参数	设计煤质	校核煤质
氮(w_{Nar})/%	0.79	0.71
硫(w_{Sar})/%	0.63	1.40
灰(w_{Aar})/%	19.77	28.00
水分(w_{Mar})/%	9.61	10.21
发热量 $Q_{net,ar}$/(kJ/kg)	22441	18710.81
挥发分(w_{Var})/%	22.823	21.81
变形温度/℃	1100	1345
软化温度/℃	1190	>1500
流动温度/℃	1270	>1500

表 2-23　600MW 机组锅炉在 600MW 负荷实际运行时的风量参数

参数		风温/℃	风量/(kg/s)	风率/%	风速/(m/s)
总空气量		—	573	—	—
燃烧器一次风		80	134.2	23.4	27.7
燃烧器二次风	内二次风	321.25	353.5	61.7	29.6
	外二次风				34.6
燃尽风		321.25	62.4	10.9	16.9
炉膛漏风		—	22.9	4	—

某电厂 1 号 200MW 机组锅炉是超高压中间一次再热自然循环煤粉锅炉，采用Π形布置。锅炉配有 5 台 HP783 中速磨煤机，当锅炉为额定负荷时，4 台磨煤机运行，1 台磨煤机备用。5 台磨煤机分别对应五层煤粉燃烧器，其中有一层煤粉燃烧器备用。20 只双旋流煤粉燃烧器前后墙对冲布置，前墙布置三层燃烧器，后墙布置两层燃烧器。后墙两层燃烧器分别与前墙的下层、中层燃烧器的标高相同。在锅炉前后墙上层燃烧器上方布置有12个分离燃尽风燃烧器，前后墙各 6 个。炉膛燃烧器、看火孔和燃尽风燃烧器的布置情况如图 2-96 所示。该燃烧器外二次风叶片为 30 个，内二次风叶片为 20 个，通过调整内、外二次风叶片角度可以调节燃烧器出口旋流强度。200MW 机组锅炉的主要设计参数如表 2-24 所示。200MW 机组锅炉的设计煤质为烟煤，煤质成分如表 2-25 所示。

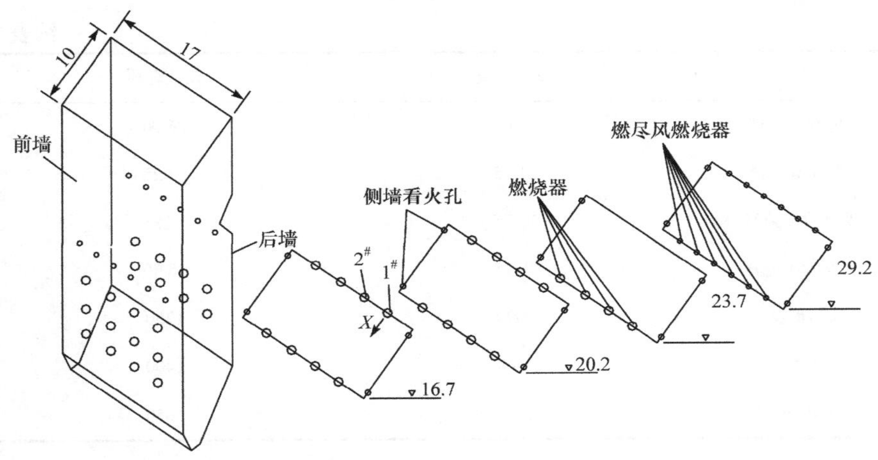

图 2-96　200MW 机组锅炉炉膛燃烧器、看火孔和燃尽风燃烧器的布置(单位：m)

表 2-24　200MW 机组锅炉的主要设计参数

参数	数值
发电功率/MW	200
过热蒸汽压力/MPa	13.7
过热蒸汽流量/(kg/s)	670
过热蒸汽温度/℃	540
再热汽流量/(kg/s)	584
再热器出口温度/℃	540
燃尽风率/%	25
底部二次风率/%	3
锅炉效率/%	92.5
排烟温度/℃	129

表 2-25　200MW 机组锅炉的设计煤质与校核煤质的工业分析及元素分析

参数	设计煤质	校核煤质
碳(w_{Car})/%	52.6	47.62
氢(w_{Har})/%	2.70	3.01
氧(w_{Oar})/%	8.42	8.77
氮(w_{Nar})/%	0.61	0.88
硫(w_{Sar})/%	0.82	0.47

续表

参数	设计煤质	校核煤质
灰分(w_{Aar})/%	13.60	26.00
水分(w_{Mar})/%	21.25	13.25
发热量 $Q_{net,ar}$/(MJ/kg)	19.25	17.98
挥发分(w_{Vdaf})/%	38.75	38.00
变形温度/℃	1090	1250
软化温度/℃	1168	1400
流动温度/℃	1189	1050

该电厂 1 号锅炉自投运以来，机组达到了额定负荷出力，运行安全、稳定，煤粉气流着火及时、燃烧稳定、燃烧效率高。但存在以下问题：煤粉以切向进入燃烧器，而且在出口处以旋流的形式喷出，煤粉多被甩到一次风管管壁附近，大部分煤粉远离高温回流区，从回流区的外边缘流过，使煤粉的浓度分布和气流的温度分布不匹配，即高温回流区中煤粉很少，其外缘的附近低温区却集中了大量的煤粉，煤粉在氧化性气氛下燃烧，不利于抑制燃料型 NO_x 的形成，从而使 NO_x 排放量较高。同时，煤粉被甩到一次风管管壁附近容易引起燃烧器出口及水冷壁结渣，并出现燃烧器烧损现象(图 2-97)。

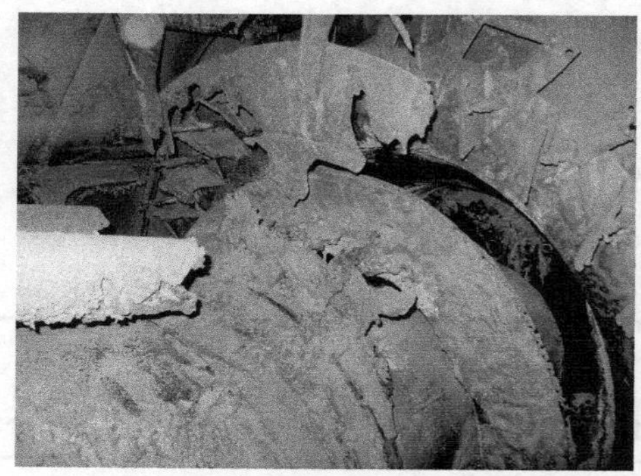

图 2-97　某电厂 1 号 200MW 机组锅炉燃烧器烧损情况

为了更好地了解双旋流煤粉燃烧器的原理和性能，对不同结构及运行参数下双旋流煤粉燃烧器出口冷态空气动力场进行了测量，得出了燃烧器出口单相及气固两相射流流动特性，并在 200MW 机组锅炉上进行了冷态空气动力场试验和热态工业试验。

2. 结构和运行参数对 200MW 机组锅炉所用双旋流煤粉燃烧器流动特性的影响

1) 单相试验系统及原理

(1) 冷态空气动力场试验系统。

试验燃烧器为上述 200MW 机组锅炉采用的双旋流煤粉燃烧器。燃烧器模型与原型燃烧器的比例为 1：3，燃烧器模化需满足以下条件：①模型与原型几何相似；②模型流动进入第二自模区，即 Re 达到 1×10^5；③模型与原型燃烧器的动量比相等。

燃烧器模型单相试验系统如图 2-98 所示，用燃烧器模型出口竖直放置模拟水冷壁的平板。试验系统采用正压系统，一次风管、内二次风管、外二次风管左端与燃烧器模型相连，右端与风箱相连。各风管上的阀门可以控制风管风速，通过各管上面的压力测点可以得到各管中的风速。试验系统的坐标零点设置在燃烧器模型出口截面的中心位置，距离燃烧器模型中心线垂直于射流方向的径向距离定义为 r，距离燃烧器模型出口截面沿射流方向的轴向距离定义为 x。在燃烧器模型出口，沿射流方向安装坐标架，用坐标架上的飘带标画出回流区的边界和射流扩展角。利用恒温热线热膜流速计对燃烧器模型出口的速度进行测量。

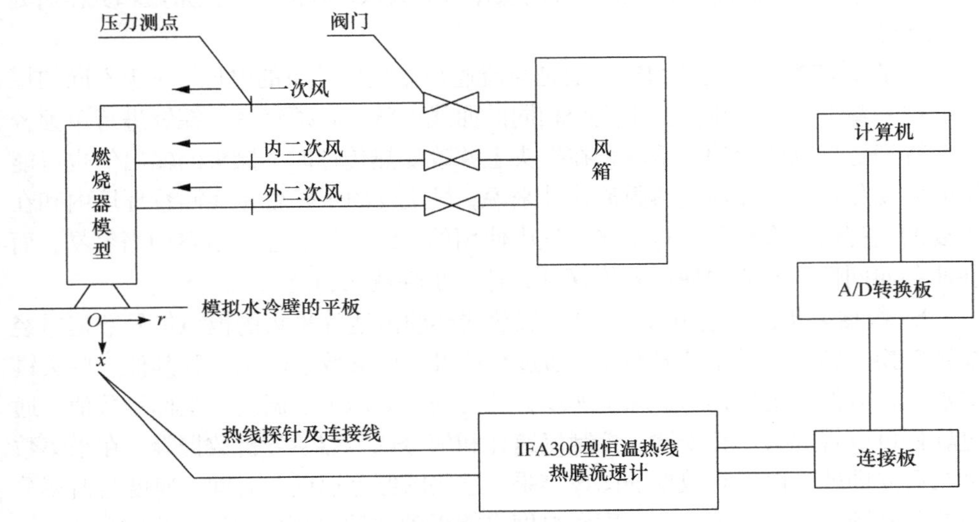

图 2-98　燃烧器模型单相试验系统图

(2) 恒温热线热膜流速计。

这里采用美国 TSI 公司生产的 IFA300 型恒温热线热膜流速计对双旋流煤粉燃烧器模型出口气流的流动特性进行试验，沿燃烧器模型射流方向选取六个不同截面进行测量，分别为 x/d=0、0.25、0.5、1.0、1.5 和 2.5，其中 d 为模型燃烧器模型外二次风出口直径，d=0.338m。

① 恒温热线热膜流速计的工作原理。

恒温热线热膜流速计是通过放置在流体介质内的感应元件来测量流体介质的速度等参数的仪器，它的感应元件可以是一条长度远大于其直径的细金属丝(探针)，也可以是敷于玻璃材料支架上的一层金属薄膜元件。当此探针或者薄膜元件置于流体介质中时，通过对探针或者薄膜元件进行加热的方法使其温度升高，且大于流体介质温度。这样，在流体介质与探针或者薄膜元件之间就存在热交换。流体介质速度的不同会引起探针与流体介质间传热系数的不同，根据探针散热量的不同可得到流体介质的速度大小[30-32]。

恒温热线热膜流速计系统由校准仪、坐标架、探针及探针支杆、模数转换器、风速仪电路和数据处理软件等组成。根据探针可以测量的分速度数目，探针可分为一维探针、二维探针和三维探针；根据探针形状可分为圆柱形和非圆柱形两种类型。三维探针因测量中旋转困难、支架干扰流场等因素使用较少，较多学者采用二维探针测量三维流场。

② 恒温热线热膜流速计的操作。

IFA300 型恒温热线热膜流速计能通过软件实现完全控制，ThermalPro 软件包就是专门为这一目的而设计的。流速计的操作可分为探针校准、数据采集和数据后处理三部分。

a. 探针校准：流速计的输出值是与流速呈非线性关系的电压。对于不同的探头，这一输出值有着相似但不完全相同的曲线形状，必须对每一探针进行单独校准。特别是当流体中的杂质堆积在探头上并改变热传递时，探头的输出值也可能随时间变化。对恒温热线热膜流速计来说，最主要的步骤就是在测量环境内和在需要的量程内校准探针。对于在空气中使用的一维探针，这一步骤相当容易，而在非各向同性的介质中使用多维探针，这一步骤就相当复杂。

b. 数据采集：通过 IFA300 型恒温热线热膜流速计采集的模拟信号数据需经模数转换器转换成数字信号数据。通过软件可以设置数字转化率和其他一些关键参数。在数据采集过程中，除了速度，还可获得如压力、温度、坐标等数值。通过软件可以管理模数转换器、控制流速计和信号调节器、分析数据等。在采集数据之后立即就可以得到数据的图像结果，这些图像是速度与时间、速度与概率分布的关系图。平均速度、湍流度和温度也能得到并被保存以便进一步的分析。

c. 数据后处理：数据后处理包括速度分析、谱分析和流场分析三个部分。后处理能给出完整的数据处理结果，包括平均速度、湍流度、标准偏差，一维探针、二维探针、三维探针均可测得偏斜系数、导航系数和法向应力，以及二维探针、三维探针才可测得的剪切应力、相关系数、流动方向角。此外，也可以计算并演示频谱图、自相关和交互相关系数。所有的处理结果都会储存在文本文件内以进行其他分析。

③ 二维热线探针测量三维流场的原理。

对三维流场测量最直接的办法是利用三维热线探针，但是三维热线探针存在标定复杂、测量中旋转困难、空间分辨率较低、支架对流场的干扰较大等缺点，同时三维热线探针在国内无法维修且费用昂贵，因此人们往往不使用三维热线探针对三维流场进行测量，而是采用一维或者二维热线探针来完成。利用一维热线探针多方位转动法[33]或者二维热线探针转换平面法[34,35]就可以实现对三维流场的测量。相比于一维热线探针多方位转动法，二维热线探针转换平面法测量简单、操作方便，且测量精度更高，对速度和湍流强度的测量误差都在 20%以内，因此这里采用二维热线探针转换平面法对旋流燃烧器出口流场进行测量。

试验选用的二维热线探针为 X 形 1240 探针，测量原理[34,35]如下。

热线工作方程为

$$E^2 = E_0^2 + BU_{\text{eff}}^n \tag{2-80}$$

式中，E 为热线电桥的桥顶电压；E_0 为流体速度为零时的桥顶电压；B、n 为探针的特性参数，在试验前可通过标定进行确定，U_{eff} 为热线的有效冷却速度，包括垂直流和平行热线流的综合效应，通常 U_{eff} 由余弦定律表示为

$$U_{\text{eff}}^2 = U^2(\cos^2\theta + K_{\text{y}}^2\sin^2\theta) = U_{\text{N}}^2 + aU_{\text{T}}^2 \tag{2-81}$$

式中，θ 为来流与轴线之间的夹角；K_{y} 为偏航因子；a 为平行于热线的瞬时速度分量冷却效应系数，取值为 0.3～0.5；U 为来流的瞬时速度；U_{N} 为垂直于热线的瞬时速度分量；U_{T} 为平行于热线的瞬时速度分量。

如图 2-99 所示，当热线置于 x-z 平面时，有

$$\begin{cases} U_{\text{N}}^2 = [(\overline{U}+u')\sin\alpha - (\overline{W}+w')\cos\alpha]^2 + (\overline{V}+v')^2 \\ U_{\text{T}}^2 = [(\overline{U}+u')\cos\alpha - (\overline{W}+w')\sin\alpha]^2 \end{cases} \tag{2-82}$$

式中，α 为来流的主流速度方向与其中一根探针丝之间的夹角；其中 $\overline{U}$、$\overline{V}$ 和 $\overline{W}$ 分别表示 x、y 和 z 方向的平均速度；u'、v' 和 w' 分别表示 x、y 和 z 方向的脉动速度。

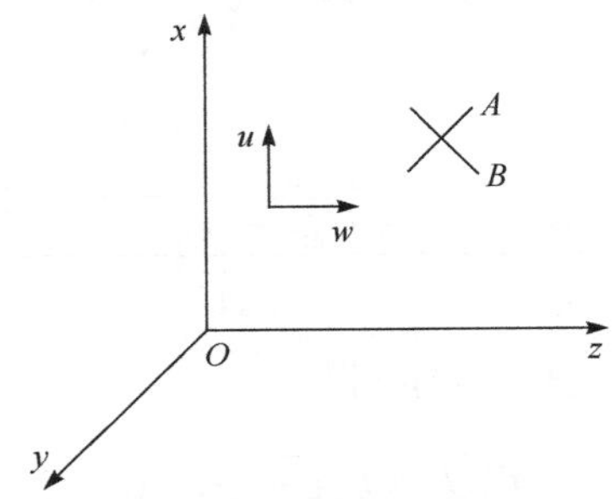

图 2-99　热线探针测量坐标系示意图

把式(2-82)代入式(2-81)，可得

$$U_{\text{eff}}=k_0\overline{U}\left\{1+\frac{1}{2}\left(\frac{2u'}{\overline{U}}+\frac{u'^2}{\overline{U}^2}\right)+\frac{k_1}{2}\cdot\frac{(\overline{W}+w')^2}{\overline{U}^2}+\frac{k_2}{2}\cdot\frac{(\overline{U}+u')\cdot(\overline{W}+w')}{\overline{U}^2}\right.$$

$$\left.+\frac{k_3}{2}\cdot\frac{(\overline{V}+v')^2}{\overline{U}^2}-\frac{1}{8\overline{U}^2}[4u'^2+4k_2(u'\overline{w}'+u'w')+k_2^2(\overline{W^2}+w'^2)+2k_2^2(\overline{W}w')]\right\}+O\left(\frac{u'^3}{\overline{U}^3}\right) \tag{2-83}$$

式中，k_0、k_1、k_2和k_3的定义如下：

$$k_0=\sqrt{\sin^2\alpha+a^2\cos^2\alpha} \tag{2-84}$$

$$k_1=\frac{\cos^2\alpha+a^2\sin^2\alpha}{\sin^2\alpha+a^2\cos^2\alpha} \tag{2-85}$$

$$k_2=\frac{a^2-1+\sin2\alpha}{\sin^2\alpha+a^2\cos^2\alpha} \tag{2-86}$$

$$k_3=\frac{1}{\sin^2\alpha+a^2\cos^2\alpha} \tag{2-87}$$

由式(2-83)可得

$$\overline{U_{\text{eff}}}=k_0\overline{U}\left[1+\left(\frac{k_1}{2}-\frac{k_2^2}{8}\right)\frac{\overline{W}^2+\overline{w'^2}}{8}+\frac{k_3}{2}\cdot\frac{\overline{V}^2+\overline{v'^2}}{\overline{U}^2}+\frac{k_2}{2}+\frac{\overline{W}}{\overline{U}}\right] \tag{2-88}$$

$$\overline{U'^2_{\text{eff}}}=k_0^2\overline{U}^2\left(\frac{\overline{u'^2}}{\overline{U}^2}+\frac{k_2^2}{4}\cdot\frac{\overline{w'^2}}{\overline{U}^2}+k_2\frac{\overline{u'w'}}{\overline{U}^2}\right) \tag{2-89}$$

$$\overline{U^2_{\text{eff}}}=k_0^2\overline{U}^2\left(1+\frac{\overline{u'^2}}{\overline{U}^2}+k_1\frac{\overline{W^2}+\overline{w'^2}}{\overline{U}^2}+k_2\frac{\overline{W}}{\overline{U}}+k_3\frac{\overline{V^2}+\overline{v'^2}}{\overline{U}^2}+k_2\frac{\overline{u'w'}}{\overline{U}^2}\right) \tag{2-90}$$

对于二维探针，两根热线丝的 a 值相差较大，当两者相差值与较大的 a 值之比大于 10%时，则有

$$\overline{U}^2_{\text{eff}}-2k_0\overline{U}\overline{U}_{\text{eff}}-\overline{U'^2_{\text{eff}}}=k_0^2\overline{U}^2\left(-1+\frac{k_2^2\overline{W}^2}{4\overline{U}^2}\right) \tag{2-91}$$

因此，有

$$\frac{\overline{W^2}}{\overline{U^2}}=\frac{4}{k_2^2}\cdot\frac{k_0^2\overline{U}^2+\overline{U^2_{\text{eff}}}-2k_0\overline{U}\overline{U}_{\text{eff}}-\overline{U'^2_{\text{eff}}}}{k_0^2\overline{U}^2} \tag{2-92}$$

对两根热线丝分别应用式(2-92)可得

$$C_1\overline{U}^2+C_2\overline{U}+C_3=0$$

$$\overline{U}=\frac{-C_2\pm\sqrt{C_2^2-4C_1C_3}}{2C_1} \tag{2-93}$$

$$\overline{W}=\pm\sqrt{\frac{4}{k_{2A}^2}\cdot\frac{k_{0A}^2\overline{U}^2+U_{\mathrm{eff}A}^2-2k_{0A}\overline{U}\overline{U_{\mathrm{eff}A}}-\overline{U_{\mathrm{eff}}'^2}}{k_{0A}^2}} \tag{2-94}$$

式中，

$$C_1=k_{0A}^2k_{2A}k_{0B}^2-k_{0B}^2k_{2B}^2k_{0A}^2$$

$$C_2=2k_{0B}^2k_{2B}^2k_{2A}\overline{U_{\mathrm{eff}A}}-2k_{0A}^2k_{2A}k_{0B}\overline{U_{\mathrm{eff}B}}$$

$$C_3=k_{0A}^2k_{2A}^2\left(\overline{U_{\mathrm{eff}B}^2}-\overline{U_{\mathrm{eff}B}'^2}\right)-k_{0B}^2k_{2B}^2\left(\overline{U_{\mathrm{eff}B}^2}-\overline{U_{\mathrm{eff}B}'^2}\right)$$

把式(2-88)分别应用于两根热线丝，消去($\overline{V}^2+\overline{v'^2}$)项，可得

$$\frac{\overline{w'^2}}{\overline{U}^2}=\left\{\left[k_{0B}k_{3B}\overline{U_{\mathrm{eff}A}}-k_{0A}k_{3A}\overline{U_{\mathrm{eff}B}}-k_{0A}k_{0B}\overline{U}(k_{3B}-k_{3A})-k_{0A}k_{0B}(k_{3B}k_{2A}-k_{3A}k_{2B})\frac{\overline{W}}{2}\right]\right.$$
$$\left.\Bigg/\left[k_{0A}k_{0B}\overline{U}\left[k_{3B}\left(\frac{k_{1A}}{2}-\frac{k_{2A}^2}{8}\right)-k_{3A}\left(\frac{k_{1B}}{2}-\frac{k_{2B}^2}{8}\right)\right]\right]\right\}-\frac{\overline{W^2}}{\overline{U^2}} \tag{2-95}$$

$$\overline{u'^2}=\left[k_{0B}^2k_{2B}\overline{U_{\mathrm{eff}A}^2}-k_{0A}^2k_{2A}\overline{U_{\mathrm{eff}B}^2}-k_{0A}^2k_{0B}^2k_{2A}k_{2B}(k_{2A}-k_{2B})/w'^2\right]\Big/\left[k_{0A}^2k_{0B}^2(k_{2B}-k_{2A})\right] \tag{2-96}$$

$$\overline{u'w'}=\frac{\overline{U_{\mathrm{eff}A}'^2}-k_{0A}^2\overline{u'^2}-\frac{1}{4}k_{0A}^2k_{2A}^2\overline{w'^2}}{k_{0A}^2k_{2A}} \tag{2-97}$$

式中，k_{0A}、k_{0B}、k_{1A}、k_{1B}、k_{2A}、k_{2B}、k_{3A}、k_{3B}、$U_{\mathrm{eff}A}$、$U_{\mathrm{eff}B}$下标中的 A、B 分别代表热线丝 A 和热线丝 B。

同理，若把 X 形探针放在 y-z 平面，则可求$\overline{V}$、$\dfrac{\overline{v'^2}}{\overline{U}^2}$、$\overline{v'w'}$。

2) 不同外二次风叶片角度对双旋流煤粉燃烧器出口流场的影响

这里选择四种外二次风叶片角度进行冷态试验，表 2-26 给出了不同外二次风叶片角度下实验室冷态流动的试验参数[27,36]。

表 2-26　不同外二次风叶片角度下实验室冷态流动的试验参数

外二次风叶片角度/(°)	一、二次风温/℃	一次风质量流率/(kg/s)	二次风质量流率/(kg/s)	旋流强度
15	10	0.35	0.57	0.315
35	10	0.35	0.57	0.287
75	10	0.35	0.57	0.254
90	10	0.35	0.57	0.188

图 2-100 给出了外二次风叶片角度为 15°、35°、75°和 90°时燃烧器出口的轴向平均速度分布。由图可知，四种外二次风叶片角度下的轴向平均速度在燃烧器出口到 x/d=0.25 截面，沿半径方向只在 r/d=0.25～0.6 存在负值，在 x/d=0.5 之后的截面，除外二次风叶片角度为 15°时，其他三个外二次风叶片角度下的轴向平均速度沿半径方向均不存在负值。在 x/d=0～1.5 截面，四种工况在燃烧器中心线附近均存在轴向平均速度的峰值，这是由双旋流煤粉燃烧器在设计和运行中有较高的一次风速所致。高速旋转的一次风很快扩散到低速二次风区域，一次风与二次风之间较大的速度梯度形成了高的湍流质量交换率，一次风与二次风混合速度快，导致轴向平均速度沿半径方向衰减较快。随着外二次风叶片角度的增加，中心区域的轴向平均速度衰减慢。当外二次风叶片角度从 15°增大到 90°后，旋流强度从 0.315 减小到 0.188，回流区尺寸也减小。

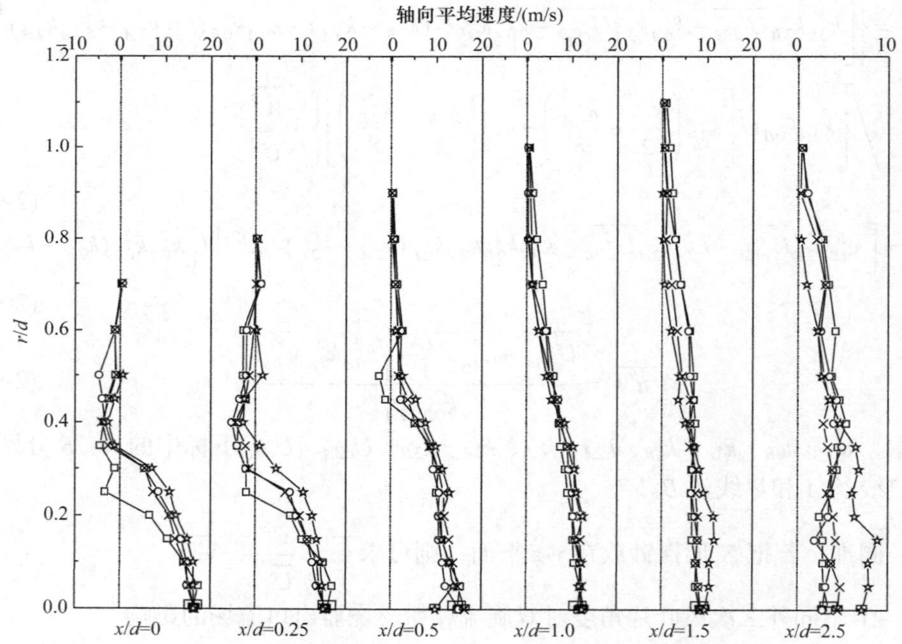

图 2-100 外二次风叶片角度为 15°(-□-)、35°(-○-)、75°(-×-)和 90°(-☆-)时燃烧器出口的轴向平均速度分布

图 2-101 给出了外二次风叶片角度为 15°、35°、75°和 90°时燃烧器出口的径向平均速度分布。由图可知，四种工况下在燃烧器出口至 x/d=1.0 截面，径向平均速度分布呈双峰结构，靠近燃烧器中心的峰区为一次风流动区域，外侧峰区为二次风流动区域，靠近外侧的峰值始终高于靠近中心的峰值，随着射流的进一步发展，径向平均速度趋于平缓。在 x/d=1.0 以后截面，四种工况的径向平均速度相

差很小。在燃烧器出口至 x/d=1.0 截面，四种外二次风叶片角度下，双旋流煤粉燃烧器在中心线附近的径向平均速度均为负值。随着外二次风叶片角度的减小，径向平均速度为负值的区间变大。

图 2-102 给出了四种外二次风叶片角度下燃烧器出口的切向平均速度分布。由图可知，四种外二次风叶片角度下的切向平均速度均只有一个速度峰值，该峰值位于一次风出口区域。一次风为旋转射流，并在预混段内与二次风提前发生混合，旋转的二次风对一次风进一步带动。同时，燃烧器产生的环形回流区位于二次风区域，在回流区内切向平均速度较小，因此四种外二次风叶片角度下均在一次风出口区域产生了切向平均速度峰值。在达到峰值后，沿径向向外切向平均速度逐渐降低。四种外二次风叶片角度下中心回流区和二次风出口处的切向平均速度均很小。这是由于二次风出口处的旋转强度已经明显衰减且回流区内以轴向回流流动为主。随着外二次风叶片角度的减小，切向平均速度峰值增加，气流旋转强度增强，切向平均速度衰减速度加快，气流之间的混合加强。同时，切向平均速度的衰减明显快于轴向平均速度的衰减，在 x/d=1.5 之后截面，气流的切向平均速度很小，轴向流动成为主要流动方式。

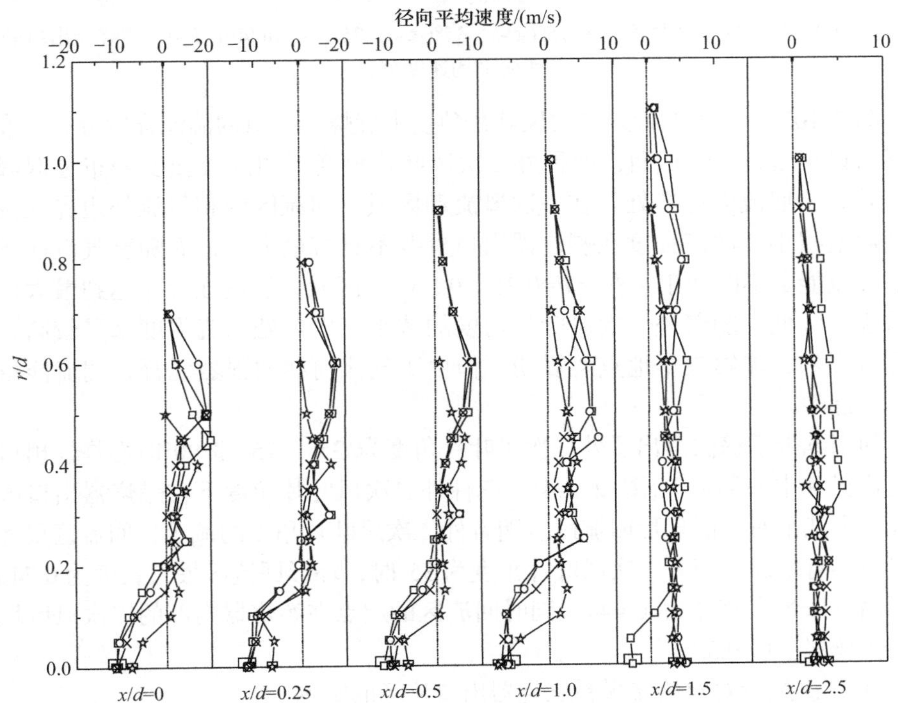

图 2-101　外二次风叶片角度为 15°(-□-)、35°(-○-)、75°(-×-)和 90°(-☆-)时燃烧器出口的径向平均速度分布

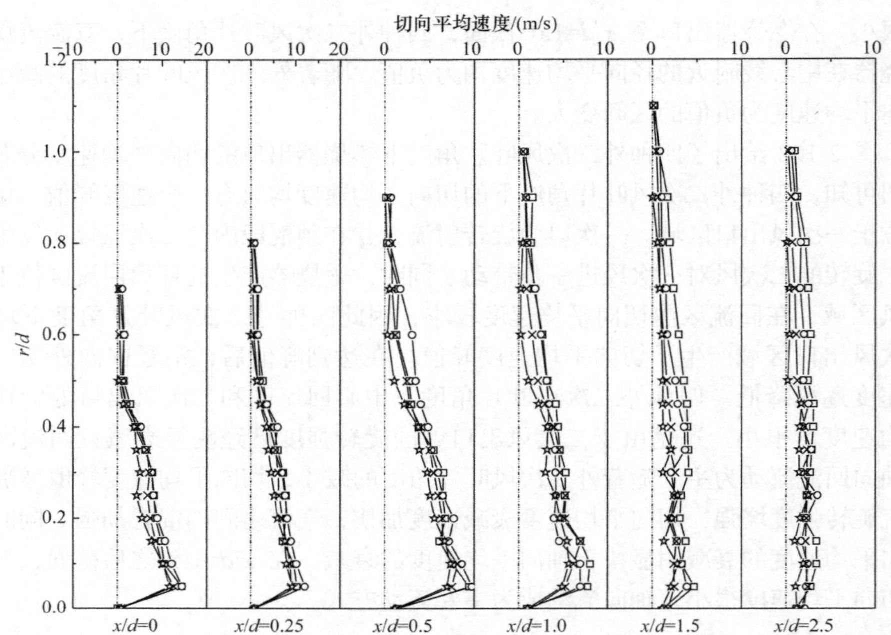

图 2-102 外二次风叶片角度为 15°(-□-)、35°(-○-)、75°(-×-)和 90°(-☆-)时燃烧器出口的切向平均速度分布

图 2-103 给出了四种外二次风叶片角度下燃烧器出口的湍流强度分布。在燃烧器出口至 x/d=1.0 截面，四种外二次风叶片角度下的湍流强度分布呈双峰结构，并处于回流区边界处。在一次风流动区域、回流区内和射流外边界处湍流强度数值很小。湍流强度在燃烧器出口处并不具有最大值，而随着气流向下游扩展湍流能量不断产生，在 x/d=0.25～0.5 这一区域，湍流强度才达到最大值，随后逐渐降低。随着外二次风叶片角度的减小，出口处湍流强度水平较高，湍流混合强烈，能够较早地点燃煤粉，但由于气流前期的强烈混合，湍流能量耗散速度加快。

利用飘带示踪法得出了外二次风叶片角度为 35°、75°和 90°时燃烧器出口的射流边界和中心回流区(图 2-104)。三种外二次风叶片角度下在燃烧器出口区域形成一个几乎对称的环形回流区。随着外二次风叶片角度的减小，回流区尺寸和扩展角略有增加。当外二次风叶片角度为35°时，环形回流区最大长度为0.74d，环形回流区最大直径为 0.44d，同时回流区的起点在燃烧器内部的二次风区域，距离燃烧器出口 0.3d。

3) 二次风量对双旋流煤粉燃烧器出口流场的影响

这里选择三种二次风量进行冷态试验，表 2-27 给出了不同二次风量下的冷态流动试验参数[27,37]。

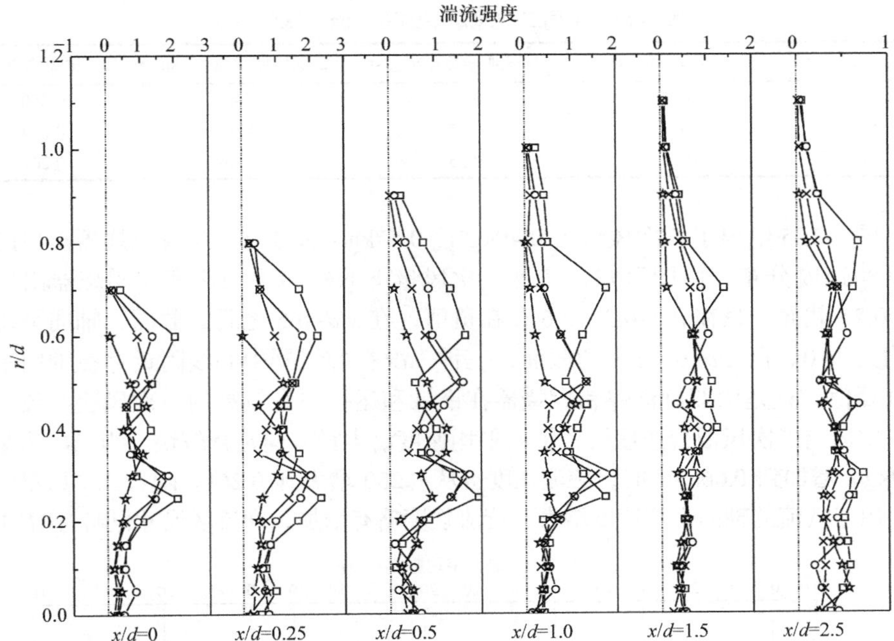

图 2-103　外二次风叶片角度为 15°(-□-)、35°(-○-)、75°(-×-)和 90°(-☆-)时燃烧器出口的湍流强度分布

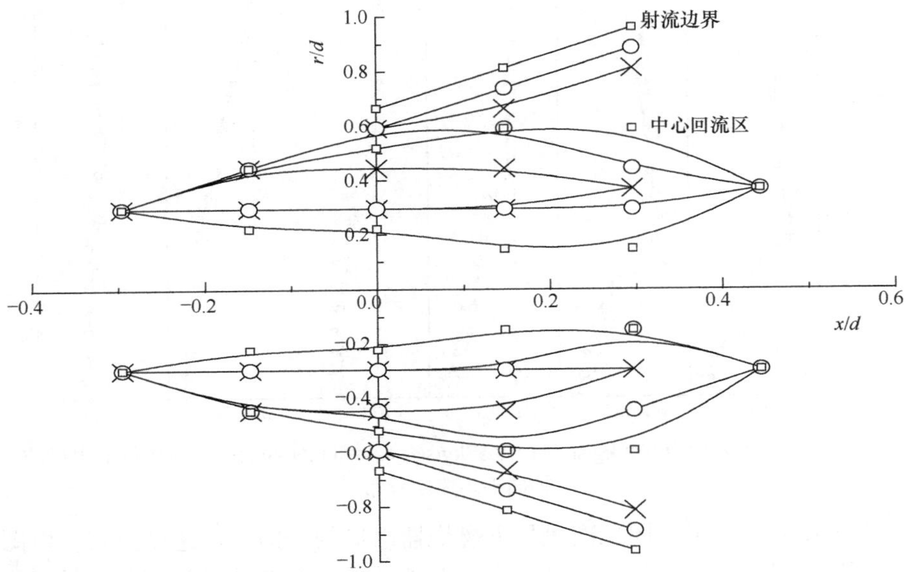

图 2-104　外二次风叶片角度为 35°(-□-)、75°(-○-)和 90°(-×-)时燃烧器出口的射流边界及中心回流区

表 2-27　不同二次风量下的冷态流动试验参数

工况	一、二次风温/℃	一次风质量流率/(kg/s)	二次风质量流率/(kg/s)	旋流强度
1	10	0.35	0.49	0.250
2	10	0.35	0.57	0.254
3	10	0.35	0.66	0.261

图 2-105 给出了二次风量为 0.49kg/s、0.57kg/s 和 0.66kg/s 时燃烧器出口的轴向平均速度分布。由图可知，三种二次风量下的轴向平均速度在燃烧器出口到 x/d=0.25 截面，只在 r/d=0.3～0.6 存在负值，在 x/d=0.5 之后的截面，轴向平均速度均大于 0。在 x/d=0～1.5 的截面，三种工况在燃烧器中心线附近存在轴向平均速度峰值，这是由双旋流煤粉燃烧器在设计和运行中有较高的一次风速所致。由于一次风与二次风混合速度快，轴向平均速度沿半径方向衰减较快。当二次风量从 0.49kg/s 增加到 0.66kg/s 时，旋流强度也从 0.250 增大到 0.261。随着二次风量的增加，出口气流的轴向平均速度增大，旋流强度略有增加，回流区尺寸也略有增加。

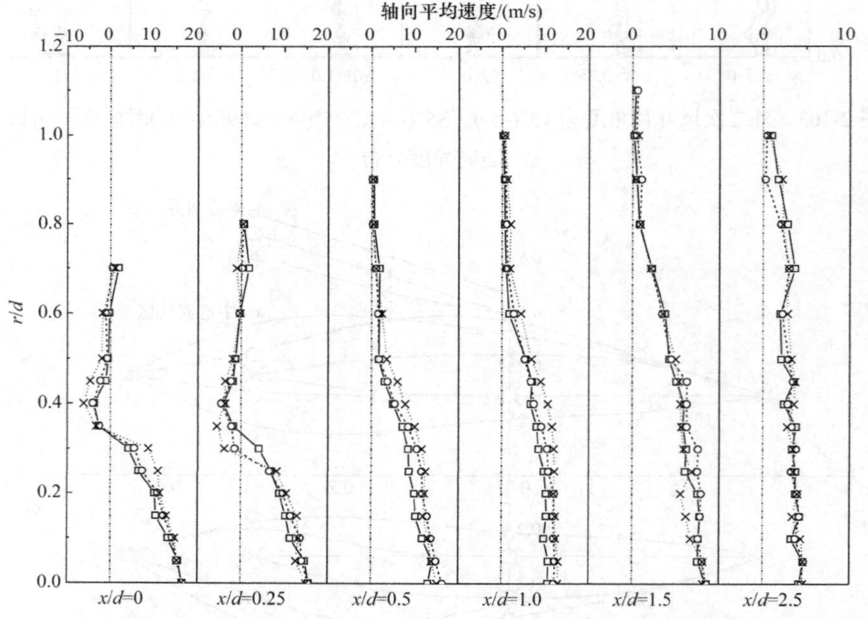

图 2-105　二次风量为 0.49kg/s(-□-)、0.57kg/s(- -○- -)和 0.66kg/s(··×··)时燃烧器出口的轴向平均速度分布

图 2-106 给出了不同二次风量下燃烧器出口的径向平均速度分布。由图可知，三种二次风量下在燃烧器出口至 x/d=1.0 截面，径向平均速度分布呈双峰结构，靠近外侧的峰值始终高于靠近中心的峰值，随着二次风量的增加，两个速度峰值都增加。在燃烧器出口至 x/d=1.0 截面，三种工况下双旋流煤粉燃烧器在中

心线附近的径向平均速度都为负值。随着射流的进一步发展，径向平均速度趋于平缓，在 x/d=1.0 后的截面三种工况的径向平均速度相差很小。

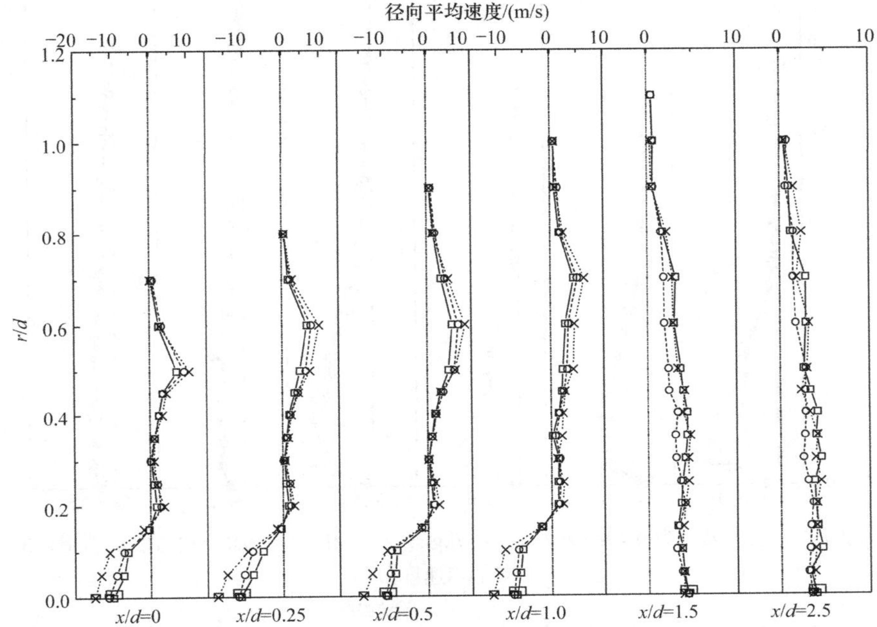

图 2-106　二次风量为 0.49kg/s(-□-)、0.57kg/s(- -○- -)和 0.66kg/s(··×··)时燃烧器出口的径向平均速度分布

图 2-107 给出了不同二次风量下燃烧器出口的切向平均速度分布。由图可知，三种二次风量下的切向平均速度均只有一个速度峰值，且峰值位于一次风出口区域。一次风为旋转射流，并在预混段内与二次风提前发生混合，旋转的二次风对一次风进一步带动。同时，燃烧器产生的环形回流区位于二次风区域，在回流区内切向平均速度较小，因此三种二次风量下均在一次风出口区域产生了切向平均速度峰值。在达到峰值后，沿径向向外切向平均速度逐渐降低。随着二次风量的增加，切向平均速度峰值增加，气流旋转强度增强，切向平均速度衰减加快，气流之间的混合加强。同时，切向平均速度的衰减明显快于轴向平均速度的衰减，在 x/d=1.5 之后的截面，气流的切向平均速度很小，轴向流动成为主要流动方式。

图 2-108 给出了不同二次风量下燃烧器出口的湍流强度分布。在 x/d=0～1.0 截面，三种二次风量下的湍流强度分布均呈双峰结构，两个峰值都处于回流区边界处。在一次风流动区域、回流区内和射流外边界处湍流强度数值很小。湍流能量存在积累过程，在 x/d=0.25～0.5 这一区域，湍流强度达到最大值，随后逐渐降低。二次风量增大后，出口处湍流强度水平较高，湍流混合强烈，能够较早地点燃煤粉，但由于气流前期的强烈混合，湍流能量耗散速度加快。

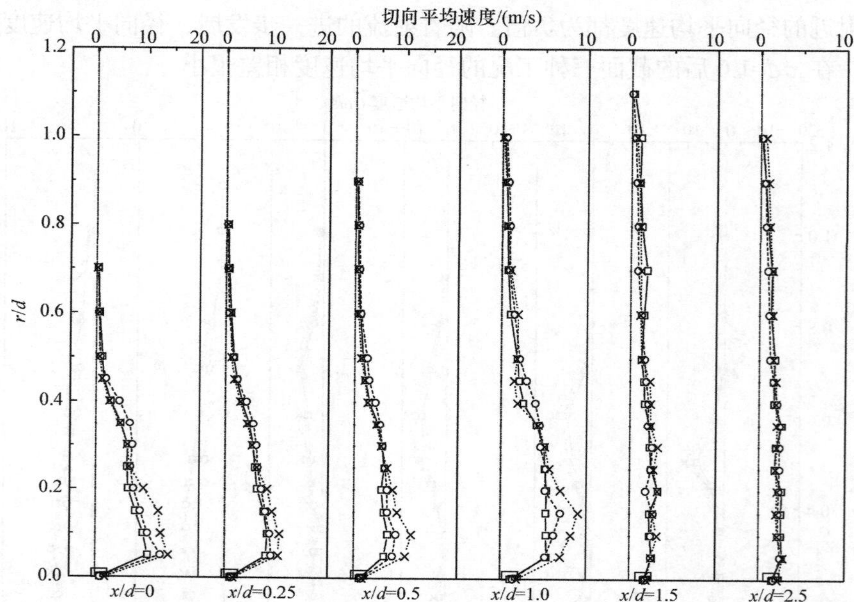

图 2-107　二次风量为 0.49kg/s(-□-)、0.57kg/s(- -○- -)和 0.66kg/s(··×··)时燃烧器出口的切向平均速度分布

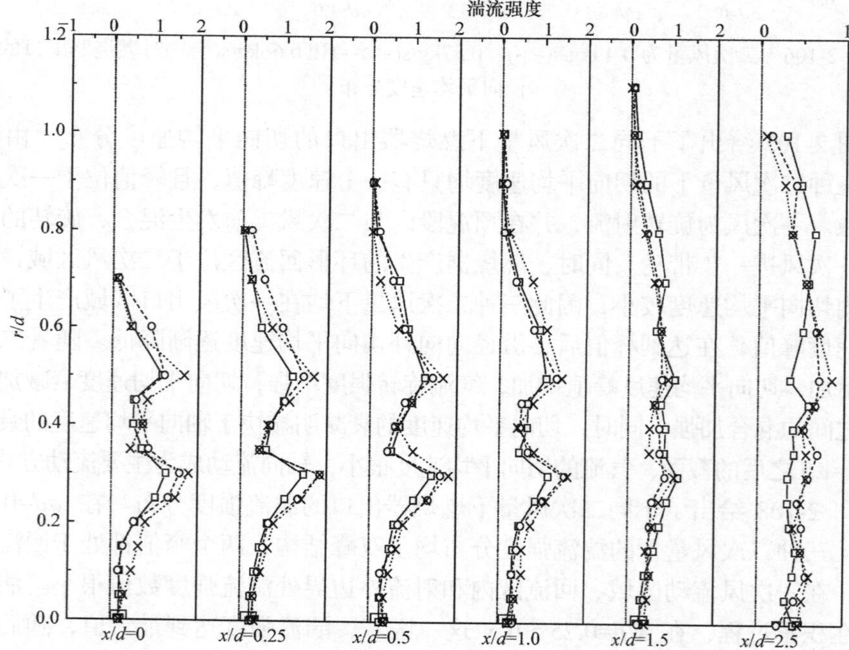

图 2-108　二次风量为 0.49kg/s(-□-)、0.57kg/s(- -○- -)和 0.66kg/s(··×··)时燃烧器出口的湍流强度分布

图 2-109 给出了不同二次风量下的中心回流区及射流边界。三种二次风量下燃烧器出口区域形成一个几乎对称的环形回流区，随着二次风量的增加回流区尺寸和扩展角略有增加。三种工况下的环形回流区最大长度为0.74d，环形回流区最大直径为 0.3d，同时回流区的起点在燃烧器内部的二次风区域，距离燃烧器出口 0.33d。

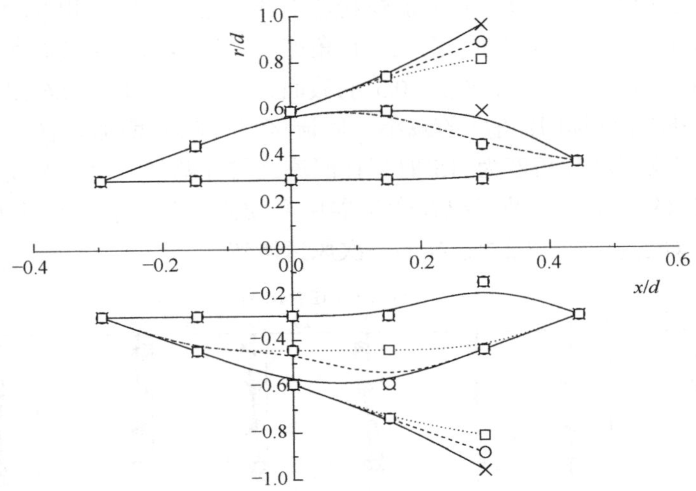

图 2-109　二次风量分别为 0.49kg/s(··□··)、0.57kg/s(--○--)和 0.66kg/s(-×-)时的中心回流区及射流边界

3. 结构参数对 200MW 机组锅炉所用双旋流煤粉燃烧器气固流动特性的影响

1) 试验参数

这里利用三维 PDA 测量系统进行气固两相流动特性试验(PDA 测量系统及原理、气固两相近似模化试验方法及试验系统介绍详见 2.5.1 节)。试验燃烧器为上述 200MW 机组锅炉采用的双旋流煤粉燃烧器，模型与原型燃烧器的比例为 1∶6。由双旋流煤粉燃烧器的结构可知，从二次风风箱来的二次风首先通过燃烧器的外二次风叶片进入燃烧器中，然后分成两股气流，一股气流直接从外二次风出口喷出，另一股气流再经内二次风叶片后从内二次风出口喷出，可见外二次风叶片角度的变化对双旋流煤粉燃烧器射流的流动特性、煤粉的燃烧性能有较大的影响。这里对三种外二次风叶片角度下双旋流煤粉燃烧器的气固流动特性进行测量，试验参数如表 2-28 所示。

表 2-28　不同外二次风叶片角度下实验室冷态流动试验参数

外二次风叶片角度/(°)	一、二次风温/℃	一次风质量流率/(kg/s)	二次风质量流率/(kg/s)
15	10	0.093	0.142
35	10	0.093	0.142
75	10	0.093	0.142

2) 试验结果及分析

通过对双旋流煤粉燃烧器出口区域不同截面的气相、固相的平均速度、脉动速度、粒径、颗粒相对数密度和颗粒体积流量的测量，较全面地分析了不同外二次风叶片角度下燃烧器出口的颗粒及气体的流动特性。

三种外二次风叶片角度下双旋流煤粉燃烧器各截面气固两相的轴向平均速度分布如图 2-110 所示。不同外二次风叶片角度下燃烧器都存在壁面回流。对于三种外二次风叶片角度，在 x/d=0.1～0.3 的截面，只在 r/d=0.3～0.6 出现了环形回流区。随着外二次风叶片角度的减小，回流区尺寸略有增加。在 x/d=0.5 的截面，只有外二次风叶片角度为 15°时存在回流，另外两种叶片角度没有回流。在 x/d=0.1～2.5 的截面，三种工况在燃烧器中心线附近均存在轴向平均速度的峰值，这是由双旋流煤粉燃烧器较高的一次风速所致。

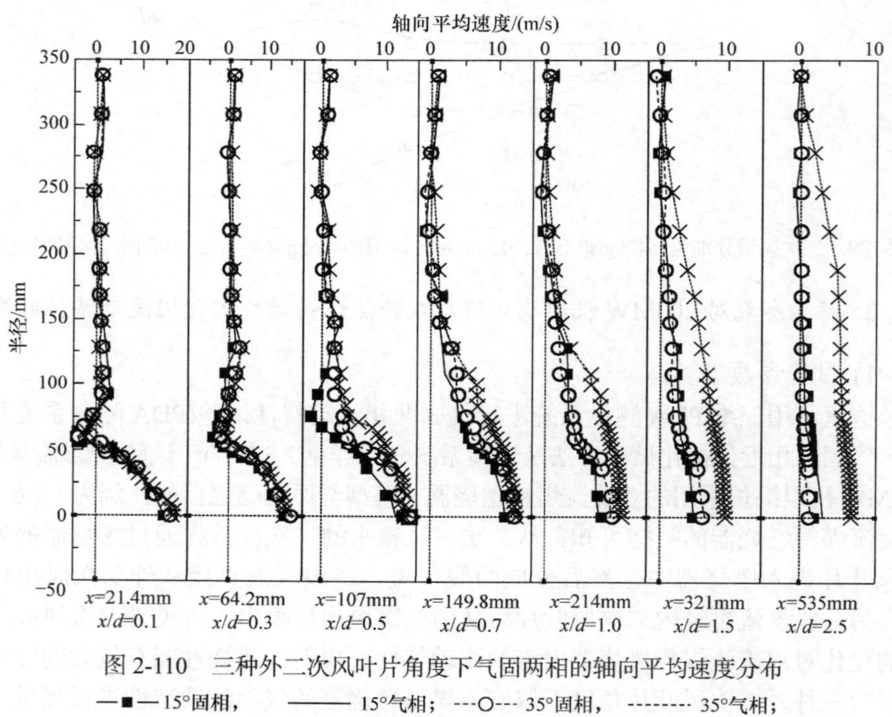

图 2-110 三种外二次风叶片角度下气固两相的轴向平均速度分布

—■— 15°固相， ——— 15°气相； ---○--- 35°固相， -------- 35°气相；
---×--- 75°固相， ——— 75°气相；

三种外二次风叶片角度下双旋流煤粉燃烧器各截面气固两相的轴向 RMS 脉动速度分布如图 2-111 所示。在 x/d=0.1～0.5 的截面，不同外二次风叶片角度下双旋流煤粉燃烧器的轴向 RMS 脉动速度呈单峰分布。轴向 RMS 脉动速度的峰值为一次风粉与中心回流区交互作用产生的，随着外二次风叶片角度的减小，轴向 RMS 脉动速度的峰值增加。一、二次风在燃烧器的预混段内已开始混合，因此

从燃烧器出口测得的轴向 RMS 脉动速度的最大值出现在 x/d=0.1 截面，这表明在这一区域存在较大的轴向湍流脉动。在 x/d=0.3 以后的截面，轴向 RMS 脉动速度的峰值逐渐降低；在 x/d≥1.5 截面，轴向 RMS 脉动速度趋于平缓。

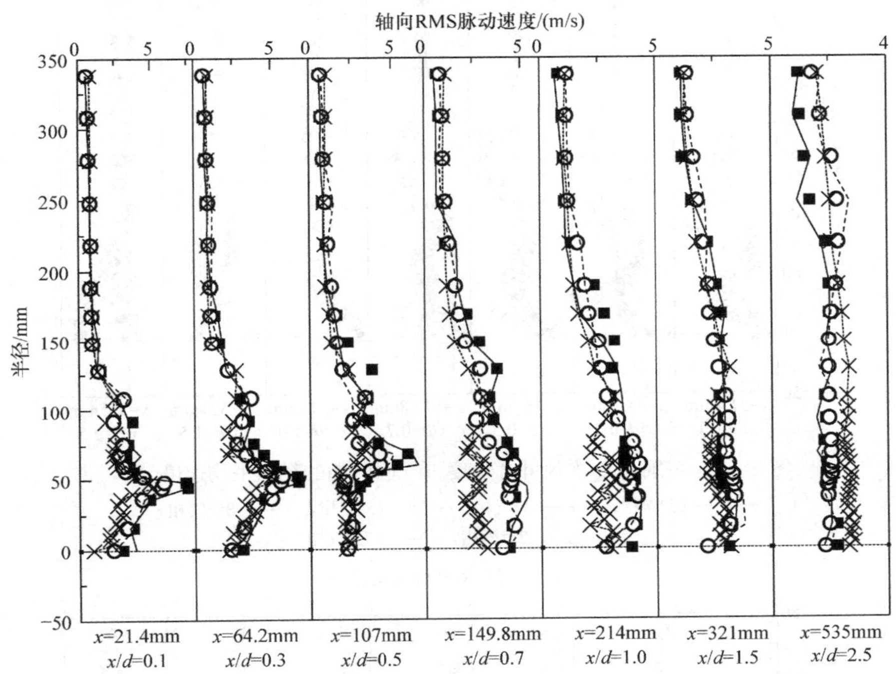

图 2-111　三种外二次风叶片角度下气固两相的轴向 RMS 脉动速度分布

—■— 15°固相，——— 15°气相；---○--- 35°固相，-------- 35°气相；

----×---- 75°固相，———— 75°气相

三种外二次风叶片角度下双旋流煤粉燃烧器各截面气、固两相的径向平均速度分布如图 2-112 所示。在 x/d=0.1～0.7 的截面，三种叶片角度下的气固两相径向平均速度呈双峰分布，靠近燃烧器中心的峰区为一次风粉流动区域，靠近边壁的峰区为二次风流动区域，靠近边壁的峰值始终高于靠近中心的峰值。随着外二次风叶片角度的减小，靠近边壁的速度峰值增大，这是由于随着外二次风叶片角度的减小，外二次风的旋流强度增加，对一次风粉的带动作用增强，有利于颗粒沿径向扩散。随着一次风粉向二次风的扩散，二次风向边壁扩散，三种叶片角度下的径向平均速度的峰值逐渐减小，两个峰值位置均向边壁移动；随着射流的进一步发展，径向平均速度进一步降低并趋于平缓。

三种外二次风叶片角度下双旋流煤粉燃烧器各截面气、固两相的径向 RMS 脉动速度分布如图 2-113 所示。在 x/d=0.1～0.3 的截面，在二次风向外扩散的区域，三种工况下双旋流煤粉燃烧器的径向 RMS 脉动速度存在一个明显的峰值，

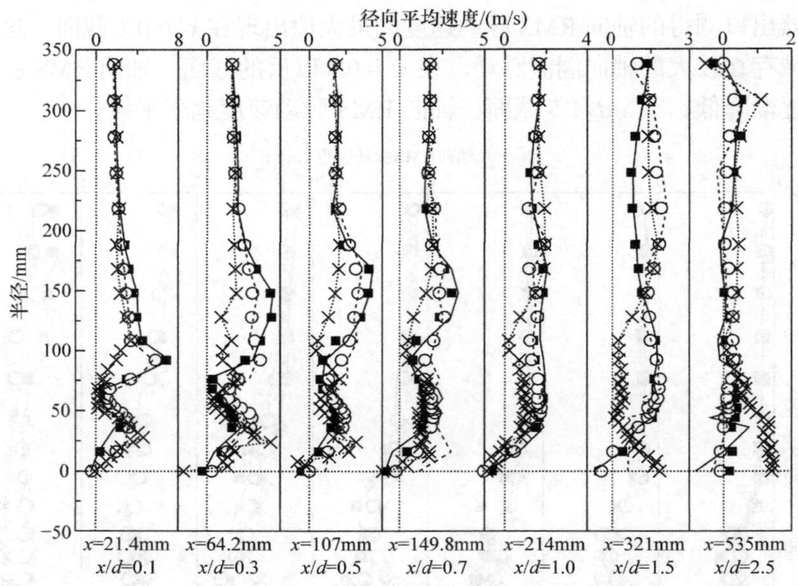

图 2-112　三种外二次风叶片角度下气固两相的径向平均速度分布

—■— 15°固相，———15°气相；---○---35°固相，-------- 35°气相；

-----×----- 75°固相，·············· 75°气相

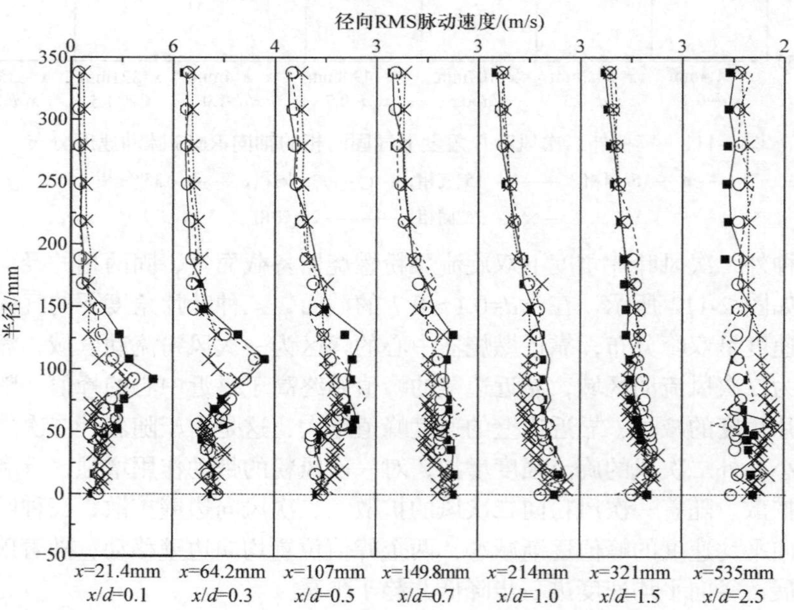

图 2-113　三种外二次风叶片角度下气固两相的径向 RMS 脉动速度分布

—■— 15°固相，——— 15°气相；---○--- 35°固相，-------- 35°气相；

—×— 75°固相，——— 75°气相

表明在该区域存在较大的径向湍流扩散。随着外二次风叶片角度的减小，径向 RMS 脉动速度的峰值增大，表明径向 RMS 脉动速度的峰值主要受外二次风作用影响。径向 RMS 脉动速度的峰值在 x/d=0.1 截面出现最大值，表明湍流扩散在该截面较强烈。随着射流的发展，二次风向边壁扩散，在 x/d=0.5 之后的截面，径向 RMS 脉动速度的峰值消失，整体径向 RMS 脉动速度逐渐降低，三种叶片角度下的径向 RMS 脉动速度相差较小，并趋于平缓。

三种外二次风叶片角度下双旋流煤粉燃烧器各截面气固两相的切向平均速度分布如图 2-114 所示。在 x/d=0.1～0.5 截面，三种叶片角度下气固两相的切向平均速度为单峰值分布，切向平均速度的峰值位于一次风出口区域，并且随着外二次风叶片角度的减小，切向平均速度的峰值增大，这是因为外二次风叶片角度减小，二次风的旋转能力增强，风粉混合物的切向平均速度增加。一次风为旋转射流，并在预混段内与二次风提前发生混合，旋转的二次风对一次风进一步带动。同时，燃烧器产生的环形回流区位于二次风区域，在回流区内切向平均速度较小，因此三种外二次风叶片角度下均在一次风出口区域产生了切向平均速度的峰值。在达到峰值后，沿径向向外切向平均速度逐渐降低。在 x/d=0.7 以后的截面，切向平均

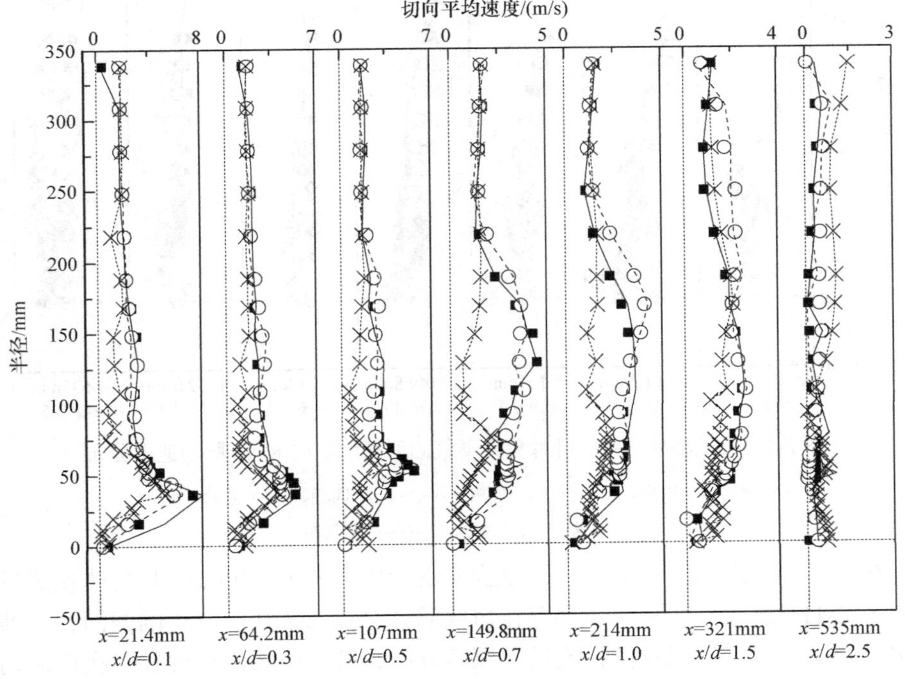

图 2-114　三种外二次风叶片角度下气固两相的切向平均速度分布

速度的峰值消失，切向平均速度趋于平缓，相比于轴向平均速度和径向平均速度，切向平均速度衰减较快。由于双旋流煤粉燃烧器布置有中心管，所以在燃烧器中心区域及回流区内以轴向流动为主，因此在中心区域和回流区内切向平均速度很小。

三种外二次风叶片角度下双旋流煤粉燃烧器气、固两相的切向 RMS 脉动速度分布如图 2-115 所示。三种外二次风叶片角度下双旋流煤粉燃烧器气固两相的切向 RMS 脉动速度差别很小。在 x/d=0.1～2.5 的截面，r>100mm 的区域内，随着到燃烧器中心径向距离的增加，切向 RMS 脉动速度逐渐降低。由于切向平均速度的峰值出现在一次风出口区域，因此在一次风出口区域内，存在较高的切向 RMS 脉动速度，这表明双旋流煤粉燃烧器的切向湍流扩散相对较弱。

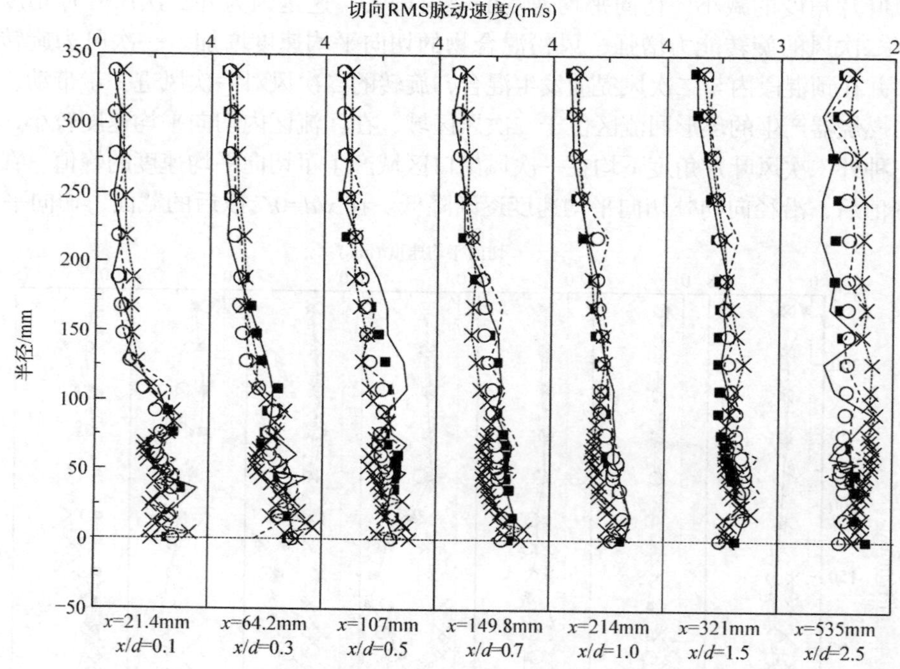

图 2-115　三种外二次风叶片角度下气固两相的切向 RMS 脉动速度分布

—■— 15°固相，——— 15°气相；---○--- 35°固相，-------- 35°气相；

---×--- 75°固相，——— 75°气相

在三种外二次风叶片角度下，双旋流煤粉燃烧器 0～100μm 颗粒体积流量分布如图 2-116 所示。三种工况都存在边壁回流。在 x/d=0.1～1.0 的截面，三种外二次风叶片角度下的颗粒体积流量呈双峰分布，第一个峰值出现在二次风流动区域，第二个峰值出现在边壁区域。由于双旋流煤粉燃烧器的一次风以旋流形式喷出，同时在预混段内一次风和二次风开始混合，在从燃烧器出口喷出时，燃烧器

中心区域煤粉浓度较低，而在二次风区域产生了一个高浓度区域。进入二次风中的颗粒在旋转的二次风带动下，迅速地向边壁扩散，在边壁区域又形成了一个高浓度区域。随着外二次风叶片角度的减小，两个颗粒体积流量的峰值都增加，这是由于外二次风叶片角度越小，二次风的旋转能力增强，对一次风粉的带动作用增大。此燃烧器属于外浓内淡型燃烧器(2.4节)。在 x/d=1.5 之后的截面，二次风区域内的颗粒体积流量的峰值基本消失。一次风粉过早地与二次风混合，不利于抑制燃料型 NO_x 的生成；由于燃烧器回流区起点较早，并且二次风区域的颗粒体积流量较高，回流的颗粒数增多，容易引起燃烧器出口区域结渣；壁面附近区域存在较高的颗粒体积流量，表明在水冷壁区域存在较高的颗粒浓度，容易导致水冷壁的结渣和高温腐蚀。

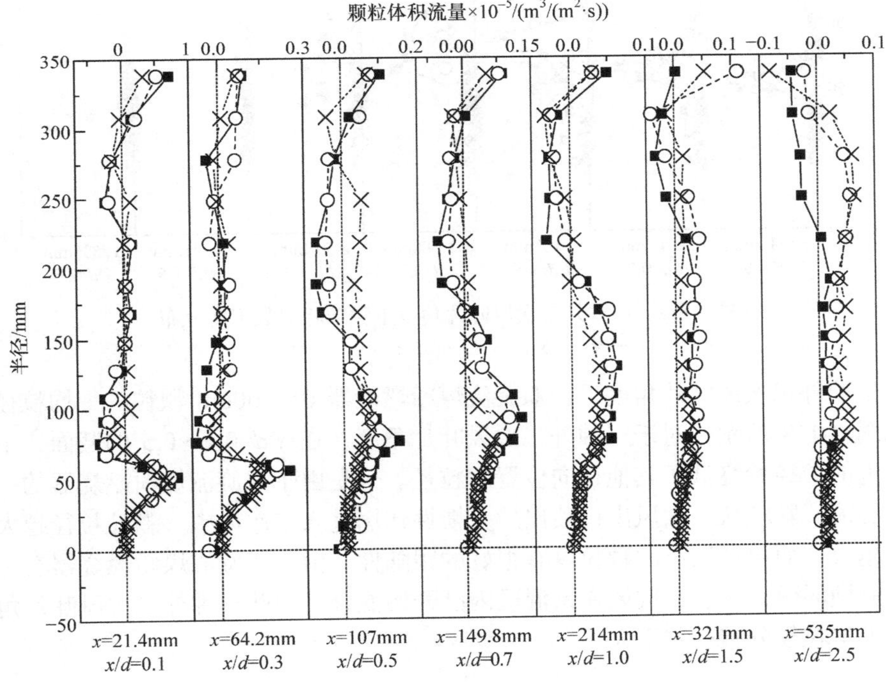

图 2-116　三种外二次风叶片角度下的颗粒体积流量分布

—■— 15°；---○--- 35°；----×---- 75°

在三种外二次风叶片角度下，双旋流煤粉燃烧器 0～100μm 颗粒相对数密度分布如图 2-117 所示。由于相同截面不同径向位置的颗粒粒径分布不同，因此相同截面的颗粒体积流量和颗粒相对数密度分布都有所不同，但其规律基本相同。在 x/d=0.1～1.0 的截面，三种工况存在颗粒相对数密度的峰值区，分别位于二次风区域和边壁区域。在 x/d=1.5 之后的截面，二次风区域的颗粒相对数密度峰值

消失，三种工况的颗粒相对数密度的峰值出现在壁面处。

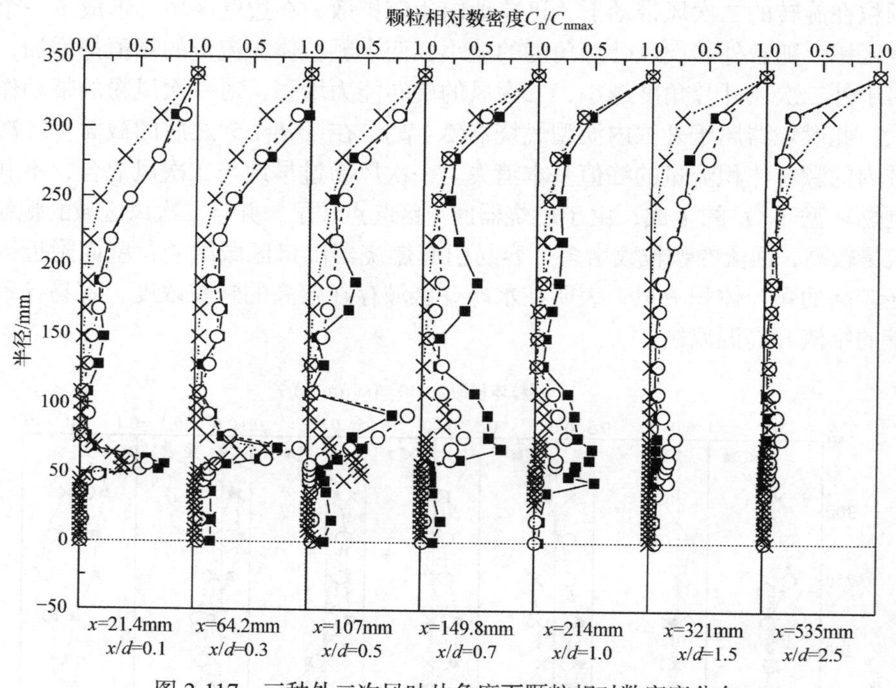

图 2-117　三种外二次风叶片角度下颗粒相对数密度分布

—■— 15°；　---○--- 35°；　·····×····· 75°

三种外二次风叶片角度下，双旋流煤粉燃烧器 0～100μm 颗粒的平均粒径分布如图 2-118 所示。对于三种外二次风叶片角度，在 x/d=0.1～0.5 的截面，中心线附近的粒径始终低于其他径向位置的粒径。这是由于双旋流煤粉燃烧器的一次风为旋流，颗粒从一次风出口喷出后受惯性作用进入二次风中，颗粒粒径越大，惯性越大，而粒径较小的颗粒具有很好的跟随性。由于双旋流煤粉燃烧器有一个较长的预混段，一、二次风在预混段内已开始混合，因此三种外二次风叶片角度下的平均粒径分布相差不大。

4. 采用双旋流煤粉燃烧器的 200MW 机组锅炉燃烧及 NO_x 生成特性的工业试验

通过上述 200MW 机组锅炉后墙下层 1#和 2#燃烧器(图 2-96)的中心点火器孔和看火孔测量了燃烧器区域的烟气温度、烟气成分和碳燃尽率。定义燃烧器的轴线与外二次风出口平面的交点为零点，X 是通过燃烧器中心点火器测量的点到零点的距离，L 是通过燃烧器看火孔测量的点与零点投影到轴线上的距离，如果 X 和 L 是负值，则说明测量点在燃烧器内部。同时，利用光学高温计和高温辐射热流计对全炉膛的温度和热流密度分布进行测量。

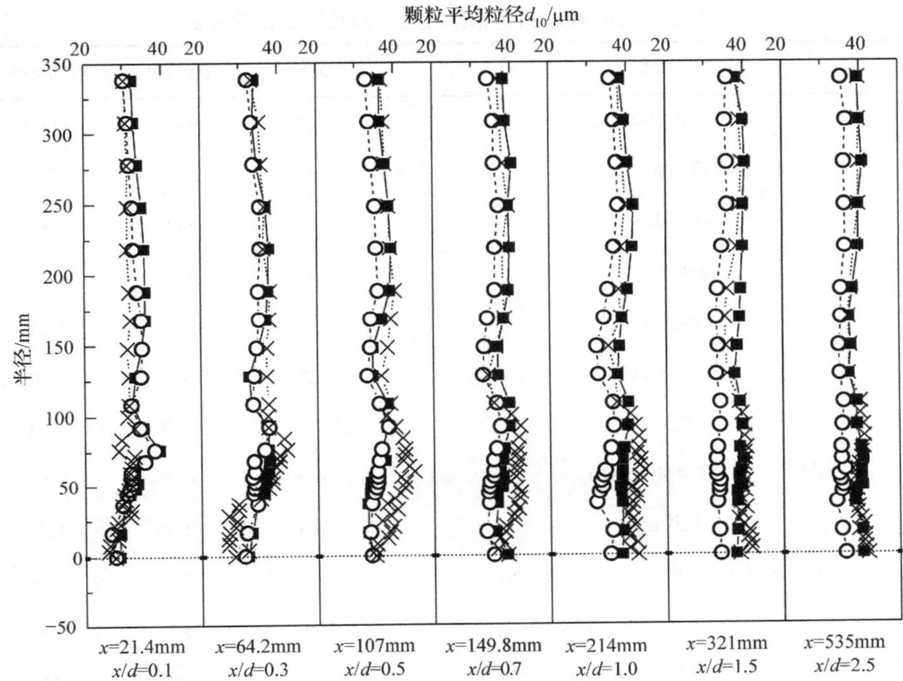

图 2-118　三种外二次风叶片角度下的颗粒平均粒径分布

—■—15°； ---○--- 35°； ····×···· 75°

试验过程中各参数基本稳定，试验煤质和试验参数分别如表 2-29 和表 2-30 所示。

表 2-29　200MW 机组锅炉试验煤质特性

参数	120MW	160MW	190MW
w_{Aar}/%	15.08	13.5	13.58
w_{Vdaf}/%	37.3	37.2	37.38
w_{FCar}/%	41.96	42.45	39.58
w_{Mar}/%	18	18.9	23.2
$Q_{net,ar}$/(MJ/kg)	19790	20100	18250
w_{Car}/%	53.01	53.55	49.51
w_{Har}/%	3.27	3.27	2.87
w_{Nar}/%	0.63	0.61	0.56
w_{Sar}/%	0.4	0.54	0.55
w_{Oar}/%	9.61	9.63	9.73

表 2-30　200MW 机组锅炉在三种负荷下的试验参数

参数	120MW	160MW	190MW
主蒸汽流量/(t/h)	392.7	500.1	608.7
主蒸汽压力/MPa	13.14	13.14	13.16
主蒸汽温度/℃	528	539	535
炉膛负压/Pa	−86.2	−56.8	−71.9
一次风量/(km^3/h)	162.0	195.7	203.8
一次风温/℃	62.2	64.1	65.0
二次风温/℃	321.7	346.8	360.5
二次风量/(km^3/h)	408.2	502.7	575.2
总给煤量/(t/h)	73.64	105.48	112.22
后墙下层 4 只燃烧器一次风量/(km^3/h)	46.1	48.5	47.5
后墙下层 4 只燃烧器给煤量/(t/h)	24.9	25.3	25.6
后墙下层 4 只燃烧器二次风量/(km^3/h)	116.6	129.6	143.8
炉膛出口 NO_x 浓度(折算到 6%基准氧含量)/(mg/m^3)	589.5	714.3	794.6
锅炉热效率/%	90.37	91.13	92.45

1) 不同负荷对双旋流煤粉燃烧器燃烧及 NO_x 生成特性的影响

图 2-119 给出了不同负荷下通过 1#和 2#两只燃烧器的中心点火器孔测量的烟气温度和烟气浓度(O_2, CO, NO_x)分布。O_2 和 CO 浓度发生变化的拐点可以在一定程度上反映着火点的位置。不同负荷下，O_2 和 CO 浓度的拐点在 0.85～1.05m，也就是说，在燃用现有煤质时，燃烧器中心区域煤粉着火点距离燃烧器出口 0.85～1.05m，着火相对较晚。由冷态动力场的试验结果可知，双旋流煤粉燃烧器中心区域不存在高温回流区，而在燃烧器二次风出口区域产生一个几乎对称的环形回流区，因此在燃烧器中心区域卷吸的高温烟气量很少，烟气温度较低，煤粉着火较晚。从表 2-30 可以发现，随着负荷的降低，送入下层燃烧器的煤粉量和一次风量变化较小，而进入下层燃烧器的低温二次风量减少，有利于燃烧器中心区域的煤粉着火，燃烧器中心区域的温度更高。相同负荷下，2#燃烧器的温度要高于 1#燃烧器，这是因为 2#燃烧器是位于炉膛中部的燃烧器，远离低温侧墙水冷壁。

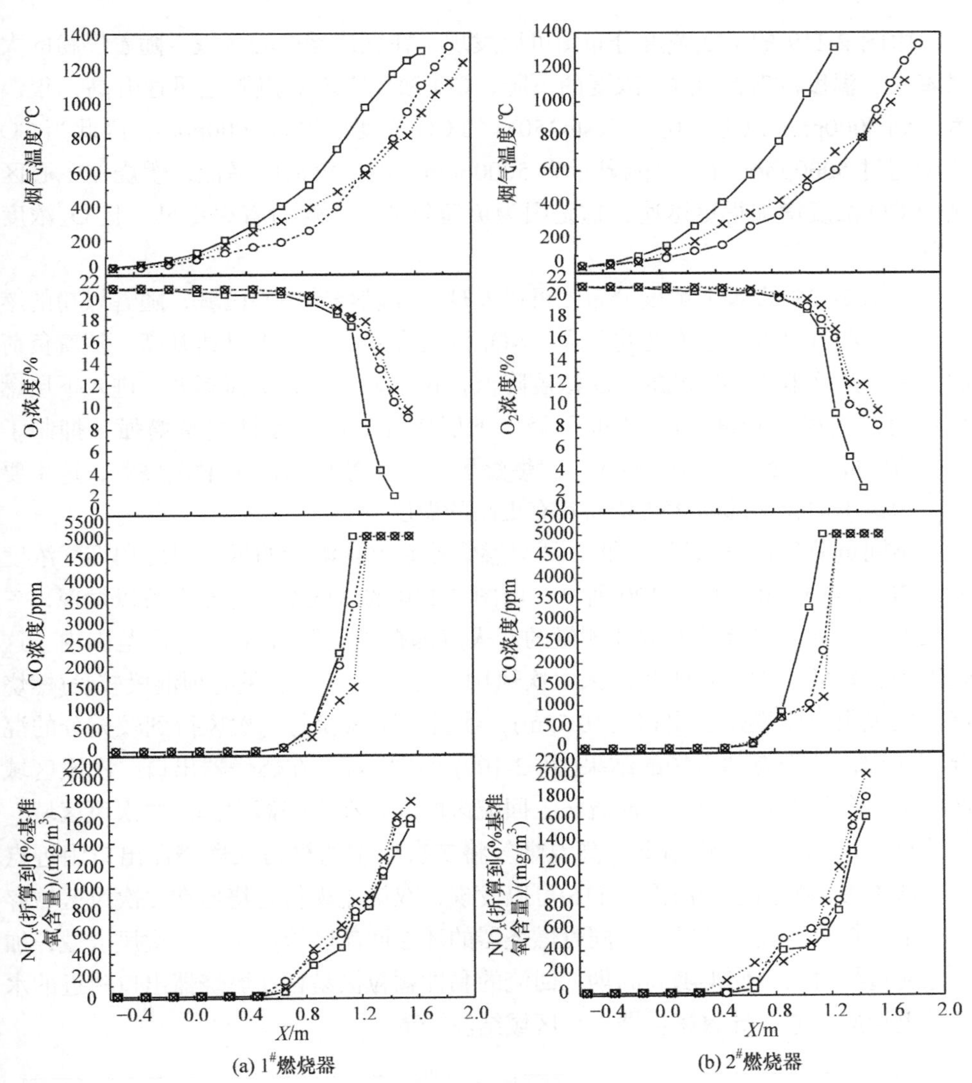

图 2-119 200MW 机组锅炉不同负荷下通过燃烧器中心点火器孔测量的烟气温度和烟气浓度(O_2, CO, NO_x)分布

—□—120MW；…○…160MW；…×…190MW

由图 2-119 的 O_2 浓度分布图可以看出，在燃烧器中心区域，O_2 浓度是在距燃烧器出口 1.0m 左右的位置后开始明显下降，在 120MW 负荷下，O_2 浓度下降幅度最大。燃烧器中心区域 O_2 浓度的迅速下降是因为煤粉迅速燃烧消耗了大量的 O_2。随着负荷的降低，O_2 浓度也降低，这是因为负荷越低，进入下层燃烧器的二次风量越少，O_2 浓度降低。

由图 2-119 的 CO 浓度分布图可以发现，在燃烧器中心区域，随着煤粉的大量着火、温度的升高及 O_2 浓度的下降，CO 浓度在着火点附近迅速升高，很快就达到 5000ppm 以上，由于 Testo350M 的 CO 浓度量程为 5000ppm，因此当 CO 浓度超过 5000ppm 后，只能显示为 5000ppm。随着负荷的降低，燃烧器中心区域的 CO 浓度增加得更迅速，这是因为负荷降低后，煤粉着火更早，且 O_2 浓度更低。

由图 2-119 的 NO_x 浓度分布图可以发现，在燃烧器中心区域，随着煤粉的燃烧、温度的升高及 O_2 浓度的下降，NO_x 浓度在着火点附近迅速升高。随着负荷的降低，燃烧器中心区域的 NO_x 浓度降低，这主要是因为负荷降低，进入下层燃烧器的二次风量降低，O_2 浓度下降，下层燃烧器区还原性气氛增强，抑制了 NO_x 的生成。在燃烧器中心区域，$2^{\#}$燃烧器的 NO_x 浓度略高于 $1^{\#}$燃烧器，这主要是因为位于炉膛中部的 $2^{\#}$燃烧器具有更高的温度。

不同负荷条件下通过 $1^{\#}$和 $2^{\#}$两只燃烧器看火孔测量的烟气温度和烟气浓度(O_2, CO, NO_x)分布如图 2-120 所示。由图 2-120 的烟气温度分布图可以发现，三种工况下，通过燃烧器看火孔测量的着火点都在燃烧器出口 ± 0.1m 范围内。这是因为旋转的一次风将煤粉甩入二次风中，加之一、二次风的预混段较长(燃烧器一次风出口距燃烧器出口为 0.55m)，使得一次风粉与二次风得到较充分的混合。同时，从冷态动力场的结果(图 2-109)可以发现，在燃烧器出口二次风区域产生了一个几乎对称的环形回流区，回流区的起点在燃烧器内部的二次风区域，在这种环形回流区的作用下，高温烟气将二次风中的煤粉在燃烧器出口附近点燃。从 PDA 测量的结果(图 2-116)可以发现，双旋流煤粉燃烧器在二次风区域存在一个煤粉浓度较高的区域，同时燃烧器的环形回流区恰恰位于二次风区域，加之煤粉过早着火，使得随高温烟气回流的黏性颗粒极易粘在燃烧器出口附近的水冷壁上形成结渣，导致燃烧器出口区域结渣严重。

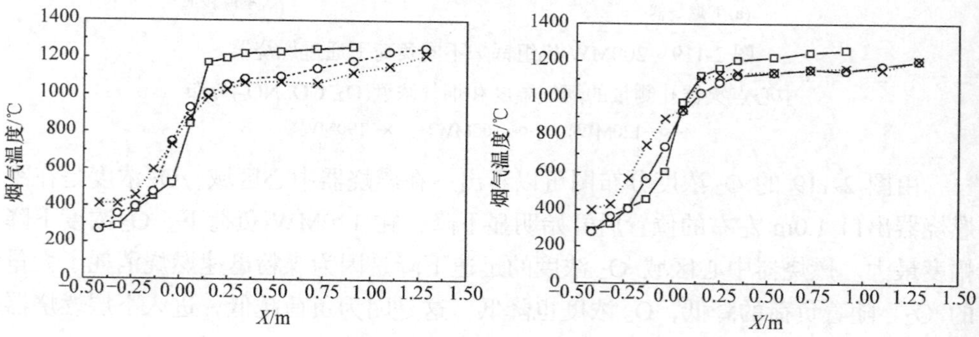

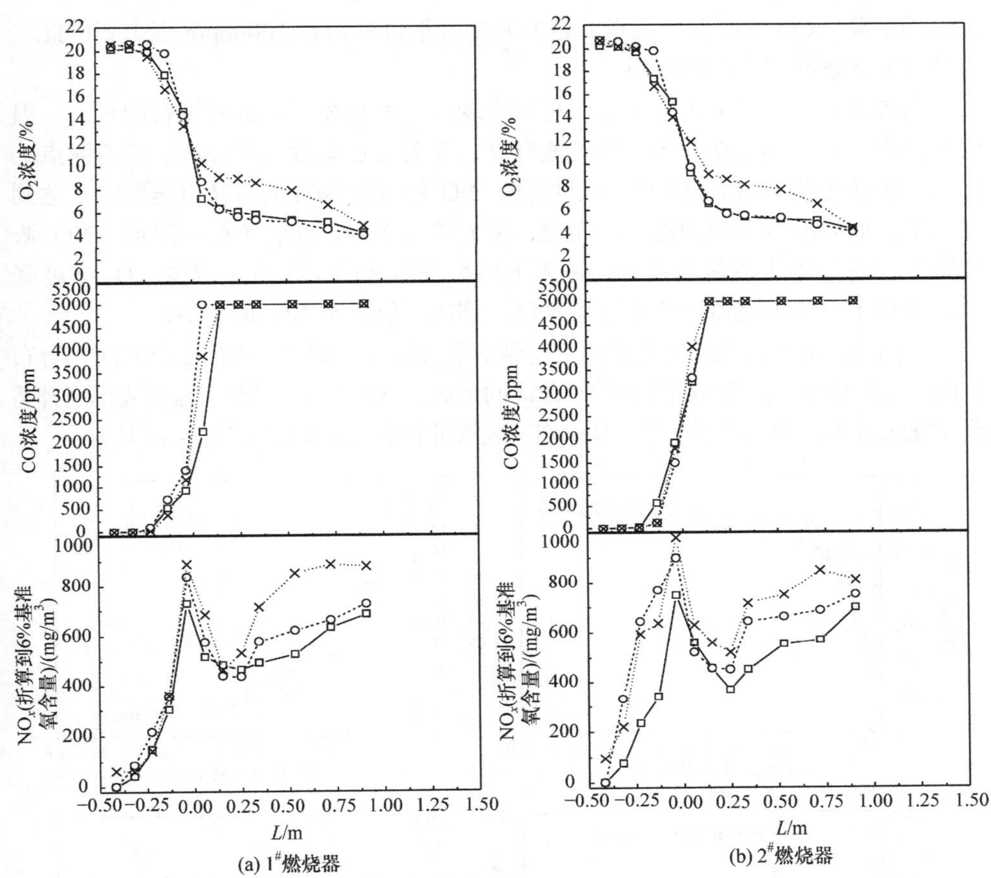

图 2-120 200MW 机组锅炉不同负荷下通过燃烧器看火孔测量的烟气温度和烟气浓度(O_2, CO, NO_x)分布

—□— 120MW; ---○--- 160MW; ···×··· 190MW

着火点位置随着负荷的增加而提前，这是因为负荷增加，进入下层燃烧器的二次风量增加，一、二次风在燃烧器内部的混合加强，湍流强度增加，将进入二次风中的煤粉更早点燃。从现场观察可以看出，负荷越高，燃烧器出口附近的水冷壁结渣越严重，这是因为负荷越高，煤粉着火越早，卷吸高温烟气量越多，随高温烟气回流的黏性颗粒越多，从而使得燃烧器出口附近的水冷壁结渣越严重。

由图 2-120 的 O_2 浓度分布图可知，在开始阶段，随着大量煤粉在燃烧器内着火，O_2 浓度迅速下降，而随着测点的进一步深入，O_2 浓度缓慢下降。随着负荷的增加，在前期着火阶段，煤粉着火更早，O_2 浓度更低；而在燃烧后期，由于进入下层燃烧器的二次风量随负荷的增加而增加，因此 O_2 浓度增加。

由图 2-120 的 CO 浓度分布图可以发现，随着煤粉的着火、温度的升高及 O_2

浓度的下降，CO 浓度在着火点后迅速升高，很快就达到 5000ppm 以上。因此，负荷对 CO 浓度变化影响很小。

由图 2-120 的 NO_x 浓度分布图可以发现，三种负荷下，随着煤粉的着火、温度的升高，NO_x 浓度在开始阶段迅速升高，在着火点附近达到峰值。随着测点的深入、O_2 浓度的下降，还原性气氛增强，NO_x 浓度达到峰值后又迅速下降，达到最低值，而后随着煤粉的进一步燃烧，NO_x 浓度增加。随着负荷的降低，NO_x 浓度降低，这是因为负荷降低后，进入下层燃烧器区的二次风量减少，O_2 浓度降低，增强了下层燃烧器区的还原性气氛，抑制了燃料型 NO_x 的生成。

不同负荷下通过侧墙看火孔测量得到的烟气温度和烟气浓度(O_2, CO, NO_x)分布如图 2-121 所示。随着测点距水冷壁距离的增加，三种工况下的烟气温度先迅速升高到 1100℃左右，而后趋于平缓；从侧墙区域测量的烟气温度随负荷增大而升高。

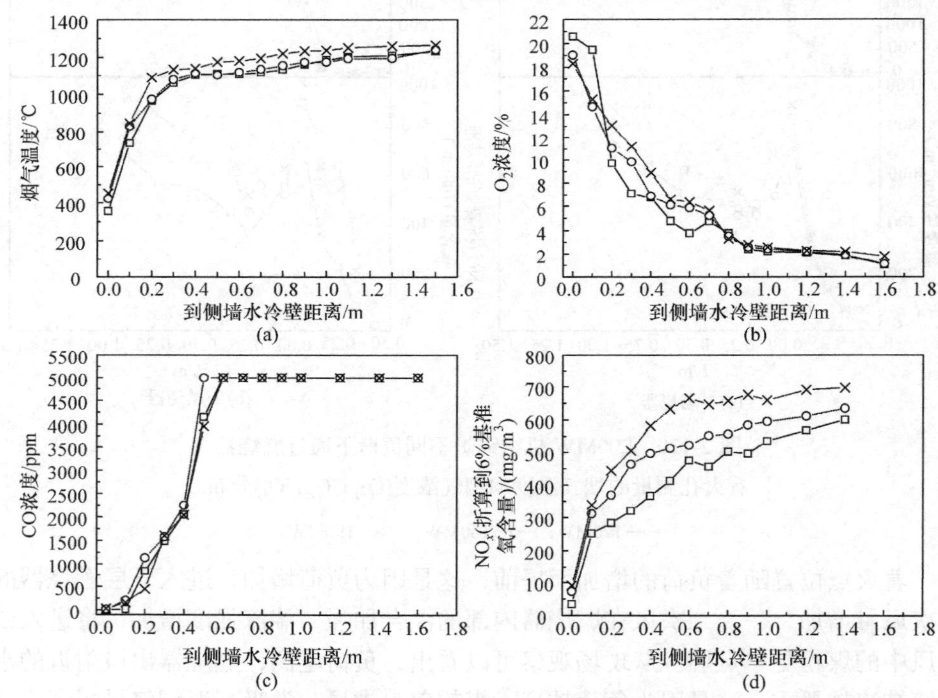

图 2-121　200MW 机组锅炉不同负荷下通过侧墙看火孔测量的烟气温度和烟气浓度(O_2, CO, NO_x)分布

—□— 120MW；—○— 160MW；—×— 190MW

三种工况下的 O_2 浓度在燃烧器出口均迅速下降。随着测点探入炉内距离的进一步增加，烟气中 O_2 浓度进一步降低并趋于平缓。当探入距离在 0.2～0.7m 范围内时，随着负荷的增大，O_2 浓度增加，这主要是因为负荷增大后，增加了进入

主燃烧区的空气量，O_2 浓度更高。随着测点探入炉内距离的增加，三种工况下的 CO 浓度迅速增大，CO 浓度随着负荷变化较小。随着测点探入炉内距离的增加，三种负荷下，NO_x 浓度均先迅速增加，然后缓慢增加。随着负荷的降低，NO_x 浓度降低，这主要是因为降低负荷后，减少了进入下层燃烧器区的空气量，O_2 浓度更低，还原性气氛更强，抑制了燃料型 NO_x 的生成。

不同负荷下通过 1#和 2#两只燃烧器的中心点火器孔测量的碳燃尽率分布如图 2-122 所示。在距离燃烧器出口 1.45m 处，不同负荷的碳燃尽率为 45%～75%，表明在该位置煤粉并未充分燃烧，这也说明在燃烧器中心区域煤粉着火很晚，与温度场和气氛场得到的结果一致。同时，随着负荷的降低，煤粉燃尽效果越差，碳燃尽率越低。

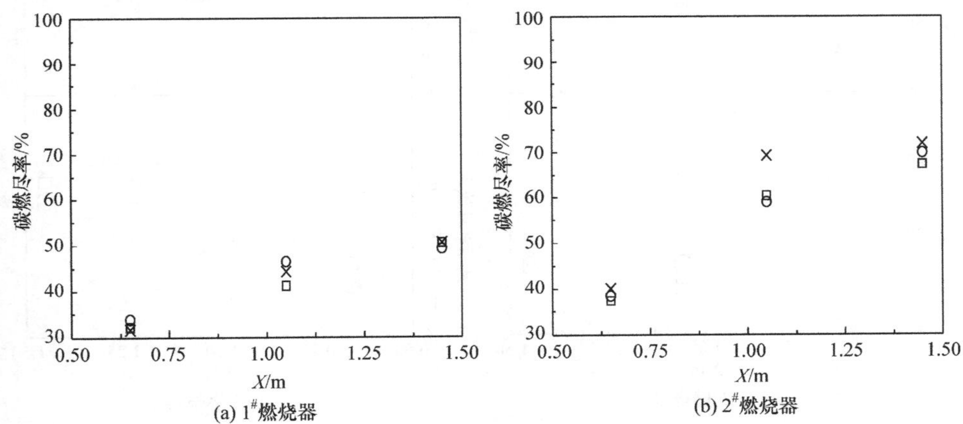

图 2-122　200MW 机组锅炉不同负荷下通过燃烧器中心点火器孔测量的碳燃尽率分布

□120MW；○160MW；×190MW

不同负荷下通过 1#和 2#两只燃烧器的中心点火器孔测量的碳、氢和氮元素的释放率分布如图 2-123 所示。在距离燃烧器出口 1.45m 处，不同负荷的三种元素的释放率为 45%～85%，由于在燃烧器中心区域煤粉着火晚，温度较低，因此三种元素的释放率较低。随着负荷的增大，三种元素的释放率都增加。相比于 1#燃烧器，2#燃烧器的碳燃尽率和三种元素的释放率稍高，这是因为 2#燃烧器的整体温度水平要高于 1#燃烧器。

不同负荷下通过 1#和 2#两只燃烧器的看火孔测量的碳燃尽率分布如图 2-124 所示。三种负荷下，在距离燃烧器出口–0.038m 的二次风区域，碳燃尽率均在 80%以上，这表明大部分煤粉在燃烧器内已经着火，其着火位置就在燃烧器出口附近的二次风区域内，这与温度场和气氛场得到的结果一致。同时，随着负荷的降低，进入下层燃烧器的二次风量降低，供氧量不足，煤粉燃尽效果变差，碳燃尽率降低。

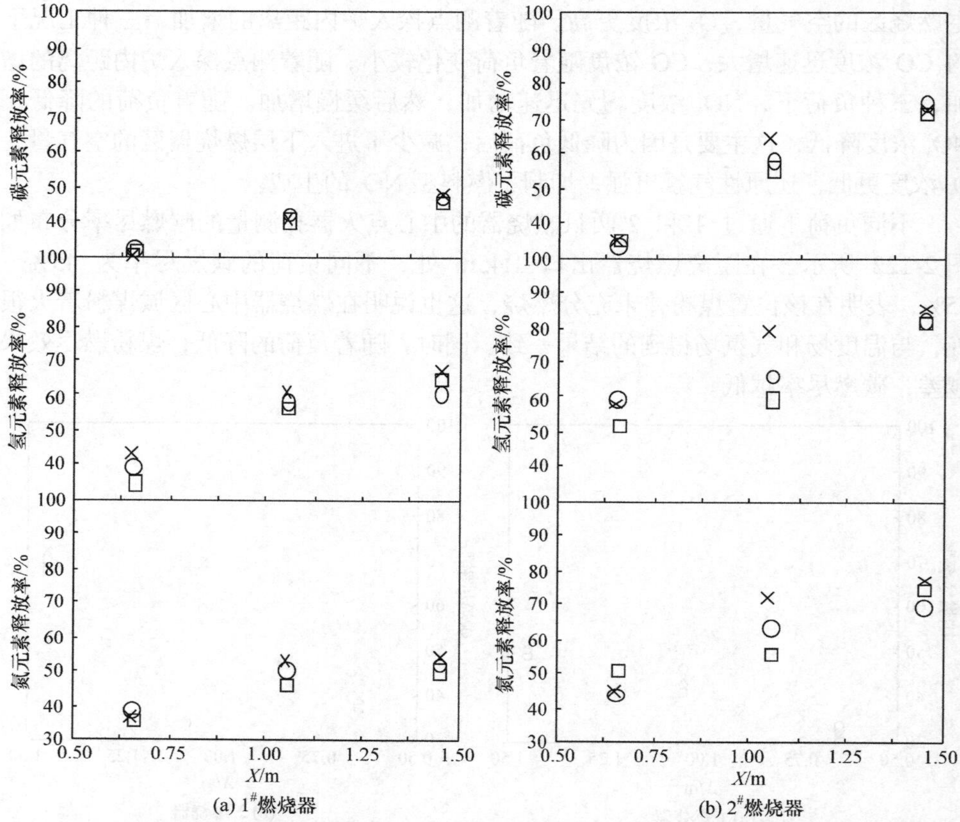

碳元素释放率/%
氢元素释放率/%
氮元素释放率/%
X/m

(a) 1#燃烧器　　　　(b) 2#燃烧器

图 2-123　200MW 机组锅炉不同负荷下通过燃烧器中心点火器孔测量的碳、氢和氮元素的释放率分布

□ 120MW；　○ 160MW；　× 190MW

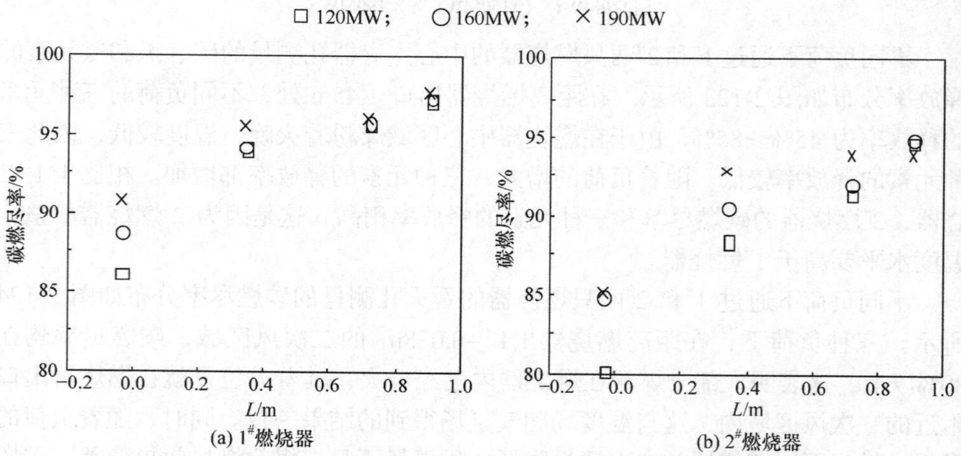

图 2-124　200MW 机组锅炉不同负荷下通过燃烧器看火孔测量的碳燃尽率分布

□ 120MW；　○ 160MW；　× 190MW

不同负荷下通过 1#和 2#两只燃烧器的看火孔测量的碳、氢和氮元素的释放率分布如图 2-125 所示。三种负荷下，在距离燃烧器出口−0.038m 的二次风区域，碳、氢和氮元素的释放率都在 80%以上。这是因为煤粉着火较早，三种元素迅速析出。相比较而言，氢元素的释放率最快，碳元素的释放率最慢。随着负荷的增大，三种元素的释放率都呈上升趋势。

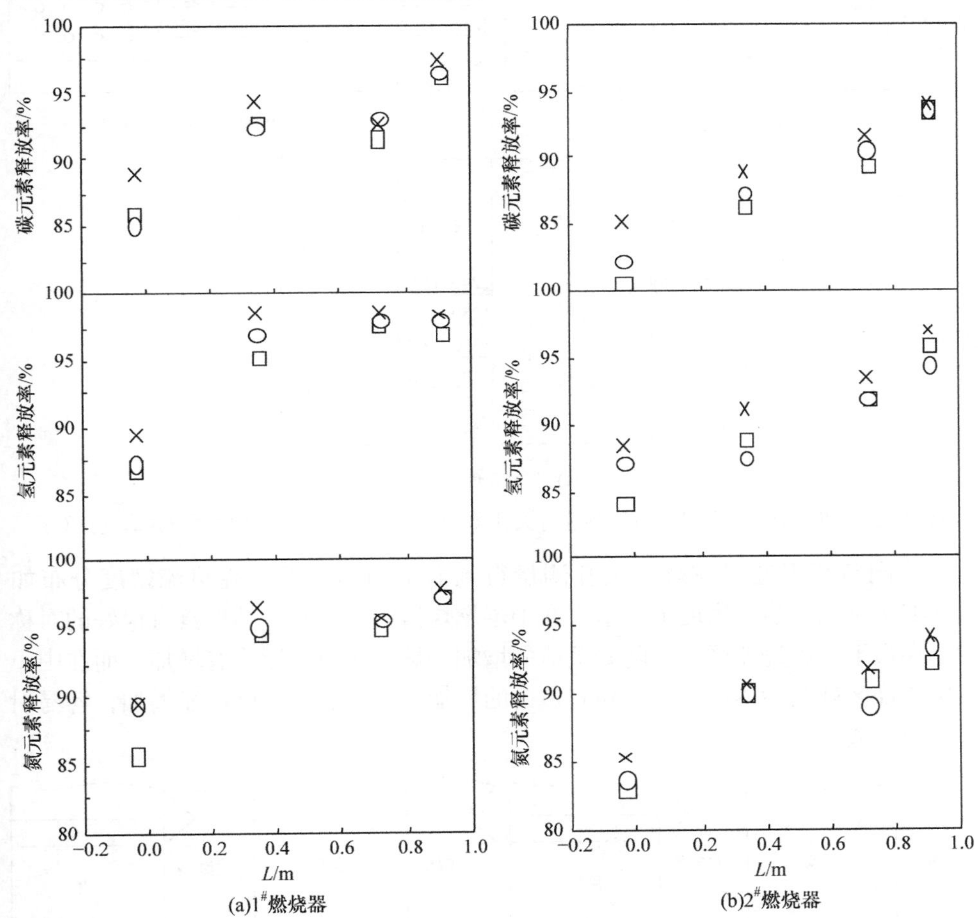

图 2-125　200MW 机组锅炉不同负荷下通过燃烧器看火孔测量的碳、氢和氮元素的释放率分布

□ 120MW；　○ 160MW；　× 190MW

不同负荷下通过侧墙看火孔测量得到的不同高度处炉膛温度分布如图 2-126 所示。三种负荷下烟气温度最大值均在中层燃烧器区域，在最下层燃烧区域，随着负荷的增加，炉内温度略有增加，而在中、上层燃烧区域及燃尽风区域，随着负荷的增加，炉内温度明显增加。

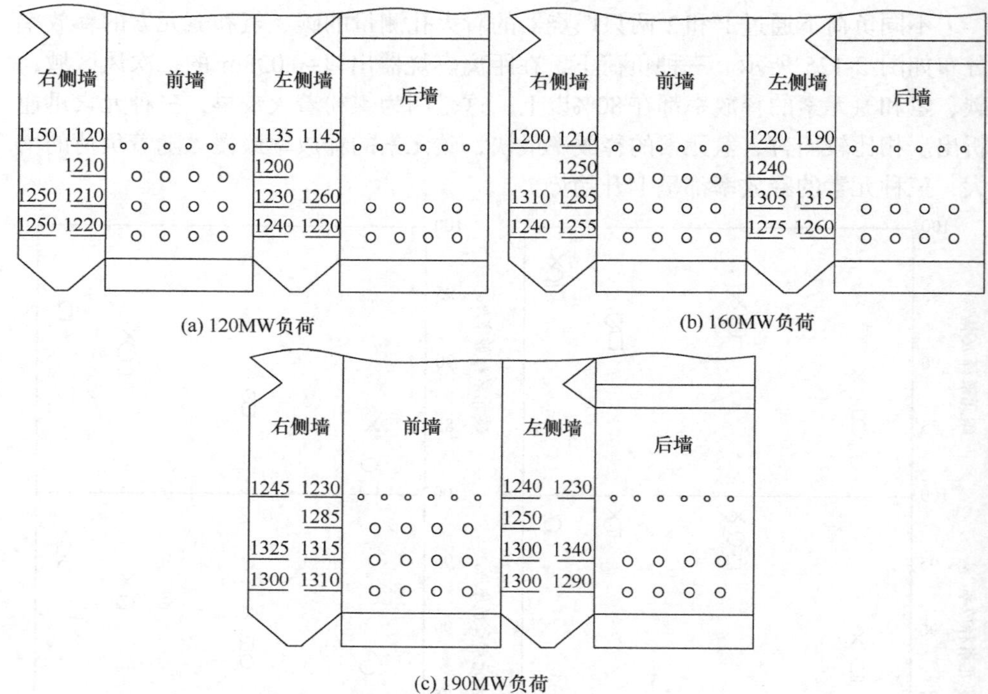

(a) 120MW负荷　　(b) 160MW负荷

(c) 190MW负荷

图 2-126　200MW 机组锅炉通过侧墙看火孔测量的不同高度处炉膛温度分布(单位：℃)

不同负荷下通过侧墙看火孔测量得到的不同高度处炉膛热流密度分布如图 2-127 所示。热流密度最大值都在中层燃烧器区域，测量结果具有很好的对称性。在最下层燃烧器区域，随着负荷的增加，炉膛热流密度略有增加，而在中、上层燃烧区域及燃尽风区域，随着负荷的增加，炉膛热流密度明显增加，容易引起炉内结渣。

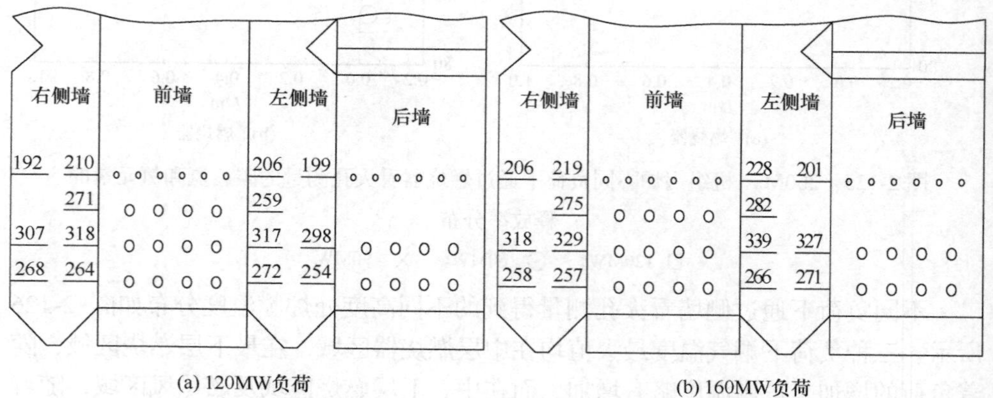

(a) 120MW负荷　　(b) 160MW负荷

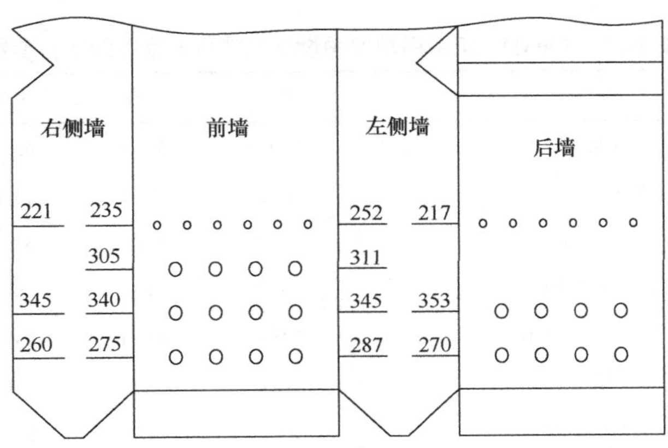

(c) 190MW负荷

图 2-127　200MW 机组锅炉通过侧墙看火孔测量的不同高度处炉内热流密度分布(单位：kW/m^2)

在三种负荷下，对锅炉效率和空气预热器出口的 NO_x 排放浓度进行了测量。与 120MW 负荷时相比，当负荷为 190MW 时，空气预热器出口的平均 NO_x 排放浓度从 589.5mg/m^3(折算到 6%基准氧含量)增加到 794.6mg/m^3(折算到 6%基准氧含量)；锅炉效率从 90.73%增加到 92.45%[27,38]。

2) 燃尽风挡板开度对双旋流煤粉燃烧器燃烧及 NO_x 生成特性的影响

在 200WM 负荷下，且燃尽风挡板开度分别为 0%、20%、50%和 80%时，对后墙下层 1#和 2#燃烧器进行测量[27,39]，试验时煤质特性和运行参数分别如表 2-31 和表 2-32 所示。

表 2-31　200MW 机组锅炉试验煤质特性

参数	0%	20%	50%	80%
w_{Aar}/%	15.15	13.58	14.28	13.07
w_{Vdaf}/%	37.52	37.38	38.13	38.89
w_{FCar}/%	39.7	39.58	40.03	41.19
w_{Mar}/%	21.3	23.2	19.9	18.9
$Q_{net,ar}$/(MJ/kg)	18460	18250	19310	20420
w_{Car}/%	49.93	49.51	52.27	53.20
w_{Har}/%	2.91	2.87	3.47	3.32
w_{Nar}/%	0.57	0.56	0.69	0.71
w_{Sar}/%	0.49	0.55	0.52	0.59
w_{Oar}/%	9.65	9.73	9.87	9.78

表 2-32　200MW 机组锅炉四种燃尽风挡板开度下的运行参数

参数	0%	20%	50%	80%
主蒸汽流量/(t/h)	660.8	659.6	652.9	623.4
主蒸汽压力/MPa	13.2	13.41	13.44	13.71
主蒸汽温度/℃	537.3	535.4	536.3	532.9
炉膛负压/Pa	−66.2	−47.2	−69.1	−82.5
一次风量/(km^3/h)	233.6	233.4	233.0	242.1
一次风温/℃	59.7	70.5	60	72
二次风温/℃	360.5	367.6	356.4	357.8
二次风量/(km^3/h)	659.2	681.3	673.8	686.9
总给煤量/(t/h)	124.26	122.81	124.02	119.02
排烟温度/℃	144.6	149.0	154.4	156.3
飞灰可燃物含量/%	0.18	0.40	0.75	0.24
炉膛出口 NO_x 浓度(折算到 6%基准氧含量)/(mg/m^3)	1203.6	794.6	515.9	511.7
锅炉效率/%	92.59	92.45	91.97	91.9

不同燃尽风挡板开度下，通过1#和2#两只燃烧器的中心点火器孔测量的烟气温度和烟气浓度(O_2, CO, NO_x)分布如图2-128所示。O_2和CO浓度的拐点在0.85～1.05m，也就是说，在燃用现有煤质时，燃烧器中心区域煤粉着火点距离燃烧器出口都在 0.85～1.05m，着火相对较晚，这与冷态试验结果相一致。随着燃尽风挡板开度的减小，主燃烧器区域的二次风量增大，进入主燃烧区的冷风量增加，使得燃烧器中心区域的煤粉着火更晚、温度更低。在燃烧器中心区域，2#燃烧器的 NO_x 浓度略高于 1#燃烧器，这主要是因为位于炉膛中部的 2#燃烧器具有更高的温度。

由图 2-128 的 O_2 浓度分布可知，在燃烧器中心区域，O_2 浓度是在距燃烧器出口 0.95m 的位置后开始明显下降。燃尽风挡板开度越大，O_2浓度下降越迅速，这是因为随着燃尽风挡板开度的增大，进入下层燃烧器的二次风量减少，O_2 浓度降低。燃烧器中心区域 O_2 浓度的迅速下降主要是因为煤粉燃烧消耗了大量的 O_2。2#燃烧器的 O_2 浓度比 1#燃烧器的 O_2 浓度下降得更早，主要是因为 2#燃烧器是位于炉膛中部的燃烧器，其温度更高、着火更早。

由图 2-128 的CO浓度分布可知，在燃烧器中心区域，随着煤粉的大量着火、温度的升高及 O_2 浓度的下降，CO 浓度在着火点附近迅速升高，很快就达到5000ppm 以上。随着燃尽风挡板开度的增大，燃烧器中心区域的 CO 浓度增加得

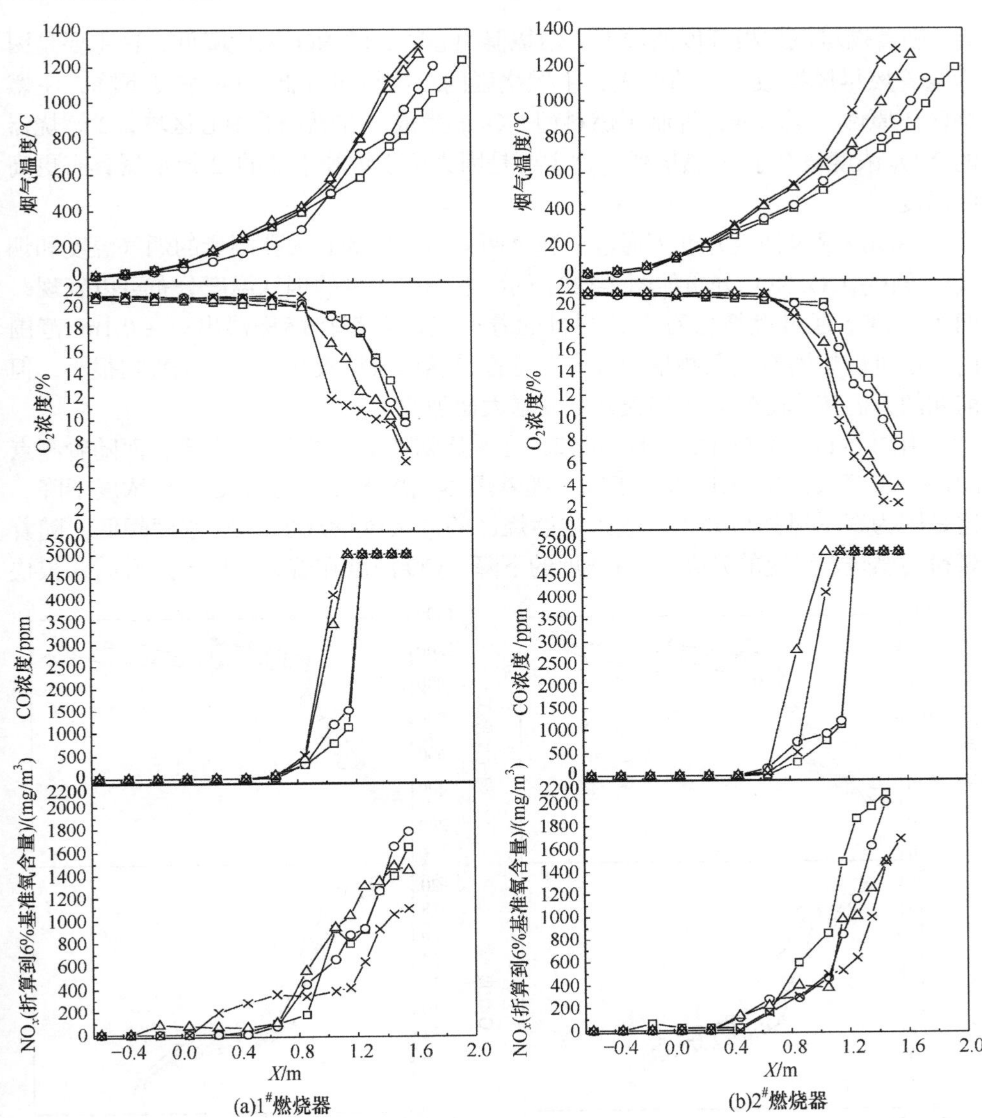

图 2-128　200MW 机组锅炉不同燃尽风挡板开度下通过燃烧器中心点火器孔测量的烟气温度和烟气浓度(O_2, CO, NO_x)分布

—□— 0%；—○— 20%；—△—50%；—×— 80%

更迅速，这主要是因为燃尽风挡板开度增大后，煤粉着火更早，温度更高，且 O_2 浓度更低。

由图 2-128 的 NO_x 浓度分布可知，在燃烧器中心区域，随着煤粉燃烧、温度的升高及 O_2 浓度的下降，NO_x 浓度在着火点后迅速升高。在测点距离大于 1m 之后，随着燃尽风挡板开度的增大，燃烧器中心区域的 NO_x 浓度降低，这主要是因为随着燃尽风挡板开度的增大，主燃烧区的二次风量降低，O_2 浓度下降，主燃烧区还原性气氛增强，抑制了燃料型 NO_x 的生成。在燃烧器中心区域，2[#]燃烧器的 NO_x 浓度略高于 1[#]燃烧器，这主要是因为位于炉膛中部的 2[#]燃烧器具有更高的温度。

不同燃尽风挡板开度下通过 1[#]和 2[#]两只燃烧器的看火孔测量的烟气温度和烟气浓度(O_2, CO, NO_x)分布如图 2-129 所示。从图 2-129 的烟气温度分布可以发现，四个开度下通过燃烧器看火孔测量的着火点位置都在燃烧器出口 ± 0.1m 范围内。通过燃烧器看火孔测量的着火点位置受燃尽风挡板开度的变化影响很小，但前期的升温速率随燃尽风挡板开度的增大而加快。

由图 2-129 的 O_2 浓度分布可知，在燃烧初期 O_2 浓度迅速下降，而随着测点的进一步深入，O_2 浓度缓慢下降。随着燃尽风挡板开度的增大，O_2 浓度下降，这是因为燃尽风挡板开大，进入主燃烧区的二次风量减小，O_2 浓度降低。随着煤粉的燃烧、温度的升高及 O_2 浓度的下降，CO 浓度在着火点后迅速升高，很快

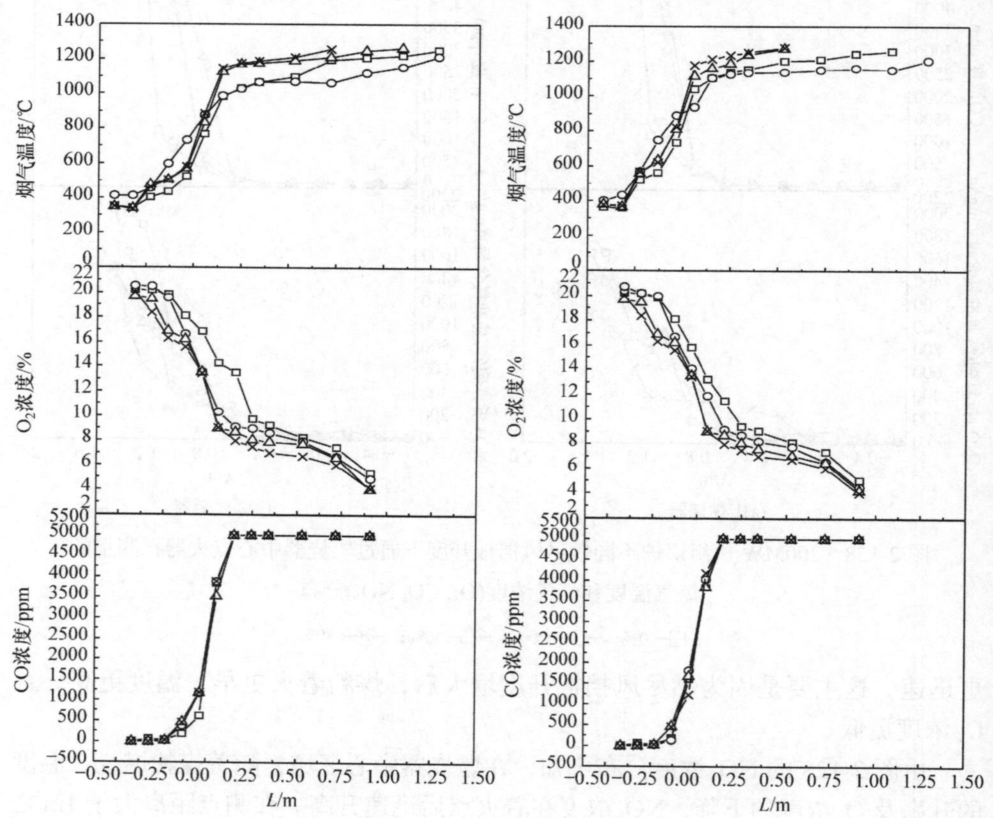

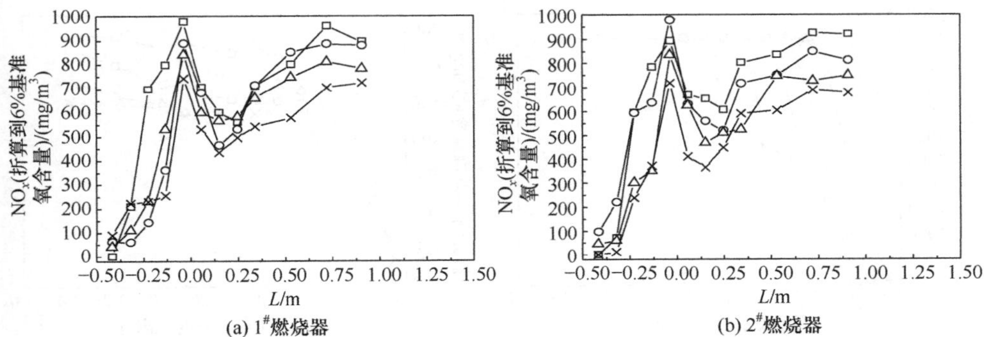

图 2-129　200MW 机组锅炉不同燃尽风挡板开度下通过燃烧器看火孔测量的烟气温度和烟气浓度(O_2, CO, NO_x)分布

—□— 0%；—○— 20%；—△— 50%；—×— 80%

就达到 5000ppm 以上。因此，燃尽风挡板开度对 CO 浓度变化影响很小。

四种燃尽风挡板开度下，NO_x 浓度在开始阶段迅速升高，在着火点附近达到峰值。随着测点距离出口的增加，O_2 浓度下降，还原性气氛增强，NO_x 浓度达到峰值后又迅速下降，达到最低值，而后随着煤粉的进一步燃烧，NO_x 浓度又缓慢增加。随着燃尽风挡板开度的增大，NO_x 平均浓度降低，这是因为燃尽风挡板开度增大，减少了进入主燃烧区的二次风量，O_2 浓度降低，主燃烧区的还原性气氛增强，抑制了燃料型 NO_x 的生成。

不同燃尽风挡板开度下通过侧墙看火孔测量的烟气温度和烟气浓度(O_2, CO, NO_x)分布如图 2-130 所示。四种开度下的烟气温度在开始阶段迅速升高，达到 1100℃左右，然后趋于平缓，因此烟气温度受燃尽风挡板开度变化的影响很小。随着测点到侧墙水冷壁距离的增加，四种开度下的 O_2 浓度迅速下降。燃尽风挡板开度越大，当燃尽风挡板开度为 80%时，O_2 平均浓度越低。随着测点到侧墙水冷壁距离的增加，四种开度下的 CO 浓度迅速增加。在四个燃尽风挡板开度下，NO_x 浓度均先迅速增加，而后缓慢增加。在测点距离大于 0.6m 之后，随着燃尽

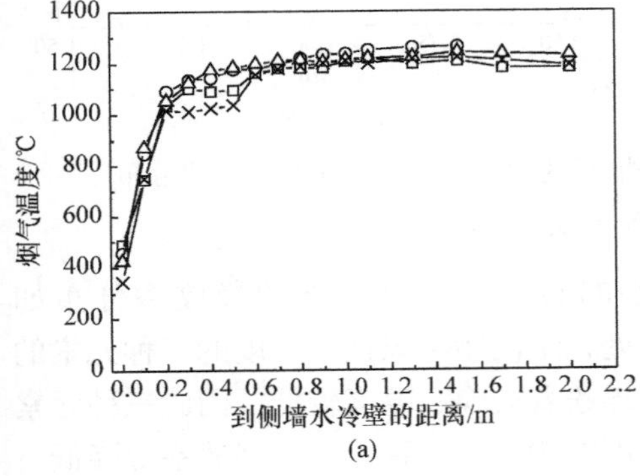

(a)

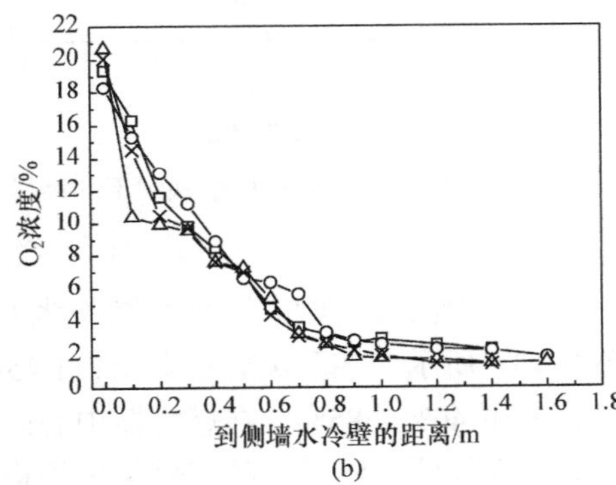

(b)

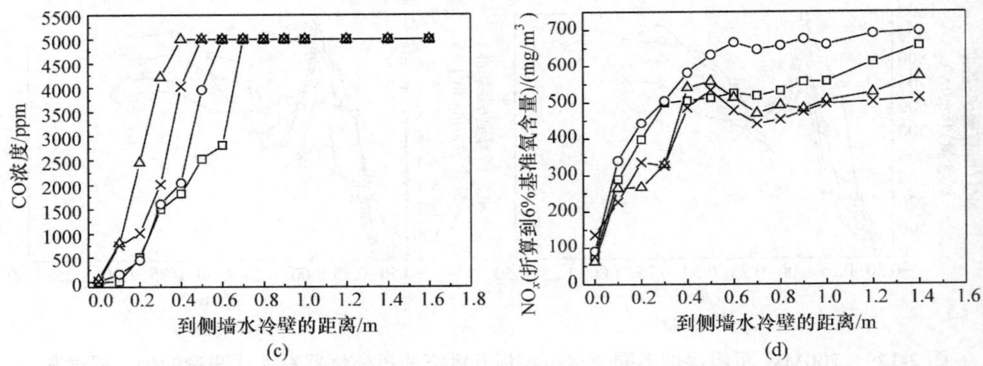

图 2-130 200MW 机组锅炉不同燃尽风挡板开度下通过侧墙看火孔测量的烟气温度和烟气浓度(O_2, CO, NO_x)分布

—□— 0%; —○— 20%; —△— 50%; —×— 80%

风挡板开度的增大，NO_x 浓度降低，这主要是因为燃尽风挡板增大，减少了进入主燃烧区的空气量，还原性气氛更强。

不同燃尽风挡板开度下燃烧器中心的碳燃尽率分布如图 2-131 所示。在距离燃烧器出口 1.45m 处，不同燃尽风挡板开度的碳燃尽率都在 40%～75%，表明在该位置煤粉并未充分燃烧，这也说明在燃烧器中心区域煤粉着火很晚，与温度场和气氛场得到的结果一致。同时，燃尽风挡板开度越大，碳燃尽率越低。

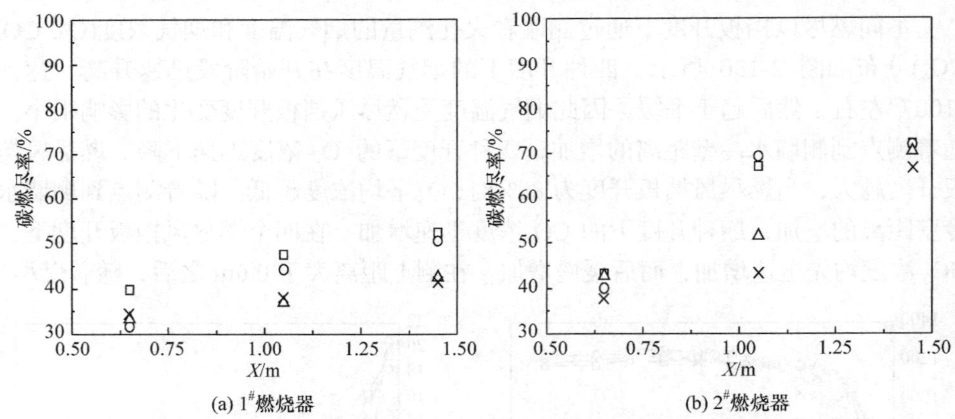

图 2-131 200MW 机组锅炉不同燃尽风挡板开度下燃烧器中心的碳燃尽率分布

□ 0%; ○ 20%; △ 50%; × 80%

不同燃尽风挡板开度下燃烧器中心的碳、氢和氮元素的释放率分布如图 2-132 所示。在距离燃烧器出口1.45m 处，不同燃尽风挡板开度的三种元素的释放率在 40%～85%。在燃烧器中心区域煤粉着火晚、温度较低，因此三种元素的释放率较低。同时，随着燃尽风挡板开度的增大，三种元素的释放率都降低。

相比于 1#燃烧器，2#燃烧器的碳燃尽率和三种元素的释放率稍高，这是因为 2#燃烧器的整体温度水平要高于 1#燃烧器。

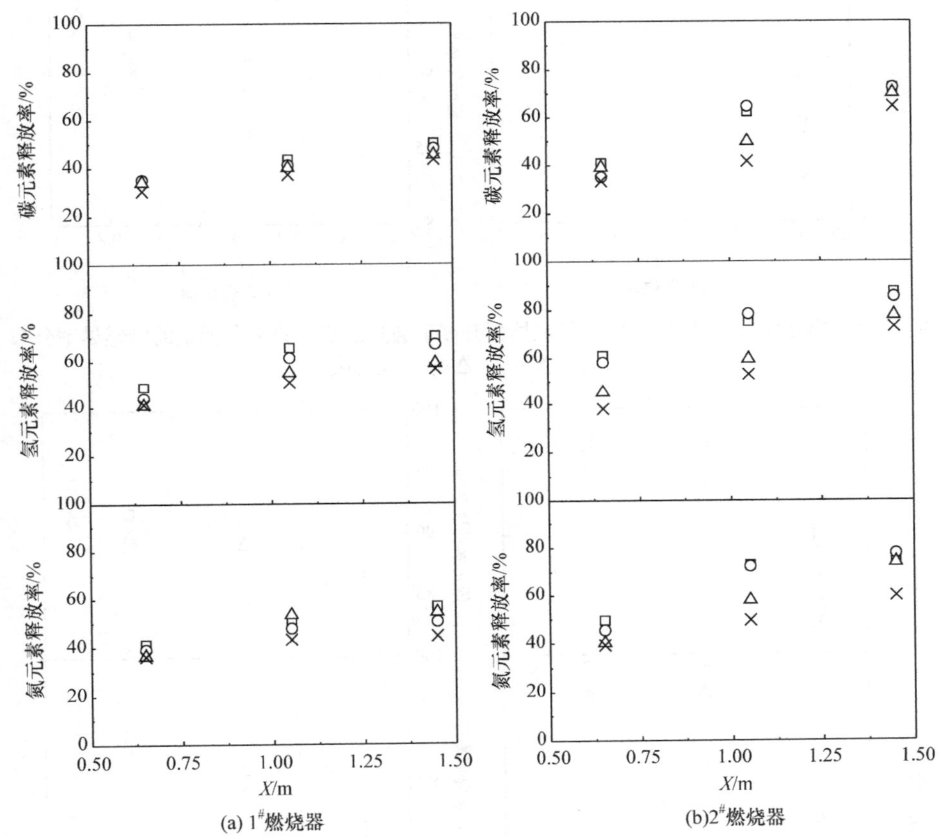

图 2-132　200MW 机组锅炉不同燃尽风挡板开度下燃烧器中心的碳、氢和氮元素的释放率分布

□ 0%；○ 20%；△ 50%；× 80%

不同燃尽风挡板开度下通过燃烧器看火孔测量的碳燃尽率分布如图 2-133 所示。四种开度下，在距离燃烧器出口–0.038m 的二次风区域，碳燃尽率都在 82%以上，这表明大部分煤粉在燃烧器内已经着火，其着火位置就在燃烧器出口附近的二次风区域内，这与温度场及气氛场得到的结果一致。同时，随着燃尽风挡板开度的增大，主燃烧区的二次风量降低，氧量下降，燃尽率降低，煤粉燃尽效果变差。

不同燃尽风挡板开度下通过燃烧器看火孔测量的碳、氢和氮元素的释放率分布如图 2-134 所示。四种开度下，在距离燃烧器出口–0.038m 的二次风区域，碳、氢和氮元素的释放率都在 82%以上。这是因为煤粉较早的着火，三种元素迅速析出。相比较而言，氢元素的释放率最快，碳元素的释放率最慢。随着燃尽风挡板开度的增大，三种元素的释放率都呈下降趋势。

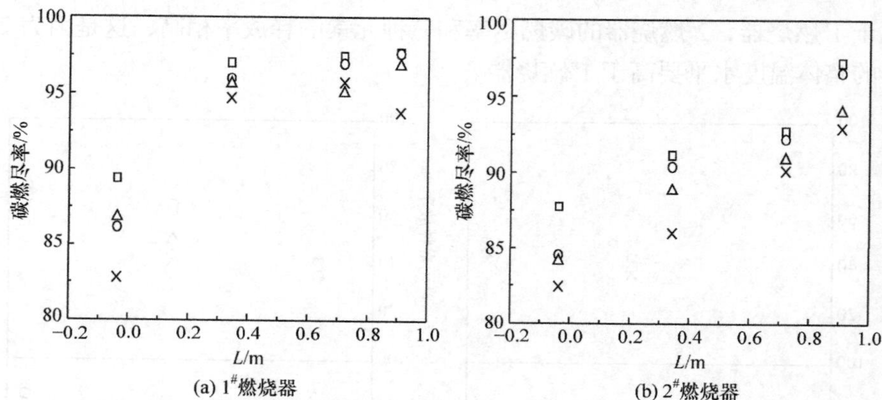

图 2-133　200MW 机组锅炉不同燃尽风挡板开度下通过燃烧器看火孔测量的碳燃尽率分布

□ 0%；○ 20%；△ 50%；× 80%

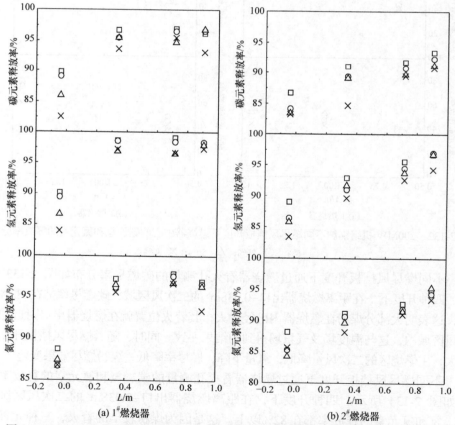

图 2-134　200MW 机组锅炉不同燃尽风挡板开度下通过燃烧器看火孔测量的碳、氢和氮元素的释放率分布

□ 0%；○ 20%；△ 50%；× 80%

不同燃尽风挡板开度下通过侧墙看火孔测量的炉膛温度分布如图 2-135 所示。烟气温度最大值均在中层燃烧器区域，随着燃尽风挡板开度的增加，在燃尽风区域测得的炉膛温度略有增加，这是因为随着燃尽风挡板开度的增大，进入主燃烧区的二次风量降低，主燃烧区未燃尽的煤粉量增多，在燃尽风区域燃烧的煤粉增多，导致火焰中心上移。

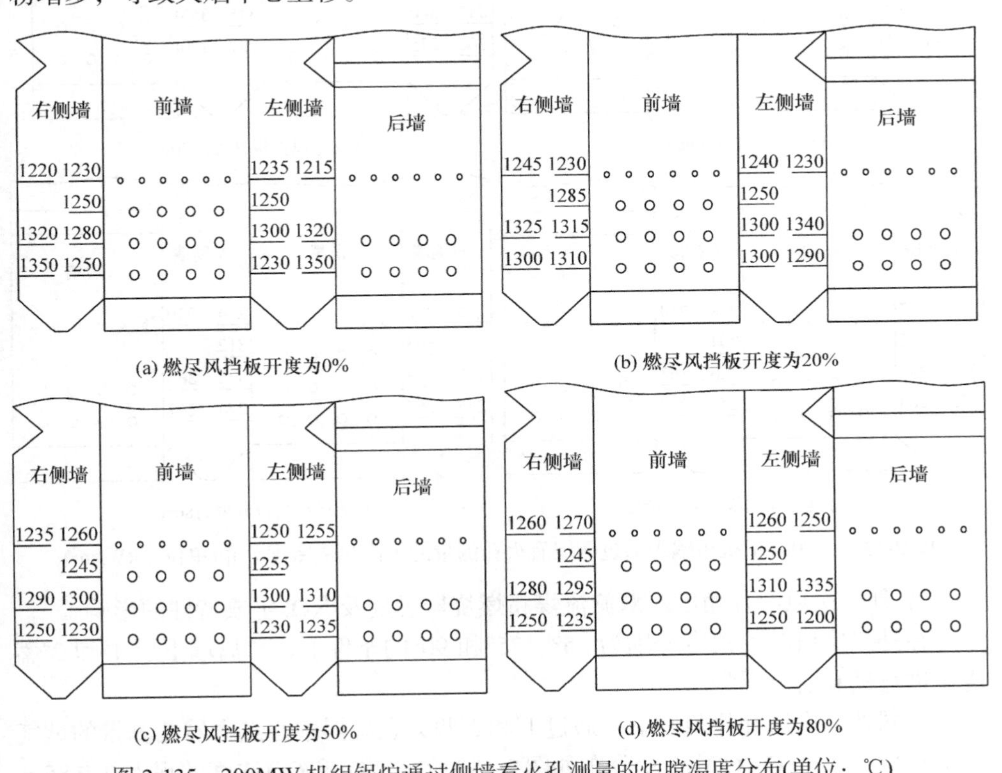

图 2-135　200MW 机组锅炉通过侧墙看火孔测量的炉膛温度分布(单位：℃)

不同燃尽风挡板开度下通过侧墙看火孔测量的炉内热流密度分布如图 2-136 所示。热流密度最大值都在中层燃烧器区域，随着燃尽风挡板开度的增加，主燃烧区的热流密度略有下降，在燃尽风区域测得的热流密度略有增加。测量结果与图 2-135 的炉膛温度一致。

在四种燃尽风挡板开度下，对锅炉效率和炉膛出口 NO_x 排放浓度进行了测量，与燃尽风挡板开度为 0%相比，燃尽风挡板开度为 80%时，炉膛出口的平均 NO_x 排放浓度从 1203.6mg/m^3(折算到 6%基准氧含量)减少到 511.7mg/m^3(折算到 6%基准氧含量)；锅炉效率从 92.59%减少到 91.9%(具体值见表 2-31)。燃尽风挡板开度的变化对飞灰可燃物含量的影响较小，但排烟温度随燃尽风挡板开度的增大而升高，这是锅炉效率随燃尽风挡板开度增大而降低的主要原因。

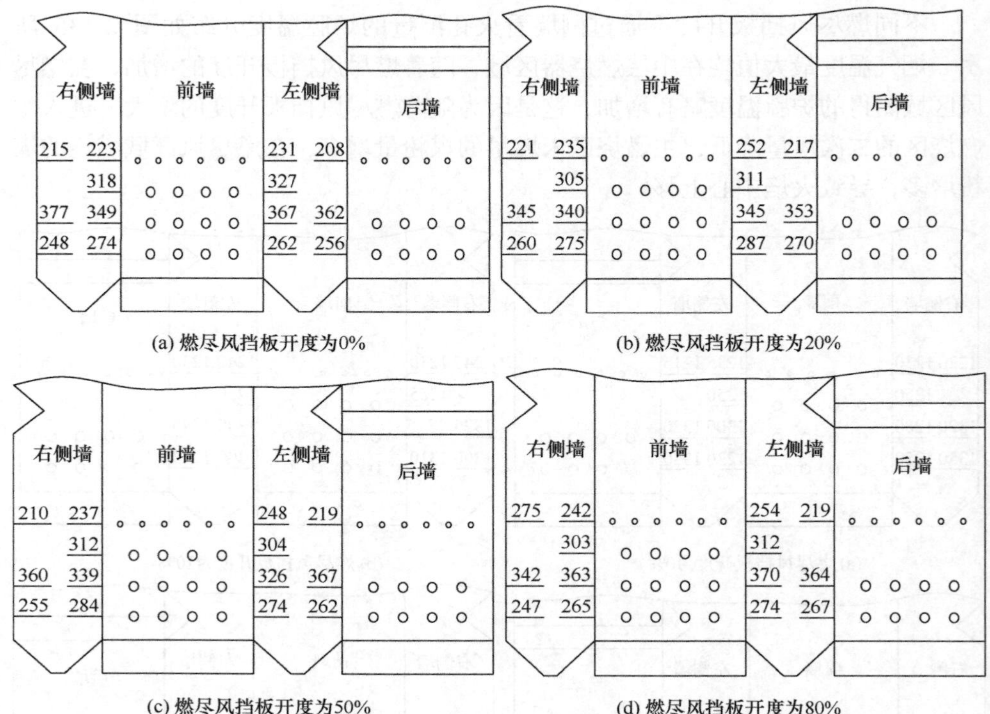

图 2-136　200MW 机组锅炉通过侧墙看火孔测量的炉内热流密度分布(单位：kW/m²)

3) 外二次风叶片角度对双旋流煤粉燃烧器燃烧及 NO_x 生成特性的影响

在外二次风叶片角度分别为 35°、75°和 90°的条件下，对后墙下层 1#和 2#燃烧器进行试验研究[27,40]。

不同外二次风叶片角度下，通过 1#和 2#两只燃烧器中心点火器孔测量的烟气温度和烟气浓度(O_2, CO, NO_x)分布如图 2-137 所示。O_2和 CO 浓度的拐点在 0.85～1.05m，也就是说，在燃用现有煤质时，燃烧器中心区域煤粉着火点距离燃烧器出口都在 0.85～1.05m，着火相对较晚，这与冷态试验结果相一致。随着外二次风叶片角度的增加，煤粉在燃烧器中心区域的着火点后移，温度降低，这是因为外二次风叶片角度增大，二次风的旋转能力减弱，卷吸高温烟气量较少。相同负荷下，2#燃烧器的温度要高于 1#燃烧器，这是因为 2#燃烧器是位于炉膛中部的燃烧器，远离低温侧墙水冷壁区。

由图 2-137 的 O_2 浓度分布可知，在燃烧器中心区域，O_2 浓度是在距燃烧器出口 1.0m 的位置后开始明显下降。燃烧器中心区域 O_2 浓度的迅速下降主要是因为煤粉燃烧消耗了大量的 O_2。随着外二次风叶片角度的减小，O_2 浓度也降低，这是因为外二次风叶片角度越小，二次风的旋转能力越强，回流区越大，卷吸的

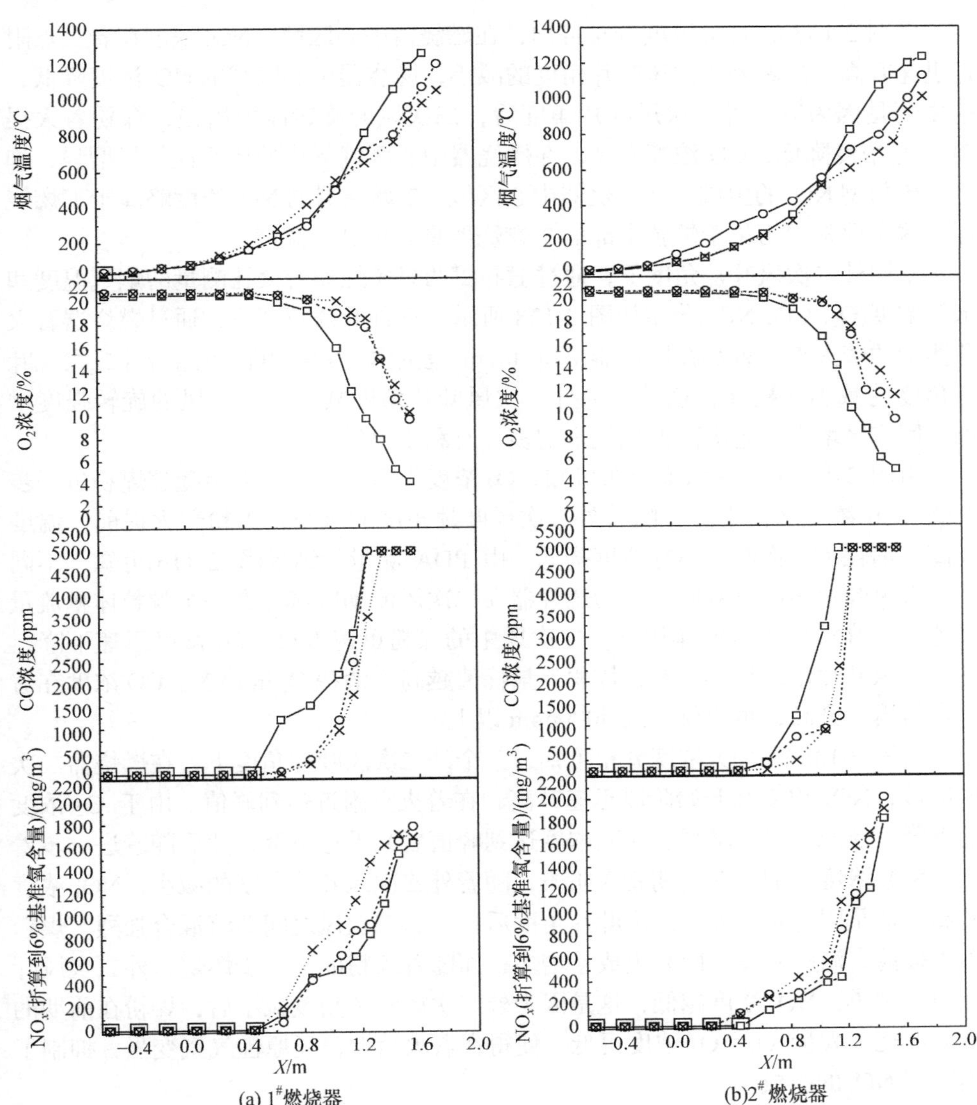

图 2-137　200MW 机组锅炉不同外二次风叶片角度下通过燃烧器中心点火器孔测量的烟气温度和烟气浓度(O_2, CO, NO_x)分布

—□— 35°；··○·· 75°；···×··· 90°

高温烟气量越多，有利于煤粉的燃烧，消耗的 O_2 量增多。在燃烧器中心区域，随着煤粉的燃烧、温度的升高及 O_2 浓度的下降，CO 浓度在着火点附近迅速升高，很快就达到 5000ppm 以上。随着外二次风叶片角度的减小，燃烧器中心区域的 CO 浓度增加得更迅速。

由图 2-137 的 NO_x 浓度分布可知，在燃烧器中心区域，NO_x 浓度在着火点附近迅速升高。随着外二次风叶片角度的减小，燃烧器中心区域的 NO_x 浓度降低，这主要是因为减小外二次风叶片角度后，二次风的旋转能力增强，煤粉着火提前，O_2 浓度降低，CO 浓度升高，在燃烧器中心区域形成的还原性气氛增强，抑制了燃料型 NO_x 的生成。在燃烧器中心区域，2#燃烧器的 NO_x 浓度略高于 1#燃烧器，这主要是因为位于炉膛中部的 2#燃烧器具有更高的温度。

不同外二次风叶片角度下，通过 1#和 2#两只燃烧器看火孔测量的烟气温度和烟气浓度(O_2, CO, NO_x)分布如图 2-138 所示。三种叶片角度下，通过燃烧器看火孔测量的着火点位置都在燃烧器出口±0.1m 范围内。着火点位置随着外二次风叶片角度的减小而提前，这是因为外二次风叶片角度减小，二次风的旋转强度增加，回流区增大，卷吸高温烟气量增多，有利于煤粉燃烧。

由图 2-138 的 O_2 浓度分布可知，O_2 浓度先迅速下降，而后随着煤粉进一步燃烧，O_2 浓度缓慢下降。随着外二次风叶片角度的减小，煤粉着火提前，温度升高，消耗 O_2 量增多，O_2 浓度降低。由 PDA 测量的结果(图 2-116)可知，不同外二次风叶片角度下双旋流煤粉燃烧器在二次风流动区域存在一个颗粒体积流量峰值，在高温回流区的作用下，二次风中的煤粉迅速着火，O_2 浓度迅速下降，外二次风叶片角度越小，颗粒体积流量峰值越高，消耗 O_2 量越多。CO 浓度在着火点后迅速升高，很快就达到 5000ppm 以上。

由图 2-138 的 NO_x 浓度分布可知，三个外二次风叶片角度下，在燃烧器二次风区域，NO_x 浓度在开始阶段迅速升高，在着火点附近达到峰值。由于 O_2 浓度的下降，还原性气氛增强，NO_x 浓度达到峰值后又迅速下降，然后随着进一步着火，NO_x 浓度增加。在前期着火阶段，随着外二次风叶片角度的减小，NO_x 浓度升高，这是因为减小外二次风叶片角度后，一、二次风之间湍流混合强烈，煤粉着火提前，温度升高，NO_x 生成量增多；而随着煤粉的进一步燃烧，外二次风叶片角度越小，NO_x 浓度越低，这是因为外二次风叶片角度减小后，煤粉在前期的着火消耗了大量 O_2，O_2 浓度更低，使得在着火后期，还原性气氛变强，抑制了燃料型 NO_x 的生成。

不同外二次风叶片角度下，通过侧墙看火孔测量的烟气温度和烟气浓度(O_2, CO, NO_x)分布如图 2-139 所示。在 0～0.2m 距离内，三种叶片角度下的温度均迅速从 400℃增加到 1000℃，而后缓慢增加到 1200℃左右。随着外二次风叶片角度的增加，烟气温度降低。由 O_2 浓度分布可知，随着测量深度的增加，三种叶片角度下的 O_2 浓度迅速下降。随着外二次风叶片角度的增大，O_2 浓度增加，这主要是因为增大外二次风叶片角度后，煤粉着火推迟，烟气中的 O_2 浓度增大。

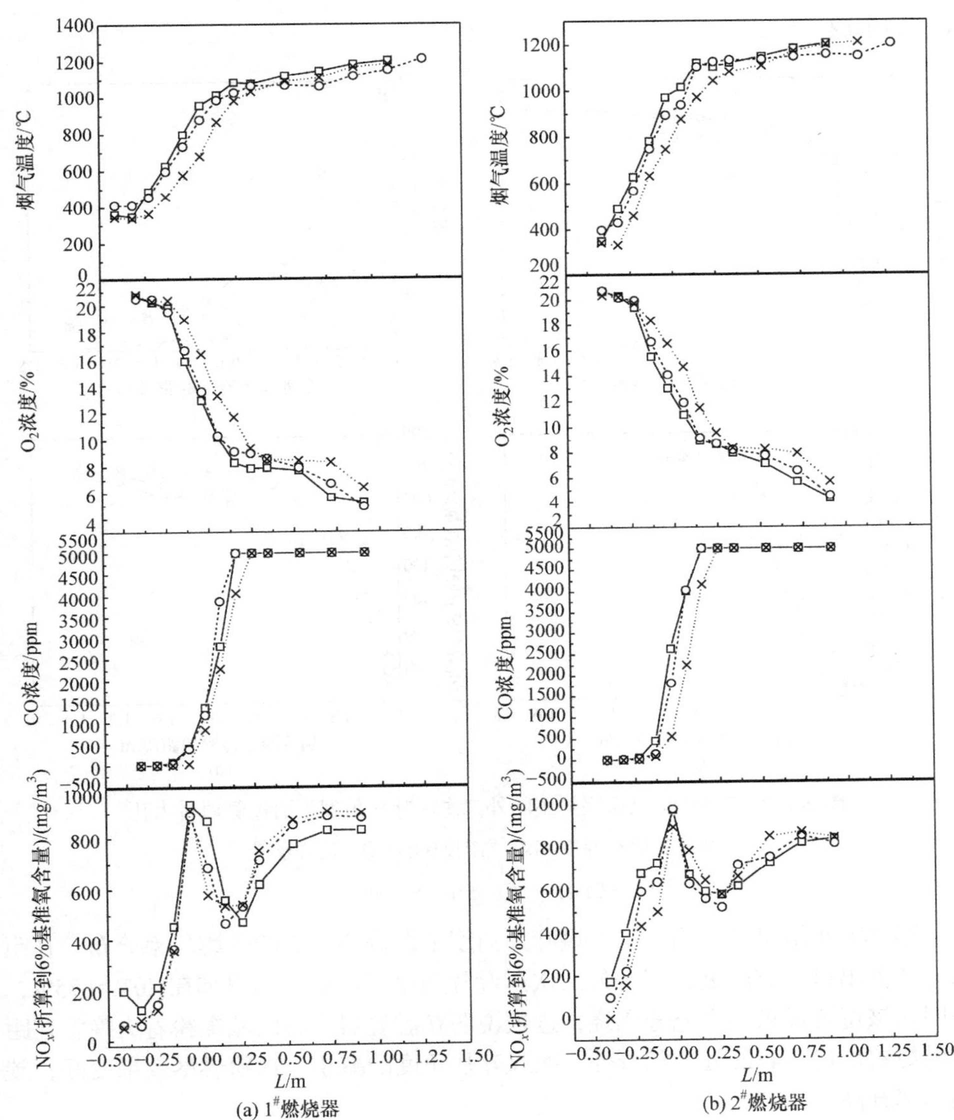

图 2-138 200MW 机组锅炉不同外二次风叶片角度下通过看火孔测量的烟气温度和烟气浓度(O_2, CO, NO_x)分布

—□— 35°；--○-- 75°；···×··· 90°

三种叶片角度下的 CO 浓度迅速增加，随着外二次风叶片角度的变化，CO 浓度变化较小。在三种外二次风叶片角度下，NO_x 浓度先迅速增加，然后缓慢增加。随着外二次风叶片角度的增大，NO_x 浓度升高，这主要是因为增大外二次风叶片角度后，煤粉着火变晚，O_2 浓度更高，还原性气氛减弱，不利于抑制

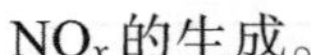

NO_x 的生成。

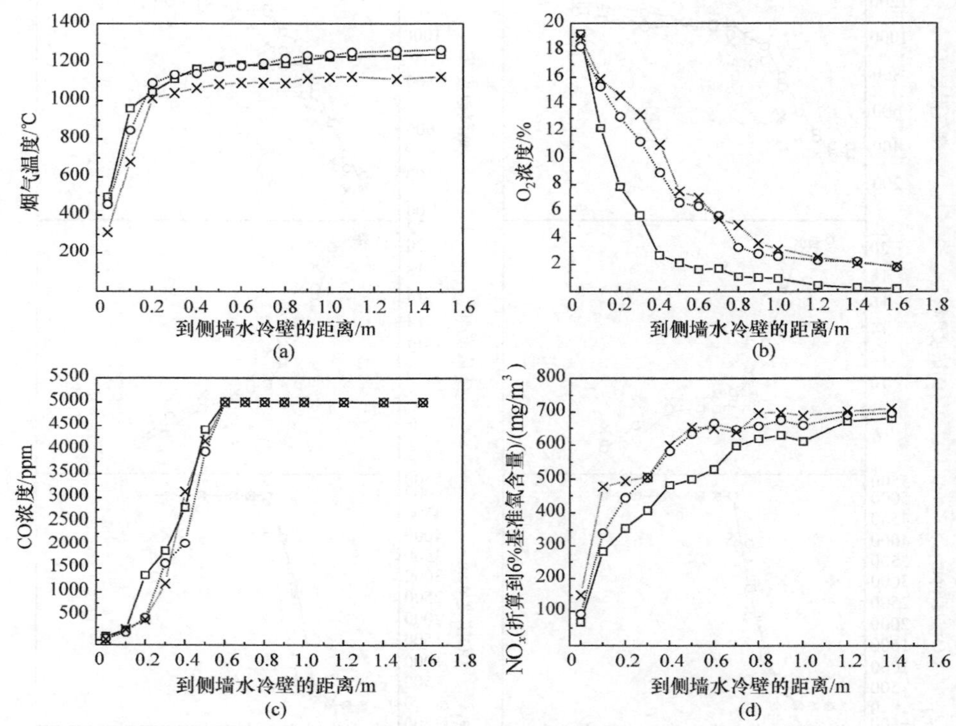

图 2-139　200MW 机组锅炉不同外二次风叶片角度下通过侧墙看火孔测量的烟气温度和烟气浓度(O_2, CO, NO_x)分布

—□—35°；···○···75°；—×— 90°

图 2-140 给出了不同外二次风叶片角度下燃烧器中心的碳燃尽率分布。在距离燃烧器出口 1.45m 处，三种外二次风叶片角度下的碳燃尽率都在 40%～75%，表明在该位置煤粉并未充分燃烧，这也说明在燃烧器中心区域煤粉着火晚。在距离燃烧器出口 1.45m 处，随着外二次风叶片角度的减小，煤粉燃尽效果变好，碳燃尽率升高。

图 2-141 给出了不同外二次风叶片角度下燃烧器中心的碳、氢和氮元素的释放率分布。在距离燃烧器出口 1.45m 处，不同外二次风叶片角度下的三种元素的释放率在 45%～85%，由于在燃烧器中心区域煤粉着火晚，温度较低，因此三种元素的释放率较低。同时，在距离燃烧器出口 1.45m 处，随着外二次风叶片角度的降低，三种元素的释放率都增加。相比于 1#燃烧器，2#燃烧器的碳燃尽率和三种元素的释放率稍高，这是因为 2#燃烧器的整体温度水平要高于 1#燃烧器。

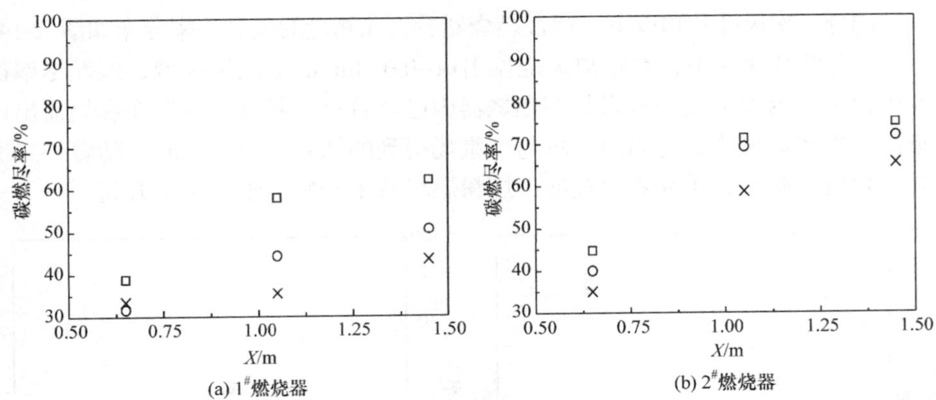

图 2-140　200MW 机组锅炉不同外二次风叶片角度下燃烧器中心的碳燃尽率分布

□ 35°；○ 75°；× 90°

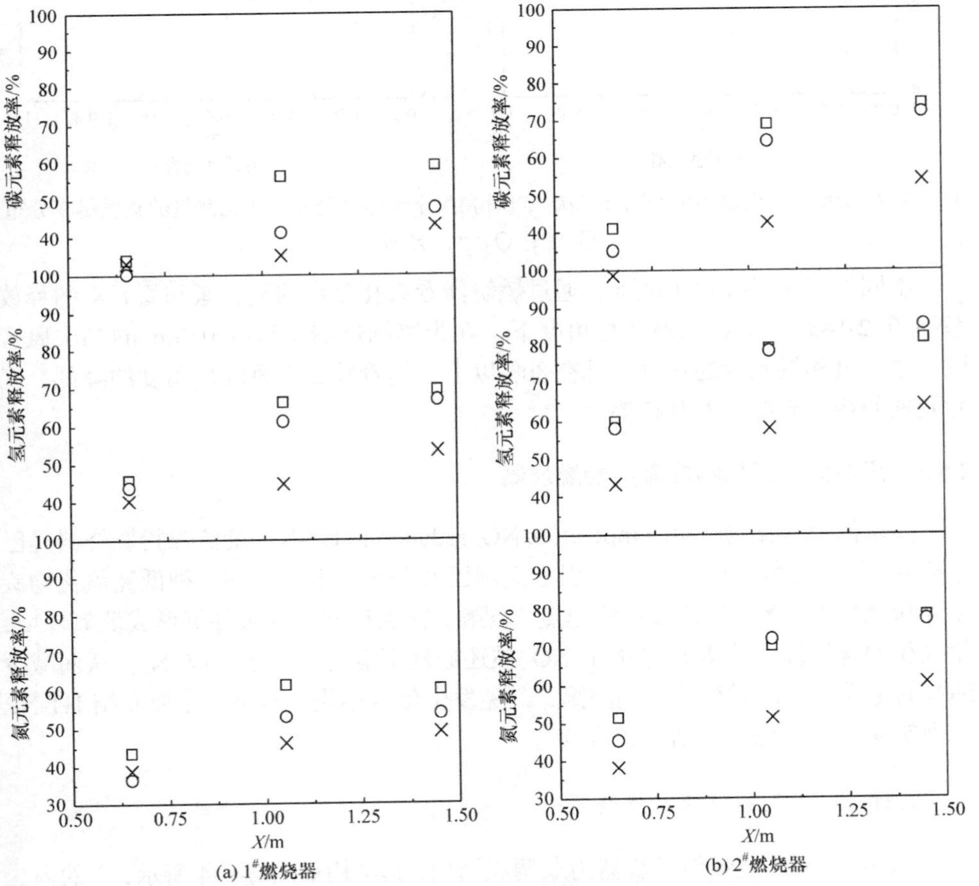

碳元素释放率/%

氢元素释放率/%

氮元素释放率/%

X/m

(a) 1#燃烧器　(b) 2#燃烧器

图 2-141　200MW 机组锅炉不同外二次风叶片角度下燃烧器中心的碳、氢和氮元素的释放率分布

□ 35°；○ 75°；× 90°

不同外二次风叶片角度下，通过燃烧器看火孔测量的碳燃尽率分布如图 2-142 所示。三种叶片角度下，在距离燃烧器出口−0.038m 的二次风区域，碳燃尽率都在 80%以上，这表明大部分煤粉在燃烧器内已经着火，其着火位置在燃烧器出口附近的二次风区域内，这与温度场与气氛场得到的结果一致。同时，随着外二次风叶片角度的减小，煤粉着火提前，煤粉燃尽效果变好，碳燃尽率升高。

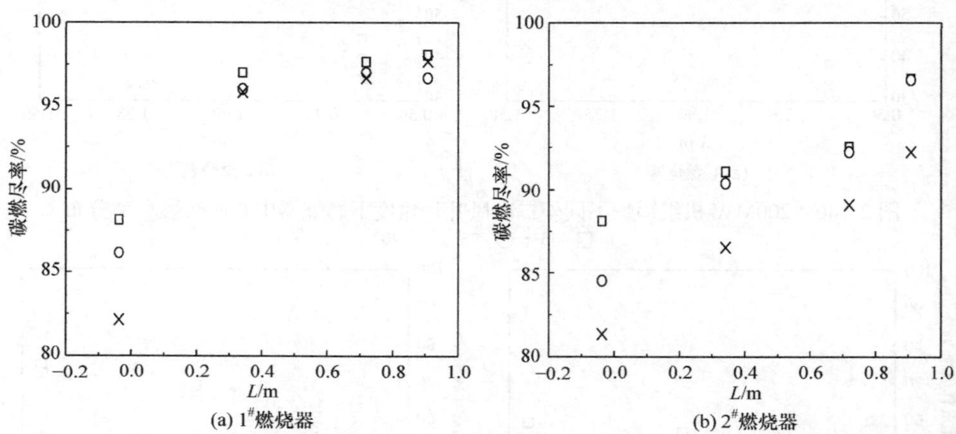

图 2-142　200MW 机组锅炉不同外二次风叶片角度下通过燃烧器看火孔测量的碳燃尽率分布
□ 35°；○ 75°；× 90°

不同外二次风叶片角度下，通过燃烧器看火孔测量的碳、氢和氮元素的释放率如图 2-143 所示。三种叶片角度下，在距离燃烧器出口−0.038m 的二次风区域，碳、氢和氮元素的释放率都在 80%以上。随着外二次风叶片角度的降低，三种元素的释放率都呈上升趋势。

2.5.3　高温低氮氧化物旋流煤粉燃烧器

高温低氮氧化物(high temperature NO_x reduction，HT-NR)旋流煤粉燃烧器是巴布科克-日立(简称“日立”)公司引进美国巴威公司技术设计的一种低氮氧化物旋流煤粉燃烧器。该燃烧器通过快速点燃煤粉，在燃料充足的条件下形成低氧环境，使气相的含氮挥发分生成的部分 NO 被还原性碳氢化合物还原成 N_2，从而减少 NO_x 的生成[41]。同时维持火焰高温，避免发生延迟燃烧。本小节主要介绍 HT-NR 系列旋流煤粉燃烧器的结构和特点。

1. HT-NR1 型旋流煤粉燃烧器

HT-NR1 型旋流煤粉燃烧器为双调风结构，其结构如图 2-144 所示，它的内二次风通道中装有轴向叶片，外二次风管道中装有切向叶片[42]。一次风粉气流经过

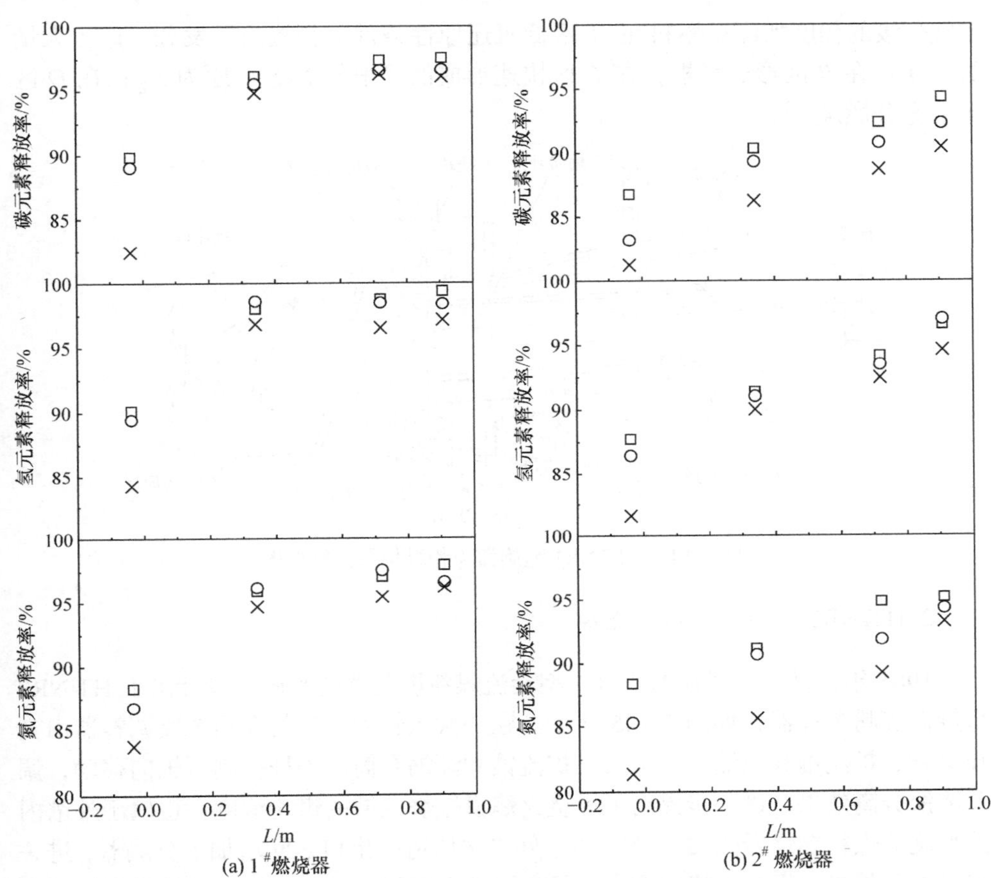

图 2-143　200MW 机组锅炉不同外二次风叶片角度下通过燃烧器看火孔测量的碳、氢和氮元素的释放率分布

□ 35°；　○ 75°；　× 90°

90°弯头进入燃烧器一次风管后，通过文丘里管向中心浓缩，然后经过安装在中心管上小角度轴向叶片，煤粉被甩向一次风管壁附近后喷入炉膛，形成外浓内淡的煤粉浓度分布，属于外浓内淡型旋流煤粉燃烧器(见 2.4 节)。内二次风通道内的轴向叶片可以调节角度。在内二次风通道出口，排列紧密的旋流叶片围绕着一次风喷口。二次风挡板和内二次风轴向叶片分别由两根推拉式的拉杆控制，推拉二次风挡板可改变内、外二次风量的比例。外二次风入口安装有切向叶片，用于调节外二次风量及其旋流强度，叶片角度由装在燃烧器外的叶轮机构调节。低 NO_x 燃烧的原理主要是分级配风，形成低氧的还原区。内外二次风喷口之间设置有一个挡块，能够推迟外二次风向内二次风的混合。此外，在挡块的后方形成还原性气氛的回流区。增大挡块的厚度可以增强回流区，使外二次风与内二次风距离更远，

空气分级的程度加深。燃料在 *A* 区低氧还原性条件下释放出挥发分，产生大量的 NO_x；在 *B* 区形成烃根；在 *C* 区快速形成的烃根使 NO_x 还原为 N_2；在 *D* 区实现充分燃烧[43]。

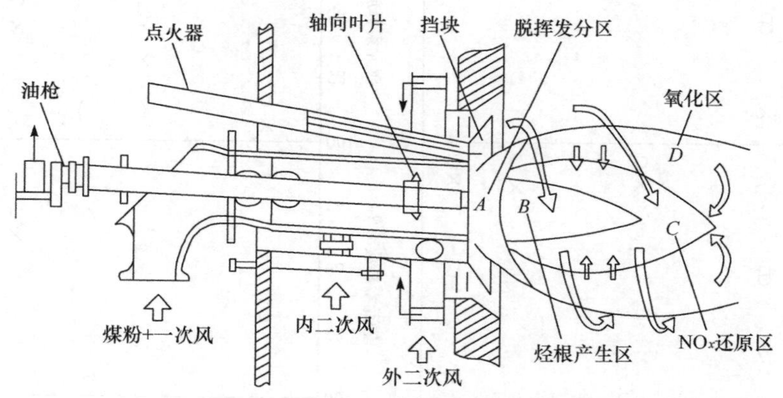

图 2-144　HT-NR1 型旋流煤粉燃烧器的结构图

2. HT-NR2 型旋流煤粉燃烧器

1985 年，日立公司在 HT-NR1 型旋流煤粉燃烧器的基础上设计出了 HT-NR2 型旋流煤粉燃烧器，如图 2-145 所示。在一次风管内设计的煤粉浓度调整器由文丘里管、扩流锥和渐缩套筒组成。扩流锥和渐缩套筒由连杆控制可轴向移动，调节浓淡分离效果，进一步提高了燃烧火焰富燃烧区域的煤粉浓度，也属于外浓内淡型旋流煤粉燃烧器(见 2.4 节)。内、外二次风道的出口之间增加了分隔器，进一步推迟了外二次风与火焰的混合，强化了外围空气的分离效果，并使燃烧器喉部烟气回流，达到扩大原性回流区及适当提高火焰温度的目的。

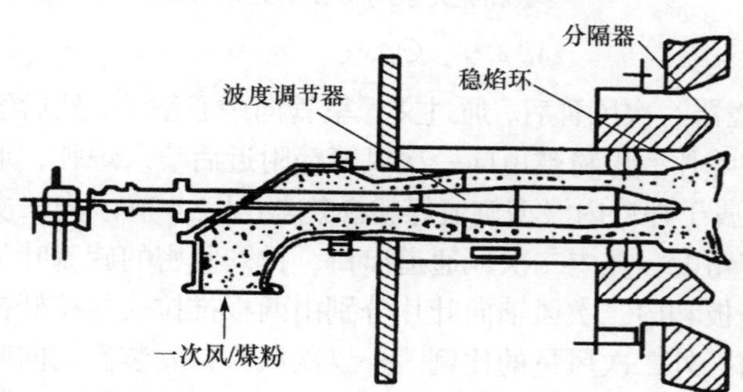

图 2-145　HT-NR2 型旋流煤粉燃烧器

日本一台装有 HT-NR2 型旋流煤粉燃烧器的 1510t/h 超临界直流锅炉的运行数据表明，与采用 HT-NR1 型旋流煤粉燃烧器的锅炉相比，NO_x 排放量降低

10%～15%，飞灰可燃物降低 30%以上[44]。

3. HT-NR3 型旋流煤粉燃烧器

HT-NR3 型旋流煤粉燃烧器有三个风道，分别用于输送直流一次风、直流内二次风和旋流外二次风，结构如图 2-146 所示。

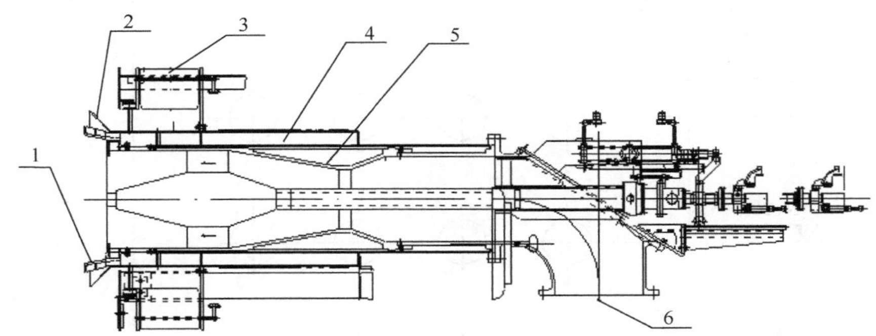

图 2-146　HT-NR3 型旋流煤粉燃烧器的结构图

1-陶瓷稳燃环；2-导流筒；3-旋流外二次风通道；4-直流内二次风通道；5-文丘里管；6-一次风通道

直流一次风带着煤粉通过煤粉浓度调整器喷入炉膛；内二次风为直流，经过内二次风通道喷入炉膛；外二次风为旋流，依靠气动执行器进行风量的调节，在内、外二次风喷口处安装了导流筒。单只燃烧器内、外二次风的风量分配是通过调节各内二次风套筒开度和外二次风调风器开度来实现的。各层燃烧器的总风量通过风箱入口风门执行器来实现调节。

与 HT-NR2 型旋流煤粉燃烧器相比，HT-NR3 型旋流煤粉燃烧器进行了如下改进：优化了在一次风管(煤粉喷嘴)前端的陶瓷制环状火焰稳定环(简称“陶瓷稳燃环”)；陶瓷稳燃环可使一次风喷口外端产生热烟气回流，促进快速点火和提高火焰温度；改进了煤粉浓度调整器的结构，煤粉流经锥形的文丘里管后会产生一个径向的速度分量，能提高陶瓷稳燃环附近的煤粉浓度；优化了外二次风旋流强度和动量，使用导流筒控制最外侧的外二次风和火焰的混合。

HT-NR3 型旋流煤粉燃烧器于 1997 年开始工业应用。与 HT-NR2 型旋流煤粉燃烧器相比，HT-NR3 型旋流煤粉燃烧器的 NO_x 排放量降低约为 25%[45]。

某电厂 2 台 600MW 机组锅炉为 DG1900/25.4-Ⅲ-SM 型超临界、变压直流、单炉膛、一次再热、平衡通风、露天布置、固态排渣全悬吊结构Π型锅炉。该锅炉采用前后墙对冲燃烧方式，24 只 HT-NR3 型旋流煤粉燃烧器分三层布置在炉膛前后墙上。燃烧器布置如图 2-147 所示，燃烧器设计参数如表 2-33 所示，电厂设计及校核煤质情况如表 2-34 所示。

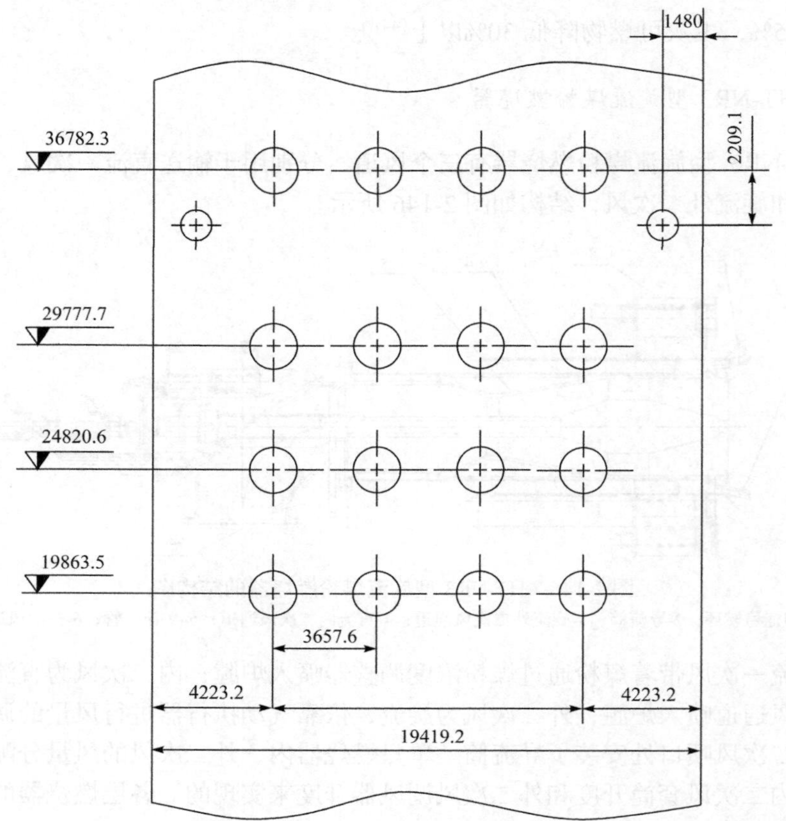

图 2-147 锅炉燃烧器布置图(单位：mm)

表 2-33 燃烧器设计参数(设计煤质，B-MCR 工况)

参数	数值
燃烧器区域过量空气系数	1.14
燃烧器区域过量空气系数(设计值)	0.8
燃烧器区域过量空气系数(推荐范围)	0.75～0.9
总一次风量(含密封风)/(kg/s)	104.3
总二次风量(含燃尽风)/(kg/s)	485.7
燃尽风量/(kg/s)	176
燃烧器投运层的二次风量(单层)/(kg/s)	51.6
二次风压力(风箱内)/kPa	1.65
一次风压力/kPa	1.1
二次风温/℃	339

续表

参数	数值
一次风温/℃	100
实际煤耗量/(kg/s)	68.1
运行燃烧器数量/只	24

表 2-34　电厂设计及校核煤质情况表

参数	设计	校核 1	校核 2
收到基碳 w_{Car} /%	60.06	52.30	66.52
收到基氧 w_{Oar} /%	3.49	5.30	2.29
收到基氢 w_{Har} /%	2.52	3.20	2.16
收到基氮 w_{Nar} /%	1.11	1.40	0.95
收到基全硫 $w_{St,ar}$ /%	0.98	0.50	1.43
收到基灰分 w_{Aar} /%	23.54	29.20	18.07
收到基水分 w_{Mt} /%	8.23	8.00	8.56
空气干燥基水分 w_{Mad} /%	1.38	1.38	1.38
干燥无灰基固定碳 w_{FCdaf} /%	85.03	79.00	89.15
干燥无灰基挥发分 w_{Vdaf} /%	14.93	21.00	10.85
收到基低位发热量 $Q_{net,ar}$ /(kJ/kg)	22570	20300	24605

燃烧器一次风喷口中心线的层间距离为 4957.1mm，同层燃烧器之间的水平距离为 3657.6mm，上一次风喷口中心线距屏底距离为 27118.7mm，下一次风喷口中心线距冷灰斗拐点距离为 2397.7mm。最外侧燃烧器与侧墙距离为 4223.2mm，能够避免侧墙结渣及发生高温腐蚀。

燃烧器上部布置有燃尽风燃烧器，12 只燃尽风燃烧器分别布置在前后墙上。中间 4 只燃尽风燃烧器距最上层一次风中心线距离为 7004.6mm。2 只侧燃尽风燃烧器距最上层一次风中心线距离为 4795.5mm。燃尽风燃烧器及侧燃尽风燃烧器结构的示意图分别如图 2- 148 和图 2-149 所示。

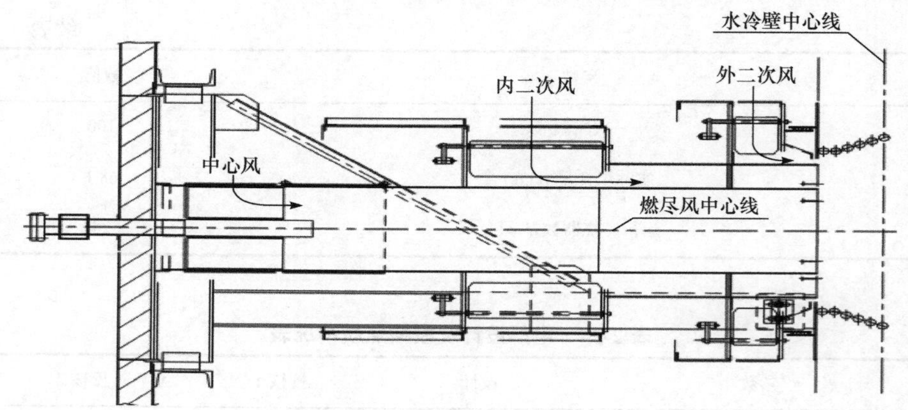

图 2-148　燃尽风燃烧器结构示意图

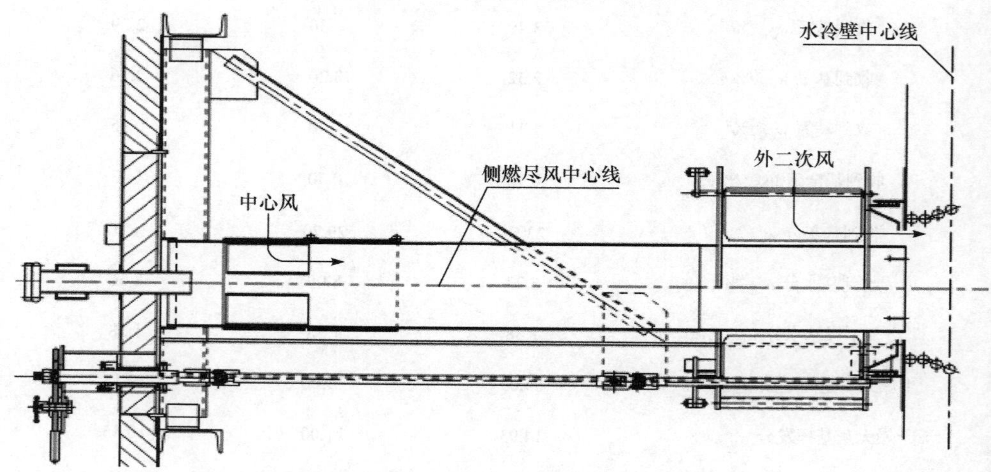

图 2-149　侧燃尽风燃烧器结构示意图

燃尽风主要由中心风、内二次风、外二次风调风器及壳体等组成。中心风为直流，内二次风、外二次风为旋流。侧燃尽风主要由中心风、外二次风调风器及壳体等组成(图 2-149)。

燃烧器喷口实物图如图 2-150 所示。实际运行表明，扩流锥易于磨损，易形成气流飞边；煤质差时火焰稳定性差。

2.5.4 英巴圆周浓淡旋流煤粉燃烧器的流动、燃烧、NO_x生成及结渣趋势的研究

1. 英巴圆周浓淡旋流煤粉燃烧技术在我国的应用情况

英国三井-巴布科克能源有限公司在20世纪80年代初期开始研发低 NO_x 旋流燃烧技术，1989 年将研发的低 NO_x 轴向燃烧器(low NO_x axial swirl burner,

图 2-150　燃烧器喷口实物图

LNASB，我国又称英巴圆周浓淡旋流煤粉燃烧器)布置在一台 660MW 前后墙对冲锅炉上，实现此燃烧器的工业应用。2006 年，英国三井-巴布科克能源有限公司被韩国斗山集团收购，并更名为斗山巴布科克能源有限公司，该燃烧器又称为斗巴 LNASB 燃烧器，本书统一称为英巴圆周浓淡旋流煤粉燃烧器。

20 世纪 90 年代中期哈尔滨锅炉厂、东方锅炉厂和武汉锅炉厂引进该技术，并用于亚临界与超临界锅炉。目前，在我国已投运的采用该技术的 300MW、600MW 机组锅炉约 45 台，如表 2-35 所示。

表 2-35　我国采用英巴圆周浓淡旋流煤粉燃烧器的主要电厂

电厂名称	燃烧器数量/台	机组负荷/MW	煤质
华润首阳山电厂	2	600	烟煤，实际燃用烟煤与无烟煤的混煤
湖南益阳电厂	2	600	贫煤
扬州第二热电厂	2	600	烟煤
华润常熟电厂	3	600	烟煤
大唐国际潮州电厂	2	600	烟煤
大唐国际宁德电厂	2	600	烟煤
大唐国际乌沙山电厂	4	600	烟煤
大唐国际托克托电厂	4	600	烟煤
山西古交电厂	2	600	烟煤
贵州盘南电厂	2	600	烟煤
江苏南热电厂	2	600	烟煤
国电常州电厂	2	600	烟煤

续表

电厂名称	燃烧器数量/台	机组负荷/MW	煤质
安徽淮南平圩电厂	2	600	烟煤
江苏利港电厂	2	350	烟煤
宁夏马莲台电厂	2	330	烟煤
华能丹东电厂	2	350	烟煤
国电克拉玛依电厂	2	350	烟煤
华能瑞金电厂	2	350	烟煤
华能大连电厂	2	350	烟煤
内蒙古呼和浩特热电厂	2	350	烟煤

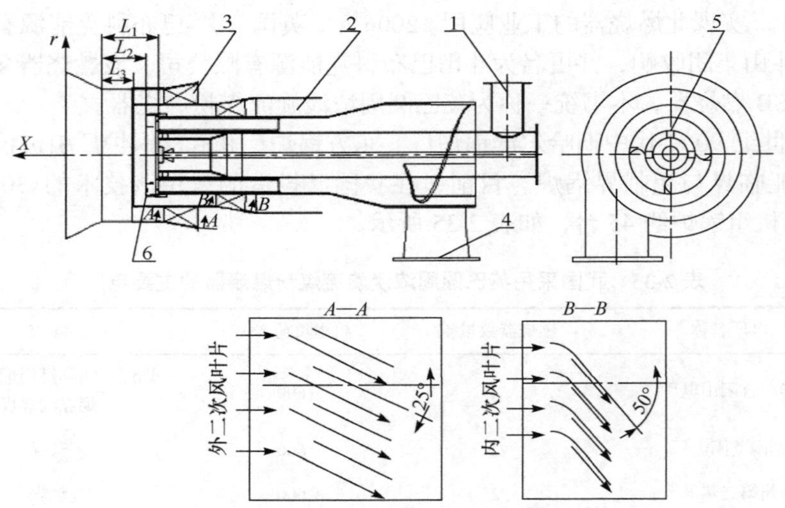

图 2-151 英巴圆周浓淡旋流煤粉燃烧器

1-中心风管；2-内二次风管；3-外二次风管；4-一次风入口；5-煤粉收集器；6-陶瓷稳燃环

扬州第二发电有限责任公司(简称“扬州第二热电厂”)3 号、4 号锅炉为采用英巴圆周浓淡旋流煤粉燃烧技术制造的 HG-1956/25.4-YM5 型超临界压力变压运行带内置式再循环泵启动系统的本森(Benson)直流锅炉，配 600MW 汽轮发电机组，采用 HP1003 型中速磨煤机正压直吹式制粉系统，前后墙对冲燃烧方式。在炉膛前、后墙各布置三层燃烧器，每层 5 只，总共 30 只燃烧器，燃烧器见图 2-151(图中距离 L_1、L_2 和 L_3 见表 2-42)。由内至外依次布置中心风、一次风、内二次风和外二次风。在燃烧器中心通有中心风。一次风携带煤粉，由一次风入口弯头沿蜗壳切向进入一次风管。一次风管出口布置陶瓷稳燃环，一次风管内沿周向布置了 4 个煤粉收集器，煤粉由于自身的惯性，在 4 个煤粉收集器附近变密集，使得在圆周方向上形成 4 股浓、淡煤粉气流，据此将其称为圆周浓淡旋流煤粉燃烧器。内、外二次风管中安装有一定数目的轴向叶片，使得二次风产生强烈旋转。燃烧器布置如图 2-152 所示，主要设计参数见表 2-36。在炉膛前、后墙各布置一层燃尽风，燃尽风率为 11%。锅炉设计煤种为神府烟煤(表 2-37)。锅炉自投运以来，取得了较好的经济性，但是运行中也存在一些问题：①NO_x 排放达 550～780 mg/m^3，最恶劣工况下达 1000mg/m^3 左右；②燃烧器喷口处容易发生结渣现象(图 2-153)；③燃烧器二次风、三次风喷口烧损变形严重(图 2-153)，影响煤粉燃烧效率；④燃烧器入口一次风蜗壳磨损严重，管壁减薄。

表 2-36　英巴圆周浓淡旋流煤粉燃烧器的主要设计参数

厂名	锅炉型号	中心风速/(m/s)	一次风速/(m/s)	内二次风速/(m/s)	外二次风速/(m/s)	中心风温度/℃	一次风温度/℃	内二次风温度/℃	外二次风温度/℃
扬州第二热电厂	HG-1956/25.4-YM5	17.7	30.4	17.3	49.3	326.6	78	326.6	326.6
宁夏马莲台电厂	WGZ1018/18.44-1	16.5	25.2	23.4	46.4	331.3	78	331.3	331.3
大唐国际托克托电厂	DG2070/17.5-Ⅱ4	13.0	25.5	21.9	44.7	329	70	329	329

表 2-37　英巴圆周浓淡旋流煤粉燃烧器的燃用煤质

厂名	煤质	C_{ar}/%	H_{ar}/%	O_{ar}/%	N_{ar}/%	S_{ar}/%	M_{ar}/%	A_{ar}/%	V_{daf}/%	$Q_{net,ar}$/(kJ/kg)
扬州第二热电厂	设计煤质	64.33	3.65	9.76	0.64	0.3	13.93	7.36	35.89	24450
宁夏马莲台电厂	设计煤质	57.12	3.14	12.07	0.60	0.48	15.00	11.59	32.31	20640
	实际煤质	44.79	2.62	8.00	0.54	0.87	12	31.18	35.95	16660
大唐国际托克托电厂	设计煤质	47.62	3.01	8.77	0.88	0.47	13.25	26	39.5	17981
	实际煤质	49.72	3.11	9.55	0.73	0.46	14.91	21.50	37.11	18630

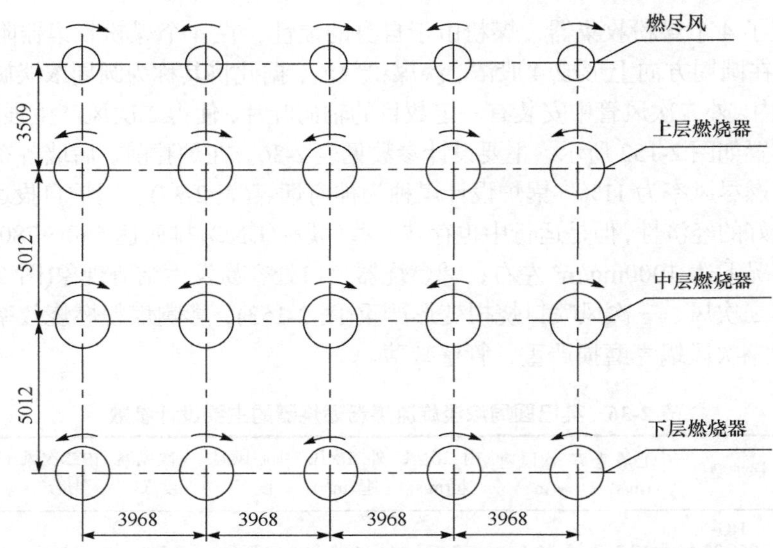

图 2-152　扬州第二热电厂 3 号锅炉后墙燃烧器及燃尽风布置(单位：mm)

(a) 燃烧器喷口结构变形

(b) 燃烧器喷口区域结渣

图 2-153　扬州第二热电厂 3 号锅炉燃烧器喷口结构变形和结渣情况

中铝宁夏能源集团有限公司马莲台发电厂(简称“宁夏马莲台电厂”)1 号、2 号锅炉为采用英巴圆周浓淡旋流煤粉燃烧技术制造的 WGZ1018/18.44-1 型亚临界自然循环锅炉，配 330MW 汽轮发电机组，设计煤质为烟煤，燃用煤质为宁东煤田灵武矿区羊肠湾煤矿烟煤(表 2-36)，采用 ZGM95G 型中速磨煤机直吹式制粉系统，前后墙对冲燃烧方式。燃烧器布置在炉膛的前后墙，前墙三层、后墙两层(后墙下层燃烧器与前墙下层燃烧器高度相同，后墙上层燃烧器与前墙上层燃烧器高度相同)，每层 5 只，总共 25 只。燃烧器布置如图 2-154 所示，主要设计参数如表 2-36 所示。在炉膛前、后墙各布置一层燃尽风，燃尽风率为 8%。运行中存在氮氧化物排放量高的问题，NO_x 排放浓度为 520～680mg/m^3。

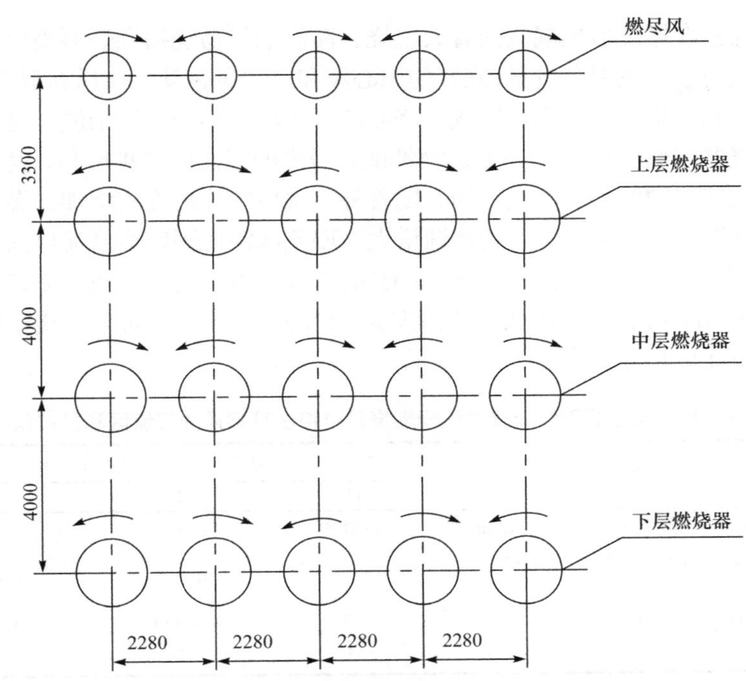

图 2-154　宁夏马莲台电厂 1 号锅炉后墙燃烧器及燃尽风布置(单位：mm)

2. 600MW 机组锅炉上的英巴圆周浓淡旋流煤粉燃烧器的单相流动特性

针对扬州第二热电厂 3 号 600MW 超临界机组锅炉燃烧器及设计参数，根据相似模化准则，建立模型燃烧器与实际锅炉燃烧器的比例为 1∶4 的单相试验台，试验系统及原理介绍见 2.5.2 节。燃烧器设计参数及煤质分析见表 2-36，单相模型燃烧器的试验参数见表 2-38，分别采用飘带法和 IFA300 型恒温热线热膜流速计(美国 TSI 公司生产)测量燃烧器出口区域的单相流动特性[46]。

表 2-38　英巴圆周浓淡旋流煤粉燃烧器的单相飘带试验参数

参数	一次风	内二次风	外二次风	中心风
喷口面积/m^2	0.0106	0.0135	0.0287	0.0041
风量/(m^3/h)	763.2	375.3	2193.9	107.3
风温/℃	15	15	15	15

图 2-155 为燃烧器外二次风叶片角度改变时的中心回流区和扩展角。图中 r 表示径向距离，x 表示轴向距离，d 为模型燃烧器最外层扩口直径，d=376mm。由图可知，叶片角度变化时，射流扩展角适中，气流没有发生飞边现象，三种工况都有中心回流区产生，并且中心回流区深入到了燃烧器内部。回流区卷吸的高温

烟气易使煤粉在燃烧器预混段内着火燃烧，高温烟气易烧损燃烧器喷口结构。燃烧器一次风与二次风混合过早，旋转的中心风和二次风带动一次风粉混合物旋转，易使颗粒甩到燃烧器喷口上，造成燃烧器喷口烧坏变形和产生结渣，这与苏联的蜗壳式燃烧器相似。表 2-39 是根据飘带试验得出的回流区和扩展角，表中 A 表示测量区域的回流区面积。由表可知，随着外二次风叶片角度的增加，燃烧器的回流区面积逐渐增大，射流扩展角逐渐增大，回流区深入到燃烧器喷口内的面积也逐渐增大。外二次风叶片角度为 25°和 45°的工况回流区进入燃烧器喷口内的距离相同，为 0.26810d，外二次风叶片角度为 15°的工况回流区进入燃烧器喷口内的距离最小为 0.13405d。

表 2-39　英巴圆周浓淡旋流煤粉燃烧器单相试验测得的回流区和扩展角

回流区参数	外二次风叶片角度/(°)		
	15	25	45
回流区深入到燃烧器喷口内的距离(x/d)/mm	0.13405	0.26810	0.26810
回流区深入到燃烧器喷口内的面积($4A/(\pi d^2)$)/mm²	0.01348	0.05391	0.06289
回流区面积($4A/(\pi d^2)$)/mm²	0.375	0.448	0.556
扩展角/(°)	53	79	97

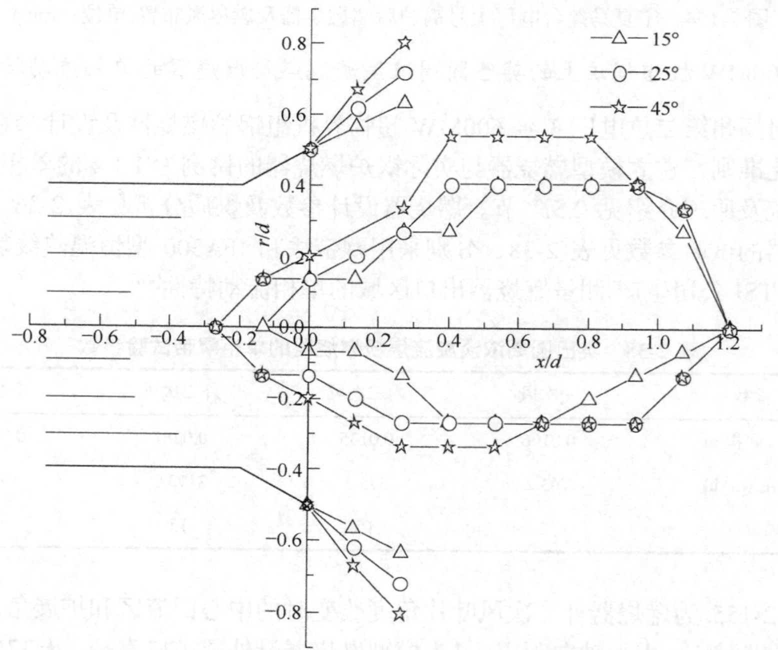

图 2-155　英巴圆周浓淡旋流煤粉燃烧器外二次风叶片角度为 15°、25°和 45°时的中心回流区和扩展角

热线热膜流速测量系统中，在燃烧器出口采用热线风速仪进行测量，可得出不同外二次风叶片角度下燃烧器区域的轴向平均速度、径向平均速度和切向平均速度。试验参数见表 2-38。

图 2-156 为不同外二次风叶片角度下燃烧器出口的轴向平均速度分布。在燃烧器出口 x/d=0 截面，当 r/d<0.2 时，各工况的轴向平均速度均为负值，说明中心回流区已经深入到燃烧器喷口内部，这与图 2-155 飘带试验结果相符。因采用的测量方法不同，如果以轴向平均速度 0m/s 为回流区的边界，飘带试验与热线热膜流速试验结果略有不同，这是因为飘带重力及飘带与坐标架、飘带与测量棒衔接处的阻力影响。回流区卷吸的高温烟气易造成燃烧器喷口的结渣和烧损，这与燃烧器实际运行情况相符。在 x/d=1.0 截面，回流区消失；在 x/d=0 截面，轴向平均速度存在两个峰值，其中一个峰值靠近燃烧器中心，是在一次风的作用下产生的；另一个峰值靠近水冷壁，是在外二次风的作用下产生的。随着射流的发展，气流逐渐扩散，两个轴向平均速度的峰值逐渐减小。外二次风叶片角度由 15°增加到 45°，燃烧器出口气流的旋转能力增强，燃烧器中心回流区逐渐增大。

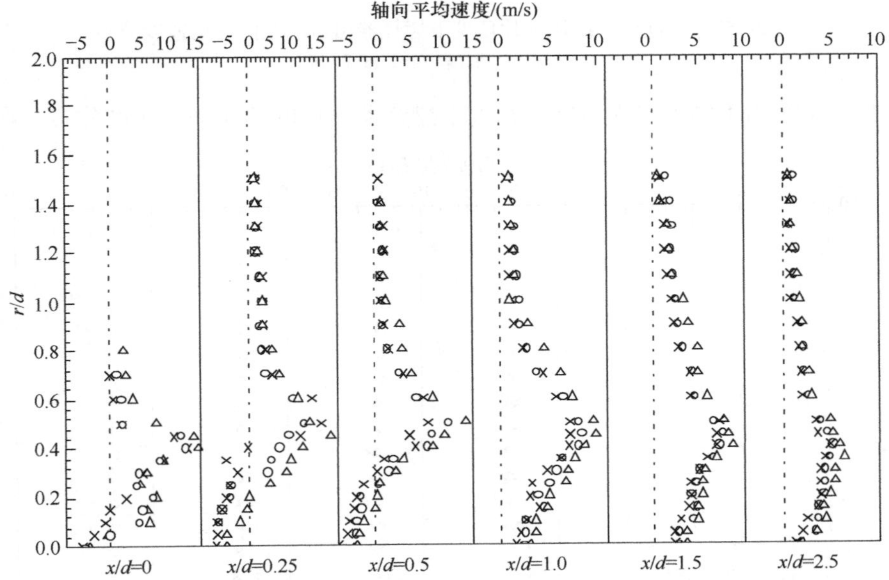

图 2-156　不同外二次风叶片角度下燃烧器出口的轴向平均速度分布

△、○和×分别代表 15°、25°和 45°

图 2-157 为不同外二次风叶片角度下燃烧器出口的径向平均速度分布。在 x/d=0～0.25 截面，径向距离 r≥0.4d 处的二次风流动区域存在明显的速度峰值。径向平均速度峰值随着气流的扩散逐渐减小。燃烧器外二次风叶片角度增加，燃烧器喷口区域的径向平均速度略有增加，气流向外扩张的能力增强，同时回流区的半径增大。

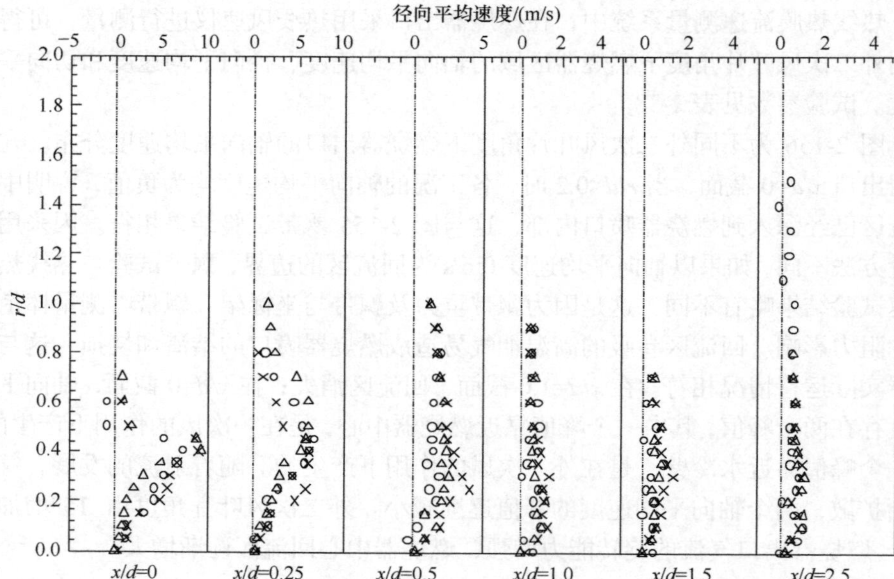

图 2-157　不同外二次风叶片角度下燃烧器出口的径向平均速度分布

Δ、○和×分别代表 15°、25°和 45°

图 2-158 为不同外二次风叶片角度下燃烧器出口的切向平均速度分布。在

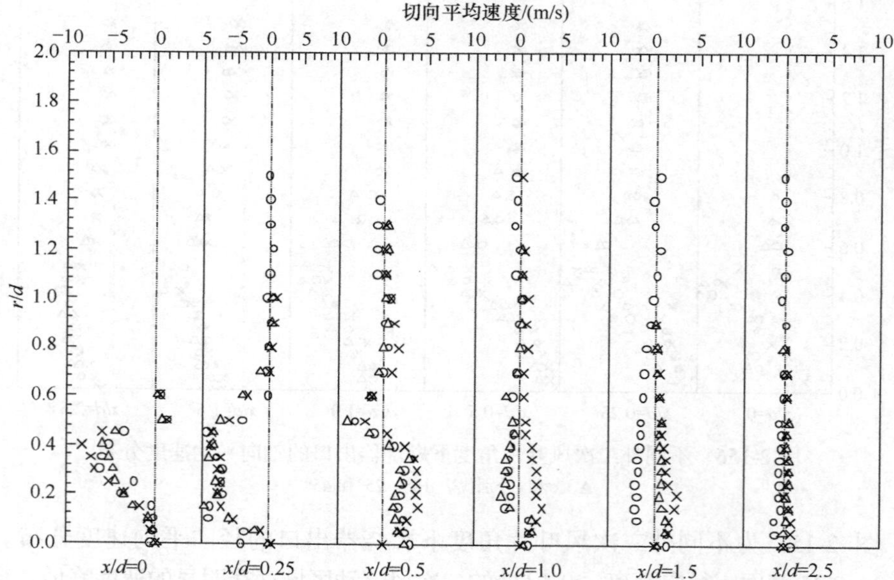

图 2-158　不同外二次风叶片角度下燃烧器出口的切向平均速度分布

Δ、○和×分别代表 15°、25°和 45°

x/d=0～0.5 截面，径向距离 r≥0.4d 附近的二次风流动区域有一个较明显的峰区。由于二次风管内的旋转叶片的影响，气流具有较大的切向平均速度。因气流的扩散，峰值逐渐减小，当轴向距离 x/d≥1.5 时，气流的切向平均速度较小。

3. 600MW 机组锅炉上的英巴圆周浓淡旋流煤粉燃烧器气固流动特性

采用丹麦丹迪公司生产制造的 PDA 测量系统测量模型燃烧器(实际燃烧器为扬州第二热电厂 3 号 600MW 机组燃用烟煤锅炉的燃烧器)的气固两相流场[46-48]，试验系统介绍详见 2.5.1 节。模型燃烧器与实际锅炉燃烧器的比例为 1∶8，试验段筒体的直径和长度分别为 850mm 和 1800mm，模型燃烧器最外层扩口直径 d_0=184mm，筒体直径与其比值为 4.62，由于比值大于 3，因此燃烧器出口射流的流动为低受限流动。筒体长度与中心给粉燃烧器模型最大外二次风扩口直径的比值为 9.78，可以忽略筒体出口对测量段流场的影响。英巴圆周浓淡旋流煤粉燃烧器的气固两相试验参数如表 2-40 所示。

表 2-40　英巴圆周浓淡旋流煤粉燃烧器的气固两相试验参数

参数	中心风	一次风	内二次风	外二次风
空气质量流量/(kg/s)	0.0092	0.0679	0.0386	0.1843
玻璃微珠质量流量/(kg/s)	0	0.0204	0	0
风温/℃	15	15	15	15

图 2-159 为英巴圆周浓淡旋流煤粉燃烧器各截面气固两相的轴向平均速度分布。由图可知，在轴向距离为 x/d_0=0.1 截面，径向距离在 40mm≤r≤65mm 范围内轴向平均速度为负值，说明存在中心回流区，测得回流区内的最大负轴向平均速度为−4m/s；在轴向距离为 x/d_0=0.3 截面，径向距离在 47mm≤r≤70mm 范围内也存在负的轴向平均速度，此区域也为中心回流区，测得此区域最大负轴向平均速度为−2.9m/s，对比 x/d_0=0.1 截面，回流区尺寸和回流速度均有所减小。中心回流区卷吸的高温烟气有利于煤粉的着火和燃烧，但同时回流区也卷吸了一定量未燃尽的煤粉颗粒和高温熔融的灰颗粒。在轴向距离为 x/d_0=0.5 截面，燃烧器出口区域没有负的轴向平均速度，中心回流区消失。因此，英巴圆周浓淡旋流煤粉燃烧器最大尺寸的中心回流区出现在燃烧器出口附近(轴向距离 x/d_0=0.1 截面)，回流区卷吸的大量高温烟气、高温熔融的灰颗粒和未燃尽的煤粉颗粒等，容易使燃烧器喷口烧坏变形并产生结渣。在轴向距离为 x/d_0=0.1～0.7 截面，在一次风区域和外二次风区域均出现气固两相的轴向平均速度的峰值；随着射流的发展，两个速度峰值逐渐减小，在轴向距离为 x/d_0=1.0～2.5 截面，内侧峰值消失，外侧峰值逐渐向边壁移动。

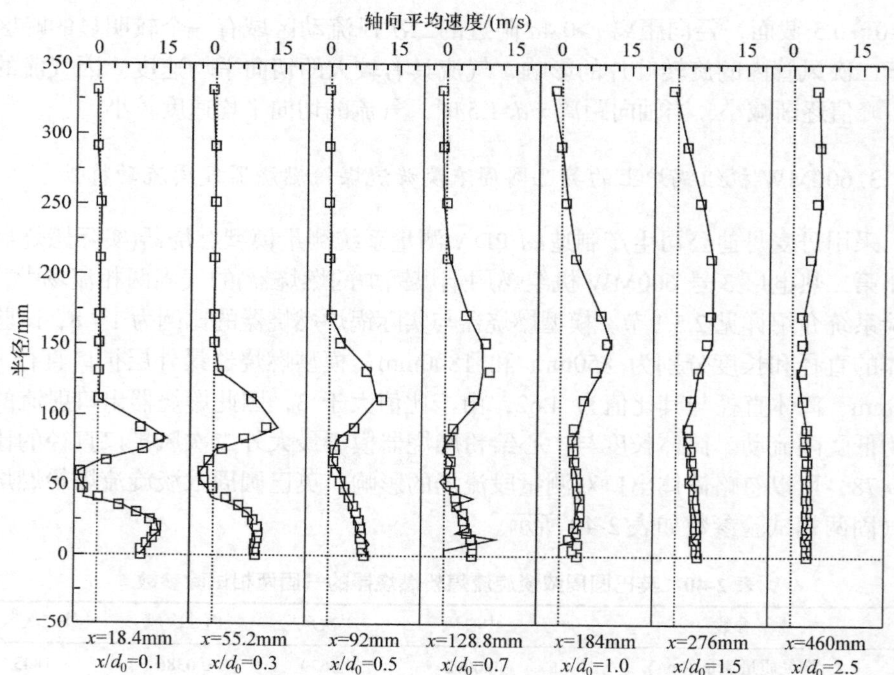

图 2-159 英巴圆周浓淡旋流煤粉燃烧器各截面气固两相的轴向平均速度分布

□ 固相； — 气相

图 2-160 为英巴圆周浓淡旋流煤粉燃烧器各截面气固两相的轴向脉动速度分布。在轴向距离为 x/d_0=0.1～0.3 截面，在回流区边界处和外二次风区域出现气固两相的轴向脉动速度的峰值；在轴向距离为 x/d_0=0.1～0.3 截面，受回流区的影响，轴向湍流耗散强烈，轴向脉动速度的峰值高于其他截面；两个轴向脉动速度的峰值随轴向距离的增加逐渐减小，气固两相的轴向脉动速度曲线逐渐平缓；在轴向距离为 x/d_0=0.7～2.5 截面，内侧轴向脉动速度的峰值消失，外侧轴向脉动速度的峰值逐渐向边壁移动，气相的波动幅度略大于固相。

图 2-161 为英巴圆周浓淡旋流煤粉燃烧器各截面气固两相的径向平均速度分布。在轴向距离为 x/d_0=0.1～0.5 截面，燃烧器一次风区域和外二次风区域出现气固两相的径向平均速度的峰值；随着射流的发展，内侧速度峰值受二次风的携带逐渐增大，外侧速度峰值逐渐减小，两峰值逐渐向边壁移动；内侧速度峰值消失在轴向距离为 x/d_0=0.7 截面，说明此时一次风粉与二次风混合完全；在轴向距离为 x/d_0=0.1 截面，在燃烧器中心线区域径向平均速度为负值，一次风粉流向燃烧器中心，提高了燃烧器中心区域的颗粒浓度。

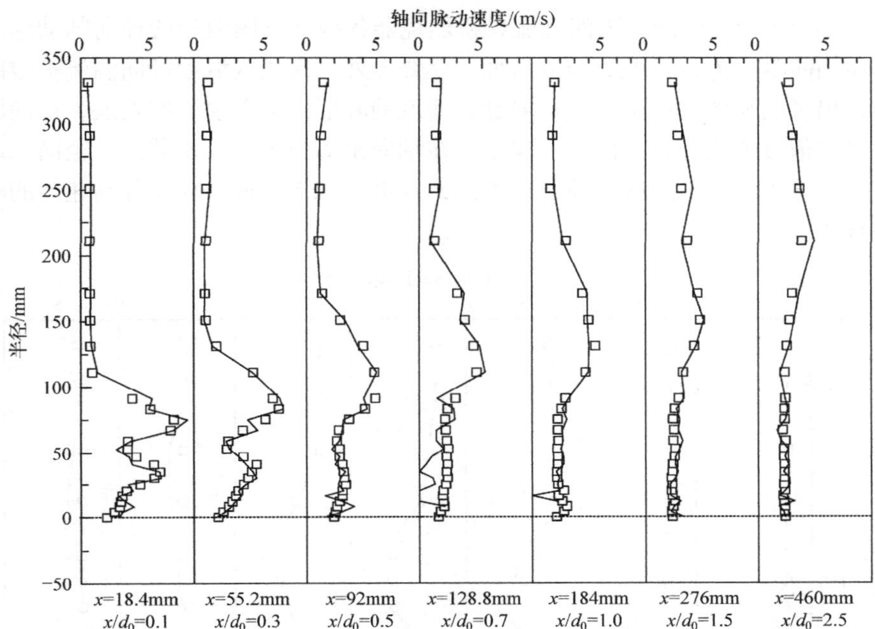

图 2-160 英巴圆周浓淡旋流煤粉燃烧器各截面气固两相的轴向脉动速度分布

□ 固相； — 气相

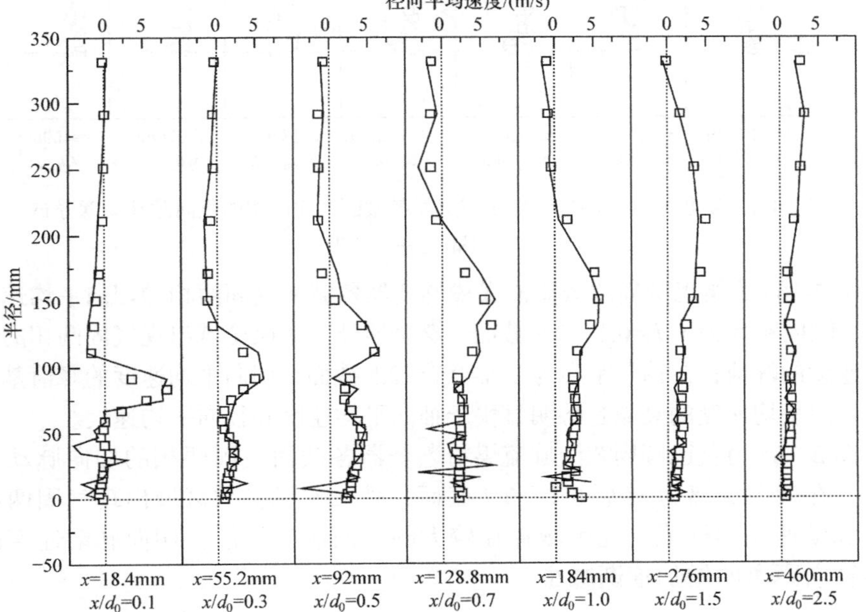

图 2-161 英巴圆周浓淡旋流煤粉燃烧器各截面气固两相的径向平均速度分布

□ 固相； — 气相

图 2-162 为英巴圆周浓淡旋流煤粉燃烧器各截面气固两相的径向脉动速度分布。在轴向距离为 x/d_0=0.1～1.0 截面，燃烧器外二次风区域因径向湍流扩散能力较强，出现明显的气固两相的径向脉动速度的峰值；随着射流的发展，径向脉动速度的峰值逐渐增加，并向边壁移动，在轴向距离为 x/d_0=0.5 截面，径向脉动速度的峰值达到最大；随后在轴向距离为 x/d_0=0.7～2.5 截面，径向脉动速度的峰值逐渐减小。

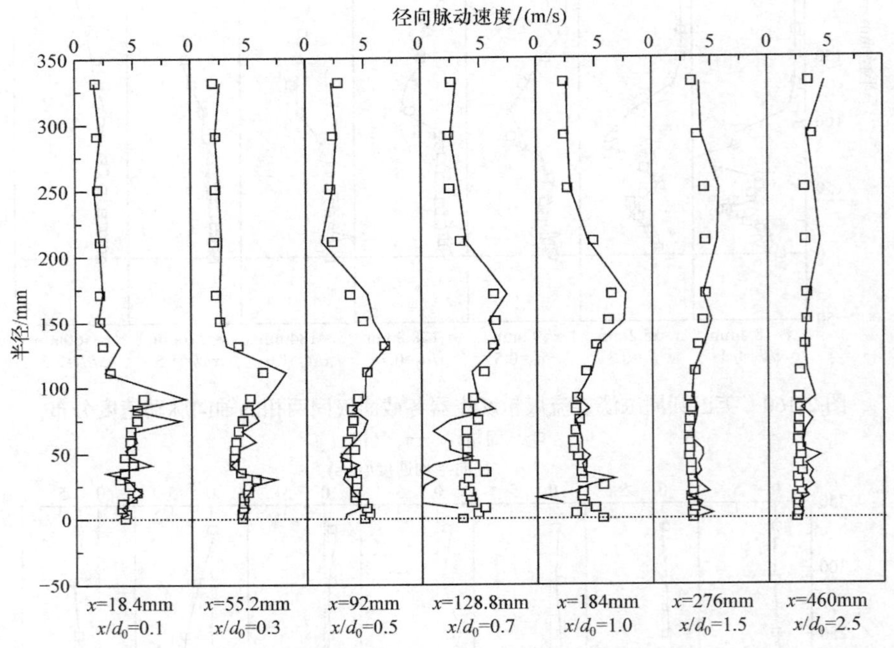

图 2-162 英巴圆周浓淡旋流煤粉燃烧器各截面气固两相的径向脉动速度分布

□ 固相； — 气相

图 2-163 为英巴圆周浓淡旋流煤粉燃烧器各截面气固两相的切向平均速度分布。在轴向距离为 x/d_0=0.1～0.5 截面，燃烧器外二次风区域出现气固两相的切向平均速度的峰值；在轴向距离为 x/d_0=0.7～2.5 截面，切向平均速度的峰值基本消失，切向平均速度的衰减趋势明显快于轴向平均速度和径向平均速度。

图 2-164 为英巴圆周浓淡旋流煤粉燃烧器各截面气固两相的切向脉动速度分布。在轴向距离为 x/d_0=0.1～0.7 截面，外二次风扩散区域出现气固两相的切向脉动速度的峰值，此区域存在较大的切向湍流扩散。切向脉动速度的峰值随轴向距离的增加逐渐减小。

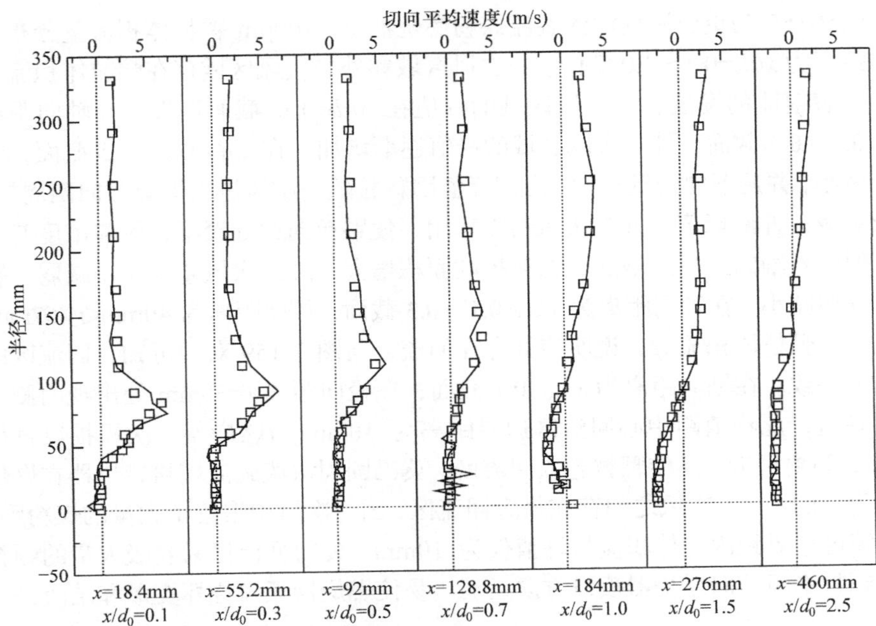

图 2-163　英巴圆周浓淡旋流煤粉燃烧器各截面气固两相的切向平均速度分布

□　固相；　—　气相

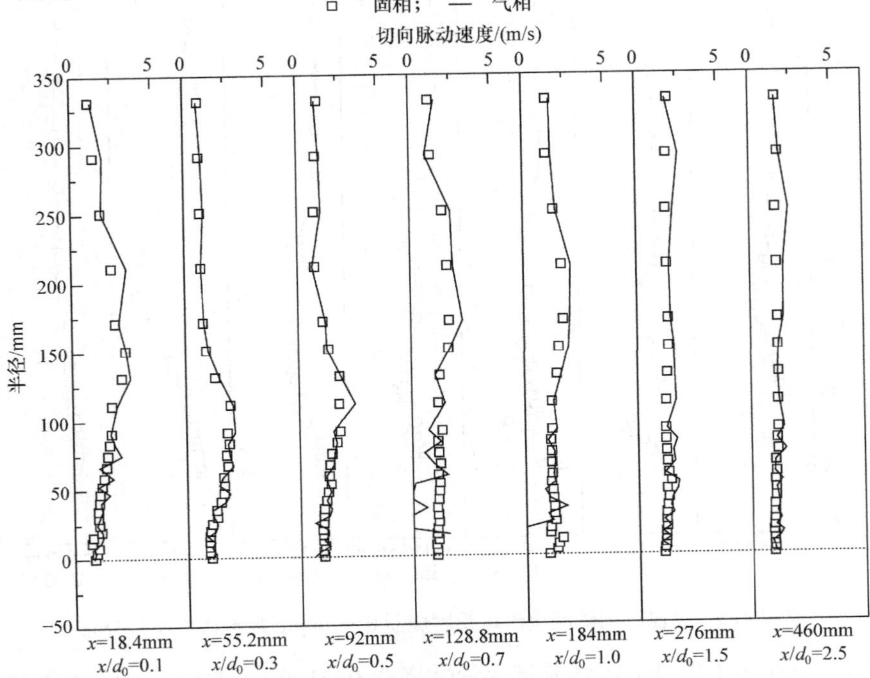

图 2-164　英巴圆周浓淡旋流煤粉燃烧器各截面气固两相的切向脉动速度分布

□　固相；　—　气相

图 2-165 为英巴圆周浓淡旋流煤粉燃烧器 0～100μm 颗粒体积流量分布。在轴向距离为 x/d_0=0.1～1.0 截面，一次风区域和外二次风区域存在颗粒体积流量峰值。随着射流的发展，一次风区域的峰值在 x/d_0=1.0 截面消失。在轴向距离为 x/d_0=0.1～0.3 截面，外二次风区域的峰值逐渐增加，在 x/d_0=0.5～2.5 截面，峰值逐渐减小，并逐渐向边壁移动。内侧峰值因颗粒随一次风进入炉膛并向四周扩散，不断衰减；外侧峰值因外二次风卷吸作用，使颗粒向此处聚集，颗粒浓度有所增加，但随着轴向距离的增加，颗粒扩散面积增大，外二次风卷吸作用减弱，颗粒浓度开始减小。在轴向距离为 x/d_0=0.1～0.3 截面，径向距离为 40mm≤r≤67mm 时出现负的颗粒体积流量，说明该处存在回流，与图 2-159 对照可知，回流区的范围完全一致。在轴向距离为 x/d_0=0.1 截面，在径向距离 r=30mm 处出现内侧体积流量峰值，此峰值距中心回流区边界距离为 10mm(为燃烧器二次风扩口直径的 5.4%)，距离很近，易使颗粒卷入回流区。英巴圆周浓淡旋流煤粉燃烧器在燃烧器出口附近的一、二次风之间存在最大回流区，因一次风中聚集了大量的煤粉颗粒，且回流区边界距内侧体积流量峰值仅为 10mm，使得回流区易卷吸大量的颗粒，这些颗粒不断地向燃烧器喷口方向运动，易使燃烧器喷口烧坏变形和结渣。

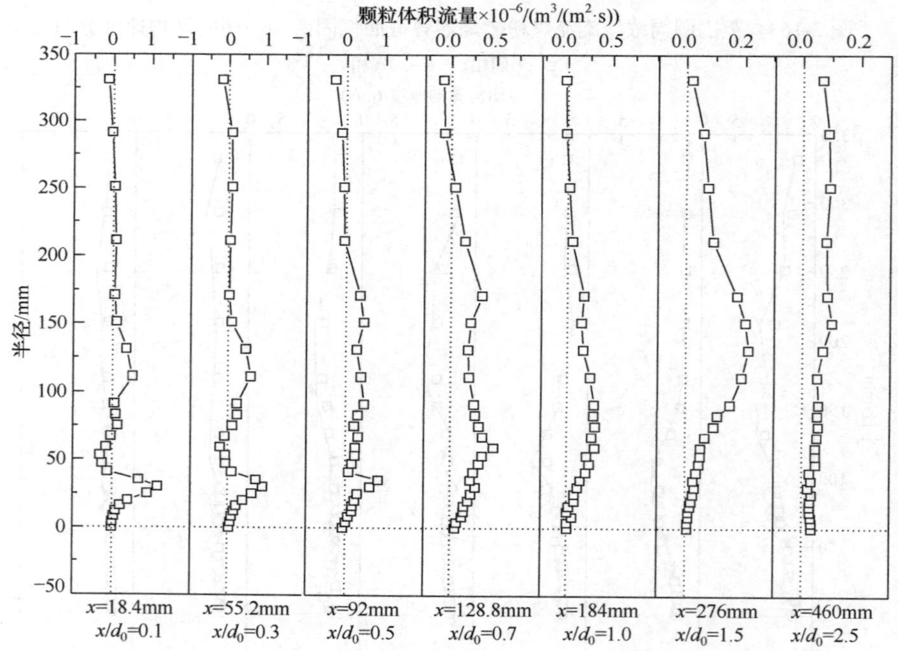

图 2-165　英巴圆周浓淡旋流煤粉燃烧器 0～100μm 颗粒体积流量分布

图 2-166 为英巴圆周浓淡旋流煤粉燃烧器 0～100μm 颗粒平均粒径分布。颗粒平均粒径是指根据颗粒直径大小按颗粒个数来平均的算术平均值 d_{10}。在轴向距

离为 x/d_0=0.1～0.3 截面，因小颗粒惯性较小，易被卷入回流区，回流区附近存在较小的颗粒平均粒径。随着射流的发展，颗粒粒径分布逐渐均匀。

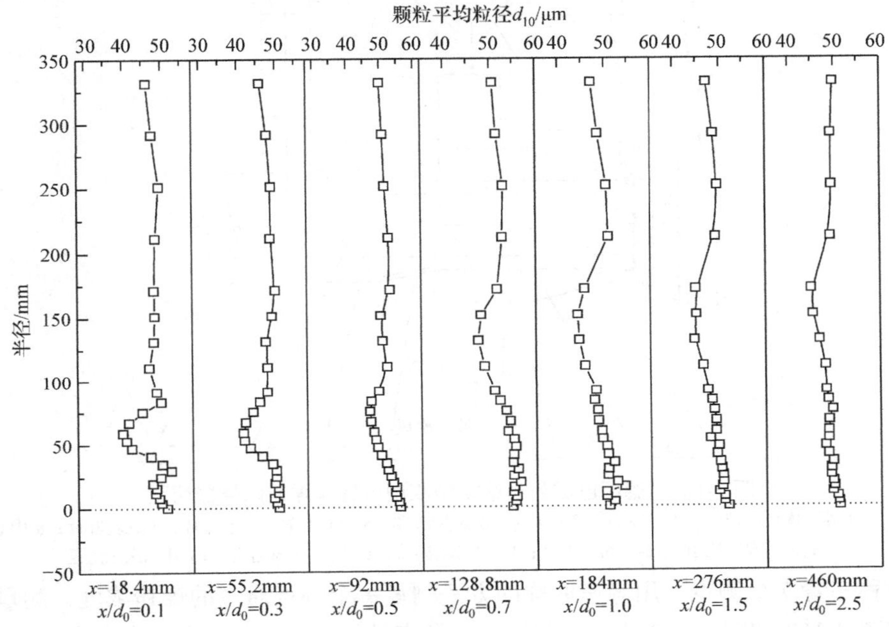

图 2-166　英巴圆周浓淡旋流煤粉燃烧器 0～100μm 颗粒平均粒径分布

英巴圆周浓淡旋流煤粉燃烧器与德国巴威公司开发的浓淡型双调风旋流煤粉燃烧器相似，尤其是一次风结构。德国巴威公司浓淡型双调风旋流煤粉燃烧器如图 2-167 所示。沿燃烧器径向依次布置中心风、一次风、内二次风和外二次风，一次风管内布置四个煤粉收集器，使煤粉圆周方向上形成四股浓、淡煤粉气流，一次风管出口布置陶瓷稳燃环。余战英等[49]研究了德国巴威公司浓淡型双调风旋流煤粉燃烧器一次风出口处的煤粉浓度分布，此研究结果可为英巴圆周浓淡旋流煤粉燃烧器提供参考。

试验中，燃烧器冷态试验模型与原型几何尺寸之比为 1/3，在保持燃烧器模型与实物各股射流之间的动量流率之比相等的条件下，模型与原型的斯托克斯数之比为 3.34，一次风速为 24.8m/s，内二次风速为 13.4m/s，外二次风速为 38.1m/s，一次风、内二次风、外二次风量分别约占总风量的 67%、13.7%、19.2%。一次风管的直径为 200mm，内二次风管的直径为 270mm，外二次风管的直径为 360mm，中心风管的直径为 120mm。

在距燃烧器中心风管出口 60mm 处，沿圆周方向布置内外两圈 40 个测点，其中半径为 60mm 的内圈圆周上均匀布置 20 个测点，半径为 75mm 的外圈圆周上均匀布置 20 个测点。在距中心风管出口 200mm 处，过燃烧器中心线沿水平方

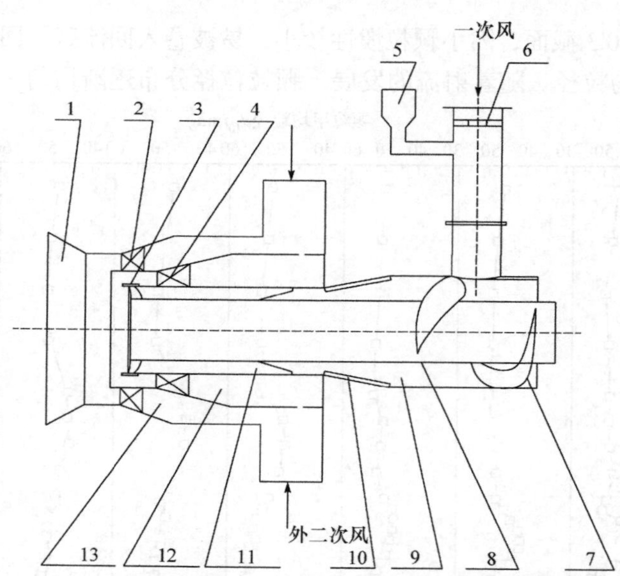

图 2-167　德国巴威公司浓淡型双调风旋流煤粉燃烧器简图

1-扩口；2-外二次风旋流器；3-陶瓷稳燃环；4-内二次风旋流器；5-给粉装置；6-节流环；7-旋转叶片；8-中心风管；9-一次风通道；10-煤粉分配器；11-煤粉收集器；12-内二次风通道；13-外二次风通道

向对称布置 7 个测点。用等速取样的方法测量每个测点对应的煤粉浓度，测量结果如图 2-168 和图 2-169 所示，图中 μ 为测点的煤粉浓度，μ_{pj} 为平均煤粉浓度，r 为测点到轴线的距离，r_3 为三次风管的半径。

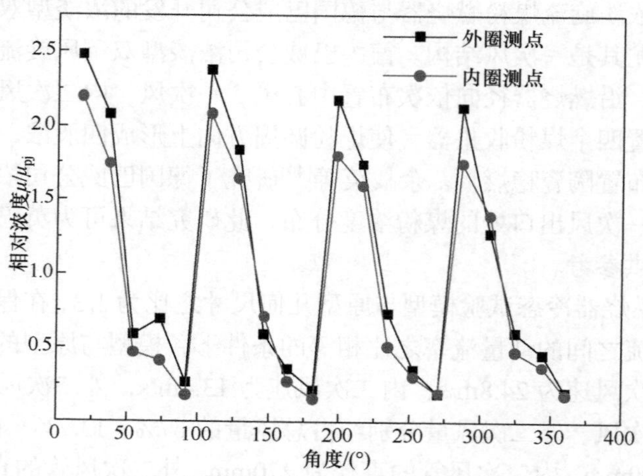

图 2-168　一次风出口沿圆周方向的煤粉浓度分布

图 2-168 为一次风出口沿圆周方向的煤粉浓度分布。由图可知，煤粉在四个通道里的整体质量分布是不均匀的，靠近煤粉收集器的测点(角度分别为 18°、108°、198°、288°的内圈和外圈测点)煤粉浓度远高于其他测点。每一通道中都形

成由浓到淡的煤粉浓度分布。

图 2-169 为陶瓷稳燃环后沿径向的煤粉浓度分布。由图可知，较高浓度的煤粉集中在燃烧器中心风管区域($-0.3<\xi<0.3$)，而中心风管外侧煤粉浓度较低。

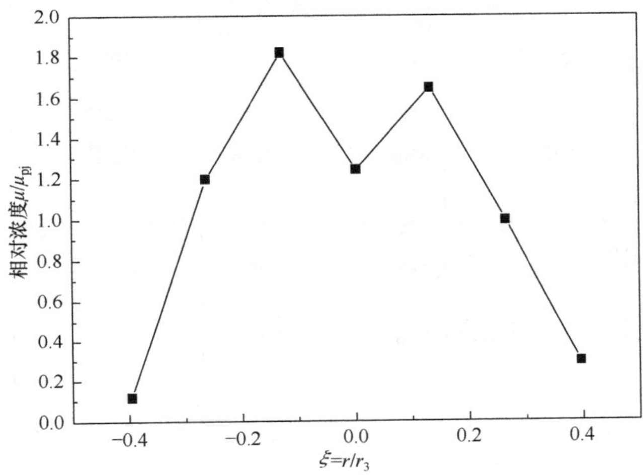

图 2-169　陶瓷稳燃环后沿径向的煤粉浓度分布

4. 英巴圆周浓淡旋流煤粉燃烧器在 600MW 机组锅炉上的燃烧、NO_x 生成特性及结渣趋势

1) 英巴圆周浓淡旋流煤粉燃烧器在 600MW 机组锅炉上燃烧特性的工业试验

大唐国际托克托电厂 5 号、6 号、7 号、8 号 4 台锅炉为采用英巴圆周浓淡旋流煤粉燃烧技术制造的 DG2070/17.5-Ⅱ4 型亚临界自然循环锅炉，配 600MW 汽轮发电机组；采用 HP1103 型中速磨煤机正压直吹式制粉系统，前后墙对冲燃烧方式。在炉膛前、后墙各布置三层燃烧器，每层 5 只，共 30 只燃烧器，燃烧器设计参数见表 2-36。在炉膛前后墙各布置一层燃尽风，燃尽风率为 15%。锅炉设计煤质为烟煤，实际燃用煤质为烟煤(表 2-37)。

图 2-170 为不同负荷下利用光学式高温计从炉膛看火孔处测量的炉内烟气温度。炉膛高度为 21～35m 的区域为燃烧器区域，温度为 890～1140℃，温度较高，表明炉内燃料的燃烧状态稳定。炉膛高度为 43～52m 的区域为燃尽区，温度为 780～1100℃，相较于燃烧器区域，温度略有降低。随着锅炉负荷的降低，燃烧器及燃尽区的温度略有降低，这主要是因为负荷降低，锅炉给煤量降低，炉膛截面热负荷也降低。

工业试验测量表明，在 600MW 负荷习惯运行下空预器出口烟气 NO_x 排放浓度为 520.5mg/m^3，飞灰和大渣的可燃物含量分别为 2.60%和 2.39%，锅炉热效率为 93.95%；在 450MW 负荷习惯运行下空预器出口烟气 NO_x 排放浓度为 530.3 mg/m^3，

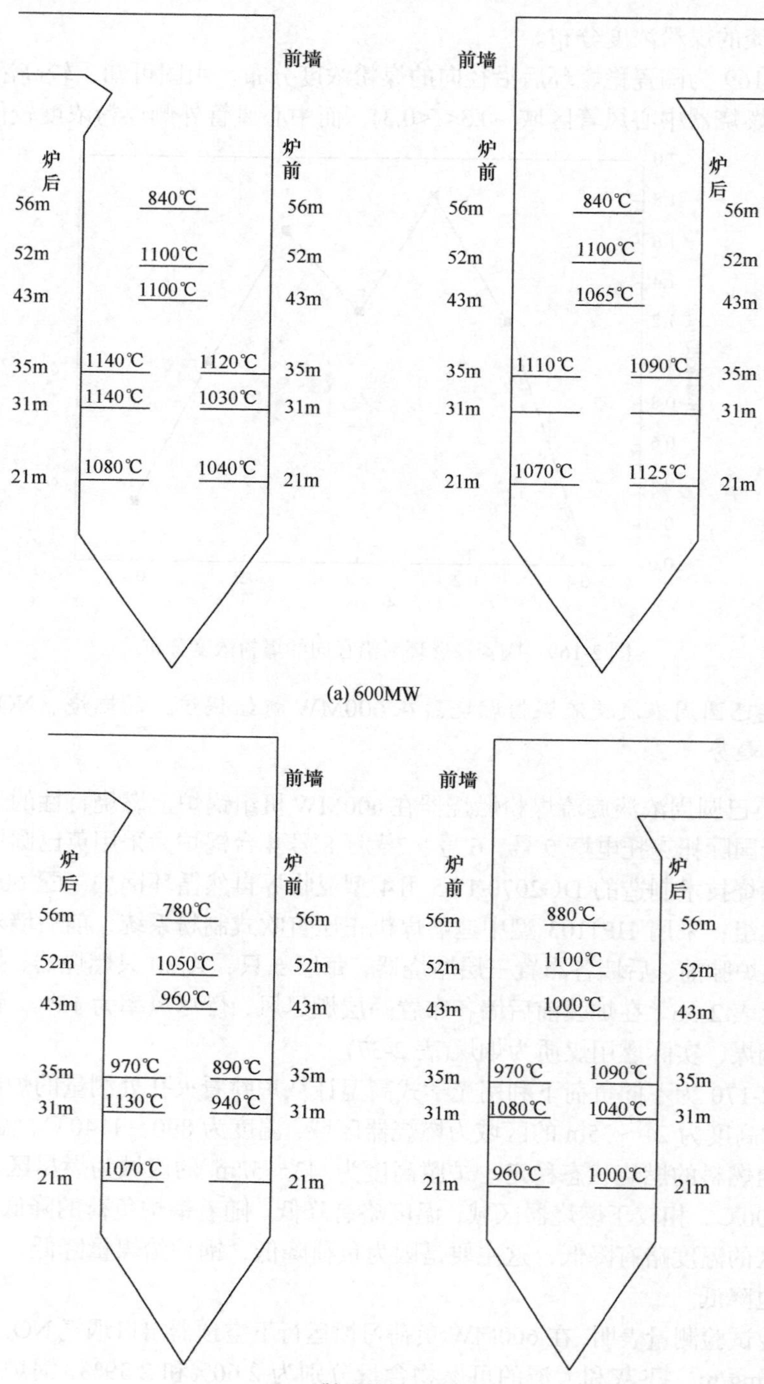

前墙
炉后
炉前
56m
52m
43m
35m
31m
21m
840℃
1100℃
1100℃
1140℃
1120℃
1140℃
1030℃
1080℃
1040℃
前墙
炉前
炉后
840℃
1100℃
1065℃
1110℃
1090℃
1070℃
1125℃
(a) 600MW
前墙
炉后
炉前
780℃
1050℃
960℃
970℃
890℃
1130℃
940℃
1070℃
前墙
炉前
炉后
880℃
1100℃
1000℃
970℃
1090℃
1080℃
1040℃
960℃
1000℃
(b) 450MW

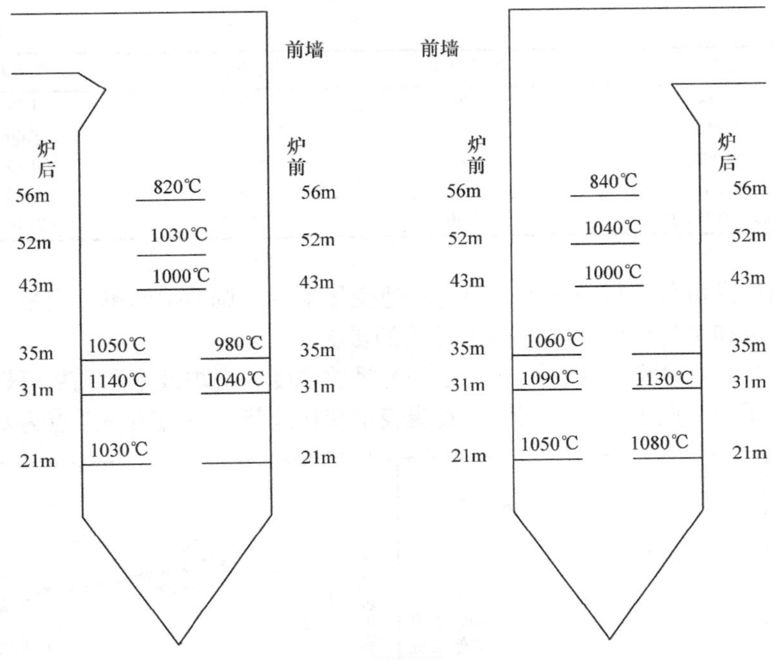

(c) 300MW

图 2-170　大唐国际托克托电厂 600MW 亚临界机组锅炉不同负荷下沿炉膛高度温度分布

飞灰和大渣的可燃物含量分别为 1.48%和 4.00%，锅炉热效率为 95.39%；在 300MW 负荷习惯运行下空预器出口烟气 NO_x 排放浓度为 465.6mg/m^3，飞灰和大渣的可燃物含量分别为 1.30%和 4.11%，锅炉热效率为 94.46%。

Gao 等[50]对一台采用英巴圆周浓淡旋流煤粉燃烧器的 600MW 超临界机组锅炉进行了工业试验研究。锅炉采用前后墙对冲燃烧方式，在炉膛前后墙各布置三层燃烧器，每层 5 只，共 30 只燃烧器，具体燃烧器布置见图 2-152。每层燃烧器对应一台磨煤机，前墙上、中、下三层燃烧器分别对应磨煤机 *D*、*C*、*E*，后墙上、中、下三层燃烧器分别对应磨煤机 *A*、*F*、*B*。满负荷运行时五台磨煤机运行，一台备用。锅炉的设计煤质为高挥发分烟煤，在试验期间，采用两种烟煤混合进行试验。这里通过改变两种煤的混合比例，研究煤特性对锅炉运行性能的影响。设计煤质特性和试验用的两种煤质特性如表 2-41 所示。

表 2-41　某厂 600MW 超临界机组锅炉设计煤质和试验煤质参数

参数	设计煤质	煤质 A	煤质 B
M_{ar}/%	15.00	17.30	11.80
A_{ar}/%	8.50	6.85	18.49
V_{ar}/%	27.88	25.88	26.80
C_{ar}/%	61.45	61.64	55.82

续表

参数	设计煤质	煤质 A	煤质 B
H_{ar}/%	3.95	3.83	4.18
O_{ar}/%	9.95	9.06	8.00
N_{ar}/%	0.70	0.63	0.73
S_{ar}/%	0.45	0.69	1.00
$Q_{net,ar}$/(MJ/kg)	23.50	23.08	21.09

在锅炉满负荷运行条件下，保持其他变量不变，调节炉膛单一变量，研究锅炉运行变量和煤粉特性对锅炉 NO_x 排放的影响。

图 2-171 为炉膛出口氧气浓度对 NO_x 排放浓度、锅炉效率和飞灰可燃物含量的影响。图中，点表示试验结果，实线表示变化趋势；左边第一个点为基准工况

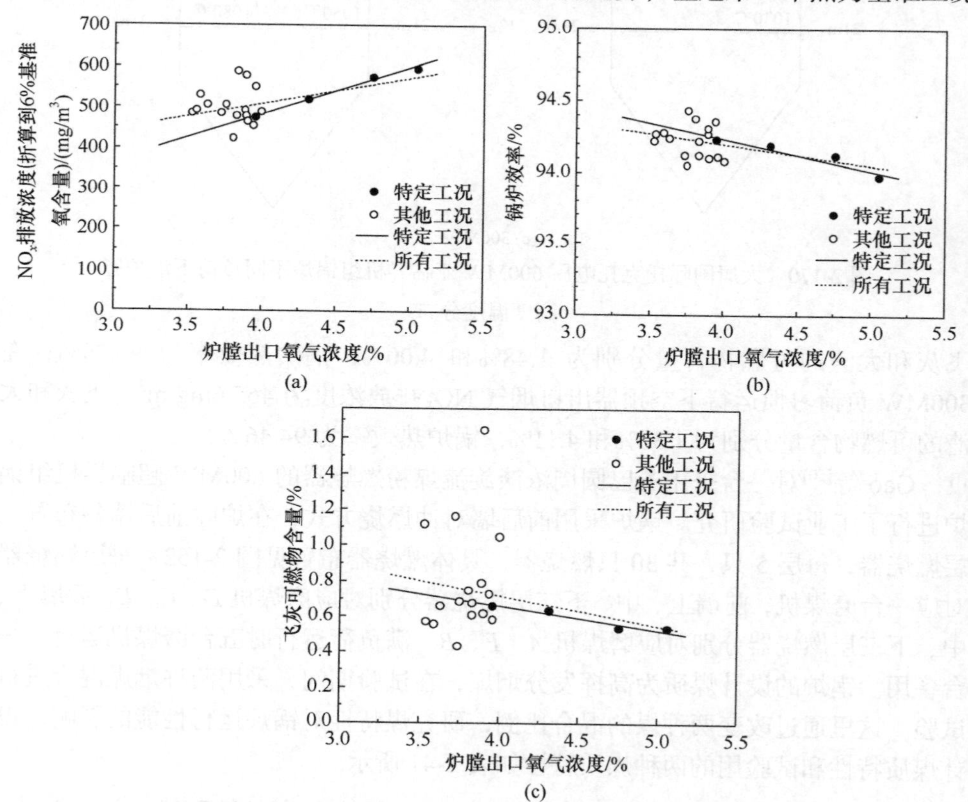

图 2-171　炉膛出口氧气浓度对 NO_x 排放浓度、锅炉效率和飞灰可燃物含量的影响

结果，基于磨煤机 *A*、*B*、*C*、*E*、*F* 运行的情况下完成，此工况的炉膛出口氧气浓度较低。为了避免燃烧低灰熔点煤时炉膛结渣，在试验前电站正常运行时的氧气浓度是较低的，在左边第一个点和第二点之间。从图中可以看到，对于基准工况，

NO_x的排放浓度为 480mg/m^3(折算到 6%基准氧含量)。图 2-171(a)～(c)表明随着氧气浓度的增加，NO_x排放呈线性增加(图 2-171(a))，同时锅炉效率呈线性减少(图 2-171(b))，飞灰可燃物含量降低(图 2-171(c))。

图 2-172 为改变燃烧器配风和磨煤机组运行方式对NO_x排放的影响。由图可知，改变这些变量对锅炉效率并不会产生明显影响，而对NO_x排放会产生明显影响。试验中，通过调整内二次风风箱挡板来改变燃烧器内、外二次风的配风。由于内二次风和外二次风是从同一风箱引入的，因此改变内二次风量就意味着内二次风和外二次风的比值改变，从而改变近燃烧器区域的火焰分布。由图 2-172(a)可知，内二次风减少时，NO_x排放有轻微降低，而内二次风增加时NO_x排放明显升高。这是因为在燃烧器中保持较低的内二次风(大约燃烧空气的 10%，而外二次风大约占 60%)可以在近燃烧器区域产生还原性区域，从而抑制NO_x的形成，而进一步减小内二次风，对NO_x的形成有微小影响。相反，增加内二次风导致燃烧内部区域的氧气浓度增加，同时燃烧温度也增加，这意味着将会有更多燃料型NO_x和热力型NO_x形成。

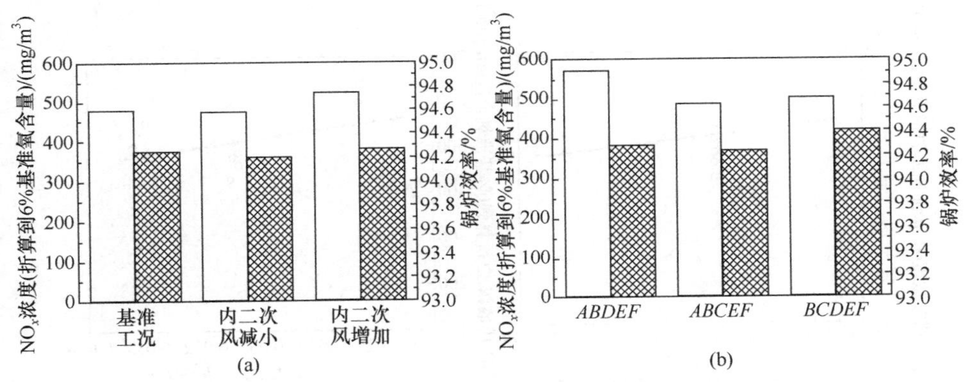

图 2-172　燃烧器配风和磨煤机组运行方式对NO_x排放与锅炉效率的影响

NO_x排放浓度；锅炉效率

由图 2-172(b)可见磨煤机组运行方式变化对 NO_x 排放有明显影响。运行 *ABCEF* 磨煤机组是基准工况，当改变运行磨煤机组为 *BCDEF* 时，NO_x排放与基准工况相比几乎是相同的，这是因为在两个工况中都有一层上层燃烧器没有运行，在炉膛里的温度分布和氧浓度分布是相似的。而对于工况 *ABDEF*，与基准工况相比NO_x排放明显增加，这是因为停运下层燃烧器，而投运上层燃烧器，减小了燃烧火焰区和燃尽风之间的距离，从而降低了设置燃尽风来减少NO_x排放的效果。

在图 2-171 中，空白点表示在额定工况下变化除了氧含量之外的运行变量的试验结果。由图可知，单一运行变量的变化对NO_x排放和锅炉效率有显著的影响。

综合考虑所有工况，NO_x 排放和锅炉效率随着氧含量的变化(图 2-171 中虚线表示)并没有明显改变的趋势，至于飞灰可燃物含量(图 2-171(c))，它的变化似乎与氧含量无关或者说在运行中被其他更重要的变化所掩盖。各工况中 NO_x 排放较高，运行方式改变后，相对基准工况，没有降低 NO_x 排放和提高锅炉效率。

图 2-173 为煤质的特性对 NO_x 排放的影响。图中空心点表示测量数值，实线表示变化趋势。众所周知，煤中 N 含量对 NO_x 的排放来说是一个重要的参数。图 2-173(a)为 NO_x 排放与煤中收到基 N 含量的关系，由图可知，NO_x 排放随着煤中 N 含量的增加而降低。值得注意的是，煤的 N 含量仅仅代表单位质量煤中 N 的质量，而随着煤进入炉膛的 N 的总量取决于燃烧所需煤的质量，燃烧所需煤的质量又取决于煤的热值。试验中，锅炉蒸汽的热输出保持不变，由于锅炉效率仅仅有微小的变化，因此锅炉的热输入即所烧煤产生的热值也几乎保持不变。所以，将煤中 N 含量和煤的热值组合起来创建一个新的参数：N 含量和低热值的比 $w_{Nar}/Q_{net,ar}$，这个参数代表消耗单位能量时输入炉膛内的 N 含量，这个比值也与 NO_x 排放浓度有关。由图 2-173(b)可知，NO_x 排放浓度随着 $w_{Nar}/Q_{net,ar}$ 值的增加而降低。

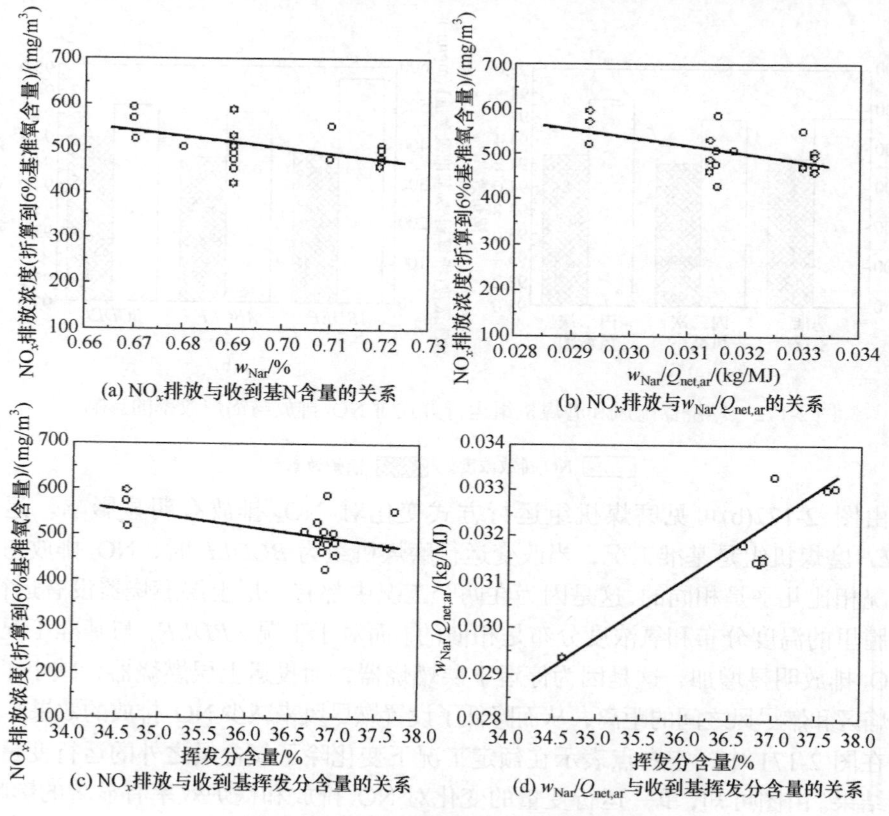

图 2-173 煤质的特性对 NO_x 排放的影响

图 2-173(a)显示 NO_x 排放随着煤中 N 含量的增加而降低，甚至将 N 含量和煤的低热值归一化为一个参数 $w_{Nar}/Q_{net,\ ar}$ 时，这种趋势仍然没有改变。在煤的特性中，N 含量不是唯一影响 NO_x 排放的参数，挥发分含量也是燃料特性的一个关键参数。总体而言，NO_x 排放随着挥发分的增加而降低，这种趋势可以从图 2-173(c)得到。图 2-173(d)表明，$w_{Nar}/Q_{net,ar}$ 随着试验所用混煤的挥发分含量呈线性增加。英巴圆周浓淡旋流煤粉燃烧器采用空气分级技术和高浓度煤粉是为了在燃烧器的近出口区域形成一个还原性区域以减少 NO_x 的形成，在这种情况下高挥发分的煤粉可以在这个区域内消耗更多的氧气，从而可以提高还原性氛围，进而有利于减少 NO_x 的形成。试验表明，对于此种燃烧器，煤中挥发分含量影响近燃烧器区域的还原性气氛及燃料型 NO_x 的形成。

2) 英巴圆周浓淡旋流煤粉燃烧器结渣趋势的数值模拟

这里采用 Fluent6.3.26 软件进行燃烧器煤粉燃烧特性及结渣趋势的模拟[46,51]。针对扬州第二热电厂燃用烟煤的 600MW 超临界机组锅炉燃烧器按 1∶1 比例建立，如图 2-174 所示。这个计算域长 7816mm、高 10025mm、宽 7935mm，坐标原点设置在水冷壁的左侧，距水冷壁的距离为 0.55m，这个计算域含有 664274 个网格。计算时将燃烧器喷口上下两侧水冷壁分别定义 10 段结渣统计壁面，每段壁面的高度为 70mm(0.047D，D=1504mm，D 为燃烧器最外层扩口直径)，这里对以上 20 段区域进行结渣计算。燃烧器设计参数见表 2-36，煤质及灰分分析分别见表 2-37 和表 2-42，煤粉平均粒径为 50μm。

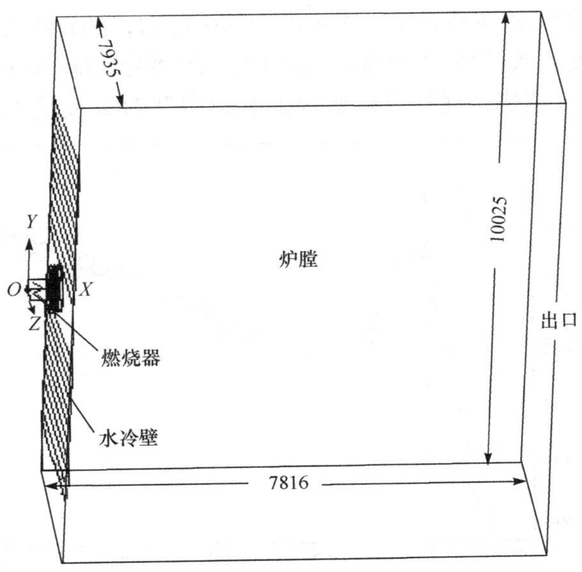

图 2-174　英巴圆周浓淡旋流煤粉燃烧器的数值模拟计算域(单位：mm)

表 2-42 扬州第二热电厂煤质灰分分析

成分	占比/%	灰的熔融温度/K		
		变形温度	软化温度	流动温度
SiO_2	36.29	1443	1533	1563
Al_2O_3	21.60			
Fe_2O_3	11.57			
Na_2O	0.91			
K_2O	0.99			
TiO_2	0.97			
CaO	16.64			
MgO	1.22			
SO_3	9.56			
MnO_2	0.26			

3) 英巴圆周浓淡旋流煤粉燃烧器喷口内及出口区域的温度分布

图 2-175 为设计工况下沿燃烧器轴向的烟气温度分布。图中 x=0 表示燃烧器出口位置，当 x<0 时测点在燃烧器内部(图 2-151)。由图可知，从轴向距离为 x/D=−0.3 开始，烟气温度逐渐升高，升高到峰值以后，烟气温度有一个短暂的下降过程，随后温度缓慢升高。在燃烧器喷口内，轴向距离为 x/D=−0.3～0 时，烟气温度逐渐升高，最高温度接近 1500K，主要是因为回流区深入到燃烧器喷口内部，燃烧器风管中出来的空气与回流区卷吸高温烟气进行对流换热和辐射换热，随着轴向距离的增加，回流区变大，混合气流的温度逐渐升高。烟气温度到达峰值后开始逐渐降低，这主要是由二次风的混入引起的，随着煤粉的继续燃烧和释放热量，炉内温度再次升高。燃烧器喷口内(轴向距离为 x/D=−0.3～0)的高温烟气，有利于煤粉的着火燃烧，促使燃料型 NO_x 和热力型 NO_x 大量生成；同时高温烟

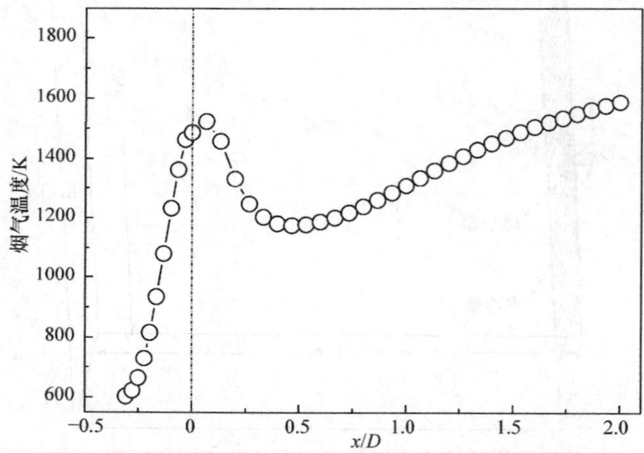

图 2-175 设计工况下沿燃烧器轴向的烟气温度分布

气、回流区卷吸的未燃尽的煤粉颗粒和高温熔融的灰颗粒容易造成燃烧器喷口结构变形和结渣，影响火焰组织，使锅炉不能正常运行。

4) 英巴圆周浓淡旋流煤粉燃烧器的结渣趋势

在热态流场基础上增加结渣模型程序，当飞灰颗粒碰到水冷壁时调用结渣程序，统计飞灰颗粒黏附在水冷壁上的数目。当飞灰颗粒的黏度低于临界黏度时，认为飞灰颗粒黏附在壁面上的概率为 1；当飞灰颗粒的黏度高于临界黏度时，认为飞灰颗粒黏附在壁面上的概率为临界黏度与颗粒实际黏度的比值，即

$$\begin{cases} P_i\left(T_{\text{ps}}\right)=\dfrac{\mu_{\text{ref}}}{\mu}, & \mu>\mu_{\text{ref}} \\ P_i\left(T_{\text{ps}}\right)=1, & \mu\leqslant\mu_{\text{ref}} \end{cases} \tag{2-98}$$

式中，P_i 为颗粒群 i 的平均黏度为 μ 时黏附在壁面上的概率；T_{ps} 为颗粒群 i 的温度；μ_{ref} 为临界黏度。

熔渣从真实液态到塑性状态过渡时，突然有大量晶体析出，在黏度曲线上有明显的折变点，定义熔渣的临界黏度为折变点对应的黏度。

一般地，对整个结渣过程取临界黏度为 10^5Pa · s。采用 Senior&Srinivasachar 温度分区法，分别计算高温低黏度和低温高黏度，两个黏度的最大值为颗粒实际黏度。燃烧器喷口结渣趋势的工况安排如表 2-43 所示(表中 L_1、L_2、L_3 见图 2-151)。

表 2-43　英巴圆周浓淡旋流煤粉燃烧器的数值模拟参数

(a) 改变外二次风叶片角度

外二次风叶片角度/(°)	旋流强度
10	0.09
15	0.117
25	0.126
35	0.294
45	0.414

(b) 改变内二次风和外二次风量分配

内二次风质量流量/(kg/s)	外二次风质量流量/(kg/s)	旋流强度
1.86	13.55	0.12
2.32	13.09	0.126
2.78	12.63	0.128
3.25	12.16	0.132

(c) 改变燃烧器喷口结构

距离	L_1/mm	L_2/mm	L_3/mm
结构 1(设计结构)	480	371	268
结构 2	480	371	0
结构 3	212	103	0

图 2-176 为燃烧器黏附颗粒数密度沿水冷壁的分布情况。黏附颗粒数密度定义为壁面上黏附的颗粒数目与壁面面积的比值。从图中可知，壁面位置 $Y-D/2>0$ 与壁面位置 $Y-D/2<0$ 结渣情况不同，壁面位置 $Y-D/2>0$ 部分结渣比壁面位置 $Y-D/2<0$ 严重。壁面位置 $Y-D/2>0$ 和壁面位置 $Y-D/2<0$ 的黏附颗粒数密度均是随着 $Y-D/2$ 的绝对值增加而先增加后降低，黏附颗粒数密度的最大值是在 $Y-D/2$ 为 105mm 处。计算得到黏附在水冷壁上的颗粒总数为 318522 个，约占跟踪颗粒总数的 33%(跟踪颗粒总数为 960000 个，定义颗粒黏附率为黏附在水冷壁上的颗粒总数与跟踪颗粒总数的比值，以及此时颗粒黏附粒为 33%)，设计燃烧器喷口结渣严重。颗粒黏附情况的模拟结果与燃烧器实际运行情况基本吻合(图 2-153(a))，燃烧器喷口结渣严重，燃烧器喷口附近结渣量最高，随着距离的增加，结渣量逐渐减弱。

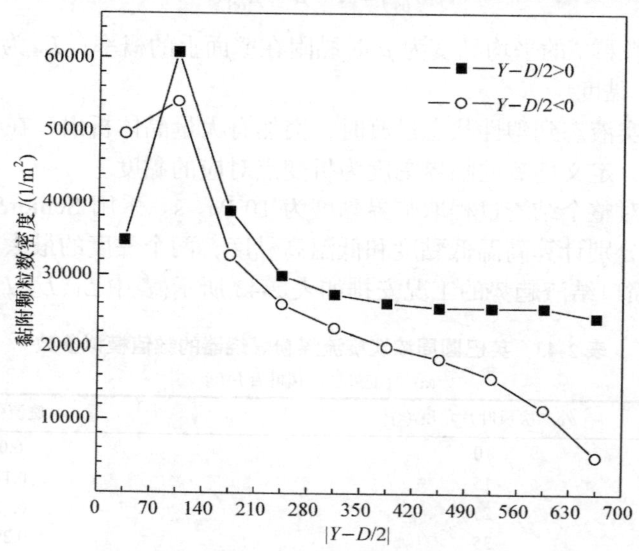

图 2-176　燃烧器黏附颗粒数密度沿水冷壁的分布情况

旋流强度对炉内的燃烧情况有重要影响。旋流强度可以影响气流扩展角及中心回流区的位置和大小，以及燃烧器的阻力，所以在设计旋流燃烧器时必须选择合适的旋流强度。二次风由内二次风和外二次风组成，占燃烧器总风量的 73%，并且二次风风管上有较多的轴向叶片，二次风的变化对燃烧器的旋流强度影响较大。因此，这里利用二次风的变化研究旋流强度对燃烧器结渣的影响。外二次风量占总风量的 62%，风速较高，在风量不变的基础上改变外二次风叶片角度对燃烧器的旋流强度影响较大；内二次风量占总风量的 11%，风速较低，改变内二次风叶片角度对燃烧器的旋流强度影响很小，因此采用在二次风量不变的基础上改变内、外二次风量比例的方法改变燃烧器的旋流强度。这里的旋流强度是在忽略静压下计算得出的。

图 2-177(a)为旋流强度变化对燃烧器水冷壁结渣的影响。试验中保证燃烧器内、外二次风量与设计燃烧器相同。由图可知，旋流强度的变化对颗粒黏附率影响很大，当旋流强度为 0.126 时颗粒黏附率最高为 33.2%，此时对应的叶片角度为 25°，即燃烧器设计叶片角度，在其他旋流强度(0.09、0.117 和 0.414)时颗粒黏附率较低，当旋流强度为 0.117 时，出现最低的颗粒黏附率为 8.73%。旋流强度与颗粒黏附率不是线性关系，当旋流强度增大时，卷吸到水冷壁面的颗粒较多，颗粒黏附数增加；旋流强度增大，同样提高了燃烧器出口煤粉颗粒的燃尽率，使颗粒浓度降低，导致颗粒黏附数减少。当旋流强度为设计值 0.126 时，实际运行燃烧器喷口烧坏变形，应适当减小回流区的尺寸，因此认为外二次风叶片角度为 15°，旋流强度为 0.117 时，有利于减少燃烧器喷口结渣。

图 2-177(b)为改变内外二次风量比例时燃烧器旋流强度变化对水冷壁壁面结渣的影响。试验中保证内、外二次风量总和不变，只改变两者的比例。内、外二次风量比例改变对燃烧器旋流强度影响较小，但是旋流强度变化对颗粒黏附率影响较大。由图可知，随着旋流强度的增加，颗粒黏附率逐渐降低。内二次风量增加，提高了燃烧器喷口的氧气浓度，煤粉颗粒的燃尽率提高，甩到水冷壁上的颗粒数量减少，减轻了水冷壁结渣。当内二次风量由 2.32kg/s 增加至 2.78kg/s 时，旋流强度由 0.126 增加至 0.128，颗粒黏附率明显降低，由 33.2%降低至 11.8%；当内二次风量为 3.25kg/s，旋流强度为 0.132 时，颗粒黏附率最低为 9.6%，相比于 11.8%，颗粒黏附率差别较小，由于煤粉在富氧情况下燃烧时 NO_x 生成量较高，因此认为内二次风量为 2.78kg/s 时有利于减缓燃烧器喷口的结渣趋势，此时燃烧器的旋流强度为 0.128。

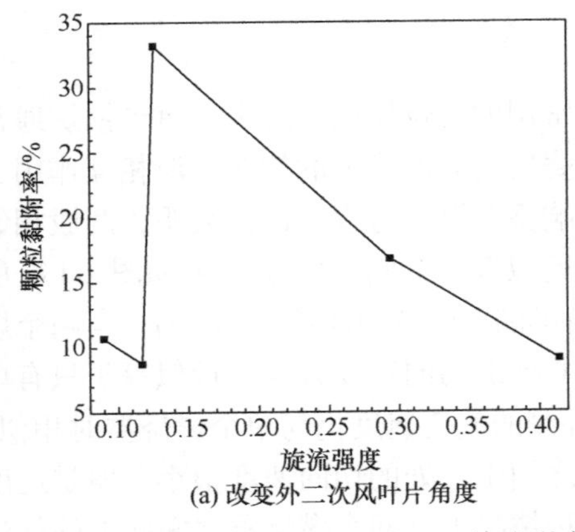

(a) 改变外二次风叶片角度

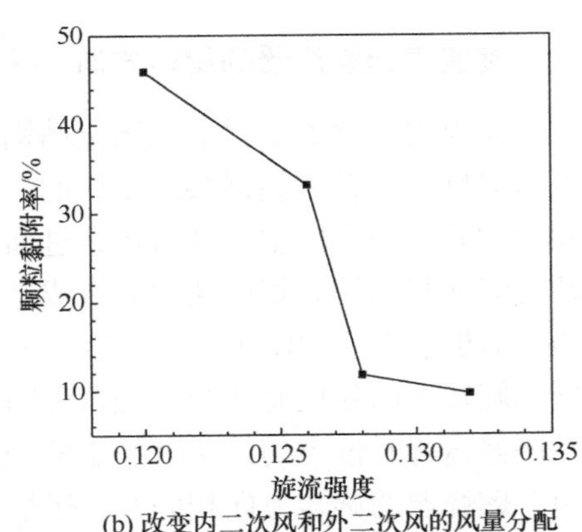

(b) 改变内二次风和外二次风的风量分配

图 2-177　旋流强度对颗粒黏附率的影响

为了解决燃烧器喷口严重结渣且烧坏变形的问题，对喷口结构进行了改进(表 2-43)。图 2-178 为三种喷口结构的水冷壁结渣情况。由图可知，结构 1 的颗粒黏附率最高，其余结构的颗粒黏附率均有所降低。其中结构 2 将内二次风喷口向炉内推进至外二次风扩口后端(在设计燃烧器的基础上，L_3 改为 0mm)的工况颗粒黏附率最低为 18.3%，此结构可以缓解燃烧器喷口的结渣情况。

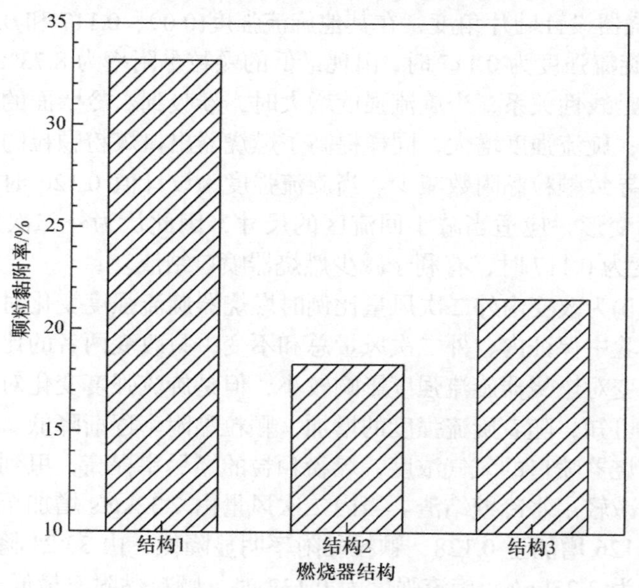

图 2-178　燃烧器喷口结构变化对壁面结渣的影响

2.6　旋流煤粉燃烧器的旋转方向及供风方式

2.6.1　旋流煤粉燃烧器的旋转方向

旋流煤粉燃烧器是目前我国电站锅炉常用的燃烧器类型之一。每台锅炉通常是由多只旋流煤粉燃烧器共同工作的，燃烧器之间所形成的旋转气流相互作用，共同影响着锅炉内的空气动力场，进而影响整个燃烧过程。试验表明，两股相邻旋转气流在其相接处切向速度的合成结果近似等于它们的代数和[1],如图 2-179 所示(W_t 为切向速度，W_0 为轴向速度，x 为轴向距离，R 为燃烧器半径)。当两个燃烧器的旋转方向相反时两个燃烧器之间中心处的切向速度升高，近似等于只有单个燃烧器运行时该点切向速度的 2 倍,而外侧的气流速度仍与单个燃烧器时相似。当两个燃烧器的旋转方向相同时，燃烧器之间中心处的切向速度很小，但是速度梯度却很大，热、质交换较强烈。在前一种情况下，两个燃烧器之间向上的气流速度加快，火焰有向上的趋势。

大型锅炉中的燃烧器的数量多，情况更加复杂，但是不外乎都是上述两种典型情况的合成。由于同样原因，燃烧器的旋转方向将影响炉内空气动力场，从而影响火焰中心位置和燃烧过程。图 2-180 为各种燃烧器旋转方向对火焰中心位置的影响。火焰中心位置的变化将影响炉膛出口烟温，进而影响过热蒸汽温度。

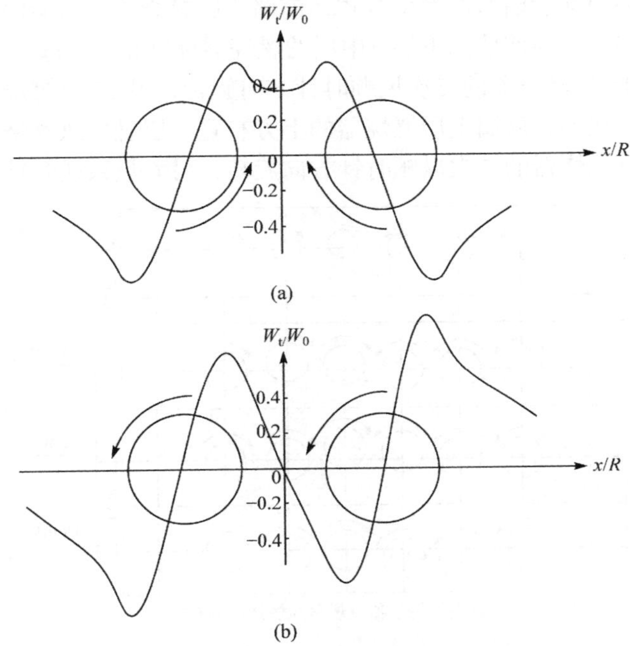

图 2-179　旋流煤粉燃烧器不同旋转方向时的切向速度分布

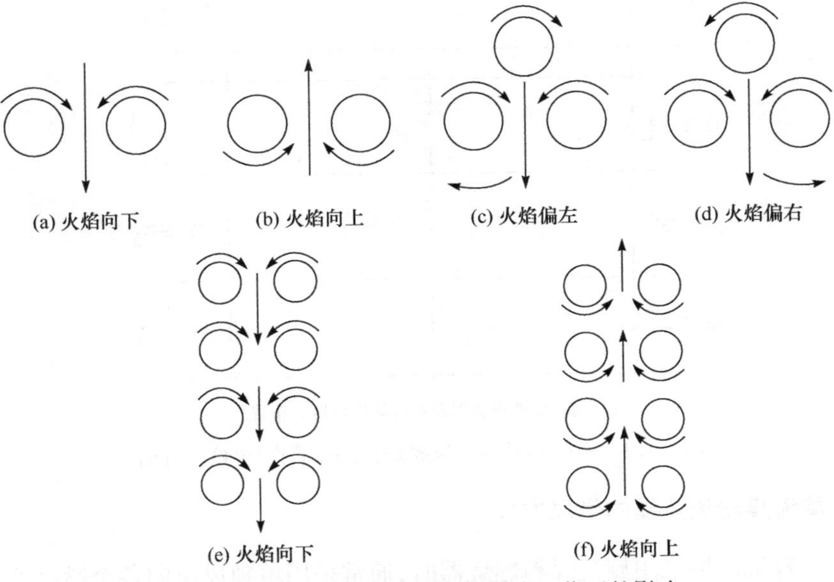

图 2-180　燃烧器旋转方向对火焰中心位置的影响

图 2-181 为某电厂燃烧器及燃尽风燃烧器的布置图，图 2-181(a)为前墙燃烧器及燃尽风燃烧器的布置图，图 2-181(b)为前、后墙燃烧器及燃尽风燃烧器的布置图，燃烧器采用前后墙对冲燃烧方式，前墙三层燃烧器，后墙两层燃烧器。后墙的两层燃烧器分别与前墙的下层、中层的燃烧器标高相同，每层 6 只，共 30 只燃烧器，其中 15 只燃烧器的二次风顺时针方向旋转，另 15 只燃烧器的二次风逆时针方向旋转。在前、后墙上层燃烧器的上方布置一层燃尽风燃烧器，共 12 只，其中 6 只燃尽风燃烧器的二次风顺时针方向旋转，另 6 只系逆时针方向旋转。

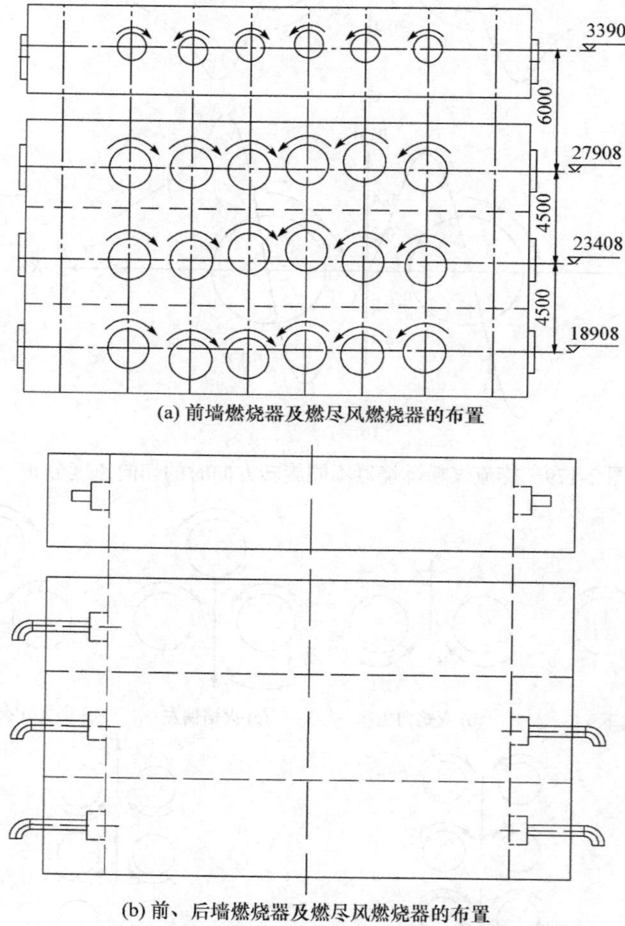

图 2-181 燃烧器及燃尽风燃烧器的布置图(单位：mm)

2.6.2 旋流煤粉燃烧器的供风方式

中小容量锅炉采用旋流煤粉燃烧器时，通常采用单独风道向各个燃烧器供风。

随着锅炉容量和燃烧器数量的增加，如果仍采用单独风道供风，将使风道系统非常复杂。早期为了满足大容量锅炉的需要，大容量燃烧器被不断研发出来，并对燃烧器的结构进行了大量的改进工作，采用大风箱配风方式代替大量的供风管道，以扩大其调节范围。例如，对于配 800MW 机组的 2500t/h 烧无烟煤的锅炉，需要设置 48 只大容量燃烧器，如果仍采用单独风道供风，风粉管道系统将非常复杂。试验表明，大风箱配风方式能保证合理地调节各个燃烧器的风量，调节装置的数量最少，各个燃烧器也不需要再进行细调。

20 世纪 70 年代以后，锅炉行业趋向于采用容量不太大的燃烧器，这主要是从提高锅炉的安全可靠性和经济性考虑的。单只燃烧器出力过大会使炉膛烧热面局部负荷过高，炉膛容易结渣；切换或启停燃烧器对炉内火焰偏斜的影响较大；一、二次风的气流太厚，不利于风粉混合。这样，燃烧器的数量不能太少。当采用大风箱配风时，不能准确调节各个燃烧器的风煤比，特别不利于控制低 NO_x 燃烧。因此，普遍采用分隔风箱配风[1]。

图 2-182 为某厂在一台 200MW 机组锅炉上采用的风箱隔板结构。燃烧器布置在前后墙，分三层，每层 2 只，共 12 只燃烧器。设有 6 台磨煤机，每台磨煤机供一层燃烧器。风箱被分隔成很多风室，每个风室设有调节二次风量的挡板，运

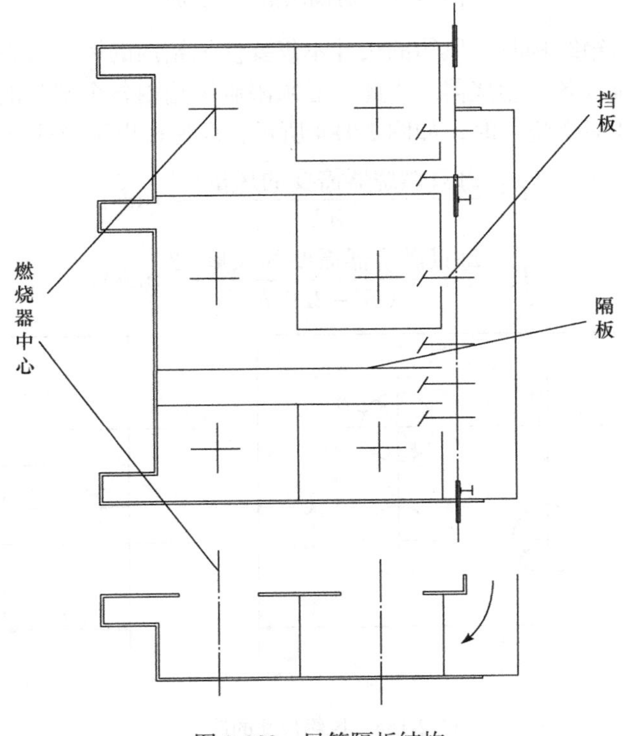

图 2-182　风箱隔板结构

行人员可以分别调节各个燃烧器的风煤比，以最低的过量空气系数保持氧化性气氛，使不完全燃烧损失较小，同时降低烟气中的 NO_x 浓度。图 2-183 为另一种分隔风箱的结构，风箱中央被分隔开，再按上、下段分隔。

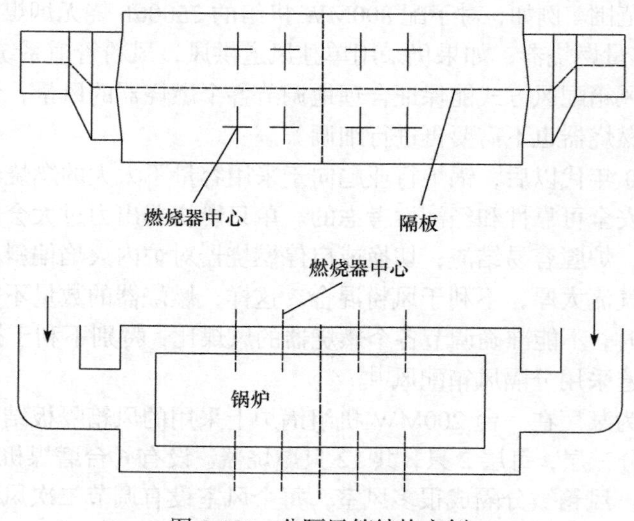

图 2-183　分隔风箱结构实例

当采用大风箱结构时，风箱的尺寸不仅要使风箱内的风压损失小，而且要求能使空气均匀流入各个燃烧器。为此，必须限制风箱内各个部分的风速。例如，当风箱内设有 4 只燃烧器时，如图 2-184 所示，风速按以下公式计算，即

$$V_1 = \frac{\text{每只燃烧器需要的风量} \times 4}{WL} \text{(m/s)} \tag{2-99}$$

$$V_2 = \frac{\text{每只燃烧器需要的风量} \times 3}{(W - 2D)L} \text{(m/s)} \tag{2-100}$$

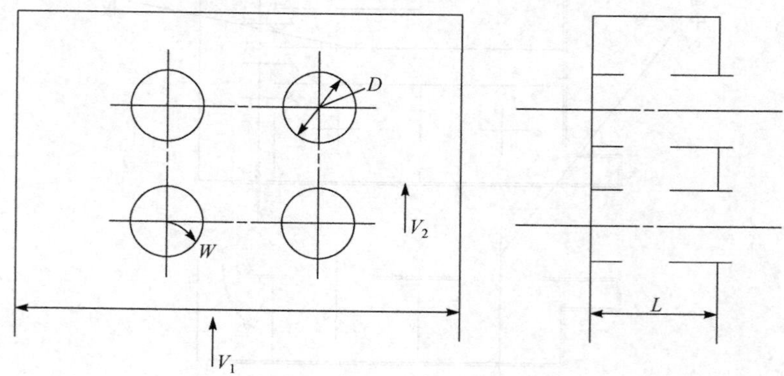

图 2-184　风箱尺寸的确定

式中，V_1 为风箱入口总风速(m/s)；V_2 为风箱内部风速(m/s)；W 为风箱宽度(m)；L 为风箱深度(m)；D 为燃烧器的外径(m)。

一般建议 V_1=10～12m/s, V_2=12～15m/s。

某电厂两台 600MW 机组锅炉采用超临界参数直流炉。锅炉燃烧器前、后墙各布置 3 层 HT-NR3 燃烧器(图 2-147)，每层 4 只；同时在前、后墙各布置一层燃尽风燃烧器，其中每层 2 只侧燃尽风燃烧器、4 只燃尽风燃烧器。

为使每只燃烧器的空气分配均匀，在锅炉前后墙燃烧器区域对称布置有 2 个大风箱。大风箱被分隔成单个风室，每层燃烧器一个风室。大风箱设计入口风速较低，可以将大风箱视为一个等压风箱，风箱内风量的分配取决于燃烧器自身结构特点及其风门开度，保证燃烧器在相同状态下自然得到相同风量，利于燃烧器的均匀配风。燃烧器每层风室的入口处均设有风门挡板，所有风门挡板均配有执行器，可程控调节。全炉共配有 16 个风门执行器，执行器上配有位置反馈装置，且具有故障自锁保位功能。大风箱和燃烧器的载荷通过风箱的桁架传递给支撑梁；支撑梁的一端与垂直搭接板相连，另一端与固定在钢结构上的恒力弹簧吊架相连。图 2-185 为大风箱入口风门执行器的布置示意图。

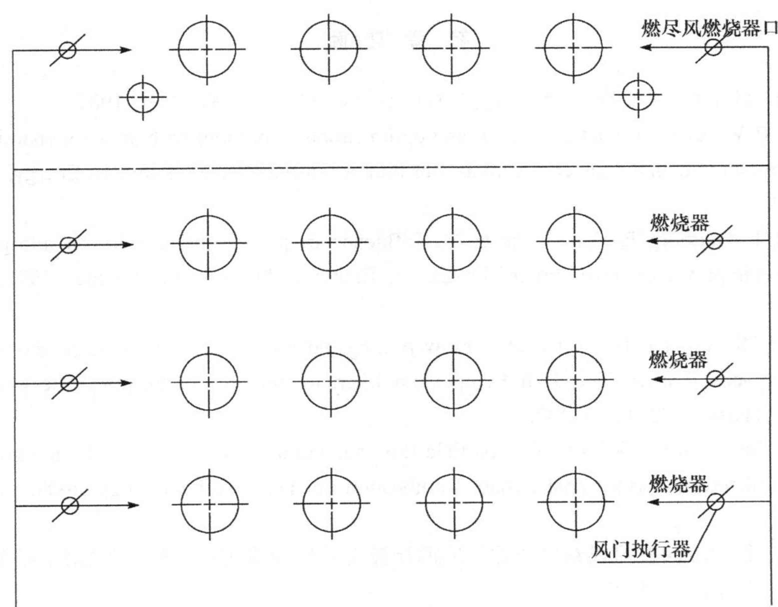

图 2-185　大风箱入口风门执行器的布置示意图

我国某厂采用 B&WB-1909/26.15-M 型锅炉，锅炉燃烧器采用前后墙对冲燃烧方式，前三、后二布置，每一层 6 只燃烧器，共 30 只燃烧器。在前后墙燃烧器的上方对冲布置一层燃尽风燃烧器，共 12 只燃尽风燃烧器。燃烧器及燃尽风燃烧器的布置图如图 2-181 所示。

燃烧器采用分隔箱式环形大风箱，风箱高 13.4m，燃尽风燃烧器风箱高 3.2m，两个风箱在前后墙的尺寸均为 23.52m×2.7m(宽×深)，在左右侧墙的尺寸均为 21.34m×1.7m(宽×深)。每个风箱由隔板分为三层风室，以对三排燃烧器分别进行均匀配风。采用分隔箱式环形大风箱可使风量的调节满足最佳燃烧的要求，使每层燃烧器的供风量与进入燃烧器的煤粉量相适应，风量是由风箱入口处的挡板来控制的，挡板前需装设机翼型测风装置，以测定进入本层燃烧器的风量，当某排燃烧器及与其相匹配的磨煤机停止运行时，该隔仓的风量调节挡板应调整到"冷却"位置(此时的进风量约占该隔仓正常运行时风量的 25%)，以便对停运的燃烧器进行冷却。

分隔箱式环形大风箱的布置，可使运行人员在保持适当风煤比的条件下，通过调节隔仓挡板，使各层燃烧器的热功率及磨煤机的负荷不同，从而改变炉内的传热并改进对汽温的控制。燃尽风风箱负责对燃尽风燃烧器进行均匀配风，风量由风箱入口处的挡板来控制，挡板前需装设机翼型测风装置，精确地测定进入本层燃尽风燃烧器的风量。

参 考 文 献

[1] 何佩鳌, 赵仲琥, 秦裕琨. 煤粉燃烧器设计及运行. 北京: 机械出版社, 1987.

[2] Smart J P, Weber R. Reduction of NO_x and optimization of burnout with an aerodynamically air-staged burner and an air-staged precombustor burner. Journal of the Institute of Energy, 1989, 62: 237-242.

[3] Lans R P, Glarborg P, Dam-Johansen K. Influence of process parameters on nitrogen oxide formation in pulverized coal burners. Progress in Energy and Combustion Science, 1997, 23: 349-377.

[4] Truelove J S, Wall T F, Dixon T F, et al. Flow, mixing and combustion within the quarl of a swirled, pulverized-coal burner. The 19th Symposium International on Combustion, The Combustion Institute, Haifa, 1982: 1181-1187.

[5] Li Z Q, Sun R, Wan I X, et al. Gas-particle flow and combustion in the near-burner zone of the swirl-stabilized pulverized coal burner. Combustion Science and Technology, 2003, 175: 1979-2014.

[6] 李争起. 径向浓淡旋流煤粉燃烧器气固两相流动特性及应用的研究. 哈尔滨: 哈尔滨工业大学博士学位论文, 1997.

[7] 燃油锅炉燃烧设备及运行编写组. 燃油锅炉燃烧设备及运行. 北京: 水利电力出版社, 1976.

[8] 马春元. 径向浓缩旋流煤粉燃烧器的试验研究. 哈尔滨: 哈尔滨工业大学博士学位论文, 1996.

[9] 马春元, 徐夕仁, 吴少华, 等. 旋流燃烧器轴向旋流叶片的优化设计. 电站系统工程, 1996, 12(5): 36-41.

[10] 何佩鳌. 旋流煤粉燃烧器(一). 电站系统工程, 1988, (1): 4-9.

[11] 何佩鏊. 旋流煤粉燃烧器(二). 电站系统工程, 1988, (2): 1-19.
[12] 何佩鏊. 旋流煤粉燃烧器(三). 电站系统工程, 1988, (3): 1-6.
[13] 何佩鏊. 我国燃煤电厂 NO_x 控制和清洁燃烧技术. 电站系统工程, 1993, 9(1): 36-46.
[14] 秦裕琨, 李争起, 吴少华. 旋流煤粉燃烧技术的发展. 热能动力工程, 1997, 12(4): 221-224.
[15] 冯俊凯, 沈幼庭. 锅炉原理及计算. 北京: 科学出版社, 1992.
[16] 徐旭常, 曾瑞良, 金茂庐, 等. 预燃室中煤粉火焰稳定原理. 动力工程, 1987, (6): 16-22.
[17] 赵平, 徐旭常, 陈昌和, 等. 预燃室中煤粉颗粒弥散的研究. 工程热物理学报, 1991, 12(3): 314-319.
[18] 邬兆春. B&W 公司的低 NO_x 煤粉燃烧技术. 锅炉通讯, 1996, 19(1): 1-11.
[19] LaRue A D, Cioffi P L. Low NO_x burner development in the USA. Modern Power Systems, 1988, 8(1): 42-47.
[20] Wroblewska V, Golec T, Swirski J, et al. Low-NO_x combustion of polish hard coals-achievements and problems. The 3rd International Conference on Combustion Technologies for A Clean Envivonment, Lisbon, 1995.
[21] Shin-inch A, Hajime O, Kazushi H, et al. Demonstration test results of newly developed wide range pulverized coal burner at 250MW power plant. Proceedings of CSPE-JSME-ASME-International Conference on Power Engineering, Shanghai, 1995.
[22] 华寿清. 日本石川岛播磨(IHI)公司煤粉锅炉燃烧技术的最新发展. 电站系统工程, 1990, 6(1): 46-62.
[23] 气驾尚志, 吴蓓. 宽调节比煤粉燃烧器的开发. 锅炉技术, 1988, (11): 6-10.
[24] 李之光. 相似与模化(理论及应用). 北京: 国防工业出版社, 1982.
[25] Weber R, Visser B M. Assessment of turbulence modeling for engineering prediction of swirling vortices in the near burner zone. International Journal of Heat and Fluid Flow, 1990, 11(3): 225-235.
[26] 逄曙光. 深度分级条件下燃用烟煤中心给粉燃烧器流动及燃烧特性. 哈尔滨: 哈尔滨工业大学博士学位论文, 2015.
[27] 靖剑平. 燃用烟煤中心给粉旋流燃烧器流动及燃烧特性研究. 哈尔滨: 哈尔滨工业大学博士学位论文, 2010.
[28] 殷庆栋, 魏颖莉, 魏刚, 等. 国内外低 NO_x 旋流燃烧器研究进展. 电力科技与环保, 2012, 3: 24-26.
[29] 张海, 吕俊复, 崔凯, 等. 旋流煤粉燃烧器低 NO_x 排放的设计分析. 热力发电, 2010, 11: 32-36.
[30] TSI Inc. IFA300 Constant Temperature Anemometer System Instruction Manual. St. Paul: TSI Inc, 2004: 1-22.
[31] 孙锐, 马春元, 李争起, 等. 利用一维热膜探针对旋流燃烧器出口冷态旋流流场的测量. 热能动力工程, 2000, 15(86): 165-168.
[32] 刘文铁. 锅炉热工测试技术. 哈尔滨: 哈尔滨工业大学出版社, 1992.
[33] 孙锐. 径向浓淡旋流煤粉燃烧器流动特性试验研究及数值模拟. 哈尔滨: 哈尔滨工业大学博士学位论文, 1998.
[34] Mueller U R. On the accuracy of turbulence measurements with inclined hot-wires. Journal of

Fluid Mechanics, 1982, 119: 155-172.

[35] 张东, 刘广亮. 二维热线探针在三维流测量中的应用. 沈阳航空工业学院学报, 2008, 25(3): 31-34.

[36] Jing J P, Li Z Q, Zhu Q Y, et al. Influence of the outer secondary air vane angle on the gas/particle flow characteristics near the double swirl flow burner region. Energy, 2011, 36: 258-267.

[37] Jing J P, Li Z Q, Wang L, et al. Influence of the mass flow rate of secondary air on the gas/particle flow characteristics in the near-burner region of a double swirl flow burner. Chemical Engineering Science, 2011, 66: 2864-2871.

[38] Li Z Q, Jing J P, Liu G K, et al. Measurement of gas species, temperatures, char burnout, and wall heat fluxes in a 200-MWe lignite-fired boiler at different loads. Applied Energy, 2010, 87: 1217-1230.

[39] Jing J P, Li Z Q, Liu G K, et al. Measurement of gas species, temperatures, coal burnout, and wall heat fluxes in a 200 MWe lignite-fired boiler with different over-fire air damper openings. Energy & Fuels, 2009, 23: 3573-3585.

[40] Jing J P, Li Z Q, Chen Z C, et al. Study of the influence of vane angle on flow, gas species, temperature, and char burnout in a 200 MWe lignite-fired boiler. Fuel, 2010, 89: 1973-1984.

[41] 胡英. HT-NR3 低 NO_x 旋流燃烧器冷态流畅试验与数值模拟. 武汉: 华中科技大学博士学位论文, 2011.

[42] 杨玉. 大型电站锅炉低 NO_x 煤粉旋流燃烧器流动和燃烧的研究. 杭州: 浙江大学博士学位论文, 2000.

[43] 徐采松. 基于燃烧场瞬态结构的低 NO_x 旋流燃烧器试验研究及数值模拟. 上海: 上海交通大学博士学位论文, 2009.

[44] 胡荫平. 电站锅炉手册. 北京: 中国电力出版社, 2005.

[45] Tsumura T, Kiyama K, Nomura S. Development and actual vertification of the latest extremely low NO_x pulverized coal burner. Hitachi Review, 1998, 47(5): 188-191.

[46] 曾令艳. 采用斗巴旋流燃烧器锅炉煤粉燃烧和 NO_x 排放特性研究. 哈尔滨: 哈尔滨工业大学博士学位论文, 2011.

[47] Li Z Q, Zeng L Y, Zhao G B, et al. Cold experimental investigations into gas/particle flow characteristics of a low-NO_x axial swirl burner in a 600-MWe wall-fired pulverized-coal utility boiler. Experimental Thermal and Fluid Science, 2012, 37: 104-112.

[48] Zeng L Y, Li Z Q, Zhao G B, et al. The influence of swirl burner structure on the gas/particle flow characteristics. Energy, 2011, 36(10): 6184-6194.

[49] 余战英, 蒋宏利, 谭厚章, 等. 浓淡型双调风旋流燃烧器低 NO_x 特性分析. 热能动力工程, 1999, 14: 455-457.

[50] Gao X T, Zhang M Y. NO_x emissions of an opposed wall-fired pulverized coal utility boiler. Asia-Pacific Journal of Chemical Engineering, 2009, 5(3): 447-453.

[51] Li Z Q, Zeng L Y, Zhao G B, et al. Particle sticking behavior near the throat of a low-NO_x axial-swirl coal burner. Applied Energy, 2011, 88(3): 650-658.

第 3 章　中心给粉旋流煤粉燃烧器

3.1　中心给粉旋流煤粉燃烧器的提出及原理

3.1.1　外浓内淡旋流煤粉燃烧组织方式及其存在的问题

旋流煤粉燃烧器依靠旋转气流形成的中心高温烟气回流来满足着火和稳定燃烧的需要。为了形成中心回流区，现有燃烧器一次风采用旋转方式(如双旋流煤粉燃烧器和英巴圆周浓淡旋流煤粉燃烧器，参见 2.5.2 节和 2.5.4 节)或者在一次通道内装设中心锥体(着火增强型双调风旋流煤粉燃烧器，参见 2.4.2 节)，导致煤粉在一次风通道内被分离到一次风管内壁区域。在炉内，煤粉被强旋转二次风引射进入二次风区域，并很快向四周分离(图 2-116 和图 2-165)。外部二次风区域的煤粉浓度高，在燃烧器中心区域的煤粉浓度低，形成煤粉的“外浓内淡”分布，为外浓内淡旋流煤粉燃烧组织方式。

外浓内淡旋流煤粉燃烧组织方式基本满足了煤粉稳定燃烧的需要。但是，外浓内淡旋流煤粉燃烧组织方式的煤粉浓度场、气体组分、温度场耦合不合理，存在以下问题：低氧还原性气氛的回流区内煤粉少，煤粉聚集在二次风内，煤粉在氧化性气氛下停留时间长，导致 NO_x 生成量高；煤粉过早进入低温的二次风区域，导致高温回流区内煤粉量少，低温(相对于炉内的烟气)的二次风内煤粉量多，不利于着火和稳定燃烧；煤粉与二次风混合早，颗粒具有较大的切向速度和径向速度，径向输送能力强，大量颗粒被甩向水冷壁，并且在近水冷壁区域燃烧，易形成还原性气氛，容易形成结渣和高温腐蚀。在燃用无烟煤、贫煤时，以上问题更为突出。

20 世纪 90 年代，哈尔滨工业大学研制出了径向浓淡旋流煤粉燃烧器(图 3-1)，一次风为直流，为了形成中心回流区，在燃烧器的中心布置中心管，在出口设置中心扩锥。在中心管外侧一次风通道中布置煤粉分离器，利用煤粉分离器将煤粉分为浓淡两股煤粉气流，靠近内侧的为浓煤粉气流，外侧为淡煤粉气流。在中心扩锥的导向下，浓煤粉气流在中心回流区边界流动。因此，燃烧器的性能得到了很大改善，但是扩锥受到煤粉气流的冲刷及炉内高温烟气的辐射容易损坏，影响该技术的推广。

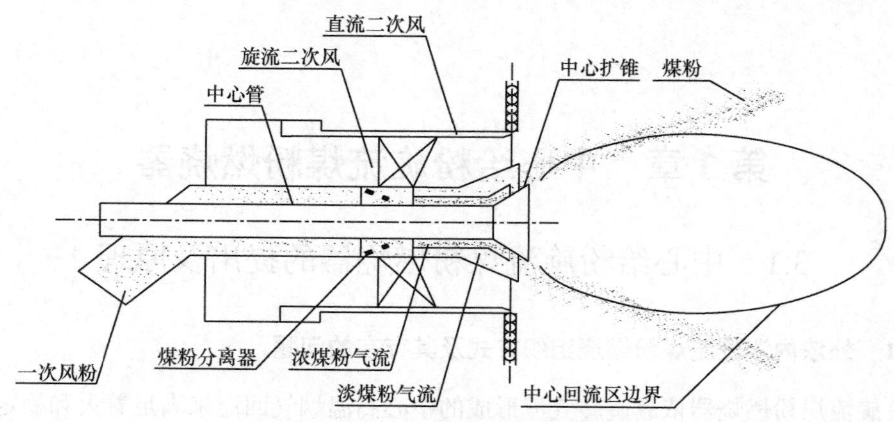

图 3-1　径向浓淡旋流煤粉燃烧器简图

3.1.2　中心给粉旋流煤粉燃烧组织方式

为了解决以上问题，2003 年哈尔滨工业大学提出了中心给粉旋流煤粉燃烧组织方式，即将高浓度煤粉直接送入中心高温回流区中心进行燃烧。该组织方式可以实现煤粉浓度场、气体组分、温度场的合理耦合，在中心回流区形成高煤粉浓度、低氧强还原性气氛、高温区域，其特点是(图 3-2)：刚进入中心回流区时煤粉向炉内流动，回流烟气由炉内向燃烧器出口方向流动；随着煤粉颗粒速度慢慢衰减为零之后，煤粉随着旋转回流烟气改变流动方向，折返运动到燃烧器出口附近，在中心回流区内形成迂回型的煤粉颗粒运动轨迹；之后再次改变方向随着一次风向炉内流动。这种燃烧组织方式具有以下优点。

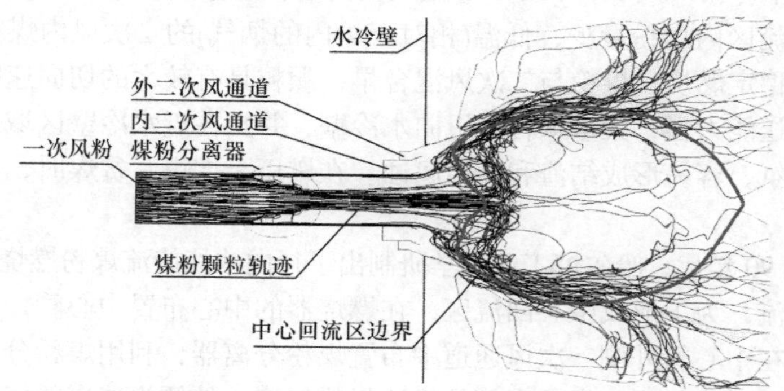

图 3-2　采用随机轨道模型计算得出的中心给粉旋流煤粉燃烧器的煤粉运动轨迹

(1) 煤粉被集中喷入到中心回流区中心部分，在中心回流区内形成高温、高煤粉浓度区域，煤粉在回流区内迂回流动，两次改变运动方向，延长了煤粉在高温区的停留时间，有利于煤粉的着火和燃尽，煤种适应性强。

(2) 中心回流区是高温、低氧强还原性气氛，在中心回流区内形成高煤粉浓度区域，并且煤粉在回流区内迂回流动，可延长煤粉在还原性气氛中的停留时间，抑制 NO_x 的形成。

(3) 煤粉由燃烧器中心喷出，具有较小的切向速度和径向速度，大部分颗粒集中于燃烧器中心燃烧，能有效地防止煤粉被甩到燃烧器区水冷壁上。近水冷壁区为氧化性气氛，能有效地抑制水冷壁的结渣和高温腐蚀。

3.1.3　中心回流区形成的新方法

无论采用旋转的一次风还是中心扩锥形成的中心回流区，都会导致煤粉形成“外浓内淡”的分布方式。为了实现中心给粉的燃烧组织方式，这里提出利用二次风扩口的导向及强化二次风的旋流强度来引射一次风形成中心回流区的新方法。采用二次风扩口梯级布置的形式，使旋转内、外二次风对一次风逐级引射。强化二次风的旋流强度，有利于二次风对一次风的引射，形成中心回流区。这种中心回流区形成方法不仅可以形成适中的“心”形中心回流区(图 3-3)，还可以控制二次风适时地与煤粉混合，及时补充煤粉燃烧所需要的氧量。

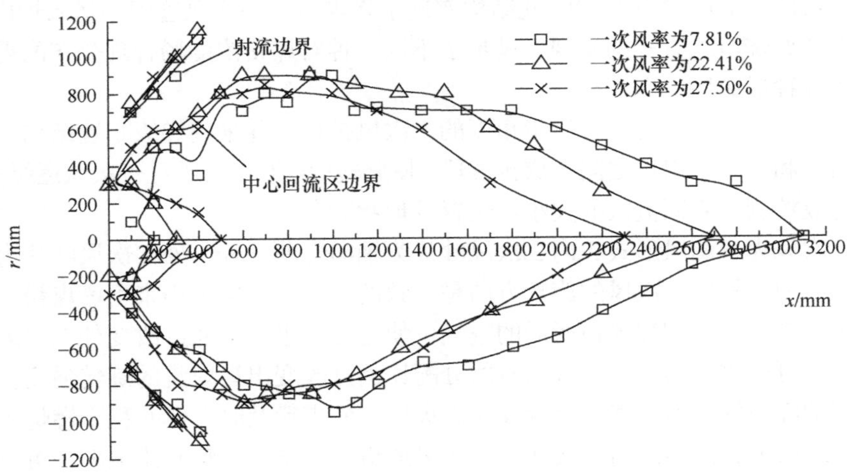

图 3-3　在 1025t/h 煤粉锅炉上测得的中心给粉旋流煤粉燃烧器冷态出口流场[1]

3.1.4　中心给粉旋流煤粉燃烧器的结构

基于高浓度煤粉直接送入中心高温回流区中心的燃烧组织方式，开发出了中心给粉旋流煤粉燃烧技术及装备(中心给粉旋流煤粉燃烧器简图见图 3-4)，实现了在低 NO_x 排放、高煤粉燃烧效率及稳定燃烧的同时，提高煤种适应性(可以燃用无烟煤、贫煤等劣质煤)，并且能解决结渣、高温腐蚀等影响锅炉安全运行的问题。

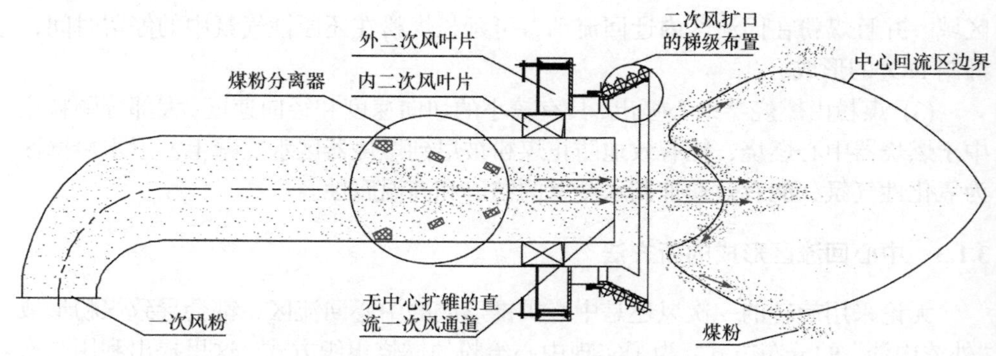

图 3-4　中心给粉旋流煤粉燃烧器简图

燃烧器一次风通道位于燃烧器的中心，一次风为直流，在燃烧器一次风通道中安装煤粉分离器，使煤粉由无序流动向一次风管中心集中有序流动的转变，控制煤粉在一次风管内的流动轨迹。将集中在一次风管中心的高浓度煤粉直接送入炉内，可以实现在一次风管中心(一次风管内径一半的区域)的煤粉浓度达到一次风管入口浓度的两倍以上[2,3]。此结构实现了将煤粉由一次风管中心送入炉内，保证了新的燃烧组织方式的实现，满足了不同煤种对煤粉浓度场合理分布的需求，提高了煤种适应性。

在内、外二次风管布置有带角度的二次风扩口，并采用梯级布置结构，在一次风出口和二次风出口之间形成预混段，使旋转内、外二次风对一次风逐级引射，进而有效控制中心回流区的大小、位置及形状[1,4,5]。

二次风为双调风形式，内二次风叶片为轴向弯曲叶片，外二次风叶片为切向直叶片，内、外层二次风的旋转方向是一致的，内层二次风用来引燃煤粉，外层二次风用来补充已燃烧煤粉所需的空气，使之完全燃烧。通过改变外二次风叶片的角度，可以改变内、外二次风量的分配比例且改变出口射流的旋转强度。旋转气流将炉膛内的高温烟气卷吸到煤粉着火区，使煤粉及时点燃并稳定燃烧。通过调节外二次风旋流器的角度或在外二次风通道中的位置调整旋流强度，可以改变中心回流区的大小及分级燃烧的程度。

3.1.5　中心给粉旋流煤粉燃烧器的研发历程

中心给粉燃烧技术的研发经历了两个阶段。①2003～2007 年，由于引进国外技术制造的电站锅炉的煤种适应性差，电站锅炉普遍存在低负荷稳燃能力差的问题。在此期间，主要是针对稳燃方面展开研究，并在 200MW 和 300MW 等级机组锅炉上进行了应用。将此技术应用到电站锅炉下层前后墙燃烧器，可有效提高煤种的适应性和锅炉的低负荷稳燃能力，这一阶段的成果将在 3.3 节中介绍。②随着技术的进步、煤质的改善，电站锅炉的低负荷稳燃问题基本得到了解决。

2010 年至今，由于环保要求越来越高，我国对电站锅炉的 NO_x 排放量提出了更高的要求。为了实现低 NO_x 燃烧，主要针对炉内空气分级条件下(燃尽风率为 20%～25%，相对于没有燃尽风，采用燃尽风后，燃烧器二次风量降低 40%左右)，如何实现高效燃烧和低 NO_x 排放同时兼顾展开了研究。此技术已经在日本 IHI 株式会社(采用美国福斯特惠勒公司技术)、日本日立公司、斯洛伐克吐耳玛齐锅炉厂(采用德国巴威公司技术)、国内锅炉厂(引进英国三井–巴布科克能源有限公司技术、美国巴威公司技术)制造的几十台 600MW、500MW 及 300MW 等级机组锅炉上应用，这一阶段的成果将在 3.4 节中介绍。

本章针对不同时期电厂对燃烧技术的需求，并结合应用实例，详细地介绍中心给粉燃烧技术的研发工作。为形成速度场、颗粒浓度场、温度场和气体(O_2、CO、NO_x 等)组分场的合理耦合，通过实验室的单相、两相、热态试验，给出燃烧器的一次风结构及参数、旋转内、外二次风参数与二次风扩口梯级布置的燃烧器结构，并在电站锅炉上进行工业试验。

3.2　煤粉浓缩器两相流动特性的试验研究

为了研究煤粉浓缩器的气固两相流动规律，本节采用三维 PDA 测量系统对煤粉浓缩器出口流场进行详细测量，研究轴向速度分布、径向速度分布及浓度分布，特别是颗粒的弥散行为和气固两相相互作用的机理。

3.2.1　煤粉浓缩器的浓缩原理

中心给粉旋流煤粉燃烧器采用煤粉浓缩环作为煤粉浓缩器。浓缩环是一种惯性分离器，其结构原理图如图 3-5 所示(图中符号的意义见 3.2.2 节中浓缩环结构及试验参数部分)。惯性分离器是利用粉尘与气体在运动中惯性力的不同，将粉尘从气体中分离出来。一般都是在含尘气流的前方设置某种形式的障碍物，使气流的方向急剧改变。此时，粉尘的惯性比气体大得多，尘粒脱离气流而分离出来，气体在急剧改变方向后排出。浓缩环利用惯性分离的方法，对一次风煤粉气流进行分离，从而达到煤粉浓缩的效果。浓缩环布置在旋流煤粉燃烧器的一次风管内，当一次风粉混合物流经浓缩环时，由于煤粉的密度远大于空气的密度，通过撞击叶片向浓缩环中心聚集，只有一部分粒径较小的颗粒和一些撞击在浓缩环内壁上后反弹的颗粒可以随风流向另一侧，从而在浓缩环中心积聚大量煤粉而靠近管壁区域的粉量相对较少，实现浓淡分离。

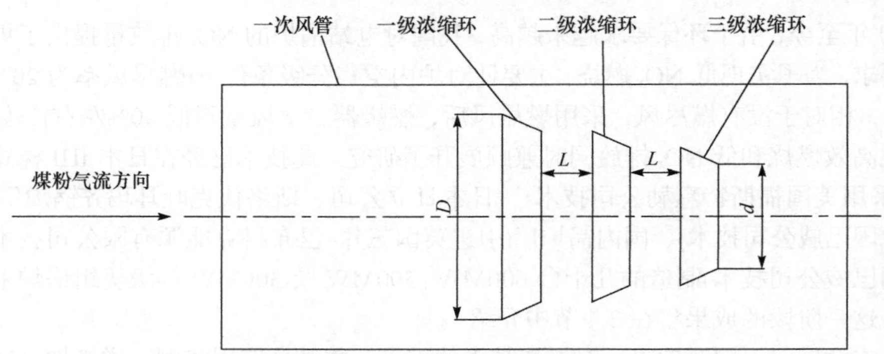

图 3-5　浓缩环结构原理图

3.2.2　环间距对三级浓缩环气固流动特性的影响

1. 浓缩环结构及试验参数

气固两相流动特性试验使用三维 PDA 测量系统(PDA 测量系统及原理、气固两相近似模化试验方法及试验系统介绍详见 2.5.1 节)；模型燃烧器与实际锅炉燃烧器的比例为 1∶4。试验台本体主要由风机、给粉机、试验段、旋风分离器等组成，结构简图如图 3-6 所示。风机将风引入试验段，然后先后通过旋风分离器和布袋除尘器进行除尘，并将旋风分离器和布袋除尘器捕集到的玻璃微珠送入料斗，由料斗通过给粉机将粉送入管道。总风量由风机的变频器控制，风管上安装靠背管测量风量。在试验段上位于浓缩器的两端设有静压孔，可以测量浓缩器的阻力。测量段直段长度为 2400mm，前部装有测量窗。玻璃微珠与玻璃为同物质，测量系统内静电小，近壁处速度及速度梯度小，颗粒黏附少，且每种工况拆卸、擦拭玻璃窗一次，保证了较好的透光效果[3]。

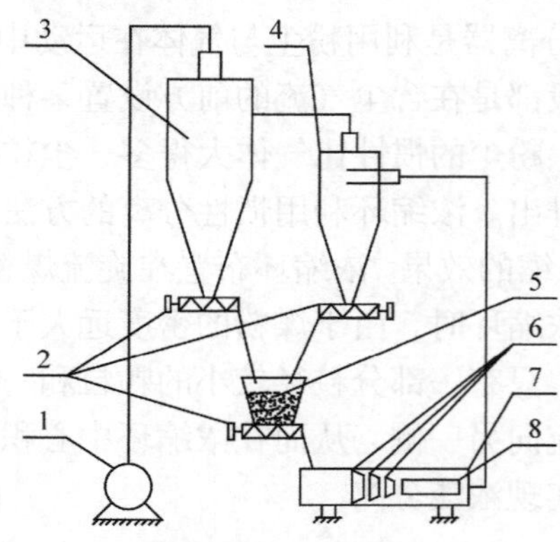

图 3-6　试验台简图

1-风机；2-给粉机；3-布袋除尘器；4-旋风分离器；5-料斗；6-煤粉浓缩环；7-试验段；8-测量窗

环间距是煤粉浓缩环的一个参数，且对煤粉浓缩效果，尤其是阻力特性有较大的影响。因此，研究不同环间距下三级浓缩环出口的气固两相流动具有重要意义。

三级煤粉浓缩环模型结构简图见图 3-5，图中的箭头表示煤粉气流的流动方向，D 是第一级浓缩环的入口直径，d 是第三级浓缩环的出口直径，L 为相邻两个浓缩环之间的距离。浓缩环安装在试验段内，由给粉机向试验段入口供粉，煤粉浓度的大小通过给粉机的给粉量来控制。试验工况和参数如表 3-1 所示。

表 3-1　不同环间距下浓缩环气固两相流动试验参数

工况	L/mm	D/mm	d/mm	颗粒质量浓度/(kg/kg)
1	16	140	70	0.1
2	32			
3	48			
4	64			

本试验对沿射流方向的 8 个截面的气固两相流动特性进行测量，每个点采样 3000 个，玻璃微珠粒径分布如图 3-7 所示。本节用 0～8μm 的玻璃微珠示踪气相流动特性，并用 10～100μm 的玻璃微珠示踪固相流动特性，分析 0～100μm 颗粒的平均粒径、数密度及体积流量分布。在体积流量、数密度计算过程中，均涉及测量体截面面积(参见 2.5.1 节中 PDA 测量系统及原理)，由于该参数估算精度低，因此以上两个量的测量精度也低。在数据分析时，由各点的体积流量积分可得出

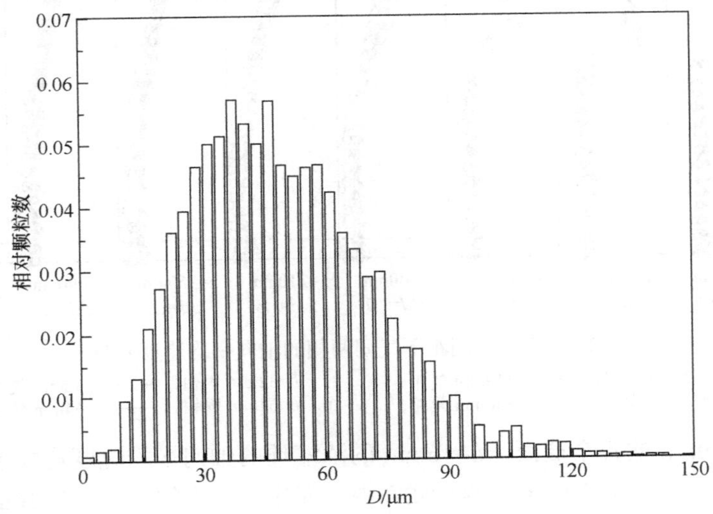

图 3-7　玻璃微珠粒径分布

该截面总的体积流量，根据各个截面的质量守恒原则对各个截面的体积流量进行修正。颗粒数密度采用相对值 C_n/C_{nmax} 表示(参见 2.5.1 节中气固两相近似模化试验方法)。

由于受坐标架移动范围和透镜焦距的限制，在径向 0～68mm、轴向(射流方向)0～540mm 范围内对射流的气固两相流动特性进行测量。

2. 不同环间距下的三级浓缩环气固流动特性

为了比较四种环间距下的三级浓缩环出口的气固两相流动特性，对距第三级浓缩环出口 x/d=0.1、0.3、0.5、1.0、1.5、2.5、3.5 和 4.0 八个截面的气固两相流动特性进行测量。四种环间距下三级浓缩环出口的气固两相的轴向平均速度分布如图 3-8 所示。在 x/d=0.1～1.0 四个截面内，四种环间距下气固两相的轴向平均速度呈单波峰、单波谷分布，峰值出现在 r=35mm 附近，此位置为第三级浓缩环出口处(第三级浓缩环出口直径为 70mm)。随着射流的发展，峰值区逐渐向中心区域移动，并且波谷逐渐向壁面方向移动，在 x/d>1.0 的截面，波谷消失。随着射流的进一步发展，四种环间距下三级浓缩环气固两相的轴向平均速度趋于平缓，速度分布趋于一致，这表明在 x/d>2.5 之后的截面，环间距对浓缩环气固两相的轴向平均速度的影响很小。

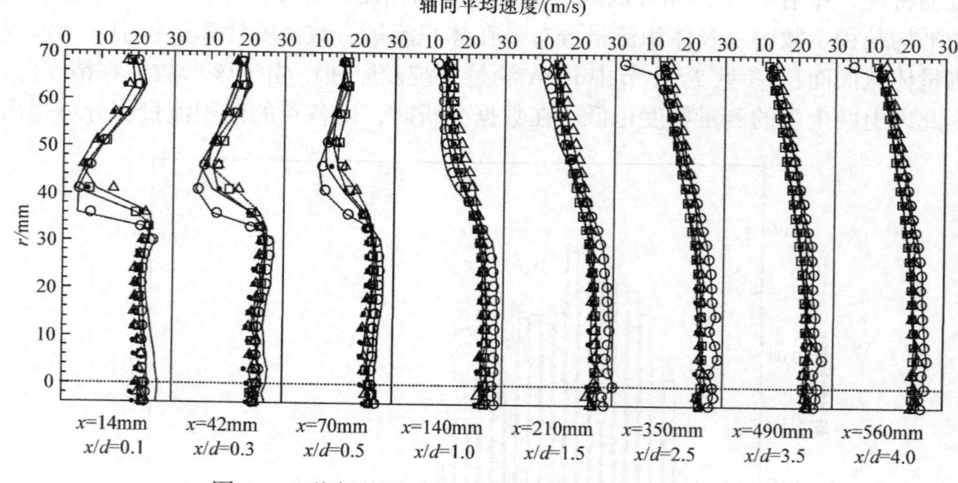

图 3-8 不同环间距下气固两相的轴向平均速度分布

○ L=16mm 固相，—— L=16mm 气相； • L=32mm 固相，—— L=32mm 气相；
△ L=48mm 固相，—— L=48mm 气相； □ L=64mm 固相，—— L=64mm 气相

在 r<35mm 的各个截面，L=16mm 的浓缩环的轴向平均速度均大于其余几种间距的速度；在 x/d=0.1、0.3 两个截面内，在靠近壁面的区域，L=16mm 的浓缩环的轴向平均速度均大于其余几种环间距的速度；在 x/d=0.1～1.0 四个截面内的

波谷区，L=16mm 的浓缩环的轴向平均速度明显小于其余几种间距的速度，这是因为这种结构下的环间距最小，绕过浓缩环气固两相混合物的绕流量少，气固混合物集中在第三级叶片喷口和第一级浓缩环与一次风管之间的间隙喷出。L=32mm、48mm、64mm 三种环间距下浓缩环气固两相的轴向平均速度分布相差不大，这表明当 L⩾32mm 后，环间距对浓缩环气固两相的轴向平均速度的影响不大。

四种环间距下三级浓缩环出口的气固两相的径向平均速度分布如图 3-9 所示。四种环间距下，浓缩器在 x/d=0.1～0.5 三个截面内的气固两相的径向平均速度呈单波峰、单波谷分布。随着射流的发展，峰值区逐渐向中心区域移动，并且波谷逐渐减小，在 x/d>1.0 的截面，波谷消失。随着射流的进一步发展，在 x/d⩾3.5 的截面，随着 r 的增加，径向平均速度变大，这表明在 x/d⩾3.5 之后的截面，气固两相逐渐向壁面方向的移动增强。

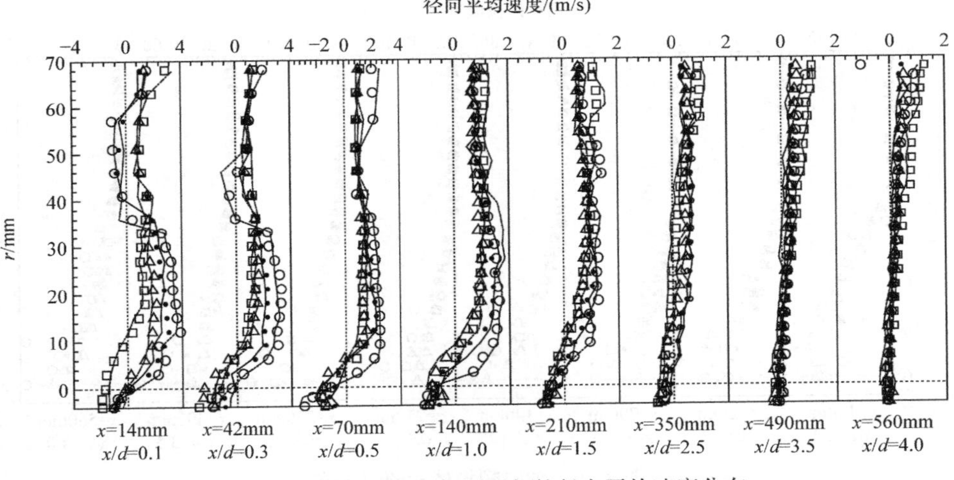

图 3-9　不同环间距下气固两相的径向平均速度分布

○ L=16mm固相，—— L=16mm气相；• L=32mm固相，—— L=32mm气相；
△ L=48mm固相，—— L=48mm气相；□ L=64mm固相，—— L=64mm气相

在 x/d=0.1～1.0 四个截面内，在 0<r<35mm 的范围内，L=16mm 的浓缩环的径向平均速度均大于其余几种环间距的速度，这是因为这种结构下的环间距最小，绕过浓缩环气固两相混合物的绕流量少，气固混合物集中在第三级叶片喷口，流出喷口后，气固两相混合物迅速向两侧扩散。在 x/d=0.1、0.3 两个截面内，在波谷区，L=16mm 的浓缩环的径向平均速度均小于其余几种环间距的速度。L=16mm 的浓缩环在 x/d=0.1、0.3 两个截面内，径向平均速度出现负值；L=32mm 的浓缩环在 x/d=0.1 的截面内，径向平均速度出现负值。在 35mm<r<70mm 的各个截面，L=48mm、64mm 的浓缩环的气固两相的径向平均速度始终为正，表明这两种结构下的环间距较大，绕过浓缩环的气固两相混合物的绕流量大于第一级浓缩环与一

次风管之间的间隙喷出流量，气固两相向壁面方向移动。

四种环间距下三级浓缩环出口的轴向颗粒体积流量分布如图 3-10 所示。在 x/d=0.1 的截面内，四种环间距下三级浓缩环出口的轴向颗粒体积流量分布呈单波峰、单波谷分布，随着环间距的减小，峰值更加远离燃烧器中心。四种环间距下浓缩器从燃烧器出口到 x/d=4.0 八个截面内，在 r>35mm 的范围内，轴向颗粒体积流量很小，随着射流的发展，轴向颗粒体积流量逐渐增加；在 r<35mm 的范围内，轴向颗粒体积流量的数值远远大于其他位置的轴向颗粒体积流量，表明颗粒集中在第三级浓缩环出口喷出。四种环间距下浓缩器在 x/d=0.1～0.5 三个截面内，轴向颗粒体积流量的最大值逐渐增加，并且峰值位置向中心线方向移动。随着射流的发展，四种环间距下浓缩器在 x/d=1.5～4.0 四个截面内，轴向颗粒体积流量峰值逐渐减小。

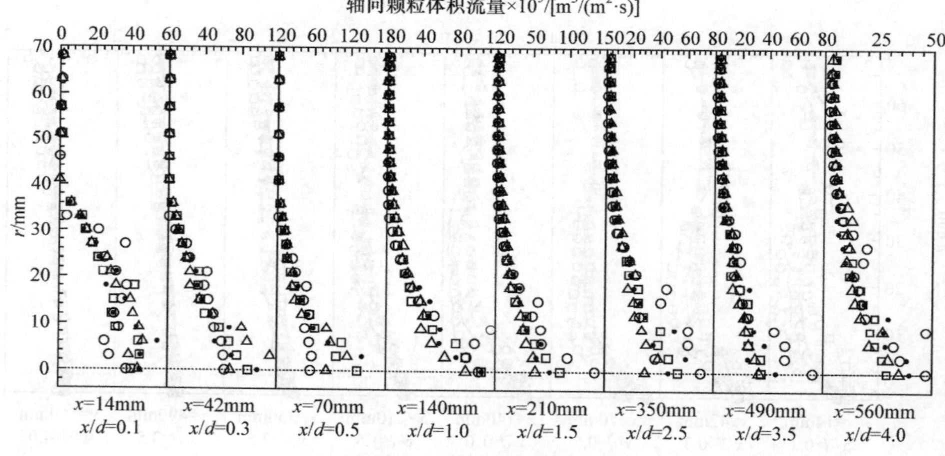

图 3-10　轴向颗粒体积流量分布

○ L=16mm；• L=32mm；△ L=48mm；□ L=64mm

当 L=16mm 时，轴向颗粒体积流量的峰值衰减最慢；L=64mm、48mm、32mm 的轴向颗粒体积流量的峰值在 x/d=0.5 的截面达到最大值；而 L=16mm 的轴向颗粒体积流量的峰值在 x/d=1.5 的截面时才达到最大值。在 x/d=0.1～0.5 三个截面内，在 r<10mm 的范围内，L=16mm 的轴向颗粒体积流量小于其他几种环间距的轴向颗粒体积流量；在 x/d=1.5～4.0 三个截面内，在 r<10mm 的范围内，L=16mm 的轴向颗粒体积流量大于其他几种环间距的轴向颗粒体积流量，这是因为当环间距减小到 16mm 时，绕过浓缩环气固两相混合物的绕流量大幅降低，固相颗粒集中在第三级叶片喷口，并不断向燃烧器中心积聚，在 x/d=1.5 的截面时达到最大轴向颗粒体积流量。环间距 L 在 32～48mm 范围内波动时，轴向颗粒体积流量分布差别不大，这表明当环间距 L 大于 32mm 后，环间距对轴向颗粒体积流量分布的影响减小。

四种环间距下三级浓缩环出口的径向颗粒体积流量分布如图 3-11 所示。四种环间距下三级浓缩环出口的径向颗粒体积流量分布呈单波峰分布，在 x/d=0.1～1.5 五个截面内，峰值处在 r<35mm 的范围内。在 x/d=0.1～0.5 三个截面内，峰值逐渐向中心线方向移动；从 x/d=1.0～4.0 五个截面峰值逐渐向壁面方向移动。随着射流的发展，径向颗粒体积流量分布趋于平缓。

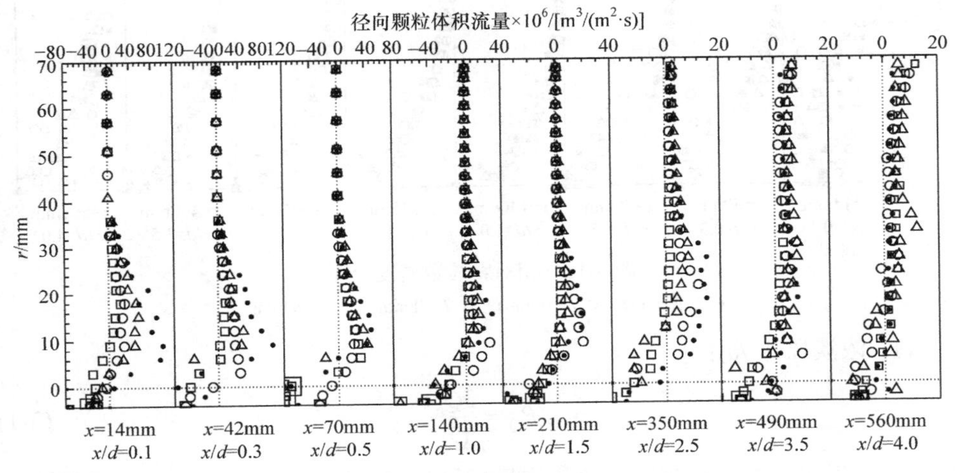

图 3-11　径向颗粒体积流量分布

○ L=16mm；• L=32mm；△ L=48mm；□ L=64mm

四种环间距下三级浓缩环出口的相对颗粒数密度分布如图 3-12 所示。由于同一截面不同的径向位置颗粒的粒径分布不同，因此同一截面的轴向颗粒体积流量和相对颗粒数密度分布有所不同。四种环间距下浓缩器从第三级浓缩环出口到 x/d=4.0 八个截面内，在 r>35mm 的范围内，轴向颗粒体积流量很小，随着射流的发展，轴向颗粒体积流量逐渐增加；在 r<35mm 的范围内，轴向颗粒体积流量的数值远远大于其他位置的轴向颗粒体积流量，表明颗粒集中在第三级浓缩环出口喷出。在 x/d=0.1～1.5 五个截面内，四种环间距下三级浓缩环的相对颗粒数密度的峰值处在 r<35mm 的范围内；在 x/d=0.1～0.5 三个截面内，峰值逐渐向中心线方向移动；四种环间距下浓缩器在 x/d=0.1～0.5 三个截面内，轴向颗粒体积流量的峰值位置向中心线方向移动。四种环间距下三级浓缩环的相对颗粒数密度与轴向颗粒体积流量分布是基本一致的。在 x/d=3.5 和 x/d=4.0 之间的截面，在 r>35mm 的范围内，壁面处相对颗粒数密度要高于其他测量点，这是由壁面处的颗粒粒径小导致的。

3. 不同环间距对浓缩环煤粉浓缩性能的影响

为衡量浓缩环的煤粉浓缩性能，这里引入以下三个参数。

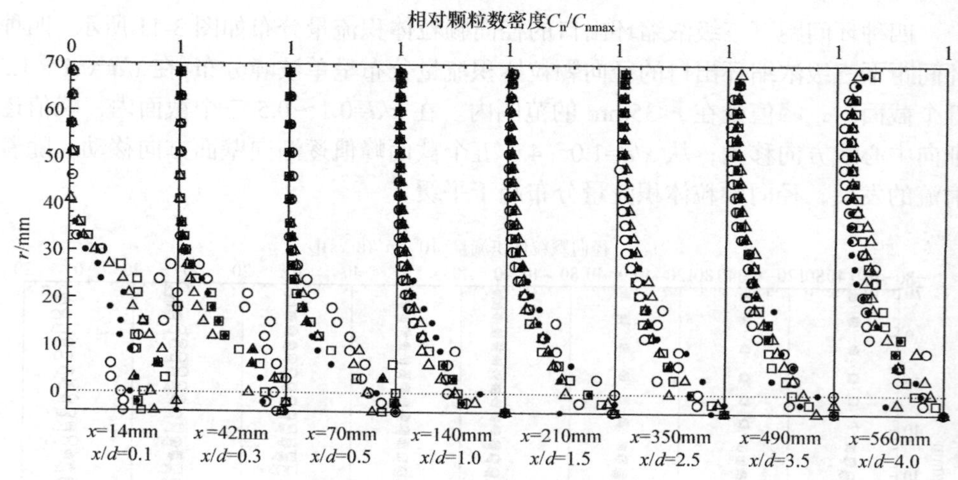

图 3-12　相对颗粒数密度分布

• L=32mm；○ L=16mm；△ L=48mm；□ L=64mm

(1) 浓淡风比 R_Q：

$$R_Q = \frac{3Q_n}{Q_d} \tag{3-1}$$

式中，Q_n 为在 r≤35mm 范围内的气流量(m^3/s)；Q_d 为在 35mm≤r≤70mm 范围内的气流量(m^3/s)。

R_Q 一般大于 1，越接近 1 说明浓淡侧空气分配越均匀，使燃烧器出口一次风速均匀，且能够优化浓缩效果。

(2) 浓缩比 R_C：

$$R_C = \frac{C_n}{C_d} \tag{3-2}$$

式中，C_n 为在 r≤35mm 范围内的颗粒浓度(颗粒/空气)/(kg/kg)；C_d 为在 35mm≤r≤70mm 范围内的颗粒浓度(颗粒/空气)/(kg/kg)。

(3) (浓侧)浓缩率 R_n：

$$R_n = \frac{C_n}{C_{in}} \tag{3-3}$$

式中，C_{in} 为入口颗粒浓度(kg/kg)。

四种环间距下的三级浓缩环出口不同截面的浓淡风比分布如图 3-13 所示。从图中可以看出，在各个截面，四种环间距下的三级浓缩环出口浓淡风比都大于 1.2。在 x/d=1.0～3.5 四个截面，四种环间距下的三级浓缩环出口浓淡风比随着射流的发展，浓淡风比降低，表明浓淡两侧的风速、风量分配趋于平缓。当 L=16mm 时，在 x/d=0.1～1.0 四个截面，浓淡风比逐渐增加；当 L=32mm 时，x/d=0.3 截面上的

浓淡风比大于 x/d=0.1 截面的浓淡风比；对于 L=48mm 和 L=64mm 的环间距，最大的浓淡风比出现在 x/d=0.1 的截面。当 L=16mm 时，在各个截面上，浓淡风比均大于其他三个环间距下的浓淡风比，尤其是在 x/d=1.0 的截面，浓淡风比是其他三个截面浓淡风比的 1.2 倍以上。

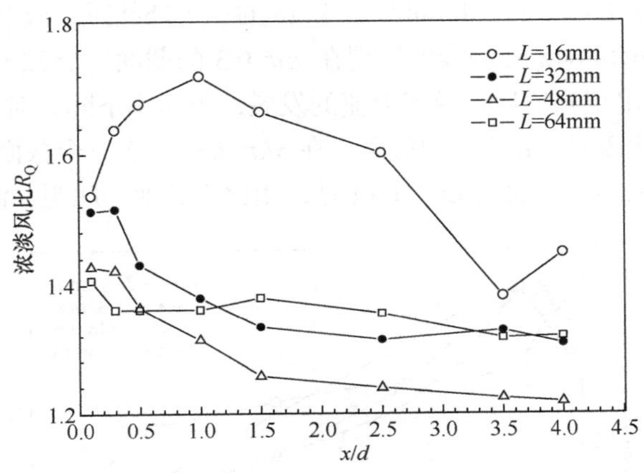

图 3-13　不同环间距下的浓淡风比分布

四种环间距下的三级浓缩环出口不同截面的浓缩比分布如图 3-14 所示。从图中可以看出，在各个截面，四种环间距下的三级浓缩环出口的浓淡风比分布呈单波峰分布，对于 L=16mm、48mm 和 64mm 的环间距的浓缩比的峰值出现在 x/d=0.3 的截面；L=32mm 的浓缩比的峰值出现在 x/d=0.3 的截面；出现峰值后，随着射流的发展，浓缩比不断减小，这表明随着射流的发展，风粉分布趋于平缓。在 x/d=1.5～4.0 四个截面，L=16mm 的浓缩比要大于其他几个环间距的浓缩比，但是随着射流

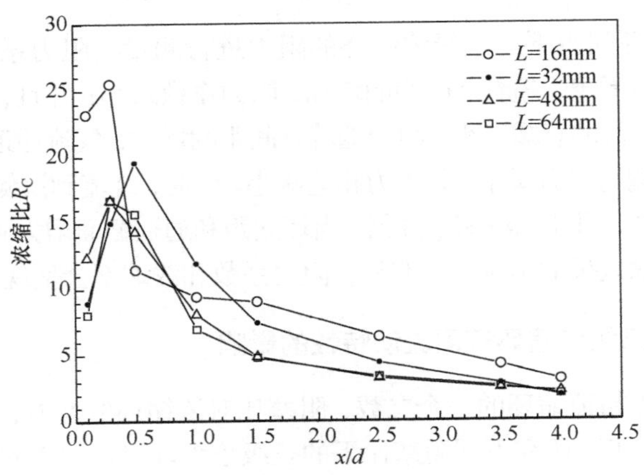

图 3-14　不同环间距下的浓缩比分布

的发展，浓缩比的差值不断减小；对于 L=48mm 和 64mm 的环间距，浓缩比在这四个截面上基本相同，这表明在 $x/d \geqslant 1.5$ 的截面上，当环间距大于 48mm 后，环间距对浓缩比的影响很小。

四种环间距下的三级浓缩环出口不同截面的浓缩率分布如图 3-15 所示。从图中可以看出，对于 L=32mm、48mm 和 64mm 的三个环间距，浓缩率的分布呈单波峰分布，L=48mm 和 64mm 的峰值出现在 x/d=0.3 的截面，L=32mm 的峰值出现在 x/d=0.5 的截面；出现峰值后，随着射流的发展，浓缩率下降。对于 L=16mm 的浓缩率，其最大值出现在 x/d=0.1 的截面，在 x/d=2.5～4.0 三个截面，浓缩率明显大于其他环间距的浓缩率，表明 L=16mm 时，相比于其他环间距，浓缩率衰减较慢。

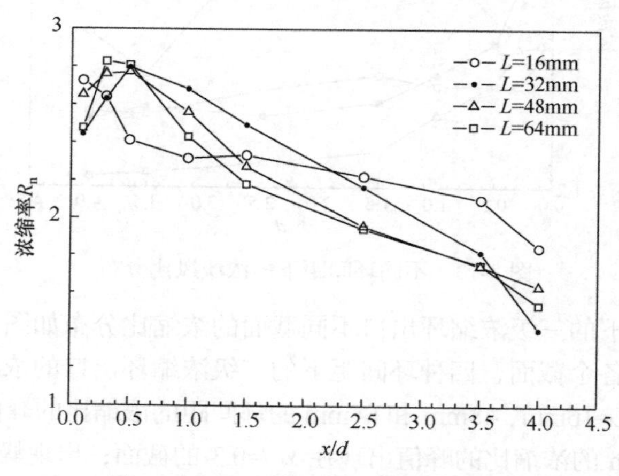

图 3-15 不同环间距下的浓缩率分布

4. 不同环间距对浓缩环阻力系数的影响

这里对四种环间距下的三级浓缩环的阻力进行测量，阻力系数分布如图 3-16 所示。从图中可以看出，随着环间距的增加，阻力系数减小；并且，随着环间距的进一步增加，阻力系数的衰减变小。因为随着环间距的增大，气流通道渐宽，气流及固相颗粒绕流到淡侧的阻力减小，总阻力相应减小。同时，绕流到淡侧的风量和颗粒也相应增大，导致浓淡风比和浓缩率降低。当环间距和通道截面增大到一定程度后，该参数对阻力和浓缩效果的影响不再明显，阻力系数和浓缩率会呈现平稳变化。

3.2.3 阻塞比对三级浓缩环气固流动特性的影响

阻塞比 s 是煤粉浓缩环的一个参数，阻塞比对浓缩环的性能，尤其是阻力特性有较大的影响。因此，研究不同阻塞比下的三级浓缩环出口的气固两相流动具有重要意义。三级煤粉浓缩器模型的结构简图见图 3-5，不同阻塞比下浓缩环气固两相的流动试验参数如表 3-2 所示。

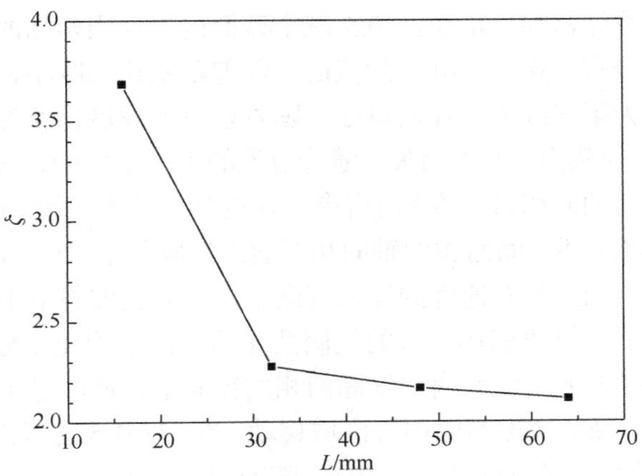

图 3-16　不同环间距下的阻力系数分布

表 3-2　不同阻塞比下浓缩环气固两相的流动试验参数

s	d/mm	D/mm	L/mm	颗粒浓度(颗粒/空气)/(kg/kg)
0.5	70			
0.42	81	140	32	0.1
0.34	92			

1. 不同阻塞比下三级浓缩环的气固流动特性

三种阻塞比下三级浓缩环出口的气固两相的轴向相对速度分布如图 3-17 所示。

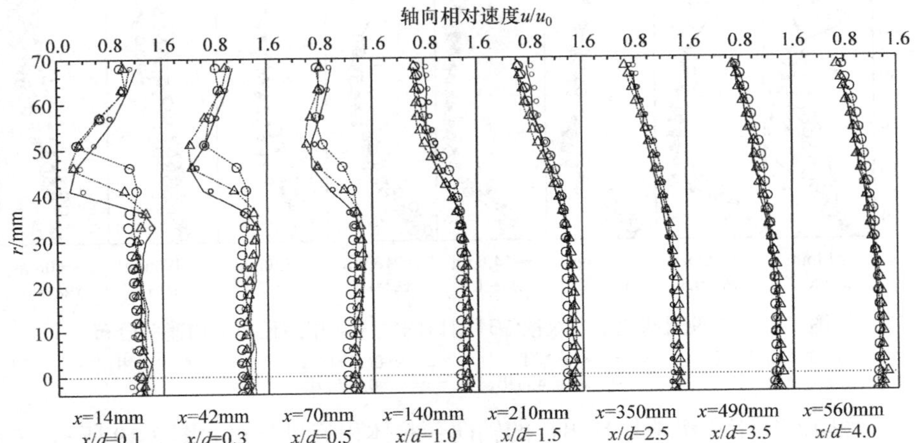

图 3-17　三种阻塞比下三级浓缩环出口的气固两相的轴向相对速度分布

○ s=0.5固相，—— s=0.5气相；△ s=0.42固相，------ s=0.42气相；○ s=0.34固相，······ s=0.34气相

三种阻塞比下的浓缩器在 x/d=0.1～0.5 三个截面内，气固两相的轴向相对速度呈单波峰、单波谷分布。在 x/d=0.1 的截面，随着阻塞比的减小，峰值更加靠近壁面，其峰值位置为第三级浓缩环出口处。随着射流的发展，波谷逐渐向壁面方向移动，在 x/d>0.5 的截面，波谷消失。随着射流的进一步发展，三种阻塞比下三级浓缩环气固两相的轴向相对速度趋于平缓，速度分布趋于一致。在 x/d>2.5 之后的截面，环间距对浓缩环气固两相的轴向相对速度影响很小。在 x/d=0.1 的截面，随着阻塞比的减小，轴向相对速度的峰值逐渐增加，并且波谷值不断减小。

三种阻塞比下三级浓缩环出口的气固两相的径向平均速度分布如图 3-18 所示。在 x/d=0.1～1.5 五个截面内，气固两相的径向平均速度呈单波峰分布。随着射流的发展，速度峰值区逐渐向中心区域移动，在 x/d>1.5 的截面，波谷消失。随着射流的进一步发展，在 x/d≥3.5 的截面，随着测量点半径方向的增加，径向平均速度变大，这表明在 x/d≥3.5 之后的截面，气固两相逐渐向壁面方向移动增强。在 x/d=0.1～0.5 三个截面内，随着阻塞比的减小，气固两相的径向平均速度分布趋于平缓。在 x/d=0.1～0.3 两个截面内，在 10mm<r<35mm 范围内的各个测量点上，s=0.5 的径向平均速度大于其他两种阻塞比下的速度。这是因为这种结构下的阻塞比最大(第三级出口直径最小)，气固混合物集中在 0<r<35mm 范围内喷出喷口后，气固两相混合物迅速向两侧扩散。

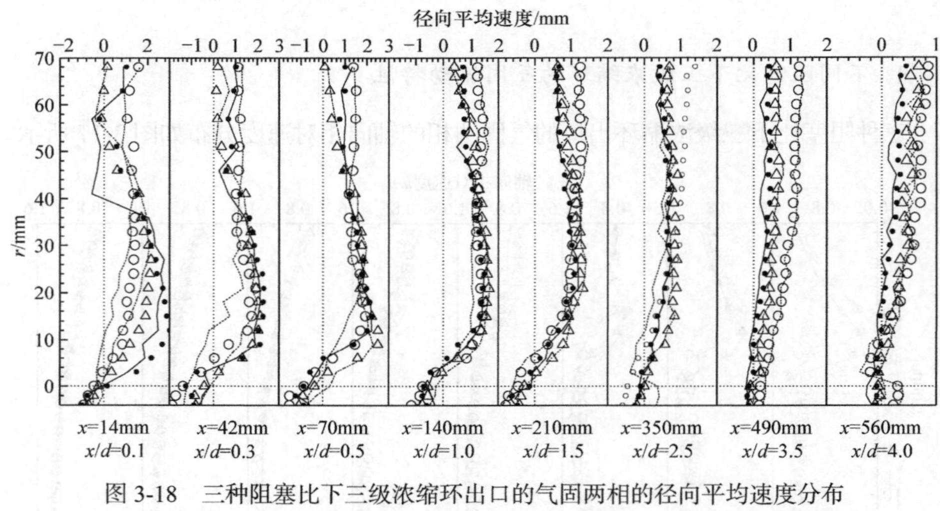

图 3-18　三种阻塞比下三级浓缩环出口的气固两相的径向平均速度分布

• s=0.5固相，—— s=0.5气相；△ s=0.42固相，······ s=0.42气相；○ s=0.34固相，—— s=0.34气相

三种阻塞比下三级浓缩环出口的轴向颗粒体积流量分布如图 3-19 所示。三种阻塞比下，从第三级浓缩环出口到 x/d=4.0 八个截面内，在 r>d/2 范围内，轴向颗粒体积流量很小；在 r<d/2 范围内，轴向颗粒体积流量的数值远远大于其他位置

的轴向颗粒体积流量，表明颗粒集中在第三级浓缩环出口喷出。随着射流的发展，三种阻塞比下三级浓缩环出口的轴向颗粒体积流量分布趋于平缓，在 x/d>3.5的截面内，轴向颗粒体积流量分布相差不大。三种阻塞比下浓缩器在 x/d=0.1～1.0 四个截面内，轴向颗粒体积流量的最大值逐渐增加，并且峰值位置向中心线方向移动。随着射流的发展，三种阻塞比下浓缩器在 x/d=1.5～4.0 四个截面内，轴向颗粒体积流量峰值逐渐减小。

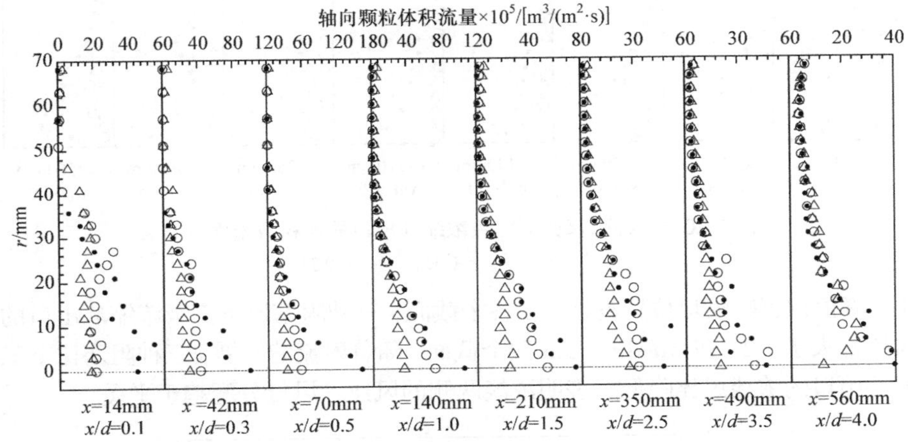

图 3-19　三种阻塞比下三级浓缩环出口的轴向颗粒体积流量分布

• s=0.5；　○ s=0.42；　△ s=0.34

三种阻塞比下浓缩器在 x/d=0.1～1.5 五个截面内，在中心线附近区域，随着阻塞比的增加，轴向颗粒体积流量增加；在 r>40mm 的区域，随着阻塞比的增加，轴向颗粒体积流量减小。这是因为随着阻塞比的增加，第三级浓缩环出口直径不断减小，颗粒更加集中在浓缩环中心喷出；随着浓缩环直径的增大，颗粒更加容易向壁面扩散。

三种阻塞比下三级浓缩环出口的颗粒数密度分布如图 3-20 所示。由于同一截面不同径向位置的颗粒粒径分布不同，因此同一截面的轴向颗粒体积流量和颗粒数密度分布有所不同。三种阻塞比下浓缩器从燃烧器出口到 x/d=4.0 八个截面内，在 r>d/2 范围内，颗粒数密度很小，随着射流的发展，颗粒数密度逐渐增加；在 x/d=0.1～0.5 三个截面内，在 r<d/2 范围内，颗粒数密度的数值远远大于其他位置的颗粒数密度，表明颗粒集中在第三级浓缩环出口喷出。

2.不同阻塞比对浓缩环煤粉浓缩性能的影响

三种阻塞比下三级浓缩环出口不同截面的浓淡风比分布如图 3-21 所示。从图中可以看出，三种阻塞比下不同截面的浓淡风比呈单峰分布，并且随着阻塞比的

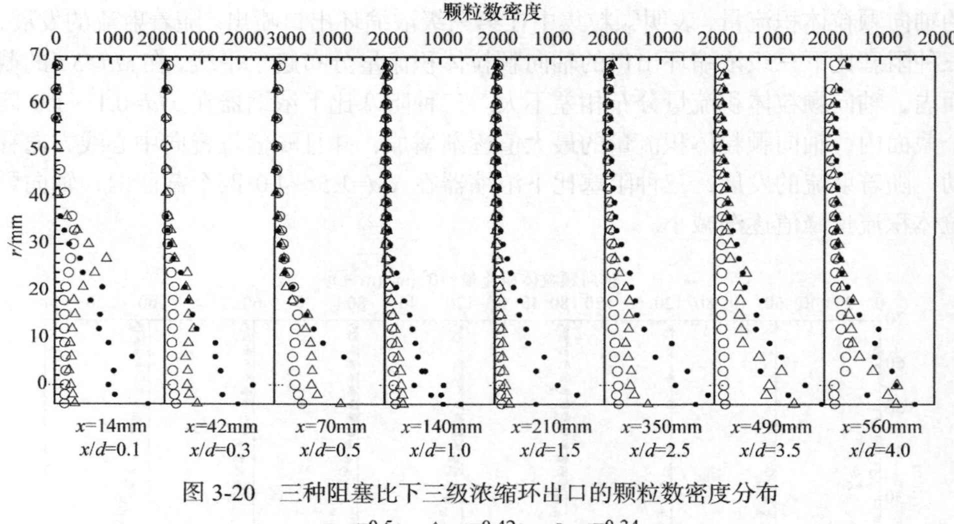

图 3-20　三种阻塞比下三级浓缩环出口的颗粒数密度分布

• s=0.5；　△ s=0.42；　○ s=0.34

减小，峰值位置距喷口位置越远。在各个截面，三种阻塞比下三级浓缩环出口的浓淡风比都大于 1.2。在 x/d=1.0～3.5 四个截面，随着射流的发展，三种阻塞比下三级浓缩环出口的浓淡风比降低，表明浓淡两侧的风速、风量分配趋于平缓。

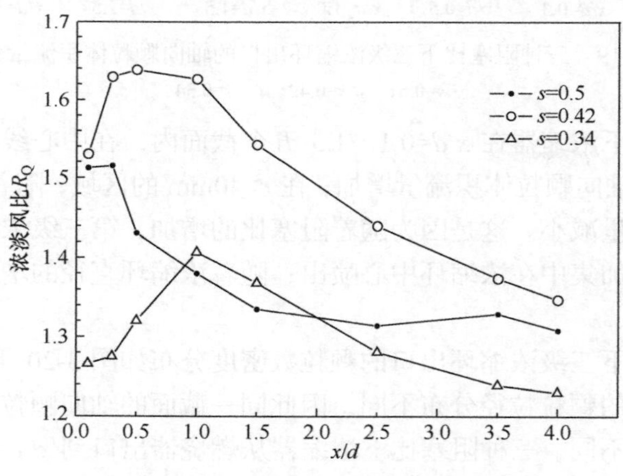

图 3-21　三种阻塞比下的浓淡风比分布

三种阻塞比下三级浓缩环出口不同截面的浓缩比分布如图 3-22 所示。从图中可以看出，在各个截面，三种阻塞比下三级浓缩环出口的浓缩比都大于 1.8，并且浓缩比分布呈单波峰分布。在 x/d=0.1～3.5 七个截面，随着阻塞比的增加，浓缩比增大。在 x/d=4.0 截面，浓缩比趋于一致，表明随着射流的发展，风粉分布趋于平缓。

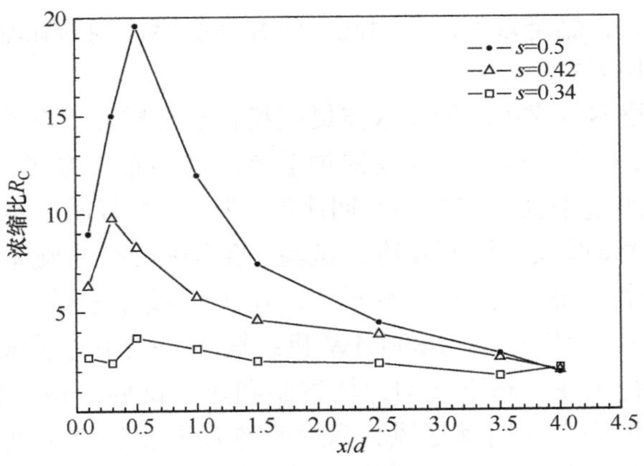

图 3-22　三种阻塞比下的浓缩比分布

三种阻塞比下三级浓缩环出口不同截面的浓缩率分布如图 3-23 所示。在 x/d=0.1～3.5 七个截面，随着阻塞比的增加，浓缩率增大。三种阻塞比的最大浓缩率均出现在距喷口一定距离。在 x/d=0.5～1.5 三个截面内，不同阻塞比的浓缩率基本相同。

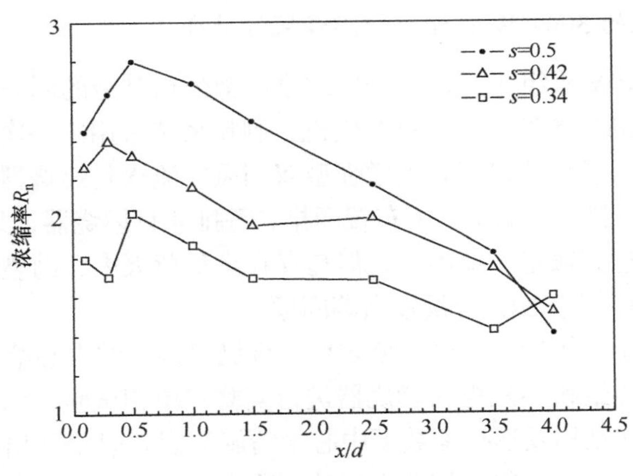

图 3-23　三种阻塞比下的浓缩率分布

3.3　中心给粉旋流煤粉燃烧器在未采用燃尽风的电站锅炉上的应用

我国动力用煤的特点是煤种多变、煤质偏差。美国、日本等发达国家的燃煤为优质煤，因此引进的旋流煤粉燃烧技术在燃用我国动力用煤时，电站锅炉在运行中经常出现以下问题：煤种适应性差；锅炉稳燃能力，特别是低负荷稳燃能力差，助燃用油量大；燃烧效率低。因此，研究高稳燃性能的旋流煤粉燃烧器是我国电力工业的迫切需求。

旋流煤粉燃烧器依靠中心回流区点燃煤粉且稳定燃烧。为了提高电站锅炉的低负荷稳燃能力，根据不同的煤质及锅炉上燃烧器的布置方式，要求旋流煤粉燃烧器能够形成大小适中且稳定的中心回流区。为此，本节通过实验室冷态单相模化试验、混合特性试验及气固两相冷态试验，给出中心给粉旋流煤粉燃烧器的结构；根据煤质特性及锅炉容量的不同，给出关键技术参数，并在燃用烟煤的300MW 机组锅炉、燃用贫煤的 300MW 机组锅炉、燃用劣质煤的 200MW 机组锅炉上，分别进行工业冷态空气动力场试验和热态试验。该工作是在已有锅炉上开展的，原锅炉均未采用燃尽风，锅炉改造时未加装燃尽风装置，仅将锅炉下层前后墙燃烧器更换为中心给粉旋流煤粉燃烧器。

锅炉下层燃烧器采用中心给粉旋流煤粉燃烧器后，锅炉可以在满负荷下稳定运行。锅炉低负荷稳燃能力提高，煤种适应好，锅炉效率有所提高。由于仅对锅炉下层燃烧器进行改造，锅炉 NO_x 排放量降低较小。

3.3.1 中心给粉旋流煤粉燃烧器在燃用烟煤 300MW 机组锅炉上的应用

1. 燃用烟煤的 300MW 机组锅炉燃烧装置简介

某电厂 300MW 机组 1 号锅炉是由北京巴威公司制造的固态排渣煤粉锅炉。锅炉配备五台 ZGM-95 型中速平盘磨煤机，制粉系统采用冷一次风正压直吹式；燃用煤质为烟煤，燃烧器采用着火增强型双调风旋流煤粉燃烧器(图 3-24)，前墙上、中、下布置三排，后墙上、下布置两排，每排 4 只燃烧器，共 20 只。锅炉投运后，机组能够达到额定负荷出力，但是存在满负荷灭火、助燃油量大、低负荷稳燃性能较差及排烟中 NO_x 含量较高等问题。

为了得到适用于燃用烟煤的 300MW 等级机组锅炉的中心给粉旋流煤粉燃烧器的结构，对中心给粉旋流煤粉燃烧器进行实验室单相试验、示踪试验、两相试验。另外，对不同结构及运行参数下中心给粉旋流煤粉燃烧器出口冷态空气动力场进行测量，得出旋流煤粉燃烧器出口单相冷态射流流动特性及湍流特性，并分析一、二次风边界曲线的分形维数与湍流强度的对应关系，得出不同结构及参数下燃烧器的三维平均速度、脉动速度、颗粒粒径分布、中心回流区的大小及位置、颗粒的体积流量等流动特性。

2. 结构和运行参数对中心给粉旋流煤粉燃烧器单相流动特性的影响

图 3-25 给出了本次单相冷态试验中心给粉旋流煤粉燃烧器的结构简图。燃烧器模型按 1 号锅炉采用的中心给粉旋流煤粉燃烧器进行模化，模型与原型比为 1∶4。内二次风叶片为 16 个轴向弯曲叶片，外二次风叶片为 12 个切向直叶片，

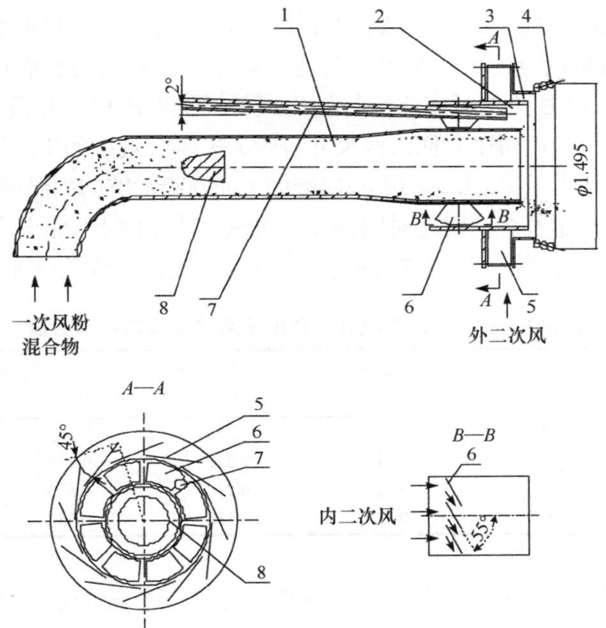

图 3-24　300MW 机组锅炉着火增强型双调风旋流煤粉燃烧器的结构简图(单位：m)

1-一次风+煤粉通道；2-内二次风通道；3-外二次风通道；4-水冷壁；
5-外二次风调风器；6-内二次风调风器；7-看火孔；8-扩散器

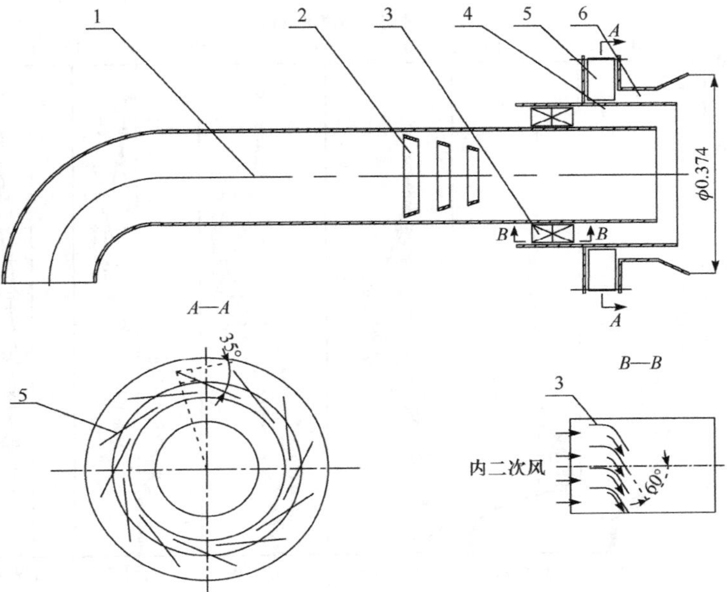

图 3-25　300MW 机组锅炉中心给粉旋流煤粉燃烧器模型(单位：m)

1-一次风通道；2-浓缩环；3-内二次风叶片；4-内二次风通道；5-外二次风叶片；6-外二次风通道

内、外层二次风的旋转方向是一致。通过改变外二次风叶片的角度、二次风量以及内、外二次风量的分配比例都可以改变燃烧器出口射流的旋流强度[6]。

1) 外二次风叶片角度对中心给粉旋流煤粉燃烧器出口单相流场的影响

外二次风叶片角度对中心回流区尺寸有较大影响，过大的中心回流区容易引起相邻两只燃烧器发生干扰，太小的中心回流区不能卷吸足够的高温烟气，不能保证煤粉的及时着火和稳定燃烧，因此对四种外二次风叶片角度下中心给粉旋流煤粉燃烧器出口单相流场进行测量，试验参数如表 3-3 所示。试验系统及原理介绍见 2.5.2 节。

表 3-3 不同外二次风叶片角度下实验室冷态试验参数

外二次风叶片角度/(°)	一、二次风温/℃	一次风质量流率/(kg/s)	内二次风质量流率/(kg/s)	外二次风质量流率/(kg/s)	旋流强度
25	10	0.315	0.230	0.536	0.484
30	10	0.315	0.230	0.536	0.424
35	10	0.315	0.230	0.536	0.396
40	10	0.315	0.230	0.536	0.339

对于旋流煤粉燃烧器，一般利用旋流强度来表示气流的旋转强烈程度，旋流强度的定义详见式(2-1)～式(2-7)。其中定性尺寸 $L=d$。

四种外二次风叶片角度下的轴向平均速度分布、径向平均速度分布和切向平均速度分布分别如图 3-26～图 3-28 所示，图中 d 为 ϕ374mm。由图 3-26 可知，

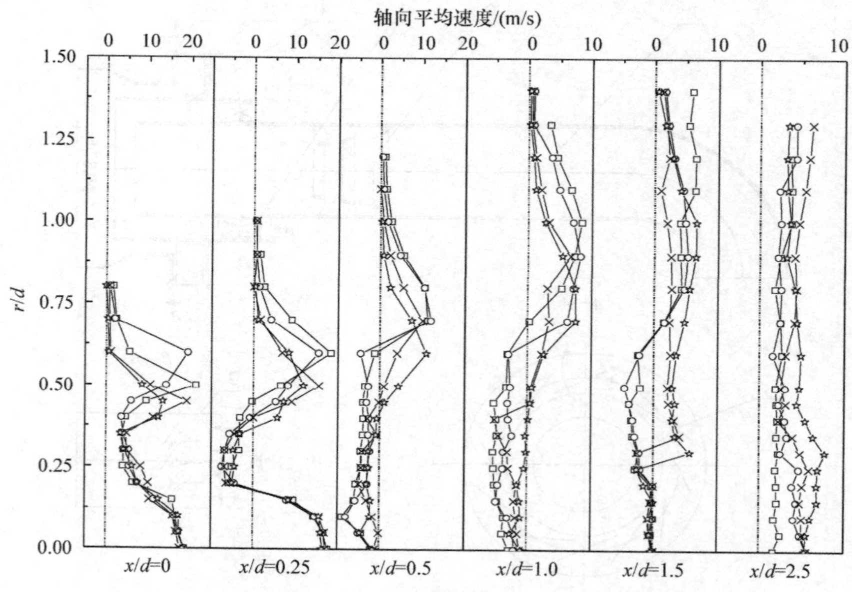

图 3-26 不同外二次风叶片角度下的轴向平均速度分布

—□— 25°；—○— 30°；—×— 35°；—☆— 40°

在燃烧器出口(x/d=0)到 x/d=0.25 截面，轴向平均速度沿半径方向存在两个峰值，靠近中心的一个峰值是由一次风出口气流形成的，远离中心的另一个峰值是由二次风出口气流形成的，随着外二次风叶片角度的减小，远离中心的速度峰值增加。由于一次风与外二次风之间大速度梯度所形成高的湍流质量交换率，一次风与二次风混合速度快，在 x/d≥0.5 截面之后，一次风速的峰值已经消失。外二次风叶片角度较小时，二次风气流出口处轴向平均速度的峰值较高，一、二次风混合速度快；外二次风叶片角度越大，出口气流的旋转能力越弱，旋流强度从 0.484 减小到 0.339，流体微团的离心力越小，气流更加集中在射流中心处流动，射流扩展角减小，回流区相应减小。

如图 3-27 所示，四种工况下在燃烧器出口至 x/d=0.5 截面，径向平均速度的分布呈双峰结构，靠近燃烧器中心的峰区为一次风流动区域，外侧峰区为二次风流动区域，靠近外侧的峰值始终高于靠近中心的峰值，外二次风叶片角度越小，靠近外侧的峰值越高；随着一次风向二次风的扩散，二次风向四周扩散，两个径向平均速度峰值逐渐减小，两个峰值位置向边壁移动；随着射流的进一步发展，径向平均速度趋于平缓，在 x/d=1.0 以后的截面，四种工况的径向平均速度相差很小。在燃烧器出口至 x/d=0.25 截面，不同外二次风叶片角度下，中心给粉旋流煤粉燃烧器在中心线附近的径向平均速度为负值，说明一次风向中心线移动，有利于提高燃烧器中心区域的煤粉浓度。

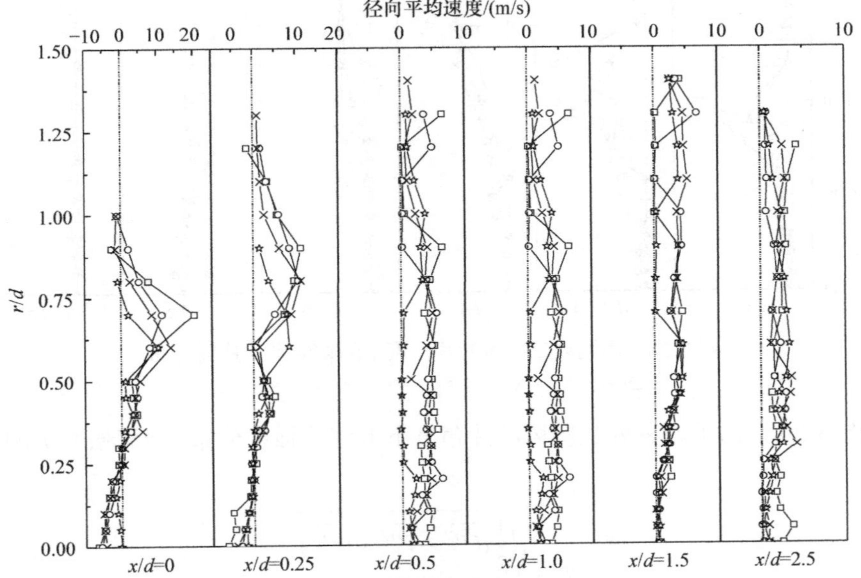

图 3-27　不同外二次风叶片角度下的径向平均速度分布

—□— 25°；—○— 30°；—×— 35°；—☆— 40°

由图 3-28 可知，四种工况下切向平均速度都只有一个速度峰值，随着外二次风叶片角度的减小，速度峰值增加。四种工况下中心回流区和一次风出口处的切向平均速度均很小，这是因为一次风为直流射流且回流区内以轴向回流流动为主。外二次风主流区内旋流叶片形成具有较高速度峰值的 Rankine 涡结构，中部比较窄的区域是似固核区，外围较大的区域为自由涡区。二次风出口的切向平均速度峰值随外二次风叶片角度的减小而增加，气流旋转强度增强，外二次风叶片角度小时切向平均速度的衰减速度较快，气流之间的混合强烈。同时，切向平均速度的衰减明显快于轴向平均速度的衰减，在强旋流射流中切向旋转特性因湍流混合作用很快就消失了，在 x/d=1.0 之后的截面，气流的切向平均速度很小，轴向流动为主要流动方式。

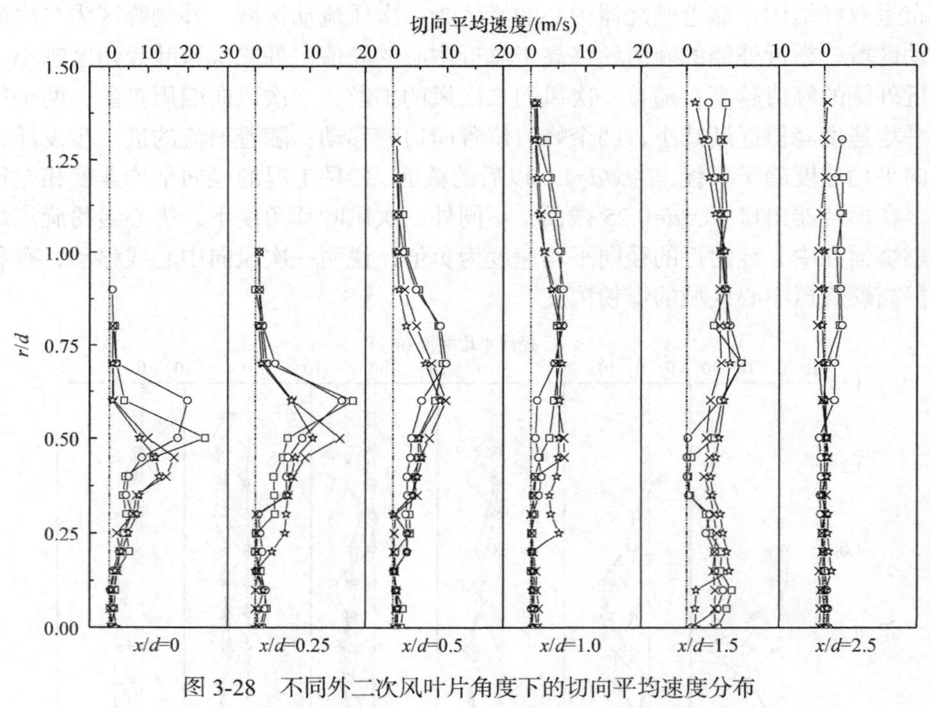

图 3-28　不同外二次风叶片角度下的切向平均速度分布

—□— 25°；—○— 30°；—×— 35°；—☆— 40°

图 3-29 给出了四种外二次风叶片角度下的湍流强度分布，湍流强度 T 的定义式为

$$T = \frac{\sqrt{\frac{1}{3}(\overline{U'^2} + \overline{V'^2} + \overline{W'^2})}}{U_0} \tag{3-4}$$

式中，U_0 为射流出口的平均速度；U'、V'和 W'分别为轴向速度、径向速度和切向

速度。

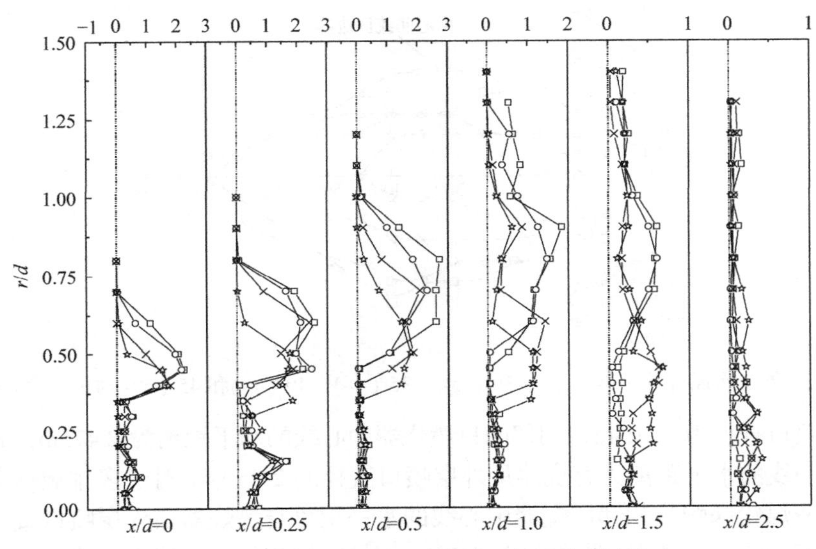

图 3-29 不同外二次风叶片角度下的湍流强度分布

—□— 25°; —○— 30°; —×— 35°; —☆— 40°

从图 3-29 中可以发现，湍流强度在流场中的分布是不均匀的，在回流区内和射流外边界处数值很小，回流区边界和二次风主流区是高湍流强度区，湍流强度在燃烧器出口处并不具有最大值，而随着气流向下游扩展，湍流能量不断产生，在 x/d=0.25～0.5 这一区域，湍流强度达到最大值，随后逐渐降低，因此湍流强度大的这一区域是煤粉燃烧的有利区，在实际运行中旋流煤粉燃烧器应将煤粉气流的着火距离控制在这个区域内。当外二次风叶片角度较小时，出口处湍流强度水平较高，湍流混合强烈，能够较早地点燃煤粉，但气流前期的强烈混合，使湍流能量耗散速度加快。在 x/d=1.5～2.5 区域，燃烧器中心区域，外二次风叶片角度越小，湍流强度越小。

图 3-30 给出了内二次风叶片角度为 60°时，不同外二次风叶片角度下燃烧器模型的射流边界及中心回流区边界，射流边界的测量及中心回流区边界的测量参见 2.5.2 节的说明。从图中可以发现，随着外二次风叶片角度的减小，回流区尺寸和射流扩展角都明显增大，当外二次风叶片角度为 30°时，回流区最大直径为 1.47d，回流区最大长度为 2.0d。当外二次风叶片角度分别为 30°和 35°时，可形成较大回流区，能够满足锅炉实际运行的需要[6,7]。

1 号锅炉燃烧器最外层喷口直径为 1.495m，相邻两只燃烧器中心线的水平距离为 2.475m，相邻燃烧器中心线的水平距离仅为燃烧器最外层喷口直径的 1.66 倍。而采用着火增强型双调风旋流煤粉燃烧器燃用贫煤的某厂 1025t/h 锅炉，其燃烧器

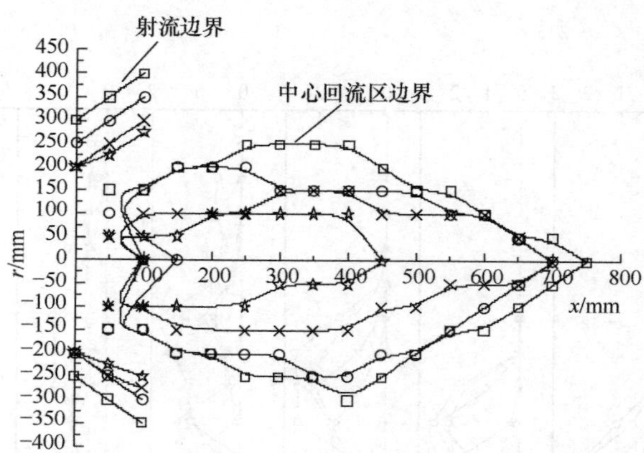

图 3-30　外二次风叶片角度分别为 30°(-□-)、35°(-○-)、40°(-×-)和 45°(-☆-)时的空气动力场

最外层喷口直径为 1.208m，相邻两只燃烧器中心线的水平距离为 2.475m，相邻燃烧器中心线的水平距离为燃烧器最外层喷口直径的 2.05 倍。对于多排顺列布置的固态排渣煤粉锅炉，相邻燃烧器中心线的水平距离与燃烧器最外层喷口直径之比的推荐值为 3.0～3.5 倍[8,9](参见表 4-36)。1 号锅炉相邻燃烧器中心线的水平距离与燃烧器最外层喷口直径的比值远小于推荐值，容易发生流场相互干扰的现象，并在多只燃烧器的实验室试验中发现了该现象。

为了防止由于回流区尺寸过大，相邻两只燃烧器流场相互干扰，引起燃烧不稳定现象的发生，在单只燃烧器模型的实验室基础上，对外二次风叶片角度分别为 30°和 35°时，两只燃烧器模型的空气动力场进行实验室试验。采用飘带法得出了射流边界及中心回流区边界，保证两只燃烧器具有相同的试验参数，图 3-31 是不同外二次风叶片角度下相邻两只中心给粉旋流煤粉燃烧器的空气动力场。当外

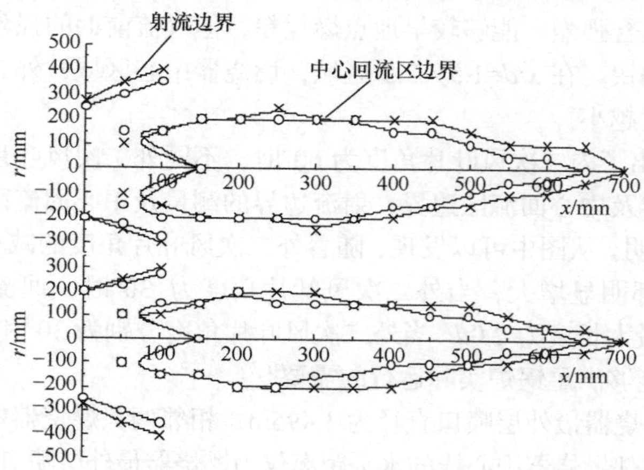

图 3-31　外二次风叶片角度分别为 30°(-×-)和 35°(-○-)时相邻两只燃烧器的空气动力场

二次风叶片角度为 30°时，与单只燃烧器相比，两只燃烧器的回流区尺寸略有下降，同时在回流区后半段，两只燃烧器之间有一定的干扰，使得回流区向两侧微偏；而当外二次风叶片角度为 35°时，两只燃烧器的回流区结构与单只燃烧器时基本相同，并且回流区结构比较对称。

2) 内二次风叶片角度对中心给粉旋流煤粉燃烧器出口单相流场的影响

内二次风叶片角度对燃烧器出口气流的流动特性也有一定的影响，因此对四种内二次风叶片角度下燃烧器出口单相流场进行测量，试验参数如表 3-4 所示。

表 3-4　不同内二次风叶片角度下实验室冷态试验参数

内二次风叶片角度/(°)	一、二次风温/℃	一次风质量流率/(kg/s)	内二次风质量流率/(kg/s)	外二次风质量流率/(kg/s)	旋流强度
50	10	0.315	0.230	0.536	0.344
55	10	0.315	0.230	0.536	0.365
60	10	0.315	0.230	0.536	0.396
64	10	0.315	0.230	0.536	0.410

内二次风叶片角度分别为 50°、55°、60°和 64°时，轴向平均速度、径向平均速度和切向平均速度的分布分别如图 3-32～图 3-34 所示。由图 3-32 可知，在燃烧器出口到 x/d=0.25 截面，轴向平均速度沿半径方向存在两个峰值，内二次风叶片角度较大时，二次风气流出口处轴向平均速度的峰值较高，一、二次风的混合速度快，出口气流的旋转能力越强，旋流强度从 0.344 增加到 0.410，流体微团的离心力越大，射流扩展角增大，回流区相应增大。

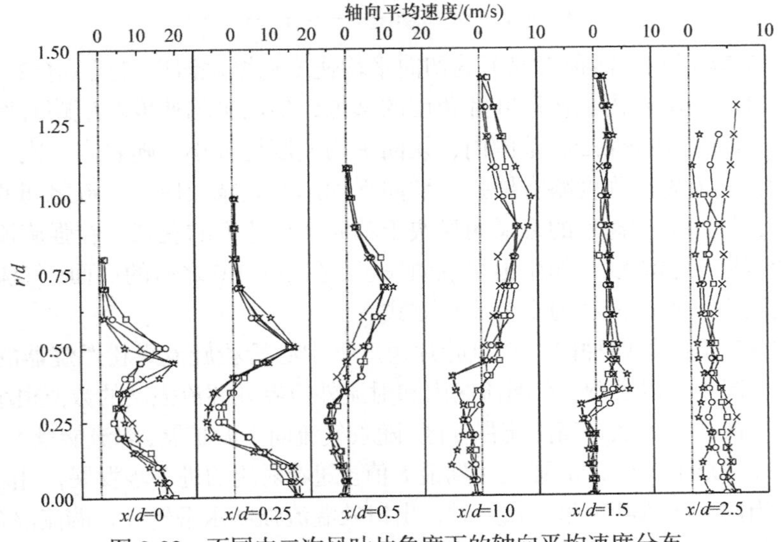

图 3-32　不同内二次风叶片角度下的轴向平均速度分布

—□— 50°；—○— 55°；—×— 60°；—☆— 64°

由图 3-33 可知，四种工况下在燃烧器出口至 x/d=0.5 截面，径向平均速度的分布呈双峰结构，随着内二次风叶片角度的增加，径向平均速度略有增加；随着射流的发展，一次风向二次风扩散，二次风向四周扩散，两个径向平均速度的峰值逐渐减小。随着射流的进一步发展，径向平均速度趋于平缓，在 x/d=1.0 以后截面四种工况的径向平均速度相差很小。在燃烧器出口至 x/d=0.5 截面，四种工况下的中心给粉旋流煤粉燃烧器在中心线附近的径向平均速度为负值。

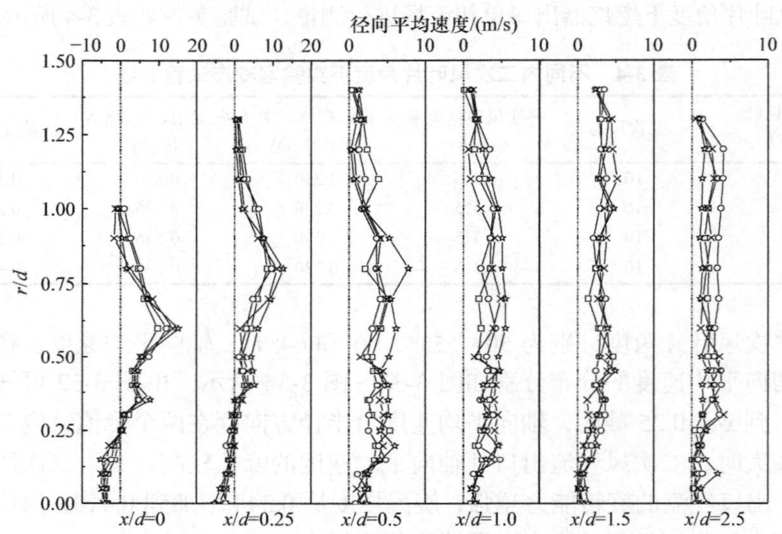

图 3-33　不同内二次风叶片角度下的径向平均速度分布

—□— 50°；—○— 55°；—×— 60°；—☆— 64°

由图 3-34 可知，四种工况下的切向平均速度在燃烧器出口至 x/d=0.5 截面都只有一个峰值，随着内二次风叶片角度的增加，切向平均速度峰值略有增加。在 x/d=0~1.0 截面，在 r<0.25d 范围内，切向平均速度均较小。随着内二次风叶片角度的增大，气流旋转强度略有增强，切向平均速度衰减较快，气流之间的混合强烈。同时，切向平均速度的衰减明显快于轴向平均速度的衰减，在强旋流射流中切向旋转特性因湍流混合作用很快就消失了，在 x/d=1.0 之后的截面，气流的切向平均速度较小，轴向流动为主要流动方式。

图 3-35 给出了四种内二次风叶片角度下中心给粉旋流煤粉燃烧器的湍流强度分布。从图中可以发现，在回流区内和射流外边界处湍流强度的数值很小，回流区边界和二次风主流区是高湍流强度区。随着气流向下游扩展，湍流能量不断产生，在 x/d=0.25～0.5 区域，湍流强度达到最大值。随着射流的进一步发展，湍流强度逐渐降低。当内二次风叶片角度较大时，出口处湍流强度水平较高，湍流混合强烈，能够较早地点燃煤粉，但由于气流前期的强烈混合，湍流能量耗散速度加快。在

x/d=1.5～2.5 区域，内二次风叶片角度较大时的湍流强度衰减很快，角度越大，湍流强度越小。

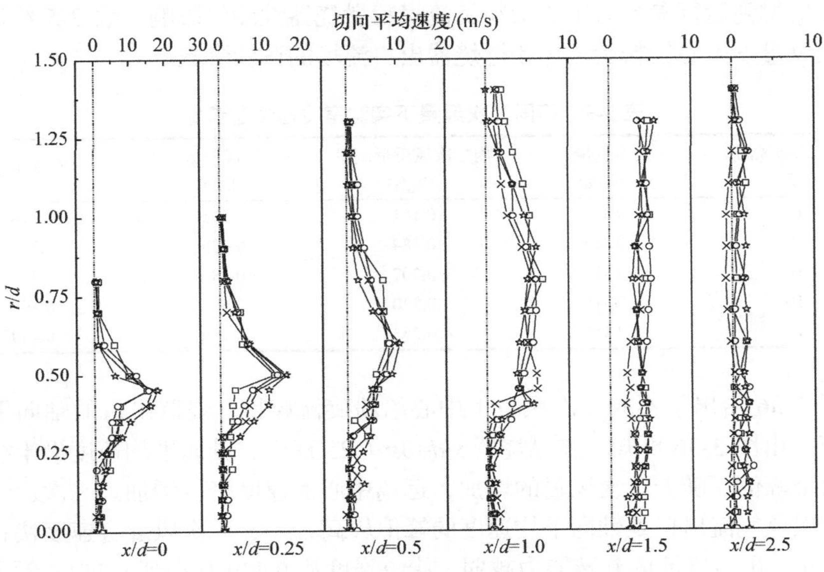

图 3-34　不同内二次风叶片角度下的切向平均速度分布

—□— 50°；—○— 55°；—×— 60°；—☆— 64°

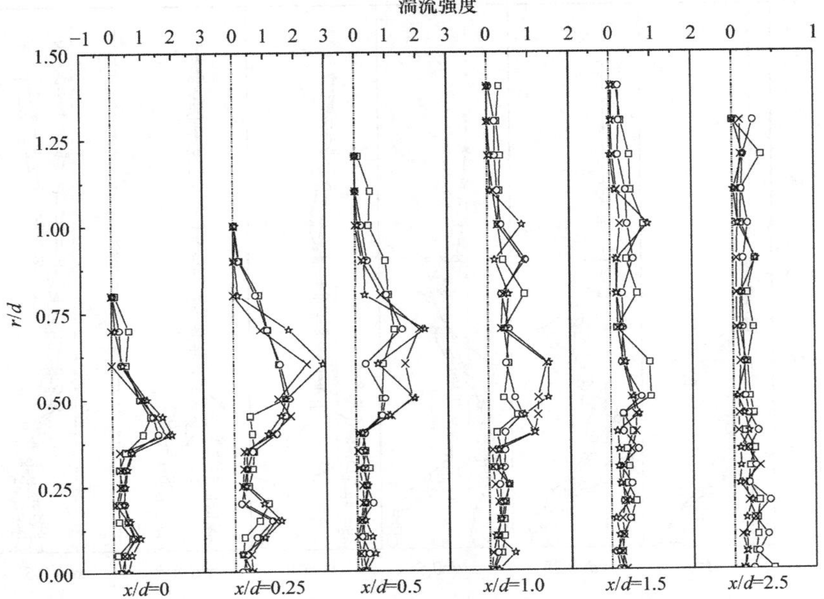

图 3-35　不同内二次风叶片角度下的湍流强度分布

—□— 50°；—○— 55°；—×— 60°；—☆— 64°；

3) 二次风量对中心给粉旋流煤粉燃烧器出口单相流场的影响

如果得出不同二次风量下中心给粉旋流煤粉燃烧器出口流场的变化，那么可以更好地得到运行参数对中心给粉旋流煤粉燃烧器性能的影响。表 3-5 给出了不同二次风量下中心给粉旋流煤粉燃烧器出口流场的试验参数。

表 3-5　不同二次风量下实验室冷态试验参数

一、二次风温/℃	一次风质量流率/(kg/s)	内二次风质量流率/(kg/s)	外二次风质量流率/(kg/s)	旋流强度
10	0.315	0.161	0.375	0.314
10	0.315	0.184	0.429	0.363
10	0.315	0.207	0.482	0.377
10	0.315	0.230	0.536	0.396
10	0.315	0.253	0.589	0.439

图 3-36 给出了不同二次风量下中心给粉旋流煤粉燃烧器出口的轴向平均速度分布。由图 3-36 可知，在燃烧器 x/d=0～0.25 截面，轴向平均速度沿半径方向存在两个峰值，随着二次风量的增加，远离中心的速度峰值增加。二次风量较大时，二次风气流出口处轴向平均速度的峰值较高，一、二次风混合速度快；二次风量越小，出口气流的旋转能力越弱，旋流强度从 0.439 减小到 0.314，射流扩展

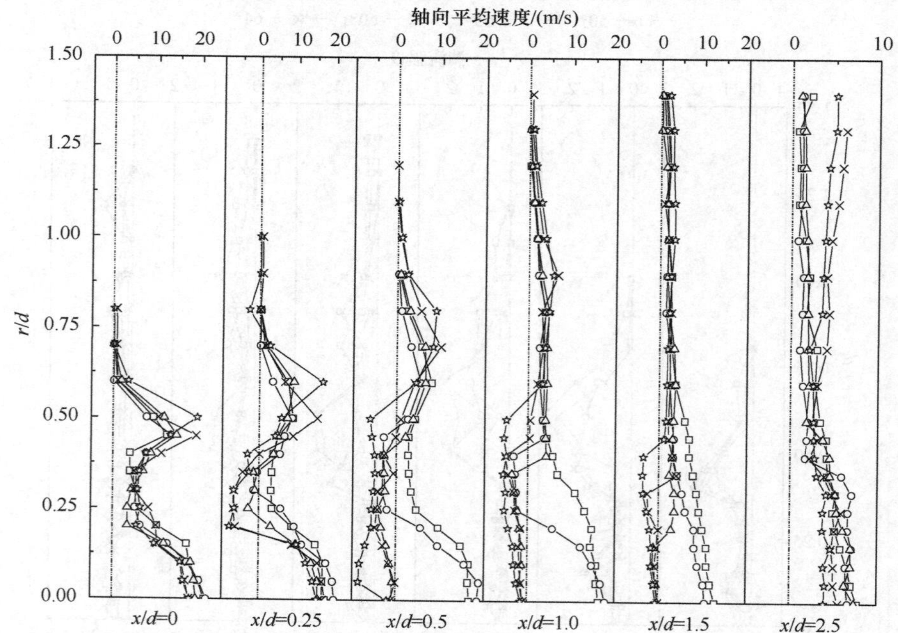

图 3-36　二次风量分别为 0.536kg/s(-□-)、0.613kg/s(-○-)、0.689kg/s(-△-)、0.766kg/s(-×-)和 0.842kg/s(-☆-)时的轴向平均速度分布

角减小，回流区相应减小。当二次风量为 0.536kg/s 时，没有中心回流区，而当二次风量为 0.613kg/s 时，形成了环形回流区。从图中还可以发现，无论何种二次风量下，中心回流区起点并不在燃烧器出口处(x/d=0)，这有利于防止燃烧器喷口区域结渣。

图 3-37 给出了不同二次风量下中心给粉旋流煤粉燃烧器出口的径向平均速度分布。由图可知，五种工况下在燃烧器出口至 x/d=0.5 截面，径向平均速度分布呈双峰结构，靠近外侧的峰值始终高于靠近中心的峰值，二次风量越大，靠近外侧的峰值越高。随着射流的发展，两个径向平均速度峰值位置向边壁移动并逐渐减小，到 x/d=1.5 以后的截面五种工况的径向平均速度相差很小。在 x/d=0～0.5 截面，五种二次风量下在中心线附近的径向平均速度均为负值。

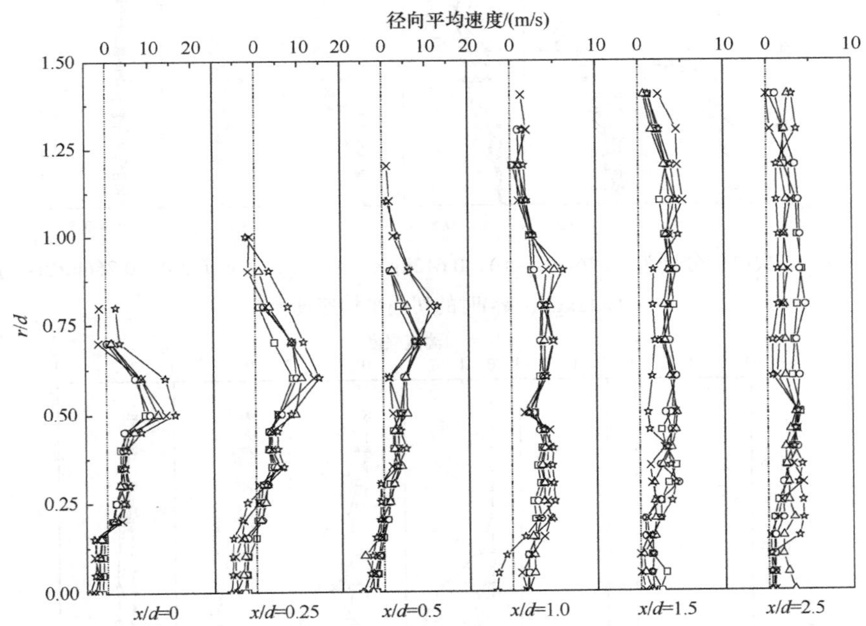

图 3-37　二次风量分别为 0.536 kg/s(-□-)、0.613kg/s(-○-)、0.689kg/s(-Δ-)、0.766kg/s(-×-)和 0.842kg/s(-☆-)时的径向平均速度分布

图 3-38 给出了不同二次风量下中心给粉旋流煤粉燃烧器出口的切向平均速度分布。由图可知，五种工况下的切向平均速度都只有一个速度峰值，随着外二次风叶片角度的减小，速度峰值增加。中心回流区内和一次风出口处的切向平均速度均很小。外二次风主流区内旋流叶片形成了具有较高速度峰值的 Rankine 涡结构。二次风出口的切向平均速度峰值随二次风量的增加而增加，气流旋转强度增强。切向平均速度的衰减明显快于轴向平均速度的衰减，在强旋流射流中切向旋转特性因湍流混合作用很快就消失了。在 x/d=1.0 之后的截面，气流的切向平均

速度较小，以轴向流动为主。

图 3-39 给出了不同二次风量下燃烧器出口的湍流强度分布。从图中可以发现，

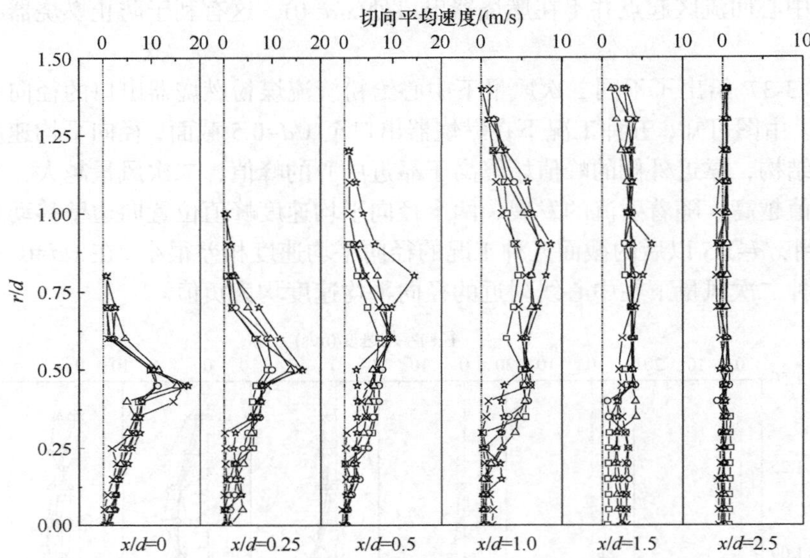

图 3-38　二次风量分别为 0.536kg/s(-□-)、0.613kg/s(-○-)、0.689kg/s(-△-)、0.766kg/s(-×-)和 0.842kg/s(-☆-)时的切向平均速度分布

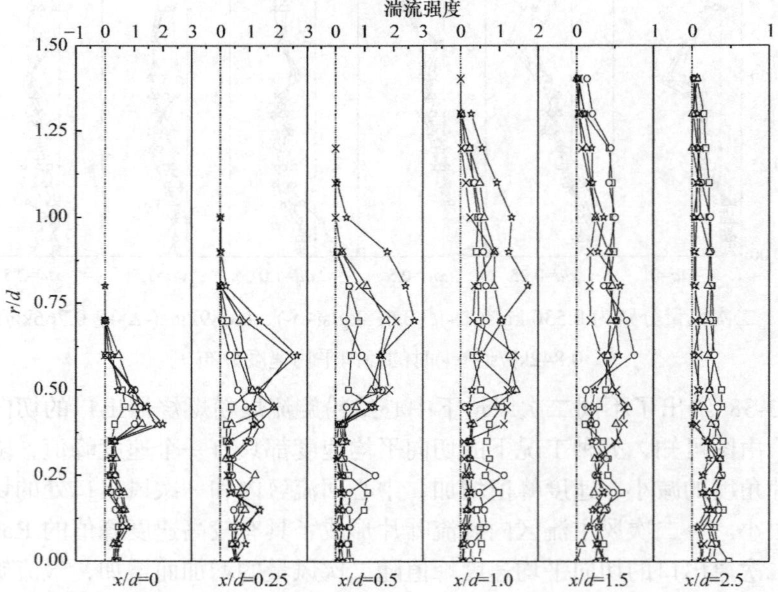

图 3-39　二次风量分别为 0.536kg/s(-□-)、0.613kg/s(-○-)、0.689kg/s(-△-)、0.766kg/s(-×-)和 0.842kg/s(-☆-)时的湍流强度分布

在回流区内和射流外边界处数值很小，回流区边界和二次风主流区是高湍流强度区，对于二次风量为 0.536kg/s，湍流强度最大值出现在一、二次风交界处。在 x/d=0.25～0.5 区域，湍流强度达到最大值，随后逐渐降低。当二次风量较大时，出口处湍流强度水平较高，湍流混合强烈，能够较早地点燃煤粉，但由于气流前期的强烈混合，湍流能量耗散速度加快。在 x/d=1.5～2.5 区域，二次风量较大时的湍流强度衰减很快，二次风量越大，湍流强度越小[6,10]。

4) 内、外二次风量比对中心给粉旋流煤粉燃烧器出口单相流场的影响

改变内、外二次风量比就是在保证总二次风量不变的前提下，减小外二次风量，增加内二次风量。调整内、外二次风量比可以得到内、外二次风最合适的分配比例，试验参数如表 3-6 所示。

表 3-6　不同内、外二次风量比下实验室冷态试验参数

一、二次风温/℃	一次风质量流率/(kg/s)	内二次风质量流率/(kg/s)	外二次风质量流率/(kg/s)	旋流强度
10	0.315	0.230	0.536	0.396
10	0.315	0.306	0.460	0.381
10	0.315	0.383	0.383	0.355
10	0.315	0.460	0.306	0.337

图 3-40 给出了不同内、外二次风量比下燃烧器出口的轴向平均速度分布。由图

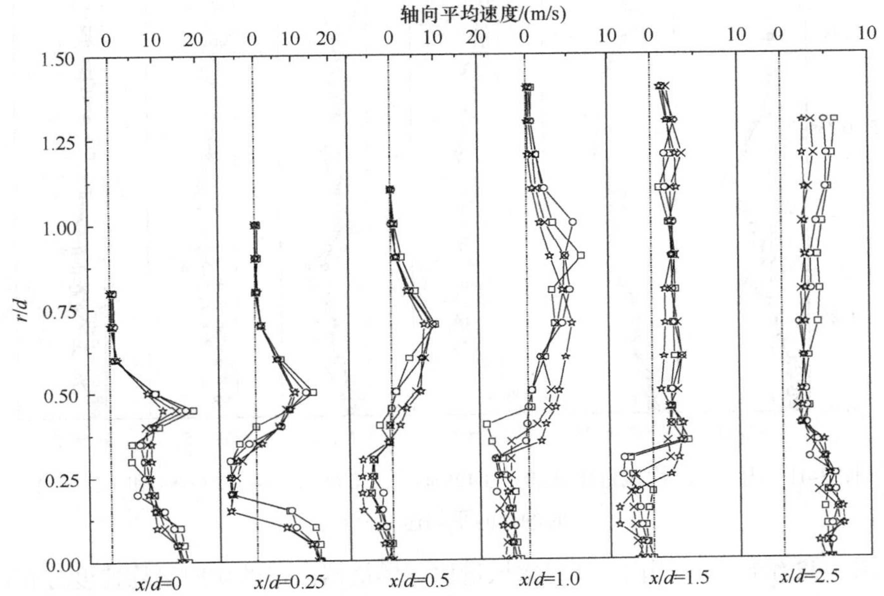

图 3-40　内、外二次风量比分别为 0.4286(-□-)、0.6677(-○-)、1.0(-×-)和 1.5(-☆-)时的轴向平均速度分布

可知，在燃烧器 x/d=0～0.25 截面，轴向平均速度沿半径方向存在两个峰值，靠近中心的是由一次风出口气流形成的，远离中心的另一个峰值是由二次风出口气流形成的，随着内、外二次风量比的增加，远离中心的速度峰值降低，在内二次风区域内的速度值增大。在 x/d=0.5 之后的截面，一次风速度峰值已经消失。当内二次风量比例增大时，一、二次风混合速度加快，出口气流的旋转能力减弱，旋流强度从 0.396 减小到 0.337，流体微团的离心力减小，气流更加集中在射流中心处流动，回流区减小。

图 3-41 给出了不同内、外二次风量比下燃烧器出口的径向平均速度分布。由图可知，四种工况下在 x/d=0～0.5 截面，径向平均速度分布呈双峰结构，内二次风量比例越小，靠近内侧的峰值越低，靠近外侧的峰值越高；随着射流的发展，两个径向平均速度峰值逐渐减小，两个峰值位置向边壁移动，在 x/d=1.0 以后的截面四种工况的径向平均速度相差很小。在 x/d=0～0.25 截面，不同内、外二次风量比下，中心给粉旋流煤粉燃烧器在中心线附近的径向平均速度为负值。

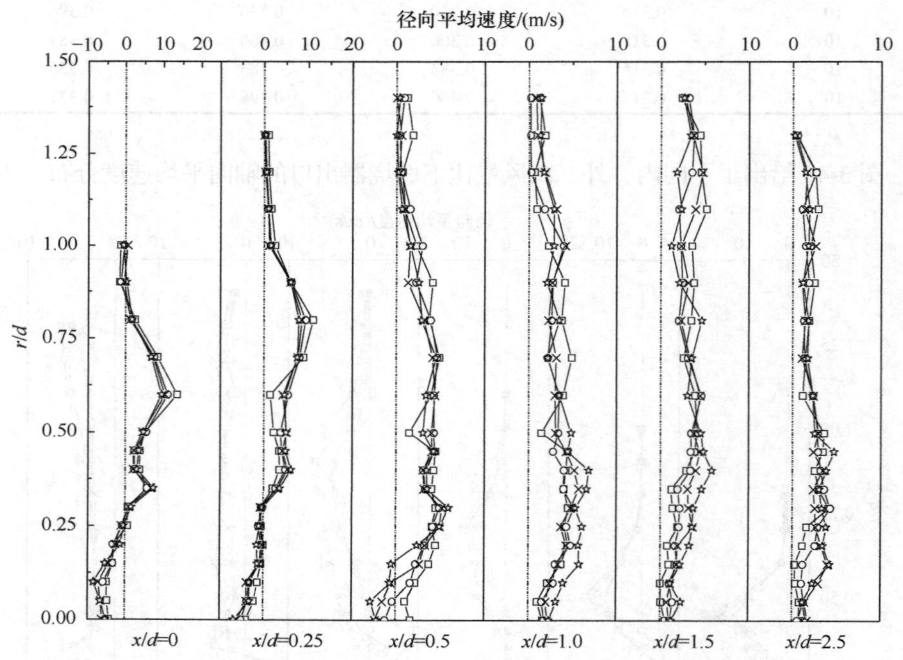

图 3-41　内、外二次风量比分别为 0.4286(-□-)、0.6677(-○-)、1.0(-×-)和 1.5(-☆-)时的径向平均速度分布

图 3-42 给出了不同内、外二次风量比下燃烧器出口的切向平均速度分布。四种工况下的切向平均速度都只有一个速度峰值，随着内二次风量比例的增加，速度峰值减小，气流旋转强度减弱。内二次风量比例较小时，切向平均速度衰减较

快，气流之间的混合强烈。

图 3-43 给出了不同内、外二次风量比下的湍流强度分布。从图中可以发现，在回流区内和射流外边界处湍流强度的数值很小，回流区边界和二次风主流区是高湍流强度区。湍流能量存在一个积累过程，在 x/d=0.25～0.5 区域，湍流强度达到最大

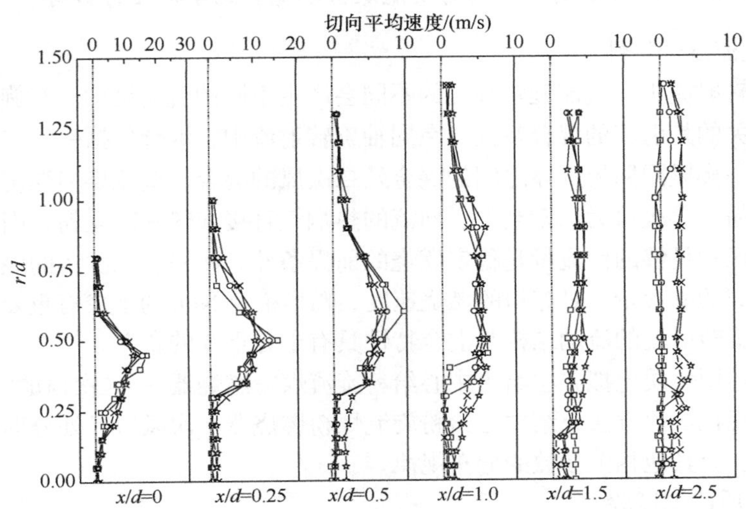

图 3-42　内、外二次风量比分别为 0.4286(-□-)、0.6677(-○-)、1.0(-×-)和 1.5(-☆-)时的切向平均速度分布

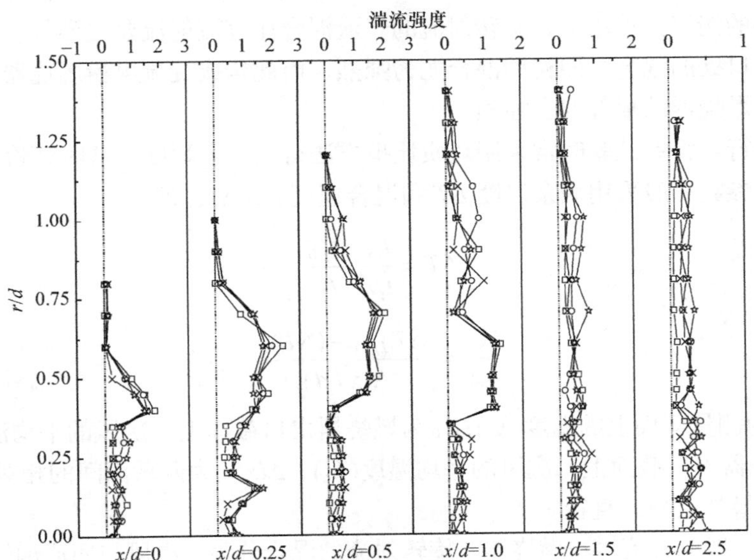

图 3-43　内、外二次风量比分别为 0.4286(-□-)、0.6677(-○-)、1.0(-×-)和 1.5(-☆-)时的湍流强度分布

值，随后逐渐降低。随着内二次风量比例的增加，靠近回流区边界的湍流强度增加，二次风主流区的湍流强度减小。在 x/d=1.5～2.5 区域，四种工况下的湍流强度很小，且四种工况之间的湍流强度相差较小。

3. 结构和运行参数对中心给粉旋流煤粉燃烧器混合特性的影响

1) 气流混合特性

在旋转射流中，气流旋转强度的不同会产生不同的流动结构。与旋转射流结构密切相关的是射流的混合特性。在同轴旋转射流中，混合包括一、二次风之间的混合、一次风同回流气体之间的混合及二次风的混合。旋流煤粉燃烧器的一次风携带煤粉，二次风为助燃空气。回流的热烟气直接加热一次风粉，因此形成稳定的回流区和足够的回流量是稳定燃烧的前提条件。而一、二次风的混合则控制着燃烧区域的氧含量，对煤粉的燃烧速度、燃尽率及 NO_x 的生成有重要影响。因此，了解旋转射流的流动结构与混合特性具有十分重要的意义。

这里运用热质比拟方法给出中心给粉旋流煤粉燃烧器一、二次风的混合特性，并采用可视化试验方法介绍中心给粉旋流煤粉燃烧器一次风边界处分形维数、平均湍流强度及其他相关参数的分布规律。

2) 热质比拟试验

旋转射流各股气流之间的混合状况体现了气流之间的相互作用，各股气流之间的恰当混合是控制着火位置及燃烧气氛、稳定高效燃烧的措施。对于旋转射流，射流内部的湍流扰动增强，旋转射流的气流混合比直流射流要强烈得多，特别是燃烧器喷口处的混合，即初始混合尤为强烈，由此构成旋流煤粉燃烧器的空气动力特点：燃烧器的根部混合强烈。

在进行实验室试验时常采用热质比拟方法得出混合程度，这时评价混合程度和强度的参数一般采用剩余温度 ΔT 和混合速度 $\Delta C/\Delta x$，即

$$\Delta T=\frac{t_{\mathrm{m}}-t_{2,0}}{t_{1,0}-t_{2,0}} \tag{3-5}$$

$$\frac{\Delta C}{\Delta x}=\frac{(\Delta T)_{n-1}-(\Delta T)_{n}}{\Delta(x/d)} \tag{3-6}$$

式中，t_{m} 为测量截面上的温度(℃)；$t_{1,0}$ 为燃烧器出口截面上一次风的平均温度(℃)；$t_{2,0}$ 为燃烧器出口截面上二次风的平均温度(℃)；$\Delta(x/d)$为两截面间的相对距离；d 为燃烧器最外层喷口直径。

对于一般的旋流煤粉燃烧器，旋转射流的混合分为一次风与回流烟气的混合-内混合、一次风与二次风的混合和二次风与射流外侧烟气的混合-外混合。对于中

心给粉旋流煤粉燃烧器，旋转射流有多层，相应地各气流间的混合更复杂，其混合特性应重点突出分级混合特性，一次风粉浓缩对混合的影响。

热质比拟用来得出单相介质的混合特性是比较准确的。一次风因含有煤粉而具有较大的惯性，所以采用热质比拟模拟会有一定的误差，但用来定性得出几种因素对混合的影响趋势还是可行的[11]。

(1) 试验内容及工况安排。

平行于燃烧器中心线布置一排 7 根热电偶，以燃烧器喷口截面为原点，沿射流方向距燃烧器喷口 0.25*d*、0.5*d*、1.0*d*、1.5*d*、2.0*d*、3.0*d* 和 4.0*d* 共 7 个截面，从燃烧器中心线开始沿半径方向每隔 0.05*d* 测量一次，直至 2.0*d* 的距离。旋流煤粉燃烧器的热质比拟试验系统如图 3-44 所示。

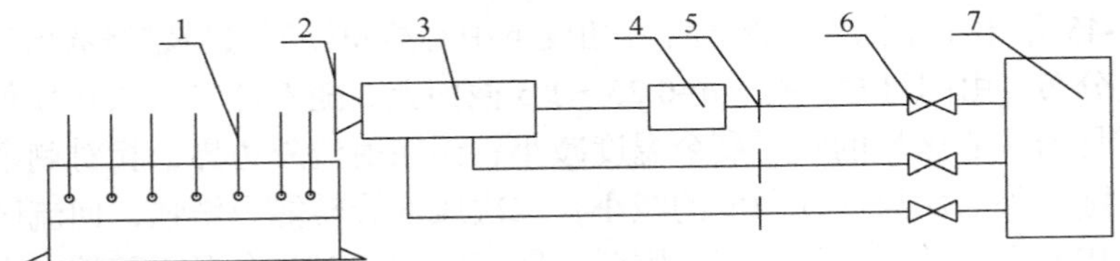

图 3-44　旋流煤粉燃烧器的热质比拟试验系统

1-热电偶；2-模拟水冷壁的平板；3-燃烧器模型；4-加热器；5-静压、动压测点；6-阀门；7-风箱

试验中，空气温度范围为 15～75℃，故测温采用铠装 Cu50 热电偶，其温度范围为−50～150℃，长度为 750mm，外径为 5mm，不锈钢套管补偿导线采用热电偶专用导线，补偿误差为±0.1℃。显示仪表采用 SFXJ 型 8 通道温度巡检仪，在环境温度为−10～50℃时基本误差显示值为±0.2%。

加热器壳体尺寸为 1400mm×400mm×440mm，内径为 150mm，全负荷功率为 25kW，功率可通过温控器调节。试验工况及试验参数如表 3-7 所示。

表 3-7　试验工况及试验参数

工况	内二次风叶片角度/(°)	外二次风叶片角度/(°)	一次风质量流率/(kg/s)	内二次风质量流率/(kg/s)	外二次风质量流率/(kg/s)
1	60	25	0.315	0.230	0.536
2	60	30	0.315	0.230	0.536
3	60	35	0.315	0.230	0.536
4	60	40	0.315	0.230	0.536
5	50	35	0.315	0.230	0.536
6	55	35	0.315	0.230	0.536
7	64	35	0.315	0.230	0.536
8	60	35	0.315	0.253	0.589

续表

工况	内二次风叶片角度/(°)	外二次风叶片角度/(°)	一次风质量流率/(kg/s)	内二次风质量流率/(kg/s)	外二次风质量流率/(kg/s)
9	60	35	0.315	0.207	0.482
10	60	35	0.315	0.184	0.429
11	60	35	0.315	0.161	0.375
12	60	35	0.315	0.306	0.460
13	60	35	0.315	0.383	0.383
14	60	35	0.315	0.460	0.306

(2) 外二次风叶片角度对射流混合特性的影响。

图 3-45 给出了不同外二次风叶片角度下中心给粉旋流煤粉燃烧器出口的相对剩余温度分布。由图可知，在 x/d=0.25～1.5 截面上，随着外二次风叶片角度的减小，在燃烧器中心区域的相对剩余温度减小；而在射流外边界，相对剩余温度稍有增加。随着外二次风叶片角度的减小，二次风的旋转能力增强，回流区尺寸增加，进入中心区域的回流量增多，因此在回流区内相对剩余温度随外二次风叶片角度的减小而减小。由于外二次风叶片角度减小后，二次风的旋转能力增强，二次风对一次风的携带作用也增强，加强了一次风与二次风的混合，因此在射流外

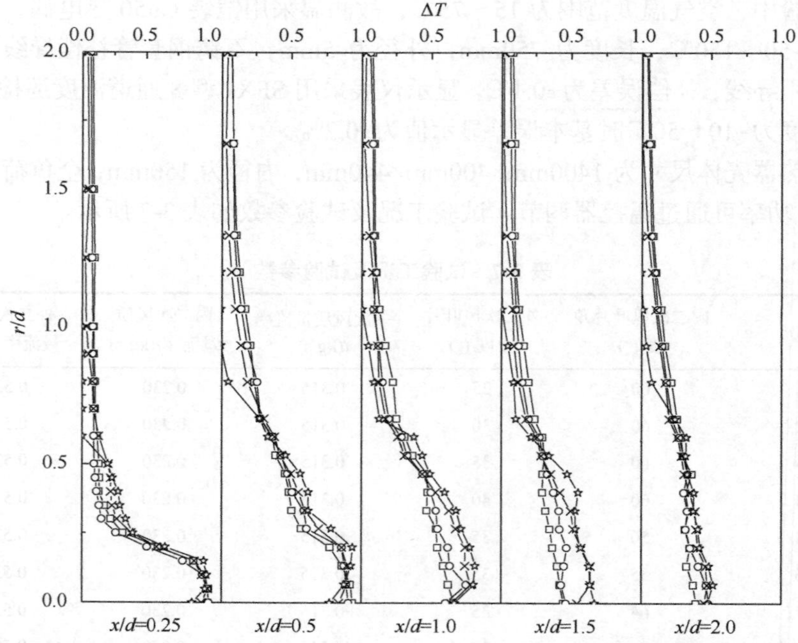

图 3-45 外二次风叶片角度为 25°(-□-)、30°(-○-)、35°(-×-)和 40°(-☆-)时的相对剩余温度分布

边界，随着外二次风叶片角度的减小，相对剩余温度稍有增大。高温烟气的回流量增大，有利于着火和稳定燃烧。一、二次风在射流外边界的混合加强，有利于火焰的发展和燃尽。但外二次风叶片角度过小容易产生全扩散射流，导致气流贴壁运动，不利于稳定燃烧，因此在实际运行中应选择合适的外二次风叶片角度。在 x/d=2.0 以后的截面，由于一次风已较充分地与二次风混合，因此相对剩余温度也迅速下降。

图 3-46 给出了一次风最高相对剩余温度随外二次风叶片角度沿轴向的变化情况。由图可知，在射流根部，一次风最高相对剩余温度基本不变，在 x/d=1.0 的截面，一次风最高相对剩余温度随外二次风叶片角度的减小而显著下降，在 x/d=2.0 截面以后的射流后期，一次风最高相对剩余温度受外二次风叶片角度的变化影响很小。

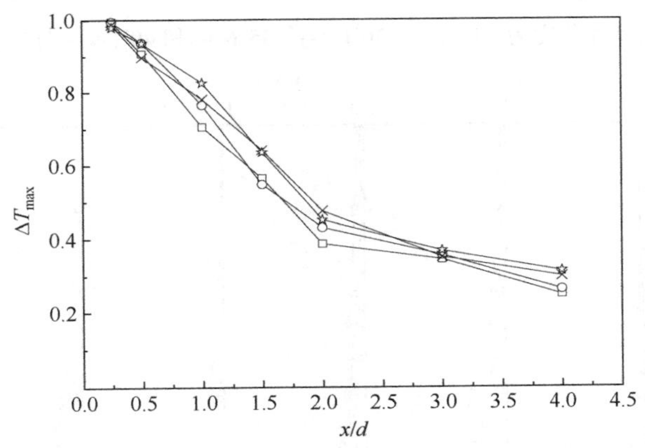

图 3-46　外二次风叶片角度为 25°(-□-)、30°(-○-)、35°(-×-)和 40°(-☆-)时一次风最高相对剩余温度的变化

图 3-47 给出了轴向和径向最大混合速度随外二次风叶片角度的变化，图中 $\Delta C_a/\Delta x(\max)$为轴向最大混合速度，$\Delta C_r/\Delta x(\max)$为径向最大混合速度。如图 3-47(a)所示，四种工况下的轴向最大混合速度都呈单峰分布，都是先升高后降低。除外二次风叶片角度为 25°外，其余三种工况的混合速度在 x/d=1.5 截面达到最大值，外二次风叶片角度为 25°时的混合速度在 x/d=1.0 截面达到最大值。在 x/d=0～1.5 截面，轴向最大混合速度随外二次风叶片角度的减小而升高；但在 x/d=1.5～2.0 截面，混合速度衰减很快。在 x/d=2.0～4.0 截面，轴向最大混合速度随外二次风叶片角度的减小而降低，但变化幅度很小。如图 3-47(b)所示，四种工况下的径向最大混合速度都呈下降趋势，在 x/d=0～1.0 截面，径向最大混合速度衰减较快，在 x/d=1.0 截面以后的射流中、后期，径向最大混合速度衰减较慢。

(3) 内二次风叶片角度对射流混合特性的影响。

图 3-48 给出了不同内二次风叶片角度下中心给粉旋流煤粉燃烧器出口的相对

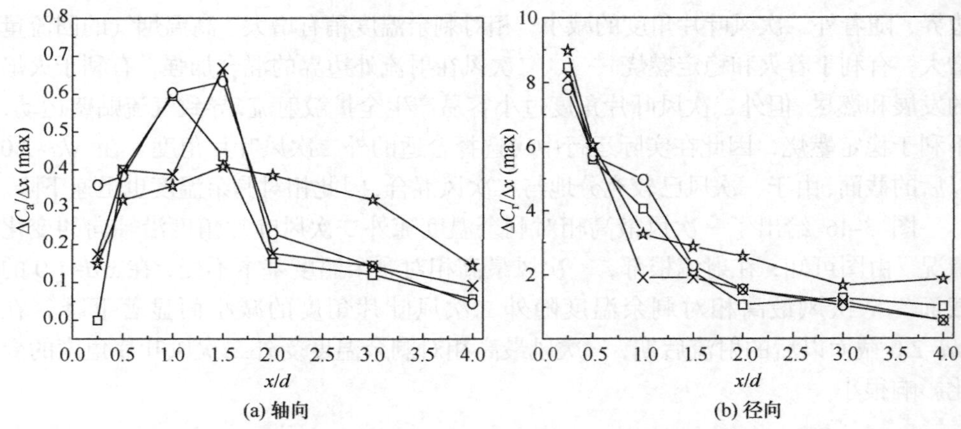

图 3-47　外二次风叶片角度为 25°(-□-)、30°(-○-)、35°(-×-)和 40°(-☆-)时的最大混合速度变化

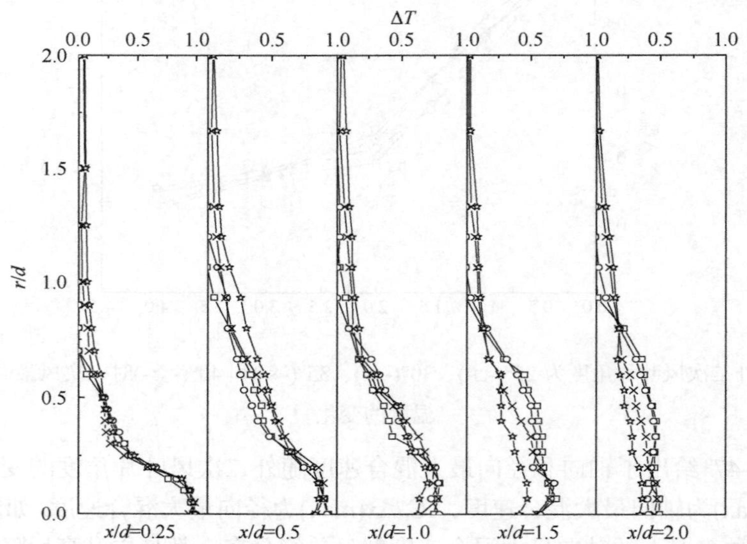

图 3-48　内二次风叶片角度为 50°(-□-)、55°(-○-)、60°(-×-)和 64°(-☆-)时的相对剩余温度分布

剩余温度分布。由图可知，在 x/d=0.25～0.5 截面，在燃烧器中心区域的相对剩余温度变化不大；而在射流外边界，相对剩余温度稍有增加。随着内二次风叶片角度的增大，二次风的旋转能力增强，回流区尺寸增加，进入中心区域的回流量增多，因此在回流区内相对剩余温度随内二次风叶片角度的增大而减小。由于内二次风叶片角度增大后，二次风的旋转能力增强，二次风对一次风的携带作用也增强，加强了一次风与二次风的混合，因此在射流外边界，随着内二次风叶片角度的增大，相对剩余温度稍有增大。高温烟气的回流量增大，有利于着火和稳定燃烧。一、二次

风在射流外边界的混合加强，有利于火焰的发展和燃尽。但内二次风叶片角度过大容易产生全扩散射流，导致气流贴壁运动，这不利于稳定燃烧，因此在实际运行中应选择合适的内二次风叶片角度。在 x/d=2.0 以后的区域，由于一次风已较充分地和二次风混合，因此相对剩余温度均低于 0.5。

图 3-49 给出了一次风最高相对剩余温度随内二次风叶片角度沿轴向的变化情况。由图可知，在射流根部，一次风最高相对剩余温度基本不变，除了叶片角度为 60°之外，其他内二次风叶片角度在射流中期的一次风相对剩余温度变化不大。在 x/d=2.0 截面以后的区域，一次风最高相对剩余温度受内二次风叶片角度的变化影响很小。

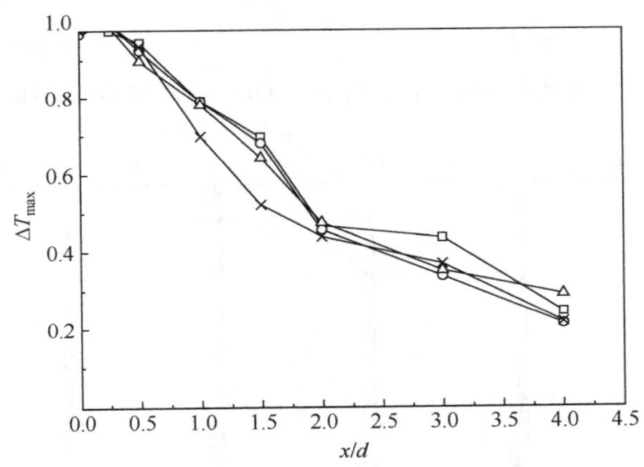

图 3-49　内二次风叶片角度为 50°(-□-)、55°(-○-)、60°(-×-)和 64°(-☆-)时的一次风最高相对剩余温度的变化

图 3-50 给出了轴向和径向最大混合速度随内二次风叶片角度的变化规律。如图 3-50(a)所示，四种工况下的轴向最大混合速度都是先升高后降低，除内二次风叶片角度为 64°外，其余三种工况的混合速度在 x/d=1.5 截面达到最大值，内二次风叶片角度为 64°时的混合速度在 x/d=1.0 截面达到最大值。内二次风叶片角度为 60°时，在 x/d=0.5～1.5 截面，轴向最大混合速度最大；在 x/d=1.5～2.0 截面，轴向最大混合速度衰减很快；在 x/d=2.0～4.0 截面，轴向最大混合速度缓慢下降。如图 3-50(b)所示，四种工况下的最大径向混合速度都呈下降趋势，在 x/d=0～0.5 截面，径向最大混合速度衰减很快，在 x/d=0.5 截面以后的区域，径向最大混合速度衰减变慢。

(4) 二次风量对射流混合特性的影响。

图 3-51 给出了不同二次风量下中心给粉旋流煤粉燃烧器出口的相对剩余温

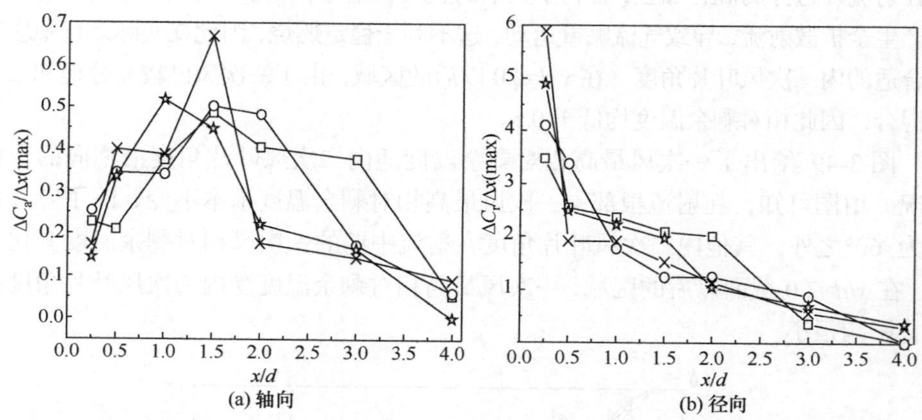

图 3-50　内二次风叶片角度为 50°(-□-)、55°(-○-)、60°(-×-)和 64°(-☆-)时的最大混合速度变化

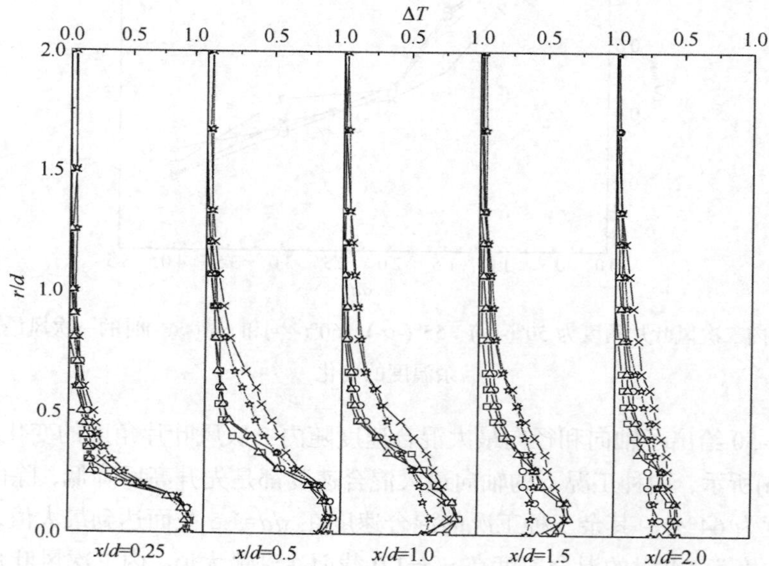

图 3-51　二次风量为 0.536kg/s(-□-)、0.613kg/s(-○-)、0.689kg/s(-Δ-)、0.766kg/s(-×-)和 0.842kg/s(-☆-)时的相对剩余温度分布

度分布。由图可知，在 x/d=0.25～1.5 截面，一次风浓度沿径向迅速下降，随着二次风量的增大，在燃烧器中心区域的相对剩余温度减小；而在射流外边界，随着二次风量的增大，相对剩余温度略有增大。由于二次风量增大，二次风的旋转能力增强，回流区尺寸增大，回流量增多，因此在回流区内相对剩余温度随二次风量的增大而减小。由于二次风量增大后，二次风的旋转能力增强，因此一次风沿

径向方向的扩散增强，而在射流的外边界，随着二次风量的增大，相对剩余温度略有增大。高温烟气的回流量增大，有利于着火和稳定燃烧。一、二次风在射流外边界的混合加强，有利于火焰的发展和燃尽。在 x/d=2.0 截面，由于一次风已较充分地和二次风混合，因此相对剩余温度沿径向分布趋于平缓。

图 3-52 给出了一次风最高相对剩余温度随二次风量沿轴向的变化情况。由图可知，在射流根部，一次风最高相对剩余温度基本不变。在 x/d=1.0 截面，一次风相对剩余温度随二次风量的增加而下降。在 x/d=2.0 截面以后的射流后期，一次风最高相对剩余温度受二次风量的变化影响很小。

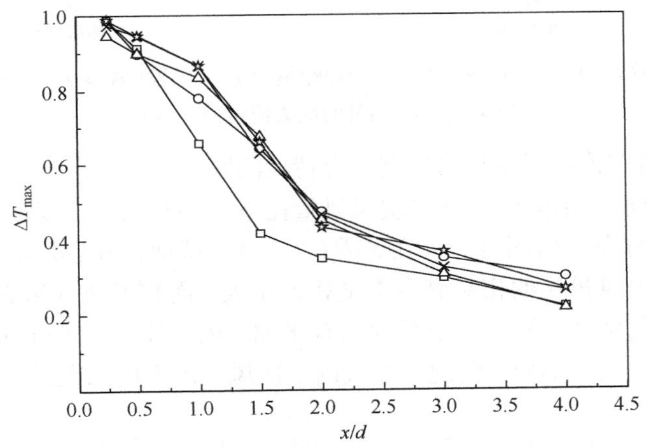

图 3-52　二次风量为 0.536kg/s(-□-)、0.613kg/s(-○-)、0.689kg/s(-△-)、0.766kg/s(-×-)和 0.842kg/s(-☆-)时一次风最高相对剩余温度的变化

图 3-53 给出了轴向和径向最大混合速度随二次风量的变化规律。如图 3-53(a)所示，五种工况下的轴向最大混合速度都是先升高后降低。二次风量为 0.689kg/s 时，轴向最大混合速度在 x/d=1.0 截面达到最大值；其他二次风量下的轴向最大混合速度，在 x/d=1.5 截面达到最大值。在 x/d=1.5～2.0 截面，轴向最大混合速度均有较快的衰减，在 x/d=2.0～4.0 截面，轴向最大混合速度衰减趋缓。如图 3-53(b)所示，五种工况下的径向最大混合速度在射流初期衰减较快，在 x/d=1.0 截面以后的射流中、后期，径向最大混合速度衰减较慢。由于二次风的携带作用，一次风脱离喷口后便迅速沿径向扩散，因此在射流初期径向最大混合速度衰减很快。

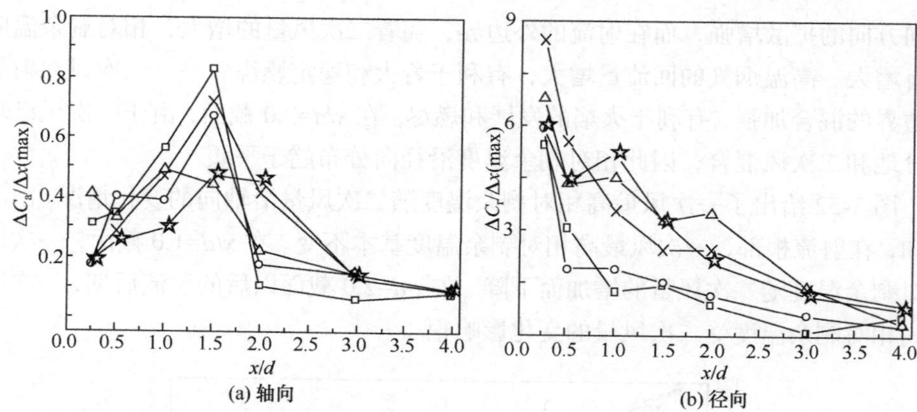

图 3-53 二次风量为 0.536kg/s(-□-)、0.613kg/s(-○-)、0.689kg/s(-△-)、0.766kg/s(-×-)和 0.842kg/s(-☆-)时的最大混合速度变化

(5) 内、外二次风风量比对射流混合特性的影响。

图 3-54 给出了不同内、外二次风风量比下中心给粉旋流煤粉燃烧器出口的相对剩余温度分布。由图可知，在 x/d=0.25～1.5 截面，在燃烧器中心区域，不同内、外二次风风量比的相对剩余温度相差不大；而在射流外边界，随着内、外二次风风量比的增加，相对剩余温度稍有增加。内、外二次风风量比的增加，就是在保证总二次风量不变的情况下增大内二次风。由于内二次风增加后，内二次

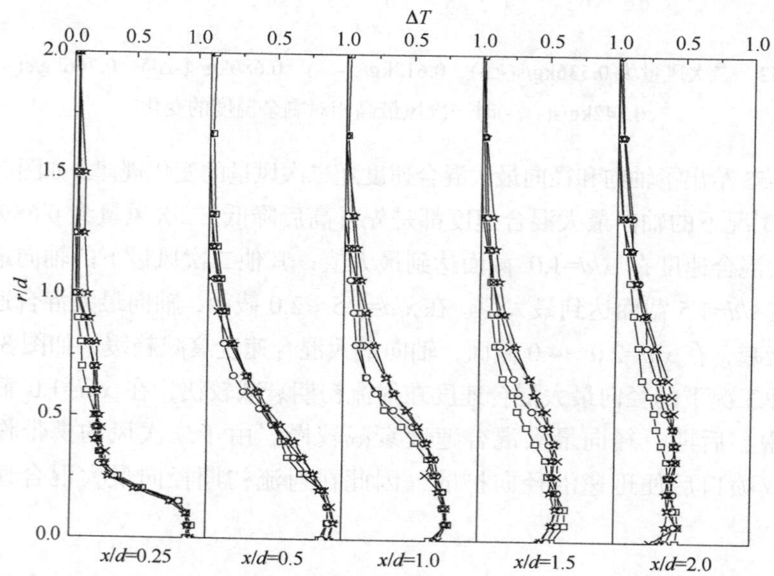

图 3-54 内、外二次风风量比为 0.4286(-□-)、0.6677(-○-)、1.0(-×-)和 1.5(-☆-)时的相对剩余温度分布

风对一次风的携带作用也增强，因此在射流的外边界，随着内、外二次风风量比的增加，相对剩余温度稍有增大。在 x/d=2.0 截面上，由于一次风已较充分地和二次风混合，相对剩余温度沿径向分布趋于平缓。

图 3-55 给出了一次风最高相对剩余温度随二次风量比沿轴向的变化情况。由图可知，在射流根部，一次风最高相对剩余温度基本不变；在 x/d=0.5～1.0 截面，一次风相对剩余温度随内、外二次风风量比的增大而略有升高，在 x/d=2.0 截面，内、外二次风风量比对一次风最高相对剩余温度影响很小。

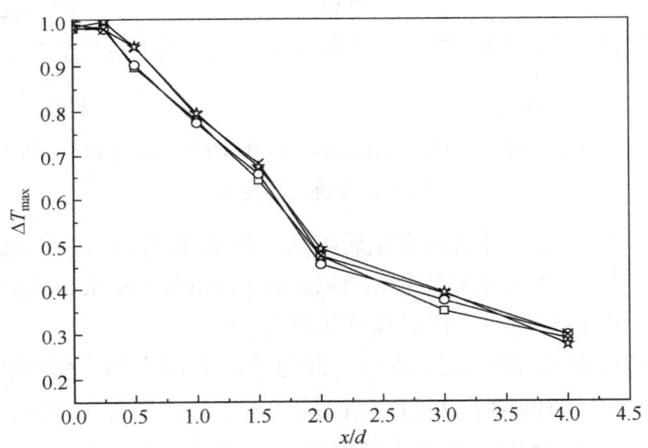

图 3-55　内、外二次风风量比为 0.4286(-□-)、0.6677(-○-)、1.0(-×-)和 1.5(-☆-)时一次风最高相对剩余温度的变化

图 3-56 给出了轴向和径向最大混合速度随内、外二次风风量比的变化规律。如图 3-56(a)所示，四种工况下的轴向最大混合速度都是先升高后降低，四种工况的轴向混合速度在 x/d=1.5 截面达到最大值。在 x/d=1.5 截面，轴向最大混合速度随内、外二次风风量比的增大而升高。在 x/d=1.5～2.0 截面，轴向混合速度快速衰减，在 x/d=2.0～4.0 截面，轴向最大混合速度趋于平缓。如图 3-56(b)所示，四种工况下的径向最大混合速度都呈下降趋势，在 x/d=0～0.5 截面径向最大混合速度衰减很快，在 x/d=0.5 截面以后的区域，径向最大混合速度衰减趋缓。

3) 旋流煤粉燃烧器流场可视化试验

(1) 试验台介绍。

本节研究的中心给粉旋流煤粉燃烧器的结构如图 3-25 所示。用纯乙二醇作为示踪剂可使流场可视化，纯乙二醇的密度为 1.111×10^3～1.115×10^3kg/m^3，沸点为

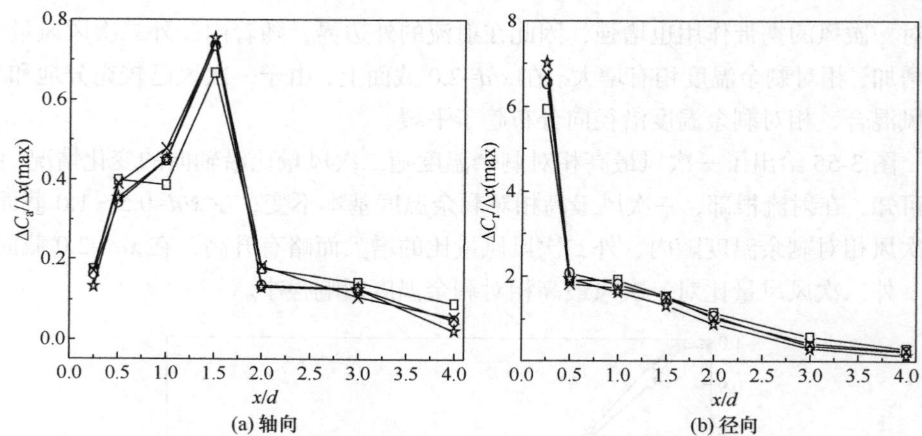

图 3-56　内、外二次风风量比为 0.4286(-□-)、0.6677(-○-)、1.0(-×-)和 1.5(-☆-)时最大混合速度的变化

196～198℃，由烟雾发生器加热雾化后喷入一次风通道。通过拍摄烟雾示踪剂的流动获得动态图像，动态图像经由 CCD(charge coupled device)黑白摄像机输入计算机进行显示、存储与处理，然后获得流场信息。

可视化试验台系统如图 3-57 所示。取像原件采用中国大恒(集团)有限公司生产的型号为 DH-SV1410FM 的 CCD 黑白摄像机，分辨率为 1392×1024，采集速率为 15 帧/s，镜头为 LM8JC。为减少图像噪声，提高拍摄效果，试验在晚间进行。对所拍摄流场区域采用碘钨灯光进行均匀光照，用黑幕布作为背景，以增强流场与背景的对比度。

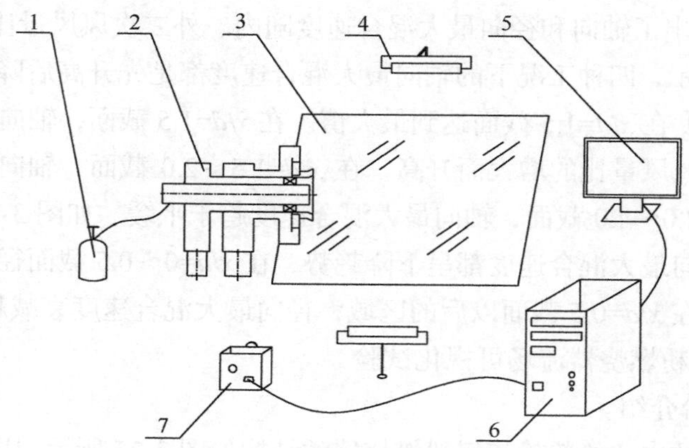

图 3-57　可视化试验台系统

1-烟雾发生器；2-燃烧器模型；3-黑幕布；4-碘钨灯；5-显示器；6-计算机；7-CCD 黑白摄像机及镜头

首先通过可视化试验得到一次风边界的位置，由于一次风边界是波动的，因

此利用热线对不同截面对应位置沿燃烧器半径方向±0.05m 范围内的湍流强度进行测量，测量点间距为 0.01m。测量区域的湍流强度平均值代表该工况下一次风边界处的湍流强度。

(2) 空气动力场可视化图像及其处理。

通过在中心给粉旋流煤粉燃烧器的一次风中添加烟雾示踪剂，并采用 CCD 黑白摄像机拍摄，得到清晰直观的空气动力场试验图像。通过对动态流场进行拍摄，可得到一帧帧静态图像，对其图像进行处理可以获得大量有意义的结果。

① 可视化图像的增强处理。从典型工况下直接得到的原始图像上能够获得的信息是较少的。如果通过设定灰度阈值对其进行增强处理，可以发现图像实际上包含多个区域，每个区域的边界清晰可见，再利用边界提取方法将其提取出来[12]。

② 可视化图像边界的提取。通过 CCD 黑白摄像机得到的原始图像如图 3-58 所示，为减少图像噪声，对原始图像进行增强，增强后的图像如图 3-59 所示，图像增强曲线如图 3-60 所示。原图中灰度值从 $0\sim g_1$ 和 $g_2\sim G-1$ 的较大动态范围减小到 $0\sim t_1$ 和 $t_2\sim G-1$；将原图中灰度值从 $g_1\sim g_2$ 较小动态范围改变到 $t_1\sim t_2$ 较大范围，从而使对比度增强。其中，g_1、g_2、t_1、t_2、$G-1$ 均代表灰度值，$t=\mathrm{EH}(g)$为灰度变换函数，计算公式为

$$t=\mathrm{EH}(g)=[(t_2-t_1)/(g_2-g_1)](g-g_1)+t_1,\quad g_1\leqslant g\leqslant g_2 \tag{3-7}$$

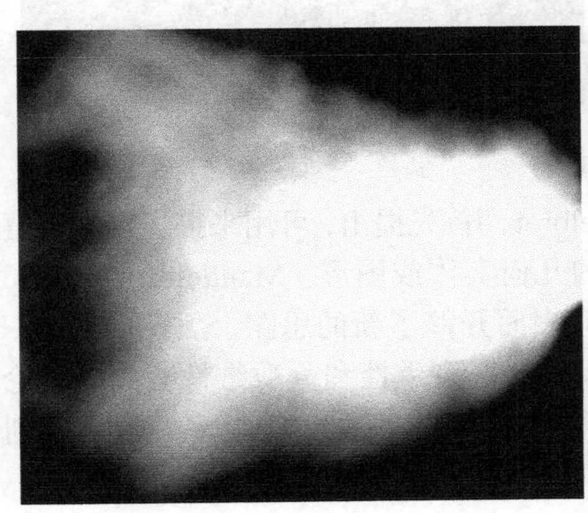

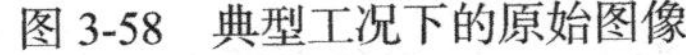

图 3-58　典型工况下的原始图像

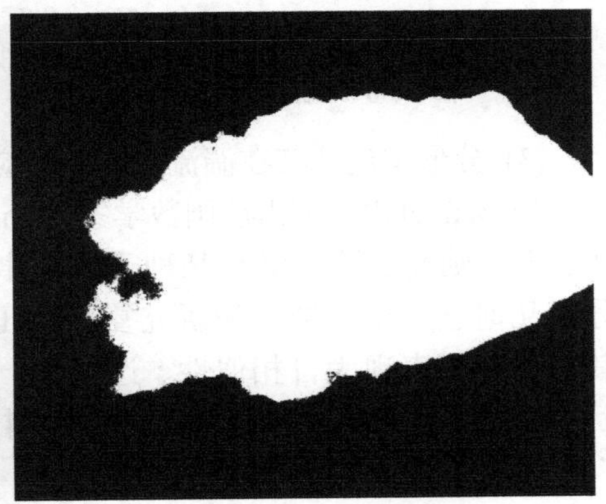

图 3-59　典型工况下的增强图像

运用一阶微分期望值亚像素边缘检测法[13]进行图像边缘检测，具体检测步骤如下。

① 计算图像函数 $f(x,y)$的一阶微分，即

$$d(x,y)=\left|f'(x,y)\right| \tag{3-8}$$

② 根据 $d(x, y)$的值确定包含边缘的区间，对一个给定的阈值 T，确定满足

$d(x, y)>T$ 的 x 和 y 的取值区间 $[x_i, x_j]$ 和 $[y_i, y_j]$，$1 \leqslant i, j \leqslant n$。

③ 计算 $d(x, y)$的概率函数 $p(x, y)$，在离散图像中，有

$$p_k = d_k / \sum_{i=1}^{n} d_i, \quad k = 1,2,\cdots,n \tag{3-9}$$

④ 计算 $p(x, y)$的期望值 E，并将边缘定在 E 处。在离散图像中，有

$$E = \sum_{i=1}^{n} k p_k = \sum_{i=1}^{n} \left(k d_k / \sum_{i=1}^{n} d_i \right) \tag{3-10}$$

经过一阶微分期望值亚像素边缘检测法得到的边界如图 3-61 所示。

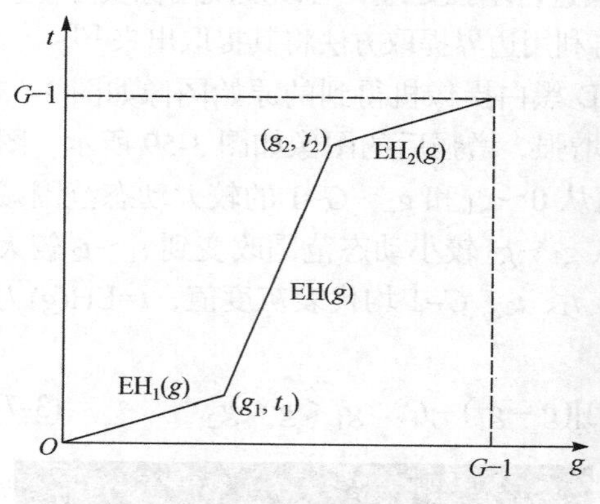

图 3-60　图像增强曲线

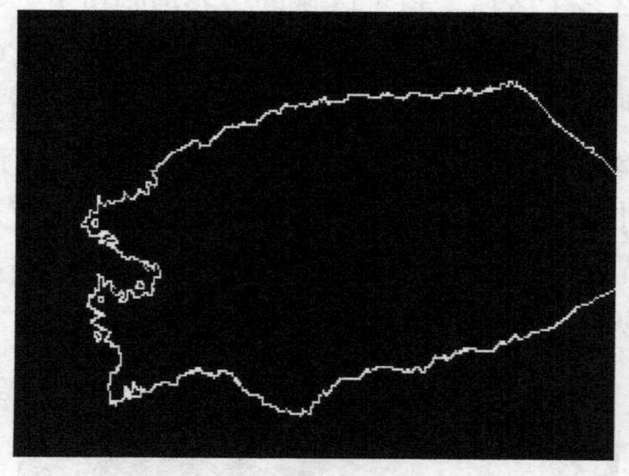

图 3-61　典型工况边界曲线

(3) 分形理论及其在湍流研究中的应用。

分形(fractal)一词由法国数学家 Mandelbrot[14]首先提出，可用来描述看起来复杂、不规则而实际上潜在某种重复规律的几何实体或图形。Mandelbrot 开创了分形几何这一新领域，为研究复杂的几何表面开辟了新的思路、方法和途径，其基本特征表现为自相似性、迭加性、尺度层次多重性和分数维性。分形理论目前在物理学、化学、生物学、材料科学、经济学和情报学等众多领域已得到广泛应用。

① 分形维数及测量方法。

在 Mandelbrot 最初的论述中，将分形定义为 Hausdorff 维数严格大于拓扑维数的集合，并强调分形图形具有自相似性的特点。但这个定义并不是十分完善，因为它将一些明显是分形的集合排除了。Falconer[15]随后详细地给出了分形的一些特征，如分形具有精细的结构，分形是如此的不规则以致它的整体与部分都不能用传统的几何语言进行描述；分形通常具有某种形式的自相似性，可能是近似的或统计自相似的；一般地，分形维数(fractal dimension，FD)大于其拓扑维数等。

归纳起来，适用于分形理论研究范畴内的对象有两个共同特点：一是没有特

征长度；二是局部和整体具有自相似性。有特征长度的形状，其重要特征是平滑程度，这是因为与特征长度相比，即使把小的部分近似平滑，也不会失去整体的特征。但对海岸线和 Koch 曲线这类具有分形特征的曲线来说，不管将局部如何放大，它都像原来一样复杂。

分形维数在数学上有比较严格的定义，假定 FD>0 用直径为 ε、个数为 $N(\varepsilon)$的球覆盖集合 S，则测度 M_{FD} 表示为[16]

$$M_{\mathrm{FD}} = \lim_{\varepsilon \to 0} \gamma(\mathrm{FD}) N(\varepsilon) \varepsilon^{\mathrm{FD}} \tag{3-11}$$

式中，$\gamma(\mathrm{FD})$为几何因子，对于直线、正方形和立方体，$\gamma(\mathrm{FD})$等于 1；对于圆盘、球体，$\gamma(\mathrm{FD})$等于 $\pi/4$ 和 $\pi/6$。

分形维数称为 Hausdorff-Besicovitch 维数。对自相似集，Hausdorff-Besicovitch 维数与自相似维数相等。应该说明的是，Hausdorff-Besicovitch 维数的定义并不要求覆盖集合 S 的球的直径 ε 都一样，也可以小于 ε，这时分形维数测度 M_{FD} 取下界。这里的“球”及其“直径”是抽象的概念，既可以指直线、正方形和立方体，也可以指圆盘、球体等。由定义可知，对于同一欧氏空间中的分形体，分形维数越高，其复杂程度越高，如同维平面中的曲线，分形维数越高，其卷褶越多，边界越复杂。

分形维数是分形理论的基本量，实用的分形维数测量方法较多，视具体研究对象而定。高安秀树[17]将分形维数测量方法分为五类，即改变粗视化程度求维数；根据测度关系求维数；根据相关函数求维数；根据分布函数求维数；根据波谱求维数。其中，改变粗视化程度求维数的方法是实际测量分形维数的常用方法。粗视化方法的重要思想在于：分形体的细节是通过标尺的选择来反映的，标尺越大，反映的细节越少，反之标尺越小，反映的细节越多。粗视化方法通常分为脚规法、香肠法和盒子记数法。

脚规法是以分形曲线一端为起点，然后以此点为中心画一个直径为 ε 的圆，将此圆与曲线相交的点用直线连接起来，再将此交点作为起点，反复进行此类操作。这样，用长为 ε 的线段近似分形曲线，线段总数为 $N(\varepsilon)$，则线段总长为 $L(\varepsilon) = N(\varepsilon)\varepsilon$ 。

如果改变标尺 ε 的大小，则 $N(\varepsilon)$也要发生变化，从而可以根据由分形维数定义得到的关系式 $N(\varepsilon) \propto \varepsilon^{-\mathrm{FD}}$ ，即可求出分形维数。

香肠法反映了粗视化方法的思想，分形曲线的细节通过线段 ε 来反映，线段 ε 越长，反映的细节越少，小于线段 ε 的迂回曲线被忽略了，而线段越短，反映的细节显然越多。香肠法在操作上与脚规法不同，该方法考虑所有距离边界线不超过 ε 的点，这些点组成一个像香肠一样、宽为 2ε 的带子，测量带子的面积，并将面积除以 2ε 就可以得到边界线的估算长度 $L(\varepsilon)$，改变 ε，则 $L(\varepsilon)$也要改变，从而确定分形维数。Takeno 等[18]用此法对火焰表面的分形维数进行了测量。

盒子记数法是用边长为 ε 的正方形网格分割分形图形或分形图像，即进行空间量子化。然后数出要研究的形状中所含的正方形网格数 $N(\varepsilon)$。换句话说，在图像处理中，就是要计算出含有分形图像的像素(至少一个)的所有网格数目，这样就可以利用由分形维数定义得到的关系式(3-7)得到分维。

盒子记数法易于在具有图像处理的计算机上实现，通过将分形图像数字化，很容易进行空间量子化且改变网格尺度 ε。它不仅适用于分形曲线，也适用于平面上点的分布及有大量分岔的流动，如河流等。Prasad 等[19]主要利用此法进行了湍流/非湍流界面分维的测量。平面激光诱导荧光(planar laser induced fluorescence, PLIF)技术获取的湍流二维瞬间图像中，湍流界面卷褶、破碎且有细小的“孤岛”存在。因此，用盒子记数法测量湍流分形维数是比较合适的。

② 分形理论在湍流研究中的应用。

分形观点认为，混沌现象产生于有序规律之中，在所有表面的混沌现象背后都隐藏着尺度大小不同的规律性结构。湍流也不例外，拟序结构的发现表明，湍流表面的混乱背后隐藏了某种有序结构。在 Rayleigh-Benard 对流[20]、Couette-Taylor 流动[21]、螺旋式 Taylor 涡流[22]等方面都发现了分形特征。Mandelbrot 将分形理论用于湍流的研究中，发现湍流具有分形特性。Gouldin[23]首次将分形概念引入预混湍流燃烧的研究中。Smallwood[24]研究了预混甲烷和空气燃烧时的火焰锋面特性，利用分数维理论确定了湍流褶皱区火焰在不同湍流强度、湍流尺度及化学当量比等条件下的分数维，并发现了内外截止尺度的存在。近年来，分形理论在湍流火焰结构的分析方面取得了长足的进步。

目前，对褶皱火焰的研究主要有两种方法：一种是表面密度理论，即将平均火焰表面积与容积的比率定义为火焰的表面密度；另一种是分形几何理论。已经发现，将分形几何理论应用于褶皱火焰锋面的描述，可以为在假定的转折尺度和分形尺寸下估计湍流火焰速度提供合理的依据。

③ 一次风可视区边界分形维数的计算。

由可视化图像边界轮廓曲线可以发现其中存在许多卷褶，其中包含着大量的湍流和一、二次风混合的信息。运用分形理论研究其分形维数可以得到其复杂程度，从而反映混合情况。

如前所述，对于不同的研究对象，分形维数的测量方法很多。本节根据中心给粉旋流煤粉燃烧器出口空气动力场可视化图像边界曲线的特点，采用盒子记数法，首先用不同尺寸正方形网格分割可视化图像的边界曲线，进行空间量子化，然后计算其中含有此尺寸正方形的网格数 $N(\varepsilon)$。

根据由分形维数定义得到的关系式(3-7)，令

$$N(\varepsilon)=k\varepsilon^{-\mathrm{FD}} \tag{3-12}$$

式中，k 为正常数。

分形曲线的长度为

$$L(\varepsilon)=N(\varepsilon)\varepsilon \tag{3-13}$$

即

$$L(\varepsilon)=k\varepsilon^{1-\mathrm{FD}} \tag{3-14}$$

或

$$\log[L(\varepsilon)]=(1-\mathrm{FD})\log\varepsilon+\log k \tag{3-15}$$

据此，绘制双对数曲线，通过拟合曲线的斜率可以得到分形维数的大小。其中，度量时 ε 的单位是 mm，在绘制双对数曲线时，换算成像素，本节采用的 CCD 黑白摄像机的分辨率为 1392×1024，一个像素边长为 2.55mm。

在用以空间量子化的正方形边长小到一定程度或大到一定程度时，分形曲线长度不再变化，这是因为可视化图像轮廓曲线是有限分形体，当测度小到一定程度时，其成为折线，不再具有分形特点，分形曲线的长度与度量尺度大小没有关系，这个度量尺度称为内截止尺度，本节的内截止尺度为 5mm 左右；当尺度大到一定程度时，测量的长度实际与边界曲线本身复杂程度已没有关系，这个测度称为外截止尺度，本节的外截止尺度为 55mm 左右。

④ 一次风边界特征参数的研究。

由 CCD 黑白摄像机拍摄得到中心给粉旋流煤粉燃烧器一次风的流动情况，通过采集的图像得到某一瞬间流动图像。典型工况下的流动图像如图 3-58 所示。从原始图像可以大致得到混合距离等参数，在不同工况下相关参数有所不同。系统研究这些参数的变化规律有利于研究一、二次风之间的相互作用。

本节提取混合距离 B、一次风射流最大直径 $D_{\max}$ 和一次风射流最大长度 $L_{\max}$ 三个相关参数，其相关参数示意图如图 3-62 所示，参数的具体定义如下。

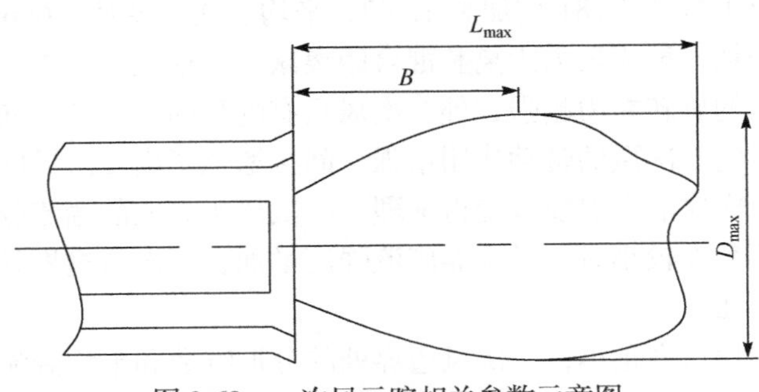

图 3-62　一次风示踪相关参数示意图

一、二次风刚离开燃烧器喷口后不会立即混合，而当越过某个位置时才开始混合，在可视化图像上反映出来就是烟雾示踪图像边界开始有相对平滑的一段，然后边界开始模糊，该相对平滑的一段轴向长度即定义为混合距离 B。混合距离 B 在一定程度上能够反映流动的混合早晚。

一次风射流最大直径 D_{max} 是指一次风在可视化区域内的最大射流直径，在一定程度上可以反映回流区的直径。

一次风射流最大长度 L_{max} 是指从燃烧器喷口到被示踪可视区边界完全模糊处的最大轴向距离。

为了便于描述和比较，对 B、D_{max} 和 L_{max} 进行无量纲化，表示成 D_B^*、D_D^* 和 D_L^*，其定义公式为

$$D_B^* = B / d \tag{3-16}$$

$$D_D^* = D_{max} / d \tag{3-17}$$

$$D_L^* = L_{max} / d \tag{3-18}$$

式中，d 为燃烧器外二次风喷口直径。

对不同的二次风量、内、外二次风叶片角度及内、外二次风风量比进行可视化试验，具体试验工况安排和试验参数见表 3-7。对于每一种工况，在可视化图像中选取 20 张图像，分别对每张图像进行图像增强、边界提取和分形维数的测量，计算发现，对于同一工况，各图像一次风边界分形维数之间绝对值相差不超过 0.05。每种工况的分形维数值和相关参数值是取 20 张图像的平均值。

(4) 外二次风叶片角度对中心给粉旋流煤粉燃烧器一次风分形及湍流特性的影响。

图 3-63 给出了不同外二次风叶片角度下燃烧器旋流强度、一次风边界处分形维数、平均湍流强度及相关测量参数的分布曲线。从图 3-63 中可以发现，随着外二次风叶片角度从 40°减小到 25°，燃烧器旋流强度从 0.339 增加到 0.484，一次风边界处的分形维数从 1.181 增加到 1.247，平均湍流强度从 0.696 增加到 0.870，射流最大直径增加，射流最大距离和混合距离减小。这是因为外二次风叶片角度越小，外二次风的旋转能力越强，外二次风具有的径向速度和切向速度都明显增加，外二次风对内二次风的带动作用增强，间接增强了内二次风的旋转强度，使得内二次风与一次风混合提前且变得强烈，一次风边界处的湍流脉动较强，因此在外二次风叶片角度较小时，燃烧器旋流强度增加，一次风边界处的分形维数和平均湍流强度增加。

外二次风叶片角度越小，一次风边界处的分形维数和平均湍流强度越高，表明一、二次风之间的混合点提前，并且混合程度剧烈，一、二次风的提前混合，导致 NO_x 的生成量增加。同时，一、二次风之间较早、较强烈的混合，有利于煤

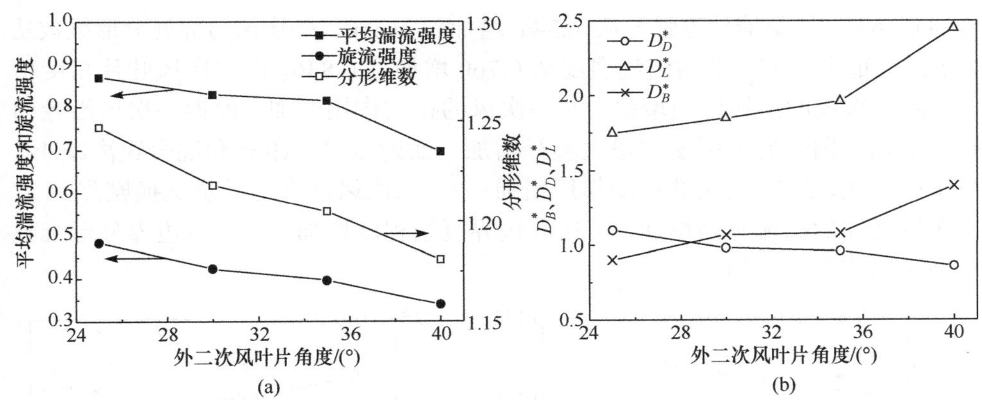

图 3-63　不同外二次风叶片角度下燃烧器旋流强度、一次风边界处分形维数、平均湍流强度及相关测量参数的分布曲线

粉较早地着火和稳定燃烧。

这里对一台采用中心给粉旋流煤粉燃烧器的 300MWe 锅炉进行工业试验，并通过燃烧器的看火孔测量主燃烧区域的温度和烟气成分分布。图 3-64 为不同外二次风叶片角度下燃烧器喷口区域的烟气平均温度和 NO_x 平均浓度分布。从图中可以看出，随着外二次风叶片角度的减小，燃烧器喷口区域的烟气温度和 NO_x 浓度都增加。这与用分形维数和平均湍流强度分析的结果相一致，说明通过分形维数和平均湍流强度的分布规律分析燃烧器区域煤的燃烧及 NO_x 生成特性是可行的。

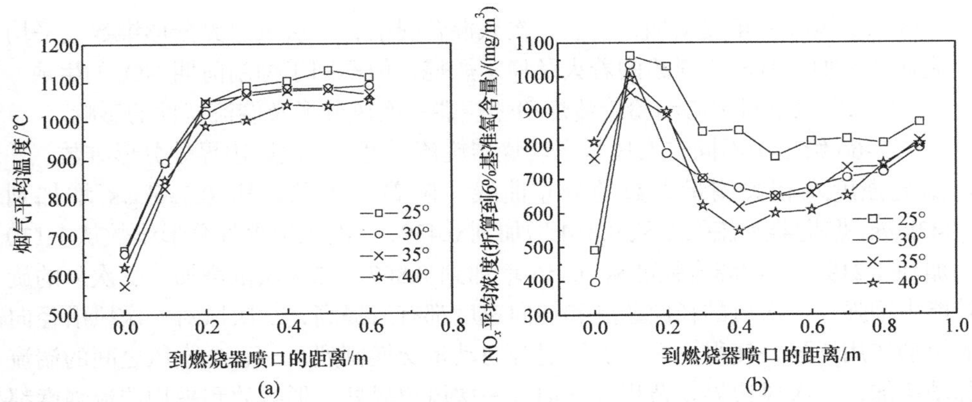

图 3-64　不同外二次风叶片角度下燃烧器喷口区域的烟气平均温度和 NO_x 平均浓度分布

(5) 内二次风叶片角度对中心给粉旋流煤粉燃烧器一次风分形及湍流特性的影响。

图 3-65 给出了不同内二次风叶片角度下燃烧器旋流强度、一次风边界处分形维数、平均湍流强度及相关测量参数的分布曲线。随着内二次风叶片角度从 50°

增加到 64°，燃烧器旋流强度从 0.344 增加到 0.410，一次风边界处分形维数从 1.155 增加到 1.217，平均湍流强度从 0.760 增加到 0.846。内二次风叶片角度增大，内二次风的旋转能力增强，对一次风的拉动作用增加，使得一次风沿径向扩散增加，因此旋流强度和最大直径增加，而射流最大距离和混合距离减小。由于内二次风对一次风的拉动作用增强，一、二次风混合与动量交换剧烈，一、二次风之间的湍流脉动增加，一次风边界复杂程度增加，一次风边界分形维数及平均湍流强度增加。

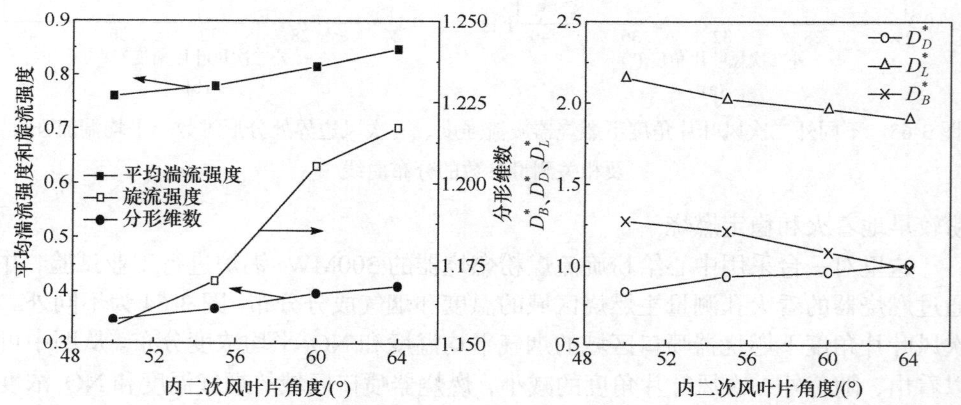

图 3-65 不同内二次风叶片角度下燃烧器旋流强度、一次风边界处分形维数、平均湍流强度及相关测量参数的分布曲线

内二次风叶片角度增加，一、二次风混合提前，一次风边界分形维数及平均湍流强度增加，有利于煤粉的着火及稳定燃烧，但不利于抑制前期 NO_x 的生成。

(6) 二次风量对中心给粉旋流煤粉燃烧器一次风分形及湍流特性的影响。

图 3-66 给出了不同二次风量下燃烧器旋流强度、一次风边界处分形维数、平均湍流强度及相关测量参数的分布曲线。随着二次风量从 0.536kg/s 增加到 0.842kg/s，燃烧器旋流强度从 0.314 增加到 0.439，一次风边界处分形维数从 1.130 增加到 1.219，平均湍流强度从 0.456 增加到 0.867。二次风量增加，二次风的旋转能力增强，二次风的径向速度和切向速度都有所提高，二次风对一次风沿径向的拉动作用增强，使得一、二次风混合与动量交换剧烈，一、二次风之间的湍流脉动增加，一次风边界复杂程度增加，一次风边界处分形维数和平均湍流强度都增加，射流最大直径增加，射流的最大距离和混合距离降低。

二次风量的增加，可使二次风的旋转能力增强，中心回流区尺寸增加，有利于煤粉的及时着火和稳定燃烧，但一次风边界处分形维数和平均湍流强度的增高，表明煤粉燃料是在一种高 O_2 浓度、低还原性的气氛下进行燃烧，不利于抑制 NO_x 的生成。

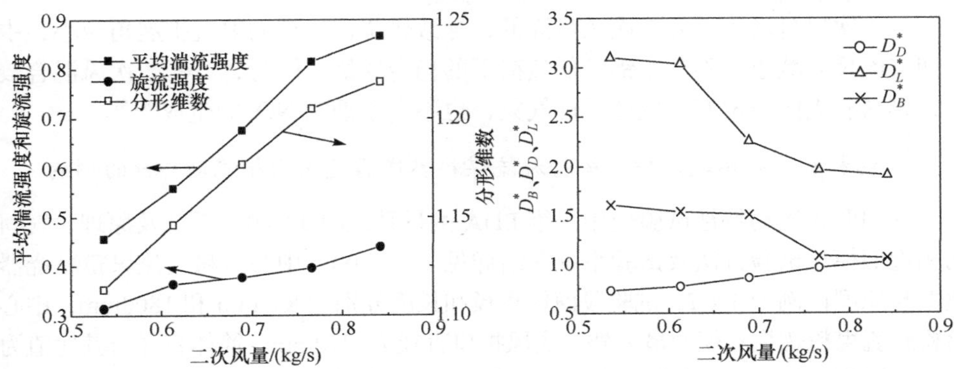

图 3-66　不同二次风量下燃烧器旋流强度、一次风边界处分形维数、平均湍流强度及相关测量参数的分布曲线

(7) 内、外二次风风量比对中心给粉旋流煤粉燃烧器一次风分形及湍流特性的影响。

图 3-67 给出了不同内、外二次风风量比下燃烧器旋流强度、一次风边界处分形维数、平均湍流强度及相关测量参数的分布曲线。从图中可以发现，随着内、外二次风风量比从 0.4285 增大到 1.5，燃烧器旋流强度从 0.396 减小到 0.337，一次风边界处分形维数从 1.205 增加到 1.262，平均湍流强度从 0.815 增加到 0.868。内二次风量增大，内二次风的旋转能力增强，内二次风的切向速度增加，强化了内二次风与一次风的混合；同时外二次风量降低，导致外二次风的旋转能力减弱。因此，内、外二次风风量比增加后，内二次风对一次风的带动作用增强，一次风与内二次风之间的混合和脉动变得强烈，一次风边界变得复杂，一次风边界处分形维数和平均湍流强度增加，一次风射流的混合距离和最大距离降低，最大直径增加，同时燃烧器整体的旋转能力下降，旋流强度略有降低。

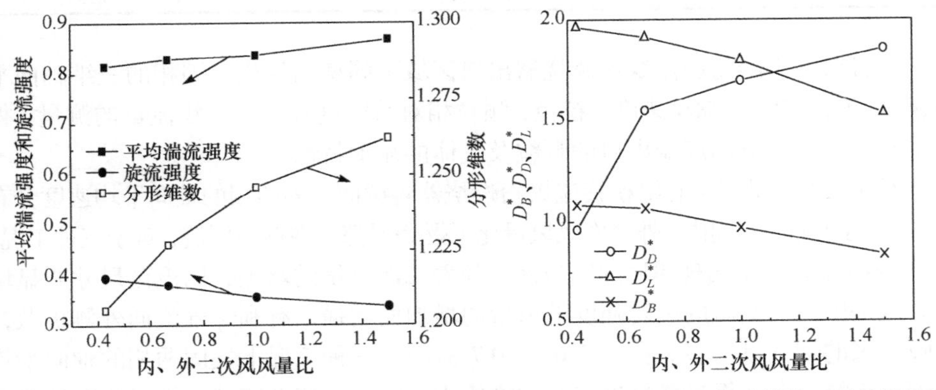

图 3-67　不同内、外二次风风量比下燃烧器旋流强度、一次风边界处分形维数、平均湍流强度及相关测量参数的分布曲线

内二次风量增大，外二次风量降低，导致燃烧器出口的射流扩展角减小，中心回流区尺寸减小，不利于锅炉低负荷下的稳定燃烧，同时，一、二次风混合较早，燃料着火区域没有形成还原性气氛，也不利于抑制 NO_x 的生成[6,25]。

4. 结构和运行参数对中心给粉旋流煤粉燃烧器气固两相流动特性的影响

气固两相流动特性试验使用三维 PDA 测量系统(PDA 测量系统及原理、气固两相近似模化试验方法及试验系统介绍详见 2.5.1 节)。中心给粉旋流煤粉燃烧器模型与原型比例为 1：7，试验段筒体直径和长度分别为 850mm 和 1800mm，中心给粉旋流煤粉燃烧器模型最大外二次风扩口直径为 210mm，筒体直径与其比值为 4.05，由于比值大于 3，因此燃烧器和燃尽风出口射流的流动为低受限流动。筒体长度与中心给粉旋流煤粉燃烧器模型最大外二次风扩口直径的比值为 8.57，可以忽略筒体出口对测量段流场的影响。

1) 二次风量对中心给粉旋流煤粉燃烧器气固流动特性的影响

随着环境问题的日趋严峻，我国对 NO_x 的排放要求越来越严格，为了降低 NO_x 的排放，许多机组都加装了燃尽风装置。燃尽风的供风主要来自二次风箱，也就是随着燃尽风量的变化，燃烧器的二次风量也在变化。对于旋流煤粉燃烧器，二次风量的变化对燃烧器出口空气动力场、颗粒的弥散作用及着火特性都有较大的影响。本节对不同二次风量下中心给粉旋流煤粉燃烧器的气固流动特性进行测量，试验参数如表 3-8 所示，其中内、外二次风叶片角度分别为 60°和 35°。

表 3-8　不同二次风量下冷态试验参数

工况	一、二次风温/℃	一次风质量流率/(kg/s)	内二次风质量流率/(kg/s)	外二次风质量流率/(kg/s)
1	10	0.091	0.062	0.145
2	10	0.091	0.078	0.181
3	10	0.091	0.101	0.236

通过对中心给粉旋流煤粉燃烧器出口区域不同截面气相、固相的三维轴向平均速度、轴向 RMS 脉动速度、粒径、颗粒相对数密度和颗粒体积流量的测量，得出不同二次风量下燃烧器出口的颗粒及气体的流动特性。

不同二次风量下中心给粉旋流煤粉燃烧器各截面气固两相的轴向平均速度分布如图 3- 68 所示。不同内、外二次风风量比下燃烧器都存在壁面回流，对于三种工况，在 x/d=0.3 的截面都出现明显的回流区。随着二次风量的增加，回流区尺寸明显增加。这是因为二次风的旋转强度随风量的增加而增强，有利于气流向外侧扩散，卷吸回来的烟气量增多。在 x/d=0.1～0.7 截面，三种工况下气固两相的轴向平均速度呈双峰分布，靠近燃烧器中心的峰值为一次风粉流动区域，靠近边壁的峰值为二次风流动区域，中心区域的速度峰值始终高于靠近边壁的速度峰值；随着一、二次风的扩散，沿燃烧器射流方向测得两个轴向平均速度的峰值都逐渐减小，而且靠近边壁的轴向平均速度的峰值位置向壁面移动。随着二次风量的增加，靠近壁面的轴向平均速度的峰值越高，靠近中心线的轴向平均速度的峰值越低。在燃烧器中心线附近，气固两相的轴向平均速度存在滑移，固相的轴向平均速度大于气相的轴向平均速度，也就是说固相的轴向平均速度变化滞后于气相的轴向平均速度。在 x/d=1.0 的截面，靠近边壁的轴向平均速度的峰值消失，表明一、二次风已经较充分地混合。

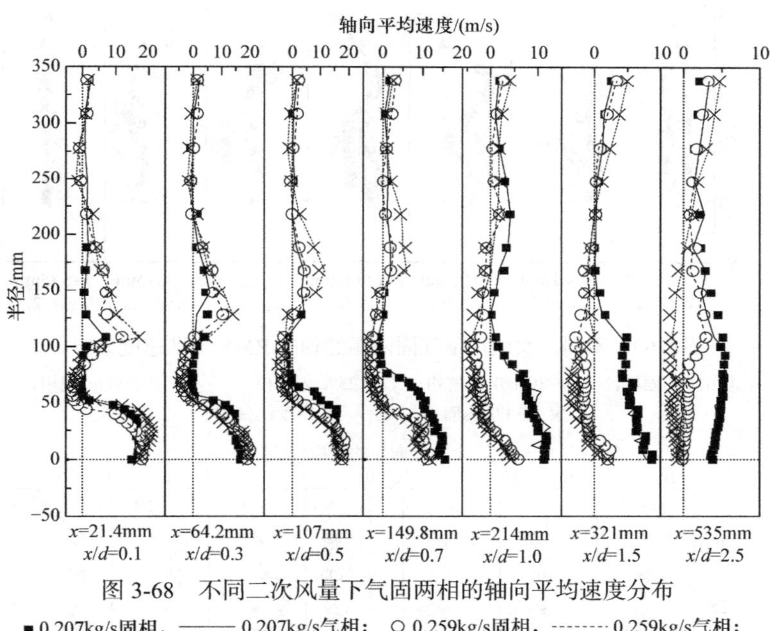

图 3-68　不同二次风量下气固两相的轴向平均速度分布

■ 0.207kg/s固相，——— 0.207kg/s气相；○ 0.259kg/s固相，-------- 0.259kg/s气相；× 0.337kg/s固相，············ 0.337kg/s气相

不同二次风量下中心给粉旋流煤粉燃烧器各截面气相、固相的轴向 RMS 脉动速度分布如图 3-69 所示。在 x/d=0.1～1.0 截面，不同二次风量下中心给粉旋流煤粉燃烧器的轴向 RMS 脉动速度呈双峰分布。从轴向 RMS 脉动速度分布图中可以发现，靠近中心区的峰值为一次风粉与中心回流区交互作用产生的，靠近外侧的峰值为二次风向外扩散作用产生的。轴向 RMS 脉动速度的最大值并不位于 x/d=0.1 截面，而是在 x/d=0.3～0.7 截面，这表明在这一区域存在较大的轴向湍流脉动。在 x/d=0.7 以后的截面，轴向 RMS 脉动速度峰值逐渐降低，外侧的峰值从二次风区域向边壁扩散，到 x/d=1.5 截面轴向 RMS 脉动速度趋于平缓。在 x/d=0.1～0.5 截面，二次风量越大，轴向 RMS 脉动速度的峰值越高，湍流扩散越强烈，而后期衰减越迅速。

不同二次风量下中心给粉旋流煤粉燃烧器各截面气相、固相的径向平均速度分布如图 3-70 所示。在 x/d=0.1～0.5 截面，三种工况下的气固两相的径向平均

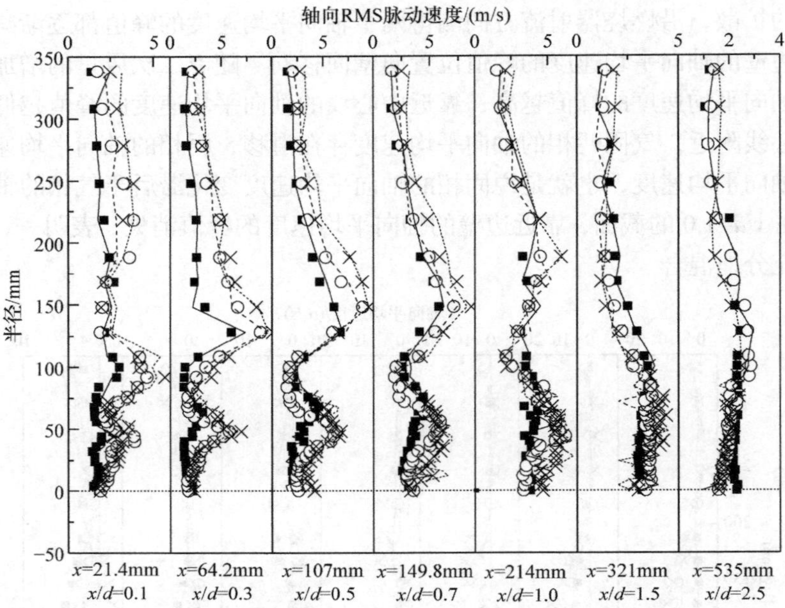

图 3-69　不同二次风量下气固两相的轴向 RMS 脉动速度分布

■ 0.207kg/s固相，—— 0.207kg/s气相；○ 0.259kg/s固相，------ 0.259kg/s气相；× 0.337kg/s固相，········ 0.337kg/s气相

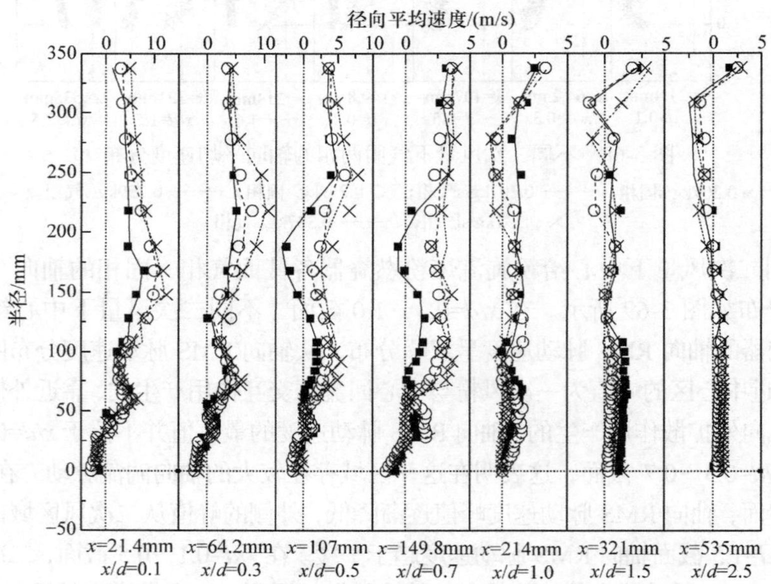

图 3-70　不同二次风量下气固两相的径向平均速度分布

■ 0.207kg/s固相，—— 0.207kg/s气相；○ 0.259kg/s固相，------ 0.259kg/s气相；× 0.337kg/s固相，········ 0.337kg/s气相

速度呈双峰分布，靠近燃烧器中心的峰区为一次风粉流动区域，靠近边壁的峰区为二次风流动区域，靠近边壁的峰值始终高于靠近中心的峰值；随着二次风量的增加，两个速度峰值都增大。这是因为二次风量增加，二次风的动量增强，对一次风粉的带动作用增强，颗粒易于被二次风携带。随着一次风粉向二次风的扩散，二次风向边壁扩散，三种工况下径向平均速度的峰值逐渐减小，两个峰值的位置都向边壁移动；随着射流的进一步发展，径向平均速度进一步降低趋于平缓。在 x/d=0.1～0.7 截面，三种工况下中心给粉旋流煤粉燃烧器在中心线附近的径向平均速度为负值，说明一次风粉向燃烧器中心流动，中心线附近区域的颗粒浓度增加。

不同二次风量下中心给粉旋流煤粉燃烧器各截面气相、固相的径向 RMS 脉动速度分布如图 3-71 所示。在 x/d=0.1～0.5 的截面，在二次风向外扩散区域，三种工况下中心给粉旋流煤粉燃烧器的径向 RMS 脉动速度存在一个明显的峰值，表明在该区域存在较大的径向湍流扩散，并且随着二次风量的增大，径向 RMS 脉动速度的峰值增大。径向 RMS 脉动速度的峰值在 x/d=0.3 截面出现最大值，表明湍流扩散在该截面较强烈，也说明湍流脉动能量存在一个积累过程。随着射流的发展，二次风向边壁扩散，在 x/d=0.5 之后的截面，径向 RMS 脉动速度的峰值消失，整体径向

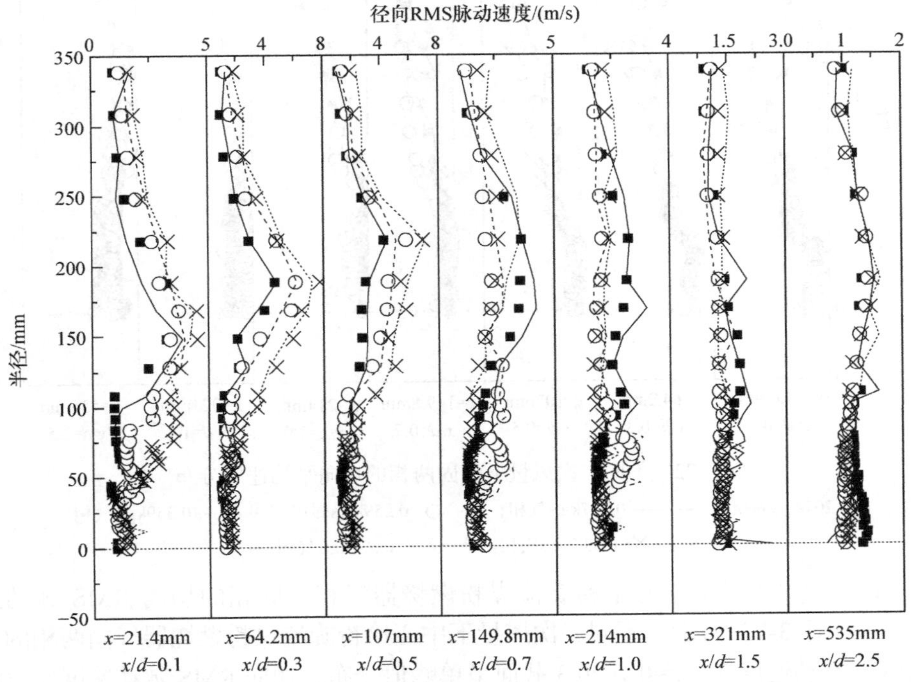

图 3-71　不同二次风量下气固两相的径向 RMS 脉动速度分布

■ 0.207kg/s固相，—— 0.207kg/s气相；○ 0.259kg/s固相，-------- 0.259kg/s气相；
× 0.337kg/s固相，········ 0.337kg/s气相

RMS 脉动速度逐渐降低，三种工况的径向 RMS 脉动速度相差较小，趋于平缓。

不同二次风量下中心给粉旋流煤粉燃烧器各截面气相、固相的切向平均速度分布如图 3-72 所示。从图中可以发现，在 x/d=0.1～0.5 的截面，三种工况下气固两相的切向平均速度具有明显的单峰值分布，切向平均速度的峰值位于外二次风出口区域，并且随着内二次风量的增加，切向平均速度的峰值增大，这是因为二次风量增加，二次风的旋转能力增强，风粉混合物的切向平均速度都增加。在 x/d=0.7 以后的截面，切向平均速度的峰值消失，切向平均速度趋于平缓，相比于轴向平均速度和径向平均速度，切向平均速度衰减较快。由于一次风为直流射流及回流区内以轴向回流流动为主，在中心回流区和一次风出口处切向平均速度均很小。

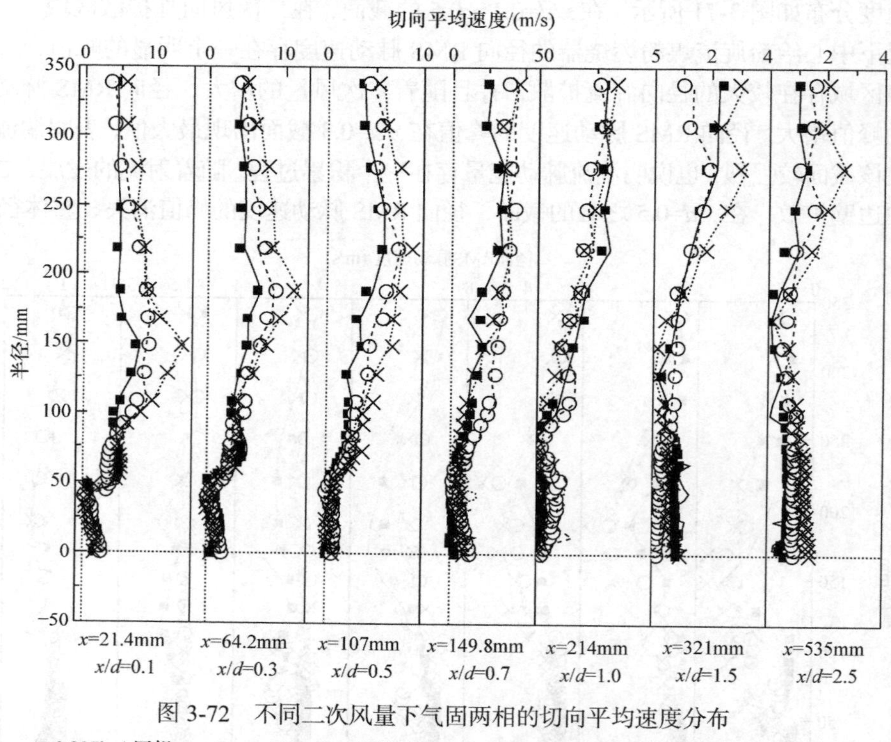

图 3-72　不同二次风量下气固两相的切向平均速度分布

■ 0.207kg/s固相，——— 0.207kg/s气相；○ 0.259kg/s固相，------- 0.259kg/s气相；
× 0.337kg/s固相，·········· 0.337kg/s气相

不同二次风量下中心给粉旋流煤粉燃烧器气相、固相的切向 RMS 脉动速度分布如图 3-73 所示。不同二次风量下中心给粉旋流煤粉燃烧器气固两相的切向 RMS 脉动速度在 x/d=0.1～0.3 截面呈单峰值分布，切向 RMS 脉动速度峰值出现在外二次风向外扩散的区域，并且随着二次风量的增加，速度峰值增加。在 x/d=0.1～0.3 截面，燃烧器中心区域的切向 RMS 脉动速度相对较低，在二次风区

域内切向 RMS 脉动速度保持较高的数值，这表明在此区域存在较大的切向湍流扩散。随着射流的发展，在 x/d=0.7 之后的截面，切向 RMS 脉动速度的峰值消失，三种工况的切向 RMS 脉动速度相差较小，切向 RMS 脉动速度趋于平缓。

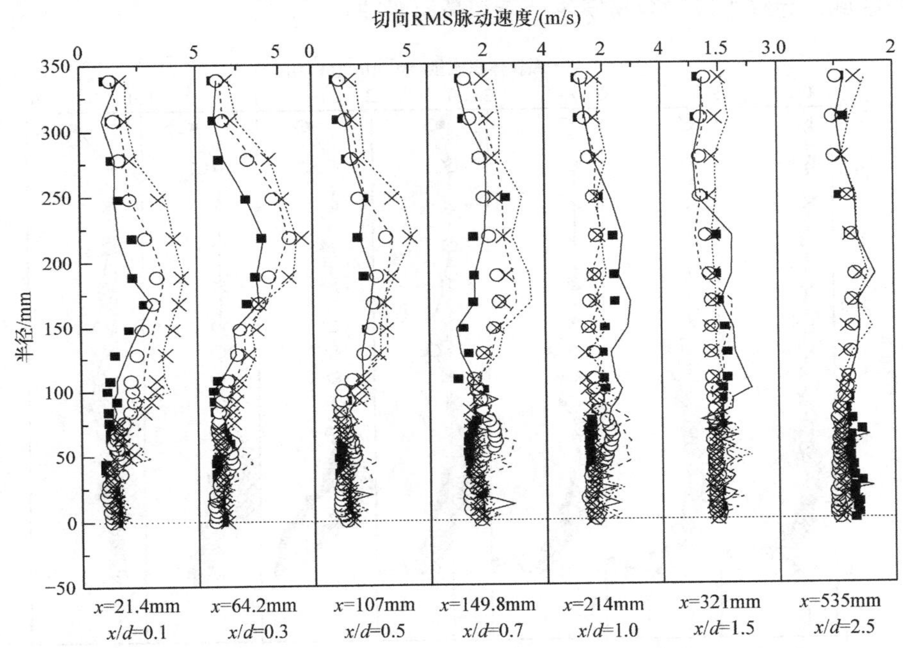

图 3-73　不同二次风量下气固两相的切向 RMS 脉动速度分布

■ 0.207kg/s固相，——— 0.207kg/s气相；○ 0.259kg/s固相，-------- 0.259kg/s气相；× 0.337kg/s固相，········ 0.337kg/s气相

中心给粉旋流煤粉燃烧器在不同二次风量下 0～100μm 颗粒体积流量沿径向不同截面的分布如图 3-74 所示。三种工况都存在边壁回流，在 x/d=0.1～0.7 的截面，不同二次风量下的颗粒体积流量呈双波峰、双波谷分布，中心线附近的峰区为一次风粉流动区域；边壁附近的峰区为二次风流动区域。中心线附近的颗粒体积流量峰值远大于外侧的峰值，中心线附近的颗粒体积流量谷值的绝对值也要大于外侧波谷的绝对值。由于颗粒由中心给粉旋流煤粉燃烧器的浓一次风通道直接喷入，因此在燃烧器的中心附近形成了一个高的颗粒体积流量峰值区域。随着射流的进一步发展，燃烧器中心区域的颗粒体积流量明显降低。在 x/d=1.0 以后的截面，靠近壁面的颗粒体积流量峰值消失。二次风量增大后，二次风动量增大，二次风对一次风粉的带动作用增强，加强了一次风粉沿径向的扩散，易于混入二次风中，降低了中心线区域的颗粒体积浓度，增大了二次风中的颗粒体积浓度，因此在 x/d=0.1～1.0 的截面，随着二次风量的增加，靠近中心线的颗粒体积流量峰

值减小。当二次风量为 0.337kg/s 时，在 x/d=1.0 之后的截面，颗粒体积流量最大值出现在壁面附近区域,这也是由二次风量增大对一次风粉的带动作用增强所致，过大的二次风量虽会形成较大且稳定的中心回流区，但也会将更多的煤粉甩到水冷壁区域，导致水冷壁容易发生结渣和高温腐蚀。

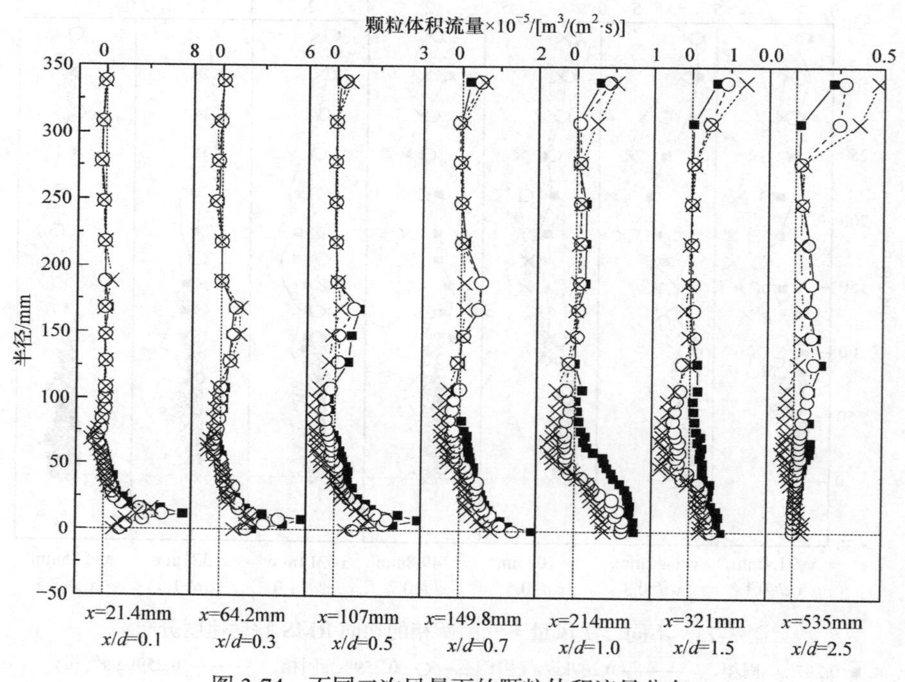

图 3-74　不同二次风量下的颗粒体积流量分布

—■— 0.207kg/s；---○--- 0.259kg/s；……×…… 0.337kg/s

中心给粉旋流煤粉燃烧器在不同二次风量下 0～100μm 颗粒相对数密度沿径向不同截面的分布如图 3-75 所示，图中 C_n 和 C_{nmax} 分别为测量截面上的颗粒数密度和最大颗粒数密度(参见 2.5.1 节中气固两相近似模化试验方法)。由于相同截面不同径向位置的颗粒粒径分布不同，因此相同截面的颗粒体积流量和颗粒相对数密度分布都有所不同。在 x/d=0.1～0.3 的截面，三种工况在中心线附近都存在一个颗粒相对数密度的峰值区。在 x/d=0.5 之后的截面，当二次风量为 0.337kg/s 时，颗粒相对数密度的峰值出现在壁面处；在 x/d=0.7 之后的截面，当二次风量为 0.259kg/s 时，颗粒相对数密度的峰值出现在壁面处；在 x/d=1.0 之后的截面，当二次风量为 0.207kg/s 时，颗粒相对数密度的峰值出现在壁面处。

不同二次风量下中心给粉旋流煤粉燃烧器 0～100μm 颗粒在不同截面沿径向的平均粒径分布如图 3-76 所示。平均粒径是指根据颗粒直径大小按颗粒个数来平均的算术平均值，用 d_{10} 表示。对于三种工况，在 x/d=0.1～0.7 的截面，中心线附

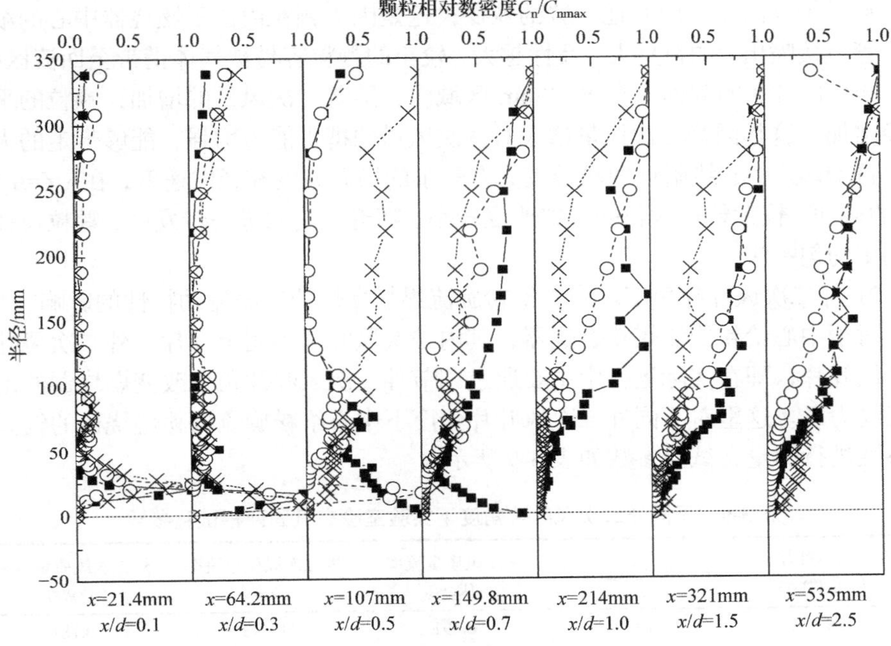

图 3-75 不同二次风量下颗粒相对数密度的分布

—■— 0.207kg/s; ---○--- 0.259kg/s; ······×······ 0.337kg/s

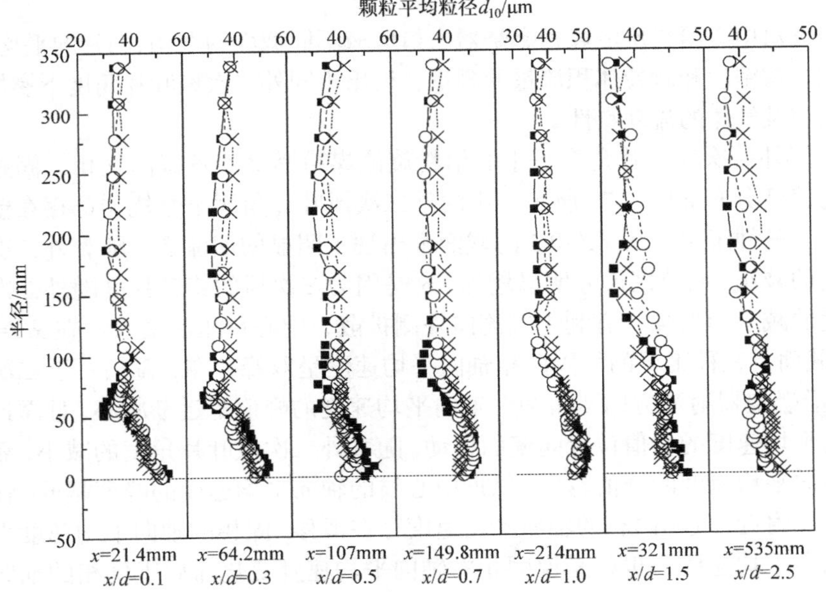

图 3-76 不同二次风量下颗粒平均粒径的分布

—■— 0.207kg/s; ---○--- 0.259kg/s; ······×······ 0.337kg/s

近的粒径始终高于径向其他位置的粒径，这是因为颗粒由位于燃烧器中心的浓一次风管直接喷出，颗粒越大，惯性越大，较小的颗粒容易被气体携带至回流区中。在 x/d=0.1～1.0 的截面，在 r≥50mm 区域内，随着二次风量的增加，颗粒的平均粒径增加，这是因为二次风量增大对一次风粉的携带能力增强，能够带走的大粒径数目增多。中心线附近的颗粒流具有较小的切向速度和径向速度，在 x/d=0.1～0.7 的截面，较大粒径颗粒的位置改变较小。随着射流的进一步发展，颗粒粒径分布趋于均匀[6,26]。

2) 外二次风叶片角度对中心给粉旋流煤粉燃烧器气固流动特性的影响

对于中心给粉旋流煤粉燃烧器，其内二次风叶片为固定叶片，外二次风叶片为可调叶片，即在实际运行中主要通过调节外二次风叶片角度改变燃烧器的出口空气动力场。这里对不同外二次风叶片角度下中心给粉旋流煤粉燃烧器的气固流动特性进行测量，试验参数如表 3-9 所示。

表 3-9　不同外二次风叶片角度下实验室冷态气固两相试验参数

外二次风叶片角度/(°)	一、二次风温/℃	一次风质量流率/(kg/s)	内二次风质量流率/(kg/s)	外二次风质量流率/(kg/s)
25	10	0.091	0.078	0.181
35	10	0.091	0.078	0.181
40	10	0.091	0.078	0.181

通过对中心给粉旋流煤粉燃烧器出口区域不同截面的气相、固相的平均速度、颗粒相对数密度和颗粒体积流量的测量，得出不同外二次风叶片角度下燃烧器出口的颗粒及气体的流动特性。

不同外二次风叶片角度下中心给粉旋流煤粉燃烧器各截面气相、固相的轴向平均速度分布如图 3-77 所示。不同外二次风叶片角度下燃烧器都存在壁面回流。对于三种工况，在 x/d=0.3 的截面都出现了明显的回流区。随着外二次风叶片角度的减小，回流区尺寸明显增加，这是因为二次风的旋转强度随外二次风叶片角度的减小而增强，有利于气流向外侧扩散，中心负压区增大。在 x/d=0.1～0.7 的截面，三种工况的气固两相轴向平均速度呈双峰分布，随着一、二次风的扩散，沿燃烧器射流方向测得两个轴向平均速度的峰值都逐渐减小，且靠近边壁的轴向平均速度的峰值位置向壁面移动。随着外二次风叶片角度的减小，靠近壁面的轴向平均速度的峰值越高，靠近中心线的轴向平均速度的峰值越低。在燃烧器中心线附近，气固两相的轴向平均速度存在滑移，固相的轴向平均速度大于气相的轴向平均速度，也就是说固相的轴向平均速度变化滞后于气相的轴向平均速度。在 x/d=1.0 的截面，靠近边壁的轴向平均速度的峰值消失，表明一、二次风已经较充分地混合。对于外二次风叶片角度为 45°的工况，在 x/d=1.0 之后的截面已不存在回流区，这表明过大的外二次风叶片角度不能形成较大的回流区，不能保证煤粉的及时着火和稳定燃烧。

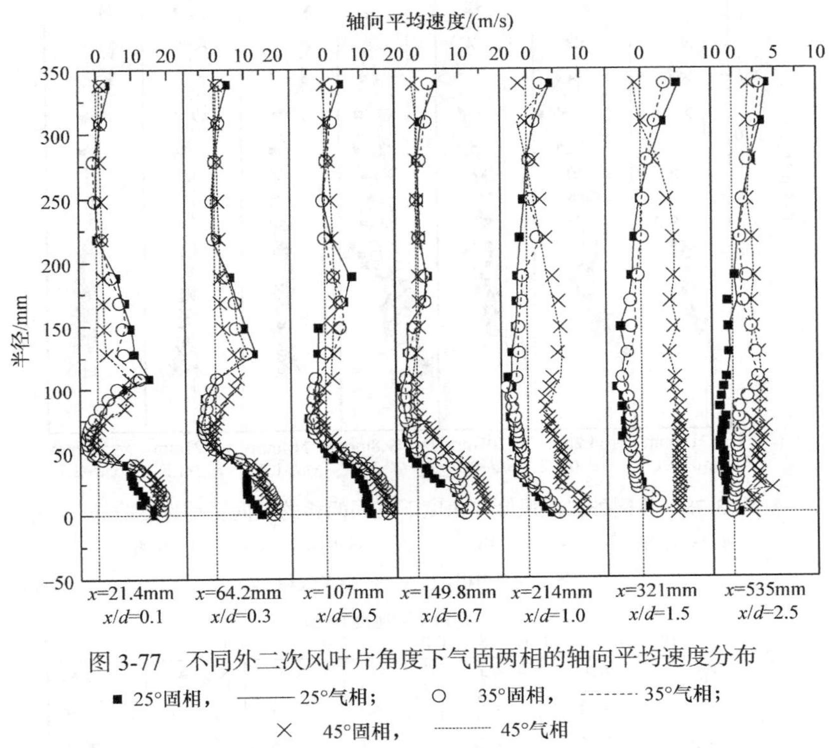

图 3-77 不同外二次风叶片角度下气固两相的轴向平均速度分布

■ 25°固相，—— 25°气相；○ 35°固相，------ 35°气相；× 45°固相，········ 45°气相

不同外二次风叶片角度下中心给粉旋流煤粉燃烧器各截面气相、固相的径向平均速度分布如图 3-78 所示。在 x/d=0.1～0.5 的截面，三种工况下气固两相的径向平均速度呈双峰分布，靠近燃烧器中心的峰区为一次风粉流动区域，靠近边壁的峰区为二次风流动区域，靠近边壁的峰值始终高于靠近中心的峰值；随着外二次风叶片角度的减小，靠近边壁的速度峰值增大。这是因为外二次风叶片角度减小，外二次风的动量增加，旋转能力增强，对一次风粉的带动作用增强，颗粒易于被二次风携带。随着一次风粉向二次风的扩散，二次风向边壁扩散，三种工况下的径向平均速度的峰值逐渐减小，两个峰值的位置都向边壁移动；随着射流的进一步发展，径向平均速度进一步降低并趋于平缓。在 x/d=0.1～0.7 的截面，三种工况下中心给粉旋流煤粉燃烧器在中心线附近的径向平均速度为负值，说明一次风粉向燃烧器中心流动，中心线附近区域的颗粒浓度增加。

不同外二次风叶片角度下中心给粉旋流煤粉燃烧器各截面气相、固相的切向平均速度分布如图 3-79 所示。从图中可以发现，在 x/d=0.1～0.5 的截面，三种工

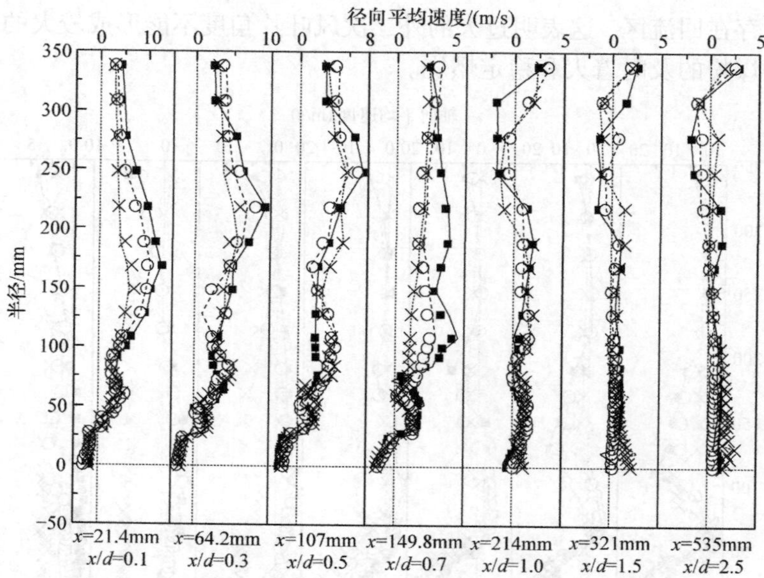

图 3-78　不同外二次风叶片角度下气固两相的径向平均速度分布

■ 25°固相，—— 25°气相；○ 35°固相，------ 35°气相；× 45°固相，········ 45°气相

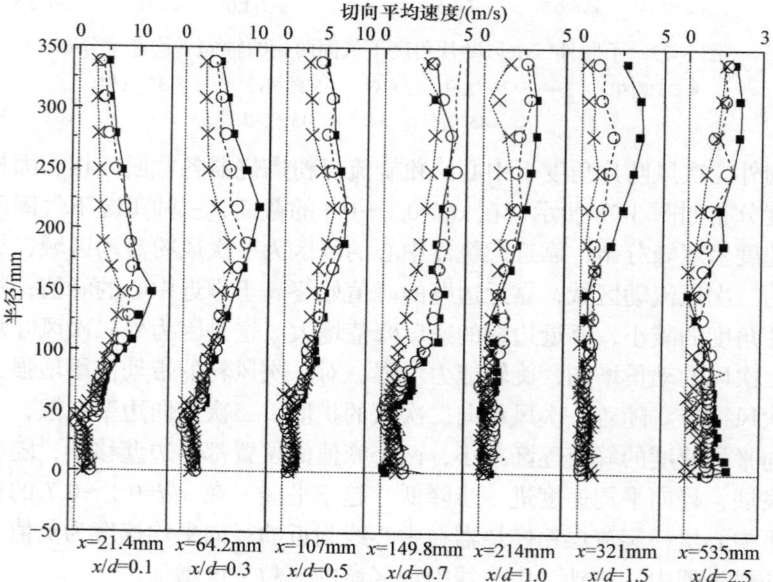

图 3-79　不同外二次风叶片角度下气固两相的切向平均速度分布

■ 25°固相，—— 25°气相；○ 35°固相，------ 35°气相；× 45°固相，········ 45°气相

况下气固两相的切向平均速度具有明显的单峰值分布，切向平均速度的峰值位于外二次风出口区域，并且随着外二次风叶片角度的减小，切向平均速度的峰值增大。这是因为外二次风叶片角度减小，二次风的旋转能力增强，风粉混合物的切向平均速度都增加。在 x/d=0.7 以后的截面，切向平均速度的峰值消失，切向平均速度趋于平缓，相比于轴向平均速度和径向平均速度，切向平均速度衰减较快。由于一次风为直流射流及回流区内以轴向回流流动为主，因此在中心回流区和一次风出口处切向平均速度均很小。

中心给粉旋流煤粉燃烧器在不同外二次风叶片角度下 0～100μm 颗粒体积流量沿径向不同截面的分布如图 3-80 所示。在 x/d=0.1～0.7 的截面，不同外二次风叶片角度下的颗粒体积流量呈双波峰、双波谷分布，随着射流的进一步发展，燃烧器中心区域的颗粒体积流量明显降低。在 x/d=1.0 以后的截面，靠近壁面的颗粒体积流量的峰值消失。由于外二次风叶片角度减小后，二次风动量增大，二次风对一次风粉的带动作用增强，加强了一次风粉沿径向的扩散，易于混入二次风中，降低了中心线区域的颗粒体积浓度，增大了二次风中颗粒体积浓度，所以在 x/d=0.1～0.7 的截面，随着外二次风叶片角度的减小，靠近中心线的颗粒体积流量的峰值减小。当外二次风叶片角度为 25°时，在 x/d=1.0 之后的截面，颗粒体积流量最大值出现在壁面附近区域，而当外二次风叶片角度分别为 35°和 45°时，在

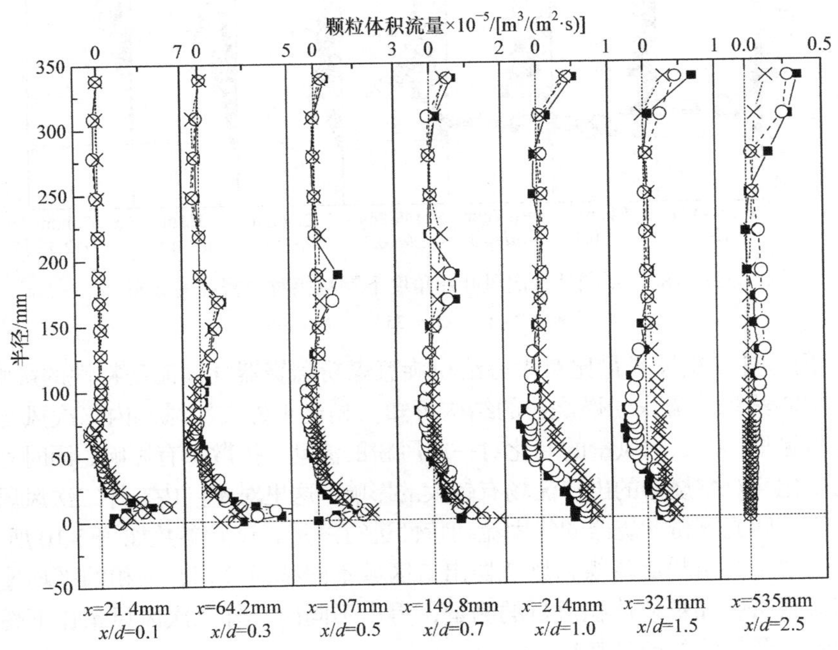

图 3-80　不同外二次风叶片角度下颗粒体积流量的分布

—■— 25°；---○--- 35°；·····×····· 45°

x/d=1.5 之后的截面，颗粒体积流量最大值出现在壁面附近区域，这表明过小的外二次风叶片角度会将更多的煤粉带到水冷壁区域，容易导致水冷壁的结渣和高温腐蚀。

中心给粉旋流煤粉燃烧器在不同外二次风叶片角度下 0～100μm 颗粒相对数密度沿径向不同截面的分布如图 3-81 所示。由于相同截面不同径向位置的颗粒粒径分布不同，因此相同截面的颗粒体积流量和颗粒相对数密度分布都有所不同。在 x/d=0.1～0.5 的截面，三种工况在中心线附近都存在一个颗粒相对数密度的峰值区。在 x/d=0.7 之后的截面，三种工况的颗粒相对数密度的峰值出现在壁面处。

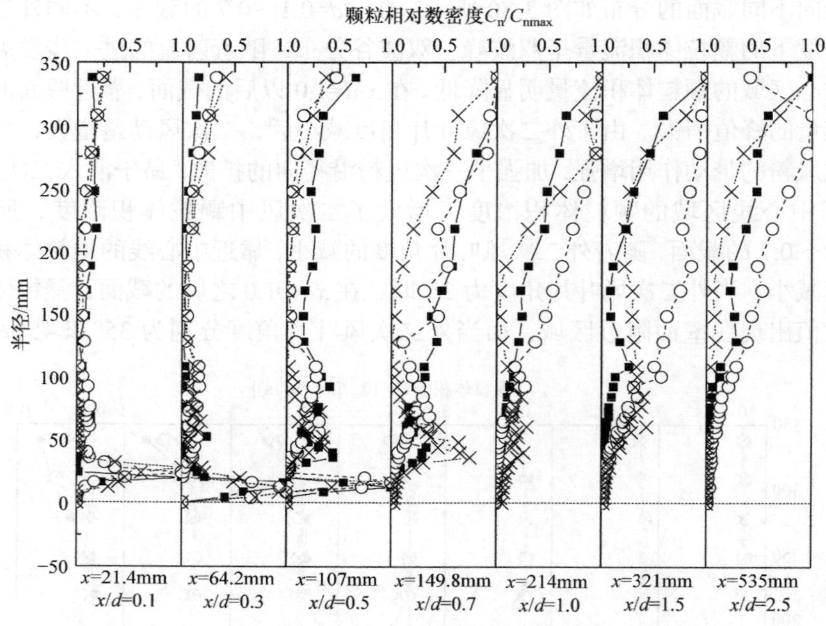

图 3-81 不同外二次风叶片角度下颗粒相对数密度的分布

—■— 25°；---○--- 35°；·····×····· 45°

3) 内、外二次风风量比对中心给粉旋流煤粉燃烧器气固流动特性的影响

由中心给粉旋流煤粉燃烧器的结构可知，相比于外二次风，内二次风与一次风混合得更早，内二次风量的变化对一次风粉的流动、扩散都有影响，同时外二次风量的变化又对燃烧器的出口流场有较大的影响。这里对不同内、外二次风风量比下中心给粉旋流煤粉燃烧器的气固流动特性进行测量，试验参数如表 3-10 所示。

通过对中心给粉旋流煤粉燃烧器出口区域不同截面气相、固相的平均速度、颗粒相对数密度和颗粒体积流量的测量，得出不同内、外二次风风量比下燃烧器出口的颗粒及气体的流动特性。

表 3-10　不同内、外二次风风量比下实验室气固两相冷态试验参数

一、二次风温 /℃	一次风质量流率 /(kg/s)	内二次风质量流率 /(kg/s)	外二次风质量流率 /(kg/s)
10	0.091	0.078	0.181
10	0.091	0.104	0.155
10	0.091	0.130	0.130

不同内、外二次风风量比下中心给粉旋流煤粉燃烧器各截面气相、固相的轴向平均速度分布如图 3-82 所示，图中 Q_{n2} 为内二次风质量流量，Q_{w2} 为外二次风质量流量。不同内、外二次风风量比下燃烧器都存在壁面回流区。三种工况下，在 x/d=0.3 的截面都出现明显的回流。随着内二次风量比的增加，回流区尺寸减小。这是因为外二次风的旋转强度减弱，对燃烧器射流产生压缩作用，不利于气流向外侧扩散。在 x/d=0.1～0.7 的截面，三种工况下气、固两相的轴向速度呈双峰分布，靠近燃烧器中心的峰值为一次风粉流动区域，靠近边壁的峰值为二次风流动区域，中心区域的峰值始终高于靠近边壁的峰值；随着一、二次风的扩散，沿燃烧器射流方向测得两个轴向平均速度的峰值都逐渐减小，且靠近边壁的轴向平均速度的峰值位置向壁面移动，在燃烧器中心线附近，气、固两相的轴向平均速度存在滑移，固相的轴向平均速度大于气相的轴向平均速度，也就是说固相的

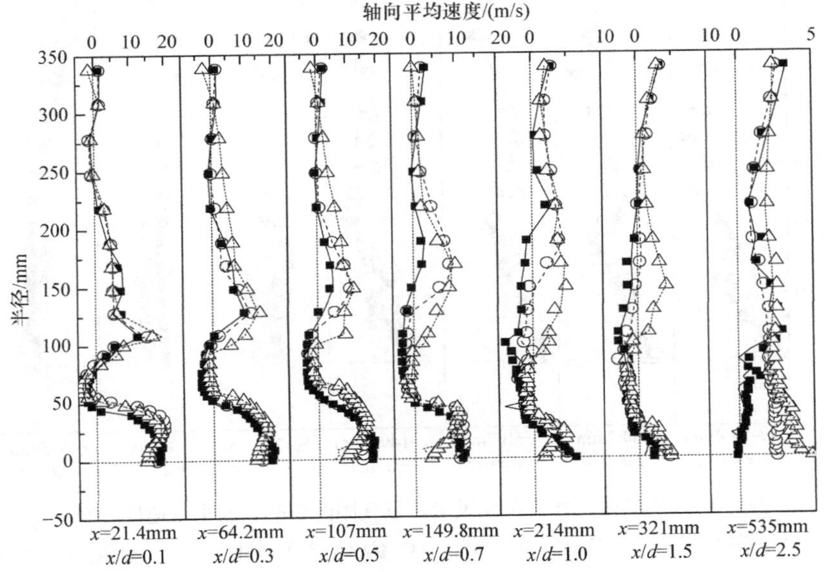

图 3-82　不同内、外二次风风量比下气固两相的轴向平均速度分布

■ Q_{n2}/Q_{w2}=0.43固相，—— Q_{n2}/Q_{w2}=0.43气相；○ Q_{n2}/Q_{w2}=0.67固相，------ Q_{n2}/Q_{w2}=0.67气相；△ Q_{n2}/Q_{w2}= 1.0固相，········ Q_{n2}/Q_{w2}=1.0气相

轴向平均速度的变化滞后于气相的轴向平均速度。在 x/d=1.5 之后的截面，靠近边壁的轴向平均速度的峰值消失，表明一、二次风已经较充分地混合。在 x/d=0.3～1.0 的截面，在燃烧器中心区域内二次风量比越高，轴向平均速度越低，这表明较大的内二次风会加速一次风粉向二次风的扩散，会导致一、二次风过早地混合。

不同内、外二次风风量比下中心给粉旋流煤粉燃烧器各截面气相、固相的径向平均速度分布如图 3-83 所示。在 x/d=0.1～0.5 的截面，不同工况下气、固两相的径向平均速度呈双峰分布，靠近燃烧器中心的峰区为一次风粉流动区域，靠近边壁的峰区为二次风流动区域，靠近边壁的峰值始终高于靠近中心的峰值；随着内二次风比例的增加，靠近内侧的峰值增大，靠近外侧的峰值减小。随着一次风粉向二次风的扩散，二次风向边壁扩散，三种工况下径向平均速度的峰值逐渐减小，两个峰值的位置都向边壁移动；随着射流的进一步发展，径向平均速度进一步降低并趋于平缓。在 x/d=0.1～0.3 的截面，三种工况下中心给粉旋流煤粉燃烧器在中心线附近的径向平均速度为负值，说明一次风粉向燃烧器中心流动，中心线附近区域的颗粒浓度增加。

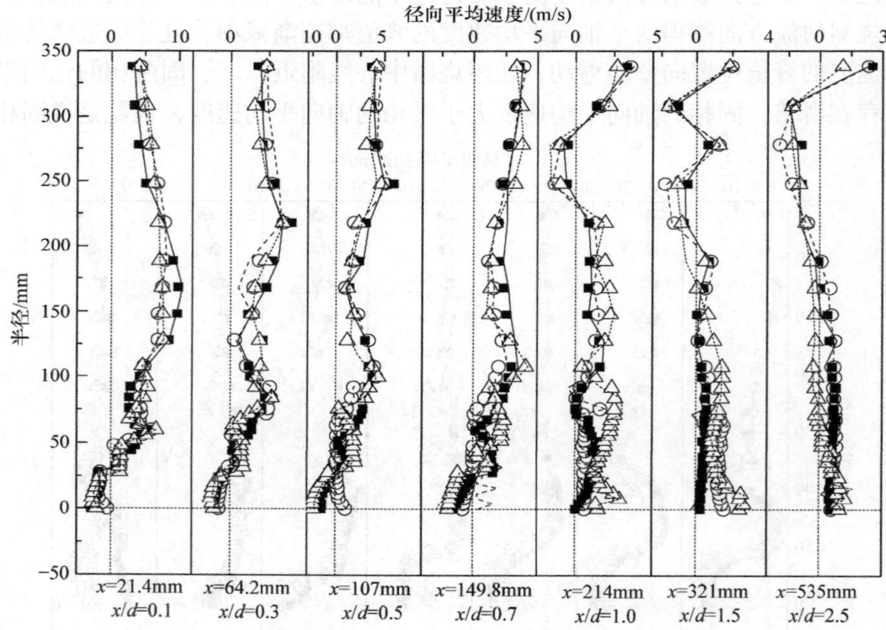

图 3-83　不同内、外二次风风量比下气固两相的径向平均速度分布

■ Q_{n2}/Q_{w2}=0.43固相，—— Q_{n2}/Q_{w2}=0.43气相；○ Q_{n2}/Q_{w2}=0.67固相，------- Q_{n2}/Q_{w2}=0.67气相；
△ Q_{n2}/Q_{w2}= 1.0固相，………… Q_{n2}/Q_{w2}=1.0气相

不同内、外二次风风量比下中心给粉旋流煤粉燃烧器各截面气相、固相的切向平均速度分布如图 3-84 所示。从图中可以发现，在 x/d=0.1～0.5 的截面，三种

工况下的切向平均速度具有明显的单峰值分布，切向平均速度的峰值位于外二次风出口区域，且随着内二次风量比的增加，切向平均速度的峰值降低。在 x/d=0.7 以后的截面，切向平均速度的峰值消失，切向平均速度趋于平缓，相比于轴向平均速度和径向平均速度，切向平均速度衰减较快。由于一次风为直流射流和回流区内以轴向回流流动为主，因此在中心回流区和一次风出口处切向平均速度均很小。

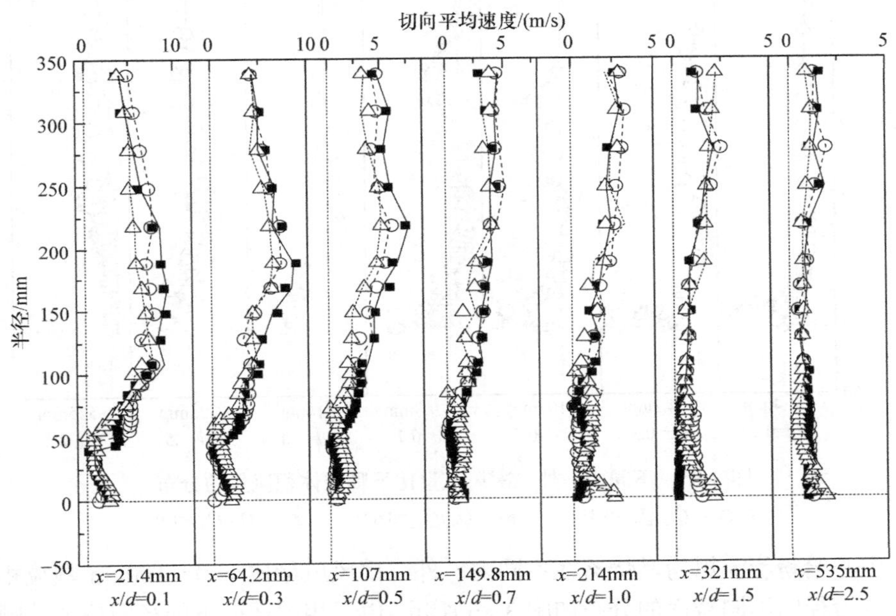

图 3-84　不同内、外二次风风量比下气固两相的切向平均速度分布

■ Q_{n2}/Q_{w2}=0.43固相，—— Q_{n2}/Q_{w2}=0.43气相；○ Q_{n2}/Q_{w2}=0.67固相，------ Q_{n2}/Q_{w2}=0.67气相；△ Q_{n2}/Q_{w2}= 1.0固相，········ Q_{n2}/Q_{w2}=1.0气相

中心给粉旋流煤粉燃烧器在不同内、外二次风风量比下 0～100μm 颗粒体积流量沿径向不同截面的分布如图 3-85 所示。三种工况都存在边壁回流，在 x/d=0.1～0.7 的截面，三个内、外二次风风量比下的颗粒体积流量呈双波峰、双波谷分布，随着射流的进一步发展，燃烧器中心区域的颗粒体积流量明显降低。在 x/d=1.0 以后的截面，靠近壁面的颗粒体积流量的峰值消失。由于内二次风比例增大后，内二次风对一次风粉的带动作用增强，加强了一次风粉沿径向的扩散，易于混入二次风中，降低了中心线区域的颗粒体积流量，增大了二次风中颗粒体积流量，因此在 x/d=0.1～0.7 的截面，随着内二次风比例的增加，靠近中心线的颗粒体积流量的峰值减小，靠近边壁侧的颗粒体积流量的峰值增大，而在 x/d=1.0 以后的截面，三种工况下的颗粒体积流量相差较小。

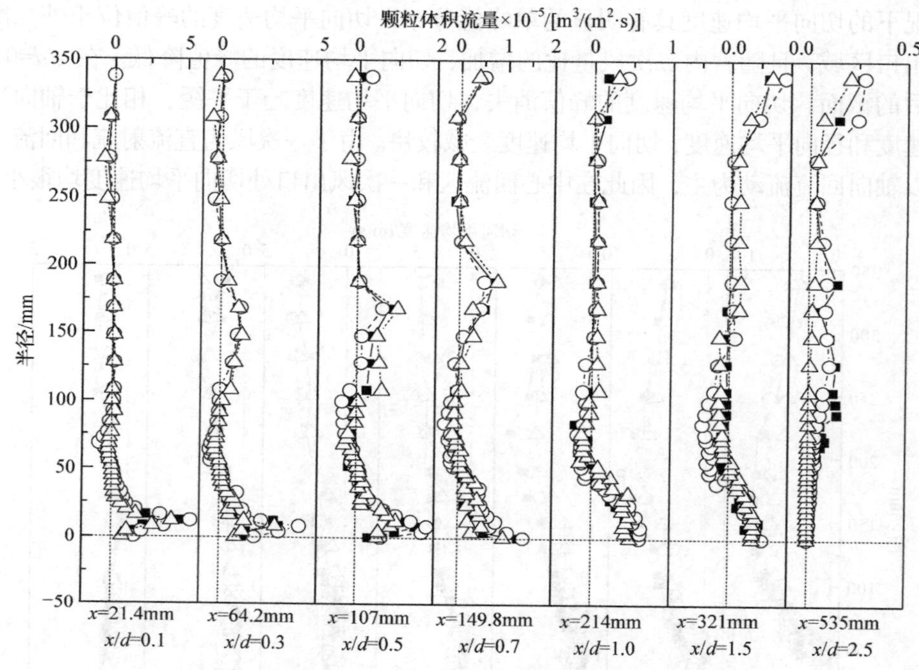

图 3-85 不同内、外二次风风量比下颗粒体积流量的分布

---○--- Q_{n2}/Q_{w2}=0.43； —■— Q_{n2}/Q_{w2}=0.67； ·····△····· Q_{n2}/Q_{w2}=1.0

中心给粉旋流煤粉燃烧器在不同内、外二次风风量比下 0～100μm 颗粒相对数密度沿径向不同截面的分布如图 3-86 所示。由于相同截面不同径向位置的颗粒粒径分布不同，因此相同截面的颗粒体积流量和颗粒相对数密度分布都有所不同。在 x/d=0.1～0.5 的截面，三种工况在中心线附近都存在一个颗粒相对数密度的峰值区，在 x/d=0.7 的截面，Q_{n2}/Q_{w2}=0.43 时颗粒相对数密度的峰值出现在边壁处，而 Q_{n2}/Q_{w2} 为 0.67 和 1.0 时颗粒相对数密度的峰值出现在二次风区域，在 x/d=1.0～2.5 的截面，三种工况的颗粒相对数密度的峰值出现在壁面处[6,27]。

5. 燃用烟煤中心给粉旋流煤粉燃烧器的设计参数选取

1) 内二次风叶片角度的选取

内二次风叶片角度对中心给粉旋流煤粉燃烧器性能的影响表明，内二次风叶片角度分别为 50°和 55°时，回流区尺寸较小，一、二次风混合距离较大，不能实现煤粉的及时着火，且会降低煤粉的燃尽效率。内二次风叶片角度分别为 60°和 64°时中心回流区尺寸相差较小，但当内二次风叶片角度为 64°时，其一、二次风的混合距离较小，一、二次风混合提前，一次风边界的分形维数和湍流强度较高，不利于抑制 NO_x 的生成，同时整个系统的阻力也明显增加。鉴于此，将燃用烟煤中心

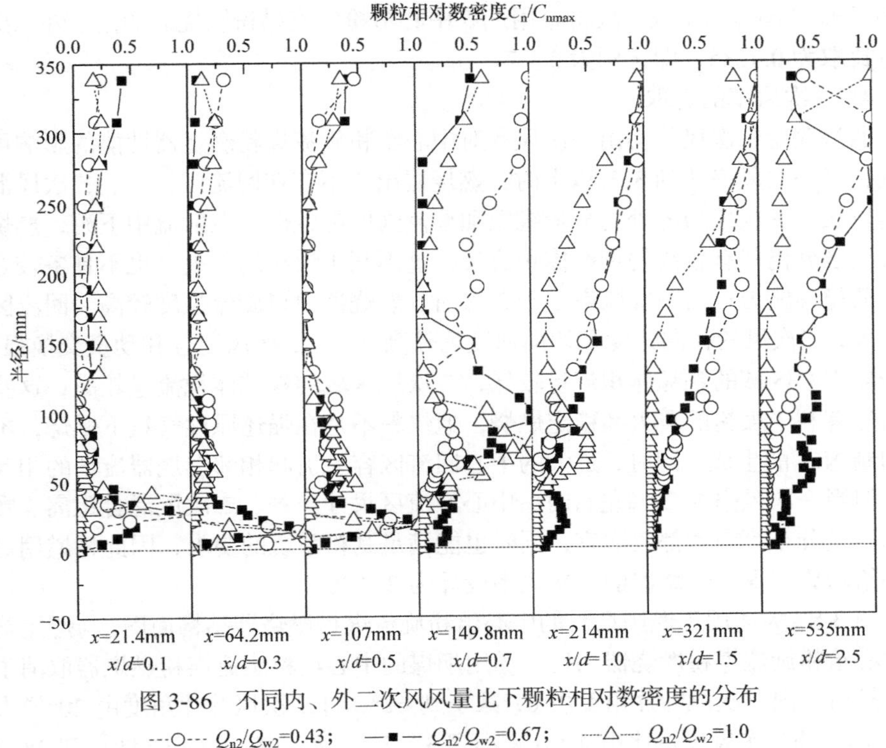

图 3-86　不同内、外二次风风量比下颗粒相对数密度的分布

---○--- Q_{n2}/Q_{w2}=0.43；　—■— Q_{n2}/Q_{w2}=0.67；　……△…… Q_{n2}/Q_{w2}=1.0

给粉旋流煤粉燃烧器的内二次风叶片角度取为 62°。

2) 外二次风叶片角度的选取

针对外二次风叶片角度对中心给粉旋流煤粉燃烧器性能的影响，进行了实验室单相及两相试验。外二次风叶片角度分别为 40°和 45°时，回流区尺寸较小，不能满足锅炉实际运行的需要；外二次风叶片角度分别为 30°和 35°时，可形成较大回流区，能够满足锅炉实际运行的需要。但是，当相邻燃烧器中心线的水平距离仅为燃烧器最外层喷口直径的 1.66 倍时，外二次风叶片角度为 30°时存在相邻燃烧器流场相互干扰的现象，这不利于锅炉安全、稳定的运行；而当外二次风叶片角度为 35°时不存在流场相互干扰的现象，因此在实际应用中燃用烟煤中心给粉旋流煤粉燃烧器的外二次风叶片角度取为 35°。

3) 内、外二次风风量比的选取

通过 3.3.1 节对内、外二次风风量比对中心给粉旋流煤粉燃烧器性能的影响研究可以发现，随着内、外二次风风量比从 0.4285 增大到 1.5，燃烧器旋流强度降低，射流扩展角和回流区尺寸减小，一、二次风混合较早，一次风边界的分形维数和湍流强度增加，中心线区域的颗粒体积流量降低，二次风中的颗粒体积流量增加，因此较大的内、外二次风风量比既不利于锅炉低负荷下的稳定燃烧，又

不利于抑制 NO_x 的生成，故将燃用烟煤中心给粉旋流煤粉燃烧器的内、外二次风风量比取为 0.4285，即比例为 3∶7。

4) 一次风率的选取

通过改变二次风量得出一次风率对中心给粉旋流煤粉燃烧器性能的影响可以发现，当一次风率达到 35%以上时，燃烧器出口不存在回流区，一、二次风混合距离较长，一次风边界处的分形维数和湍流强度都较低，在射流中下游，燃烧器中心线区域仍然有较高的颗粒体积流量，这不利于煤粉的着火，也不具备较好的低负荷稳燃能力；当一次风率小于 25%时，燃烧器出口旋流强度较高，回流区尺寸较大，二次风的径向速度和切向速度均较高，一、二次风混合和动量交换强烈，燃烧器中心区域的颗粒体积流量较低，二次风区域的颗粒体积流量较高，这些因素虽然有利于煤粉的着火和稳定燃烧，但煤粉不是在强还原性气氛下燃烧，不利于抑制 NO_x 的生成。同时，过大的中心回流区容易引起相邻燃烧器流场的相互干扰；但当一次风率为 29%左右时，中心回流区尺寸、一、二次风混合距离、颗粒体积流量分布等因素都较适宜，同时也能满足制粉系统的要求，因此将燃用烟煤中心给粉旋流煤粉燃烧器的一次风率设计为 28.7%。

图 3-87 为适用于燃用烟煤的中心给粉旋流煤粉燃烧器结构简图。与燃用贫煤的中心给粉旋流煤粉燃烧器相比，燃用烟煤的中心给粉旋流煤粉燃烧器取消了一次风扩口，内二次风叶片角度由 67°减小到 62°，外二次风叶片角度由 20°增大到 35°，内、外二次风风量比由 4∶6 减小到 3∶7，一次风率由 27.5%增大到 28.7%。

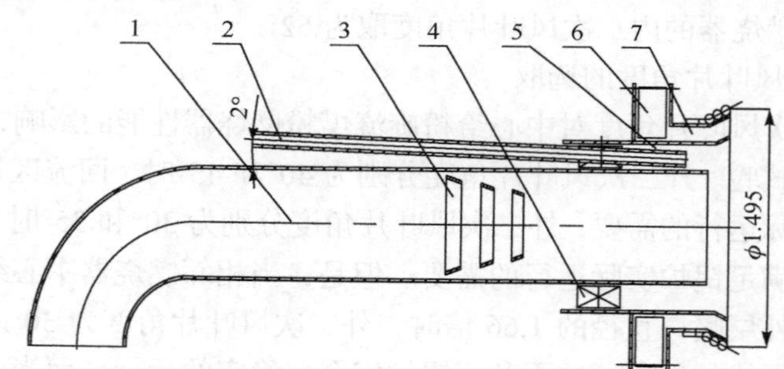

图 3-87 燃用烟煤中心给粉旋流煤粉燃烧器结构简图(单位：m)

1-一次风通道；2-看火孔；3-浓缩环；4-内二次风叶片；
5-内二次风通道；6-外二次风叶片；7-外二次风通道

6. 中心给粉旋流煤粉燃烧器在燃用烟煤的 300MW 机组锅炉上的工业试验

这里将下层前后墙 8 只燃烧器更换为中心给粉旋流煤粉燃烧器，并在 1 号锅炉上(参见 3.3.1 节)进行冷态工业试验和热态工业试验。下面介绍不同运行参数对流场和燃烧特性的影响。

1) 中心给粉旋流煤粉燃烧器的空气动力特性

在将 1 号锅炉(参见 3.3.1 节)下层燃烧器改造为中心给粉旋流煤粉燃烧器后，采用飘带示踪法对外二次风叶片角度为 35°时的冷态空气动力场进行试验。试验参数和结果如表 3-11 所示。图 3-88 为外二次风叶片角度为 35°时燃烧器的流场结构。由图可知，燃烧器具有大而稳定的回流区，并有较大的扩展角，能够满足稳定燃烧的需要，而且从现场观察可以发现，相邻两只燃烧器未出现相互干扰现象，试验结果与实验室冷态试验结果相符合。

表 3-11　300MW 机组锅炉上中心给粉旋流煤粉燃烧器试验参数及结果

试验参数	β/(°)	u_1/(m/s)	u_{2n}/(m/s)	u_{2w}/(m/s)	r_1/%	r_{2n}/%	r_{2w}/%	L_h/D	D_h/D	α/(°)
数值	35	14	7.05	7.89	28.7	21.4	49.9	0.67	0.74	90

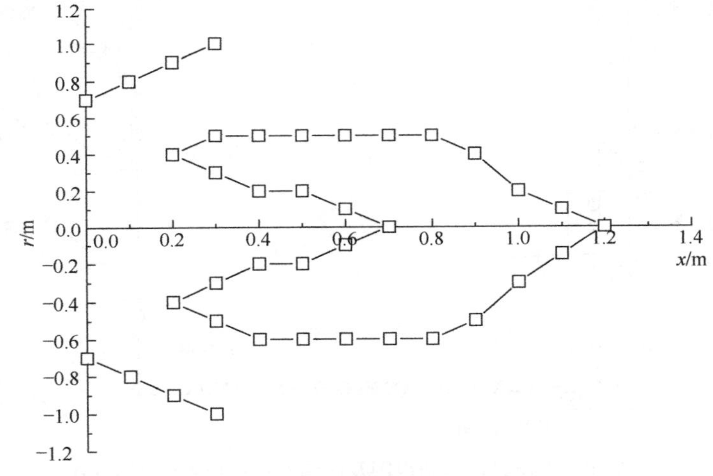

图 3-88　300MW 机组锅炉上中心给粉旋流煤粉燃烧器出口的空气动力场

2) 着火增强型双调风旋流煤粉燃烧器及中心给粉旋流煤粉燃烧器燃烧及 NO_x 生成特性

对后墙下层 4#燃烧器进行测量，采用水冷枪(图 3-89)对燃烧器区域气体成分进行取样，然后用 Testo350M 型烟气分析仪对烟气成分进行在线测量，将热电偶插入水冷枪，再将水冷枪插入炉内对燃烧器区域的温度场进行测量。利用水冷枪、真空泵、旋风分离器、样品收集器、流量计等装置对燃烧器区域的焦炭进行取样。然后对取样焦炭进行工业分析和元素分析，计算出碳燃尽率(式(3-19))和元素 C、H、N 的释放率(式(3-20))。通过燃烧器看火孔对燃烧器沿射流方向的燃烧过程进行测量，通过侧墙看火孔(图(3-90))沿径向方向进行测量。热电偶的测量误差小于 50℃，O_2 的测量误差为 1%，NO、NO_2 和 CO 的测量误差为 5ppm。

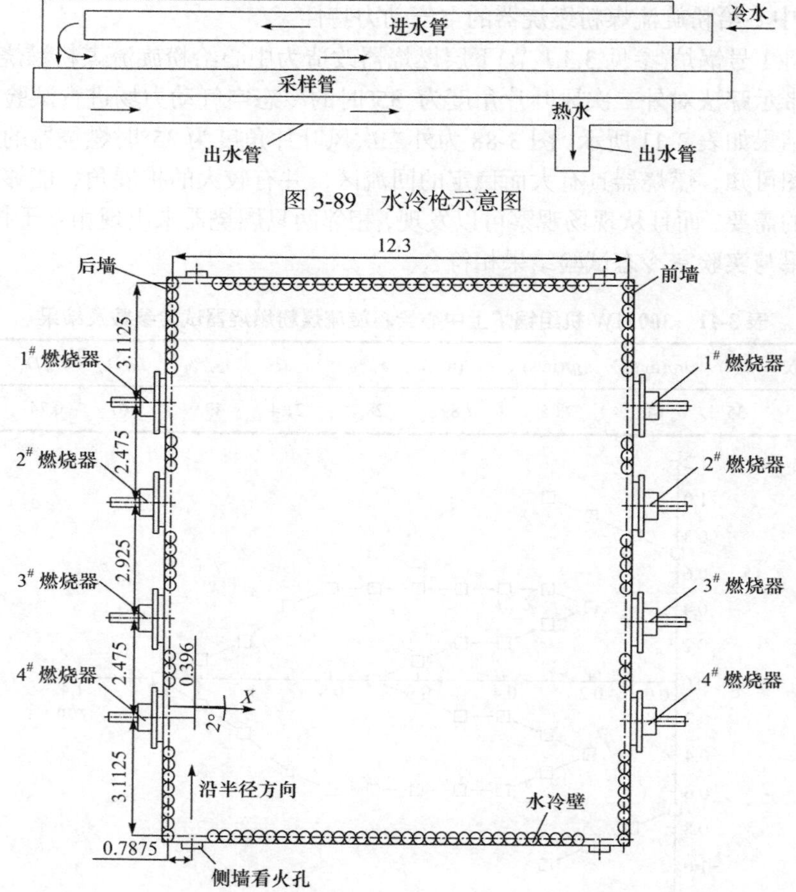

图 3-89　水冷枪示意图

图 3-90　下层燃烧器俯视图及侧墙看火孔位置(单位：m)

碳燃尽率是指在燃烧过程中消耗掉的可燃物质的量与原煤中含有的可燃物质的量的比值，即

$$\psi=[1-(\omega_k/\omega_x)]/(1-\omega_k) \tag{3-19}$$

式中，ψ 为取样过程中收集的样品的碳燃尽率；ω 为灰分的质量分数，下标 k 为原煤中灰分的比例，下标 x 为样品中灰分的比例。

各组分 C、H、N 的释放率是指在燃烧过程中挥发出的元素量(C, H, N)与原煤中含有的元素量(C,H,N)的比值，即

$$\beta=1-[(\omega_{ix}/\omega_{ik})(\omega_{\alpha k}/\omega_{\alpha x})] \tag{3-20}$$

式中，ω_i 为所关心气体种类的质量分数；ω_α 为灰的质量分数，下标 k 和 x 分别代表加入的原煤和取样的焦炭中元素或灰分的不同比例。

试验在 300MW 负荷下进行，炉膛负压稳定，主蒸汽压力、主蒸汽流量等参

数运行正常，试验煤质分析如表 3-12 所示。

表 3-12　300MW 机组锅炉试验煤质分析

燃烧器类型	w_{Car}/%	w_{Har}/%	w_{Oar}/%	w_{Nar}/%	w_{Sar}/%	w_{Aar}/%	w_{Vdaf}/%	w_{Mar}/%	$Q_{net,ar}$/(kJ/kg)
着火增强型双调风	47.05	2.29	7.94	0.62	0.82	25.18	32.26	16.10	16920
中心给粉	48.05	2.51	8.74	0.54	1.23	27.13	33.15	11.80	17790

图 3-91 给出了两种燃烧器在燃烧器区域的烟气温度分布，其中 CFR(central-fuel-rich)燃烧器代表中心给粉旋流煤粉燃烧器，EI-DR 燃烧器代表着火增强型双调风旋流煤粉燃烧器。如图 3-91(a)所示，两种燃烧器沿射流方向的烟气温度都是先升高后降低，开始阶段都有很高的升温速率，在 0～0.2m 范围内，中心给粉旋流煤粉燃烧器的升温速率为 238℃/m，着火增强型双调风旋流煤粉燃烧器的升温速率为 145℃/m，中心给粉旋流煤粉燃烧器具有更高的温度和升温速率，中心给粉旋流煤粉燃烧器在 0.2～0.9m 内烟气温度一直维持在 1000℃以上，而着火增强型双调风旋流煤粉燃烧器仅在 0.3～0.4m 内气体温度在 1000℃以上，这也说明着火增强型双调风旋流煤粉燃烧器不存在回流区。两种燃烧器的烟气温度在离燃烧器喷口较短的距离内迅速升高，这是因为烟煤在高温烟气的作用下迅速着火，然后随着测量进入低温的二次风区域，烟气温度经过一段维持后开始下降，中心给粉旋流煤粉燃烧器长距离的高温区域有利于煤粉及时着火和燃尽。如图 3-91(b)所示，沿径向方向，两种燃烧器的烟气温度都随接近燃烧器中心而升高，这是因为逐渐接近燃烧器中心和高温回流区，但着火增强型双调风旋流煤粉燃烧器靠近侧墙水冷壁区域的烟气温度要高于中心给粉旋流煤粉燃烧器。

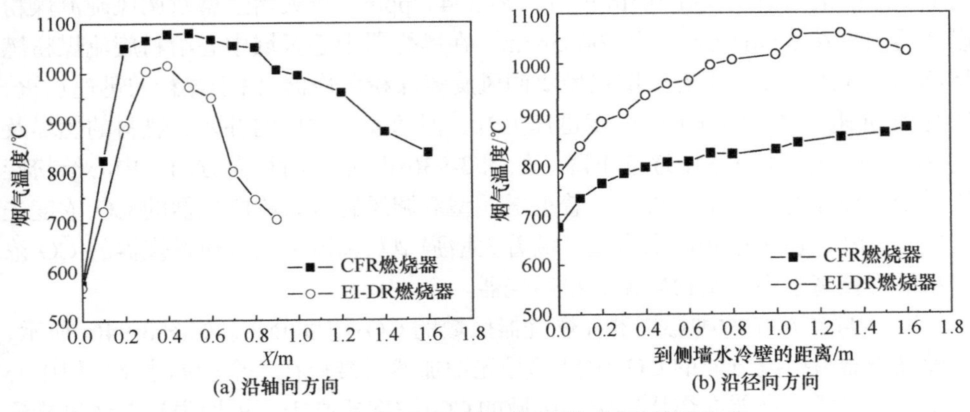

图 3-91　300MW 机组锅炉燃烧器区域的温度分布

图 3-92 给出了两种燃烧器在燃烧器区域的 O_2 浓度分布。如图 3-92(a)所示，两种燃烧器沿射流方向的 O_2 浓度都是先急剧下降然后缓慢升高。中心给粉旋流煤粉燃烧器的 O_2 浓度最小值出现在距离水冷壁 0.4m 的位置，为 0.84%，着火增强型双调风旋流煤粉燃烧器的 O_2 浓度最小值出现在距离水冷壁 0.6m 的位置，为 8.51%。如图 3-92(b)所示，沿径向方向，两种燃烧器的 O_2 浓度变化较小，中心给粉旋流煤粉燃烧器在靠近侧墙水冷壁区域的 O_2 浓度更高。中心给粉旋流煤粉燃烧器在燃烧器中心区域有较低的 O_2 浓度，在侧墙水冷壁区域有较高的 O_2 浓度，这主要是因为中心给粉旋流煤粉燃烧器在中心线附近有较高的颗粒体积流量，在边壁附近的颗粒体积流量较低(参见 3.3.1 节)。

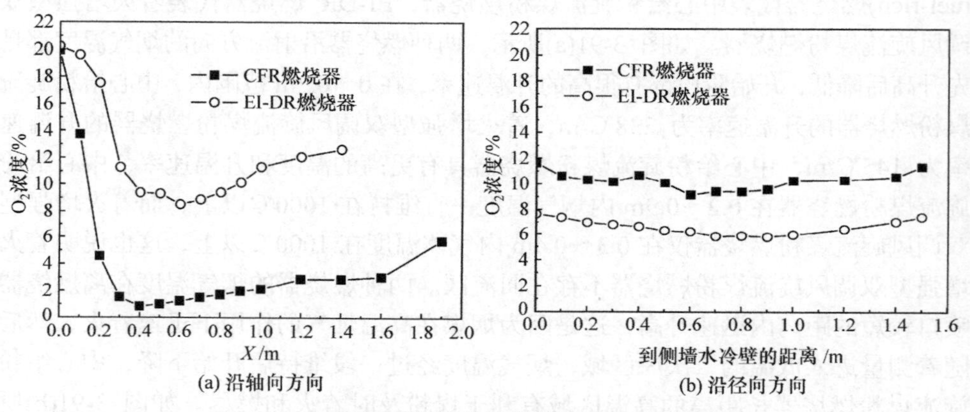

图 3-92　300MW 机组锅炉燃烧器区域的 O_2 浓度分布

图 3-93 给出了两种燃烧器在燃烧器区域的 CO 浓度分布。如图 3-93(a)所示，两种燃烧器沿射流方向的 CO 浓度都是先增加后降低，中心给粉旋流煤粉燃烧器的 CO 浓度最大值出现在 0.5m 位置，为 39448ppm，着火增强型双调风旋流煤粉燃烧器出现在 0.6m 位置，为 20685ppm，在燃烧器中心区域中心给粉旋流煤粉燃烧器的 CO 浓度要高于着火增强型双调风旋流煤粉燃烧器。由于煤粉的迅速点火，O_2 浓度迅速下降，因此 CO 浓度迅速上升，但随着二次风的补入、燃料的燃尽及 O_2 浓度的上升，CO 浓度逐渐下降。如图 3-93(b)所示，沿径向方向，中心给粉旋流煤粉燃烧器的 CO 浓度很低，着火增强型双调风旋流煤粉燃烧器的 CO 浓度先增加后下降，在靠近侧墙水冷壁区域着火增强型双调风旋流煤粉燃烧器的 CO 浓度水平明显高于中心给粉旋流煤粉燃烧器。

图 3-94 给出了两种燃烧器在燃烧器区域的 CO_2 浓度分布。如图 3-94(a)所示，两种燃烧器沿射流方向的 CO_2 浓度都是先增加然后维持在一个较高水平，但中心给粉旋流煤粉燃烧器在燃烧器中心区域的 CO_2 浓度要高于着火增强型双调风旋流煤粉燃烧器。由于煤粉的迅速点火，O_2 浓度迅速下降，因此 CO_2 浓度迅速上升，

随着 CO 浓度的逐渐下降，CO_2 浓度能够维持在一个较高水平。如图 3-94(b)所示，两种燃烧器沿径向方向的 CO_2 浓度变化很小，这主要是因为 O_2 浓度变化幅度小，但着火增强型双调风旋流煤粉燃烧器在靠近侧墙水冷壁区域的 CO_2 浓度更高。

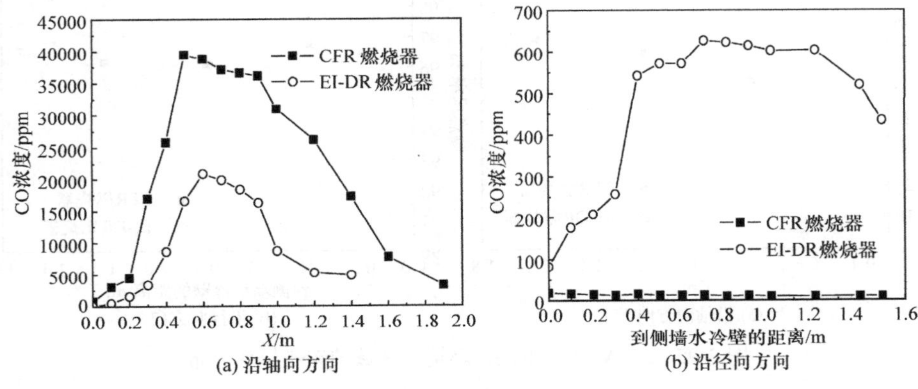

图 3-93　300MW 机组锅炉燃烧器区域的 CO 浓度分布

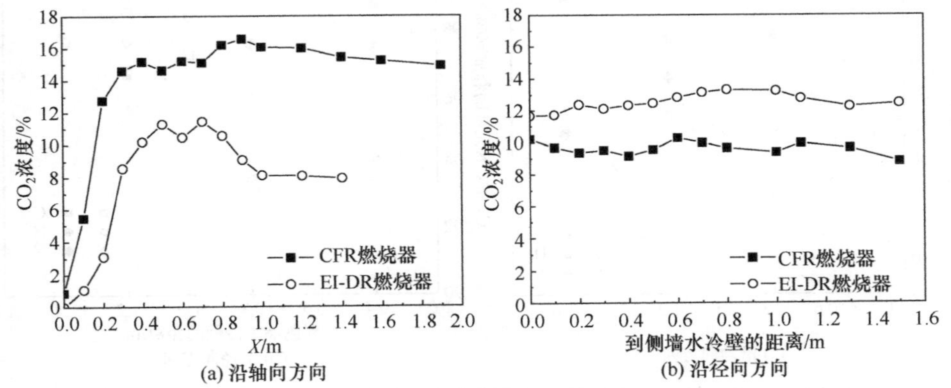

图 3-94　300MW 机组锅炉燃烧器区域的 CO_2 浓度分布

图 3-95 给出了两种燃烧器在燃烧器区域的碳燃尽率分布。如图 3-95(a)所示，在燃烧器中心区域，中心给粉旋流煤粉燃烧器的碳燃尽率要高于着火增强型双调风旋流煤粉燃烧器。如图 3-95(b)所示，靠近侧墙水冷壁区域，着火增强型双调风旋流煤粉燃烧器和中心给粉旋流煤粉燃烧器都有很高的碳燃尽率。

图 3-96 给出了两种燃烧器在燃烧器区域 C、H 和 N 三种元素的释放率。从图中可以发现，三种元素中 H 的释放率最大，C 的释放率最小，这与 Ismail[28]和 Smoot 等[29]的实验室试验结果及 Costa 等[30-32]的工业试验结果相符合。如图 3- 96(a)所示，在燃烧器中心区域，沿射流方向，中心给粉旋流煤粉燃烧器对应的 C、H 和 N 三种元素的释放率都要比着火增强型双调风旋流煤粉燃烧器更大，说明中心给粉旋流煤粉燃烧器的燃烧速率较大。如图 3-96(b)所示，靠近侧墙水冷壁

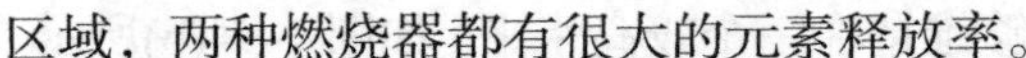
区域，两种燃烧器都有很大的元素释放率。

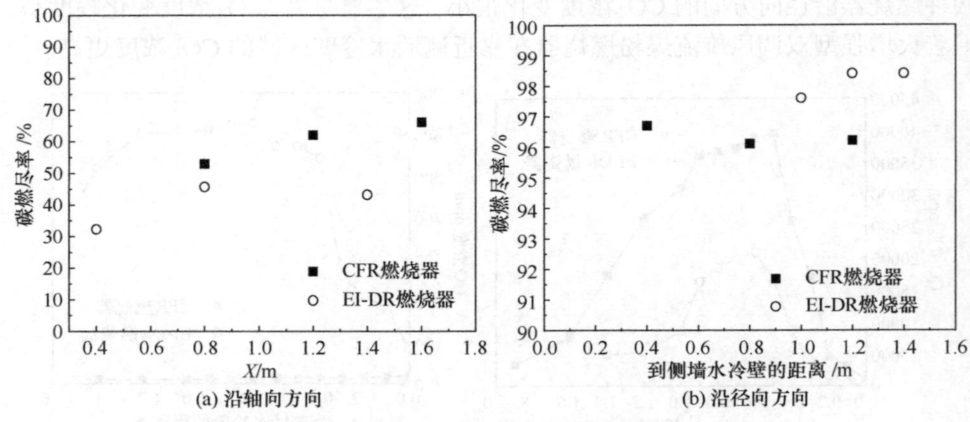

图 3-95　300MW 机组锅炉燃烧器区域的碳燃尽率分布

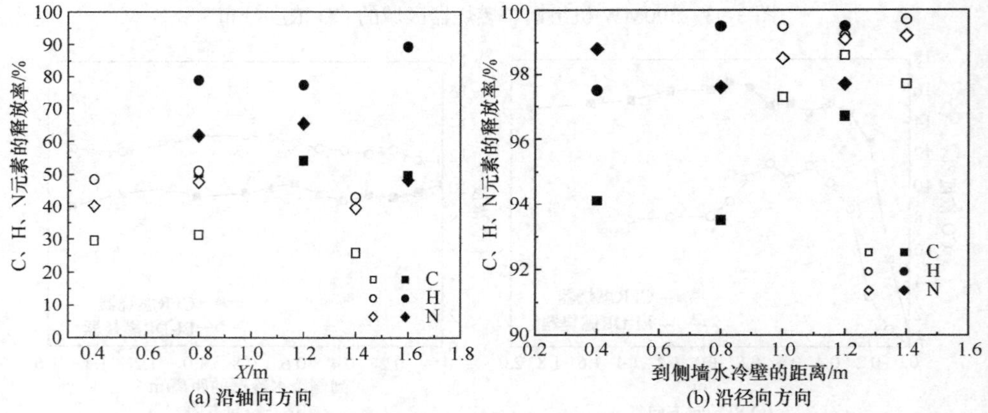

图 3-96　300MW 机组锅炉上中心给粉旋流煤粉燃烧器(实体)和着火增强型双调风旋流煤粉燃烧器(空心)在燃烧器区域 C、H、N 的释放率

图 3-97 给出了两种燃烧器在燃烧器区域的 NO_x 浓度分布，中心给粉旋流煤粉燃烧器的 NO_x 浓度分布先升高后降低，着火增强型双调风旋流煤粉燃烧器的 NO_x 浓度分布是先增加然后维持在 1100mg/m^3(折算到 6%基准氧含量)以上。在燃烧器中心区域，着火增强型双调风旋流煤粉燃烧器的 O_2 和 NO_x 浓度明显高于中心给粉旋流煤粉燃烧器。两种燃烧器的 O_2 浓度先急剧下降(图 3-92(a))是因为煤粉的迅速着火，耗氧量增加，然后随着二次风的补入，O_2 浓度缓慢升高。离燃烧器喷口较近的位置，中心给粉旋流煤粉燃烧器的 NO_x 浓度出现了一个峰值，这主要是因为煤粉的迅速着火，温度迅速升高，NO_x 生成量增加，然后随着 O_2 浓度的迅速降低(图 3-92(a))，燃烧区域形成强烈的还原性气氛(图 3-92(a))，NO_x 浓度下降。着火增强型双调风旋流煤

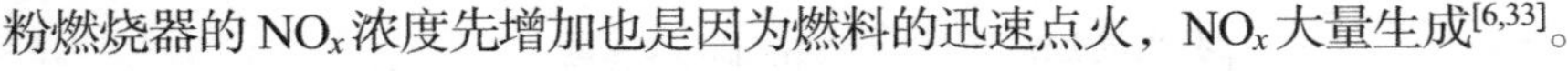

粉燃烧器的 NO_x 浓度先增加也是因为燃料的迅速点火，NO_x 大量生成[6,33]。

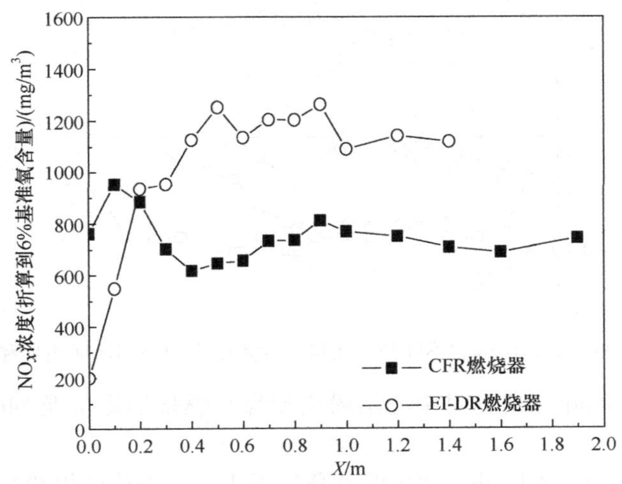

图 3-97　300MW 机组锅炉燃烧器区域的 NO_x 浓度分布

3) 外二次风叶片角度对中心给粉旋流煤粉燃烧器流动、燃烧及 NO_x 生成特性影响的工业试验

(1) 外二次风叶片角度对中心给粉旋流煤粉燃烧器空气动力场的影响。

采用飘带法，在 300MW 机组锅炉上对外二次风叶片角度分别为 25°、30°和 35°时中心给粉旋流煤粉燃烧器的空气动力场进行试验。表 3-13 给出了不同角度下的试验参数和旋流强度。图 3-98 给出了不同角度下的空气动力场结构。从图中可以发现，三种外二次风叶片角度下的中心回流区起点距燃烧器喷口都有一定的距离，这能有效地防止燃烧器喷口区域结渣。当外二次风叶片角度从 35°减小到 25°时，回流区长度和直径都明显增加，这是因为随着外二次风叶片角度的减小，二次风的旋转能力增强。当外二次风叶片角度为 30°时回流区长度为 0.94*D*(*D* 为燃烧器外二次风扩口直径，为 1.495m，见图 3-87)，回流区最大直径为 0.94*D*；当外二次风叶片角度为 35°时回流区长度为 0.67*D*，回流区最大直径为 0.74*D*。与外二次风叶片角度分别为 30°和 35°时相比，外二次风叶片角度为 25°时的回流区较大，回流区的长度为 1.2*D*，回流区最大直径为 1.2*D*。

表 3-13　300MW 机组锅炉上中心给粉旋流煤粉燃烧器实验室冷态试验参数

外二次风叶片角度/(°)	一次风质量流量/(kg/s)	内二次风质量流量/(kg/s)	外二次风质量流量/(kg/s)	旋流强度
25	4.38	3.12	7.40	0.484
30	4.38	3.12	7.40	0.424
35	4.38	3.12	7.40	0.396

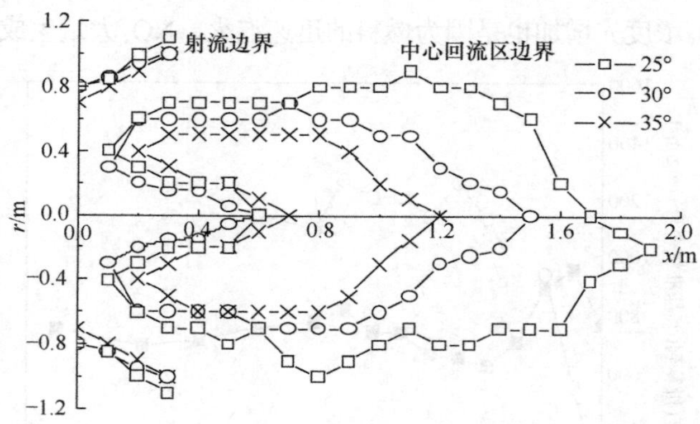

图 3-98 300MW 机组锅炉不同外二次风叶片角度下中心回流区边界和射流边界

(2) 外二次风叶片角度对中心给粉旋流煤粉燃烧器燃烧及 NO_x 生成特性的影响。

图 3-99 给出了不同外二次风叶片角度下中心给粉旋流煤粉燃烧器的烟气温度分布。从图 3-99(a)可以发现，沿燃烧器射流方向，烟气温度都是先增大后降低，燃烧初期都有很高的升温速率，在着火初期角度越小温度上升越快，到后期温度衰减也越快。由于煤粉在高温烟气的作用下迅速着火，烟气温度迅速升高，然后随着测量点进入低温的二次风区域，烟气温度经过一段高温区后开始下降。随着外二次风叶片角度的减小，二次风的旋转能力增强，回流区尺寸增大(图 3-30)，因此卷吸高温烟气量增多，煤粉着火提前，开始阶段有较高的升温速率和烟气温度，但由于大量煤粉较早着火，后期煤粉与二次风的混合减弱，烟气温度衰减较快。由图 3-99(b)可知，沿径向方向，不同外二次风叶片角度下的烟气温度随着接近燃烧器中心而升高，这是因为逐渐远离低温水冷壁区域，接近高温回流区域。

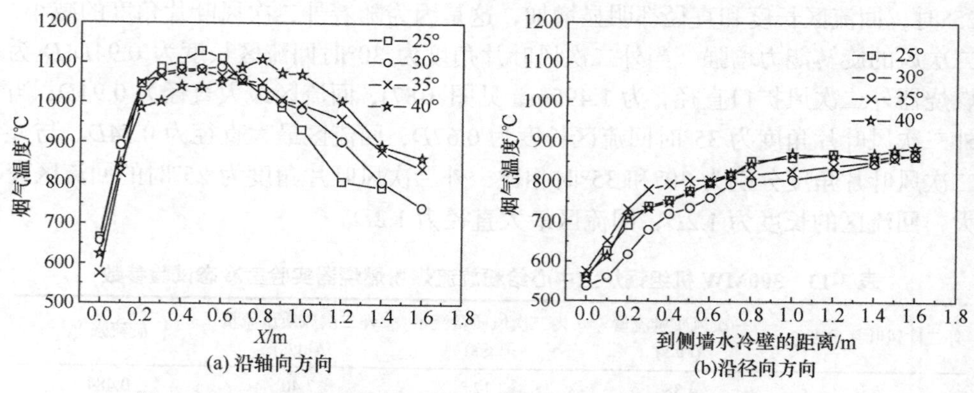

图 3-99 300MW 机组锅炉不同外二次风叶片角度下的烟气温度分布

图 3-100 给出了不同外二次风叶片角度下的 O_2 浓度分布。从图 3-100(a)可以

发现，沿射流方向，不同外二次风叶片角度下的 O_2 浓度都是先急剧下降然后缓慢升高，其中外二次风叶片角度为 25°时 O_2 浓度最低。O_2 浓度先急剧下降是因为煤粉的迅速着火，耗氧量增加，然后随着二次风的补入，O_2 浓度缓慢升高。外二次风叶片角度为 25°时，气流旋转能力较强，一、二次风之间湍流混合强烈(参见 3.3.1 节)，煤粉着火早，消耗了大量的 O_2，同时随二次风的旋转扩散到侧墙区域的 O_2 量也较多，因此在燃烧器中心区域 O_2 浓度较低。

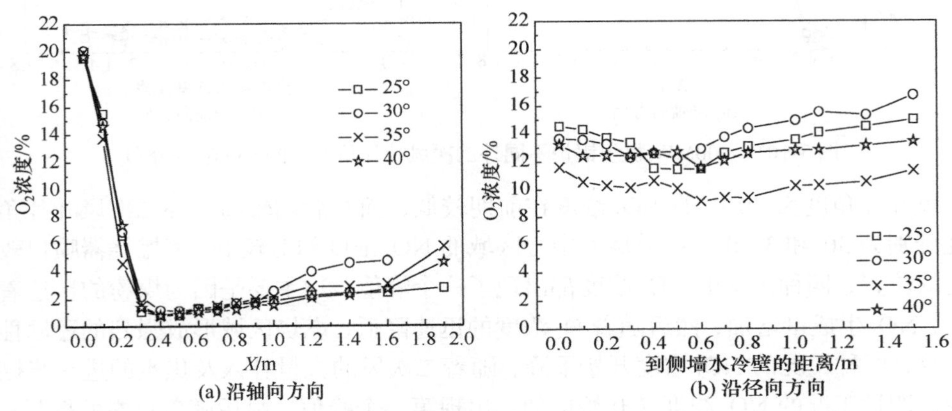

图 3-100　300MW 机组锅炉不同外二次风叶片角度下的 O_2 浓度分布

由图 3-100(b)可以发现，沿径向方向，每种工况的 O_2 浓度变化很小，其中在侧墙水冷壁附近区域，外二次风叶片角度为 25°时 O_2 浓度最高，外二次风叶片角度为 35°时 O_2 浓度最低，但 O_2 浓度仍然在 10%以上，因此在不同外二次风叶片角度下，在侧墙水冷壁区域中心给粉旋流煤粉燃烧器都有较高的 O_2 浓度，这有利于防止侧墙水冷壁发生高温腐蚀[34]。由于不同外二次风叶片角度下中心给粉旋流煤粉燃烧器的颗粒体积流量在中心线附近较高，而在壁面区域较低(参见 3.3.1节)，大量煤粉在燃烧器中心区域着火，消耗了大量 O_2，而在侧墙水冷壁区域燃烧的煤粉浓度较低，煤粉着火消耗的 O_2 较少。

图 3-101 给出了不同外二次风叶片角度下的 CO 浓度分布。从图 3-101(a)可以发现，沿射流方向的 CO 浓度都是先增加后降低，其中 CO 浓度峰值随外二次风叶片角度的增加而减小。外二次风叶片角度越小，气流旋转能力越强，中心回流区越大，一、二次风前期混合越强烈，煤粉着火越早，燃烧器中心区域的 O_2 浓度越低，容易形成高温高煤粉浓度区域。由图 3-101(b)可知，沿径向方向，四种工况下的 CO 浓度都很低，浓度值也基本相同。

图 3-102 给出了不同外二次风叶片角度下的 NO_x 浓度分布。从图 3-102(a)可以发现，沿射流方向的 NO_x 浓度都经历了先升高后降低再升高，最后基本保持不变的过程。外二次风叶片角度为 25°时的 NO_x 浓度一直处于一个较高水平，外二

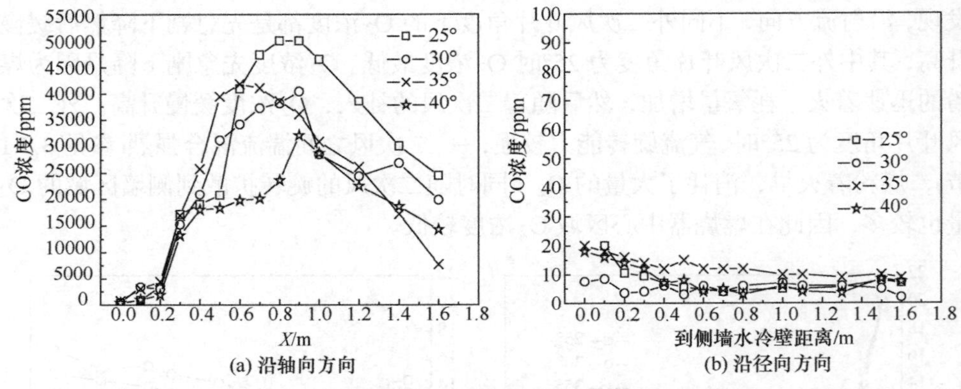

图 3-101　300MW 机组锅炉不同外二次风叶片角度下的 CO 浓度分布

次风叶片角度为 40°时的 NO_x 浓度在前期较低，而在后期较高，外二次风叶片角度分别为 30°和 35°时，在燃烧器中心区域的 NO_x 浓度相对较低。离燃烧器喷口较近的位置，四种工况的 NO_x 浓度都出现了一个峰值，这主要是因为煤粉的迅速着火，NO_x 生成量增加，然后随着 O_2 浓度的迅速降低，燃烧区域形成强烈的还原性气氛，四种工况的 NO_x 浓度开始下降，随着二次风的大量补入及焦炭的进一步燃烧，四种工况的 NO_x 浓度又开始增加，出现第二个峰值，最后随着焦炭的燃尽，NO_x 浓度基本保持不变。在 x=0.1～1.0m 范围内，外二次风叶片角度为 25°时的 NO_x 浓度明显高于其他三种工况，这是因为外二次风叶片角度为 25°时，中心回流区较大，一、二次风在前期的湍流强度大(参见 3.3.1 节)，混合强烈(参见 3.3.1 节)，煤粉着火早，温度高，NO_x 的生成量较大。外二次风叶片角度为 40°时，中心回流区较小，一、二次风在前期混合较弱，煤粉着火晚，在 x=0.1～0.7m 范围内，NO_x 浓度略低于其他三种工况；但到着火后期，大量的前期未燃烧煤粉着火，使得 NO_x

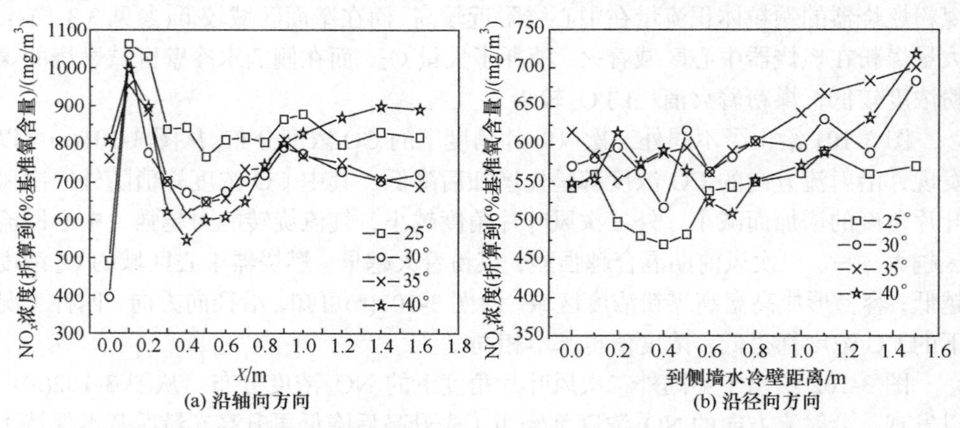

图 3-102　300MW 机组锅炉不同外二次风叶片角度下的 NO_x 浓度分布

浓度迅速增高，导致外二次风叶片角度为 40°时的 NO_x 浓度在后期要高于其他三种工况。由图 3-102(b)可知，沿径向方向，每种工况的 NO_x 浓度随着接近燃烧器中心而呈现波动上升趋势[6,7]。

7. 采用中心给粉旋流煤粉燃烧器燃用烟煤的 300MW 机组锅炉性能的工业试验

1) 煤的燃烧效率

在下层采用中心给粉旋流煤粉燃烧器后，锅炉可以在 300MW 负荷下稳定运行，炉膛负压稳定，主蒸汽压力、主蒸汽温度、再热蒸汽压力及再热蒸汽温度均达到设计要求。与采用着火增强型双调风旋流煤粉燃烧器相比，平均飞灰可燃物含量由 6.54%下降到 5.86%，平均炉渣可燃物含量也由 3.19%下降到 2.87%，煤的燃烧效率由 96.73%上升到 97.09%。

2) NO_x 排放

在 300MW 额定负荷下，对锅炉尾部 NO_x 排放浓度进行测量。采用着火增强型双调风旋流煤粉燃烧器时，锅炉 NO_x 排放浓度为 843.55mg/m^3(折算到 6%基准氧含量)；采用中心给粉旋流煤粉燃烧器后，锅炉 NO_x 排放浓度为 727.67mg/m^3(折算到 6%基准氧含量)，减少了 115.88mg/m^3(折算到 6%基准氧含量)，降幅约 13.74%。

3) 低负荷性能

在下层采用中心给粉旋流煤粉燃烧器后，燃用随机煤质进行低负荷试验，试验时煤质为 w_{Vdaf}=35.12%，w_{Mar}=15.07%，w_{Aar}=19.9%，$Q_{\mathrm{net,ar}}$=19080kJ/kg。逐渐停运各层燃烧器，当仅投运下层 8 只燃烧器时，负荷稳定在 110MW，稳定时间为 2h。炉膛负压稳定，炉膛火焰监视电视图像正常，锅炉整体运行状况良好，最低负荷率为 36.7%。而采用着火增强型双调风旋流煤粉燃烧器时，锅炉只能在 180MW 负荷下不投油稳定运行。

3.3.2　中心给粉旋流煤粉燃烧器在燃用贫煤 300MW 机组锅炉上的应用

1. 燃用贫煤 300MW 机组锅炉燃烧装置简介

某厂 2 号锅炉是由北京巴威公司制造的 B&W-1025/18.3-M 型固态排渣煤粉锅炉。采用钢球磨中间储仓式热风送粉系统配置 4 台 MTZ3570 型钢球磨煤机。锅炉配有 24 只着火增强型双调风旋流煤粉燃烧器，其结构简图如图 3-24 所示。24 只燃烧器分为三层，前后墙对冲布置(图 3-103)，标高分别为 18955mm、22460mm、25965mm。在锅炉的前、后墙各有一个 14090mm×10954mm×2438mm(宽×高×厚)的隔仓式大风箱，每个大风箱由隔板分成三个隔仓，对三排燃烧器进行供风。锅炉自投运以来，可以保证安全稳定运行，但存在低负荷稳燃能力差的问题[1]。2003 年将 2 号锅炉下层的 8 只燃烧器改为中心给粉旋流煤粉燃烧器。

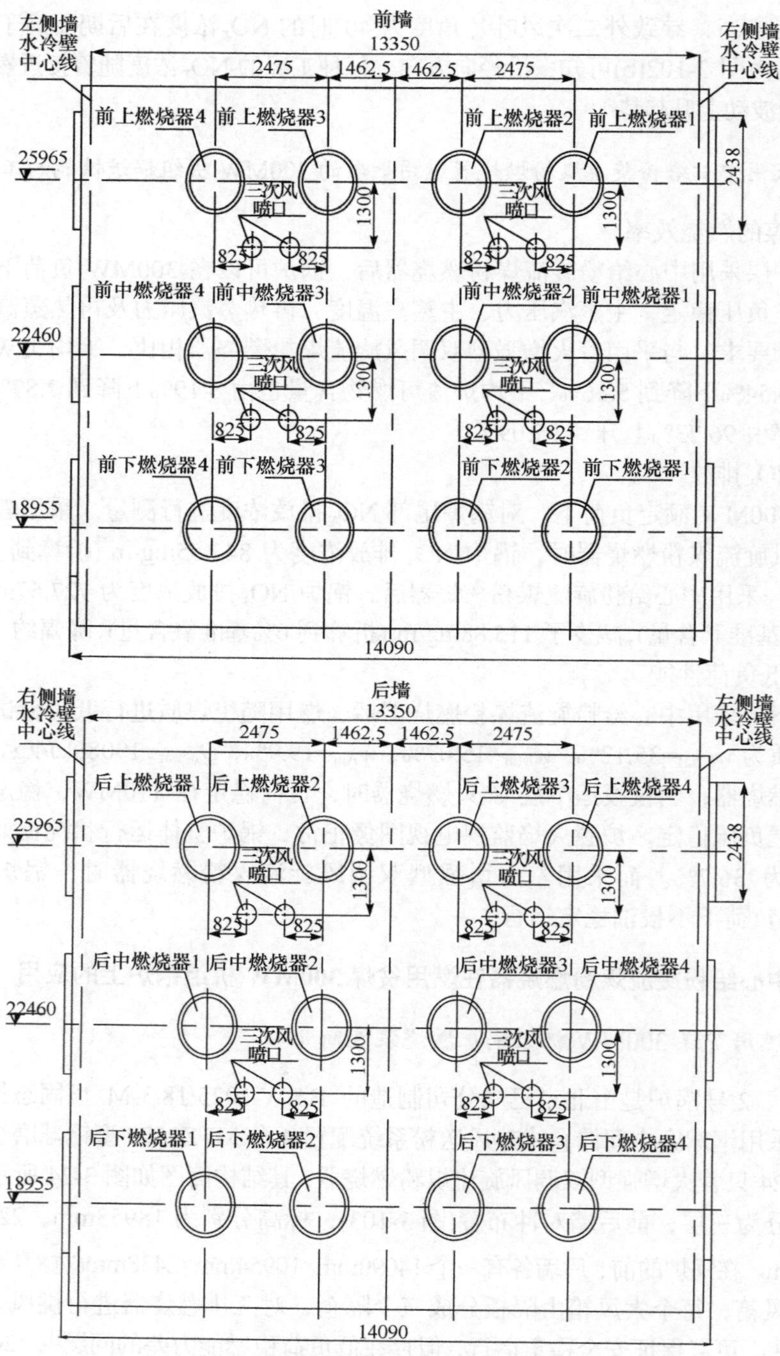

图 3-103 燃烧器编号(单位：mm)

2. 结构和运行参数对中心给粉旋流煤粉燃烧器气固两相流动特性的影响

通过燃烧器的气固两相冷态试验，给出了适用于燃用贫煤 300MW 等级机组锅炉的中心给粉旋流煤粉燃烧器结构。气固两相流动特性试验使用三维 PDA 测量系统(PDA 测量系统及原理、气固两相近似模化试验方法及试验系统介绍详见 2.5.1 节)。为便于比较，将该锅炉原采用的着火增强型双调风旋流煤粉燃烧器模型的气固两相特性也进行了测量，以便与中心给粉旋流煤粉燃烧器的流动特性进行对比分析。燃烧器模型与原型比例为 1∶7，试验段筒体的直径和长度分别为 850mm 和 1800mm，燃烧器模型最外层扩口直径(即燃烧器直径)为 176mm，筒体直径与其比值为 4.83，由于比值大于 3，因此燃烧器出口射流的流动为低受限流动。筒体长度与燃烧器模型最大外二次风扩口直径的比值为 10.4，可以忽略筒体出口对测量段流场的影响。

1) 中心给粉旋流煤粉燃烧器及着火增强型双调风旋流煤粉燃烧器的气固流动特性

(1) 燃烧器结构及试验参数。

中心给粉旋流煤粉燃烧器模型结构简图如图 3-104 所示。燃烧器一次风管中没有安装浓缩器，而是将一次风管分成浓一次风管和淡一次风管两部分，由给粉机向浓一次风中供粉，相当于一次风中的颗粒全部浓缩到浓一次风中的极限情况。试验工况和参数如表 3-14 所示。

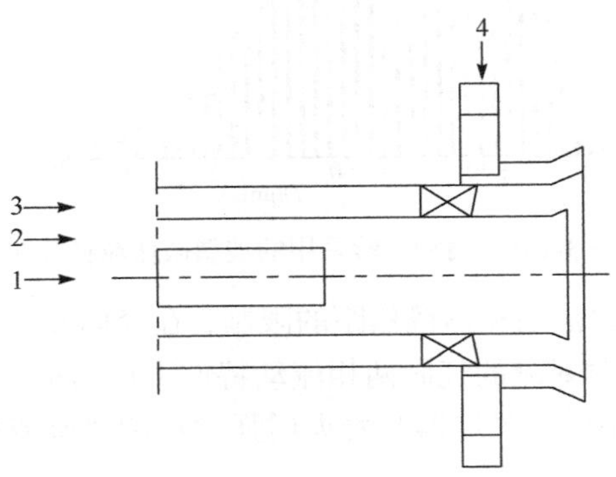

图 3-104　中心给粉旋流煤粉燃烧器模型结构简图

1-浓一次风+玻璃微珠；2-淡一次风；3-内二次风；4-外二次风

表 3-14　中心给粉旋流煤粉燃烧器及着火增强型双调风旋流煤粉燃烧器的气固两相流动试验参数

燃烧器类型	项目	喷口面积/m^2	风速/(m/s)	风率/%	颗粒浓度(颗粒/空气)/(kg/kg)
中心给粉旋流煤粉燃烧器	浓一次风	0.001538	10.00	5.96	0.2
	淡一次风	0.004613	10.00	17.89	
	内二次风	0.007529	10.58	30.90	0
	外二次风	0.007262	16.07	45.25	0

续表

燃烧器类型	项目	喷口面积/m^2	风速/(m/s)	风率/%	颗粒浓度(颗粒/空气)/(kg/kg)
着火增强型双调风旋流煤粉燃烧器	一次风	0.004202	15.80	25.74	0.2
	内二次风	0.007627	10.05	29.71	0
	外二次风	0.005735	20.04	44.55	0

这里对沿射流方向的 7 个截面的气固两相流动特性进行测量，燃烧器中心线附近测点较密。每个点采样 3000 个，两相试验采用的玻璃微珠粒径分布如图 3-105 所示，本节采用 0～10μm 的玻璃微珠示踪气相流动特性，采用 10～100μm 的玻璃微珠示踪固相流动特性，分析 0～100μm 颗粒平均粒径、数密度及体积流量分布。

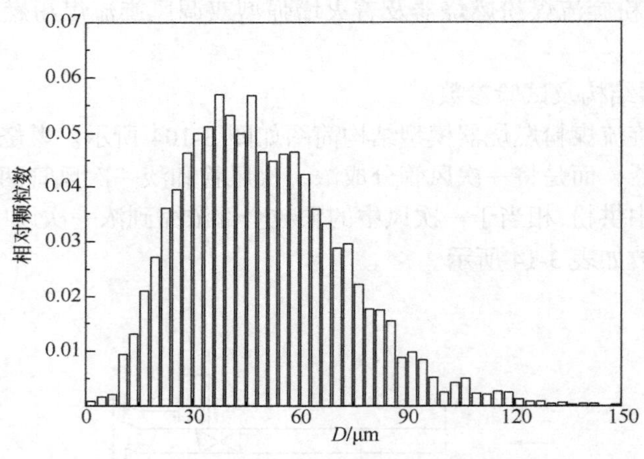

图 3-105 两相试验采用的玻璃微珠粒径分布

由于受坐标架移动范围和透镜焦距的限制，在径向 0～350mm、轴向(射流方向)0～450mm 范围内对射流的气固两相流动特性进行测量。

(2) 中心给粉旋流煤粉燃烧器及着火增强型双调风旋流煤粉燃烧器中心线与最大气固速度分布。

两种燃烧器中心线气相、固相的轴向速度分布如图 3-106(a)所示。两种燃烧器中心线的轴向速度在初期衰减很快，在后期比较平缓。除 x/d(d 为燃烧器模型最外层扩口直径)=0.1 处外，中心给粉旋流煤粉燃烧器气固两相的速度滑移较大，固相速度始终高于气相速度，即固相速度变化滞后于气相速度，这是由中心给粉旋流煤粉燃烧器在燃烧器中心区域颗粒浓度及粒径大，且固相具有较大的惯性导致的。除 x/d=2.5 处外，着火增强型双调风旋流煤粉燃烧器气固两相的速度滑移较大，在燃烧器中心线颗粒浓度低，沿着中心线气固两相的速度互有高低。中心给粉旋流煤粉燃烧器的气相速度和固相速度明显低于着火增强型双调风旋流煤粉燃烧器的速度，这是因为中心给粉旋流煤粉燃烧器的出口一次风速低于着火增强型双调风旋流煤粉燃烧器。

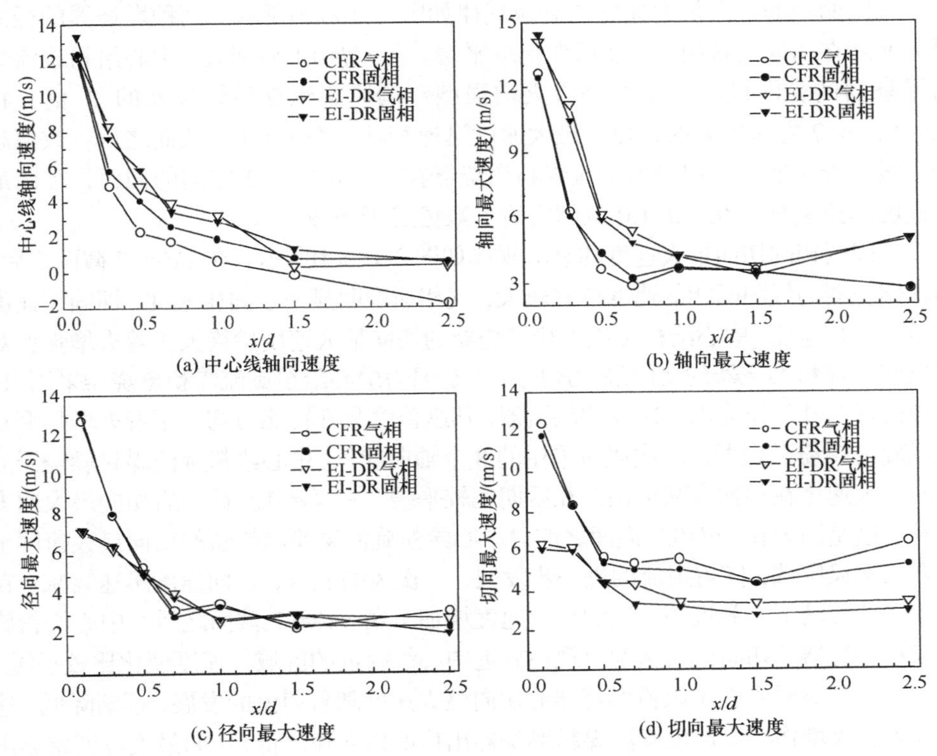

图 3-106　两种燃烧器的速度分布趋势

气固两相的轴向最大速度的衰减规律如图 3-106(b)所示。两种燃烧器气固两相的轴向最大速度在初期衰减较快，中心给粉旋流煤粉燃烧器及着火增强型双调风旋流煤粉燃烧器在 x/d=0.7 截面后，速度趋于平缓，随射流发展略有上升。中心给粉旋流煤粉燃烧器气固两相的轴向最大速度的衰减快于着火增强型双调风旋流煤粉燃烧器，在 x/d=0.7 截面处达到最低点，随射流发展略有上升，然后缓慢降低。这是因为在 x/d=0.7 截面前，中心给粉旋流煤粉燃烧器的轴向最大速度是在燃烧器中心线处，随着射流的发展，风速不断降低；在 x/d=1.0 之后的截面，中心给粉旋流煤粉燃烧器边壁处的轴向最大速度大于中心线附近的轴向最大速度，因此在 x/d=1.0 截面处的轴向最大速度大于 x/d=0.7 截面处的轴向最大速度；随着射流的进一步发展，轴向最大速度缓慢降低。着火增强型双调风旋流煤粉燃烧器在 x/d=0.1～0.7 之间的截面，轴向最大速度快速衰减，在 x/d=0.7～1.5 之间的截面，轴向最大速度衰减较慢，在 x/d=1.5 的截面处达到最低值，随后上升。这是因为在 x/d=1.5 前，着火增强型双调风旋流煤粉燃烧器的轴向最大速度是在燃烧器中心线处，随着射流的进一步发展，风速不断降低；在 x/d=1.5 之后的截面，中心给粉旋流煤粉燃烧器边壁处的轴向最大速度大于中心线附近的轴向最大速度，因此轴向最大速度升高。

气固两相的径向最大速度的衰减规律如图 3-106(c)所示。两种燃烧器的径向最大速度在初期衰减很快，在后期比较平缓。在 x/d=0.1 截面处，中心给粉旋流煤粉燃烧器的径向最大速度约是着火增强型双调风旋流煤粉燃烧器的 2 倍，在 x/d=0.1～0.7 之间的截面，径向最大速度迅速衰减，在 x/d=0.7 截面之后，数值趋于平缓。着火增强型双调风旋流煤粉燃烧器在 x/d=0.1～1.0 之间的截面，径向最大速度迅速衰减，在 x/d=1.0 截面之后，数值趋于平缓。

气固两相的切向最大速度的衰减规律如图 3-106(d)所示。在 x/d=0.7 截面之后，两种燃烧器的气固两相的速度滑移较大，气相速度明显高于固相速度，即固相速度滞后于气相速度。中心给粉旋流煤粉燃烧器的切向最大速度始终大于着火增强型双调风旋流煤粉燃烧器的切向最大速度，这是因为中心给粉旋流煤粉燃烧器采用 16 个轴向弯曲叶片作为内二次风的旋流器，其遮盖度及旋转能力均大于着火增强型双调风旋流煤粉燃烧器内二次风所采用的 8 个轴向叶片。中心给粉旋流煤粉燃烧器的切向最大速度在初期衰减很快，在后期比较平缓，在 x/d=1.5 截面后切向最大速度上升。这是因为在 x/d=0.7 截面之前，中心给粉旋流煤粉燃烧器的切向最大速度出现在二次风区域，随着射流的进一步发展，一次风的混入，切向速度迅速衰减；在二次风的带动下，靠近中心线的切向速度增加，在 x/d=0.7 截面之后，中心给粉旋流煤粉燃烧器的切向最大速度出现在靠近中心线附近的区域，速度变化比较平缓。着火增强型双调风旋流煤粉燃烧器的切向最大速度随着射流的发展，逐渐降低，这是因为着火增强型双调风旋流煤粉燃烧器出口的切向速度低，切向最大速度始终出现在二次风区域。

(3) 中心给粉旋流煤粉燃烧器及着火增强型双调风旋流煤粉燃烧器的气固两相流动特性。

这里通过对燃烧器区各截面的气相、固相的平均速度、RMS 脉动速度(脉动速度的平方平均开方值)、颗粒相对数密度和颗粒体积流量的测量，给出燃烧器的气固两相流动特性。

两种燃烧器各截面的气相、固相的轴向平均速度分布如图 3-107 所示。两种燃烧器都存在壁面回流。中心给粉旋流煤粉燃烧器的中心回流区出现较早，在 x/d=0.3 的截面，出现明显回流；在 x/d=1.0 的截面，在 30mm≤r≤248mm 范围内都是回流区。着火增强型双调风旋流煤粉燃烧器在 x/d=0.5 的截面，出现中心回流区，但回流区的范围小。中心给粉旋流煤粉燃烧器在中心线附近，气固两相存在速度滑移，固相速度大于气相速度，即固相速度变化滞后于气相速度。中心给粉旋流煤粉燃烧器在燃烧器出口至 x/d=0.7 截面，气固两相的轴向平均速度分布呈双峰结构，靠近燃烧器中心的峰区为一次风粉流动区域，靠近壁面的峰区为二次风流动区域，靠近燃烧器中心的峰值始终高于靠近壁面的峰值；随着一次风粉向二次风的扩散，二次风向边壁扩散，两个轴向平均速度的峰值逐渐减小，靠近壁面的轴向平均速度的峰值位置向边壁移动。在靠近中心线区域，固相的轴向平均速度明显高于气相的轴向平均速度，尤其是在 x/d=1.5 的截面，当气相的轴向平均速度为负值时，固相的轴向平均速度仍为正值，出现颗粒穿越回流区的现象。在 x/d=1.0 的截面，靠近壁面的峰值消失，表明一次风和二次风混合较快。与中心浓淡燃烧器相比，着火增强型双调风旋流煤粉燃烧器在燃烧器出口至 x/d=1.0 截面，气固两相的轴向平均速度分布呈双峰结构，靠近燃烧器中心的峰区为一次风粉流动区域，靠近壁面的峰区为二次风流动区域。随着一次风粉向二次风的扩散，两个轴向平均速度的峰值逐渐减小，靠近壁面的轴向平均速度的峰值位置向边壁移动，靠近中心的峰值始终高于靠近壁面的峰值。着火增强型双调风旋流煤粉燃烧器靠近中心线附近的轴向平均速度衰减较慢，在 x/d=2.5 截面处靠近中心线附近的气固两相的轴向平均速度仍为正值。

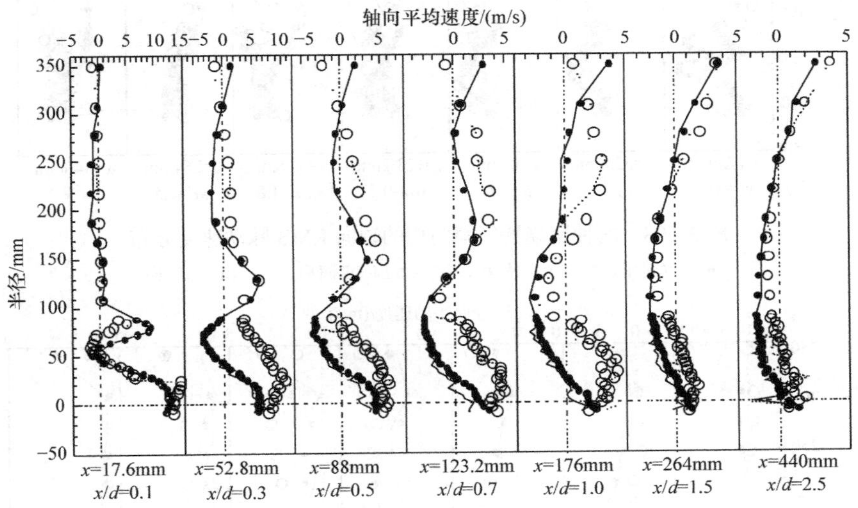

图 3-107　两种燃烧器气固两相的轴向平均速度分布

• CFR固相，　— CFR气相；　o EI-DR固相，　···EI-DR气相

两种燃烧器各截面的气相、固相的轴向 RMS 脉动速度分布如图 3-108 所示。在 x/d=0.1～1.5 截面，中心给粉旋流煤粉燃烧器和着火增强型双调风旋流煤粉燃烧器的轴向 RMS 脉动速度呈双峰分布。从两种燃烧器的分布可以看出，靠近中心的峰区(一次风粉混合物流动区域)内侧、外侧，即一次风粉与中心回流区及一次风粉与二次风交接区域，轴向 RMS 脉动速度较高；靠近外侧的峰值为二次风向外扩散区域，轴向 RMS 脉动速度较高，表明在以上区域存在较大的轴向湍流扩散。随着射流的进一步发展，轴向 RMS 脉动速度的峰值逐渐降低，外侧的峰值二次

风向边壁扩散，两个轴向速度的峰值逐渐减小，轴向 RMS 脉动速度趋于平缓，靠近中心的峰值始终大于二次风扩散区域的峰值。在 x/d=0.1 的截面，在 24mm≤r≤350mm 范围内，尤其是在靠近两个峰值的区域，中心给粉旋流煤粉燃烧器的轴向 RMS 脉动速度远大于着火增强型双调风旋流煤粉燃烧器，说明在此截面中心给粉旋流煤粉燃烧器的湍流扩散能力大于着火增强型双调风旋流煤粉燃烧器。

两种燃烧器各截面的气相、固相的径向平均速度分布如图 3-109 所示。两种

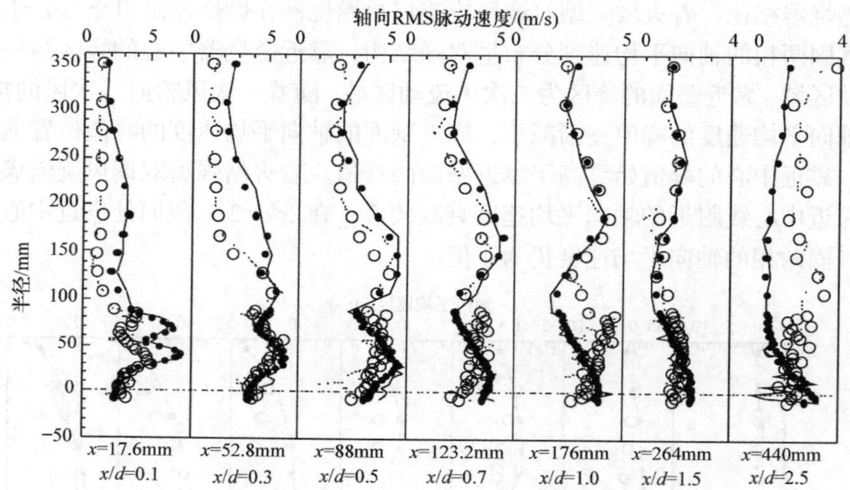

图 3-108　两种燃烧器气固两相的轴向 RMS 脉动速度分布

• CFR固相，　— CFR气相；　○ EI-DR固相，　···EI-DR气相

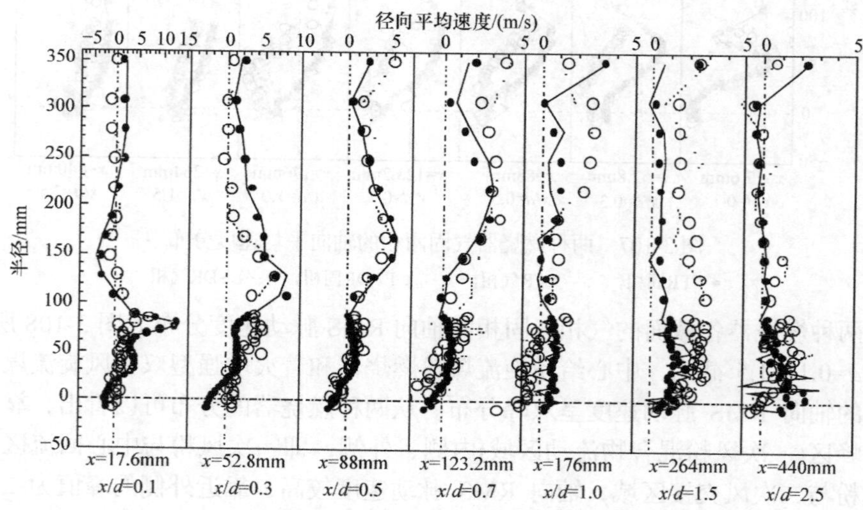

图 3-109　两种燃烧器气固两相的径向平均速度分布

• CFR固相，　— CFR气相；　○ EI-DR固相，　···EI-DR气相

燃烧器在燃烧器出口至 x/d=0.7 截面，气固两相的径向平均速度分布呈双峰结构，靠近燃烧器中心的峰区为一次风粉流动区域，外侧峰区为二次风流动区域，靠近外侧的峰值始终高于靠近中心的峰值；随着一次风粉向二次风的扩散，二次风向边壁扩散，两个径向平均速度的峰值逐渐减小，两个峰值位置向边壁移动；随着射流的进一步发展，径向平均速度趋于平缓。在燃烧器出口至 x/d=0.7 截面，中心给粉旋流煤粉燃烧器在中心线附近的径向平均速度为负值，说明一次风粉向中心线移动，从而使中心线附近的颗粒浓度增加。着火增强型双调风旋流煤粉燃烧器在燃烧器出口至 x/d=0.5 截面，靠近中心线附近区域的径向平均速度很小；在 x/d=0.7 和 x/d=1.0 的截面，中心线附近的径向平均速度为负值，说明风粉混合物向中心线移动。

两种燃烧器各截面的气相、固相的径向 RMS 脉动速度分布如图 3-110 所示。在 x/d=0.1～0.5 截面，在二次风向外扩散区域，中心给粉旋流煤粉燃烧器和着火增强型双调风旋流煤粉燃烧器的径向 RMS 脉动速度均有一个明显的峰值，表明在此区域存在较大的径向湍流扩散。随着射流的进一步发展，二次风向边壁扩散，径向 RMS 脉动速度的峰值逐渐降低，趋于平缓。

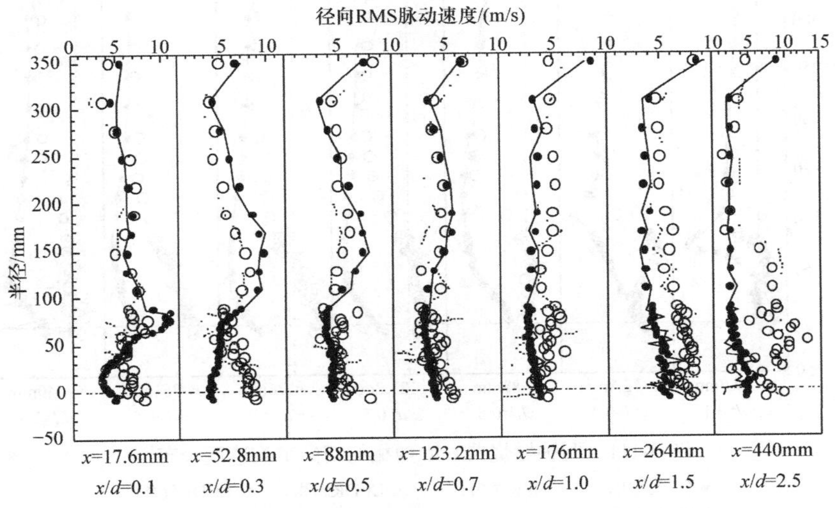

图 3-110　两种燃烧器气固两相的径向 RMS 脉动速度分布

• CFR固相，　— CFR气相；　○ EI-DR固相，　…EI-DR气相

两种燃烧器各截面的气相、固相的切向平均速度分布如图 3-111 所示。在 x/d=0.1 截面，当半径为 0～50mm 时，两种燃烧器气固两相的切向平均速度很小。在 x/d=0.3 截面，中心给粉旋流煤粉燃烧器的切向平均速度分布是典型的 Rankine 涡结构，中部比较窄的区域是似固核区，外围较大的区域是似自由涡区。从 x/d=0.5 截面开始，切向平均速度的峰值位置向中心线方向移动，说明靠近中心区域的风

粉混合物在二次风的带动下开始旋转；随着射流的进一步发展，切向平均速度分布趋于平缓。在 7 个截面半径为 0～50mm 范围内，着火增强型双调风旋流煤粉燃烧器气固两相的切向平均速度始终很小，这是因为着火增强型双调风旋流煤粉燃烧器内二次风采用 8 个轴向叶片作为旋流器，遮盖度及旋转能力低，旋转的二次风无法带动中心线附近的风粉混合物产生旋转。着火增强型双调风旋流煤粉燃烧器的切向平均速度的峰值比中心给粉旋流煤粉燃烧器的峰值靠近外侧，说明着火增强型双调风旋流煤粉燃烧器的切向平均速度主要是由外二次风产生的，内二次风所起的作用很小。在 x/d=0.1～0.7 截面，由于二次风的扩散，切向平均速度的峰值位置向边壁移动。随着射流的进一步发展，着火增强型双调风旋流煤粉燃烧器的切向平均速度分布趋于平缓。中心给粉旋流煤粉燃烧器的切向平均速度始终大于着火增强型双调风旋流煤粉燃烧器，这是因为中心给粉旋流煤粉燃烧器采用 16 个轴向弯曲叶片作为内二次风的旋流器，遮盖度及旋转能力均大于着火增强型双调风旋流煤粉燃烧器内二次风所采用的 8 个轴向叶片。

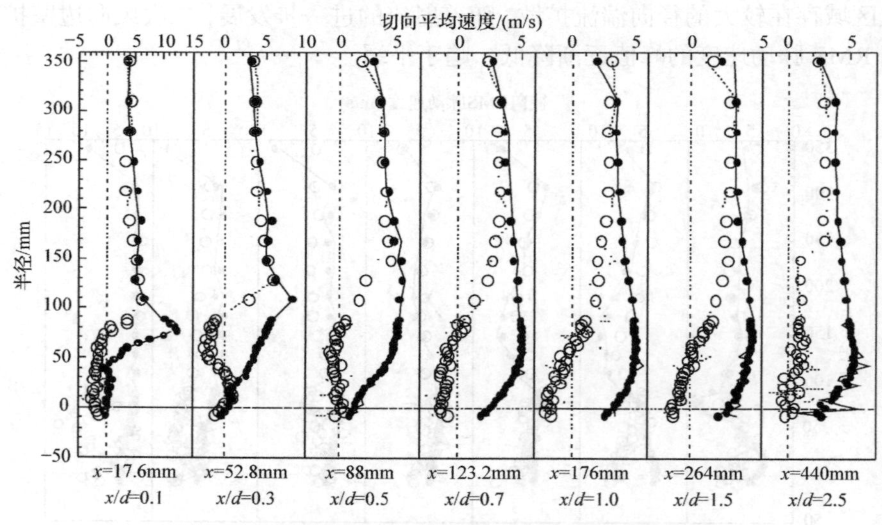

图 3-111　两种燃烧器气固两相的切向平均速度分布

• CFR固相，　— CFR气相；　o EI-DR固相，　⋯EI-DR气相

两种燃烧器各截面的气相、固相的切向 RMS 脉动速度分布如图 3-112 所示。中心给粉旋流煤粉燃烧器气固两相的切向 RMS 脉动速度在 x/d=0.1 截面的二次风区域中保持了较高数值。在 x/d=0.1 的截面，在中心给粉旋流煤粉燃烧器内二次风和外二次风向外扩散的区域分别出现一个切向 RMS 脉动速度的峰值，切向 RMS 脉动速度呈双峰分布，表明在这两个区域存在较大的切向湍流扩散，切向输运能力强。在 x/d=0.3 的截面，由于一次风粉混入二次风中，内二次风区域的切向 RMS 脉动速度的峰值消失。在 x/d=0.1 的截面，着火增强型双调风旋流煤粉燃烧器在外二次风向外扩

散的区域出现一个切向 RMS 脉动速度的峰值，表明在此区域存在较大的切向湍流扩散。随着二次风向外扩散，两种燃烧器的切向 RMS 脉动速度的峰值减小，峰值位置向边壁移动。随着射流的进一步发展，两种燃烧器的切向 RMS 脉动速度趋于平缓。

两种燃烧器 0～100μm 颗粒体积流量在不同截面沿径向的分布如图 3-113

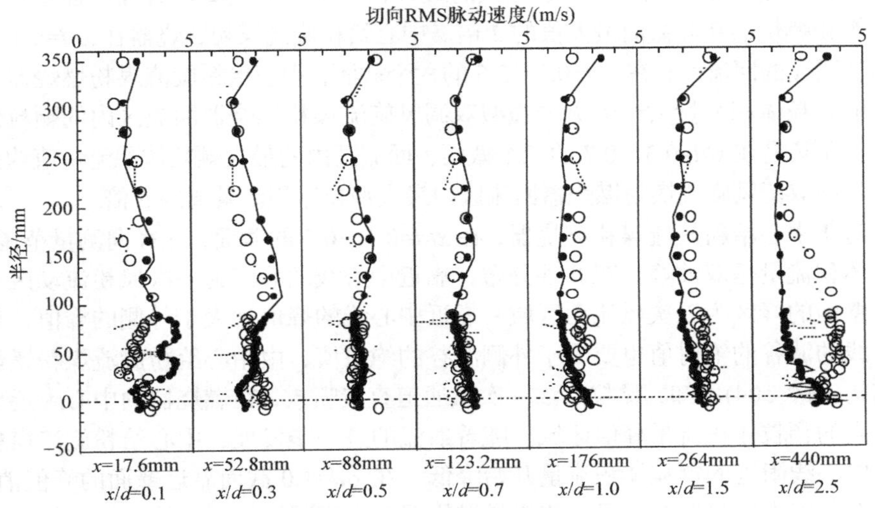

图 3-112　两种燃烧器气固两相的切向 RMS 脉动速度分布

● CFR固相，— CFR气相；○ EI-DR固相，···EI-DR气相

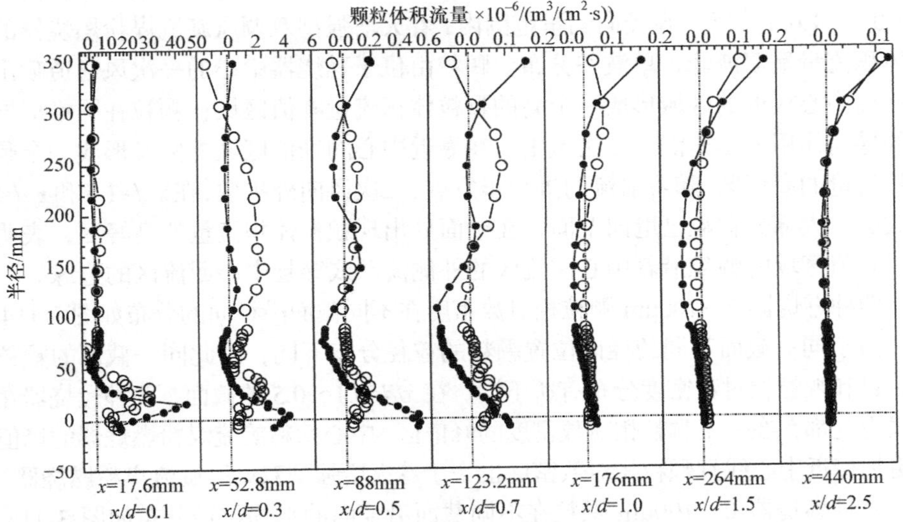

图 3-113　两种燃烧器的颗粒体积流量分布

—●— CFR；—○— EI-DR

所示。两种燃烧器都存在壁面回流，这与轴向平均速度的分布规律(图 3-107(a)和图 3-108(a))是一致的。在 x/d=0.1～0.7 的截面，两种燃烧器的颗粒体积流量呈双峰分布。随二次风向边壁扩散，两个颗粒体积流量的峰值逐渐减小，靠近壁面的颗粒体积流量的峰值位置向边壁移动。从图 3-113 可以看出，在 x/d=0.5 的截面，中心给粉旋流煤粉燃烧器在中心区域的最大颗粒体积流量值是着火增强型双调风旋流煤粉燃烧器在此截面最大值的 3 倍。中心给粉旋流煤粉燃烧器在 x/d=0.3 的截面出现明显的回流区；在 x/d=0.3～2.5 的六个截面，中心给粉旋流煤粉燃烧器回流区内的颗粒体积流量大于着火增强型双调风旋流煤粉燃烧器回流区内的颗粒体积流量，尤其是在 x/d=0.3～0.7 的三个截面，回流区内的最大颗粒体积流量值约是着火增强型双调风旋流煤粉燃烧器回流区内最大颗粒体积流量值的 5 倍。

对于中心给粉旋流煤粉燃烧器，在 x/d=0.1～0.7 的截面，在径向测量范围内，颗粒体积流量呈双波峰、双波谷分布，靠近中心线的峰区为一次风粉流动区域，靠近壁面的峰区为二次风流动区域。靠近中心线的峰值远大于外侧的峰值，靠近中心线的波谷的绝对值也要大于外侧波谷的绝对值，由中心给粉旋流煤粉燃烧器的结构(图 3-104)可知，颗粒由浓一次风通道直接喷入，在燃烧器的中心附近形成一个高的颗粒体积流量峰值区域。随着射流的进一步发展，中心给粉旋流煤粉燃烧器中心线附近的颗粒体积流量开始降低，在 x/d=1.0 截面靠近壁面的峰值消失。

对于着火增强型双调风旋流煤粉燃烧器，由于圆锥形导流体的导向作用，在各个截面，在半径小于 20mm 的范围内，颗粒体积流量很低。在 x/d=0.7 的截面，着火增强型双调风旋流煤粉燃烧器在中心线附近才开始出现明显的颗粒回流。在 x/d=0.1～1.0 的截面，在径向测量范围内，着火增强型双调风旋流煤粉燃烧器的颗粒体积流量呈双波峰、单波谷分布。颗粒由位于燃烧器中心的一次风通道喷出，在距离中心很近的区域形成一个高的颗粒体积流量峰值区域；颗粒在圆锥形导流体的导向作用下迅速混入二次风中，在靠近中心的峰值区域外侧又形成一个颗粒体积流量的高峰区。随着射流的进一步发展，二次风向外扩散，在 x/d=1.5 和 x/d=2.5 的截面，大部分颗粒已甩向壁面，在壁面处出现颗粒体积流量的高峰区，表明在第二峰值区域的颗粒沿着中心回流区的外侧流动或穿越中心回流区的边缘。

两种燃烧器 0～100μm 颗粒相对数密度在不同截面沿径向的分布如图 3-114 所示。由于同一截面不同的径向位置颗粒的粒径分布不同，因此同一截面的颗粒体积流量和颗粒相对数密度分布有所不同。在 x/d=0.1～0.5 的截面，两种燃烧器在中心线附近都存在一个颗粒相对数密度的峰值区，中心给粉旋流煤粉燃烧器的峰值位置更加接近中心线且颗粒相对数密度也大于着火增强型双调风旋流煤粉燃烧器。

两种燃烧器 0～100μm 颗粒在不同截面沿径向的平均粒径分布如图 3-115 所示。两种燃烧器的平均粒径的分布规律有所不同，对于中心给粉旋流煤粉燃烧器，在 x/d=0.1～0.7 的截面，中心线附近的粒径始终高于径向其他位置的粒径，这是因为颗粒由位于燃烧器中心的浓一次风管直接喷出，颗粒越大，惯性越大，较小的颗粒容易被气体携带至回流区中。中心线附近的颗粒流具有较小的切向速度和径向速度，在 x/d=0.1～0.7 的截面，大粒径颗粒的位置改变较小；随着射流的进一步发展，颗粒粒径分布趋于均匀。对于着火增强型双调风旋流煤粉燃烧器，由

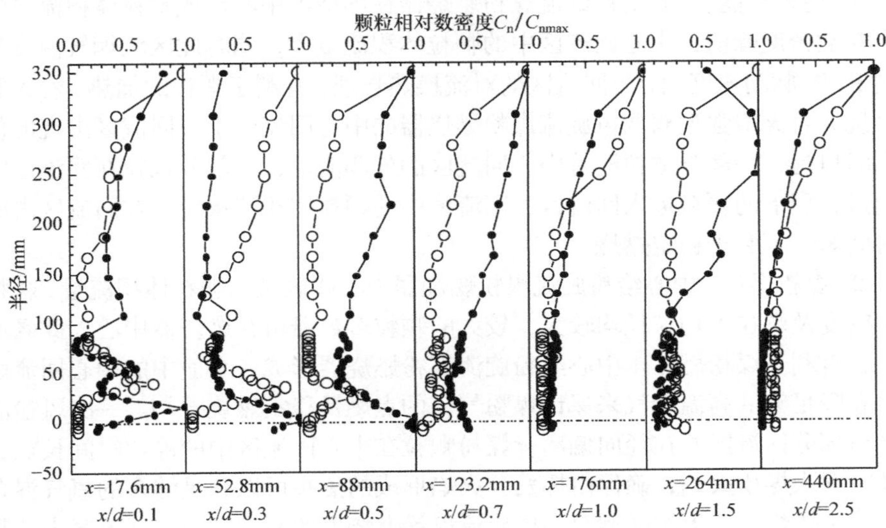

图 3-114　两种燃烧器的颗粒相对数密度分布

—●— CFR；　—○— EI-DR

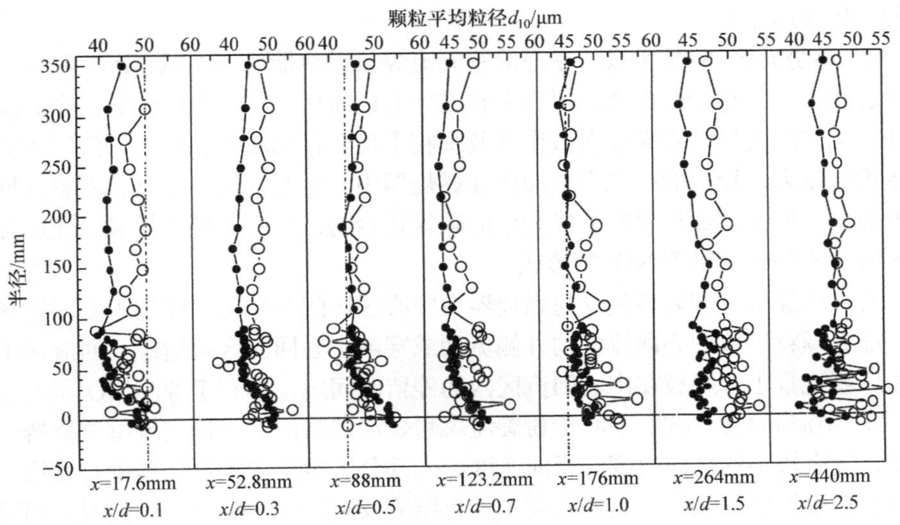

图 3-115　两种燃烧器的颗粒平均粒径分布

—●— CFR；　—○— EI-DR

于其中心回流区为环形回流区，因此靠近中心线附近的颗粒粒径变化很小。在 x/d=0.1～0.7 的截面，半径在 40～100mm 范围内存在较小的颗粒粒径，这是因为较小的颗粒易于扩散到二次风中。随着射流的进一步发展，颗粒粒径分布趋于均匀。

(4) 旋流煤粉燃烧器气固流动特性对燃烧及 NO_x 生成特性的影响。

① 稳燃性能。中心给粉旋流煤粉燃烧器在燃烧器中心形成颗粒体积流量峰值和颗粒数密度峰值，中心回流区中的颗粒体积流量大，同时此区域烟气温度高，轴向 RMS 脉动速度大，与回流区的对流换热强烈，有利于颗粒的加热、着火和稳定燃烧。着火增强型双调风旋流煤粉燃烧器的中心回流区小，回流区出现的位置距离喷口远，一部分颗粒沿着中心回流区的外侧流动，一部分颗粒在回流区的中心通过，剩下的颗粒进入回流区，回流区中的颗粒体积流量低，在回流区内的停留时间短，不利于稳定燃烧。

② 煤粉燃尽。中心给粉旋流煤粉燃烧器中心线区域的颗粒体积流量、颗粒数相对密度及颗粒平均粒径均较大，较大的颗粒多数滞留在燃烧器中心，此区域温度高，有利于煤粉燃尽。中心给粉旋流煤粉燃烧器形成一个适中的中心回流区，能够卷吸足够的高温烟气来保证煤粉气流的点燃及稳定燃烧[35,36]。一次风粉混合物穿越部分回流区并在径向偏离；煤粉颗粒在中心回流区中的停留时间长。二次风及时混入煤粉火焰，确保由挥发分火焰形成的焦炭可以和足够多的氧气混合，从而稳定燃烧。着火增强型双调风旋流煤粉燃烧器的回流区小，回流区中的颗粒相对数密度和颗粒体积流量均较小，颗粒在回流区内的停留时间短，远离中心回流区的二次风中颗粒相对数密度和颗粒体积流量均较大，颗粒的平均粒径也大，不利于煤粉的燃尽。

③ 燃烧器区 NO_x 生成。中心给粉旋流煤粉燃烧器的一次风粉混合物穿越部分中心回流区并在径向偏离，煤粉颗粒在中心回流区中的停留时间长。中心线区域的颗粒体积流量、颗粒相对数密度及颗粒平均粒径均较大，中心回流区内的颗粒体积流量大，较大的颗粒多数滞留在燃烧器中心，此区域温度高，颗粒在回流区内加热、挥发，煤粉颗粒生成大量的碳氢化合物，中心区域为低氧、还原性气氛区域，不利于燃料型 NO_x 的形成。

着火增强型双调风旋流煤粉燃烧器在中心区域的颗粒完全穿越中心回流区；另一部分颗粒沿着中心回流区的外侧流动或穿越中心回流区的边缘。回流区中的颗粒体积流量小，颗粒在中心回流区内的停留时间短，不利于抑制 NO_x 的形成。

④ 结渣和高温腐蚀。中心给粉旋流煤粉燃烧器高浓度煤粉气流由燃烧器中心喷出，具有较小的切向速度和径向速度，大部分颗粒集中于燃烧器中心燃烧，在水冷壁附近形成氧化性气氛，有利于防止结渣及高温腐蚀。着火增强型双调风旋流煤粉燃烧器的颗粒在锥形扩散器的导向作用下，将一次风粉混合物中的颗粒导向一次风通道的壁面区域，与二次风混合早，颗粒具有较大的切向速度和径向速

度，径向输送能力强，大量颗粒被甩向水冷壁，并且在近水冷壁区域燃烧，易形成还原性气氛，从而引发水冷壁结渣及高温腐蚀事故[1,37]。

2) 煤粉浓缩对中心给粉旋流煤粉燃烧器气固流动特性的影响

(1) 燃烧器结构及试验参数。

煤粉浓度对煤粉气流着火(参见 1.2.3～1.4.1 节)、煤粉的燃尽及 NO_x 的生成影响较大。这里对一次风粉有、无浓淡分离情况下燃烧器的气固流动特性进行了测量。本试验有两种结构：一种有煤粉浓缩，将一次风中的颗粒全部浓缩到浓一次风中，燃烧器结构见图 3-104；另一种结构如图 3-116 所示，内、外二次风的结构及喷口结构与有煤粉浓缩的燃烧器相同，不同之处是取消浓一次风管，将一次风中的颗粒均匀地分布到一次风管中。试验参数如表 3-15 所示。

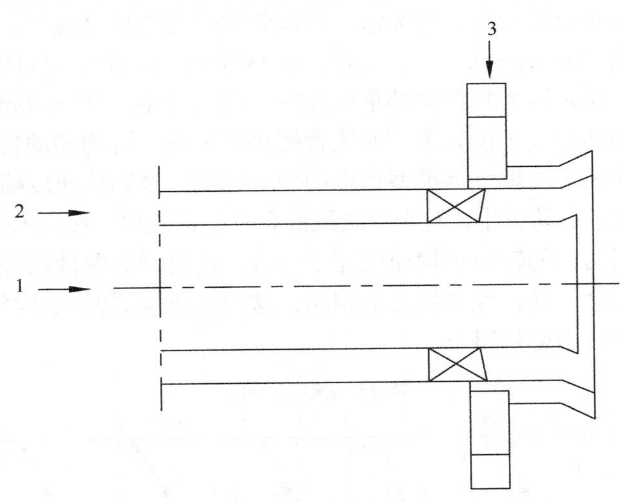

图 3-116　无煤粉浓缩的中心给粉旋流煤粉燃烧器模型

1-一次风+玻璃微珠；2-内二次风；3-外二次风

表 3-15　气固两相流动实验室试验参数

燃烧器类型	项目	喷口面积/m²	风速/(m/s)	风率/%	颗粒浓度(颗粒/空气)/(kg/kg)
中心给粉(有煤粉浓缩)	浓一次风	0.001538	10.00	5.96	0.2
	淡一次风	0.004613	10.00	17.89	0
	内二次风	0.007529	10.58	30.90	0
	外二次风	0.007262	16.07	45.25	0
中心给粉(无煤粉浓缩)	一次风	0.006151	10.00	23.85	0.2
	内二次风	0.007529	10.58	30.90	0
	外二次风	0.007262	16.07	45.25	0

(2) 两种煤粉浓缩结构的燃烧器的气固两相流动特性。

为了比较两种煤粉浓缩结构的燃烧器的气固两相流动特性，这里对距燃烧器出口 x/d=0.1、0.3、0.5、0.7、1.0、1.5 和 2.5 七个截面的气固两相流动特性进行了测量。两种煤粉浓缩结构的燃烧器的气固两相的轴向 RMS 脉动速度、径向 RMS 脉动速度和切向 RMS 脉动速度分布规律基本相同。在 x/d=0.1、0.3 和 0.5 三个截面，在 $r≤R$(燃烧器最外层扩口半径)的范围内，有浓一次风管的燃烧器模型的气固两相的轴向 RMS 脉动速度的峰值较大；在 x/d=0.1 的截面，在 $r≤20$mm 范围内，无浓一次风管的燃烧器的径向 RMS 脉动速度较大；有浓一次风管的燃烧器模型在 x/d=0.1 和 x/d=0.3 的截面，在浓一次风口附近($r≤20$mm)，气固两相的切向脉动速度略小。

两种燃烧器的气固两相的轴向平均速度分布如图 3-117 所示。由气固两相的轴向平均速度分布可以看出，与无浓一次风管的燃烧器模型相比，有浓一次风管的燃烧器模型在 x/d=0.1～0.5 三个截面，在 $r≤20$mm 范围内，气固两相的轴向平均速度衰减慢，这是因为颗粒全部集中在浓一次风管中，在 $r≤20$mm 范围内，浓一次风混合物的动量大于没有浓一次风管燃烧器风粉混合物的动量；在这三个截面内，有浓一次风管的燃烧器模型产生的中心回流区及回流速度略大，这是因为淡一次风管不加粉，动量小，易于二次风混合产生回流区。在 $x/d≥0.7$ 的截面，两种燃烧器的气固两相的轴向平均速度完全一致，这是因为两种燃烧器模型的一、二次风动量比完全相同，且风量完全相同，这说明燃烧器射流已经完全发展，局部动量差异对射流的影响很小。

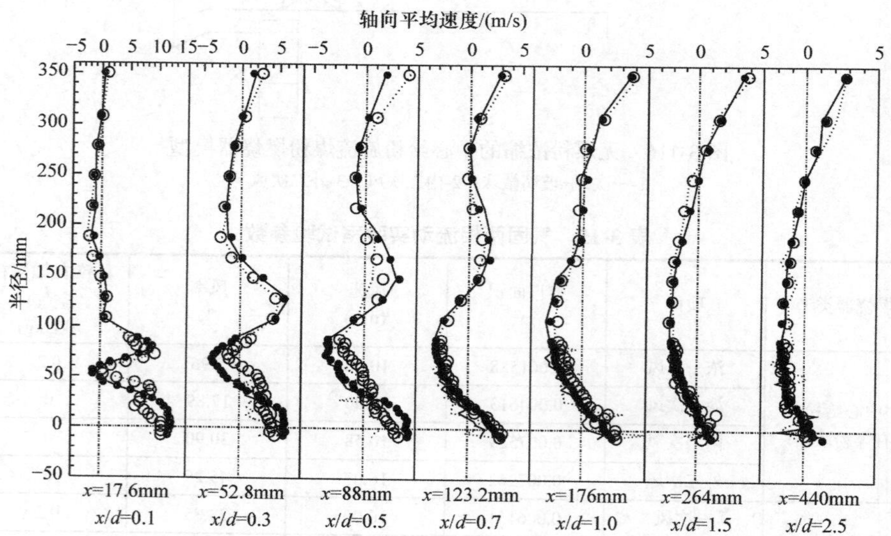

图 3-117 两种中心给粉旋流煤粉燃烧器模型气固两相的轴向平均速度分布

• 浓缩固相， — 浓缩气相； o 无浓缩固相， ··· 无浓缩气相两种燃烧器的气固两相的径向平均速度分布如图 3-118 所示。从图中可以看出，两种燃烧器模型气固两相的径向平均速度分布基本相同。相对于没有浓一次风管的燃烧器模型，有浓一次风管的燃烧器模型在 x/d=0.1 的截面，在淡一次风口附近(20mm≤r≤ 40mm)，气固两相的径向平均速度略大；这是因为颗粒全部集中在浓一次风管中，在 20mm≤r≤40mm 范围内，淡一次风混合物的动量小于没有浓一次风管燃烧器风粉混合物的动量。随着燃烧器模型出口射流的发展，局部动量差异对射流的影响很小，两种燃烧器模型在其余截面的气固两相的径向平均速度趋于一致。

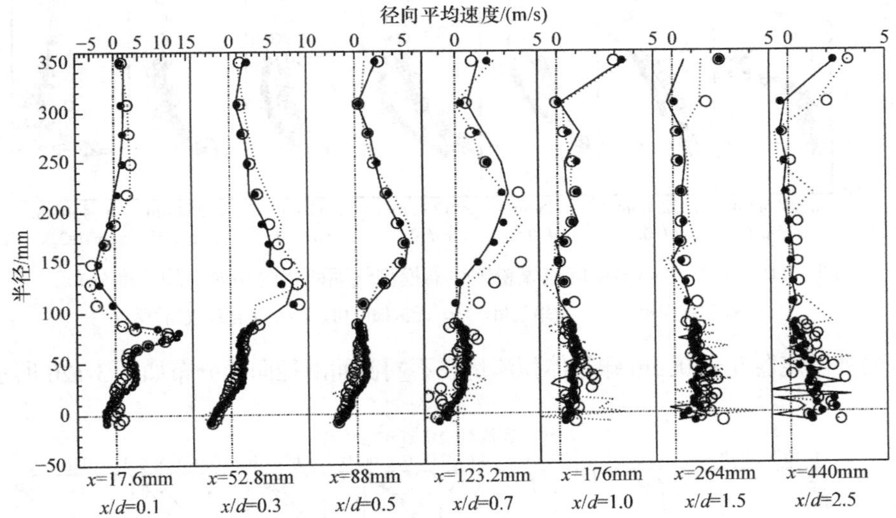

图 3-118　两种中心给粉旋流煤粉燃烧器模型气固两相的径向平均速度分布

● 浓缩固相，— 浓缩气相；○ 无浓缩固相，… 无浓缩气相

两种燃烧器的气固两相的切向平均速度分布如图 3-119 所示。从图中可以看出，两种燃烧器模型气固两相的切向平均速度分布规律基本相同，在 x/d=0.3 的截面，速度分布具有典型的 Rankine 涡结构，中部比较窄的区域是似固核区，外围较大的区域是自由涡区。气固两相的切向平均速度的峰值首先出现在旋转的二次风喷口附近，随着气流的发展，峰值向外发展。从 x/d=0.7 的截面开始，切向平均速度的峰值位置向中心线方向移动，说明靠近中心区域的风粉混合物在二次风的带动下开始旋转；随着射流的进一步发展，切向平均速度分布趋于平缓。在 x/d=0.1 的截面，两种燃烧器模型气固两相的切向平均速度基本相同。在 x/d=0.3～1.0 四个截面内，有浓一次风管的燃烧器模型气固两相的切向平均速度峰值明显大于没有浓一次风管的燃烧器模型，这是因为颗粒全部集中在浓一次风管中，淡一次风不携带颗粒，动量低。在 x/d=1.5 和 x/d=2.5 两个截面内，两种燃烧器模型气

固两相的切向平均速度趋于一致。

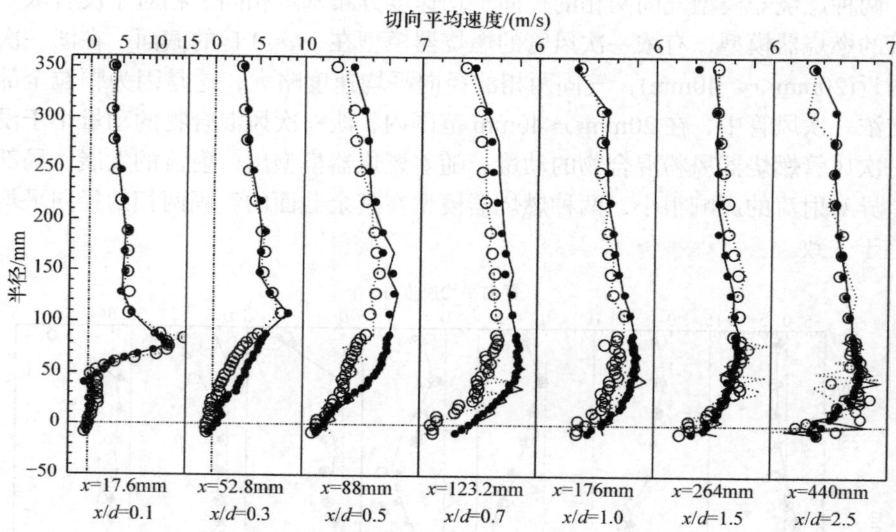

图 3-119　两种中心给粉旋流煤粉燃烧器模型气固两相的切向平均速度分布

● 浓缩固相，　— 浓缩气相；　○ 无浓缩固相，　… 无浓缩气相

两种燃烧器 0～100μm 颗粒体积流量在不同截面沿径向的分布如图 3-120 所示。

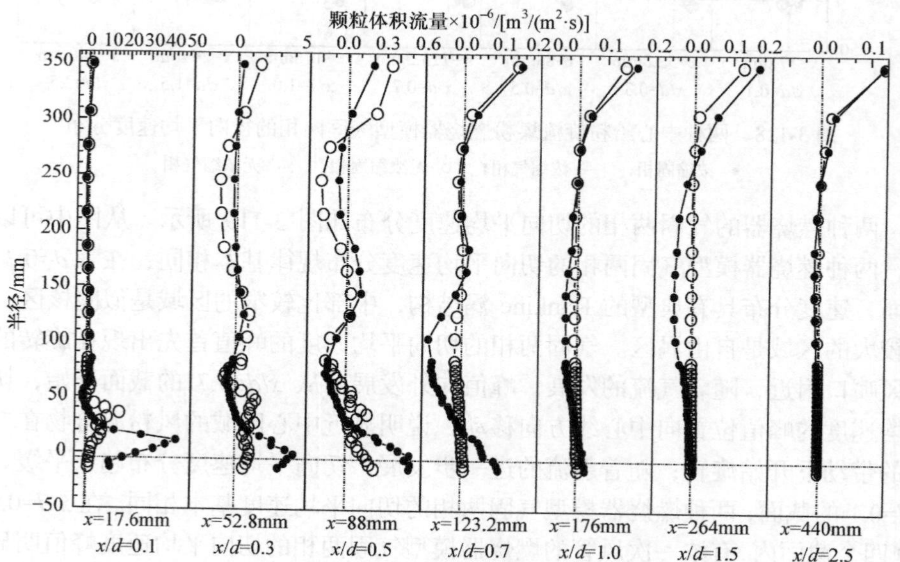

图 3-120　两种中心给粉旋流煤粉燃烧器模型的颗粒体积流量分布

—●— 浓缩；　—○— 无浓缩

两种燃烧器都有壁面回流，在 x/d=0.1～0.7 的截面，两种燃烧器的颗粒体积流量呈双波峰、双波谷分布，靠近燃烧器中心的峰区为一次风粉流动区域；在 x/d=0.1～0.7 四个截面，在 r≤20mm(浓一次风管直径)范围内，有煤粉浓缩的燃烧器的颗粒体积流量远高于没有煤粉浓缩的燃烧器的颗粒体积流量。

对于有浓一次风管的燃烧器，在 x/d =0.1～0.5 的截面，中心线附近区域的颗粒体积流量始终为最高值。对于无浓一次风管的燃烧器，靠近中心线的峰值位置距离中心线 50mm 左右，与有浓一次风管的燃烧器相比，距离中心线远；在 x/d =0.3 之后的截面，颗粒体积流量的最高值出现在壁面区域，这是因为 75%颗粒由淡一次风管中喷出，颗粒易于向二次风中扩散。有浓一次风管的燃烧器的颗粒体积流量在中心线附近区域衰减慢，靠近中心线的峰值位置没有向外侧移动；对于无浓一次风管的燃烧器，在 r≤20mm 范围内，颗粒体积流量低，且靠近中心线的峰值衰减快，峰值位置向外侧移动，这是因为有浓一次风管的燃烧器的颗粒完全通过浓一次风管喷出，浓一次风粉混合物的动量大，向外的扩散慢。

两种燃烧器 0～100μm 颗粒相对数密度在不同截面沿径向的分布如图 3-121 所示。由于同一截面不同的径向位置颗粒的粒径分布不同，因此同一截面的颗粒体积流量和颗粒相对数密度分布有所不同。两种燃烧器的颗粒相对数密度分布规律基本相同。对于有浓一次风管的燃烧器，颗粒相对数密度在中心线附近区域衰减慢，靠近中心线的峰值位置没有向外侧移动；对于无浓一次风管的燃烧器，颗粒相对数密度在中心线附近区域较低。

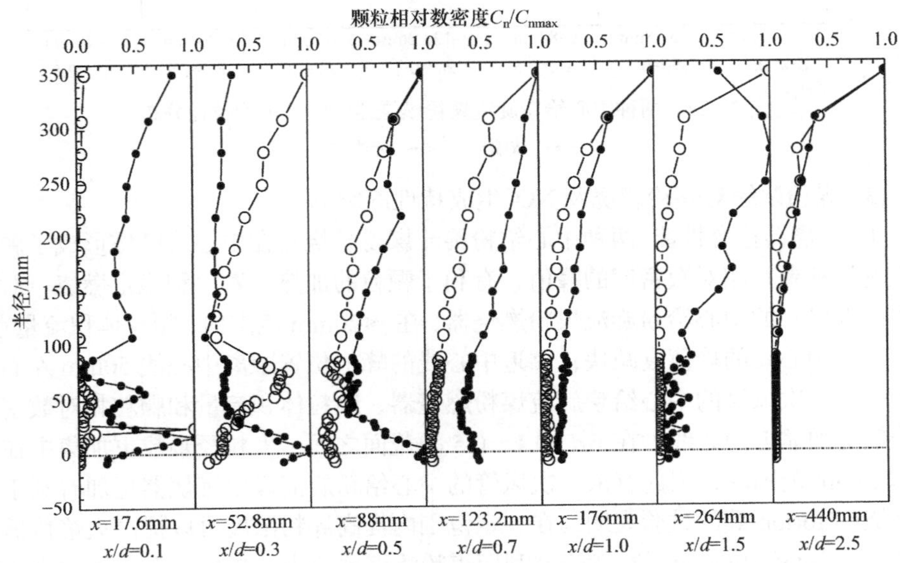

图 3-121　两种中心给粉旋流煤粉燃烧器模型的颗粒相对数密度分布

—●— 浓缩；　—○— 无浓缩

两种燃烧器 0～100μm 颗粒在不同截面沿径向的平均粒径分布如图 3-122 所示。在径向，两种燃烧器的颗粒平均粒径分布规律基本相同。在 x/d =0.1～0.5 的截面，对于有浓一次风管的燃烧器，大粒径颗粒集中在 r≤20mm 范围内(浓一次风管半径)，在 20mm≤r≤40mm 范围内颗粒粒径小，这是因为颗粒全部由浓一次风管喷出，颗粒越大，惯性越大，较小的颗粒容易被气体携带至回流区；对于无浓一次风管的燃烧器，大粒径颗粒集中在 r≤40mm 范围内(一次风管半径)，这是因为颗粒全部由一次风管喷出，颗粒越大，惯性越大。随着射流的发展，两种燃烧器的粒径分布趋于均匀。

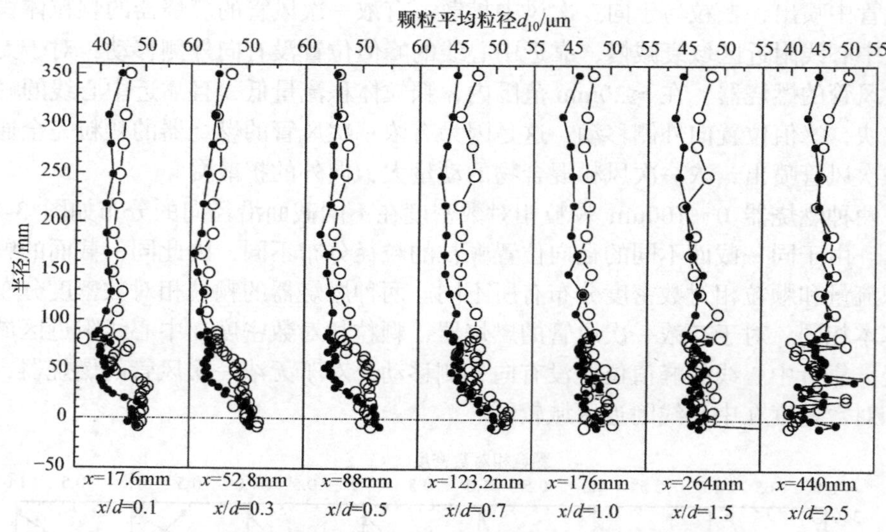

图 3-122　两种中心给粉旋流煤粉燃烧器的颗粒平均粒径分布

—●— 浓缩；　—○— 无浓缩

(3) 煤粉浓缩对煤粉燃烧及 NO_x 生成特性的影响。

① 燃烧器稳燃性能。两种中心给粉旋流煤粉燃烧器在中心线区域形成了颗粒体积流量和颗粒相对数密度的峰值，有利于颗粒的加热、着火和稳定燃烧。对于无浓一次风管的中心给粉旋流煤粉燃烧器，在 r≤20mm 范围内，颗粒体积流量小，且在靠近中心线的峰值衰减快；靠近中心线的峰值位置距离中心线 50mm 左右。对于有浓一次风管的中心给粉旋流煤粉燃烧器，颗粒体积流量和颗粒相对数密度的峰值更加靠近中心线，在 x/d =0.1～0.5 的截面之间，大粒径颗粒更加集中在径向 r≤20mm 范围内，因此有浓一次风管的中心给粉旋流煤粉燃烧器更加有利于稳定燃烧。Horton 等的试验表明，在一定范围内提高煤粉浓度可以提高火焰传播速度[38,39]。中心给粉旋流煤粉燃烧器利用煤粉浓缩器将煤粉集中于燃烧器的中心喷入炉内，有利于煤粉的稳定燃烧。

② 煤粉燃尽。两种燃烧器中心区域的颗粒体积流量、颗粒相对数密度及颗粒平均粒径均较大，较大的颗粒多数滞留在燃烧器中心，此区域温度高有利于煤粉燃尽。有浓一次风管的中心给粉旋流煤粉燃烧器的颗粒体积流量和颗粒相对数密度的峰值更加靠近中心线，在 x/d=0.1～0.5 的截面，大粒径颗粒更加集中在径向 $r\leqslant$20mm 范围内，因此有浓一次风管的中心给粉旋流煤粉燃烧器更加有利于煤粉的燃尽。

③ 燃烧器区 NO_x 生成。两种燃烧器中心回流区的颗粒体积流量和颗粒相对数密度均较大，颗粒部分穿越回流区，然后径向返回，停留时间长，颗粒在回流区内加热、析出挥发分，在中心区域析出大量碳氢化合物，中心区域为低氧、还原性气氛区域，不利于燃料型 NO_x 的形成。对于无浓一次风管的中心给粉旋流煤粉燃烧器，在 $r\leqslant$20mm 范围内，颗粒体积流量小，颗粒体积流量在靠近中心线的峰值衰减快；靠近中心线的峰值位置距离中心线 50mm 左右。有浓一次风管的中心给粉旋流煤粉燃烧器的颗粒体积流量和颗粒相对数密度的峰值更加靠近中心线，颗粒在回流区中停留时间更长，因此有浓一次风管的中心给粉旋流煤粉燃烧器更有利于抑制 NO_x 的形成。

④ 结渣和高温腐蚀。与无浓一次风管的中心给粉旋流煤粉燃烧器相比，有浓一次风管的中心给粉旋流煤粉燃烧器的颗粒体积流量和颗粒相对数密度的峰值更加靠近中心线，因此有浓一次风管的中心给粉旋流煤粉燃烧器更加有利于防止结渣及高温腐蚀[1,40]。

3) 一次风率对中心给粉旋流煤粉燃烧器气固流动特性的影响

一次风量的大小对旋流煤粉燃烧器的着火、稳燃及 NO_x 的形成都有较大的影响，这里对不同一次风率下燃烧器气固两相流动特性进行测量。本试验中的燃烧器结构见图 3-104；表 3-16 给出了试验参数。

表 3-16 中心给粉旋流煤粉燃烧器在不同一次风率下的气固两相流动实验室试验参数

一次风率 r_1	项目	喷口面积/m^2	风速/(m/s)	风率/%	颗粒浓度(颗粒/空气)/(kg/kg)
23.85%	浓一次风	0.001538	10.00	5.96	0.2
	淡一次风	0.004613	10.00	17.89	0
	内二次风	0.007529	10.58	30.90	0
	外二次风	0.007262	16.07	45.25	0
16.56%	浓一次风	0.001538	6.30	4.10	0.2
	淡一次风	0.004613	6.30	12.46	0
	内二次风	0.007529	10.58	33.89	0
	外二次风	0.007262	16.07	49.65	0

为了比较两种一次风率下燃烧器的气固两相流动特性，测量距燃烧器出口 x/d =0.1、0.3、0.5、0.7、1.0、1.5 和 2.5 七个截面的气固两相流动特性。中心给粉旋流煤粉燃烧器在不同一次风率下气固两相的轴向脉动速度、径向脉动速度和切向脉动速度的分布规律基本相同，只是在距离喷口较近的几个截面局部有所差别。当 r_1 =23.85%时，气固两相的轴向脉动速度较大，在 x/d≥1.0 的截面，不同一次风率下气固两相的轴向平均速度完全一致。在 x/d =0.1～0.5 的截面，在二次风向外扩散区域，径向脉动速度有一个明显的峰值；随着射流的发展，二次风向边壁扩散，径向脉动速度的峰值逐渐降低，趋于平缓。与 r_1 =16.56%相比，当 r_1 =23.85%时，在 x/d =0.1 的截面，在 20mm≤r≤80mm 范围内切向脉动速度大；其余截面，两种燃烧器气固两相的切向 RMS 脉动速度数值差别较小。

不同一次风率下中心给粉旋流煤粉燃烧器气固两相的轴向平均速度分布如图 3-123 所示。从图中可以看出，两种工况下气固两相的轴向平均速度的分布规律基本相同。在 x/d =0.1～0.7 四个截面，气固两相的轴向平均速度呈双波峰、双波谷分布；在 x/d =1.0～2.5 三个截面，气固两相的轴向平均速度呈单波谷分布。与 r_1 =23.85%相比，当 r_1 =16.56%时，所有截面的气固两相的轴向平均速度低，尤其是在 x/d =0.1～0.7 四个截面的 r<R(燃烧器外二次风扩口半径)范围内，气固两相的轴向平均速度明显低于实际运行工况下的速度；在 x/d =1.0 的截面，轴向平均速度的第二个峰值已为负值；在 x/d =1.0 的截面，中心线轴向平均速度已为负值，这表明随着一次风率的增加，一次风粉混合物穿越回流区的能力增强。

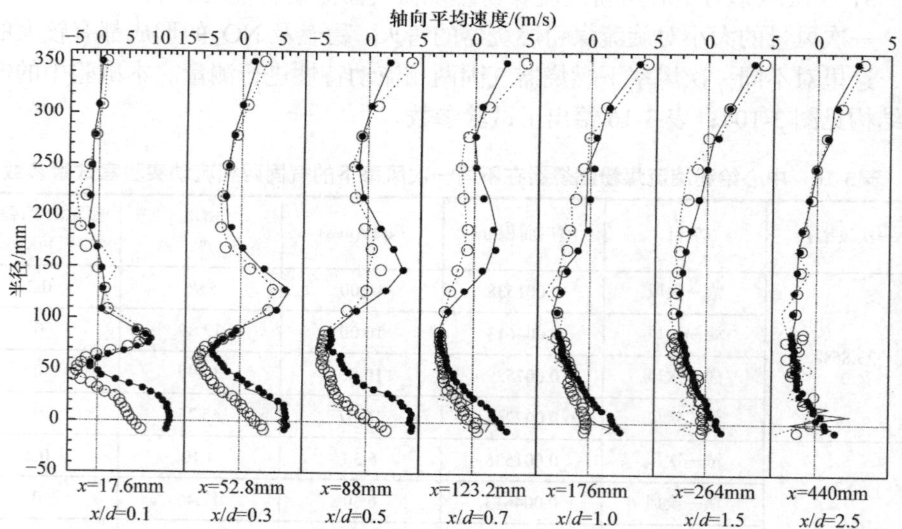

图 3-123　不同一次风率下中心给粉旋流煤粉燃烧器气固两相的轴向平均速度分布

• r_1=23.85%固相，— r_1=23.85%气相；○ r_1=16.56%固相，… r_1=16.56%气相

不同一次风率下中心给粉旋流煤粉燃烧器气固两相的径向平均速度分布如图 3-124 所示。从图中可以看出，两种工况下气固两相的径向平均速度的分布规律基本相同。在 x/d =0.3～2.5 六个截面，与 r_1 =23.85%相比，当 r_1 =16.56%时，在 r<40mm 范围内，气固两相的径向平均速度高，这是因为一次风率低，一次风粉混合物的动量小，颗粒易于被二次风携带，导致径向平均速度高。

气固两相的切向平均速度分布如图 3-125 所示。从图中可以看出，不同一次

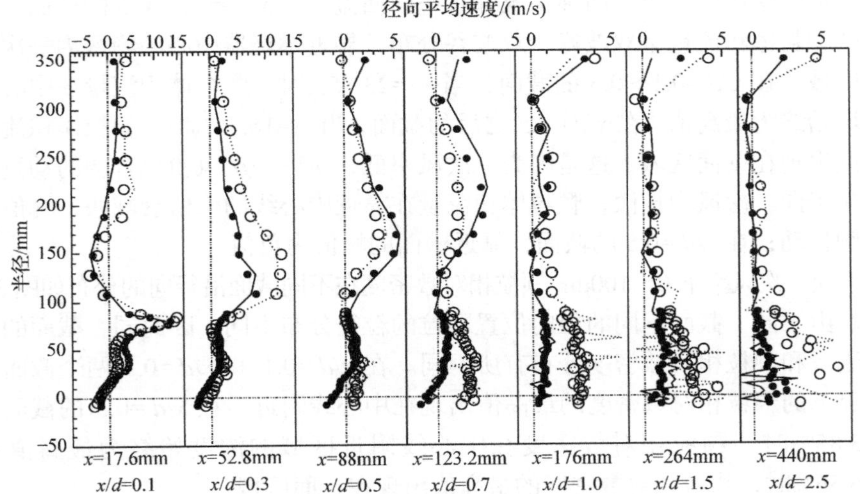

图 3-124　不同一次风率下中心给粉旋流煤粉燃烧器气固两相的径向平均速度分布

• r_1=23.85%固相，— r_1=23.85%气相；○ r_1=16.56%固相，··· r_1=16.56%气相

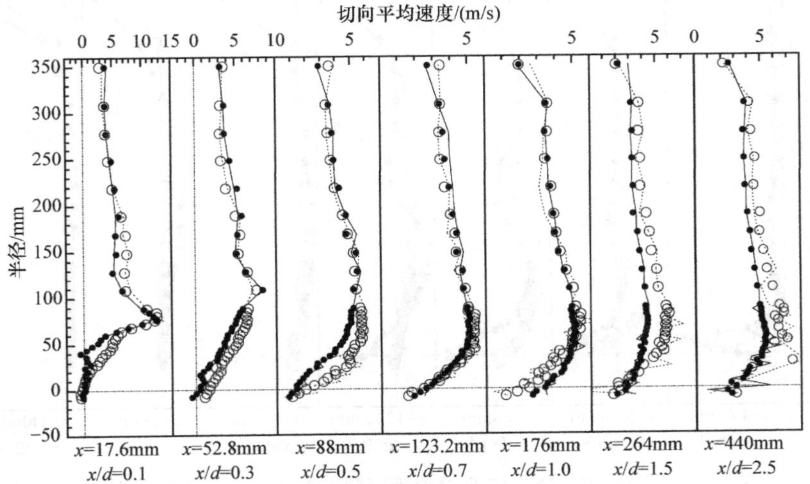

图 3-125　不同一次风率下中心给粉旋流煤粉燃烧器气固两相的切向平均速度分布

• r_1=23.85%固相，— r_1=23.85%气相；○ r_1=16.56%固相，··· r_1=16.56%气相

风率下中心给粉旋流煤粉燃烧器气固两相的切向平均速度的分布规律基本相同。与 r_1 =23.85%相比，当 r_1 =16.56%时，在 x/d =0.1～0.3 两个截面，在燃烧器模型喷口附近(0≤r≤80mm)气固两相的切向平均速度高，这是因为一次风粉混合物的动量小，易于被二次风携带旋转。随着射流的发展，气固两相的切向平均速度趋于一致。

不同一次风率下 0～100μm 颗粒体积流量在不同截面沿径向的分布如图 3-126 所示。从图中可以看出，两种工况都有壁面回流。在 x/d =0.1～0.5 的截面，两种工况的颗粒体积流量呈双波峰、双波谷分布，靠近燃烧器中心的峰区为一次风粉流动区域。在 x/d =0.1～0.5 的截面，当 r_1 =23.85%时，颗粒体积流量在中心线附近区域始终为最高值。在 x/d =0.5 之后的截面，当 r_1=16.56%时，颗粒体积流量的最高值出现在壁面区域，这是因为一次风率低，所以一次风粉混合物的动量低，颗粒易于向二次风中扩散；颗粒体积流量在靠近中心线的峰值衰减快，峰值位置向外侧移动；在 x/d =0.5 的截面，靠近壁面的峰值为负值。

不同一次风率下 0～100μm 颗粒相对数密度在不同截面沿径向的分布如图 3-127 所示。由于同一截面不同的径向位置颗粒的粒径分布不同，因此同一截面的颗粒体积流量和颗粒相对数密度分布有所不同。在 x/d =0.1 和 x/d =0.3 两个截面，两种工况下的颗粒相对数密度的最高值出现在中心线附近。在 x/d =0.5 的截面，当 r_1 =23.85%时，颗粒相对数密度在中心线附近区域的浓度始终为最高值；当 r_1 =16.56%时，颗粒相对数密度的最高值出现在壁面区域。

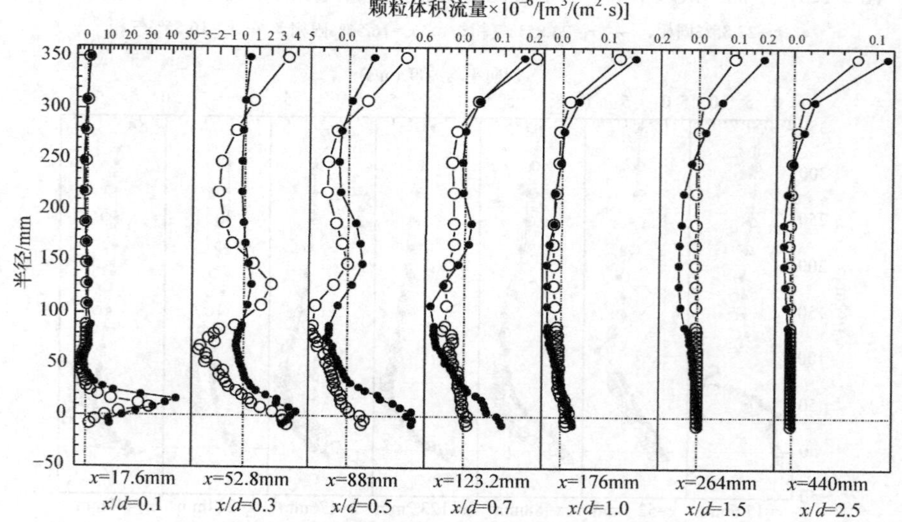

图 3-126　不同一次风率下中心给粉旋流煤粉燃烧器的颗粒体积流量分布

—●—　r_1=23.85%；　—○—　r_1=16.56%

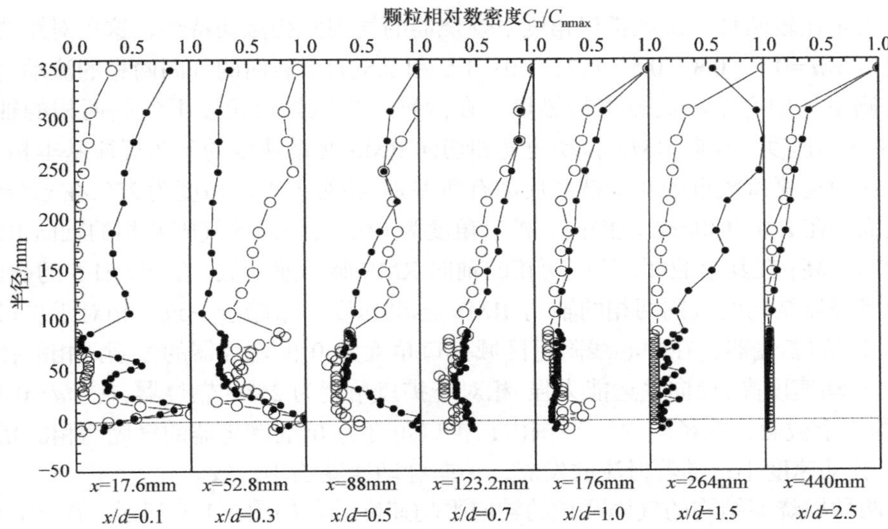

图 3-127　不同一次风率下中心给粉旋流煤粉燃烧器的颗粒相对数密度分布

—●—　r_1=23.85%；　—○—　r_1=16.56%

4) 一次风扩口角度对中心给粉旋流煤粉燃烧器气固流动特性的影响

燃烧器的喷口结构对射流的流动特性、煤粉的燃烧性能有较大的影响。这里给出不同一次风扩口(一次风和内二次风之间的扩口)角度下燃烧器气固两相的流动特性。本试验包括两种结构：一种是一次风扩口角度为 25°，燃烧器结构见图 3-104；另一种是一次风扩口角度为 0°(即取消扩口)，燃烧器结构如图 3-128 所示。试验参数见表 3-14。

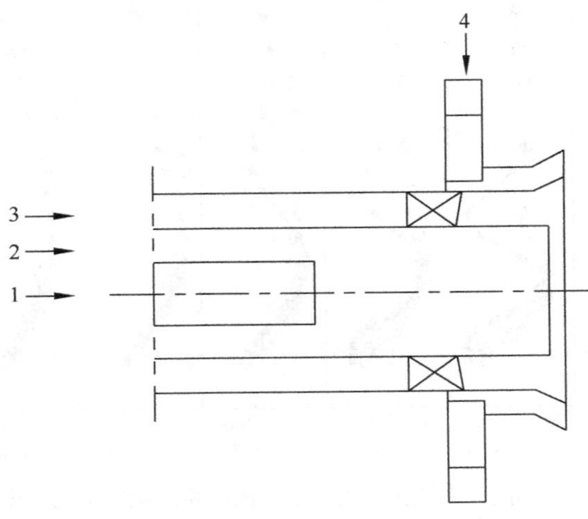

图 3-128　一次风扩口角度为 0°的中心给粉旋流煤粉燃烧器结构

1-浓一次风+玻璃微珠；2-淡一次风；3-内二次风；4-外二次风

为了比较两种一次风扩口角度下燃烧器的气固两相流动特性，这里对距燃烧器出口 x/d =0.1、0.3、0.5、0.7、1.0、1.5 和 2.5 七个截面的气固两相的流动特性进行测量。中心给粉旋流煤粉燃烧器在两种一次风扩口角度下气固两相的轴向 RMS 脉动速度、径向 RMS 脉动速度和切向 RMS 脉动速度的分布规律基本相同，只是在距离喷口较近的几个截面局部有所差别。相对于扩口角度为 25°，在 x/d =0.1 的截面，在 $R<r<180$mm 范围内，扩口角度为 0°的燃烧器的气固两相的轴向 RMS 脉动速度高；在其余截面，气固两相的轴向 RMS 脉动速度低。在 x/d >1.5 的截面，两种燃烧器结构的气固两相的轴向 RMS 脉动速度分布趋于一致。相对于扩口角度为 25°的燃烧器，在中心线附近区域扩口角度为 0°的燃烧器的气固两相的径向 RMS 脉动速度高，径向输运能力强。相对于扩口角度为 25°的燃烧器，在 x/d =0.3～0.7 的三个截面，在径向 $R<r$ 范围内，扩口角度为 0°的燃烧器的气固两相的切向 RMS 脉动速度小；随着射流的发展，切向脉动速度趋于一致。

两种燃烧器结构的气固两相的轴向平均速度分布如图 3-129 所示。在 x/d=0.1 和 x/d =0.3 的两个截面，两种燃烧器结构的气固两相的轴向平均速度分布呈双波峰、双波谷分布；相对于扩口角度为 25°的燃烧器，扩口角度为 0°的燃烧器的第二个峰值速度低。在 x/d≥0.5 的截面，扩口角度为 0°的燃烧器的气固两相的轴向平均速度呈单波谷分布；在 x/d =0.1～0.7 的四个截面，扩口角度为 25°的燃烧器的气固两相的轴向平均速度呈双波峰、双波谷分布；在 x/d≥1.0 的截面，扩口角度为 25°的燃烧器的气固两相的轴向平均速度呈单波谷分布。在 x/d =0.1～1.5 的

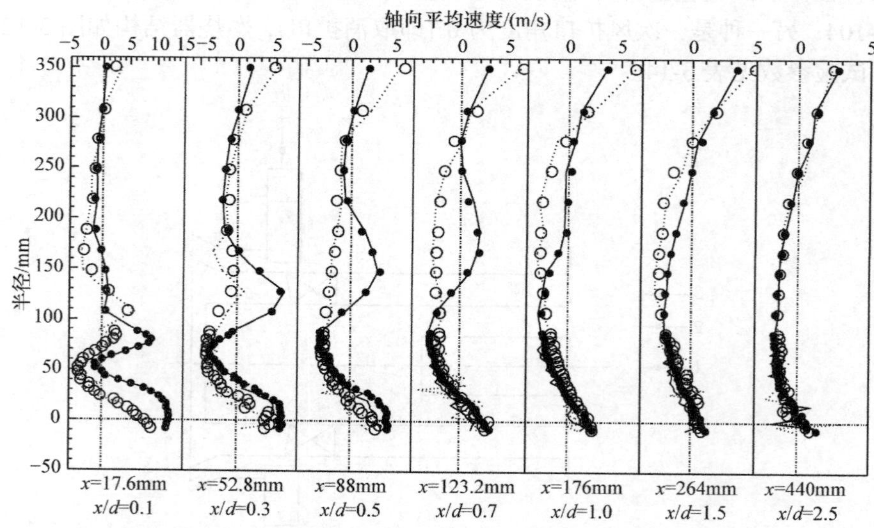

图 3-129　不同一次风扩口角度下气固两相的轴向平均速度分布

• 一次风扩口角度为25°的固相，　— 一次风扩口角度为25°的气相；
○ 一次风扩口角度为0°的固相，　··· 一次风扩口角度为0°的气相

六个截面，相对于扩口角度为 25°的燃烧器，扩口角度为 0°的燃烧器在壁面附近的气固两相的轴向平均速度大；在 x/d =0.1～0.7 的四个截面，气固两相的轴向回流速度大，回流区距离中心线近，在径向 $r<R$(燃烧器最外层扩口半径)范围内，气固两相的轴向平均速度低。这表明内二次风在没有一次风扩口向外的导向作用之后，与一次风粉的混合提前，二次风的轴向动量降低，从而导致第二个峰值提前消失；在燃烧器中心区域形成较大的负压，易形成较大的回流区。

两种燃烧器结构的气固两相的径向平均速度分布如图 3-130 所示。在 x/d =0.1～0.7 的四个截面，两种燃烧器结构的气固两相的径向平均速度分布呈双峰结构。相对于扩口角度为 25°的燃烧器，在径向 $R<r<180$mm 范围内，扩口角度为 0°的燃烧器的气固两相的径向平均速度高；这是因为缺少扩口的导向作用，在燃烧器出口二次风的径向平均速度低，与一次风粉的混合提前，中心区域形成的负压较大，在外侧的速度高。在 x/d =0.3～0.7 的三个截面，外侧峰值区域的径向平均速度低，这是因为二次风与一次风粉的混合提前，随着射流的发展，径向平均速度衰减快。

两种燃烧器结构的气固两相的切向平均速度分布如图 3-131 所示。从图中可以看出，两种燃烧器模型气固两相的切向平均速度的分布规律基本相同。在 x/d =0.3 的截面，扩口角度为 0°的燃烧器的切向平均速度分布的峰值区较平缓；这是因为扩口角度为 0°的燃烧器缺少扩口的导向作用，二次风与一次风粉的混合提前。随着燃烧器模型出口射流的发展，局部动量差异对射流的影响很小，两种燃烧器模型在其余截面的气固两相的切向平均速度趋于一致。

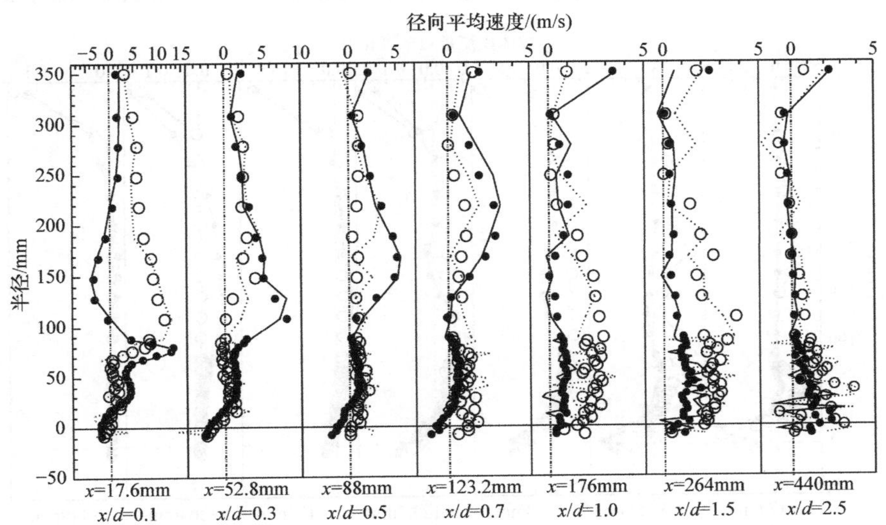

图 3-130　不同一次风扩口结构下气固两相的径向平均速度分布

● 一次风扩口角度为25°的固相，　— 一次风扩口角度为25°的气相；

○ 一次风扩口角度为0°的固相，　··· 一次风扩口角度为0°的气相

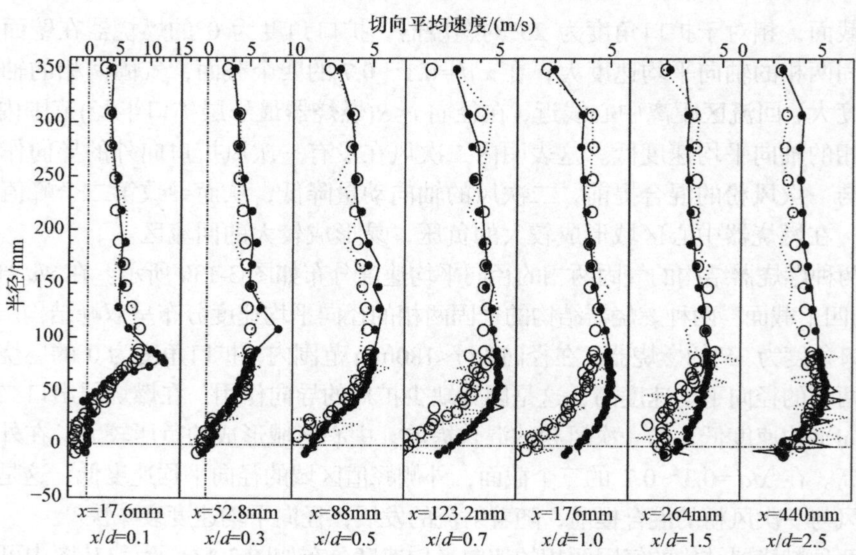

图 3-131 不同一次风扩口结构下气固两相的切向平均速度分布

● 一次风扩口角度为25°的固相， — 一次风扩口角度为25°的气相；
○ 一次风扩口角度为0°的固相， ··· 一次风扩口角度为0°的气相

两种燃烧器 0～100μm 颗粒体积流量在不同截面沿径向的分布如图 3-132 所示。由图可知，两种燃烧器都有壁面回流。对于扩口角度为 25°的燃烧器，在 x/d=0.1～0.5 的截面，中心线附近区域的颗粒体积流量始终为最高值。对于扩口

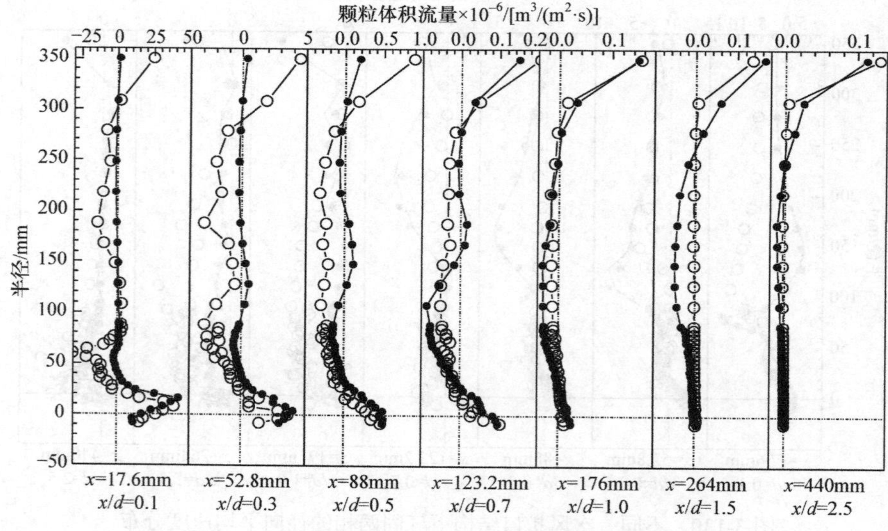

图 3-132 不同一次风扩口结构下颗粒体积流量的分布

—●— 一次风扩口角度为25°， —○— 一次风扩口角度为0°

角度为 0°的燃烧器，在 x/d =0.3～2.5 的截面，颗粒体积流量的最高值出现在壁面区域，这是因为二次风和一次风粉的混合提前，颗粒易于向二次风扩散；颗粒体积流量在靠近中心线的峰值衰减快。在 x/d =0.5 的截面，靠近壁面的峰值为负值。

两种燃烧器 0～100μm 颗粒相对数密度在不同截面沿径向的分布如图 3-133 所示。由于同一截面不同的径向位置颗粒的粒径分布不同，因此同一截面的颗粒体积流量和颗粒相对数密度分布有所不同。在 x/d =0.1～0.7 的截面，两种燃烧器的颗粒相对数密度在中心线附近区域高。对于扩口角度为 0°的燃烧器，在所有截面，颗粒相对数密度的最高值出现在壁面区域[1,41]。

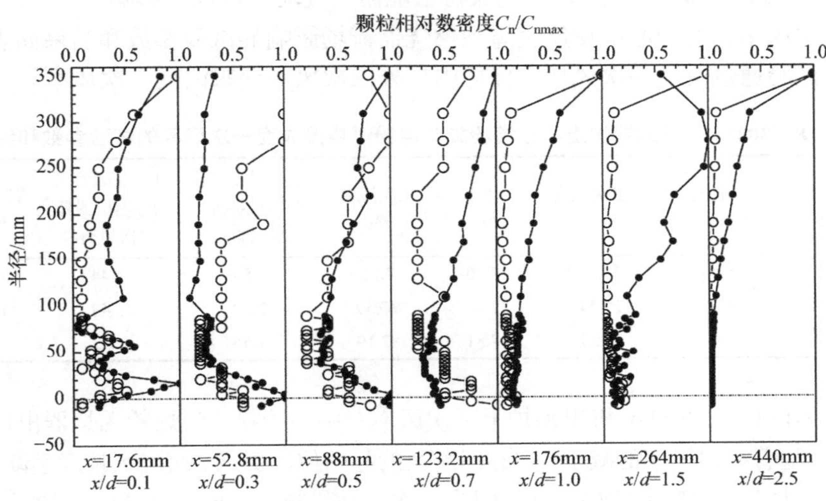

图 3-133　不同一次风扩口结构下颗粒相对数密度的分布

—●— 一次风扩口角度为25°，—○— 一次风扩口角度为0°

3. 燃用贫煤 300MW 机组锅炉中心给粉旋流煤粉燃烧器的设计参数

将燃用贫煤 300MW 机组锅炉(参见 3.3.2 节中燃用贫煤 300MW 机组锅炉燃烧装置简介部分)下层前后墙 8 只燃烧器改为中心给粉旋流煤粉燃烧器。中心给粉旋流煤粉燃烧器内二次风叶片采用 16 个轴向弯曲叶片，外二次风叶片采用 12 个切向叶片，如图 3-104 所示。设计风温采用实际运行值，主要设计参数如表 3-17 所示。

表 3-17　燃用贫煤 300MW 机组锅炉中心给粉旋流煤粉燃烧器的设计参数

名称	一次风	内二次风	外二次风
喷口截面积/m²	0.3019	0.2935	0.2967
风率/%	26.37	29.46	44.17
风速/(m/s)	21.3	18.9	23.3
风温/℃	209.3	313.0	313.0

4. 中心给粉旋流煤粉燃烧器在燃用贫煤 300MW 机组锅炉上的工业试验

通过在 300MW 机组锅炉上进行冷态工业试验和热态工业试验，得到不同运行参数对燃烧器冷态流场和燃烧特性的影响，下面进行简单介绍。

1) 结构和运行参数对中心给粉旋流煤粉燃烧器空气动力特性的影响

在 300MW 机组锅炉上开展冷态空气动力场试验，给出一次风率、二次风率、外二次风叶片角度、启停三次风(三次风与燃烧器的位置见图 3-103)等对燃烧器流场的影响，试验采用飘带示踪法。

(1) 一次风率对中心给粉旋流煤粉燃烧器空气动力特性的影响。

一次风率 r_1 对中心给粉旋流煤粉燃烧器流场影响的试验参数和结果如表 3-18 所示。试验通过改变一次风量、保持内、外二次风不变来改变一次风率。

表 3-18 300MW 机组锅炉上中心给粉旋流煤粉燃烧器改变一次风率的试验参数和结果

一次风速/(m/s)	内二次风速/(m/s)	外二次风速/(m/s)	一次风率/%	二次风率/%	中心回流区长度/燃烧器外二次风直径	中心回流区直径/燃烧器外二次风直径	射流扩展角/(°)
14.45	15.67	23.24	27.50	72.5	1.89	1.44	112.6
11.0	15.67	23.24	22.41	77.59	2.22	1.48	114.3
8.25	15.67	23.24	17.81	82.19	2.55	1.52	118.9

图 3-134 为 300MW 机组锅炉上一次风率对中心给粉旋流煤粉燃烧器出口流场的影响。随着一次风率的减小，中心回流区的起始位置提前，回流区长度逐渐增加，回流区最大直径比略有增加，这是因为一次风动量减少，回流区长度增加[42]。

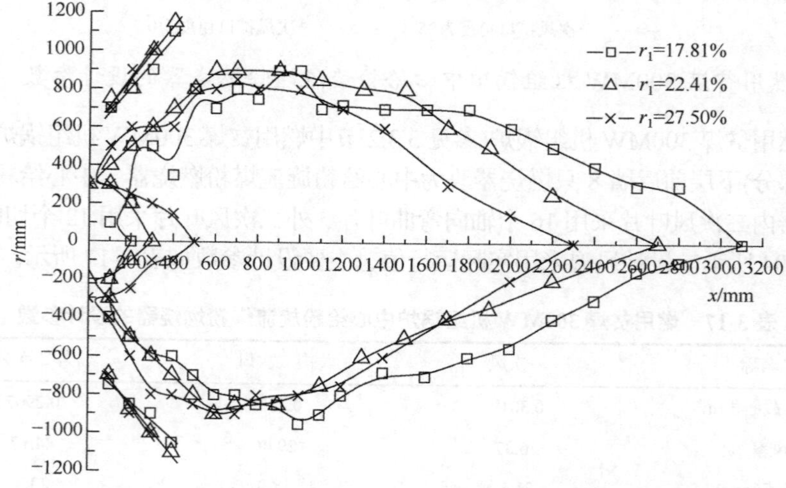

图 3-134 300MW 机组锅炉上一次风率对中心给粉旋流煤粉燃烧器出口流场的影响

(2) 二次风率对中心给粉旋流煤粉燃烧器空气动力特性的影响。

不同二次风率 r_2 下的试验参数和结果分别如表 3-19 与图 3-135 所示。试验通过改变二次风量、保持一次风量不变来改变二次风率。随着二次风率的降低，中心回流区的直径和长度均增加，射流扩展角变大。

表 3-19　300MW 机组锅炉上中心给粉旋流煤粉燃烧器改变二次风率的试验参数和结果

一次风速/(m/s)	内二次风速/(m/s)	外二次风速/(m/s)	一次风率/%	二次风率/%	中心回流区长度/燃烧器外二次风直径	中心回流区直径/燃烧器外二次风直径	射流扩展角/(°)
14.45	15.67	23.24	27.50	72.50	1.89	1.44	112.6
14.45	12.54	18.59	31.16	67.84	2.89	1.15	100.2
14.45	18.80	17.89	24.02	75.98	2.22	1.48	118.8

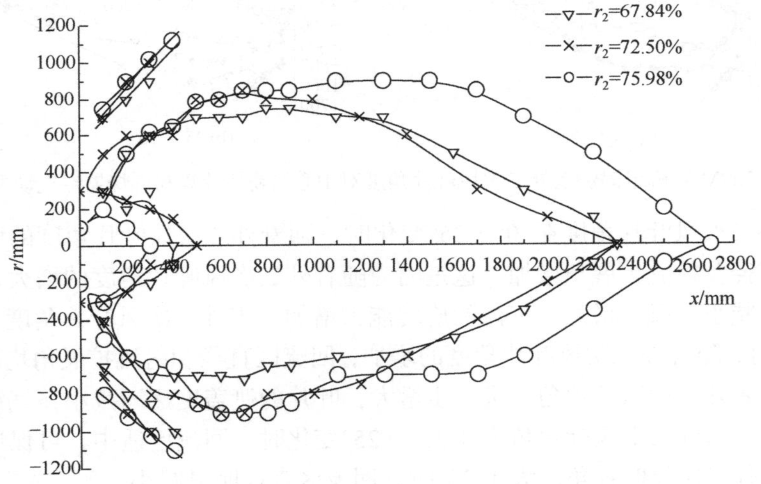

图 3-135　300MW 机组锅炉上二次风率对中心给粉旋流煤粉燃烧器出口流场的影响

(3) 外二次风叶片角度对中心给粉旋流煤粉燃烧器空气动力特性的影响。

不同外二次风叶片角度的试验参数和结果分别如表 3-20 与图 3-136 所示。

表 3-20　300MW 机组锅炉上中心给粉旋流煤粉燃烧器改变外二次风叶片角度的空气动力场试验参数和结果

外二次风叶片角度/(°)	一次风速/(m/s)	内二次风速/(m/s)	外二次风速/(m/s)	一次风率/%	二次风率/%	中心回流区长度/燃烧器外二次风直径	中心回流区直径/燃烧器外二次风直径	射流扩展角/(°)
0	14.45	15.67	23.24	27.50	72.50	1.89	1.07	90.0
11	14.45	15.67	23.24	27.50	72.50	1.81	1.33	98.8
20	14.45	15.67	23.24	27.50	72.50	2.14	1.36	104.0

续表

外二次风叶片角度/(°)	一次风速/(m/s)	内二次风速/(m/s)	外二次风速/(m/s)	一次风率/%	二次风率/%	中心回流区长度/燃烧器外二次风直径	中心回流区直径/燃烧器外二次风直径	射流扩展角/(°)
25	14.45	15.67	23.24	27.50	72.50	1.89	1.44	112.6
30	14.45	15.67	23.24	27.50	72.50	1.81	1.15	99.9
35	14.45	15.67	23.24	27.50	72.50	1.81	0.82	78.9

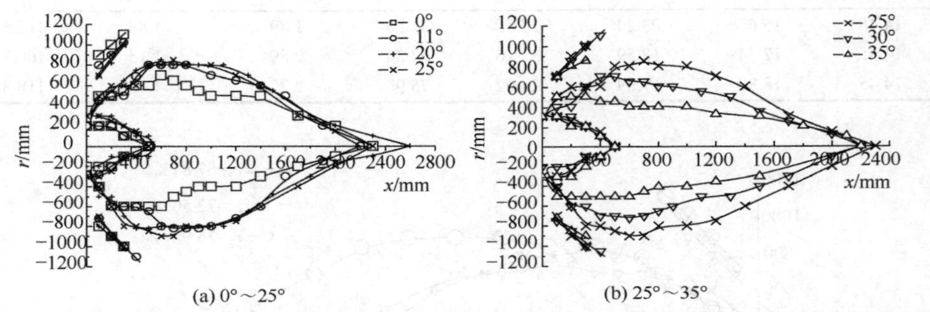

图 3-136　300MW 机组锅炉上外二次风叶片角度对中心给粉旋流煤粉燃烧器空气动力场的影响

当外二次风叶片角度在 0°～25°变化时，随着外二次风叶片角度的增加，回流区的直径及射流扩展角增加，这是因为随着外二次风叶片角度的增大，外二次风的阻力减小，风量增加，气流的旋转能力增加。当外二次风叶片角度在 25°～35°变化时，随着外二次风叶片角度的增加，回流区直径和射流扩展角均减小，这是因为随着外二次风叶片角度进一步增大，叶片的遮盖度逐渐减小，气流的旋转能力减小。当外二次风叶片角度在 11°～25°变化时，回流区适中，可保证稳燃的需要；当外二次风叶片角度大于 35°时，回流区直径明显减小。

(4) 启停三次风对中心给粉旋流煤粉燃烧器空气动力特性的影响。

在实际运行中，根据粉仓中煤粉的多少，磨煤机经常启停，三次风随着磨煤机的启停而投运或关闭。一般三次风布置在上层燃烧器的上面，而且距离上层燃烧器较远，因此三次风对燃烧器流场的影响较小。而某厂一台 300MW 机组锅炉三次风布置在两层燃烧器之间(三次风与燃烧器的位置见图 3-103)，距离燃烧器较近，因此进行启停三次风对燃烧器流场影响的试验。试验的参数和结果分别如表 3-21 与图 3-137 所示。三次风开启后，对燃烧器射流有一个压缩作用，导致射流发生偏斜，从图中可以看出三次风开启后，回流区直径和射流扩展角均减小，并且回流区发生偏斜；由于三次风对靠近三次风侧燃烧器的射流有压缩作用，因此回流区发生偏斜、长度增加。从表 3-21 中可以看出，三次风对燃烧器中心回流区和射流扩展角的影响小于 10%，表明投运或者停运三次风时，中心给粉旋流煤粉燃烧器均可卷吸足够的高温烟气引燃煤粉，并稳定燃烧。

表 3-21　300MW 机组锅炉上中心给粉旋流煤粉燃烧器启停三次风的空气动力场试验参数和结果

三次风	一次风速/(m/s)	内二次风速/(m/s)	外二次风速/(m/s)	一次风率/%	二次风率/%	中心回流区长度/燃烧器外二次风直径	中心回流区直径/燃烧器外二次风直径	射流扩展角/(°)
停运	14.45	15.67	23.24	27.50	72.50	1.89	1.44	112.6
投运	14.45	15.67	23.24	27.50	72.50	1.73	1.31	101.5

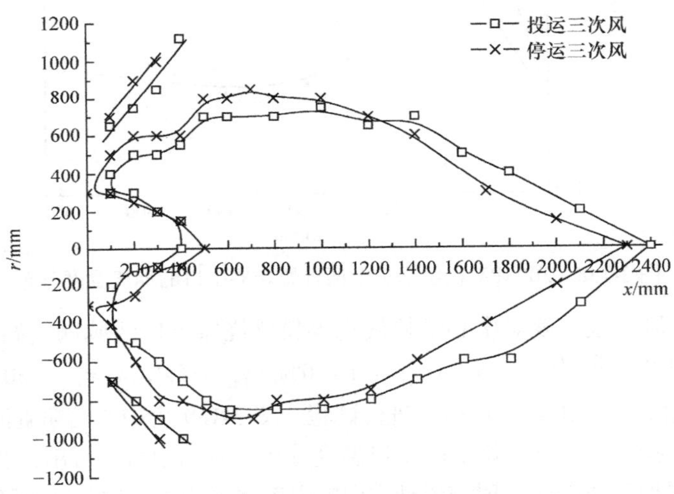

图 3-137　300MW 机组锅炉上三次风对中心给粉旋流煤粉燃烧器出口流场的影响

2) 燃烧器出口的烟气温度

通过燃烧器的看火孔(图 3-87)，这里采用套管外径为 4mm 的铠装镍铬-镍硅热电偶对一台 300MW 机组锅炉采用的燃烧器出口温度进行测量。

(1) 中心给粉旋流煤粉燃烧器和着火增强型双调风旋流煤粉燃烧器的出口区域烟气温度对比。

对中心给粉旋流煤粉燃烧器和着火增强型双调风旋流煤粉燃烧器的出口温度进行测量，温度分布如图 3-138 所示，图中 x 为燃烧器轴线方向的坐标轴，坐标原点为燃烧器出口，横坐标的 0 点为一次风管出口截面。燃用的煤质为贫煤(w_{Vdaf}=18.10%，w_{Mar}=5.40%，w_{Aar}=30.9%，$Q_{\mathrm{net,ar}}$=21695kJ/kg)，在 300MW 负荷下进行试验。中心给粉旋流煤粉燃烧器在 x=0～100mm、温度为 600～900℃变化，燃烧器出口区域温度较低，避免了燃烧器出口被火焰烧毁。随着热电偶探入炉内距离的增加，烟气温度逐渐增加。在距离燃烧器出口 400mm 处，燃烧器温度为

1181℃，表明中心给粉旋流煤粉燃烧器能够及时点燃煤粉，有利于火焰的稳定燃烧。着火增强型双调风旋流煤粉燃烧器在 x=100mm 处，温度达到最大值 941℃；当 x=50～200mm 时，烟气温度变化较小；当 x=200～300mm 时，温度迅速下降到 650℃；当 x=300～600mm 时，烟气温度变化较小。

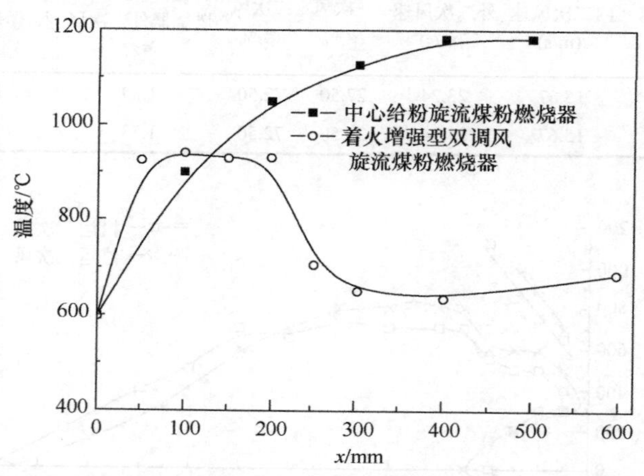

图 3-138　300MW 机组锅炉上两种燃烧器出口的烟气温度分布

(2) 二次风挡板开度对中心给粉旋流煤粉燃烧器出口区域烟气温度的影响。

燃用的煤质为贫煤 ($w_{\mathrm{Vdaf}}=18.10\%, w_{\mathrm{Mar}}=5.40\%, w_{\mathrm{Aar}}=30.9\%, Q_{\mathrm{net,ar}}=21695\mathrm{kJ/kg}$)，在 300MW 负荷下进行试验。图 3-139 为中心给粉旋流煤粉燃烧器在不同二次风挡板开度下燃烧器的出口温度分布。从图中可以看出，当二次风挡板开度由 30%增加到 40%时，射流流动方向的温度水平增加，这是因为随着二次风量

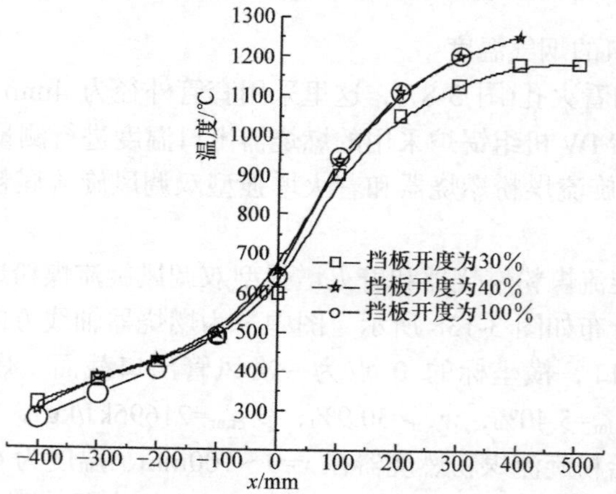

图 3-139　300MW 机组锅炉上不同二次风挡板开度下燃烧器出口的温度分布

的增加，燃烧器的旋转能力增强，回流区的直径和射流扩展角均增大，煤粉着火提前，一、二次风的混合提前，进而燃烧区的温度上升；当二次风挡板开度由 40%增加到 100%时，射流流动方向的温度水平变化较小，这是因为随着二次风量的进一步增加，回流区的直径和射流扩展角变化较小，以致温度水平变化较小。

(3) 给粉机转数对中心给粉旋流煤粉燃烧器出口区域烟气温度的影响。

表 3-22 给出了试验时锅炉的主要运行参数。燃用的煤质为贫煤($w_{Vdaf}=18.10\%$, $w_{Mar}=5.40\%$, $w_{Aar}=30.9\%$, $Q_{net,ar}=21695kJ/kg$)。图 3-140 为给粉机不同转速对燃烧器出口区域温度场的影响。当给粉机转速由 400r/min 增加到 502r/min 时，燃烧器出口区域的温度水平下降，大约下降 150℃。这是因为在其他一、二次风运行参数不变的情况下，进一步增加给粉量，所需的着火热增加，着火延迟，燃烧器区域温度降低[43]。

表 3-22　300MW 机组锅炉的主要运行参数

给粉机转速/(r/min)	负荷/MW	主蒸汽压力/MPa	主蒸汽温度/℃	炉膛压力/Pa	排烟温度/℃	空气预热器出口氧气含量/%	一次风速/(m/s)	一次风温/℃
400	306	16.4	536	−37	135.9	6.65	24.7	171
502	310	16.6	539	−35	131.8	6.93	24	170

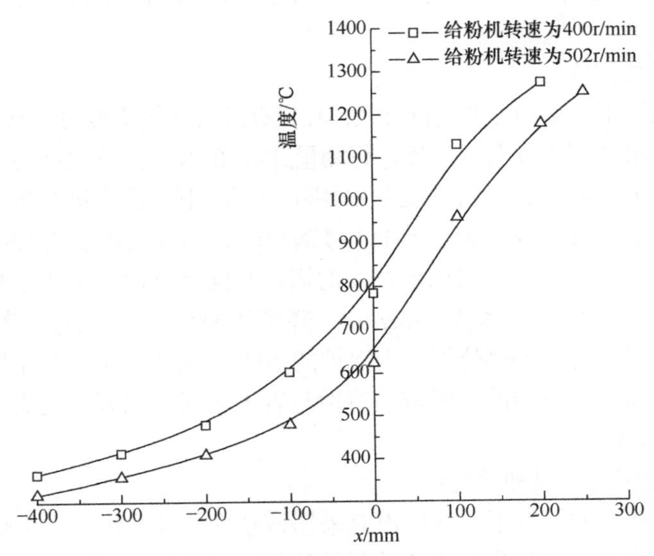

图 3-140　300MW 机组锅炉上不同给粉机转速下中心给粉旋流煤粉燃烧器出口区域的温度场

5. 采用中心给粉旋流煤粉燃烧器燃用贫煤 300MW 机组锅炉性能的工业试验

1) 锅炉效率

2 号锅炉下层燃烧器采用中心给粉旋流煤粉燃烧器前，在燃用贫煤(w_{Vdaf}=21.27%，w_{Mar}=8.10%，w_{Aar}=26.42%，$Q_{net,ar}$=21760kJ/kg)时，300MW 负荷下飞灰可燃物含量和大渣可燃物含量分别为 4.40%和 21.58%，锅炉热效率为 90.6%。锅炉下层燃烧器采用中心给粉旋流煤粉燃烧器后，在燃用贫煤(w_{Vdaf}=18.4%，w_{Mar}=7.80%，w_{Aar}=26.50%，$Q_{net,ar}$=23323kJ/kg)时，锅炉可以在 300MW 负荷下稳定运行，炉膛负压稳定，主蒸汽压力、主蒸汽温度均达到设计要求，飞灰可燃物含量和大渣可燃物含量分别为 0.75%和 14.15%，锅炉热效率达到 92.06%，锅炉效率比改造前提高 1.46 个百分点，经济效果明显。这是因为中心给粉旋流煤粉燃烧器与着火增强型双调风旋流煤粉燃烧器的气固流动特性不同(参见 3.3.2 节)。

2) 低负荷稳燃性能

2 号锅炉采用中心给粉旋流煤粉燃烧器后，燃用随机煤质(w_{Vdaf}=21.35%，w_{Mar}=7.10%，w_{Aar}=29.42%，$Q_{net,ar}$=23162kJ/kg)进行低负荷试验。首先降低上层燃烧器的给粉量，当负荷降低到 160MW 时，依次停运上层的 8 只燃烧器和后墙中层燃烧器，负荷稳定在 140MW，稳定时间为 2h，主蒸汽温度为 523.8℃，主蒸汽压力为 15.05MPa，排烟温度为 132℃，炉膛负压稳定，炉膛火焰监视电视图像正常，锅炉运行状况良好。火焰白亮，表盘监测的火焰强度和频率变化较小，最低负荷率达 47%。

3) NO_x 排放浓度

在额定负荷下，采用习惯运行方式，在没有进行任何调整的工况下，投运 3 台磨煤机，对 2 号锅炉的 NO_x 排放浓度进行测量，锅炉的 NO_x 排放浓度为 1113mg/m^3(折算到 6%基准氧含量)。在运行情况基本相同的情况下，没有进行改造，全部采用着火增强型双调风旋流煤粉燃烧器的 1 号锅炉的 NO_x 排放浓度为 1206mg/m^3(折算到 6%基准氧含量)。仅下层采用该技术的锅炉与同类型没有采用该技术的锅炉相比，锅炉的 NO_x 排放浓度降低 93mg/m^3，降幅达 8%。可以设想，若将锅炉的 24 只燃烧器全部更换为新型燃烧器，则锅炉的 NO_x 排放浓度进一步下降。这是因为中心给粉旋流煤粉燃烧器的气固流动特性与着火增强型双调风旋流煤粉燃烧器不同(参见 3.3.2 节)。

4) 火焰稳定性和煤种适应性

在煤种波动大的情况下，该厂没有采用该技术的其他锅炉因火焰不稳及结渣而导致多次灭火事故的发生。中心给粉旋流煤粉燃烧器的煤种适应性好，2 号锅炉采用中心给粉旋流煤粉燃烧器后，在燃用贫煤、无烟煤和贫煤的混煤(混合比为 1：1)时，锅炉在高负荷和低负荷下均可稳定运行。这是因为中心给粉旋流煤粉燃烧器的气固流动特性与着火增强型双调风旋流煤粉燃烧器不同(参见 3.3.2 节)。

5) 结渣及高温腐蚀

下层 8 只燃烧器采用中心给粉旋流煤粉燃烧器后，未发生因结渣影响运行的现象；下层燃烧器区域锅炉未发生高温腐蚀现象。这是因为中心给粉旋流煤粉燃烧器的气固流动特性与着火增强型双调风旋流煤粉燃烧器不同(参见 3.3.2 节)。

3.3.3　中心给粉旋流煤粉燃烧器在燃用贫煤 200MW 机组锅炉上的应用

1. 200MW 机组锅炉燃烧装置简介

某厂 11 号、12 号锅炉是由北京巴威公司设计制造的超高压参数锅炉。炉膛由膜式水冷壁构成，炉膛上部布置屏式过热器，折焰角上方及水平烟道内依次布置高温过热器、高温再热器，尾部竖井由隔墙分成前后两个烟道，前面烟道布置低温再热器，后面烟道布置低温过热器和省煤器。在前后两个烟道的底部又分别布置烟气调节挡板，用于调节再热蒸汽温度。烟气经过调节挡板后又汇集在一起，经过尾部烟道引入左右两侧的空气预热器。锅炉配有 2 台双吸离心式引风机和 2 台离心式送风机。锅炉设计煤种为贫煤，采用钢球磨中间储仓式热风送粉系统，且采用前后墙对冲燃烧方式，配有 2 台 DTM380/830 型钢球磨煤机。原锅炉前后墙各三层共布置 18 只着火增强型双调风旋流煤粉燃烧器[1]。

2. 锅炉存在的问题及原因分析

1) 运行中存在的问题

锅炉在运行中存在以下三个问题。

(1) 火焰稳定性差，经常满负荷灭火。

(2) 煤质差，设计煤种为贫煤及小窑煤的混煤。实际燃用煤质波动大，表 3-23 给出 11 号、12 号锅炉在 2004 年 3～6 月和 11 月的实际燃用煤质的工业分析。

表 3-23　11 号、12 号锅炉实际燃用煤质的工业分析(2004 年 3～6 月和 11 月)

参数	月份				
	3 月	4 月	5 月	6 月	11 月
全水分 w_{Mar}/%	4.5	4.5	4.4	4.3	4.3
固有水分 w_{Mad}/%	1.59	1.48	1.26	1.50	1.28
灰分 w_{Aad}/%	37.04	37.60	36.57	36.13	44.65
挥发分 w_{Vdaf}/%	18.76	19.22	18.90	19.29	21.71
固定碳 w_{FCad}/%	49.86	49.21	50.43	50.35	42.22
全硫 $w_{St,ad}$/%	1.29	1.20	1.07	1.35	1.41
低位发热量 $Q_{net,ar}$/(kJ/kg)	18991	18381	19408	19681	15623

续表

参数		月份				
		3 月	4 月	5 月	6 月	11 月
全水分/%	最大值	6.2	5.6	5.4	5.4	6.0
	最小值	3.6	3.6	3.6	3.6	3.6
灰分/%	最大值	49.32	46.42	44.36	48.46	57.19
	最小值	25.64	21.55	27.40	26.67	32.80
挥发分/%	最大值	13.81	13.75	13.22	16.71	13.85
	最小值	10.01	10.20	10.01	10.18	10.14
低位发热量/(kJ/kg)	最大值	23686	23470	22705	23476	21181
	最小值	12831	13684	16686	14791	10279

(3) 低负荷稳燃能力差。在燃用发热量为 21000kJ/kg 的煤质时，机组可以在 130M 负荷下不投油稳定运行；在燃用发热量为 17000kJ/kg 的煤质时(机组实际燃煤)，机组可以在 140MW 负荷下不投油稳定运行，助燃用油量大。

2) 原因分析

通过分析可知，主要有以下因素。

(1) 煤质差。由于当时全国煤炭供应紧张、煤质波动大，实际燃用煤的发热量为 16000kJ/kg，与设计煤质偏差较大(表 3-23)，这是造成高负荷灭火、助燃油量大及低负荷稳燃能力差的主要原因之一。

(2) 取消部分卫燃带。由于卫燃带结渣，电厂对 11 号、12 号锅炉的卫燃带进行了改造。图 3-141 给出了卫燃带去除前后的示意图，图中阴影部分为打掉的卫

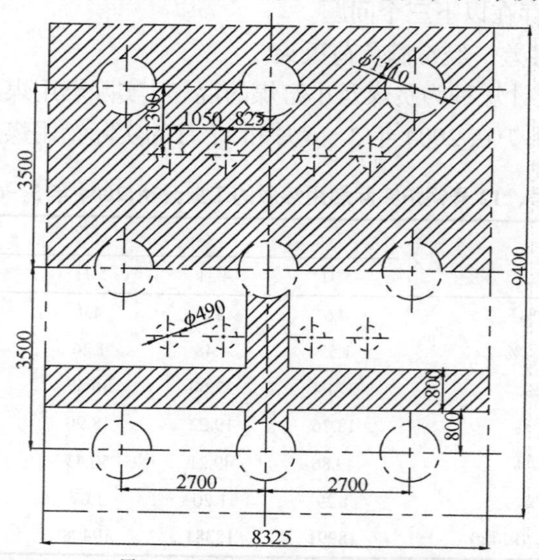

图 3-141　11 号、12 号锅炉的卫燃带示意图(单位：mm)

燃带区域，中、上层燃烧器之间的卫燃带和中、下层燃烧器的部分卫燃带被取消了。在燃用劣质煤时，取消卫燃带不利于稳定燃烧。

(3) 着火增强型双调风旋流煤粉燃烧器气固流动不合理。着火增强型双调风旋流煤粉燃烧器的气固流动特性不利于火焰稳燃，煤种适应性差(参见 3.3.2 节)。

3. 燃用贫煤 200MW 机组锅炉中心给粉旋流煤粉燃烧器的设计参数

为了解决火焰稳定性差、助燃油量大、低负荷稳燃能力差等问题，将前后墙下层 6 只着火增强型双调风旋流煤粉燃烧器更换为中心给粉旋流煤粉燃烧器。实际燃用煤种见表 3-23，设计风量、风温采用 11 号锅炉实际运行值，主要设计参数如表 3-24 所示。

表 3-24　在 200MW 机组锅炉上燃烧器的主要设计参数

参数	一次风	内二次风	外二次风
喷口截面积/m^2	0.3087	0.2498	0.3068
风率/%	22.04	31.17	46.80
风速/(m/s)	11.02	26.31	32.17
风温/℃	204	378	378

4. 200MW 机组锅炉的冷态工业试验

在 11 号锅炉的下层燃烧器上进行变一次风率和变二次风率的冷态空气动力场试验，并采用飘带示踪法得出燃烧器的射流边界和中心回流区边界。变一次风率和变二次风率的试验参数和结果分别如表 3-25 和表 3-26 所示。

表 3-25　在 200MW 机组锅炉上燃烧器变一次风率的试验参数和结果

一次风速/(m/s)	内二次风速/(m/s)	外二次风速/(m/s)	一次风率/%	二次风率/%	中心回流区长度/燃烧器外二次风直径	中心回流区直径/燃烧器外二次风直径	射流扩展角/(°)
9.79	16.5	20.1	22.73	77.27	1.84	1.34	79.4
4.89	16.5	20.1	12.82	87.18	1.84	1.38	80.8
0	16.5	20.1	0	100	2.01	1.53	79.0

表 3-26　在 200MW 机组锅炉上燃烧器变二次风率的试验参数和结果

一次风速/(m/s)	内二次风速/(m/s)	外二次风速/(m/s)	一次风率/%	二次风率/%	中心回流区长度/燃烧器外二次风直径	中心回流区直径/燃烧器外二次风直径	射流扩展角/(°)
9.79	16.5	20.1	22.73	77.27	1.84	1.34	79.4
9.79	19.8	24.1	19.69	80.31	2.34	1.63	90.6

图 3-142 为在 200MW 机组锅炉上一次风率对中心给粉旋流煤粉燃烧器出口流场的影响。一次风率为 0 时，中心回流区的起始位置提前，回流区长度逐渐增加，回流区长度和直径。这是因为一次风动量减少，回流区长度增加。

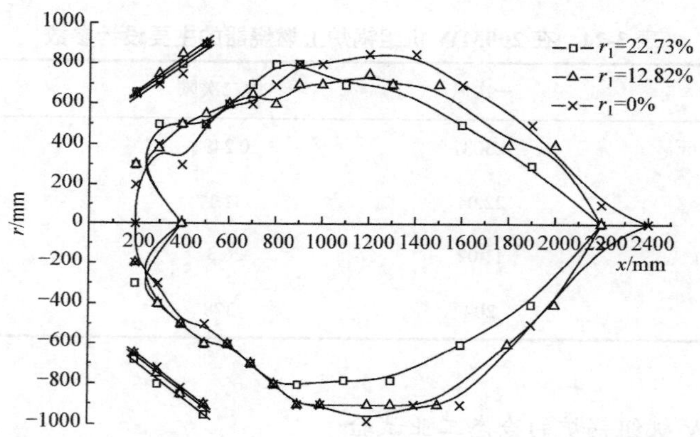

图 3-142　在 200MW 机组锅炉上一次风率对中心给粉旋流煤粉燃烧器出口流场的影响

图 3-143 为在 200MW 机组锅炉上二次风率对中心给粉旋流煤粉燃烧器出口流场的影响。随着二次风率的降低，中心回流区的直径和长度均增加，射流扩展角变大。

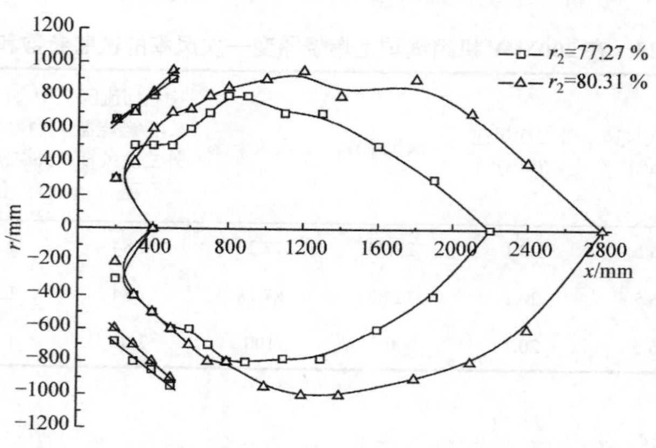

图 3-143　在 200MW 机组锅炉上二次风率对中心给粉旋流煤粉燃烧器出口流场的影响

5. 200MW 机组锅炉的热态工业试验

通过燃烧器的看火孔(图 3-87)，采用套管外径为 4mm 的铠装镍铬-镍硅热电偶对 11 号锅炉采用的中心给粉旋流煤粉燃烧器出口区域的温度进行测量。通过燃烧器看火孔，使用水冷枪抽取燃烧器出口区域的烟气，利用 Testo350M 烟气分析仪对烟气进行分析。

图 3-144 给出了燃烧器出口区域的 O_2、CO、NO_x 的浓度分布和烟气温度分布。在 200MW 负荷下，燃用随机煤质时(w_{Vdaf} =24.2%，w_{Mar} =7.80%，w_{Aar} =42.58%，$Q_{net,ar}$=17013kJ/kg)，对外二次风叶片角度分别为 14°和 44°的中心给粉旋流煤粉燃烧器进行试验。

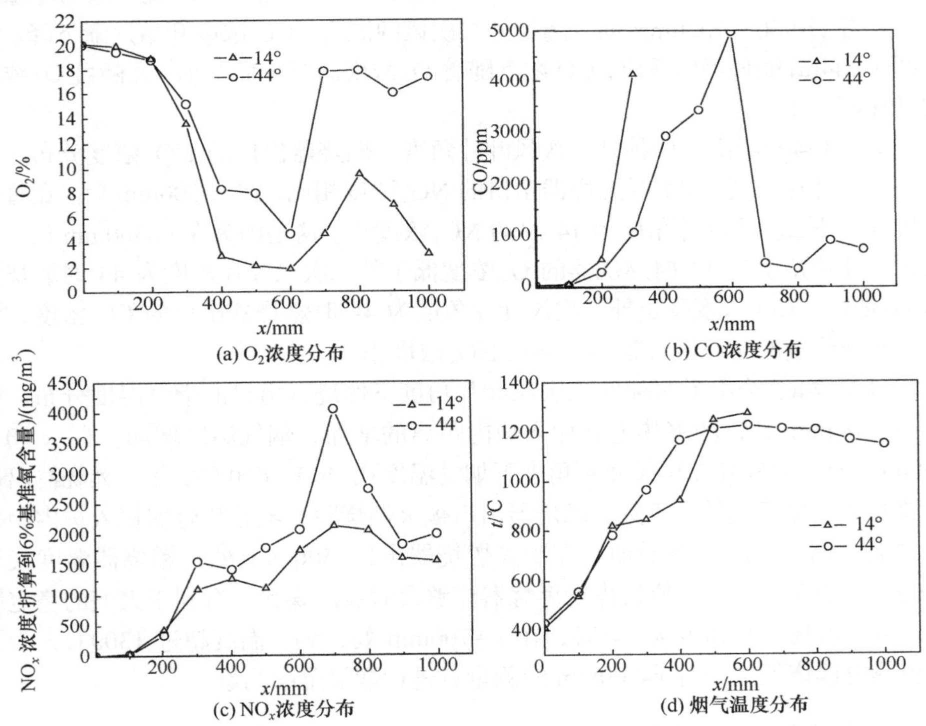

图 3-144　在 200MW 机组锅炉上燃烧器出口区域的 O_2、CO 和 NO_x 的浓度分布与烟气温度分布

从图 3-144(a)可以看出，当 x =0～600mm 时，O_2 浓度逐渐降低，这是因为煤粉开始燃烧，O_2 浓度降低。当 x =600～800mm 时，O_2 浓度逐渐增加，这是因为外二次风开始混入，O_2 浓度增加。当 x =800～900mm 时，煤粉进一步燃烧，O_2 浓度下降。在每个测量点，外二次风叶片角度为 14°时的 O_2 浓度低于外二次风叶片角度为 44°时的 O_2 浓度。空气动力场试验表明，随着外二次风叶片角度的增加，中心回

流区的长度和直径均变小，中心回流区的位置距离燃烧器喷口远。中心回流区大，中心回流区的位置距离燃烧器喷口近，导致煤粉燃烧提前，O_2浓度消耗大。

从图 3-144(b)可以看出，当 x=100～300mm 时，外二次风叶片角度为 14°时的 CO 浓度高于外二次风叶片角度为 44°时的 CO 浓度。外二次风叶片角度为 14°时，当 x≥400mm 后，各测量点的 CO 浓度超过 Testo350M 烟气分析仪 CO 传感器的量程(0～5000ppm)，表明在 400mm≤x≤1000mm 范围内，CO 浓度大于 5000ppm。从图中可以看出，在各测量点，外二次风叶片角度为 14°时的 CO 浓度值大于外二次风叶片角度为 44°时的 CO 浓度值。外二次风叶片角度为 44°时，当 x=0～600mm 时，煤粉开始燃烧导致 CO 浓度升高；当 x=600～800mm 时，外二次风开始混入导致 CO 浓度降低；当 x=900～1000mm 时，进一步燃烧导致 CO 浓度升高；当 x=900～1000mm 时，随着外二次风的混入，CO 浓度开始逐渐下降。对比图 3-144(a)和(b)可以看出，CO 浓度随着 O_2浓度的减少而增加，并随着 O_2浓度的增加而减小。

图 3-144(c)给出了两种外二次风叶片角度下燃烧器出口的 NO_x浓度分布。与外二次风叶片角度为 44°时燃烧器出口的 NO_x浓度相比，在 x≥300mm 后，在每个测量点，外二次风叶片角度为 14°时的 NO_x浓度小。这是因为在 x≥300mm 后，外二次风叶片角度为 14°时燃烧器的 O_2浓度低于外二次风叶片角度为 44°时燃烧器的 O_2浓度，CO 浓度高于外二次风叶片角度为 44°时燃烧器出口的 CO 浓度，测量点所处位置的还原性气氛强，导致 NO_x浓度小。

图 3-144(d)给出了两种外二次风叶片角度下燃烧器出口的烟气温度分布。在 x=0～600mm 处，随着热电偶探入炉内距离的增加，烟气温度增加。在 x=0～100mm 处，两种外二次风叶片角度下烟气温度在 400～600℃变化，燃烧器出口区域的烟气温度较低，避免了燃烧器出口被火焰烧毁；随着热电偶探入炉内距离的增加，烟气温度逐渐增加。在距离燃烧器出口 500mm 处，燃烧器温度大于 1200℃，表明中心给粉旋流煤粉燃烧器能够及时点燃煤粉，有利于火焰的稳定燃烧。外二次风叶片角度为 14°时，在 x=700mm 处，烟气温度超过 1300℃，为了避免热电偶烧毁，未对 x≥700mm 的测量点进行烟气温度测量。

6. 采用中心给粉旋流煤粉燃烧器 200MW 机组锅炉性能的工业试验

1) 锅炉效率

锅炉下层燃烧器采用中心给粉旋流煤粉燃烧器后，进行热效率试验，试验时煤质为：w_{Car}=48.45%，w_{Har}=2.69%，w_{Oar}=3.77%，w_{Nar}=0.68%，w_{Sar}=1.74%，w_{Mar}=7.40%，w_{Aar}=35.28%，w_{Vdaf}=22.86%，$Q_{net,ar}$=18130kJ/kg。试验表明，锅炉可以在 220MW 负荷下稳定运行，炉膛负压稳定，主蒸汽压力、主蒸汽温度均达到设计要求，锅炉热效率达到 91.11%，略高于设计煤质下的热效率 90.93%。

2) 低负荷稳燃性能

锅炉下层燃烧器采用中心给粉旋流煤粉燃烧器后，燃用随机煤质进行低负荷试验。试验时煤质为：w_{Car}=56.90%，w_{Har}=2.46%，w_{Oar}=2.53%，w_{Nar}=0.86%，w_{Sar}=1.10%，w_{Mar}=7.40%，w_{Aar}=28.75%，w_{Vdaf}=16.08%，$Q_{net,ar}$=20920kJ/kg。机组降负荷方式为日常的滑压运行方式，考虑汽轮机通流面积改造，试验从 130MW 负荷开始，降负荷速率不大于 1MW/min。在 100MW 负荷下，停运上排 6 只燃烧器和中层的 2 只燃烧器，投运下、中排两层 10 只燃烧器，一次风管风速为 19m/s 左右。锅炉燃烧稳定，火焰明亮，火焰强度良好无闪烁，炉膛负压指示正常。此时主汽温度为 546/543℃，主蒸汽压力为 9.6MPa，主汽流量为 153/148t/h；再热蒸汽温度为 546/534℃，再热蒸汽压力为 1.0MPa。机组参数在规程要求范围内，机组运行情况良好。在连续稳定运行 30min 后，对炉膛火焰温度进行测量，燃烧器区域平均炉膛温度为 1015℃，具体数据如图 3-145 所示。机组在 100MW 负荷下，稳定运行 3h。试验表明，锅炉可以在 100MW 负荷下稳定运行，最低不投油负荷率达 45%。

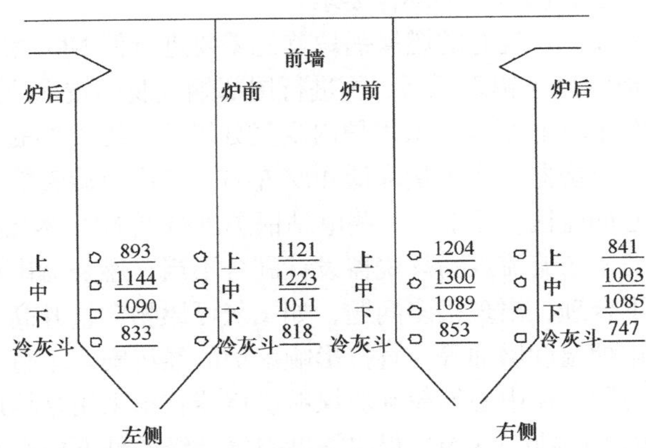

图 3-145　在负荷为 100MW 时燃烧器区域的火焰温度

3) NO_x 排放浓度

在进行热效率试验的同时，对锅炉排烟中的 NO_x 排放浓度进行了测量。NO_x 排放浓度为 795mg/m^3(折算到 6%基准氧含量)。在运行情况基本相同的情况下，下层燃烧器改前锅炉的 NO_x 排放浓度为 961mg/m^3(折算到 6%基准氧含量)。下层燃烧器采用中心给粉旋流煤粉燃烧器后，锅炉的 NO_x 排放浓度降低 166mg/m^3，降幅达 17.27%。

4) 火焰稳定性和煤种适应性

在煤质波动大的情况下，当燃煤发热量在 16000～22000kJ/kg 波动时，锅炉采用中心给粉旋流煤粉燃烧器后，煤种适应性好，在高负荷和低负荷下均可稳定运行。

5) 结渣及高温腐蚀

下层 6 只燃烧器采用中心给粉旋流煤粉燃烧器后，锅炉未发生因结渣影响运行的现象；改造后，下层燃烧器区域未发生高温腐蚀现象。

3.4 中心给粉旋流煤粉燃烧器在采用燃尽风的电站锅炉上的应用

2011 年环境保护部颁布的新标准要求，根据不同情况，煤粉火电锅炉的 NO_x 排放浓度不超过 100mg/m^3 或 200mg/m^3。2015 年环境保护部、国家发展改革委、国家能源局要求：到 2020 年，全国所有具备改造条件的燃煤电厂力争实现超低排放(烟尘、二氧化硫、氮氧化物排放浓度分别不高于 10mg/m^3、35mg/m^3、50mg/m^3)。在我国，电站锅炉采用的旋流煤粉燃烧器基本都是由国外制造或者引进国外技术制造的，由于建设时我国的 NO_x 排放政策较为宽松，电站锅炉很少采用低 NO_x 燃烧技术，难以满足我国当前的环保要求。

为了满足环保要求，现有的燃煤锅炉首先需要进行低 NO_x 燃烧技术改造，使炉膛出口 NO_x 排放浓度大幅降低后，再进行尾部烟气脱硝技术改造，以大幅度降低 NO_x 减排的投资和运行成本。采用炉内空气分级后，约 25%的空气作为燃尽风由炉膛上部喷入，燃烧器二次风量降低 40%左右，二次风旋转能力大幅削弱，难以形成稳定的中心回流区。目前，一些电站锅炉进行低 NO_x 燃烧技术改造后，由于炉内空气分级技术与旋流煤粉燃烧器设计配合不当，燃烧器出口区域燃烧恶化及炉内烟气流动不合理，出现很多问题，如飞灰可燃物含量升高、煤种适应性变差、减温水量和排烟温度增加等，直接影响锅炉的经济安全运行。

为解决这些问题，在中心给粉旋流煤粉燃烧器在未采用燃尽风的电站锅炉上的应用研究的基础上(参见 3.3 节)，提出深度空气分级条件下中心给粉旋流煤粉高效低氮氧化物燃烧技术。本节通过实验室的冷态单相模化试验、混合特性试验及气固两相试验，详细探讨在燃烧器二次风量大幅度降低的条件下中心给粉旋流煤粉燃烧器的流动特性，重点介绍二次风扩口梯级布置结构对中心回流区的影响。根据煤质特性的不同，对关键技术参数进行优化，并在燃用烟煤和低挥发分煤的电站锅炉上，分别进行工业冷态空气动力场试验和热态工业试验。

采用炉内空气分级燃烧技术，并将电站锅炉的全部燃烧器更换为中心给粉旋流煤粉燃烧器后，与燃烧系统改造前相比：在燃用烟煤或烟煤与褐煤的混煤时，锅炉 NO_x 排放量降低 50%～65%；燃用无烟煤与贫煤的混煤(无烟煤比例在 60%以上)及无烟煤为主的混煤(无烟煤比例达到 70%)时，锅炉 NO_x 排放量降低 42%～50%，锅炉最低不投油负荷为 45%。因此，解决了现有旋流煤粉燃烧技术煤种适应性差、NO_x 排放量高、结渣及高温腐蚀等问题，实现了锅炉的经济安全运行。

3.4.1 中心给粉旋流煤粉燃烧器在燃用烟煤 600MW 机组锅炉上的应用

1. 燃用烟煤 600MW 机组锅炉燃烧装置简介

某厂 4 号 600MW 机组锅炉为 BWB-2028/17.5-M 型燃用 ZGE 烟煤的锅炉，其工业分析及元素分析如表 3-27 所示。燃烧器采用前后墙对冲布置，锅炉的主要设计参数如表 3-28 所示。

表 3-27　600MW 机组锅炉的设计煤种与校核煤种的工业分析及元素分析

(a) 工业分析

参数	设计煤种	校核煤种 Ⅰ	校核煤种 Ⅱ
收到基全水分 M_{ar}/%	13.25	11.73	14.30
空气干燥基水分 M_{ad}/%	3.84	5.50	—
空气无灰基挥发分 V_{daf}/%	38～41	30	34.15
收到基灰分 A_{ar}/%	26±4	30	5.35
收到基低位发热量 $Q_{net.ar}$/(kJ/kg)	17981±1672.6	16308	24600

(b) 元素分析

参数	设计煤种	校核煤种 Ⅰ	校核煤种 Ⅱ
碳 C_{ar}/%	47.62	43.84	65.64
氢 H_{ar}/%	3.01	3.00	3.59
氧 O_{ar}/%	8.77	10.08	10.21
氮 N_{ar}/%	0.88	0.88	0.79
硫 $S_{t,ar}$/%	0.47	0.47	0.12
可磨系数 HGI	57	57	62

表 3-28　600MW 机组锅炉的主要设计参数

设计参数	BMCR	THA	50%BMCR	滑压	
				75%THA	30%BMCR
主汽流量/(t/h)	2028.0	1770.7	876.3	1293.5	608.4
主汽压力/MPa	17.5	17.28	16.75	14.28	8.69
主汽温度/℃	541	541	541	541	541
给水温度/℃	282	273	233	255	215
再热器流量/(t/h)	1717.3	1512.4	774.28	1124.5	543.86
再热器入口压力/MPa	3.992	3.516	1.778	2.606	1.247

续表

设计参数	BMCR	THA	50%BMCR	滑压	
				75%THA	30%BMCR
再热器出口压力/MPa	3.832	3.378	1.710	2.503	1.213
再热器进口温度/℃	330	317	289	314	298
再热器出口温度/℃	541	541	541	541	541
减温水温度/℃	189	181.11	157	171	144
一级减温水流量/(t/h)	67.07	55.98	47.89	90.06	58
二级减温水流量/(t/h)	0	0	0	22.09	28.26
再热器喷水量/(t/h)	0	0	0	0	0
总燃煤量/(t/h)	311.13	278.05	150.59	212.28	110.22
排烟温度/℃	125	118	105	105.8	90
过量空气系数	1.21	1.21	1.52	1.32	1.86
热效率(低热值)/%	93.74	94.07	94.05	94.23	93.7

锅炉配有六台磨煤机，每台磨煤机向六只燃烧器提供煤粉，原配置燃烧器采用轴向控制低 NO_x 双调风旋流煤粉燃烧器(图 2-60)，锅炉上没有设置燃尽风燃烧器。

锅炉自投运以来，锅炉效率达到保证值，尾部排烟 NO_x 平均浓度为 600mg/m^3(折算到 6%基准氧含量)，NO_x 排放量较高。

产生以上问题的主要原因有以下方面。

(1) 该型燃烧器的一次风管及管内的部件与着火增强型双调风旋流煤粉燃烧器相同，二次风均为旋转射流(图 2-60 和图 3-24)。两种燃烧器的气固两相流动特性基本相同。该型燃烧器的气固两相流动特性不利于抑制 NO_x 的生成(参见 4.3.4 节)。

(2) 没有采用炉内空气分级技术。

2. 结构和运行参数对中心给粉旋流煤粉燃烧器单相流动和混合特性的影响

针对以上问题，提出以下方案：在燃烧器上部增加燃尽风燃烧器，将轴向控制低 NO_x 双调风旋流煤粉燃烧器更换为中心给粉旋流煤粉燃烧器，燃烧器模型比例为 1∶4。为了给出中心给粉旋流煤粉燃烧器的结构和参数，建立冷态单相模化试验台[4,44]；试验系统及原理参见 2.5.2 节。

1) 结构和运行参数对中心给粉旋流煤粉燃烧器单相流动特性的影响

中心给粉旋流煤粉燃烧器结构参数的优化主要包括一次风扩口长度、内、外二次风扩口长度、一次风通道出口位置、外二次风叶片角度；运行参数的优化主要包括内、外二次风风量配比、燃尽风率。试验工况及试验参数如表 3-29 所示，表中 L_p、L_i 和 L_o 分别为一次风扩口长度、内二次风扩口长度及外二次风扩口长度，L_y 和 β 分别为一次风通道位置与内二次风出口距离和外二次风叶片角度，v_1、v_{2n}、v_{2w}、R_{OFA} 分别为一次风速度、内二次风速度、外二次风速度和燃尽风率。燃烧器模型如图 3-146 所示。另外，采用飘带示踪法得出了燃烧器的射流边界和中心回流区边界。

表 3-29　试验工况及试验参数

工况	L_p/mm	L_i/mm	L_o/mm	L_y/mm	β/(°)	R_{OFA}/%	$r_{2n}:r_{2w}$	v_1/(m/s)	v_{2n}/(m/s)	v_{2w}/(m/s)
1	0	49	98	−25	25	25	4∶6	13	11.87	14.29
2	16	49	98	−25	25	25	4∶6	13	11.87	14.29
3	24.5	49	98	−25	25	25	4∶6	13	11.87	14.29
4	49	49	98	−25	25	25	4∶6	13	11.87	14.29
5	0	24.5	98	−25	25	25	4∶6	13	11.87	14.29
6	0	74	98	−25	25	25	4∶6	13	11.87	14.29
7	0	98	98	−25	25	25	4∶6	13	11.87	14.29
8	0	49	73.5	−25	25	25	4∶6	13	11.87	14.29
9	0	49	49	−25	25	25	4∶6	13	11.87	14.29
10	0	49	0	−25	25	25	4∶6	13	11.87	14.29
11	0	49	98	0	25	25	4∶6	13	11.87	14.29
12	0	49	98	25	25	25	4∶6	13	11.87	14.29
13	0	49	98	−25	20	25	4∶6	13	11.87	14.29
14	0	49	98	−25	30	25	4∶6	13	11.87	14.29
15	0	49	98	−25	35	25	4∶6	13	11.87	14.29
16	0	49	98	−25	25	25	3∶7	13	9.04	16.51
17	0	49	98	−25	25	25	5∶5	13	15.06	11.79
18	0	49	98	−25	25	25	6∶4	13	18.01	9.43
19	0	49	98	−25	25	0	4∶6	13	18.73	22.99
20	0	49	98	−25	25	15	4∶6	13	14.72	17.28
21	0	49	98	−25	25	30	4∶6	13	10.71	12.58
22	0	49	98	−25	25	35	4∶6	13	9.38	11.01

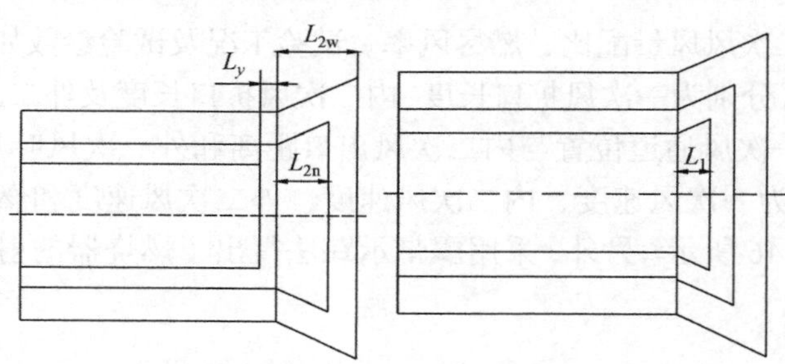

图 3-146　中心给粉旋流煤粉燃烧器模型

L_1- 一次风扩口长度；L_{2n}-内二次风扩口长度；L_{2w}-外二次风扩口长度

图 3-147 给出了不同一次风扩口长度下燃烧器的射流边界和中心回流区边界；表 3-30 给出了不同一次风扩口长度下燃烧器的射流扩展角及中心回流区尺寸，表中 D_h、L_h 和 α 分别为回流区最大直径、回流区长度和射流扩展角度。当一次口扩口长度与内二次风扩口长度都为 49mm 时，形成的环形回流区波动大并且不稳定，不利于煤粉着火与燃烧。从图 3-147 和表 3-30 可以看出，在保持内、外风比为 4∶6 和燃尽风率为 25%等基本运行参数不变的条件下，一次风扩口长度由 24.5mm 缩短到 16mm 时，回流区最大直径和长度分别由 0.68d 和 0.57d 增加至 0.8d 和 0.83d，回流区在轴线上的起始点向燃烧器出口移动 40mm；当把一次风扩口取消后，回流区最大直径和长度分别达到 0.91d 和 1.51d，回流区在轴线上的起始点向燃烧器出口移动 70mm，射流扩展角仅仅减少 3.85°。这说明一次风扩口长度减少或者取消，能强化一次风与内二次风早期混合，有利于中心回流区的形成。

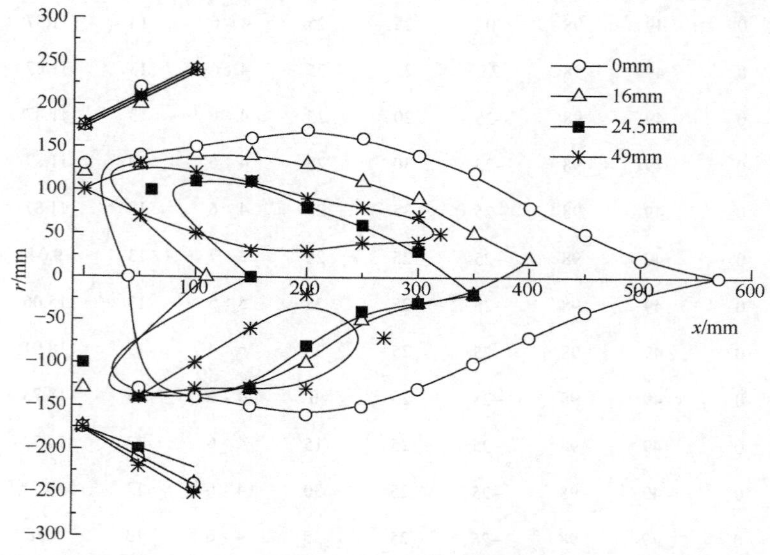

图 3-147　不同一次风扩口长度下燃烧器的射流边界和中心回流区边界

表 3-30　不同一次风扩口长度下燃烧器的射流扩展角及中心回流区尺寸

工况	D_h/mm	L_h/mm	D_h/d	L_h/d	α/(°)
1	320	530	0.91	1.51	66.04
2	280	290	0.80	0.83	66.04
3	240	200	0.68	0.57	68.01
4	190	320	0.54	0.92	69.89

图 3-148 给出了不同内二次风扩口长度下燃烧器的射流边界和中心回流区边界；表 3-31 给出了不同内二次风扩口长度下燃烧器的射流扩展角及中心回流区尺寸。内二次风扩口长度由 98mm 缩短到 49mm 时，回流区最大直径和长度分别由 0.71d 和 1.25d 增加至 0.91d 和 1.51d，回流区在轴线上的起始点向燃烧器出口移动 110mm；这是因为随着内二次风扩口长度的缩短，外二次风与一次风在燃烧器出口内的混合距离增加，当内二次风扩口长度由 49mm 减小到 24.5mm 时，回流区最大直径略微增加，而回流区长度开始减小，回流区在轴线上的起始点继续前移，距燃烧器出口距离仅为 10mm。在实际工程应用中，不宜采取过短的内二次风扩口长度；再者，内二次风扩口长度过短，可使回流区在轴线上的起始点过于接近燃烧器出口，易产生煤粉在出口内或者距出口很近的位置着火而烧毁出口的问题。

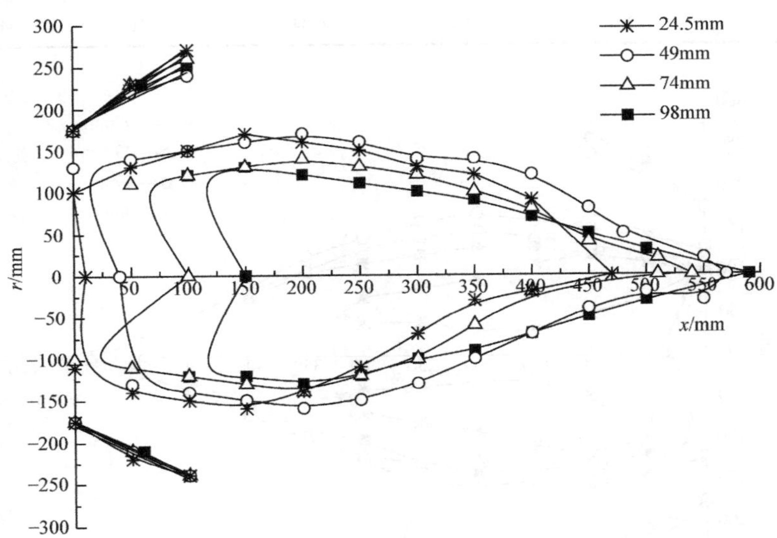

图 3-148　不同内二次风扩口长度下燃烧器的射流边界和中心回流区边界

表 3-31　不同内二次风扩口长度下燃烧器的射流扩展角及中心回流区尺寸

工况	D_h/mm	L_h/mm	D_h/d	L_h/d	α/(°)
5	330	460	0.94	1.44	69.85
1	320	530	0.91	1.51	66.04
6	300	440	0.77	1.25	73.39
7	250	440	0.71	1.25	76.65

图 3-149 给出了不同外二次风扩口长度下燃烧器的射流边界和中心回流区边界；表 3-32 给出了不同外二次风扩口长度下燃烧器的射流扩展角及中心回流区尺寸。回流区直径随着外二次风扩口长度的增加而变大，回流区在轴线上的起始点和回流区长度变化较小，当外二次风扩口长度由 49mm 增加到 98mm 时，射流扩展角急剧缩小。当外二次风扩口长度增加到 98mm 时，回流区直径已经达到 0.91d，可以满足煤粉着火燃烧的需要。

表 3-32　不同外二次风扩口长度下燃烧器的射流扩展角及中心回流区尺寸

工况	D_h/mm	L_h/mm	D_h/d	L_h/d	α/(°)
1	320	530	0.91	1.51	66.04
8	290	500	0.83	1.57	77.23
9	270	470	0.77	1.54	83.90
10	120	320	0.34	0.91	45.52

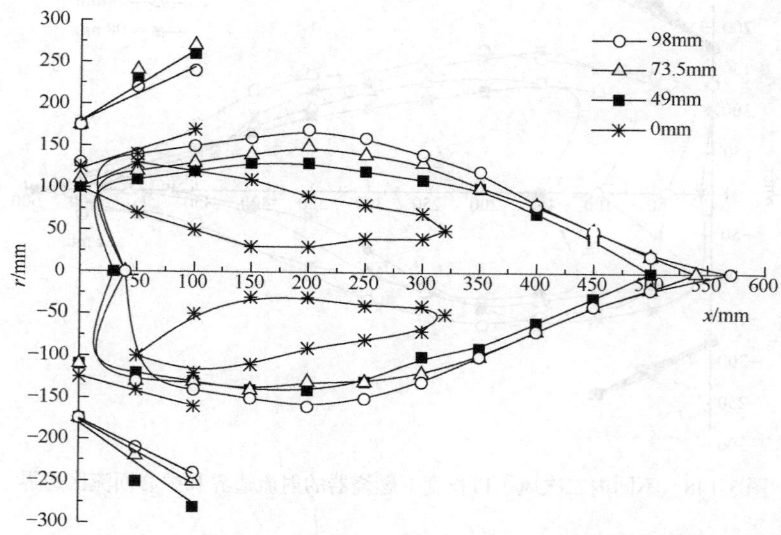

图 3-149　不同外二次风扩口长度下燃烧器的射流边界和中心回流区边界

图 3-150 给出了不同一次风通道出口位置下燃烧器的射流边界和中心回流区边界；表 3-33 给出了不同一次风通道出口位置下燃烧器的射流扩展角及中心回流区尺寸。一次风通道出口位置对燃烧器出口回流区最大直径及长度影响较小，但是对回流区在轴线上的起始点影响很大。一次风通道位置由 25mm 后移至−25mm，回流区在轴线的起始点向出口方向移动 50mm。这是因为一次风通道位置后移相当于延长一次风与二次风的预混距离，有利于回流区的形成。

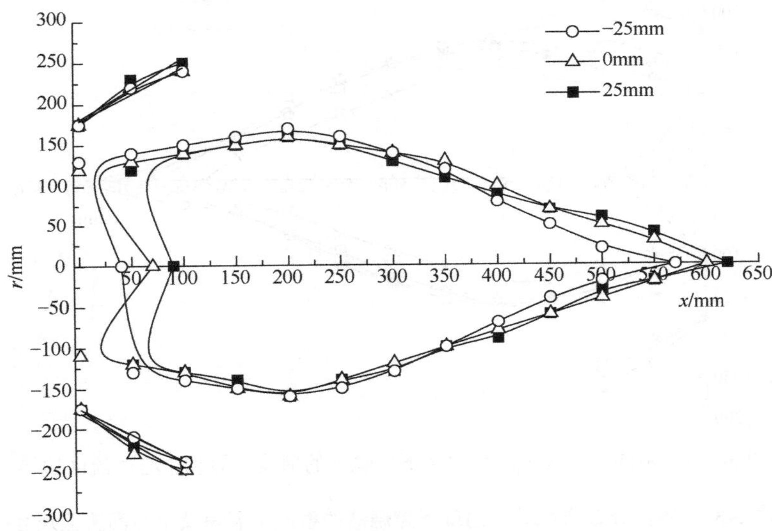

图 3-150　不同一次风通道出口位置下燃烧器的射流边界和中心回流区边界

表 3-33　不同一次风通道出口位置下燃烧器的射流扩展角及中心回流区尺寸

工况	D_h/mm	L_h/mm	D_h/d	L_h/d	α/(°)
1	320	530	0.91	1.51	66.04
11	320	530	0.91	1.51	69.89
12	320	530	0.91	1.51	69.89

图 3-151 给出了不同外二次风叶片角度下燃烧器的射流边界和中心回流区边界；表 3-34 给出了不同外二次风叶片角度下燃烧器的射流扩展角及中心回流区尺寸。在设计燃尽风率为 25%的条件下，不同结构下均能形成合适的回流区。回流区长度、最大直径及射流扩展角随着外二次风叶片角度的减小而变大，回流区在轴线的起始点前移。外二次风叶片角度由 35°减小至 20°，回流区最大直径由 0.77d 增加至 1.0d，回流区长度由 1.4d 增加至 1.7d，射流扩展角由 53.04°增加至

86.76°。这是因为外二次风切向速度随着外二次风叶片角度的减小而增大，旋流强度增强。在工程实际应用中，针对实际燃用煤质多变的要求，通过改变外二次风叶片角度而改变燃烧器出口回流区大小及起始点，可调节燃烧器着火位置及 NO_x 生成特性。

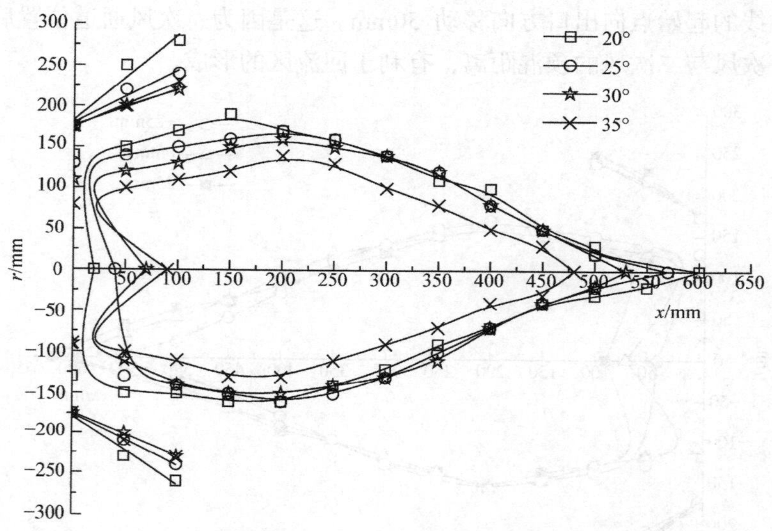

图 3-151　不同外二次风叶片角度下燃烧器的射流边界和中心回流区边界

表 3-34　不同外二次风叶片角度下燃烧器的射流扩展角及中心回流区尺寸

工况	外二次风叶片角度/(°)	D_h/mm	L_h/mm	D_h/d	L_h/d	α/(°)
13	20	350	600	1.0	1.7	86.76
1	25	330	570	0.94	1.6	66.04
14	30	310	530	0.88	1.5	57.62
15	35	270	480	0.77	1.4	53.04

通过以上分析，这里给出一种适用于炉内空气分级条件下的中心给粉旋流煤粉燃烧器结构，取消一次风扩口，同时延长外二次风扩口长度，增加一次风与二次风的预混距离。在对应工况 1(表 3-29)所采用燃烧器的结构上进行不同内、外二次风风量配比和燃尽风率试验。

图 3-152 给出了不同内、外二次风风量配比下燃烧器的射流边界和中心回流区边界；表 3-35 给出了不同内、外二次风风量配比下燃烧器的射流扩展角及中心回流区尺寸。四种工况下的回流区最大直径都在 0.90d 以上，回流区最大直径随着内二次风比例的增加而增大，其中内、外二次风风量配比为 6∶4 工况下的回流

区直径最大，说明对应工况 1 的燃烧器在不同运行参数下都可以满足煤粉稳定燃烧的需要。内、外二次风风量配比由 6 : 4 减少至 4 : 6，回流区最大直径减小 9%，射流扩展角减小 7°，回流区长度变化不明显，都在 1.50d 左右，当内、外二次风风量配比减小至 3 : 7 时，回流区长度减小至 1.28d，内二次风比例过大，空气分级燃烧程度降低，不利于控制 NO_x 的生成；内二次风比例过低，四流区尺寸变小，并且起始点距离燃烧器出口变远，不利于稳定燃烧。因此，在实际运行中或者燃烧器设计中，不宜设计过高或过低的内二次风量。

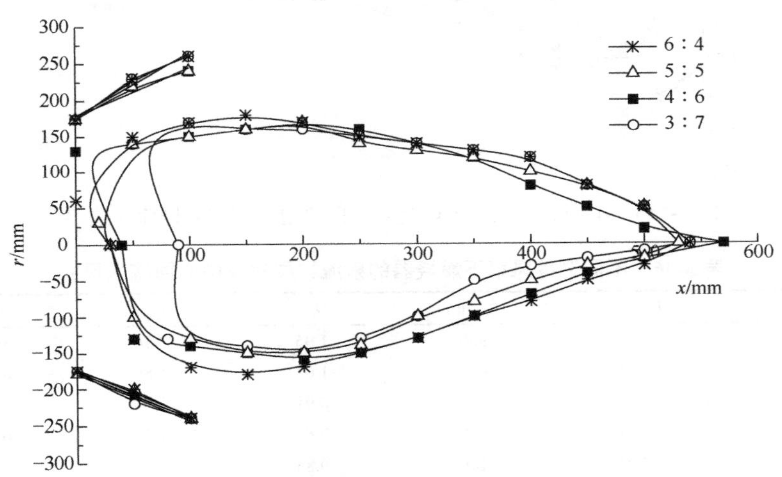

图 3-152　不同内、外二次风风量配比下燃烧器的射流边界和中心回流区边界

表 3-35　不同内、外二次风风量配比下燃烧器的射流扩展角及中心回流区尺寸

r_{2n} : r_{2w}	D_h/mm	L_h/mm	D_h/d	L_h/d	α/(°)
4 : 6	320	530	0.91	1.51	66.04
3 : 7	320	450	0.91	1.28	73.38
5 : 5	330	530	0.94	1.51	66.04
6 : 4	360	510	1.00	1.46	73.38

图 3-153 给出了不同燃尽风率下燃烧器的射流边界和中心回流区边界；表 3-36 给出了不同燃尽风率下燃烧器的射流扩展角及中心回流区尺寸。当保持内、外风风量配比为 4 : 6 不变时，随着燃尽风率的增加，燃烧器二次风量减小，回流区在轴线上的起始点位置开始后移，回流区长度变短，回流区最大直径和射流扩展角变小，且在 R_{OFA}=35%时，不能形成稳定的回流区。这是因为二次风量减小，旋流强度减弱，二次风无法携带一次风旋转形成中心负压区。因此，燃尽风率不宜过高，否则影响煤粉着火及燃烧。

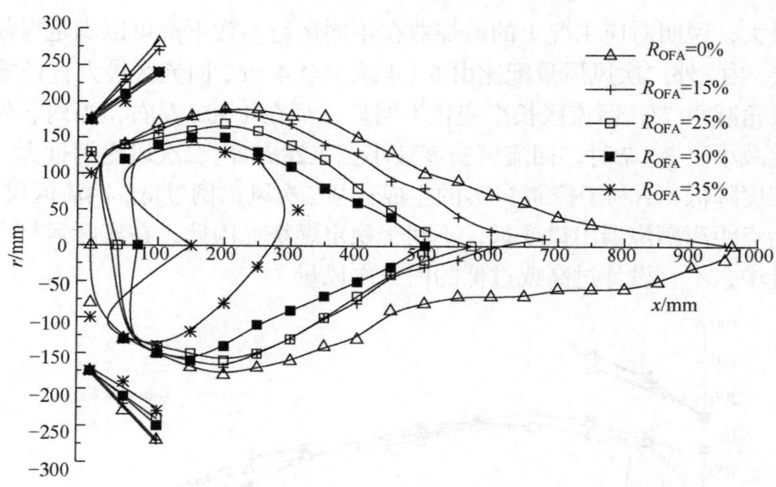

图 3-153　不同燃尽风率下燃烧器的射流边界和中心回流区边界

表 3-36　不同燃尽风率下燃烧器的射流扩展角及中心回流区尺寸

R_{OFA}/%	D_h/mm	L_h/mm	D_h/d	L_h/d	α/(°)
0	370	960	1.05	2.74	89.93
15	360	650	1.02	1.85	87.06
25	320	530	0.91	1.51	66.04
30	310	430	0.88	1.23	63.54
35	290	100	0.83	0.28	61.83

2) 结构参数对中心给粉旋流煤粉燃烧器一、二次风单相混合特性的影响

本节介绍不同一次风扩口长度、内、外二次风扩口长度、一次风通道出口位置、外二次风叶片角度等燃烧器结构下一、二次风单相混合特性[4,44,45]，试验系统及原理参见 2.6.2 节；试验参数见表 3-29；燃烧器模型见图 3-146。

(1) 一次风扩口长度。

图 3-154 给出了不同一次风扩口长度下中心给粉旋流煤粉燃烧器出口区域的相对剩余温度分布。在 x/d =0.1～0.5 的截面上，四种结构下的相对剩余温度都呈单峰分布，峰值位于燃烧器中心。随着射流的发展，一次风向二次风扩散，二次风逐渐与周围空气混合，峰值逐渐减小。在燃烧器中心区域，一次风扩口长度为 49mm 结构下的相对剩余温度明显高于其他三种结构。这是因为扩口导向作用随着一次风扩口长度的增加而增强；另外，由燃烧器出口射流特性可知，中心回流区随着一次风扩口长度的减小而增大，大量冷空气回流与一次风混合导致相对剩余温度降低，而一次风扩口长度为 49mm 结构为环形回流区且不稳定，无法卷吸大量冷空气，所以其相对剩余温度比其他结构高。在 x/d =1.0 及以后截面，各种结构下的相对剩余温度水平相当，表明对一、二次风混合影响减弱。

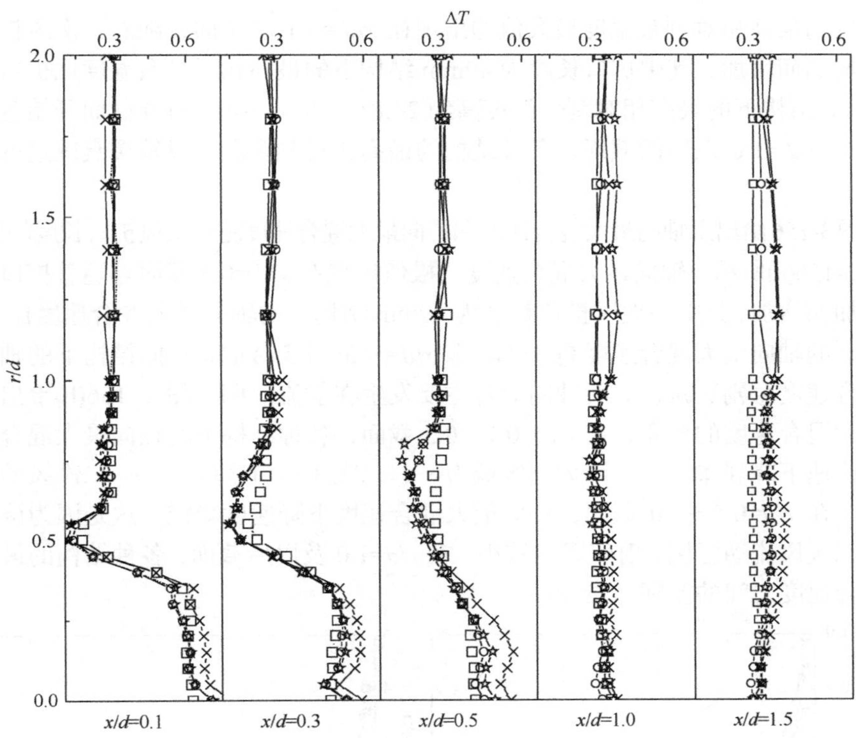

图 3-154　一次风扩口长度为 0mm(-□-)、16mm(-○-)、24.5mm(-☆-)、49mm(-×-)时的相对剩余温度分布

图 3-155 给出了不同一次风扩口长度下一次风最高相对剩余温度的变化。各

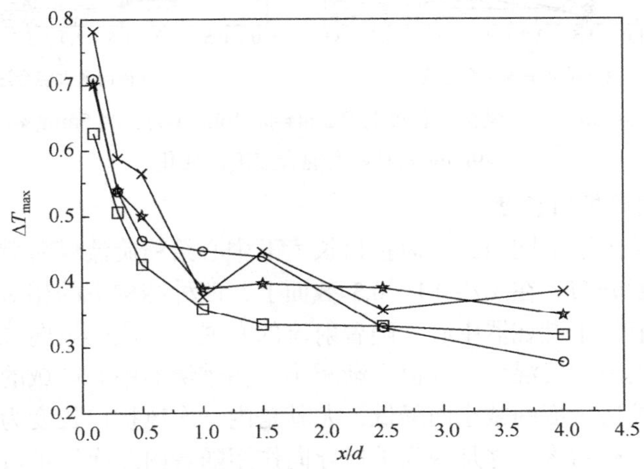

图 3-155　一次风扩口长度为 0mm(-□-)、16mm(-○-)、24.5mm(-★-)、49mm(-×-)时最高相对剩余温度的变化

种结构的最高相对剩余温度最大值均出现在 x/d =0.1 的截面，随着一次风扩口长度的增加而增加，其中扩口长度为 49mm 结构下的最高相对剩余温度比扩口长度为 0mm 结构下的最高相对剩余温度高约 24.8%。在 x/d=0.1～1.0 截面开始急剧衰减；在 x/d =1.0 以后的截面，各种结构的最高相对剩余温度以较缓衰减速度继续降低。

图 3-156 给出了轴向最大混合速度和径向最大混合速度随一次风扩口长度的变化。如图 3-156(a)所示，轴向最大混合速度的极值出现在 x/d =0.3 截面且随着扩口长度的增加而增加，其中一次风扩口长度为 49mm 结构下的轴向最大混合速度比 0mm 结构下的轴向最大混合速度高 35%。在 x/d =0.3～1.5 截面，不同结构下的轴向最大混合速度急剧衰减，表明轴向混合主要发生在射流前期。图 3-156(b)给出了径向最大混合速度的分布，在 r/d =0.1～0.5 截面，各种结构下的径向最大混合速度均呈快速下降规律。这是因为此区域为一、二次风出口区域，一、二次风的温差较大。在 r/d=0.5～1.0 截面，径向最大混合速度下降速度减慢。这是因为该区域属于二次风流动区域，射流温差较小。在 r/d=1.0 及以后截面，各种结构的最大径向混合速度之间的差别明显变小。

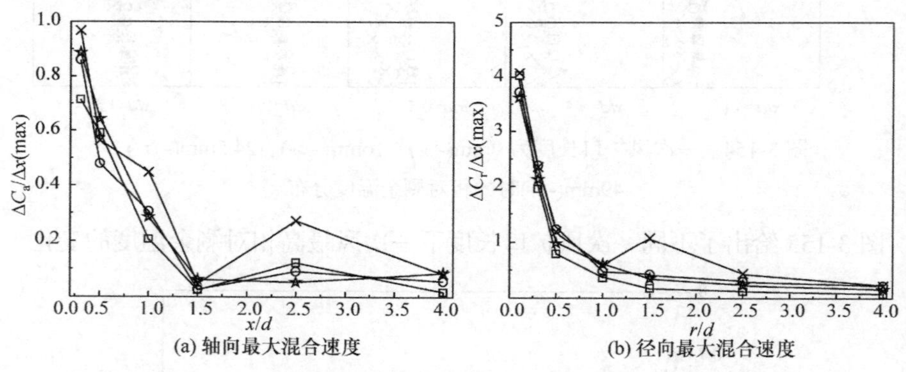

(a) 轴向最大混合速度　　(b) 径向最大混合速度

图 3-156　一次风扩口长度为 0mm(-□-)、16mm(-○-)、24.5mm(-★-)、49mm(-×-)时最大混合速度的变化

(2) 内二次风扩口长度。

图 3-157 给出了不同内二次风扩口长度下中心给粉旋流煤粉燃烧器出口区域的相对剩余温度分布。在 x/d=0.1～0.3 截面上，四种结构下的相对剩余温度都呈单峰分布，峰值位于燃烧器中心。随着射流的发展，一次热风向二次冷风扩散，二次风逐渐与周围空气混合，峰值逐渐减小。在燃烧器中心区域的相对剩余温度随着内二次风扩口长度的减小而降低，尤其是内二次风扩口长度为 24.5mm 时，明显低于其他三种结构。这是因为扩口导向作用随着内二次风扩口长度的减小而减弱，一次风和外二次风混合提前；另外，由燃烧器出口射流特性可知，中心回

流区随着内二次风扩口长度的减小而增大，回流区在轴线上的起始点位置前移，大量冷空气回流与一次风混合导致相对剩余温度降低。在 x/d =1.0 及以后截面，各种结构的相对剩余温度沿径向之间的差值明显减小，表明对一、二次风混合影响变小。综合 3.4.1 节结果可知，在实际燃烧器设计中，内二次风扩口长度与外二次风扩口长度的最佳比例为 50%～75%。

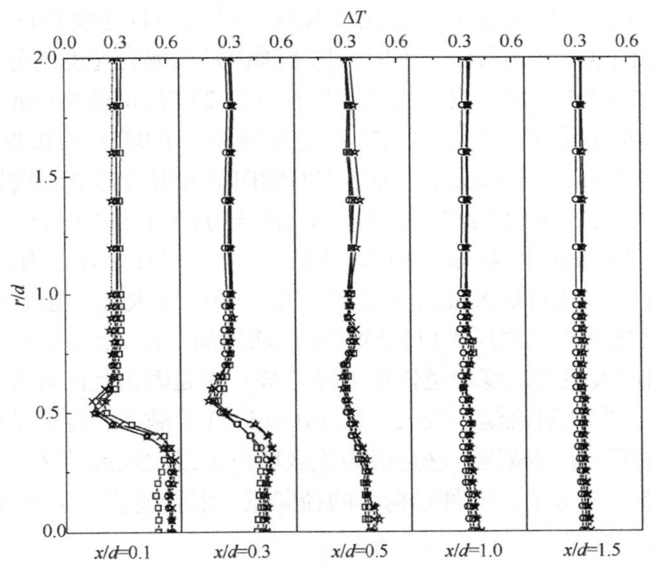

图 3-157　内二次风扩口长度为 24.5mm(-□-)、49mm(-○-)、73.5mm(-☆-)、98mm(-×-)时的相对剩余温度分布

由图 3-158 可知，最高相对剩余温度的最大值均出现在 x/d=0.1 截面，且随着

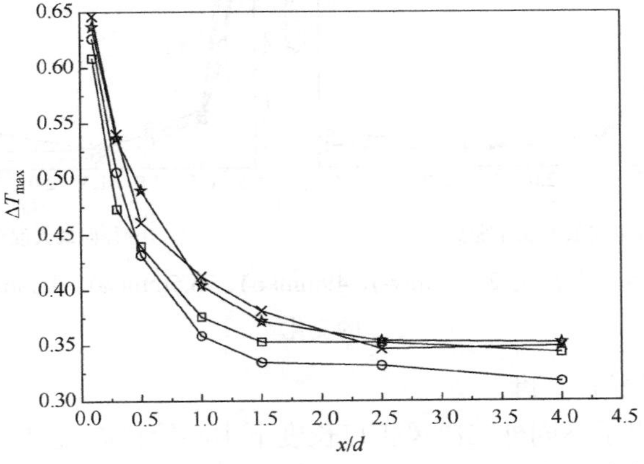

图 3-158　内二次风扩口长度为 24.5mm(-□-)、49mm(-○-)、73.5mm(-★-)、98mm(-×-)时最高相对剩余温度的变化

外二次风扩口长度的增加而降低。在 x/d =0.1～0.5 截面，各种结构下的最高相对剩余温度急剧衰减，并且衰减幅度随着二次风扩口长度的增加而增加，二次风扩口长度分别为 49mm、73.5mm 和 98mm 的衰减幅度分别为 24.6%、24.9%和 31.7%。在 x/d =0.5～1.5 截面，各种结构下的最高相对剩余温度继续衰减，但衰减速度明显减小。在 x/d=1.5 及以后截面，最高相对剩余温度随外二次风扩口长度的影响变小。

图 3-159 给出了轴向最大混合速度和径向最大混合速度随内二次风扩口长度的变化。如图 3-159(a)所示，不同结构下轴向最大混合速度的分布规律明显不同。在 x/d =0.1～1.5 截面，内二次风扩口长度为 24.5mm 和 49mm 两种结构的轴向最大混合速度分别由 0.8385 和 0.7143 急剧衰减至 0.0473 和 0.0955。而内二次风扩口长度为 73.5mm 和 98mm 两种结构的轴向最大混合速度分别先由 0.6051 和 0.6069 升高至 0.8322 和 0.7447，然后急剧衰减至 0.0401 和 0.0315。这说明内二次风扩口长度为 24.5mm 和 49mm 两种结构的一、二次风在燃烧器内已经充分混合。图 3-159(b)给出了径向最大混合速度的分布，径向最大混合速度的极值出现在 x/d=0.1 截面且随着内二次风扩口长度的增加而增加。在 r/d=0.1～0.5 截面，各种结构下的径向最大混合速度均呈快速下降趋势；这是因为此区域为一次风和二次风出口，一、二次风射流温差较大。在 r/d=0.5～1.5 截面，各种结构下的径向最大混合速度的下降速度减慢，这是因为该区域位于二次风流动区域，射流温差较小。在 r/d=1.5 以后截面，各种结构下的径向最大混合速度趋于平缓，这说明一、二次风已经混合均匀。

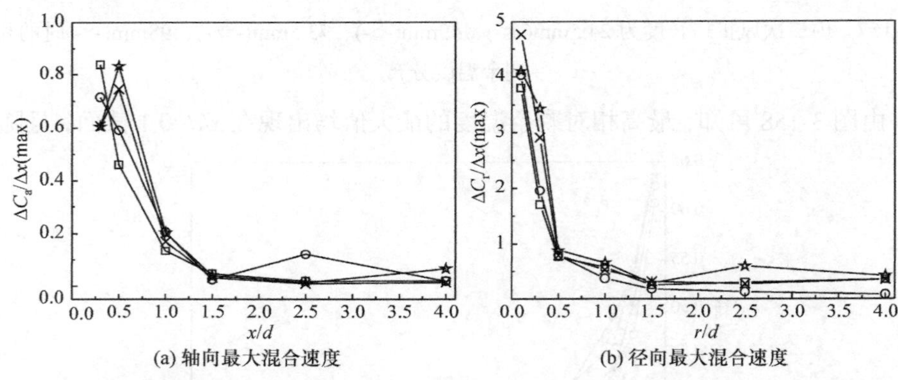

(a) 轴向最大混合速度　　(b) 径向最大混合速度

图 3-159　内二次风扩口长度为 24.5mm(-□-)、49mm(-○-)、73.5mm(-☆-)、98mm(-×-)时最大混合速度的变化

(3) 外二次风扩口长度。

图 3-160 给出了不同外二次风扩口长度下中心给粉旋流煤粉燃烧器出口区域的相对剩余温度分布。在 x/d =0.1～0.3 截面，三种结构下的相对剩余温度都呈单峰分布，峰值位于燃烧器中心。随着射流的进一步发展，一次风与二次风逐渐混

合，二次风与周围冷空气逐渐混合，峰值逐渐减小。在燃烧器中心区域的相对剩余温度随着外二次风扩口长度的增加而降低，尤其是外二次风扩口长度为 98mm 时，相对剩余温度明显低于其他两种结构；相对剩余温度在射流边界稍微增加。这是因为随着扩口长度的增加，一次风和二次风混合距离增加，在燃烧器扩口内混合程度加深；另外，由燃烧器出口射流特性可知，中心回流区随着外二次风扩口长度的增加而增大，大量冷空气回流与一次风混合导致相对剩余温度降低。

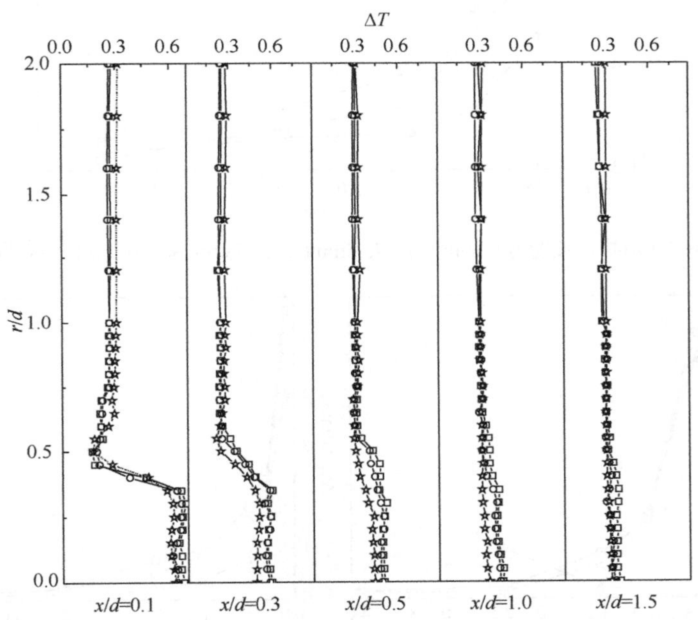

图 3-160　外二次风扩口长度为 49mm(-□-)、73.5mm (-○-)和 98mm(-☆-)时的相对剩余温度分布

图 3-161 给出了不同外二次风扩口长度下一次风最高相对剩余温度的分布。各种结构的最高相对剩余温度最大值均出现在 x/d =0.1 截面，且随着外二次风扩口长度的增加而降低。在 x/d =0.1～0.5 截面，各种结构下的最高相对剩余温度急剧衰减，并且衰减幅度随着外二次风扩口长度的增加而增加，外二次风扩口长度为 49mm、73.5mm 和 98mm 的衰减幅度分别为 24.6%、24.9%和 31.7%。在 x/d =0.5～1.5 截面，各种工况下的最高相对剩余温度继续衰减，但衰减速度明显降低。在 x/d=1.5 及以后的截面，最高相对剩余温度随外二次风扩口长度的影响变小。

图 3-162 给出了轴向最大混合速度和径向最大混合速度随外二次风扩口长度的变化。如图 3-162(a)所示，在 x/d =0.3～1.5 截面，外二次风扩口长度为 98mm 结构下的轴向最大混合速度的极值出现在 x/d =0.3 截面，为 0.7143，随后急剧衰减至 0.2061；而外二次风扩口长度为 49mm 和 73.5mm 两种结构的轴向最大混合速度分别先由 0.6095 和 0.5787 升高至 0.6716 和 0.6379，然后急剧衰减至 0.2078

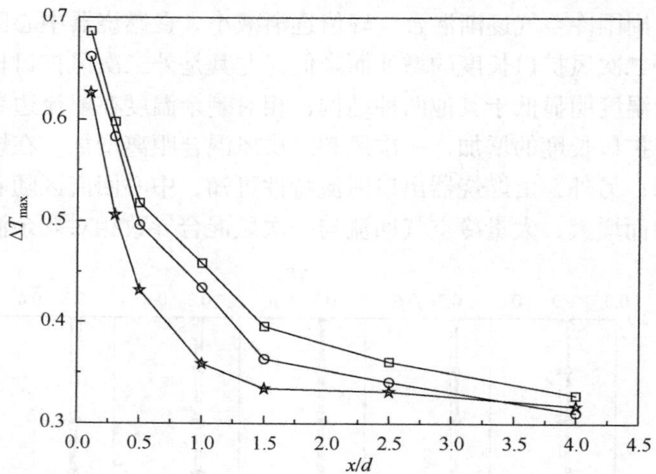

图 3-161　外二次风扩口长度为 49mm(⊟)、73.5mm(⊖)和 98mm(★)时的最高相对剩余温度分布

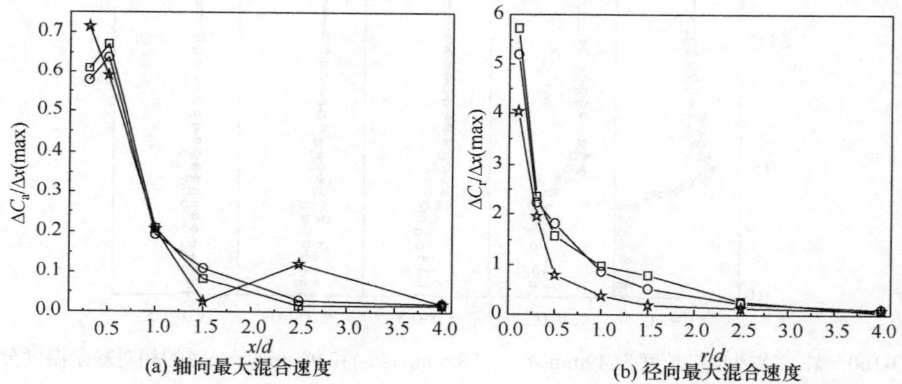

图 3-162　外二次风扩口长度为 49mm (⊟)、73.5mm (⊖)和 98mm(★)时最大混合速度的变化

和 0.1939。这说明外二次风扩口长度越长，一、二次风在燃烧器出口附近混合越均匀。随着射流的继续发展，轴向最大混合速度继续衰减，但衰减速度明显降低。这说明在射流后期受外二次风扩口长度影响很小。图 3-162(b)给出了径向最大混合速度的分布。由图可知，径向最大混合速度随着外二次风扩口长度的增加而减小，径向最大混合速度的极值出现在 x/d =0.1 截面。在 r/d =0.1～0.3 截面，各种结构下的径向最大混合速度均呈快速下降规律；这是因为此区域为一次风和二次风出口，一、二次风射流温差较大。在 r/d =0.3～1.5 截面，各种结构下的径向最大混合速度的下降速度减慢；这是因为该区域为二次风流动区域，射流温差较小。

(4) 一次风通道位置。

图 3-163 给出了不同一次风通道位置下中心给粉旋流煤粉燃烧器出口区域的

相对剩余温度分布。在 x/d =0.1～0.3 截面，三种结构下的相对剩余温度都呈单峰分布，峰值位于燃烧器中心。随着射流的发展，一次热风向二次冷风扩散，二次风逐渐与周围空气混合，峰值逐渐减小。在燃烧器中心区域的相对剩余温度随着一次风通道位置向燃烧器出口外移动而增加，在射流边界稍微减小。这是因为随着一次风通道位置外移，推迟一次风和二次风混合；另外，由燃烧器出口射流特性可知，随着一次风通道位置前移，由−25mm 至 25mm，回流区在轴线的起始点向射流方向移动 50mm，即到达 x/d=0.26 的位置，回流区起始点后移，导致一、二次风混合推迟。

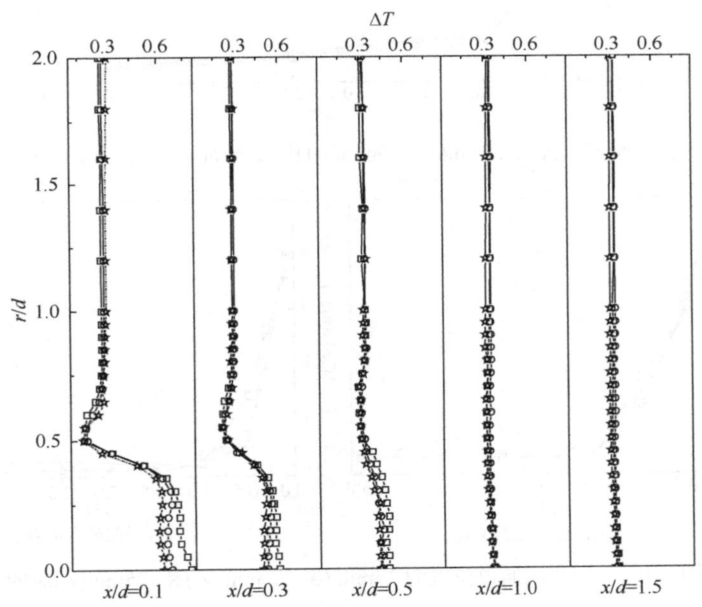

图 3-163　一次风通道位置为 25mm (-□-)、0mm (-○-)和−25mm(-☆-)时的相对剩余温度分布

图 3-164 给出了不同一次风通道位置下一次风最高相对剩余温度的分布。各种工况的最高相对剩余温度最大值均出现在 x/d =0.1 截面，且随着不同一次风通道位置外移而升高。在 x/d =0.1～1.0 截面，各种工况下的最高相对剩余温度急剧衰减，并且衰减幅度随着扩口长度的增加而增加，一次风通道位置为−25mm、0mm 和 25mm 的衰减幅度分别为 42.7%、48.2%和 54.2%。在 x/d =1.0 截面以后的射流后期，一次风最高相对剩余温度随一次风通道位置的影响变小。

图 3-165 给出了轴向最大混合速度和径向最大混合速度随不同一次风通道位置的变化。如图 3-165(a)所示，在 x/d =0.3～1.5 截面，不同一次风通道位置结构下的轴向最大混合速度的极值出现在 x/d =0.3 截面，随后急剧衰减。图 3-165(b)给出了径向最大混合速度的分布。由图可知，不同结构下径向最大混合速度极值

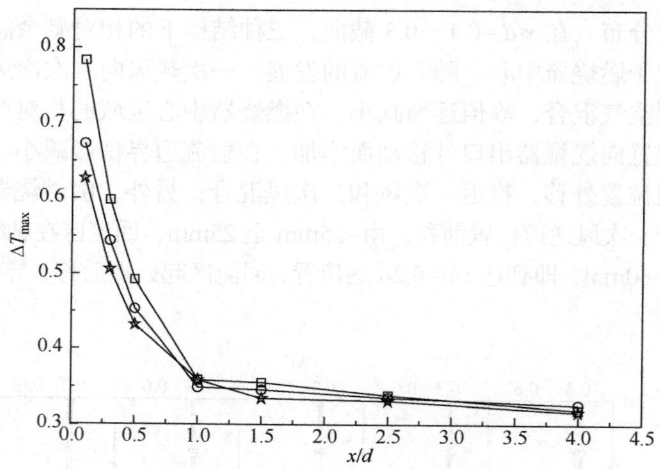

图 3-164　一次风通道位置为 25mm(⊟)、0mm(⊖)和−25mm(★)时的最高相对剩余温度分布

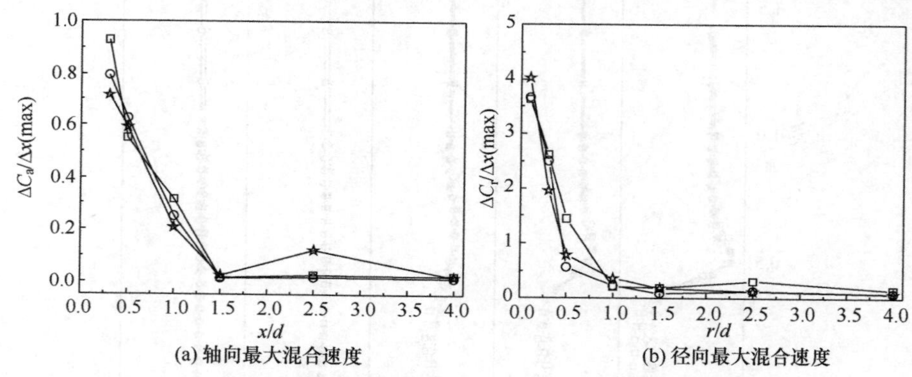

(a) 轴向最大混合速度　　(b) 径向最大混合速度

图 3-165　一次风通道位置为 25mm (⊟)、0mm (⊖)和−25mm(★)时的最大混合速度的变化

出现在 x/d =0.1 截面；在此截面内，径向最大混合速度随着一次风通道位置向燃烧器出口处移动而减小。在 r/d =0.1～0.5 截面，各种结构下的径向最大混合速度均呈快速下降规律；这是因为此区域为一次风与二次风出口区域，一、二次射流温差较大。在 r/d =0.5～1.5 截面，各种结构　下的径向最大混合速度的下降速度减慢；这是因为该区域为二次风流动区域，射流温差较小。在 r/d =1.5 以后的截面，各种结构之间差值变小，说明一、二次风已经混合均匀。

(5) 外二次风叶片角度。

图 3-166 给出了不同外二次风叶片角度下中心给粉旋流煤粉燃烧器出口区域的相对剩余温度分布。在 x/d =0.1～0.3 截面，中心线附近的相对剩余温度随着外二次风叶片角度的减小而减小。由于二次风的旋转能力随着外二次风叶片角度的减

小而增强，回流区变大得以卷吸回的室内冷空气量增加，因此相对剩余温度比较低。随着 x/d 增加，各种结构中心区域的相对剩余温度差异逐渐减小。在 x/d =1.0~1.5 截面，各种结构的相对剩余温度沿径向方向趋于平缓。在 x/d >0.5 截面，外二次风叶片角度对燃烧器出口流场的影响很小。

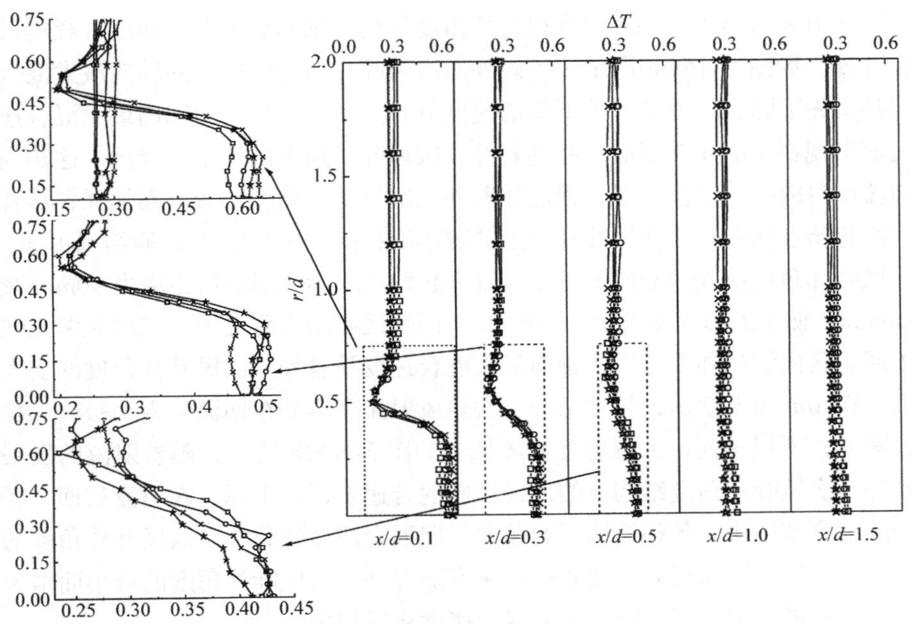

图 3-166　外二次风叶片角度为 20°(-□-)、25°(-○-)、30°(-☆-)、35°(-×-)时的相对剩余温度分布

图 3-167 给出了不同外二次风叶片角度下一次风最高相对剩余温度的分布。

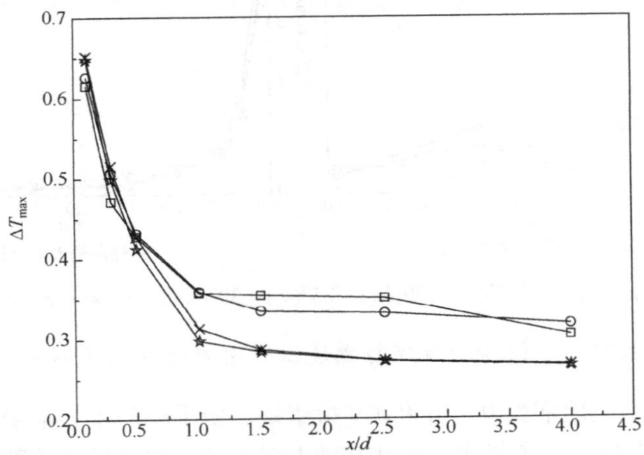

图 3-167　外二次风叶片角度为 20°(-□-)、25°(-○-)、30°(-★-)、35°(-×-)时的最高相对剩余温度分布

在 x/d =0.1～1.0 截面，一次风最高相对剩余温度快速下降，在 x/d=0.1 截面，35°和 30°结构下的最高相对剩余温度明显高于 20°和 25°结构，表明外二次风叶片角度变小，强化了二次冷风与一次热风的混合，因此最高相对剩余温度的影响变小。

图 3-168 给出了不同外二次风叶片角度结构下轴向最大混合速度和径向最大混合速度。如图 3-168(a)所示，不同外二次风叶片角度结构下的轴向最大混合速度都是呈先下降、后升高、再下降的速度分布。各种结构下的轴向最大混合速度最大值出现在 x/d =0.3 截面，并随着外二次风叶片角度的变小而降低，这是因为燃烧器出口内一、二次风混合程度随着外二次风叶片角度的减小而加强；再者，回流区起始点随着外二次风叶片角度的减小而提前，由 3.4.1 节试验结果可知，外二次风叶片角度由 35°减小至 20°，回流区起始点距燃烧器出口距离由 90mm 减小至 20mm，而 x/d =0.3 相当于 x=105mm，回流区起始点附近一、二次风湍流强度大于回流区内湍流强度，因此轴向最大混合速度随着外二次风叶片角度的变大而增大。在 x/d =0.5 截面，各种结构一次热风射流基本处在回流区内，一、二次风混合减弱，所以轴向最大混合速度减低。如图 3-168(b)所示，随着射流的发展，不同外二次风叶片角度结构下的最大径向混合速度逐渐下降，在射流初期，径向混合速度衰减很快，各种结构下的最大径向混合速度随着外二次风叶片角度的减小而增大，这是因为切向速度和径向速度随着外二次风叶片角度的减小而增大。随着射流的进一步发展，径向最大混合速度衰减很慢。

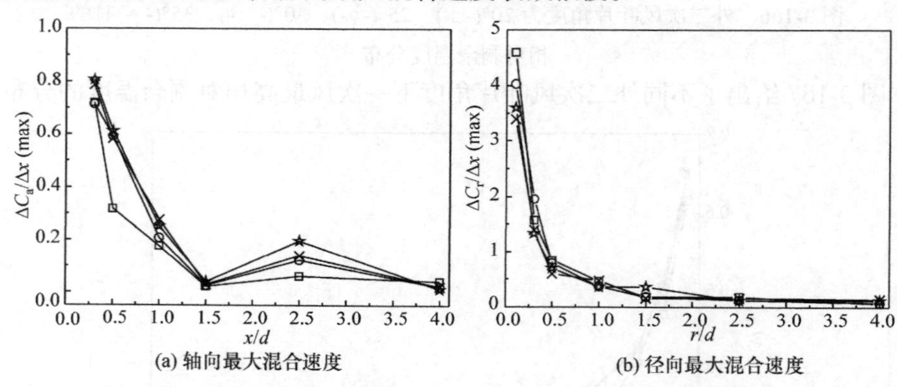

(a) 轴向最大混合速度　　(b) 径向最大混合速度

图 3-168　外二次风叶片角度为 20°(⊟)、25°(⊖)、30°(★)、35°(⋆)时的最大混合速度

3. 结构参数对中心给粉旋流煤粉燃烧器气固流动特性的影响

3.4.1 节对某燃用烟煤电厂 600MW 机组锅炉所采用的中心给粉旋流煤粉燃烧器结构及运行参数进行了优化，在此基础上对不同一次风扩口长度和不同内、外

二次风扩口长度的燃烧器进行了气固两相模化试验。试验系统及原理参见 2.5.1 节。试验段筒体直径和长度分别为 850mm 和 1800mm。中心给粉旋流煤粉燃烧器模型外二次风扩口直径为 200mm，筒体直径与其比值为 4.25，燃烧器射流为低受限流动。筒体长度与中心给粉旋流煤粉燃烧器模型最大外二次风扩口直径比值分别为 9。因此，可以忽略筒体出口对测量段流场的影响。试验参数如表 3-37 所示。

表 3-37　中心给粉旋流煤粉燃烧器实验室气固两相流动试验参数

项目	出口面积 /m^2	风速 /(m/s)	风率 /%	颗粒浓度(颗粒/空气) /(kg/kg)
浓一次风	0.001590	15.00	7.12	0.15
淡一次风	0.004624	15.00	20.73	0.00
内二次风	0.004530	14.11	19.10	0.00
外二次风	0.005277	17.78	28.04	0.00

1) 一次风扩口长度

一次风扩口长度取为 0mm、12.25mm 和 24.5mm 的燃烧器模型如图 3-169 所示。沿射流方向，在 x/d=0.1、0.3、0.5、1.0、1.5 和 2.5 六个截面对燃烧器出口速度、颗粒体积流量及颗粒平均粒径分布进行测量。

图 3-170 为不同一次风扩口长度下燃烧器出口区域气固两相的轴向平均速度分布。在 x/d =0.1～1.0 截面，不同一次风扩口长度下的轴向平均速度沿径向方向有两个速度峰区；两个速度峰值都随着 x/d 的增加而减小，射流外侧的轴向平均速度的峰值距燃烧器中心越来越远。在 x/d =1.5～2.5 截面，靠近燃烧器中心的峰值消失，而在靠近壁面区域出现峰值区域。在 x/d =0.1 截面，一次风扩口长度为 0mm 结构在径向方向 r=40～68mm 区域轴向平均速度为负值，最大负速度为 −1.93m/s，而一次风扩口长度分别为 14mm 和 28mm 时，燃烧器中心的速度谷值分

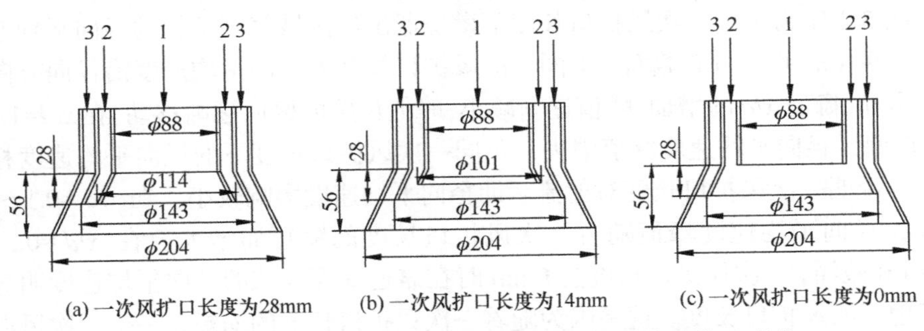

(a) 一次风扩口长度为28mm　(b) 一次风扩口长度为14mm　(c) 一次风扩口长度为0mm

图 3-169　不同一次风扩口长度下中心给粉旋流煤粉燃烧器模型(单位：mm)

1-一次风；2-内二次风；3-外二次风

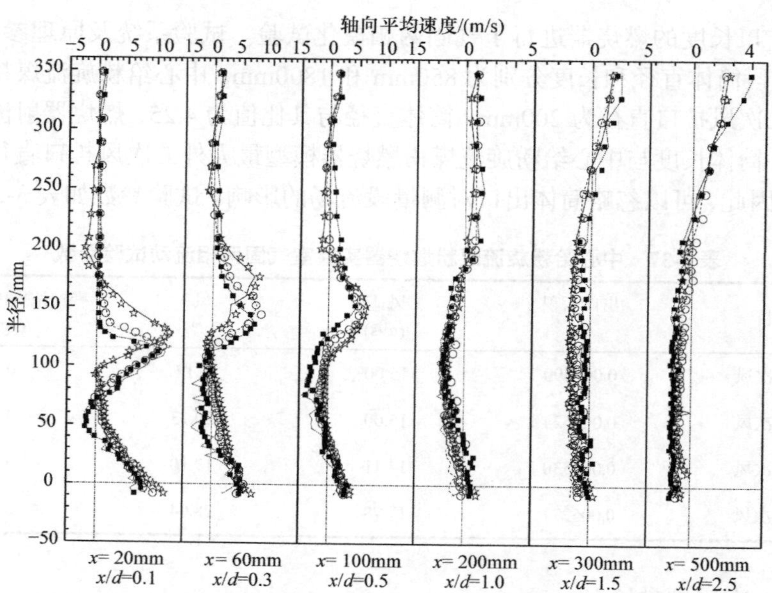

图 3-170 不同一次风扩口长度下燃烧器出口区域气固两相的轴向平均速度分布
■ 一次风扩口长度0mm固相， —— 一次风扩口长度0mm气相；
☆ 一次风扩口长度14mm固相， ······ 一次风扩口长度14mm气相；
○ 一次风扩口长度28mm固相， —— 一次风扩口长度28mm气相

别出现在 r=72mm 和 r=92mm 处，约为−0.2m/s。说明一次风扩口长度为 0mm 结构在燃烧器中心附近的回流区明显比其他两种结构大，而且回流区位置更靠近燃烧器中心。在 x/d =0.1 和 x/d =0.3 截面，对于一次风扩口长度为 0mm 结构，靠近燃烧器中心的轴向平均速度的峰值比其他两种结构低。这是因为一、二次风混合随着一次风扩口长度的缩短而提前，轴向平均速度在燃烧器出口明显降低；随着一次风扩口长度的增加，靠近壁面区域的轴向平均速度的峰值增加，峰值位置越远离燃烧器中心，这是由一次风扩口导向作用导致的。

图 3-171 为不同一次风扩口长度下燃烧器出口区域气固两相的径向平均速度分布。在 x/d =0.1～1.0 截面，不同一次风扩口长度下径向平均速度沿径向方向呈单峰分布。随着 x/d 的增加，峰值逐渐减小，峰值位置向壁面逐渐移动。在 x/d=1.5～2.5 截面，径向平均速度峰值消失，不同一次风扩口长度下的径向平均速度相差较小，说明一次风扩口长度对射流后期径向平均速度影响较小。在 x/d =0.1～1.0 截面，径向平均速度峰值随着一次风扩口长度的缩短而增大。在 x/d =0.5 和 x/d =1.0 截面，一次风扩口长度为 0mm 时在靠近壁面区域的径向平均速度明显大于其他一次风扩口长度。这是因为随着一次风扩口长度的缩短，一、二次风混合提前，大量颗粒混入二次风中。

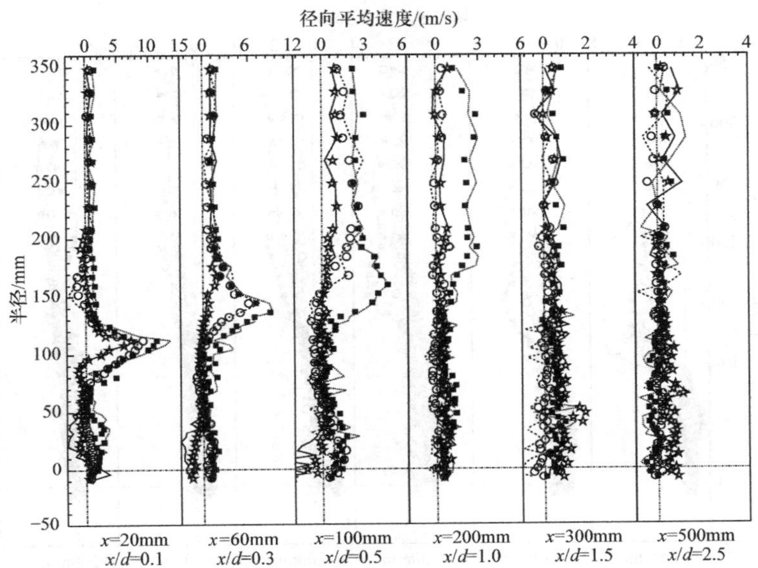

图 3-171　不同一次风扩口长度下燃烧器出口区域气固两相的径向平均速度分布

■ 一次风扩口长度0mm固相，—— 一次风扩口长度0mm气相；
○ 一次风扩口长度14mm固相，······ 一次风扩口长度14mm气相；
☆ 一次风扩口长度28mm固相，—— 一次风扩口长度28mm气相

图 3-172 为不同一次风扩口长度下燃烧器出口区域气固两相的切向平均速度分布。在 x/d =0.1～0.3 截面，不同一次风扩口长度下切向平均速度沿径向方向呈单峰分布，切向平均速度的峰值靠近二次风流动区域；在 r=0～50mm 区域，不同一次风扩口长度下切向平均速度都比较小，这是因为一次风为直流风。在 x/d =0.1～0.5 截面，燃烧器中心线附近的切向平均速度随着一次风扩口长度的缩短而增加，这是因为一次风扩口长度缩短，一、二次风混合提前，二次风带动一次风粉旋转，切向平均速度增加。随着射流的发展，在 x/d =0.5 及以后截面，不同一次风扩口长度下切向平均速度趋于平缓。对比图 3-170～图 3-172 可知，切向平均速度的衰减明显快于径向平均速度和轴向平均速度。

图 3-173 为不同一次风扩口长度下燃烧器出口区域 0～100μm 颗粒体积流量分布。在 x/d =0.1～1.0 截面，不同一次风扩口长度下颗粒体积流量呈双峰分布。由于玻璃微珠都是通过浓一次风管道喷入，因此在燃烧器中心线附近的颗粒体积流量的峰值一直比二次风流动区域的峰值高。随着燃烧器出口气流的扩展，二次风带动一次风粉旋转，并向壁面扩散，导致不同一次风扩口长度下位于中心线附近的颗粒体积流量的峰值逐渐降低，在 x/d =2.5 截面消失。在 x/d =0.1～1.0 截面，靠近燃烧器中心线附近的颗粒体积流量的峰值随着一次风扩口长度的减小而减小；靠近二次风流动区域和壁面区域的颗粒体积流量的峰值随着一次风扩口长度

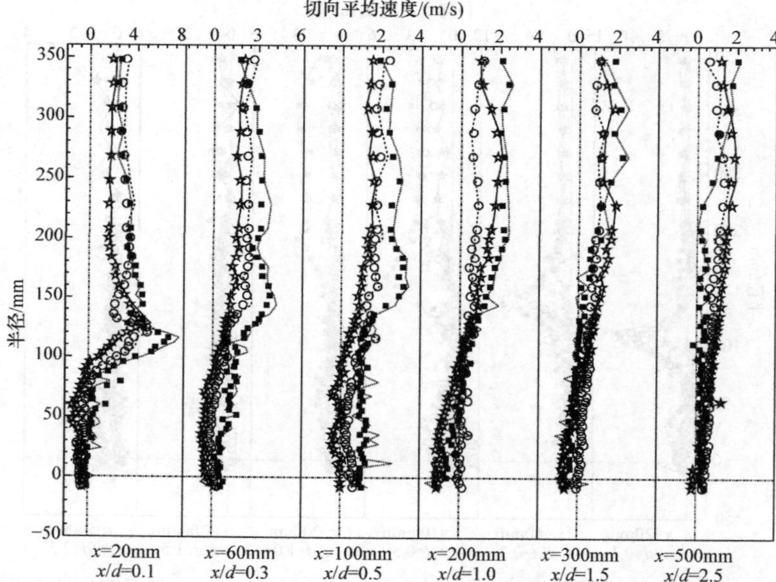

图 3-172　不同一次风扩口长度下燃烧器出口区域气固两相的切向平均速度分布

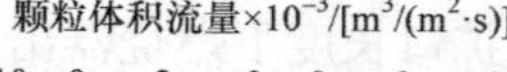

■ 一次风扩口长度0mm固相，　—— 一次风扩口长度0mm气相；
○ 一次风扩口长度14mm固相，　······ 一次风扩口长度14mm气相；
☆ 一次风扩口长度28mm固相，　—— 一次风扩口长度28mm气相

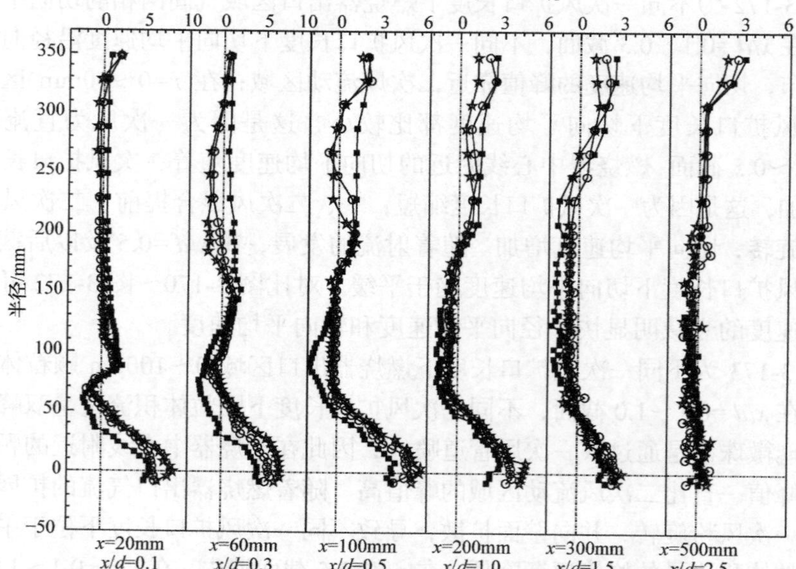

图 3-173　不同一次风扩口长度下燃烧器出口区域的颗粒体积流量分布

—■— 一次风扩口长度为0mm；—○— 一次风扩口长度为14mm；
—☆— 一次风扩口长度为28mm

的缩短而增加。这是因为一次风扩口长度缩短，会使一次风粉与二次风在燃烧器的预混段较早混合，二次风携带一次风粉向壁面扩散。在 x/d =0.1 截面，一次风扩口长度为 0mm、14mm 和 28mm 分别在径向方向 36mm≤r≤76mm、56mm≤r≤76mm 和 60mm≤r≤76mm 出现颗粒体积流量负值，说明随着扩口长度的缩短，回流区变大，并且回流区的位置更加靠近燃烧器中心。

图 3-174 为不同一次风扩口长度下燃烧器出口区域 0～100μm 颗粒平均粒径分布。由图可知，不同一次风扩口长度下颗粒平均粒径的分布规律基本一致。小颗粒主要在壁面区域，大颗粒主要集中在燃烧器中心线附近。这是因为大颗粒粒径动量大，不易被二次风携带向壁面扩散。在 x/d =0.1～0.5 截面，靠近燃烧器中心线附近的颗粒平均粒径随着一次风扩口长度的缩短而减小，靠近壁面则呈相反趋势。这是因为一次风扩口长度缩短，一次风粉与二次风混合提前，大颗粒更易被二次风携带向壁面扩散。

2) 内二次风扩口长度

内二次风扩口长度为 0mm、28mm 和 56mm 的燃烧器模型如图 3-175 所示。

图 3-176 为不同内二次风扩口长度下燃烧器出口区域气固两相的轴向平均速度分布。在 x/d =0.1～1.0 截面，不同内二次风扩口长度下轴向平均速度沿径向方向有两个峰区，分别位于燃烧器中心区域和二次风流动区域；随着 x/d 的增加，

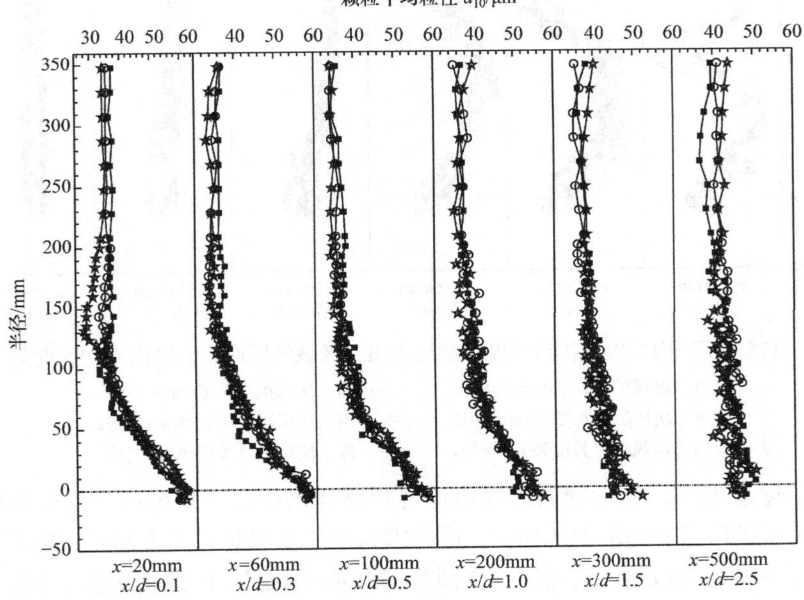

图 3-174　不同一次风扩口长度下燃烧器出口区域的颗粒平均粒径分布

—■— 一次风扩口长度为0mm；—○— 一次风扩口长度为14mm；

—☆— 一次风扩口长度为28mm

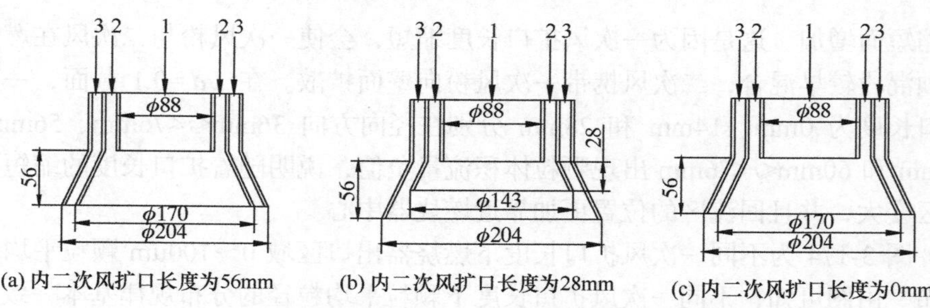

(a) 内二次风扩口长度为56mm　(b) 内二次风扩口长度为28mm　(c) 内二次风扩口长度为0mm

图 3-175　不同内二次风扩口长度下中心给粉旋流煤粉燃烧器模型(单位：mm)

1-一次风；2-内二次风；3-外二次风

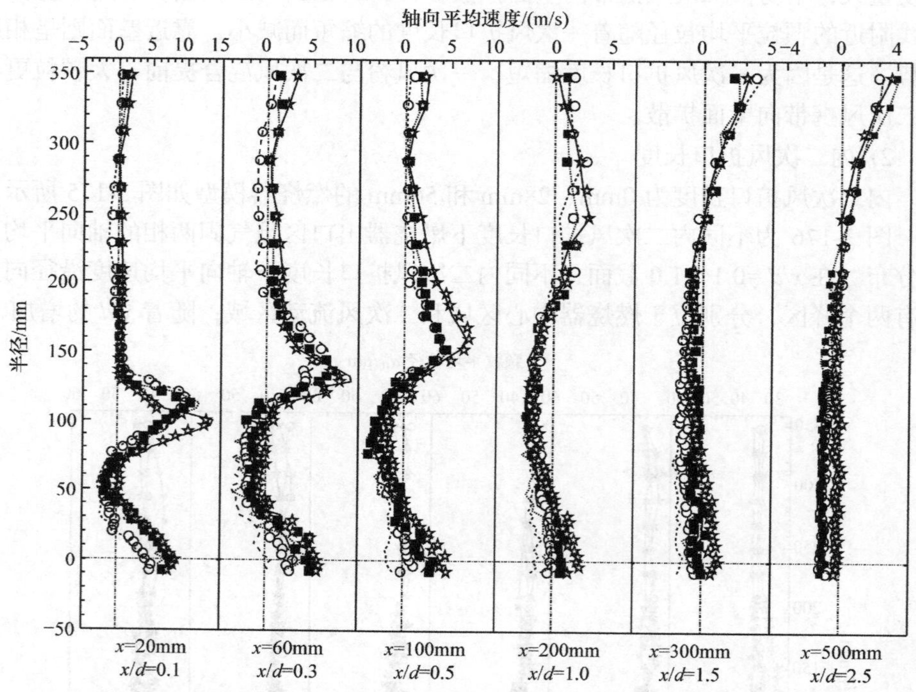

图 3-176　不同内二次风扩口长度下燃烧器出口区域气固两相的轴向平均速度分布

○内二次风扩口长度0mm固相，　------内二次风扩口长度0mm气相；
■内二次风扩口长度28mm固相，　············内二次风扩口长度28mm气相；
☆内二次风扩口长度56mm固相，　——内二次风扩口长度56mm气相

两个峰值逐渐减小，靠近壁面的峰值位置距燃烧器中心越来越远。两个峰值都随着内二次风扩口长度的增加而增大，这是因为内二次风扩口长度越长，越不利于外二次风与一次风的混合，从而使一次风保持较高的风速；内二次风扩口长度越长，外二次风出口面积减小，外二次风出口风速越高。在 x/d =0.1 截面，内二次风扩口长度为 0mm 时在径向方向 20mm≤r≤76mm 区域的轴向平均速度为负值，最大

气相负速度和最大固相负速度分别为–2.87m/s 和–1.94m/s；内二次风扩口长度为 28mm 时在径向方向 40mm≤r≤68mm 区域的轴向平均速度为负值，最大气相负速度和最大固相负速度分别为–1.93m/s 和–1.87m/s；而内二次风扩口长度为 56mm 时速度谷值出现在 r=48mm 处，约为–0.33m/s，并且负速度范围很小。内二次风扩口长度为 0mm 和 28mm 时的回流区明显比内二次风扩口长度为 56mm 时的回流区大。在不同内二次风扩口长度下，气固两相的轴向平均速度在燃烧器中心线附近和回流区内均发生速度滑移现象，固相速度大于气相速度。

图 3-177 为不同内二次风扩口长度下燃烧器出口区域气固两相的轴向 RMS 脉动速度分布。在燃烧器射流初期和中期，轴向 RMS 脉动速度存在两个峰值。随着内二次风扩口长度的缩短，靠近燃烧器中心附近的轴向 RMS 脉动速度的峰值减小，靠近二次风流动区域的峰值增大。这是因为随着内二次风扩口长度的缩短，一、二次风在燃烧器内的混合距离增加，使一、二次风在燃烧器出口时已经混合得相当充分，所以在中心线附近轴向湍流扩散较小。在 x/d=1.0 以后的截面，各种结构下的轴向 RMS 脉动速度的峰值消失，脉动速度分布趋于一致。

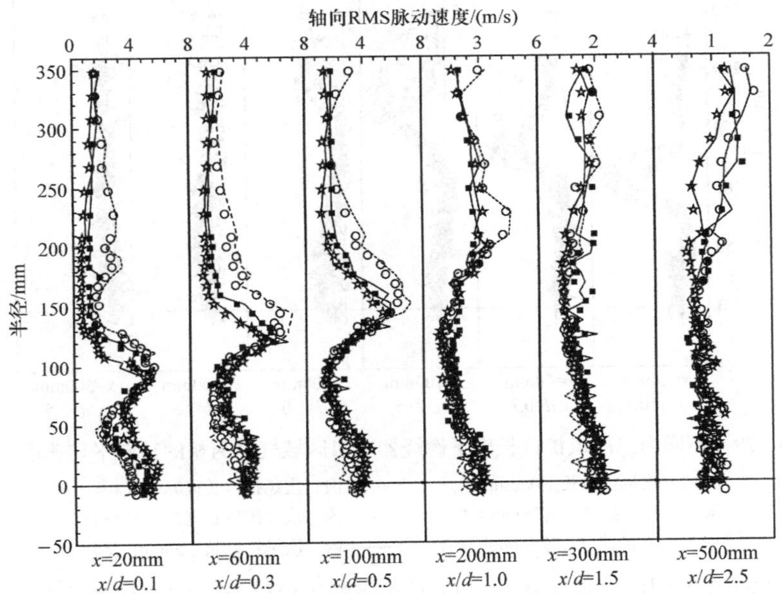

图 3-177　不同内二次风扩口长度下燃烧器出口区域气固两相的轴向 RMS 脉动速度分布

○内二次风扩口长度0mm固相，　- - - - -内二次风扩口长度0mm气相；
■内二次风扩口长度28mm固相，　………内二次风扩口长度28mm气相；
☆内二次风扩口长度56mm固相，　——内二次风扩口长度56mm气相

图 3-178 为不同内二次风扩口长度下燃烧器出口区域气固两相的径向平均速度分布。在 x/d =0.1～1.0 截面，不同内二次风扩口长度下的径向平均速度沿径向

方向呈单峰分布。随着 x/d 的增加，速度峰值逐渐减小，峰值位置向壁面逐渐移动。在 x/d =1.5 和 x/d =2.5 截面，速度峰值消失，不同内二次风扩口长度下的径向平均速度沿径向分布趋缓。在第一个截面上，不同内二次风扩口长度下的径向平均速度的峰值位于二次风流动区域。随着射流的发展，速度峰值向壁面移动。在 x/d =0.1～0.5 截面，二次风流动区域的径向平均速度峰值随着内二次风扩口长度的缩短而增加，并且峰值位置更加靠近壁面。在靠近二次风流动区域，随着内二次风扩口长度的缩短，径向平均速度增加。这是因为随着内二次风扩口长度的缩短，一次风粉与外二次风混合距离增加，燃烧器出口的一、二次风混合程度增加。同时，由于内二次风扩口长度缩短，大量风粉混合物在到达燃烧器出口时已经扩散到二次风流动区域。

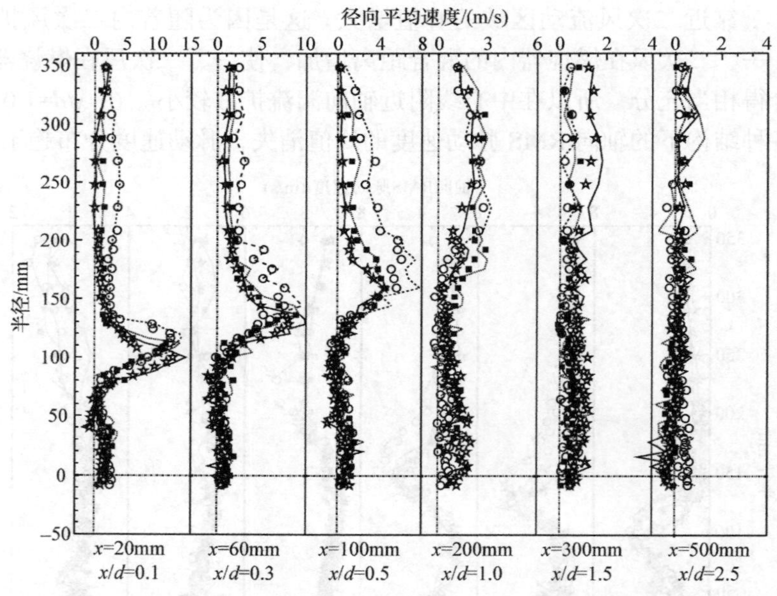

图 3-178　不同内二次风扩口长度下燃烧器出口区域气固两相的径向平均速度分布

○内二次风扩口长度0mm固相，　----内二次风扩口长度0mm气相；

■内二次风扩口长度28mm固相，　——内二次风扩口长度28mm气相；

☆内二次风扩口长度56mm固相，　——内二次风扩口长度56mm气相

图 3-179 为不同内二次风扩口长度下燃烧器出口区域气固两相的径向 RMS 脉动速度分布。由图可知，不同内二次风扩口长度下径向 RMS 脉动速度的分布规律相同。燃烧器中心区域的径向 RMS 脉动速度大于壁面区域的径向 RMS 脉动速度。射流初期，在靠近壁面的区域内二次风扩口长度越短，径向 RMS 脉动速度越大。

图 3-180 为不同内二次风扩口长度下燃烧器出口区域气固两相的切向平均速度分布。在 x/d =0.1～0.3 截面，不同内二次风扩口长度下切向平均速度沿径向方

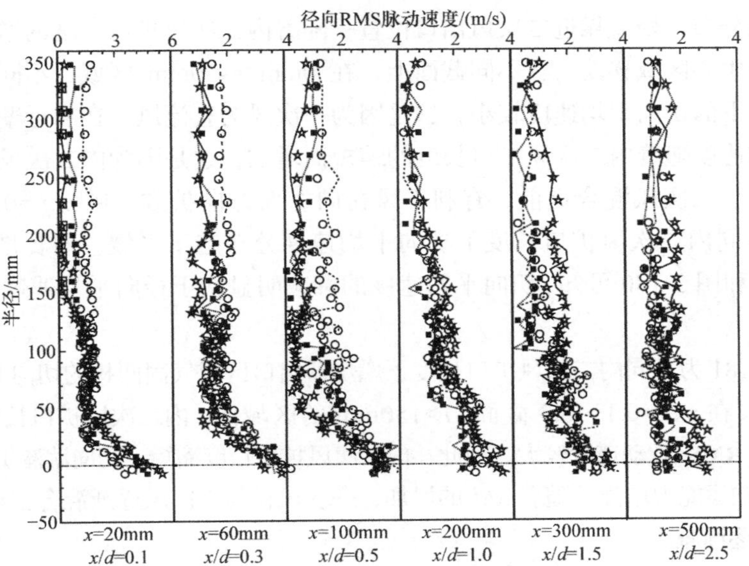

图 3-179　不同内二次风扩口长度下燃烧器出口区域气固两相的径向 RMS 脉动速度分布

○内二次风扩口长度0mm固相，　-----内二次风扩口长度0mm气相；
■内二次风扩口长度28mm固相，　……内二次风扩口长度28mm气相；
☆内二次风扩口长度56mm固相，　——内二次风扩口长度56mm气相

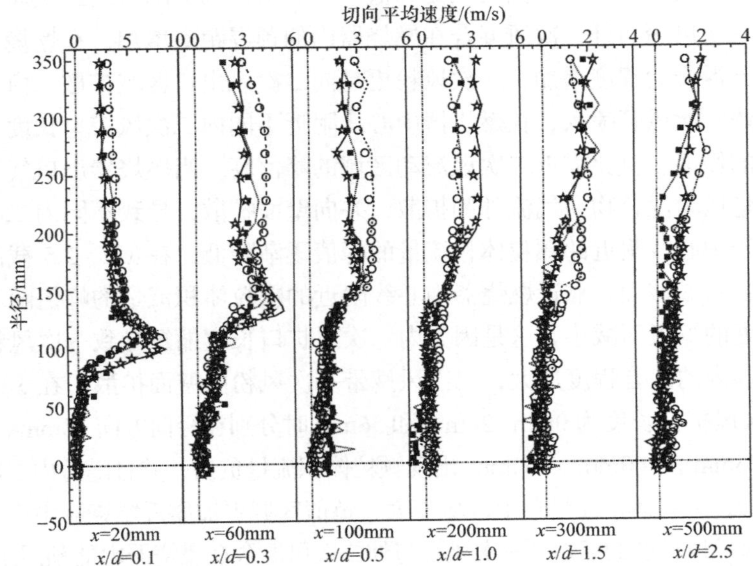

图 3-180　不同内二次风扩口长度下燃烧器出口区域气固两相的切向平均速度分布

○内二次风扩口长度0mm固相，　-----内二次风扩口长度0mm气相；
■内二次风扩口长度28mm固相，　……内二次风扩口长度28mm气相；
☆内二次风扩口长度56mm固相，　——内二次风扩口长度56mm气相

向呈单峰分布，峰值靠近二次风出口位置；随着内二次风扩口长度的增加，峰值向燃烧器中心区域移动。在不同截面上，在 0mm≤r≤50mm 区域，不同内二次风扩口长度下的切向平均速度较小，这是因为一次风为直流风。在靠近壁面区域，切向平均速度随着内二次风扩口长度的缩短而增加。这是因为内二次风扩口长度缩短，一、二次风混合提前，有利于风粉向壁面方向扩散。在 x/d =0.5 及以后截面，不同内二次风扩口长度下切向平均速度分布趋于平缓。对比图 3-176、图 3-178 和图 3-180 可知，切向平均速度的衰减明显快于径向平均速度和轴向平均速度。

图 3-181 为不同内二次风扩口长度下燃烧器出口区域气固两相的切向 RMS 脉动速度分布。在 x/d =0.1～0.3 截面，r>150mm 的区域内，内二次风扩口长度为 0mm 时的切向 RMS 脉动速度较大。因此，内二次风扩口长度缩短，切向湍流扩散能力增强，切向输运能力增强。随着 x/d 的增加，一次风粉与二次风逐渐混合，切向 RMS 脉动速度逐渐减小。

图 3-182 为不同内二次风扩口长度下燃烧器出口区域 0～100μm 颗粒体积流量分布。在 x/d=0.1～1.0 截面，不同内二次风扩口长度结构下的颗粒体积流量都呈双波峰、双峰谷分布。随着内二次风扩口长度的增加，靠近中心区域的颗粒体积流量峰值增大，而靠近壁面区域的峰值减小。这是因为随着内二次风扩口长度的缩短，一次风粉与外二次风混合在燃烧器内的预混距离增加，在燃烧器内与外二次风进行混合的程度增加，一次风粉更易向二次风出口区域扩散。由于玻璃珠都是通过浓一次风管喷入，在燃烧器中心线附近不同内二次风扩口长度下的颗粒体积流量的峰值一直比靠近二次风流动区域的峰值高。当燃烧器出口气流继续扩展时，大量风粉混合物向气流外侧扩散，并向壁面扩散，导致不同内二次风扩口长度下位于中心线附近的颗粒体积流量的峰值逐渐降低，在 x/d =2.5 截面消失。在 x/d =0.1～1.5 截面，靠近燃烧器中心线附近的颗粒体积流量的峰值随着内二次风扩口长度的缩短而减小。这是因为内二次风扩口长度缩短导致一次风粉与二次风在燃烧器内的混合程度加大，二次风携带一次风粉向壁面扩散。在 x/d =0.1 截面，内二次风扩口长度为 0mm、28mm 和 56mm 时分别在径向方向 28mm≤r≤80mm、36mm≤r≤76mm 和 60mm≤r≤64mm 出现颗粒体积流量负值，并且随着内二次风扩口长度的增加，颗粒体积流量负值区域变大，负值区域更加靠近燃烧器中心。则是随着内二次风扩口长度的缩短，一次风粉与外二次风混合在燃烧器内的预混距离增加，更容易形成回流区。

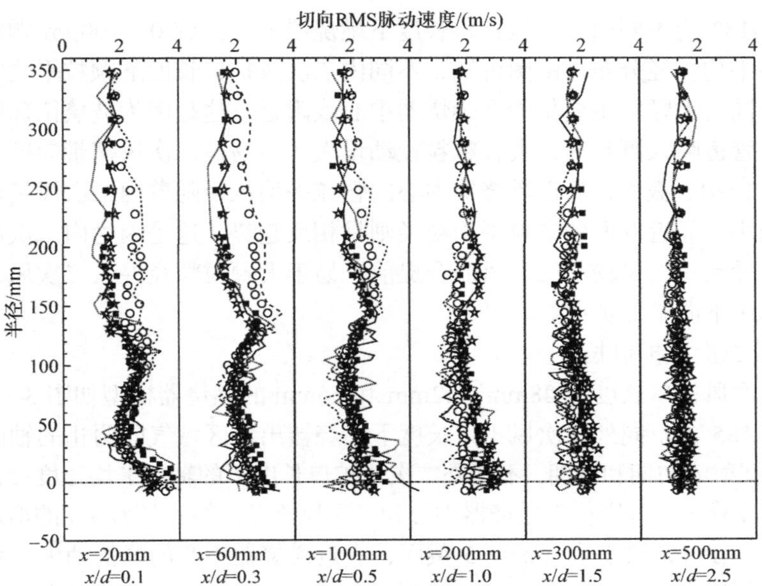

图 3-181　不同内二次风扩口长度下燃烧器出口区域气固两相的切向 RMS 脉动速度分布

○内二次风扩口长度0mm固相，　----内二次风扩口长度0mm气相；
■内二次风扩口长度28mm固相，　……内二次风扩口长度28mm气相；
☆内二次风扩口长度56mm固相，　——内二次风扩口长度56mm气相

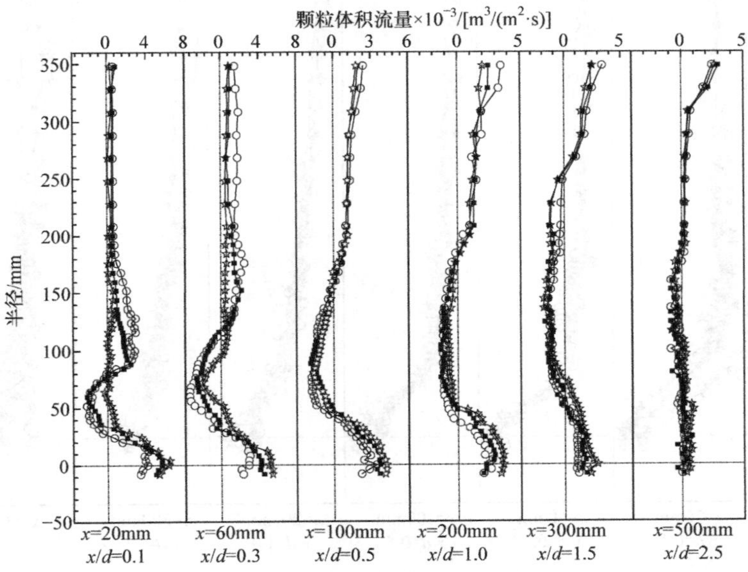

图 3-182　不同内二次风扩口长度下燃烧器出口区域的颗粒体积流量分布

—○— 内二次风扩口长度为0mm；　—■— 内二次风扩口长度为28mm；
—☆— 内二次风扩口长度为56mm

图 3-183 为不同内二次风扩口长度下燃烧器出口区域 0～100μm 颗粒在不同截面上的平均粒径分布。由图可知，不同内二次风扩口长度下颗粒平均粒径的分布规律相同。大颗粒主要集中在燃烧器中心线附近，这是因为玻璃微珠颗粒通过浓一次风管道喷入测量筒，大颗粒粒径动量大，不易被二次风携带向壁面扩散。在 x/d =0.1～0.5 截面，靠近燃烧器中心的颗粒平均粒径随着内二次风扩口长度的缩短而减小，靠近壁面的颗粒平均粒径则呈相反趋势。这是因为内二次风扩口长度缩短，导致一次风粉与二次风混合提前，易于大颗粒粒径混入二次风，在二次风携带作用下向壁面扩散。

3) 外二次风扩口长度

外二次风扩口长度为 28mm、42mm 和 56mm 的燃烧器模型如图 3-184 所示。

图 3-185 为不同外二次风扩口长度下燃烧器出口区域气固两相的轴向平均速度分布。在射流初期和中期，不同外二次风扩口长度下的轴向平均速度沿径向方向有两个速度峰区，分别位于燃烧器中心和二次风流动区域；随着 x/d 的增加，两个峰值变小。在 x/d =1.5 和 x/d =2.5 截面，靠近燃烧器中心的峰值消失，靠近壁面区域的峰值较大。在 x/d =0.1～0.5 截面，靠近燃烧器中心的峰值随着外二次风

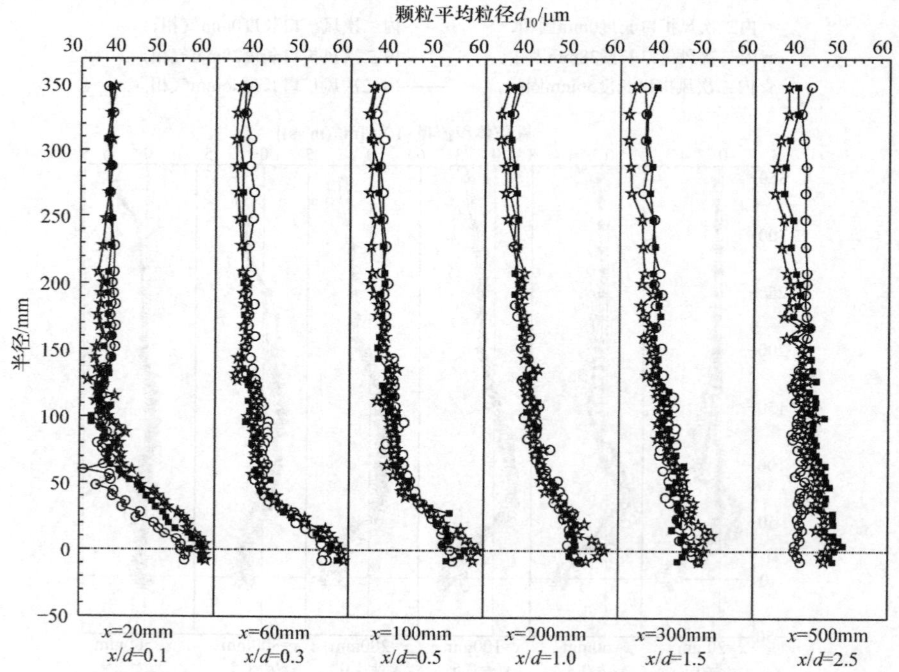

图 3-183　不同内二次风扩口长度下燃烧器出口区域的颗粒平均粒径分布

—○— 内二次风扩口长度为0mm；　—■— 内二次风扩口长度为28mm；

—☆— 内二次风扩口长度为56mm

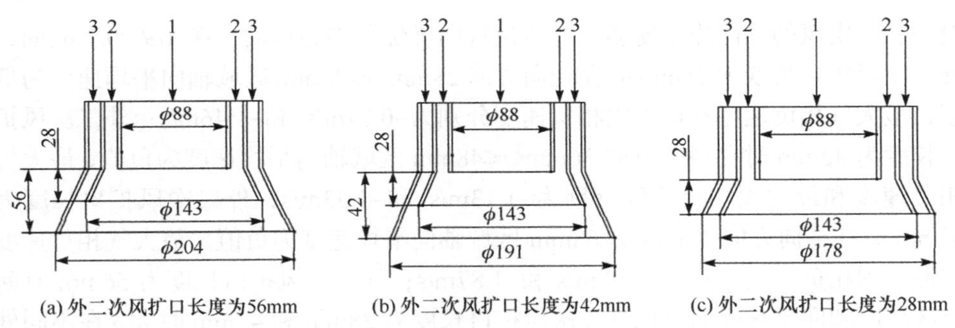

(a) 外二次风扩口长度为56mm　(b) 外二次风扩口长度为42mm　(c) 外二次风扩口长度为28mm

图 3-184　不同外二次风扩口长度的中心给粉旋流煤粉燃烧器模型(单位：mm)

1-一次风; 2-内二次风; 3-外二次风

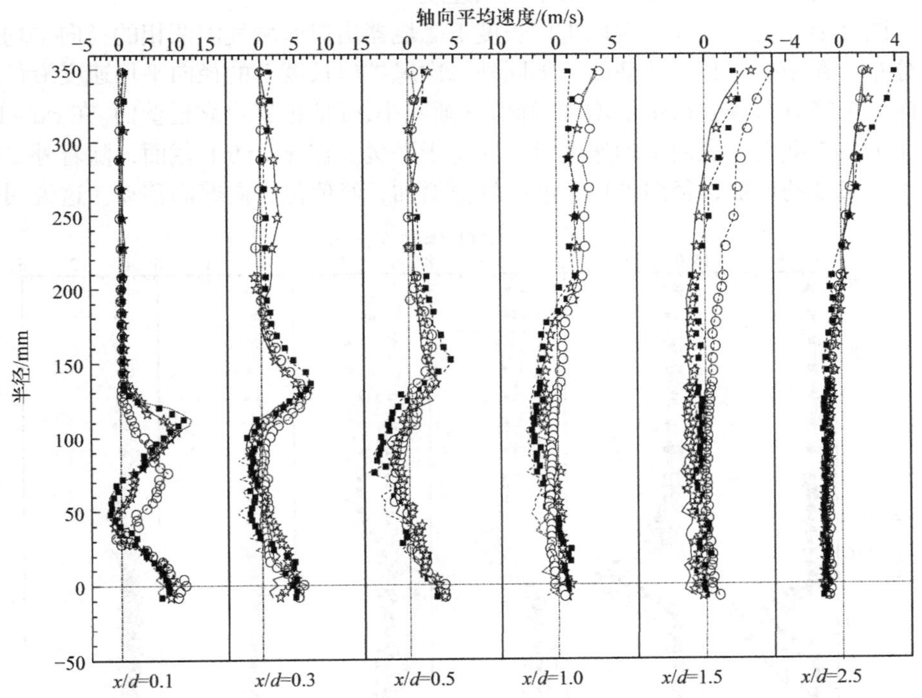

图 3-185　不同外二次风扩口长度下燃烧器出口区域气固两相的轴向平均速度分布

■ 外二次风扩口长度56mm固相，　外二次风扩口长度56mm气相；
☆ 外二次风扩口长度42mm固相，　外二次风扩口长度42mm气相；
○ 外二次风扩口长度28mm固相，　外二次风扩口长度28mm气相

扩口长度的缩短而增加。这是因为随着外二次风扩口长度的缩短，一、二次风之间的预混段变短，导致一、二次风在燃烧器出口的混合变弱，从而使一次风在燃烧器中心区域保持较高的风速。随着外二次风扩口长度的缩短，射流外侧的峰值减小，峰值位置距燃烧器中心距离更近。这是因为随着外二次风扩口长度的缩短，

对一、二次风的导向作用变弱，峰值位置向燃烧器中心移动。在 x/d =0.1 截面，外二次风扩口长度为 28mm 时在径向方向 28mm≤r≤32mm 区域轴向平均速度为负值，最大气相负速度和最大固相负速度分别为−0.87m/s 和−1.46m/s；外二次风扩口长度为 42mm 时在径向方向 36mm≤r≤48mm 区域轴向平均速度为负值，最大气相负速度和最大固相负速度分别为−1.13m/s 和−1.53m/s；外二次风扩口长度为 56mm 时在径向方向 40mm≤r≤68mm 区域轴向平均速度为负值，最大气相负速度和最大固相负速度分别为−1.93m/s 和−1.87m/s；外二次风扩口长度为 56mm 时回流区范围和回流速度明显比外二次风扩口长度为 28mm 和 42mm 时大。在不同外二次风扩口长度下，气固两相的轴向平均速度在燃烧器中心线附近和回流区内均发生速度滑移现象，固相速度大于气相速度。

图 3-186 为不同外二次风扩口长度下燃烧器出口区域气固两相的径向平均速度分布。在 x/d =0.1～0.5 截面，不同外二次风扩口长度下的径向平均速度沿径向方向呈单峰分布。随着 x/d 的增加，峰值逐渐减小，峰值位置更靠近壁面。在 x/d =1.5 和 x/d =2.5 截面，径向平均速度沿径向趋于平缓。在 x/d =0.1 截面，随着外二次风扩口长度的增加，径向平均速度的峰值增加，峰值位置向壁面移动。这说明燃

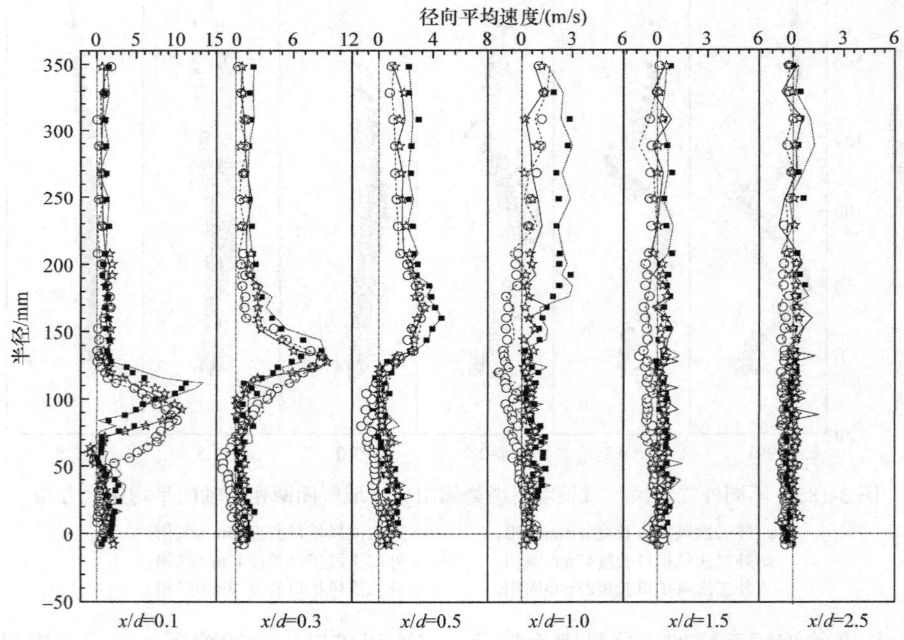

图 3-186　不同外二次风扩口长度下燃烧器出口区域气固两相的径向平均速度分布

■ 外二次风扩口长度56mm固相，　　外二次风扩口长度56mm气相；
☆ 外二次风扩口长度42mm固相，　　外二次风扩口长度42mm气相；
○ 外二次风扩口长度28mm固相，　　外二次风扩口长度28mm气相

烧器出口射流随着外二次风扩口长度的增大，二次风在扩口导向的作用向外移动。在 x/d =1.0 以后的截面，不同外二次风扩口长度下的径向平均速度趋于一致。

图 3-187 为不同外二次风扩口长度下燃烧器出口区域气固两相的切向平均速度分布。由图可知，不同外二次风扩口长度下切向平均速度的分布规律相同。在 x/d =0.1～0.5 截面，不同外二次风扩口长度下的切向平均速度沿径向方向呈单峰分布。随着 x/d 的增加，峰值逐渐向壁面移动；在燃烧器中心附近，不同外二次风扩口长度下的切向平均速度较小，这是因为一次风为直流风。在二次风流动区域及靠近壁面区域，切向平均速度随着外二次风扩口长度的增大而增加。这是因为外二次风扩口对燃烧器出口气流的导向作用随着外二次风扩口长度的增大而增强。由图 3-185 可以发现，轴向平均速度随着出口长度的增大而降低，而切向平均速度反而有所增加，有利于中心回流区的形成。

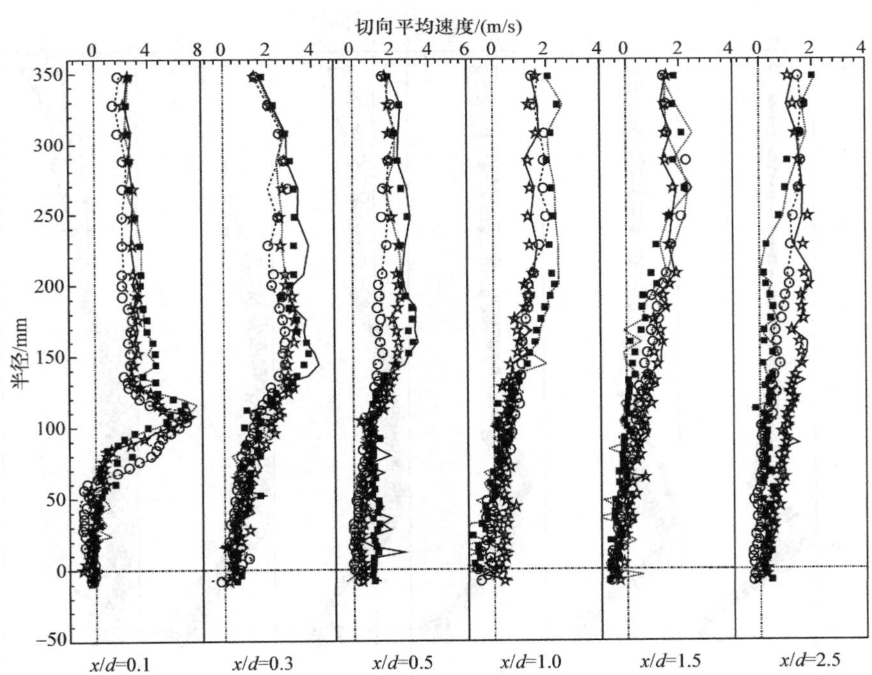

图 3-187　不同外二次风扩口长度下燃烧器出口区域气固两相的切向平均速度分布

■ 外二次风扩口长度56mm固相，┈┈ 外二次风扩口长度56mm气相；
☆ 外二次风扩口长度42mm固相，—— 外二次风扩口长度42mm气相；
○ 外二次风扩口长度28mm固相，—— 外二次风扩口长度28mm气相

图 3-188 为不同外二次风扩口长度下燃烧器出口区域 0～100μm 颗粒体积流量分布。由图可知，不同结构下颗粒体积流量分布明显不同。外二次风扩口长度为 56mm 时，在 x/d =0.1～0.3 截面，颗粒体积流量呈双峰分布，两个峰值分别位

于燃烧器中心和二次风流动区域。外二次风扩口长度为 42mm 时，在 x/d =0.3～0.5 截面，颗粒体积流量呈双峰分布。外二次风扩口长度为 28mm 时，颗粒体积流量存在一个峰值，位于燃烧器中心附近。这是因为随着外二次风扩口长度的增大，二次风带动一次风粉旋转，使一次风粉向二次风流动区域扩散。因此，外二次风扩口长度为 56mm 时在燃烧器中心附近和二次风流动区域均出现颗粒体积流量的峰值；同时，由于玻璃微珠都是通过浓一次风管喷入，因此在燃烧器中心附近的颗粒体积流量的峰值一直比靠近二次风流动区域的峰值高。随着射流的发展，二次风带动一次风粉旋转，并向射流外侧扩散，导致不同内二次风扩口长度下位于燃烧器中心附近的颗粒体积流量的峰值逐渐降低，在 x/d =2.5 截面消失。这是因为外二次风扩口长度的增大，一次风粉与二次风在燃烧器内的预混段长度增大，一次风粉与二次风的混合程度加大，旋转二次风携带一次风粉易向壁面扩散。

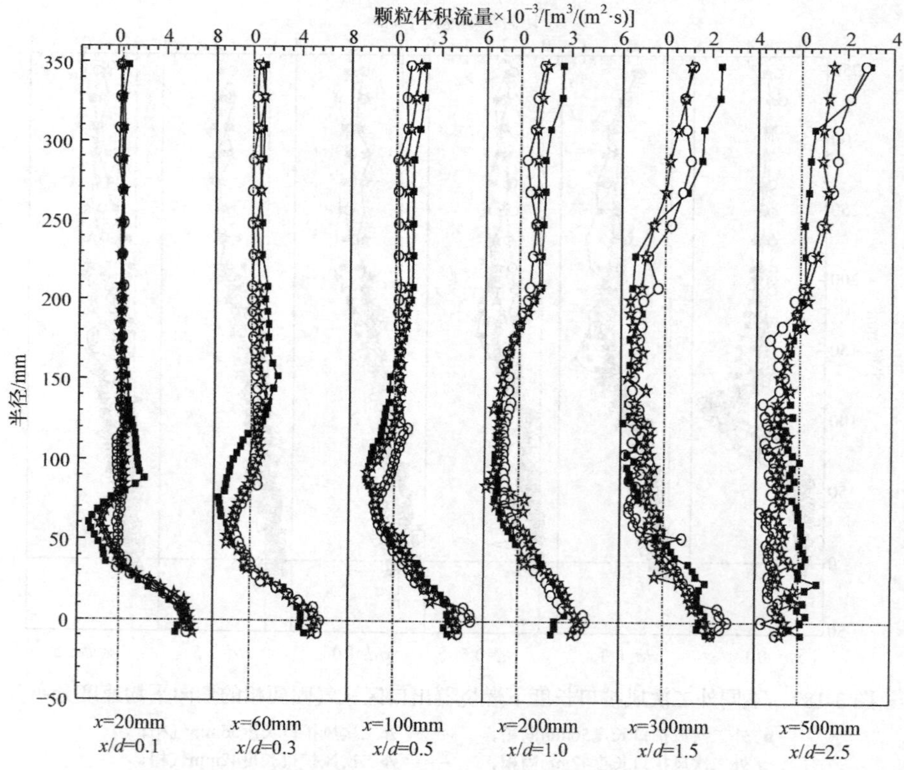

图 3-188　不同外二次风扩口长度下燃烧器出口区域的颗粒体积流量分布

—○— 外二次风扩口长度为28mm；　—■— 外二次风扩口长度为56mm；

—☆— 外二次风扩口长度为42mm

图 3-189 为不同外二次风扩口长度下燃烧器出口区域 0～100μm 颗粒在不同截面上的平均粒径分布。由图可知，不同外二次风扩口长度下颗粒平均粒径的分

布规律相同，大颗粒主要集中在燃烧器中心附近，在不同截面上燃烧器中心附近的颗粒粒径较大。这是因为颗粒通过浓一次风管喷入，大颗粒粒径动量大，不易被二次风携带向壁面扩散。在 x/d =0.1～0.5 截面，随着外二次风扩口长度的增加，靠近燃烧器中心附近的颗粒平均粒径减小。这是因为外二次风扩口长度增加，导致一次风粉混合物与二次风混合提前，大颗粒易于混入二次风，在二次风携带作用下向壁面扩散。

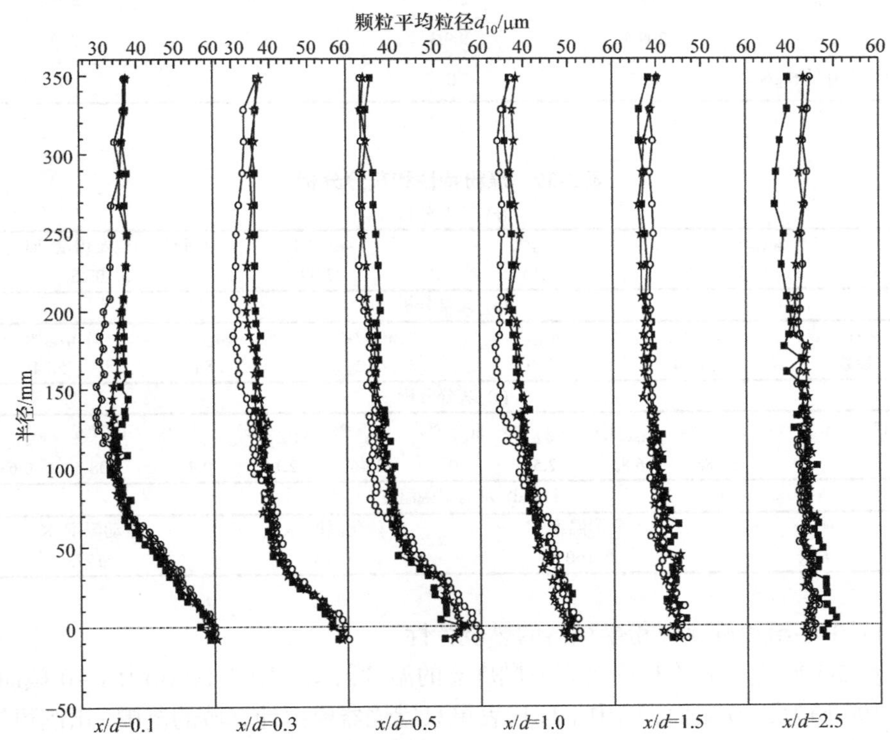

图 3-189　不同外二次风扩口长度下燃烧器出口区域的颗粒平均粒径分布
—○— 外二次风扩口长度为28mm；—■— 外二次风扩口长度为56mm；
—☆— 外二次风扩口长度为42mm

4. 一次风管内煤粉分布形式对结渣影响的数值模拟

煤粉由旋流煤粉燃烧器的一次风管喷出，如果被二次风携带到燃烧器区水冷壁上，则易发生水冷壁结渣。这里通过介绍不同一次风管内煤粉分布形式对燃烧、结渣趋势的数值模拟，说明中心给粉旋流煤粉燃烧器抑制水冷壁结渣的原理。

模拟按照实际燃烧器尺寸进行计算，单只燃烧器的流动区域为长 10846.5mm、高 10144mm、宽 4950mm，计算网格为 1051520 个。计算区域均采用非结构化四面体网格。在燃烧器区域和燃烧器出口附近网格较密，因为这部分的气流流动和化学反应比较剧烈，是研究者最为关心的区域。为减少网格数量和计算量，在其他区域网格划分相对稀疏。燃烧器出口位于炉膛左侧壁面的中心，计算参数如表 3-38 所示，煤粉特性和灰分分析如表 3-39 所示，煤粉平均粒径为 50μm。

表 3-38　在 300MW 机组锅炉上应用的单只中心给粉旋流煤粉燃烧器的计算参数

参数	浓一次风	淡一次风	内二次风	外二次风
风量/(kg/s)	0.85	2.55	3.80	5.70
风温/℃	209.3	209.3	313	313
煤粉质量流量/(kg/s)	1.55	0	0	0

表 3-39　煤粉特性和灰分分析

(a) 工业分析

项目	w_{Aar}/%	w_{Mar}/%	w_{Vdaf}/%	收到基低位发热量/(kJ/kg)
参数	29.8	8.14	22.09	20107.5

(b) 元素分析

项目	w_{Car}/%	w_{Har}/%	w_{Sar}/%	w_{Nar}/%	w_{Oar}/%
参数	51.54	3.05	1.12	0.84	5.34

(c) 灰分分析

项目	$w_{\mathrm{SiO_2}}$ /%	$w_{\mathrm{Al_2O_3}}$ /%	$w_{\mathrm{Fe_2O_3}}$ /%	$w_{\mathrm{Na_2O}}$ /%	$w_{\mathrm{K_2O}}$ /%	$w_{\mathrm{TiO_2}}$ /%	w_{CaO} /%	w_{MgO} /%	$w_{\mathrm{SO_3}}$ /%	$w_{\mathrm{MnO_2}}$ /%
参数	49	35.88	6.83	2.56	0	1.46	2.14	0.42	1.08	0.63

(d) 灰的熔融温度

项目	变形温度/ K	软化温度/ K	流动温度/ K
参数	1603	1773	>1773

1) 中心给粉旋流煤粉燃烧器的燃烧特性

图 3-190 为中心给粉旋流煤粉燃烧器的温度云图。图 3-190(a)为 y =0 截面，图 3-190(b)为 z =0 截面，图中坐标代表单只燃烧器模拟计算域的范围。由图可知，回流区附近温度较高，可以达到 1400K，此温度有利于回流区附近煤粉的加热、挥发分的析出和焦炭的燃烧反应，也有利于燃烧器的稳燃。水冷壁附近的温度约为 1240K，而煤的软化温度为 1773K，此温度有利于减少水冷壁面的结渣。

这里采用跟踪颗粒轨迹法描述固相颗粒的运动情况。由图 3-191 可知，不同颗粒的运动轨迹不同，运动轨迹越复杂，颗粒在炉内停留的时间越长，煤粉随一次风进入炉膛后，有一个反向运动过程，颗粒运动轨迹变长，相对而言，停留时间也变长，有利于煤粉的燃尽。图中大部分颗粒沿轴线方向出口运动，有部分颗粒向燃烧器出口附近回旋运动，回旋熔融状态下的颗粒运动到水冷壁就极易黏附在上面，造成水冷壁面上的结渣。

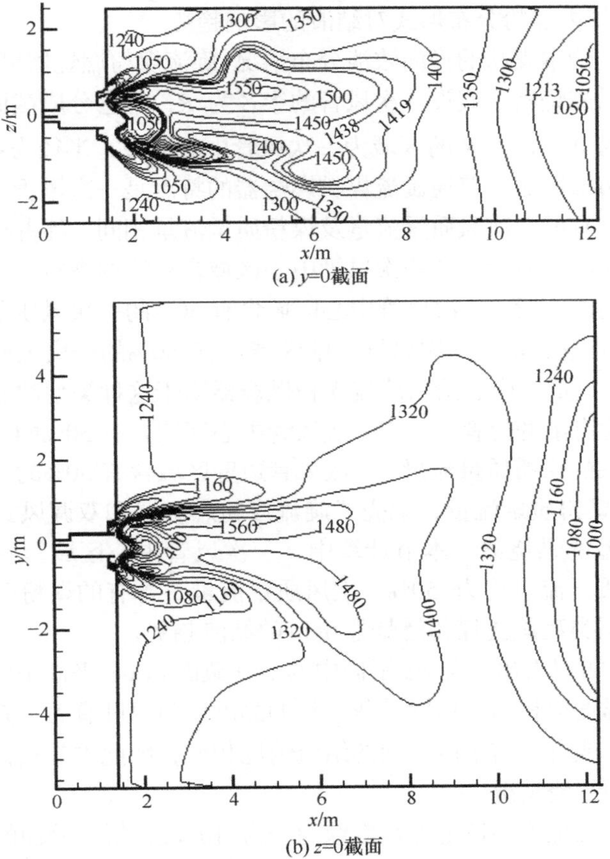

(a) y=0截面

(b) z=0截面

图 3-190　中心给粉旋流煤粉燃烧器的温度云图(单位：K)

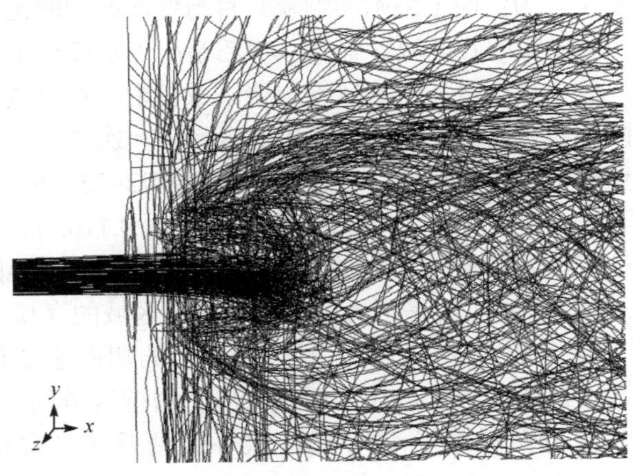

图 3-191　颗粒随机运动轨迹

2) 一次风管内煤粉分布形式对结渣的影响趋势

根据一次风管中煤粉的径向浓淡分布情况,旋流煤粉燃烧器可分为以下三类。①普通旋流煤粉燃烧器。假设一次风管的半径为 R，将它分成截面积相等的两部分，定义半径为 0～$\sqrt{2}/2R$ 的区域为一次风管中心区域，半径为$\sqrt{2}/2R$～R 的区域为一次风管边壁区域。普通旋流煤粉燃烧器的特点是一次风管中心区域和一次风管边壁区域含有的一次风质量流量及煤粉质量流量相同，都占有 50%的一次风质量流量和煤粉质量流量。②一次风管中心区域含有浓的燃料。一次风流经一次风管时分成不同的两股，一次风管中心区域含有 50%的一次风质量流量且含有大于 50%的煤粉质量流量，一次风管边壁区域含有 50%的一次风质量流量和小于 50%的煤粉质量流量，中心给粉旋流煤粉燃烧器属于这种类型的燃烧器。③一次风管边壁区域含有浓的燃料。其中一次风管中心区域含有 50%的一次风质量流量且含有小于 50%的煤粉质量流量，一次风管边壁区域含有 50%的一次风质量流量和大于 50%的煤粉质量流量，蜗壳式旋流煤粉燃烧器和双调风式旋流煤粉燃烧器属于这种类型的燃烧器。本节计算中，一次风管中心区域、一次风管边壁区域含有一次风质量流量均为 50%一次风质量流量，含有的煤粉质量流量不同，从而可得出不同类型旋流煤粉燃烧器出口的结渣趋势。

由图 3-190 可以看出，当 x-z 平面中的 y=0 截面和 x-y 平面中的 z=0 截面的径向距离相等时温度值相似。由同种灰颗粒的黏度仅与温度有关可知，在燃烧器出口等距离的上下或者左右水冷壁面的结渣情况相似，因此本节只计算燃烧器出口上方水冷壁壁面结渣情况。

计算时，将燃烧器出口上方水冷壁均分为 10 段，每段壁面的高度为 70mm (0.058D，D=1211mm，D 为燃烧器最外层扩口直径)，对以上 10 段区域进行结渣计算。颗粒数密度定义为壁面上黏附的颗粒数目与壁面面积的比值。

图 3-192 为一次风管中心区域含有 50%煤粉情况下水冷壁上的颗粒数密度。同一位置处一次风管中心区域和一次风管边壁区域黏附的颗粒数密度相加即可得到此位置总的黏附颗粒数密度。一次风管中心区域和一次风管边壁区域的黏附颗粒数密度在统计壁面上的规律相同，壁面位置由 Y–D/2=35～665mm 颗粒数密度先增加后降低，当壁面位置为 Y–D/2=105mm(0.058D～0.116D)时黏附颗粒数密度最大。一次风管边壁区域黏附的颗粒数密度均高于一次风管中心区域，是一次风管中心区域的 1.09 倍，这主要是因为一次风管中心区域的煤粉由燃烧器中心喷出，大量煤粉聚集在燃烧器中心燃烧，且这些颗粒的切向速度和径向速度均很小，灰颗粒与水冷壁碰撞的概率较小，而一次风管边壁区域的煤粉则与之相反。总的黏附颗粒数密度分布规律与一次风管中心和边壁区域的黏附颗粒数密度分布规律相同。

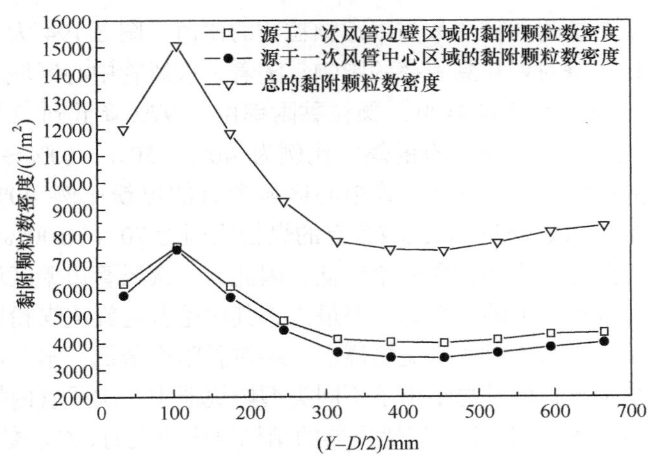

图 3-192　一次风管中心区域含有 50%煤粉情况下水冷壁上的颗粒数密度

图 3-193 为一次风管中心区域含有不同比例煤粉时水冷壁上的黏附颗粒数密度。一次风管中心区域的煤粉比例不同，壁面黏附颗粒数密度规律相似。随着一次风管中心区域含有的煤粉比例的增加，最大黏附颗粒数密度逐渐降低，由 19273/m^2 降低到 12153/m^2，降低幅度达到 37%，但最大黏附颗粒数密度的位置没有改变。一次风管中心区域含有的煤粉比例为 40%～50%、50%～70%和 70%～100%时最大黏附颗粒数密度相对于一次风管中心区域含有 40%煤粉分别降低了 22%、11%和 4%，其他壁面的黏附颗粒数密度也随之减小。因此，最大黏附颗粒数密度在一次风管中心区域含有的煤粉比例为 40%～70%时降低较大，在一次风管中心区域含有的煤粉比例为 70%～100%时降低较少。

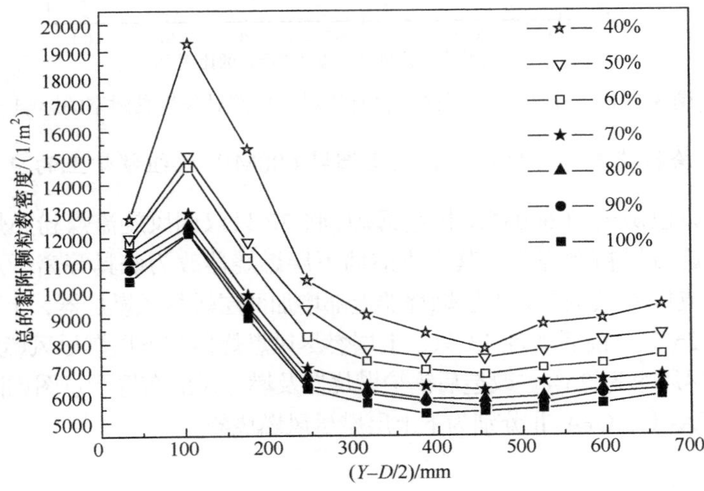

图 3-193　一次风管中心区域含有的煤粉比例为 40%～100%时水冷壁上的黏附颗粒数密度

颗粒黏附率是黏附颗粒总数与跟踪颗粒数的比值。图 3-194 为一次风管中心区域含有的煤粉比例对颗粒黏附率的影响。随着一次风管中心区域含有的煤粉比例的增加，颗粒黏附率逐渐减小，颗粒黏附率由 3.97%降低到 2.57%，降低了 35.20%；一次风管中心区域含有的煤粉比例为 40%～50%、50%～70%、70%～100%时颗粒黏附率相对于一次风管中心区域含有的煤粉比例 40%分别下降了 13%、14%、8%。一次风管中心区域含有的煤粉比例为 70%～100%时，颗粒黏附率减小缓慢，且此范围内颗粒黏附率较低。因此，一次风管边壁区域含有浓煤粉的这类燃烧器，水冷壁上的颗粒黏附率最高，其次是普通旋流煤粉燃烧器，而一次风管中心区域含有浓燃料的这类燃烧器，颗粒黏附率最低。本节虽然是建立在特定的燃烧器结构上，但是总结出了不同类型燃烧器中一次风管内煤粉径向浓淡分布对燃烧器结渣的影响规律，当燃烧器的结构发生改变时，结渣数值发生变化，但是一次风管内煤粉分布对燃烧器结渣影响的规律同样适用。

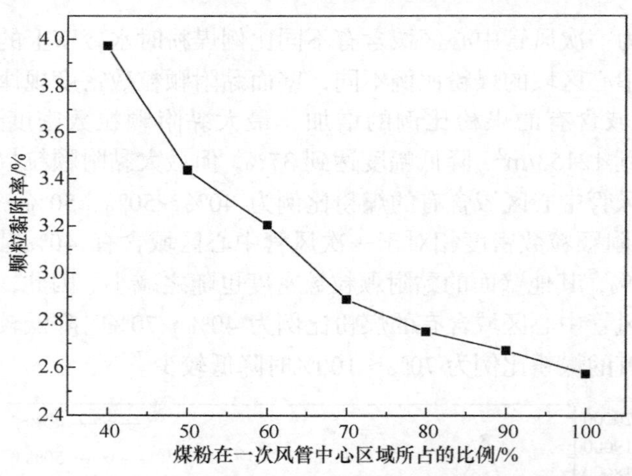

图 3-194　一次风管中心区域含有的煤粉比例对颗粒黏附率的影响

5. 中心给粉旋流煤粉燃烧器在燃用烟煤 600MW 机组锅炉上的应用方案

对于北京巴威公司 600MW 机组锅炉，将 36 只双调风旋流煤粉燃烧器全部改为中心给粉旋流煤粉燃烧器，其中将前墙下层燃烧器改为兼具等离子点火功能的中心给粉旋流煤粉燃烧器。上层燃烧器上部增加两层燃尽风燃烧器，上下层燃尽风燃烧器总共 26 只，前后墙各 13 只，上层燃尽风燃烧器与下层燃尽风燃烧器交错布置，设计燃尽风率为 25%。改造后锅炉燃烧器及燃尽风的布置示意图如图 3-195 所示。图中 OFA-Ⅰ、OFA-Ⅱ分别为下上层燃尽风燃烧器。

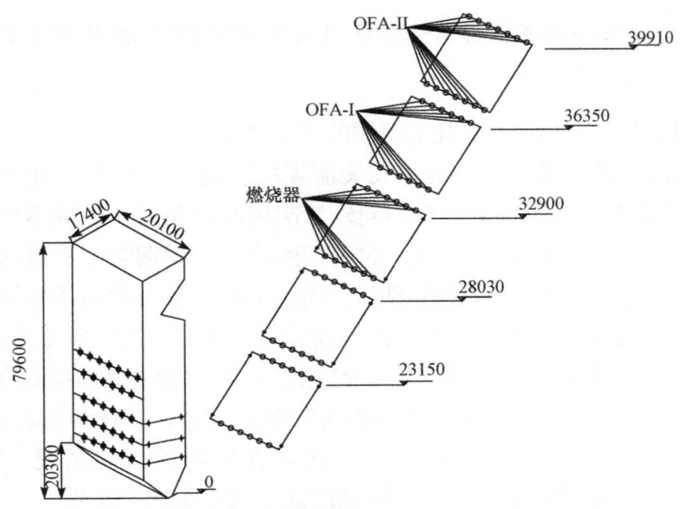

图 3-195　600MW 机组锅炉改造后燃烧器及燃尽风的布置示意图(单位：mm)

对于日本 IHI 株式会社制造的 600MW 机组锅炉(参见 2.5.2 节)，将 24 只双旋流煤粉燃烧器全部改为中心给粉旋流煤粉燃烧器，将最上层燃烧器移至原下层燃烧器下方标高 24200mm，恢复原燃烧器布置，改造后原下层燃烧器变为中层燃烧器。把原上层燃烧器位置设计为 8 只新型双通道燃尽风燃烧器，原来的 12 只燃尽风燃烧器全部改成 12 只新型双通道燃尽风燃烧器，上部增加两层燃尽风燃烧器，设计燃尽风率为 27.5%。改造后锅炉燃烧器及燃尽风燃烧器的布置示意图如图 3-196 所示。

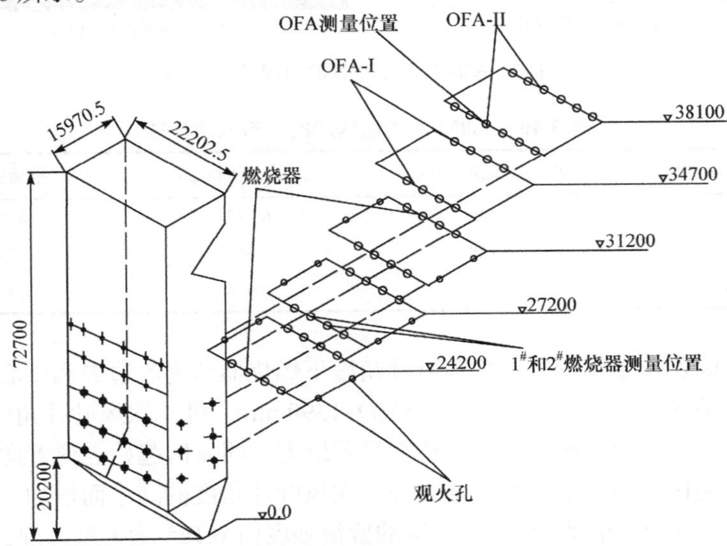

图 3-196　600MW 机组锅炉改造后燃烧器及燃尽风的布置示意图(单位：mm)

6. 采用中心给粉旋流煤粉燃烧器燃用烟煤 600MW 机组锅炉上的冷态工业试验及热态工业试验

1) 北京巴威公司 600MW 机组锅炉的工业试验

(1) 外二次风叶片角度对中心给粉旋流煤粉燃烧器冷态空气动力场的影响。

在冷态试验中，采用飘带法对不同外二次风叶片角度下燃烧器出口射流进行示踪。图 3-197(a)为采用飘带法测量的现场照片。一根钢管上系有薄布条，另一根钢管上标有刻度线。标有刻度线的钢管固定不动，系有薄布条的钢管由燃烧器出口逐渐向出口外移动。燃烧器出口的气流吹动薄布条，根据薄布条的流动方向，测量出燃烧器出口的射流边界和中心回流区边界。在试验中分别选取靠近炉膛中心的一只燃烧器(1#)和靠近侧墙的一只燃烧器(2#)进行测量，试验参数如表 3-40 所示。

向一次风中注入干粉，从而示踪一次风在炉内的流动情况。干粉示踪如图 3-197(b)所示。由试验可知，一次风刚性强，没有偏向水冷壁。

(a) 飘带示踪试验照片

(b) 干粉示踪试验照片

图 3-197　600MW 机组锅炉的现场试验照片

表 3-40　600MW 机组锅炉的冷态试验参数

外二次风叶片角度/(°)	一次风质量流量/(kg/s)	二次风质量流量/(kg/s)	旋流强度
25	4.128	6.085	0.263
30	4.128	6.085	0.202
35	4.128	6.085	0.165

图 3-198 给出了不同外二次风叶片角度下燃烧器的射流边界和中心回流区边界。D 为锅炉燃烧器外二次风扩口直径(D=1390mm)。外二次风叶片角度由 35°减小至 25°时，中心回流区的直径和长度显著增大，回流区起始点位置向燃烧器出口移动。这是因为射流旋流强度随着外二次风叶片角度的减小而增加。当外二次风叶片角度由 35°减小至 25°时，相应的旋流强度由 0.165 增大至 0.263。对于 1#燃烧器，外二次风叶片角度由 25°增大到 35°时，回流区最大直径及长度分别由

0.86D 和 0.80D 减小为 0.71D 和 0.51D。对于 2#燃烧器，外二次风叶片角度由 25°增大到 35°时，回流区最大直径及长度分别由 0.94D 和 0.91D 减小为 0.79D 和 0.79D。靠近侧墙的 2#燃烧器的中心回流区比 1#燃烧器大。由以上分析可知，中心回流区随着外二次风叶片角度的减小而增大。三种角度下都能形成稳定的中心回流区，可以满足煤粉着火燃烧的需要。

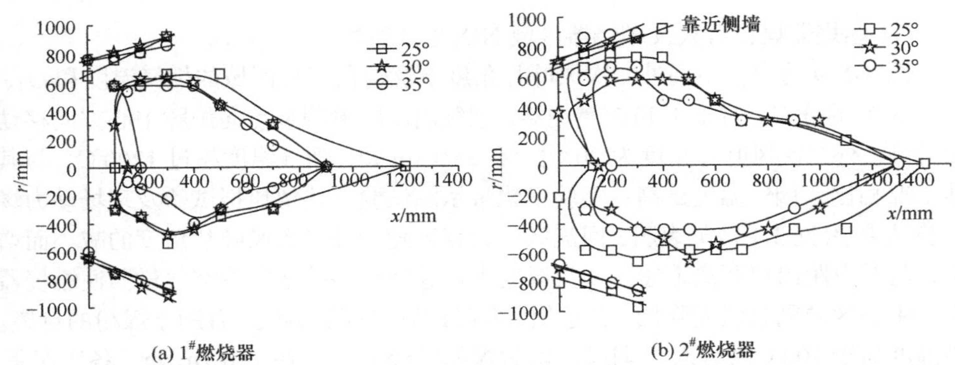

图 3-198　600MW 机组锅炉不同外二次风叶片角度下燃烧器的射流边界和中心回流区边界

(2) 外二次风叶片角度对中心给粉旋流煤粉燃烧器燃烧及 NO_x 生成特性的影响。

采用水冷枪分别对磨煤机 A 对应的 1#和 2#两只燃烧器看火孔及靠近 1#燃烧器的侧墙看火孔(图 3-195)进行烟气成分及焦炭取样。然后用 Testo350M 型烟气分析仪对通过水冷枪抽过来的烟气进行测量，主要测量烟气中的 O_2 浓度、CO 浓度和 NO_x 浓度，该仪器的测量精度参见 3.3.1 节。用铠装热电偶进行燃烧器区域温度的测量，热电偶的测量精度为±0.5℃(−40.0～99.9℃)，±0.5%测量值(100.0～1200.0℃)。外二次风叶片角度为 20°、25°和 30°。

试验期间磨煤机 A 所对应的 6 只燃烧器的主要运行参数如表 3-41 所示。运行参数相对于平均值最大偏差小于 4%。不同工况下磨煤机 A 所对应的主燃区的过量空气系数为 0.82。进入磨煤机 A 的煤为 ZGE 烟煤，其煤质分析如表 3-42 所示。通过对焦炭样品和煤质进行分析后，可计算出碳燃尽率式 (3-19)和元素 C、H、N 的释放率式(3-20)。

表 3-41　600MW 机组锅炉磨煤机 A 对应的 6 只燃烧器的主要运行参数

参数	数值	最大偏差(相对于平均值)/%
6 只燃烧器的给粉量/(t/h)	68.1	0.8
6 只燃烧器的一次风量/(t/h)	102.9	1.6
6 只燃烧器的二次风量/(t/h)	219.0	3.9
一次风温/℃	61.7	3.3
二次风温/℃	322.8	3.6

表 3-42 600MW 机组锅炉试验磨煤机 A 的煤质分析

工业分析(质量分数)/%				元素分析(质量分数)/%					发热量/(kJ/kg)
V_{ar}	A_{ar}	M_{ar}	FC_{ar}	C_{ar}	H_{ar}	S_{ar}	N_{ar}	O_{ar}	$Q_{net,ar}$
38.21	20.69	19.9	36.71	45.98	0.59	2.54	0.52	9.78	16720

① 燃烧器煤粉着火及燃烧器区域 NO_x 生成特性。

图 3-199 给出了不同外二次风叶片角度下燃烧器出口区域的烟气温度和 O_2、CO、NO_x 的分布。对于 1#和 2#燃烧器，烟气温度随着测量点向炉膛中心方向移动而升高。外二次风叶片角度为 20°时，在 x=0.3m 处，烟气温度超过 1200℃，与其他工况相比，烟气温度最高；实验室飘带示踪试验、热值比拟试验及现场动力场试验结果(参见 3.4.1 节)表明，回流区最大直径随着外二次风叶片角度的减小而增大，起始点距出口距离缩短。回流区变大可卷吸更多的室内冷空气量而使燃烧器出口中心区域剩余温度降低。在这里，卷吸的则是高温烟气，有助于煤粉的点燃。当温度高于 700℃时，对于烟煤，认为煤粉已经着火。在 x=0.1m 处，各工况下

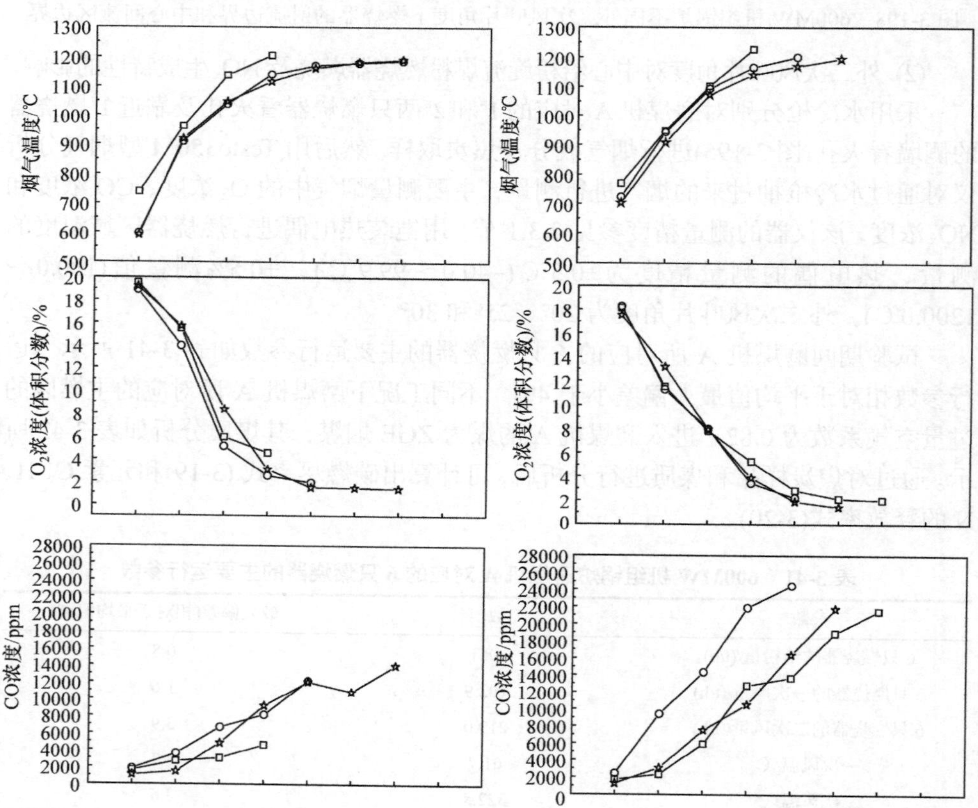

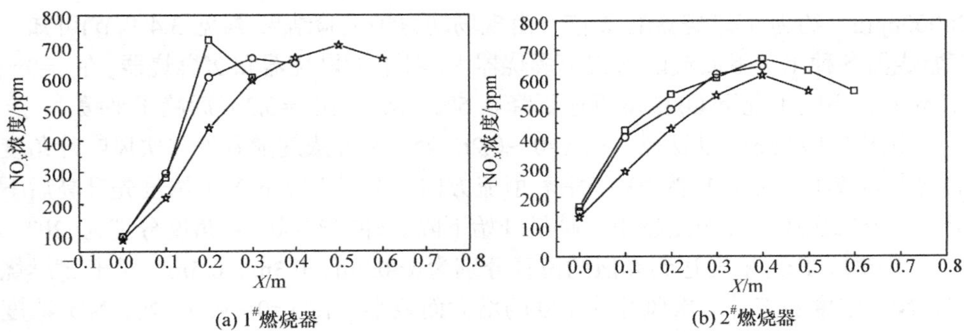

图 3-199　600MW 机组锅炉不同外二次风叶片角度下燃烧器出口区域的烟气温度和 O_2、CO、NO_x 的浓度分布

—□—20°；—○—25°；—☆—30°

O_2 浓度明显下降，1#燃烧器由约 20%降低到 15%左右，2#燃烧器由约 18%降低到 12%左右，CO 浓度增大到 1000ppm 以上。这说明对于不同外二次风叶片角度，在 x=0.1m 处已经着火。中心给粉旋流煤粉燃烧器在不同外二次风叶片角度下均有良好的着火性能。

由图 3-199 还可以发现，不同外二次风叶片角度下，沿燃烧器射流方向，在 x=0～0.3m 区域，烟气温度上升比较快，O_2 浓度下降较快；在 x>0.4m 以后区域，烟气温度上升速度和 O_2 浓度下降速度都比较平缓，而 CO 浓度一直在增大。这种现象可以由混合特性试验解释，不同外二次风叶片角度下一、二次风混合主要发生在射流早期(参见 3.4.1 节)，尤其是 x/d=0～0.3，相当于本试验 x=0～0.417m，一、二次风在射流中后期基本混合均匀。对于 1#燃烧器，当外二次风叶片角度为 20°时，烟气温度均比其他两种工况高，尤其是在 x=0.1m 时，烟气温度高出 140℃左右。对于 2#燃烧器，烟气温度随着外二次风叶片角度的减小而升高。外二次风叶片角度为 20°时，在 x=0.1m 处，比外二次风叶片角度为 25°、30°时分别高 47℃、68℃。在 x=0.3m 处，比外二次风叶片角度为 25°、30°时分别高 61℃、86℃。实验室飘带示踪试验、热值比拟试验及现场动力场试验结果(参见 3.4.1 节)表明，回流区随着外二次风叶片角度的减小而增大，卷吸更多高温烟气，使得烟气温度较高。两只燃烧器不同外二次风叶片角度工况的 CO 浓度差异较大。对于 1#燃烧器，沿燃烧器射流方向，各种工况的 CO 浓度上升速度较慢，尤其是外二次风叶片角度为 20°时，在 x=0.3m 处，CO 浓度为 4614ppm，相对于外二次风叶片角度为 25°和 30°时小 3537ppm 和 4602ppm。对于 2#燃烧器，沿燃烧器射流方向，各种工况的 CO 浓度上升速度较快，外二次风叶片角度为 20°时，CO 浓度相对较低，除 x=0.1m 和 x=0.3m 两个测量点，CO 浓度比外二次风叶片角度为 30°时稍高，其他测量点均低于其他两种工况。2#燃烧器的 CO 浓度值相对较大，最高值达到

28000ppm，约为 1#燃烧器的 2 倍。由现场动力场试验结果(参见 3.4.1 节)可知，2#燃烧器各种工况下回流区均较 1#燃烧器大。对于 1#燃烧器和 2#燃烧器，在 x=0～0.2m 处，不同工况下 O_2 浓度迅速下降至 5%～8%，在 x=0.3m 后趋于平缓。

由图 3-199 还可以发现，在 x=0～0.2m 处，NO_x 浓度随着外二次风叶片角度的增大而减小。对于 1#燃烧器，沿着射流方向，不同工况下 NO_x 浓度先升高后下降，且外二次风叶片角度越小，越早开始下降。外二次风叶片角度分别为 20°、25°、30°时，NO_x 浓度达到峰值的位置分别为 x=0.2m、0.3m、0.5m。对于 2#燃烧器，NO_x 浓度随着外二次风叶片角度的增大而减小。在 x=0～0.1m 处，NO_x 浓度增大的速度较快；在 x=0.2～0.4m 处，NO_x 浓度增大的速度变缓；在 x=0.4 处，NO_x 浓度达到峰值并开始下降。这是因为在 x≥0.4m 处，O_2 浓度约为 2%并趋于稳定，CO 则持续增大，还原气氛继续增强，相应的 NO_x 浓度在 x>0.4m 处开始下降。对于 1#燃烧器，NO_x 浓度最大值为 721ppm，位置在 x=0.2m 处，而对于 2#燃烧器，NO_x 浓度最大值为 670ppm，位置在 x=0.4m 处。

图 3-200 给出了不同外二次风叶片角度下由侧墙看火孔测得的烟气温度和 O_2、CO、NO_x 的分布。靠近侧墙区域 NO_x 浓度随着外二次风叶片角度的减小而增大，而且各种工况的 NO_x 浓度较小。

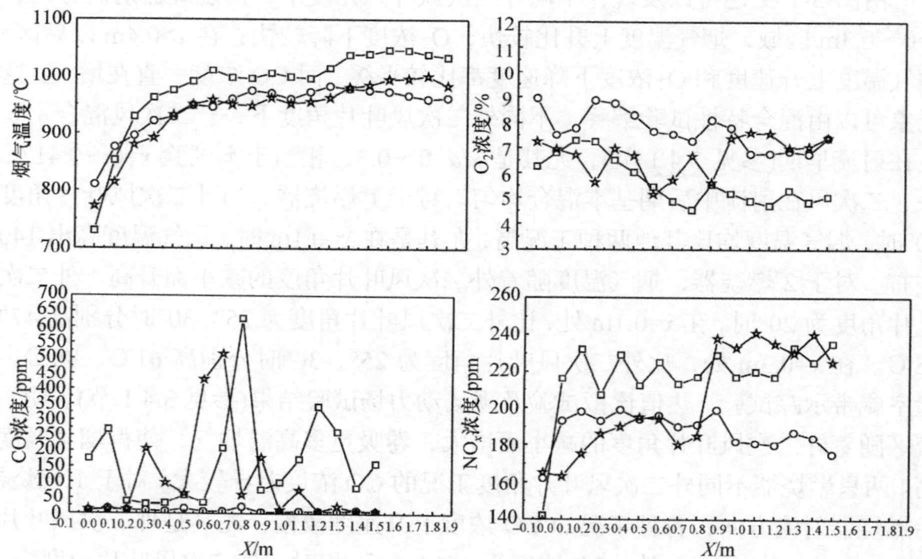

图 3-200　600MW 机组锅炉不同外二次风叶片角度下由侧墙看火孔测得的烟气温度和 O_2、CO、NO_x 的浓度分布

—□—20°；—○—25°；—★—30°

② 碳燃尽率及碳、氢、氮元素的释放率。

图 3-201 给出了不同外二次风叶片角度下碳燃尽率及碳、氢、氮元素的释放率分布。在 x=0m 处，燃尽率大于 55%，这说明煤粉开始着火燃烧，并消耗大量可燃物质。在 x>0.4m 处，对于 1#和 2#燃烧器，外二次风叶片角度为 30°，碳燃尽率基本保持不变，这是因为 x>0.4m，O_2 浓度较小。沿射流方向，碳燃尽率的分布规律与碳的释放率分布规律基本相同；碳、氢、氮元素的释放率大小为氢>碳>氮。

图 3-202 给出了靠近侧墙区域的碳燃尽率及碳、氢和氮元素的释放率分布(由于侧墙取样特别困难，仅对外二次风叶片角度为 30°的工况进行取样)。由图可知，碳燃尽率及碳、氢元素的释放率接近 100%，而氮元素的释放率为 96%～98%。

③ 侧墙结渣。

由图 3-200 和图 3-202 可以看出，不同工况下侧墙壁面处的烟气温度均在 810℃以下，烟气温度低，现场锅炉两侧墙未发现结渣现象。不同工况下侧墙壁面处的 O_2 浓度均高于 6%，CO 浓度均较小，而且碳燃尽率接近 100%，不会导致高温腐蚀。这与中心给粉旋流煤粉燃烧器气固两相特性分析的结果相一致(参见 3.4.1 节)。

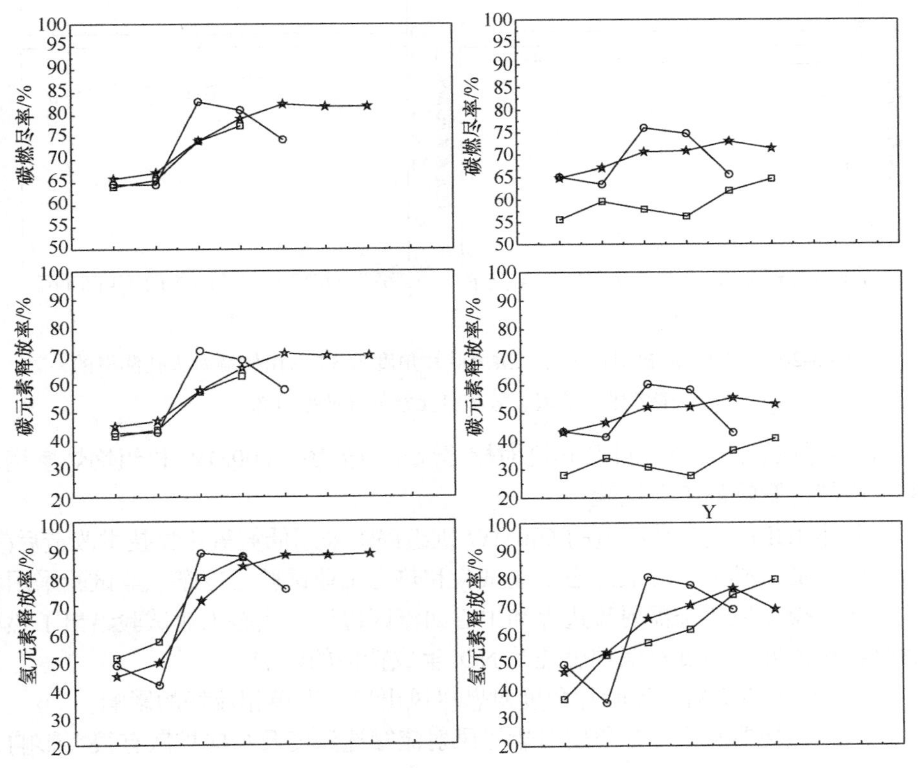

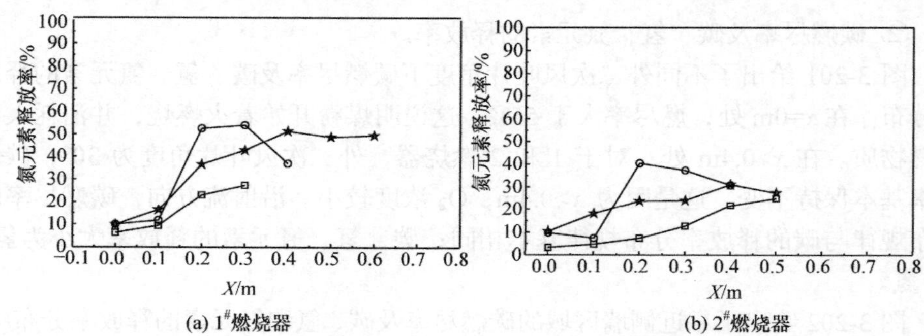

图 3-201 600MW 机组锅炉不同外二次风叶片角度下燃烧器出口区域的碳燃尽率及碳、氢和氮元素的释放率分布

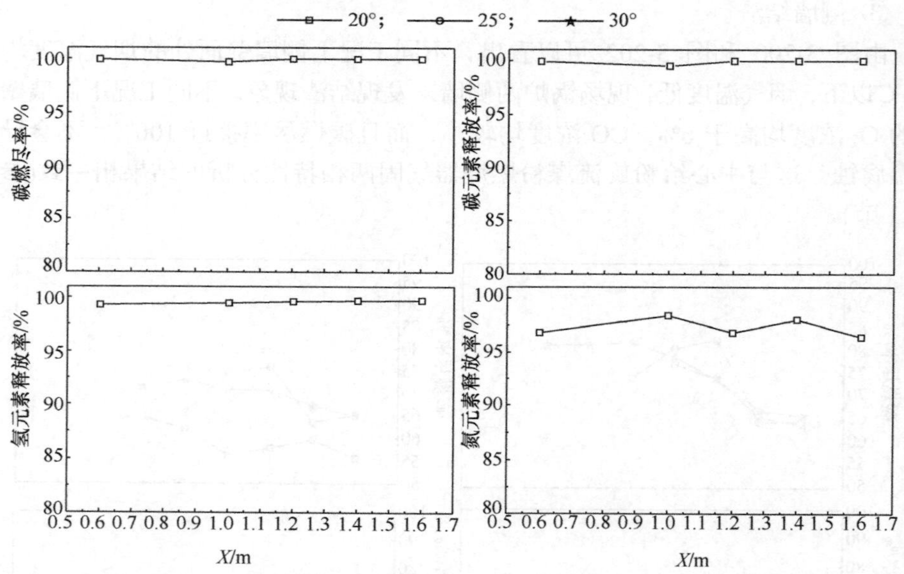

图 3-202 600MW 机组锅炉外二次风叶片角度为 30°时由侧墙看火孔测得的碳燃尽率及碳、氢和氮元素的释放率分布

2) 燃尽风燃烧器旋流叶片角度对燃尽风出口流场、600MW 机组锅炉燃烧及 NO_x 生成特性影响的工业试验

在日本 IHI 株式会社制造的 600MW 机组锅炉采用低氮氧化物技术改造后(参见 3.4.1 节)的基础上，开展冷态工业试验和热态工业试验。冷态工业试验采用飘带法给出了燃尽风燃烧器射流边界和中心回流区边界。热态工业试验给出了燃尽风燃烧器旋流叶片角度对锅炉燃烧及 NO_x 生成特性的影响。

(1) 燃尽风燃烧器旋流叶片角度对燃尽风出口冷态单相流场的影响。

燃尽风燃烧器旋流叶片角度对燃尽风射流穿透深度及径向扩散有很大影响，

进而影响煤粉燃尽。表 3-43 给出了不同燃尽风燃烧器旋流叶片角度下冷态试验参数和结果。

表 3-43　600MW 机组锅炉试验燃尽风燃烧器的主要参数

旋流叶片角度/(°)	燃尽风质量流量/(kg/s)	射流扩展角/(°)	备注
25	6.79	90	有回流区
35	6.79	53.1	无回流区
45	6.79	53.1	无回流区

图 3-203 给出了不同燃尽风燃烧器旋流叶片角度下燃尽风射流边界及中心回流区边界。燃尽风燃烧器旋流叶片角度由 45°减小至 35°，射流扩展角基本不变，射流结构无回流区。随着旋流叶片角度减小至 25°时，出现环形回流区，回流区最大直径达到 403mm。

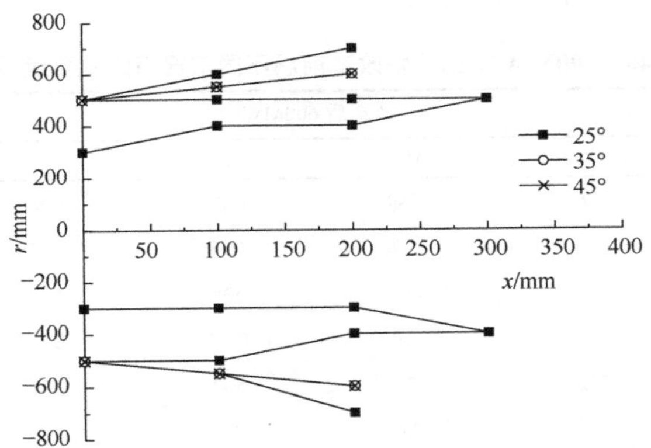

图 3-203　600MW 机组锅炉不同燃尽风燃烧器旋流叶片角度下燃尽风射流边界及中心回流区边界

(2) 燃尽风燃烧器旋流叶片角度对 600MW 机组锅炉燃烧及 NO_x 生成特性的影响。

在锅炉改造前，在 600MW 机组负荷下对锅炉效率进行测试。改造后，进行热态调试，在 600MW 机组负荷下分别对燃尽风旋流叶片角度为 25°、35°、45°和 90°工况进行试验。改造前后的煤质分析分别如表 3-44 和表 3-45 所示。需要特别说明的是，为锅炉安全稳定运行，燃尽风燃烧器旋流叶片角度为 90°工况是指上层中间八只燃尽风燃烧器旋流叶片角度为 90°，其他叶片角度均为 35°，其他三种工况上下两层燃尽风燃烧器旋流叶片角度相同。投运燃烧器外二次风叶片角度均为 35°。

表 3-44　600MW 机组锅炉改造前试验用煤质分析

工业分析(质量分数)/%				元素分析(质量分数)/%					低位发热量/(kJ/kg)
V_{daf}	A_{ar}	M_{ar}	FC_{ar}	C_{ar}	H_{ar}	S_{ar}	N_{ar}	O_{ar}	$Q_{net,ar}$
38.6	20.08	10.08	42.89	55.222	3.542	0.794	0.854	9.432	21.23

表 3-45　600MW 机组锅炉改造后试验用煤质分析

工业分析(质量分数)/%				元素分析(质量分数)/%					低位发热量/(kJ/kg)
V_{daf}	A_{ar}	M_{ar}	FC_{ar}	C_{ar}	H_{ar}	S_{ar}	N_{ar}	O_{ar}	$Q_{net,ar}$
38.77	21.30	9.04	42.70	56.28	3.69	0.85	1.18	9.432	22.0

试验期间锅炉的主要运行参数如表 3-46 所示。表 3-46 也给出了改造前 600MW 热态试验的主要运行参数。采用水冷枪分别通过 1#和 2#两只燃烧器看火孔(图 3-196)沿着 x 方向对烟气取样。

表 3-46　600MW 机组锅炉改造前后不同工况下的主要运行参数

参数	改造后 600MW				改造前 600MW
	25°	35°	45°	90°	
主蒸汽流量/(t/h)	1791	1789	1780	1796	1782
主蒸汽压力/MPa	16.5	16.7	16.8	16.7	16.5
主蒸汽温度/℃	534	539	538	539	538
炉膛负压/Pa	0.11	0.10	0.14	0.12	0.11
一次风量/(t/h)	532	523	540	539	483
一次风温/℃	75	75	75	75	80
二次风温/℃	298.5	297	301	298.5	321.25
二次风量/(km^3/h)	1970	1961	1954	1948	2067
总给煤量/(t/h)	258	259	256	262	262
煤粉细度(R_{200})/%	25.5	24.3	24.5	25.1	24.5
前墙中层 4 只燃烧器一次风量/(t/h)	103	104	103	101	96.5
前墙中层 4 只燃烧器给煤量/(t/h)	51.8	51.8	51	52.4	52.05
燃尽风量/(t/h)	569	647	697	669	挡板全开
燃尽风率/%	23.2	26.8	28.1	27.3	10.9
排烟温度/℃	138.6	137.5	140.4	136.9	162.7
炉渣可燃物含量/%	4.99	5.97	2.52	1.13	0.94
飞灰可燃物含量/%	4.18	3.78	5.40	4.76	2.34

续表

参数	改造后 600MW				改造前 600MW
	25°	35°	45°	90°	
炉膛出口 NO_x 浓度(折算到 6%基准氧含量)/(mg/m³)	423	390	369	344	663
锅炉热效率/%	93.27	93.16	92.66	93.10	93.04

① 不同燃尽风燃烧器旋流叶片角度下中心给粉旋流煤粉燃烧器出口区域的烟气温度和烟气成分分布。

图 3-204 给出了不同燃尽风燃烧器旋流叶片角度下燃烧器出口区域的烟气温度分布和 O_2、CO、NO_x 的浓度分布。烟气温度随着燃尽风燃烧器旋流叶片角度的减小而升高。对于 1#燃烧器，在 x=0.3～0.4m，烟气温度超过 890℃；在 x=0.3～0.4m，O_2 浓度由约 20%降低到 2%～10%，CO 浓度增大到 4300ppm 以上，这表明在 x=0.3～0.4m 处着火。对于 2#燃烧器，在 x=0.5m 处，烟气温度超过 550℃，O_2 浓度由约 20%降低到 7%～16%，CO 浓度增大到 2400ppm 以上，表明在 x=0.5 m 左右着火。随着燃尽风燃烧器旋流叶片角度减小，燃尽风量减少，进入主燃区二次风量增加。燃烧器回流区随着二次风量的增大而增大，着火提前。1#燃烧器比 2#燃烧器提前着火，提前 0.1～0.2m。

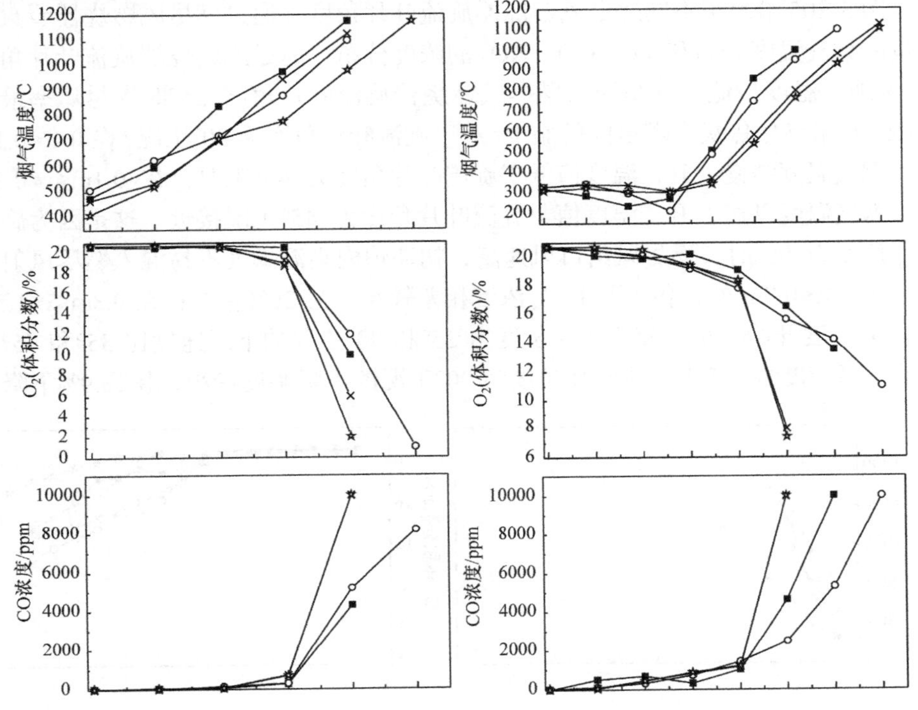

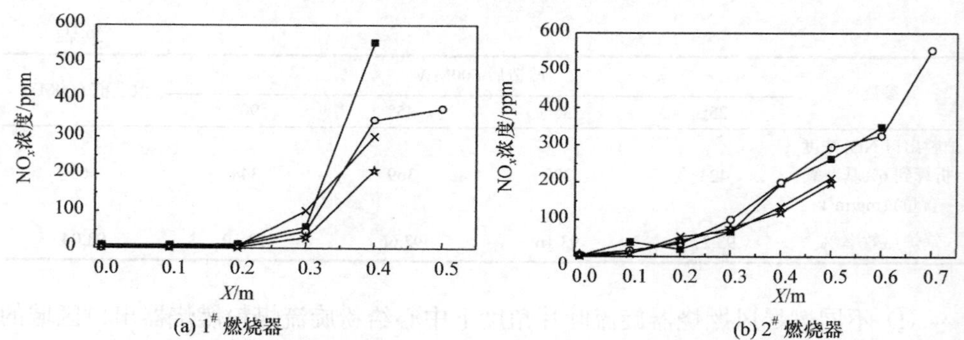

图 3-204 不同燃尽风燃烧器旋流叶片角度下燃烧器出口区域的烟气温度分布和 O_2、CO、NO_x 的浓度分布

—■— 25°； —○— 35°； —×— 45°； —☆— 90°

对于 1#燃烧器，在 0≤x≤0.3m 处，NO_x 浓度较小；当 x>0.3m 时，NO_x 浓度开始急剧增大，且随燃尽风叶片角度的减小而增大。对于 2#燃烧器，在 0≤x≤0.2m 处，NO_x 浓度较小；当 x>0.2m 时，NO_x 浓度开始缓慢增大。在开始阶段，煤粉还没有着火，NO_x 浓度较小；随着煤粉着火燃烧，NO_x 浓度开始增大。随着燃尽风旋流叶片角度的减小，燃烧器二次风量增大，氧量增大，NO_x 浓度越大。

② 不同燃尽风燃烧器旋流叶片角度下燃尽风出口区域的气氛场和温度场。

图 3-205 给出了不同燃尽风燃烧器旋流叶片角度下通过燃尽风燃烧器看火孔测量的烟气温度分布和 O_2、CO、NO_x 的浓度分布。燃尽风燃烧器旋流叶片角度 25°时烟气温度最低，这是因为燃尽风燃烧器旋流叶片角度 25°时燃尽风率最低(23.2%)，未燃尽焦炭在燃尽区份额少。对于旋流叶片角度为 90°工况，在 0≤x≤0.1m 处，烟气温度缓慢上升，温度值低于旋流叶片角度为 45°工况；在 0.1m≤x≤0.2m 处，烟气温度迅速上升，温度值与旋流叶片角度为 45°工况接近。这是因为旋流叶片角度为 90°时，燃尽风出口风速高，初期炉内高温烟气不易混入燃尽风射流中。在 0≤x≤0.7m 处，各工况下 O_2 浓度相差较小，为 20%左右；在 0.8m≤x≤1.5m 处，O_2 浓度开始减小。旋流叶片角度为 25°和 90°工况的下降速度比 35°和 45°工况的下降速度慢。其中旋流叶片角度为 90°工况的下降幅度最小，由 20.9%下降至

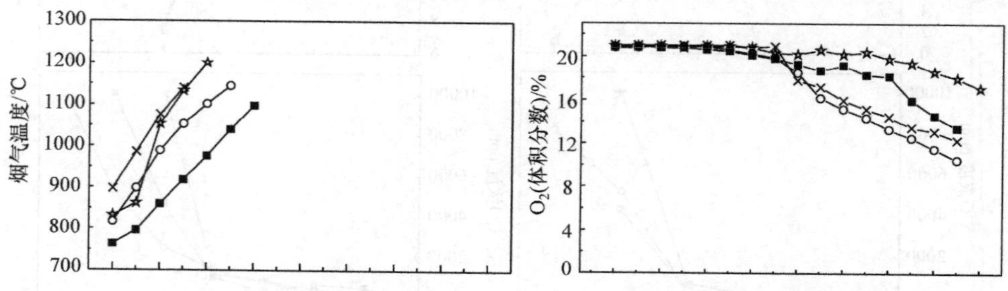

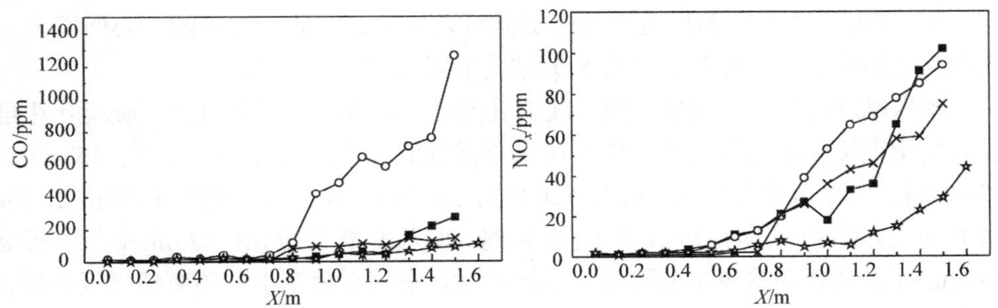

图 3-205　不同燃尽风燃烧器旋流叶片角度下燃尽风出口区域的烟气温度分布和 O_2、CO、NO_x 的浓度分布

—■—25°；—○—35°；—×— 45°；—★— 90°

18%，旋流叶片角度为 35°工况的下降幅度最大，由 20.8%下降至 10.5%。由实验室两相试验结果(参见 3.4.1 节)可知，在 x/d =0.1～2.5 时，旋流叶片角度为 90°工况下射流速度衰减很小，由燃尽风轴向速度为 15.67m/s 衰减至 14.38m/s，测点基本还在燃尽风射流中，所以其 O_2 浓度下降也较慢。旋流叶片角度为 35°工况的轴向速度衰减较快，由燃尽风轴向速度为 14.66m/s 衰减至 2.37m/s，所以其 O_2 浓度下降比较快。由于实际锅炉燃尽风采用大风箱结构，因此燃尽风直流风量与旋流风量根据阻力分配。旋流叶片角度为 25°工况下，旋流风通道阻力增加导致直流风量增加，O_2 浓度衰减也比较慢。在 $0 \leqslant x \leqslant 0.7$m 处，CO 浓度变化较小，在 50ppm 以下；在 $0.8\text{m} \leqslant x \leqslant 1.5$m 处，CO 浓度开始升高，其中 35°工况下 CO 浓度增加幅度最大，由 121ppm 增加至 1263ppm，增加约 10 倍。由以上分析可知，35°工况下 O_2 浓度下降幅度最大，CO 浓度最大。

③ 不同燃尽风燃烧器旋流叶片角度下锅炉效率。

改造后锅炉在 600MW 负荷下运行稳定，锅炉主蒸汽压力和温度分别在 16.5～16.7MPa 和 534～539℃波动，炉膛负压在 0.11～0.14kPa 波动。由表 3-46 可知，改造后，不同燃尽风燃烧器旋流叶片角度下排烟温度比改造前低 22.3～25.8℃；但是飞灰可燃物含量略大。改造后，原上层 8 只燃烧器下移到 24200mm 标高处，在原上层 8 只燃烧器位置安装 8 只燃尽风结构。炉内火焰中心向下移动，从而降低排烟温度。与改造前相比，除燃尽风旋流叶片角度为 45°工况外，其他三种工况下锅炉热效率均稍微增大。

④ 不同燃尽风燃烧器旋流叶片角度下锅炉 NO_x 排放浓度。

由表 3-46 可知，不同燃尽风燃烧器旋流叶片角度下 NO_x 排放浓度均比改造前低。与改造前相比，燃尽风燃烧器旋流叶片角度为 25°、35°、45°和 90°工况分别降低 240mg/m^3、273mg/m^3、294mg/m^3 和 319mg/m^3，与改前相比降低 36.20%、41.17%、44.34%和 48.11%。单相冷态试验结果(参见 3.4.1 节)表明，燃尽风率为

25%～30%时，中心给粉旋流煤粉燃烧器可以形成稳定的、合适的中心回流区，同时其气固流动特性有利于降低 NO_x 排放浓度(参见 3.4.1 节)。

燃尽风燃烧器旋流风通道阻力随着旋流叶片角度的改变而改变。旋流叶片角度的变化直接影响燃尽风率。燃尽风燃烧器旋流叶片角度分别为 25°、35°、45°和 90°时，燃尽风率分别为 23.2%、26.8%、28.1%和 27.3%。当燃尽风率由 23.2%增加到 27.3%时，NO_x 排放浓度(折算到 6%基准氧含量)由 423mg/m^3 降低至 344mg/m^3。随着燃尽风率的增加，主燃区过量空气系数变小，还原性气氛增强，不利于 NO_x 生成。当燃尽风率由 27.3%增加到 28.1%时，NO_x 排放浓度(折算到 6%基准氧含量)由 344mg/m^3 上升至 369mg/m^3。Li 等[46]的研究表明，增大燃尽风挡板开度可以有效降低 NO_x 排放量，但是过大的燃尽风挡板开度会导致大量未燃尽焦炭在燃尽区燃烧，大量的焦炭 N 得到释放，在氧化性气氛下生成 NO_x，同时也降低了锅炉效率。最佳燃尽风率为 27.3%，与设计燃尽风率 27.5%十分接近，也表明该锅炉设计燃尽风率合理。

7. 采用中心给粉旋流煤粉燃烧器燃用烟煤 600MW 机组锅炉性能的工业试验

某电力科学研究院在改造前后分别对北京巴威公司 600MW 机组锅炉性能进行测试。改造后，锅炉在 600MW 负荷下可以稳定运行，与改造前相比，锅炉热效率和过热器及再热器减温水总量无变化。600MW 负荷下 NO_x 排放浓度(折算到 6%基准氧含量)为 237mg/m^3，比改造前降低 60.5%。

改造后，锅炉在 300MW 负荷下无须投油就可以稳定运行。主蒸汽温度和压力分别为 542°C 和 13.65MPa，炉膛负压为 70Pa。低负荷试验进行 3h，锅炉可以安全稳定运行。改造后，没有发生熄火事故，锅炉煤种适应性得到改善。

改造后，长期运行未发生因结渣而影响运行的现象，也未发现高温腐蚀。

日本 IHI 株式会社生产制造的 600MW 机组锅炉改造前后的性能参数见表 3-46。

3.4.2　中心给粉旋流煤粉燃烧器在燃用低挥发分煤 300MW 机组锅炉上的应用

1. 燃用低挥发分煤的 300MW 机组锅炉燃烧装置简介

1) 燃用无烟煤和贫煤混煤的 300MW 机组锅炉

A 厂 1 号、3 号、4 号锅炉和 B 厂 11 号锅炉均是按引进的美国巴威公司技术标准设计制造的，为亚临界参数、一次中间再热、自然循环、单炉膛单锅筒、固态排渣 B&WB-1025/17.5-M 型 300MW 锅炉，露天布置，在尾部竖井下布置两台三分仓容克式空气预热器。

A 厂和 B 厂的 4 台锅炉均为前后墙对冲燃烧方式，配置有 24 只美国巴威公司生产的着火增强型双调风旋流煤粉燃烧器，前后墙各三层燃烧器，每层 4 只，相应的位置标高分别为 17.855m、21.360m 和 24.865m。着火增强型双调风旋流煤粉燃烧器的结构见图 3-24。制粉系统采用 4 台钢球磨煤机、中间储仓式热风送粉系统，从磨煤机出来的乏气经由三次风出口送入炉膛，对称布置在相邻两燃烧器之间的下部位置，前后墙各 2 层，每层各 8 只，共配置有 16 只乏气出口，相应的位置标高分别为 20.060m 和 23.565m。燃尽风装置布置在上层燃烧器正上方 3.5m 位置处，相应的位置标高为 28.365m。其中 A 厂 1 号、3 号、4 号锅炉的设计燃料为阳泉无烟煤与晋中贫煤比例为 65∶35 的混煤，煤粉细度设计值为 R_{90}=6%，实际燃用煤主要为无烟煤和贫煤按 70∶30 的混煤；B 厂 11 号锅炉的设计燃料为阳泉无烟煤与晋中贫煤比例为 50∶50 的混煤，煤粉细度设计值为 R_{90}=10%，实际燃用煤主要为无烟煤和贫煤按 60∶40 的混煤。表 3-47 为 A 厂和 B 厂 4 台锅炉的主要设计参数。表 3-48 为 A 厂和 B 厂锅炉的设计煤质参数。

表 3-47　300MW 机组锅炉的主要设计参数

参数	数值	
	A 厂 1 号、3 号、4 号锅炉	B 厂 11 号锅炉
主蒸汽流量/(t/h)	1025	1025
主蒸汽出口温度/℃	540	540
主蒸汽出口压力/MPa	17.5	17.5
再热蒸汽流量/(t/h)	840	840
再热蒸汽出口温度/℃	540	540
再热蒸汽出口压力/MPa	3.56	3.56
额定负荷锅炉效率/%	92.73	92.25

表 3-48　300MW 机组锅炉的设计煤质参数

参数	数值	
	A 厂设计煤质	B 厂设计煤质
挥发分 V_{daf}/%	12.41	14.98
灰分 A_{ar}/%	24.77	27.55
水分 M_{ar}/%	5.93	6.80
固定碳 FC_{ar}/%	59.31	55.82
低位发热量 $Q_{net,ar}$/(kJ/kg)	22840	22750
碳 C_{ar}/%	60.49	59.73
氢 H_{ar}/%	2.67	2.81
氧 O_{ar}/%	3.87	0.61
氮 N_{ar}/%	0.93	0.80
硫 S_{ar}/%	1.34	1.70
可磨性系数 HGI	—	86

自投运以来，A 厂和 B 厂的这 4 台锅炉均存在一些问题亟待解决，主要是氮氧化物排放量高和燃烧器出口附近区域结渣。

(1) 氮氧化物排放量高，实际运行过程中排放量高达 1100～1400mg/m³ (折算到 6%基准氧含量)，有时甚至超过 1500mg/m³(折算到 6%基准氧含量)。

(2) 燃烧器出口附近区域结渣，影响锅炉的安全运行。

以上问题主要是由燃烧器和配风方式不合理造成的。

(1) 着火增强型双调风旋流煤粉燃烧器的气固流动特性不合理(参见 3.3.2 节)。

(2) 着火增强型双调风旋流煤粉燃烧器在实际运行中无法形成稳定的回流区，使得一次风煤粉气流混合物着火较晚，稳燃性能较差。

(3) 在实际运行中，锅炉为 300MW 负荷时的燃尽风率仅为 15.5%～17.0%，燃尽风率低。

2) 燃用贫煤和烟煤混煤的 300MW 等级锅炉

C 厂 3 号锅炉是按引进的美国巴威公司技术标准设计制造的，为亚临界参数、一次中间再热、自然循环、单炉膛单锅筒、固态排渣 B&WB-1025/18.3-M 型 300MW 锅炉，露天布置，在尾部竖井下设置两台三分仓容克式空气预热器。

锅炉为前后墙对冲燃烧方式，配置有 24 只美国巴威公司生产的着火增强型双调风旋流煤粉燃烧器，前后墙各三层燃烧器，每层 4 只，相应的位置标高分别为 18.955m、22.460m 和 25.965m。制粉系统采用四台钢球磨煤机、中间储仓式热风送粉系统，从磨煤机出来的乏气经由三次风出口送入炉膛，对称布置在相邻两燃烧器之间的下部位置，前后墙各 2 层，每层各 8 只，共配置有 16 只乏气出口，相应的位置标高分别为 21.910m 和 25.415m。原锅炉无燃尽风装置，锅炉的设计燃料为晋中贫煤，煤粉细度设计值为 R_{90}=12%。实际燃用煤主要为贫煤和烟煤按比例 50∶50 的混煤。表 3-49 为 C 厂 300MW 机组锅炉的主要设计参数。表 3-50 为 C 厂 300MW 机组锅炉的设计煤质参数。

表 3-49　C 厂 300MW 机组锅炉的主要设计参数

参数	数值
主蒸汽流量/(t/h)	1025
主蒸汽出口温度/℃	541
主蒸汽出口压力/MPa	18.3
再热蒸汽流量/(t/h)	823.8
再热蒸汽出口温度/℃	541
再热蒸汽出口压力/MPa	3.66
额定负荷锅炉效率/%	91.37

表 3-50　C 厂 300MW 机组锅炉的设计煤质参数

参数	数值
挥发分 V_{daf}/%	15.72
灰分 A_{ar}/%	21.82
水分 M_{ar}/%	6.00
固定碳 FC_{ar}/%	60.83
低位发热量 $Q_{net,ar}$/(kJ/kg)	23874
碳 C_{ar}/%	64.89
氢 H_{ar}/%	2.73
氧 O_{ar}/%	2.40
氮 N_{ar}/%	0.98
硫 S_{ar}/%	1.08
可磨性系数 HGI	57

自投运以来，锅炉存在一些问题亟待解决，最主要的问题是氮氧化物排放量高和燃烧器出口附近区域结渣。

(1) 氮氧化物排放量高，实际运行过程中排放量通常在 900mg/m^3 (折算到 6%基准氧含量)左右，有时甚至超过 1000mg/m^3 (折算到 6%基准氧含量)。

(2) 燃烧器出口附近区域结渣，影响锅炉的安全运行。

以上问题的主要原因可参见上述燃用贫煤和烟煤混煤的 300MW 等级锅炉问题原因的分析，另外原锅炉无燃尽风装置，也是氮氧化物排放量高的主要原因。

在采用燃尽风技术后，为了得出适用于燃用低挥发分煤的 300MW 等级机组锅炉的中心给粉旋流煤粉燃烧器结构，通过实验室单相试验、混合特性试验对中心给粉旋流煤粉燃烧器进行研究。采用 IFA300 型恒温热线(膜)风速仪分别对不同结构及运行参数下中心给粉旋流煤粉燃烧器冷态空气动力场进行测量，研究燃烧器出口单相冷态射流流动及湍流特性。运用热质比拟方法对不同结构及参数下中心给粉旋流煤粉燃烧器的混合特性进行研究。

2. 结构和运行参数对中心给粉旋流煤粉燃烧器单相流动特性的影响

本节研究对象的原型为针对某燃用无烟煤和贫煤混煤的 300MW 机组锅炉设计的中心给粉旋流煤粉燃烧器。根据相似与模化原理，在按照 1∶3.2 比例缩小后的单只旋流煤粉燃烧器模型上进行实验室冷态单相模化试验研究，试验系统及原理介绍参见 2.5.2 节，燃烧器模型简图如图 3-206 所示。燃烧器外二次风扩口最大直径定义为 D_1(D_1=0.4007m)。

根据原型燃烧器的相关参数，可计算得出常温条件下单相模化试验中燃烧器

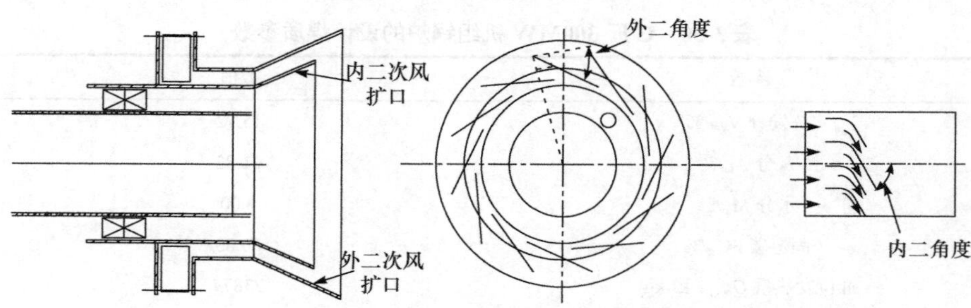

图 3-206　300MW 机组锅炉燃烧器模型简图

相应的风速和风量等试验参数。采用飘带示踪法对燃烧器中心回流区边界及射流边界进行测量。试验中采用绑有短飘带的坐标架对燃烧器出口气流进行示踪和测量，坐标架相邻网格间的距离为 0.05m，根据飘带的示踪方向测定气流的射流边界及其相应的中心回流区边界。采用 IFA 300 型恒温热线(膜)风速仪测量燃烧器出口区域不同测点处的速度场分布[47]。

1) 运行及结构参数对燃烧器中心回流区的影响

本节介绍内二次风扩口长度、燃尽风量、内、外二次风风率比及内、外二次风叶片角度等对燃用低挥发分煤的中心给粉旋流煤粉燃烧器中心回流区的影响。

(1) 内二次风扩口长度。

表 3-51 为不同内二次风扩口长度的试验参数。试验过程中保持一次风量和二次风量均不变，仅改变内二次风扩口长度，内二次风扩口长度分别为 0mm、37.7mm、81.8mm 和 100.6mm，外二次风扩口长度为 125.8mm，内二次风扩口长度占外二次风扩口长度的比例分别为 0%、30%、65%和 80%。

表 3-51　不同内二次风扩口长度的试验参数

参数	数值			
一次风温/℃	16			
二次风温/℃	16			
内二次风叶片角度/(°)	64			
外二次风叶片角度/(°)	30			
一次风质量流量/(kg/s)	0.2720			
内二次风质量流量/(kg/s)	0.2053			
外二次风质量流量/(kg/s)	0.3282			
外二次风扩口长度/mm	125.8			
内二次风扩口长度/mm	0	37.7	81.8	100.6

图 3-207 为不同内二次风扩口长度下燃烧器中心回流区边界及射流边界。试

验结果表明，在不同内二次风扩口长度下紧靠燃烧器的出口区域均能形成一个沿燃烧器轴线基本对称的中心回流区，回流区形状呈“心”形。但当内二次风扩口长度为 0mm 时，内二次风与一次风混合较早，使得回流区起始点距离燃烧器出口较近，在实际运行中容易烧损燃烧器出口；同时由于没有内二次风扩口的导向作用，回流区的长度和直径均偏小，且试验过程中发现回流区稳定性偏差。随着内二次风扩口长度从 0mm 逐渐增长到 100.6mm 的过程中，内二次风扩口的导向作用增强，回流区的长度和直径均增大，且回流区起始点沿燃烧器轴向方向后移。“心”形回流区的起始点沿着轴向射流方向逐渐从 X=0.04m 的位置向下游移动到 X=0.10m 的位置。“心”形回流区的最大长度从 $L_h=1.8D_1$ 逐渐增长到 $L_h=2.1D_1$，最大直径从 $D_h=0.8D_1$ 逐渐增大到 $D_h=0.9D_1$。与此同时，相应的射流扩展角为 77°～84°。如果内二次风扩口长度过长，则内二次风与一次风混合推迟，不利于在燃烧初期及时地提供燃烧所需的空气。

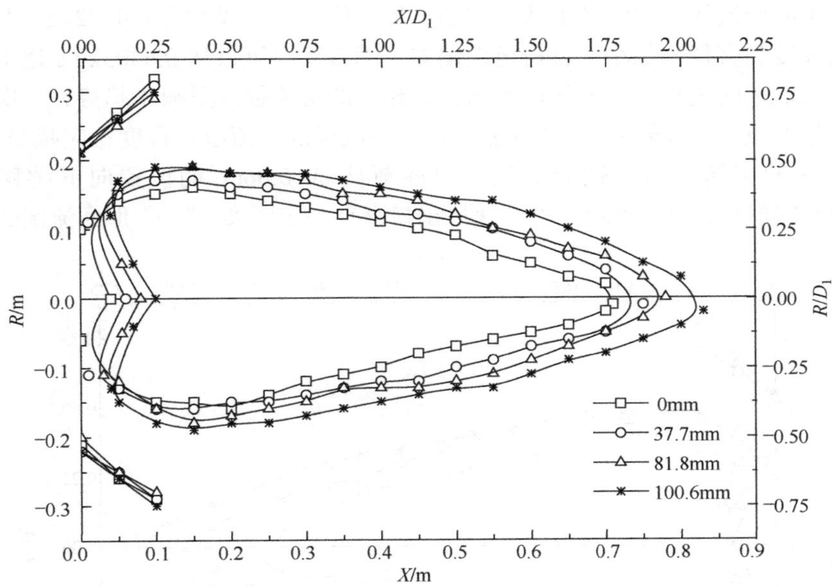

图 3-207　不同内二次风扩口长度下燃烧器的中心回流区边界及射流边界

(2) 燃尽风量。

表 3-52 为不同燃尽风量条件下的试验参数。锅炉在实际运行中，在总风量不变的情况下，随着二次风量的增大则燃尽风量相应减小。试验过程中保持一次风量不变，通过改变二次风量来改变相应的二次风率，从而间接地改变燃尽风量的大小。因此，本节所指的不同燃尽风量对中心回流区的影响也就是不同二次风量对中心回流区的影响。

表 3-52　不同燃尽风量的试验参数

参数		数值	
一次风温/℃		16	
二次风温/℃		16	
内二次风叶片角度/(°)		64	
外二次风叶片角度/(°)		30	
一次风质量流量/(kg/s)	0.2720	0.2720	0.2720
内二次风质量流量/(kg/s)	0.1848	0.2053	0.2464
外二次风质量流量/(kg/s)	0.2954	0.3282	0.3939

图 3-208 为不同燃尽风量下燃烧器的中心回流区边界及射流边界。试验结果表明，在不同燃尽风量下紧靠燃烧器的出口区域均能形成一个沿燃烧器轴线基本对称的中心回流区，回流区形状呈“心”形。但当二次风量为 0.4802kg/s 时，回流区的长度和直径均偏小，且稳定性偏差。随着二次风量从 0.6403kg/s 逐渐减小到 0.4802kg/s 的过程中，燃尽风量增大，相应的旋流强度呈减小趋势，二次风气流旋转强度减小，旋转的二次风气流与直流一次风的湍流混合程度相应减弱。“心”形回流区的起始点沿着轴向射流方向逐渐从 X=0.06m 的位置向下游移动到 X=0.10m 的位置，起始点均与外二次风出口存在一定距离。“心”形回流区的最大

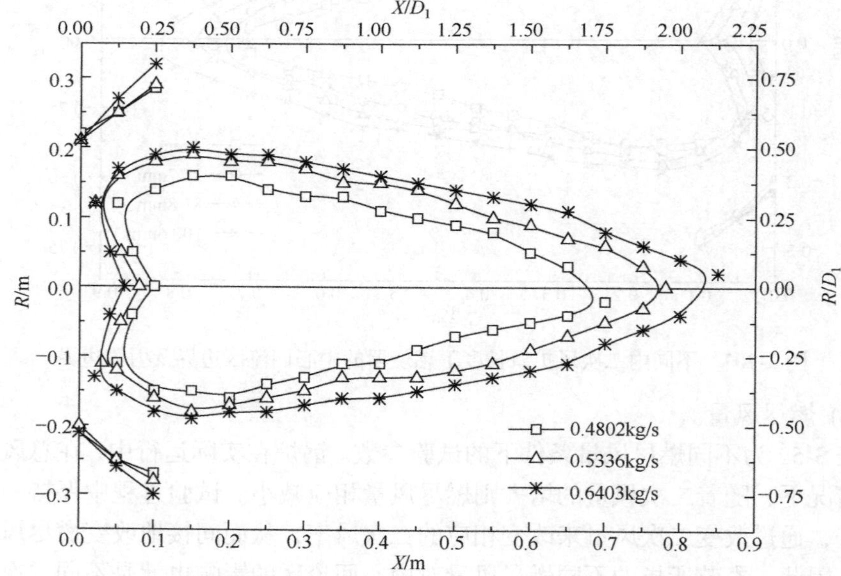

图 3-208　不同燃尽风量下燃烧器的中心回流区边界及射流边界

长度从 $L_h=2.1D_1$ 逐渐缩短到 $L_h=1.7D_1$，最大直径从 $D_h=1.0D_1$ 逐渐减小到 $D_h=0.8D_1$，使得回流量也相应增加。与此同时，相应的射流扩展角从 90°逐渐减小到 64°。

(3) 内、外二次风风率比。

表 3-53 为不同内、外二次风风率比下的试验参数。试验过程中保持一次风量不变，通过改变内、外二次风量的比例来改变相应的内、外二次风风率比。因此，本节所指的不同内、外二次风风率比也就是不同内、外二次风风量比。

表 3-53　不同内、外二次风风率比下的试验参数

参数	数值		
一次风温/℃		16	
二次风温/℃		16	
内二次风叶片角度/(°)		64	
外二次风叶片角度/(°)		30	
一次风质量流量/(kg/s)	0.2720	0.2720	0.2720
二次风质量流量/(kg/s)	0.5336	0.5336	0.5336
内、外二次风风率比	20：80	38：62	60：40

图 3-209 为不同内、外二次风风率比下燃烧器的中心回流区边界及射流边界。试验结果表明，在不同内、外二次风风率比下紧靠燃烧器的出口区域均能形成一个稳定的、沿燃烧器轴线基本对称的中心回流区，回流区形状呈“心”形。随着内、外二次风风率比从 20：80 逐渐增加到 60：40，内二次风量增大，使得内二次风与一次风的混合提前，因此“心”形回流区的起始点沿着轴向射流方向逐渐从 X=0.09m 的位置向上游移动到 X=0.06m 的位置，起始点均与外二次风出口存在一定距离。但外二次风量减小，使得燃烧器射流的旋流强度减小，二次风与直流一次风的湍流混合程度相应减弱，“心”形回流区的最大长度从 $L_h=2.1D_1$ 逐渐缩短到 $L_h=1.8D_1$，最大直径从 $D_h=1.0D_1$ 逐渐减小到 $D_h=0.8D_1$，使得回流量也相应减小。与此同时，相应的射流扩展角从 93°逐渐减小到 70°。内、外二次风风率比增大时，“心”形回流区起始点前移，实际运行中不利于在燃烧初期抑制氮氧化物的生成。

(4) 内二次风叶片角度。

表 3-54 为不同内二次风叶片角度下的试验参数。试验过程中保持一、二次风的风量不变，仅改变内二次风叶片角度。

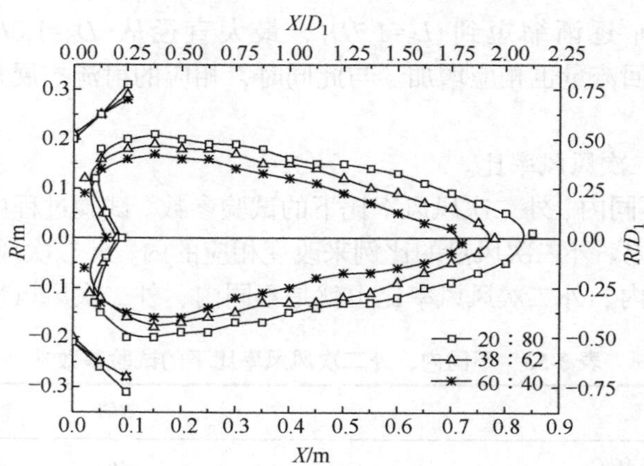

图 3-209　不同内、外二次风风率比下燃烧器的中心回流区边界及射流边界

表 3-54　不同内二次风叶片角度下的试验参数

参数	数值			
一次风温/℃	16			
二次风温/℃	16			
一次风质量流量/(kg/s)	0.2720			
内二次风质量流量/(kg/s)	0.2053			
外二次风质量流量/(kg/s)	0.3282			
内二次风叶片角度/(°)	55	60	64	70
外二次风叶片角度/(°)	30	30	30	30

图 3-210 为不同内二次风叶片角度下燃烧器的中心回流区边界及射流边界。试验结果表明，在不同内二次风叶片角度下紧靠燃烧器的出口区域均能形成一个稳定的、沿燃烧器轴线基本对称的中心回流区，回流区形状呈“心”形。在内二次风叶片角度为 55°～70°时，随着叶片角度的增大，旋流强度增大，旋转的二次风气流与直流一次风的湍流混合程度相应增强。“心”形回流区的起始点沿着轴向射流方向逐渐从 X=0.09m 的位置向上游移动到 X=0.06m 的位置，起始点均与外二次风出口存在一定距离。“心”形回流区的最大长度从 $L_h=1.8D_1$ 逐渐增长到 $L_h=2.0D_1$，最大直径从 $D_h=0.8D_1$ 逐渐增大到 $D_h=1.0D_1$，使得回流量也相应增加。与此同时，相应的射流扩展角从 77°逐渐增大到 90°。当内二次风叶片角度为 55°时，中心回流区尺寸偏小且不稳定，在实际运行中不利于煤粉的及时着火和稳定燃烧。

(5) 外二次风叶片角度。

表 3-55 为不同外二次风叶片角度下的试验参数。试验过程中保持一、二次风

的风量不变，仅改变外二次风叶片角度。

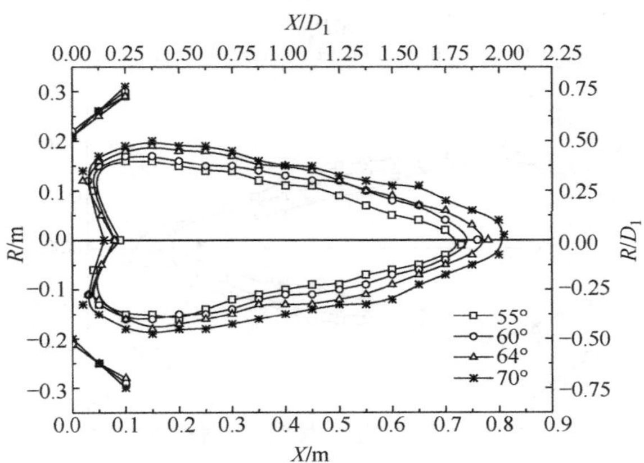

图 3-210　不同内二次风叶片角度下燃烧器的中心回流区边界及射流边界

表 3-55　不同外二次风叶片角度下的试验参数

参数	数值		
一次风温/℃		16	
二次风温/℃		16	
一次风质量流量/(kg/s)		0.2720	
内二次风质量流量/(kg/s)		0.2053	
外二次风质量流量/(kg/s)		0.3282	
内二次风叶片角度/(°)	64	64	64
外二次风叶片角度/(°)	25	30	35

图 3-211 为不同外二次风叶片角度下燃烧器的中心回流区及射流边界。试验结果表明，在不同外二次风叶片角度下紧靠燃烧器的出口区域均能形成一个稳定的、沿燃烧器轴线基本对称的中心回流区，回流区形状呈“心”形。在外二次风叶片角度为 25°～35°时，随着外二次风叶片角度的减小，旋流强度增大，旋转的二次风气流与直流一次风的湍流混合程度相应增强。“心”形回流区的起始点沿着轴向射流方向逐渐从 X=0.09m 的位置向上游移动到 X=0.06m 的位置，起始点均与外二次风出口存在一定距离。“心”形回流区的最大长度从 $L_h=1.8D_1$ 逐渐增长到 $L_h=2.1D_1$，最大直径从 $D_h=0.8D_1$ 逐渐增大到 $D_h=1.0D_1$，使得回流量也相应增加。与此同时，相应的射流扩展角从 74°逐渐扩大到 90°，在实际运行中有利于煤粉的及时着火和稳定燃烧，同时也要避免中心回流区过大将二次风气流甩到水冷

壁上形成"飞边"现象。

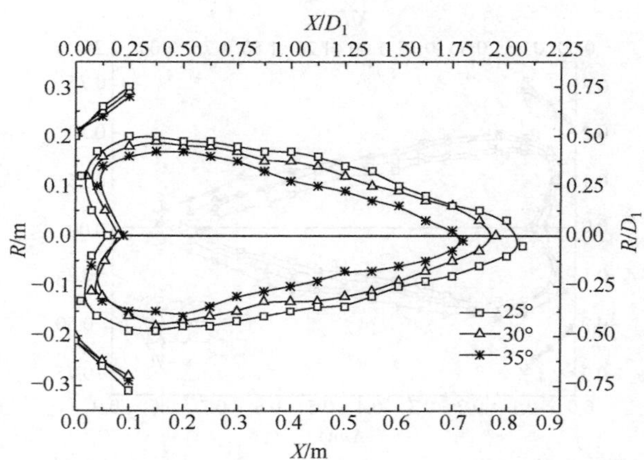

图 3-211　不同外二次风叶片角度下燃烧器的中心回流区边界及射流边界

2) 结构和运行参数对燃烧器出口区域速度场的影响

本节主要介绍燃尽风量、内、外二次风比及内、外二次风叶片角度对燃用无烟煤和贫煤混煤的中心给粉旋流煤粉燃烧器速度场的影响。

(1) 燃尽风量。

表 3-56 为不同燃尽风量下的试验参数[5,48]。试验过程中保持一次风量不变，通过改变二次风量来改变相应的二次风率，从而间接地改变燃尽风量的大小。图 3-212、图 3-213 和图 3-214 分别为不同燃尽风量下燃烧器出口区域的轴向平均速度、径向平均速度和切向平均速度的分布。在 X/D_1=0～0.2 处，轴向平均速度有两个分别由一、二次风形成的速度峰区。在 X/D_1=0.4 处以后的区域靠近燃烧器中心的峰区消失。在 $0.1 \leqslant X/D_1 \leqslant 0.4$ 处，有一个径向及切向速度峰值区域 ($0.5 \leqslant r/d \leqslant 0.65$)，两个速度峰值均由二次风气流形成。这两个速度峰值逐渐减小并在沿 X/D_1=0.8 以后的区域消失。随着二次风质量流量的逐渐减小，轴向、径向和切向的速度峰值均减小。在 X/D_1=0.2～1.2 处，靠近燃烧器中心附近的部分轴向平均速度呈负值，表明该区域形成中心回流区。在 X/D_1=0.4 附近区域内，中心回流区达到最大。在 $0.1 \leqslant X/D_1 \leqslant 0.4$ 处，靠近燃烧器中心附近的部分径向平均速度呈负值，表明一次风气流在向燃烧器中心的方向流动。在中心回流区内，靠近燃烧器中心附近的切向平均速度相对较小，轴向平均速度较大。随着二次风质量流量从 0.6087 kg/s 减小到 0.4565 kg/s，计算得出的旋流强度从 0.486 减小到 0.334，气流旋转减弱，相应的轴向负速度也减小，中心回流区减小，在 $0.1 \leqslant X/D_1 \leqslant 0.8$ 处，相应的径向平均速度和切向平均速度均减小。在 $X/D_1 \geqslant 0.8$ 处，径向平均速度和切向平均速度均较小，不同二次风量下的速度差异也较小。

表 3-56　不同燃尽风量下的试验参数

参数	数值		
一次风通道面积/m²		0.0223	
内二次风通道面积/m²		0.0193	
外二次风通道面积/m²		0.0176	
内二次风叶片角度/(°)		64	
外二次风叶片角度/(°)		30	
一次风温度/℃		16	
二次风温度/℃		16	
一次风质量流量/(kg/s)	0.2586	0.2586	0.2586
内二次风质量流量/(kg/s)	0.1757	0.1952	0.2343
外二次风质量流量/(kg/s)	0.2808	0.3120	0.3744
旋流强度	0.334	0.375	0.486

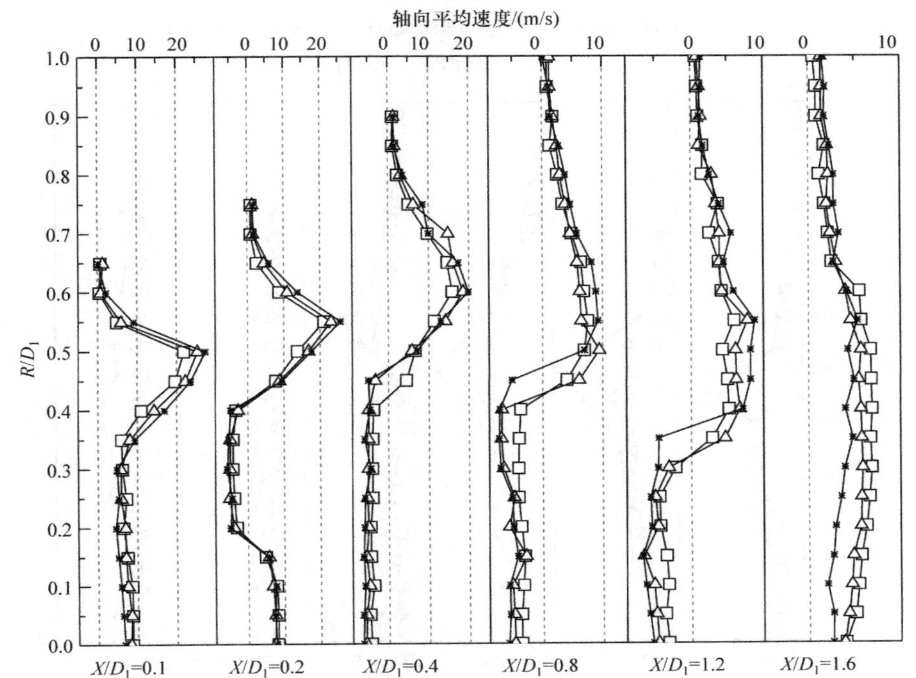

图 3-212　不同燃尽风量下燃烧器出口区域的轴向平均速度分布

—□— 0.4565 kg/s;　—△— 0.5072 kg/s;　—*— 0.6087 kg/s

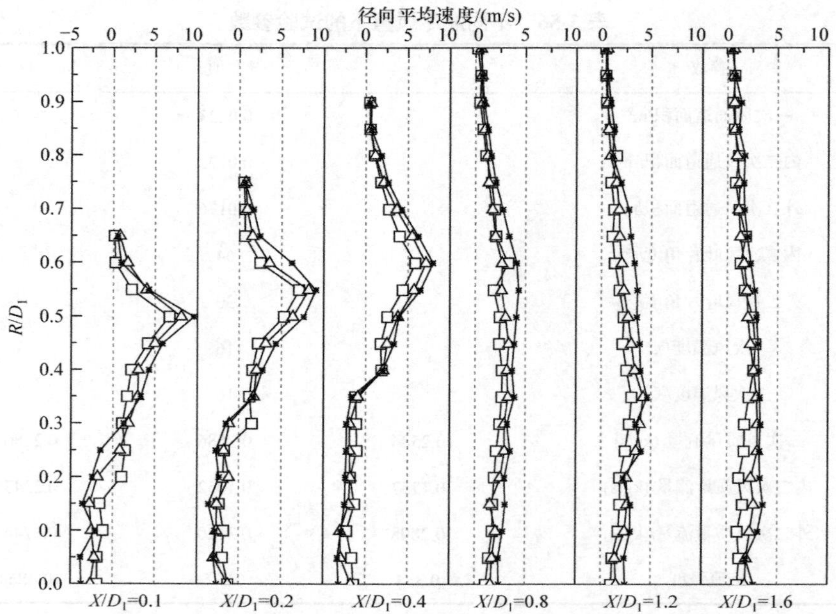

图 3-213　不同燃尽风量下燃烧器出口区域的径向平均速度分布

—□— 0.4565 kg/s;　—△— 0.5072 kg/s;　—*— 0.6087 kg/s

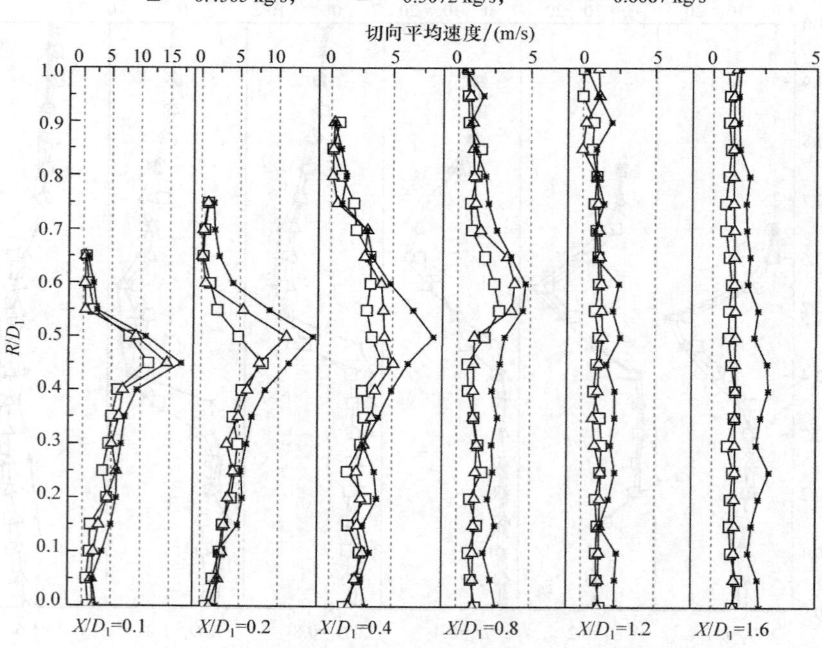

图 3-214　不同燃尽风量下燃烧器出口区域的切向平均速度分布

—□— 0.4565 kg/s;　—△— 0.5072 kg/s;　—*— 0.6087 kg/s

图 3-215 为不同燃尽风量下最大相对速度的衰减曲线。其中 V_0 表示一次风出口速度。$(V_a)_{max}$、$(V_r)_{max}$、$(V_t)_{max}$ 分别表示某一截面的轴向最大速度、径向最大速度、切向最大速度。由图 3-215(a)可知，随着射流的发展，$(V_a)_{max}/V_0$ 逐渐下降，在 $0 \leqslant X/D_1 \leqslant 0.8$ 处，其衰减速率比 $X/D_1 \geqslant 0.8$ 处大。随着二次风质量流量的降低，在 $0 \leqslant X/D_1 \leqslant 1.2$ 处，在相同测量截面上$(V_a)_{max}/V_0$减小。由图 3-215(b)可知，在 $0 \leqslant X/D_1 \leqslant 0.8$ 处，随着射流的发展，$(V_r)_{max}/V_0$ 逐渐下降。当二次风质量流量为 0.6087kg/s 时，在 $X/D_1=0.1$ 附近区域达到最大值；而其他两种工况下，在 $X/D_1=0.2$ 附近区域达到最大值。在 $X/D_1 \geqslant 0.8$ 处，不同二次风质量流量下$(V_r)_{max}/V_0$差别较小。随着二次风质量流量的减小，燃尽风量增大，在相同测量截面上$(V_r)_{max}/V_0$ 减小。由图 3-215(c)可知，随着射流的发展，$(V_t)_{max}/V_0$下降。在 $0 \leqslant X/D_1 \leqslant 0.8$ 处，其衰减速率比 $X/D_1 \geqslant 0.8$ 处大。在 $0 \leqslant X/D_1 \leqslant 0.8$ 处，随着二次风质量流量的减小，在相同测量截面上$(V_t)_{max}/V_0$ 逐渐下降。与 $X/D_1<1.2d$ 的数值相比，在 $X/D_1 \geqslant 1.2$ 处，轴向、径向和切向最大速度相对较小，表明旋流燃烧器射流前期混合强烈而射流后期混合较弱。

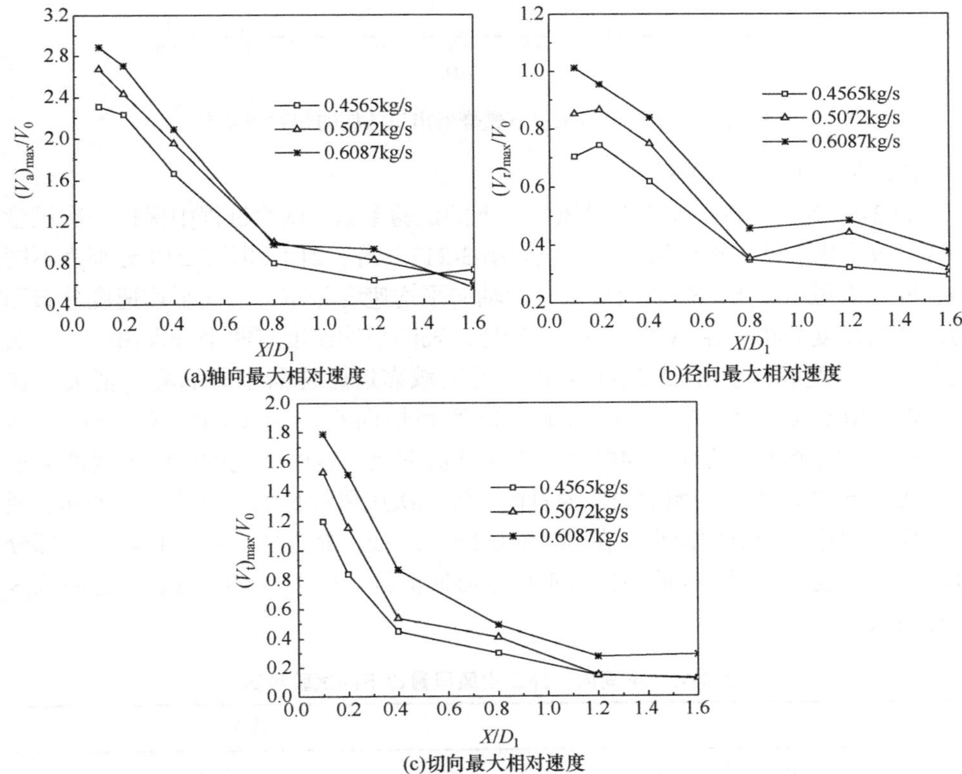

(a)轴向最大相对速度

(b)径向最大相对速度

(c)切向最大相对速度

图 3-215　不同燃尽风量下燃烧器出口区域最大相对速度的衰减曲线

图 3-216 为不同燃尽风量下燃烧器出口区域的相对回流率。随着射流的发展，

相对回流率先增大后减小；当二次风质量流量为 0.6087kg/s 时，相对回流率在 X/D_1=0.8 处达到最大；而其他两种工况下，在 X/D_1=0.4 处达到最大。随着二次风质量流量的减小，在相同测量截面上的相对回流率减小。

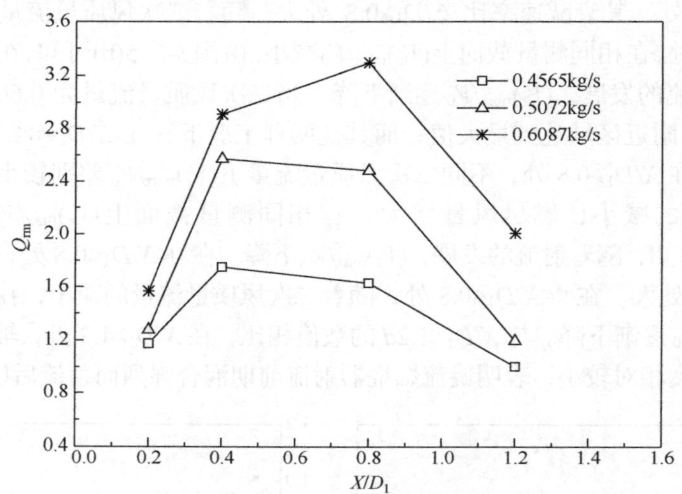

图 3-216　不同燃尽风量下燃烧器出口区域的相对回流率

(2) 内、外二次风风量比。

表 3-57 为不同内、外二次风风量比下的试验参数。试验过程中保持一次风量不变，改变内、外二次风风量的比例。图 3-217、图 3-218 和图 3-219 分别为不同内、外二次风风量下燃烧器出口区域的轴向平均速度分布、径向平均速度分布和切向平均速度分布。在 X/D_1=0.1～0.2 处，轴向平均速度有两个分别由一、二次风形成的速度峰区。在 X/D_1=0.4 以后的区域靠近燃烧器中心的峰区消失。在 $0.1 \leqslant X/D_1 \leqslant 0.4$ 处，存在一个径向平均速度和切向平均速度的峰值区域($0.45 \leqslant r/d \leqslant 0.65$)。两个速度的峰值均由外二次风气流形成。这两个速度的峰值逐渐减小并在 X/D_1=1.2 以后的区域消失。随着内、外二次风风量比的逐渐增大，轴向、径向和切向的速度峰值均减小。在 X/D_1=0.2～1.2 处，靠近燃烧器中心附近的部分轴向平均速度呈负值，表明该区域形成中心回流区。在 X/D_1=0.4 处，中心回流区达到最大。

表 3-57　不同内、外二次风风量比下的试验参数

参数	数值
一次风通道面积/m^2	0.0223
内二次风通道面积/m^2	0.0193
外二次风通道面积/m^2	0.0176

续表

参数	数值		
内二次风叶片角度/(°)		64	
外二次风叶片角度/(°)		30	
一次风温度/℃		16	
二次风温度/℃		16	
一次风质量流量/(kg/s)		0.2586	
二次风质量流量/(kg/s)		0.5072	
内、外二次风风量比	20：80	38：62	60：40
旋流强度	0.389	0.375	0.369

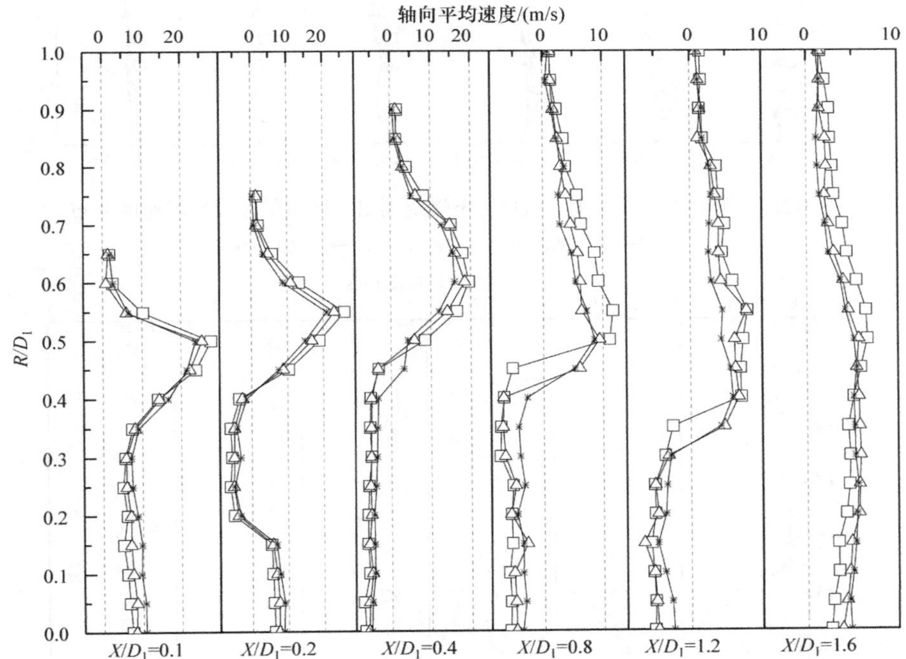

图 3-217 不同内、外二次风风量比下燃烧器出口区域的轴向平均速度分布

—□— 20：80；—△— 38：62；—*— 60：40

在 $0.1 \leqslant X/D_1 \leqslant 0.4$ 处，靠近燃烧器中心附近的部分径向平均速度呈负值，表明一次风气流向燃烧器中心的方向流动。在中心回流区内，靠近燃烧器中心附近的切向平均速度相对较小，轴向平均速度较大。随着内、外二次风风量比从 20：80 增大到 60：40，计算得出的旋流强度从 0.389 逐渐减小到 0.369，气流旋转减弱，相应的轴向平均速度也减小，一次风气流和二次风气流的混合减弱。在 $0.1 \leqslant X/D_1 \leqslant 1.2$

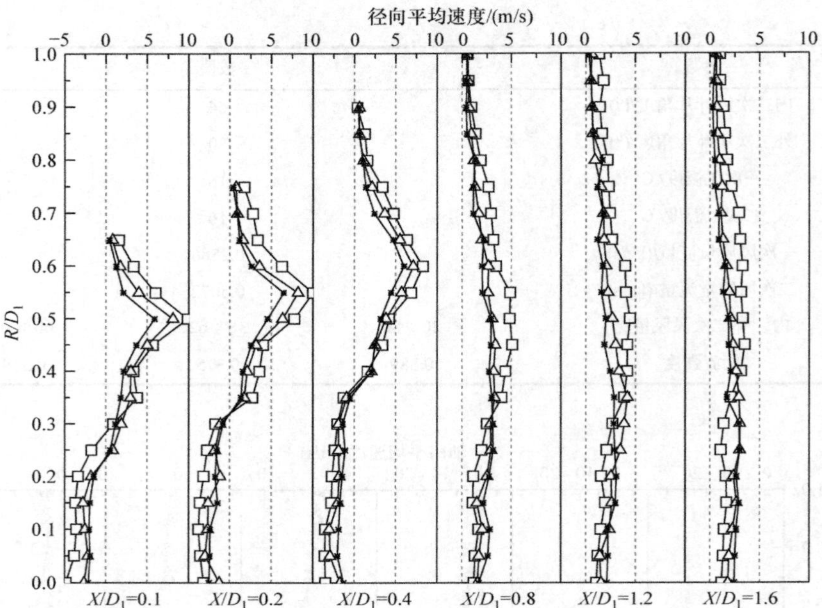

图 3-218　不同内、外二次风风量比下燃烧器出口区域的径向平均速度分布

—□— 20∶80；　—△— 38∶62；　—*— 60∶40

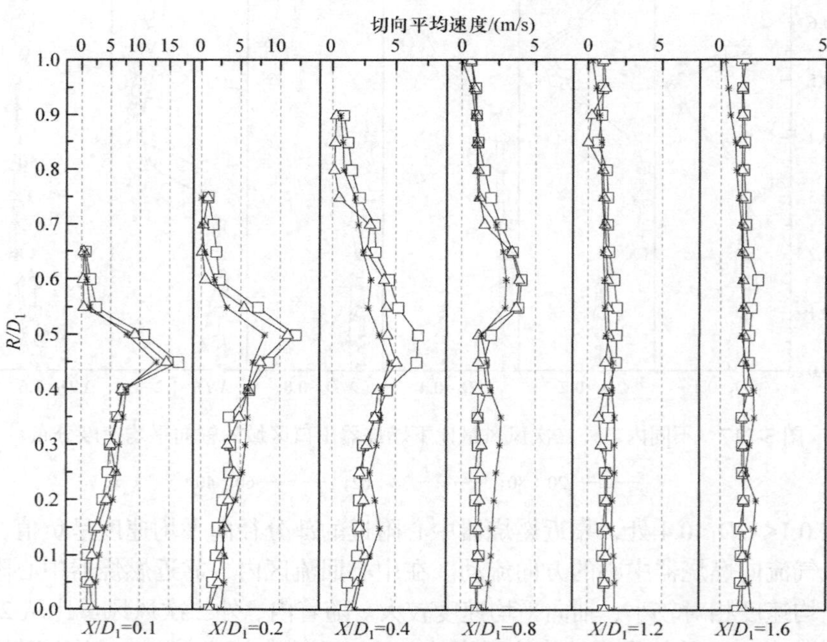

图 3-219　不同内、外二次风风量比下燃烧器出口区域的切向平均速度分布

—□— 20∶80；　—△— 38∶62；　—*— 60∶40

处，二次风流动区域相应的径向平均速度和切向平均速度降低。在 $X/D_1 \geqslant 1.2$ 处，径向平均速度和切向平均速度均较小，不同内、外二次风风量比条件下的速度差异也较小。

图 3-220 为不同内、外二次风风量比下燃烧器出口区域最大相对速度的衰减曲线。由图 3-220(a)可知，沿轴向射流方向$(V_a)_{max}/V_0$呈逐渐下降趋势，在沿射流方向的 $0.1 \leqslant X/D_1 \leqslant 0.8$ 区域内其衰减速率较快，而在 $X/D_1 \geqslant 0.8$ 区域内的衰减速率相对较慢。随着内、外二次风风量比的增加，在沿射流方向 $0 \leqslant X/D_1 \leqslant 1.2$ 区域内，在相同测量截面上$(V_a)_{max}/V_0$呈逐渐降低趋势。由图 3-220(b)可知，在 $0.2 \leqslant X/D_1 \leqslant 0.8$ 范围内，随着射流的发展，$(V_r)_{max}/V_0$逐渐下降。三种工况下，$(V_r)_{max}/V_0$在 $X/D_1=0.2$ 附近区域达到最大。在 $X/D_1 \geqslant 0.8$ 处，不同内、外二次风风量比下$(V_r)_{max}/V_0$差别较小。随着内、外二次风风量比的增大，在相同测量截面上$(V_r)_{max}/V_0$减小。由图 3-220(c)可知，随着射流的发展，$(V_t)_{max}/V_0$减小。在 $0 \leqslant X/D_1 \leqslant 0.8$ 处，$(V_t)_{max}/V_0$衰减速率比 $X/D_1 \geqslant 0.8$ 处大。在 $0 \leqslant X/D_1 \leqslant 0.8$ 处，随着内、外二次风风量比的增大，在相同测量截面上$(V_t)_{max}/V_0$减小。在 $X/D_1 \geqslant 1.2$ 处，轴向、径向和切向的最大相对速度均较小。

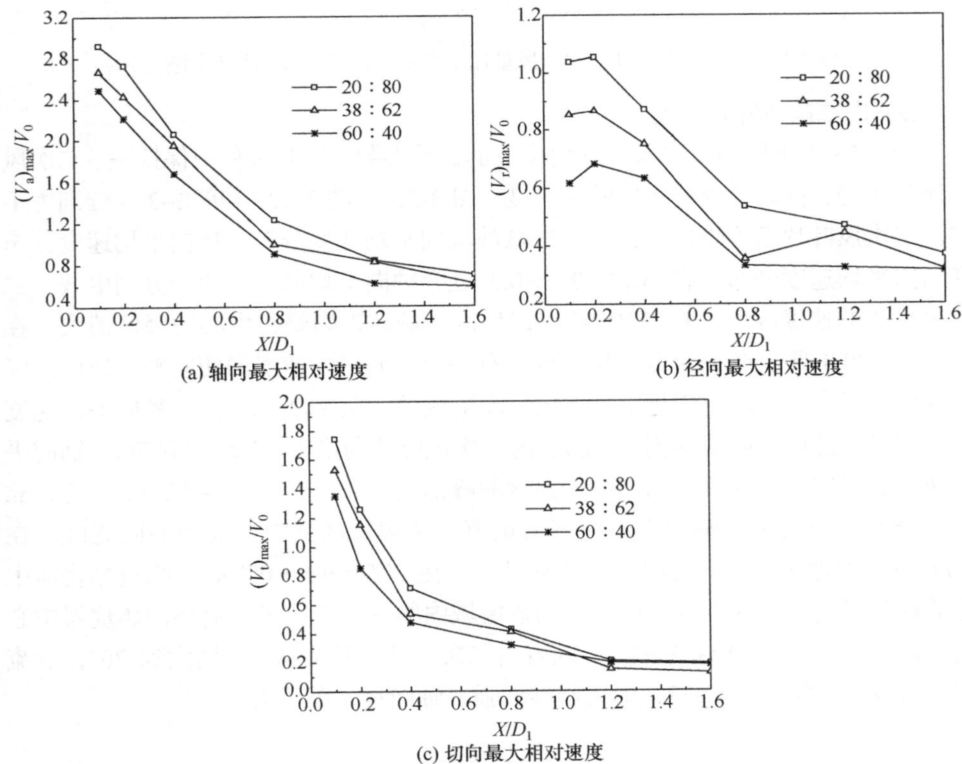

图 3-220　不同内、外二次风风量比下燃烧器出口区域最大相对速度的衰减曲线

图 3-221 为不同内、外二次风风量比下燃烧器出口区域的相对回流率。当内、外二次风风量比为 20∶80 时，相对回流率在 X/D_1=0.8 附近区域达到最大；而其他两种工况下，在 X/D_1=0.4 附近区域达到最大。随着内、外二次风风量比的增大，在相同测量截面上的相对回流率减小。

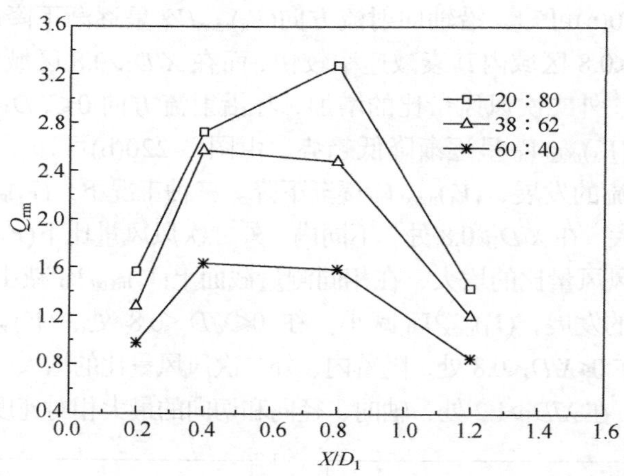

图 3-221　不同内、外二次风风量比下燃烧器出口区域的相对回流率

(3) 内二次风叶片角度。

表 3-58 为不同内二次风叶片角度下的试验参数。试验过程中保持一、二次风的风量不变，仅改变内二次风叶片角度。图 3-222、图 3-223 和图 3-224 分别为不同内二次风叶片角度下燃烧器出口区域的轴向平均速度分布、径向平均速度分布和切向平均速度分布。在 X/D_1=0.1～0.2 处，轴向平均速度有两个分别由一、二次风形成的速度峰区。在 X/D_1=0.4 以后的区域靠近燃烧器中心的峰区消失。在 $0.1\leqslant X/D_1\leqslant 0.4$ 处，在 $r/d\geqslant 0.45$ 位置处，有一个径向平均速度和切向平均速度的峰值区域；两个速度峰值均是由二次风气流形成的。在 $X/D_1\geqslant 0.8$ 处，径向平均速度和切向平均速度的峰值均消失。随着内二次风叶片角度由 55°增大到 70°，轴向平均速度、径向平均速度、切向平均速度的峰值均增大。在 X/D_1=0.2～1.2 处，靠近燃烧器中心的部分轴向平均速度为负值，说明该区域内形成中心回流区。在 X/D_1=0.4 附近区域，中心回流区达到最大。在 X/D_1=0.1～0.4 处，靠近燃烧器中心的部分径向平均速度为负值，说明该区域内的一、二次风气流均向燃烧器中心的方向流动。在 X/D_1=0.2～1.2，随着内二次风叶片角度从 55°增大到 70°，旋流强度从 0.263 增大到 0.433，射流旋转增强，轴向负速度增大。

表 3-58　不同内二次风叶片角度下的试验参数

参数	数值			
一次风通道面积/m²	0.0223			
内二次风通道面积/m²	0.0193			
外二次风通道面积/m²	0.0176			
一次风质量流量/(kg/s)	0.2586			
内二次风质量流量/(kg/s)	0.1952			
外二次风质量流量/(kg/s)	0.3120			
一次风温度/℃	16			
二次风温度/℃	16			
外二次风叶片角度/(°)	30			
内二次风叶片角度/(°)	55	60	64	70
旋流强度	0.263	0.355	0.375	0.433

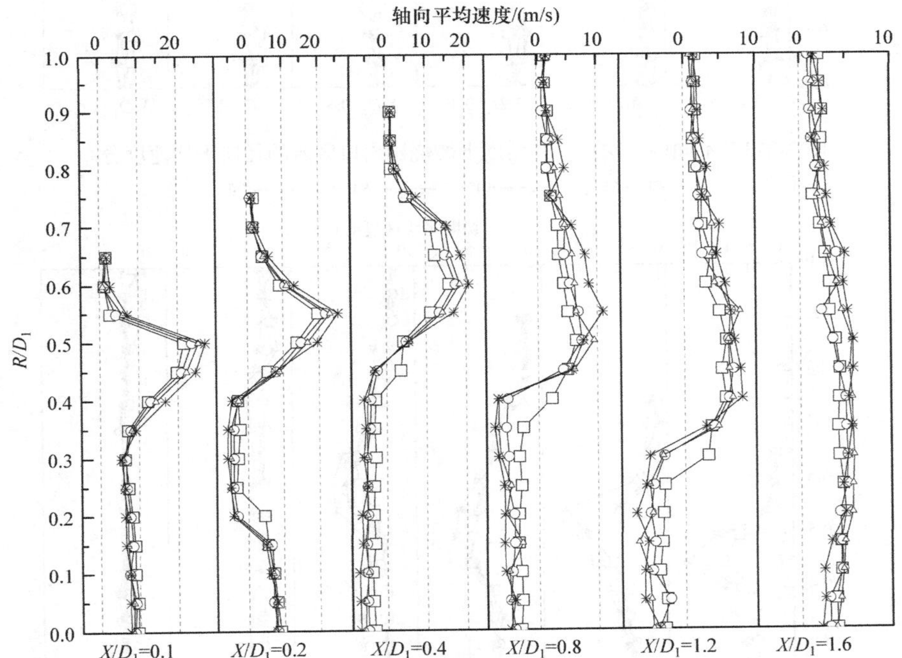

图 3-222　不同内二次风叶片角度下燃烧器出口区域的轴向平均速度分布

—□— 55°；—○— 60°；—△— 64°；—✳— 70°

图 3-225 为不同内二次风叶片角度下燃烧器出口区域最大相对速度的衰减曲线。由图 3-225(a)可知，随着射流的发展，$(V_a)_{max}/V_0$ 下降。在 X/D_1=0.1～0.8，轴向最大相对速度的衰减速率较大；在 X/D_1=0.8 之后的区域则较小。在 X/D_1=0.1～0.8，随着内二次风叶片角度从 55°增大到 70°，$(V_a)_{max}/V_0$ 增大；而在 X/D_1>0.8 以后的

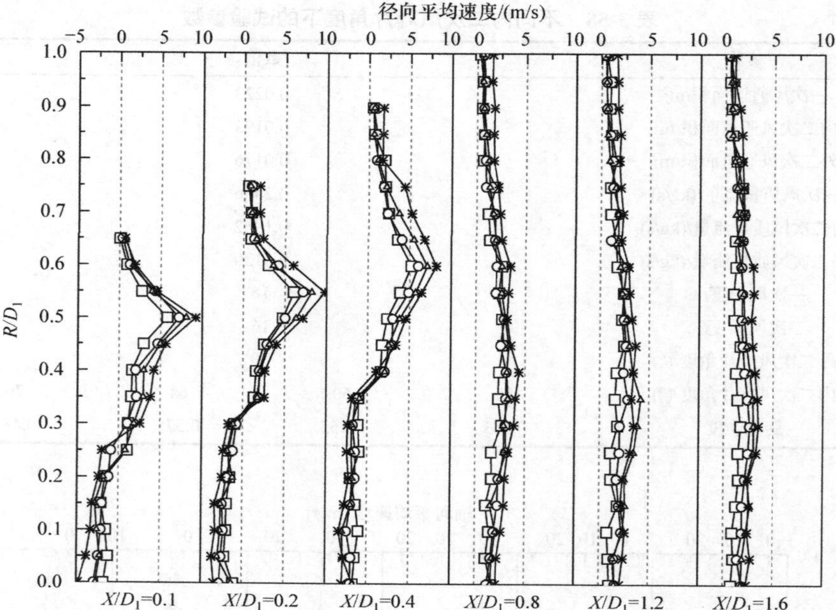

图 3-223　不同内二次风叶片角度下燃烧器出口区域的径向平均速度分布

—□— 55°；—○— 60°；—△— 64°；—✱— 70°

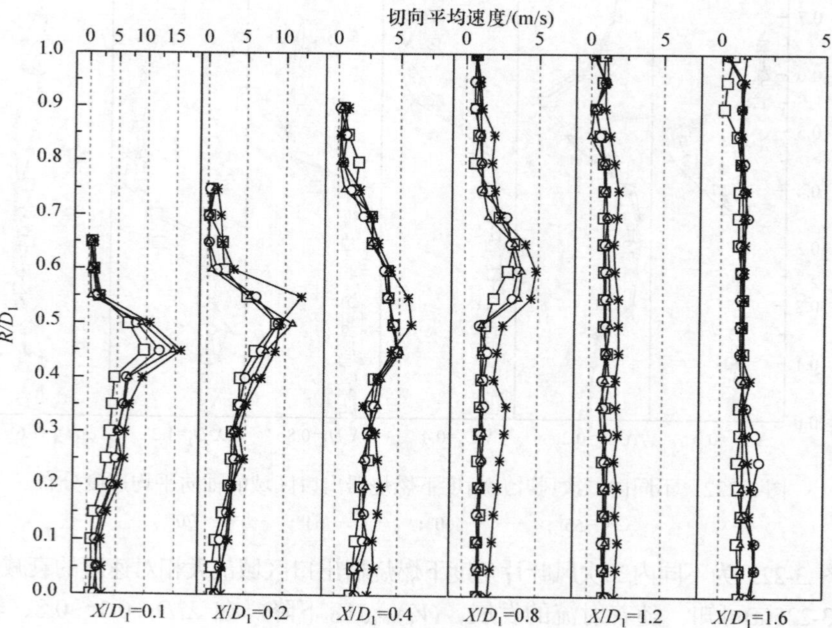

图 3-224　不同内二次风叶片角度下燃烧器出口区域的切向平均速度分布

—□— 55°；—○— 60°；—△— 64°；—✱— 70°

区域内，不同叶片角度的$(V_a)_{max}/V_0$差值减小。由图 3-225(b)可知，随着射流的发展，$(V_r)_{max}/V_0$先上升后下降，在 X/D_1=0.2 附近达到最大。在 X/D_1=0.8 以后的区域，$(V_r)_{max}/V_0$的变化较缓。在 X/D_1=0.1～0.8，随着内二次风叶片角度从 55°增大到 70°，相同测量截面上的$(V_r)_{max}/V_0$增大。由图 3-225(c)可知，在 X/D_1=0.1～0.2，随着射流的发展，$(V_t)_{max}/V_0$减小。在 X/D_1=0.1～0.4 区域内，内二次风叶片角度从 55°增大到 70°，相同测量截面上的$(V_t)_{max}/V_0$增大。在 X/D_1≥1.2 区域内，轴向、径向和切向的最大相对速度均较小。

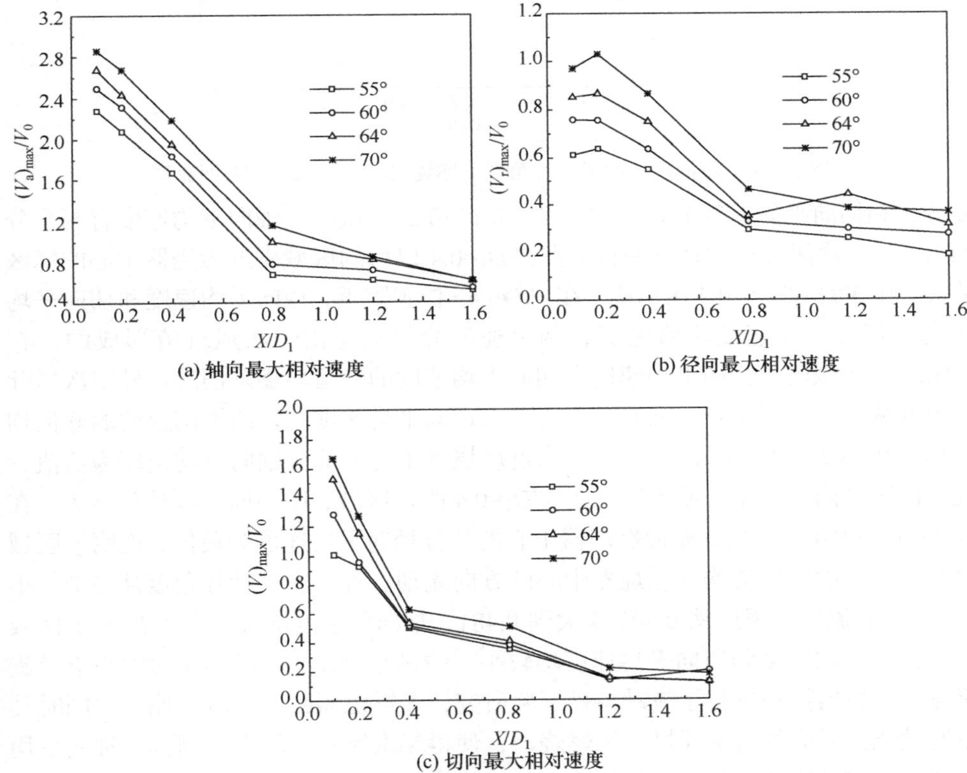

图 3-225　不同内二次风叶片角度下燃烧器出口区域最大相对速度的衰减曲线

图 3-226 为不同内二次风叶片角度下燃烧器出口区域的相对回流率。随着射流的发展，相对回流率先增大后减小，在 X/D_1=0.4 附近区域达到最大。内二次风叶片角度从 55°增大到 70°，相同测量截面上的相对回流率增大。

(4) 外二次风叶片角度。

表 3-59 为不同外二次风叶片角度下的试验参数[5,49]。试验过程中，保持一、二次风的风量不变，仅改变外二次风叶片角度。图 3-227、图 3-228 和图 3-229 分别为不同外二次风叶片角度下燃烧器出口区域的轴向平均速度分布、径向平均速

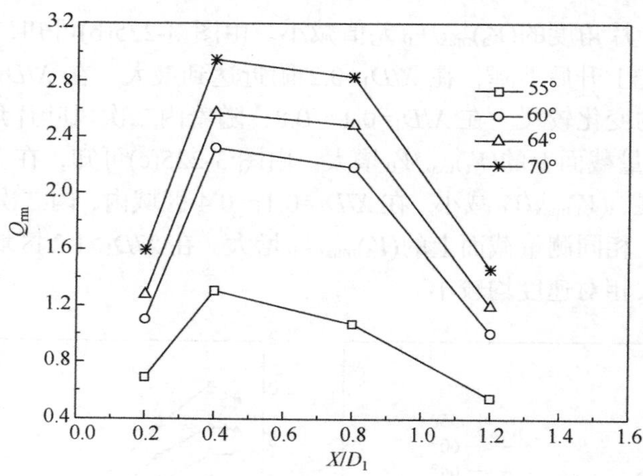

图 3-226　不同内二次风叶片角度下燃烧器出口区域的相对回流率

度分布和切向平均速度分布。在 X/D_1=0.1～0.2 区域内，轴向平均速度有两个分别由一、二次风形成的速度峰区。在 X/D_1=0.4 以后的区域靠近燃烧器中心的峰区消失。在 X/D_1=0.1～0.4 区域内，在 r/d≥0.45 位置附近，径向平均速度和切向平均速度均存在一个速度峰值区域；两个速度峰值均是由二次风气流形成的。在 X/D_1≥0.8 区域内，径向平均速度和切向平均速度的峰值均逐渐消失。外二次风叶片角度从 25°增大到 35°，轴向平均速度、径向平均速度和切向平均速度的峰值均减小。在 X/D_1=0.2～1.2 区域内，靠近燃烧器中心的部分轴向平均速度为负值，说明该区域内形成中心回流区。在 X/D_1=0.4 附近区域，中心回流区达到最大。在 X/D_1=0.1～0.4 区域内，靠近燃烧器中心的部分径向平均速度为负值，说明该区域内的一、二次风气流均向燃烧器中心的方向流动。外二次风叶片角度从 35°减小到 25°，射流旋流强度从 0.302 增大到 0.481，轴向负速度增大。在 X/D_1≥0.8 区域内，径向平均速度和切向平均速度均较小。靖剑平[6]对某燃用烟煤的中心给粉旋流煤粉燃烧器模型进行了流动特性试验研究，该燃烧器的一次风率偏大，同时其原型燃烧器对应的锅炉无燃尽风燃烧器，使得二次风率也较大，测得的轴向平均速度、径向平均速度和切向平均速度的峰值均大于本试验的测量值，尤其是距离燃烧器中心线较近的轴向平均速度的峰值明显大于本试验的测量值。

表 3-59　不同外二次风叶片角度下的试验参数

参数	数值
一次风通道面积/m^2	0.0223
内二次风通道面积/m^2	0.0193
外二次风通道面积/m^2	0.0176
一次风质量流量/(kg/s)	0.2586

续表

参数	数值		
内二次风质量流量/(kg/s)		0.1952	
外二次风质量流量/(kg/s)		0.3120	
一次风温度/℃		16	
二次风温度/℃		16	
内二次风叶片角度/(°)		64	
外二次风叶片角度/(°)	25	30	35
旋流强度	0.481	0.375	0.302

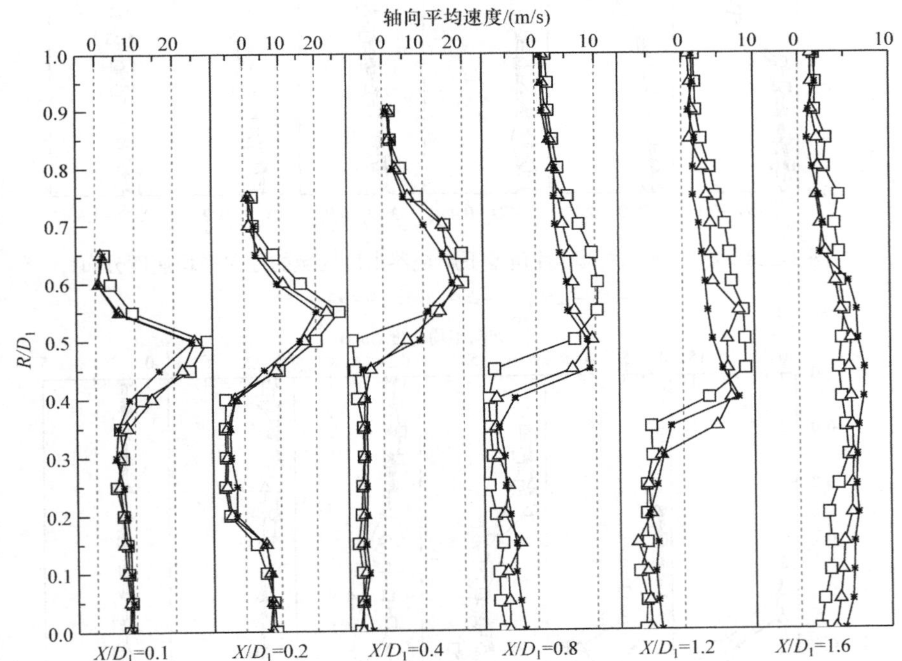

图 3-227　不同外二次风叶片角度下燃烧器出口区域的轴向平均速度分布

—□— 25°；—△— 30°；—*— 35°

图 3-230 为不同外二次风叶片角度下燃烧器出口区域最大相对速度的衰减曲线。由图 3-230(a)可知，随着射流的发展，$(V_a)_{max}/V_0$ 减小。在 X/D_1=0.1～0.8 区域内，轴向最大相对速度的衰减速率较大，在 X/D_1=0.8 之后的区域内衰减较缓。在 X/D_1=0.1～0.8 区域内，外二次风叶片角度从 25°增大到 35°，相同测量截面上的 $(V_a)_{max}/V_0$ 减小。由图 3-230(b)可知，随着射流的发展，$(V_r)_{max}/V_0$ 先上升后下降，在 X/D_1=0.2 附近区域达到最大，在 X/D_1=0.8 以后的区域内，径向最大相对速度

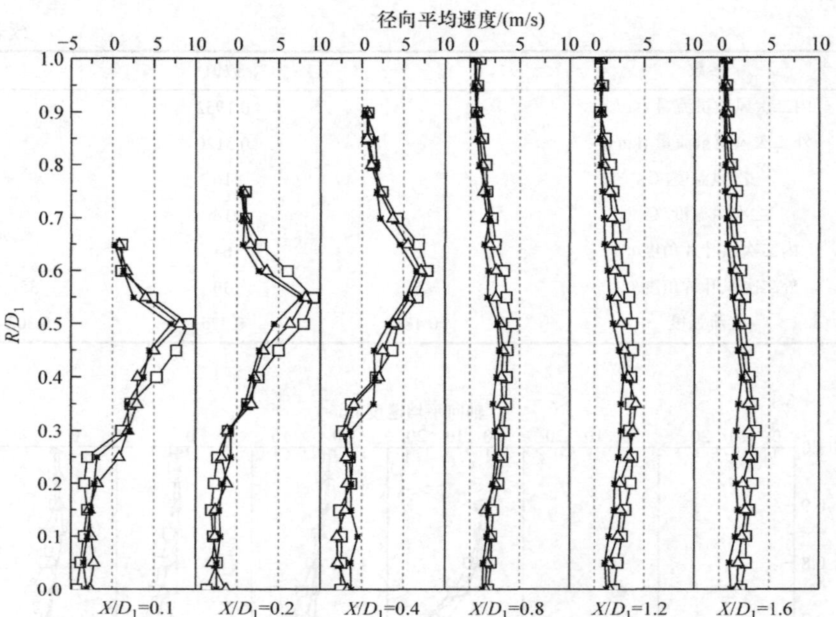

图 3-228　不同外二次风叶片角度下燃烧器出口区域的径向平均速度分布

—□— 25°；—△— 30°；—*— 35°

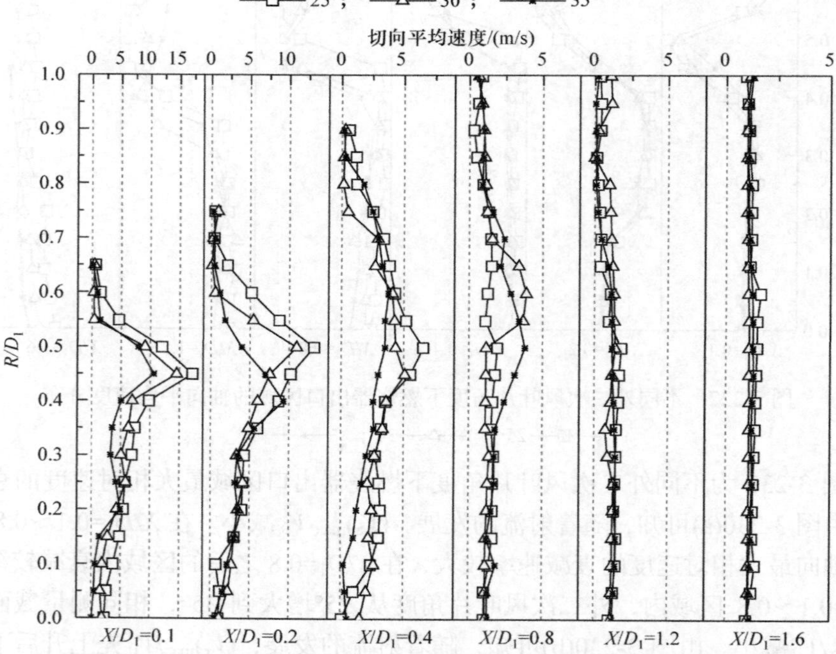

图 3-229　不同外二次风叶片角度下燃烧器出口区域的切向平均速度分布

—□— 25°；—△— 30°；—*— 35°

的变化较小。外二次风叶片角度从 25°增大到 35°，相同测量截面上的径向最大相对速度$(V_r)_{max}/V_0$增大。由图 3-230(c)可知，随着射流的发展，$(V_t)_{max}/V_0$减小。在X/D_1=0.1～0.4 区域内，外二次风叶片角度从 25°增大到 35°，相同测量截面上的切向最大相对速度$(V_t)_{max}/V_0$减小。在X/D_1≥1.2 区域内，径向和切向的最大相对速度均较小。

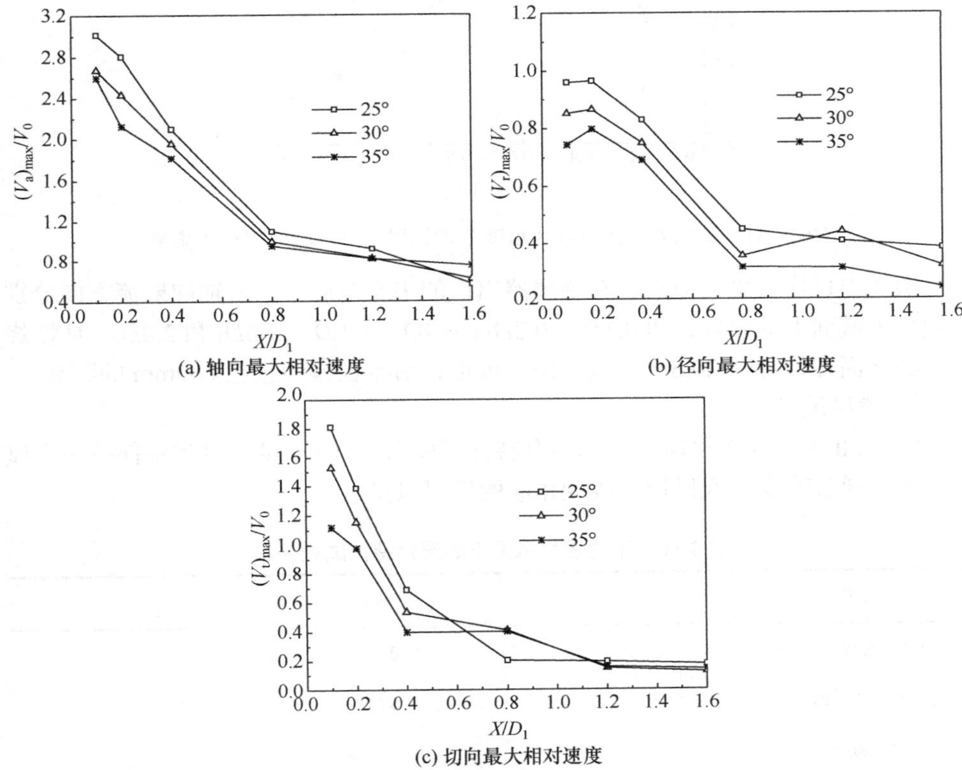

(a) 轴向最大相对速度　(b) 径向最大相对速度

(c) 切向最大相对速度

图 3-230　不同外二次风叶片角度下燃烧器出口区域最大相对速度的衰减曲线

图 3-231 为不同外二次风叶片角度下燃烧器出口区域的相对回流率。随着射流的发展，相对回流率先增大后减小，在X/D_1=0.4 附近区域达到最大。外二次风叶片角度从 25°增大到 35°，相同测量截面上的相对回流率减小。

3. 结构和运行参数对中心给粉旋流煤粉燃烧器单相混合特性的影响

对于燃用低挥发分煤的 300MW 机组锅炉，按相似与模化准则，模型与原型燃烧器的比例为 1∶3.1，采用温度示踪法研究不同燃尽风量及内、外二次风风量比，以及内、外二次风叶片角度下一、二次风气流的混合特性。试验系统及原理介绍参见 2.6.2 节。一次风温度加热到 50℃，二次风温度为环境温度。以燃烧器

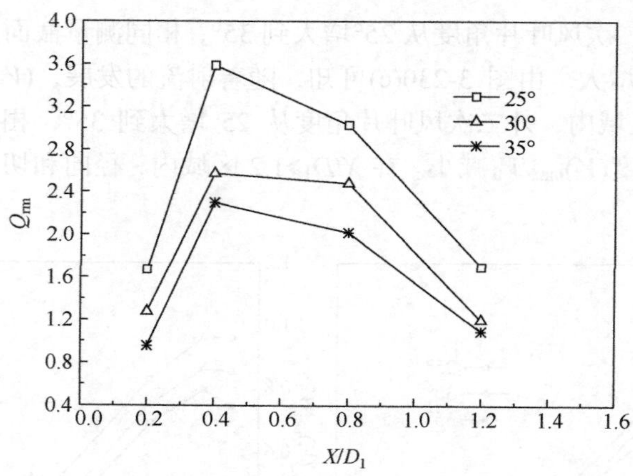

图 3-231　不同外二次风叶片角度下燃烧器出口区域的相对回流率

外二次风出口作为坐标原点，在燃烧器出口的中心截面上，沿轴向射流方向分别测量六个截面上的温度，即 $0.1D_1$、$0.2D_1$、$0.4D_1$、$0.8D_1$、$1.6D_1$ 和 $2.0D_1$，从燃烧器中心截面开始每隔 20mm 测量一组温度值，沿半径方向直至 600mm 的距离。

1) 燃尽风量

表 3-60 为不同燃尽风量下的混合特性试验参数[5,48]。试验过程中保持一次风量不变，通过改变二次风量来改变相应的燃尽风量。

表 3-60　不同燃尽风量下的混合特性试验参数

参数	数值		
一次风通道面积/m²		0.0223	
内二次风通道面积/m²		0.0193	
外二次风通道面积/m²		0.0176	
内二次风叶片角度/(°)		64	
外二次风叶片角度/(°)		30	
一次风温度/℃		50.1	
二次风温度/℃		20.9	
一次风质量流量/(kg/s)	0.2190	0.2190	0.2190
内二次风质量流量/(kg/s)	0.1560	0.1733	0.2080
外二次风质量流量/(kg/s)	0.2493	0.2770	0.3324

图 3-232 和图 3-233 分别为不同燃尽风量下燃烧器出口区域的相对剩余温度(计算公式见 3.3.1 节)分布和最高相对剩余温度分布。不同二次风质量流量下，燃烧器出口区域的中心回流区内的相对剩余温度分布规律相同。在 X/D_1=0.1～0.2，随着二次风质量流量的减小，在 r/d =0～0.45 的中心区域内，相对剩余温度增大；在 r/d≥0.5 的射流边界区域，相对剩余温度略有减小。随着射流的发展，最高相对剩余温度减小。随着二次风质量流量从 0.5404kg/s 降低到 0.4053kg/s，二次风气流旋转减弱，一、二次风气流的混合减弱，其混合速度降低，这不利于煤粉的及时着火和稳定燃烧。随着二次风质量流量从 0.5404kg/s 降低到 0.4053kg/s，最高相对剩余温度增大。

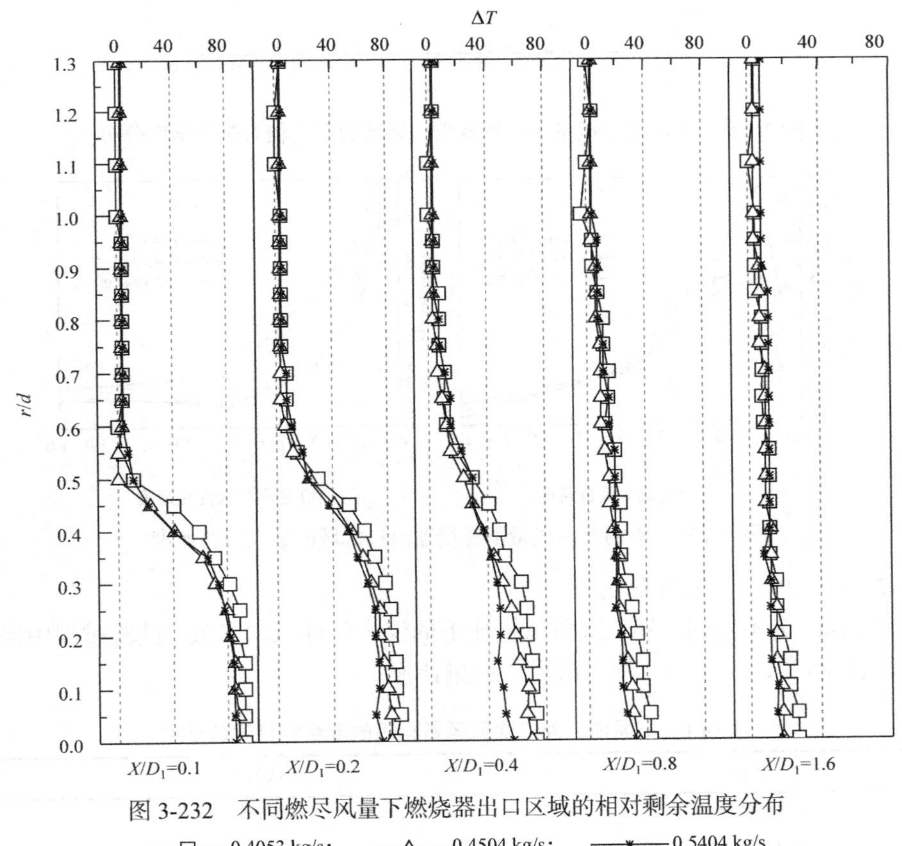

图 3-232　不同燃尽风量下燃烧器出口区域的相对剩余温度分布

—□— 0.4053 kg/s；—△— 0.4504 kg/s；—*— 0.5404 kg/s

图 3-234 为不同燃尽风量下燃烧器出口区域的最大混合速度。随着射流的发展，轴向最大混合速度先增大后减小，在 X/D_1=0.2 达到最大。对应二次风质量流量 0.5404kg/s、0.4504kg/s 和 0.4053kg/s，轴向最大混合速度分别为 1.346、0.909 和 0.826。随着射流的发展，径向最大混合速度减小。在 0≤X/D_1≤0.8 区域

内，径向最大混合速度衰减较快。

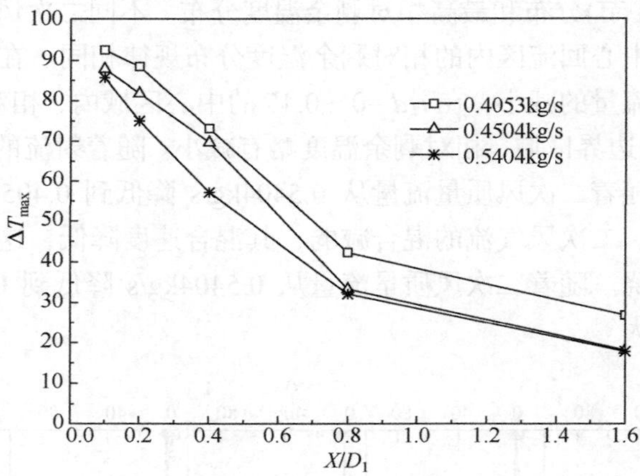

图 3-233　不同燃尽风量下燃烧器出口区域的最高相对剩余温度分布

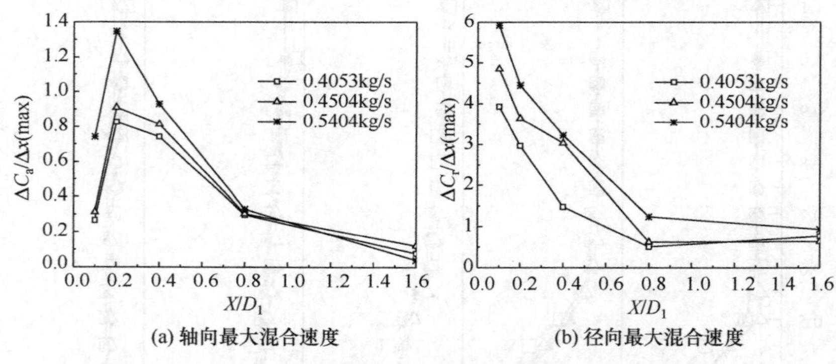

(a) 轴向最大混合速度　　(b) 径向最大混合速度

图 3-234　不同燃尽风量下燃烧器出口区域的最大混合速度

2) 内、外二次风风量比

表 3-61 为不同内、外二次风风量比下的混合特性试验参数。试验过程中保持一次风量不变，改变内、外二次风的风量比例。

表 3-61　不同内、外二次风风量比下的混合特性试验参数

参数	数值
一次风通道面积/m²	0.0223
内二次风通道面积/m²	0.0193
外二次风通道面积/m²	0.0176
内二次风叶片角度/(°)	64
外二次风叶片角度/(°)	30
一次风温度/℃	50.1

续表

参数	数值		
二次风温度/℃		20.9	
一次风质量流量/(kg/s)		0.2190	
二次风质量流量/(kg/s)		0.4503	
内、外二次风风量比	20：80	38：62	60：40

图 3-235 和图 3-236 分别为不同内、外二次风风量比下燃烧器出口区域的相对剩余温度分布和最高相对剩余温度分布。不同内、外二次风风量比下，燃烧器出口区域的相对剩余温度分布规律相同。随着内、外二次风风量比的增大，在 r/d = 0～0.5 的中心区域内，相对剩余温度增大；然而，在 r/d≥0.55 的射流边界区域内，相对剩余温度略有减小。随着射流的发展，最高相对剩余温度减小。随着内、外二次风风量比从 20：80 增大到 60：40，二次风气流旋转减弱，一、二次风气流混合减弱，其混合速度降低。随着内、外二次风风量比的增大，最高相对剩余温度增大。

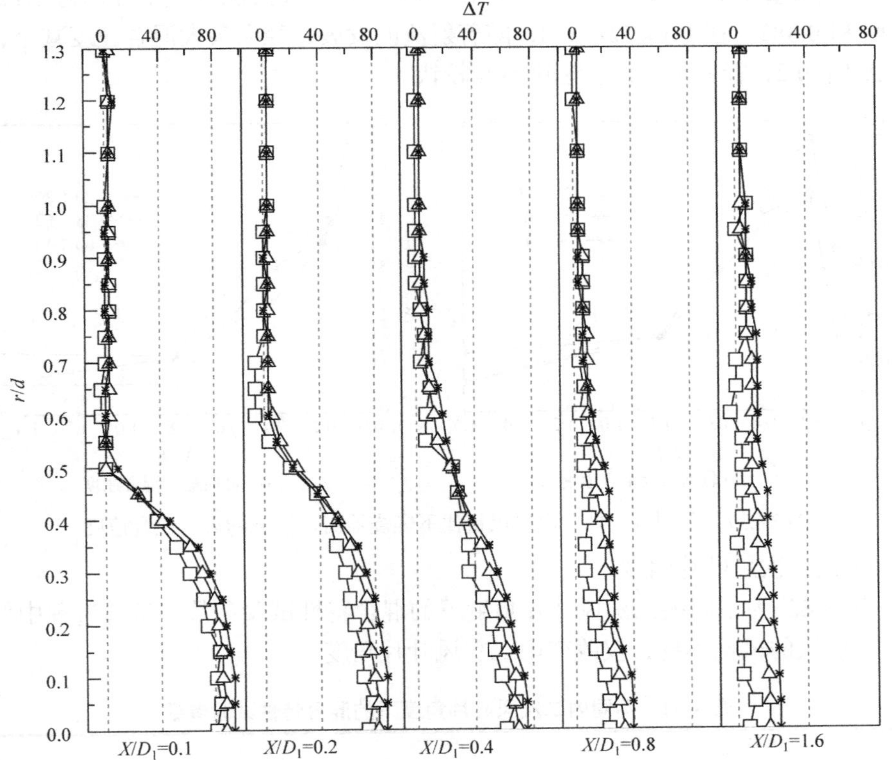

图 3-235　不同内、外二次风风量比下燃烧器出口区域的相对剩余温度分布

—□— 20：80；　—△— 38：62；　—*— 60：40

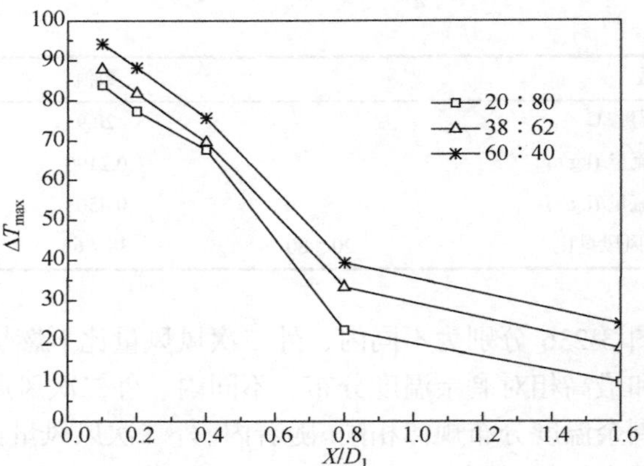

图 3-236　不同内、外二次风风量比下燃烧器出口区域的最高相对剩余温度分布

图 3-237 为不同内、外二次风风量比下燃烧器出口区域的最大混合速度。随着射流的发展，轴向最大混合速度先增大后减小，在 X/D_1=0.2 达到最大。对应内、外二次风风量比 20：80、38：62 和 60：40， 轴向最大混合速度分别为 1.129、0.909 和 0.882。在 0.1≤X/D_1≤0.8，随着射流的发展，径向最大混合速度减小；在 0.1≤X/D_1≤0.2，径向最大混合速度衰减较快。

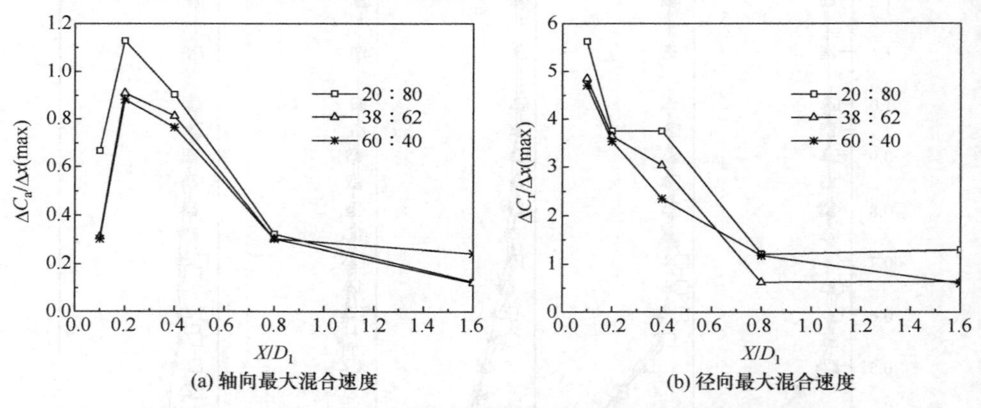

(a) 轴向最大混合速度　(b) 径向最大混合速度

图 3-237　不同内、外二次风风量比下燃烧器出口区域的最大混合速度

3) 内二次风叶片角度

表 3-62 为不同内二次风叶片角度下的混合特性试验参数。试验过程中保持一、二次风的风量不变，仅改变内二次风叶片角度。

表 3-62　不同内二次风叶片角度下的混合特性试验参数

参数	数值
一次风通道面积/m²	0.0223
内二次风通道面积/m²	0.0193

续表

参数	数值		
外二次风通道面积/m^2		0.0176	
一次风质量流量/(kg/s)		0.2190	
内二次风质量流量/(kg/s)		0.1733	
外二次风质量流量/(kg/s)		0.2770	
一次风温度/℃		50.1	
二次风温度/℃		20.9	
外二次风叶片角度/(°)		30	
内二次风叶片角度/(°)	50	60	70

图 3-238 和图 3-239 分别为不同内二次风叶片角度下燃烧器出口区域的相对剩余温度分布和最高相对剩余温度分布。随着内二次风叶片角度的减小，在 r/d =0～0.35 的中心区域内，相对剩余温度增大；在 r/d≥0.4 的射流边界区域，相

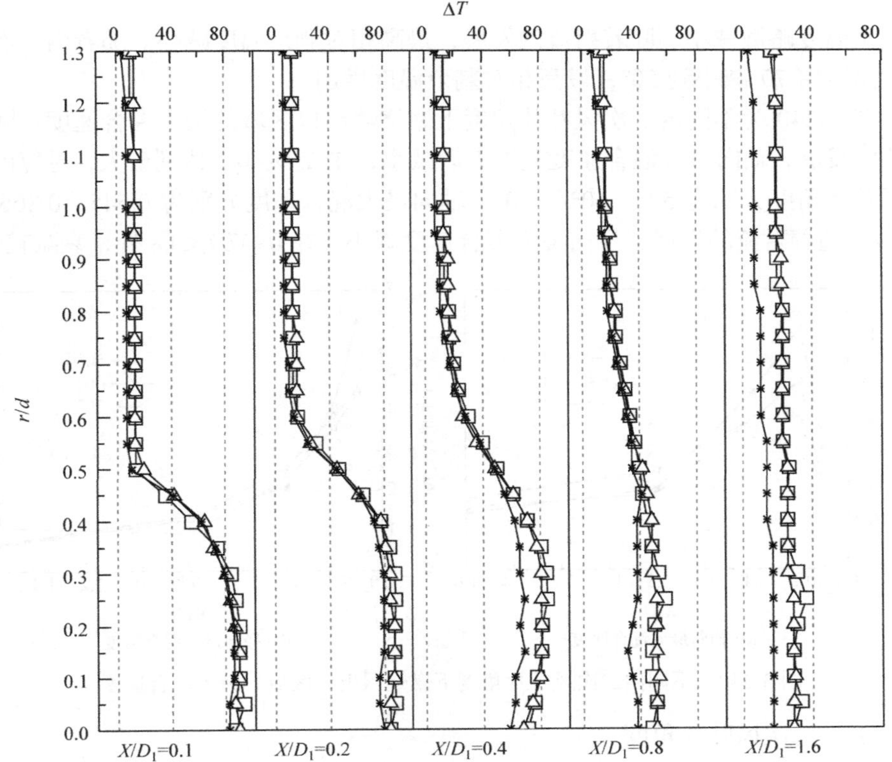

图 3-238　不同内二次风叶片角度下燃烧器出口区域的相对剩余温度分布

—□— 50°；—△— 60°；—*— 70°

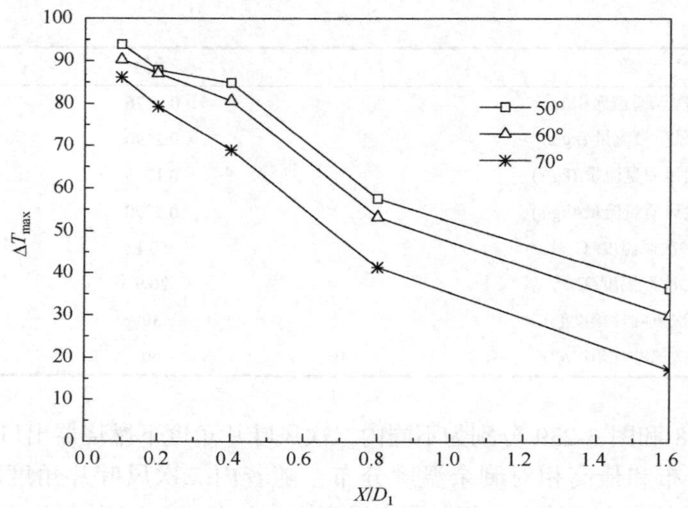

图 3-239　不同内二次风叶片角度下燃烧器出口区域的最高相对剩余温度分布

对剩余温度略微减小。随着射流的发展，最高相对剩余温度减小。随着内二次风叶片角度由 70°减小到 50°，最高相对剩余温度增加。

图 3-240 为不同内二次风叶片角度下燃烧器出口区域的最大混合速度。随着射流的发展，轴向最大混合速度先增大后减小，在 X/D_1=0.2 达到最大，对应内二次风叶片角度分别为 50°、60°和 70°，轴向最大混合速度分别为 0.645、0.806 和 1.034。随着射流的发展，径向最大混合速度减小，在 0≤X/D_1≤0.8 处，衰减较快。

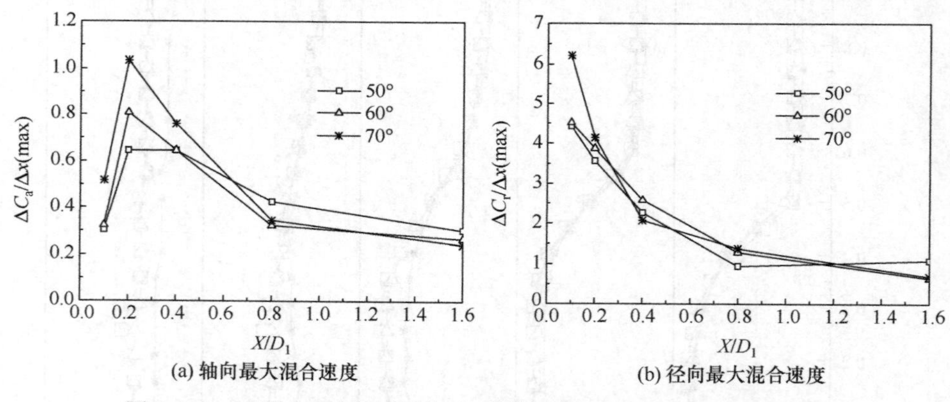

图 3-240　不同内二次风叶片角度下燃烧器出口区域的最大混合速度

4) 外二次风叶片角度

表 3-63 为不同外二次风叶片角度下的混合特性试验参数[5,49]。试验过程中保持一、二次风的风量不变，仅改变外二次风叶片角度。

表 3-63　不同外二次风叶片角度下的混合特性试验参数

参数	数值			
一次风通道面积/m²	0.0223			
内二次风通道面积/m²	0.0193			
外二次风通道面积/m²	0.0176			
一次风质量流量/(kg/s)	0.2190			
内二次风质量流量/(kg/s)	0.1733			
外二次风质量流量/(kg/s)	0.2770			
一次风温度/℃	50.1			
二次风温度/℃	20.9			
内二次风叶片角度/(°)	64			
外二次风叶片角度/(°)	25	30	35	40

图 3-241 和图 3-242 分别为不同外二次风叶片角度下燃烧器出口区域的相对剩余温度分布和最高相对剩余温度分布。随着外二次风叶片角度的减小，在 r/d =0.1～

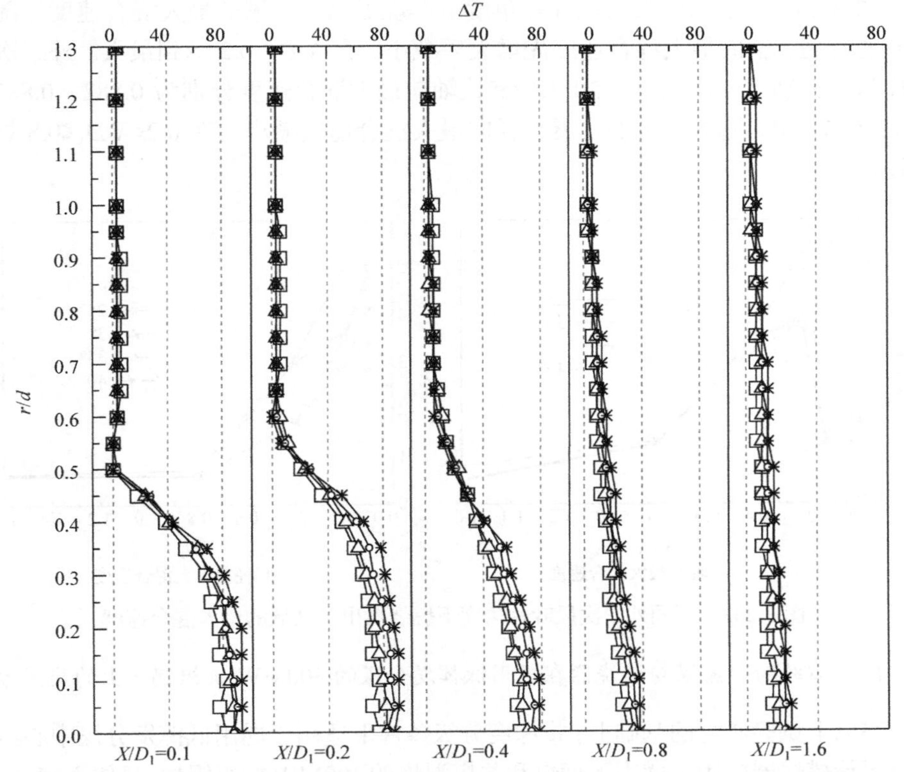

图 3-241　不同外二次风叶片角度下燃烧器出口区域的相对剩余温度分布

—□— 25°；—△— 30°；—○— 35°；—✱— 40°

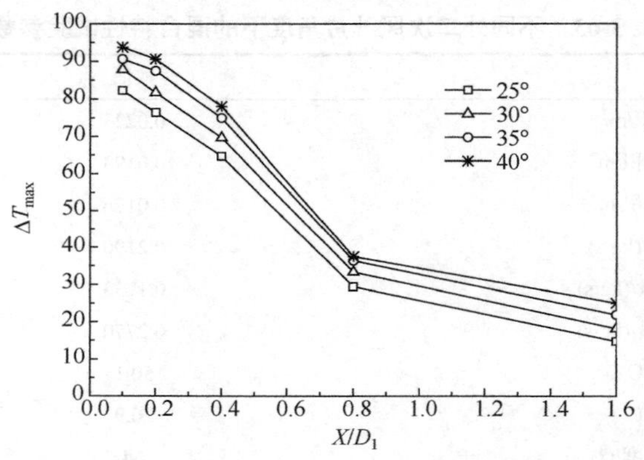

图 3-242　不同外二次风叶片角度下燃烧器出口区域的最高相对剩余温度分布

0.5 的中心区域内，相对剩余温度减小。在 $r/d \geqslant 0.5$ 的射流边界区域，相对剩余温度略微增大。随着射流的发展，最高相对剩余温度减小。随着外二次风叶片角度由 40°减至 25°，最高相对剩余温度减小。

图 3-243 为不同外二次风叶片角度下燃烧器出口区域的最大混合速度。随着射流的发展，轴向最大混合速度先增大后减小，在 $X/D_1=0.2$ 达到最大。外二次风叶片角度分别为 40°、35°、30°和 25°，轴向最大混合速度分别为 0.882、0.883、0.919 和 1.250。随着射流的发展，径向最大混合速度减小，在 $0.2 \leqslant X/D_1 \leqslant 0.8$ 处衰减较快。

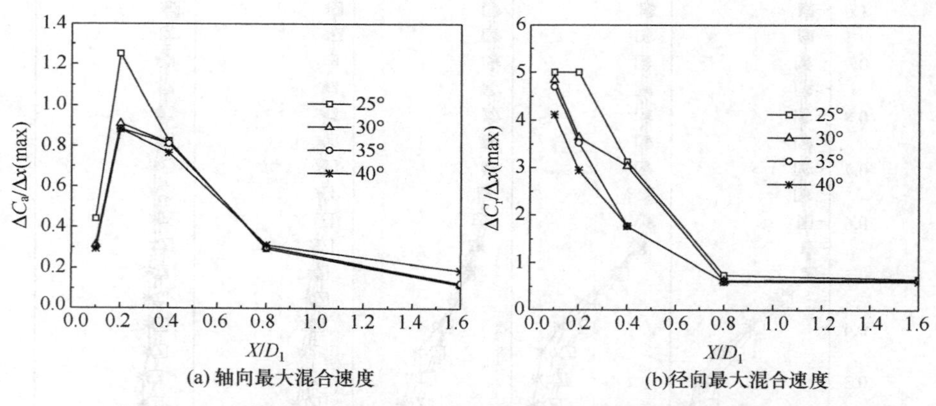

图 3-243　不同外二次风叶片角度下燃烧器出口区域的最大混合速度

4. 中心给粉旋流煤粉燃烧器在燃用低挥发分煤的 300MW 机组锅炉上的应用方案

在以上试验研究的基础上，将深度分级条件下适用于燃用低挥发分煤中心给粉旋流煤粉燃烧器应用于燃用无烟煤和贫煤混煤的 300MW 机组锅炉，具体方案如下。

(1) 将着火增强型双调风旋流煤粉燃烧器更换为中心给粉旋流煤粉燃烧器。

其中 A 厂 1 号、3 号、4 号锅炉将中层、上层共 16 只着火增强型双调风旋流煤粉燃烧器更换为中心给粉旋流煤粉燃烧器，将下层 8 只着火增强型双调风旋流煤粉燃烧器更换为兼具微油点火功能的中心给粉旋流煤粉燃烧器(参见 3.5 节)；B 厂 11 号锅炉将上、中、下三层 24 只着火增强型双调风旋流煤粉燃烧器全部更换为中心给粉旋流煤粉燃烧器，所有锅炉均保留二次风箱。

(2) 增加新型燃尽风燃烧器。原锅炉在标高为 28.365m 的位置有一层燃尽风燃烧器。改造后在原燃尽风燃烧器上方 3.585m 的位置处增加一层燃尽风燃烧器。新增加的一层燃尽风燃烧器共有 8 只，前后墙各 4 只。其中 A 厂 1 号、3 号、4 号锅炉将燃尽风量从改造前的 17.0%左右增加到 27.5%；B 厂 11 号锅炉将燃尽风率从改造前的 15.5%增加到 27.5%。新增加的这层燃尽风燃烧器下倾角度可在 0°～15°间改变。改造后的锅炉的燃烧器及燃尽风燃烧器布置示意图如图 3-244 所示。

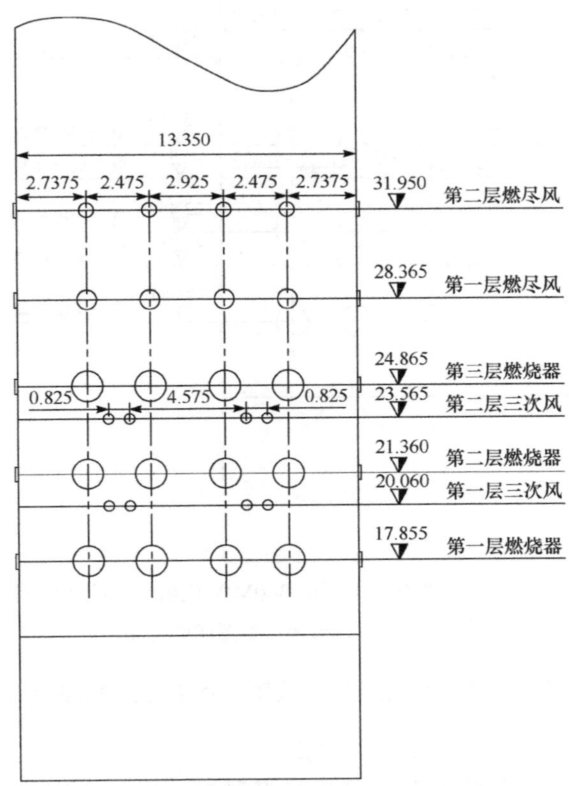

图 3-244　燃用无烟煤和贫煤混煤的 300MW 机组锅炉的燃烧器及燃尽风燃烧器布置示意图(单位：m)

在以上试验研究的基础上，将深度分级条件下适用于燃用低挥发分煤中心给粉旋流煤粉燃烧器应用于燃用贫煤和烟煤混煤的 300MW 机组锅炉，具体方案如下。

(1) 将着火增强型双调风旋流煤粉燃烧器更换为中心给粉旋流煤粉燃烧器。将上、中、下三层 24 只着火增强型双调风旋流煤粉燃烧器均更换为中心给粉旋流煤粉燃烧器，保留二次风箱。

(2) 增加新型燃尽风燃烧器。原锅炉没有配备燃尽风燃烧器，此次改造在标高为 29.592m 的位置加装一层燃尽风燃烧器。增加的燃尽风燃烧器共有 8 只，前后墙各 4 只，燃尽风率为 25.0%，燃尽风燃烧器下倾角度可在 0°～15°间改变。改造后的锅炉燃烧器及燃尽风燃烧器布置示意图如图 3-245 所示。

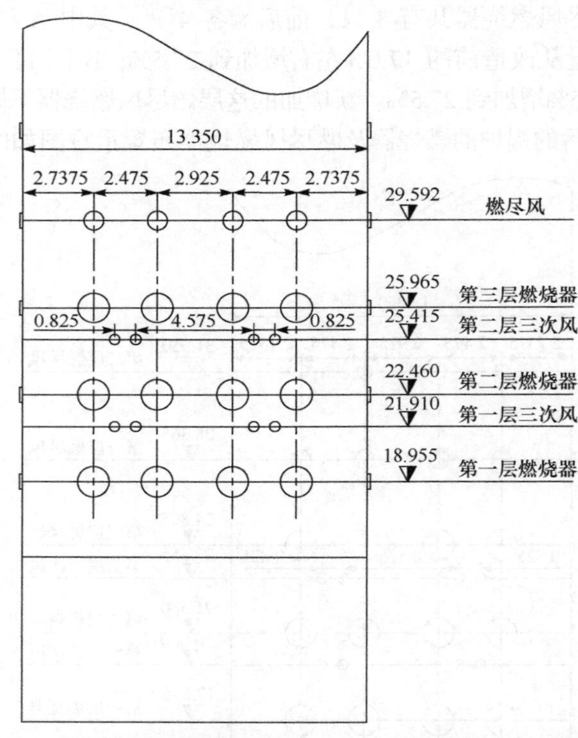

图 3-245　燃用贫煤和烟煤混煤的 300MW 机组锅炉改造后燃烧器及燃尽风燃烧器布置示意图(单位：m)

5. 采用中心给粉旋流煤粉燃烧器燃用低挥发分煤的 300MW 机组锅炉的工业试验

1) 300MW 机组锅炉的冷态工业试验

采用飘带示踪法在燃用无烟煤和贫煤混煤，以及燃用贫煤和烟煤混煤的 300MW 机组锅炉上进行冷态动力场试验，得出主要结构和运行参数对射流扩展角和中心回流区的影响规律。该部分试验中，将燃烧器外二次风出口处设置为坐标原点，X 代表燃烧器射流轴向方向长度，R 代表垂直于燃烧器中心线的径向方向长度，D_2、D_3、D_4 分别代表 A 厂 4 号锅炉、B 厂 1 号锅炉、C 厂 3 号锅炉中心给粉旋流煤粉燃烧器外二次风扩口直径。

(1) 燃用无烟煤和贫煤混煤的 300MW 机组锅炉的冷态工业试验。

这里的研究对象是 A 厂 4 号锅炉和 B 厂 1 号锅炉。

① 外二次风叶片角度。

表 3-64 为 A 厂 4 号燃用无烟煤和贫煤混煤的 300MW 机组锅炉在不同外二次风叶片角度下的试验参数[5,49]。试验过程中保持一、二次风的风量不变，仅改变外二次风叶片角度。

表 3-64　A 厂 4 号燃用无烟煤和贫煤混煤的 300MW 机组锅炉在不同外二次风叶片角度下的试验参数

参数	数值			
一次风质量流量/(kg/s)			3.8554	
内二次风质量流量/(kg/s)			2.6756	
外二次风质量流量/(kg/s)			4.3608	
风温/℃			0	
内二次风叶片角度/(°)			64	
外二次风叶片角度/(°)	25	30	35	40

图 3-246 为 A 厂 4 号燃用无烟煤和贫煤混煤的 300MW 机组锅炉在不同外二

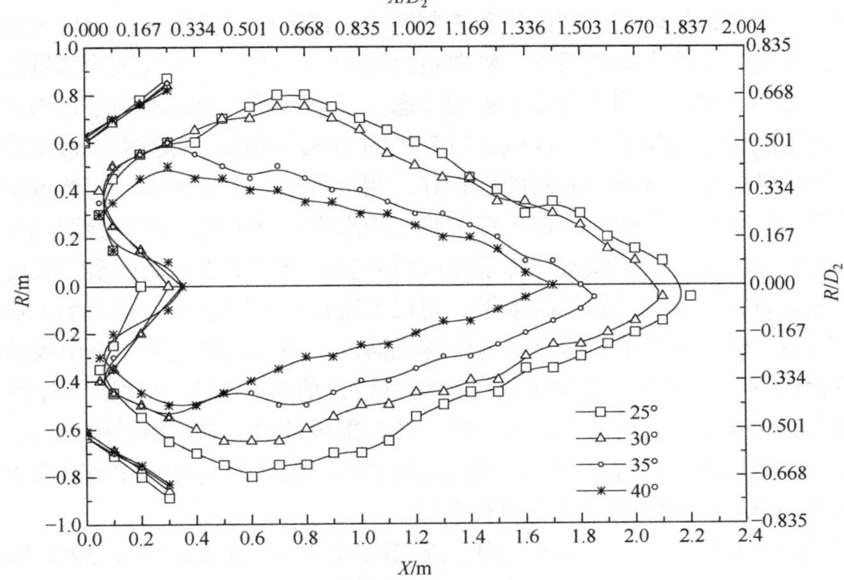

图 3-246　A 厂 4 号燃用无烟煤和贫煤混煤的 300MW 机组锅炉在不同外二次风叶片角度下燃烧器出口区域的中心回流区及射流边界

次风叶片角度下燃烧器出口区域的中心回流区及射流边界。深度分级条件下，二次风率大幅降低，将内、外二次风风量比设计为 38∶62，以强化旋转的内二次风气流对直流一次风的卷吸作用。与此同时，分别将内、外二次风扩口长度设计为 0.2535m 和 0.3900m。试验结果表明，在不同外二次风叶片角度下燃烧器出口区域均能形成一个稳定的、沿燃烧器轴线基本对称的中心回流区，回流区形状呈“心”形。随着外二次风叶片角度由 40°减小到 25°，旋流强度从 0.517 增大到 0.780。“心”形回流区的起始点从 $X/D_2=0.3D_2$ 移至 $X/D_2=0.2D_2$，“心”形回流区的最大长度从 $1.4D_2$ 增大到 $1.8D_2$，最大直径从 $0.8D_2$ 增大到 $1.3D_2$，射流扩展角从 67°增大到 83°。上述规律与实验室冷态单相模化试验得出的规律一致。起始点均与外二次风出口有一定距离，能够有效防止燃烧器喷口烧坏、结渣。

当内、外二次风风量比为 38∶62、外二次风叶片角度分别为 64°和 30°，并且一、二次风率均为设计风率时，冷态单相模化试验结果表明(参见 3.4.2 节)，实验室飘带示踪法测量得出的中心回流区起始点位于 $X/D_1=0.2D_1$，最大长度及最大直径分别为 $1.9D_1$、$0.9D_1$，射流扩展角为 77°；3.4.2 节热线测量得出的轴向速度分布显示中心回流区起始点位于 $X/D_1=0.2D_1$，最大长度及最大直径分别为 $1.6D_1$、$0.9D_1$；本节冷态空气动力场工业试验结果表明，中心回流区起始点位于 $X/D_2=0.3D_2$，最大长度及最大直径分别为 $1.8D_2$、$1.2D_2$，射流扩展角为 78°。

实验室飘带示踪试验与热线试验测量得出的中心回流区最大直径较为接近，由于热线试验中根据轴向速度的正负来判断中心回流区的范围，二次风气流的衰减较快，在轴向射流方向的后期，轴向负速度较小。因此，热线试验测量得出的最大长度偏小；实验室飘带示踪试验和冷态空气动力场工业试验测量得出的中心回流区起始点位置均位于外二次风扩口直径的 20%～30%，实验室飘带示踪试验中所用的飘带较小，试验中的跟随性较好，测量得出的中心回流区起始点位置稍微靠近燃烧器喷口；实验室飘带示踪试验与冷态空气动力场工业试验测量得出的射流扩展角较为接近；实验室飘带示踪试验测量得出的中心回流区最大长度大于冷态空气动力场工业试验测得的结果，而最大直径小于冷态空气动力场工业试验测得的结果。由于冷态单相模化试验中燃烧器内、外二次风气流均是由风箱通过单独的管道进行供风的，且相应的风量均由设计值按相似与模化原理计算得出的，而在冷态空气动力场工业试验中内、外二次风是由二次风箱供风，内、外二次风的风量比与设计值稍有不同，因此测得中心回流区的相对尺寸与冷态单相模化试验(参见 3.4.2 节)的测量结果稍有不同。

在深度分级条件下，一次风及内、外二次风的质量流量分别为 3.8554kg/s、2.6756kg/s 和 4.3608kg/s，燃烧器出口区域形成的中心回流区较为稳定。当内、外二次风叶片角度分别为 64°和 40°时，“心”形回流区的最大长度和最大直径分别为 1.7m($1.4D_2$)和 1.0m($0.8D_2$)，最大长度和最大直径均偏小，无法保证无烟煤和贫煤等低挥发分煤的燃烧稳定性。当内、外二次风叶片角度分别为 64°和 30°时，形成的“心”形回流区范围较为适中，最大长度和最大直径分别为 2.1m(1.8D_2)和 1.4m(1.2D_2)。中心回流区起始点位置靠近燃烧器喷口，可有效保证无烟煤和贫煤的及时着火和稳定燃烧。

表 3-65 为 B 厂 1 号燃用无烟煤和贫煤混煤的 300MW 机组锅炉在不同外二次风叶片角度下的试验参数。试验过程中保持一、二次风的风量不变，仅改变外二次风叶片角度。

表 3-65　B 厂 1 号燃用无烟煤和贫煤混煤的 300MW 机组锅炉在不同外二次风叶片角度下的试验参数

参数	数值		
一次风质量流量/(kg/s)		4.0847	
内二次风质量流量/(kg/s)		2.9105	
外二次风质量流量/(kg/s)		4.7704	
风温/℃		10	
内二次风叶片角度/(°)		64	
外二次风叶片角度/(°)	20	30	40

图 3-247 为 B 厂 1 号燃用无烟煤和贫煤混煤的 300MW 机组锅炉在不同外二次风叶片角度下燃烧器出口区域的中心回流区及射流边界。试验结果表明，在不

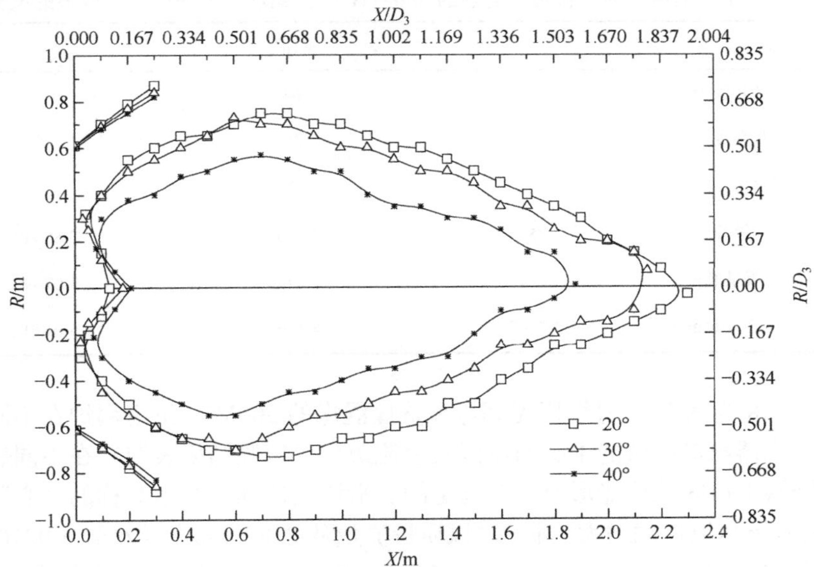

图 3-247　B 厂 1 号燃用无烟煤和贫煤混煤的 300MW 机组锅炉在不同外二次风叶片角度下燃烧器出口区域的中心回流区及射流边界

同叶片角度下紧靠燃烧器的出口区域均能形成一个稳定的、沿燃烧器轴线基本对称的中心回流区，回流区形状呈“心”形。随着外二次风叶片角度由 40°减小到 20°，“心”形回流区的起始点从 $X/D_3=0.2D_3$ 移至 $X/D_3=0.1D_3$，回流区最大长度从 $1.6D_3$ 增大到 $1.9D_3$，最大直径从 $0.9D_3$ 增大到 $1.2D_3$，射流扩展角从 73°增大到 83°。现场试验规律与实验室冷态单相模化试验(参见 3.4.2 节)得出的规律一致。

在深度分级条件下，一次风及内、外二次风的质量流量分别为 4.0847kg/s、2.9105kg/s 和 4.7704 kg/s，燃烧器出口区域形成的中心回流区较为稳定。当内、外二次风叶片角度分别为 64°和 40°时，“心”形回流区的最大长度和最大直径分别为 1.88m($1.6D_3$)和 1.12m($0.9D_3$)，最大长度和最大直径均偏小，无法保证无烟煤和贫煤等低挥发分煤的燃烧稳定性。当内、外二次风叶片角度分别为 64°和 30°时，形成的“心”形回流区范围较为适中，最大长度和最大直径分别为 2.15m($1.8D_3$)和 1.43m($1.2D_3$)，且中心回流区起始点位置靠近燃烧器喷口，可有效保证无烟煤和贫煤的混煤能够及时着火和稳定燃烧。

② 燃尽风量。

表 3-66 为 A 厂 4 号燃用无烟煤和贫煤混煤的 300MW 机组锅炉在不同燃尽风量下的试验参数[5,48]。试验过程中保持一次风量不变，通过改变二次风箱挡板开度来调节二次风量的大小，从而间接地改变燃尽风量的大小。

表 3-66　A 厂 4 号燃用无烟煤和贫煤混煤的 300MW 机组锅炉在不同燃尽风量下的试验参数

参数	数值		
内二次风叶片角度/(°)		64	
外二次风叶片角度/(°)		30	
风温/℃		0	
一次风质量流量/(kg/s)	3.8554	3.8554	3.8554
内二次风质量流量/(kg/s)	2.2743	2.6756	3.0769
外二次风质量流量/(kg/s)	3.7067	4.3608	5.0149

图 3-248 为 A 厂 4 号燃用无烟煤和贫煤混煤的 300MW 机组锅炉在不同燃尽风量下燃烧器出口区域的中心回流区及射流边界。试验结果表明，在不同燃尽风量下燃烧器出口区域均能形成一个稳定的、沿燃烧器轴线基本对称的“心”形回流区。随着燃尽风量的增大，即二次风质量流量从 8.0918 kg/s 减小到 5.9810 kg/s，“心”形回流区的起始点从 $X/D_2=0.2D_2$ 移至 $X/D_2=0.3D_2$，回流区最大长度从 $1.9D_2$ 减小到 $1.6D_2$，最大直径从 $1.4D_2$ 减小到 $1.0D_2$，射流扩展角从 96°减小到 70°。现

场试验规律与实验室冷态单相模化试验(参见 3.4.2 节)得出的规律一致。

表 3-67 为 B 厂 1 号燃用无烟煤和贫煤混煤的 300MW 机组锅炉在不同燃尽风量下的试验参数。试验过程中保持一次风量不变，通过改变二次风箱挡板开度来调节二次风量的大小，从而间接地改变燃尽风量的大小。

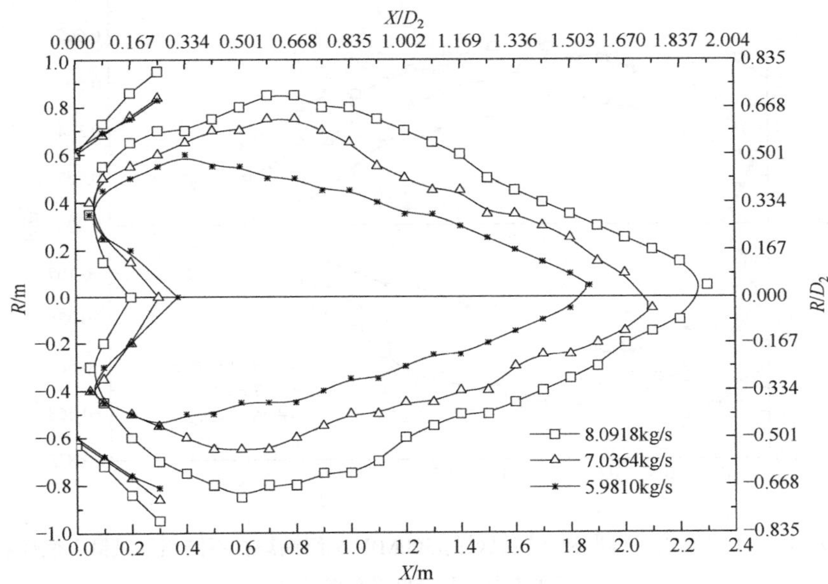

图 3-248　A 厂 4 号燃用无烟煤和贫煤混煤的 300MW 机组锅炉在不同燃尽风量下燃烧器出口区域的中心回流区及射流边界

表 3-67　B 厂 1 号燃用无烟煤和贫煤混煤的 300MW 机组锅炉在不同燃尽风量下的试验参数

参数	数值		
内二次风叶片角度/(°)		64	
外二次风叶片角度/(°)		30	
风温/℃		0	
一次风质量流量/(kg/s)	4.0847	4.0847	4.0847
内二次风质量流量/(kg/s)	2.3284	2.9105	3.4926
外二次风质量流量/(kg/s)	3.8163	4.7704	5.7245

图 3-249 为 B 厂 1 号燃用无烟煤和贫煤混煤的 300MW 机组锅炉在不同燃尽风量下燃烧器出口区域的中心回流区及射流边界。试验结果表明，在不同燃尽风量下紧靠燃烧器出口区域均能形成一个稳定的、沿燃烧器轴线基本对称的“心”形回流区。随着燃尽风量的增大，即二次风质量流量从 9.2171kg/s 减小到 6.1447kg/s，“心”形回流区的起始点从 X/D_3=0.1D_3 移至 X/D_3=0.2D_3，回流区最大

长度从 1.9D_3减小到 1.5D_3，最大直径从 1.3D_3减小到 0.9D_3，射流扩展角从 87°减小到 73°。现场试验规律与实验室冷态单相模化试验(参见 3.4.2 节)得出的规律一致。

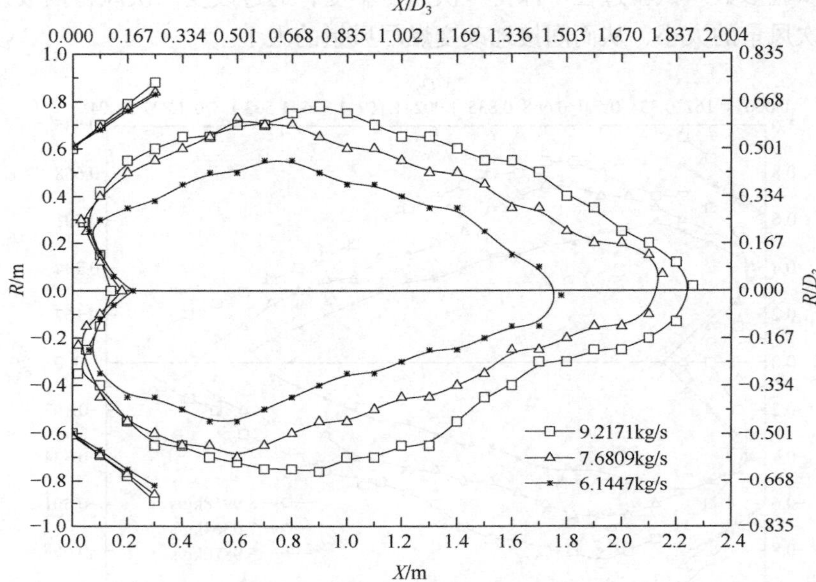

图 3-249　B 厂 1 号燃用无烟煤和贫煤混煤的 300MW 机组锅炉在不同燃尽风量下燃烧器出口区域的中心回流区及射流边界

(2) 燃用贫煤和烟煤混煤 300MW 机组锅炉的冷态工业试验。

① 外二次风叶片角度。

表 3-68 为 C 厂 3 号燃用贫煤和烟煤混煤的 300MW 机组锅炉在不同外二次风叶片角度下的试验参数[5,49]。试验过程中保持一、二次风的风量不变，仅改变外二次风叶片角度。

表 3-68　C 厂 3 号燃用贫煤和烟煤混煤的 300MW 机组锅炉在不同外二次风叶片角度下的试验参数

参数	数值		
一次风质量流量/(kg/s)	3.9805		
内二次风质量流量/(kg/s)	2.9862		
外二次风质量流量/(kg/s)	5.4120		
风温/℃	0		
内二次风叶片角度/(°)	64		
外二次风叶片角度/(°)	20	30	40

图 3-250 为 C 厂 3 号燃用贫煤和烟煤混煤的 300MW 机组锅炉在不同外二次风叶片角度下燃烧器出口区域的中心回流区及射流边界。试验结果表明，在不同外二次风叶片角度下紧靠燃烧器出口区域均能形成一个稳定的、沿燃烧器轴线基本对称的中心回流区，回流区形状呈“心”形。随着外二次风叶片角度从 40°减小到 20°，回流区的起始点从 X/D_4=0.2D_4 移至 X/D_4=0.1D_4，回流区最大长度从 1.5D_4 增大到 1.8D_4，最大直径从 1.0D_4 增大到 1.3D_4，射流扩展角从 71°增大到 84°。现场试验规律与实验室冷态单相模化试验(参见 3.4.2 节)得出的规律一致。

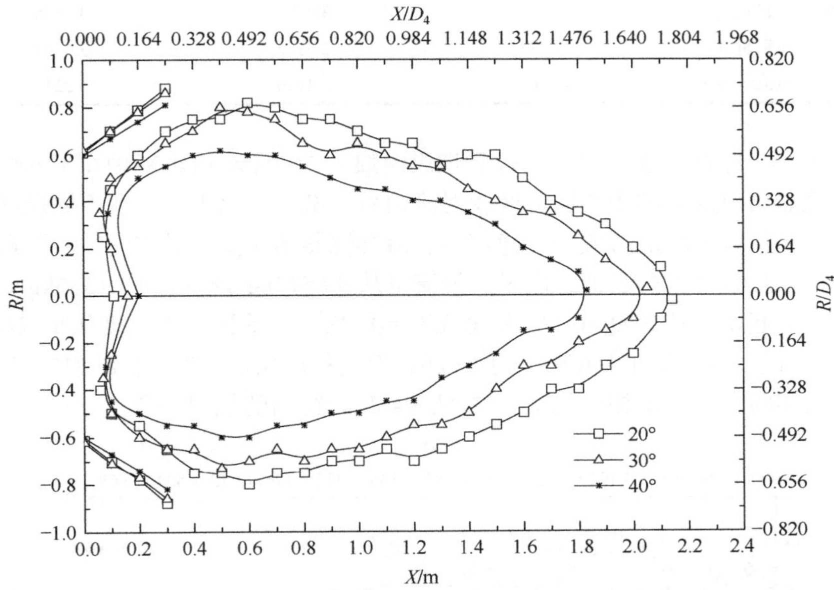

图 3-250　C 厂 3 号燃用贫煤和烟煤混煤的 300MW 机组锅炉在不同外二次风叶片角度下燃烧器出口区域的中心回流区及射流边界

在深度分级条件下，一次风及内、外二次风的质量流量分别为 3.9805kg/s、2.9862kg/s 和 5.4120kg/s，燃烧器出口区域形成的中心回流区较为稳定。当内、外二次风叶片角度分别为 64°和 40°时，“心”形回流区的最大长度和最大直径分别为 1.83m(1.5D_4)和 1.22m(1.0D_4)，最大长度和最大直径均偏小，无法保证无烟煤和贫煤等低挥发分煤的燃烧稳定性。当内、外二次风叶片角度分别为 64°和 30°时，形成的“心”形回流区范围较为适中，最大长度和最大直径分别为 2.05m(1.7D_4)和 1.53m(1.3D_4)。中心回流区起始点位置靠近燃烧器喷口，可有效保证贫煤和烟煤混煤的及时着火和稳定燃烧。

② 燃尽风量。

表 3-69 为 C 厂 3 号燃用贫煤和烟煤混煤的 300MW 机组锅炉在不同燃尽风量

下的试验参数。试验过程中保持一次风风量不变，通过改变二次风箱挡板开度来调节二次风风量的大小，从而间接地改变燃尽风量的大小。

表 3-69　C 厂 3 号燃用贫煤和烟煤混煤的 300MW 机组锅炉在不同燃尽风量下的试验参数

参数	数值		
内二次风叶片角度/(°)		64	
外二次风叶片角度/(°)		30	
风温/℃		0	
一次风质量流量/(kg/s)	3.9805	3.9805	3.9805
内二次风质量流量/(kg/s)	2.5383	2.9862	3.4342
外二次风质量流量/(kg/s)	4.6002	5.4120	6.2238

图 3-251 为 C 厂 3 号燃用贫煤和烟煤混煤的 300MW 机组锅炉在不同燃尽风量下燃烧器出口区域的中心回流区及射流边界。试验结果表明，在不同燃尽风量下燃烧器出口区域均能形成一个稳定的、沿燃烧器轴线基本对称的“心”形回流区。随着燃尽风量的增大，即二次风质量流量从 9.6579kg/s 减小到 7.1385kg/s，“心”形回流区的起始点从 X/D_4=0.1D_4 移至 X/D_4=0.2D_4，回流区最大长度从 1.8D_4 减小到 1.5D_4，最大直径从 1.4D_4 减小到 1.0D_4，射流扩展角从 85°减小到 71°。现场试验规律与实验室冷态单相模化试验(参见 3.4.2 节)得出的规律一致。

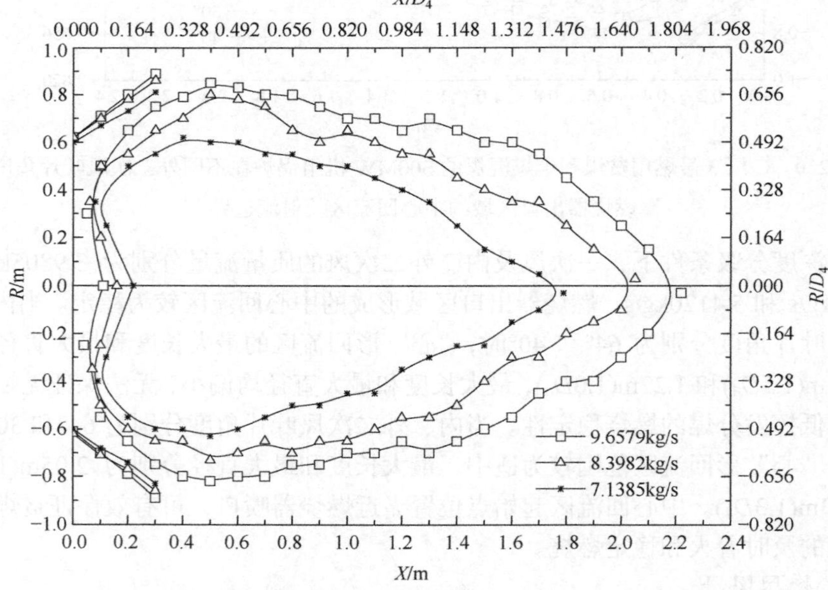

图 3-251　C 厂 3 号燃用贫煤和烟煤混煤的 300MW 机组锅炉在不同燃尽风量下燃烧器出口区域的中心回流区及射流边界

冷态空气动力场工业试验表明，当内、外二次风风量比为 38：62 及内、外二次风叶片角度分别为 64°和 30°且一、二次风率均为设计风率时，燃用无烟煤和贫煤混煤的 A 厂 4 号锅炉中心给粉旋流煤粉燃烧器的中心回流区起始点位于 $X/D_2=0.3D_2$，最大长度及最大直径分别为 $L_h=1.8D_2$、$D_h=1.2D_2$，相应的射流扩展角为 78°；燃用无烟煤和贫煤混煤的 B 厂 1 号锅炉中心给粉旋流煤粉燃烧器的中心回流区起始点位于 $X/D_3=0.2D_3$，最大长度及最大直径分别为 $L_h=1.8D_3$、$D_h=1.2D_3$，相应的射流扩展角为 77°；燃用贫煤和烟煤混煤的 C 厂 3 号锅炉中心给粉旋流煤粉燃烧器的中心回流区起始点位于 $X/D_4=0.1D_4$，最大长度及最大直径分别为 $L_h=1.7D_4$、$D_h=1.3D_4$，相应的射流扩展角为 77°。A 厂 4 号锅炉和 B 厂 1 号锅炉的中心给粉旋流煤粉燃烧器的设计参数较为接近，因此冷态空气动力场工业试验测量得出的中心回流区的最大长度、最大直径和射流扩展角均较为接近；C 厂 3 号锅炉中心给粉旋流煤粉燃烧器的二次风率设计值大于 A 厂 4 号锅炉和 B 厂 1 号锅炉，而一次风率较为接近，一、二次风气流的前期混合更为强烈，使得二次风气流衰减更快。因此，C 厂 3 号锅炉冷态空气动力场工业试验测量得出的中心回流区起始点位置较为靠近燃烧器出口，中心回流区最大直径偏大，而最大长度偏小。

2) 300MW 机组锅炉的热态工业试验

在采用深度分级条件下适用于燃用低挥发分煤的中心给粉旋流煤粉燃烧器的 300MW 墙式布置锅炉上进行热态工业试验研究。试验煤质为电厂实际燃用煤质。试验过程中必须保证锅炉参数的稳定及煤质参数的稳定。为保证煤质供应的足量及稳定，在试验开始前 6h 准备试验煤。每组工况均在 4h 内完成，以保证煤质参数的稳定。试验中测量位置为中层 2#燃烧器及侧墙看火孔。图 3-252 为中层燃烧器及侧墙看火孔的布置示意图。测量的具体内容和方法如下。

(1) 燃烧器区域的烟气温度，即燃烧器出口附近和侧墙水冷壁附近的烟气温度。测量中采用 K 型铠装镍镉-镍硅热电偶和 TES-1310 型数字式温度表。热电偶可以测量−40～1200℃的烟气温度，测量精度为±2℃。热电偶在出厂前均经过严格的检测以保证温度测量的可信度。热电偶的测量端暴露在炉膛中，如果测量端发现任何热变形，均需立刻更换新的热电偶。综合考虑低温水冷壁和炉内高温烟气辐射的影响，热电偶测量值与真实温度的误差为 1.35%～11.35%[50]。此外，热电偶上的积灰也是引起测量误差的一个来源，为减小由积灰引起的测量误差，测量过程中需经常检查其测量端的积灰，并及时予以清除。

(2) 燃烧器区域的局部烟气组分浓度，即燃烧器出口附近和侧墙水冷壁附近的烟气组分浓度，主要包括氧气、一氧化碳、氮氧化物。测量中采用水冷枪装置对燃烧器出口附近和侧墙水冷壁附近的烟气进行采样，水冷枪的材质为不锈钢。经水冷枪采样得到的烟气经烟气分析仪进行分析，其中氧气的测量精度为±0.2%，一氧化碳的测量精度为±5.0%，氮氧化物的测量精度为±5ppm。水冷枪通过看火

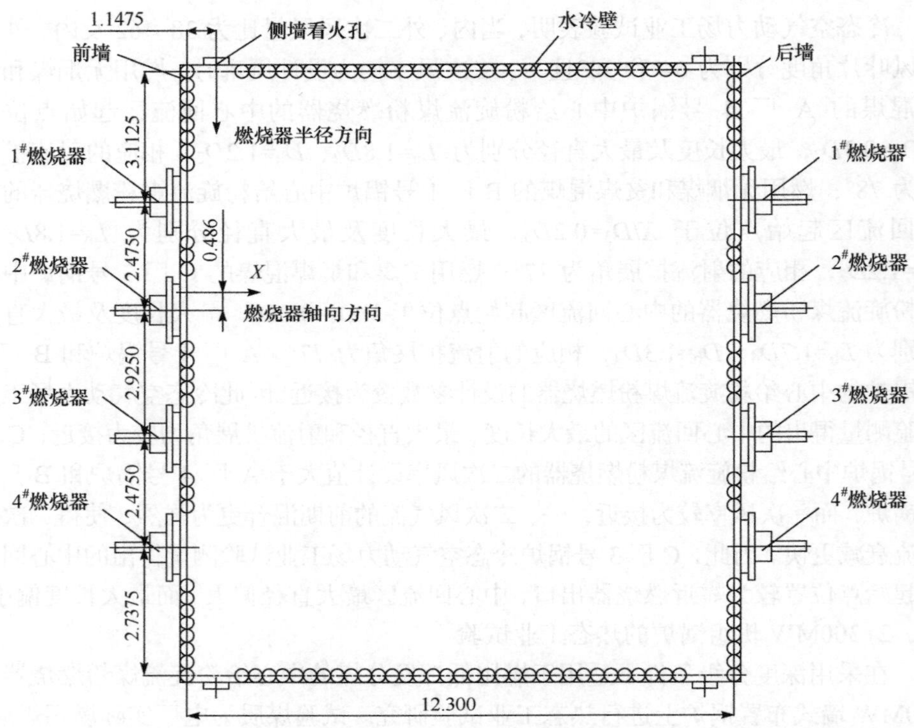

图 3-252 A 厂 4 号 300MW 机组锅炉中层燃烧器及侧墙看火孔的布置示意图(单位：m)

孔伸入炉膛里面，通过取样的乳胶管将水冷枪和前置泵连接以抽取炉内烟气。水冷枪的外套内通入高压冷却水，使得抽取的烟气迅速冷却，相应的化学反应也停止，以便于烟气分析仪进行在线测量。

(3) 炉膛整体温度分布。采用手持式光学高温计透过侧墙看火孔进行实时测量。光学高温计可以测量 600～3000℃的温度值，测量精度为±30℃，其较宽的测温范围，使得炉膛整体的温度分布得以呈现。

(4) 锅炉炉膛出口参数。主要包括氧量、氮氧化物浓度及排烟温度。炉膛出口参数均采用等面积网格法进行测量。氧量和氮氧化物浓度采用烟气分析仪进行在线测量。排烟温度采用 K 型铠装镍镉-镍硅热电偶伸入空预器出口的测孔进行实时测量。通过等速取样器对飞灰进行相应的采集。

(5) 在磨煤机处对原煤进行取样，之后对原煤样品进行工业分析和元素分析；在空预器入口处对飞灰进行取样，在捞渣机处对大渣进行取样，之后对飞灰和大渣进行可燃物含量分析。

(1) 燃用无烟煤和贫煤混煤的 300MW 机组锅炉的热态工业试验。

本节研究的是 A 厂 4 号锅炉在不同燃尽风量、锅炉负荷及外二次风叶片角度下，燃用无烟煤和贫煤比例为 7∶3 混煤时炉内的燃烧特性及氮氧化物生成特性。

① 燃尽风量。

该部分试验主要研究 A 厂 4 号燃用无烟煤和贫煤混煤 300MW 机组锅炉在不同燃尽风量下，其炉内的燃烧特性及氮氧化物生成特性[5,48]。试验过程中，通过改变二次风箱挡板开度来调节二次风量的大小，从而间接地改变燃尽风量的大小。表 3-70 为锅炉主要运行参数。表 3-71 为试验煤质参数，从煤质参数可明显看出其低挥发分、高灰分含量的特性。

表 3-70　燃用无烟煤和贫煤混煤的 300MW 机组锅炉改变燃尽风量试验期间的锅炉主要运行参数

参数	310.5t/h	278.0t/h	269.5t/h
主蒸汽流量/(t/h)	971.6	966.8	962.9
主蒸汽压力/MPa	16.2	16.4	16.6
主蒸汽温度/℃	539.5	542.0	537.5
再热蒸汽温度/℃	541.3	538.5	540.0
再热蒸汽压力/MPa	3.27	3.28	3.27
锅炉炉膛负压/Pa	−55	−69	−72
耗煤量/(t/h)	120.3	116.6	124.4
一次风质量流量/(t/h)	190.7	194.1	188.8
二次风质量流量/(t/h)	409.0	419.5	437.5
三次风质量流量/(t/h)	198.5	198.2	202.4
一次风温度/℃	240.4	243.3	233.5
二次风温度/℃	363	361.9	361.4
三次风温度/℃	69.8	73.4	81.5

表 3-71　燃用无烟煤和贫煤混煤的 300MW 机组锅炉试验期间的煤质参数

参数/(t/h)	工业分析(质量分数)/%				元素分析(质量分数)/%					发热量/(kJ/kg)
	V_{daf}	A_{ar}	M_{ar}	FC_{ar}	C_{ar}	H_{ar}	O_{ar}	N_{ar}	S_{ar}	$Q_{net,ar}$
310.5	18.14	23.59	8.29	55.76	59.68	2.91	3.51	0.86	1.16	23380
278.0	19.41	24.82	7.53	54.52	58.12	3.12	4.42	1.03	0.96	24120
269.5	17.52	22.58	10.60	55.11	57.57	2.69	4.07	0.94	1.55	22610

图 3-253 为燃用无烟煤和贫煤混煤的 300MW 机组锅炉在不同燃尽风量下的烟气温度分布。图 3-253(a)为燃烧器出口区域的测量结果，此时将一次风道出口处设置为坐标零点；图 3-253(b)为侧墙水冷壁区域的测量结果，此时将燃烧器中心

线处设置为坐标零点，同时测点到一次风道出口处的轴向距离为 1.1475m。从图中燃烧器出口区域的测量结果可以看出，在不同燃尽风量下，煤粉燃烧初期，烟气温度快速升高。随着燃尽风量的逐渐增大，在煤粉燃烧初期阶段，烟气升温速率降低。对应不同的燃尽风量 269.5t/h、278.0t/h 和 310.5t/h，在 0≤X≤0.3m 处，相应的升温速率分别为 1765℃/m、1715℃/m 和 1672℃/m。对于采用旋流煤粉燃烧器的墙式布置锅炉，在试验测量过程中，一次风煤粉气流混合物的着火温度受到诸多因素的影响，如烟气升温速率、局部氧气浓度、煤粉粒径大小等[51]。为便于不同试验工况之间的相互比较，这里假定一次风煤粉气流混合物的着火温度为 1000℃，以方便比较着火点的位置。对应不同的燃尽风量 269.5t/h、278.0t/h 和 310.5t/h，相应的一次风煤粉气流混合物的着火点位置分别为 X=0.235m、X=0.267m 和 X=0.303m。随着燃尽风量从 269.5t/h 逐渐增大到 310.5t/h 的过程中，相应的二次风质量流量逐渐降低，而二次风量降低导致二次风气流的旋流强度呈减小趋势，使得二次风的卷携能力削弱，燃烧器中心回流区的最大直径和最大长度均呈减小趋势，卷携到上游的高温烟气量呈减少趋势，因此相应的烟气温度及一次风粉从燃烧器进入炉内后升温速率均呈减小趋势，导致一次风煤粉气流混合物的着火点位置向射流方向的下游推移。挥发分含量低、煤化程度低、活化能高及反应活性低是无烟煤和贫煤等低挥发分煤的固有特性。在煤粉燃烧过程的前期阶段，较高升温速率有利于无烟煤和贫煤混合物的及时着火，使其燃烧稳定性得到提高。在燃烧器出口区域，着火点位置向燃烧器喷口移动，使得煤粉在炉膛内的停留时间延长，有利于提高无烟煤和贫煤混合物的燃尽程度。

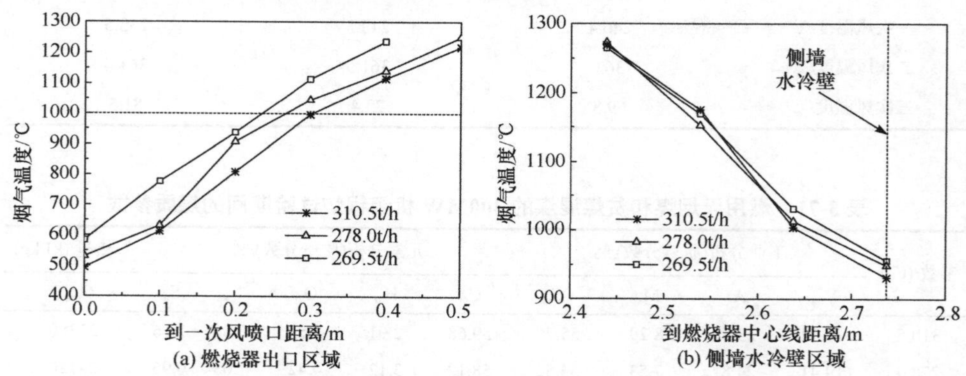

图 3-253 燃用无烟煤和贫煤混煤的 300MW 机组锅炉在不同燃尽风量下的烟气温度分布

从侧墙水冷壁区域的测量结果可看出，由于试验煤的发热量较高，随着从侧墙水冷壁逐渐靠近燃烧器中心线，烟气温度呈逐渐升高的趋势，并达到一个较高的温度水平。在 R≤2.4375m 的侧墙水冷壁区域，烟气温度趋近 1300℃，超出热电偶的测量范围，因此试验中只测量 R≥2.4375m 的侧墙水冷壁区域，不同燃尽风量下烟气温度差异较小。

图 3-254 为燃用无烟煤和贫煤混煤的 300MW 机组锅炉在不同燃尽风量下的氧气浓度分布。从燃烧器出口区域的测量结果可以看出，随着一次风煤粉气流混合物在燃烧器出口区域的快速着火和剧烈燃烧，主燃区的大量氧气被消耗。在煤粉燃烧初期阶段，氧气浓度急剧下降。在深度分级下，对应不同的燃尽风量 269.5t/h、278.0t/h 和 310.5t/h，燃烧器出口区域相应的局部化学当量比分别为 0.674、0.665 和 0.600。由于燃尽风量较高而二次风质量流量较低，随着氧气的不断消耗，在煤粉燃烧后期阶段，氧气浓度趋于定值，其浓度变化也趋于平缓。在 $0.3\text{m} \leqslant X \leqslant 0.7\text{m}$ 处，燃尽风量越大，主燃区相应的二次风质量流量越小，相应的化学当量比也越小。随着一次风煤粉气流混合物的快速着火，大量的氧气被消耗，相应的氧气消耗速率也越高，其浓度梯度变化也更大。与此同时，在煤粉燃烧后期阶段，氧气的供应也相对较低，相应的氧气浓度较小。对应不同的燃尽风量 269.5t/h、278.0t/h 和 310.5t/h，在 $0.8\text{m} \leqslant X \leqslant 1.4\text{m}$ 处，氧气平均浓度分别为 1.41%、1.63%和 1.20%，不同燃尽风量下，该区域的氧气平均浓度的差别较小。

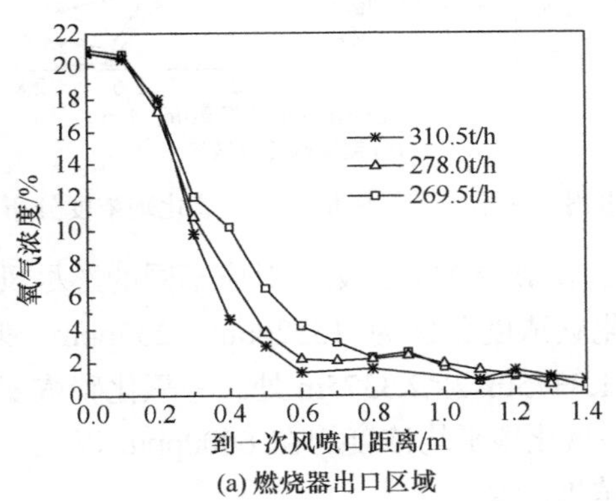

(a) 燃烧器出口区域

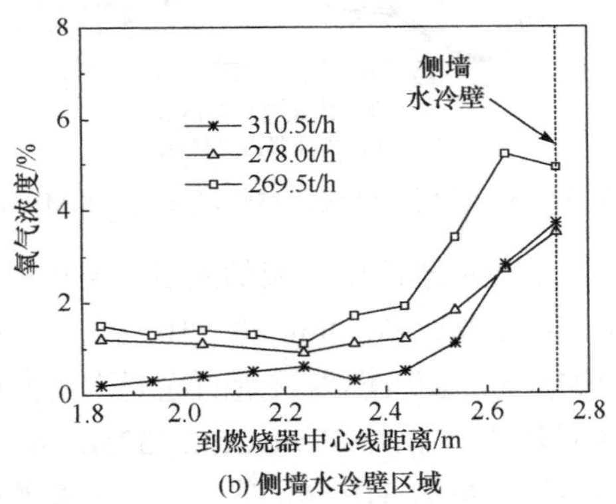

(b) 侧墙水冷壁区域

图 3-254　燃用无烟煤和贫煤混煤的 300MW 机组锅炉在不同燃尽风量下的氧气浓度分布

从侧墙水冷壁区域的测量结果可看出，在 R=2.7375m 处，对应不同的燃尽风量 269.5t/h、278.0t/h 和 310.5t/h，氧气浓度分别为 4.9%、3.5%和 3.7%，均在 3%以上，因此能够有效地抑制侧墙水冷壁的高温腐蚀。随着从侧墙水冷壁靠近燃烧器中心，氧气浓度逐渐降低。在 $1.8375\text{m} \leqslant R \leqslant 2.4375\text{m}$ 处，氧气平均浓度均降到 2%以下。随着燃尽风量的增大，氧气浓度降低。

图 3-255 为燃用无烟煤和贫煤混煤的 300MW 机组锅炉在不同燃尽风量下的一氧化碳浓度分布。从燃烧器出口区域的测量结果可看出，当一次风煤粉气流混合物通过燃烧器喷入到锅炉炉膛之后，在 $0.2\text{m} \leqslant X \leqslant 0.3\text{m}$ 处，随着煤粉的快速着火和剧烈燃烧，在 $0.5\text{m} \leqslant X \leqslant 1.0\text{m}$ 处生成大量的一氧化碳，消耗掉大量的氧气，形成一个贫氧强还原性气氛场。在 $X \geqslant 1.0\text{m}$ 处，一氧化碳浓度趋于定值，其浓度变化

也趋于平缓。在深度分级下，在煤粉燃烧后期阶段，不同燃尽风量下的一氧化碳平均浓度均在 15000ppm 以上。与此同时，随着煤粉的剧烈燃烧，在贫氧强还原性气氛场中生成大量的一氧化碳，并且中心回流区的存在，不仅使煤粉在锅炉炉膛内的停留时间延长，还使得更多的焦炭在还原性气氛场中被氧化成一氧化碳。随着燃尽风量的逐渐增大，燃烧器出口区域内的一氧化碳浓度升高。由于燃尽风量的增大，主燃区氧气的供应量也相对减少，相应的局部化学当量比也减小。随着一次风煤粉气流混合物的迅速着火，大量的氧气被消耗以形成贫氧强还原性气氛场，因此主燃区的一氧化碳平均浓度升高。

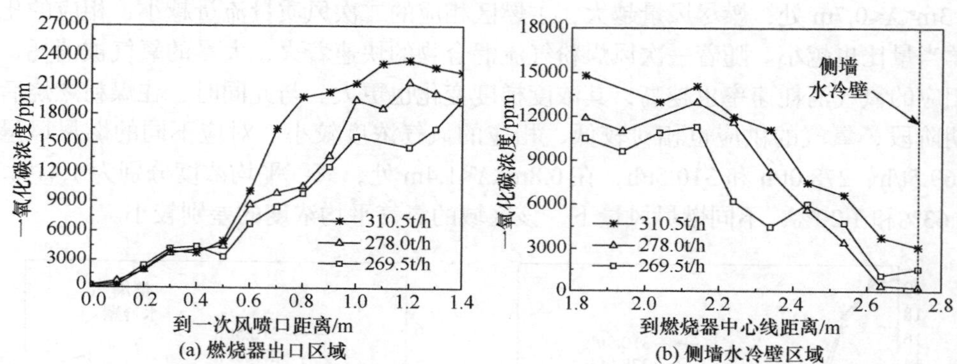

图 3-255 燃用无烟煤和贫煤混煤的 300MW 机组锅炉在不同燃尽风量下的一氧化碳浓度分布

从侧墙水冷壁区域的测量结果可看出，在 R=2.7375m 处，对应不同的燃尽风量 269.5t/h、278.0t/h 和 310.5t/h，一氧化碳浓度分别为 1532ppm、235ppm 和 3104ppm。随着燃尽风量的逐渐增大，在 1.8375m≤R≤2.3375m 处，一氧化碳浓度逐渐升高。在 1.8375m≤R≤2.2375m 处，一氧化碳平均浓度均在 6000ppm 以上。当燃尽风量为 310.5t/h 时，一氧化碳平均浓度最高。

图 3-256 为燃用无烟煤和贫煤混煤的 300MW 机组锅炉在不同燃尽风量下的氮氧化物浓度分布。煤粉在燃烧过程中形成的氮氧化物主要分为热力型氮氧化物和燃料型氮氧化物，其中燃料型氮氧化物生成量占到氮氧化物生成总量的 75%以上，热力型氮氧化物生成量占到氮氧化物生成总量的 25%以下(参见 1.5.3 节)。从燃烧器出口区域的测量结果可看出，随着射流的发展，氮氧化物浓度先升高再趋于稳定，其浓度变化幅度也趋于平缓。在 0.2m≤X≤0.3m 处，煤粉仍处于升温阶段，还没有着火燃烧，因此氮氧化物的生成量也较少。在不同的燃尽风量下，氮氧化物浓度均低于 290mg/m^3(折算到 6%基准氧含量)。在 X=0.3m 附近范围内，随着一次风煤粉气流混合物的快速着火，在 0.3m≤X≤0.7m 处烟气温度快速升高，因此在该区域内生成大量的氮氧化物。在 X=0.7m 附近范围内，不同燃尽风量下的氮氧

化物浓度均在 1400mg/m^3(折算到 6%基准氧含量)左右。随着氧气的大量消耗，在 $X\geqslant0.8$m 处形成一个贫氧强还原性气氛场，在一定程度上抑制了氮氧化物的进一步生成。氮氧化物浓度趋于稳定，其浓度变化幅度也较为平缓。当燃尽风量为 310.5t/h 时，一次风煤粉气流混合物与二次风的混合减弱，一次风煤粉气流混合物的着火位置后移，使得煤粉燃烧初期阶段氮氧化物浓度较低。在 $X\geqslant0.8$m 处，强还原性气氛场使得氮氧化物的生成受到抑制，氮氧化物浓度有所下降。当燃尽风量为 310.5t/h 时，氮氧化物浓度低于其他两种工况。随着燃尽风量的逐渐增大，主燃区的二次风量减小，二次风气流的旋流强度减小，中心回流区卷携回射流上游的高温烟气量较少，使得一次风煤粉气流混合物的着火位置后移，烟气的升温速率降低。在煤粉燃烧初期阶段，氮氧化物的生成速率也降低。与此同时，由于二次风量相对较小，在主燃区煤粉燃烧后期阶段($X\geqslant0.8$m)，生成大量的一氧化碳，形成的贫氧强还原性气氛场显著抑制了燃料型氮氧化物的生成；而由于主燃区的最高烟气温度差别较小，热力型氮氧化物的生成量差别较小，因此在煤粉燃烧后期阶段，随着燃尽风量的逐渐增大，氮氧化物生成总量减小。在 $X\geqslant0.8$m 处，对应不同的燃尽风量 269.5t/h、278.0t/h 和 310.5t/h，相应的氮氧化物平均浓度分别为 1712mg/m^3(折算到 6%基准氧含量)、1587mg/m^3(折算到 6%基准氧含量)和 1457mg/m^3(折算到 6%基准氧含量)。

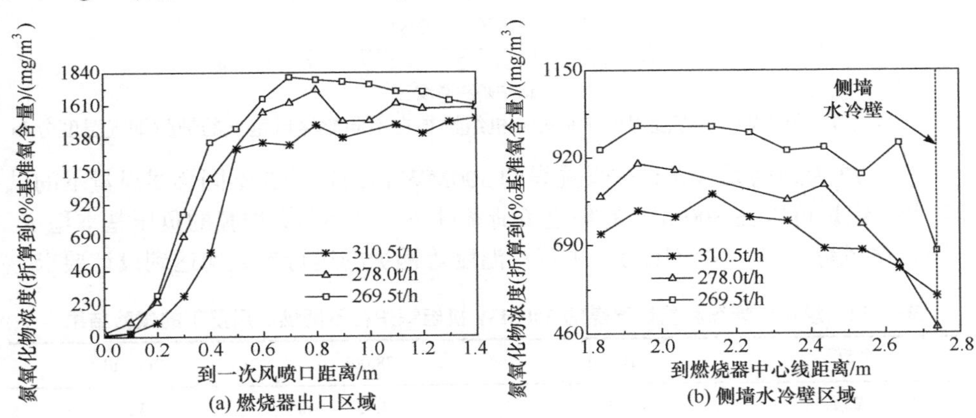

图 3-256 燃用无烟煤和贫煤混煤的 300MW 机组锅炉在不同燃尽风量下的氮氧化物浓度分布

从侧墙水冷壁区域的测量结果可看出，随着从侧墙水冷壁逐渐靠近燃烧器中心，氮氧化物浓度先略有增加再趋于平缓。随着燃尽风量的增大，在 $1.8375\text{m}\leqslant R\leqslant2.5375\text{m}$ 处，氮氧化物浓度减小，侧墙水冷壁区域的氮氧化物浓度为 700～1000mg/m^3 (折算到 6%基准氧含量)。

图 3-257 为燃用无烟煤和贫煤混煤的 300MW 机组锅炉在不同燃尽风量下的炉膛烟气温度分布。图中将炉膛冷灰斗底部位置设为坐标零点。图中温度值为在

同一标高处通过侧墙看火孔测得的烟气温度平均值。由图可知，不同燃尽风量下的烟气高温区域在 H=21～31m，该范围区域对应的是中、上层燃烧器和下层燃尽风区域。随着燃尽风量从 269.5t/h 逐渐增大到 310.5t/h，相应地进入主燃区的二次风质量流量从 437.5t/h 逐渐减少到 409.0t/h，中、上层燃烧器区域烟气温度略有降低，原因如下：进入主燃区的二次风质量流量减少，一次风煤粉气流混合物在主燃区的燃烧份额降低，释放的热量也相应减少，因此相应的炉膛烟气温度降低。下层燃烧器和燃尽风区域对应的炉膛烟气温度略有升高，原因如下：进入该区域的风量增加，煤粉燃烧份额增大，释放的热量也相应增加，相应的炉膛烟气温度升高。

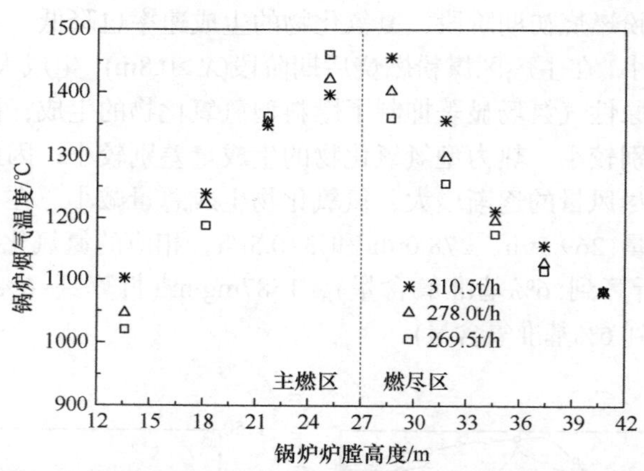

图 3-257　燃用无烟煤和贫煤混煤的 300MW 机组锅炉在不同燃尽风量下的炉膛烟气温度分布

表 3-72 为燃用无烟煤和贫煤混煤的 300MW 机组锅炉在不同燃尽风量下的试验结果。锅炉可以在 300MW 的额定负荷条件下稳定运行，炉膛的负压基本稳定，不同燃尽风量下的主蒸汽压力、主蒸汽温度等锅炉的运行参数均达到设计要求。

表 3-72　燃用无烟煤和贫煤混煤的 300MW 机组锅炉在不同燃尽风量下的试验结果

参数	310.5t/h	278.0t/h	269.5t/h
氧气浓度/%	3.39	3.05	3.25
NO_x 排放浓度(折算到 6%基准氧含量)/(mg/m^3)	769.9	805.7	833.4
飞灰可燃物含量/%	6.84	6.31	5.18
排烟温度/℃	138	133.5	129.5
锅炉热效率/%	90.99	91.30	91.53

在 300MW 的额定负荷下随着燃尽风量从 269.5t/h 增大到 310.5t/h，主燃区的

二次风质量流量相应减少，主燃区的化学当量比降低，贫氧还原性气氛场增强。锅炉空预器出口处的氮氧化物浓度(折算到 6%基准氧含量)从 833.4mg/m^3 降低到 769.9mg/m^3，飞灰可燃物含量从 5.18%增加到 6.84%，锅炉热效率从 91.53%降低到 90.99%。

② 锅炉负荷。

该部分试验主要研究 A 厂 4 号锅炉在不同锅炉负荷下，其炉内的燃烧及氮氧化物生成特性。表 3-73 为锅炉的主要运行参数。试验煤质参数见表 3-71。从煤质参数可明显看出其低挥发分、高灰分含量的特性。

表 3-73　燃用无烟煤和贫煤混煤的 300MW 机组锅炉在不同负荷下的主要运行参数

参数	330MW	300MW	230MW	150MW
主蒸汽流量/(t/h)	1016.4	956.0	704.0	428.6
主蒸汽压力/MPa	16.9	16.7	16.0	15.3
主蒸汽温度/℃	539.0	532.8	541.5	539.4
再热蒸汽温度/℃	539.0	537.9	540.0	535.4
再热蒸汽压力/MPa	3.63	3.30	2.45	1.78
耗煤量/(t/h)	133.9	121.7	93.3	60.8
一次风质量流量/(t/h)	192.1	195.1	164.2	130.2
二次风质量流量/(t/h)	480.1	421.0	322.9	180.9
燃尽风质量流量/(t/h)	374.7	328.6	252.0	141.1
三次风质量流量/(t/h)	190.6	188.7	197.7	201.7
一次风温度/℃	227.7	239.8	233.3	235.4
二次风温度/℃	362.5	372.4	350.2	333.9
三次风温度/℃	71.8	71.8	68.2	71.5
前墙中层燃烧器耗煤量/(t/h)	19.1	17.1	14.1	11.3
前墙中层燃烧器一次风质量流量/(t/h)	32.0	32.5	27.4	21.7
前墙中层燃烧器二次风质量流量/(t/h)	80.0	70.2	53.8	30.2

图 3-258 为燃用无烟煤和贫煤混煤的 300MW 机组锅炉在不同负荷下的烟气温度分布。从燃烧器区域的测量结果可看出，随着到燃烧器喷口距离的增大，不同锅炉负荷下的烟气温度均快速升高。随着锅炉负荷的降低，在煤粉燃烧初期阶段，烟气温度及升温速率减小。在 $0 \leqslant X \leqslant 0.4$m 燃烧器出口区域，对应锅炉负荷

330MW、300MW、230MW 和 150MW，升温速率分别为 1821℃/m、1778℃/m、1493℃/m 和 1004℃/m，煤粉着火点分别为 X=0.245m、0.266m、0.457m 和 0.532m。

从图 3-258(b)中侧墙水冷壁区域的测量结果可看出，随着从侧墙水冷壁靠近燃烧器中心，烟气温度逐渐升高。在 $R \leqslant 2.4375$m 的侧墙水冷壁区域，烟气温度高达 1200℃以上，超出热电偶的测量范围。因此，试验中只测量了 $R \geqslant 2.4375$m 的侧墙水冷壁区域，该区域的烟气温度差异较小。

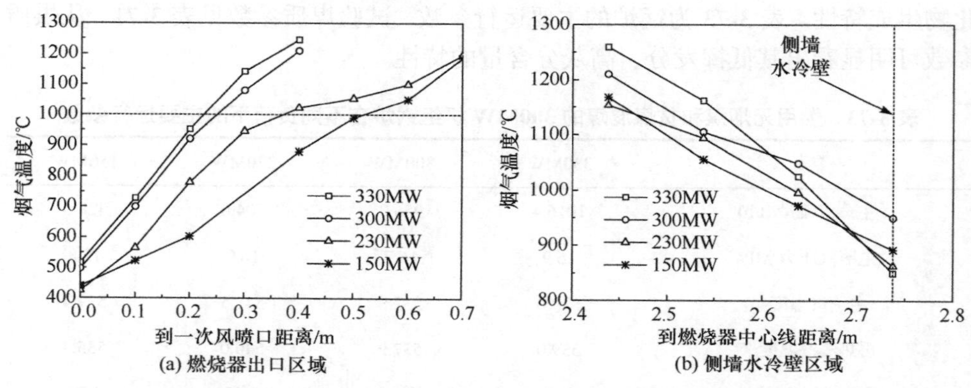

图 3-258 燃用无烟煤和贫煤混煤的 300MW 机组锅炉在不同负荷下的烟气温度分布

图 3-259 为燃用无烟煤和贫煤混煤的 300MW 机组锅炉在不同负荷下的氧气浓度分布。锅炉负荷为 330MW、300MW、230MW 和 150MW，燃烧器出口区域的化学当量比分别为 0.743、0.762、0.834 和 0.821。随着锅炉负荷的降低，氧气浓度增大。

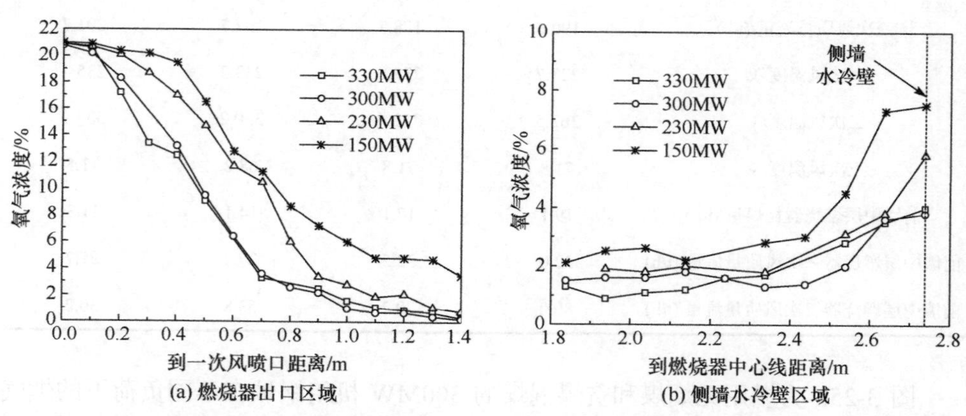

图 3-259 燃用无烟煤和贫煤混煤的 300MW 机组锅炉在不同负荷下的氧气浓度分布

从侧墙水冷壁区域的测量结果可看出，在 R=2.7375m 的侧墙水冷壁区域，对应不同锅炉负荷 330MW、300MW、230MW 和 150MW，氧气浓度分别为 4.0%、

3.8%、5.8%和 7.5%，能够有效地抑制侧墙水冷壁的高温腐蚀。在 1.8375m≤R≤2.3375m 的侧墙水冷壁区域，氧气浓度均降到 3%以下。在锅炉低负荷时，相应的氧气浓度较高。

图 3-260 为燃用无烟煤和贫煤混煤的 300MW 机组锅炉在不同负荷下的一氧化碳浓度分布。从燃烧器区域的测量结果可看出，当锅炉负荷为 230MW 和 150MW 时，由于烟气温度及一次风粉从燃烧器进入炉内后升温速率均较小，而燃烧器出口区域的化学当量较大，在 0.2m≤X≤0.6m 的燃烧器出口区域，一氧化碳浓度较低。在 X≥0.7m 的燃烧器出口区域，一氧化碳浓度升高。在煤粉燃烧后期阶段，一氧化碳浓度为 8000～10000ppm。当锅炉负荷分别为 330MW 和 300MW 时，在 0.2m≤X≤ 0.3m 的燃烧器出口区域，煤粉快速着火且剧烈燃烧。在 X≥0.4m 的燃烧器出口区域，生成了大量的一氧化碳。在 X≥1.2m 的燃烧器出口区域，一氧化碳浓度较高，在 13000ppm 以上。

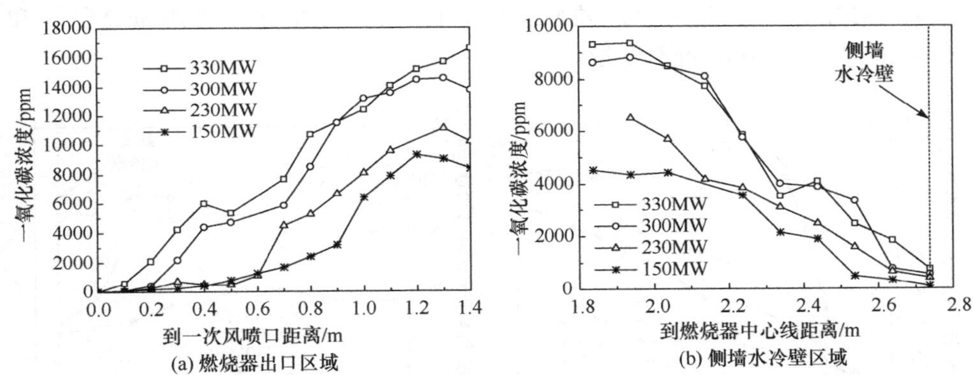

图 3-260　燃用无烟煤和贫煤混煤的 300MW 机组锅炉在不同负荷下的一氧化碳浓度分布

从侧墙水冷壁区域的测量结果可看出，在 R=2.7375m 的侧墙水冷壁区域，对应不同锅炉负荷 330MW、300MW、230MW 和 150MW，一氧化碳浓度分别为 752ppm、552ppm、411ppm 和 83ppm。随着从侧墙水冷壁靠近燃烧器中心，一氧化碳浓度逐渐升高。当锅炉负荷分别为 330MW 和 300MW 时，在 1.8375m≤R≤2.1375m 的侧墙水冷壁区域，一氧化碳浓度在 7500ppm 以上。当锅炉负荷分别为 230MW 和 150MW 时，一氧化碳浓度低于在锅炉负荷分别为 330MW 和 300MW 时测得的浓度。当锅炉负荷为 330MW 时，一氧化碳浓度最高。

图 3-261 为燃用无烟煤和贫煤混煤的 300MW 机组锅炉在不同负荷下的氮氧化物浓度分布。从燃烧器区域的测量结果可看出，当锅炉负荷分别为 230MW 和 150MW 时，随着到燃烧器一次风喷口距离的增大，氮氧化物浓度先升高后趋于稳定不变。而当锅炉负荷分别为 330MW 和 300MW 时，氮氧化物浓度先升高，然后在 X≥0.7m 的燃烧器区域略微下降。不同锅炉负荷下，在 0≤X≤0.2m 的燃烧

器区域，煤粉还没有着火燃烧，因此氮氧化物的生成量也较少，均低于250mg/m³(折算到 6%基准氧含量)。随着煤粉在 X=0.3m 附近区域内着火，烟气温度在 $X \geqslant 0.3$m 的燃烧器区域快速升高，氮氧化物快速升高。当锅炉负荷分别为330MW 和 300MW 时,在 X=0.7m 的附近区域内,氮氧化物浓度均达到 1500mg/m³(折算到 6%基准氧含量)以上。随着氧气的大量消耗，在 $X \geqslant 0.7$m 的燃烧器区域形成一个贫氧强还原性气氛场，氮氧化物的生成量受到一定程度的抑制，其浓度略有下降。在锅炉低负荷时，煤粉质量流量减小，相应主燃区的二次风质量流量也下降，导致烟气温度及一次风粉从燃烧器进入炉内后升温速率减小，煤粉着火点向后推移。由于上述原因，氮氧化物的生成量比锅炉高负荷低。当锅炉负荷分别为230MW 和 150MW 时,在 $X \geqslant 1.1$m 的燃烧器区域,氮氧化物浓度为 900～1150mg/m³(折算到 6%基准氧含量)。对应不同锅炉负荷 330MW、300MW、230MW 和 150MW，在 $X \geqslant 1.0$m 的燃烧器区域氮氧化物平均浓度分别为 1389mg/m³(折算到 6%基准氧含量)、1323mg/m³(折算到 6%基准氧含量)、1132mg/m³(折算到 6%基准氧含量)和948mg/m³(折算到 6%基准氧含量)。

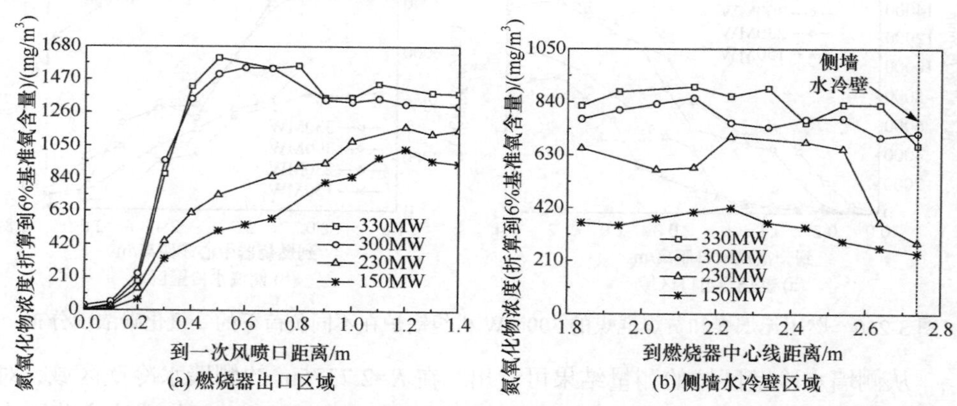

图 3-261　燃用无烟煤和贫煤混煤的 300MW 机组锅炉在不同负荷下的氮氧化物浓度分布

从侧墙水冷壁区域的测量结果可看出，在 $1.8375\text{m} \leqslant R \leqslant 2.3375\text{m}$ 的侧墙水冷壁区域，当锅炉负荷分别为 330MW 和 300MW 时，氮氧化物浓度为 740～900mg/m³(折算到 6%基准氧含量)；当锅炉负荷分别为 230MW 和 150MW 时，氮氧化物浓度为 400～700mg/m³(折算到 6%基准氧含量)。

图 3-262 为燃用无烟煤和贫煤混煤的 300MW 机组锅炉在不同负荷下的炉膛烟气温度分布。中、上层燃烧器和下层燃尽风区域(H=21～31m)温度较高。在锅炉低负荷时，相应的二次风质量流量和煤粉质量流量降低，煤粉燃烧释放的热量也相应减少，主燃区及燃尽区的炉膛烟气温度下降。

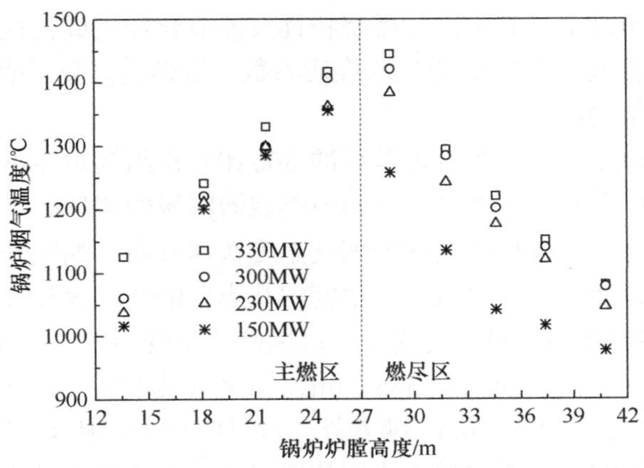

图 3-262　燃用无烟煤和贫煤混煤的 300MW 机组锅炉在不同负荷下的炉膛烟气温度分布

表 3-74 为改造前后燃用无烟煤和贫煤混煤的 300MW 机组锅炉在不同负荷下的试验结果。对应不同的锅炉负荷 300MW、230MW 和 150MW，排烟温度分别从改造前的 152.0℃、136.1℃和 123.0℃降低到改造后的 127.3℃、130.3℃和 116.9℃，飞灰可燃物含量分别从改造前的 8.10%、8.12%和 8.47%降低到改造后的 5.24%、4.56%和 3.91%。锅炉热效率分别从改造前的 90.65%、90.12%和 89.88%提高到改造后的 91.67%、91.22%和 91.29%，空预器出口相应的氮氧化物浓度分别从改造前的 1271.6mg/m^3(折算到 6%基准氧含量)、979.2mg/m^3(折算到 6%基准氧含量)和 988.0mg/m^3(折算到 6%基准氧含量)降低到改造后的 822.4mg/m^3(折算到 6%基准氧含量)、796.9mg/m^3(折算到 6%基准氧含量)和 743.7mg/m^3(折算到 6%基准氧含量)，降低幅度分别高达 35.3%、18.6%和 24.7%。

表 3-74　改造前后燃用无烟煤和贫煤混煤的 300MW 机组锅炉在不同负荷下的试验结果

参数	330MW	300MW		230MW		150MW	
	改造后	改造前	改造后	改造前	改造后	改造前	改造后
氧气浓度/%	3.33	3.37	3.46	5.55	4.73	6.60	5.80
NO_x 排放浓度(折算到 6%基准氧含量)/(mg/m^3)	871.5	1271.6	822.4	979.2	796.9	988.0	743.7
飞灰可燃物含量/%	5.52	8.10	5.24	8.12	4.56	8.47	3.91
排烟温度/℃	130.7	152.0	127.3	136.1	130.3	123.0	116.9
锅炉热效率/%	91.48	90.65	91.67	90.12	91.22	89.88	91.29

③ 外二次风叶片角度。

该部分试验主要研究 A 厂 4 号燃用无烟煤和贫煤混煤 300MW 机组锅炉在不

同外二次风叶片角度下，其炉内的燃烧特性及氮氧化物生成特性[5,49]。表 3-75 为锅炉的主要运行参数。表 3-76 为试验煤质参数。从煤质参数可明显看出，其低挥发分、高灰分含量的特性。

图 3-263 为燃用无烟煤和贫煤混煤的 300MW 机组锅炉在不同外二次风叶片角度下的烟气温度分布。从图 3-263(a)中燃烧器区域的测量结果可看出，在不同外二次风叶片角度下，煤粉燃烧初期烟气温度快速升高，烟气升温速率也较高。在煤粉燃烧初期，随着外二次风叶片角度的减小，烟气温度及升温速率增大。在 $0 \leqslant X \leqslant 0.3$m 的燃烧器出口区域，对应外二次风叶片角度 40°、30°和 25°，升温速率分别为 1880℃/m、2103℃/m 和 2335℃/m，一次风煤粉气流混合物的着火点分别为 X=0.387m、0.267m 和 0.256m。随着外二次风叶片角度从 40°降至 25°，旋流强度从 0.517 增大到 0.780，燃烧器中心回流区最大直径和最大长度均增大，高温烟气回流量增加，一次风煤粉气流混合物的温度及升温速率增大，着火提前。

从图 3-263(b)中侧墙水冷壁区域的测量结果可看出，在 $R \leqslant 2.4375$m 的侧墙水冷壁区域内，烟气温度接近 1300℃，超出了热电偶的测量范围，因此试验中只测量了 $R \geqslant 2.4375$m 的侧墙水冷壁区域。不同外二次风叶片角度下烟气温度差异较小。

表 3-75　燃用无烟煤和贫煤混煤的 300MW 机组锅炉在不同外二次风叶片角度下的主要运行参数

参数	数值
主蒸汽流量/(t/h)	962
主蒸汽压力/MPa	16.6
主蒸汽温度/℃	539
再热蒸汽压力/MPa	3.27
再热蒸汽温度/℃	541
一次风质量流量/(t/h)	186.3
一次风温度/℃	215.4
二次风质量流量/(t/h)	360.9
二次风温度/℃	373
三次风质量流量/(t/h)	179.2
燃尽风质量流量/(t/h)	281.6

表 3-76　燃用无烟煤和贫煤混煤的 300MW 机组锅炉在不同外二次风叶片角度下的煤质参数

工业分析(质量分数)/%				元素分析(质量分数)/%					发热量/(kJ/kg)
V_{daf}	A_{ar}	M_{ar}	FC_{ar}	C_{ar}	H_{ar}	O_{ar}	N_{ar}	S_{ar}	$Q_{net,ar}$
13.45	23.98	6.80	59.91	61.39	2.70	3.06	0.96	1.11	25350

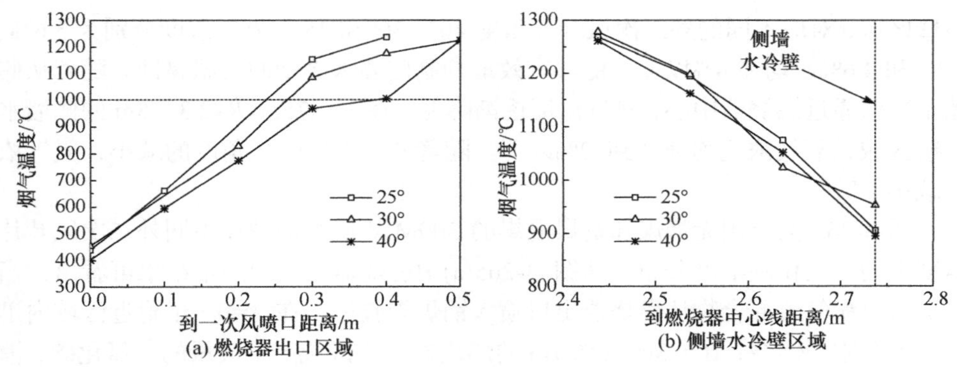

图 3-263　燃用无烟煤和贫煤混煤的 300MW 机组锅炉在不同外二次风叶片角度下的烟气温度分布

图 3-264 为燃用无烟煤和贫煤混煤的 300MW 机组锅炉在不同外二次风叶片角度下的氧气浓度分布。从图 3-264(a)中燃烧器区域的测量结果可看出，在燃烧器出口区域，随着一次风煤粉气流混合物的快速着火和剧烈燃烧，大量的氧气被消耗。在煤粉燃烧初期阶段，氧气浓度急剧降低。在深度分级下，主燃区的化学当量比为 0.835，而中心给粉旋流煤粉燃烧器出口区域的化学当量比仅为 0.625。由于较低的二次风气流质量流量，随着氧气的消耗，氧气浓度在煤粉燃烧后期阶段趋于平缓。在深度分级下，当外二次风叶片角度为 40°时，在 $0.9\text{m}\leqslant X\leqslant 1.4\text{m}$ 的燃烧器出口区域，氧气浓度仅为 0.68%，且其浓度变化幅度较小。在 $0\leqslant X\leqslant 0.7\text{m}$ 的燃烧器出口区域，当外二次风叶片角度为 25°时，氧气浓度下降最快。

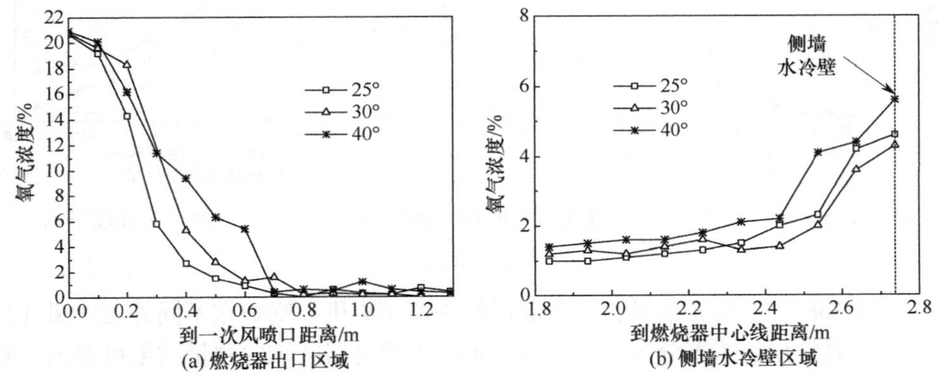

图 3-264　燃用无烟煤和贫煤混煤的 300MW 机组锅炉在不同外二次风叶片角度下的氧气浓度分布

从图 3-264(b)中侧墙水冷壁区域的测量结果可看出，在 R=2.7375m 的侧墙水冷壁区域，对应不同的外二次风叶片角度40°、30°和25°，氧气浓度分别为5.6%、4.3%和4.6%，均在4%以上，能够有效地抑制侧墙水冷壁的高温腐蚀。随着从侧墙水冷壁靠近燃烧器中心，氧气浓度逐渐降低。在1.8375m≤R≤2.3375m的侧墙水冷壁区域，氧气浓度均降低到2%以下。随着外二次风叶片角度的减小，氧气浓度减小。

图3-265为燃用无烟煤和贫煤混煤的300MW机组锅炉在不同外二次风叶片角度下的一氧化碳浓度分布。从图3-265(a)中燃烧器区域的测量结果可看出，当一次风煤粉气流混合物从燃烧器出口喷入锅炉炉膛后，在X=0.3m附近区域内迅速着火并剧烈燃烧，在0.3m≤X≤0.7m的燃烧器出口区域产生大量的一氧化碳，消耗大量的氧气，而形成一个贫氧强还原性气氛场。在深度分级下，在煤粉燃烧后期阶段，一氧化碳浓度高达20000ppm左右。随着外二次风叶片角度从40°降至25°，一氧化碳浓度增大。

从图3-265(b)中侧墙水冷壁区域的测量结果可看出，在R=2.7375m的侧墙水冷壁区域，对应不同的外二次风叶片角度40°、30°和25°，一氧化碳浓度分别为649ppm、2315ppm和779ppm。随着从侧墙水冷壁靠近燃烧器中心，一氧化碳浓度升高。在1.8375m≤R≤2.3375m的侧墙水冷壁区域，随着外二次风叶片角度从40°降至25°，一氧化碳浓度升高。

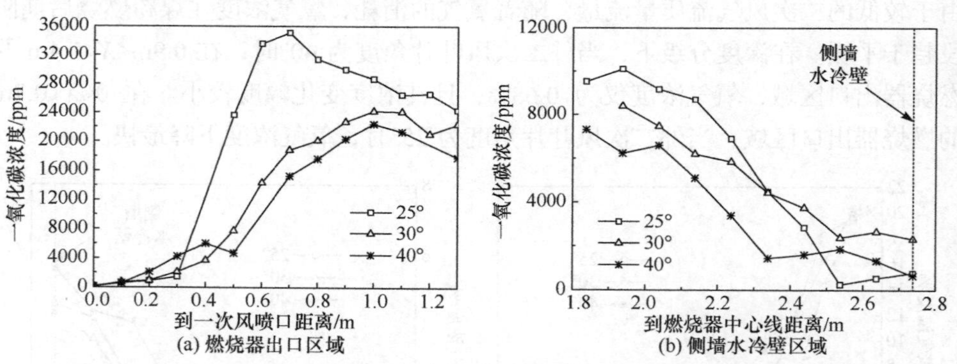

图3-265　燃用无烟煤和贫煤混煤的300MW机组锅炉在不同外二次风叶片角度下的一氧化碳浓度分布

图3-266为燃用无烟煤和贫煤混煤的300MW机组锅炉在不同外二次风叶片角度下的氮氧化物浓度分布。从图3-266(a)中燃烧器区域的测量结果可看出，随着射流的发展，氮氧化物浓度先升高后趋于稳定。在0≤X≤0.2m的燃烧器出口区域，一次风煤粉气流混合物仍处于升温阶段，尚未着火燃烧，因此氮氧化物的生成量相对较少。在不同外二次风叶片角度下，氮氧化物浓度均低于250mg/m^3(折算到6%基准氧含量)。在X=0.3m附近区域，煤粉着火燃烧。在0.3m≤X≤0.6m的

燃烧器出口区域，随着烟气温度迅速升高，氮氧化物大量生成。在 X=0.6m 的燃烧器出口区域，不同外二次风叶片角度下，氮氧化物浓度均在 1300mg/m^3(折算到 6%基准氧含量)以上。在 $X \geqslant 0.7$m 的燃烧器出口区域，随着氧气的大量消耗，该区域形成了强烈的还原性气氛，在一定程度上抑制了氮氧化物的进一步生成，氮氧化物浓度趋于平缓。随着外二次风叶片角度从 40°降至 25°，外二次风的旋流强度增大，形成的中心回流区增大，煤粉着火点提前，煤粉燃烧初期烟气温度升高，在 0.4m$\leqslant X \leqslant$0.7m，氮氧化物生成量增加。在 $X \geqslant 0.8$m 的燃烧器出口区域，随着氧气消耗速率的增加，生成大量的一氧化碳，形成的贫氧强还原性气氛场有效地抑制了氮氧化物的进一步生成。在该区域内氮氧化物浓度随着外二次风叶片角度的减小而降低。在 $X \geqslant 0.8$m 的燃烧器出口区域，对应不同的外二次风叶片角度 40°、30°和 25°，氮氧化物平均浓度分别为 1642mg/m^3 (折算到 6%基准氧含量)、1590mg/m^3(折算到 6%基准氧含量)和 1434mg/m^3(折算到 6%基准氧含量)。

从图 3-266(b)中侧墙水冷壁区域的测量结果可看出，随着从侧墙水冷壁靠近燃烧器中心，氮氧化物浓度先略有升高后趋于平缓。在 1.8375m$\leqslant R \leqslant$2.3375m 的侧墙水冷壁区域，随着外二次风叶片角度从 40°降至 25°，氮氧化物浓度减小。侧墙区域氮氧化物浓度为 750～1050mg/m^3(折算到 6%基准氧含量)。

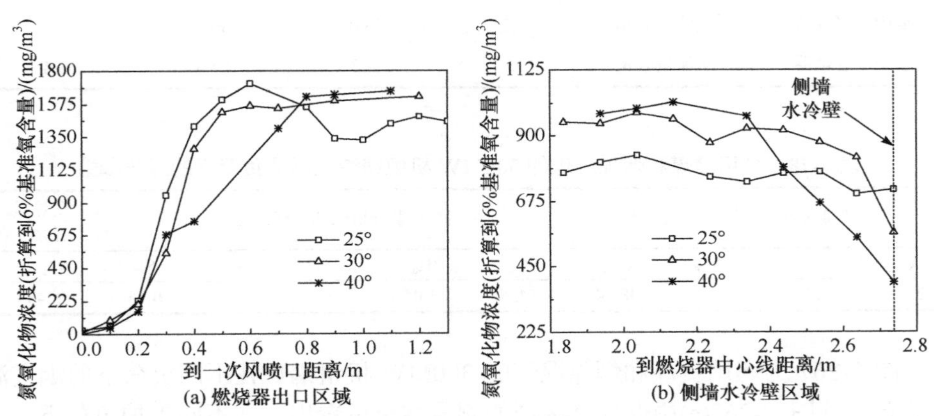

图 3-266　燃用无烟煤和贫煤混煤的 300MW 机组锅炉在不同外二次风叶片角度下的氮氧化物浓度分布

(2) 燃用贫煤和烟煤混煤的 300MW 机组锅炉的热态工业试验。

本节研究的是 C 厂 3 号燃用贫煤和烟煤混煤 300MW 机组锅炉在不同锅炉负荷下，燃用贫煤和烟煤为 1：1 混煤时炉内燃烧及氮氧化物生成特性。试验中测量的燃烧器为第二层左侧第 2 只燃烧器(图 3-245)[5,52]。表 3-77 为锅炉的主要运行参数。表 3-78 为试验煤质参数。

表 3-77　燃用贫煤和烟煤混煤的 300MW 机组锅炉在不同负荷下的主要运行参数

参数	330MW	300MW	240MW	180MW
主蒸汽流量/(t/h)	1002	910	700	537
主蒸汽压力/MPa	16.9	16.7	16.7	12.35
主蒸汽温度/℃	536.5	535	537.5	535.5
再热蒸汽温度/℃	534.5	537.5	542	541
再热蒸汽压力/MPa	3.3	3.1	2.39	1.80
耗煤量/(t/h)	133.8	122.7	98.6	77.4
一次风质量流量/(t/h)	201.2	198.1	167.3	138.2
二次风质量流量/(t/h)	476.8	428.0	371.9	301.3
燃尽风质量流量/(t/h)	274.5	254.1	221.2	190.3
三次风质量流量/(t/h)	101.4	95.4	88.9	100.9
一次风温度/℃	215.8	221.0	218.6	214.6
二次风温度/℃	344	345	333	320
三次风温度/℃	72.7	74.5	74.5	70.5
前墙中层燃烧器耗煤量/(t/h)	22.3	20.5	17.9	16.3
前墙中层燃烧器一次风质量流量/(t/h)	33.5	33.0	30.4	29.1
前墙中层燃烧器二次风质量流量/(t/h)	79.5	71.3	67.6	63.4

表 3-78　燃用贫煤和烟煤混煤的 300MW 机组锅炉在不同负荷下的煤质参数

工业分析(质量分数)/%				元素分析(质量分数)/%					发热量/(kJ/kg)
V_{daf}	A_{ar}	M_{ar}	FC_{ar}	C_{ar}	H_{ar}	O_{ar}	N_{ar}	S_{ar}	$Q_{net,ar}$
27.37	27.17	6.0	48.54	54.90	3.05	7.02	0.91	0.95	22434

图 3-267 为燃用贫煤和烟煤混煤的 300MW 机组锅炉在不同负荷下的烟气温度分布。从图 3-267(a)中燃烧器区域的测量结果可看出，在不同锅炉负荷下，在初期阶段烟气温度升温速率较高。随着负荷的降低，烟气温度及升温速率均下降。对应不同锅炉负荷 330MW、300MW、240MW 和 180MW，烟气升温速率分别为 1709℃/m、1511℃/m、1360℃/m 和 1321℃/m，着火点分别为 X=0.282m、0.331m、0.439m 和 0.474m。

从图 3-267(b)中侧墙水冷壁区域的测量结果可看出，随着从侧墙水冷壁靠近燃烧器中心，烟气温度逐渐升高。在 R≤2.238m 的侧墙水冷壁区域，烟气温度在 1200℃以上，超出了热电偶的量程范围。因此，试验中只测量了 R≥2.238m 的侧墙水冷壁区域。该区域烟气温度差别较小。

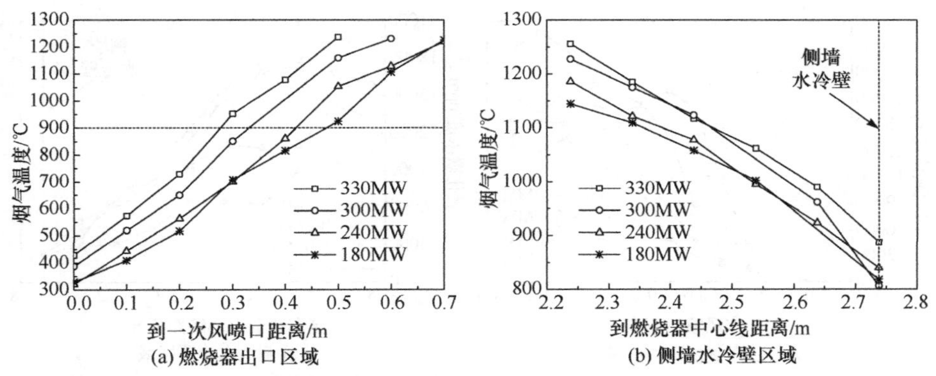

图 3-267　燃用贫煤和烟煤混煤的 300MW 机组锅炉在不同负荷下的烟气温度分布

图 3-268 为燃用贫煤和烟煤混煤的 300MW 机组锅炉在不同负荷下的氧气浓度分布。从图 3-268(a)中燃烧器区域的测量结果可看出，随着煤粉迅速着火和剧烈燃烧，大量的氧气被消耗，因此氧气浓度均呈明显下降。随着锅炉负荷的降低，氧气浓度增大。

从图 3-268(b)中侧墙水冷壁区域的测量结果可看出，在 R=2.738m 的侧墙水冷壁区域，对应不同锅炉负荷 330MW、300MW、240MW 和 180MW，氧气浓度分别为 3.2%、3.0%、4.8%和 5.1%，能够有效地避免侧墙水冷壁的高温腐蚀。在 1.838m≤R≤2.338m 的侧墙水冷壁区域，氧气浓度均降到 2.4%以下。

图 3-269 为燃用贫煤和烟煤混煤的 300MW 机组锅炉在不同负荷下的一氧化碳浓度分布。从图 3-269(a)中燃烧器区域的测量结果可看出，随着锅炉负荷的升高，一氧化碳浓度升高。

从图 3-269(b)中侧墙水冷壁区域的测量结果可看出，在 R=2.738m 的侧墙水冷壁区域，对应不同锅炉负荷 330MW、300MW、240MW 和 180MW，一氧化碳浓

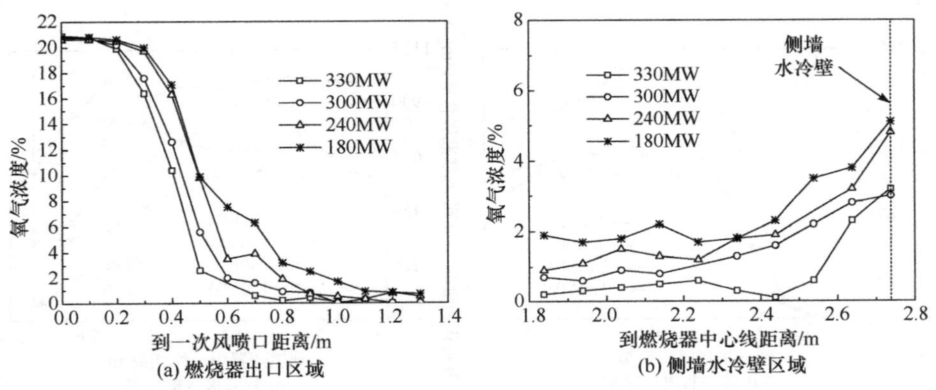

图 3-268　燃用贫煤和烟煤混煤的 300MW 机组锅炉在不同负荷下的氧气浓度分布

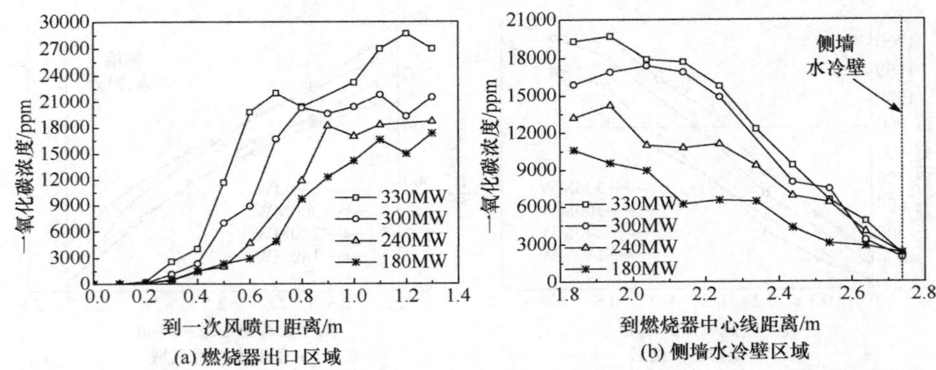

图 3-269　燃用贫煤和烟煤混煤的 300MW 机组锅炉在不同负荷下的一氧化碳浓度分布

度分别为 2257ppm、1975ppm、2304ppm 和 2334ppm。随着从侧墙水冷壁靠近燃烧器中心，一氧化碳浓度逐渐升高。在 1.838m≤R≤2.238m 的侧墙水冷壁区域，一氧化碳浓度随锅炉负荷的升高而升高。

图 3-270 为燃用贫煤和烟煤混煤的 300MW 机组锅炉在不同负荷下的氮氧化物浓度分布。从图 3-270(a)中燃烧器区域的测量结果可看出，当锅炉负荷为 300MW、240MW 和 180MW 时，随着到燃烧器一次风喷口距离的增大，氮氧化物浓度先升高后趋于平缓。当锅炉负荷为 330MW 时，氮氧化物浓度先上升，然后在 X≥0.9m 的燃烧器出口区域略微下降。在 0≤X≤0.3m 的燃烧器出口区域，煤粉还没有着火燃烧，因此氮氧化物浓度均较低。在不同锅炉负荷下，氮氧化物浓度均低于 170mg/m^3(折算到 6%基准氧含量)。随着煤粉在 0.3m≤X≤0.5m 的燃烧器出口区域着火燃烧，烟气温度快速升高，氮氧化物浓度急剧增大。当锅炉负荷分别为 330MW 和 300MW 时，在 X=0.5m 的附近区域内，氮氧化物浓度均达到 1300mg/m^3(折算到 6%基准氧含量)以上。随着氧气的大量消耗，在 X≥0.9m 的燃

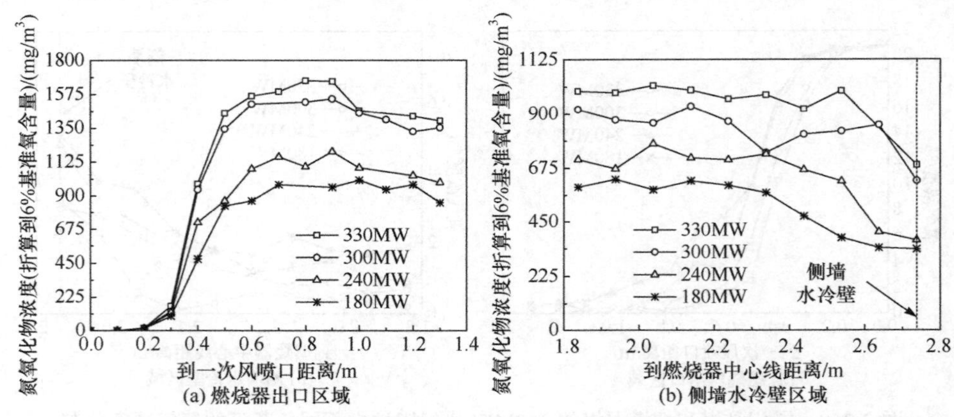

图 3-270　燃用贫煤和烟煤混煤的 300MW 机组锅炉在不同负荷下的氮氧化物浓度分布

烧器出口区域形成一个贫氧强还原性气氛场，氮氧化物的生成量受到一定程度的抑制，其浓度趋于平缓。在低负荷时，煤粉质量流量下降，相应主燃区的二次风质量流量也下降，导致烟气温度及其升温速率均降低，着火点向后推移，氮氧化物浓度比高负荷时低。当锅炉负荷分别为 240MW 和 180MW 时，在 $X \geqslant 1.0$m 的燃烧器出口区域氮氧化物浓度为 850～1050mg/m^3(折算到 6%基准氧含量)。对应不同锅炉负荷 330MW、300MW、240MW 和 180MW，在 $X \geqslant 1.0$m 的燃烧器出口区域氮氧化物平均浓度分别为 1419mg/m^3(折算到 6%基准氧含量)、1385mg/m^3 (折算到 6%基准氧含量)、1004mg/m^3(折算到 6%基准氧含量)和 944mg/m^3(折算到 6%基准氧含量)。

从图 3-270(b)中侧墙水冷壁区域的测量结果可看出，随着锅炉负荷的升高，氮氧化物浓度升高。

图 3-271 为燃用贫煤和烟煤混煤的 300MW 机组锅炉在不同负荷下的炉膛烟气平均温度分布。在 $H \geqslant 19$m 的主燃区和燃尽区的烟气温度较高。在锅炉低负荷时，相应的二次风及煤粉质量流量均呈逐渐降低趋势，燃烧过程中释放的热量也相应减少。当锅炉负荷分别为 330MW 和 300MW 时，24 只中心给粉旋流煤粉燃烧器全部投入运行，而当锅炉负荷分别为 240MW 和 180MW 时，上层燃烧器区域分别有 3 只、6 只燃烧器停止运行。因此，随着锅炉负荷的降低，中、下层燃烧器区域的炉膛烟气温度下降幅度较小，而上层燃烧器和燃尽区的炉膛烟气温度下降幅度较大。

表 3-79 为改造后燃用贫煤和烟煤混煤的 300MW 机组锅炉在不同负荷下的试验结果。改造后在不同锅炉负荷下，锅炉热效率均在 91%以上。飞灰可燃物含量低，氮氧化物排放浓度低。

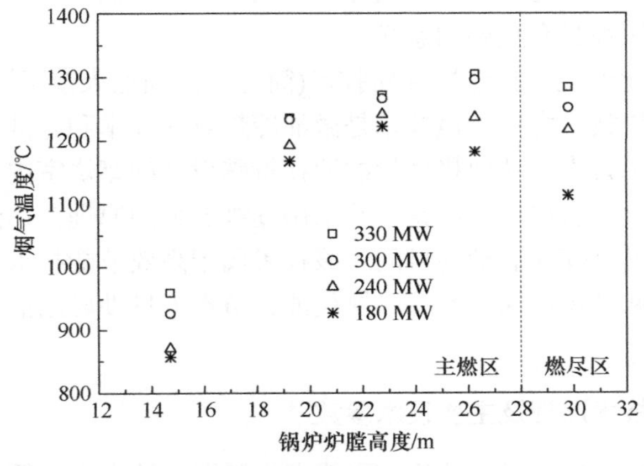

图 3-271　燃用贫煤和烟煤混煤的 300MW 机组锅炉在不同负荷下的炉膛烟气平均温度分布

表 3-79　改造后燃用贫煤和烟煤混煤的 300MW 机组锅炉在不同负荷下的试验结果

参数	330MW	300MW	240MW	180MW
氧气浓度/%	3.08	3.24	4.61	6.05
NO_x 排放浓度(折算到 6%基准氧含量)/(mg/m^3)	618.8	593.4	553.9	503.7
飞灰可燃物含量/%	5.14	4.78	4.21	3.87
排烟温度/℃	134.5	135.5	130.0	122.5
锅炉热效率/%	91.84	91.81	91.62	91.34

3.5　微油点火技术在中心给粉旋流煤粉燃烧器上的应用

电厂一直以来是石油资源的消耗大户，每百万千瓦机组年用油 1500t 左右。点火和低负荷稳燃是锅炉运行中的两个重要方面。现行煤粉炉最普遍的点火方式是用油枪点火，即在锅炉二次风喷口中布置一定燃油量的点火油枪，锅炉启动时，先点燃点火油枪，通过油燃烧器将炉膛温度升高到一定温度，喷入煤粉进行油煤伴烧，直到一定负荷下，煤粉能稳定燃烧时才断油，完成点火过程。如果燃烧出现不稳定现象，立即再次开启油枪进行油煤伴烧。一般情况下，一台 300MW 机组锅炉冷炉点火一次需耗油 70t，一台 600MW 机组锅炉则需要 100～200t，我国电站锅炉每年耗油量已达 1600 万 t 左右。因此，研发节油点火和低负荷稳燃新技术降低点火助燃用油具有重要的意义。

微小油枪气化燃烧直接点燃煤粉技术(简称“微油点火技术”)是当前电厂采用的新型点火燃烧技术之一。该技术是微油冷炉点火技术和超低负荷稳燃技术的完美结合，该技术首次成功地将微量的油在特殊设计的燃烧室内经过高强度雾化燃烧，产生高温火焰直接点燃煤粉，并采用逐级放大的原理，达到最终点燃大量煤粉、实现冷炉助燃煤粉启动的目的。该技术属于高效节能技术，可大幅度降低火力发电厂点火和助燃用油，实现以煤代油，节省大量助燃用油，为企业创造显著的经济效益。

3.5.1　微油点火技术原理及主要技术参数

微油点火系统主要由微小油枪、高能点火装置、油火检装置、燃油系统及油配风系统等构成[53,54]。其具体运行过程可参见 3.5.2 节。

图 3-272 为微小油枪结构示意图。微小油枪主要由主油枪、辅助油枪和油枪套筒组成。利用压缩空气产生机械雾化将主油枪内燃料油挤压、撕裂、破碎，产生超细油滴后通过高能点火器点燃，在绝热燃烧室内燃烧，燃烧产生的热量对辅助油枪的燃料油进行初期加热、扩容、后期加热，在极短的时间内完成油滴的蒸发气化和燃烧。由于燃料油是在气化状态下燃烧，可以大大提高燃料油火焰温度，并急剧缩短燃烧时间。图 3-273 为微小油枪的燃料油气化燃烧火焰状况。燃料油气化燃烧后的火焰刚性极强，其传播速度超过声速，火焰呈蓝色，中心温度高达 1500～2000℃，可作为高温火核在煤粉燃烧器内直接点燃煤粉。

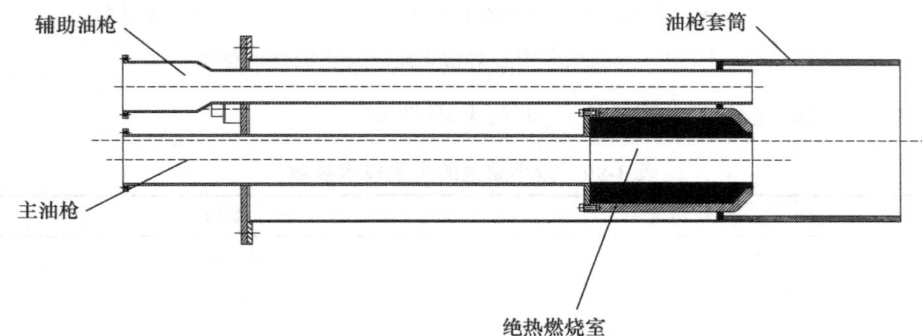

图 3-272　微小油枪结构示意图

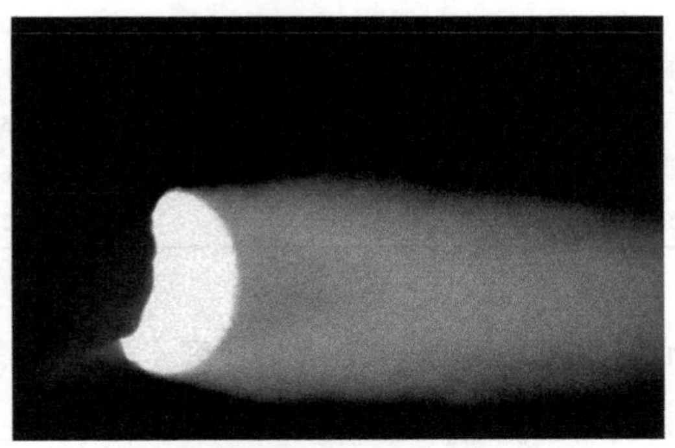

图 3-273　微小油枪的燃料油气化燃烧火焰状况

图 3-274 为微油点火中心给粉旋流煤粉燃烧器示意图。在一次风道内，微小油枪的燃料油气化燃烧形成的高温火焰，使进入一级燃烧室的高浓度煤粉颗粒温度急剧升高、破裂粉碎，并释放出大量的挥发分迅速着火燃烧，然后由已着火燃烧的高浓度煤粉在二级燃烧室内与低浓度煤粉混合并点燃该部分煤粉，实现煤粉的分级燃烧，燃烧能量逐级放大，达到点火并加速煤粉燃烧的目的，大大减少煤粉燃烧所需的引燃能量，并满足锅炉启、停及低负荷稳燃的需求[53,54]。

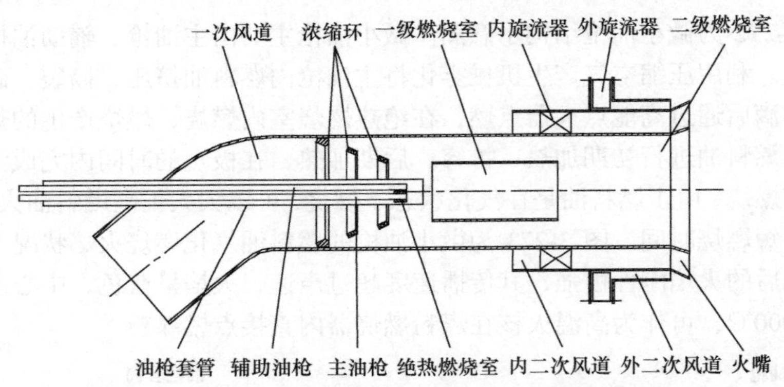

图 3-274　微油点火中心给粉旋流煤粉燃烧器示意图

微小油枪的主要技术参数[55,56]如表 3-80 所示。

表 3-80　微小油枪的主要技术参数

参数	数值
主油枪出力/(kg/h)	20～100
辅助油枪出力/(kg/h)	40～150
压缩空气压力/MPa	0.4
压缩空气流量/(m^3/min)	0.9
油枪高压风压力/Pa	5000
油枪高压风流量/(m^3/h)	500
一次煤粉气流风速/(m/s)	17～35
可点燃煤粉量/(t/h)	1～6
气化油枪燃烧火焰中心温度/℃	1500～2000

3.5.2　微油点火中心给粉旋流煤粉燃烧技术的研究

1. 微油点火中心给粉旋流煤粉燃烧技术

由图 3-274 可知，主油枪雾化的燃油首先在绝热燃烧室(详见图 3-272)内点燃同时绝热燃烧，主油枪喷出油燃烧的火焰点燃辅助油枪雾化的燃油使燃油的放热量进一步增加。煤粉经过浓缩环后，在一次风道中心区域形成较高的煤粉浓度进入一级燃烧室，与油枪套筒内的主、辅油枪喷出的油燃烧形成的高温火焰接触，高浓度的煤粉燃烧放出热量，然后煤粉与油燃烧的火焰进入二级燃烧室并点燃二级燃烧室内的煤粉。二次风分为内、外二次风两部分，分别通过轴向和切向旋转进入炉膛，在燃烧装置的中心区域形成中心回流区。在正常运行时，该燃烧器又可作为一个中心给粉旋流煤粉燃烧器，具有高效、低 NO_x 的燃烧特性。本书在 3.3

节和 3.4 节已对中心给粉旋流煤粉燃烧器的流动、燃烧、NO_x 生成进行了研究，这里将分别指出燃用烟煤及贫煤时微油点火中心给粉旋流煤粉燃烧器一次风道内及出口的燃烧特性[57,58]。

2. 燃用烟煤的 52.7MW 微油点火中心给粉旋流煤粉燃烧技术

利用 1∶1 热态试验台和 Fluent 数值模拟两种方法进行研究。试验系统包括给粉系统和微油点火系统。图 3-275 为微油点火中心给粉旋流煤粉燃烧器的试验系统及燃烧器结构。煤粉从料仓中落下，经给粉机输送到混合器与一次风混合，并由一次风带走送至燃烧器。油从油箱经油泵、小油过滤器送至油枪，通过调节辅助油枪管路的球阀来调节进入油枪的总流量，通过压力表读取进入油枪的压力。压缩空气作为油的雾化空气，同油系统一样分两路，分别进入主油枪和辅助油枪。高压风用来作为主、辅助油枪油燃烧的助燃风。煤粉经过浓缩器后浓度提高，与进入一级燃烧室的燃油的高温火焰接触被点燃，之后进入二级燃烧室继续点燃剩余煤粉。该技术主要实现煤粉在燃烧器一次风管内点燃，因此未配置二次风装置[55-58]。

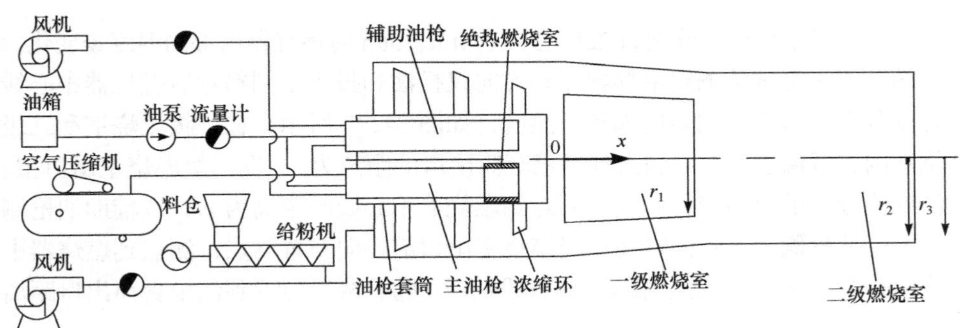

图 3-275　微油点火中心给粉旋流煤粉燃烧器的试验系统及燃烧器结构

表 3-81 给出了试验用烟煤及贫煤的煤种分析。表 3-82 为试验及数值模拟的运行参数。

表 3-81　微油点火中心给粉旋流煤粉燃烧器试验的煤种分析

煤种	工业分析(质量分数)/%				元素分析(质量分数)/%					发热量/(kJ/kg)
	V_{ad}	A_{ad}	M_{ad}	FC_{ad}	C_{ad}	H_{ad}	O_{ad}	N_{ad}	S_{ad}	$Q_{net,ad}$
烟煤	30.97	13.91	2.81	52.32	70.10	3.84	7.92	0.92	0.50	27290
贫煤	12.32	20.94	1.02	65.72	67.35	3.57	4.61	0.97	1.54	25810

表 3-82　微油点火中心给粉旋流煤粉燃烧器试验及数值模拟的运行参数

参数	烟煤		贫煤
	热态试验，0 号轻柴油	数值模拟，0 号轻柴油	热态试验，0 号轻柴油
燃油压力/MPa	1.0	1.0	1.0
主油枪出力/(kg/h)	35	35	45
辅助油枪出力/(kg/h)	65	65	115
压缩空气压力/MPa	0.4	—	0.4
压缩空气流量/(m³/min)	0.9	—	0.9
油枪高压风压力/Pa	5000	—	5000
油枪高压风流量/(m³/h)	500	500	500
一次风速/(m/s)	23	23	17
一次风温/℃	15	15	15
给粉量/(t/h)	2～5	2～5	1～5

试验测量了给粉量分别为 2t/h、3t/h、4t/h、5t/h 时燃烧器内部的温度场变化。

图 3-276 为试验测得沿煤粉流动方向仅投油和投入不同粉量后燃烧器中心线的温度分布。试验利用热电偶测量温度，如图 3-275 所示，在一级燃烧室和二级燃烧室内布置温度测点，测点到油枪套筒出口的距离为 x；在一级燃烧室出口主、辅油枪侧分别沿径向布置测点，测点到燃烧器中心线的距离为 r_1，以辅助油枪侧为负，主油枪侧为正；同样在二级燃烧室出口沿径向布置测点，测点到燃烧器中心线的距离为 r_2，t 为测点温度。当仅投油时，随着测温位置到油枪套筒出口距离

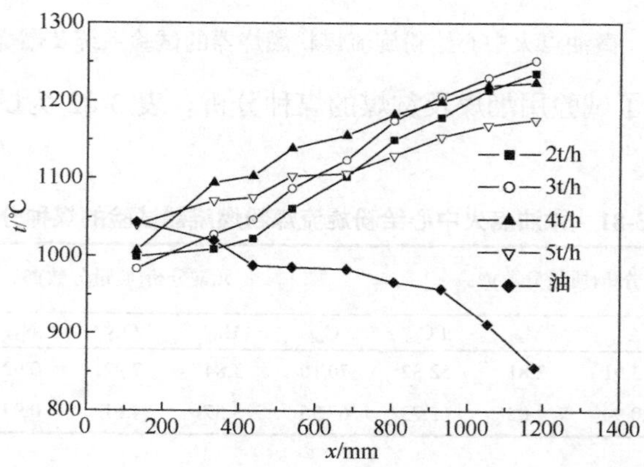

图 3-276　试验测得燃用烟煤的微油点火中心给粉旋流煤粉燃烧器中心线的温度分布

的增加，中心线的温度从 1044℃降低到 856℃，这是因为主油枪和辅助油枪的大部分燃油在油枪套筒内燃尽并形成高温烟气，高温烟气向喷口流动的过程中冷空气向高温烟气中扩散，烟气温度逐渐下降。投粉后，煤粉与油的高温火焰接触被点燃，煤粉不断燃烧放热，因此当给粉量为 2～5t/h 时，中心线温度沿一次风流动方向均逐渐升高。

图 3-277 为试验测得仅投油和投入不同粉量后燃烧器一级燃烧室出口和二级燃烧室出口(即一次风管出口)的截面温度分布。一级燃烧室出口和二级燃烧室出口在投油和投粉后温度均在中心区域较高，并且从中心到燃烧器边壁烟气温度逐渐降低，边壁温度小于 127℃，不存在燃烧器烧损的问题。当仅投油时，一级燃烧室出口截面温度场的分布和二级燃烧室出口类似，均是辅助油枪侧(r_1>0，r_2>0)

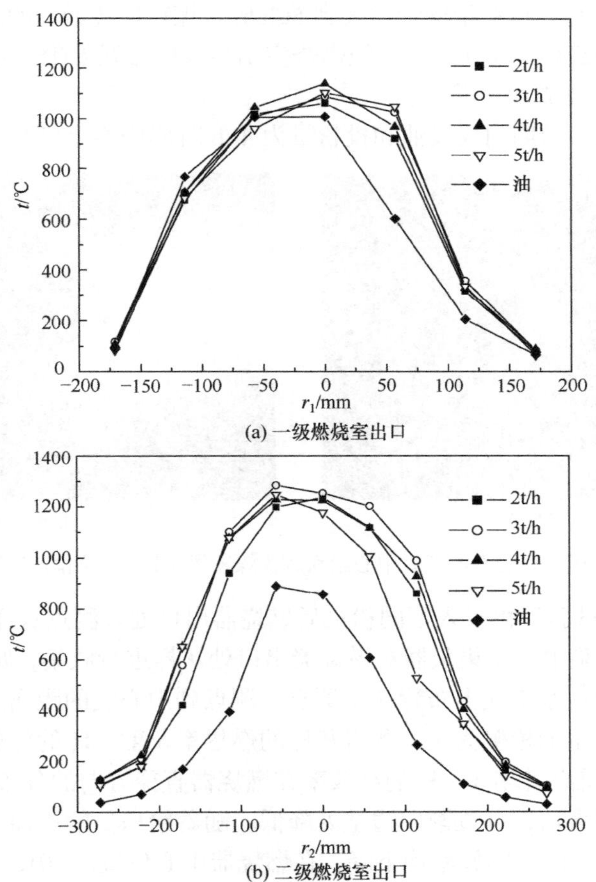

图 3-277　试验测得燃用烟煤的微油点火中心给粉旋流煤粉燃烧器一级燃烧室出口和二级燃烧室出口的截面温度分布

温度高。例如，在一级燃烧室出口 r_1=−57mm 和 r_1=−114mm(辅助油枪侧)的位置，温度分别为 1005℃和 767℃；在一级燃烧室出口 r_1=57mm 和 r_1=114mm(主油枪侧温度) 的位置，温度分别为 601℃和 203℃。对应测点的二级燃烧室出口温度低于一级燃烧室出口对应的测点温度，这是因为大部分油已在油枪套筒内燃烧完毕，从一级燃烧室进入二级燃烧室的烟气由于冷空气的混入，烟气温度逐渐下降。

投粉后，随着煤粉不断燃烧放热，对应测点二级燃烧室出口温度高于一级燃烧室出口温度。随着投粉量的增加，煤粉升温所需热量增大，引起煤粉气流温度下降；同时随着投粉量的增加，被点燃的煤粉量增加，煤粉燃烧放热量增大，进而使煤粉气流温度升高。投粉量从 2t/h 增大到 4t/h 时，煤粉燃烧增加的放热量大于其增加的吸热量，一级燃烧室出口、二级燃烧室出口及中心线处(图 3-275)对应测点温度逐渐升高；投粉量继续增大到 5t/h 时，煤粉燃烧增加的放热量小于其增加的吸热量，一级燃烧室出口、二级燃烧室出口及中心线处(图 3-275)对应测点的温度降低，但仍可成功点燃。

图 3-278 为试验期间仅投油和投粉量为 4t/h 时燃烧器出口的火焰图像。

(a) 仅投油

(b) 投粉量为4t/h

图 3-278　燃用烟煤的微油点火中心给粉旋流煤粉燃烧器试验期间出口的火焰图像

图 3-279 为试验测得投入不同粉量后燃烧器出口处各测点灰样的燃尽率及 C、H 的释放率。试验中利用集灰器对燃烧器出口处灰样进行收集，如图 3-275 所示，按等面积法在同一水平线上布置 7 个测点，测点到中心线的距离为 r_3，同样以辅助油枪侧为负，主油枪侧为正，测得灰样的燃尽率及 C、H 的释放率。在不同给粉量下，灰样的燃尽率和 C、H 的释放率在燃烧器直径方向的分布规律基本相同，在中心处达到最大值，并逐渐向边壁处降低。随着给粉量的增加，同一测点的灰样的燃尽率和 C、H 的释放率均下降，在燃烧器中心位置(r_3=0)，当给粉量从 2t/h 增大到 5t/h 时，灰样的燃尽率和 C、H 的释放率分别从 83%、81%、95%下降到 75%、72%、87%。

表 3-83 为试验测得燃用烟煤的微油点火中心给粉旋流煤粉燃烧器出口中心

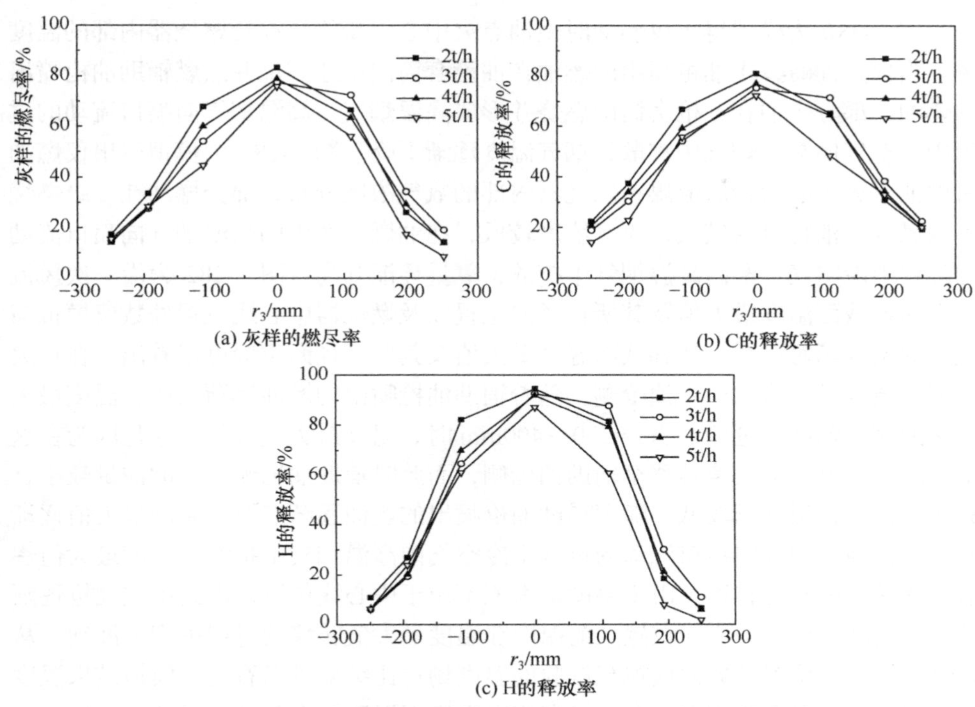

(a) 灰样的燃尽率
(b) C的释放率
(c) H的释放率

图 3-279　试验测得燃用烟煤的微油点火中心给粉旋流煤粉燃烧器出口处灰样的燃尽率及 C、H 的释放率

线气氛及点火阻力。试验中在送粉管道上开静压孔，U 形管的一端与静压孔相连，另一端与大气相通，点火后 U 形管液柱高度差的增加值即点火阻力值。投粉量为 2～5t/h 时，出口中心线处的氧量为 0.01%～0.04%，各工况此处的 CO 量均在 10000ppm 以上，燃烧器出口中心位置的氧量基本消耗完毕。在一次风温为 15℃、喷口风速为 23m/s、投油量为 100kg/h 的条件下，仅投油使燃烧器阻力增大 190Pa，投粉后阻力增大 500～600Pa。

表 3-83　试验测得燃用烟煤的微油点火中心给粉旋流煤粉燃烧器出口中心线气氛及点火阻力

投粉量/(t/h)	2	3	4	5
O_2/%	0.04	0.03	0.01	0.01
CO/ppm	大于 10000			
投油阻力/Pa	190			
投粉阻力/Pa	500	600	600	550

图 3-280 为模拟得出仅燃油时微油点火中心给粉旋流煤粉燃烧器内部的温度场。当仅燃油时，主油枪喷出的燃油在油枪套筒内迅速燃烧并点燃辅助油枪喷出的燃油，部分燃油在油枪套筒内燃烧并形成高温烟气，高温烟气向喷口流动的过程中冷空气向高温烟气中扩散，烟气温度逐渐下降。图 3-281 为模拟得出仅燃油时微油点火中心给粉旋流煤粉燃烧器内部的氧气浓度分布，部分燃油在一级燃烧室内燃烧，消耗氧量较大，氧气浓度较低，在油燃烧产生的高温烟气向喷口流动的过程中冷空气逐渐向高温烟气中扩散，氧量逐渐升高。图 3-282 为沿一次风流动方向各截面温度最大值及其所在径向位置以及燃烧器中心线位置处数值模拟与试验的温度场对比图。从各截面温度最大值及其所在径向位置可以看出，在点火初期，温度最大值位于主油枪侧，随着辅助油枪喷出的燃油逐渐点燃，温度最大值逐渐移至辅助油枪侧，当 x=200～400mm 时，温度最大值较低，这是因为在这个区间内，温度最大值转移至辅助油枪侧，而此时辅助油枪侧点燃的油量较小，放热量较少，温度场较低，随着辅助油枪喷出的燃油逐渐点燃，温度最大值逐渐升高，在高温烟气向喷口流动的过程中冷空气向高温烟气中扩散，温度最大值逐渐下降并向中心处转移。由于温度最大值不位于中心线位置，而是由主油枪逐渐转移至辅助油枪，中心线位置处的温度在温度最大值转移的过程中产生波动。从燃烧器中心线位置处数值模拟与试验的温度场对比结果可以看出，模拟结果温度场与试验结果温度场相似，在一级燃烧室内模拟温度场大于试验温度场，进入二级燃烧室后模拟温度场低于试验温度场，这是因为在点火初期，数值模拟计算出的结果较高，约为 1200℃，模拟结果油的燃烧速率大于试验油的燃烧速率，大部分燃油在一级燃烧室内很快燃尽，产生的高温烟气逐渐向四周扩散，这样在高温烟气进入二级燃烧室后，冷空气向高温烟气中扩散，烟气温度逐渐下降，而在试验中，燃烧速率较低，只有部分燃油在一级燃烧室内燃尽，在二级燃烧室内还有部分燃油继续燃烧放热，这样温度场下降较慢。

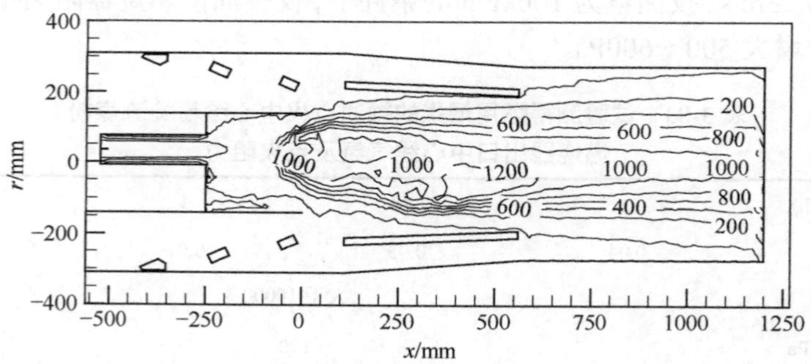

图 3-280 模拟得出仅燃油时微油点火中心给粉旋流煤粉燃烧器内部的温度场(单位：℃)

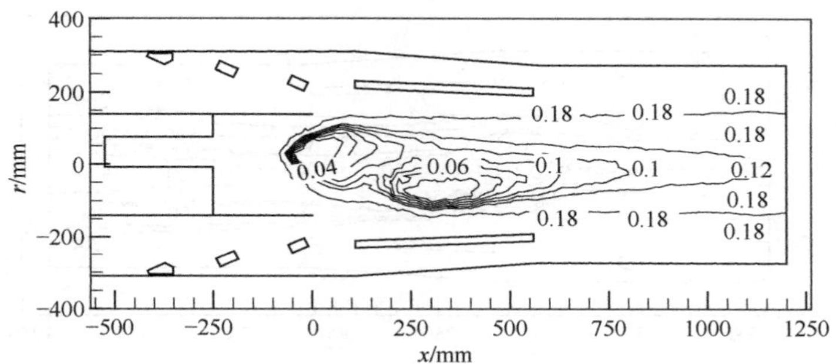

图 3-281　模拟得出仅燃油时微油点火中心给粉旋流煤粉燃烧器内部的氧气浓度分布(单位：1)

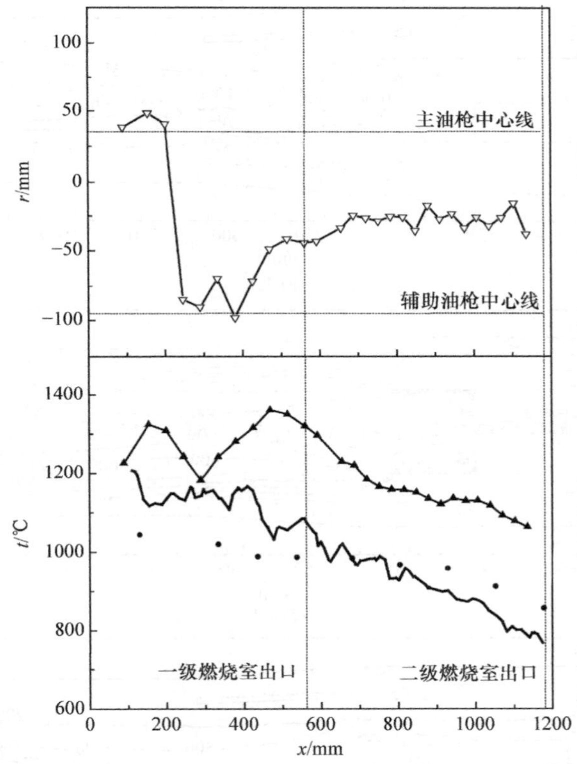

图 3-282　试验及模拟得出仅燃油时微油点火中心给粉旋流煤粉燃烧器内各截面最高温度及中心线温度分布

—▽— 模拟各截面最高温度所在位置；—▲— 模拟各截面最高温度；
—— 模拟中心线温度；• 测量时中心线温度

图 3-283 为模拟得出燃用不同烟煤煤粉量时微油点火中心给粉旋流煤粉燃烧器内部的温度场。不同给粉量下燃烧器内部温度场的分布规律相似，煤粉与油的

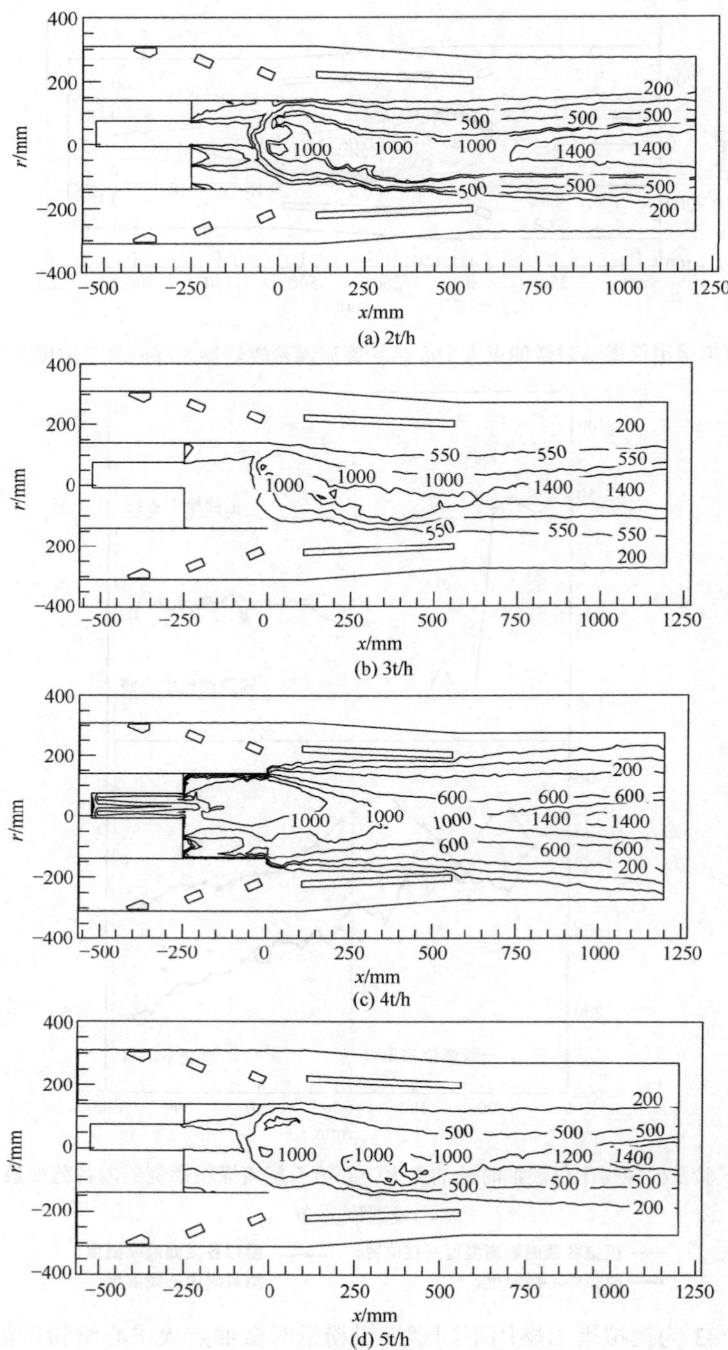

图 3-283　模拟得出燃用不同烟煤煤粉量时微油点火中心给粉旋流煤粉燃烧器内部的温度场(单位：℃)

高温火焰接触被点燃，煤粉不断燃烧放热，中心线温度沿一次风流动方向均逐渐升高，辅助油枪侧温度略高于主油枪，这是因为辅助油枪的油量大于主油枪，放热量较大，点燃的煤粉量较多，温度场较高。随着给粉量的增加，煤粉升温所需热量增大，引起煤粉气流温度下降，同时随着给粉量的增加，被点燃的煤粉量增加，煤粉燃烧放热量增大，进而使煤粉气流温度升高。

图 3-284 为模拟得出不同给粉量下燃烧器内部的氧气浓度分布，图中燃烧器中心线附近消耗氧量很大，氧气浓度较低，在燃烧器出口区域接近于 0。图 3-285 为试验及模拟得出投粉后沿一次风流动方向各截面温度最大值及其所在径向位置以及燃烧器中心线位置处数值模拟与试验的温度场对比图，从各截面温度最大值及其所在径向位置可以看出，不同给粉量下的规律相似，温度最大值不位于中心线位置，而是由主油枪逐渐转移至辅助油枪，中心线位置处的温度在温度最大值转移的过程中产生波动，在点火初期，燃油点燃的粉量很少，煤粉燃烧放出的热量也很少，而煤粉的吸热量很大，由于煤粉吸热，初始阶段最高温度逐渐降低，随着煤粉逐渐被点燃，煤粉放热量逐渐增大，温度场逐渐升高。从燃烧器中心线位置处数值模拟与试验的温度场对比结果可以看出，当 x=300～450mm 时，数值模拟温度场有一段下降趋势，这是因为数值模拟煤粉吸热量高于试验结果，随着煤粉逐渐被点燃，煤粉燃烧放热量逐渐增加，温度场逐渐升高；数值模拟温度场的升温速率高于试验结果，这是因为数值模拟时煤粉的燃烧速率略高于试验。

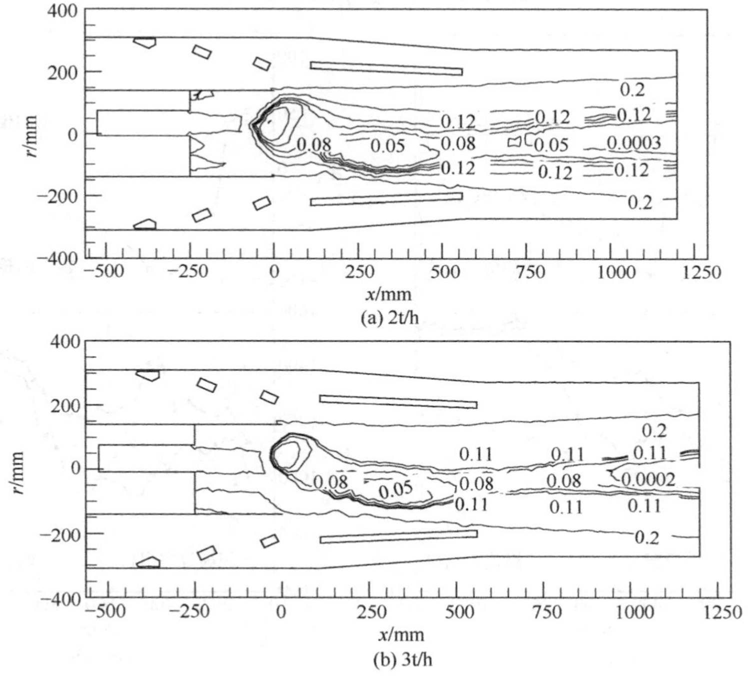

(a) 2t/h

(b) 3t/h

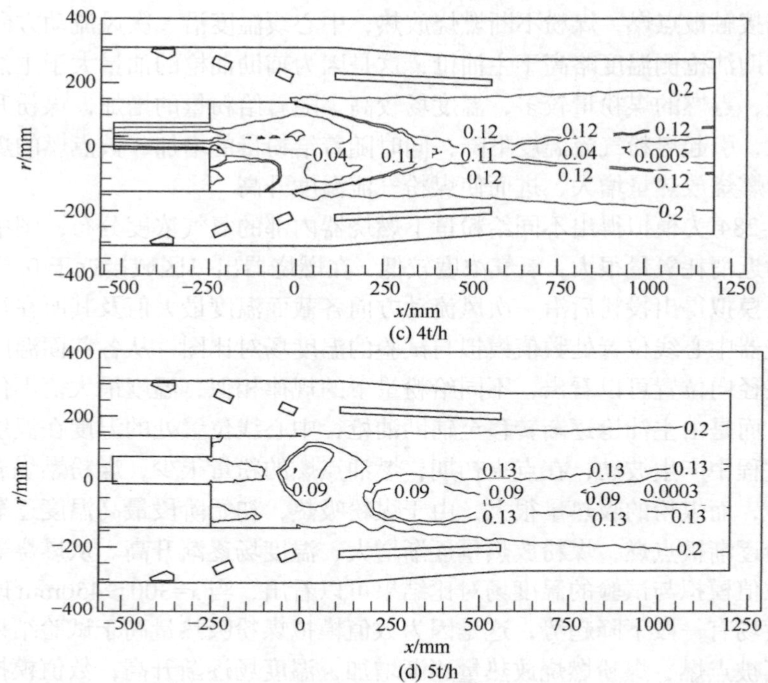

图 3-284　模拟得出燃用不同烟煤煤粉量时微油点火中心给粉旋流煤粉燃烧器内部的氧气浓度分布(单位：1)

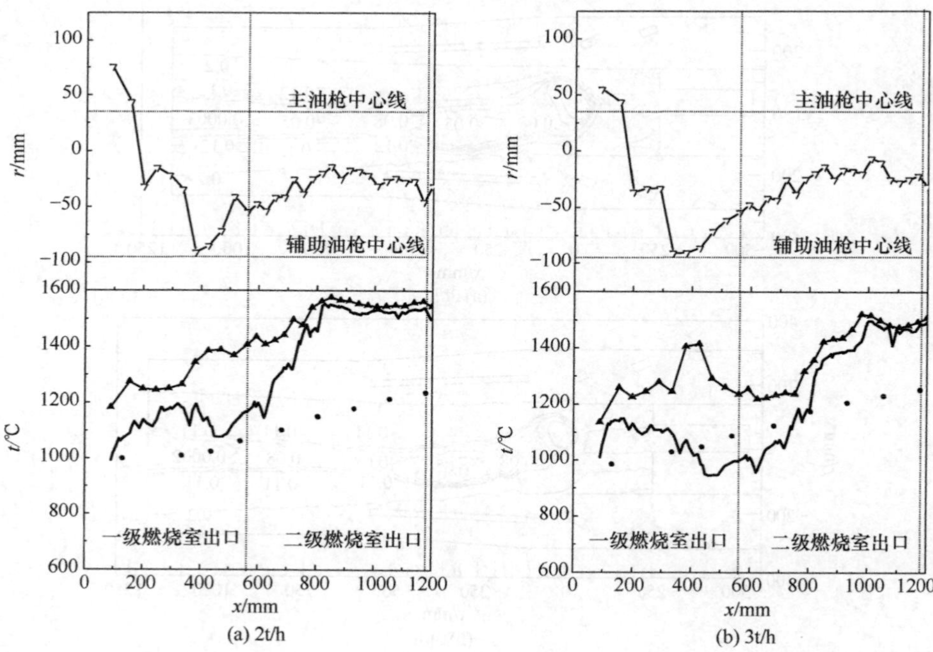

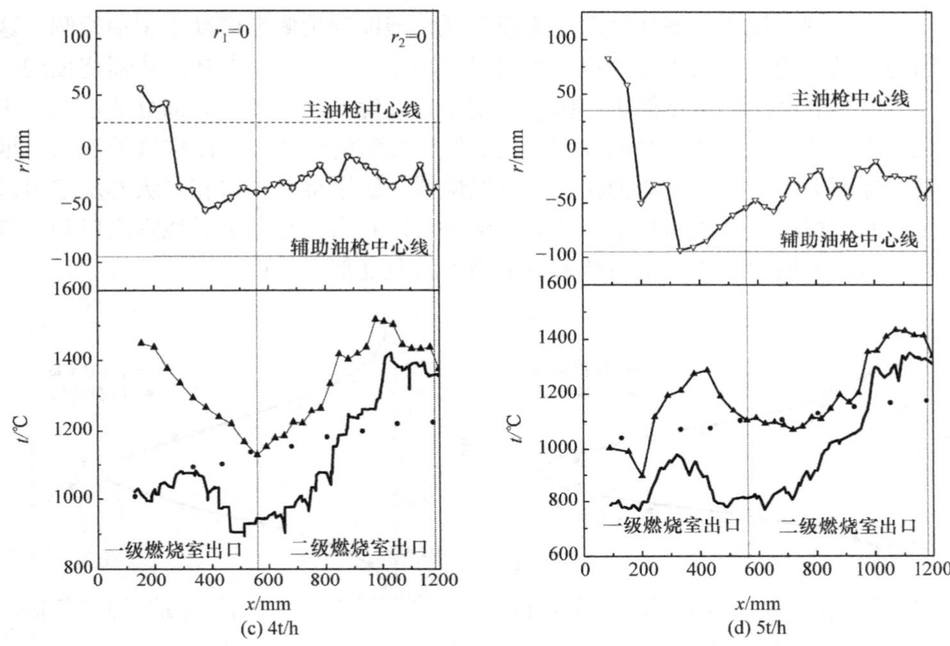

图 3-285　试验及模拟得出燃用不同烟煤煤粉量时微油点火中心给粉旋流煤粉燃烧器内各截面最高温度及中心线温度分布

—▽— 模拟各截面最高温度所在位置；—▲— 模拟各截面最高温度；
—•— 模拟中心线温度；• 测量时中心线温度

图 3-286 为模拟得出仅燃油时燃烧器一级燃烧室出口和二级燃烧室出口的截面温度场分布。一级燃烧室出口和二级燃烧室出口在燃油时温度均在中心处较高，

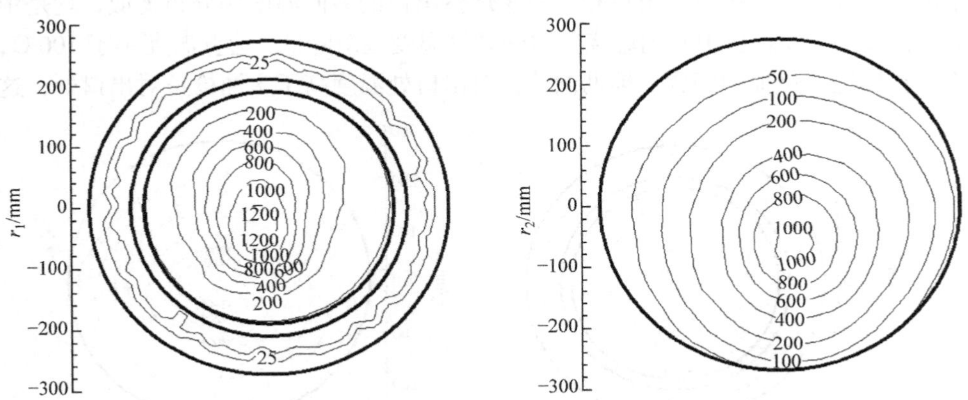

图 3-286　模拟得出仅燃油时微油点火中心给粉旋流煤粉燃烧器一级燃烧室出口和二级燃烧室出口的截面温度场分布(单位：℃)

并且从中心到燃烧器边壁烟气温度逐渐降低，辅助油枪侧温度高于主油枪侧，这是因为辅助油枪油量大于主油枪，边壁温度小于 100℃，不存在燃烧器烧损的问题。二级燃烧室出口温度低于一级燃烧室出口温度，这是因为大部分油已在一级燃烧室内燃烧完毕，从一级燃烧室进入二级燃烧室的烟气由于冷空气的混入，烟气温度逐渐下降。图 3-287 为仅燃油时燃烧器一级燃烧室出口和二级燃烧室出口温度场的模拟结果与试验结果。从对比结果可以看出，在一级燃烧室出口和二级燃烧室出口的模拟结果与试验结果各个测点的温度都很接近。

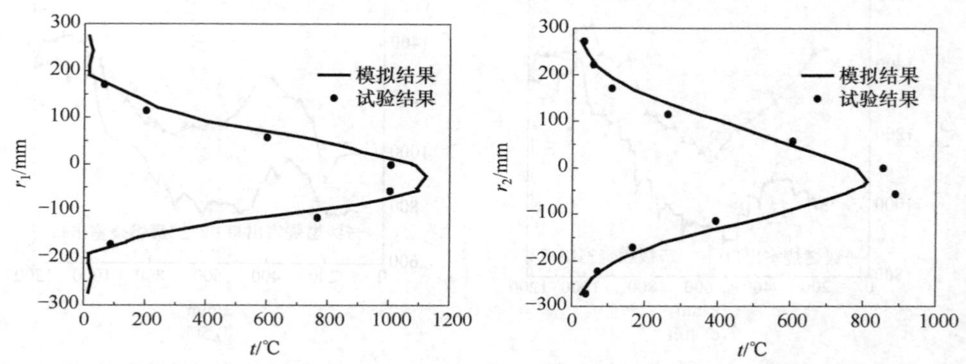

图 3-287　试验及模拟得出仅燃油时微油点火中心给粉旋流煤粉燃烧器一级燃烧室出口和二级燃烧室出口的温度

图 3-288 为模拟得出投粉后燃烧器一级燃烧室出口和二级燃烧室出口的截面温度场分布。不同给粉量下一级燃烧室出口和二级燃烧室出口的截面温度场分布规律相似，随着煤粉不断燃烧放热，对应测点二级燃烧室出口温度高于一级燃烧室出口温度。一级燃烧室出口和二级燃烧室出口的截面温度场分布类似，均是中心处温度高，并且从中心到燃烧器边壁烟气温度逐渐降低，边壁温度小于 100℃，不存在燃烧器烧损的问题。辅助油枪正对出口处温度高于主油枪正对出口处，这

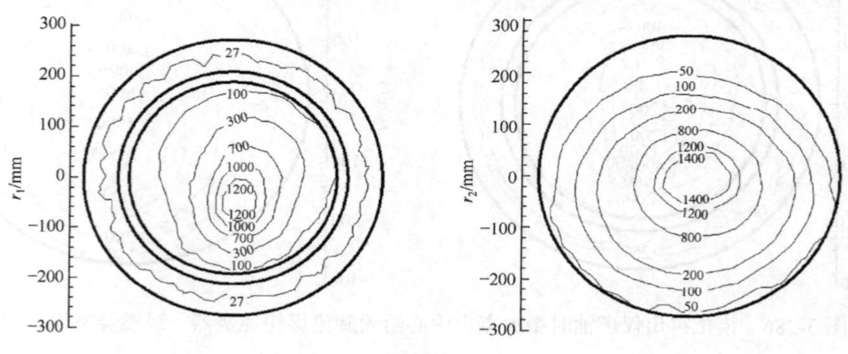

(a) 2t/h

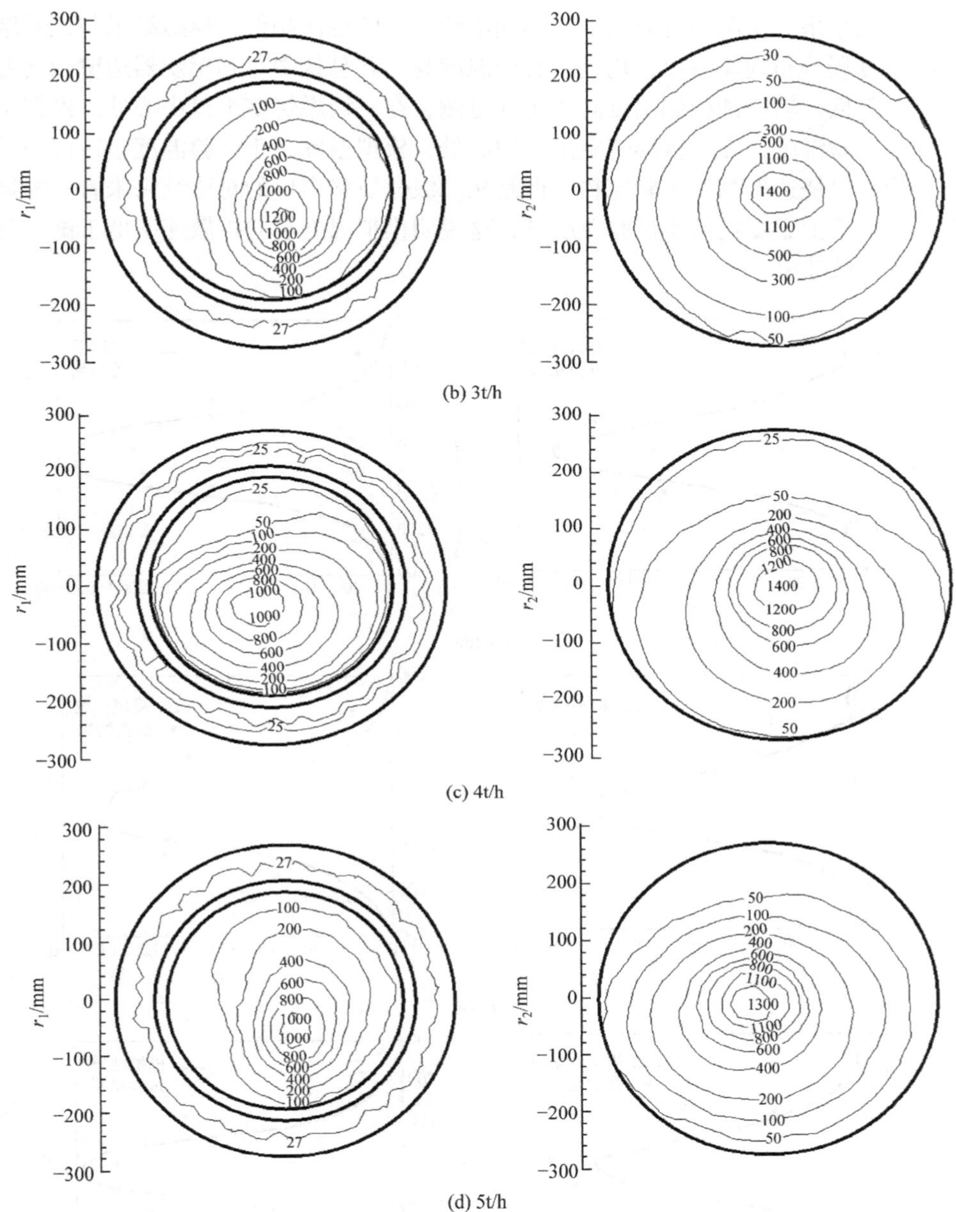

(b) 3t/h

(c) 4t/h

(d) 5t/h

图 3-288　模拟得出燃用不同烟煤煤粉量时微油点火中心给粉旋流煤粉燃烧器一级燃烧室出口和二级燃烧室出口的截面温度场分布(单位：℃)

是因为辅助油枪油量较大，参与燃烧的燃油较多，点燃的煤粉量较多，放热量较大。图 3-289 给出了投粉后燃烧器一级燃烧室出口和二级燃烧室出口的温度场模拟与试验结果。从图中可以看出，不同给粉量下的规律相似，模拟结果与试验结果的温度场分布规律一致，均是中心处温度高，并且从中心到燃烧器边壁烟气温度逐渐降低，辅助油枪侧温度高于主油枪侧，在一级燃烧室出口中心处，模拟温度低于试验温度，在二级燃烧室出口中心处，模拟温度高于试验温度，这说明模拟煤粉的燃烧速率高于试验煤粉，但是从二级燃烧室出口的对比结果来看，燃烧器两侧的模拟温度场低于试验温度场，这说明模拟温度场的扩散速率低于试验温度场的扩散速率。

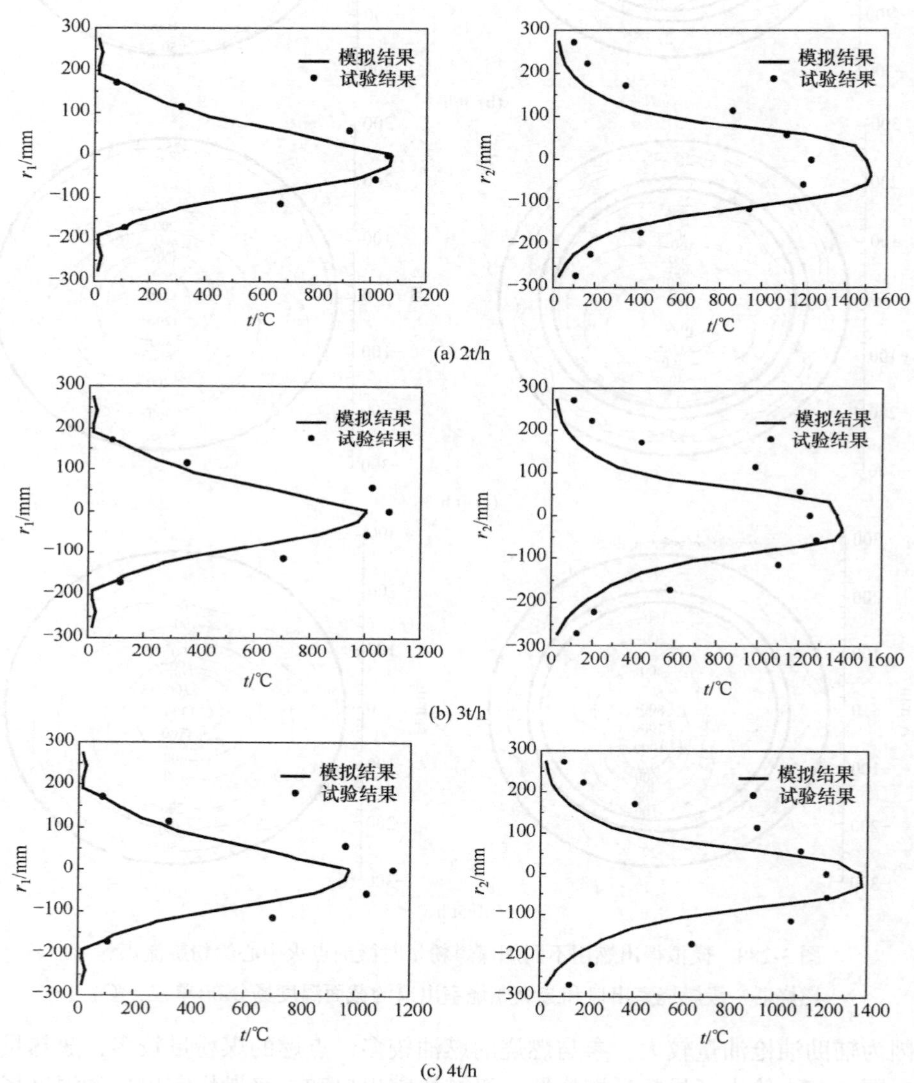

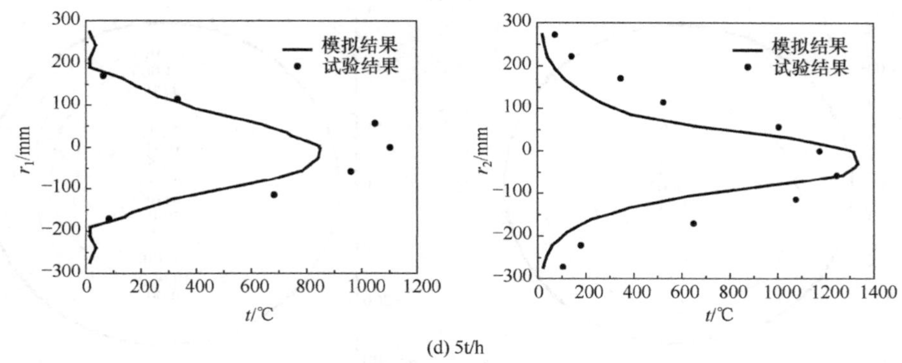

(d) 5t/h

图 3-289　试验及模拟得出燃用不同烟煤煤粉量时微油点火中心给粉旋流煤粉燃烧器一级燃烧室出口和二级燃烧室出口模拟与试验温度对比

图 3-290 为模拟得出仅燃油时燃烧器出口处氧气和一氧化碳的浓度分布。仅燃油时，大量燃油在燃烧器内完全燃烧，但由于油量有限，消耗的氧量有限，随着冷空气逐级向高温烟气中扩散，氧量逐渐升高，因此在燃烧器出口中心处氧量很高，可达到 13%，燃油燃烧很完全，一氧化碳浓度很低，接近于 0。图 3-291 为模拟得出投粉后燃烧器出口处氧气和一氧化碳的浓度分布。从图中可以看出，不同给粉量下燃烧器出口中心处氧气浓度接近于 0，这是由于一次风中的空气进入中心的量有限，而中心处燃烧很剧烈，这部分氧气几乎完全消耗，试验测得燃烧器出口中心处氧量为 0.01%，接近于 0，试验结果和模拟结果吻合较好。辅助油枪侧煤粉燃烧量较大，氧量消耗较大，氧气浓度低于主油枪侧。由于中心处氧气浓度很低，煤粉燃烧不完全，因此一氧化碳浓度较高。

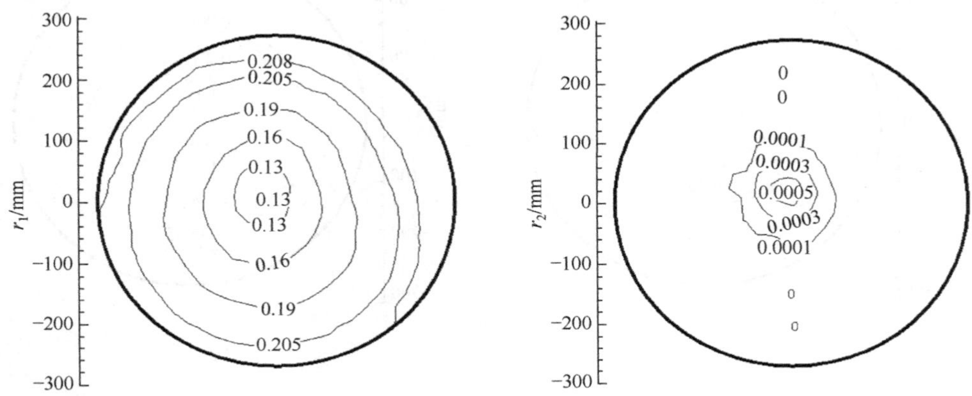

图 3-290　模拟得出仅燃油时微油点火中心给粉旋流煤粉燃烧器出口处氧气和一氧化碳的浓度分布(单位：1)

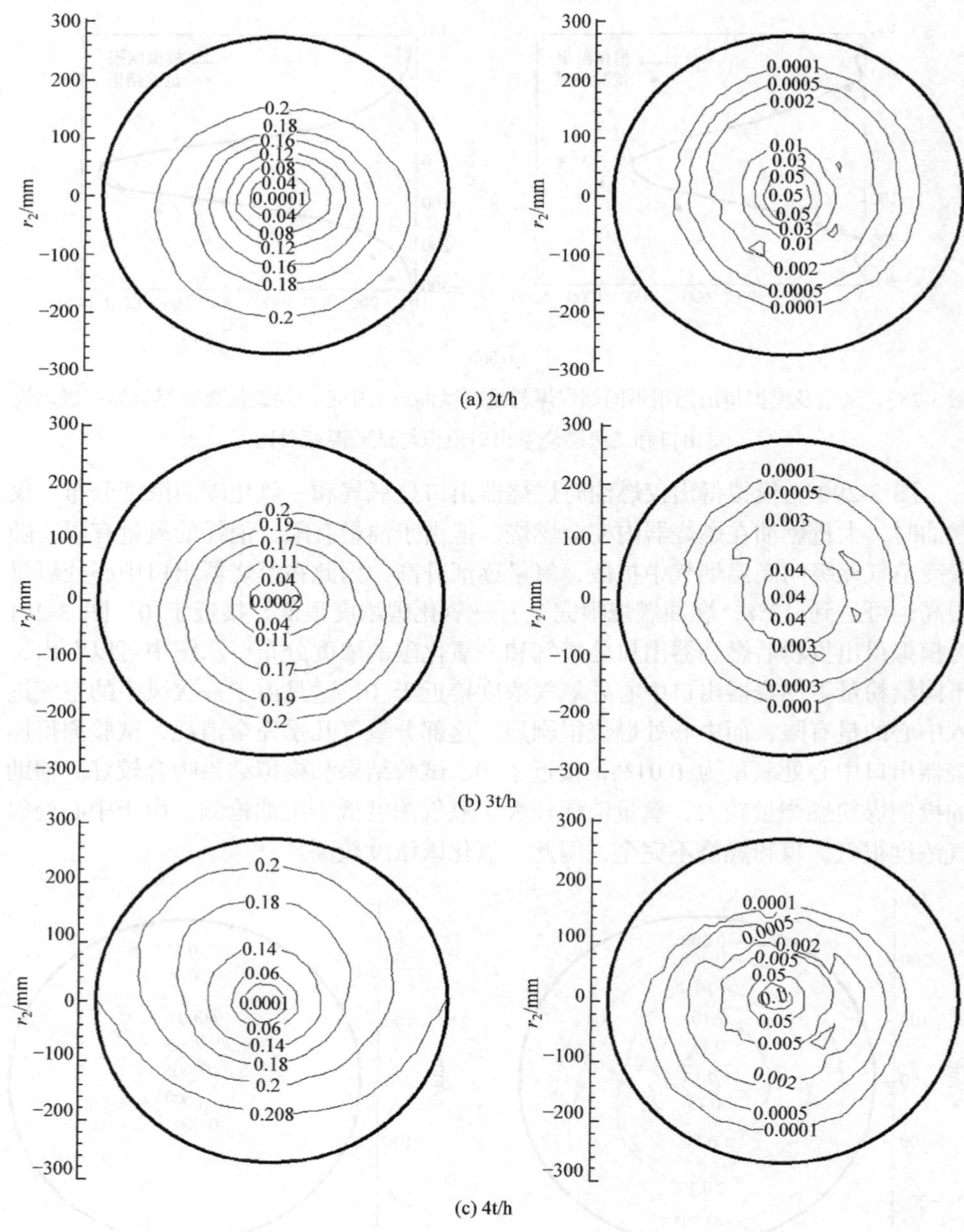

300
200
100
0
−100
−200
−300
r_2/mm
0.2
0.18
0.16
0.12
0.08
0.04
0.0001
0.0001
0.0005
0.002
0.01
0.03
0.05
(a) 2t/h
0.19
0.17
0.11
0.0002
0.003
0.0003
(b) 3t/h
0.14
0.06
0.208
0.1
0.005
(c) 4t/h

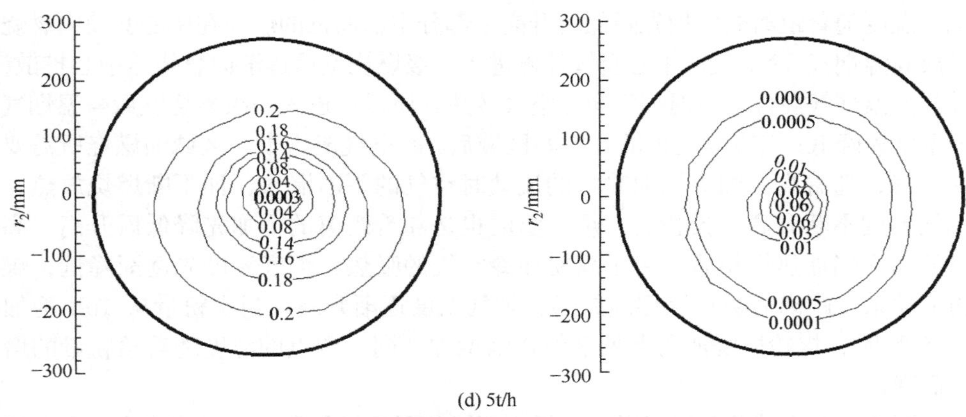

图 3-291　模拟得出燃用不同烟煤煤粉量时微油点火中心给粉旋流煤粉燃烧器出口处氧气和一氧化碳的浓度分布(单位：1)

3. 燃用贫煤的 39MW 微油点火中心给粉旋流煤粉燃烧技术

试验系统见图 3-276，试验煤种及参数分别见表 3-81 和表 3-82。试验测量了给粉量分别为 1t/h、2t/h、3t/h、4t/h、5t/h 时燃烧器内部温度场的变化，以及煤的燃尽率及 C、H 的释放率和燃烧器出口中心位置处的气氛及燃烧器点火阻力的变化[56,58]。

图 3-292 为试验测得沿煤粉流动方向仅燃油和投入不同粉量后燃烧器中心线的温度分布。当仅投油时，随着测温位置到油枪套筒出口距离的增加，中心线的

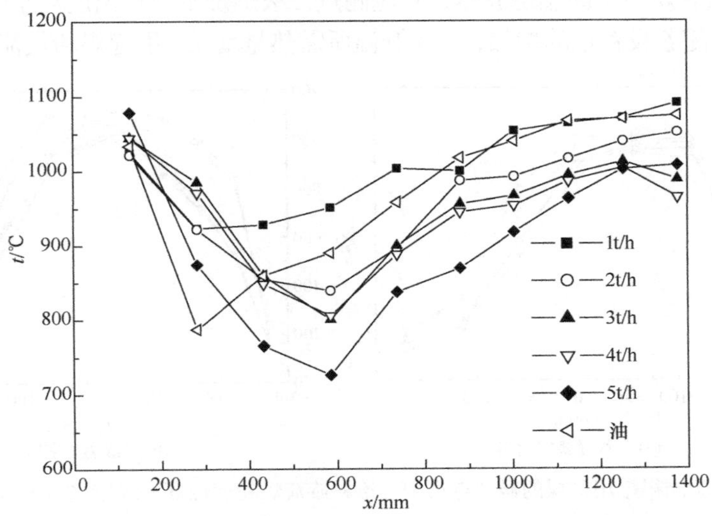

图 3-292　试验测得燃用贫煤微油点火中心给粉旋流煤粉燃烧器中心线的温度分布

烟气温度随着距离的增加先降低后升高，部分主辅油枪的燃油在中心套筒内燃烧形成高温烟气。冷空气从中心套管外侧进入一级燃烧室后逐渐向燃烧器中心扩散，并与高温烟气混合，高温烟气向冷空气散热，所以在进入一级燃烧室后高温烟气的温度先降低；当冷空气扩散到中心区域后，冷空气成为中心区域油燃烧所需要的空气，随着高温油火焰向喷口的流动时空气的不断混入，油不断燃烧放热，烟气温度不断升高。投粉后，烟气温度也是随着距离的增加先降低后升高。高温的油火焰加热煤粉后，由于煤粉和冷空气的吸热，烟气温度先逐渐降低，煤粉流动某一距离后被点燃逐渐放热，烟气温度逐渐升高。当投粉量从 1t/h 增加到 5t/h 时，煤粉燃烧所需要的热量逐渐增加，同一测点的温度随着给粉量的增加而降低。

图 3-293 为试验测得仅燃油和投入不同粉量后燃烧器一级燃烧室出口和二级燃烧室出口的截面温度场分布。一级燃烧室出口和二级燃烧室出口在投油和投粉后均在燃烧器中心区域存在较高温度，由中心向边壁区域温度逐渐降低，边壁温度小于 127℃，不存在燃烧器烧损的问题。当仅投油时，一级燃烧室出口的截面温度场分布和二级燃烧室出口的截面温度场分布类似，均是辅助油枪侧(r_1<0，r_2<0)温度高。例如，在一级燃烧室出口 r_1=−57mm 和 r_1=−114mm(辅助油枪侧)的位置，温度分别为 1005℃和 767℃；在一级燃烧室出口 r_1=57mm 和 r_1=114mm (主油枪侧温度) 的位置，温度分别为 601℃和 203℃。对应测点的二级燃烧室出口温度低于一级燃烧室出口对应测点温度，这是因为大部分油已在油枪套筒内燃烧完毕，从一级燃烧室进入二级燃烧室的烟气由于冷空气的混入，烟气温度逐渐下降。投粉后，随着煤粉不断燃烧放热，对应测点二级燃烧室出口温度高于一级燃烧室出口温度。随着投粉量的增加，煤粉升温所需热量增大，引起煤粉气流温度下降，

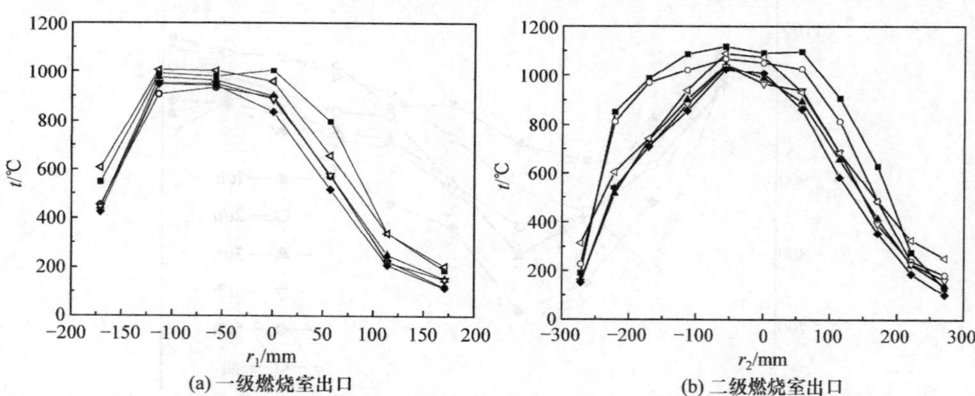

图 3-293　试验测得燃用贫煤的微油点火中心给粉旋流煤粉燃烧器一级燃烧室出口和二级燃烧室出口的截面温度场分布

—■— 1t/h；—○— 2t/h；—▲— 3t/h；—▽— 4t/h；—◆— 5t/h；—◁— 油

同时随着投粉量的增加，被点燃的煤粉量增加，煤粉燃烧放热量增大，进而使煤粉气流温度升高。投粉量从 2t/h 增大到 4t/h 时，煤粉燃烧增加的放热量大于其增加的吸热量，一级燃烧室出口、二级燃烧室出口及中心线处(图 3-292)对应测点温度逐渐升高；投粉量继续增大到 5t/h 时，煤粉燃烧增加的放热量小于其增加的吸热量，一级燃烧室出口、二级燃烧室出口及中心线处(图 3-292)对应测点的温度降低，但仍可成功点燃。图 3-294 为试验期间仅燃油和投粉量为 4t/h 时燃烧器出口的火焰图像。

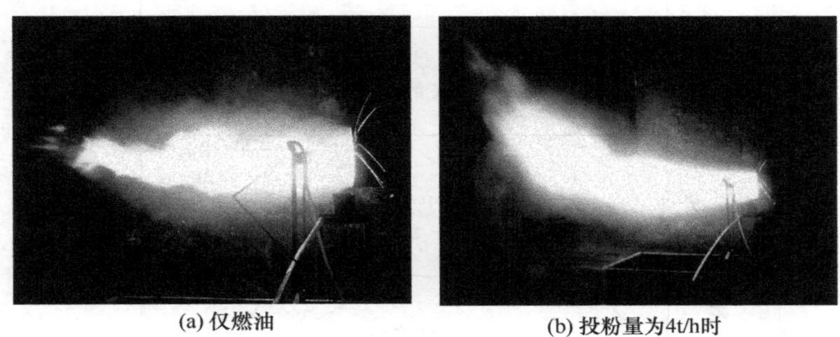
(a) 仅燃油　(b) 投粉量为4t/h时

图 3-294　试验测得微油点火中心给粉旋流煤粉燃烧器出口的火焰图像

图 3-295 为试验测得投入不同粉量后燃烧器出口处各测点煤的燃尽率和 C、H 的释放率。在不同给粉量下，煤的燃尽率和 C、H 的释放率在燃烧器直径方向的分布规律基本相同，r_3<0 的辅助油枪侧测量值高于 r_3>0 的主油枪侧。随着给粉量的增加，同一测点的煤的燃尽率和 C、H 的释放率均下降，在燃烧器的中心位置(r_3=0)，当给粉量从 1t/h 增大到 5t/h 时，煤的燃尽率和 C、H 的释放率分别从 33%、28%、98%下降到 9%、9%、23%。

表 3-84 为试验测得燃烧器出口中心线氧气浓度及点火阻力。投粉量为 1～5t/h 时，燃烧器出口中心线处的氧量为 1.79%～7.18%。在一次风温为 15℃、喷口风

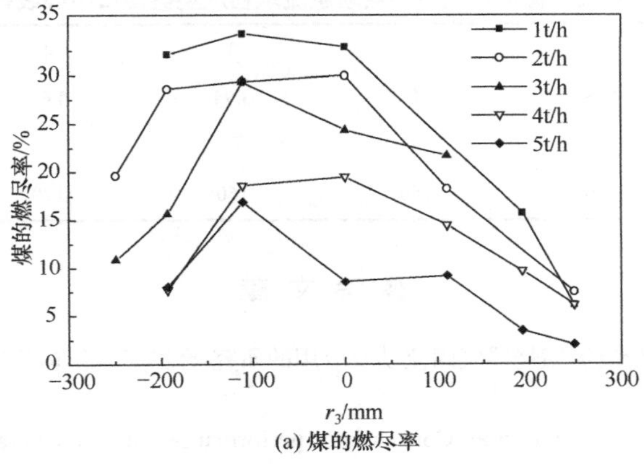

(a) 煤的燃尽率

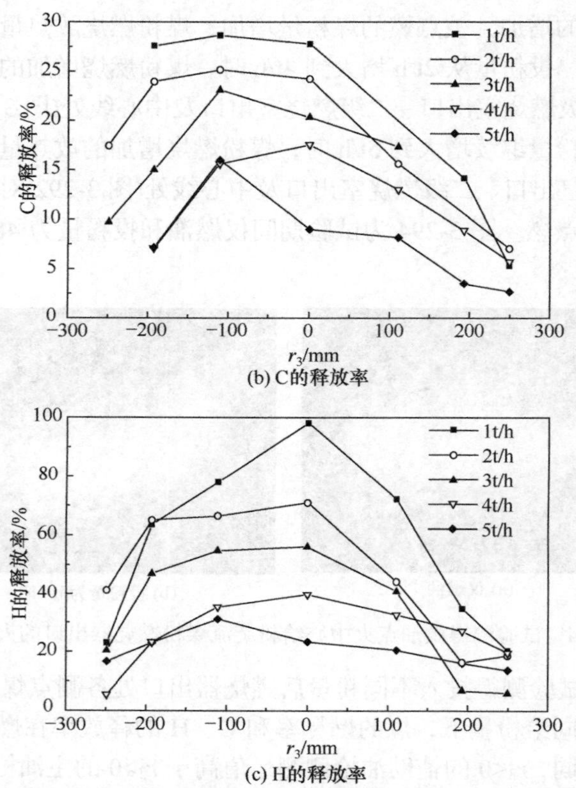

(b) C的释放率

(c) H的释放率

图 3-295　试验测得燃用贫煤微油点火中心给粉旋流煤粉燃烧器出口处煤的燃尽率和 C、H 的释放率

速为 17m/s、投油量为 160kg/h 的条件下，仅投油可使燃烧器阻力增大 70Pa，投粉后阻力增大 110～170Pa。

表 3-84　试验测得燃用贫煤微油点火中心给粉旋流煤粉燃烧器出口中心线氧气浓度及点火阻力

投粉量/(t/h)	1	2	3	4	5
O_2/%	1.79	3.05	3.94	4.61	7.18
投油阻力/Pa			70		
投粉阻力/Pa	110	150	160	170	160

参 考 文 献

[1] 陈智超. 中心给粉旋流燃烧器气固流动及应用的研究.哈尔滨：哈尔滨工业大学博士学位论文, 2007.

[2] Chen Z C, Li Z Q, Zhu Q Y, et al. Concentrator performance within a centrally fuel-rich primary

air burner: Influence of multiple levels. Energy, 2011, 36(7): 4041-4047.

[3] Chen Z C, Li Z Q, Liu C L, et al. The influence of distance between adjacent rings on the gas/particle flow characteristics of a conical rings concentrator. Energy, 2011, 36(5): 2557-2564.

[4] 遆曙光. 深度分级条件下燃用烟煤中心给粉燃烧器流动及燃烧特性. 哈尔滨: 哈尔滨工业大学博士学位论文, 2015.

[5] 李松. 燃用低挥发分煤中心给粉旋流燃烧技术研究. 哈尔滨: 哈尔滨工业大学博士学位论文, 2016.

[6] 靖剑平. 燃用烟煤中心给粉旋流燃烧器流动及燃烧特性研究. 哈尔滨: 哈尔滨工业大学博士学位论文, 2010.

[7] Jing J P, Li Z Q, Liu G K, et al. Influence of different outer secondary air vane angles on flow and combustion characteristics and NO_x emissions of a new swirl coal burner. Energy & Fuels, 2010, 24(1): 346-354.

[8] 何佩鏊. 旋流式煤粉燃烧器(一). 电站系统工程, 1988, (1): 4-9.

[9] 孙锐, 李争起, 吴少华, 等. 多只旋流煤粉燃烧器在炉内布置方式研究及应用. 燃烧科学与技术, 2000, 6(4): 363-367.

[10] Jing J P, Li Z Q, Zhu Q Y, et al. Influence of primary air ratio on flow and combustion characteristics and NO_x, emissions of a new swirl coal burner. Energy, 2011, 36(2): 1206-1213.

[11] 马春元. 径向浓缩旋流煤粉燃烧器的试验研究. 哈尔滨: 哈尔滨工业大学博士学位论文, 1996.

[12] 罗军辉, 冯平. Matlab7.0 在图像处理中的应用. 北京: 机械工业出版社, 2005.

[13] 章毓晋. 图像处理与分析. 北京: 清华大学出版社, 2000.

[14] Mandelbrot B B. The Fractal Geometry of Nature. San Francisco: W H Freeman and Company, 1982.

[15] Falconer K J. 分形几何数学基础及其应用. 沈阳: 东北大学出版社, 1991.

[16] 董连科. 分形理论及其运用. 沈阳: 辽宁科学技术出版社, 1991.

[17] 高安秀树. 分数维. 沈步明, 常子文译. 北京: 地震出版社, 1992.

[18] Takeno T, Murayama M, Tanida Y. Fractal analysis of turbulent premixed flame surface. Experiments in Fluids, 1990, (10): 61-70.

[19] Prasad R R, Sreenivasan K R. The measurement and interpretation of fractal dimensions of scalar interface in turbulent flows. Physics of Fluid A: Fluid Dynamics, 1990, 2(5): 792-807.

[20] Berge P. Chaotic Behavior in A Non-Linear System. New York: Spring-Verlag, 1987.

[21] Brandstater A, Swift J, Swinney H W, et al. Low-dimension chaos in a hydrodynamic system. Physical Review Letters, 1983, 52: 1442-1445.

[22] Tabelling P. Sudden increase of the fractal dimension in a hydrodynamic system. Physical Review A, 1985, 31(5): 3460-3462.

[23] Gouldin F C. An application of fractals to modeling premixed turbulent flame. Combustion and Flame, 1987, 68: 249-266.

[24] Smallwood G J. Characterization of flame front surface in turbulent premixed methane/air combustion. Combustion and Flame, 1995, 101: 461-470.

[25] Jing J P, Li Z Q, Chen Z C, et al. Study of the influence of vane angle on flow, gas species,

temperature, and char burnout in a 200MW lignite-fired boiler. Fuel, 2010, 89(8): 1973-1984.

[26] Jing J P, Li Z Q, Wang L, et al. Influence of the mass flow rate of secondary air on the gas/particle flow characteristics in the near-burner region of a double swirl flow burner. Chemical Engineering Science, 2011, 66(12): 2864-2871.

[27] Jing J P, Zhang C M, Sun W, et al. Influence of mass-flow ratio of inner to outer secondary air on gas-particle flow near a swirl burner. Particuology, 2013, 11(5): 540-548.

[28] Ismail M. Char burnout and flame stability in pulverized fuel furnace. London: University of London, 1989.

[29] Smoot L D, Hedman P O, Smith P. Pulverized-coal combustion research at Brigham Young University. Progress in Energy and Combustion Science, 1984, 10(4): 359-441.

[30] Costa M, Azevedo J L T, Carvalho M G. Combustion characteristics of a front-wall-fired pulverized coal 300MWe utility boiler. Combustion Science and Technology, 1997, 129: 277-293.

[31] Costa M, Silva P, Azevedo J L T. Measurements of gas species, temperature, and char burnout in a low-NO_x pulverized coal-fired utility boiler. Combustion Science and Technology, 2003, 175: 271-289.

[32] Costa M, Azevedo J L T. Experimental characterization of an industrial pulverized coal-fired furnace under deep staging conditions.Combustion Science and Technology, 2007, 179: 1923-1935.

[33] Li Z Q, Jing J P, Chen Z C, et al. Combustion characteristics and NO_x emissions of two kinds of swirl burners in a 300-MWwall-fired pulverized-coal utility boiler. Combustion Science and Technology, 2008, 180(7): 1370-1394.

[34] You C F, Zhou Y. Effect of operation parameters on the slagging near swirl coal burner throat. Energy Fuels, 2006, 20: 1855-1861.

[35] 王磊，李争起，郝金波，等. 中心风对旋流煤粉燃烧器性能的影响. 机械工程学报，2000, 36(6): 63-67.

[36] 秦裕琨，王磊，李争起，等. 淡一次风扩口角度对径向浓淡旋流煤粉燃烧器出口流场影响的试验研究. 中国电机工程学报, 2000, 20(3): 56-60.

[37] Chen Z C, Li Z Q, Jing J P, et al. Gas/particle flow characteristics of two swirl burners. Energy Conversion and Management, 2009, 50: 1180-1191.

[38] Horton M D, Goodson F P, Smoot L D. Characteristics of flat, laminar coal-dust flames. Combust and Flame, 1977, 28: 187-195.

[39] 安艳琴，安国云，叶德兴. 西柏坡电厂锅炉送粉管道设计探讨. 河北电力技术，1996, 1: 40-45.

[40] Chen Z C, Li Z Q, Jing J P, et al. The influence of fuel bias in the primary air duct on the gas/particle flow characteristics near the swirl burner region. Fuel Processing Technology, 2008, 89(10): 958-965.

[41] Chen Z C, Li Z Q, Jing J P, et al. Experiment investigations on the performance of a centrally fuel rich swirl coal combustion burner: Influence of primary air ratio. International Journal of Chemical Reactor Engineering, 2008, 6(1): 1-5.

[42] 陈智超, 李争起, 孙锐, 等. 适用于 1025t/h 燃煤锅炉的浓淡旋流煤粉燃烧技术的研究. 中国电机工程学报, 2004, 24(4):189-194.

[43] 李争起, 陈智超, 孙锐, 等. 适用于燃用贫煤 1025 t/h 锅炉的中心给粉旋流燃烧器. 机械工程学报, 2006, 42(3): 221-226.

[44] Ti S G, Chen Z C, Li Z Q, et al. Effect of inner secondary air cone length of a centrally fuel-rich swirl burner on combustion characteristics and NO_x emissions in a 0.5MW pulverized coal-fired furnace with air-staging. Asia-Pacific Journal of Chemical Engineering, 2015, 10: 411-421.

[45] Ti S G, Chen Z C, Li Z Q, et al. Effects of the outer secondary air cone length on the combustion characteristics and NO_x emissions of the swirl burner in a 0.5MW pilot-scale facility during air-staged combustion. Applied Thermal Engineering，2015, 86: 318-325.

[46] Li S, Xu T M, Hui S E, et al. NO_x emission and thermal efficiency of a 300MWe utility boiler retrofitted by air staging. Applied Energy, 2009, 86(9): 1797-1803.

[47] 刘春龙. 350MW W 火焰锅炉多次引射分级燃烧技术研究. 哈尔滨: 哈尔滨工业大学博士学位论文, 2013.

[48] Li S, Li Z Q, Jiang B K, et al. Effect of secondary air mass flow rate on the airflow and combustion characteristics and NO_x formation of the low-volatile coal-fired swirl burner. Asia-Pacific Journal of Chemical Engineering, 2015, 10: 858-875.

[49] Li S, Chen Z C, Li X G, et al. Effect of outer secondary-air vane angle on the flow and combustion characteristics and NO_x formation of the swirl burner in a 300-MW low-volatile coal-fired boiler with deep air staging. Journal of the Energy Institute, 2017, 90(2): 239-256.

[50] De D S. Measurement of flame temperature with a multi-element thermocouple. Journal of the Institute of Energy, 1981, 54: 113-16.

[51] 徐旭常, 吕俊复, 张海. 燃烧理论与燃烧设备. 2 版. 北京: 科学出版社, 2012.

[52] Li S, Chen Z C, Jiang B K, et al. Airflow and combustion characteristics and NO_x formation of the low-volatile coal-fired utility boiler at different loads. The 8th International Symposium on Coal Combustion, Beijing, 2015.

[53] 杨吉友. 浅谈等离子与微油点火技术在“节能降耗”中的突破. 2015 火力发电节能改造现状与发展趋势技术交流会, 衡阳, 2015.

[54] 安欣, 肖红光, 吴丽梅, 等. 微油点火技术浅析. 黑龙江科技信息, 2012, (28): 88.

[55] 赵洋. 微油量点燃煤粉实验研究与数值模拟. 哈尔滨: 哈尔滨工业大学硕士学位论文, 2010.

[56] 刘春龙. 微油量中心点燃煤粉中试实验研究. 哈尔滨: 哈尔滨工业大学硕士学位论文, 2009.

[57] Liu C L, Li Z Q, Zhao Y, et al. Influence of coal-feed rates on bituminous coal ignition in a full-scale tiny-oil ignition burner. Fuel, 2010,89: 1690-1694.

[58] Li Z Q, Liu C L, Zhao Y, et al. Influence of the coal-feed rate on lean coal ignition in a full-scale tiny-oil ignition burner. Energy Fuels, 2010,24(1): 375-378.

第 4 章　煤粉燃烧器的设计与结构

4.1　燃烧器的布置与炉膛选型

4.1.1　燃烧器的布置方式

如前所述，燃烧器可以分为旋流和直流两大类，它们的布置方式一般为前墙或对冲布置、四角切向布置及拱上布置。因此，在比较这两类燃烧器时，必须考虑由布置方式不同而产生的特点。本节内容主要参考文献[1]。

1. 前墙布置

前墙布置的优点是磨煤机可以布置在炉前，通往燃烧器的煤粉管道较短，阻力较小，便于比较均匀地将煤粉和空气分配至各个燃烧器。炉膛截面尺寸的确定可以比较自由，便于和对流烟道的尺寸及汽包长度相配合。如果燃烧器的单只热功率选择恰当且布置合理，那么炉膛出口烟气温度偏差可较小。

前墙布置的缺点是炉膛火焰充满度较差，有较大的涡流区，使炉膛容积的有效利用率较低。炉膛上部的折焰角可以在一定程度上提高炉膛的利用率。此外，炉内火焰的扰动较小，后期混合较差。在低负荷或磨煤机检修时，切断部分燃烧器后，可能引起炉内温度分布和烟气流动的不均匀。

燃烧器前墙布置的锅炉容量不能太大，但是根据美国巴威公司的经验，最大容量也可达 500MW。美国巴威公司生产的不同容量锅炉的炉膛尺寸如图 4-1 所示。

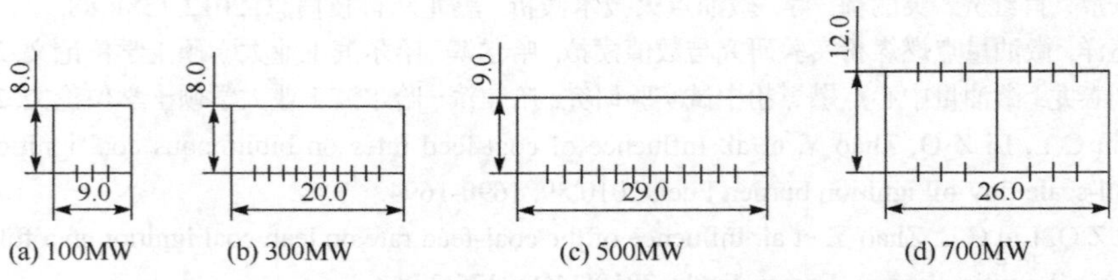

(a) 100MW　(b) 300MW　(c) 500MW　(d) 700MW

图 4-1　美国巴威公司生产的不同容量锅炉的炉膛尺寸(单位：m)

2. 对冲布置

旋流煤粉燃烧器较多采用前后墙对冲布置。在这种情况下，如果两侧燃烧器的出口气流动量不同，火焰可能偏向一侧，造成炉膛出口烟气温度分布不均匀。

与燃烧器前墙布置相比，前后墙对冲布置时，炉内火焰充满情况较好，火焰在炉膛中部对冲有利于增强扰动。可以选用单只热功率较小的燃烧器，使燃烧器与炉墙、燃烧器与燃烧器之间有足够的距离，避免火焰撞击炉墙和相互干扰；并能相对地加大上层燃烧器至炉膛出口处的距离，使燃料在炉内有足够的时间燃尽。

美国巴威公司认为，前后墙对冲布置与四角布置相比，其主要优点是沿炉膛宽度方向上的烟气温度和速度分布比较均匀，使过热蒸汽温度偏差较小，并可降低整个过热器和再热器的金属最高点温度。燃烧器前后墙对冲布置时，沿炉膛宽度方向的过热蒸汽温度偏差在 22℃以内，而在四角布置时，一般在 55℃左右。此外，由于燃烧器均匀布置于前墙或前后墙，输入炉膛的热量分配也均匀，因此减少了因炉膛中部温度偏高而造成局部结渣的可能性[2]。

当然，前后墙布置时的风粉管道比前墙布置时复杂。对于大容量锅炉，为了便于在后墙布置燃烧器和吹灰器，需要将后墙和对流竖井之间的距离适当拉开。

3. 四角布置

美国燃烧工程公司认为，旋流煤粉燃烧器的火焰根部温度太高，该处水冷壁的热负荷也高。而四角布置时，四面水冷壁的热负荷比较均匀，燃烧中心的火焰最高温度和最大热流密度较低，有利于避免膜态沸腾，也有利于降低 NO_x。炉内气流的旋转能使风粉混合改善。相邻火焰相互点燃，燃烧较稳定，对煤种的适应性较好。直流燃烧器阻力较小，易于操作和调整。采用摆动式燃烧器时还可以调节火焰位置，如美国燃烧工程公司设计的燃烧器可以摆动±25°～30°，作为过热器和再热器的调温手段，调温幅度为±25℃。按我国经验，燃烧器上下摆动±15℃能使炉膛出口烟气温度变化 35～60℃，改变过热蒸汽温度−14～17℃。

采用四角布置时，允许各个燃烧器出口的风粉不均匀性有偏差。因为各个燃烧器的火焰在炉膛中心旋转混合，能使不均匀性得到补偿，所以即使四个角的风量和粉量相差达 80%～100%，锅炉仍能正常运行。

燃烧器四角布置也可能出现一些问题。例如，到炉膛出口处气流的旋转尚未完全消失，出口处的烟气流偏向一侧，导致炉膛左右两侧出口的烟气温度偏差达 50℃以上。在设计上，有时在炉膛上部布置屏式过热器来割断旋转上升的烟气流。此外，四角布置时的风粉管道也较复杂，如果布置不当，四个角的风粉管道阻力系数相差可能很大，致使各角的风粉速度和煤粉浓度相差较大。四角布置还要求炉膛截面接近正方形，可能使汽包长度与尾部竖井中烟气速度的选择发生矛盾。

如前所述，旋流煤粉燃烧器和直流煤粉燃烧器各有特点，它们都得到广泛的应用。各个国家、各个制造厂都有自己的传统和经验。例如，美国巴威公司一般采用旋流煤粉燃烧器，而美国燃烧工程公司则通常采用直流煤粉燃烧器。苏联对于旋流煤粉燃烧器有较多的经验，而我国的经验表明，直流煤粉燃烧器四角布置的形式对煤种的适应性较宽，对于灰分高达 50%以上、发热值仅为 12MJ/kg 的劣质烟煤，以及干燥无灰基挥发分仅为 4%～5%的无烟煤都可以燃烧。此外，根据我国经验，四角燃烧时飞灰可燃物含量较少，经济性较好。

4. W 火焰锅炉燃烧器的布置方式

W 火焰锅炉的结构特点是炉膛很宽，而深度方向则相对较窄，且下炉膛较深，上炉膛较窄。表 4-1、图 4-2、图 4-3 指出 300MW 及 600MW 等级机组 W 火焰锅炉炉膛结构和热负荷参数。燃烧器沿炉膛宽度前后对称布置在炉拱上，每只燃烧器相对独立组织燃烧。下炉膛为燃烧区，布置有大量卫燃带；上炉膛和出口烟道则是辐射、对流传热区，布置有大量受热面。沿炉膛宽度方向的过热蒸汽温度偏差较小。当前墙失去 1 只燃烧器火焰时，左右相邻燃烧器火焰及后墙对应燃烧器火焰就会向失去火焰的区域有所扩展。个别燃烧器失去火焰时对下炉膛水冷壁的吸热量影响较小，只是失去火焰的燃烧器对应的下炉膛区域温度有所降低，但对锅炉燃烧稳定性影响很小。

表 4-1　300MW 及 600MW 等级机组 W 火焰锅炉炉膛结构和热负荷参数

W 火焰锅炉类型	FW 型						BW 型		英巴型			多次引射分级型
机组容量	300MW 亚临界	300MW 亚临界	350MW 亚临界	600MW 亚临界	600MW 超临界	660MW 亚临界	300MW 亚临界	600MW 超临界	300MW	362.5 MW	600MW 超临界	350MW 超临界
锅炉型号	DG1025/18.2-II7	DG1025/18.2-II15	—	DG2028/17.45II3	DG1950/25.4-II8	FW-2026/17.29	B&WB-1025/18.3-M	B&WB-1900/25.4-M	HG-1025/17.3-WM	—	HG-1900/25.4-WM10	HG-1117/25.4-WM3
炉膛宽度/mm	24765	24765	24765	34480	32121	34480	21000	31813	20700	20240	26680	23888
下炉膛深度/mm	13345	13726	13916	16012	17100	15631	15600	16550	17224	16224	23666	15694
上炉膛深度/mm	7239	7620	7811	9902	9960	9525	8400	9350	8096	7176	12512	8022
从冷灰斗至炉顶全炉膛高度/mm	39548	42052	43247	50174	56000	50152	41840	54790	44458	43264	55797	47783
前后墙竖直段高度/mm	5612	7002	8356	8000	8500	7315	7510	9534	9533	8500	9799	8484
上炉膛后墙竖直段高度/mm	12276	13462	13160	16033	—	16826	11235	—	9173	10522	10812	16011

续表

W 火焰锅炉类型	FW 型						BW 型		英巴型			多次引射分级型
机组容量	300MW 亚临界	300MW 亚临界	350MW 亚临界	600MW 亚临界	600MW 超临界	660MW 亚临界	300MW 亚临界	600MW 超临界	300MW	362.5MW	600MW 超临界	350MW 超临界
喉口到折焰角高度/mm	14161	15358	15260	17527	—	18319	12967	—	9756	10962	12549	17557
燃烧器数量	24	24	24	36	24	36	16	15	—	—	—	16
拱与水平夹角/(°)	25	25	25	25	25	25	15	2833	15	15	15	15
下炉膛截面热负荷/(kW/m²)	2471	2286	2617	2886	2719	3090	2322	215.4	2242	3149*	2514	2300
下炉膛容积热负荷/(kW/m³)	254.3	206.2	211.0	224.4	200.7	254.8	201.0	89.2	155.2	212.5	145.1	205.5
全炉膛容积热负荷/(kW/m³)	120.8	91.57	120	90.76	83.48	104.4	88	—	90.7	145.5*	74.88	86.4

注：*按照煤质的高位发热量计算得出。

5. 液态排渣炉燃烧器的布置方式

正确选用液态排渣炉燃烧器形式，并配以合理的布置方式，使之具有良好的炉内空气动力场，对防止高温腐蚀、消除析铁、减少 NO_x 排放量具有很大影响。因此，国外已发展了多种液态排渣炉的燃烧器及不同的炉内布置方式：美国早期有一百余台卧式旋风炉，其中最大的一台锅炉是派拉笛斯 3 号炉(3630t/h，配 1150MW 机组)，其有 23 只旋风筒均匀布置在前墙；苏联早期有 160 多台 300MW 机组液态排渣炉，300MW 和 800MW 机组液态排渣炉大都是半开式炉膛，前后墙对冲布置大容量旋流煤粉燃烧器；德国发展了各式各样的液态排渣炉(图 4-4)，应用得较多的炉型是卧式旋风炉、两侧燃烧液态排渣炉、半开式液态排渣炉、两级顶棚燃烧阶梯式液态排渣炉和 KSG 型立式旋风炉等五种，约占德国液态排渣炉总数的 61.0%。大容量液态排渣炉都已采用双阶梯式，如图 4-5 所示。

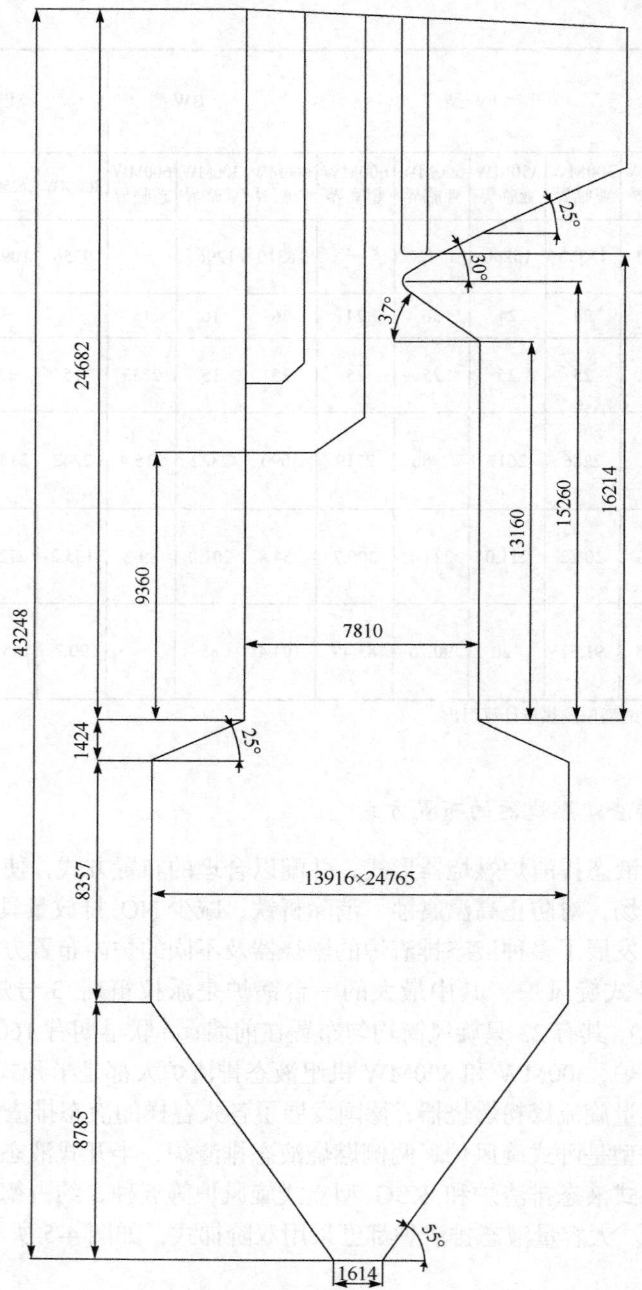

图 4-2　FW 型 350MW 亚临界机组锅炉炉膛结构(单位：mm)

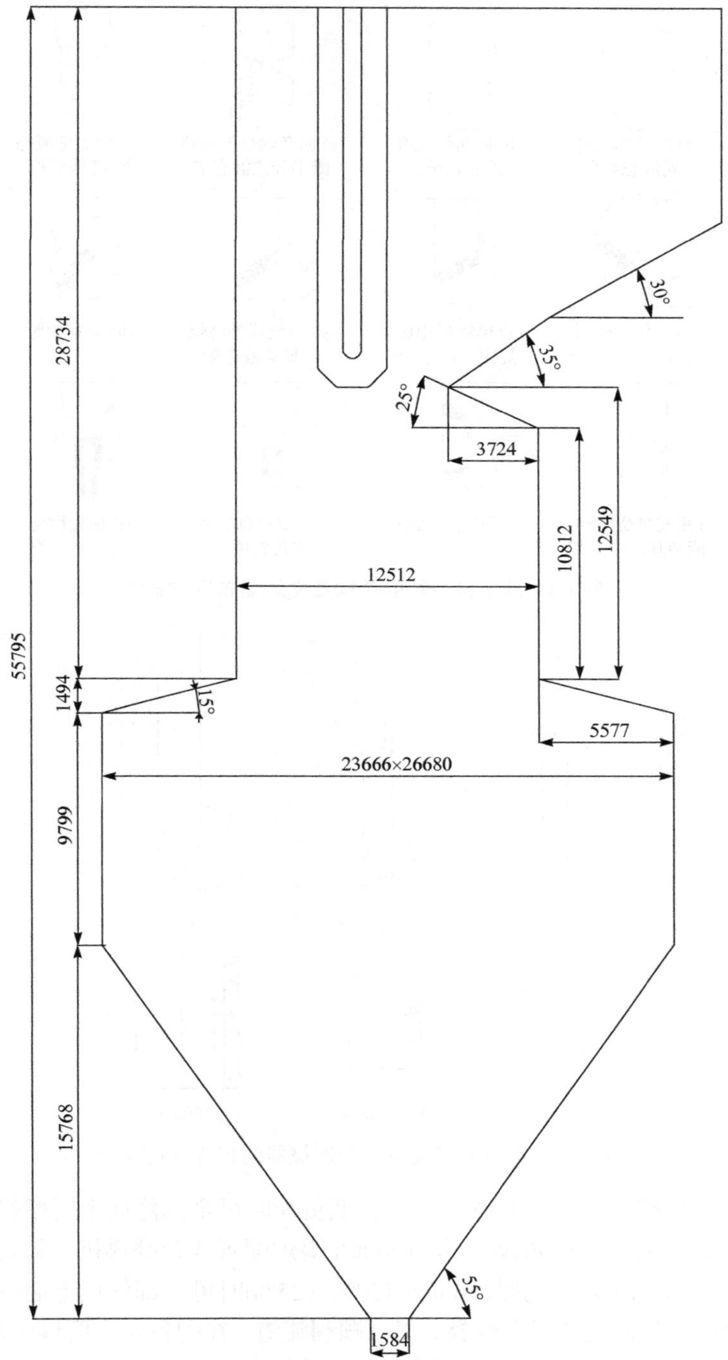

图 4-3　英巴型 600MW 超临界机组锅炉炉膛结构(单位：mm)

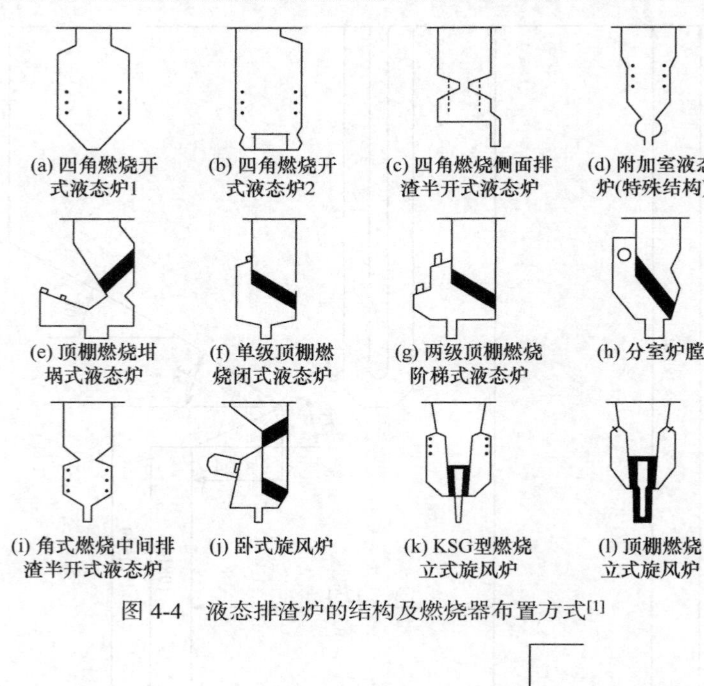

图 4-4　液态排渣炉的结构及燃烧器布置方式[1]

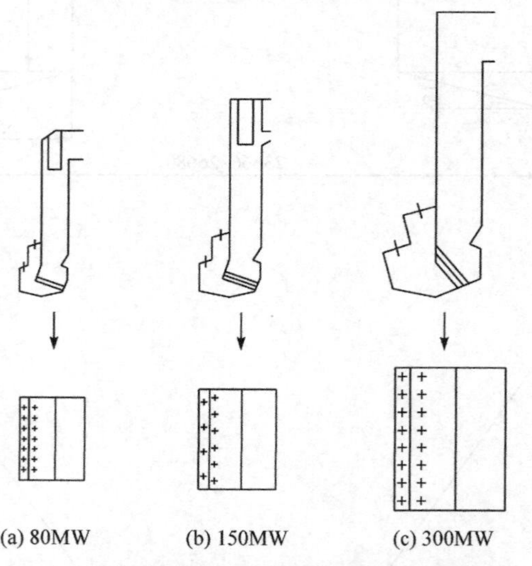

图 4-5　阶梯式液态排渣炉燃烧器的布置方式[1]

燃烧器以阶梯形分两层布置于前墙。低负荷时可全部停运上层燃烧器，仍能保持顺利流渣。例如，300MW 容量 1000t/h 锅炉配置 4 台磨煤机，每台磨煤机供 4 只燃烧器，总共 16 只燃烧器，低负荷(20%～25%)时可全部停用上面一层的 8 只燃烧器，而仅用下面的 8 只燃烧器，仍可顺利流渣。在配备 4 台磨煤机的工况下，为了保证当奇数台磨煤机投运时，沿锅炉宽度方向有均匀的温度分布，在同一层内由每一台磨煤机所引出的燃烧器做交错布置。德国的斯坦缪勒公司制造的依本标伦电站 700MW 燃用无烟煤的液态排渣炉(2160t/h、22MPa、530/530℃)采用左、右都是双阶梯熔渣室单烟道结构，不用油助燃，可带 30%负荷，已于 1985 年投入运行。

4.1.2　炉膛选型的一些问题

在电站锅炉中，还可将炉膛分为单炉膛、双炉膛、双炉体和双炉体双炉膛四种。当锅炉容量大于 500MW 时，美国巴威公司一般就将前墙布置的旋流煤粉燃烧器改为前后墙对冲布置方式，锅炉为双炉膛。随着锅炉容量的增加，可以相应增加炉膛宽度，以及燃烧器的排数和只数，不必过分增大燃烧器的热功率，并能保持炉膛宽度方向上烟气分布均匀。例如，美国巴威公司为德拉克电站设计制造的 660MW 机组自然循环锅炉就是采用双炉膛，炉宽 25.6m、炉深 12.2m，有 60 只燃烧器，前后墙对冲布置，配有 10 台 E 型磨煤机(每台出力为 40t/h)，每台对应 6 只燃烧器[1]。日本 IHI 株式会社设计的 250MW 和 350MW 自然循环锅炉均是采用前后墙对冲布置旋流煤粉燃烧器，并用双面辐射过热器将炉膛隔为两个。美国巴威公司已将对冲布置的长方形炉膛用于 1000MW 和 1300MW 机组上。随着我国锅炉设计水平的不断提高，哈尔滨锅炉厂、东方锅炉厂设计的 300MW、600MW 及 1000MW 燃煤锅炉全部采用单炉膛结构。

当采用四角布置时，如果采用单炉膛，则炉内空气动力特性较佳，设计制造、炉膛悬吊方式及管道布置都比较简单。但是，随着锅炉容量的增大，炉膛截面尺寸将越来越大，炉内气流旋转度相对减弱；另外，为了保证炉膛接近正方形，炉膛宽度和汽包长度以及对流烟道宽度不相适应的矛盾也将越来越突出。如果采用双炉膛结构，上述的一些问题就可以得到解决，燃烧器总高度也能降低。但是，双炉膛必须采用中间隔墙-双面水冷壁。双面水冷壁无法吹灰、打渣，炉膛结构(包括炉顶和炉底穿墙密封、燃烧器的悬吊支撑、风粉和汽水管道的布置等)比较复杂，制造成本比同类容量的单炉膛高 5%～8%。图 4-6 为上海锅炉厂早期设计制造的 SG1000t/h 锅炉的燃烧器布置图。1 号炉双面水冷壁两侧邻近燃烧器中心线距离 A 为 1830mm。为了便于人工打双面水冷壁上的焦渣，又能使相邻燃烧器的油枪可以拉出而不相互干扰，2 号炉将距离 A 加大到 2180mm，这样燃烧器更不可能趋于正四角布置，势必会影响炉内的空气动力场。随着我国锅炉设计水平的不断提高及大容量锅炉四角布置燃烧器单炉膛运行实践经验的积累，对大容量机组锅炉采取各种相应改进措施后，已全部采用单炉膛结构，提高了锅炉运行的可靠性和安全性[1]。

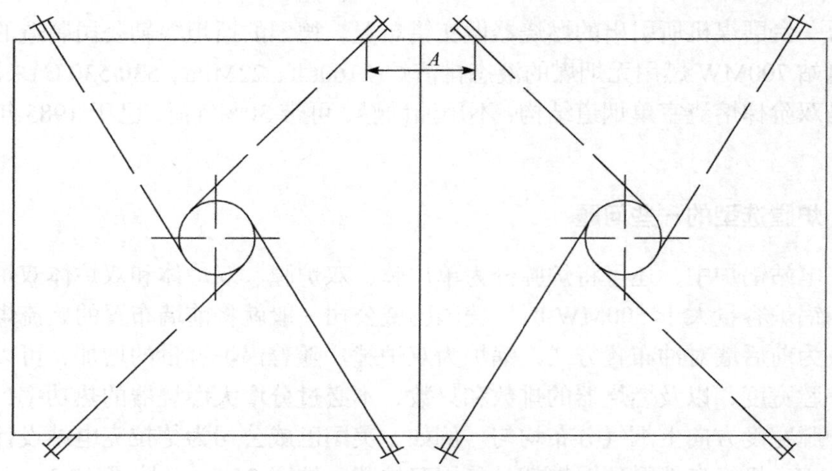

图 4-6　某台 SG1000t/h 锅炉的燃烧器布置图

双炉膛不仅结构较为复杂，而且对燃烧器的自动调节水平要求也高。例如，为了调节炉膛出口处烟气温度偏差，有时要求双炉膛中的一个炉膛燃烧器向上摆动，而另一个炉膛燃烧器则向下摆动。而且用一台磨煤机同时向同一层标高的八只燃烧器均匀送粉，保持相同的风速，两个炉膛的火焰中心不能偏斜。这就要求燃烧的自动控制系统比单炉膛的更准确、可靠。

综上可知，W 火焰锅炉适合采用单炉膛结构。

国外采用的单炉膛、双炉膛与锅炉机组容量的关系可参考图 4-7。第三类有中间夹廊布置的锅炉较适用于燃煤，在炉膛后水冷壁可以装吹灰器；为避免高温对流受热面积灰，过热器和再热器都可以分段并垂直布置；而第二类无中间夹廊布置的锅炉则适用于燃油。

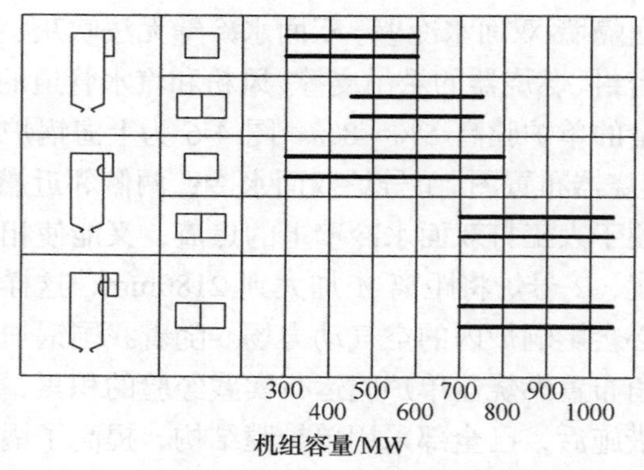

图 4-7　炉膛形式与机组容量的关系

4.2　燃烧器的单只热功率

随着锅炉向大容量发展，炉膛容积和单只燃烧器的热功率相应增加。重油、天然气比煤粉容易燃烧，又无结渣问题，所以油、气燃烧器的单只功率比煤粉燃烧器大。目前国外长期运行的大容量油燃烧器的单只热功率可达 79～93MW，单只气燃烧器的热功率可达 11×10^8 m^3/h。煤粉燃烧器的情况则比较复杂[1,3]。

4.2.1　前墙或对冲布置旋流煤粉燃烧器

20 世纪 60 年代苏联中央锅炉汽轮机研究所和塔岗洛克锅炉厂致力于大容量煤粉燃烧器的研究。它们认为，随着锅炉容量的增加，如果不相应提高单只燃烧器的热功率，势必会导致燃烧器数量过多。例如，对于配 800MW 机组的 2500t/h 无烟煤锅炉，即使单只燃烧器出力为 5t/h，也需要 48 只燃烧器，这使风粉管道系统复杂，不便于运行调整。如果各燃烧器之间的煤粉和空气分配不均匀，将使燃烧过程恶化，锅炉效率降低。因此，发展了 5～10t/h 的蜗壳式旋流煤粉燃烧器，相应的热功率为 37～76MW。例如，ТПП-10 型 930t/h 锅炉采用 24 只燃烧器，每只出力为 5t/h；ТПП-210А 型 950t/h 锅炉采用 12 只燃烧器，每只出力为 10t/h[1]；800MW 烧天然气和无烟煤屑锅炉的单只燃烧器热功率为 82MW，另一台烧烟煤的 800MW 锅炉的单只燃烧器热功率为 64MW。60 年代，苏联认为，大容量单炉膛液态排渣炉单只旋流煤粉燃烧器的最大热功率已达 70～82MW，采用更大容量的燃烧器在技术上是可以做到的。但是到 70 年代，燃烧器的出力并没有增加，甚至还有减少的趋势，例如，塔岗洛克锅炉厂设计的 1200MWТГМП-1204 型复合循环锅炉可燃烧油、气，采用 56 只燃烧器，单只出力减少到 5.7t/h。

20 世纪 60 年代初，美国巴威公司的单只燃烧器热功率已达到 78～84MW，例如，在 500MW 机组锅炉上采用热功率为 59MW 的燃烧器，运行情况不好，炉内结渣严重。以后将燃烧器的热功率限制在 28～30MW，结渣减轻，烟气中的 NO_x 含量降低，燃烧也比较容易控制。例如，2 台 1320MW 机组锅炉的单只燃烧器热功率分别为 36MW、37MW，1 台 1100MW 机组锅炉的燃烧器热功率为 36MW。单台机组燃烧器最多达 70 只(舍伯恩 3 号炉，860MW)。通常燃烧器对冲布置，沿高度分为 3～5 层。在某些情况下，前墙的燃烧器层数多于后墙。英国巴威公司设计制造的 600MW 机组 2020t/h 锅炉采用热功率较小的燃烧器，仅为 16～20MW，前后墙各布置五排共 60 只，自 1968 年 6 月投运以来，运行情况良好[1]。

福斯特惠勒公司采用容量较大的叶片式旋流煤粉燃烧器。对所有大容量单元机组，燃烧器的只数均为 24～35 只，功率则随着锅炉容量的增加而增加。例如，

510～530MW 机组锅炉的燃烧器单只热功率为 49～56MW，而对于 618～700MW 机组锅炉，单只燃烧器热功率增加到 58～81MW。

日本日立公司为陡河电厂提供的 250MW 机组燃烧劣质烟煤锅炉，采用了巴威公司的切向叶片式旋流煤粉燃烧器，前后墙对冲布置，共 32 只，单只燃烧器热功率为 20MW，实际可达 22MW[1]。

苏联塔岗洛克锅炉厂为清河电厂提供的 200MW 机组锅炉燃烧高水分烟煤，采用三蜗壳式旋流煤粉燃烧器(中间的小蜗壳供燃油用)，前后各布置两排，共 16 只，单只燃烧器热功率为 38MW[1]。

哈尔滨锅炉厂设计制造的 200MW 机组 670t/h 褐煤锅炉，采用轴向叶片式旋流煤粉燃烧器，分三排共 24 只布置于前墙，单只燃烧器热功率为 26MW。

哈尔滨锅炉厂制造的 600MW 超临界机组 1956t/h 烟煤锅炉，采用英巴圆周浓淡旋流煤粉燃烧器，分三排共 30 只对冲布置于前后墙，单只燃烧器热功率为 62.3MW。

4.2.2 采用四角切圆布置的直流煤粉燃烧器

美国燃烧工程公司的锅炉通常采用直流煤粉燃烧器切向燃烧，这时燃烧器只数是指一次风喷口的数目。对于单炉膛锅炉，燃烧器沿高度布置 4～7 层，共 16～28 只，单只燃烧器热功率为 40～75MW。一般配 550MW 机组的单炉膛锅炉，炉膛截面积为 15m×15m。配 600MW 机组的单炉膛锅炉，炉深 16m、炉宽 19.6m，每个角 6 只燃烧器，共 24 只，单只燃烧器热功率为 64～76MW。当机组功率达到 600MW 以上时，美国燃烧工程公司采用双炉膛结构，燃烧器的层数增加到 6～9 层，共 56～72 只，单只燃烧器热功率稍有降低，为 30～38.5MW。

单只直流煤粉燃烧器的最大允许热功率与灰流动温度及炉膛截面积的关系如图 4-8 所示。根据资料，某 200MW 机组锅炉燃烧流动温度为 1170℃的低灰熔点煤，若炉膛截面积为 10.9m×10.9m，则单只燃烧器的最大允许热功率约为 29MW。

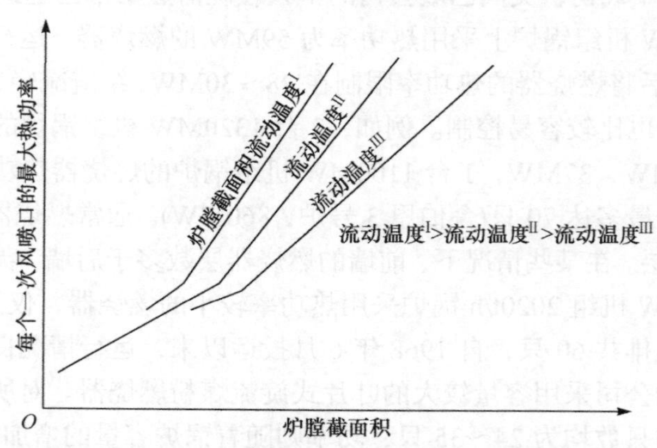

图 4-8 单只直流煤粉燃烧器的最大允许热功率与灰流动温度及炉膛截面积的关系

日本三菱公司制造的 600MW 双炉膛强制循环锅炉的单个炉膛截面积为 10.7m×10.37m，燃烧器分四层布置，单只燃烧器热功率约为 35MW。

根据苏联锅炉机组热力计算标准方法的推荐[1]，对于大容量锅炉，单只直流煤粉燃烧器的热功率为 23～52MW。

根据已有资料，德国配 740MW 机组的 2200t/h 锅炉是较大单炉膛四角切向燃烧锅炉，燃烧器高度约为 25.2m，每只角分四组拉开布置，炉膛截面积为 17.6m×17.6m，单只燃烧器热功率约为 70MW。

上海锅炉厂制造的配 300MW 机组锅炉 SG935/170 采用双炉膛，单只燃烧器热功率约为 35MW。某台烧烟煤的 600MW 机组锅炉的设计方案之一也采用双炉膛，单只燃烧器热功率为 42MW。

东方锅炉厂设计制造的 DG410/100-2 型锅炉，其每只角有三层一次风口，单只燃烧器热功率为 26MW；该厂制造的 DG670/140-4 型锅炉的单只燃烧器热功率约为 35MW。

某台 600MW 机组 2050t/h 褐煤塔式炉的设计方案采用了八角切圆燃烧，单只燃烧器热功率约为 40MW。

4.2.3 拱上布置的燃烧器

W 火焰锅炉燃烧器布置在前后拱上。北京巴威公司制造的 B&WB-1065/17.5-M 型锅炉，其前后拱各布置一排(8 只)浓缩型着火增强型双调风旋流煤粉燃烧器，共有 16 只燃烧器，单只燃烧器热功率约为 49MW。

东方锅炉厂制造的 DG1025/18.2-II15 型 W 火焰锅炉，其前后炉拱上分别错列布置 12 只双旋风筒旋风分离煤粉燃烧器，共有 24 只燃烧器，单只燃烧器热功率约为 33MW。

英国三井-巴布科克能源有限公司制造的 300MW 机组配套锅炉，其前后拱各布置 3 组燃烧器，共有 6 组燃烧器，单组燃烧器热功率约为 130MW。

哈尔滨锅炉厂制造的 HG-1900/25.4-WM10 型 W 火焰锅炉，其前后炉拱上分别均匀布置 12 组多次引射分级燃烧煤粉燃烧器，共有 24 组燃烧器，单组燃烧器热功率约为 65MW。

4.2.4 影响单只燃烧器热功率的因素

从以上情况看，无论是旋流煤粉燃烧器还是直流煤粉燃烧器，其单只燃烧器热功率的增长都是有限度的。影响单只燃烧器热功率的因素主要是燃烧本身及炉膛截面尺寸两个有关的因素。

和燃烧本身有关的因素有以下几方面。

(1) 燃烧器热功率过大会使受热面局部热负荷过高。苏联在设计超临界压力

1200MW 机组锅炉 ТГМП-1204 时，在额定负荷下采用 15%再循环烟气进入炉膛下部，将燃烧区域的最大热流密度降到 465～523kW/m^2。为了减小热流密度，将燃烧器热功率减小到 58MW，燃烧器分三排布置，每一排燃烧器的炉膛截面热负荷不大于 3.5×10^{3}kW/m^2。

(2) 为了减少烟气中的 NO_x 生成量，要求降低燃烧中心温度，燃烧器的热功率也不宜过大。

(3) 采用数量较多、热功率较小的燃烧器对防止结渣有利。

(4) 若单只燃烧器热功率过大，则一、二次风气流变厚，影响风粉混合。

(5) 在低负荷或锅炉启停时，需要切换或启停一些燃烧器，如果单只燃烧器热功率过大，那么对防止炉膛火焰偏斜有不利的影响。

从炉膛截面尺寸方面考虑，对于旋流煤粉燃烧器，随着炉膛截面积的增大，如果炉膛长度和宽度都相应增加，要使燃烧器出口气流有足够的动量，则必须适当加大单只燃烧器的热功率。如果炉膛深度变化不大，只是增大炉膛宽度，则只需要增加燃烧器的个数和排数，使单只燃烧器热功率变化较小。

20 世纪 50～60 年代，各公司生产的旋流煤粉燃烧器的热功率随锅炉容量的变化如表 4-2 所示。

表 4-2　旋流煤粉燃烧器的热功率随锅炉容量的变化

项目			单元机组容量/MW							
			200	300	350	375	450	500	550	600
英国巴威公司	燃烧器数量	只	20	30	—	36	—	48	54	—
	燃烧器容量	吨汽/(只·时)	31.8	31.53	—	31.5	—	32.5	31.6	—
美国巴威公司	燃烧器数量	只	—	24	24	24	24	30		
	燃烧器容量	吨汽/(只·时)	—	40.5	47.3	49.1	55	59	—	—
北京巴威公司	燃烧器数量	只	18	24	—	—	—	—	—	30
	燃烧器容量	吨汽/(只·时)	44.67	51.25	—	—	—	—	—	78.0
英国三井-巴布科克能源有限公司	燃烧器数量	只	—	25	—	—	—	—	—	30
	燃烧器容量	吨汽/(只·时)	—	50.90	—	—	—	—	—	78.24

由表 4-2 可知，英国巴威公司的单机容量由 200MW 增加到 500MW，燃烧器从 20 只增加到 54 只，但单只燃烧器的容量几乎不变。而美国巴威公司则相反，随着机组容量的增大，所用燃烧器的数量基本不变，而将单只燃烧器的容量增加。

北京巴威公司和英国三井-巴布科克能源有限公司单机容量增加后，燃烧器的数量和容量均有所增加，这主要是由炉膛的深度和宽度都同时加大造成的。

20 世纪 70 年代以后，对于大容量锅炉，逐渐趋向于不再改变炉膛深度，只是相应增加炉膛宽度和燃烧器数量。这样做除了对燃烧本身有前述的一些好处外，还具有以下优点。

(1) 单只燃烧器热功率不变，便于采用标准化、系列化部件。燃烧器可每只单独控制，运行灵活性较大。

(2) 汽包的蒸发容积负荷和对流烟道的烟速可以选得比较合适。

(3) 锅炉容量增大时，也可以不采用双面水冷壁。

表 4-3 为一些采用旋流煤粉燃烧器的大容量锅炉燃烧设备的热力参数。

表 4-3　采用旋流煤粉燃烧器的大容量锅炉燃烧设备的热力参数

机组名称	功率/MW	炉膛尺寸(宽×深)	截面热负荷/(MW/m²)	燃烧器热负荷/MW	燃烧器区域热负荷/(MW/m²)
美国电力公司加文电厂	1320	33.8mm×15.5mm	6.7	36	2.5
美国阿莫斯电厂	1320	33.8mm×15.5mm	7.2	37	1.7
美国杜克集团贝尔·斯克里克电厂	1100	27.4mm×15.5mm	6.4	36	2.5
美国迪纳尔电厂	650	19.2mm×15.5mm	5.8	36	1.6
美国威尔士电厂	550	17.7mm×15.5mm	5.5	36	1.5
美国基斯通电厂	890	28.6mm×15.5mm	5.4	36.5	1.5
美国荷马电厂	660	22.2mm×15.5mm	5.5	39	1.3
扬州第二热电厂	600	22.2mm×15.6mm	4.2	62.3	1.5

四角布置的直流煤粉燃烧器的情况则有所不同。随着锅炉容量的增加，炉膛的宽度和深度同时增加，要求燃烧器出口气流有较大的穿透深度。此外，对于大容量锅炉，炉膛截面热负荷增加，炉膛内的气流上升速度升高，这将削弱炉膛内气流的旋流强度，因此更要求适当提高气流的穿透深度，穿透深度取决于燃烧器出口的气流速度和出口截面积。对于大容量燃烧器，一、二次风速可以适当提高，但是受到着火条件的限制。一次风喷口的宽度可达 800mm，宽度过大会使煤粉沿喷口宽度方向的不均匀性增加，并影响混合。因此，燃烧器出口气流穿透深度的提高是有限度的。

德国苏尔寿公司等设计的 150MW、300MW 单炉膛褐煤炉采用了六角或八角切向燃烧方式，有利于提高炉内气流的旋转强度。一些锅炉选用的煤粉燃烧器的只数和热功率如表 4-4 所示[1]。

表 4-4　一些锅炉选用的煤粉燃烧器的只数①和热功率

机组功率/MW	锅炉容量/(t/h)	直流煤粉燃烧器(切向燃烧)		旋流煤粉燃烧器(前墙、侧墙、对冲燃烧)	
		炉膛切角数×一次风管层数	每个一次风口热功率③/MW	燃烧器只数	每只燃烧器热功率/MW
12	65(75)	4×2	7～9.3	2～3	18.6～37.2
25	120(130)	4×2	9.3～14	4～6	18.6～28
50	220(230)	4×(2～3)	14～23.3	6	30
100～125	410(400)	4×(3～4)	18.6～29	8～12	23.2～41
200	670	4×(4～5) 6②×4	23.3～41	18～24	23.2～41
300	≈1000	双炉膛 8×4 单炉膛 4×(5～7)	23.3～52	24～30	23.2～62
600	≈2000	单炉膛 8②×6 4×6	41～67.5	30	62～62.3

注：①对直吹式制粉系统，已包括备用一次风口在内，如果运行停用一层(或两层)一次风口，用其余风口带满负荷，则设计时应将燃烧器热功率适当放大。

②单炉膛的切角数。

③包括直吹式制粉系统备用一次风喷口在内的热功率。

4.3　燃烧器的设计计算

4.3.1　燃烧器和炉膛出口处的过量空气系数

为了计算燃烧器的尺寸，首先要确定通过燃烧器各部分的空气量。为了保证燃料完全燃烧和锅炉的经济性，在设计时应控制炉膛出口处的过量空气系数α_1''，其数值如下[1]：

对于无烟煤、贫煤、洗中煤，α_1''=1.20～1.25；

对于烟煤、褐煤，α_1''=1.15～1.20。

目前，为了降低NO_x排放量，锅炉炉膛出口处的过量空气系数一般取 1.15。

通过燃烧器供给的总空气量与通过燃烧器供给的燃料完全燃烧所需的理论空气量之比称为燃烧器的过量空气系数，用α_r表示，显然有

$$\alpha_1'' = \alpha_r + \alpha_{OFA} + \Delta\alpha_1 \tag{4-1}$$

式中，α_{OFA}为燃尽风供给系数，它等于通过燃尽风装置供给的总空气量与通过燃烧器供给的燃料完全燃烧所需的理论空气量之比；$\Delta\alpha_1$为炉膛漏风系数，它等于通过炉膛缝隙漏入的空气量和理论空气量之比。

在设计时，炉膛漏风系数$\Delta\alpha_1$可选取下列数值：

对于光管水冷壁，$\Delta\alpha_1$=0.1；

对于膜式水冷壁，$\Delta\alpha_1$=0.05。

早期设计的锅炉由于对 NO_x 排放要求低，一般没有布置燃尽风，则燃尽风供给系数 α_{OFA} 为 0。2000 年左右开始布置燃尽风，但燃尽风量较小。一般燃尽风供给系数 α_{OFA} 为 0.087～0.130(燃尽风率为 0.10～0.15)。随着我国对 NO_x 排放要求越来越高，燃尽风量变大，对于前墙或对冲布置、四角切向布置，一般 α_{OFA} 为 0.217～0.261(燃尽风率为 0.25～0.30[1,4-8])；对于拱上布置，一般 α_{OFA} 为 0.130～0.174(燃尽风率为 0.15～0.20[1,9-13])。

通过燃烧器供给的空气量分为一次风、二次风，它们与理论空气量之比分别称为一次风供给系数 α_1 和二次风供给系数 α_2，显然有

$$\alpha_r = \alpha_1 + \alpha_2 \tag{4-2}$$

在中间储仓式制粉系统并用热风送粉时，干燥剂通过专门的喷嘴送入炉膛，称为三次风或乏气。三次风和理论空气量之比称为三次风供给系数，用 α_3 表示。这时有

$$\alpha_1'' = \eta_f \alpha_r + \alpha_{OFA} + \alpha_3 + \Delta\alpha_1 \tag{4-3}$$

式中，η_f 为细粉分离器的效率，一般为 0.9。

用上述方法表示一次风供给系数可以准确地反映煤粉浓度。

另一种常用的方法是用一次风率 r_1 和二次风率 r_2 表示一、二次风的风量，即

$$r_1 = \frac{V_1}{\alpha_1'' V_0 B_j} \times 100\% \tag{4-4}$$

$$r_2 = \frac{V_2}{\alpha_1'' V_0 B_j} \times 100\% \tag{4-5}$$

式中，V_1、V_2 为一、二次风的风量(m^3/h)；V_0 为理论空气量(m^3/kg)；B_j 为计算耗煤量(kg/h)。

同样，还可以有三次风率 r_3、燃尽风率 r_{OFA} 和炉膛漏风率 r_{ef} $\left(\frac{\Delta\alpha_1}{\alpha_1''} \times 100\%\right)$ 且

$$r_1 + r_2 + r_3 + r_{OFA} + r_{ef} = 100\% \tag{4-6}$$

一次风率和一次风供给系数、炉膛漏风率和漏风系数、燃尽风率和燃尽风供给系数的关系分别为

$$r_1 = \frac{\alpha_1}{\alpha_1''} \times 100\% \tag{4-7}$$

$$r_{ef} = \frac{\Delta\alpha_1}{\alpha_1''} \times 100\% \tag{4-8}$$

$$r_{OFA} = \frac{\alpha_{OFA}}{\alpha_1''} \times 100\% \tag{4-9}$$

4.3.2 风率和风速

一次风率主要根据燃料的 w_{Vdaf} 值和着火条件并结合制粉系统计算确定。对于直流煤粉燃烧器，考虑管道阻力特性和输粉条件，实际运行的一次风率 r_1 往往大于 w_{Vdaf} 值。热风送粉的 r_1 允许比干燥剂送粉微高。对于 w_{Vdaf} >30%燃烧性能较好的劣质烟煤，也可采用乏气送粉，但应控制 r_1≈25%，一次风温提高到 90℃以上。国内有的燃用 w_{Vdaf} 较高的劣质烟煤的电厂，一次风温达到 200～250℃。

一次风率可参考表 4-5 选取[1]。

表 4-5　一次风率 r_1 ①　(单位：%)

送煤方式	无烟煤	贫煤	烟煤		劣质烟煤		褐煤
			w_{Vdaf} ≤30	w_{Vdaf} >30	w_{Vdaf} ≤30	w_{Vdaf} >30	
乏气送粉②	—	—	20～30	25～35	—	～25	20～45
热风送粉	20～25	20～30	25～40	—	20～25	25～30	—

注：①旋流煤粉燃烧器取下限；

②直吹式制粉系统用掺炉烟作为干燥剂时，一次风率可低于表中数值，但应不小于 12%，乏气总量可参考本表。

美国燃烧工程公司推荐：对于燃用烟煤的大容量锅炉直吹式中速磨煤机系统，一次风率 r_1 可取 15%～20%。

对于液态排渣炉，一次风率可稍低一些，如表 4-6 所示[1]。

表 4-6　液态排渣炉的一次风率 r_1　(单位：%)

燃烧器	煤种	挥发分 w_{Vdaf}	一次风率 r_1
四角布置直流燃烧器	无烟煤	4～10	13～15
	贫煤	10～20	15～20
	烟煤	20～35	20～30

对于乏气送粉系统，在进入炉膛的总风量中扣除一次风率 r_1、燃尽风率 r_{OFA} 和炉膛漏风率 r_{ef}，余下的就是二次风率 r_2，即

$$r_2 = 100 - r_1 - r_{OFA} - r_{ef}\ (\%) \tag{4-10}$$

对于热风送粉系统，还要扣除三次风率r_3(即乏气)，即

$$r_2 = 100 - r_1 - r_3 - r_{OFA} - r_{ef}\ (\%) \tag{4-11}$$

直流煤粉燃烧器送入炉膛的二次风大致可分为上、中、下三种。

上二次风能压住火焰不使过分上飘，在分级配风式燃烧器中所占百分比最高，是煤粉燃烧和燃尽的主要风源，下倾角为0°～12°。

中二次风在均等配风式燃烧器中所占百分比较大，是煤粉燃烧阶段所需氧气的主要来源，下倾角为5°～15°。

下二次风可防止煤粉离析，托住火焰不致过分下冲，以避免冷灰斗结渣。在固态排渣炉的分级配风式燃烧器中所占百分比较小(占二次风总量的15%～26%)。

有些锅炉在一次风口的外侧(背火面)、一次风口边缘、周界或中心处布置少量二次风，分别称为侧二次风、边缘风、周界风、夹心风、套筒风和中心十字风(风口十字形排列)等，如表4-7所示。

表 4-7　侧二次风、边缘风、周界风、夹心风、套筒风和中心十字风

名称	典型锅炉	煤种	风量(占二次风百分比)/%	出口风速/(m/s)
侧二次风	DG220/100-2	贫煤	≈70	40～50
	HG220/100-3	烟煤		
边缘风	SG2000/141	低质煤 洗中煤	10	20
		烟煤	25	47
周界风	SG130/39	无烟煤	10～12	接近于一次风速的2倍
	某台1025/186.5	烟煤	30～35	45
	某台2008/186.5	烟煤	36	49.6
夹心风	F220/100-W	无烟煤	8～10	不小于54
套筒风	SG230/100(液态炉)	烟煤	16	≈45
中心十字风	某台2000/141-1(设计方案)	褐煤	≈12	40

液态排渣炉常把中二次风减少到占二次风总量的15%以下，甚至取消；上二次风量占二次风总量的40%～60%；下二次风量占二次风总量的40%～55%。

一次风速主要取决于煤粉的着火性能。乏气送粉时，一次风速可取下限，热风送粉时取上限甚至更高。直流煤粉燃烧器通常比旋流煤粉燃烧器选用的值高。液态排渣炉的一次风速比固态排渣炉微大。对于海拔高度较高、空气稀薄、气体

密度较小的高原地区，一次风速应有所增加。为防止角置式燃烧器个别阻力较大的管道因一次风速过低而积粉，电厂实际运行时总是希望将一次风速适当提高一些。

二次风速主要取决于气流射程、风粉的有效混合及完全燃烧的需要。

我国旋流煤粉燃烧器的一、二次风速的常用范围如表 4-8 所示[1]。

表 4-8　我国旋流煤粉燃烧器的一、二次风速的常用范围

风速	煤种			
	无烟煤	贫煤	烟煤	褐煤
一次风速 W_1/(m/s)	12～16	16～20	20～30	20～30
二次风速 W_2/(m/s)	15～22	20～25	30～40	25～35

苏联《锅炉机组热力计算标准方法》推荐的旋流煤粉燃烧器的一、二次风速如表 4-9 所示[1]。随着燃烧器容量的增加，推荐的一、二次风速略有增加。

表 4-9　苏联《锅炉机组热力计算标准方法》推荐的旋流煤粉燃烧器的一、二次风速

燃烧器形式	燃烧器热功率/MW	无烟煤、贫煤			烟煤、褐煤		
		W_1/(m/s)	W_2/(m/s)	$\frac{W_2}{W_1}$	W_1/(m/s)	W_2/(m/s)	$\frac{W_2}{W_1}$
双蜗壳式	23.3	14～16	18～21	1.3～1.4	20～22	26～28	1.3～1.4
	34.9	14～16	18～21	1.3～1.4	22～24	28～30	1.3～1.4
	52.3	16～18	22～25	1.3～1.4	22～24	28～30	1.3～1.4
	75.6	18～20	26～30	1.4～1.5	24～26	30～34	1.3～1.4
单蜗壳式	23.3	14～16	17～19	1.2～1.3	18～20	22～25	1.2～1.3
	34.9	14～16	17～19	1.2～1.3	18～20	22～25	1.2～1.3
蜗壳-叶片式	34.9	18～20	25～28	1.3～1.4	22～24	30～34	1.3～1.4
	52.2	18～20	25～28	1.3～1.4	22～24	30～34	1.3～1.4
	75.6	20～22	28～30	1.4～1.5	24～26	34～36	1.4～1.5

我国固态排渣炉直流煤粉燃烧器的一、二次风速的常用范围如表 4-10 所示[1]。

表 4-10　我国固态排渣炉直流煤粉燃烧器的一、二次风速的常用范围

风速	煤种	
	无烟煤、贫煤	烟煤、褐煤
一次风速 W_1/(m/s)	20～25	20～35
二次风速 W_2/(m/s)	45～55	40～60

我国液态排渣炉直流煤粉燃烧器的一、二次风速的常用范围如表 4-11 所示。

表 4-11　我国液态排渣炉直流煤粉燃烧器的一、二次风速的常用范围

煤种	燃烧器出口风速/(m/s)			
	一次风	下二次风①	中二次风	上二次风
无烟煤	26～30	55～68	40～50	50～65
贫煤	26～30	55～68	40～50	50～65
烟煤	30～36	60～70	50～60	50～70

注：①大容量锅炉宜采用上限值。

我国 W 火焰锅炉拱上布置燃烧器的一、二次风速的常用范围如表 4-12 所示。

表 4-12　我国 W 火焰锅炉拱上布置燃烧器的一、二次风速的常用范围

燃烧器出口速度/(m/s)	FW 型	BW 型	英巴	多次引射分级
浓一次风	16～32	20～25	9～12	10～15
淡一次风	3～6	22～28	20～25	12～30
二次风	14～18	内二次风：18～25 外二次风：40～45	35～40	30～40

苏联《锅炉机组热力计算标准方法》推荐的直流煤粉燃烧器的一、二次风速见表 4-13[1]。

表 4-13　苏联《锅炉机组热力计算标准方法》推荐的直流煤粉燃烧器的一、二次风速[1]

燃烧器热容量/MW	无烟煤、贫煤			烟煤、褐煤		
	W_1/(m/s)	W_2/(m/s)	W_2/W_1	W_1/(m/s)	W_2/(m/s)	W_2/W_1
23.3	18～20	28～30	1.5～1.6	24～26	36～42	1.5～1.6
34.9	18～20	29～32	1.6～1.7	26～28	42～48	1.6～1.7
52.3	20～22	34～37	1.6～1.7	28～30	48～50	1.6～1.7

国外某公司对直流煤粉燃烧器推荐的二次风速如图 4-9 所示。为了保证炉膛内气流有足够的旋转动量，炉膛截面积越大，选用的二次风速越高。

一、二次风的混合与射流动量有关。对于褐煤直流煤粉燃烧器，二次风出口射流的动量为一次风出口射流动量的 2～3 倍。对于无烟煤和劣质烟煤，一般大于 3 倍。射流动量按式(4-12)计算，即

$$I = \rho F W^2 \ (\text{kgm/s}^2) \tag{4-12}$$

式中，ρ 为气流密度(kg/m^3)；F 为出口截面积(m^2)；W 为气流速度(m/s)。

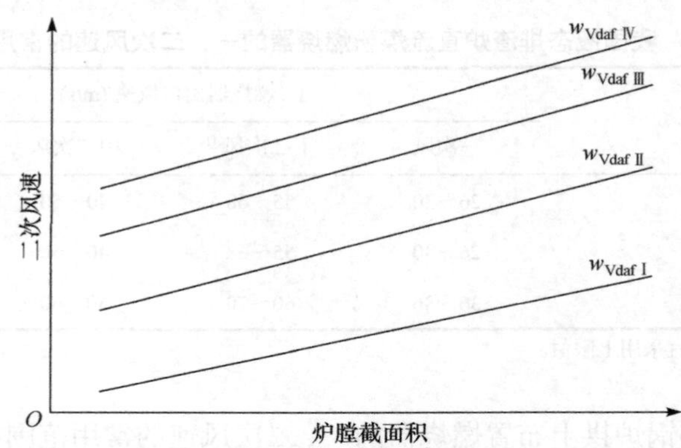

图 4-9　某公司推荐的二次风速(挥发分 $w_{\mathrm{VdafIV}} > w_{\mathrm{VdafIII}} > w_{\mathrm{VdafII}} > w_{\mathrm{VdafI}}$)

对于直流煤粉燃烧器，一、二次风的风速比 W_2/W_1 为 1.1～2.3；对于旋流煤粉燃烧器，一、二次风的风速比 W_2/W_1 为 1.2～1.5。

对于燃用低挥发分煤的直流煤粉燃烧器，一、二次风的动压头比 $\rho_2W_2^2/(\rho_1W_1^2)$ 为 2.0 以上；对于旋流煤粉燃烧器，一、二次风的动压头比 $\rho_2W_2^2/(\rho_1W_1^2)$，一般仅为 0.6 左右。最佳的一、二次风的动压头比可通过燃烧调整求得。

随着单只燃烧器热功率的增大，一、二次风速也要相应增加。对于直流煤粉燃烧器，通常单只燃烧器热功率每增加 5.8MW，一次风速约增大 1m/s，二次风速增大 2～3m/s[1]。

一般情况下，旋流煤粉燃烧器的出口风速按燃烧器的圆柱形通道截面计算，不考虑扩口的影响。对于有喉口的旋流煤粉燃烧器，应选择喉口(扩口前的最小截面)作为计算截面，只计算气流的平均轴向速度，而不计算切向速度[1]。

在选用双蜗壳式旋流煤粉燃烧器时，可先参考表 4-9 选定燃烧器出口的一次风速 W_1 和二次风速 W_2，由一、二次风的风量算出每只燃烧器的一、二次风喷口截面积 F_1、F_2，就可按系列型号选定各部分的结构尺寸。

在选用单蜗壳式旋流煤粉燃烧器时，计算所得的一、二次风喷口截面积 F_1、F_2 是指锥形截面的出口处(图 4-10)。锥角的选择可参考表 4-14，应先确定锥形截面出口处的尺寸 d_0、d_1、d_r 之后，再计算出二次风圆柱形通道部分的内径 $d_2' = d_r - 2l\tan\beta_2$ 及此部分通道的截面积，即

$$F_2' = \frac{\pi}{4}(d_2'^2 - d_1^2)$$

此处的二次风速 W_2' 将比 F_2 截面处的二次风速 W_2 大。

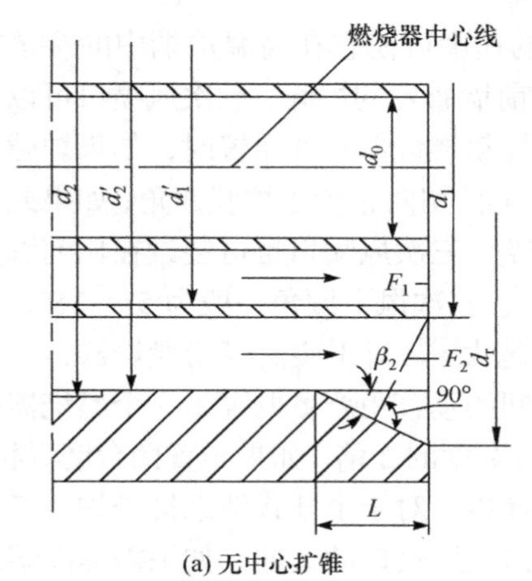

(a) 无中心扩锥

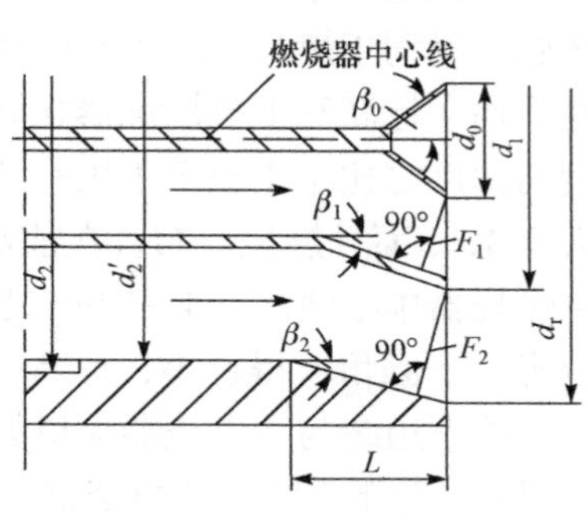

(b) 有中心扩锥

图 4-10　带扩口的旋流煤粉燃烧器出口截面积 F_1、F_2 的确定[1]

表 4-14　旋流煤粉燃烧器的扩口和各管喷口的扩展角[1]

燃烧器类型	燃烧器扩口 β_2	一次风喷口 β_1	中心管扩锥 $2\beta_0$
双蜗壳式	与轴线成 0°～7°30′	0°	0°
单蜗壳式	与轴线成 30°～45°	$2\beta_1$ 和扩锥的角度 $2\beta_0$ 一致，或 $2\beta_1=2\beta_0-(10°\sim20°)$	烟煤时 $2\beta_0\approx60°$ 贫煤时 $2\beta_0\approx90°$ 无烟煤时 $2\beta_0\approx120°$
轴向叶片式	与轴线成 0°～7°30′或 30°～45°	0° $2\beta_1=2\beta_0-(10°\sim20°)$	褐煤及烟煤时 $2\beta_0=0°$ 或 50°～60°

一般有

$$\frac{W_2}{W_2'}=\frac{F_2'}{F_2}\geqslant0.8 \text{ 或 } \frac{F_2}{F_2'}\leqslant1.25$$

如果超出此范围，则可改变燃烧器扩口锥形部分的长度 l，使 $\frac{W_2}{W_2'}$ 不致过小，以免引起不必要的阻力损失[1]。

若选用轴向叶片式旋流煤粉燃烧器燃用挥发分较小的烟煤或贫煤，中心管及一次风管喷口也常做成带锥角形。

在热风送粉的中储仓制系统中，三次风量按制粉系统计算而定，占炉膛总风量的 10%～18%。对发热值低而水分、灰分较多的劣质煤，三次风量高达 25%～35%，应设法将其降低[1]。直流煤粉燃烧器的三次风喷口常布置在喷口的最上层(国内也有少数燃用优质烟煤电厂，还采用热风送粉，因三次风量较少，对燃烧影响不大，故三次风喷口就布置在主燃烧器的最下层)。

三次风速一般取为 40～60m/s[1]，较高的速度可使它在高温炉烟中的穿透能力较强，以利于燃尽。对于旋流煤粉燃烧器前墙布置的炉膛，三次风喷口可以布置在后墙，标高和上排燃烧器相同。当旋流煤粉燃烧器对冲布置时，如果炉膛的宽度与深度之比小于或等于 1.3，三次风喷口可按切向布置于炉膛四角；如果此比值大于 1.3，而且燃烧器布置在前墙或对冲布置，三次风喷口也可装设在比前墙上层主燃烧器中心线高 2.4～3.0m 处的前墙上[1]。三次风下倾角一般为 5°～15°，煤质越劣，下倾角取得越小，标高差和间距也越大[1]。对于旋流煤粉燃烧器，三次风喷口的下边缘与主燃烧器喷口的上边缘之间的垂直距离可取等于一个燃烧器的扩口直径；对于直流煤粉燃烧器，约取为喷口宽度的 2 倍。如果布置两台磨煤机，则每台磨煤机应与对角的两只三次风喷口相连接。对于半开式液态排渣炉，三次风喷口一般布置在缩腰以下的熔渣室中，在最上层喷口的上部。如果需提高熔渣室温度，三次风喷口也可布置在缩腰上。

热风温度可参考表 4-15 选取[1]。

表 4-15　热风温度

燃料	无烟煤	贫煤、低质烟煤	褐煤		烟煤、洗中煤
			热风干燥	烟气干燥	
热风温度/℃	380～480	330～380	350～380	300～350	280～350

当燃烧器停用时，为防止燃烧器喷口过热烧坏，可采用二次风总量的 2.5%～3.0%作为冷却风。对于大容量锅炉，有的取该喷口额定风量的约 10%作为冷却风。由于二次风挡板不可能关得很严密，其泄漏量一般已可满足喷口冷却的需要[1]。

4.3.3　燃烧器的结构尺寸

四角置切向布置的直流煤粉燃烧器，燃烧器的总高宽比为 h/b，对于 $D\leqslant 410$t/h 的锅炉，$h/b<6～6.5$，无烟煤、贫煤的 h/b 比烟煤微大；更大容量的锅炉常采用大高宽比的燃烧器，可减小排列密度(指各次风喷口实际高度的总和与燃烧器总高度之比)或将喷口分段，每段高宽比为 4～5，各段之间的空档不应小于喷口宽度，利用空档来平衡两侧压差、减小气流偏斜。对挥发分较少的煤，应将燃烧器喷口之间的距离适当加大，以利于着火。例如，采用美国燃烧工程公司短喷口型直流煤粉燃烧器燃用烟煤，配直吹式制粉系统，运行时总有一层(或两层)备用一次风喷口停用，实际上它也起到将整个燃烧器分组并隔开的作用，炉膛采用正方形大切角，射流两侧补气条件较好，燃烧器高宽比可不受限制。为了使空气和燃料在炉内分布均匀，充满度好，避免火焰偏斜，贴墙和局部热负荷过高，必须选取合适的假想切圆直径 d。对于固态排渣炉，d=(0.05～0.13) a_1 (a_1 为炉膛平均宽度，a_1=

$u/4$，其中 u 为炉膛截面周长)。假想切圆直径常为 600～1600mm[1,14]。

当炉膛长宽比较大时，可采用两个不同的切圆直径，尽可能使出口射流两侧的夹角接近。

对于液态排渣炉，国内都采用二、一次风为大、小切圆，一次风切圆比二次风切圆小，甚至使一次风对冲。需防止动量较小的一次风偏向炉墙，使一、二次风分离，造成壁面处飞灰可燃物和还原性气氛增加，容易产生高温腐蚀。因此，液态排渣炉的切圆有减小的趋势，与固态排渣炉相近，一般假想切圆直径 $d=(0.08～0.12)\,a_1$，对于大容量液态排渣炉，假想切圆直径 d 有降低到$(0.07～0.08)\,a_1$的趋势。

对于半开式炉膛，下部切圆相对上部切圆应大些，以防炉底四角堆渣，上部切圆小些，以防缩口因旋流强度过大造成缩腰斜坡处气流旋涡过大而爬渣。

燃烧器如果分组布置，则上组燃烧器喷口切圆应比下组微大。

设计选用的假想切圆直径还应满足下述要求：燃烧器出口截面的中心到假想切圆所作的切线和燃烧器正方形或燃烧器矩形中的对角线之间的夹角 α(图 4-11)一般应为 4°～6°[1]。

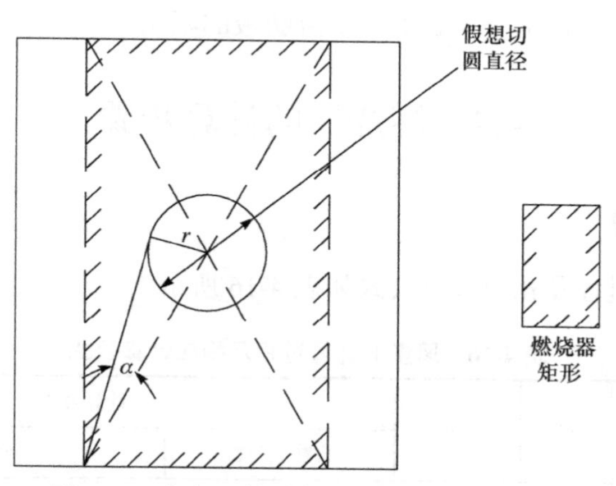

图 4-11　夹角 α 的示意图

喷口下倾角 α' 的选取范围：对于固态排渣炉，除摆动式燃烧器外，国内对低挥发煤和劣质煤，大多采用三次风喷口和上上二次风喷口、次上二次风喷口摆动，其他喷口不动的方式；且 $\alpha'_{三次风喷口}=5°～15°$，$\alpha'_{上上二次风喷口}=0°～12°$，$\alpha'_{次上二次风喷口}=5°～15°$。对于液态排渣炉，如果采用水平炉底，下排二次风倾角宜为水平，借以浮托煤粉。对于微倾斜炉底，下排二次风倾角为 0°～3°。应尽可能使相邻一组的一、二次风喷口的倾角相接近，并适当减少其喷口间距，以增加引射作用。三次风下倾角为 10°～16°，中间的一、二次风喷口倾角为 3°～10°，从下到上逐渐增大。

根据国内经验，对于固态排渣炉燃用烟煤、贫煤、褐煤，一、二次风大多采用矩形喷口；燃用无烟煤，当一次风全部集中采用狭长形立式喷口时，上、下二次风喷口有时采用圆形。对于液态排渣炉，圆形喷口采用得多一些。但圆形喷口具有较小的周界比，卷吸高温烟气比矩形喷口差。此外，它会增加燃烧器的总高度，降低燃烧区域热负荷；喷口周围暴露的空间比矩形大，易结渣；不太容易根据需要的风比、风速正好凑到符合圆管的标准规格。但圆形喷口热应力较均匀，不易变形，圆管本身的刚性较好，易减少水冷套焊缝数目，使焊缝泄漏的可能性较小；在喷口出口断面处的风速和煤粉浓度分布较均匀，而矩形喷口则相反。

直流煤粉燃烧器的喷口可以是圆形或矩形的。圆形喷口与矩形喷口相比，如果喷口的面积相等，且气流以相同的初速射出，圆形喷口的气流速度衰减较慢。三次风喷口常采用圆形，主要是考虑喷口与三次风的圆形管道连接较为方便。哈尔滨锅炉厂对新设计的直流煤粉燃烧器进行了一些改进，如焦作电厂 670t/h 3 号炉直流煤粉燃烧器，将下二次风喷口(矩形喷口)中的油枪抽出，在下二次风喷口的下端新设置了一个圆形喷口(ϕ490mm)，中心插有配稳燃叶轮的油枪和高能电火花点火枪，并使油枪四周均匀配风，油滴燃烧完全；不再像以前那样将带稳燃器的油枪直接插入矩形二次风喷口中，既增加了二次风阻力又影响了风量分配的均匀性，油枪的移动也不会受到喷口整流肋板的限制。

4.4　燃烧器的计算步骤

4.4.1　风量的计算

风量的计算过程及相应计算公式如表 4-16 所示。

表 4-16　风量的计算过程及相应计算公式

名称	符号	单位	计算公式	
			直吹式制粉	热风送粉
设计煤种	—	—	给定	
计算燃煤量	B_j	kg/h	由热力计算	
理论空气量	V_0	m³/kg	由热力计算	
燃烧器过量空气系数	α_r	—	按式(4-1)或式(4-3)计算	
每千克燃料干燥剂量	g_1	kg/kg	由制粉系统计算	
煤粉水分	w_{Mar}	%	由制粉系统计算	
每千克燃料蒸发水分	ΔM	kg/kg	$\dfrac{w_{Mt}-w_{Mar}}{100-w_{Mar}}$	$\dfrac{w_{Mt}-w_{Mar}}{100-w_{Mar}}$

续表

名称	符号	单位	计算公式	
			直吹式制粉	热风送粉
排粉机处干燥剂重量	g_{gk}	kg/kg	$g_1(1+k_{lf})+\Delta M$ k_{lf} 为制粉系统漏风系数：当采用下行干燥管用烟气干燥的球磨机中储仓式系统为 0.3～0.5；同样系统用空气干燥为 0.25～0.45，对直吹式系统为 0.18～0.3	
一次风供给系数	α_1	—	$\dfrac{g_1(1+k_{lf})}{1.293V_0}$	0.15～0.2
二次风供给系数	α_2	—	$\alpha_r-\alpha_1$	$\alpha_r-\alpha_1$
三次风供给系数	α_3	—		$\dfrac{g_1(1+k_{lf})-g_{xh}}{1.293V_0(1-\eta_f)}\times\dfrac{z_mB_m}{B}$ z_m 为磨煤机台数；B_m 为磨煤机出力(t/h)；B 为锅炉燃煤量(t/h)；η_f 为煤粉分离器效率(0.85～0.9)；g_{xh} 为干燥剂再循环量(kg/kg)
一次风中煤粉浓度	μ	kg/kg	$\dfrac{1-\Delta M}{1.293\alpha_1V_0+\Delta M}$	$\dfrac{1}{1.293\alpha_1V_0}$
热风温度	t_{rk}	℃	选定	选定
炉膛出口过量空气系数	α_1''	—	$\alpha_r+\alpha_{OFA}+\Delta\alpha_1$	$\alpha_1+\alpha_2+\alpha_3+\alpha_{OFA}+\Delta\alpha_1$
热风比热容	c_{rk}	kJ/(kg · ℃)	查表	查表
一次风温 t_1 时空气比热容	c_{k1}	kJ/(kg · ℃)	查表	先假设 t_1 再查表
煤粉比热容	c_{mf}	kJ/(kg · ℃)		$4.187\times\left(0.22\times\dfrac{100-w_{Mar}}{100}+\dfrac{w_{Mar}}{100}\right)$
燃烧器前一次风温	t_1	℃	由制粉系统计算	按下式检验，先假设 t_1 $\dfrac{c_{rk}t_{rk}+\mu c_{mf}t_m''}{c_{k1}+\mu c_{mf}}$ t_m'' 为磨煤机出口温度(或粉仓温度)(℃)
燃烧器二次风温	t_2	℃	$t_{rk}-10$	$t_{rk}-10$
燃烧器三次风温	t_3	℃		$t_{m'}-10$
二次风量	V_2	m³/s	$\dfrac{\alpha_2V_0B_j}{3600}\left(1+\dfrac{t_2}{273}\right)\dfrac{760}{p_2}$	同左

续表

名称	符号	单位	计算公式	
			直吹式制粉	热风送粉
一次风量	V_1	m^3/s	$\frac{\alpha_1 V_0 B_j}{3600}\left(1+\frac{t_1}{273}\right)\frac{760}{p_1}\times\left[1+\frac{1.24\Delta M}{g_1(1+k_{lf})}\right]$	$\frac{\alpha_1 V_0 B_j}{3600}\left(1+\frac{t_1}{273}\right)\frac{760}{p_1}$
三次风量	V_3	m^3/s	—	$\frac{\alpha_3 V_0 B_j}{3600}\left(1+\frac{t_3}{273}\right)\frac{760}{p_3}\times\left[1+\frac{w_{Mt}-w_{Mar}}{100-w_{Mar}}\times\frac{1}{g_1(1+k_{lf})}\right]$

4.4.2 旋流煤粉燃烧器喷口尺寸的计算

旋流煤粉燃烧器喷口尺寸的计算过程及相应计算公式如表 4-17 所示。

表 4-17 旋流煤粉燃烧器喷口尺寸的计算过程及相应计算公式

名称	符号	单位	计算公式
一次风速	W_1	m/s	选取
二次风速	W_2	m/s	选取
三次风速	W_3	m/s	选取
运行燃烧器数目	z	—	选取
单只燃烧器出力	B_r	t/h	$\frac{B}{z}$
一次风喷口截面积	F_1	m^2	$\frac{V_1}{zW_1}$
二次风喷口截面积	F_2	m^2	$\frac{V_2}{zW_2}$
中心管外径	d_0	m	$m\sqrt{\frac{1}{1-m^2}-\frac{4}{\pi}(F_1+F_2)}$ 其中，$m=\frac{d_0}{d_r}$ 对圆柱形喷口可直接用上式，对圆锥形喷口，m=0.3～0.5
一次风管内径	d_1'	m	$\sqrt{d_0^2+\frac{4F_1}{\pi}}$

续表

名称	符号	单位	计算公式
一次风管壁厚	δ_1	m	一般 $\delta_1 \geqslant 0.01$
一次风管外径	d_1	m	$d_1' + 2\delta_1$
二次风管内径	d_2'	m	$\sqrt{d_1^2 + \dfrac{4F_2}{\pi}}$
二次风管外径	d_2	m	$d_2' + 2\delta$
内管 β_0，一次风管 β_1，燃烧器扩口角 β_2	β_0 β_1 β_2	—	根据燃烧器类型按表 4-14 选择
燃烧器扩口直径与一次风管外径之比	$\dfrac{d_r}{d_1}$	—	$\tan^2\beta_2 + \dfrac{1}{\cos^2\beta_2}\sqrt{1+\dfrac{4F_2\cos\beta_2}{\pi d_1^2}}$
扩口直径	d_r	m	$d_1\left(\dfrac{d_r}{d}\right)$
二次风通道锥形部分长度	l	m	一般取 l=0.15～0.3m，使 $\dfrac{4F_2}{\pi(d_2'^2 - d_1^2)} \leqslant 1.25$
二次风圆柱形通道部分的内径(当有锥形开口时)	d_2'	m	$d_r - 2l\tan\beta_2$
二次风圆柱通道部分的截面积(当有锥形开口时)	F_2'	m^2	$\dfrac{\pi}{4}(d_2'^2 - d_1^2)$
在圆柱通道部分的二次风速	W_2'	m/s	W_2F_2 / F_2'
速度比	$\dfrac{W_2'}{W_2}$	—	选择 l 值来修正，使 $W_2'/W_2 \leqslant 1.25$

4.4.3　轴向可动叶轮式旋流器的计算[1]

图 4-12 为轴向可动叶轮的结构尺寸。表 4-18 显示了图 4-12 中特征尺寸参数的计算方法及参数选取范围。

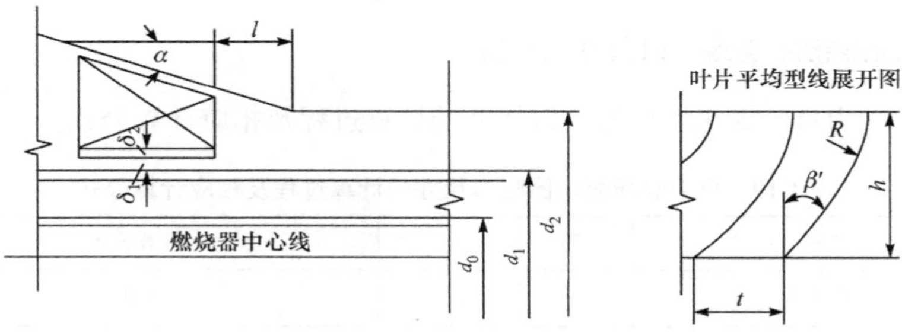

图 4-12　轴向可动叶轮的结构尺寸

表 4-18 轴向可动叶轮式旋流器特征参数的计算[1]

名称	符号	单位	计算公式
二次风旋流器叶片数	n	—	应使两相邻叶片的遮盖度 K=1.1～1.25，一般推荐 n 为 8～16
叶轮前距离	l	mm	选定，一般取 50～100mm
叶轮出口直径	d''_m	mm	一般取 $d''_m = d_2$
叶轮内径	d_n	mm	$d_1 + 2(\delta_1 + \delta_2), \delta_1 > 5\text{mm}$
叶轮出口平均直径	d''_{pj}	mm	$\frac{1}{2}(d''_m + d_n)$
叶轮出口平均直径上的节距	t	mm	$\frac{\pi d''_{pj}}{n}$
叶片平均倾角	β'	°	对煤粉燃烧器，一般为 50°～60°
叶片厚度	δ	mm	选取 3mm
叶片收缩系数	f	—	$\frac{t - \frac{\delta}{\cos\beta'}}{t} \cdot \frac{d''^2_m - d^2_n}{d''^2_m - d^2_1}$
叶轮高度	h	mm	选取 200～300mm
叶轮出口气流实际倾角	β	—	$\arctan\left[\frac{\frac{\tan\beta'}{1+\pi\left(1+\frac{d_1}{d''_m}\right)\cos\beta'} - \frac{1}{f}}{\frac{h}{4n\cdot\frac{d''_m}{2}}}\right]$
叶轮半锥角	α	°	选定，一般取 15°～20°
叶片形式	—	—	选用螺旋形扭曲叶片或其他线型
叶片弯曲半径	R	mm	$\frac{21}{36}h$

其他旋流器的计算可参阅第 2 章按本方法的步骤进行。

4.4.4 直流煤粉燃烧器喷口尺寸的计算

表 4-19 为直流煤粉燃烧器喷口尺寸的计算过程及相应计算公式。

表 4-19 直流煤粉燃烧器喷口尺寸的计算过程及相应计算公式

名称	符号	单位	计算公式
一次风速	W_1	m/s	选取
二次风速	W_2	m/s	选取

续表

名称	符号	单位	计算公式
三次风速	W_3	m/s	选取
一次风喷口总面积	$\sum F_1$	m²	$\frac{V_1}{W_1}$
二次风喷口总面积	$\sum F_2$	m²	$\frac{V_2}{W_2}$
三次风喷口总面积	$\sum F_3$	m²	$\frac{V_3}{W_3}$
一次风密度	ρ_1	kg/m³	按 t_1 温度下含粉气流计算
二次风密度	ρ_2	kg/m³	按 t_2 温度查表
三次风密度	ρ_3	kg/m³	按 t_3 温度下含粉气流计算
二、一次风动量比	$J_{2,1}$	—	$\rho_2 V_2 W_2 / (\rho_1 V_1 W_1)$
二、三次风动量比	$J_{2,3}$	—	$\rho_2 V_2 W_2 / (\rho_3 V_3 W_3)$
二、一次风动能比	$E_{2,1}$	—	$\rho_2 V_2 W_2^2 / (\rho_1 V_1 W_1^2)$
二、三次风动能比	$E_{2,3}$	—	$\rho_2 V_2 W_2^2 / (\rho_3 V_3 W_3^2)$ 如果动量比和动能比不在推荐值以内，则应适当调整风速等参数
一次风喷口层数	z_1	—	选取，对 600MW 以下机组一般为 3～6
喷口宽度	b_1	mm	一般按容量选定，200～800mm
一次风喷口高度	h_1	mm	如采用四角布置，则 $h_1 = \frac{\sum F_1}{4b_1 z_1}$
每层每只一次风喷口截面积	F_1	m²	$\frac{V_1}{4z_1 W_1}$
每层每只二次风喷口截面积	F_2	m²	与每层每只一次风喷口截面积计算相同
三次风喷口截面积	F_3	m²	与二次风喷口截面积计算相同。一般在最上一层喷口布置一层三次风喷口(4 只)，也有少数电厂根据燃料特性和磨煤系统连接的需要布置两层三次风喷口(8 只)
每组燃烧器出力	B_r	t/h	$\frac{B}{4}$
每只一次风喷口出力	B_1	t/h	$\frac{B}{4z_1}$
一组燃烧器喷口间隙	H_j	m	选取
燃烧器总高度	H_r	m	由喷口布置

续表

名称	符号	单位	计算公式
喷口间隙相对高度	$\frac{H_j}{H_r}$	—	$\frac{H_j}{H_r}$
燃烧器总高宽比	$\frac{H}{b}$	—	$\frac{H}{b}$
点火枪输出能量		MJ	≈2%相邻单只一次风喷口输出能量(考虑直接点燃重油)
点火枪、油枪数量及油枪总出力			对 50MW 以下锅炉，一般在 1 只角的最下层二次风喷口中布置 1 只油枪和点火枪，共 4 只油枪、4 只点火枪 对 100～200MW 锅炉，一般在 1 只角的二次风喷口中布置 2 只油枪和点火枪，共 8 只油枪、8 只点火枪 对 300～600MW 锅炉，一般在 1 只角的二次风喷口中布置 3 只油枪和点火枪，共 12 只油枪、12 只点火枪 计算二次风喷口时应扣除油枪和点火枪所占截面积，油枪总出力应考虑暖炉及稳燃用，一般按锅炉额定负荷的 15%～30%计算

4.4.5 计算实例

表 4-20 为某台 200MW 机组锅炉四角直流煤粉燃烧器的计算过程。该机组采用中间储粉仓的热风送粉系统，配钢球磨煤机。燃烧器阻力的计算过程如表 4-21 所示。三次风计算过程如表 4-22 所示。燃烧器计算汇总如表 4-23 所示。

表 4-20 某台 200MW 机组锅炉四角直流煤粉燃烧器的计算过程[1]

名称	符号	单位	计算公式	结果
计算燃煤量	B_j	kg/h	由热力计算	97×10^3
炉膛出口过量空气系数	α_1''	—	选定	1.2
热风温度	t_{rk}	℃	选定并与热力计算吻合	340
理论空气量	V_0	m³/kg	由热力计算	5.673
进入炉内的总空气流量	v	m³/s	$\frac{\alpha_1'' V_0 B_j}{3600}=\frac{1.2\times5.673\times97\times10^3}{3600}$	183.5
炉膛漏风系数	$\Delta\alpha_1$	—	由热力计算	0.05

续表

名称	符号	单位	计算公式	结果
炉膛漏风率	r_{lf}	%	$\dfrac{\Delta\alpha_1}{\alpha_1''}\times100=\dfrac{0.05}{1.2}\times100$	4.17
一次风率	r_1	%	选定	20
燃尽风率	r_{OFA}	%	选定	25
二次风率	r_2	%	$100-r_1-r_3-r_{\text{OFA}}-r_{\text{lf}}=100-20-18.35-25-4.17$	32.48
单根一次风管输入热量	Q_1	MJ	$\dfrac{B_j Q_{\text{net,ar}}}{n}=\dfrac{97\times10^3\times21.2}{16}$	128.6
一次风管根数	n	—	4×4	16
炉膛截面积	F_1	m^2	$A\times B$=11.920×10.880	129.7
一次风速	W_1	m/s	选用	25
二次风速	W_2	m/s	选用	45
速比	W_2/W_1	—	45/25	1.8
二次风温	t_2	℃	$t_{\text{rk}}-5=340-5$	335
二次风流量	v_2	m^3/s	$vr_2\times\dfrac{273+t_2}{273}=183.5\times0.3248\times\dfrac{273+335}{273}$	132.74
二次风喷口截面积	F_2	m^2	$v_2/W_2=132.74/45$	2.95
煤粉水分	w_{Mar}	%	由制粉系统计算	1
煤粉温度	t_{mf}	℃	由制粉系统计算	60
煤粉比热容	c_{mf}	kJ/(kg・℃)	由制粉系统计算	0.921
混合器前热风比热容	c_{rk}	kJ/(kg・℃)	按 t_2 =335℃查表	1.03
一次风混合物中空气比热容	c_{k1}	kJ/(kg・℃)	按 t_1 =250℃查表	1.026
一次风混合物温度	t_1	℃	先假定后校核	250
加热每千克煤粉耗热	q_1	kJ/kg	$\dfrac{100-w_{\text{Mar}}}{100}c_{\text{mf}}(t_1'-t_{\text{mf}})=\dfrac{100-1}{100}\times0.921(t_1'-60)$	$0.912\,t_1'-54.7$
煤粉水分加热耗热	q_2	kJ/kg	$\dfrac{w_{\text{Mar}}}{100}(595+0.45t_1'-t_{\text{mf}})\times4.187=\dfrac{1}{100}(595+0.45t_1'-t_{\text{mf}})\times4.187$	$22.4-0.019\,t_1'$

续表

名称	符号	单位	计算公式	结果
一次风空气放热	q_3	kJ/kg	$1.285\alpha_1' V_0 r_1(c_{rk}t_2 - c_{k1}t_1') = 1.285\times1.2\times5.673\times0.2\times(1.03\times335-1.026t_1')$	$603.68-1.80\,t_1'$
每千克燃料蒸发的水分	ΔM	kg/kg	由制粉系统计算	0.0514
磨煤机台数	z_m	—	由制粉系统计算	2
磨煤机出力	B_m	kg/h	由制粉系统计算	57.2×10^3
一次风中的总煤粉量	P_{mf}	kg/h	$(1-\Delta M)(B_j-0.15z_m B_m) = (1-0.0514)\times(97-0.15\times2\times57.2)\ \times10^3$	75.7×10^3
煤粉总耗热	$\sum q$	kJ/h	$B_{mf}(q_2+q_1) = 75.7\times[(0.912t_1'-54.7)+(22.4-0.019t_1')]\times10^3$	$(67.68\,t_1'-2453)\times10^3$
一次风总放热量	$\sum q'$	kJ/h	$B_j q_3 = 97\times(603.68-1.80t_1')\times10^3$	$(58557-174\,t_1')\times10^3$
一次风混合物湿度	t_1'	℃	按热平衡 $\sum q=\sum q'$	252
一次风口处一次风温	t_1	℃	$t_1'-5$	247
一次风量	v_1	m³/s	$vr_1\times\dfrac{273+t_1}{273}=183.5\times0.2\times\dfrac{273+247}{273}$	69.9
一次风出口截面	F_1	m²	$v_1/W_1=69.9/25$	2.80

表 4-21　燃烧器阻力的计算过程

名称	符号	单位	计算公式	结果
一次风阻力系数	ς_1	—	按结构特性考虑摩擦及局部阻力	3.2
一次风密度	ρ_1	kg/m³	$1.285\times\dfrac{273}{273+t_1}=1.285\times\dfrac{273}{273+247}$	0.675
一次风阻力	ΔP_1	Pa	$\varsigma_1\dfrac{\rho_1W_1^2}{2}=3.2\times\dfrac{0.675\times25^2}{2}$	675
二次风阻力系数	ς_2	—	按结构特性	2.3
二次风密度	ρ_2	kg/m³	$1.285\times\dfrac{273}{273+t_2}=1.285\times\dfrac{273}{273+335}$	0.577
二次风阻力	ΔP_2	Pa	$\varsigma_2\dfrac{\rho_2W_2^2}{2}=2.3\times\dfrac{0.577\times45^2}{2}$	1344

表 4-22　三次风计算过程

名称	符号	单位	计算公式	结果
每千克燃料干燥剂量	g_1	kg/kg	由制粉系统计算	1.85
干燥剂中热风率	r_{sk}	—	由制粉系统计算	0.486
制粉系统漏风率	k_{lf}	—	由制粉系统计算	0.25
三次风量	g_3	kg/kg	$g_1(r_{sk}+k_{lf})$ $=1.85\times(0.486+0.25)$	1.36
三次风率	r_3	%	$\dfrac{g_3 z_m B_m}{1.285\alpha_1'' V_0 B_j}$ $=\dfrac{1.36\times2\times57.2\times10^3}{1.285\times1.2\times5.673\times97\times10^3}$	18.34
磨煤机出口温度	t_m''	℃	由制粉系统计算	100
三次风温	t_3	℃	$t_m''-10=100-10$	90
三次风体积	V_3	m³/kg	$\left(\dfrac{g_3}{1.285}+\dfrac{\Delta M}{0.804}\right)\times\dfrac{273+t_3}{273}$ $=\left(\dfrac{1.36}{1.285}+\dfrac{0.0514}{0.804}\right)\times\dfrac{273+90}{273}$	1.49
三次风流量	v_3	m³/s	$V_3 B_m z_m/3600$ $=\dfrac{1.49\times57.2\times10^3\times2}{3600}$	47.3
三次风速	W_3	m/s	选用	50
三次风喷口截面积	F_3	m²	$v_3/W_3=\dfrac{47.3}{50}$	0.946
三次风阻力系数	ς_3	—	按结构特性，考虑煤粉浓度	1.8
三次风阻力	ΔP_3	Pa	$\varsigma_3\dfrac{\rho_3 W_3^2}{2}=1.8\times\dfrac{0.966\times50^2}{2}$	2.174

表 4-23　燃烧器计算汇总表

名称	风率/%	风温/℃	风速/(m/s)	出口面积/m²	阻力系数	阻力/Pa
一次风	20	247	25	2.80	3.2	675
二次风	32.48	335	45	2.95	2.3	1344
三次风	18.35	90	50	0.946	1.8	2174

4.5　炉膛结构参数的确定

炉膛的作用除了与燃烧器一起形成良好的燃烧条件以利于燃烧着火外，主要的作用是保证燃料的燃尽和使燃烧产生的烟气冷却至必要的程度[1]。

4.5.1 炉膛容积热负荷

炉膛容积根据锅炉中的燃烧产热率和炉膛容积热负荷确定。炉膛容积热负荷就是炉内每小时析出的热量和炉膛容积之比，即

$$\left(\frac{Q}{V}\right)=\frac{BQ_{\text{net,ar}}}{V_1}\times\frac{1}{3600}\ (\text{MW/m}^3) \tag{4-13}$$

式中，$Q_{\text{net,ar}}$ 为燃料收到基低位发热值(MJ/kg)；B 为燃料消耗量(kg/h)；V_1 为炉膛容积(m^3)。

根据炉膛容积热负荷，可以确定要求的炉膛容积，即

$$V_1=\frac{BQ_{\text{net,ar}}}{\left(\dfrac{Q}{V}\right)}\times\frac{1}{3600}\ (\text{m}^3) \tag{4-14}$$

煤粉炉的炉膛容积主要取决于以下两个因素。

(1) 燃烧要求。为了保证燃料能完全燃烧，必须使它在炉内有足够的停留时间，因此要求有一定大小的炉膛容积。

(2) 传热要求。煤粉炉的炉膛出口烟气温度不能过高，否则会引起结渣。因此，炉膛内必须布置足够的受热面，使烟气温度能够降到要求的数值。如果炉膛过小，可能布置不下要求的受热面。

下面分别讨论以上两个因素。

1) 燃烧要求

煤粉在炉内的停留时间可由式(4-15)计算，即

$$t=\frac{4.19\varphi}{k_{\text{j}}\dfrac{98T}{273P}\times\left(\dfrac{Q}{V}\right)}\times 10^{-3}\ (\text{s}) \tag{4-15}$$

式中，φ 为炉膛充满度系数，一般为 0.6～0.8，当四角布置切圆燃烧方式时 φ 值最高，对冲布置时次之，而前墙布置时最低；P 为炉膛内烟气压力(kPa)；k_{j} 为每发出 4.19MJ 热量产生的烟气体积，主要和煤的水分及过量空气系数有关，见图 4-13；T 为炉膛平均烟温，有资料推荐，可按式(4-16)计算，即

$$T=0.9\sqrt{T_{\text{jr}}T_1''}\ (\text{K}) \tag{4-16}$$

式中，T_{jr} 为绝热燃烧温度(K)；T_1'' 为炉膛出口烟气温度(K)。

有些资料还介绍，如果考虑煤粉和烟气之间的相对速度，对于上升气流，煤粉的停留时间可增加 4%；反之，对于下降气流，则可减少 4%。

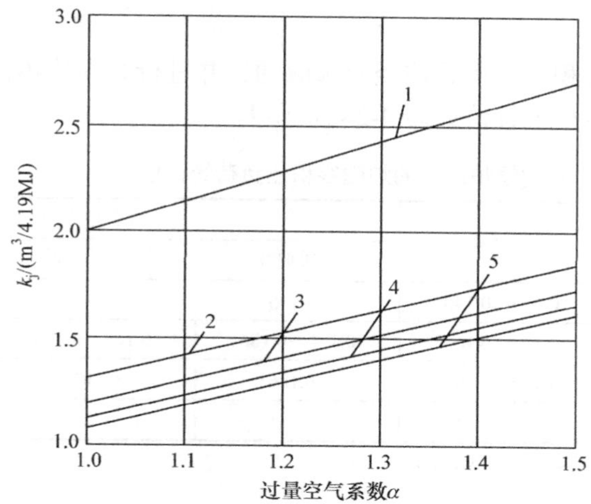

图 4-13　每发出 4.19MJ 热量所产生的烟气体积

1-褐煤，发热值 6.3MJ/kg；2-褐煤，发热值 16.7MJ/kg；3-烟煤，发热值 21MJ/kg；4-重油，发热值 41.9MJ/kg；5-烟煤，发热值 29.3MJ/kg

炉膛容积热负荷过高，炉膛容积太小，则煤粉在炉膛内的停留时间太短，燃烧不完全，造成未完全燃烧损失增加。一般地，煤粉在炉膛内的停留时间为 2～3s。

2) 传热要求

为了避免结渣，煤粉炉的炉膛出口烟温不应超过灰渣开始变形温度(DT)。如果灰渣软化温度(ST)与变形温度相差小于 100℃，建议出口烟温不超过 ST−100℃。当炉膛出口布置有大屏或半大屏时，则出口烟温可适当提高，使得屏后烟温不超过 DT−150℃或 ST−150℃即可。因此，炉膛内必须布置足够的受热面，使烟气在炉膛出口处冷却到上述要求。

炉膛容积是和定性尺寸的立方成正比的，而炉膛周界面积则是随定性尺寸的平方增加的。随着锅炉容量的增加，如果炉膛容积成正比增加，则周界面积的增加要慢一些。因此，对于大容量锅炉，决定炉膛容积的主要因素往往是传热，而不是燃烧。为了布置必要的水冷壁，不得不将炉膛容积加大。

对于大容量锅炉，为了减少炉膛容积，可以采用双面水冷壁，或者采用较大的屏式受热面积，屏前烟温可以适当提高。对于容量很大的锅炉，可以采用烟气再循环，例如，将烟温为 400℃的烟气送到炉膛上部，以降低出口烟温，同时还可以用来调节再热蒸汽温度。

一般来说，当锅炉的机组容量较小时，从燃烧和传热两方面考虑，则要求炉膛容积热负荷接近相等。而对于 100MW 以上机组的锅炉，决定炉膛容积的主要因素往往是传热。对于有些燃料，如某些褐煤，从燃烧条件看，可以采用较高的炉膛容积热负荷。但是，由于其灰熔点低，为了避免结渣，不得不采用较低的容积热负荷。

目前，炉膛容积热负荷是按经验选取的，并进行炉内传热校核。我国锅炉采用的炉膛容积热负荷统计值如表 4-24 所示[1]。

表 4-24　我国锅炉采用的炉膛容积热负荷统计值　　(单位：MW/m^3)

煤种	固态排渣炉	液态排渣炉		
		开式炉膛	半开式炉膛	熔渣段②
无烟煤	0.110～0.140	≤0.145	≤0.169	0.523～0.698
贫煤	0.116～0.163	0.151～0.186	0.163～0.198	0.523～0.698
烟煤①	0.140～0.198	≤0.186	≤0.198	0.523～0.640
褐煤	0.093～0.151			

注：①软化温度≤1350℃的烟煤取下限；
②半开式取上限。

苏联的《锅炉机组热力计算标准方法》推荐的按燃烧条件确定的允许炉膛容积热负荷如表 4-25 所示。

表 4-25　苏联的《锅炉机组热力计算标准方法》推荐的炉膛容积热负荷[1](单位：MW/m^3)

煤种	Q/V
无烟煤	0.14
贫煤	0.16
烟煤	0.17
褐煤	0.19

图 4-14 为德国褐煤锅炉的炉膛容积热负荷，图中虚线表示波动范围[1]。

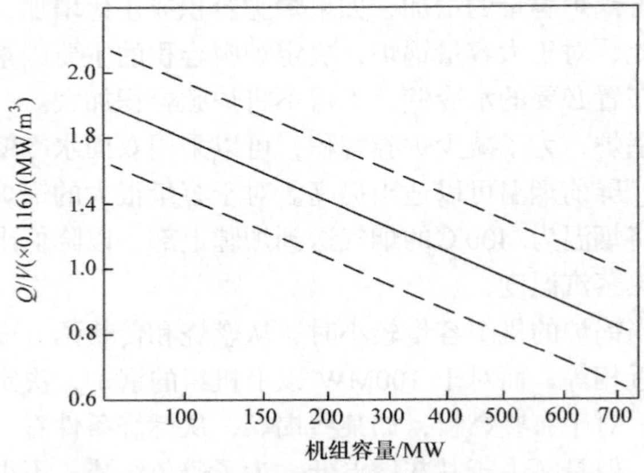

图 4-14　德国褐煤锅炉的炉膛容积热负荷

图 4-15 给出了美国某些固态排渣炉的炉膛容积热负荷统计规律。由图可知，随着锅炉容量的增大，热负荷有下降的趋势，对于大容量锅炉它又趋向稳定，主要是因为其广泛采用了屏式受热面，并采用烟气再循环的结果。

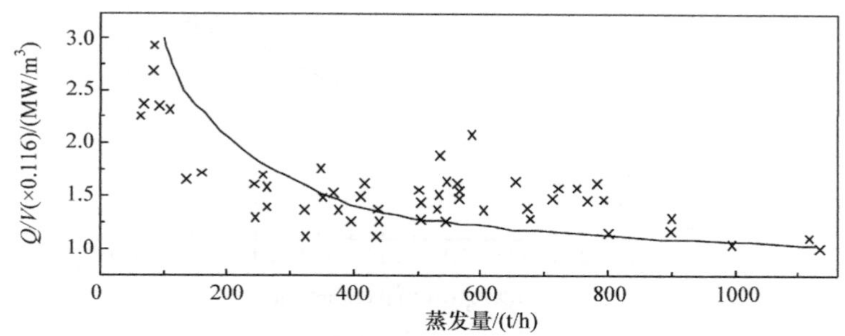

图 4-15　美国某些固态排渣炉的炉膛容积热负荷

近年来，为了抑制 NO_x 的生成，开始采用分级燃烧技术，并且为了减少炉膛结渣，国内外都有适当增大炉膛容积以降低 Q/V 值的趋势[15]。

相关文献推荐，应当考虑从上层燃烧器层中心线到出口烟窗中线的有效炉膛容积热负荷，因为这一热负荷决定煤粉在炉膛内的最短停留时间，对于固态排渣炉，在燃用无烟煤时，有效容积热负荷 $(Q/V)_{yx}$，推荐为 0.2～0.21MW/m^3；在燃用贫煤时，有效容积热负荷 $(Q/V)_{yx}$，推荐为 0.22～0.23MW/m^3。对于开式液态排渣炉，在燃用无烟煤时按图 4-16 选取，燃用贫煤时按图 4-17 选取。对于半开式液态排渣炉，可将有效热负荷提高 20%～50%[1]。

4.5.2　炉膛截面热负荷

除了炉膛容积热负荷外，有时还引出炉膛截面热负荷的概念，且有

$$\frac{Q}{F}=\frac{BQ_{\text{net,ar}}}{F}\times\frac{1}{3600}\ (\text{MW/m}^2) \tag{4-17}$$

不难证明，炉膛截面热负荷和炉膛中的平均上升烟速成正比。对于烟煤，1m/s 烟速大约相当于截面热负荷 0.58MW/m^2；对于褐煤，大约相当于 0.4MW/m^2，因此适当提高烟速对混合是有利的。

在炉膛容积相同的条件下，提高截面热负荷、缩小截面积，将使炉膛变得细长。这对于布置较多的辐射受热面，以降低炉膛出口的烟气温度是有利的。提高炉膛截面热负荷将使燃烧器区域的温度水平提高，这对于着火是有利的，但是将

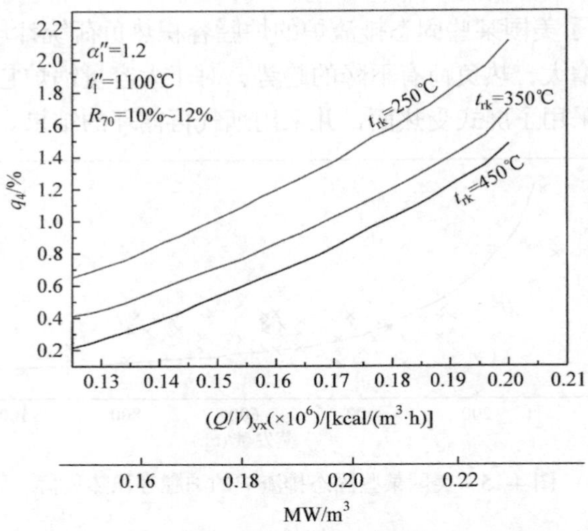

图 4-16　燃无烟煤开式液态排渣炉炉膛有效容积热负荷的确定[1]

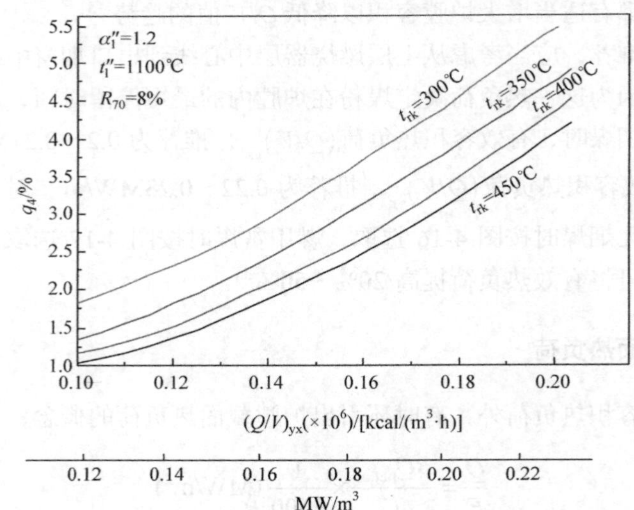

图 4-17　燃贫煤开式液态排渣炉炉膛有效容积热负荷的确定[1]

使这一区域结渣的可能性增加。因此，对于无烟煤、贫煤，炉膛截面热负荷适当高一些是有利的；而对于灰熔点低的煤，炉膛截面热负荷则应取得较低。

对于 50MW 以下机组的锅炉，炉膛截面相对偏大，一般不以截面热负荷作为考核。而对于大容量锅炉和液态排渣炉，则应根据截面热负荷来确定炉膛截面。在选取截面热负荷时，除了应考虑煤种外，对于炉顶布置和四角布置燃烧器时所选取的值可以比前墙或对冲布置时大；采用由炉膛下部引入再循环烟气时允许采用较大的截面热负荷。燃烧器多层布置选用的值可以比单层布置时高。它一般随锅炉蒸发量的增大而增大，但当锅炉容量大于 400～500MW 以上时，基本趋于稳定[2]。

影响 Q/V 和 Q/F 值的主要因素如表 4-26 所示[1]。

表 4-26　影响 Q/V 和 Q/F 值的主要因素

选取值	煤种		灰熔点/℃①		火焰形式②		排渣方式		锅炉容量	
	无烟煤 贫煤	烟煤 洗中煤	>1350	≤1350	前墙对冲燃烧	切向燃烧	固态	液态	大	中、小
Q/V	↓	↑	↑	↓	=		=		↓	↑
Q/F	↑	↓	↑	↓	=		↓	↑	↑	↓

注：①不包括无烟煤、贫煤；

②通常切向燃烧选用的 Q/V 、Q/F 值比前墙和对冲燃烧微高。

表 4-27 为我国部分固态排渣煤粉炉炉膛截面热负荷的统计值[1]。

表 4-27　我国部分固态排渣煤粉炉炉膛截面热负荷 Q/F 的统计值

锅炉蒸发量/(t/h)	切向燃烧/(MW/m²)			前墙或对冲燃烧②/(MW/m²)
	褐煤、易结渣煤①	烟煤	无烟煤、贫煤	
220	2.1～2.56	2.32～2.67	2.67～3.48	2.2～2.78
400、410	2.9～3.36	2.78～4.06	3.02～4.52	3.02～3.71
670	3.25～3.71	3.71～4.64	3.71～4.64	3.48～4.06

注：①易结渣煤指软化温度≤1350℃的烟煤；

②对褐煤和易结渣煤取下限。

对于 670t/h 以下的开式和半开式液态排渣炉，Q/F 为 2.9～4.9MW/m²。

清华大学根据国内外调查的资料整理得到的锅炉炉膛截面热负荷的极限值如表 4-28 所示。

表 4-28　锅炉炉膛截面热负荷的极限值

锅炉蒸发量/(t/h)	流动温度≤1300℃ /(MW/m²)	流动温度≈1350℃ /(MW/m²)	流动温度≥1450℃ /(MW/m²)
35	1.42	1.7	1.96
65	1.52	1.8	2.04
130	1.83	2.2	2.54
220	2.4	2.9	3.36
410	3.14	3.86	4.4

苏联的《锅炉机组热力计算标准方法》建议，对于液态排渣炉，炉膛截面热负荷不高于 5.2MW/m^2；对于固态排渣炉，最大允许截面热负荷如表 4-29 所示[1]。

表 4-29　苏联的《锅炉机组热力计算标准方法》推荐的最大允许炉膛截面热负荷

(单位：MW/m^2)

炉膛截面热负荷		燃料	燃烧器的形式与布置方式		
			前墙布置旋流或直流	对冲布置旋流和直流	四角布置直流
多层布置燃烧器	总的 Q/F	结渣性烟煤和褐煤	3.48	D≤950t/h，3.48	
				D≤1600t/h，4.06	
				D>1600t/h，4.06～4.46	
		不结渣煤	4.64	6.38	6.38
		无烟煤	2.32	2.9	—
	每层燃烧器的 Q/F	结渣性烟煤和褐煤	1.16	1.51	0.93
		不结渣煤	1.74	2.32	1.74
单层布置燃烧器	总的 Q/F	结渣性烟煤和褐煤	1.74	2.32～2.9	—
		不结渣煤	2.9	3.48	3.48

表 4-29 中每层燃烧器的炉膛截面热负荷是按每层燃烧器的燃煤量计算得到的。

根据德国一些褐煤锅炉的统计资料，炉膛截面热负荷的数值如图 4-18 所示[1]。

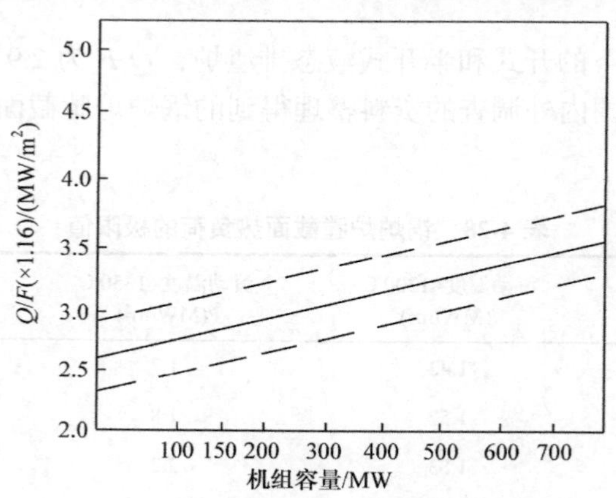

图 4-18　德国褐煤锅炉的炉膛截面热负荷[1]

根据美国的统计资料，对 400MW 以上机组，炉膛截面热负荷稳定在 5.7～

6.4MW/m^2，如图 4-19 所示。

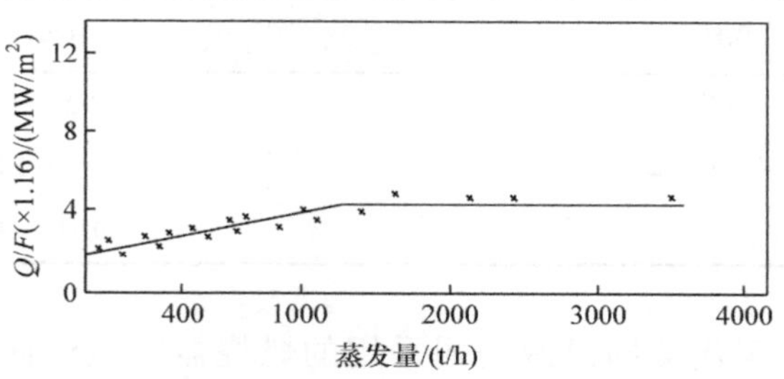

图 4-19　美国锅炉的炉膛截面热负荷[2]

20 世纪 60 年代，美国巴威公司对于 500～600MW 以上机组的锅炉大多采用截面热负荷约为 6.6MW/m^2。到 70 年代初有了变化，这是因为燃用的煤种范围扩大，要有更大的运行灵活性，采用单只热功率较小的燃烧器，并受到 NO_x 排放量的限制，故已将截面热负荷降低到 5.3MW/m^2 左右[1]。

4.5.3　燃烧器区域热负荷

炉膛截面热负荷还不能完全表示燃烧器区域的温度水平。显然，如果燃烧器多层布置，并将高度方向的距离拉开，将使燃烧器区域的温度水平降低。因此，又提出了燃烧器区域热负荷的概念，它有两种表示方法。

(1) 用壁面热负荷表示，即

$$\left(\frac{Q}{H}\right)_{\mathrm{r}}=\frac{BQ_{\mathrm{net,ar}}}{uH_{\mathrm{r}}}\times\frac{1}{3600}\ (\mathrm{MW/m^2}) \tag{4-18}$$

(2) 用容积热负荷表示，即

$$\left(\frac{Q}{V}\right)_{\mathrm{r}}=\frac{BQ_{\mathrm{net,ar}}}{FH_{\mathrm{r}}}\times\frac{1}{3600}\ (\mathrm{MW/m^2}) \tag{4-19}$$

式中，u 为炉膛周长(m)；H_{r} 为燃烧器区域的高度(m)；F 为炉膛截面积(m^2)。

对于旋流煤粉燃烧器，美国巴威公司建议，以最上排燃烧器以上 1.52m(5ft)和最下排燃烧器以下 1.52m(5ft)之间的距离为燃烧器区域的高度。对于直流煤粉燃烧器，燃烧器区域的高度可按式(4-20)计算，即

$$H_{\mathrm{r}}=(n+1)h\ (\mathrm{m}) \tag{4-20}$$

式中，n 为喷口排数；h 为喷口间距。

固态排渣炉燃烧器区域壁面热负荷的推荐值如表 4-30 所示。对于易结渣的燃料取下限，对于小容量锅炉取上限，对于较大容量锅炉取下限。

表 4-30　固态排渣炉燃烧器区域壁面热负荷的推荐值　(单位：MW/m^2)

煤种	$(Q/H)_r$
烟煤	1.28～1.4
贫煤、无烟煤	1.4～2.1
褐煤	0.93～1.16

20 世纪 60 年代美国巴威公司采用的燃烧器区域壁面热负荷为 2.52～2.84MW/m^2；70 年代以后，已将炉膛截面积增大，燃烧器间距拉开，壁面热负荷下降到 1.26MW/m^2左右，这主要是为了使运行操作更为方便，防止结渣，并减少 NO_x 的生成量[1]。

我国的一些锅炉厂也使用燃烧器区域容积热负荷$(Q/V)_r$这一指标，对于燃用贫煤、无烟煤的高、中压锅炉(670～35t/h)，$(Q/V)_r = 0.58～1.05\ MW/m^3$。国外一些公司认为，设计大容量锅炉炉膛时还要用炉膛投影面积热负荷指标，但我国目前尚未采用。

4.5.4　炉膛尺寸的确定

炉膛的形状与火焰形式、燃烧方式、燃烧器布置和炉型等有关。固态排渣炉的炉膛几何尺寸如图 4-20 所示。

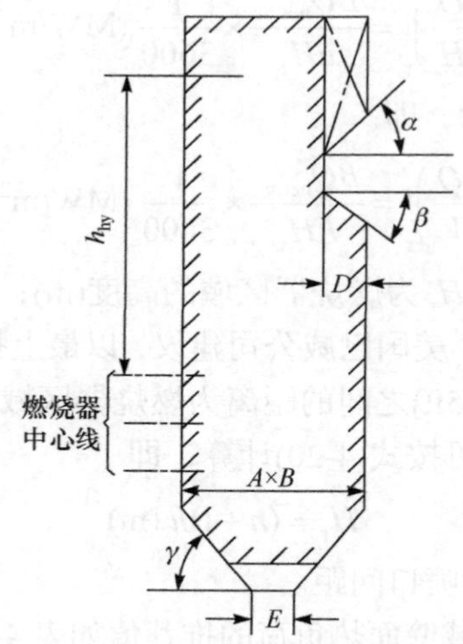

图 4-20　固态排渣炉的炉膛几何尺寸[1]

α=30°～50°；β=15°～30°；γ=50°～55°；E=0.8～1.6m；D=(1/3～1/4)B

对于多灰分燃料，α 应取较大值；对于结渣性较强的煤，E 应取较大值。

对于中、小容量锅炉，如果采用倾斜式炉顶，倾斜角应大于 30°。

炉膛出口烟窗高度应使对流烟道进口处的烟气流速在 6m/s 左右。折焰角尺寸 D 对大容量锅炉取较小值，这主要是考虑大屏的布置。

半开式液态排渣炉的炉膛几何尺寸如图 4-21 所示。熔渣室高度 h_y 应为炉膛总高度的 1/2～1/3，喉口收缩率(缩腰处截面积/炉膛截面积)为 0.4～0.5；φ_1=15°～30°，φ_2=60°～78°(为减少上部斜坡处涡流，倾向于选用较大值)；φ_3=12°～30°，国内有一些微倾斜炉底，φ_3=7°～10°。

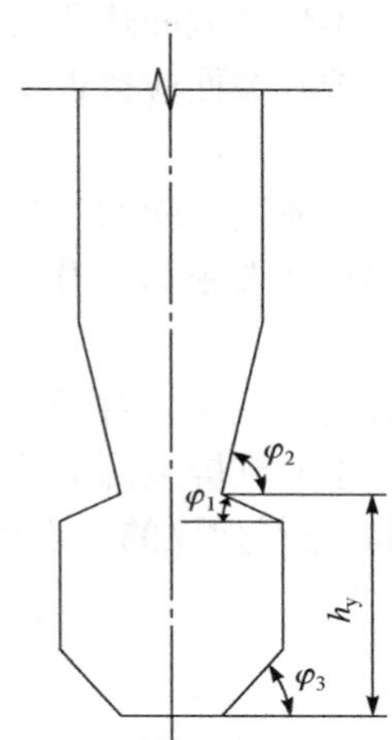

图 4-21　半开式液态排渣炉的炉膛几何尺寸[1]

炉膛的容积按容积热负荷确定。图 4-20 斜线内包含的区域是指水冷壁管中心线所在平面或是炉墙的壁面。上部出口窗以向火面第一排水管(凝渣管或对流管束)或屏式过热器管子中心线所在的平面为界(前屏包括在炉膛内)，炉顶以顶棚管中心线所在平面为界，底部以冷灰斗半高平面(美国燃烧工程公司按全高平面计算)或炉底水冷壁管中心所在平面为界。炉膛容积 V_1 随燃料种类的不同而异，褐煤、无烟煤、贫煤、劣质烟煤较大，洗中煤、烟煤较小，易结渣的煤应选用较大的 V_1。对于容量、参数相同的锅炉，煤粉炉炉膛的容积比燃油、燃气炉大。对于燃煤、燃油通用锅炉，炉膛容积按燃煤炉确定。

根据炉膛截面热负荷，可以确定炉膛的截面积和周长。

对于前墙或对冲布置旋流煤粉燃烧器的炉膛，炉膛宽度的确定应考虑燃烧器布置的要求。此外，炉膛也应有一定的深度。根据我国的经验，最小炉膛深度的推荐值如表 4-31 所示[1]。

表 4-31　前墙或对冲布置旋流煤粉燃烧器要求的最小炉膛深度

锅炉蒸发量/(t/h)	65.75	130	220	400/410	670
最小炉膛深度/m	5.5	6.0	7.0	7.5	8.0

根据苏联的《锅炉机组热力计算标准方法》推荐[1]，对于液态排渣炉，炉膛深度取燃烧器喷口直径的 5～7 倍；对于 1200MW 锅炉，为了避免火焰冲刷到侧墙上，炉膛深度取燃烧器喷口直径的 7～10 倍；对于固态排渣炉，炉膛深度应根据每层燃烧器的截面热负荷、燃烧器布置和出力确定。

对于切向燃烧的炉膛，应根据炉膛截面热负荷、燃烧器单只热功率和受热面布置要求确定炉膛截面和周长。炉膛截面应接近正方形，宽度与深度之比不宜大于 1.2[1]。

在确定炉宽时，还要兼顾到对流受热面的工质流速和烟气流速及锅筒内部装置的布置要求，超高压以上的锅炉还要根据上升管内质量流速 ρW 来推算和选择炉膛周长 u[u=2(炉宽+炉深)]。

有的相关资料提出了火焰长度的概念，对于前墙布置燃烧器的炉膛，火焰长度的定义为：从上排一次风喷口中心到屏或防渣管高度中心的一段折线 $abcd$ 的长度，如图 4-22 所示。对不同的燃料建议的最小火焰长度如表 4-32 所示，可供参考。

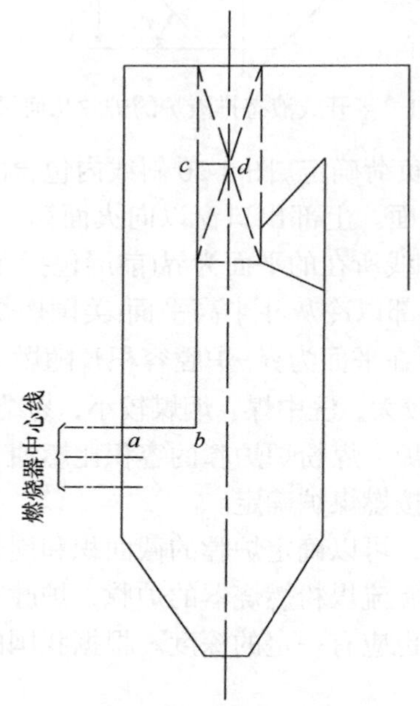

图 4-22　火焰长度的定义[1]

表 4-32　炉膛的最小火焰长度[1]

锅炉蒸发量/(t/h)	75	130	220	410	670
无烟煤、贫煤/m	10	13	16	20	23
烟煤、褐煤/m	7	11	14	16	18

炉膛高度可以根据炉膛容积热负荷确定。此外，还应保证上排燃烧器(或一次风喷口)中心线到炉膛出口中点的距离，即火焰高度 h_{hy}，以满足煤粉燃尽的需要，见图 4-20。一些固态排渣炉火焰高度的下限值如表 4-33 所示[1]。

表 4-33　一些固态排渣炉火焰高度 h_{hy} 的下限值

锅炉蒸发量/(t/h)	65.75	130	220	400/410	670	1000
无烟煤/m	8	11	13	17	18	—
贫煤/m	7	9	12	14	≈17	17～18

大容量锅炉一般布置有屏式过热器，有的锅炉厂往往习惯于将最上排一次风喷口中心线到屏式过热器下边缘的垂直距离算为火焰高度 h'。表 4-34 列出了一些锅炉设计中所采用的 h' 值[1]。

表 4-34　一些锅炉设计中所用的 h' 值

锅炉蒸发量/(t/h)	670	670	1000	2000	2000
燃用煤种	贫煤、无烟煤	烟煤	洗中煤、烟煤	烟煤	褐煤
h' /m	14.5～15	≈13	15～17	≈20	26～27

煤粉炉的上排燃烧器中心线到屏下边缘距离(即表 4-26 的火焰高度 h')应大于 8m，到凝渣管下边缘的距离应大于 6m。四角布置燃烧器的 h' 小于前墙布置燃烧器的 h'。油、气炉的 h' 小于煤粉炉的 h'，h' 一般不得小于炉膛深度。美国燃烧工程公司规定 $h'\geqslant$(炉深+炉宽)/2。

因各国电厂燃煤的质量都有变差的趋势，故选用的炉膛高度有所增加。例如，美国燃烧工程公司的 500MW 燃煤锅炉，1970 年的设计中火焰高度 h' 为 16.8 m，1979 年的设计中增加到 18.9 m。例如，某同一容量的烧煤炉，1963 年设计时 h' 取为 12.19m，1979 年设计时 h' 增大到 15.24 m，即约增加 25%[1]。美国巴威公司 900MW 机组锅炉的火焰高度 h' 为 18.3 m。

为了避免冷灰斗结渣，应保证下排燃烧器(或一次风喷口)中心线到冷灰斗拐角的距离。美国燃烧工程公司的煤粉燃烧器可以摆动±30°，此距离较大，在炉膛平均截面约为 9.15m^2，相对应于下排一次风喷口中心线到冷灰斗拐角最小距离为 3.66m 处有一拐点，如图 4-23 所示。美国燃用的是优质烟煤，而我国电厂燃煤的质量较差，若此距离过大，则会影响燃烧区域的温度水平，并缩短火焰长度，对煤粉的燃尽不利。我国 DG410/100-3 型锅炉采用的燃烧器可以摆动±25°，上述距离取为 2.4m。

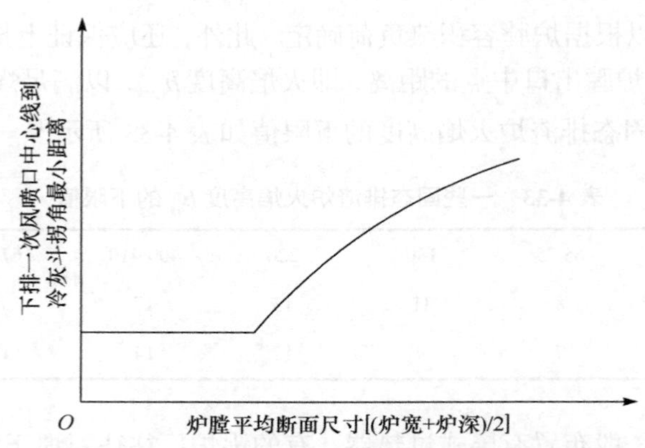

图 4-23　从下排一次风喷口中心线到冷灰斗拐角的最小距离

我国直流煤粉燃烧器从下层燃烧器下边缘到冷灰斗斜坡转折点距离 L 的推荐值如表 4-35 所示。

表 4-35　我国直流煤粉燃烧器从下层燃烧器下边缘到冷灰斗斜坡转折点距离 L 的推荐值[1]

名称	L/b①
固态排渣炉	3～6.5②
液态排渣炉	2～3③

注：①b 为燃烧器宽度；

②对中、小容量的无烟煤燃烧器，可取 L/b=3～3.5，对于摆动式燃烧器的 300MW 以上大容量锅炉，应选取上限值；

③对高压锅炉取上限值，我国 200MW 以下的液态排渣炉下层二次风喷口中心线距炉底渣面距离大多为 1140～1600mm。

对于微倾斜炉底液态排渣炉，下层燃烧器中心到出渣口上面的距离均为 1.8～2.2 倍的燃烧器扩口直径。

某台 200MW 机组 670t/h 液态排渣炉，炉膛截面为 11500mm×10500mm，当下二次风喷口下边缘距炉底水冷壁拐角的距离取为 1200mm 时，若采用微倾斜炉底(倾角 8°～12°)，则水冷壁拐角到炉底中心处渣面的垂直距离将会增大至 1800mm。如果炉底倾角再加大，应考虑使下二次风喷口也保持一定的下倾角[1]。

旋流煤粉燃烧器之间的相对距离及燃烧器至边界面的距离如表 4-36 所示。

表 4-36　旋流煤粉燃烧器之间的相对距离及燃烧器至边界面的距离[1]

名称	距离 L/d_r ①
1. 边缘燃烧器到邻墙的距离	
①液态排渣炉	
单排布置	1.6～1.8
两排布置	2.0～2.2
②固态排渣炉	等于两燃烧器轴线水平距离
2. 最下层燃烧器中心线到冷灰斗转折点处距离	
①液态排渣炉	
单排布置	1.8～2.0
倒品字侧墙布置	0.8～1.0
②固态排渣炉	2.0～2.5
3. 两燃烧器轴线水平距离	
①单排布置	2.0～2.5
②双侧错列布置	3.5～4.0
③多层顺列布置(液态排渣炉)	2.5～3.0
④多层顺列布置(固态排渣炉)	3.0～3.5
4. 两燃烧器轴线垂直距离	
①顺列布置或错列布置	等于两燃烧器轴线水平距离
②倒品字侧墙布置	等于 70%的两燃烧器轴线水平距离
5. 液态排渣炉微倾斜炉底下层燃烧器中心线到出渣口上面的距离	1.8～2.2
6. 炉膛深度	
①对冲布置时，燃烧器炉墙之间的距离	5～6.0
②单侧布置时，与对面墙的距离	4～5

注：① d_r 为喷口直径。

旋流煤粉燃烧器布置有关尺寸也可参考表 4-37 和表 4-38。如果相邻两燃烧器中心线的水平距离远小于推荐值，那么容易发生流场相互干扰的现象(参见 3.3.1 节)。

表 4-37　旋流煤粉燃烧器布置有关尺寸[1,2]

项目	单位	旋流煤粉燃烧器		
		D_r ①≤25	D_r >25～30	D_r =30～35
相邻两燃烧器中心线的水平或垂直距离	m	1.2～2.0	1.5～2.5	2.1～2.75
两侧燃烧器至邻墙距离	m	1.4～1.8	1.4～2.2	2.0～2.5
下层燃烧器中心线到冷灰斗斜坡转折点处距离	m	1.2～1.7	1.2～2.2	1.7～4.0

注：①折合成每只燃烧器的过热蒸汽产量的出力(t/h)。

表 4-38　旋流煤粉燃烧器"品"字布置有关尺寸[1,2]

布置方式	燃烧器中心垂直和水平距离 C/m		燃烧器中心线到侧墙距离 B/m		下层燃烧器中心线到冷灰斗斜坡转折点距离 A/m	
	D_r≤25	D_r >25～45	D_r≤25	D_r >25～45	D_r≤25	D_r >25～45
倒品字侧墙布置 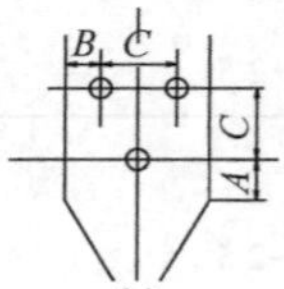 (a)	2～3.2	2～4.1	1.7～2.0	1.8～3.0	0.7～1.2	0.7～1.2
正品字侧墙布置 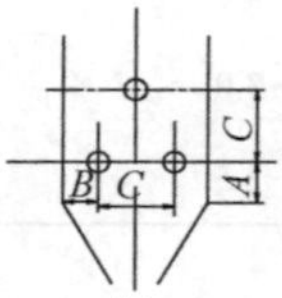 (b)	2～3.2	3～4.1	1.7～2.0	1.8～3.0	1.2～1.5	1.4～2.0

4.5.5　炉膛截面的计算步骤

1. 直流煤粉燃烧器的炉膛截面计算

直流煤粉燃烧器的炉膛截面计算过程如表 4-39 所示。

表 4-39　直流煤粉燃烧器的炉膛截面计算过程

名称	符号	单位	计算公式
燃烧器总高度	H'_r	m	按直流燃烧器喷口尺寸计算可得出单只一次风喷口出力及一、二、三次风口层数，可拟出燃烧器设计方案图并绘出燃烧器总高度 H'_r

续表

名称	符号	单位	计算公式
燃烧器区域高度	H_r	m	$(n+1)h$ n 为喷口排数 h 为喷口间距 若喷口间距不等，则必须分开计算
燃烧器区域壁面热负荷	$(Q/H)_r$	MW/m²	选定
炉膛周长	u	m	$\dfrac{BQ_{net,ar}}{3600H_r(Q/H)_r}$
炉膛宽深比	$\dfrac{a}{b}$	—	对超高压以上锅炉，还需要根据上升管内质量流速 ρW 来推算和选择 u，按燃烧需要、汽包内部设备和对流受热面布置要求选定 a 和 b，最好使 $a=b$，一般应使 $\dfrac{a}{b}<1.2$
燃烧器假想切圆直径	d	m	按推荐值选定
炉膛深度	b	m	$\dfrac{u}{2\left(\dfrac{a}{b}+1\right)}$
燃烧器区域容积热负荷	$(Q/V)_r$	MW/m³	$\dfrac{BQ_{net,ar}}{FH_r}$ 检验是否在推荐范围内
炉膛截面热负荷	(Q/F)	MW/m²	根据有关推荐选定
炉膛截面尺寸	F	m²	$\dfrac{BQ_{net,ar}}{3600(Q/H)_r}$
结渣指数	I_s	—	检验 F 是否等于 ab，是否与锅炉本体的设计布置相协调，如果有矛盾，应适当调整 Q/F 和燃烧器层数，以及喷口间距和燃烧器高度，验算 Q/F 是否在安全区域内，例如 $w_{Fe_2O_3} > w_{CaO} + w_{MgO}$ $I_s = \dfrac{w_{Fe_2O_3} + w_{CaO} + w_{MgO} + w_{Na_2O} + w_{K_2O}}{w_{SiO_2} + w_{Al_2O_3} + w_{TiO_2}} \cdot w_{Sd}$ 式中，w_{Sd} 为煤的干燥基硫的重量百分比(%)，若 $I_s>2.6$(结渣非常严重)，则 Q/F 应选取推荐的较小值；若 $I_s<0.6$(结渣微轻)，则 Q/F 可选取推荐的较大值

续表

名称	符号	单位	计算公式
结渣指数	I_s	—	如 $w_{Fe_2O_3} < w_{CaO} + w_{MgO}$ $I_s = \frac{T_h + 4T_d}{6}$ 式中，T_h 为氧化性气氛中灰样熔化成半球状时的温度(℃)； T_d 为还原性气氛中灰样的变形温度(℃)。 若 I_s <1150(结渣非常严重)，则 Q/F 应选取推荐的最小值；若 I_s >1350(结渣轻微)，则 Q/F 可选取推荐的较大值

上述方法是从燃烧器设计着手，然后顺次设计炉膛。此外，也可以先排出炉膛的设计方案，然后校验 Q/F 、$(Q/F)_r$ 、$(Q/V)_r$ 等是否符合要求。对于无烟煤和贫煤，如果经调整 $(Q/H)_r$ 仍不提高，可考虑敷设少量卫燃带。结渣指数是暂用英国巴威公司的，若推荐出更适合于我国燃料特性的结渣指数，则应取而代之。

2. 旋流煤粉燃烧器的炉膛截面计算

旋流煤粉燃烧器的炉膛截面计算过程如表 4-40 所示。

表 4-40　旋流煤粉燃烧器的炉膛截面计算过程

名称	符号	单位	计算公式
燃烧器喷口直径	d_r	m	见旋流燃烧器喷口直径计算
燃烧器数量	z	—	同上
燃烧器布置及旋向	—	—	按有关资料选定
边缘燃烧器中心线到炉墙距离	s_{rq}	m	同上
燃烧器中心线水平距离	s_{rr}	m	同上
布置燃烧器的前墙宽度	a	m	燃烧器单层对冲布置时 $2s_{rq} + \left(\frac{z}{2} - 1\right)s_{rr}$ 燃烧器双层错列对冲布置时 $2s_{rq} + \left(\frac{z'}{2} - 1\right)s_{rr}$ 式中，z' 为层中数量最多的燃烧器数目 燃烧器双层顺列对冲布置时 $2s_{rq} + \left(\frac{z}{4} - 1\right)s_{rr}$

续表

名称	符号	单位	计算公式
布置燃烧器的炉墙之间距离(炉膛深度)	b	m	参考表 4-23 选定
炉膛截面热负荷	Q/F	MW/m²	根据推荐资料选取
炉膛截面尺寸	F	m²	$\dfrac{BQ_{\text{net,ar}}}{3600Q/F}$ 根据 F 是否等于 ab，是否与锅炉本体的设计布置相协调。如果有矛盾，应适当调整 Q/F 和 s_{rq} 、 s_{rr} ，用结渣指数验算 Q/F 是否安全

4.5.6　炉膛高度的计算

炉膛高度的计算过程如表 4-41 所示

表 4-41　炉膛高度的计算过程

<table>
<tr><th>名称</th><th>符号</th><th>单位</th><th colspan="6">计算公式</th></tr>
<tr><td>炉膛轴向烟速</td><td>W_{j}</td><td>m/s</td><td colspan="6">$k_{\text{j}}\dfrac{T}{273}\dfrac{Q}{F}$
式中，k_{j} 为每发出 4.19MJ 热量产生的烟气体积，见图 4-13；
T 为炉膛平均烟温(K)，按式(4-16)计算</td></tr>
<tr><td>煤粉在炉内停留时间</td><td>t</td><td>s</td><td colspan="6">$\dfrac{4.19\varphi}{k_{\text{j}}\dfrac{98T}{273P}\left(\dfrac{Q}{V}\right)}\times10^{-3}$
符号意义见式(4-15)</td></tr>
<tr><td rowspan="3">固体未完全燃烧损失</td><td rowspan="3">q_4</td><td rowspan="3">%</td><td colspan="3">固态排渣炉</td><td colspan="3">液态排渣炉</td></tr>
<tr><td>烟煤</td><td>贫煤</td><td>无烟煤</td><td>烟煤</td><td>贫煤</td><td>无烟煤</td></tr>
<tr><td>1.0～1.5</td><td>2</td><td>4</td><td>0.5</td><td>1.0～1.5</td><td>3～4</td></tr>
<tr><td>从上层燃烧器中心到出口烟窗中线的有效炉膛容积热负荷</td><td>$(Q/V)_{\text{yx}}$</td><td>MW/m³</td><td colspan="6">按推荐值选取</td></tr>
<tr><td>从上层燃烧器中心到出口烟窗中线的有效炉膛容积</td><td>V_{yx}</td><td>m³</td><td colspan="6">$\dfrac{BQ_{\text{net,ar}}}{3600(Q/V)_{\text{yx}}}$</td></tr>
</table>

续表

名称	符号	单位	计算公式
上层燃烧器中心线到出口窗的高度	H_1	m	$\frac{V_{yx}}{ab}$
下层燃烧器中心线到冷灰斗斜坡转折点的距离	H_3	m	按推荐值选取
最上一层燃烧器中心线到最下一层燃烧器中心线(即整组燃烧器)的垂直距离	H_2	m	根据喷口布置
烟窗出口的烟速	W_{oh}	m/s	按热力计算，一般约为 6m/s
烟窗高度	h_{oh}	m	$\frac{B(1-q_4)VT_1''}{273W_{oh}a}$ 燃烧器和烟窗布置在同一面墙时用 b 代替 a
炉底冷灰斗斜坡转折点到顶棚水冷壁管中心线高度	H	m	$H_1+H_2+H_3+\frac{h_{oh}}{2}$
冷灰斗垂直高度的一半	H_4	m	根据冷灰斗高度算出
炉膛几何容积	V	m³	$ab(H+H_4)$
炉膛容积热负荷	$\frac{Q}{V}$	MW/m³	$\frac{BQ_{net,ar}}{3600V}$ 此值应在推荐值范围内
炉膛前墙每 1 m 单位功率	q_1	MW/m	当旋流燃烧器布置在前墙时应该核算，一般 $\frac{BQ_{net,ar}}{a}$ =2.9～5.8MW/m

参 考 文 献

[1] 何佩鏊, 赵仲琥, 秦裕琨. 煤粉燃烧器设计及运行. 北京: 机械工业出版社, 1987.

[2] 秦裕琨. 大型锅炉燃烧设备. 哈尔滨: 哈尔滨工业大学出版社, 1974.

[3] 何佩鏊. 燃煤锅炉单只燃烧器热功率与炉膛设计. 动力系统工程, 1985, 2: 5-12.

[4] 王正阳, 谭羽非, 孙绍增, 等. 复合分级燃烧对四角切圆锅炉 NO_x 排放特性的影响. 节能技术, 2012, 41 (6): 504-507.

[5] 张春华, 王士桥, 刘峰. 300MW 机组切圆燃烧锅炉低氮燃烧改造. 热力发电, 2015, 44 (3): 124-128.

[6] 李晓敏, 王立军. 基于降低 NO_x 的超临界机组锅炉燃烧器优化改造. 发电设备, 2017, 31(4): 276-279.

[7] 何翔, 孟永杰, 周文台, 等. 旋流对冲锅炉低负荷燃烧调整试验研究. 锅炉技术, 2017, 48(4): 51-63.

[8] Zeng L Y, Jiang Z H, Li X G, et al. Experiment and numerical simulation investigations of the

combustion and NO_x emissions characteristics of an over-fire air system in a 600MWe boil. Numerical Heat Transfer, Part A: Applications, 2017, 71(9): 944-961.
[9] Song M H, Zeng L Y, Li X G, et al. Effect of stoichiometric ratio of fuel-rich flow on combustion characteristics in a down-fired boiler. Journal of Energy Engineering, 2016, 143(3): 1-14.
[10] Song M H, Zeng L Y, Chen Z C, et al. Industrial application of an improved multiple injection and multiple staging combustion technology in a 600MWe supercritical down-fired boiler. Environmental Science & Technology, 2016, 50(3): 1604-1610.
[11] Chen Z C, Wang Q X, Zhang X Y, et al. Industrial-scale investigations of anthracite combustion characteristics and NO_x emissions in a retrofitted 300MWe down-fired utility boiler with swirl burners. Applied Energy, 2017, 202: 169-177.
[12] Ma L, Fang Q Y, Tan P, et al. Effect of the separated overfire air location on the combustion optimization and NO_x reduction of a 600MWe FW down-fired utility boiler with a novel combustion system. Applied Energy, 2016, 180: 104-115.
[13] 刘鹏远, 肖宏博, 赵兴华, 等. FW 型 600MW 超临界 W 火焰炉燃烧优化研究. 清洁高效燃烧煤发电技术协作网 2011 年会, 西安, 2011.
[14] 夏昭知, 何佩鳌. 角置切圆燃烧炉膛内燃烧器射流的偏转. 动力工程, 1982, 5: 10-17.
[15] 何佩鳌. 燃煤锅炉低 NO_x 的燃烧技术. 动力系统工程, 1985, 1: 59-84.